生活实用指南

（上篇）

刘世述　编著

辽宁科学技术出版社

·沈阳·

图书在版编目（CIP）数据

生活实用指南(上篇)/刘世述编著. —沈阳：辽宁
科学技术出版社，2011.12
ISBN 978-7-5381-7097-9

Ⅰ.①生… Ⅱ.①刘… Ⅲ.①生活 – 知识 – 指南
Ⅳ.①TS976.3–62

中国版本图书馆CIP 数据核字(2011) 第 165973 号

出版发行：辽宁科学技术出版社
　　　　　（地址：沈阳市和平区十一纬路 29 号　邮编：110003）
印　刷　者：沈阳市新友印刷有限公司
经　销　者：各地新华书店
幅面尺寸：165mm × 240mm
印　张：53.75
字　　数：750 千字
印　　数：1~2000
出版时间：2011 年 12 月第 1 版
印刷时间：2011 年 12 月第 1 次印刷
责任编辑：寿亚荷
封面设计：Book 文轩
版式设计：袁　舒
责任校对：李桂春　刘美思

书　　号：ISBN 978-7-5381-7097-9
总 定 价：138.00 元

联系电话：024-23284370
邮购热线：024-23284502
E-mail：dlgzs@mail.lnpgc.com.cn
http://www.lnkj.com.cn
本书网址：www.lnkj.cn/uri.sh/7097

前 言

农业经济——土地,工业经济——资源,知识经济——知识。英国造就一个贵族需要三代人的努力,如今比尔·盖茨中年成为富翁。在知识经济时代,知识是成功的主要因素。成功是一个系统工程,人生的每一个环节不能出差错,否则,你将遗恨终生。你想有幸福美满的婚姻吗?你想让孩子龙飞凤舞吗?你想选择理想的职业吗?你想在职场上轻松自如吗?你想当小老板吗?你想发家致富吗?你想长命百岁吗?……朋友,看完本书你会大受启发的。从某种意义上说,这是一本"用"的书,而不是"读"的书,还是一份中西合一的美味快餐,尝尝吧!

编著者 刘世述

CONTENTS

目录

第一章 婚姻与生育

婚姻是人生的主要因素，是一个家庭的主要因素，是生男育女、传宗接代的主要因素，是构成社会的主要因素，是构成民族的主要因素，所以说，婚姻问题是非常重要的。"男大当婚，女大当嫁"，天经地义。巴尔扎克说：在人类所有的智慧中，关于婚姻的知识懂得最晚。

1. 男人和女人的差异

◆ 女人善用语言表达感情，男人大多发泄情感

心理学家鲁宾·戈尔先生说："位于胼胝体上方的边缘系统的脑回带是以符号的形式来处理情感的。具有脑回带的动物能够不采取任何行动就将其感情用比较复杂的方式表达出来。脑回带处于语言中枢附近。可能这就是为什么女性更善于用语言来表达感情的原因。"

语言是女性的优势。研究发现，女性脑中的语言中枢要比男性大出约 1/3。女性在说话时经常使用两个半脑，而男性却总是只用一个。"男性在阅读文章时是大段前进"，"他们会对大块文字一下子进行消化。与之相反的是女性在阅读时则是一个语音接一个语音，一个音节接一个音节。她们阅读得更精细，更细微"。

科学家在要求男人和女人回忆生命中最令他们感到悲哀的事情时，利用大脑扫描器检验发现，两性的边缘系统——大脑中与表达和感觉情感相关的部分都在闪闪发光。不过女性大脑中活动的部分比男性多 8 倍。

科学家研究认为："男性在头脑中对所掌握产生一个三维草图，会识别物体的形状和大小。而女性在完成相同的任务时采取完全不同的方式。她们用文字来描述能摸到的物体，但不把这些词汇说出来。她们会用一些形容词，例如大、中、小、圆、椭圆、光滑、粗糙等"。

◆ 男人心粗，女人心细

科学家经过测试，观察到："一般女性辨别表情的速度比较快。如果有人对她们做一个很短的表情，在不超过 1/10 秒的时间内，女性就能察觉出来表情中所包含的情感。而男性则要花较长时间来判断这个表情是高兴的还是悲伤的。女性对男性的面部表情极度敏感。她们具有很好地识别男性脸部悲

伤和高兴的能力。"在看待问题上，男人更善于从大处着眼，而女人则倾向于从细微之处入手。所以男人适合掌控大局，女人更适合做具体工作。

◆ **男女生理功能差异造成行为差异**

女性左右半脑内部"临近供给"的功能较强大，所以她们的大脑功能适合处理信息，故细致思考能力强。男性的两个半脑内部紧密"交织"，比较适合输送信息，故联想能力强。

科学家认为，女性的第二条 X 染色体具有修正较严重的智力缺陷的能力。由此推导出，那个携带特殊智力的 X 染色体被另一条染色体所阻碍。而男性由于具备了决定天资的染色体，所以就聪明。

统计数字也表明，在某些极端领域，有些男性的智商特别高，有些则特殊低。而女性的智商相对比较平均。

尽管女性开车判断距离的能力不如男性，但女性开车比较小心谨慎，肇事比男性少。

在情感问题上女人冷静，当婚配发生在不同阶层时，她们很少"下嫁"比自己低的阶层；而男人热情，很容易被异性吸引，在某种情况下，谁主动，谁的成功率就高。

有研究表明，男女大脑两半球在偏侧性功能和专门的发展方向有差异。男性激素会抑制右脑发育。因此，男性大脑的左半球比较发达一些，而女性大脑右半球比较发达一些。与此相关联的，便是男子在自然科学和技术科学方面成才的比较多，而女子在文学、艺术、语言等领域成才的比较多。男性与女性的大脑有不同的老化过程。上了年纪的男性的大脑中的物质流失比上了年纪的女性要快。男性大脑供血本身就比女性弱，但新陈代谢并不减少。而女性的性激素能保护大脑，预防快速衰变，所以女性大脑衰退比较缓慢和均匀，而男性的左半脑则以极快的速度退化。男性在上了年纪后往往出现情绪低落、注意力不集中和脾气暴躁现象。

有研究显示，男人的大脑要比女人的大脑大 15%，但女人大脑中的语言中枢却要比男人大脑的语言中枢大出约 1/3。这就是说，在女人的大脑中，有一大部分都是用来创造和加工语言的，而在男人的大脑中，则只有一小部分是用来创造和加工语言的。正是因为男人和女人大脑中语言中枢的比例差异，才使得语言成为了女人的优势。

男人的思维是单向思维，所以他们每次只能思考一件事；女人的思维是网状思维，所以她们常常可以同时做几件事情。男人的单向思维决定了男人的专注性更强，他们可以一心一意地做一件事情，不容易受其他事情的打扰；

女人的网状思维决定了女人的想象力更丰富，这使得她们更有创造性，但她们很难将全部注意力都集中在一件事情上。

科学家们对几千个 11~13 岁的具有颇高数学天赋的儿童进行调查发现，青春期前，取得最佳数学成绩的男孩只比女孩多一点，但青春期后，差距明显拉大。

◆ 性欲差异大

男人与女人的生理不同，各方面均有差异。其中性欲差异较大。据有关资料统计，1/3 的男人 70 岁以后有性欲要求。随着生活条件不断改善，生活质量不断提高，年过 80 岁仍有性欲要求的男人人数将逐年增加。17 世纪中期，英国长寿老人汤姆·帕尔在他 119 岁那年还举行过婚礼。他的最后一位夫人回忆说："他一直非常健康，无论从性生活到别的方面都体会不出他这么老。"女人不仅生活、工作中的负担重，还肩负生儿育女的重担，故生育后性欲降低，往往到更年期前后就没有"性"趣了。据美国有关研究发现，约 75% 的男性表示他们与伴侣性交总是会达到性高潮，而仅有 29% 的女性有同样的表示。然而，自认为生理得到极度满足的男女则人数一致，都是 40%。看来，性高潮不是满足性生活的唯一指标，否则男女之间对比满意度应出现差异。

◆ 女性平均寿命比男性长

中华人民共和国成立初期，统计人的平均寿命，男性比女性长 3 岁；上世纪 70 年代时女性比男性长 1 岁；80 年代女性比男性长 2 岁；90 年代女性比男性长 4 岁。其原因大致是：女性雌激素具有保护血管壁的作用，防止其变硬、变脆；而男性机体对肾上腺素及其他缩血管活性物质反应比女性强烈，因而男性发生心血管疾病机会多于女性。由于女性分娩和月经时期失血作为一种生理刺激，使女子造血功能比男子旺盛，而且保持时间相当长。女性血浆总抗氧化力在一生中不断随年龄增强，而男性却是阶段性增强，先随年龄增强，到 51~74 岁后却急剧减弱。女人长寿与活性氧少有关。男性耗能高，女性耗能少。男性平均每天消耗热量 2500 卡，而女性平均每天消耗热量 2100 卡；男性只有一条 X 染色体，在这条染色体上，他们对很多疾病无抵抗力，色盲、血友病、秃顶和精神病的发病率高；男人压力大，常肩负家庭重任，经常是有病不去看，有话不爱说，有苦不敢言，有泪不轻弹。"三个女人一台戏"。女人内向，男人外向。女人的思维是内向的，是偏向于保守的，而男人的思维是外向的，是偏向于扩张的。还有研究证明，男性睾丸激素与寿命有关。除掉男人的睾丸可以使睾丸激素降至零点，这些男人比有睾丸激素的男人大约可以多活 15 年。

◆ **思想感情表达方式不同**

男人和女人在思想感情的表达方式上差异巨大。男性在宣泄情绪时像龟之类的爬行动物，他们惯于坐下来说自己的感觉。女性追求心灵伴侣和感官上的刺激，男人却追求玩伴。

女人行为出轨是因为她们寂寞，丈夫不能满足需要；而男人越轨一般是寻找新的刺激或妻子无能。据美国有关研究发现，37%的已婚男士和 20%的已婚女士，曾经对另一半不忠。在美国，第一次婚姻离婚率占 1/2，再婚的离婚率更高，平均 2.5 次。美国的结婚率呈下降趋势，1970 年，68%的成年人结婚，15%的人从未结婚（其余是离婚、分居或寡居）；到 20 世纪 90 年代，只有 56%的人结婚，23%的人从未结婚。

有人说："女人是善感的，男人是无情的。"女人善感不假，男人无情是真。但也有真情男人。有一种说法认为：男人的"无情"往往是女人不珍惜爱情造成的，一次次的性反抗，一次次地争吵，摔锅砸碗，没完没了地唠叨，喋喋不休地说教，加上经济上的制裁，等等。好男人比较理智，有责任感，不轻易伤害妻子，极力维护温馨的家庭。但男人一旦下定决心，十头牛也拉不回来，"人心是铁"一点儿也不假。

有人说"女人温柔，男人粗暴"，有一定道理。男人的好斗与睾丸激素有关。不是所有的男人都好斗，但有一部分男人确实好斗，对于一些缺乏教养的、脾气暴躁的男人——女性在择偶时需慎之又慎，这类男人激素比正常人高，性能力强，支配欲也比较高，而且比较粗暴。由于他们的血清张力素低，所以易冲动，控制力差，容易患忧郁症，出现酗酒等问题。血清素是一种抑制情绪的物质，女性血液中血清素明显高于男性，所以，血清素就像高超的魔术师一样赋予了女性温柔、和气、爱撒娇的特性。但是，不是所有的女性都具备这种美德，有的女性脾气暴躁胜过男人，一点儿女人味也没有。

2. 现代人的择偶方式

◆ **知识经济时代，知识占第一位，经济是基础，是维系家庭稳定的首要因素。**

◆ **远亲婚配**

据世界卫生组织调查，近亲结婚子女患智力低下、先天畸形和遗传疾病的发病率要比非近亲结婚的子女高 150 倍。

◆ **取长补短**

一个人的智慧和能力与遗传有关，因此，选择配偶时最好在智力和能力方面的差项中以不相同为好，如语文成绩差的找语文成绩好的；数学成绩差的找数学成绩好的；经济条件差的找经济条件好的。在性格上尽量一刚一柔，不能两人都过于刚性。多数男人相对地注意生育能力和性忠诚，多数女人则强调好的基因和资源。

◆ **优者配优**

优秀男人的特点：力量强大，英俊潇洒，体型匀称，和善高大，善解人意，情感稳定，体贴开朗。优秀女人的特点：年轻漂亮，通情达理，善于处事，进得厨房，出得厅堂，自立自强，柔多于刚，聪颖贤惠，体格适中。德、智、体、貌均优的人结合在一起则后代更优。

3. 慎重择偶

男女双方恋爱须全方位地同阶层、同层次寻找，不把对方当成私有财产，要充分尊重对方的独立人格，形成开放性夫妻关系。凡一见钟情，缺乏了解者多有磨难。凡有私欲、占有欲强者多会分手。凡巧言蜜语者，多心怀叵测。凡想入非非，缺乏自爱者，多会受骗。婚姻的关键：一是找个好人，二是自己做个好人。千万不要用最好的标准来筛选合适的，因为婚姻需要的是"合适"，而非"完美"。男人像房：二手、三手的常常比新房更受欢迎；而女人像车，纵是一流名车，几经转手后也难逃大打折扣的命运。

4. 婚育最佳年龄

女性的婚育最佳年龄为 23~29 岁，而男性的婚育最佳年龄是 26~30 岁。这是我国专家从生理方面考虑的，因为这段时间育龄男性与女性的身体状况最佳，精力最旺盛，生的孩子最健康。法国遗传学家摩里士 1989 年的研究成果表明，男性精子素质在 30 岁时达最高峰，然后 5 年内质量较高，在此期所生育的后代是最优秀的。《曲礼》记载："三十而聚，二十而嫁。"

2005 年美国一份研究建议，要想婚姻幸福的话，不要太晚婚。美国德州大学社会学教授葛蓝在 2003—2004 年，对 1503 名 18 岁以上的男女进行电话访问，询问受访者对于婚姻、离婚以及同居和养小孩的态度，以及他们第一次结婚年龄和婚姻维持多久等问题，得出上述结论。研究表明，23~27岁结婚的人，维持婚姻幸福的比例最高，而晚于这个年龄结婚的人婚姻成功率较低，不到20岁就结婚者离婚率最高。

5. 婚姻与生育

夫妻要选择最佳年龄，感情、体力、情绪的最佳状态；精子活动能力最强的时期是秋后期和冬季；精子数量最高时期的是冬季，然后是春季。对于北方人而言，春初受孕机会最好；其次是冬季，再次是秋后期；夏季气候炎热，精子畸形头多——这类精子直到秋早期才能排尽，质次精子不利生育。对于南方人而言，冬季受孕最好。但是，有学者认为，冬天受孕不好。因为人们的气血都到里面去了，应该藏精养肾。精子喜欢低温，高于37.5℃的水温会干扰精子产生，精子因素包括精子量、精子运动、形状和结构——这些都是男性生育的必需因素。《吕氏春秋·季春记》："大寒、大热、大燥、大湿、大风、大震、大雾七者动精则生害矣。故养生者，莫若知本，知本则疾无由生矣。"这是古人根据阴阳消长，五行生克配属关系提出来的。

中国古代医学认为："夜半合，阴阳生子上寿贤明也。"《庄子》："气变而有形，形变而有生。"《金匮真合论》："夫精者，身之本也。"《医门传律》："气聚则形成，气散则形亡。"《医学入门》："气血充实，则可保十月分娩，子母无虞。"《广嗣纪要》："养胎者血也，护胎者气也。"《景岳全书》："凡胎不固，无非气血损伤之病，盖气虚则提摄不固，血虚则灌溉不固。"《博集方论》："然儿在腹中，必借母气血所养，故母热子热，母寒子寒，母惊子惊，母弱子弱，所以有胎热，胎寒，胎惊，胎弱之证。"《叶氏竹林女科》："宁静即养胎，盖气血调和则胎安，气逆则致病，恼怒则气闭塞，肝气冲逆则呕吐衄血。……欲生好子者，必先养其气，气得其养，则子性和顺，无乖戾之习。"《妇人秘科》："受胎之后喜怒哀乐，莫敢不慎，盖过喜则伤心而气散，怒则伤肝而气上，思则伤脾而气郁，忧而伤肺而气结，恐则伤肾而气下，母气既伤，子气应子，未有不伤者也。其母伤则胎易堕，其子伤则脏气不和，病其于多矣。"日本东京大学医学系三浦二教授的研究证明，12月份出生的孩子，健康比例特别高。

受孕时间避免在每个月的阴历十四至十六，因为此时日月球对地球的引力最大，容易引起人体情绪发生波动，影响精子和卵子的活力。天文与医学的研究证实，特别是八月十五之夜，月球对地球的引力最大导致地轴的位置发生微小的改变。由于地球的磁场效应作用于人体的器官及组织细胞，使人体的气压较低，在低压情况下血管内外的压强差别增大，可导致毛细血管出血。美国一项研究表明，月圆夜动手术可致患者失血较多。建议月圆之夜孕妇应避免性交，以防诱发流产及早产等。

精子、卵子都有旺盛期和衰退期。卵子在排卵后，最多存活 24 小时，但正常生命的最佳时期是在排卵后 12 小时以内。Y 精子进入女性输卵管也只能存活 48 小时，X 精子存活时间长一些。一般，精子需要爬行 5 分钟才能抵达子宫颈，然后要花上 72 小时才能和卵子"碰头"。为了使精子、卵子都在最佳生命时间结合，就要了解女方排卵时期。育龄女性 1 个月只排卵一次，一般情况下是在下次月经前的 14 天左右 1~2 天。这时阴道变得越来越湿润，分泌物不仅增多，而且像鸡蛋清一样清澈、透明，用手指尖触摸能拉出很长的丝。这表明就要排卵了，一般持续 3~5 天。女性排卵前基础体温较低，波动在 36.2~36.6℃之间；排卵时是基础体温的最低点；排卵后基础体温升高，回升 0.3~0.5℃，一直持续到下次月经来潮前开始下降。

精子成熟的周期大约为 90 天，每个精子细胞在睾丸中得有 60 天的成熟时间，这一过程包括生成尾巴。然后花大约 30 天的时间沿着长而盘曲的管道游动。在射精前成熟的精子与精液混合。

人体有 23 对染色体，22 对为常染色体，1 对性染色体，人的性别就是由这一性染色体决定的。男性的一对染色体为 XY 染色体，女性的一对为 XX 染色体。正常精液中含 X 和 Y 的精子数是基本相等的。因此生男、生女的机会也基本相等。

Y 精子与卵子结合，生男孩；X 精子与卵子结合生女孩。Y 精子适应在碱性分泌物中生存，而不适应酸性环境。Y 精子在阴道停留时间短易生男孩。男方在女方性高潮时射精易得男孩。因为女性高潮时子宫颈分泌的碱性分泌物较多，适合 Y 精子活动。在女性排卵日同房易生男孩，过了排卵期同房易得女孩。这是利用 Y 精子的好动、寿命短和 X 精子动作慢，但寿命长的特点，人为地制造促使精子和卵子成功结合的环境。精子在睾丸内储存 5 天左右的精子和卵子结合易生男孩，但精子在睾丸内时间太长易老化，每隔一两天同房一次易得女孩。这是因为可以使 Y 精子数量减少，而且环境不适宜，可能在未到达子宫口时已经被淘汰；X 精子较能适应酸性环境。排卵日的前两天：X 精子比 Y 精子持久力强，因此排卵日前两天性交，生女孩的概率高。排卵日当天：由于子宫颈分泌碱性黏液，阴道的碱性度增高，使 Y 精子比 X 精子的功能旺盛，因此在排卵日当天性交，生男孩的概率较高。男人穿宽松衣，洗冷水澡易得男孩——精子生长需要温度应低于体温。女性的阴道经常为强酸性，但越靠近阴道颈管越接近碱性，越接近排卵时则变为碱性。人体的体液傍晚时呈酸性状态，黎明时呈碱性状态。精子成熟期需要 3 个月，卵子成熟期需要 1 个月。因此受精前 4 个月父母的饮食状况，决定受精卵的机会和质量。妊娠前女性多吃偏碱性的食物，或含钾、钠、镁、钙的食物；男性多吃酸性食物易生男孩。男性多吃碱性食物，女性多吃酸性食物或富含磷的食物易生女孩。改变阴道的酸碱度，采用配制 2% 或 2.5% 的苏打水冲洗阴道后同房，可以增加男孩的出生率；采用 30% 或 50% 的食醋或 1% 的乳酸钠冲洗阴道后同房，可以增加生女孩的机会。春秋季受孕易生男孩，夏冬季受孕易生女孩。25~29 岁之间生男比生女多，小于 25 岁或大于 29 岁生女比生男多。

林卡尔是含有微量铁质的天然钙，据报道服用林卡尔生男孩的几率大。这是 1960 年由前名古屋大学胜沼精藏博士所开发出来的，为了预防生下畸形儿而服用。根据 18 年来的资料显示，服用它生男孩的概率达 90.4%。

帕克尔法。是利用帕克尔液来分离精子，发现制造女孩的 X 精子比制造男孩的 Y 精子重 7%。经过仪器分离出的 X 精子用滴管采出，以人工授精的方式注入子宫内。这就是利用帕克尔法的性别选择法。目前此法成功率达 90%。

6. 幸福的婚姻从哪里来？

著名作家陈香梅说："幸福的婚姻，是送你扬帆远航的理想港湾；痛苦不幸的婚姻，则是埋葬你美好的前程的无底深渊。"

◆ 赞美

要学会赞美。赞美和真诚的鼓励就像春天明媚的阳光，给男人以温暖和激情，成为事业成功的动力。

男人和女人都要保护对方的自尊心不受到损害，维护双方自尊心最好的方法是赞美，而恶语相对或粗暴的批评往往会把爱情击碎。笔者建议，凡是没有学会赞美的男人和女人，最好暂时别结婚。而一个男人的婚姻生活能否得到幸福，很大程度上又与他太太的脾气和性格有关。男人要善于欣赏女性的美，欣赏她肌肤光泽，面孔鲜嫩，体态匀称；欣赏她的身高，欣赏她的胸围，欣赏她的风度神韵、人格魅力。它是人的品质、修养、学识、志趣等内在美的综合。男人特别欣赏女人的温柔，温柔能暖化男人的心，温柔能使爱情甜如蜜。不温柔的女人就像花朵没有芳香，不招人喜欢。

◆ 自省与适应

由于夫妻经历不同，存在差异需要"磨合"，自省是润滑油，它可以使这台机器运转正常。夫妻要经常自查弱点，说得不对的地方，做得不对的地方……查找矛盾的根源，将婚姻的不和谐消灭在萌芽状态。相反，总看自己一枝花，别人豆腐渣，就必然走向反面。婚姻还要学会适应。男女双方要互相适应，不能以"我"为中心。要多看优点，少看缺点；要忍让，多迁就对方，少争执。男女双方的适应是多方面的，包括性格爱好、志趣、饮食等。最好婚前睁大眼睛多观察，多接触，婚后则要睁一只眼，闭一只眼，这是很多人对婚姻生活的经验之谈。

◆ 宽容

要学会宽容。男人和女人的许多优秀品质都体现在宽容、忍耐和克制上。每个人的成长环境不一样，受教育程度不一样，经历不一样，身体状况不一样，存在着各种各样的差异和缺点毛病，不能以自己的思维方式去强加于人，要宽容、忍耐、克制。否则，夫妻生活就像好斗的公鸡那样争争斗斗不得安宁，久而久之，将会导致不欢而散。

◆ 宽松

婚姻就像手中的沙，在死死抓紧的过程中走向了解体，要给对方留有适度的、自由的空间。不能干涉对方的工作，不能企图改变对方的性格，不能按个人意志控制、支配对方。男女双方要互相信任，坦诚相待，肝胆相照。

◆ 奉献

爱情需要奉献，而不是索取；爱情需要为对方着想，互相学习，取长补短；爱情需要分工合作，共同努力，互相帮助，携手前进。

◆ 糊涂

太过聪明是糊涂，偶尔糊涂是聪明。大事清楚，小事糊涂；重视主要优点，忽视次要缺点。什么都看得明明白白，往往错失良机，遗恨终生。

◆ 理智

每个人在前进的旅途中都会犯错误，一方犯错误，另一方怎么办呢？应当冷静下来，反复思考各种处理办法的利弊关系，选出最优的解决方案。

◆ 重视孩子

孩子是爱情的结晶，是祖国的未来，是事业的接班人，孩子的成长需要父母的培养，单亲家庭不利于孩子成才。

◆ **避免枯燥**

生活要多样化，业余时间可选择跳舞、旅游、打球、逛公园等有益的健身活动。爱情就像火焰一样要不断地添柴才能熊熊燃烧。

◆ **志同道合**

夫妻二人的志向、情趣爱好相近或相似，思想统一，才能走到一起，共同前进。

◆ **和谐的性生活**

夫妻感情越深，性欲越浓。古语云："夫妻恩爱契合则生恭敬之心。"和谐幸福的家庭氛围是孕育健康新生命的重要保证。性惩罚是一把双刃剑，既伤别人，又伤自己。

美国加州大学的女性健康专家戴维丝博士说："我们的研究发现，女性在做爱的过程中和事后的回忆中，均会出现很多创造性的灵感，她们会恍然大悟，以全新的清晰的观点，分析生活上的问题。"

戴维丝博士说，女性在分娩、哺乳、排卵期和经期中均会分泌出"催产素"。她说："很多身居高层行政要职的女性统统将重要的会议安排在她的排卵期进行，因为那时，她们最聪明伶俐。"她还说：没有性生活的女性也可透过性幻想分泌出催产素。

有人说："婚姻是爱情的坟墓。"这句话不完全对。关键看你如何经营、呵护。男女双方如果各自保持自己的人格魅力，感情基础牢固，互有一颗忠贞的心，爱情就会永远年轻，幸福一生，白头到老。反之，不善呵护，不注意经营，随着岁月的流逝，差异逐渐扩大，婚姻的裂痕也逐渐扩大，矛盾自然发生，离婚不可避免。

有人说："家花"没有"野花"香。其实，"花"的本质都一样。"野花"是用金钱和权势来"浇灌"的，容易凋谢；"家花"是用汗水和心血"浇灌"的，香味更浓。女人注意自我保健，自我打扮，就会延迟衰老。男人要精心浇灌这朵花，使她永葆青春。女人的不美有男人的责任。

《圣经》说："爱是恒久忍耐，又是恩赐；爱是不嫉妒，爱是不自夸，不张狂，不做害羞的事，不求自己的益处，不轻易发怒，不计较别人的恶，不喜欢不义，只喜欢真理；凡事包容，凡事相信，凡事盼望，凡事忍耐；爱是永不止息。"婚姻中从来没有谁胜谁负，要么双赢，要么两败俱伤。

第二章 育儿

在竞争时代，谁领先一步，谁就是赢家。

福禄培尔说："国民的命运与其说是握在掌权人者手中，倒不如说握在母亲的手中。因此，我们必须努力启发母亲——人类的教育者。"法国皇帝拿破仑说："孩子的命运是父母创造的。"中外名人大都受到父母良好的教育。司马迁出生在一个史官世家，父亲做过汉武帝时期的太史令，掌管天文，记载史事。苏轼的父亲是北宋著名的文学家。李清照出身于书香门第，父亲是著名学者，母亲也饱读诗书。作曲家巴赫的父亲是一位优秀的小提琴手，家庭成员中有作曲家、音乐家。喜剧大师卓别林的父母都是杂剧团的喜剧演员。孙武的祖父、父亲都是齐国著名将领。

在生物界有一种发人深省的现象：由人抚养长大的动物不会变成人，而由动物抚养大的孩子都会变得和抚养他的那种动物相差无几。主要原因是人类婴儿头脑的生理适应能力非常强，具有很大的可塑性。

达·芬奇说："同一个灵魂支配着两个躯体，母亲的愿望对其腹中的胎儿不断地产生影响，母亲的意志、希望、恐惧以及精神的痛苦对胎儿的严重影响，大大超过对母亲本身的影响！所以，教育孩子，首先从改造孩子的母亲开始。"

有些父母为图省事，孩子一生下来就托人喂养，常常是吃了就睡，睡醒就吃，不讲究科学喂养，这样极不利于孩子的智力发育。婴儿需要父母的感情关怀，人生下来最需要的是爱，如果父母情绪忧郁，不常抱他、吻他、逗他、抚摸他、跟他说话，婴儿不但情绪低落，有不安全感，还影响其大脑发育，使体重减轻。要使婴儿健康成长，父母及周围人就应对孩子多加爱抚、沟通，以刺激其大脑的发育。

美国著名教育家本杰明·布卢姆和他的芝加哥大学同事的研究论文指出，人的智力呈现先快后慢的发展趋势。根据他们对17岁青少年测得的智力来看，约50%的智力发展是在胎儿期到4岁之间完成的；30%是在4岁时完成的，大约20%是在8~17岁时完成的。

德国汉堡的心理学家安格利卡·法斯博士说："小孩子自愿做的和给自己带来乐趣的事情实际上可能是提前发出他们有这方面天赋的信号。因此，如果父母仔细观察孩子，并发现他们有什么爱好，这是有益的。"

前苏联教育家马卡连柯认为:"教育的基础主要是5岁前奠定的,它占整个教育过程的90%。在这以后,还要继续进行。人的进一步成长、开花、结果,而你精心培养的花朵,在5岁以前就已绽蕾。"

杰出的意大利儿童教育家蒙台梭利指出:"儿童出生的头3年的发展,在其程度和重要性上,超过儿童整个一生中的任何阶段……如果从生命的变化、生命的适应性和对外界的征服以及所取得的成就来看,人的功能在0~3岁一段实际上比3岁以后直到死亡的各个阶段的总和还要长,从这一点上来讲,我们可以把这3年看做是人的一生。"

杰出的日本儿童教育家木村久一,总结出儿童智力发展递减的规律:"如果生下来就在影响的教育下培养,儿童可以发展自己智力的100%,但是如果5岁开始进行教育,就是不理想的教育,儿童也只能发展自己智力的80%;若从10岁开始教育,就只能发展自己智力的60%。也就是说,教育越晚,儿童智力发展所受的阻力越大。"

1. 胎儿与幼儿

◆ 遗传与优生

孩子成长的基本条件:

第一,先天条件——良好的遗传及孕期保健。纽曼(Newman)等人对孪生儿的研究证明智商的一致性(对孪生儿之间智商差别<10),单卵孪生为84%,双卵孪生为60%。由于每对孪生儿都在相同的环境中成长,故可认为单卵和双卵孪生所表现的差别与遗传有关,遗传性状在单卵孪生儿之间表现较多。纽曼等人又对早年就与生母分开,而抚养时文化、教育环境相同的儿童进行观察,发现生母智商低的,其小孩智商也低;生母智商高的,小孩智商也高。

德弗里斯(Defries)等人对孪生子的研究表明,词汇技巧具有更多的遗传变异。在海瓦伊(Hawaii)对于家庭的研究中,综合了15种不同的认识测试资料,主要为词汇、空间能力、感知觉速度和视觉记忆四因素,结果表明,这四个因素的遗传为0.65、0.61、0.46、0.44,证明了这四种能力的遗传基础的主导性作用。

遗传因素对儿童的智力有影响,但随着年龄的增长而减弱。美国一些儿童教育家经过多年的研究发现,一个人的智力在6岁以前便已发展到90%。1990年,美国儿童教育家、心理学家、脑科学家、遗传专家共同发现,从婴儿离开母体第一时间开始，他就不是一张白纸，父母及隔代祖父母、外祖父母的遗传因素已经深深地烙印在婴儿的大脑里。

造成不良遗传的原因是很多的，有些是因为生物或人本身的原因，有的人体内带有致病的遗传物质——致病基因遗传给后代，同族的基因染色体相同的多，异族的基因染色体相同的少。致病基因有显性和隐性之分。由隐性致病基因引起的遗传病称隐性遗传病，目前已发现1000多种。由显性致病基因导致的疾病为显性遗传病。

人类的各种生物学性状（肤色、下颌、双眼皮、眼球的颜色、眼睫毛、高矮、胖瘦、模样）都是由体内遗传物质——脱氧核糖核酸（DNA）控制的。

人类已知3000多种遗传病是由基因的各种缺陷引起的。人类疾病按遗传学分类主要可分为：单基因遗传病、多基因遗传病和染色体遗传病。

常染色体显性遗传病：如软骨骼发育不全，成骨不全，马凡氏综合征，视网膜母细胞瘤，多发性家族性结肠息肉（结肠癌），黑色素斑，胃肠息肉瘤综合征（直肠癌、大肠癌、胃癌），先天性肌强直，遗传性舞蹈病，夜盲症，肾性糖尿病，血脂醇过高症，并指及多指畸形，先天性眼睑下垂，家庭性周围四肢麻痹，遗传性神经耳聋，过敏性鼻炎，牙齿肥大症。

肥胖　如果双亲都肥胖，53%的子女会成为胖子，若只有一方肥胖则遗传率大约有40%。

身高　子女的身高有35%来自父亲的遗传，35%来自母亲，其余约30%来自后天环境的影响。但也有极少数父母个儿矮，子女个儿高，这可能与父母出生地域差距太大有关。

秃头　秃头只遗传男子，如果父亲是秃头，儿子有50%的机会是秃头；若是母亲的父亲秃头，则儿子成为秃头的几率为25%。

肤色　如父母亲皮肤都黑，儿子就不可能有白肌肤，若一方白，一方黑，则子女的肤色适中。

双眼皮　双眼皮属显性遗传，所以若父母亲都是双眼皮，子女双眼皮的几率就比较高；但也会有子女出生时是单眼皮，而长大是双眼皮的例子。

乳腺癌　流行病学调查发现，5%~10%的乳腺癌属于家族性遗传。有一位近亲患乳腺癌，则患病的危险性增加1.5~3倍；两位近亲患乳腺癌，则患病率增加7倍。

肺癌　有研究显示，直系亲属有肺癌患者比没有肺癌患者的患病率增加2倍。肺癌的遗传性，在女性身上表现尤为明显。

哮喘　如果父母都有此病，其子女患病率达60%；如果父母其中有一人患有此病，子女患病率为 20%；如果父母都没有此病，子女患此病的可能性只有 6%。

青春痘　父母双方若患过青春痘，子女们的患病率将比无家族史者高出 20 倍。

常染色体隐性遗传病：如高度近视（600 度以上者）的男子与高度近视的女子结合，子女发病率在 90% 以上。如果与近视眼基因携带者结合，子女可能有半数是高度近视，而同正常视力或低度近视者结合，子女发生近视眼的几率是 10%。另外，此类疾病还表现有高度远视、先天性聋哑、苯丙酮尿症、白化病、垂体侏儒症、黑尿病、家族性痉挛性下肢麻痹、肥胖生殖无能综合征、先天性鳞皮病、半乳糖血症、肝豆状核变性、先天性肌弛缓等。

少年白化病属于隐性遗传，遗传几率比较低。

双手指弯曲僵直属于单基因显性遗传病，父母一方有病，子女会有一半患病几率。

X 连锁显性遗传病：如抗维生素佝偻病患者与正常女性结婚，宜生男孩，不宜生女孩。若女性患者与正常男性结婚，无论所生的是男孩还是女孩都有 1/2 的可能患病。还有无汗症、脊髓空洞症、脂肪瘤、遗传性肾炎等。

X 连锁隐性遗传病：血友病 A、血友病 B 和进行性肌营养不良病多为男性患者。男性患者与正常女性结婚，所生男孩全部正常，但女孩均是致病基因携带者。若女性携带者与正常男性结婚，所生子女中，男孩有 50% 的危险发病成为患者，女孩全部正常，但也有 50% 为致病基因携带者。母亲是免疫缺陷疾病携带者，所生女孩全部正常，所生男孩血小板减少，出生后几岁全部死亡。但此病可用骨髓移植手术治疗，费用相当高。蚕豆病 90% 遗传给男性。此外还有红绿色盲、家族性遗传性视神经萎缩、血管瘤、睾丸女性化综合征、先天性丙种球蛋白缺乏症、肾性糖尿病、先天性白内障、无眼畸形、肛门闭锁等。

染色体病：染色体病在人群中的总发病率为 0.5%。如唐氏综合征患者所生子女发病率危险超过 50%；同源染色体易位携带者和复杂性染色体易位患者，其所生子女均为染色体病患者。性染色体异常可使胎儿发育成为两性畸人，具有体内的睾丸和卵巢，甚至具有男性和女性两套外生殖器。

多基因病：多基因病在人群中总发病率为 20%~25%。如唇腭裂发病率为 1%，再发危险为 4%。父为患者，子女发生率 3%；母为患者，子女发生率为 14%。还有先天性心脏病、恶性肿瘤、脑血栓、哮喘、无脑畸形儿、消化性溃疡病、先天性畸形足、重症肌无力、痛风、原发性癫痫、萎缩性鼻炎、牛皮癣、类风湿性关节炎、低及中度近视、部分斜视、精神分裂症、糖尿病（父母都有此病，女孩患病的机会是普通人的 15~20 倍）、高血压（父母都有此病，子女患病几率达 45%，父母一方患此病，子女患病几率达 28%，双亲血压正常者，其子女患此病的几率仅为 3%）、抑郁症（抑郁症患者的亲属中，患抑郁症的概率远高于一般人，为 10~30 倍，而且血缘关系越近，患病几率越高）、老年痴呆症（父母或兄弟中有老年痴呆患者，患该病的可能性高出一般人的 4 倍）等。

还有高胆固醇血症、多囊肾、神经纤维瘤、软骨发育不全、先天聋哑等均可遗传后代。

血型遗传：

Rh 血型是继 ABO 型发现后临床最大的血型系统之一，母子 Rh 血型不合的妊娠有可能产生死胎、早产和新生儿溶血症。在我国汉族及大多数民族中，Rh 阴性血型占 0.2%~0.5%，所以因 Rh 血型不合产生新生儿溶血症较为少见。因此，新生儿 ABO 溶血症，多是由于婴儿的母亲血型为 O 型，父亲的血型可能为 A 型或 B 型，而婴儿与父亲血型相同，在这些婴儿中少数会发生溶血症。另一种是 Rh 血型不合引起的溶血病，这种情况是婴儿父亲为 Rh 阳性，母亲为 Rh 阴性，婴儿为 Rh 阳性（表 2-1）。

表 2-1　血型遗传表

一方血型	另一方血型	孩子可能血型	孩子不可能血型
A	A	A、O	B、AB
B	B	B、O	A、AB
A	B	A、B、O、AB	
AB	A	A、B、AB	O
AB	B	A、B、AB	O
O	A	O、A	B、AB
O	B	O、B	A、AB
O	AB	A、B	O、AB
AB	AB	A、B、AB	O
O	O	O	A、B、AB

近亲结婚的后代死亡率和遗传病的发病率显著增高。贵阳市一项资料指出，近亲结婚者子女畸形患病率比非近亲结婚者子女畸形患病率高 4.97 倍。乌鲁木齐市近亲结婚者子女早亡率为 29.9%，高出非近亲结婚的 25.4%。长寿老人父母没有近亲结婚者。从遗传学观点看，近亲结婚能使致病的或者有害

的隐性基因表达增加，导致其后代比其他群体的他后代适应性差，而且早死率和重病率也明显升高，有损于健康和寿命。而远亲结婚使有害基因表达机会减少，有利于健康和长寿。

◆ **古今中外文献论优生**

《妇人良方》："夫人以骨气壮实，冲任荣和，则胎得所，如鱼处渊；若气血虚弱，无以滋养，则始终不能成也。""阴阳平均，气质完备，成其形尔。"

《医学入门》："气血充实，则保十月分娩，子母无虞。"

《广嗣纪要》："养胎者血也，护胎者气也。"

《景岳全书》："凡胎不固，无非气血损伤之病，盖气虚则摄不固，血虚则溉不固。"

《妇人秘科》："孕妇避免心情内伤的重要性：受胎之后，喜怒哀乐，莫敢不慎，盖过喜则伤心而气散，怒则伤肝而气上，思则伤脾而气郁，忧则伤肺而气结，恐则伤胃而气下，母气既伤，子气应之。未有不伤者也。"

元代李鹏飞在《三元延寿参赞书》："男破阳太早，则伤其精气；女破阴太早，则伤其血脉。"明代万全在《养生四要》："未及二八而御女，以通其精，则精未满而泄，五脏有不满之处，他日有难形状之疾。"清代汪昂在《勿药元诠》："交合太早，破丧天元乃夭之由。"

《马王堆汉墓帛书·天下至道谈》介绍了房事生活七损八益。

这里所说的八益，指的是将气功导引与女性交媾活动相结合的八个步骤或八种做法。其具体方法为：早晨起床打坐，伸直脊背，放松臀部，提缩肛门，导气下行至阴部，使周身的气血流畅，这就叫"治气"。呼吸新鲜空气，吞服舌下津液，臀部下垂，呈骑马姿势，伸直脊背，收缩肛门，导气下行至阴部，使阴液不断产生，这就叫"致沫"。交合之前，男女应当互相爱抚，尽情嬉戏娱乐，使情绪轻松，精神愉快，要等待双方都产生强烈的性欲时再行交合，这就叫"知时"。交合时放松脊背，提缩肛门，导气下行，使阴部充满精气，这就叫"蓄气"。交合时不要急速粗暴，抽送出入应尽量轻柔、舒缓、和顺，这就叫"和沫"，也就是使阴部分泌物增多而稠滑。抽送缓慢可以延长射精时间，满足双方性欲要求，射精时，应弯曲背部，肢体不要动，同时深吸气，宁静地等候一段时间再射精，可以延长射精时间。"九浅一深"的方法值得提倡：阴茎做九次较浅的插入，然后紧随着一次深的插入。这样可以使你分散精力，因为当你计数时一般不会射精，同时对女性也是极大的刺激，协调阴阳平衡。卧床交合时，不要贪欢恋战，应及时起来，当阴茎尚在坚硬时离开阴道，这就叫"积气"。房事快要结束之时，应当纳气运行于脊背，不要摇动，必须收敛精气，不伤元气，导气下行，安静等待阴部的精气充盈，这就叫"待嬴"。结束房事之时，应当将余精洒尽，待玉茎尚在勃起时离去，这就叫"定倾"。并且在行房事结束后清洗阴部。

所谓七损，其一是说交合时阴茎或阴户痛，精道不通，甚至无精可泄，这叫"内闭"。其二，交合时大汗淋漓不止，称之为"阳气外泄"。其三，由于房事不节，交接无度，真元亏损，精液虚耗，而致精气耗竭，这叫"竭"。其四，到了想要交合的时候，却有阳痿不举，这就叫"怫"。其五，交合时呼吸喘促，神昏气乱，这就叫"烦"。其六，女方性冲动缓慢，男方要善于等待，如果女方没有产生性欲而男方强行交合，这对女方身心健康非常有害，因而称为"绝"。其七，交合时急速图快，这就叫"费"。

"八益七损"是指导男女双方性生活的一项准则。此外，在性交之前，男女双方应注意性器官的清洁。男方应该洗阴茎、阴囊以及包皮皱褶里的污垢；女性也应该清洗。男女双方都应在房事前洗净双手，以免在性生活过程中爱抚时传播细菌。

中国古代的房中术有一句很核心的话，叫"激发生机，而不动情"。它的很重要的原则就是不动情，动情则五脏俱焚。

据有关资料统计，成功的人（包括国家元首）长子占的比例大，说明胎次对人的影响。自 2004 年开始，由挪威经济与工商管理学院的经济学家凯杰尔·塞万尼和另两名来自美国加州大学的博士组成的研究小组，仔细研究了 1912—1975 年间的挪威人口统计调查数据，他们惊讶地发现：子女的出生顺序与个人成长有密切的联系。家中长子女的受教育程度和事业成功率往往要比其他子女高，这个差异最终导致了收入水平和生活质量的差距。此外，家中年龄最小的孩子所从事的工作往往不够稳定，时常需要另作兼职补贴生活。

烟对胎儿的危害。有人检验了 120 名吸烟达一年以上的男子的精液，发现每天吸烟 30 支以上者，畸形精子的比例超过 20%，从而影响受精卵和胚胎的质量。丈夫的烟雾使孕妇被动吸烟，对胎儿也有影响。孕妇本人吸烟，则使胎儿受到更为直接的损害，烟草的有害物质，会通过胎盘到达胎儿体内，容易引起流产、早产和胎儿死亡。

美国国立卫生科研所研究结果表明，家庭中如有一个成员吸烟，其他人比不吸烟家庭成员患肺病机会高 1.4 倍，3 个成员吸烟则高 2.6 倍。结果还发现，3 个以上吸烟者的家庭患白血病、乳腺癌、宫颈癌的危险比不吸烟家庭高 3~6 倍。另外，被动吸烟者吸入气烟雾，其中的毒性化学物质如苯并芘、甲苯、二甲基亚硝胺的吸入量，却分别是主动吸烟者吸入量的 3 倍、6 倍和 5 倍。

研究认为，吸烟可使青少年患忧郁症；青少年吸烟会影响肺脏的发育；成人吸烟则会破坏牙周骨骼组织，使牙早脱，易得视斑退化症——一种视网膜的病变，会使视力逐渐消失；孕妇吸烟则所生的孩子易得过动儿症——注意力不集中、智力低下及行为上发生问题。

英国的研究人员指出，四五十岁的吸烟者跟不吸烟者相比，词汇记忆力明显下降。不论社会经济条件如何，不论男女，每天吸 20 支烟的人，记忆力丧失情况最为严重。由于香烟内所含的有害尼古丁可对脑细胞构成破坏并阻碍新脑细胞的生长，吸烟可使人变傻，变健忘。

据统计，每吸一支烟约消耗掉体内储存的 25 毫克维生素 C，而被动吸烟者维生素 C 的损耗量更高达 50 毫克。

香烟中含有 4700 多种化学成分，主要是尼古丁、煤焦油、氢氰酸、一氧化碳、放射性钋、氡、氨、芳香化合物，放射源——烟卷点燃后，其中的放射元素便随着烟雾吸进肺，而后进入肝、肾、胰、骨骼等组织器官，成为重要的致病源。以每天抽一包半香烟计算，一年吸入肺内的放射性物质，与全年照射 300 次 X 线相等。香烟中还有一种兴奋剂，人吸了像吸鸦片一样上瘾，并会遗传后代。香烟中危害性最大的是 43 种致癌物质，吸入这些致癌物质将导致肺、口腔、咽喉、食道、胃、胰腺、子宫、子宫颈、肾脏、尿道、膀胱和结肠等癌症。吸烟者的冠心病发病率比不吸烟者高 2~5 倍。资料表明，一个人每吸一支香烟要减少 6 分钟寿命，长期吸烟将缩短生命 6.5 年。

酒对胎儿的危害。中国俗语有"酒后不入室"之说。丈夫如果长期酗酒，往往后代不昌。著名诗人杜甫因长期酗酒，其子竟无力管理田园。孕妇饮酒是应禁止的，酒精的有害成分可以通过胎盘到达胎儿体内，引起胎儿发育障碍，其表现为中枢神经系统功能失调，发育迟缓，发育缺陷，面部可有不正常特征或全身发生各种不同的畸形，医学上被称为"胎儿酒精中毒综合征"，此类病症在美国达 5‰。

一个孩子的先天之本，不但来自于母亲的身体素质，也与母亲在怀孕期间的身体状况有直接关系。只有营养丰富的母亲才能孕育出健康、聪明、快乐的宝宝。西方著名的哲学家叔本华曾说过，孩子继承的是母亲的智力，父亲的意志力。

怀孕前调理好月经、治好痛经再要孩子。身体内寒湿重的人坚持每晚临睡前用热水洗脚，每次都泡到全身微微出汗可排出体内的寒湿。痛经严重时，可在烧水时加一小把艾叶，效果更好。治疗痛经也可少量吃姜、红枣、山楂、韭菜；忌食寒冷的食物。

孕妇用药需谨慎。孕妇要尽量少用药，最好是不用药，特别是怀孕头 3 个月尤应注意。孕妇应该避免接触放射线照射，特别是在妊娠头 3 个月。孕妇应远离化学药品，据《英国医学杂志》刊登的一份研究报告显示，女理发师怀孕生出畸形儿或体重太小的婴儿的危险性高于一般孕妇，因为他们整天接触发胶和其他化学物品。所以孕妇应避免接触这些有害物质。

据美国杂志报道，为了治疗妇女不孕症，临床上应用激素类药物如促性腺药物等来诱发排卵，有的妇女在用药后一次排卵多个。用这种方法妊娠的 43 名妇女中，有 14 名生了双胞胎，有 9 名生了三胞胎。而用氯底酚胺激素类药物诱发排卵的 186 名孕妇中，有 165 人生了双胞胎，有 8 名生了 3 胞胎，7 名生了 4 胞胎，3 名生了 5 胞胎，只有 3 名没有生育。

除上述激素药物有诱发双胞胎或多胞胎的可能外，其他一些激素类药物也有诱发双胞胎或多胞胎的作用。

准妈妈要远离 X 射线 美国加利福尼亚的研究人员对当地 1000 位怀孕 10 周的妇女进行了试验。测试表明，电磁场将会增加孕妇流产的可能性，手机、电视机、吹风机、吸尘器、无轨电车、电力火车、电热毯等电器都能影响孕妇的正常妊娠。

这些射线有一部分射到显像管外边，对胎儿的影响是不能忽视的，特别是对 1~3 个月的胎儿危害更大。如果孕妇有时要看电视，距离荧光屏的距离也应在 2 米以上为好。那些有凶案、枪战、暴力、色情镜头的电视片均不适合孕妇观看，否则，对胎儿的思想会产生不良影响。

据《太原晚报》介绍，开启微波炉后，人最好离开 1 米左右；最好使用微波炉护罩，经常用其烹煮食品则需要穿屏蔽围裙，屏蔽大褂。微波炉产生的电磁波会诱发白内障，导致大脑异常。微波还会降低生殖能力。因此，孕妇最好远离微波炉。冰箱要放在人不经常逗留的场所；尽量避免在冰箱工作时靠近它或者存放食物；经常用吸尘器把冰箱散热管上的灰尘吸掉。

瑞典科学家在调查了 11000 多名瑞典人和挪威人后得出结论，使用手机越频繁，人们不适的症状越多。孕早期不宜使用手机——手机开始接通时辐射强度比通话时产生的辐射高 20 倍。不过，将消磁器加在天线上，可稍减手机在响铃接听和通话时的辐射量。当手机在接通阶段，使用者应避免将其贴近耳朵，这样将减少 80%~90% 的辐射量。怀孕初期的妇女更不应将手机挂在胸前，以免胎儿畸形。

怀孕后，为了避免或减少辐射对宝宝的影响，很多孕妈妈穿上了防辐射服。到目前为止，市场上曾出现过 4 代产品。

第一代产品的面料是多离子的,现已被淘汰。

第二代产品的面料是涂层的,易掉,不透气,不能洗,还含有对人体有害的物质。

第三代产品的面料是不锈钢金属纤维混纺的,不含有对人体有害的成分,透气性较好,能直接洗,效果还好。但这类面料的质量不容易区分。

第四代产品的面料是银纤维,又叫银离子,属于到目前为止的最新产品:质地轻薄,透气,柔软,可水洗,具有防菌、除臭的功能。但价格略贵。

防辐射服在款式上分为两种,即全围式的和肚兜式的。最好两种产品都买,防辐射效果更好。还要买名牌,杂牌质量差。

准妈妈少吃糖　对美国加州 900 个孕妇的研究发现,吃糖多比吃糖少的妈妈生的小孩,先天缺陷率要高出 1 倍;而吃糖多的胖妈妈生的小孩,先天缺陷率更高达 4 倍。世界卫生组织曾提出,成人每天使用糖精不得超过 4 克,孕妇及周岁以内的婴儿禁止食用,否则会损害脑、肝等细胞组织,甚至会诱发膀胱癌。也有研究发现,糖精通过孕妇的胎盘传给胎儿,并从胎儿细胞中较为缓慢地排出,故建议女性在准备怀孕或在怀孕阶段尽量不食用含糖精食品。

准妈妈要劳逸结合　孕妇进行适当的运动才能使全身气血流畅,胎儿才能更好地成长,并且有利于孕妇顺利生产。《小儿病源方论·小儿胎禀》:"怀孕妇人……饱则恣意坐卧,不劳力,不运动,所以腹中之日胎受软弱。"《万氏妇人种·胎前》:"妇人受胎之后,常宜行动往来,使血气通流,百脉和畅,自无难产。若好逸恶劳,好静恶动,贪卧养娇,则气血凝滞,临产多难。"

运动和静养要随孕期安排,妊娠 1~3 个月适合静养,以安胎稳胎。4~7 个月的时候要增加一定的活动量,保证气血顺畅,适宜胎儿迅速发育的需要。而妊娠后期只能做较轻的工作,注意劳逸结合。足月之后,又转入以静为主,每天散步不要过久。而分娩前两周应停止工作,静待胎儿降生。

妊娠开始后的第 5 周,若母亲过劳或休息不足,则会导致身体骨髓造血系统受损而出现氧气不足的状况。氧气不足有可能会造成腹中的胎儿畸形。

准妈妈要控制情绪　《素问·奇病论》:"人生而有病癫疾者……病名为胎病。此得之在母腹中时,其母有所大惊,气上而不下,精气并居,故令子发为癫疾也。"这是讲一个小孩患癫疾,是因为母亲在怀孕期受到惊吓所致。

准妈妈忌吃油条　明矾是一种含铝的无机物——这种物质很难由肾脏排出,对人脑及神经细胞产生毒害,甚至引起老年痴呆。炸油条用 50 克面粉,就需要 15 克明矾,明矾侵入胎盘,侵入胎儿大脑,会使其形成大脑障碍,增加痴呆儿的几率。粉丝中也含有明矾,不宜多吃。

准妈妈忌房事 房事是指夫妻性生活。《孕产集》："怀孕之后，首忌交合。盖阴气动而外泄，则分其养孕之力，而扰其因孕之机，且火动于内，营血不安，神魂不密，形体劳乏，筋脉震惊，动而漏下，半产、难产、生子多疾。"孕期如不能完全避免性交，至少也应在怀孕最初 3 个月和 7 个月之后禁止性交。早期同房易引起流产，后期易引起早产。

准妈妈谨防高热 美国学者研究发现，孕妇（尤其在怀孕头 3 个月）无论是何种原因引起的体温升高，如感染发热，夏日中暑，高温作业，洗热水澡等，都可能使早期胚胎受到伤害，特别是胎儿的神经系统受害最为明显。

研究发现，孕妇体温比正常体温高出 1.5℃时，胎儿细胞发育就会停止；孕妇体温高出 3℃时，就有杀伤胎儿脑细胞的危险。这将导致胎儿大脑及全身发育不良。孕妇宜用 35~38℃的温水淋浴，每次时间 15 分钟。孕妇坐浴不利于卫生，尤其妊娠后期坐浴，易引起早产。孕妇在饥饿时、饱食后 1 小时内不宜洗澡。

准妈妈慎用游泳池 国外科学家从游泳池的水样中发现了浓度较高的氯的副产物——三卤甲烷（THM5）——潜在的致癌物质是自来水的 20 倍。当氯与有机物比如汗、污垢、皮肤细胞和护肤产品等发生反应时就会生成 THM5——水温升高及游泳者增多时 THM5 的浓度会升高。孕妇也不可用碱性肥皂或高锰酸钾清洗外阴，易伤皮肤。

准妈妈慎用洗涤剂 日本学者曾经对孕卵发育障碍与环境因素的影响进行动物试验，用含有 2%的酒精硫酸（AS）或直链烷基磺酸盐（IAS）涂抹在已孕小白鼠背部，每日 2 次，连续 3 天，在妊娠第三天取出孕卵检查，发现多数孕卵在输卵管内极度变形或死亡。而未涂过 AS 或 IAS 剂的孕鼠，其孕卵全部进入子宫且正常发育。由此揭示，含有 AS 或 IAS 之类的化学物质，可通过哺乳类动物的皮肤吸收到达输卵管。当孕妇体内此成分达到一定浓度时，可使刚刚受精的卵细胞变形，最后导致孕卵死亡。

据有关部门的测定，目前市场上销售的洗涤剂之类物质中 AS 或 IAS 的浓度为 20%左右，是用于小白鼠试验的 2%浓度的 10 倍。因此，人们必须对引起不孕的凶手——洗涤剂之类的化学物质有足够的认识。

准妈妈要远离噪声污染 美国一位儿科医生对一组婴儿做了调查，结果证实在机场附近地区胎儿畸形率由 0.8%升到 1.2%。其畸形主要发生在脊椎、腹部和大脑。日本调查资料表明，在噪声污染区的居民中，新生儿体重常在 2000 克以下，而正常新生儿的体重应在 2500 克以上。

美国推进科学协会在芝加哥举行的年会上曾发出警告："噪声对胎儿危害极大，因为高分贝噪声能损害胎儿的听觉器官"。那些曾受过 85 分贝以上

（重型卡车声音为 90 分贝）强噪声影响的胎儿，在出生前就已经丧失了听觉的敏锐度。一组对 131 名 4~10 岁男女儿童进行调查的结果表明，那些出生前在母体内接受强烈噪声的儿童对 400Hz 声音的感觉是没有接受过噪声儿童的 1/3。

科学家研究指出，构成胎儿耳一部分的耳蜗从孕妇妊娠第 20 周起，开始成长发育，其成熟过程在婴儿出生后 30 多天时间仍在继续进行。胎儿内耳受到噪音的刺激，能使脑的部分区域受损，并严重影响大脑发育，至儿童期后出现智力低下。

噪声能使孕妇内分泌腺体的功能紊乱，从而使脑垂体分泌的催产激素过盛，引起子宫强烈收缩，导致流产、早产。

准妈妈忌甲醛 前苏联学者检查了 446 名接触甲醛浓度为每立方 0.05~4.5 毫克的纺织女工（自生产防皱布时使用的树脂中散发出甲醛）及 200 名不接触的女工，发现接触组女工月经不调的患病率高达 97.5%，对照组为 18.6%。同时还报告了妊娠中毒症及孕期贫血和先兆流产的发病增加，新生儿体重偏低等现象。

准妈妈忌减肥 据美国食品健康状况统计中心对 1600 名产妇的研究结果表明：孕妇产前体重递增达到 16 千克最好。体重增加到 12~15 千克的孕妇，分娩时死胎率只有 3.8%，而体重增加少于 7 千克的孕妇，死胎率为 10.5%。孕妇体重增加越少，死胎早产的危险性越大，出生婴儿体重越轻，且身体越差，疾病越多，反之，体重增加得多，婴儿就健康。

妊娠期应平均增加 10~12 千克体重，如果超过这个水平，特别是妊娠期每周体重增加超过 0.5 千克以上时，仍不可擅自使用减肥药物，应到医院诊治。如果孕妇过于肥胖，应适当减少脂肪摄入，增加运动量，这样做既利于减肥，又可减轻分娩时的痛苦。

准妈妈忌涂口红，胭脂 口红主要由各种油脂、蜡质、颜料和香料等成分组成。其中油脂通常采用羊毛脂，羊毛脂除了会吸附空气中各种对人体有害的重金属微量元素，还有可能吸附大肠埃希菌进入胎儿体内，而且还有一定渗透性。孕妇涂抹口红以后，空气中的一些有害物质就容易吸附在嘴唇上，并随着唾液侵入体内，使孕妇腹中胎儿受害。研究还发现，口红中的红色粉末能损害人的遗传信息——脱氧核糖核酸，引起胎儿畸形。孕妇涂口红还会影响医生诊断病情。

胭脂的主要成分是相对柔和的蔬菜与水果内的混合物，但是胭脂色素会生成一种红色的水银硫化物，即朱砂。接触到皮肤之后，水银会渗入血液中。

很多流产、畸形、死胎等都是由于这种重金属中毒引起的。

准妈妈忌烫发、染发 烫发剂中含有大量刺激物质，如碱性硝基化合物和过氧化物，而染发剂中所含的硝基、氨基的芳香类化合物均不利于健康，并可诱发皮疹和呼吸道疾病。

染发剂的主要成分是对苯二胺，这类化学物质虽然能使头发具有光泽，对苯二胺分子量小，易渗透至发髓，并引起皮肤过敏，出现红肿、疹块、水疱、瘙痒等症状，还会诱发哮喘、贫血等疾病，不利于孕妇身心健康。如果清洗不干净，染发剂中的有害物质被皮肤吸收，造成中毒及诱发癌症。有的孕妇染发用冷烫精不但有害头发，还易被皮肤吸收引起过敏反应，直接危害胎儿发育。

准妈妈忌戴隐形眼镜 因为怀孕期间角膜水肿，厚度增加且泪液分泌减少，使得眼球表面更不适合隐形眼镜的配戴，否则会导致眼病。

准妈妈应远离农药 农村大量使用有机磷农药，它可以通过呼吸进入孕妇体内后，经过胎盘进入胎儿体内，从而导致胎儿生长缓慢、发育不全、畸形和功能障碍等，也可能引起流产、早产和在宫内死亡等，特别是孕早期，胚胎的各器官正在形成中，对外界有害因素的干扰与损害特别敏感，故此时孕妇接触农药更容易出现胎儿先天性畸形。

准妈妈的卧室不宜铺地毯 据测定，地毯上储藏着人们从室外带入的导致胚胎发育畸形的有害物质；地毯对蔬菜或水果上残留的农药及家用防腐剂吸附力特别大，即使是停用多年的有毒物品，在地毯中仍能找到。地毯中储藏的细菌颗粒比光地板高 100 倍，地毯是螨虫栖身的好地方，而螨虫所排泄的小颗粒衍生物 P，极易被孕妇吸入而产生过敏性哮喘。即使用吸尘器或化学药剂喷洒也不能解决上述问题。

准妈妈不宜喝咖啡因饮料 美国加州的学者研究证明，咖啡因会抑制胎儿在母体中的正常生长。如果喝咖啡过多，自然流产率会增高，生下的婴儿体重往往过轻，自然死亡率也高。早在 1980 年美国食品和药物管理局就提出建议，为了妇女和胎儿的健康，孕妇应减少咖啡的饮用量。专家建议，孕妇每天喝咖啡不要超过 300 毫升。

准妈妈不宜多服鱼肝油和钙片 因为长期服大剂量的鱼肝油和钙片，会引起毛发脱落、皮肤发痒、食欲减退、感觉过敏、眼球突出、血中凝血酶原不足和维生素 C 代谢障碍等。此外，血中钙浓度过高，还会出现肌肉软弱无力、呕吐和心律失常，使胎儿在发育期间出现牙齿滤泡移位，甚至使分娩不久的新生儿萌出牙齿。所以孕妇不宜服食过多鱼肝油和钙片。

准妈妈应慎养猫狗 因为受弓形虫感染的猫携带大量的弓形虫病毒，能破坏人体多种脏器和组织。弓形虫病是全球性人畜共患的寄生虫性传染病，我国感染率占总人口的 5%~20%，猪、羊、猫、狗等动物目前感染率达 10%~50%。受到感染的猫排出大量含有寄生虫卵囊的排泄物，可使人的眼、耳、喉、内脏等器官发病。这种病对孕妇的危害尤其大。孕妇感染弓形虫病后易引起流产、早产或死胎，接近一半的婴儿可能耳聋、失明、畸形、智力低下，甚至死亡。狗身上寄生一种"慢性局灶性副黏液病毒"，这种病毒进入人体的血液循环后侵害骨细胞，可导致骨质枯软变形，引起畸形骨炎。对妊娠母体及胎儿都不利。

准妈妈忌焦虑不安 临床观察发现，胎儿在 7~10 周内是颚骨发展的时期，如果孕妇在这个时期情绪过度焦虑不安，有可能导致唇腭的发育畸形。妊娠后期，孕妇精神剧烈变化，如惊吓、忧伤、严重精神刺激，可引起循环障碍，影响胎儿发育，甚至造成胎儿死亡。

准妈妈应养成早睡早起的习惯 瑞士儿科医生舒蒂尔曼博士的研究发现，新生儿的睡眠类型与怀孕母亲的睡眠类型相关。博士将孕妇分为早起和晚睡两种类型，然后对她们所生的孩子进行了调查，结果发现，早起型母亲所生的孩子，一生下来就有早睡的习惯，而晚睡型母亲所生的孩子，一生下来就有晚睡的习惯。这表明胎儿在母腹中就会准确地适应母亲的日常生活规律，他的习惯与母亲息息相关。这种母子"感通"不仅为胎教提供了科学的依据，也是胎教实施的途径。

准妈妈的睡姿 专家建议，孕妇在怀孕 6 个月以上不宜长期采取仰卧睡姿。如果孕妇仰卧睡觉，已经增大的子宫就会向后倾，压在腹部的主动脉上，将会减低子宫的供血量。当孕妇仰卧时，已经增大的子宫还会压迫下肢静脉，使下肢静脉血液回流受阻，引起下肢及阴部水肿，静脉曲张。同时，由于运回心脏的血量减少，将会引起胸闷、头晕、恶心呕吐、血压下降等现象。仰卧时子宫还会压迫输尿管，致使尿液排出不顺畅，易患肾盂肾炎。

而如果孕妇在睡觉时采取左侧卧位，不但可以避免增大的子宫对下肢动、静脉及肾脏的压迫，保障心脏的排血量，并保持肾脏有充分的血流量，改善子宫和胎盘的血液供应，有利于胎儿的生长发育，还可以使右旋子宫转向直位，纠正异常的胎位。

孕妇在妊娠初期，最好采取仰卧的姿势，好让全身肌肉放松，以防疲劳。在妊娠中后期最好是采取左、右侧卧交替进行的姿势。

准妈妈忌多闻汽油味，以免引起铅中毒和胎儿先天发育畸形。

准妈妈忌拔牙，因为拔牙疼痛会诱发子宫收缩引起流产和早产。

准妈妈胸罩尺寸偏小或使用挟带式的胸罩会致多种疾病。

准妈妈不能接触花粉。瑞士科学家认为，如果孕妇在孕期后3个月里接触花粉，婴儿患哮喘的可能性将增加。

准妈妈忌煤气中毒，因为燃料（煤、煤气、液化气）都可以使人体细胞的遗传基因发生异常，从而导致胎儿畸形。

《本草纲目》记载了妊娠禁忌药品："乌头、附子、天雄、乌喙、侧子、野葛、羊踯躅、桂南星、半夏、巴豆、大戟、芫花、藜芦、薏苡仁、藏衔、牛膝、皂荚、牵牛、厚朴、槐子、桃仁、牡丹皮、党根、茜根、茅根、干漆、瞿麦、闾茹、赤箭、草三棱、茵草、鬼箭、通草、红花、苏木、麦糵、葵子、代赭石、常山、水银、锡粉、硇砂、砒石、芒硝、硫黄、石蚕、雄黄、水蛭、虻虫、芫青、斑蝥、地胆、蜘蛛、蝼蛄、葛上、亭长、蜈蚣、衣鱼、蛇蜕、蜥蜴、飞生、蟅虫、樗鸡、蚱蝉、蛴螬、猬皮、牛黄、麝香、雌黄、兔肉、蟹爪甲、犬肉、马肉、驴肉、羊肝、鲤鱼、蛤蟆、鳅鳝、龟鳖、生姜、小蒜、雀肉、马力。"

专家认为，如非特殊情况，应尽量避免剖宫产。因为胎儿出生时，经过母亲狭窄的产道，所以胎儿不但用脑，还用全身皮肤去接触刺激，即对母亲体外的新环境作适应准备。而剖宫产胎儿就不会有这种刺激了。

人工生产对出生婴儿有何影响？美国学者温多尔曾以猴子做实验。对快要生产的妊娠母猴予以服药、麻醉，结果发现出生的小猴比一般自立生产的小猴没力量。解剖的结果显示发生了很严重的缺氧现象。

准妈妈晒太阳 美国波士顿大学医学部在日光的生理作用和维生素D的研究上颇有建树的迈克尔·霍里克博士指出："蒙面纱生活着的阿拉伯女性由于皮肤没有接受到阳光的照射，导致体内的维生素D慢性不足，很多人因此而患上骨软化症和骨质疏松症。另外，维生素D不足还增大了1型糖尿病、结肠癌、乳腺癌、前列腺癌、子宫癌等疾病的发生率。"

准妈妈少吃冷食 母亲怀孕中若进食过多冰冷食物，会导致没有消化掉的食品毒素和细菌被肠道吸收，接着随淋巴中的血细胞进入胎盘，进而造成胎内婴儿身体被抗体和病菌污染，甚至会污染胎便——是胎儿出生之前在肠中排出的浓稠的绿色粪便，正常情况下婴儿在被喂养母乳后就能自然排泄。

准爸爸别蓄胡子 胡子能吸附及收容许多灰尘和空气中的污染物，特别是胡子在鼻子周围，使污染物特别容易进入呼吸道和消化道，对受精前精子的内环境不利。如果蓄胡子的男子与怀孕的妻子接吻还可将各种病源微生物传染给妻子，危及胎儿健康。据测定，空气中的污染物很多，除各种病源微生物外，还有诱发胎儿先天性畸形的化学物质。如酚苯、甲苯、氨等。在污染指数少于 1 个单位的清洁空气中，上唇留胡须的人吸入空气中的污染指数可上升 4.2 单位，下颏留胡须的人为 1.9 单位，上唇和下颚都留胡须的人为 6.1 单位。如果在环境污染严重的地区，留胡须者吸入空气中的污染指数则更惊人。

准爸爸忌洗高温澡 第一，研究证实，44℃是影响精子存活的临界点。如果男性在 44℃以上的热水中泡半小时，精子活动力就会明显下降，暂时丧失生育能力。一周后精子活动才能恢复。

第二，后天条件——良好的环境。孕妇需要优美的大自然环境，还需要温馨的家庭环境。现代科学证明，孕妇情绪调适到最佳状态，母体内就能分泌出更多性激素，使胎儿面部器官的结构组合及皮肤发育良好，从而塑造出自己理想的孩子。

室内外空气的污染与早孕的胚胎致畸有显著的相关性，日光灯缺少红光波，且以每秒钟 50 次的速度抖动，当室内门窗禁闭时，可与污染的空气产生含有臭氧的光烟雾，对居室内的空气形成污染，睡觉前要开窗 10~15 分钟。

世界卫生组织调查资料表明，在两次世界大战中出生的婴儿，精神病、胃肠道疾病、心脑血管病、畸形儿发病率明显升高，原因主要有孕妇的高度紧张情绪、生活动荡不安和营养不良等因素。

1976 年 7 月 28 日凌晨，唐山发生了一场毁灭性的大地震，这一灾难给准妈妈带来了巨大的精神刺激。事过 10 年以后，为了考查这场自然灾害对当时正在母腹中的胎儿有无影响，华北煤炭医学院李玉蓉医生从市内几所小学中挑选了 350 名出生于 1976 年 7 月 28 日至 1977 年 5 月 30 日的儿童进行研究，其中 206 名作为地震组，该组儿童在孕期均接受了震灾。另外 144 名是同期出生在外地，后来在唐山定居的作为对照组。这批儿童的母亲在孕期身体健康，婴儿分娩时无产伤，以后也没有患过影响智力的疾病。

体力测验结果是两组没有大差异；智力测验结果则以地震组偏低。地震组平均智商 86.43，智商 90 以上者占 36.4%；对照组平均智商 91.95，智商 90 以上者占 50.7%。研究者又从两组中选出性别、学校、年级、父母职业及文化程度相同的 34 对儿童加以对比，对比结果为，地震组平均智商 81.7，而对照组为 93.1，从对比中发现，地震组与对照组的智商差别比较明显。

美国著名教育学家心理医生罗宾·K·赖斯在其《育婴室里的幽灵》一书中，就介绍了十几位专家经过调查发现的一个事实，即许多因少年暴力而被收容的孩子，他们的家庭环境，父母的个性脾气，他们在胎儿时期和幼儿时期的经历，都有十分相似的地方。由此专家们得出这样的结论：胎儿期如果大脑经常受到频繁的有害的暴力性的刺激，或生长在有暴力氛围的环境中，孩子长大后也就容易有暴力倾向。

第三，主要条件——良好的教育。教育在一定意义上，也是一种环境，一种社会环境。但它和一般环境或社会环境不同之处，在于它是一种有目的、有组织和有计划地传递社会经验、发展人类智力的方式，它在儿童品德智力和体质发展上起着重要作用。

教育首先从"胎教"开始——人生中最重要的教育。

◆ 胎教

什么是胎教？胎教就是妇女在怀孕期间，科学地调节母体内外环境，防止不良的主观和客观因素对胎儿的影响，并且有意识地给胎儿良好的教育，使胎儿身心健康地发育，为成功人生打下坚实的基础。

胎教一词源于我国古代。《黄帝内经》中就有了关于胎教的记载，东汉王充《论衡·命义篇》中提出"胎教之法"。《史记》中记录周文王之母太任时说："太任有娠，目不视恶色，耳不听淫声，口不出傲言。"古人云："古者妇人妊子，寝不侧，坐不偏，立不跸，不食邪味，割不正不食，席不正不坐，目不视于邪色，耳不听淫声，口不出傲言，夜则令瞽诵诗，道正事。如此则生子形容端正，才过人矣……"

贾谊在《新书·胎教》中记有："周妃后妊成王于身，立而不跛，坐而不差，笑而不宣，独处不倨，虽怒不骂，胎教之谓也。"

《医心方·求子》中记有："凡女子怀孕之后，须行善事，勿视恶色，勿听恶语，省淫语，勿咒诅，勿骂詈，勿惊恐，勿劳倦，勿妄语，勿忧愁，勿食生冷醋滑热食，勿乘车马，勿登高，勿临深，勿下坂，勿急行，勿服饵，勿针灸，皆须端心正念，常听经书，遂今男女，如是聪明，智慧，贞良，所谓胎教是也。"

隋代巢元方在《诸病源候论·妊娠候》中记有"子欲端正庄严，常口谈正言，身行正事"，提出外象内感的胎教理论。

《源经训诂》："目不视恶色，耳不听淫声，口不出乱言，不食邪味，常行忠孝友爱，慈良之事，则生子聪明，才智德贤过人也。"

元代朱震亨在《格致余论》中记载："若夫胎孕致病，事起茫昧，人多玩忽，医所不知。儿之在胎，与母同体，得热则惧热，得寒则惧寒，病则惧病，安则惧安。母之饮食起居，尤为慎密，不可不知也。"

唐代孙思邈在《备急千金要方·养胎》一书中记有"调心神，和惰性，节嗜欲，庶事清静"，并阐明了逐月养胎法。

　　宋代陈自明在《妇人大全良方·总论》中记有："立胎教，能令人生良善，长寿、忠孝、仁义、聪明、无疾，盍须十月好景象"，"欲子美好，玩白璧、观孔雀"。

　　《便产须知》："勿乱服药，勿过饮酒，勿妄针灸……勿举重、登高、涉险……勿多睡卧，时时行步，勿劳力过伤……衣毋太湿，食毋太饱。"

　　《女科集略》："受妊之后，宜令镇静……须内达七情，外薄五味，大冷大热之物，皆在所禁。"

　　现代人也十分重视胎教。1985 年 9 月，中国心理卫生协会在泰安举办的心理卫生专题讲座学习班上，北京天坛医院妇产科宋维炳教授提出了胎教问题，引起了全国与会者的重视。

　　北京大学第一附属医院戴淑凤教授于 1984—1985 年借助 B 超和胎心监护仪观察了在实施音乐胎教、对话胎教、抚摸胎教等胎儿的各种表现，并对实施过胎教的小儿进行了跟踪研究。

　　上海市第一妇婴保健院的专家们为了探讨胎教的效果，采用了 20 项新生儿作为神经检查方法来评估胎教的实际效果。专家们选择了孕龄在 5~6 个月的孕妇 53 名，同时以文化程度、职业及孕龄相似、单胎无高危因素的孕妇 53 名作为对照组。他们对胎教组和对照组婴儿经过严谨、科学地评估，全部数据经计算机处理，得出了令人欣喜的结果：总的结果是评估组均优于对照组，其中能力发育一项显著优于对照组，而且胎教新生儿的能力呈现逐步提高的趋势。

　　1993 年 2 月，我国著名妇产科专家陈嘉政教授在南京市妇幼保健院创办了一所胎儿大学，学员为孕妇及其丈夫，开设的课程有信息传递、语言胎教、音乐胎教、触摸运动等。跟踪观察后发现，胎教后的胎儿出生后体格健壮，听觉灵敏，反应敏捷，发音较早，对音乐有兴趣，表现出胎教的良好效果。

　　最早的"胎儿大学"是 20 世纪 70 年代初由法国里昂卫生研究所和美国精神生理研究所、休斯敦保健中心等优育技术咨询机构创办。

　　1979 年，美国加利福尼亚州希活市的妇产科专家尼·凡特卡创办了世界上第二所胎儿大学。至今"学生"已超过数万名，担当教员的有产科医生、心理学家和家庭教育学家。入学的"新生"是妊娠 5 个月的胎宝宝。学习的课程主要有语言、音乐和体育。

　　现代胎儿医学的研究表明，母亲和胎儿之间存在着一种超感知觉作用，母亲的感受可以传给胎儿。胎儿能理解母亲的感情，当母亲惊恐失措的时候，胎儿就会全身抽搐，当母亲闷闷不乐时，平时很活跃的胎儿，也好像没有力气一样不动了。

语言课：孕妇在老师的指导下用一个喇叭筒向腹中的胎儿不断地重复说话或者借助一个特殊的麦克风同胎儿讲话，同时用手在腹部做各种示范动作，与胎儿宝宝做游戏，如抚摸、拍、摇、推等，把字、句子、文章向腹中宝宝一再重复。每日 2~3 次，每次 5~10 分钟。

音乐课：孕妇把一个乐器盒和耳机放在腹部，让胎儿欣赏优美的乐曲和动听的歌曲。音乐会刺激胎儿大脑的发育，并能开发胎儿的才能。孕妇给宝宝唱歌，教乐谱，如 12345671 17654321 音阶，唱若干遍，每唱完一个音符，稍停顿，使胎儿有"复唱"的时间，唱的声音不能太大，以免使宝宝感到不安。每日 2~3 次，每次 5~10 分钟。孕妇采取半卧姿态，最好坐在沙发或躺椅上，也可随着音乐散步。但不要长时间卧位，以免增大子宫压迫腔静脉，导致胎儿缺氧。

运动课：孕妇仰卧，全身放松，先用手在腹部来回抚摸，然后用手指轻轻按腹部的不同的部位，并观察胎儿有何反应。几周后，胎儿逐渐适应了，可增加一点运动量。如果用力太大，会出现胎儿躁动或用力蹬踢现象，应停止抚摸。如果胎儿出现平和的蠕动，则表示胎儿感到很舒服。怀孕第 6 个月后就可以轻轻拍打腹部，并用手轻轻推动胎儿，让胎儿进行宫内"散步"活动。胎儿一踢就拍一下，有时按哪儿，胎儿就踢哪儿。孕妇四肢做各种动作，双眼配合，或滚动身体，或跪床轻摇。还有站立、蹲下、双腿盘坐、双腿平伸、直坐、伸腿、弯腿、手的配合等各种动作。总之，通过孕妇肢体的动作交换，使胎儿得到运动锻炼。每日 2~3 次，每次 5~10 分钟。需要注意的是，对胎儿的运动训练，一般在怀孕 3 个月内及临产期时均不宜进行，有流产、早产迹象者也不宜进行。

这所大学培养的学生出生后比别的孩子聪明活泼，坐、立、行及说话都较早，对语言和数字能较轻易地理解，认知能力较强。有个新生儿一出生就能伸手轻轻地拍打母亲的面部，还有一个婴儿刚刚 9 周，居然能对录像带节目说"hello"。

胎儿的听觉 日本科学家研究发现，胎儿能时常聆听母亲、父亲进行的语言胎教，出生后对母亲和父亲的声音会有较明显的辨别力；通过显像屏还可以观察到，胎儿听到父母的声音有动一下或扭过头去等反应，有时甚至会露出很安静聆听的样子，而对别人的声音却没有这种反应。

美国科学家发现，经常对胎儿诵读诗文，胎儿出生后对语言的接受能力会明显比没有接受过语言胎教的孩子强，开口说话时间会提早，今后对语言的理解能力也会比一般孩子高。

日本已故医学教授室冈一先生，当他证实了母体的声音确实能传到胎儿的耳朵后，便将子宫内胎儿所听到的声音、母亲的心音和血液流动声，用录音机录下来，给刚出生的婴儿听，让他感到安心而停止哭泣。后来，他又制作了装有能发出这种声音装置的小布羊和唱片，把小布羊放在哭泣中的婴儿旁进行实验，婴儿果然立即停止哭泣安详入睡。如果是出生一周左右的婴儿，效果更加明显。

研究表明，在胎儿的几种感官中最为发达的就是听觉系统了。早在受孕第4周，胎儿的听觉器官已经开始发育，第8周时耳廓已经形成，这时胎儿听音神经中枢的发育尚未完善，所以还能听到来自外界的声音。第25周后，胎儿的传音系统基本发育完成，开始不断地"凝神倾听"，28周时胎儿的传音系统已充分发育完成，已经具备了能够听到声音的所有条件。

胎儿的视觉 眼科专家认为，从妊娠第21天，胎儿视觉系统开始发育。因此，未来的母亲必须在怀孕之前就加以注意。胎儿首先形成的是眼睛和大脑。胎儿3个月睁开了眼，并能开始分辨光亮与黑暗，并愿意转向比较亮的一面。现代医学研究者利用B超观察发现用电光一闪一闪地照射孕妇腹部，胎儿心搏数就会出现剧烈变化。

胎儿的触觉 胎儿2个月时就能扭动头部，四肢和身体。4个月时，当母亲的手触摸到任何部位胎儿都能做出反应。

胎儿的嗅觉 胎儿的鼻子早在妊娠第2个月开始发育，到了第7个月，鼻孔就能与外界相互沟通。但是，由于被羊水所包围，所以他的嗅觉还不能发挥作用。胎儿一出生就能闻到母体的气味，一接近母亲就能分辨出来。

日本医学家以胎儿镜直接接触胎儿手脚等刺激方法，观察和记录胎儿的听觉、视觉与触觉的反应，证明了5个月以后正常胎儿可以听到外面传入子宫内的声音，并可见到外面透入子宫内的光线，以及经羊膜直接进入宫内的光照，引起胎儿闭眼的动作。

胎儿的味觉 胎儿的嘴巴在妊娠第2个月开始发育，在妊娠4个月时，胎儿舌头上的味蕾已发育完全。新西兰科学家艾伯特·利莱通过一个简单的实验证明胎儿的味觉在4个月时已经出现。他在孕妇的羊水里加入了糖精，发现胎儿正以高于正常1倍的速度吸入羊水，而当他在子宫内注入一种味觉不好的油时，胎儿立即停止吸入羊水，并开始在腹内乱动，明显地表示抗议。

胎儿的记忆力 胎儿4~5个月时偶尔出现记忆痕迹，7个月时，开始具有思维和记忆能力，而且这种能力还将随胎龄的增加逐渐增强。

加拿大哈密尔顿乐团的指挥鲍里斯在第一次演奏时，一支未见过面的曲子突然在脑海里出现，而且十分亲切，这使他迷惑不解。原来他母亲曾是一位职业大提琴演奏家，在怀鲍里斯时曾多次演奏过这支曲子。西班牙萨拉戈省成立了一所专门研究产前教育的研究所，研究的中心课题是：腹中胎儿的大脑功能会被强化吗？研究结果表明，胎儿对外界有意识的激励行为的感知体验，将会长期保留在记忆中，并对其未来的个性和智能产生相应的影响。

1972年，在德国某医院出生了一个名叫克里斯蒂娜的健康婴儿。从出生起，这个婴儿就一直拒不吮吸母亲的乳汁，医生让另外一位乳母去喂她，却见她迫不及待地大口吃起来。这种罕见的有悖于常情的举动，不禁使人愕然。经过调查分析，才发现这位母亲在怀孕时特别不想要这个孩子，只是在丈夫的恳求下勉强把孩子生下来。可见这个可怜的小女孩在胎儿时期就已感觉到了母亲的想法，所以出生后仍然对母亲"心怀怨恨"。这说明"意念胎教"有效。

胎教方法大致如下：

意念胎教： 准妈妈要对孩子充满爱，多往好的方面去想，要有积极的心态，下定决心把孩子培养成为有利于祖国和人民的杰出人才，像陈景润、钱学森、李嘉诚那样有杰出贡献的人。自己充满信心，并暗示孩子一定能成功。准妈妈每天冥想几分钟，意念高度集中，全身放松处于"入静入定"的特殊身心状态，打通全身脉络，将美好的体验暗示传递给胎儿。

1968年，比利时一位医生给100多位孕妇进行了试验，在她们的头部通上12个电极，连在一个电子设备上，这种设备能检查出大脑的8种主要活动，其中包括做梦。又在下腹部按上电子设备，记录胎儿的运动情况。结果观察到，就在母亲开始做梦的同时，已经有8个月的胎儿跟妈妈有同样的特点，身体停止活动，眼睛迅速转动，这说明胎儿也在做梦。有人推测，胎儿之所以时而蹬腿，时而弯曲正是做梦的反应。刚出生的婴儿时而抽泣，时而微笑都是正在延续胎内的梦。

根据上述情况，一些科学家认为，孕妇在怀孕过程中能把她所想、所闻、所见的一些事情变成思维信息，不知不觉地传给胎儿，由此可见，对胎儿进行暗示教育是很有道理的，也是很必要的。

语言胎教： 怀孕20周时，胎儿的听觉功能已经完全建立。母亲的说话声不但可以传递给胎儿，而且胸腔的振动对胎儿也有一定影响。"准妈妈"把看到的、感受到的说给胎儿听，先教一些简单的词，如敲、摸、摇、压等，再教一些汉语拼音字母、英语单词、儿歌、故事（短篇）、诗歌朗诵（音乐伴奏）、学做算数等。教育以定时施教为主，随时随地施教为辅。比如做饭时，先干什么，后干什么，怎样做饭吃起来香甜可口。教育时注意面部表情和肢体语言，要形象化，精力集中，声情并茂。

医学研究表明，父母经常与胎儿对话，能促进其出生以后的语言及智力方面的良好发育。

音乐胎教：音乐是表达情感的艺术，不仅能开启孩子的智慧，启迪孩子的想象力、创造力，还能陶冶孩子的情操。医学专家研究证实，音乐胎教使胎儿脑神经元增多，树突稠密，突触数目增加，甚至使原来无关的脑神经元相互连通。神经元是神经系统的基本结构和功能单位。一个人智力的优劣与脑神经元的发育关系十分密切。音乐波刺激胎儿听觉器官的神经功能，母亲从怀孕 16 周起便可有计划地实施音乐胎教。每日 1~2 次，每次 15~20 分钟，选择在胎儿清醒有胎动时进行。音乐胎教用收音机直接播放时，要距孕妇的距离 1 米左右，音响强度以 65~70 分贝为宜（平时说话和演讲的声音）。也可使用胎教传声器直接放在孕妇腹壁胎儿头部的相应部位，音量的大小可以根据成人隔着手掌听到传声器中的音响强度。腹壁厚薄不同的孕妇使用的音量有也差距。千万不要把收音机直接放在腹壁上给胎儿听。还可以由父母给胎儿唱歌，互相沟通感情。

霍姆林斯基说："音乐教育的主要目的不是培养音乐家，而是培养人。"不同乐曲对于陶冶孩子的情操起着不同的作用，如巴赫的复调音乐能使孩子恬静稳定；欢快的圆舞曲能使孩子形成欢快、开朗的性情；奏鸣曲能激发孩子的热情和奔放等。久而久之，可以影响孩子气质的形成。

英国心理学家克利福德·奥茨经过多年研究发现音乐能帮助胎儿"治病"，使胎儿的心脏脉搏跳动更有规律。当胎儿的心脏跳动出现紊乱现象的时候，聆听音乐会使胎儿转危为安。

英国科学家通过胎儿的听觉功能实验得出结论：胎儿最容易接受低频率的声音。他们给分在一组的 8 个月的胎儿听低音管乐曲后，胎动大大加强。这组胎儿出生后只要一听到类似男子声音的乐曲，便停止哭闹，露出笑容。

光照胎教：研究者发现在胎儿视力发展的各个过程中，不时对胎儿进行光照刺激，胎儿会转头寻找来源，会表示出兴奋或自动转头避开光源，因为光线刺激胎儿的视网膜，视网膜上的光感细胞受到刺激后，其中的感光物质会发生光化学反应，能把光能转化为电能，产生神经冲动，由视觉通过神经传入大脑皮层，在大脑皮层中产生复杂的生理变化，使宝宝的视觉水平提高。

怀孕 17 周以后胎儿对光线敏感；27 周以后胎儿明显感知外界的视觉刺激；直到怀孕 36 周，胎儿对光照的刺激才能产生应答反应。因此从怀孕 24 周以后开始每天定时在胎儿清醒时用手电筒照射胎儿头部，时间 4 分钟，最后开关几次以示结束，光的颜色多种为好，但不能太强，日光浴（光肚皮）的紫外线照射对尚未发育成熟的胎儿有害，也会阻碍胎儿脑部的发育。光照胎教可以与数胎动和语言胎教结合起来进行。科学研究发现，胎儿的睡眠普遍保持再 18 小时以上。根据胎儿的生物钟，一般在晚上 8~11 时为苏醒状态，因此在这个时候进行胎教为宜。

体操游戏胎教：美国育儿专家凡德卡教授提出一种"胎儿体操与踢肚游戏"胎教法，就是希望通过母亲与胎儿进行游戏达到胎教的目的。具体方法是，在母亲怀孕 5~6 个月能感受到胎儿形体的时候，即可对胎儿进行推晃锻炼，轻轻推动胎儿，使胎儿在母腹中"散步"、"踢腿"、"荡秋千"。孕妇可以自编一套体操，其方法是变换各种姿势，站、坐、蹲、跪、仰、滚、伸、弯、直、盘等方式，使胎儿得到运动锻炼。每日 2~3 次，每次 5~10 分钟。

最近美国的一项研究提出，母亲在怀孕时保持不间断地运动，生下来的宝宝情绪较好，反应较灵敏。另外，有运动习惯的孕妇，因韧带柔软度和体质较好之故，产程也会比较顺利。

美术胎教：美术胎教是指根据胎儿的意识存在，通过准妈妈的对美的事物的感受而将其美的意识传递给胎儿的胎教方法。人们通过看、听、体会，享受着世界上各种各样的美，而胎儿无法看到、听到、体会到这一切，所以准妈妈通过自己的感受，将美的事物经神经传导输送给孕儿。"准妈妈"要多看一些儿童画和照片，和胎儿共同欣赏美术作品；还要给胎儿画画，一边画，一边说：这是等腰三角形，有三个角，两条边相等。"准妈妈"还可以剪一只大公鸡，一边剪一边说：这是头、尾、两只脚，羽毛是金黄色的。只要"准妈妈"坚持一边用心思考、想象，一边跟孩子对话，孩子的大脑才会做出积极的反应，才有利于孩子大脑的发育。

英国的科学家曾对 100 名孕妇作研究，他们用超声波观察胎儿的健康指数，结果发现，经常接触琴棋书画的孕妇，其胎儿的肢体动作，呼吸状况，肠、胃蠕动，排尿情形等都比对照组来得优秀；而且实验组孕妇所感受到的胎动，以及所测出的胎心音，也比对照组明显而有力。所以，怀孕期间保持心情愉快是很重要的，而音乐、绘画正是调节情绪的良方。

抚摸胎教：抚摸胎教是指有意识、有规律、有计划地抚摸胎儿，以促进胎儿的感觉系统发育。据科学研究发现，人类皮肤上有丰富的神经末梢。这些神经末梢极其敏感，非常有利于人体对外界迅速做出反应。经常进行抚摸胎教，能促进宝宝接受外界感应的敏感性，避免受到损害。如果给胎儿以良好的抚摸刺激，那么胎宝宝神经系统也就受到良好的刺激，能促进胎儿心理健康发育。人，天性需要爱抚。当父母亲用充满温柔，充满爱意的手抚摸肚皮时，胎儿会显得安静，消除不安心理，这自然会有利于胎儿的睡眠，有利于胎儿形成良好的个性心态。抚摸的刺激能促进胎儿的感觉系统，神经系统及大脑发育。抚摸胎教可以在怀孕24周后进行，每日2~3次，每次5~10分钟，起床后和睡觉前是进行抚摸胎教的好时机，应避免在饮食后进行。进行抚摸前，"准妈妈"先排完小便，半仰卧床上，下肢膝关节向腹部弯曲，双足平放于床上，全身放松，此时腹部柔软利于触摸。父母双方均可进行抚摸，轮流最佳，轻重适宜。"准妈妈"在怀孕28周以后，做触摸时可区别出胎儿各部位的位置，同时说话给胎儿听，效果最佳。法国心理学家贝尔纳·蒂斯认为："父母都可以通过抚摸的动作配合声音，与子宫中的胎儿沟通信息，这样做可以使胎儿有一种安全感，使孩子感到舒服和愉快。"

在抚摸时要注意胎儿的反应，如果胎儿是轻轻地蠕动，说明可以继续进行。如胎儿用力蹬腿，说明你抚摸不舒服，胎儿不高兴，就要停下来。

情绪胎教：医学研究发现，孕妇在心情愉快的时候，体内可分泌一些有益的激素，以及酶和乙酰胆碱，有利于胎儿的正常生长。孕妇如在过激状态或消极焦虑状态中，身体会产生肾上腺皮质激素，其随着血液循环进入胎儿体内，破坏胚胎正常发育。通过对孕妇的情绪调节，使之忘掉烦恼和忧虑，要感到生活充满欢乐和希望；并且通过母亲的神经传递作用，使胎儿的大脑得以良好的发育，这称为情绪胎教。

母亲与胎儿之间由血液中的化学成分沟通信息。所以，我国医学有"孕借母气以生，呼吸相通，喜怒相应，一有偏奇，即致子疾"的理论。医学研究表明，母亲的情绪直接影响内分泌的变化，而内分泌物又经由血液流到胎儿体内，使胎儿受到或优或劣的影响。如果孕妇的情绪不佳，其体内肾上腺髓质激素的分泌量会增多，并通过血液影响胎儿的正常发育。

运动胎教：运动胎教是指准妈妈通过一定的体育锻炼来达到促进母子身体健康，促进分娩的一种胎教方法。另外，运动胎教不仅准妈妈自己进行，准爸爸也可以陪准妈妈一同运动，这既可达到胎教的目的，还可以增进夫妻的感情。

环境胎教：胎儿的生活环境分为内环境与外环境。内环境指母体的子宫腔及孕妇身体环境，外环境是指烟尘、嗜好的不良刺激，放射线伤害、噪音、污染及药物等。

内环境对胎儿的影响有以下3种因素：①不洁的性生活致胎儿宫内感染，又称为先天性感染，致使胎儿畸形、多病以及终生不育；②多次人工流产或自然流产；③受精卵的质量不优或孕妇体弱多病。其中多次流产可以损伤子宫内膜，易导致前置胎盘。

孕妇要避免对胎儿发育不利的内外环境因素，尤其是在妊娠早期，既是孕妇内分泌变化产生免疫抑制反应的阶段，又是胚胎器官高度分化与形成时期，加上胎盘功能尚不健全，故环境胎教显得格外重要。

准爸爸做的事：首先，要给"准妈妈"准备好充足的资金——添人进口花费大；创造好温馨的家庭环境；选好怀孕时间及有关注意事项；当好后勤部长，一切安排妥当，才能使妻子心情舒畅、情绪稳定、充满希望。

其次"准爸爸"要有满腔热情献出一片爱心，付出全部心血。当"准妈妈""泄气"的时候，要及时"打气"——多赞扬。

美国的优生学家认为，胎儿最喜欢爸爸的声音和爱抚。"准爸爸"早晨上班时，要抚摸胎儿说："小宝宝，爸爸上班去了，再见！"下班回来，要说："小宝宝，爸爸回来了。"准爸爸要抽空多陪母子散步，欣赏大自然的美。孕中期数胎动（怀孕4个月胎动每小时3~5次，12小时之内胎动10~40次都算正常），听胎心（正常胎心音跳动每分钟120~160次），称体重（孕妇怀孕28周后，一般每周体重增加0.5千克）。查病因，"准妈妈"的阴道早期少量流血，应警惕宫外孕的可能。辅助生殖助孕技术受孕的孕妇妊娠3个月少量流血，多为黄体功能不足所致，给予适量的黄体酮肌肉注射（口服片剂可致畸）可缓解。妊娠不足28周，阴道出血是流产的最主要症状之一，应左侧位卧床休息，精神放松或及时就医。在怀孕早期，剧烈的下腹疼痛并伴有阴道出血，可能是宫外孕或先兆流产的预警。宫底达不到孕周应有高度，这是胎儿宫内发育迟缓的信号，应早日治疗。量腹围，准爸爸用皮尺围绕准妈妈脐下水平一圈，进行腹围测量，并将测量记录下来，与前几个月作比较。通常再孕20~24周时，腹围增长最快，至怀孕34周后腹围增长速度减慢。准爸爸如果发现准妈妈腹围增长过快应警惕羊水过多、双胞胎等，及时带准妈妈到医院检查。当然，腹围太小也会受孕前腹围和体型的影响，准爸爸需综合分析。腹部按摩，从怀孕4个月开始就对肚皮、胸部和大腿的皮肤进行按摩，用拇指和其他四指将皮肤褶皱揪住，然后将手松开，就能听到轻微的啪啪声。最好到生产前每天进行10~15分钟按摩，就可解决皮肤弹性不足问题，促进产后皮肤弹性尽快恢复。乳房按摩，从怀孕4个月开始，为了将来能给婴儿哺乳，每晚对乳房及乳头周围按摩 3~5 分钟，也可用沾了凉水的刷子按摩，直到出现微红和感到湿热。然后用肥皂温水洗过乳房和乳头后，再用毛巾擦干，也可以在乳头上抹凡士林，用洗干净的拇指和食指用力搓揉乳头（直到出现轻度痛痒为止）5~8 分钟。

临产的信号：上腹部轻松感。腹部不规律阵痛。分娩前 24~48 小时，阴道会流出一些混有血的黏液。在临产前由于子宫剧烈收缩导致胎膜破裂羊水流出。

坐月子的注意事项：

（1）产妇的卧室、卧具要提前消毒。卧室安静、清洁、空气清新。室内温度变化最好不超过 2~3℃，一般冬季温度最好在 18~28℃，湿度 30%~50%；夏季温度在 23~28℃，湿度在 30%~60%。

（2）产妇要注意防风、防寒、劳累、营养不良。产妇的营养要全面，特别要多食富含牛磺酸的食物：海鱼、贝类，如墨鱼、章鱼、虾、贝类的牡蛎、海螺、蛤蜊等。鱼类中的青花鱼、竹荚鱼、沙丁鱼等牛磺酸含量都很丰富。在鱼类中，鱼背发黑的部位牛磺酸含量较多，是其他部位的 5~10 倍。牛磺酸易溶于水，进食需喝汤。因为新生儿的牛磺酸合成酶尚未发育成熟，必须从母乳中摄取。产妇的初乳中含有高浓度的牛磺酸，初乳在第 4~5 天达到高峰，7 天以后降低 1/10。牛磺酸强化肝脏的解毒功能；溶解胆结石；减少血液中的胆固醇；强心的作用；改善心律不齐；降压作用；分解酒精；消除肌肉疲劳；增强精力；提升视力；促进胰岛素分泌。

（3）产妇每天至少用温开水清洗（专用盆）会阴部 2 次。若会阴部撕裂，可用温开水或 1：5000 高锰酸钾溶液冲洗，并在每次大便后加洗一次，每次洗后都要换卫生巾。如果会阴部出现红、肿、痒、痛症状，可用中药苦参、土茯苓、野菊花各 20 克煎水淋洗；严重者也可用湿热毛巾热敷或用 50% 的硫酸镁外敷。若恶露为鲜红色，排出不畅或会阴伤口发炎等症状要遵医嘱。

（4）产后第二天到 1 周内，家人要帮助产妇按摩乳房，用热毛巾对乳房进行热敷（严重胀痛或乳腺管没有通畅时免敷），以便乳汁分泌，减少乳房疾病。

（5）养成定时授乳习惯，注意乳头清洁。每次哺乳后应将乳汁吸空防止积乳。

（6）产后 2~3 天要经常用温水擦身或淋浴洗澡，坐浴最好在 5000 毫升的温水中加入 1 克高锰酸钾杀菌，防止阴道感染。每次 5~10 分钟为宜。产后 24 小时可做抬头、伸臂、抬腿等运动，时常半坐半卧，经常用手轻揉腹部，有益健康。

（7）产妇在喂哺宝宝前要洗手，用温水轻抹乳头及乳晕，防止细菌入口。

（8）一般产后需要 8 周子宫内膜创面才能愈合，子宫颈口才能关闭紧密。自然产的产妇于产后 2 个月可以过性生活。若是难产或剖宫产，则需要修养 3 个月以上。

◆ **大脑**

大脑是由 100 多亿个神经元（又称神经细胞），100 万亿个突触组成的庞大神经网络及其往返回路。大脑重约 1400 克，大脑皮层厚度为 2~3 毫米，总面积约为 2200 平方厘米，每个神经元平均与其他 7000 个神经元有联系。人的大脑皮层是神经系统的高级组成部分，由神经元、多种神经胶质细胞和一些神经纤维组成。其中神经胶质细胞（十几倍于神经元）的主要功能是：支持神经元的胞体和纤维；构成中枢和外围神经纤维的髓鞘，使神经纤维之间的活动基本上互不干扰；是血-脑屏障的重要组成部分；维持神经元的生长发育和生存；消除因衰老、疾病而变性的神经元及其细胞碎片（胶质细胞可转变为巨噬细胞）；星形胶质细胞则通过增生繁殖，填补神经元死亡后留下的缺损，但如果增生过度，可能成为脑瘤发病的原因之一；维持神经元周围的钠钾离子平衡等。神经元分层排列，进化上出现较早的是原皮质和旧皮质，分为 3 层，又叫异生皮质，出现较晚的是新皮质，分为六层，又叫同生皮质。人类新皮质异常发达，占全部皮质的 96%。异生皮质包括嗅区和边缘系统中枢，如海马结构前下托和内嗅区，这些边缘部位与我们的记忆及某些认知功能和情感调节有关。

大脑分为左、右两个半球，表面有很多沟回。中心沟和外侧沟最长而深，中心沟的前部有大脑额叶，后部又分为顶叶和枕叶，外侧沟下方叫颞叶，人脑的额叶和颞叶远比其他动物发达。显著发达的额叶是人类进化的标志，是神经活动的主要基地之一。左、右大脑半球由胼胝体连接，胼胝体由联合神经纤维构成，它使左、右大脑半球的功能互相连通。

大脑皮层神经细胞由外向内分为 6 层，有 140 亿~150 亿个神经元细胞。

脑中神经细胞及其轴突、树突互相连接，形成神经网络，随着进化，神经网络逐渐向身体某一部分集中，从而使其相互连接及应答反应能够协调和统一，形成中枢。大脑中突触连接的数目粗略估计为 100 万亿个。

神经元的功能是接收从其他神经元传入的信息，进而将这些传入信息转换为传出信息并传入别的神经元。负责接收信息并转换传入信息的是树突及神经元胞体，负责输送、传出信息的是轴突。轴突也叫神经纤维，末端再分为很多细微的分支，这些分支末端再通过所谓突触的结构和其他神经元的树突和神经元胞体相结合，形成神经通路。上行神经通路负责从周围向中枢传递信息，下行神经通路负责从中枢向周围传送信息。人脑的记忆信息是现代计算机的 100 万倍。

左脑被称为"文字脑"，主管抽象的逻辑思维，信息排序，符号识别，象征性关系；对细节进行逻辑分析，语言理解，听觉记忆，自然智能，连续性计算及复习关系的处理能力。左脑直接指挥身体的右半球运动技能及右眼、右耳、右手、右腿等动作。儿童通过语言，文字学的知识都要动用左脑。

右脑被称为"艺术脑"，也被叫做本能脑和潜意识脑，主管形象思维，知觉空间判断，音乐，美术，文学，美的欣赏。幽默感，深层感知，创造性思维智能，肢体协调智能，人际关系智能，视觉记忆智能，做梦，直觉的整体判断和情感的印象等都要动用右脑。右脑直接指挥身体的左半球运动功能及左眼、左耳、左手、左腿等动作。

爱因斯坦说：人类最伟大的发现之一，就是对大脑无限潜能的认识，人们在未来面临的最重要的问题，就是对大脑潜能的充分开发。

日本著名的右脑专家春山茂雄博士指出："孩子的左脑是接受出生后一切信息的'现代脑'，而右脑则是蕴藏了祖先一切智慧能量的'祖先脑'。右脑的智力资源是无限的，它以一种全息图像方式记载着前辈的大智大勇，是现代科学还难以解释清楚的一种人类智慧密码，一种人类遗传的特殊功能。当然，右脑的智力资源有先天遗传的结果，但后天的开发利用也非常重要。"

日本学者七田真说："左脑是意识脑，而右脑是潜意识脑"，"右脑是直觉之脑，是产生心像之脑"，"右脑的思考通过形象进行，而左脑的思考则是语言性的"，"右脑的计算是一种通过高度表象化而进行的超高速自动处理功能，而左脑的计算通过自己的意识进行，是一种低速的意识处理"。"左脑的世界充满竞争、对立、怨恨和嫉妒；而右脑的根本功能是共鸣共振功能。与对方的内心保持一致，因此感受到与对方的一种体感，获知对方的信息。这就是心灵感应"。"越是年幼的孩子共振能力越强"。"左手被右脑所支配，右手被左脑所支配"。

法国有位叫约瑟夫的学者认为，大脑通过中枢神经系统传递信息到身体的左侧比传递到身体的右侧要快千分之十五秒。由此推断，"左撇子"的形象思维和空间认识能力较强。人们往往忽视左手训练是不对的。平时将电视机、收音机、书画玩具放在孩子左侧，让孩子侧重于左视野来观察事物，有利于开发右脑智力。

最新的研究表明，人脑中的"干"细胞可以产生新的神经元，而且相对懒惰的神经元可以延长其分支，将信号传递到其他神经元并且从其他神经元那里获得信号。

神经学家奥利佛·萨克斯指出："大脑是一个需要大量能量和血液的器官。我们血液中营养成分的供给是有限的，我们的身体不会容许任何器官未利用的部分不断地从血液中吸取能量。"大脑接受心脏的血液输出量的 20%，葡萄糖消耗量占全身的 65%，耗氧量占全身的 20%~25%。健康人大脑中 Ω-3 脂肪酸大约占 10%，思考力及记忆力取决于神经细胞之间的电冲动。细胞体（在电子显微图中为黄色）含细胞核及其他一些重要的成分。每个神经元由富含 Ω-3 脂肪酸的细胞膜包绕。

未开发的思维能力可以通过使用而被激活。有学者让幼鼠接触许多玩伴和玩具，处于一个丰富多彩的环境中的时候，额外的刺激确实使它们的大脑变得更大，而且它们的神经元长出了更多更长的分支，即轴突和树突。这些幼鼠的海马状突起新增了 4000 个神经元，而没有玩具和玩伴的控制组幼鼠仅仅增加了 2400 个神经元。这说明幼小的大脑可以唤起大量的神经元去满足新技能的需要。研究人员对高龄鼠的研究也得到了相同的结果。

一个高质量的脑细胞应该拥有一个丰富的树突系统并且树突应该突出出去与其他脑细胞接触。罗森茨维格和戴蒙德的研究结果表明，富有挑战的思维训练和人际交往可以改善脑细胞的质量（即使不改变数量），从而让即使是更年长的老鼠的大脑变大变好。

有学者认为，成年人的大脑确实能够以多种方式生长更多的脑细胞和存在于现有细胞之间的联结。这些方式包括：体育锻炼，良好的饮食，通过丰富的人际交往和思维活动来改善环境。

大脑研究专家罗伯特·奥恩斯坦说："大脑左半球专门化作用的充分发展能够促进大脑右半球专门化作用的充分发展"。相反，如果你不给孩子机会让他表现自己的创造力，那么你也不可能让他学会阅读。

著名的神经科学家迈克尔·加扎尼加说："多年的脑分裂研究告诉我们，左脑比右脑有更多的心智能量，右脑的认识水平是有限的；它对许多事情都知之甚少。"

有学者认为，左脑专注于主观意义，而右脑比较注重字面意义和细节。

女性的语言中心不像男性那样主要集中在左脑。女性除了语言能力优越于男性之外，许多研究还表明，女性还比较擅长察觉是否一堆物品中的其中一件东西被拿走了，而且还比较擅长察觉外表相似体间的细微差异。男性往往比较擅长其他某些由右脑负责的空间任务。

艾尔克霍依·哥德堡和路易斯·考斯特说："右脑的目的是整合广泛分散

在大脑皮层各处的信息；而左脑的目的是以高效，模块化的方式处理分散的信息包。"

美国的神经生物学者麦卡尔·D·卡逊医学博士发现人们的大脑内存在的神经传达物质，肠道也有，体内95%的神经传达物质是在肠道中生成的。肠道不但负责吸收营养物质，还负责接收跟免疫有关的信息，并把信息输送到全身。

动物在大脑发育到某种成熟程度之后才出生，而人诞生时，大脑皮层上的细胞尚未发育成熟。由于外界信息的刺激从脑细胞体急促地伸出许多神经突起，而且迅速进入其快速构成和生长期。这时在社会环境信息下，神经突起正值其敏感期而急促发育、延展、分支，在大脑细胞间构成庞大的联络网，这就使得人类的大脑素质远远超过其他动物大脑。婴儿大脑皮层尚未成熟之前，加强优养优教将会影响其终生。

当父亲的精子钻进母亲的卵子里，成为合子，在24小时内，它的核膜愈合，两者的遗传物质也结合到一起，并且马上开始分裂，新的生命就开始了。在小生命开始后的18天，胚胎上便形成了神经板，未来的脑神经系统就是从这块神经板上逐渐发育起来的。这时，人体的其他系统都还没有萌芽。所以从发生学来看，脑神经是领先发育的。在胎儿2个月时，头占身长的1/2；胎儿5~6个月，头占身长的1/3；婴儿出生时头占身长的1/4；成年25岁时，头占身长的1/8。在胎儿3个月时，脑细胞发育进入第一高峰期。4~5个月时，脑细胞处于高峰时期，并偶尔出现记忆痕迹。6个月时，大脑表面出现沟回，大脑皮层的层次结构也基本定形。7个月时，大脑中主持知觉和运动的神经元已经比较发达，开始具有思维和记忆的能力。8个月时，大脑皮层更为发达，表面的主要沟回已经完全形成。人的大脑在出生后的几个月增长得很快，1~2岁时发育最快（一般是成年人的50%），6~7岁时脑重可达1200克，为成年脑重的90%，脑细胞的分化已基本完成。脑的智力主要在发育期形成。在脑的某些区域，如海马区的神经发育可延续很长时间，甚至到衰老。

发达的大脑应具备3个条件：

第一，大脑细胞数目多。脑细胞数目增多靠脑细胞分裂增殖。首先是从细胞核分裂开始的，要想细胞分裂得多，一是要提供细胞核的物质，细胞核内的物质是核酸，所以要摄入含核酸多的食品。据分析，凡是能做种子的食物，其含核酸多，如瓜子、花生、芝麻及蛋类等。大脑细胞分裂增殖有两个高峰：一是在怀孕2~3个月，胎儿脑细胞最活跃，数目增长得快。二是在怀孕7~8个月，胎儿脑细胞又一次快速分裂，数目又一次大增。这时供给丰富的营养，胎儿脑细胞的分裂可趋向顶峰。若在这关键期内缺乏营养，则分裂受到限制。孩子出生后 1~3 岁，脑细胞仍有分裂增殖现象，但毕竟很少。

第二，大脑细胞体积大，提高每个脑细胞之质量。细胞膜是靠胞浆来营养的，因为胞浆内含有蛋白质、线黏体、酶、ATP 等，所以要想细胞膜得到丰富的营养，就得胞浆丰满，使脑细胞体积增大。

第三，大脑细胞之间联系广，提高整个大脑的质量。大脑的功能不是由某个细胞产生的，而是许多脑细胞联合协调及有调节的整合运动。脑功能越高级，其联合的脑细胞便越多。从尸体解剖得知：生前智慧越高的人，其脑细胞之间的联系越广。反之，先天痴呆儿脑细胞之间的联系稀疏，距离大。聪明者，具体表现在脑细胞的树突和轴突伸得长而远，向周围的分支广而繁茂。

人的大脑主要由脂类、蛋白质、糖类、维生素 B、维生素 C、维生素 E 和钙这 7 种营养成分构成。胎儿大脑的发育需要 60%脂质，脂质包括脂肪酸和类脂质，而类脂质主要为卵磷脂。胎儿大脑的发育需要 35%的蛋白质，蛋白质能维持和发展大脑功能，增强大脑的分析理解及思维能力。DHA 是脑细胞形成时不可缺少的一种氨基酸，氨基酸约占 10%。这种物质鱼类（金枪鱼、乌贼、青背鱼、鲐鱼、鲅鱼、鳗鱼、沙丁鱼、彩棱鱼、鲢鱼、飞鱼），特别是鱼类脂肪里含量丰富，还有贝类（青蛤、文蛤、巴非蛤）中也有 DHA。糖是大脑唯一可以利用的能源。维生素及矿物质能增强脑细胞的功能。

统计资料表明，双亲均为智力正常者，其子女 73%为智力正常；双亲一个智力低下、一个智力正常者，其子女 64%为智力正常；双亲均有智力低下者，其子女 28%为智力正常；双亲一个智力低下、一个智力缺陷时，其子女只有 10%为智力正常；父母智力都有缺陷的，其子女只有 4%为智力正常。

应当注意的是，不能滥吃鱼肝油，滥用维生素 D。因为鱼肝油中含有维生素 D，维生素 D 用多了，可以使颅骨过早骨化，致使颅骨腔固定，从而限制了大脑的生长，临床上有种"头小畸形"病，便是颅骨囟门过早骨化闭合所致。这种小孩智力低下，就是因为大脑的生长被颅骨限制了。当然如果患有佝偻病时，还是需要用维生素 D 的。如果补钙太多，则婴儿头骨囟门早合，头骨长不大。如果补钙太少，则婴儿的下肢骨容易弯曲，而身高受影响。

怎样才能充分发挥大脑的功能呢？

第一，按时进餐，食物多样化。大脑依靠血中的葡萄糖供给能量，以维持脑旺盛之功能与活力，但大脑本身储存的葡萄糖很少，必须依靠血液循环源源不断地送来葡萄糖。当血糖降低时，大脑反应非常敏感，轻者感到疲倦，重者昏迷。血中的葡萄糖是从进餐的食物中摄取而来，所以按时进餐才能保持血糖水平稳定。

孕妇膳食符合营养标准，不能偏食，要为孩子未来着想，母亲吃啥，孩子吃啥，母亲偏食，孩子偏食。科学研究表明，如果供给孕妇的营养物质不足或孕妇患有营养不良，胎儿就要吸收母体内的储备营养，结果会使孕妇发生营养缺乏病，如常见的妊娠贫血，缺钙症（包括手足抽搐，骨质软化症等）。合理营养可以使孕妇在生理变化、身体消耗增大的情况下，保证身体健康，使胎儿在宫内正常生长发育，同时也给产后的婴儿哺乳奠定了基础。但是，营养摄入过多会使孕妇肥胖，胎儿过大，容易造成难产，并且容易患妊娠高血压综合征等疾病。因此，需要合理营养。《万氏女科》说："妇女受胎之后，最忌饱食，淡滋味，避寒暑，常得清纯平和之气以养其胎，则胎之完固，生子无疾。"

　　哈佛大学的研究人员发现，母亲在怀孕期间的饮食和宝宝诞生后的身体状况有着密不可分的联系。研究发现，孕期中采用良好到最优饮食方式的孕妇，所生下的婴儿中95%健康状况为良好或最优，只有5%普通或不良；而以低质量食物为主的孕妇中，健康状况良好或者最优的婴儿只有8%，而其中的65%不是早产、功能不全，就是死胎；大部分采用普通饮食方式的孕妇，所生的婴儿中88%是良好或普通，只有6%是最优的。

　　美国食品暨药物管理局的研究资料说：孕妇应避免食用鲨鱼、带鱼、鲭鱼或马面鱼，可能因为这些鱼类的水银含量太高，会损害胎儿的神经系统。幼儿及哺乳婴儿也应该避免食用这些鱼类。位于哥本哈根的斯塔滕斯研究所的科学家舒鲁尔勒伊·奥尔森说："吃鱼少是早产和胎儿体重过轻的重要危险因素。"在从不吃鱼的孕妇中，早产的妇女占7.1%，而在每周至少吃一次鱼的孕妇中，早产的妇女仅占1.9%。

　　第二，供氧丰富。婴幼儿的大脑处在生长发育之中，耗氧量大，并且对缺氧非常敏感。新鲜空气中除了供应大量的氧之外，还供应大量的阴离子，它是空气中的"维生素"。因此，婴儿生活的空间必须有新鲜的空气，以保证其健康成长。

　　◆　新生儿养育

　　从胎儿娩出到生后28天之内，称"新生儿期"，需要合理地养育，才能度过这不稳定的时期。

　　出生1周的新生儿，除了吃奶之外，几乎整天都在睡觉。对于新生儿，不宜定时定量，能吃多少就吃多少，何时醒何时吃。新生儿到出生后3~4周才能建立喂养习惯。一般来说，在前半个月2~4小时哺乳一次，然后改为3小时一次。如果是人工喂养的婴儿，牛奶中要加水或米汤稀释，可使牛奶的酪蛋白浓度降低，凝块变小，容易消化。

脐带结扎处可用 75%酒精轻搽，涂一点紫药水即可保持该处清洁干燥。少许渗血者不必处理，渗血多者要重新结扎，有化脓者，可先用双氧水洗，再用龙胆紫涂搽。

新生儿仰卧睡姿较适宜，每天要睡 20 小时，熟睡中的新生儿生长发育比醒时快。要保持室内安静，光线不要太强，不可将新生儿放在有穿堂风的屋里睡觉。婴儿的内衣要宽大，冬天外罩睡袋，不可包扎太紧。夏天不必包裹，使新生儿四肢自由伸屈、抓握、触摸。

要注意观察新生儿异常现象，预防感染，注意卫生，特别要预防眼病。新生儿脸盆、毛巾须专用并定期消毒，共用脸盆毛巾的做法不可取。

哺乳期母亲的健康直接影响婴儿健康。若母亲患有牙周炎，将有可能引发婴儿患上遗传性皮炎、青光眼、哮喘、肠类或其他的免疫病。若不健康的母亲的肠道内病毒进入婴儿的血液后，将有可能导致婴儿感染遗传性皮炎、尿路感染、哮喘、中耳炎等病症。

◆ **婴幼儿养育**

0~1 个月 拉腕坐起头部能竖直片刻；触碰手会紧握拳，如果将笔杆等物放在他手中，可握 3 秒钟左右；对声音有反应，自发细小的喉音；眼能看到 20 厘米以内的物品，并跟踪走动的人。初生婴儿已经能听、看、嗅、尝等，但这些感觉是原始的，必须经过无数次丰富的"感觉学习"才能使大脑逐渐成熟起来。霍姆林斯基说："儿童的智慧在他们的手指尖上。"开始锻炼他的手指和抬头，使其练习抓握，锻炼手脑的协调能力；刚出生的宝宝就会同妈妈做口唇游戏，如果妈妈把嘴张大，宝宝也会张口，妈妈伸舌头，宝宝也会伸出舌来；有时妈妈咋舌，宝宝也会模仿。

宝宝来到世界上，需要父母的爱、看、听、尝……父母要满足宝宝的各种渴望，特别是看照片、图片、拨浪鼓、彩球、飘带最重要。宝宝最初是通过哭、笑来与大人沟通。笑是语言的开始；笑是第一个学习条件反射，培养良好性格的开端。妈妈教宝宝尽早用语言和表情迎接妈妈，而不是用啼哭来与父母交流情感。

早教从抚摸开始，皮肤是人体接受外界刺激最主要的感觉器官，是神经系统的外在感受器。父母用摸、按、捏、抱、逗的方式与宝宝沟通，可促进其智力发育。儿童的智慧集中在手指，因为手部有 1 亿多个精细动作，活动宝宝的左右手，就可以开发左右脑。手不仅是动作器官，而且是智慧的来源，让宝宝充分地去抓、握、拍、打、敲、叩、击、挖、画……使宝宝心灵手巧。

大脑分为左脑和右脑，这两半大脑是不对称的，而且所掌握的功能也完全不同，从总体上看，左半脑控制右侧身体，而右半脑控制左侧身体。著名心理学家伦斯强调："只有当大脑右半球即'音乐脑'也充分得到利用时，这个人才最有创造力。"研究表明，人类右脑的储存量是左脑的1万倍，而左脑的记忆潜能是右脑的100万倍。所以，父母不能只锻炼宝宝的右手和右腿，要同步进行，左手握1秒钟，右手握1秒钟；左腿运动1秒钟，右腿运动1秒钟，左手（腿）与右手（腿）的力相等最理想。

初生儿每天的睡眠18~24小时，睡眠不足会使宝宝生理功能紊乱，神经系统失调，食欲不振，抵抗力下降，体重增长缓慢，宝宝往往还会哭闹。有研究表明，儿童的生长速度在睡眠时要比睡醒时快3倍。因为睡眠时，人体能分泌出更多的"生长素"。

宝宝仰卧为主，长期侧卧牙齿长不齐。《景岳全书》中述："妇人乳汁，乃冲任气血所化，故下则为经，上则为乳。"女性在孕育阶段没有月经，就是因为怀孕时气血几乎全部都去供养胎儿了。生产之后，气血则化为乳汁留给婴儿食用。哺乳时间过长，必然会伤血，使产后血虚，身体不易恢复。

母乳喂养的好处：①母乳中含有少量的IgG和IgM抗体、B淋巴细胞及T淋巴细胞、巨噬细胞和中性粒细胞，有一定提高免疫力的作用；特别是初乳中含免疫球蛋白和酶，尤其是免疫球蛋白可增加宝宝呼吸和胃肠道的抵抗力，使之免遭微生物的侵袭，可预防气喘，泻胎粪，促使黄疸迅速消亡，长大后生病少。婴儿不能吸收牛奶中的抗体。研究显示，喝牛奶长大的孩子，患有过敏症的几率高于喝母乳长大的孩子。母乳中含有比牛奶更多的乳铁蛋白，可抑制大肠埃希菌和白色念珠菌的生长，有抗感染的作用；母乳中所含的双歧因子可促进双歧杆菌、乳酸杆菌生长，有助于抑制大肠埃希菌，减少肠道感染。母乳中的糖含量为牛奶的1.5倍，其中一半以上为半乳糖，由于半乳糖和葡萄糖均为单糖，因此，不必担心服用母乳会加重肾脏负担；母乳中所含的锌、锰等微量元素比牛奶多，有助于宝宝营养的全面补充。母乳中有益于大脑的脂肪酸DHA的含量比牛奶多大约30倍。不吃鱼肉的母亲乳汁中DHA含量只占0.1%。摄入大量鱼肉的母亲乳汁中DHA比例能达到1.4%。另外，有过敏体质的婴儿，以母乳喂养，可以避免发生由牛奶蛋白过敏所引起的腹泻、支气管发炎、气喘、湿疹、呕吐等症状。②最新研究显示，母乳喂养超过6个月以上，就可以降低母亲自身患乳腺癌几率5%，即使她们有乳腺癌的家族病史。③母乳的温度与人体相同，适宜宝宝吸吮。④母乳具有安全、卫生、方便的特点。对婴儿母亲而言，哺喂母乳时会刺激母亲产生泌乳激素，促进子宫收缩，帮助产后恶露快速排出，减少日后患乳腺癌及卵巢癌的机会。⑤较少发生婴儿猝死症。⑥喂养母乳能够促进母婴感情，有利于宝宝神经系统的发育。研究表明，吃母乳的宝宝平均智商比不吃母乳的宝宝高出 10 分以上。

母乳喂养禁忌：母亲生产时流血过多或患有败血症；母亲患有慢性胃炎、糖尿病、恶性肿瘤、心功能不全、活动性结核病、急慢性传染病、精神病、艾滋病等均应停止哺乳。母亲患乳头裂伤、乳腺炎时也应停止哺乳。在暂停哺乳期间要将乳汁用吸奶器吸出来。母亲患感冒时可戴口罩喂奶，或把乳汁挤出来煮沸后再喂小儿。月经期的奶水有血毒，可给婴儿喝动物蛋白含量 30% 以上的奶粉。母亲不能吃中药，不能服用治疗精神病或抗惊厥类药物；母亲不能用氯霉素。

母乳喂养以 1 岁至 1 岁半为宜。

婴幼儿断奶要循序渐进，时间应避开炎热的夏天和婴儿患病期。因为此期间易发生肠道紊乱，从而导致消化不良。但最迟断奶时间不超过 1 周岁半。

回乳简易法：①炒大麦芽碾细末，用白开水送下，日服 3 次，每次 33 克。或用炒麦芽 210 克、生山楂 110 克、蝉蜕 5 克，煎水服，每日 1 剂，分 3 次服用，连服 3~7 天。②将芒硝 500 克均匀铺在纱布上，再将纱布盖于乳房上，外用绷带包扎，或用大乳罩代替纱布。药粉浸湿后即换，连续敷 4~8 天。③将鲜莴笋叶捣烂，如外敷芒硝法敷乳房，每日换莴笋叶 1 次。

1~2 个月 宝宝能根据物体的距离调节视力，看到距离自己 20~30 厘米的物体。父母拉腕坐起，头竖直 2~5 秒钟，俯卧头抬高床面；拨浪鼓留握片刻，喜欢触摸身边的东西；发 a、o、e 等母音表示高兴；开始微笑，逗引时有反应。到 2 个月末时，一些宝宝就可以竖抱起来了，只是仍有些摇晃。

宝宝听到丰富多彩的音乐后，可以开发宝宝的右脑，使其情绪愉快，形成良好的性格和意志，对他成长有很大帮助。

联合国儿童基金会对早期教育作了这样的描述："早期刺激可以看成是早期教育的一个组成部分。这是通过节律感（声音、音乐、颜色形状变换、运动物体、时间间隔）、语言、触觉、动作运动的安排等方式进行的。在儿童早期刺激训练中，玩具起着极其重要的作用。"

玩具是宝宝的教科书，动作类玩具（不倒翁、拖拉车、三轮车）、模仿游戏玩具（模仿日常生活接触的不同人物，模仿不同角色做游戏）、建筑玩具（积木）、语言玩具（立体图像、儿歌、木偶童谣、书画）、教育性玩具或益智类玩具（拼图玩具、拼插玩具、镶嵌玩具及套叠用的套碗、套塔、套环）。

任何一个婴儿动作能力的发展是沿着：抬头—翻身—坐—爬—站—走—跑—跳—攀登的方向发展。父母每付出一份心血，孩子的成长步伐就会加快一步。有的婴儿从两个月起开始吮手指，若不制止，会造成手指畸形，牙齿发育排列不齐。宝宝不能趴着、蒙头睡觉，更不要睡在父母的中间。

2~3个月 宝宝每天睡眠18~19小时，俯卧抬头45°，抱直后头部稳当；两手握一起，拨浪鼓留握1秒钟，抓着东西摇晃，喜欢把玩具放在口里咬嚼；眼睛跟踪红球转动180°，会追看物体，见人会笑，笑出声音；平躺时，两脚有时弯曲，有时会伸直；扶腋站立片刻；能分辨母亲；开始对颜色产生了分辨能力；头能转向声源。寻找声音的过程，可以锻炼宝宝的听觉，还能培养宝宝的逻辑思维能力以及右脑的空间感知能力，从而促进右脑的均衡发展。玩具的声音不能超过70分贝。平均每天只要听6~8次，每次间隔2.5~3.5小时。

让宝宝仰卧在床上做被动操，大人握着宝宝的双手（双腿）同他做双臂（双腿）外展、合拢、向上、向下、屈肘、伸肘等运动。每做一种动作都要喊口令"一二三四、二二三四"，使其有数学概念。

在宝宝3个月时多接触周围的人，才能避免6个月后的过分怕生和依恋心理。

研究表明，3个月的宝宝在间隔8天后，重新学习之前的内容的时间明显减少，但如果间隔14天再次学习，则不会出现节省时间的现象。这说明3个月大的宝宝已经有了较长时间的记忆，但不会持续太久。因此，父母要经常重复教。

研究表明，双眼辐合能力在3个月初步完成，视线能随物体转移；已经具有三色视觉（红、黄、蓝）。妈妈用三色纸折成飞机，将其抛向空中，吸引宝宝的注意，刺激宝宝的颜色视觉的发展，提高右脑智力。

3个月的宝宝脑细胞生长发育的第二个高峰期，这时要有足够的母乳喂养，也要给予合理的视听、触觉神经系统的训练。

妈妈抱着宝宝向不同方向转动，先慢慢转，每月增加速度，旨在训练宝宝的立体感，提高空间想象能力。

照镜子是训练自我意识能力，还可以锻炼宝宝的专注力和知觉能力；距离感和判断力。

3~4个月 宝宝能看4~7米远的物体，能区分生人和熟人。但记忆较短暂，能对熟人再认识，只能维持几天。会翻身，扶腋能坐，主动够取桌面上距离2.5厘米玩具并紧握1分钟，不宜早坐，民间有"六坐七滚八爬"的说法，反映了宝宝生长发育一般规律。俯卧能抬头90°，俯卧时能用手撑起头和胸，按摩呈游筒的姿势，扶腋可站片刻，摇动并注视拨浪鼓，两手一起舞弄；会把玩具放入口中，能发出声源；高声叫"咿唔作语"，能分辨生气或温和的声调，大声笑。喜欢让人抱，会把头转来转去地找人；能够够到吊起的红球，用力摇晃几下，这说明宝宝眼、耳、手的协调功能，在这个阶段有发展了。懂得“爸、妈”是指人，说爸爸就能看爸爸，说妈妈就能看妈妈。照镜子时，会注意到镜子中自己的形象，还会对这镜子中的自己微笑说话。双手放在母亲的乳房或奶瓶上吃奶。对数字概念还很模糊，数学智能发展处于萌芽阶段。逗笑，宝宝越早出现逗笑就越聪明，因为大脑能早日形成条件反射，并能随着进入的信息建立更多的条件反射。

4 个月起，宝宝口中的唾液淀粉酶以及胰淀粉酶分泌急速增加，正是添加辅食的好时机。

经常让宝宝感受音乐的节奏会对宝宝神经系统产生良好作用，可以促进宝宝的身心健康。通过专心聆听音乐节奏，可以提高宝宝的记忆力和注意力。

晒太阳：冬季一般在中午 11~12 点；春秋季节一般在 10~11 点；夏季一般在 9~10 点。晒太阳时间长短应由少到多，随宝宝年龄大小而定，要循序渐进，可由十几分钟逐渐增加 1~2 小时。或每次 15~30 分钟，每天数次。夏天，对宝宝较为适用的是散射或反射光，应该避免宝宝长时间在炎热的烈日下直射，最好带宝宝在树荫下玩耍；而冬季则相反，应选择在日光直射下玩耍。

日光具有的杀菌作用能使骨骼和皮肤更健康，还能控制生物钟，促进睡眠，同时促进血清素的分泌，增进精神和食欲，并强化肝脏。

有研究表明，完全由母乳喂养的婴儿，在 4 个月之前不需要加喂果汁，母乳的营养成分已足够婴儿生长发育的需要。非母乳喂养的孩子要添加水果泥、鱼泥、蛋黄、肝泥与肉末、红枣小米粥或玉米粥。

4~5 个月 父母轻拉手即可坐起，独坐头身前倾，用双手抓触悬挂着的玩具，手拿一块积木，注视另一块积木，会看着动的东西（电动玩具），能够把玩具从一只手倒向另一只手；能拉脚到嘴边，吸吮大脚趾；会自然踢腿来移动身体；能从仰卧位翻滚到俯卧位；听音乐摆动四肢——乐感知识初步形成；能识别爸爸妈妈的表情好坏；能比较稳定地区分酸、甜、苦、辣的不同味道；能分辨不同的声调并做出不同的反应；能感觉颜色的深浅，物体的大小和形状，能注视远处的物体；抓住玩具敲、摇、推、捡；会模仿别人的表情，能区分出陌生人和熟人；会伸手让大人抱，当被大人抱着时，会用小手抓紧大人；如果在他哭泣时，大人对他说话，他会停止哭泣；噘嘴，咧嘴示意排尿；吮吸表示饿了，乱咬东西表示长牙难受。宝宝的语言学习必须通过模仿，从听成人的语言到学会分辨，再发出与听到的声音相似的语言，同时从听觉、视觉来认识外界所发生的各种现象，再把现象和语言联系起来，才能学会使用语言。

宝宝记忆能主动发出许多声母，会模仿妈妈在把便时所发出的声音，如"嘘"表示小便，"嗯"表示大便。

研究表明，3个月的宝宝对人的面孔能成清晰的像。随着智力的提高，6个月对陌生人表现出警觉和回避反应。5个月时要带宝宝到室外，见世面，接触的人多了，6个月时就不怕生了。

宝宝学会说话要经历3个阶段：发音；理解语言；表达语言。研究发现，语言发展的两个重要条件是先天发育正常的大脑和适宜的语言环境。5个月的宝宝正处于发音的阶段。父母要养成随时对宝宝进行语言交流的习惯，让宝宝从小感受交流的乐趣，同时也是对宝宝大脑的刺激，促其早日说话。

5~6个月 宝宝每天睡觉15~16小时，一般白天睡3次，每次1.5~2小时，夜间睡10小时左右。宝宝能熟练翻身，能伸脚踢腿，扶站很直，并且喜欢在扶站时跳跃；开始会坐，但还坐不稳；两手同时抓住两块积木，玩具失落会找，但不一定能找到失落的玩具；会撕纸，眼球能上下左右移动；凡是能见到的东西，他都要用手摸一摸、瞧一瞧、咬一咬，想弄明白这件东西的性质；能分辨出声音的方向，区别严厉与亲切的声音。叫名字转头；捕捉并拍打镜中人；能认识生人和熟人，对陌生人会作出躲避的姿态。

心理学家认为，捉迷藏能锻炼孩子的认识力和社交技巧，因而受到各个年龄段孩子的喜爱。首先，捉迷藏启发了他们，让他们发现，那些暂时不在视线范围内的人其实并没有走开。随着孩子慢慢长大，他们会从游戏中学会自己去找那些要找的东西。捉迷藏还帮助孩子获得这样一种认识：并非每个人眼中的世界都和他们眼中的一样。

宝宝能区分简单曲调，父母要教宝宝音乐和儿歌来激发右脑能力。

研究发现，6个月的宝宝已能在可见光上分辨各种颜色，说明这时宝宝的颜色视觉已接近成人水平。父母要准备各种颜色的气球、图片给宝宝看，激发宝宝的好奇心，增强宝宝的右脑创意能力。

宝宝开始长牙了。这时宝宝的牙龈发痒，是学习咀嚼的好时候了，可以吃些面米食品，炖得较烂的蔬菜、水果等，能帮助宝宝的乳牙生长及发育。龋齿是细菌把沾在牙齿表面的糖分发酵，制成酸，酸又溶解了牙齿的釉质而产生的，所以宝宝要少吃糖，勤漱口。长牙以后，妈妈把干净的纱布卷在手上给孩子擦拭牙龈。牙长多了，就要自己刷牙了。

6个月以后可以少吃盐，吃盐过多加重肾脏负担。这时候最容易出现因为铁元素的缺乏而贫血的症状。从5个月开始就让宝宝多吃含铁的食物。为了帮助铁元素的吸收，在食用含铁丰富的食物的同时，要多吃些含铜丰富的食物，因为铜参与造血。

这时宝宝对周围的环境事物开始感兴趣，因此，父母要利用这一特点，教会他认识这些事物，并带他到户外接触更多的事物，满足他的求知欲。

将一件色彩鲜艳、较大的玩具悬吊在宝宝的木床上方，距离为宝宝的小手可以抓到，让宝宝双手摆弄玩具玩。两天后，将玩具换到宝宝的小脚可以触碰的地方，让宝宝用双脚蹬踢玩具玩耍。再过两天，妈妈可将玩具调至中间。此时宝宝就会手脚并用玩玩具。

专家认为，这个游戏不仅锻炼了身体协调能力、训练观察能力和形态认识能力，还促进了形象思维能力。

6个月是婴儿学习咀嚼的关键时期，父母不要咀嚼食物喂宝宝，要提高孩子咀嚼功能，防止细菌进入口内构成威胁。

6个月的婴儿由发出不同音节转向咿呀学语阶段，能发出不同的音组，如ma-ma、ba-ba、na-na等。

6个月后宝宝容易生病，因为宝宝体内来自母体的抗体水平开始逐渐降低，此时宝宝特别容易患上各种传染性疾病和各类营养不良症，尽量少去有传染源的地方玩耍，并保证孩子的营养，加好辅食，加强体育锻炼，保证充足的睡眠，练习翻身和打滚。

6~7个月 宝宝能抬头，能独坐10分钟以上，会翻身，扶腋站立时上下跳跃，手扶物能站，视野开阔，手变得更灵活，眼前能看到的东西都想要去抓——要给宝宝指甲剪短，防止挠破脸、伤身。宝宝自己手中的东西不让人拿走；能专心地注视一样东西，会把手伸到兜里拿玩具，喜欢用手到处捅——这时要防止宝宝摆弄电源插座触电；对镜中影像有拍打、亲吻和微笑表情，说明宝宝真正认识自己的存在；软饼干吃一个，拿一个，看一个；会寻找声音的来源；会重复地发出一些音节；能懂不同的语气、语调表示不同意义；会无意发出"爸爸"、"妈妈"的声音，会重复两个或两个以上的词句。这标志着宝宝已经步入学习语言的敏感期。父母要敏锐地捕捉这个教育契机，每天给他朗读图书、念儿歌、说绕口令等。喂饭时，妈妈说："啊啊……张嘴。"他会发出"啊"的声音，把小嘴张开。让宝宝呈俯卧位，在头的前方放上宝宝喜欢的玩具，宝宝会以腹部为支点活动四肢够取。此时，妈妈在后面助推，宝宝就能向前匍行了。宝宝见人就笑，爱笑的宝宝长大后多性格开朗，有乐观稳定的情绪，这有利于其发展人际交往能力。开始模仿别人嘴巴和下巴的动作，如咳嗽等。用手捅妈妈的嘴、鼻子，观察事物很仔细。

会用身体语言与人交流。如见到亲人时伸手要求抱，不同意时会摇头，如果有人把他的玩具拿走还会哭闹。双手拿积木相互击打，将小球放进瓶中，竟能将其倒出来，并伸手去取。

心理活动已经比较复杂了，他的面部表情就像一幅多彩的图画，会表现出内心的活动。高兴时，他会眉开眼笑，手舞足蹈，咿呀学语；不高兴时，他会又哭又叫。宝宝能听懂严厉或亲切的声音，妈妈离开他时，他会表现出"害怕"的情绪。

宝宝会把脸遮住藏猫猫游戏，这个游戏可以训练宝宝的时间、空间知觉，提高右脑智力。

撕纸能给宝宝带来快乐，可锻炼宝宝的精细动作，能够让宝宝了解纸张的特性。随着年龄的增长，父母可教宝宝撕出某种特定的形状，或者做出手撕画等。等长大一点了，要告诉宝宝撕纸游戏的规则，哪些纸可以撕，哪些纸不可以撕，并把可以撕的纸张或书放在箱里，而不可以撕的书放在书架上。

这时候是宝宝学爬的最佳年龄，爬行训练是一项极好的全身运动，对控制眼、手、脚的协调有极大益处，能够促进宝宝的平衡能力和触觉协调能力发展。

训练宝宝左右手指取物，一定要注意左右手的均衡发育，不要纠正左撇子，这样可以提高右脑的智力。不但要训练手指取物功能，还要训练握力，练习快速握紧又快速松开的手掌协调活动能力。训练"再见"、"谢谢"等词，可用英语和母语同时进行。训练独站，需要大人协助，只有独站比较稳，才能开步走。父母用架住宝宝的腋窝，让他在上上下下来回中感知空间的变化，提高右脑智力。

让宝宝区分物体的形状，可用小筐之类的东西装玩具，让宝宝放进去，倒出来，反复训练宝宝放与倒的动作，可以让宝宝了解物体的形状、大小、重量以及一些空间概念，如大和小，空和满，以提高右脑发展。

教育学家认为，好奇心是一种对事物喜欢寻根究底的心理现象。心理学家认为，好奇心是指寻求新奇的一种倾向，是人类探索世界、了解世界的动力。经济学家认为，好奇心是财富。爱因斯坦说："我没有特殊的天赋，只有强烈的好奇心。"这一阶段的孩子好奇心极强，要让他最大限度地接近他所生活的区域，尽量提供多样化的道具和游戏，这是发展宝宝好奇心的有效方法。

7~8个月 宝宝出牙2~4颗，会爬，可自由变换方向，双手扶站5秒以上，但站立后必须在别人的帮助下才能坐下来；能用拇指和其他手指捏住小球；有意识地摇铃；喜欢抓大物品，比如水果；能模仿成人用棍子敲——模仿能力形成期；能听懂不同音调语言所表达的意义，鼓励他会笑，骂他会哭。

当父母表扬他时，他会重复表演游戏——初次体验成功快乐的表现。而快乐是智力发展的催化剂，极大地助长了宝宝形成自信的个性心理特征。

8个月是分辨大小、多少的关键期。这时的婴儿声调变得清楚了，发出的声音能表示强调或感情，已能对成人的一些语言做出相应的反应，如果母亲问："灯呢?"这时他就会抬头看灯，或用手指着电灯。语言速成的训练家托尼·斯道克威尔说："要想更快，更有效地学习语言，你必须多看，多听，多感受。"

8个月时，生理开始萌芽，表现为对物品的占有欲和对他人及自己的支配感。

8个月时，消化蛋白质的胃液已经充分发挥作用了，所以可多吃一些蛋白食物。每次只增加一种，待宝宝适应了，再增加另外一种。先喂辅食后吃奶。

8~9个月 宝宝出牙3~5颗，每天睡觉14~16小时，白天睡2次，每次2小时左右，夜间睡10小时左右。宝宝能看3~3.5米内的物体；会爬，拉双手会走，会独坐，并转向90°，扶栏杆站立，并且能立位坐下，俯卧时会利用膝盖趴着挺起来；会用手挑选自己喜欢的玩具玩，但常咬玩具；扶杯喝水，自食饼干，穿衣时能伸手配合；可集中注意物件15~20秒；对不要之物有"不要"的表示；能听懂父母的简单语言，对父母发出的声音能应答；能发出单音节词，有的宝宝发音早，已经能发出双音节"ma-ma"、"ba-ba"了；能准确、敏锐地分辨生人和熟人，不愿与妈妈分开；能用拇指和食指捏取细小丸；可以指认3~4种日常物品，会认指身体1~2个部位；能分辨出镜子中的妈妈和自己；会在家人面前表演，受到表扬时会重复表演；对其他宝宝比较敏感，看到别的宝宝哭，自己也会跟着哭；能懂简单的指示，如去拿玩具；会拿勺子盛取食物；能认指自己的五官。

宝宝开始产生独立性，好奇心较强，这一阶段处在早期探索时期。父母除了满足他的玩中学外，还要逐渐训练阅读能力，早期阅读从9~12个月开始，可以提高左脑的智力。

兴趣是孩子最好的老师，只要他感兴趣的事情就一定能够比较长时间地专心做下去，而且对引起注意的事物兴趣越浓就越容易形成集中稳定的注意力。兴趣是可以培养的，比如：父母跟孩子一起看图画册，一起观察昆虫，一起玩积木……孩子就会跟随父母培养对某事物产生兴趣。

学步车是婴儿练习迈步、锻炼双下肢肌肉力量的工具，初学每天1~2次，每次10~15分钟为宜。孩子能走了，要让其自己走。

9~10个月 宝宝每天睡觉12~16小时，白天睡2次，夜间睡8~12小时，坐得稳，能由卧位坐起，而后再躺下，爬行自如，拉栏杆站立，扶栏可走3步以上；拇指食指动作娴熟，双手协调运动（解开毛毡扣）；能主动拿掉杯子取出藏在下面的方木玩；能明确地寻找盒内的木珠；会模仿大人发 1~2 个字音；懂得常见人及物的名称，会用眼注视所识的人或物；别人叫他的名字，他会答应；喜欢别人称赞他，会模仿简单动作，如自己拿着奶瓶喝奶，拿勺子在水中搅一搅；能配合穿衣；能记得一分钟前被藏到箱里的玩具；能很快地将身体转向有声音的地方；会说一两个字，能发出不同的声音表示不同的意思；模仿他人做事，懂得"不许"的意思；自己拿勺吃饭；会有意识说"爸爸"、"妈妈"、"拿"、"走"等；懂得常见人及物品的名称，会用眼睛注视所说的人或物。如果父母抱其他宝宝，他会哭。别让宝宝久坐，婴儿骨骼柔嫩纤弱，无法承受长时间的坐姿。

宝宝已能明确地区分大小和轻重，能够理解最初级的概念了。

开发宝宝的思维，增强记忆能力就要多听、多看、多触摸，逐渐认识事物之间的简单联系，从而促进他的思维发展。

东北农村人有个习惯，"生个娃儿吊起来"（放入摇篮），荡过来，晃过去，就像乘船晃悠悠一样，这个游戏可以增强宝宝的右脑的空间平衡。为什么东北人当宇航员最优秀就是这个道理。

10~11 个月 宝宝能一只手扶物蹲下，用另一只手拾起玩具，并能再站起来；能独立站立 2 秒钟，个别宝宝敢向前迈两步；能有意识地打开包方木的纸；能模仿在桌面上推动玩具小车；自我意识逐渐加强，手指动作更精细；对语言的理解能力进一步提高，已能按语气命令行事，并会说"不，不"；不喜欢大人搀扶和抱着，显示出更大的独立性；家长说"不动"或"不拿"后，会停止拿取玩具的动作；有些宝宝会自己脱裤子、解鞋带，能有意识地将手里的小玩具放到容器中，但动作仍显得笨拙。开始探索玩具的小洞，观察能力增强，喜欢东瞧瞧、西看看，好像在探索周围的环境；会翻书，会有情趣地看书中的图片；喜欢听爸爸妈妈讲故事；能准确无误地指出大人说出的物品或图片；会用点头表示同意，用摇头表示不同意；能用小木棍够玩具——初步尝试使用"工具"。宝宝除了利用视觉和听觉了解周围的事物外，还能用心去感受去体会。

宝宝喜欢与大人一起玩，希望大人表扬，受到批评会变得抑郁寡欢，受到挫折时常常发脾气。专家认为，父母要满足孩子求知的欲望：语言教育——母语外加一门外语；认识生活环境——带宝宝到公园、动物园、商店……开阔视野；创意教育——童话故事对孩子来说，不是幻想，而是真实的故事，孩子的幻想就是人类的梦想；品格教育——怎么与己与人与环境相处，才能把事情办好；生涯教育——"我长大要干什么？"帮助孩子选择自己的人生方向；思想教育——训练孩子的智慧，要由小而大，由易而难，并对孩子小小的发现、小小的发明都加以鼓励；幽默感教育——会说俏皮话、笑话，善于自嘲……

这时的宝宝是学习走路的最佳时期，学习走路这是他成长发育过程中的一次飞跃。走路的四个阶段：单手扶物，蹲下站起，扶持迈步，独立行动。不能让宝宝太早走路，灵活施教，安全学步。

11~12个月 牵住他的两手能前进和后退；能独立站稳10秒钟以上再坐下，转身自如；能熟练地用手指拿东西，戴摘帽子，便前自己找盆坐下；听声取物2~3种，能全手握笔在纸上画，能留下笔道；会将瓶盖翻正后盖在瓶上，但不会拧紧；穿衣知道配合；会用声音表达意愿；能准确地表示愤怒、害怕、嫉妒、焦急、同情、性格倔强，好表现自己；能拉抽屉和开门；会模仿成人一些动作，会剥开糖纸；喜欢翻书，看图书，塔积木，滚皮球；试把小丸投入瓶中，把东西递给别人；会玩捉人游戏，会咀嚼食物，愿意与小朋友接近，游戏，能识别许多熟悉的人、地点和人的名字；喜欢模仿大人做一些家务事；能区别简单的几何图形；能模仿大人在纸上点点；能准确地判断声源的方向，并用两眼看声源；开始学发音，能听懂并掌握近20个词，能够有意地叫"爸爸"、"妈妈"；在大人的指导下，他可以从书本中认识图画、颜色，并指出图中所要找的动物和人物。大人问"你几岁啦？"宝宝会竖起手指表示"1"。

专家研究发现在婴儿10~12个月进行下列训练是十分有益的：

（1）让婴儿感受大小的训练；

（2）让婴儿感受多少的训练；

（3）让婴儿感受顺序的训练；

（4）让婴儿感受轻重的训练；

（5）让婴儿感受1~10的发音。

在日常生活中经常给婴儿进行"数量与数字的积累"教育。例如：成人领孩子上楼梯时，上一台阶数一个数。

这时的宝宝是思维能力和各种感知发展的敏感期，是器官协调、肌肉发育和对物品产生兴趣的敏感期，这时期被称为"学步期"或"运动时代"。喜欢到处探险，能从椅子爬上桌子，从桌子爬上柜子，步步登高。父母要鼓励宝宝的冒险行为，但最后要在保护情况下，让宝宝"掉"下来，使其知道危险性。

1岁以前的宝宝以形象记忆为主，他对那些感兴趣的物体更容易记住，这个时候需要配上图片、动作或夸张的声音，在多种形象的刺激下，宝宝会更容易接受更新的事物。1岁的宝宝能认识自己的衣帽，能指出自己身上的器官。对熟悉的东西两天后再见能很快指认，这说明婴儿有了记忆。

1岁1~2个月　宝宝已长牙6~8颗，能扶走，能站立，下蹲，弯腰，摔倒时能自己爬起来；要坐便盆或裤子湿了会表示；会握小勺吃饭；能听懂成人的日常语言；能认识常见实物；知道自己的名字，能按照指令做一些简单的动作；手的动作更加灵活，准确地运用物体并能用蜡笔乱涂，能控制涂画的速度，能一次性地翻书2~3页；记忆力和想象力有所发展，一些玩具找不到了，会变换方向寻找；看到镜中的影像能做出拍打、亲吻和微笑的表情；仰卧时喜欢玩弄自己的小脚，把脚或物品放进嘴里咬或者嚼；对线条形状有初步感觉；能够按照单一方向熟练地爬；开始探索周围环境；知道物体可以由一处移到另一处；对物品有了手感，知道烫的东西不能摸；喜欢到外面玩，不愿待在家里；会指五官，说3~5个单词；开始对食物有喜恶，知道属于自己的地方；听音乐时，能够积极发音，并且能更好地控制自己的声音；用几个单字表达自己的意愿，比如叫"妈妈"，可能是向妈妈要吃的，也可能是要妈妈带自己出去玩；能记住自己用的东西的名单；自我意识进一步增强，越不让他做的事，他就越感兴趣；对感兴趣的东西都想接触一下；能用积木叠塔，叠小套筒，用棒状物插入小孔；握笔在纸上乱涂；见陌生人开始发出害羞表情，喜欢显示自己的成功，为做错事而不安或内疚；开始产生独立心理，什么事情都想自己做；爱扔东西——能慢慢意识到自己的动作（扔）和动作的对象（物体）的区别，探索自己动作的后果——会出现什么效果和变化；宝宝用"扔"来交流感情——有意让父母去捡玩具与自己来玩。

　　父母要培养宝宝的独立生活能力和良好的生活习惯。1岁以后的孩子可以听懂成人日常用语，能认识常见的人和物，知道自己的名字，会用几个单字表达自己的意愿。此时教育的重点转到语言与发言上来了，比如：宝宝想喝饮料用手指冰箱，父母应当采取"延迟满足"的办法，促进宝宝学会肯定词"要"或"不要"，"是"或"不是"，并配合点头或摇头动作，坚持说出来再给。大人们教孩子说话时，不要用小儿语教（所谓小儿语就是指"猫猫"、"吃饭饭"、"喝水水"）等。要教孩子说完整的标准的句子。

　　看书识图能培养孩子较强的记忆力、观察力和辨别力，促进智力发展。

　　学常识：如周围环境交通工具，告诉他什么不能摸、不能碰、不能拿，并且要告诉他为什么。

　　学会使用工具：买些工具放入箱中，他会用工具拆卸物件，逐渐学会使用工具，逐渐发展到了制造工具，使其主动性、创造性都全面发展。

　　室内知识已不能满足孩子的需要了，他要逐渐走向外面的世界，因此要经常带孩子到大自然中去学习新知识："这是汽车"、"那是火车"；"这是太阳"、

"那是大海"; "这是森林"、"那是……"家长还要带他去参观博物馆、科学馆、动物园、公园、名胜古迹,了解世界之大,事物之多。幼儿通过玩,可使身体的各种技能发达起来,学到许多知识,增加社会意识,丰富思想感情。

1岁3~4个月 双臂运动自如;独立行走,还会绕过障碍物;会用积木搭建简单物品;能说出15~30个字;独立意识开始形成;将2~3个字组合起来,形成有一定意义的句子,如"爸爸走"、"妈妈再见"等;会用小名称呼伙伴;能用语言表达自己的要求;常伴有手势;让宝宝看过铅笔、碗、钥匙和玩具四种物品后,宝宝能说出一种的名称;能熟练地举起杯子喝水;模仿画道道;会用汤匙吃东西;会自己脱裤子;会说出自己的名字、年龄及常用物品名称;喜欢在室内跑跳、打闹和室外活动;爱模仿成年人的语词和动作,会拖着物品行走;强烈的探索欲——好奇心驱使他喜欢"自己来",高兴起来,他会疯个没完没了,发起脾气来他会跟你对着干;知道上、下的意思——开始形成较为成熟的空间感。

婴幼儿期是口语发展的关键期,从单词句(15~20个月)到双词句(18~24个月)再到简单句及语法掌握(2~3岁)的语言发展过程,这些过程一刻也离不开成人的引导,因为孩子处在一个无声的世界里是无法学会说话的。

1岁5~6个月 囟门完全闭合,前后行走自如、会跑(约3米)、爬坡、滑滑梯、摇摆身体,扔球无方向感,由上方大把握住汤匙,抓着色笔涂鸦,喜欢翻纸篓、纸箱、抽屉、搭积木;能够区分图片上常见的一些动物;能独立玩,爱玩沙、水游戏;与别的小朋友玩时,会给别人玩具;旁人感到难过时,孩子会做出一些安抚行为,知道伸手去抓数量多的糖果或大的苹果;初步了解物体的数量是有差别的,但还不能够分类,只是将物品任意摆放。他能够理解一些抽象的概念,如今天和明天、快和慢、远和近等,喜欢问"为什么?"开始理解物体之间的关系,也能够理解数字的含义,会念一二三;会翻书页;会用筷子;会脱手套、袜子,会拉开衣服的拉链;能模仿画出线条,记忆力和想象力有所发展,求知欲强,喜欢观察物体的不同形状构造;会自己收拾玩具;会用20~30个词语;认识五官;认识哪些东西属于圆形;白天不尿裤子;喜欢和小朋友玩;开始产生对黑暗和动物的恐惧感;会扔飞机——用纸折成纸飞机可以培养孩子的想象力,会穿珠子,投小球入瓶中。

语言的发展步入正式开始学话、单词阶段(12~18个月)。能说2~3个字的词,会20多个词。

1岁的孩子逐渐认识自己,知道自己身体各个部位,以及相应的感觉,会把自己作为主体从客观中区分而来。

记忆是知识的宝库，有了记忆，智力才能不断发展，知识才能不断积累。看图记忆，让宝宝看一张画，有好几种动物的图片，限定他在一定时间内看完，刚开始时间可以长一些，以后可以逐渐缩短看的时间，然后将图片拿走，让宝宝说出图片上都有哪几个动物。记忆要随时训练，比如昨天带他去公园，今天让他回忆昨天看到什么？又如，和宝宝看电影或读书的时候，父母要求他记住故事中的人物名字，然后让宝宝回忆每个人的名字。

宝宝学外语也跟母语一样，可以从小学习，起步越早，学得越好越容易。通过收听、收视幼儿外语节目激发宝宝的学习兴趣，也可以和宝宝一起用外语做游戏或听有趣的外语故事，使宝宝不断感受外国语言，为以后学习外语打下基础。宝宝喜欢唱歌，就教他英语歌曲《字母歌》、《祝你生日快乐》；喜欢问这问那，可以用两种语言回答。

本阶段的宝宝一不顺心就哭，还发展到要打人，心理学家把这一时期称为儿童的"第一反抗期"，也被称为不安分的年龄。幼儿因为语言尚未足以表达自己，所以，他们通常是以动作来表达自己，而打人则是他们和大人交流沟通的一种方式，在向人表达友好或好感希望别人注意时，他们也有可能是以打人的形式来表达。通常，有反抗精神的宝宝，长大后办事果断，有个性，同时也说明了宝宝支配自己的能力提高了。所以，父母不必干扰宝宝的正常心理发育，而要进行正确合理的培养与引导。

准备好一副扑克牌，妈妈先拿出牌中的"A"，然后问宝宝："这是什么？是什么颜色的？它的朋友都有谁？"引导宝宝找出其他三个"A"。然后再拿出其他数字牌，让宝宝继续找。也可以和宝宝玩接龙游戏，但数字要在10以下。比如告诉宝宝："宝宝来看看这几张牌，哪个数字最大？哪个数字最小？"然后让宝宝按从小到大或从大到小的顺序排列玩一次。专家认为，这个分类游戏锻炼了宝宝的概括能力，是逻辑思维发展的一个重要标志。而且还能为宝宝的数学智慧发展奠定良好的基础。

1岁7~8个月 宝宝大约萌出16颗牙；可向各个方向行走自如，跑步时可控制速度及绕开障碍物；会玩积木，7~8块叠在一起；神经和膀胱已得到了很好的发育，大小便能完全自我控制了；喜欢大运动量的活动和游戏，如跑、跳、爬、跳舞、踢球等；会蹬着椅子上桌子，步步登高，很淘气，闲不住；喜欢做招手"再见"、拍手"欢迎"等动作；会配对（袜子、鞋）；认识图形：方形、三角形、圆形；懂方位：上、下、左、右；会玩橡皮泥；能指认图片中的物体；孩子进入所谓"语言爆炸"期，这个阶段的一天中，平均能学会9个词，开始明白词在句子中的顺序，如何影响句子的意思；喜欢翻动书页，选看图画，但注意力集中的时间很短，不会安静地坐下来听你讲超过5分钟的故事。宝宝喜欢看小朋友的集体游戏活动，但并不一定想去参与，爱单独玩，会拉单杠、三指摆物、扣毛毡扣；能想办法够取够不到的东西；会钻圈：能先低头，弯腰再迈腿；能将20~40克的沙包投出约半米远；在大人的帮助下，能模仿做简单的体操动作以及握笔在纸上画道道；会将纸折两折及三折，但不成形状，能按照大人吩咐办事；开口表示个人需要，对动物感兴趣；会浇花，会洗手，能等待用餐；用玻璃丝穿扣眼，有时还能将玻璃丝拉过去；能记住自己的名字，说出10个以上的人称、日用品和动物，10个左右的人体部位；能说出由4~5个单字组成的简单句子，如"我要上街玩"；听到音乐时，有快乐的表情，能跟随大人做简单的动作。

有研究指出，空间智慧（包括对距离和体积的判断力）是一种最切实际，最实际的精神能力，空间锻炼也是让宝宝最开心的方式之一。比如，妈妈带宝宝到户外，在距离1米远的地方画1个圆圈，让宝宝手拿沙包往圆圈里扔，旨在提高宝宝的右脑空间知觉能力。

吹泡泡训练宝宝手眼协调能力。

著名心理学家劳伦斯强调："只有当大脑右半球即'音乐脑'也充分利用时，这个人才最有创造力。"让宝宝从小感知音乐和舞蹈的灵感，可以激发右脑潜在的创造力，使其生命更富于活力。

幼儿教育家蒙台梭利说："对处于幼儿时期的幼儿来说，即使是用手摸东西也是宝贵的体验。从这个意义上说，我们应该有意识地给幼儿一些软硬、粗细、轻重不同的物品，使幼儿经受各种体验。"幼儿怀着好奇和兴趣去摆弄各种物品，有时不免把东西弄坏，这表明了幼儿的探索精神和创造能力。父母不干涉或少批评为好。

1岁9~10个月 宝宝会看图讲故事，回答问题，复述见闻；会称呼人；会给扑克牌分类接龙；能够弯腰捡起一个玩具而不摔倒，有的孩子会倒着走；开始自编自唱，但常常没有什么逻辑，想什么就会哼出来；根据音乐节奏做动作；会说50~200个单词，喜欢听童谣，看图画书，也喜欢唱歌；开始能够说出几个简单的数字，对物体任意排序，没有规则，也没有依据；知道不同颜色是不一样的，已经能够"涂鸦"，但不知道自己的"作品"表达什么意义；知道物体不在眼前了，它还是存在；词语能够引起幼儿的注意，能将语言符号和见过的自然物对应起来；开始知道物体的大小，如知道拿大苹果；开始知道喜欢小动物，比如小狗小猫；看电视节目注意力能维持20~30分钟，能说出一些基本颜色，并有了一些区分，如不仅笼统地说红色，还能说浅红、深红；会走"S"形线——促进宝宝左、右脑的同步健康发展；懂得冷、饱、饿、困时怎么办；知道许多日常用品的名称和用途。

这时候的小孩是个小小"冒险家"。这是因为宝宝已经学会了独立行走和手部技巧的提高，可以随心所欲地走到自己想去的地方，去探索世界奥妙；还不知道什么是危险的活动。因此，就会弄出一些"惊险"的动作来。宝宝已经步入了主动探索外面世界，并在冒险探索中逐渐形成概念，发展思维，掌握技能的时期，是培育宝宝积极情绪、态度和主动探索精神的好时期。这时要让宝宝进行丰富的常识学习，使他逐渐认识自己与周围的人的相互关系，以充分满足他日益增长的好奇心。

1岁11~12个月 宝宝双足同时跳离地面，会单独上下楼梯，会用杯喝水；会用蜡笔模仿画垂直线和圆；会一页一页翻书；会转动门把手，会打开瓶盖；手指、手腕灵活运动（如拼图、粘贴纸，使用夹子夹物，插牙签）；知道前后左右方位；能用拇指和其他指握笔；喜欢听故事；能分辨不同人说话的声音和同一人不同音调；开始使用代词"我"、"你"，能表达自己的想法；会自己洗手、穿鞋、解扣子，学骑三轮车；能模仿书中人的动作；喜欢大运动量的游戏活动（玩皮球、攀登）；会猜简单的谜语；能记住300字的词汇；会唱一首完整的儿歌；会越障碍，走独木桥——说明宝宝大脑平衡知觉、空间知觉的发展；拿起笔到处画——这就是孩子的"涂鸦画"——父母不要错过训练孩子绘画能力的机会，买一套绘画工具，从简到繁，可提高孩子的绘画能力，发展手的精细动作，促进手脑协调能力的发展；懂得"我"的含义，我的是我的，你的还是我的。这种自我意识随年龄增长而逐渐减弱。宝宝的独立性很差，如果突然给他改变环境或让他与父母分离，他会感到恐惧。

2岁 对音乐开始有了节奏感，喜欢做类似跳舞的动作，开始能唱较长，但旋律简单的歌曲。开始用语言来表达解释自己的情感，自我中心的移情出现，做出一些"成就"时，很自豪高兴，也想让别人分享；开始表现出复杂情感，如羞愧、尴尬、自豪和负罪感。开始表现出同情心，展现善良的一面；开始建立友谊，与同龄人交往日益密切，并表现得越来越积极。

父母可以让他学习使用安全剪刀，裁剪是对宝宝手眼配合的最佳训练。

2岁1~2个月 乳牙萌出16~20颗；知道家里的电话号码；会玩拼图游戏；双足离地跳远后站稳，从最低一级台阶跳下，单足独站片刻；懂得美丑；能拿铅笔，但不是握成拳状；会临摹画垂直线和水平线；知道物体大小；说出图画的名字，会指出图中4个画面，但不会解释；能将40克的沙包投出1~2米远；会画规则的线条、圆圈等；折纸：会叠方块，边角基本整齐；捡小丸，不分颜色，一个一个捡，每分钟能捡 15~20 个；用手掌把橡皮泥搓成团状，捏成一些不规则的图形；会说 8~9 个汉字组成的句子；能正确地使用代词"他"来代替宝宝的亲属和小伙伴等；开始有是非观念；说话根据情绪不同已有明显不同的语调；能说出 2~3 天前的事；听到音乐时能起舞；认识自然现象，如晴天、下雪、下雨；意识到物体大小不同，但不会将他们排序。求知欲强，什么都问"这是什么？"；能自己入厕大小便；能较长时间集中注意某一事物，专心玩弄一个玩具，并留心周围人们的语言和行动；能说自己的名字、年龄和父母姓名；会配对，会分类（去公园玩，从多种树叶中分出同类树叶），会背数字 1~10，复述多位数，给 3 人每人一个苹果，共 3 个；知道早上起床，晚上睡觉；能穿脱松紧带的裤子；喜欢说出图中的人和物，说明他在干什么；跟随哼唱 3 个音阶之内的歌曲；能用积木搭出复杂的形状；由于好奇心旺盛，无论玩什么游戏都能够发展出下一个游戏，一个接一个地玩。据研究，2 岁时能集中注意力 10~12 分钟；25 个月时，时间延长至 10~20 分钟。孩子能够长时间独立地玩玩具。

学数数，手指歌一二三四五，上山打老虎，老虎打不着，看到小松鼠，松鼠有几只？让我数一数。数来又数去，一二三四五。

让宝宝辨别味道，如甜瓜、苦瓜、咸菜、辣椒、酸梅等，学习"酸、甜、苦、辣、咸"几个字。

妈妈准备普通纸、硬纸板、小积木、小狗玩具。对宝宝说："小狗要到河对岸去，宝宝帮它搭座小桥把！"然后引导宝宝用普通纸搭桥，感知普通纸的载重力。让宝宝把小狗放到桥上。然后问宝宝："小桥怎么了？为什么呢？"引导宝宝用硬纸板给小狗搭桥："我们再给小狗搭一座新桥，让小狗再试试。"让宝宝感知硬纸板承载力。专家认为，这个游戏可以提高宝宝的思考、判断能力。

大自然游戏道具很多，比如：花、草、树、木、石头、虫……父母利用这些道具做很多游戏，来提高宝宝的左右脑智力。

孩子想象力的最初萌芽期在 2~2.5 岁之间。这个阶段的孩子在游戏的时候，能够把回忆起来的某些事物的表象，附在另一些实物上，而把这些实物想象成他所想的东西，如用积木搭出"楼房"。

宝宝从 2 岁开始学习语法结构，了解把用词组织成句子的规律；学会简单的添画、点画和印章画，培养对色彩的兴趣；在玩橡皮泥时，掌握搓、压、团、插等技能；逐步学会握笔、折纸、粘贴等手工技能。

由于和成人、小朋友的交往更为广泛，宝宝开始出现了最初的道德行为和道德判断。但这种行为和判断极不稳定,家长应给予引导。

2岁以后,幼儿情绪的分化更为明显,逐渐摆脱同生理的联系。与友伴、玩具等社会性需要建立了联系。

2岁以后,大脑的训练重点是侧重于丰富孩子的思维和创新能力,着重于孩子的形象思维能力。此阶段应着重训练孩子联想、想象、记忆、直觉、分析、再现、对比、综合和创造性思维能力,训练动手、动脚、体验、创造等综合能力,使孩子智力和非智力方面的素质得到更好的发展。

要让孩子在2岁左右就认字。1982年英国的科学杂志《自然》发表文章认为,英、美、法、德儿童智商低于日本儿童智商的主要原因是日本孩子学习了汉字。学者们指出,拼音文字主要用音码,在大脑左半球发生作用,称为单脑文字。汉字是形、音、意的综合,对大脑左右两半球同时起作用,称为复脑文字。汉字特别是象征图形的符号,对开发右脑十分有利,声音和意义又同时开发左脑,使大脑左右半球都同时得到开发。早认字则能早阅读、早扩展知识,也就更聪明。但这时不能写字,因为写字需要手部肌肉力,需要有大量语言运动分析器官的参与和手指、手臂动作的协同,以及需要孩子有长时间端坐的耐心。如果先学了使用频率最高的560字,孩子读任何一篇成人的大众化文章将认得文章中80%的字。我们可以从小学教材中找到这些字。教孩子认字的方法:①以物认字;②以动作、表情识字:如走、开、看、关、哭等;③以字带字:如学"上"教"下";④在给孩子讲故事、念儿歌的过程中认字;⑤在同孩子唱歌、散步、看电视的过程中认字;⑥识字游戏:通过配对游戏让孩子找字、认字,是一个好办法;⑦教一些孩子识字的方法:比如字形记忆,通过字的偏旁部首来记忆,又比如字义记忆,根据字的含义归类记忆。每次学习两个字,以"识句"、"阅读"为主,识字为辅;要培养孩子的兴趣,避免填鸭式教学。

2岁3~4个月 乳牙萌出18~20颗;立定跳远约20厘米;单脚站稳3~5秒钟;会提起脚跟用足尖走路;会接滚来的球;用线穿细小的东西,会用手指捏衣夹,会用剪刀;具有初步的分类能力,如把红色积木放一堆,蓝色积木放一堆;认识物体的大小不同,能按大小次序套筒;会区分复杂的形状,了解袋子里有不同的形状,用"四词句"说话,这一阶段会用单词有300个左右;能够在纸上画出简单的形状;最早出现圆圈和长方形;视觉与认识能力发展迅速,不但能够辨认简单的颜色和形状,还开始对立体产生概念;开始有是非观念;分清前后内外;自己脱去衣裤鞋袜;喜欢背诵唐诗一至几首;会用礼貌用语:"谢谢","您好","您早","再见","晚安"等;认识水果 6~10 种，能记住相应的英语单词；分清天气晴、阴、刮风、下雨、下雪；自己穿上背心，或套头衫；会跑与停，基本掌握了能跑、能停的平衡能力；手部精细动作能力有所提高：如用绳穿珠子，用筷子夹菜，拼图，解系纽扣等；喜欢摆弄铅笔、蜡笔和粉笔，拿着它们随便涂抹，会画电线杆和电线；会数"一二三，三二一，一二三四五六七，七六五四三二一"。幼儿的学习方式是先背诵记忆，然后逐渐理解。整体认识和自然记忆的能力到了 3 岁达到高峰，以后逐渐下降。

妈妈画出几个不同的几何图形，在其中一个上画上五官。其他的让宝宝来画五官，试着引导宝宝画出不同的表情。专家认为，让幼儿在简单的图形上添加不同的表情，可以激发幼儿的创造性思维，提高右脑智力。

父母要教孩子刷牙——横刷牙易刷破牙龈造成出血，日久使牙龈萎缩，牙根暴露，还可将恒牙的牙颈部刷成一条沟或凹陷，遇到冷热酸甜刺激会感到疼痛。刷牙常用方法：①水平颤动法。将刷头放于牙颈部，毛束与牙面呈 45°，毛端向着根尖方向轻加压，使毛束末端一部分进入龈沟，一部分在沟外并进入邻面。牙刷在原位做近、远、中方向水平颤动 4~5 次，颤动时牙刷仅移动 1 毫米，刷牙咬𬌗面时刷毛应紧压咬𬌗面，使毛端深入沟区做短距离的前后颤动。这种方法清洁牙间隙的能力较强，使用时应选用软毛牙刷，避免损伤牙龈。②竖刷法。可选用中等硬毛或软毛牙刷。刷毛不进入龈沟，故牙刷不会损伤牙龈。刷牙时刷毛与牙齿长轴平行，毛端指向牙龈缘，然后扭转牙刷，使刷毛与长轴成 45°，转动牙刷，使刷毛由龈缘刷向咬𬌗面方向，即刷上面牙从上往下刷，下面牙从下往上刷，咬𬌗面，要用刷毛尖来回刷，各部需刷 6~10 次，唇颊面、舌腭面、咬𬌗面都要充分刷净。刷牙前后应用水漱口，早晚一次，每次 3 分钟以上，使用保健牙刷有利于护齿。一般幼儿牙刷的刷头长度不超过 25 毫米，刷头宽度不超过 8 毫米，毛束高度 8~9 毫米，毛束排列不超过 3 排，刷毛以软尼龙为好，刷柄直或采用合理弯度。最好每 2~3 个月更换一把牙刷。每天自己做健齿运动 3 次，每次 2~3 分钟。每半年要检查牙齿一次，发现龋齿及时治疗。乳牙到一定时期脱落，若乳牙不能按时脱落，或恒牙已萌出，必要时应拉出滞留乳牙。如果乳牙脱落许久，而恒牙尚不见萌出，应去牙科检查治疗。

成年人最好准备两只牙刷，有利于灭菌。软毛牙刷能清除牙齿缝中的菌斑，而硬毛牙刷有利于除掉牙结石，却会损伤牙龈，磨损牙齿。健康人使用软硬适中的牙刷就可以了。

2 岁 5~6 个月 乳牙出齐 20 颗；基本掌握了跳、跑、攀登等复杂动作；会两脚交替着一步一级地上楼梯；会骑脚踏三轮车，能从大约 25 厘米高处跳下；能走过宽 18~20 厘米、高 18 厘米、长 2 米的平衡木，并能双脚跳下；能将 40 克的沙包投出 2~2.5 米；能熟悉地用玻璃丝连续穿 4~5 个扣子，并能将线拉出；每分钟能捡豆子 20~25 个；能有效进行语言交流，能使用手势语言；能用诸如高兴、生气这类词来表达自己或他人的情感；自己穿脱衣服；自我意识增强，会用"我"这个代词与动词连用说自己；会唱儿歌 4~5 首，每首 4~5 句，每句 5~7 个字；开始与同龄人交往亲密，并表现得越来越积极；独立性越来越强，分离焦虑的情况越来越少；注意的事物逐渐增加，时间不断延长；认识一些真实的动物和植物；认识各种颜色；能说出多种物体的用途；对小的物体特别感兴趣；比如说面前有一个瓶、一粒花生米、一粒小豆，那孩子去抓的会是小豆；能够感知并说出物体的大小形状和颜色；会叠 8 块方积木；能临摹画直线和水平线；能按秩序套上 6~8 个套筒；会写 0 和 1，会画正方形，会写汉字 1~10 个；会辨声音；认识交通工具 10 种；知道天平两边 3 个是一样多；能复述 3 位数；会洗水果；会刷牙；喜欢讲述图片并会形容它的特点；能参与同伴的游戏；知道哪些动物会飞，哪些会在水里游，哪些生活在树林中，哪些生活在水里；能离开家长半小时至一小时，认识 4 种以上的几何图形；自己吃饭，用杯子倒水。

他们能回想起几个星期以前发生的事情。这时的记忆仍以无意识为主，而有意识记忆才刚刚萌芽。

让宝宝玩海绵吸水游戏，使宝宝懂得海绵吸水后重量会有很大的不同，从而促进左右脑逻辑思维能力的发展。

放风筝是一种非常有效的方法，想要把风筝放好，儿童需要把注意力持续放在天上正在飞的风筝上，而不感到枯燥乏味，是一种寓教于乐的好方法。

妈妈先在纸上画各种各样的图形，然后引导宝宝在画好的图形上添画。妈妈可以先做示范：把图形添画成太阳、苹果、向日葵、钟等。让宝宝把三角形添画成支架、彩旗等，把椭圆形添画成鸡蛋、镜子等，正方形添画成皮箱、毛巾等。专家认为，这个游戏可丰富宝宝的绘画内容，提高宝宝的动手的创新能力和思考能力，对右脑发育有益。

2 岁半至 3 岁是孩子怎样做到有规矩的关键时期，要锻炼孩子守规矩，懂礼貌，不乱放东西，会收拾玩具放在固定地方，生活有规律，并能自理。

孩子对于性的探索从学走路开始，一直保持到学龄前。3 岁以前最好男女共浴以便了解自己的性别角色，3 岁以后就不能男女共浴了。当孩子询问有关性方面的问题时，要客观地回答问题。

3 岁以下儿童易将异物、笔帽、花生、别针送入气管。如发生上述情况，可将头放低，拍背，让其吐出来。如果让其喝水让异物落入深部，会给医生急救带来麻烦。

2 岁 7~8 个月 宝宝能登上 3 层攀登架，会钻进相当于自己身高 1/2 的洞穴，举手过肩投球；能走纵队，立定跳远，长时间持续走（1400 米），飞快跑不跌倒，每分钟跑 35~40 米；能将 40 克重的沙包投出 2.5~3 米远；模仿画圆，会适度调整握力，用刀切，用剪子剪线，卷物品；依大小顺序排列积木，懂得"里"、"外"，积木搭高 10 块，并搭成滑梯、汽车；会分辨大小、长短、粗细；说出自己的性别，连续执行 3 个命令；握笔姿势正确，懂得用左手扶纸；能折正方形、三角形、长方形和小扇子，边角整齐；能集中注意为 10~15 分钟；喜欢图画故事书；能复述大人多次重复讲过的故事的简单内容；能用简单句子表达自己的意思，并出现不完整的复合句；会用"和"或"但是"连接句子；能理解大人的要求，如让他将玩具放在椅子上的上、下、前、后时，他会放对两个位置；能区分上、下、前、后，今天、明天；认识工人（知道做工）、农民（种地）等；知道几种动物和简单的外形特征；初步建立时间概念；会开电动儿童车；会泥塑（面团）3 种以上造型；会定型撕纸；喜欢看图书讲故事，能回答书中的主要问题；会猜"如果"后面的结果；会背数到 20，点数到 3；认识人和不同职业 6~10 种；穿鞋分清左右，练习自己洗脚；懂得每天的生活秩序，初步理解时间知识，购物时能当助手；会说 4~6 个数字，自己穿有扣子的衣服；会念 3 个音节的儿歌；会拣豆子往瓶里放；会从地图上找全国大城市的位置，会听词模仿动作：如"笑"、"哭"、"唱"；会听词说物品的用途，如"碗"、"牙刷"；会说反义词：大小、高矮、前后、里外、黑白、快慢。

告诉宝宝 4 种表情：大笑、微笑、难过和发火的含义，并学妈妈表演，提高宝宝的表演能力。

让 2~3 岁的孩子学唱歌，在快乐的气氛中加强大脑与舌、咽、声带的联系，促进语言运动中枢与舌、咽、口腔的肌肉协调配合，从而防止或治疗口吃。

宝宝喜欢大人给他讲故事，这时大人应尽量给宝宝讲一些简单明了、语言清新且知识性强的故事，还要边讲边提问。

2 岁 9~10 个月 宝宝能接住反跳回来的球及距离 1 米抛来的球，单足跳远，自己扶栏杆双脚交替下楼梯；能骑大轮玩具车；开始学习使用筷子；懂得冷了，累了，饿了怎么办。在纸上画标记如螺旋线、曲线，并涂上颜色；画出爸爸妈妈能识别的，表达一点意义的图案；可以较好地完成简单的拼图游戏，并具备"上"、"下"的方位概念；喜欢和某几个伙伴一起玩，有一些"互惠"意识；对数词有了一定认识，开始尝试按照数量多少，或者大小进行排序，但有时候会排错；能够知道小狗是动物，桌子是家具；一分钟穿 10 个珠子，会用小刀切软食物；能按颜色、大小、形状将扣子分类；帮助家长收拾衣服；学会用乐器或代用品敲击节拍；用反义词配对；学会洗手帕之类的小东西；会用小剪刀剪纸，会用铅笔画图，喜欢玩"包剪锤"的游戏；懂得礼貌做客；会讲简单的故事；能以吃、穿、用、玩分清物品属性；会将物品一分为二；复述 4 位数；认识主食、副食各 10 种；会收拾和洗净茶具；爱提问。

用放大镜观察蚂蚁，让宝宝把观察到的东西说得越细越好，培养宝宝观察和语言能力。

教宝宝背唐诗，提高宝宝右脑的语言表达能力，还可以让宝宝逐渐培养"理解记忆"的习惯。

妈妈要先准备好积木，以及各种颜色的纸和回形针，还有带吸铁石钓鱼竿。要用各种颜色的纸做成大大小小的"鱼"，在每条"鱼"身上别上回形针，并用积木把"鱼"围起来，引导宝宝让钓鱼竿上的吸铁石碰到"鱼"身上的回形针，把"鱼"钓上来。钓完后，让宝宝数一数自己钓了几条"鱼"，每种颜色的"鱼"有几条，哪种颜色的最多，哪种颜色的最少。

学会摆玩具，如果有两种玩具，牛和羊，有两种摆法：牛羊、羊牛。有三个玩具，牛、羊和兔，有六种排列方法：牛羊兔、牛兔羊、羊牛兔、羊兔牛、兔牛羊、兔羊牛。学会使用天平比较重量。

空间概念的理解有所发展，知道什么是上下、前后、里外，但是对时间概念，如早晨、晚上等仍然是比较模糊的，他只能从生活的角度来感性地理解，如知道睡觉的时候是晚上。

2 岁 11 个月至 3 岁 宝宝能较好地控制身体的平衡，立定跳远 33 厘米以上，能跳过 10~15 厘米高的纸盒，会踢球入门，攀高爬低，动作灵活；手的动作更加精细，会用剪刀剪东西，会扣纽扣，使用筷子吃饭，折纸；会画人的 2~3 个部位，或在未画好的人物画上添加 2~3 个部位，会粘贴，会简单的图画；会将纸剪开小口或剪成纸条，将方形纸对折成长方形和三角形；喜欢参加拉大圈和有音乐节奏的活动；去新的地方回来后能作简要叙述；认识冬天和夏天穿的衣服和主要食品；能说出父母的工作单位及居住地址；会扫地，并将垃圾倒入桶内；喜欢学猜符合两种情况下的简单谜语，并自编这种谜语；背述盒带或电视中小段故事和成段的广告；找出图中缺少的 1~2 个部分；会将黄豆、豆角、扁豆混装一个盘里，分类挑选；会看图添加内容：家长先画出一种标准的图形，如一个圆形，宝宝可添画出人脸或闹钟了；能辨认物品形状：圆形，方形；能知远近关系，了解"现在"和"等一会儿"的区别，但对"今天"、"明天"、"后天"等时间概念尚不明白；能粗略地感知物体的大小、形状、光滑度、软硬度和弹性等特性；大多数宝宝会说复合句，大部分句子都有 10 个左右的字，词汇量可达 1000 个左右，会用代词"他"，会说儿歌。少数宝宝会认钟；画意愿图、主题画、填充画、涂物画；制作平面作品，立体作品。

父母告诉宝宝怎样打火警、匪警、急救电话，了解这几个电话的用途，增强安全防范意识，减少灾难的发生和降低伤害的程度。但必须告诉他，平时不能随便拨打这几个电话，只有发生灾难的时候才能拨。

妈妈在文具盒中放入铅笔、钢笔、圆珠笔和橡皮，让宝宝仔细观察，并告诉各种东西的名称和用途，训练宝宝的观察记忆能力。教宝宝数 20 以内的数，提高数学演算能力。

通过 CT 对人脑的检测表明，幼儿期大脑左半球有一个母语区和一个第二语言区，可同时开发及学习两种甚至更多的语言，使幼儿不但能够学会这些语言，还不会互相干扰。幼儿期的英语学习有助于孩子的智力开发和综合学习能力的培养。有关专家认为，在一般情况下，3 岁左右开始学习外语最好。因为这时期孩子模仿、机械记忆的能力最强，是学习语言的关键时期，能够比较快地掌握口语，当然，书写和阅读的学习要放在 4 岁后才开始。

我们主张"母语教学法"，是借助于学习母语的方法来学习英语。即"听说领先，认读跟上，寓教于乐，学用结合"，按照单词—单句—复句的顺序，逐渐掌握英语语言，建立英语思维。

我们要让孩子了解社会上的职业：数学家、工程师、税务人员、会计师、统计学家、科学家、计算机软件开发员等需要逻辑数学智能；律师、演说家、编辑、作家、记者需要语言智能；演员、舞蹈家、运动员、雕塑家、机械师等需要身体智能；向导、猎人、室内设计师、摄影师、画家需要视觉空间智能；作曲家、演奏（唱）家、音乐评论家、调琴师需要音乐旋律智能；从事政治、心理辅导、公关、推销及行政等需要组织、联系、协调、领导、聚会的工作需要人际关系智能；花匠、宠物饲养员需要自然智能。

国内外近半个世纪的有关研究认为：

3 岁是计算能力发展的关键期；

3~5 岁是音乐才能发展的关键期；

4~5 岁是学习书面语言的关键期；

3~8 岁是学习外国语的关键期；

3 岁是培养独立性的关键期；

4 岁以前是形成形象视觉发展的关键期；

5~6 岁是掌握词汇的关键期；

6~9 岁是孩子意志力、思维力、创造力形成的关键期；

小学一二年级是学习习惯培养的关键期；

小学三四年级是纪律分化的关键期，是意志力培养的关键期；

小学五六年级、初中、高中是逻辑思维发展的关键期，是思维力、创造力培养的关键期。

创造性思维能力的训练：创造能力是根据一定的目的和任务，运用一切已知条件和信息，开展能动思维活动，经过反复研究和实践，产生某种新颖的、独特的、有价值的成果的一种能力。哈佛大学第 24 任校长普西有一句格言："一个人是否有创造力，是一流人才和三流人才的分水岭。"没有创造就没有进步，因此，创造力是成功的原动力。一个富有创造力的人，总是站在时代的前列，不断进取，勇于创新，不拘常规，善于独立思考；既不盲目地肯定一切，也不轻率地否定一切；既尊重前人，又不墨守成规。孩子的创造力就是在自己的想法中发展起来的。如果用要求大人的标准去要求孩子，对孩子的不合乎"规矩"的行为时时加以"纠正"，那么孩子的创造力就会消失，孩子的好奇心是不能扼杀的。父母要教孩子做创造性的游戏。给孩子一个玩具工具箱，买些必要的工具，每天安排 30 分钟自由活动时间，让他独立思考，自己搭积木，捏泥人，画画，搞小制作、小发明创造，提高其动手能力和创造性思维能力。

财商（FQ）训练：财商就是经商理财能力，懂得怎么赚钱、花钱，为将来在市场经济拼搏打下基础。家长先教孩子买东西，给他钱买水果、糖、冰棍、袜子、鞋、书、玩具……花了多少钱，找回来多少钱。再教孩子当小老板，家长当顾客，教孩子怎么卖东西，使孩子懂得吆喝、算账、讨价还价、货比三家等基础知识。

王永庆的子女都在国外受教育，为了节省开支，教育子女少往家打电话。

李嘉诚去美国看望读书的儿子，目睹了冒雨走来相见的情景，不禁自问："这就是我的儿子吗？"

宜家家居创始人英格瓦·费奥多·坎普拉德从小学会做买卖，甚至经常卖给奶奶火柴。奶奶为了培养他的财商，从来不批评他。奶奶去世后，发现已有一箱火柴。

为什么美国洛克菲勒家属超六代不衰呢？主要原因是子孙都受到良好教育，其中包括限制孩子们零用钱，规定零用钱因年龄而异。七八岁时每周3角，十一二岁时每周1元，12岁以上时每周2元，每周发放1次。他还给每人发一个小账本，要他们记清楚每笔支出的用途，领钱时交他审查。钱账清楚，用途正当的，下周递增5分，反之则递减。同时允许做家务活可以得到报酬，补贴各自的零用。比如，逮100只苍蝇1角，逮1只老鼠5分，擦皮鞋每双5分，长筒靴1角。每个孩子从刚出生开始，都要被动地接受洛克菲勒家族的财商教育，直到学会主动接受教育为止。

中国对教育孩子有"男孩要穷养，女孩要富养"之说，男孩穷养，他才能有奋斗的意识，以后才能成为家庭的顶梁柱；而女孩要富养，长大以后，才能经得起诱惑，理智择偶。

自理能力的训练：家长要随孩子年龄承受能力进行自理能力的训练。从吃、喝、拉、撒，到穿、洗、刷、买东西都要教会自理。在小洛克菲勒4岁时，有一次，当他远远看到父亲老洛克菲勒从外边走进来时，就张开双手兴冲冲地向父亲扑了过去。老洛克菲勒并没有去抱他，而是往旁边一闪，结果小洛克菲勒扑了个空，跌倒在路上，哇哇大哭起来。等孩子哭完之后，老洛克菲勒严肃地对儿子说："孩子，不要哭了，以后要记住，凡事要靠自己，不要指望别人，有时连爸爸也是靠不住的。从现在开始学会自立吧。"

影响力的训练：影响力是一个人对其他人所能产生的感染力和带动力，是一个人在他人心目中所扮演的积极角色，是一种将个体力量转变为集体或团体力量的重要因素，因此，影响力是成功的推动力。影响力要从小培养，教孩子讲故事，表演文艺节目，注意仪表，礼貌待人：经常将"请"、"谢谢"、"对不起"这些礼貌用语挂在嘴边。在幼儿园里起表率作用：积极回答老师提问，帮助小朋友，不拿幼儿园的玩具。

意志力的训练：意志力表现为一个人坚强不摧的意志品质，表现为不怕受责难，不怕担责任，不怕犯错误，敢于坚持正确的观点，向着正确方向努力前进的能力。意志力需要从小培养，教育孩子办事有始有终，胆大心细。比如：花盆里种豆，就要让它长苗、开花、结果。

应变力的训练：应变力则是人们适应变化的客观环境，从不同角度看问题的一种能力。人的成长充满了无穷的"变数"，从一而终，锲而不舍是成功的一个方面，但如果不知应变，一味地不撞南墙不回头，只会离成功越来越远。而应变则能使我们更接近目标，因此，应变力是人成功的保证。应变力要从小培养，教育孩子此路不通，另寻他路。比如：要孩子去取水果，并在水果前面设置很多障碍物，让孩子动脑筋想办法，才能找到水果。

执行力的训练：仅仅具有好的想法、好的策略并不能够变成现实，将思想变成现实靠的就是执行力。因此，执行力是成功的行动力。执行力需要从小培养，自己洗袜子，洗手绢，洗脚，收拾桌子，看图绘画，在沙地上写字，剪纸，自己动手，丰衣足食。

想象力的训练：爱因斯坦说："想象力比知识还要重要。因为知识是有限的，而想象力包括世界上的一切，推动着进步，并且是知识进化的源泉。"想象力是在原来的形象和经验的基础上形成新形象的能力；是我们用以洞察思想和经历的新领域的照明灯；是所有发明家或探索者开路冲锋的强有力的武器。对于一个人而言，想象力更是无形而无价的资产。任何一项科学上的发明，莫不都是从想开始，经过无数次的实验，终于大功告成。人类社会的进步，也多半是靠那些勇于想象的人去设计、修正、策划的。至于个人的成败，自然也与想象力密切相关。成功的人往往是富于想象的。想象力需要从小训练，比如可以告诉孩子，人要离开地球到太空去生活，怎样去呢？到太空去需要带什么东西呢？现在的人长命百岁算高寿，将来人类的寿命能否再延长呢？

自律力的训练：自律力就是一种自我约束的能力。它包括两个方面：一是检点个人的言行，二是控制个人的情绪。自由是对纪律而言，不遵守纪律的人，总有一天会成为没有自由的人。在人生的旅途中，一个人能做到无论何时何地，都用符合一定规范的标准来自觉地严格约束自己，并借鉴他人的经验教训，这个人就能始终爱惜自己，坦荡无私，身正令行，表里如一，言行一致，昂首阔步走到目标点。麦克莱说："衡量一个人真正的为人，要看他在知道永远不会被人发现的情况下做些什么。"自律力需要从小培养，比如告诉孩子不要说脏话，不要打小朋友，不要偷幼儿园的玩具——偷了要送回去，并向老师认错。允许孩子把屋子弄乱，但得要求孩子自己把屋子整理好。

观察力的训练：观察力是一种观察和鉴别能力，是人们对事物的本质属性及其相互关系的判断能力。它对于人们正确地认识客观世界和主观世界，把握正确的前进方向有着重要的作用。法国杰出的现实主义雕塑家罗丹说："大家望着的东西，大师是用了自己的眼睛去看的。常人习以为常的事物，大师能窥见它的美来。""拙劣的艺者常戴着别人的眼镜。"观察力需要从小培养：大自然是最好的老师，到野外散步、参观、游览，丰富观察的内容，并且一边逛，一边解释，不要死读书。观察方法可以从外向里，从上到下，或从左到右，从近到远，对事物有顺序、有步骤、有比较地观察，注意激发他们的观察兴趣，使其好奇心得到满足。同时，又使他们通过观察实践，发现问题，解决问题。比如：用放大镜观察昆虫，让其说出形状，说得越细越好，还可以观察蜘蛛怎么捕食等。

洞察力的训练：洞察力是一种心灵的能力，凭借它，我们能从长远的角度考虑问题，观察形势，处理问题。它能使我们在一切事情中认识困难，做好克服困难的一切准备，并选择最佳方案。它把我们的思想和注意力引向正确的方向，让我们不堕入没有回报的歧途。洞察力需要从小培养，我们常带孩子出去玩，前面遇到障碍物，怎么办呢？让孩子想办法去克服困难，越过障碍物有几种方法，并分析各种方法的利弊关系，从中选择最佳方案。

注意力的训练：注意力指的是人在某一时刻把自己的注意力集中在所要明显反映对象上的能力。对孩子来说，是指他们把视觉、听觉、触觉等感官集中在某一事物上，达到认识该事物的目的。注意力需要从小培养，专心吃奶、专心吃饭、专心做事、专心看图书等，能够最有效地发展孩子的注意力水平，矫正孩子注意方面的不足。美国医学专家雷史塔克说："注意力其实是一种精神高度集中的过程，转移注意力的焦点及感受。这种转变依赖诸如敏感度，专注的程度以及个人感兴趣的范围而定。"让孩子闭上眼睛数数，能数多少就数多少；数一遍弯一个手指，每日4次，每次2分钟，坚持做7天，注意力集中效果就会明显改善。

团队精神的训练：俗语说，一根筷子容易折，一把筷子折不断。当今世界，单打独斗难成事业。成功人士十分重视团队精神。从小让孩子跟其他孩子玩，不抢同伴玩具，对同伴充满爱心，锻炼其合群习惯。幼儿园长大的孩子大多数具备这种品质。

独立思考能力的训练：对于孩子提出的问题，有时不能急于给答案，要启发孩子自己找到答案。比如："妈妈，人为什么要吃饭？"反问："你不吃奶会怎么样呢？""小羊不吃草会怎么样呢？""这是一种想法。还有其他的吗？还有呢？""如果那样做，就会出现什么样的情况？""别人怎样看待这个问题？""别人会有怎样的感受？"

预见能力的训练：这是一种先知先觉的能力。如：树上有10只鸟，打掉1只，还剩几只？今天刮大风，闷热，天空黑下来了，会下雨吗？

图形认知能力的训练：分辨三角形、正方形、长方形等各种图形以及图表、各种地图，让他初步理解图形知识。

比较事物能力的训练：把差异性的物体放在一起，让他比较大小，差异在什么地方。如盆里装水，塑料为什么浮在上面？曲别针为什么会沉下去呢？

爱因斯坦说："兴趣是学习最好的老师。"6岁以前的孩子要全面教育，从玩中学，开发智力，使其产生学习兴趣，不能强行灌输太多的知识而造成厌学心理。寓学于戏：孩子最喜欢游戏玩耍，如果不能游戏玩耍就会感觉不快乐。2~5岁的儿童中，经常玩耍的孩子的大脑要比不经常玩耍的孩子的大脑至少大30%。因为，在玩耍过程中，儿童要完成几十种与大脑思维活动有关联的动作。父母要用满腔的热情教育孩子，满足孩子的求知欲望，认真回答孩子的每一个问题，不敷衍了事。有的问题，可以告诉孩子不知道，并鼓励孩子从书本中找答案。教育的艺术就在于点亮孩子内心深处的火花，让智慧生根发芽。

隔代抚养孩子不利于孩子的心理健康。孩子长期生活在老人之中，加速孩子的成人化，甚至造成孩子的心理老年化；在老人的溺爱、祖护的环境中成长起来的孩子，不利于养成开阔的胸怀，活泼、宽容的性格，极易形成任性、自私、孤僻、为所欲为、心胸狭小的性格。现代心理学研究表明，孩子对父母的情感需求，是其他任何感情所不能取代的，缺少了血肉相连的父母之爱，极可能使孩子因情感缺乏而产生情感和人格上的偏差，导致产生心理行为障碍，对人对物缺乏爱心，以及暴力倾向和行为问题。

有位美国学者提出17个项目作为鉴别孩子聪明与否的条件：

①感知事物灵敏，有超过同龄儿童的敏锐的观察力；

②知识丰富，能掌握基本的知识和技能，能适当运用知识技能去解决具体问题；

③注意力集中，不容易分心；

④思维流畅，能形成许多概念，善于吸收新概念；

⑤思维灵活，能摆脱自己的偏见，学会从他人的角度看问题；

⑥语言表达流畅熟练，能掌握丰富的词汇和清楚讲述自己的观点；

⑦有较强的推理能力，能从集体关系中去理解把握概念，也能把概念推广到更大的关系范畴中去；

⑧能独立思考，富于想象力；

⑨有独创性，能用新颖、独特的方法去解决问题；

⑩兴趣广泛，对各种学问和活动感兴趣，如艺术、戏剧、书法、阅读、音乐、体育和社会常识等；

⑪有坚持性和责任心，承担任务后能努力完成；

⑫好奇心强，喜欢提问，想办法解答问题和与人议论新的问题；

⑬有灵活的反应性。对他人的建议、提示，容易得到启示和作出积极的反应；

⑭有好胜心、挑战性，乐于接受比较困难的任务，喜欢争论；

⑮有强烈的学习动机，关心社会和自然，爱看书籍和听他人谈论大事；

⑯关心集体，积极参加集体活动，助人为乐，能和他人友好相处；

⑰情绪稳定，经常保持愉快、安详的心情。有自信心、自尊感，能适应环境的变化和挫折。不暴怒，不冲动，不惊慌失措。

美国人教子有 12 法则：

● 归属法则　保证孩子在健康的家庭中成长。

● 希望法则　永远让孩子看到希望。

● 力量法则　永远不要让孩子斗强。

● 管理法则　在孩子未成年前，管束是父母的责任。

● 声音法则　要倾听孩子的声音。

● 榜样法则　言传身教的榜样，对孩子的影响巨大。

● 求同存异法则　尊重孩子对世界的看法，尽量理解孩子，不要将自己的观点强加给孩子。

● 惩罚法则慎用　这一法则容易使孩子产生逆反心理和报复心理。

● 后果法则　让孩子了解其行为可能产生的后果。

● 结构法则　让孩子从小了解道德和法律的界限。

● 20 码法则　重视孩子的独立倾向与其至少保持 20 码的距离。

● 4W 法则　任何时候都要了解孩子跟谁（Who）在一起，在什么地方（Where），在干什么（What），什么时候（When）回家。

学龄前儿童就像一张白纸，父母就是画家，这幅画必须精心设计，每一笔都必须用心去画，分秒必争，要用 6 年的心血，才能绘好这张图画，领先一步，就会步步领先。

孩子需要母爱和父爱，缺一都是不完美的。母亲像春天的阳光，带给儿女温暖和光明；母爱像一把伞，为儿女遮风挡雨；母爱像发动机，为儿女提供动力。父爱是万部书，教儿女怎样成才；父爱是鞭子，教儿女走正道；父爱是灯塔，照亮儿女的锦绣前程。

据对世界各国从 1500—1960 年涌现出的 364 名杰出科学家和 1057 件重大成果的统计，杰出科学家中早慧人数占 18%。但他们的科学成果却占全部科研成果的 24.6%。早慧科学家一生平均作出 3.92 项重大成果，而一般科学家一生平均 2.3 项。历史证明，早慧科学家为本民族科学的崛起作出了贡献。例如：在意大利成为科学中心的时代，早慧科学家占 35%；英国成为科学中心年代，早慧科学家占 21%；法国成为科学中心时期，早慧科学家占 16%；

德国成为科学中心时期，早慧科学家占 13%；美国的科学技术独占鳌头，早慧科学家约占 17%。

早慧科学家是早期教育的结果。但要防止忽视智育以外的教育。否则，将会培养成为废材。

当前儿童预防接种的疫苗很多，在进行预防接种的安排上可分为三大类。

第一类疫苗：是按国家统一规定的有计划地进行预防接种的（故称计划免疫）疫苗，共有 5 种疫苗可预防 7 种疾病。见表 2-2。

表 2-2　计划免疫疫苗表

	免疫月(年)龄	接种疫苗	预防疾病
基础免疫	出　生	卡介苗	结核病
		乙肝疫苗	乙型肝炎
	1 月龄	乙肝疫苗	
	2 月龄	脊髓灰质炎减毒活疫苗	脊髓灰质炎
	3 月龄	脊髓灰质炎减毒活疫苗	百日咳,白喉,破伤风
		百白破混合疫苗	
	4 月龄	脊髓灰质炎减毒活疫苗	
		百白破混合疫苗	
	5 月龄	百白破混合疫苗	
	6 月龄	乙肝疫苗	
	6~12 月龄	乙脑疫苗(第一次)	
	6~12 月龄	乙脑疫苗(第二次与第一次间隔 7~10 天)	
	6~12 月龄	流脑疫苗(一次)	
	8 月龄	麻疹疫苗	麻疹
加强免疫	1.5~2 岁	百白破混合疫苗	
		脊髓灰质炎减毒活疫苗	
	4 岁	脊髓灰质炎减毒活疫苗	
		麻疹疫苗	
	7 岁	白破类毒素混合制剂	

第二类疫苗：针对乙型脑炎、流行性脑脊髓膜炎流行地区，将乙型脑炎灭活疫苗和流行性脑脊髓膜炎 A 群多糖疫苗也列入计划免疫范围内，基于季节性接种的疫苗。在这两种传染病流行前 2~3 个月期间接种，如乙型脑炎灭活疫苗在每年的 4~5 月份接种，流行性脑脊髓膜炎 A 群多糖疫苗在每年的 11~12 月进行接种。

第三类疫苗：这类疫苗虽然不属于计划免疫范围内的疫苗，但应是经卫生部批准可以使用的疫苗，包括水痘减毒活疫苗，冻干风疹活疫苗，甲型肝炎减毒活疫苗，冻干流行性腮腺炎活疫苗，流感疫苗，麻、风、腮疫苗，肺炎疫苗等。对这类疫苗，家长可根据孩子的情况进行选择。

2. 儿童营养指南

儿童正处在人生的第二个生长高峰期，是长身体长知识的重要阶段。如果在此阶段膳食不合理，营养供给不足，不但影响儿童身体的生长与发育，也会影响他们的成长与长寿。

世界卫生组织（WHO）建议，4~12 岁儿童的热能供应标准为 1830~2470 千卡。我国营养学会 1988 年 10 月修订的 7~14 岁儿童的热能供给量标准为：男性 1800~2400 千卡（7.5~10.0 焦耳），女性 1600~2300 千卡（7.1~9.6 焦耳）。如果按重量计算，每日每千克重热能供给量为：4~6 岁 91 千卡，7~9 岁 78 千卡，10~12 岁 66 千卡，13~15 岁 55 千卡。可见，儿童的年龄越小，神经系统兴奋性越强，基础代谢和肌肉活动消耗热量也越多。

◆ 蛋白质

蛋白质是人体的重要组成部分，是生命的物质基础。蛋白质约有 100 亿种以上，人体内约有 10 万种。人体含蛋白质 15%~18%，人脑中的蛋白质约占脑干重的 50%，越是脑功能复杂的部位，其蛋白质含量越高。按人的体重每千克需要摄取的蛋白质为 1 克。人身体合成的数百种蛋白质，均是由仅仅 23 种较小的基本的蛋白质所组成的链状结构构成的。这种蛋白质物质叫做氨基酸。氨基酸是由氮、碳、氧、氢、磷以及硫元素组成的。人体自己可以合成 15 种氨基酸，其余 8 种氨基酸是从食物中获取的。这 8 种氨基酸被称为必需氨基酸，即：苏氨酸、缬氨酸、色氨酸、赖氨酸、蛋氨酸、组氨酸、苯丙氨酸和异亮氨酸。这类氨基酸中对儿童影响最大的是牛磺酸，主要有 3 方面的功能：①影响生长、视力、心脏和脑的功能。婴幼儿如果缺乏牛磺酸，会发生视网膜功能紊乱，智力发育迟缓。②影响脂肪代谢：牛磺酸与胆酸结合形成胆盐，缺乏牛磺酸会影响胆盐含量，使脂肪的吸收发生紊乱。人奶中含牛磺酸量为 25 微摩尔/升，而牛奶中牛磺酸含量仅为 1 微摩尔/升，故采用牛奶或奶粉配方喂养，可使婴儿生长及智力发育迟缓。③具有保肝作用：适当的牛磺酸能保持肝脏免受自由基的损伤。人体过量服用牛磺酸有害。含有所有这 8 种必需氨基酸的食物被称为完全蛋白质食物。鱼、肉、蛋、奶、虾、贝、谷物、坚果类，植物种子、蔬菜水果和奶制品中均有完全蛋白质。

蛋白质的功能：①肌肉收缩功能——人体的肢体运动、心脏跳动、血管舒张、肠胃蠕动、肺的呼吸及泌尿生殖的过程，都是通过肌肉收缩和松弛实现的。②调节渗透压，血液中的血浆蛋白有调节渗透压的作用，如血浆蛋白过低，就会产生水肿。血浆电解质总量与蛋白质浓度维持人体血浆与组织间水分动态平衡，当组织液与血浆电解质浓度相等时，水分分布就取决于血浆血蛋白含量。③结缔功能——软骨、韧带、肌腱、头发、皮肤等结缔组织都以蛋白质作为主要成分。④免疫功能——人体的免疫力是通过免疫球蛋白（抗体）来实现的。⑤运载功能——血液运输脂肪是由蛋白质与其结合成脂蛋白的形式输送的。⑥遗传功能——人体遗传的基本物质——核酸遗传信息的表达最终的产物是蛋白质，但是，也受蛋白质等因素制约。⑦供给能量——人膳食中由蛋白质供能占总能量的 12%~15%。⑧合成酶与激素——蛋白质参与所有酶与一部分激素，如胰岛素、甲状腺素及一些大脑垂体分泌的激素等的合成。酶是所有反应的催化剂，在常温下，酶广泛参与各种生命活动。⑨蛋白质能帮助维持血液的正常酸碱度。红细胞是一种复合蛋白质，能携带二氧化碳至肺部，使二氧化碳以气体状态排出体外，否则二氧化碳溶解在水溶液中，产生碳酸。因此，红细胞与肺共同合作，调节血压和细胞外液的酸碱平衡。

各种食物的蛋白质营养功能不同。人们不能吃单一的食物，一般来讲，动物蛋白要占总蛋白的 1/3，做到食物种类的多样性，才能做到花钱少，获得营养价值多。

从营养学来看，一个人一天的蛋白质的摄取量在 40~60 克之间（约10%），你可以将体重的千克数乘以（0.8~1.27）克即为每日所需的蛋白质克数。蛋白质摄入太多，会转化成脂肪和糖而使人体发胖，还会增加肾脏负担，为了排出蛋白质的代谢产物，肾脏的灌注压也必须升高。人体摄取的动物蛋白会在肾脏生成过量的钙和草酸盐，因而形成肾结石。哈佛大学研究证实，肾脏长期负担过量会引起损伤，而其主要原因是动物蛋白，而非植物蛋白。高蛋白饮食促进体内锌流失，导致维生素 B_6 不足，以及钙从骨头中流失，使骨质疏松。蛋白质供给不足可致：①肠黏膜及分泌消化液的腺体功能受影响，出现消化吸收不良和慢性腹泻等症状。②肾上腺皮质功能减退，机体对应激状态适应能力降低。③肝脏脂肪浸润，形成脂肪肝。④血浆蛋白下降，出现低蛋白性水肿。⑤酶活力下降。⑥机体萎缩。⑦免疫抗体合成减少，对某些传染病抵抗力下降。⑧胶原蛋白合成障碍，伤口不易愈合。⑨儿童骨骼生长障碍。⑩智力发育障碍。⑪生殖功能减退。

蛋白质的需要量与热量的摄入量有直接关系，热能供给必须满足儿童需要，否则膳食中的蛋白质便不能发挥其特殊的生理作用。我国3~13岁儿童的蛋白质供给量占热能的13%~14%，而蛋白质的实际需求量每日是：5~7岁儿童为50~55克，7~10岁儿童为60~70克，10~13岁儿童为70~80克。为婴幼儿提供足够蛋白质，脑中的儿茶酚胺浓度增加，去甲肾上腺素传递活跃。而去甲肾上腺素与脑的学习、记忆关系十分密切。如果胎儿和儿童的食物中缺少蛋白质，便会对大脑的智力发展产生灾难性的影响，而且还会把这种影响传给下一代，直至第三代才能恢复正常。

老鼠的乳汁含有49%的蛋白质，牛的乳汁含有15%的蛋白质，人的乳汁只含有5%的蛋白质。显然，人体对于蛋白质的需要比许多动物都低。人将摄入的蛋白质总量控制在总热量的10%~20%。世界营养会议指出，每千克体重摄取0.75克蛋白质最适合。患有肝肾疾病的人应该将比例控制在底限或者更低。患有过敏性疾病或者自身免疫病，应停止蛋白质的摄入，1~2个月后看症状是否有改善。病情好转后尽量选择植物蛋白质（特别是大豆食品）来代替饮食中的部分动物蛋白质。

1983—1989年间，在美国康奈尔大学坎贝尔教授、英国牛津大学理查德·佩托教授、中国疾病预防控制中心陈君石、中国医学科学院肿瘤研究所黎均耀和刘伯齐教授的共同主持下，于中国的24个省、市、自治区共69个县开展了3次关于饮食、生活方式和疾病死亡率的流行病学研究，结论令人震惊：动物蛋白（尤其是牛奶蛋白）能显著增加癌症、心脏病、糖尿病、多发性硬化病、肾结石、骨质疏松症、高血压、白内障和老年痴呆症等的患病率。而更令人震惊的是：所有这些疾病都可以通过调整饮食来进行控制和治疗。

坎贝尔教授认为，以动物性食物为主的饮食会导致慢性疾病的发生（如肥胖、冠心病、肿瘤、骨质疏松等）；以植物性食物为主的饮食最有利于健康，也最能有效地预防和控制慢性疾病，即多吃粮食、蔬菜和水果，少吃鸡、鸭、鱼、肉、蛋、奶等。坎贝尔教授发自良心建言："死亡，是食物造成的！"

有研究发现，低蛋白饮食能化解高致癌化学物质黄曲霉素所带来的致癌影响。

有研究发现，酪蛋白——在牛奶蛋白质中占87%的成分——可促进任何阶段的癌细胞生长，而那些来自小麦和大豆植物蛋白质，就算摄取较高单位也不会致癌。

耶鲁大学医学院研究人员1992年作出一份关于蛋白质摄取和骨折率关系的报告发现，70%的骨折皆与摄取动物蛋白有关。研究人员的解释是，动物蛋白跟植物蛋白不一样，会增加人体的酸性负荷，导致人体血液和组织呈酸性。由于人体不喜欢酸性环境，于是开始反击，利用钙这种强效成分去中和酸性，但是钙一定要取自自身某处，因此，就从骨骼中取钙。而少了钙质，骨骼渐渐脆弱，就变得很容易骨折。

蛋白质的主要来源是：黄豆、绿豆、羊肉（瘦）、猪肉（瘦）、小豆（赤）、牛肉（瘦）、鲭鱼、兔肉、猪肝、鸡、海鳗、鲳鱼、鲢鱼、带鱼、鲤鱼、河虾、鸭、黄鳝、鸡蛋、小麦粉（标准粉）、挂面、稻米、方便面、玉米、枣、牛乳、豆角、韭菜、马铃薯、豆浆、胡萝卜、大白菜、芹菜、甘薯、枣、杏、黄瓜、柑橘、葡萄、梨、苹果等。

◆ **脂肪**

脂肪由碳、氢、氧3种元素组成，有一些脂肪还含有磷和氨。脂肪与蛋白质不同之处是不含氮或含氮少；与碳水化合物不同之处则在于脂肪所含的氧较少，而所含的碳及氢较多。脂肪不溶于水，溶于有机溶剂，如乙醚苯及其他脂肪溶剂。脂肪一般可达体重的10%~20%。人脑和神经可含2%~10%的脂肪，肌肉中仅含0.2%的脂肪。脂肪的功能：①储存和提供能量：1克脂肪在体内氧化可提供38焦的能量（1克的糖类提供17焦的能量，1克的蛋白质提供17焦的能量），一般正常人能量约20%来源于脂肪。②构成身体细胞组织，如心脏周围的脂肪能固定器官位置。③调节体温，防止体温外散。④滋润皮肤。⑤保护内脏，促进脂溢性维生素吸收。⑥促进食欲，有利于延缓饥饿感。脂肪在胃内消化时间需要3.5小时。

根据脂肪酸碳氢链上有无不饱和双键分为饱和脂肪酸和不饱和脂肪酸。饱和脂肪酸无双链，而不饱和脂肪酸有1个以上的双链。有1个双链的为单不饱和脂肪酸（油酸），有2个以上双链的为多不饱和脂肪酸（亚油酸、亚麻酸）。多数脂肪酸在体内均能合成，只有亚油酸、亚麻酸必须从食物中摄取。

饱和脂肪酸在动物油中含量比较高，过量食用饱和脂肪酸是导致肥胖、高血压、高血脂、冠心病乃至某些癌症的重要危险因素，还是引起炎症的极强诱导剂。一般要求人们食用的饱和脂肪酸只可占总热量的10%以下。但动物油中也含有对人的血管有益的多烯酸、脂蛋白等，有改善颅内动脉营养与结构、提高血压和预防中风的作用。

单不饱和脂肪酸在橄榄油、菜子油、花生油中含量丰富。它既能降低坏胆固醇（LDL），又不影响或提高好胆固醇（HDL）并能阻断脂质过氧化。而单纯吃植物油会促进体内过氧化增加，这种物质与人体蛋白质结合形成的脂褐素，在器官中沉积会使人衰老。植物油和动物油应搭配或交替食用，其比例是 10：7，这样做有利于预防心脑血管疾病。

多不饱和脂肪酸在人体内有多种生理作用。它是构成细胞膜的主要成分；还与胆固醇代谢及精细胞生成前列腺素的合成有关；它可以促进胆固醇的代谢，防止脂质在肝脏和动脉壁沉积，故对预防心血管疾病有益。

多不饱和脂肪酸有两种：

（1）亚油酸（Ω-6）是细胞膜结构中一个关键的组织成分。它们不但会影响细胞膜的流动性，而且还对细胞膜内的一系列受体、酶及通道产生影响。如果 Ω-6 脂肪酸的含量不足，皮肤的透水性就会增加（皮肤容易干燥）。Ω-6 主要存在于植物油中，如玉米油、红花油、棉油、葵花子油、大豆油、花生油、芝麻油、瓜子、大麻子、南瓜子、玉米粒等；各类坚果核桃、大豆、麦芽等食物也有这类物质，畜肉中含量很少。过多食用亚油酸会引起肥胖、高血压、慢性炎症、血黏度增高、糖尿病、老年痴呆症、冠心病、恶性肿瘤等。

（2）亚麻酸（Ω-3）：又称 α-亚麻酸，主要存在于新鲜的鱼油中，一般植物油中含量很少，紫苏油、亚麻子油、火麻油、胡麻油中含有较多 α-亚麻酸。α-亚麻酸能溶脂化栓、抑制血小板凝集、减少纤维蛋白合成、抑制慢性炎症、降低血糖、抑制癌症基因活动、促进脑细胞发育、增强视网膜的反应力、降低血液中三酰甘油和胆固醇含量，对心脑血管疾病、便秘、哮喘、过敏、皮炎、类风湿、乳腺癌、直肠癌、糖尿病、高血压、肥胖等病症有防治作用。对儿童智力和视网膜发育也起到促进作用。Ω-3 脂肪酸：指的是一类分子结构相似的脂肪酸。EPA（二十碳五烯酸）又称血管清道夫和 DHA（二十二碳六烯酸）又称脑黄金是 Ω-3 家族中的两位主要成员：第一，EPA 的作用相当于前列腺素的前体（前列腺素可以抑制血小板聚集或者血凝，帮助避免血液浓度变稠导致血压升高，避免其带来的相关健康问题）。第二，DHA 对精子细胞、视网膜细胞及大脑细胞的组成尤其重要。DHA 还可以降低血清中甘油三酯的含量。DHA 主要是集中在大脑，对正常的心智功能是必不可少的，对神经细胞之间的正常信息传递尤为重要，还有利于胎儿大脑的生长发育。海鱼中的 Ω-3 脂肪酸对缓解脑血栓痉挛，恶性偏头痛病有疗效，还能提高机体抗炎能力。Ω-3 脂肪酸摄入低还会影响红细胞输送氧气的能力，特别是向大脑运输氧气的能力。Ω-3脂肪酸主要存在于冷水海域内的含油脂丰富的鱼体内如青鱼、竹荚鱼、沙丁鱼、鲣鱼、秋刀鱼等青色鱼；蔬菜（黄豆、菜豆、黑豆、菠菜、西蓝花、青豆、生菜）、坚果（核桃仁、橄榄仁），火麻油、亚麻油、胡麻油、紫苏油中。食用油（芥花子油，大豆油）中含量较少。研究证明，生鱼是EPA和DHA的最佳来源，稍加煮制的鱼也会提供Ω-3脂肪酸。比如野生三文鱼、鲭鱼、沙丁鱼、凤尾鱼等。但是，这类鱼受到重金属污染所致的毒性已经广泛引起关注。植物油不含胆固醇（仅含有少量植物固醇），而多数动物性脂肪均含有一定量的胆固醇。

脂肪的生理功能：能提供人体热量的35%~40%；能将人体多余的热量储备备用；维持体温正常；保持身体组织不移位，不互相摩擦损伤；能承载脂溶性维生素。任何一种脂肪酸摄入不足，都会影响正常的生理代谢，对健康不利，而且不同脂肪酸还需要维持一定的比例。世界卫生组织（WHO）建议饮食中亚油酸与α-亚麻酸之比应为5:1~10:1。最近，权威学者认为，一般饮食中的亚油酸（Ω-6）与亚麻酸（Ω-3）之比为4:1~6:1，最佳比例为4:1。若饮食中亚油酸与α-亚麻酸之比超过10:1，则应多食用Ω-3脂肪酸丰富的食物，如绿叶蔬菜、豆类、鱼类和其他海产品（表2-3）。

表2-3　食物中脂肪酸的种类

食物名称	饱和脂肪酸含量(%)	单不饱和脂肪酸含量(%)	多不饱和脂肪酸含量(%)	Ω-3 含量(%)
菜子油	6	64	28	0
花生油	20	42	38	0
玉米油	12	33.1	54	0.9
大豆油	15	22	63	0
葵花子油	12	19	69	0
棕榈油	47.5	43	9.5	0
猪油	45	45.9	9	0.1
牛油	52	42	6	0
肉类	52	46	2	0
黄油	61	36	3	0
橄榄油	12	80	7	1
杏仁油	9	70	21	0
山茶籽油	10.5	77	11.8	0.7
红花籽油	9.8	13.2	76.7	0.3
核桃油	8	23.7	60.4	7.9

　　儿童肥胖是由于脂肪细胞数量增加引起的，但是成人肥胖是因为脂肪细胞体积组织变大引起的。幼年时肥胖会增加脂肪细胞的数量，成为预备肥胖状态。这样如果年龄变大，稍微吃一点也容易发胖。脂肪细胞数量从出生一年后一直增加到青春期，因此应该格外注意饮食，防止脂肪细胞增加。少吃多运动即可减肥。

　　优质油：未精制的初榨植物油（紫苏油、火麻油、亚麻油、胡麻油、橄榄油、椰子油、花生油）和无污染的动物性油脂（猪、鸡、牛）。但是猪油和牛油这些饱和脂肪酸里面含有花生四烯酸会促使身体发炎。但如果多吃蔬菜、水果，适当运动就可抵消它的缺点。

　　次质油：经过高温及化学溶剂萃取的植物油（大豆油、玉米油、菜子油）。

　　劣质油：氢化油（人造奶油、植物酥油、氢化棕榈油和重复使用的油）；氧化过的油产生自由基与致癌物；含有人工添加物的油有害；棉花子油有毒，会杀精子。

　　油低温烹调为好，每一种油耐受温度不一样，比如未精制的葵花子油在107℃就开始冒烟变质了，烹调温度在100℃就可以了。

◆ 碳水化合物

　　碳水化合物是糖类、淀粉和膳食纤维的总称。碳水化合物有两类：复合碳水化合物和精制碳水化合物。复合碳水化合物是食物的淀粉和纤维，这一类食物包括谷物类、豆类、植物种子、坚果类、蔬菜和茎类植物。复合碳水化合物以天然的形式存在于这些食物中，是没有经过加工或只经过粗加工的。与复合碳水化合物相反，精制碳水化合物是经过机器和工业化加工后，碳水化合物所剩的部分，只是其自然存在状态的"骨架"部分。

　　碳水化合物也称糖类，是由碳、氢、氧3种元素所组成的。人体含糖类1%~2%，一般人体70%的能量来源于糖。根据糖分结构繁简不同分为单糖、双糖和多糖。由1个糖分子构成的糖称为单糖，比如葡萄糖、果糖；由2个糖分子构成的糖，称为双糖，其中最主要的有蔗糖、乳糖和麦芽糖；由很多相同或不同的单糖分子聚合而形成的，其中主要是葡萄糖分子，如淀粉、琼脂、纤维素等均属于多糖。糖能供给能量，维持血糖的恒定；所有神经组织和细胞核中都含有糖。它能提高儿童的免疫力，促进儿童正常发育。糖合成蛋白质和脂肪的碳架；构成组织及重要生命物质——核酸是由葡萄糖在代谢过程中转化来的；解毒作用——糖的衍生物糖苷类，具有解毒作用；增强肠道功能——多糖类有一部分（纤维素、半纤维素、木质素和果胶等）通称为膳食纤维，可增强肠道功能；抗酮作用——脂肪代谢过程中必须有碳水化合物存在才能完全氧化而不产生酮体。酮体是酸性物质，血液中酮体浓度过高会发生酸中毒。每克糖可生成 7 克代谢水，在人体减少进水的情况下，可使机体减缓脱水。在我国现有条件下，糖的供给量，一般应占热量的 50%~65%，最好能够尽量多地摄入未加工过的低血糖指数的碳水化合物食物。正常儿童每千克体重需要 6~10 克。这些糖主要从膳食中的主食获得。糖少了不行，多了也不行。糖多会让大脑迟钝；使人发胖；造成蛀牙和口腔疾病。专家建议每人每天摄取碳水化合物 45%~65%。

◆ **膳食纤维**

膳食纤维是人体消化酶不能消化的食物成分的总体，它被列为继糖、蛋白质、脂肪、水、矿物质和维生素之后的"第七大营养素"。根据物质的溶解度，可将其分为水不溶性和水溶性两种。水不溶性膳食纤维主要成分是纤维素（纤维素化学结构与直链淀粉酶相似，由约数千个葡萄糖组成。人体内的淀粉酶只能水解 α-1，4 糖苷酸而不能水解 β-1，4 键。因此纤维素不能被人体胃肠道的酶所消化。纤维素具有亲水性，在消化道内可以大量吸收水分）、半纤维素（半纤维素是由多种糖基组成的一类多糖，其主链上由木聚糖、半乳聚糖或甘露糖组成，在其支链上带有阿拉伯糖或半乳糖。在人的大肠内半纤维素比纤维素易于被细菌分解，它有结合离子的作用。半纤维素的某些成分是可溶的，在谷类中可溶的半纤维素被称之为戊聚糖，它们可形成黏稠的水溶液并具有降低血清胆固醇的作用。半纤维素大部分为可溶性，它也起到一定的生理作用）、木质素（木质素不是多糖物质，而是苯基类丙烷的聚合物，具有复杂的三维结构。因为木质素存在于细胞壁中，难以与纤维素分离，故在膳食纤维的组成部分包括了木质素。人和动物均不能消化木质素）、果胶（果胶主链上的糖基是半乳醛酸，其侧链上是半乳糖和阿拉伯糖。它是一种无定形的物质，存在于水果和蔬菜的软组织中，可在热溶液中溶解，在酸性溶液中遇热形成胶态。果胶也具有与离子结合的能力。果胶可延缓食糜中脂肪和葡萄糖耐量，调节血糖水平，促进胆汁酸的排泄，降低血液中的胆固醇）及少量树胶（树胶的化学结构因来源不同而有差别。主要成分是葡萄糖醛酸、半乳糖、阿拉伯糖及甘露糖所组成的多糖。它可分散于水中，具有黏稠性，可起到增稠剂的作用）；水溶性膳食纤维包括某些植物细胞的贮存和分泌及微生物多糖，主要成分是胶类物质，如黄原胶、阿拉伯胶、瓜尔豆胶、卡拉胶和琼脂类。粗粮及蔬菜中的纤维素主要是水不溶性的膳食纤维。不可溶性膳食纤维，存在于植物细胞壁中，水果和蔬菜的皮，全麦类和种子类。一般认为，可溶性膳食纤维在调节血糖、血脂及调节肠道菌群方面具有较强的作用，而水不溶性膳食纤维则加速肠道中致癌物质和有毒物质的排出，促进粪便排出，防止便秘，帮助肥胖的高血压患者减轻体重。水不溶性纤维在保护消化系统健康上扮演着重要的角色，可以清洁消化道和增强消化功能，保护脆弱的消化道和预防结肠癌。肠中纤维增多会诱发导出大量好细菌，改变肠道菌群构成，改善肠道中的微生态环境，同时抑制致病毒生长，在肠黏膜表面形成一层薄膜屏障，构成人体抗病的第一道防线；并可以消除人体内的致衰老因子，提高机体免疫功能。

水溶性膳食纤维的代表有：魔芋、羊栖草、裙带菜、海菜、琼脂、猕猴桃、橘子、香蕉、苹果；花椰菜、萝卜干、胡萝卜、牛蒡、玉米、大麦、豆类、燕麦、秋葵中也含有这种物质。水溶性膳食纤维与胆汁酸（由肝脏利用胆固醇制造而成的化合物）相互作用帮助脂肪正常消化；并能降低进餐后的血糖（减少尿糖）、胰岛素和胆固醇的浓度，延缓了葡萄糖的吸收速度，增加胰岛素的敏感性，可以改善耐糖量；促进肠内良性菌的生成；还能将食物中的胆固醇包裹在里面排出体外，减少胆固醇的吸收和脂蛋白的合成，加速低密度脂蛋白的胆固醇的清除，从而控制心血管疾病，减少胆结石的发生——胆结石形成的原因是由于胆固醇含量过高。用纤维性食物比较高的饮食替代浓缩的脂肪和糖能帮助减肥。膳食纤维在小肠内具有阻止胆酸及其代谢产物重吸收的作用。所以当摄入膳食纤维较多时，粪便中将更多的胆酸及其代谢产物排泄出去，即相当于更多的胆固醇被排泄；膳食纤维在大肠内被大肠内微生物发酵产生乙酸、丙酸和丁酸等短链脂肪酸，这些短链脂肪酸，尤其是丙酸被认为具有抑制胆固醇合成的作用。膳食纤维可以锻炼消化道肌肉，维持健康，部分膳食纤维可以加速食物残渣通过消化道的速度，有利于预防肠道组织接触食物的致癌物质，从而预防阑尾炎、憩室病、结肠癌等肠道疾病。

1992年全国营养协会调查数据建议膳食纤维适当摄入量为每天30克。世界卫生组织规定，每天膳食纤维的摄入量应达30~50克（干重），同时强调，高纤维食品（强化纤维食品、全麦早餐等）是肥胖症、高血脂、糖尿病、便秘患者的必需食品。

◆ **维生素**

维生素是人类生命所必需的有机复合物，必须从食物中摄取，它参与了体内物质代谢与能量转变，调节广泛的生理和生化过程，从而维持了机体正常活动。目前已知的维生素有20多种。维生素分为两大类型：脂溶性维生素和水溶性维生素。

脂溶性维生素（包括维生素 A、维生素 D、维生素 F、维生素 K）的吸收，需要有脂肪的存在，并且可以在身体内储存。体内脂溶性维生素的含量过高的时候，可能会给身体造成损害。

水溶性维生素（包括 B 族维生素、维生素 C 和谷物类黄酮）是不能够在体内储存的，需要每天补充。

● 维生素 A（视黄醇）的功能与供给原则

维生素 A 易溶于脂肪，不易受热、酸、碱的破坏，但容易被空气中的氧所氧化和受强光、紫外线的照射而破坏，从而失去其生理功能。维生素 A 可以贮藏在体内，不需要每天补充。动物性食物中存在维生素 A 醇（视黄醇、视黄醛、视黄酸），是最初的维生素 A 形态；植物性食物中存在着维生素 A 源——胡萝卜素的分子结构相当于两个分子的维生素 A，进入机体后，在肝脏及小肠黏膜内经过酶的作用，50%转变成维生素 A。

目前已发现植物体内存在数百种类胡萝卜素，一部分具有维生素 A 活性，以 α-胡萝卜素、β-胡萝卜素、γ-胡萝卜素和玉米黄素这 4 种特别重要，其中以 β-胡萝卜素的活性最高，在人类营养中是维生素 A 的重要来源。β-胡萝卜素能够促进血液流通，有效防止动脉硬化及癌症。

生理功能：维生素 A 参与视网膜杆状细胞内视紫质的合成，有维持正常视力作用；维持上皮组织完整与健美，防止各种类型上皮肿瘤的发生和发展，并增强身体对传染病及寄生虫感染的抵抗力；帮助骨骼钙化；阻止致癌物同 DNA 的紧密结合；抑制肿瘤细胞对前列腺素 E_2（PGE_2）的合成；拮抗肉瘤的生长因素；参与组织黏多糖的合成，对细胞起着黏合和保护作用；参与维持正常骨质代谢，使未成熟细胞转化为骨细胞，使骨细胞数量增多，从而促进骨骼牙齿的生长发育；提高甲状腺功能，减少患者对放射性疗法和一些化学药物产生的反作用；增强抗感染能力，强化黏膜组织的功能，如喉咙、鼻窦、中耳、肺、肾及膀胱等处的黏膜，使其分泌正常，抵抗传染疾病侵袭；参与细胞的 DNA 和 RNA 的合成，对细胞的分化和组织更新有一定影响；促进生长发育，维持生殖功能；调节各种腺体产生激素，通过提高肾上腺激素的水平来帮助降低血液中的胆固醇含量。

其他作用：

（1）促进胎儿、婴儿、儿童的生长发育。据临床观察发现，儿童服用维生素 A，可使腹泻和呼吸道感染的次数明显减少或病情缩短，状态减轻。

（2）提高免疫功能。近年的研究发现，类胡萝卜素能增强人体免疫功能，并能消灭人体代谢过程中产生的有害物质——单线态氧或捕捉自由基。

（3）有助于胃溃疡治疗。美国哈佛大学医学院公共卫生研究所对47806位男士作6年跟踪调查，证明凡多摄取维生素A者，比较少摄取维生素A者患十二指肠溃疡的少54%。另外，每天吃7份或7份以上的蔬菜与水果者，又比只吃3份以下者患胃溃疡几率少33%。

（4）防癌功能，能降低乳腺癌、喉癌和口腔癌的发病率，使组织恢复正常功能。挪威医学专家研究发现，人体缺乏维生素A时，一种叫"苯并芘"的致癌物质与细胞脱氧核糖核酸结合，比正常情况下高4倍。

（5）防止心血管疾病。哈佛大学进行的一项长期实验中，对2200名男医生隔天服β-胡萝卜素50毫克，结果心脏病和脑中风的发病率比普通人下降50%。

1994年《新英格兰医学杂志》报道了芬兰一个长达10年的大规模调查研究的结果，发现合成的维生素A不但没有预防肺癌的作用，反而增加了肺癌、中风和心脏病的患病率。

维生素A的缺乏：干眼症、泪液分泌不足；呼吸道感染；口角炎；头发干燥缺乏光泽，可有弥漫性稀疏脱落；指（趾）甲不如正常光亮，可有纵嵴、横嵴，点状凹陷或变脆；支气管症；尿道结石；骨骼易断裂；肠道感染，腹泻；生长障碍，骨骼异常；易导致细菌感染；伤口愈合减慢；神经损伤；味觉、听觉及嗅觉降低；毛囊的上皮细胞角质化，中心有尖细角质栓塞，致使皮肤干燥，鳞屑增多，毛囊丘疹，呈圆锥形针头大小，带暗褐色，以致密集而均匀地分布于四肢、颈部、臀部和背部显著高出皮面。儿童缺乏维生素A可引起体内血清铁浓度下降，加重贫血症状。

维生素A过量：一次或多次连续摄入大剂量的维生素A，常常以大于成人推荐量100倍、儿童RN120倍即会产生急性维生素A中毒现象。长期摄入维生素A超过推荐量10倍，即可引起维生素A慢性中毒。维生素A中毒表现：肝脾肿大，黄疸；皮肤瘙痒、脱屑、头发汗毛干燥，出现鳞皮、皮疹、脱皮、指（趾）甲易脆。食欲减退，恶心，呕吐；头痛，视觉模糊；口唇皲裂，偶尔有色素沉着；四肢疼痛、肌肉无力、坐立不安、扪之深部硬而有触痛，颞部两侧因骨膜下新形成而明显突出；对细菌及病毒的抵抗力减弱；中性粒细胞减少，血小板减少；有的出现鼻衄，牙龈出血等症状。孕妇体内维生素A过量可致畸胎、先天性白内障、流产。

那些计划要怀孕的妇女或怀孕前3个月的妇女，如果不是在医生的指导下，不需要吃动物的肝脏或服用含维生素A的补品。服用太多的维生素A可造成新生儿的缺陷。

维生素 E 促进维生素 A 的功能；维生素 D 帮助维生素 A 吸收；维生素 A 需要锌的参与才能达到应有的效果，锌指导储存在肝脏中的维生素 A 释放出来。

中国营养学会推荐（2001），我国居民膳食中维生素 A 的参考摄入量：0~1 岁为 400 微克/天。1~3 岁为 500 微克/天。4~6 岁为 600 微克/ 天。7~13 岁为 700 微克/天。14 岁以上人群中，男性为 800 微克/天，女性和孕妇早期为 700 微克/天。孕中期和后期为 900 微克/天，乳母为 1200 微克/天。

维生素 A 主要来源于鸡肝、羊肝、牛肝、鸭肝、猪肝、河蟹、田螺、黄油、牡蛎、鸡蛋、牛奶（全脂）、鸭蛋等中。胡萝卜素主要来源于有色蔬菜中，如胡萝卜、芹菜、韭菜、苋菜、荠菜、菠菜、南瓜、油菜、芥菜、柿子椒（红）、甜菜（黄）等。

● 维生素 B_1（硫胺素）的功能与供给原则

维生素 B_1，系无色结晶体，易溶于水，在空气中稳定，特别是在酸性溶液中极其稳定。在碱性溶液中，对热极不稳定，易被氧化和受热破坏。不能储藏于体内，需要每天补充。

维生素 B_1 构成脱羧酶的辅酶，参加糖的代谢，抑制胆碱酯酶对乙酰胆碱的水解；促进碳水化合物和脂肪的代谢，没有维生素 B_1，人体就无法获得能量；提供神经组织所需要的能量，防止神经组织萎缩和退化，有助于改善记忆，减轻脑部疲劳，保持神经正常功能；促进血液循环，辅助盐酸的制造，血液的形成；预防和治疗脚气病；有助于带状疱疹的治疗；治疗失眠症；保护皮肤黏膜的健康；缓解运动后肌肉疼痛，预防疲劳；防止铅中毒；防止过氧化物质的侵害；促进乳汁分泌；维持末梢神经兴奋传导的正常进行；防止动脉硬化；缓解月经期的腰酸、腰痛、小腹痛等症状；缓解肌肉神经炎疼痛；增加消化液分泌，维持肠道正常蠕动，增进食欲，帮助消化；减轻晕机、晕船的症状；防止心律失常。

人体缺乏维生素 B_1，上述酶的合成受阻，糖代谢就无法进行，丙酮酸在体内堆积，刺激中枢神经，使大脑皮质反射产生"多发性神经炎"以及韦尼克脑症；还可使乳酸过多沉积于细胞中易产生毒素，丙酮酸与乳酸在组织中的增加可造成血管扩张，使心脏工作量增加，心肌松弛，心脏扩大，结果导致心脏回血不良，组织水肿；胃肠蠕动减缓、消化不良、便秘或食欲不振，或伴有下肢水肿、疼痛，并逐渐向上蔓延；胃部不适（恶心呕吐）；右心室肥大，心跳异常、心肺扩大和心力衰竭；呼吸急促；眼球震颤、共济失调、目光呆滞；神经肌肉变性、精神委靡、精力分散、思维混乱、疲倦、情绪暴躁、周边神经麻木、记忆不精确、抑郁；引起干性脚气病（感觉脚很重，会有肌肉抽搐、肌肉萎缩），湿性脚气病；生长迟缓。根据加利福尼亚大学圣地亚哥医学院的心理学教授菲利普·兰赖斯博士所说："维生素 B_1 的缺乏会阻碍大脑利用葡萄糖的能力，减少智能活动时可利用的能量。它还可以使神经过度兴奋以致精神持续亢奋，继而筋疲力尽，最后死亡"。"即使你只是处于硫胺素缺乏的边界线上"，"你的大脑功能也会减弱"。

过量表现：服用维生素 B_1 每天超过 10 克时，会引起头痛、水肿、发抖、眼花、疲倦、食欲减退、腹泻等现象；临产孕妇会造成产后出血不止。

维生素 B_1 多含在粮食的胚芽和外皮中，所以，整粒杂粮、米糠和麦麸中的含量最丰富。因此，粮食加工时不要太细，淘米次数不要太多，特别是大米。

维生素 B_1 的食物来源：葵花子仁、花生仁、瘦猪肉、大豆、蚕豆、小米、麸皮、小麦粉（标准）、玉米、稻米、猪肝、黄鳝、河蟹、鸡蛋、鸡肉、高粱米、梨、萝卜、茄子、牛乳、鲤鱼、大白菜、带鱼、冬瓜、河虾等。

美国推荐量的标准是 1.4 毫克/天；妇女和哺乳期的妇女应该在每日推荐量的标准上再加 0.4 毫克。最大安全量：100 毫克/天。正常服用维生素 B_1 不会有副作用，孕妇在服用维生素 B_1 前应该咨询医生。

维生素 B_1 忌食：蛤蜊（降低药效）、生鱼（造成体内维生素 B_1 减少），酒和茶（影响维生素 B_1 吸收）、阿司匹林、中成药四季清片、舒痔丸、复方千红片、感冒片、七厘散等含鞣质，可降低药效。

● 维生素 B_2（核黄素）的功能与供给原则

维生素 B_2 溶于水，耐热，在中性、酸性溶液中稳定，即便短期高压加热也不致于被破坏，但易被阳光和碱性溶液所破坏。食物中的维生素 B_2 是结合形式，即与磷酸和蛋白质等结合成为多合化合物，这种结合型的维生素 B_2 对光比较稳定。它不存积于体内，需要每天补充。

维生素 B_2 在黄素激酶催化下与 ATP 作用转化为黄单核甘酸（FMN），又在黄素腺嘌呤二核苷酸、过磷酸化酶的作用下，经 ATP 磷酸化形成黄素嘌呤二核苷酸（FAD），它们都是多种酶的辅酶，可催化许多氧化-还原反应，参与叶酸、吡哆醛、尼克酸的代谢，并运输氧至身体各部，提供能量，保护视力，维护血管、皮肤的健康，促进指（趾）甲、毛发的生长，还有利于舌炎、口角炎、脂溢性皮炎等炎症的痊愈。维生素 B_2 还可使大脑和肌肉保持充足的能量和氧气，以维持及促进人体生长发育。

维生素 B_2 具有抗氧化活性，由维生素 B_2 形成的 FAD 被谷胱甘肽还原酶及其辅酶利用，可强化脂肪代谢，抑制脂质过氧化。

临床上维生素 B_2 对治疗心绞痛、慢性肾炎、水肿、癌症、偏头痛等方面取得满意效果。

维生素 E 保护维生素 B_2 不被氧化，铁促进 B_2 的代谢。B_2 有助于铁的吸收与储存，可防治缺铁性贫血，对低血红蛋白性贫血也有治疗作用。B_2 对于治疗眼球结膜充血，角膜周围的毛细血管增生和视力模糊，视觉疲劳，流泪等症有疗效。

缺乏表现：如果维生素 B_2 缺乏使得黄素酶传递氢构成障碍，将导致物质和能量代谢紊乱，而引起多种病变。维生素 B_2 缺乏导致儿童生长停滞；毛发脱落，口腔黏膜溃疡，舌头呈红色或紫色，嘴角裂纹；脂溢性皮肤炎（眼、鼻、口附近及皮脂漏且有皮屑及硬痂），阴囊炎（阴唇炎），睑缘炎；舌头发紫、肿大、舌面有颗粒状突起；眼睛畏光、酸痛、发红、视力模糊、发痒流泪；眼角血管充血，溃烂，结膜炎；鼻子溢油，严重时有酒渣鼻；走路困难，肌肉无力，震颤；皮疹；贫血；压抑、抑郁、紧张和易怒；妊娠期缺维生素 B_2，可致胎儿骨骼畸形。

过量表现：尿液颜色偏黄，可导致肠胃不适和过敏反应；还可干扰某些化验检查，如尿中荧光测定儿茶酚胺浓度可呈假阳性，尿胆原测定呈假阳性。另外 B_2 可降低抗生素，如链霉素、四环素、红霉素和磷霉素的抗菌活性，不宜同服。2000 年发表的一项研究结果显示，维生素 B_2 缺乏的孕妇具有高度发生先兆子痫的危险。

中国营养学会（2001）推荐的居民膳食中维生素 B_2 的参考摄入量：婴儿为 0.4~0.5 毫克/天，儿童为 0.6~1.2 毫克/天；青少年男性为 1.5 毫克/天，女性为 1.2 毫克/天；成年男性和老年人为 1.4 毫克/天，女性为 1.2 毫克/天；孕妇和乳母均为 1.7 毫克/天。

维生素 B_2 的食物来源：猪肝、羊肝、猪肉、冬菇（干）、牛肝、瘦牛肉、鸡肉、鸡肝、羊肾、牛肾、猪胃、鳝鱼、河蟹、羊心、猪心、牛心、小麦胚粉、扁豆、黑木耳、鸡蛋、麸皮、蚕豆、黄豆、金叶菜、青木果、芹菜、荞麦、牛乳、豌豆、糯米、菠菜、扁豆、鲜蘑菇、熟土豆、小米、小麦粉、粳米、白菜、萝卜、梨、柑橘、茄子、黄瓜、苹果等。

● 泛酸（泛酸钙、遍多酸、万有酸）的功能与供给原则

泛酸是产生神经传导物质——乙酸胆碱所需的物质，也是辅酶 A 和酰基载体蛋白的形成所必需的成分。辅酶 A 和酰基载体蛋白在脂肪、蛋白质、和碳水化合物释放能量的过程中起作用。泛酸能释放机体合成胆固醇、类固

醇和脂肪酸；也是机体生长和产生抗感染抗体，帮助巨噬细胞及其他免疫细胞工作所需要的物质，在肾上腺发挥正常功能和可的松的产生中起作用。泛酸能辅助在生物体内发挥主要作用的氧气，并和氧气一起分解食物，把它们转化成人体所必需的复杂化合物。有降低胆固醇含量作用的泛酸是维生素 B_1、维生素 B_2 的朋友，共同完成食物的消化分解及对皮肤的保护；它与铁合作预防贫血；它与叶酸及维生素 B_6 共同发挥效能，产生抗体，抗拒感冒及流行性感冒等病原体；它维持人体各器官的正常发育和中枢神经系统的发育，维持神经和肌肉的正常运作；它起到缓解多种抗生素的毒副作用，减轻经前期综合征和恶心症状，减少风湿性关节炎的疼痛症状；它与体内 60 多种酶合作完成各种生理过程。

其他生理作用：

（1）促进伤口愈合。德国佛雷博格大学的凯泼博士和他的同事们发现，泛酸钙（泛酸的一种稳定的盐的存在形式）能够抑制由粒细胞引起的破坏伤口愈合的炎症反应，从而促进了伤口的愈合。

（2）防射线损害。有研究发现，泛酸有助于保护体内细胞受剂量的 γ 射线的损害，因此，泛酸可能具有射线防护作用。

（3）促进胰岛素的合成，给糖尿病患者带来福音。

缺乏表现：肾上腺易受损，导致肿大或出血，无法分泌可的松或其他激素；脚部烧灼感，肌肉肥大痉挛，垄沟舌，湿疹；神经退化、抑郁、头昏、眩晕、失眠、神经质、表情淡漠、步行时摇晃；十二指肠溃疡、肠炎、胃炎、便秘；抗体的形成能力减弱、上呼吸道感染、腹痛、呕吐、烦躁不安、抗压力下降；增加胰岛素过度敏感，导致其分泌旺盛、血糖降低；肾上腺素的过度消耗，身心抑郁、极度疲劳、脊椎弯曲、脉率不规则、痛风、头发灰白和脱发；眼睛、嘴巴周围发炎；口臭。12 周岁以下的儿童缺乏泛酸，会导致头痛、疲倦、运动功能不协调、脚趾麻木、疼痛，步行时摇晃，感觉迟钝，肌肉痉挛，胃肠障碍，心跳过速，血压下降。

过量表现：可导致神经炎，腹泻。

食物来源：啤酒酵母、肝脏、麦糠、天然糖浆、全麦、黄豆、花生、豌豆、菜花、蘑菇、葵花子、牛肉、牛肝、鸡肉、牛奶、蜂王浆、鳕鱼、香蕉、芒果、甘蓝类蔬菜。

中国营养学会（2001）推荐的居民膳食中维生素 B_3 的参考摄入量：婴儿为 1.7~1.8 毫克/天，1~10 岁儿童为 2.0~4.0 毫克/天，11 岁以上包括成年人和老年人为 5.0 毫克/天，孕妇和乳母均为 6.0~7.0 毫克/天。

● 烟酸的功能与供给原则

别名维生素 PP、尼克酰胺（尼克酸）、烟酸胺（烟酸）、抗癞皮因子。烟酸溶于水和醇，在碱性溶液中稳定；耐热，在高温 120℃下 20 分钟不被破坏，对光和空气亦稳定。在动物性食物中，以尼克酰胺或烟酸胺的形式存在；在植物性食物中则是以烟酸为主。由于两者活性相同，所以统称为烟酸。烟酸主要以辅酶形式广泛存在于体内各组织中，以肝内浓度最高，其次是心脏和肾脏，血中相对较少。

烟酸在体内构成脱氢酶的辅酶，主要是辅酶Ⅰ及辅酶Ⅱ。这两种辅酶结构中烟酰胺部分具有可逆的加氢和脱氢的特性。在体内代谢过程中起着递氢和电子的作用。烟酸的主要作用是预防和治疗癞皮病、佝偻病、缺铁性贫血，降低胆固醇；它是线粒体即细胞的小工厂里能量生产的主要推动剂之一，如果能量产生不足，脑细胞功能活的效率就会降低，而且更多的自由基所造成的破坏就会在细胞的基因里积累起来，潜在地导致细胞的功能失调和死亡。

（1）参与体内 50 多种生理过程，包括蛋白质、脂肪、碳水化合物代谢中能量的释放，激素的分泌，酶的合成，激素的产生，胆固醇的代谢和毒素的清除，治疗口腔炎症，消除口臭，减轻腹泻等。

（2）维持皮肤的正常生理功能，维护皮肤健康。

（3）维持神经组织的紧张度，缓解人体疲劳和精神压力，可辅助治疗胰腺炎和神经系统疾病；保持胃液的分泌及肠的蠕动，有利于各种营养物质的吸收和利用，有利于减轻胃肠障碍及缓解严重的偏头痛，减少梅尼埃病引起的身体不适。

（4）形成红细胞中的血红素，参与造血过程。

（5）使毛细血管扩张，血液循环加快，血压下降，保护心脑血管。

（6）降低低密度脂蛋白和升高高密度脂蛋白，还能迅速降低血液中的甘油三酯，降低 C 反应蛋白。它是透过阻断肝脏的合成极低密度脂蛋白来实现这一效用的，因为极低密度脂蛋白常常会转化为低密度脂蛋白。

（7）促进那些对病原体有抵抗力的抗体的合成，提高人的免疫力。

（8）美白皮肤。皮肤学研究证实，烟酸的水溶性细微分子可深入渗透皮肤，并在皮肤细胞中转化 NDA 及 NOAP 辅酵素，从而提升 DNA 修复机制，激发表皮层的结构蛋质、脂质以及真皮层的胶原蛋白产生，帮助细胞结构逐渐恢复完整，从而改善皮肤的健康状况。

（9）预防痴呆症。美国芝加哥健康养生研究中心针对 815 名原本没有罹患老年痴呆的老年人，做了为期 4 年的追踪调查，4 年后有 131 名参与此项研究计划的老年人出现了痴呆症的问题,对他们平日的饮食习惯及营养素的摄取状况调查发现,摄取高浓度烟酸的老年人,罹患痴呆症的几率可降低 80%。平时烟酸摄取量较高的老年人,理解认知力的衰退也比较不明显。

烟酸不贮存于体内,需要每日补充。

烟酸缺乏可引起癞皮病。它的典型症状是皮炎、腹泻及痴呆,即所谓"三 D"症状;烟酸缺乏还会出现食欲减退、倦怠乏力、体重下降、腹痛不止、消化不良、恶心呕吐、舌炎口臭、口腔溃疡、抑郁、健忘、失眠、头痛、记忆力下降、精神恍惚、躁动不安、脾气暴躁、动脉阻塞、液体潴留、低血糖、关节痛、体重失调、腕管综合征(组织间液在腕管里占据过多的空间,使神经受到挤压导致麻木、刺痛及疼痛)、知觉丧失、行为异常、癫痫发作、水肿、脸部色素沉着、幼儿佝偻病、幼儿或成人缺铁性贫血、成人高血脂、成人高胆固醇等。

过量表现:血管扩张、皮肤发红、起红疹、发痒、肝损伤、血糖升高;肠胃不适、恶心、手足有刺痛感;高尿酸血症;如果一次服用片剂超过 300 毫克,且连续 15 天,就可能出现局部皮肤瘙痒或灼热,有刺痛感,也可能会引起胃部不适,肝损伤或血糖升高。

烟酸建议摄入量:婴儿为 2~3 毫克/天,儿童为 6~12 毫克/天,青少年男性为 15 毫克/天,青少年女性为 12 毫克/天,成年男性为 14 毫克/天,成年女性和老年人为 13 毫克/天,孕妇为 15 毫克/天,乳母为 18 毫克/天。

含有烟酸的食物有:干酵母、香菇、花生仁、葵花子、猪、牛、鸡肝、鸡肉、黄豆、瘦牛肉、猪肉、鲤鱼、带鱼、海鳗、海虾、鲳鱼、黑木耳、麸皮、黑米、榛子、松子、粳米、标准粉、鸡蛋、玉米、小米、蛤蜊、土豆、豆角、甘薯、牛乳、蚕豆、豌豆、韭菜、油菜、菠菜、大白菜、龙须菜、苋菜、芹菜、柑橘、冬瓜、胡萝卜、橙子、黄瓜等。

● 维生素 B_6 的功能与供给原则

维生素 B_6 是易于相互转换的吡哆醇、吡哆醛、吡哆胺的总称。第一种主要存在于植物性食品中,后两者存在于动物性食物中。

维生素 B_6 呈白色结晶物质,易溶于水,对酸相当稳定,在碱性溶液中遇光或高温时被氧化,但吡哆醇较其他两种耐热,在食品加工和贮存中稳定性较高。维生素 B_6 不贮藏于体内,需要每天补充。

维生素 B_6 在体内被磷酸化后以辅酶形式参与许多酶系代谢。B_6 与铁是制造红细胞的主要物质,对红细胞贫血的防治效果良好;B_6 参与运铁血红蛋白合成中铁离子的渗入与辅酶 A 及花生四烯酸的生物合成;参与氨基酸的代谢;

B₆与肝糖原的分解及体内某些激素（胰岛素、生长激素）的分泌有关，B₆不足胰岛素就不能在体内合成，不饱和脂肪酸、亚麻酸不能在体内被利用，组织不能再造，卵磷脂不能被合成，血胆固醇不能维持正常水平，色氨酸不能正常利用而形成黄嘌呤随尿排出；B₆可以减轻体内水分滞留带来的不适，并帮助胃中盐酸的合成；B₆可协助维持体内钾、钠离子平衡，维持神经系统及大脑的正常功能，并且控制细胞分裂及生长的核糖核酸（RNA）与脱氧核糖核酸（DNA）等遗传物质的新陈代谢；B₆对免疫功能起着重要作用；B₆帮助人体把蛋氨酸转化为半胱氨酸，防止半胱氨酸氧化，半胱胺酸是一种对免疫很重要的氨基酸；B₆以辅酶形式参与人体近100种酶反应，包括蛋白质、脂肪和碳水化合物的代谢反应；B₆可用于辅助治疗酒精中毒、癫痫及放射治疗，服用抗癌药物所致的恶心、呕吐和因大量和长期服用异烟肼而引起的周围神经炎，失眠不安。

其他生理作用：

（1）有助于预防结肠癌。美国的研究人员对2000多名年龄为30~35岁的妇女进行了研究，这些妇女每2~4年就要做一次有关医疗记录、生活方式与饮食的问卷调查，在研究开始时要提供血液样本。在1989—2000年间，这些妇女共有194人患结肠直肠癌，还有410名是尚未成癌的案例，研究人员对这些患病的女性与具有相同背景的健康女性进行了比较。血液中维生素B₆含量最高的女性其患结肠直肠癌的危险比含量最低的女性低44%；从食物或补充剂中获取最高维生素B₆的女性中发展成结肠癌的可能性不到49%。

（2）减缓动脉粥样硬化。一些研究显示，维生素B₆能减低血液中高半胱氨酸的含量，从而减缓患脑中风、老年痴呆症、帕金森综合征、骨质疏松症的发病率。它还能抑制小肠对脂质的吸收，降低血中胆固醇浓度，从而防治由于血脂过高引起的动脉粥样硬化。

（3）防治妇女常见病。一些研究发现，B₆可和锌同时服用以减轻月经前紧张综合征；治疗和预防妊娠反应；防止妊娠糖尿病。妊娠时易因缺乏维生素B₆引起色氨酸代谢异常，影响机体的降糖作用，从而引起妊娠糖尿病。此时补充B₆可使血糖明显降低。

人体缺乏维生素B₆的主要表现是皮肤损害，眼及鼻两侧出现脂溢性皮炎，随病程扩展至面部、前额、耳后、阴囊、会阴部，可引起唇裂、唇炎等。缺乏维生素B₆还会引起：手脚麻木，头皮屑多，头发无光泽，脱发，皮肤损伤；口角炎、舌炎、关节炎、老年性手震颤；肾结石、膀胱结石、尿道结石、贫血、痤疮、惊厥、过度疲劳、极度紧张；易怒、抑郁、生气、不易集中精力、记忆力减退、神经紊乱、智力迟缓、癫痫、精神障碍、神经质、走路协调性差；脑电图异常，体重下降，泌尿生殖系统感染；妇女在怀孕期间出现水潴留和乳肿、恶心、运动病（指晕车、船等）；经前期综合征，神经过敏或发炎，脂溢性皮肤炎或异位皮肤炎；全身抽搐，末梢神经炎、皮炎及贫血；削弱巨噬细胞的活性，使巨噬细胞不能有效地清洁体内的坏死细胞和其他废弃物；婴儿和新生儿在头皮上可能出现叫做"摇篮帽"的黄色硬痂；儿童还会引发皮肤炎症，并伴有惊厥、腹痛、呕吐等症，甚至造成精神和情绪紊乱，如胆小，对其他儿童的正常活动缺乏兴趣和反应迟缓。近年发现，胎儿椎管畸形与母体缺乏 B_6 有关。当膳食中 B_6 单独缺乏时，会产生草酸钙肾结石，当膳食中 B_6 和镁都缺乏时，会产生磷酸钙肾结石。

过量表现：每日服用 B_6 超过 10 毫克时，轻者会导致嗜睡，甚至会引发过敏性休克。孕妇服用过量 B_6 会危及胎儿的健康，造成出生后婴儿对 B_6 的依赖。新生儿过量服用 B_6 将引发代谢异常。成人服用过量 B_6 可导致（暂时的）四肢及指（趾）的神经损伤，失眠，易产生依赖性、运动失调等症。B_6 缺乏还可影响免疫功能，损害 DNA 的合成等。

中国营养学会（2001）推荐的居民膳食中维生素 B_6 参考摄入量（AI）：婴儿为 0.1~0.3 毫克/天，儿童为 0.5~0.9 毫克/天，青少年为 1.1 毫克/天，成年人为 1.2 毫克/天，老年人为 1.5 毫克/天，孕妇和乳母均为 1.9 毫克/天。

维生素 B_6 忌与含硼食物（影响 B_6 吸收）同食。

维生素 B_6 食物来源：葵花子仁、金枪鱼、牛肝、黄豆、核桃仁、鸡肝、沙丁鱼、猪肝、蘑菇、牛肾、花生、玉米、猪腰、小牛肉、牛腿肉、鸡肉、火腿（瘦）、鸡蛋黄、肥羊肉、土豆、胡萝卜、葡萄干、菜花、鲭鱼、豌豆、芹菜、枣、菠菜、大米、鸡蛋、番茄、甜瓜、南瓜、葡萄、菠萝、啤酒、生菜、橙子、杨梅、杏、面包、牛乳、桃、梨等。

● 生物素的功能与供给原则

生物素别名辅酶 R、维生素 H、维生素 B_7。

生物素属于 B 族维生素的一员，是一种人体中不可缺少的辅酶，溶于水，含有硫黄成分。它的性质非常稳定，遇热、遇光、遇氧都不被破坏，在中等强度的酸性、碱性条件以及中性环境中也呈稳定状态。

生物素的主要功能是在脱羧-羧化反应和胶氨反应中起辅酶作用，可以把 CO_2 由一种化合物转移到另一种化合物上，是代谢脂肪、蛋白质、糖类和核酸不可缺少的物质；机体合成脂肪酸和氨基酸需要它的帮助；生物素还通过改善胰岛素和血糖来帮助血糖的平衡；改善头发、皮肤、脚趾甲、手指甲、骨髓、腺体和神经组织的健康；治疗肌肉营养失调和肠内念珠菌（一种酵母菌的感染）；减轻湿疹、皮肤炎症状；预防婴儿突然死亡综合征的发生。它有助于脂肪酸、碳水化合物和氨基酸的生成以及能量的产生。

人体肠道能大量合成生物素，除了婴儿以外，天然的缺乏症非常少见。但体内生物素酶基因缺陷、肠道吸收功能不正常和由于肾切除而不能吸收生物素的人需要每天补充（体内不能储存）生物素。正在服用抗生素或硫胺类抗菌药物的人，也可以靠补充生物素得到帮助。

缺乏表现：脸上和身体会得湿疹，脸上长红斑鳞片，并且脱发、失眠、贫血、恶心、忧郁、食欲不振、腹痛、指（趾）甲易碎、肌肤暗淡、皮肤红肿、心功能不正常，刺灼感，舌头肿胀、萎缩，中枢神经系统异常、免疫功能降低。6个月以下婴儿易得皮疹。

中国营养学会（2001）推荐的居民膳食中维生素 B_7 摄入量：婴儿为 5~6 微克/天，儿童为 8~12 微克/天，青少年为 16~25 微克/天，成年人、老年人和孕妇为 30 微克/天，乳母为 35 微克/天。

食物来源：动物肝脏、肾脏、坚果、蛋黄、酵母、全部谷类、豆类、鱼类。如蜂蜜、猪肝、莴笋、大豆、核桃、花生、高粱、鸡肝、玉米、燕麦、鸡蛋、菜花、鸡肉、小麦、豌豆、菠菜、猪肉、洋葱、番茄、西瓜、香蕉、牛肉、葡萄、胡萝卜、圆白菜、芦笋、桃、牛奶、草莓、苹果、橘子、梨、土豆。

禁忌：糖尿病患者在服用高剂量的生物素（每日 8 毫克）前应该咨询医生。如果不是在医生的指导下，生物素不应该当同抗惊厥药物（如苯巴比妥和丙戊酸）一同服用。

● 维生素 B_{12}（氰钴铵）的功能与供给原则。

维生素 B_{12} 是 B 族维生素中最复杂的，和叶酸一起起作用，是人体三大造血原料之一，参与体内蛋白质的合成，脂肪和糖类的代谢，它是唯一含有金属元素钴，而且需要特殊胃肠道分泌物才被机体吸收的维生素。维生素 B_{12} 是粉红色针状结晶，溶于水和乙醇，在 pH 为 4.5~5 的水溶液中稳定，在强酸或碱中易分解，在有氧化剂、还原剂以及 2 价铁存在时易分解破坏。维生素 B_{12} 必须转变为辅酶形式才具有生物活性。能促使无活性的叶酸变为有活性的四氢叶酸，并进入细胞以促进核酸和蛋白质的合成，能清除烦躁不安的情绪，促进注意力集中，增强记忆力与平衡感；在保护正常神经细胞的活性，促进脱氧核糖核酸的复制，在红细胞、白细胞、血小板的产生及情绪调节因子（SAMe）S-腺苷-L-甲硫胺酸的产生中起着重要的作用。维生素 B_{12} 同叶酸和

维生素 B_6 共同控制体内高半胱氨酸的含量，防止半胱氨酸氧化，以减少心血管疾病、妊娠并发症、甲状腺功能减退、肠道性疾病、糖尿病和骨质疏松症的危险。维生素 B_{12} 还能促进人体新陈代谢；促进巯基的形成，治疗恶性贫血；促进维生素 A 在肝脏中的储存。

国外医学家指出，患上痛风的人除了改变不良的饮食习惯外，还可以通过混合摄取维生素 B_{12} 和叶酸间接达到效果。因为叶酸可促进核酸的合成，减少嘌呤物质，并可抑制血液中的尿酸浓度升高；而维生素 B_{12} 可促使叶酸的功能有效地发挥作用，帮助叶酸再利用。

人体肠道制造的维生素 B_{12} 并不适合吸收，因此一般建议由食物中摄取。

缺乏表现：神经纤维外膜受到破坏可出现脑部血质、视神经、脊髓及周边神经再生不良；精神抑郁、倦怠、嗜睡、易怒、平衡失调、记忆障碍、心情紊乱、老年痴呆、幻想症、肌肉无力、四肢震颤、走路畸形、失禁；红细胞不能正常发育与成熟，可导致巨红细胞性贫血和神经系统损害，其症状有乏力、厌食、背痛、胸腹部束滞感、四肢麻木、刺痛、下肢强直、行走困难，甚至瘫痪。人体缺乏维生素 B_{12} 还会导致眼疾、腰酸背痛、脊髓退化、儿童生长障碍、发质差、湿疹、皮炎、口腔对冷热过于敏感。

美国加利福尼亚大学医学中心玛丽安教授指出：缺乏维生素 B_{12} 不仅引起巨幼红细胞性贫血，而且使免疫球蛋白减少。

专家研究证明，血液中半胱氨酸含量最高的人，发生心脏病或死于心脏病的危险要大大超过常人，如果给患者同时服用叶酸、维生素 B_{12} 和维生素 B_6 就可有效地降低血液中半胱氨酸的水平。

过量表现：哮喘、湿疹、面部水肿、打寒战等过敏性反应。严重过敏者会发生心悸、心前区痛，使心绞痛病情加重和发生次数增加。

虽然正常人体结肠中的细菌能合成维生素 B_{12}，但它不能被吸收。人体所需的维生素 B_{12} 主要从每天的食物中摄取。

中国营养学会（2001）推荐的居民膳食中维生素 B_{12} 的摄入量：婴儿为 0.4~0.5 微克/天，儿童为 0.9~1.8 微克/天，14 岁以上包括成年人和老年人为 2.4 微克/天，孕妇为 2.6 微克/天，乳母为 2.8 微克/天。

维生素 B_{12} 的食物来源：牡蛎、沙丁鱼、鲱鱼、海蟹、发酵的豆类制品、去脂干奶酪、油炸牛肝、羊肾、小牛肾、蛤肉、蟹肉、猪肾、猪肝、脱脂奶粉、生牛肺、金枪鱼、鲇鱼、小牛肉、鸡蛋、比目鱼、鸡肉、鸭肉、牛乳、鲤鱼。

● 叶酸的功能与供给原则

叶酸为深黄色晶体，不易溶于水，其钠盐溶解度较大。在中性及碱性溶液中对热稳定，加热至100℃长达1小时也不被破坏，而在酸性溶液中温度超过100℃即被分解破坏；叶酸对光敏感。叶酸又叫叶精、蝶酰谷氨酸、抗贫血因子、维生素M、维生素U等。叶酸是制造红细胞不可缺少的物质，与维生素B_{12}同为造血维生素。它是脑脊液和细胞外液的重要组成部分。它参与DNA的合成，蛋白质的代谢及随后进行的用于合成新细胞和组织的氨基酸合成的全过程。膳食中的叶酸进入体内后需转化为四氢叶酸（THFA）才具有生物活性，肝脏贮存的THFA较其他组织多。一些研究显示，补充叶酸能使神经管缺陷（如无脑儿、脑积水、脑膨出、脊柱裂）发生的危险性降低72%，也能降低患唐氏综合征的危险，还可以使眼、口唇、腭、胃肠道、心血管、肾、骨骼等器官的畸形率减少，降低致病因子与胱氨酸在血中浓度，减少中风、心脏病猝发以及腿部、肺部血栓的危险。叶酸能降低子宫癌、子宫颈癌、肠癌、结肠癌和肺癌的发病率，减少染色体缺陷。它还能够保护皮肤不受太阳光中的紫外线的灼伤作用。叶酸对免疫力功能起着重要的作用；可减少人体高半氨酸，从而保护脑细胞和血管，预防认知功能障碍；对肠癌、乳腺癌和肺癌有预防作用；促进伤口愈合；增进皮肤健康；影响人体白细胞的再生。叶酸抵抗中风。

在3岁以上的婴儿食品中添加叶酸，有助于促进脑细胞生长，并有提高智力的作用。

其他生理作用：

（1）使甘氨酸和丝氨酸相互转化，使苯丙氨酸形成酪氨酸，组氨酸形成谷氨酸，使半胱氨酸形成蛋氨酸；还能使乙醇中乙醇胺合成为胆碱。

（2）参与大脑中长链脂肪酸DHA的代谢、肌酸和肾上腺素的合成、嘌呤与嘧啶的合成，氨基酸的相互转化以及某些甲基化反应中起重要作用。

（3）抗肿瘤作用。研究人员发现，叶酸可引起癌细胞凋亡，对癌细胞的基因链有一定影响，服用叶酸多的妇女患结肠癌和直肠癌的危险性比服用叶酸少的妇女低40%。

（4）预防心血管疾病。国外研究显示膳食中含有叶酸高的人的脑中风发生率比膳食中含有叶酸少的人低21%，这可能与叶酸能够通过预防动脉血管内皮的损伤，降低血液中高半胱胺酸的能力有关。这些疾病包括：脑中风，血栓（可导致中风、心脏病和其他并发症的血管堵塞）及其他一些疾病如骨质疏松症、肠道炎性感染（节段性回肠炎和溃疡性结肠炎）、老年痴呆症、糖尿病、妊娠并发症和甲状腺功能减退等。

(5) 叶酸与泛酸及对氨基甲酸一起作用时可防治白发，防治口腔黏膜溃疡。

(6) 叶酸对精神分裂症有缓解作用。

(7) 叶酸可预防人体心血管硬化。

孕妇从计划怀孕之前 3 个月就开始多吃叶酸以及蛋白质、钙、铁、牛磺酸、Ω-3 脂肪酸、维生素 D 食物，一直吃到怀孕满 3 个月为止。叶酸能促进乳汁分泌，有利于女性正常生育。但是，孕妇妊娠前不宜补充叶酸增补剂。《美国医学杂志》（幼儿期疾病）称，2002—2005 年对出生的 32000 多婴儿的研究发现，排除其他因素，在妊娠前 3 个月期间使用叶酸所生婴儿到出生后 18 个月，发生哮喘和呼吸道感染的几率比其他婴儿高，因呼吸系统感染而住院治疗几率比其他婴儿高 24%。研究人员认为，以叶酸为代表的维生素类容易甲基化。甲基化对特定免疫 T 淋巴细胞有重要作用，可能对幼儿呼吸道产生炎症反应。根据小白鼠试验研究也发现，妊娠早期给予高浓度叶酸，可增加幼小白鼠发生过敏性哮喘的几率。

人类肠道细菌能合成叶酸，一般不易发生缺乏。但当吸收不良、代谢失常或组织需要过多。以及长期使用肠道抑菌药物等情况下，可造成叶酸的缺乏。

缺乏表现：婴儿缺乏叶酸会引起有核巨幼细胞性贫血，神经功能发育障碍与生长不良；孕妇早期缺乏叶酸除可引起胎儿神经管未能封闭愈合而导致以脊柱裂和无脑为主的神经管畸形，使孕妇先兆子痫和胎盘早剥发生率增高外，还会引起巨幼红细胞贫血，以及脑部麻木、痛痒、早产、产后出血、子宫颈癌、皮肤上出现灰褐色的妊娠纹症状；成人缺叶酸能引起各种各样的脑功能失调，从情绪的轻微波动如易怒到思维障碍、健忘、躁动、记忆力减退、重度抑郁及痴呆；出现消化器官病变，腹泻、舌炎、贫血、嗜睡、脉率慢而弱、头发变灰、伤口愈合不良、易感染；还会引起高同型半胱氨酸血症，高浓度的同型半胱氨酸对血管内皮细胞产生损害，并可激活血小板黏附和聚集，这被认为可能是心血管病的危险因素。儿童缺乏叶酸可导致生长发育缓慢、舌炎、骨质疏松症。

过量表现：长期大量服用叶酸，可出现厌食、恶心、腹胀、皮肤过敏、黄色尿症状，癫痫者容易出现痉挛现象；还可降低维生素 B_{12} 的吸收率；干扰抗惊厥药物的作用，诱发患者惊厥发作。口服叶酸 350 毫克可能影响锌的吸收，而导致锌缺乏，使胎儿发育迟缓，低出生体重儿增加。科学家研究了18500 名女性，最终证实，复合维生素中的叶酸会影响女性排卵，从而导致生育问题。科学家指出"通过研究我们确信，叶酸完全有益于人体健康，但女性不要随便服用"。

中国营养学会（2001）推荐的居民膳食中叶酸的摄取量是：婴儿为65~80微克/天，儿童为150~300微克/天，14岁以上包括成年和老年人为400微克/天，孕妇为600微克/天，乳母为500微克/天。

叶酸的食物来源：鸡肝、猪肝、牛肝、酵母、黄豆、鸭蛋、茴香、花生、核桃、蒜苗、菠菜、红苋菜、豌豆、鸡蛋、辣椒、豇豆、韭菜、小白菜、茼蒿、扁豆、柑橘、腐竹、油菜、豆腐、竹笋、玉米粉、小麦、奶粉、胡萝卜、芹菜、生菜、洋葱、草莓、大米、菜花、西葫芦、圆白菜、虾、海带、青豆、赤小豆、香蕉、土豆、山楂、绿豆、莴笋、香菇、黄瓜、葡萄，梨、杏、苹果、西瓜、桃、猪肾、番茄。

● 肌醇（别名纤维醇）的功能与供给原则

肌醇是B族维生素的一员，亲脂性水溶维生素。肌醇和胆碱结合成卵磷脂。肌醇参与体内蛋白质的合成、二氧化碳的固定和氨基酸的转移过程；促进人体内脂肪及胆固醇的代谢，降脂胆固醇的数值，抗动脉硬化；有利于将肝脏中的三酰甘油转运到外围组织细胞中，防止脂肪在肝脏内积聚；参与磷酸肌醇的形成，是脑组织的重要成分；维护头发健康，防止脱发现象；防治湿疹的发生；有镇静作用。

肌醇缺乏会造成神经病变、神经质、过度兴奋、神经生长与再生的能力降低、易怒、失眠、高密度脂蛋白水平下降；还可造成脱发、便秘、湿疹及眼睛异常。

成人每天最大剂量为1000毫克。

当服用卵磷脂时，由于肌醇及胆碱都会增高体内磷的量，因此应同时服用钙质，以保护体内磷、钙的平衡。服用肌醇时最好也要和胆碱及其他B族维生素群一起服用。服用肌醇时应避免同时服用磺胺药剂、酒和咖啡。

食物来源：动物肝脏、啤酒酵母、小麦胚芽、牛心、干豆类、鱼类、蛋类、瓜类、坚果、柚子、葡萄干、花生、卷心菜。橘类水果中也有少量肌醇。

● 胆碱

胆碱不是维生素或矿物质，也不是蛋白质、脂肪或碳水化合物，它是什么呢？科学家1998年发现，胆碱通常与B族维生素同时出现，无色、味苦、易溶于水，是一种亲脂肪的物质。它与盐酸生成稳定的氯化胆碱结晶，耐热且耐贮藏，容易吸湿。机体利用胆碱制造有价值的生化物质，包括神经传导介质乙酰胆碱和构成细胞成分的卵磷脂和神经鞘磷脂。乙酰胆碱——大脑神经元之间交换信息时所使用的化学物质，是在一种酶的作用下合成的，这种酶的作用依赖于泛酸和胆碱。当胆碱同带有甲基分子 (如叶酸、盐蛋氨酸、维生素 B_6 和维生素 B_{12}) 一同服用时，能抑制血内的高半胱氨酸。它能清除肝脏过多脂肪，帮助制造激素，且是脂肪和胆固醇代谢所必需的。胆碱还能保护心脏功能，并能转化为促进淋巴细胞生成的另一种物质；它还将胆汁中多余的胆固醇分解成液体状，不让其沉淀形成胆结石。

卵磷脂能使血管光滑、平整、保护渗透性和弹性，具有软化血管的作用。它还是构成生物膜的组成部分，能分解体内过多的毒素并使其经肝脏和肾脏的处理排出体外，对消除由于体内毒素含量过高而形成的青春痘、皮肤色素沉着功效显著。

胆碱能促进脂肪代谢，从而防止脂肪异常聚集；保护肝细胞，促进肝细胞的活化和再生；能将胆汁中多余的胆固醇分解消化吸收，从而使胆固醇保持液体状；保持血管的渗透性和弹性，软化血管、预防动脉硬化等；促进白细胞增生以弥补体内白细胞的缺乏，临床可用于放射性治疗，如苯中毒和抗肿瘤等引起的白细胞减少症，也用于急性粒细胞减少症。此外，胆碱的亲水性还能增强血红蛋白的功能。如果每天补充一定量的胆碱就能为皮肤提供一定量的水分和氧气，使皮肤变得光滑润泽。胆碱与蛋氨酸、甜菜碱有协同作用。

胆碱缺乏时，脑液中的细胞分裂就会减少，细胞异常游走，未成熟脑细胞的死亡率数目增加；并影响脂肪代谢，造成脂肪在肝内聚集，形成脂肪肝；阻碍磷脂的合成，使胆固醇在动脉中瘀积，从而导致动脉硬化；使新生儿发育异常，产生骨和关节畸变等症状；还会导致高血脂、高血压、神经退化、老年痴呆、抗感染能力下降等症状。

美国国家科学院建议量：成年男性 500 毫克，成年女性 425 毫克，妊娠期 450 毫克，哺乳期妇女 550 毫克，每日能吸收的上限儿童 1000 毫克，成人 3500 毫克。

食物来源：蛋黄、花生，动物的脑、肝脏、胚芽、肾、卵磷脂等。红肉、奶制品、豆类及其制品、坚果，硬花甘蓝、包心菜、菜花、柑橘、土豆等也含有胆碱。

● 维生素 P 的功能与供给原则

维生素 P 别名芦丁、芸香苷，是一种特殊的生物类黄酮，属于水溶性维生素。人体无法自身合成，必须每日从食物中补充。维生素 P 与蛋白质化合成酵素，促进细胞复原，减少血管脆性，增强毛细血管壁弹性、通透性及防止瘀伤，降低腿部及背部疼痛，缓和长期性出血和血清缺钙的症状。同时，维生素 P 有抗菌功效，可以促进血液循环，刺激胆汁形成，有助于牙龈出血的预防和治疗；预防脑出血、视网膜出血、白内障、紫癜等疾病；增强传染病的抵抗力；有助于对因内耳疾病所引起的水肿或头晕的治疗；增强维生素 C 的活性；还有抗氧化、抗过敏、利尿、消炎、抑菌、解痉、降血脂及保护溃疡的作用。

缺乏表现：毛细血管变脆，易导致鼻出血、下皮出血、高血压、脑出血、视网膜出血、急性出血性肾炎及出血性紫癜等疾病发生。

营养学家建议每服用 500 毫克维生素 C 时，最少应该服用 100 毫克的维生素 P。因为这两种元素具有协同作用。

食物来源：柠檬、橙的白色果皮部分，以及包着果囊的薄皮；还有杏、荞麦粉、黑莓、樱桃、玫瑰果实、葡萄、山楂、番茄等，紫茄表皮与肉质连接处维生素 P 含量最高。

● 维生素 C（抗坏血酸）的功能与供给原则

维生素 C 溶于水，微溶于乙醇，不溶于脂肪，在酸性环境中稳定。遇空气中氧、热、光、碱性物质，特别是有氧化醇及微量铜、铁等金属离子存在时，可促进其氧化破坏。所以应避免使用铜质炊具烹制蔬菜；烹调温度越高，时间越长其营养损失越多，在空气中长时间放置后效力会大减。人体不能自行制造维生素 C，只能从每天的食物中或营养制品中摄取。

维生素 C 具有防治坏血病和色素沉着性疾病，保护细胞膜和解毒的功能，它参与体内重要的生理氧化还原过程，是机体新陈代谢不可缺少的物质，促进细胞间质的形成，增进镁、钙、铁（能将难以吸收利用的三价铁还原成二价铁，促进肠道对铁的吸收，提高肝脏对铁的利用率）等矿物质的吸收，阻止钙形成不溶的化合物；促进叶酸在体内转化为活性形式，并辅助叶酸合成蛋白质，从而防止"巨幼红细胞性贫血"；保护神经系统正常，它极易穿过血脑屏障进入脑内，有助于神经传递介质（如多巴胺）的产生，还可以保护细胞不受自由基的破坏，并推动大脑的矿物质硒来合成谷胱甘肽，防止自由基侵害；促进血小板产生前列腺素的物质，从而增加 T 淋巴细胞的产生量，并加速产生 B 淋巴细胞的分裂，提高机体对外来和恶变细胞的识别和杀灭，抑制病毒的增生；产生更多的干扰素，阻断病毒蛋白的合成，从而导致病毒无法自行复制，并增强中性粒细胞的趋化性和变形能力，提高杀菌能力；降低胆固醇，预防动脉粥样硬化；促进钙与铁的吸收；沟通呼吸器官，使血液循环通畅，增加人体需氧量；利尿通便，促进体内铅、汞等有害物质排出体外；

它是促进胶原蛋白增生与合成的重要物质，一旦缺乏维生素 C，胶原蛋白就无法合成。维生素 C、泛酸、蛋白质共同形成肾上腺素，肾上腺素可急速将肝糖原燃烧成人体需要的动能（ATP），以应付突来的压力。

其他作用：

（1）抗癌作用：维生素 C 对食道癌和胃癌的防治有特殊的作用。一是维生素 C 具有阻断体内亚硝酸合成之功效。二是维生素 C 能帮助去除活性氧。它与维生素 E 互相合作，维生素 E 消除细胞膜上的自由基，维生素 C 负责打断体液内的自由基链。三是维生素 C 具有提高免疫力的功能，增强白细胞及抗体的活性，并刺激身体制造干扰素来破坏病毒细胞，防止白细胞的损失；能促进人体淋巴细胞的形成；防止血浆及皮下组织空间内 LDL 胆固醇被氧化，并保护内皮细胞功能，减少炎症反应。这是血浆或血流中最好的抗氧化物质。

美国的科学家分析了纽约、冰岛居民的维生素 C 摄入量，结果显示，美国人每日摄入维生素 C 最高，其胃癌发病率最低。冰岛人摄入维生素 C 最少，是胃癌高发国。

美国加利福尼亚大学癌症流行病学专家布罗克博士调查研究发现，经常服用维生素 C 的人比不经常服用维生素 C 的人癌症发病率要减少一半。

（2）抗菌抗病毒作用：维生素 C 能预防滤过性病毒渗透到细胞膜内和细菌的感染，不论是普通感冒病毒，还是 HIV 病毒均有效；可以促进 B 细胞产生更多的抗体，特别是 IgA、IgG 和 IgM；激活非溶菌酶抗细菌因子（NLAF），NLAF 在眼部感染时能起到重要作用；促进巨噬细胞执行清洁功能；激活体内天然的抗菌因子。哥伦比亚大学的学者，利用大剂量维生素 C 使脊髓灰质病毒失活，阻止了它的麻痹作用，并用维生素 C 成功抵抗了疱疹、肝炎和牛痘病毒。

（3）改善肝功能：维生素 C 能帮助在肝脏中合成高密度脂蛋白，参与肝脏中胆固醇的羟基化作用，使胆固醇生成胆酸，降低血液中的胆固醇含量，并具有解毒和利尿的作用。维生素 C 能阻碍胆红素的产生，从而对黄疸有消退作用；可增强肝糖原的合成，对变性的肝细胞的恢复有明显的促进作用；可稳定肝细胞膜，抵消一些对肝细胞有害的因素，减少肝脏中脂肪的堆积，改善肝脏功能。

（4）减低白内障发生率：《美国临床营养学杂志》中有文章指出，科学家在进行类胡萝卜对不吸烟的妇女后发生囊下白内障的危险性作用的研究中发现，服用维生素 C 补充剂在 10 年或 10 年以上的女性与未服维生素 C 补充剂者相比，发生皮质性白内障的危险性可减少 60%。

预防白内障医学专家认为，晶体出现浑浊是由于蛋白质氧化的缘故，维生素C可以抗氧化，对初期白内障患者有效，可免除手术之苦。

(5) 降脂降压作用：国外研究结果表明，维生素C能降低患脑中风的危险。血液中维生素C含量相对低的男性患脑中风的危险是那些维生素C含量高的男性的2.4倍。这些研究同时显示，摄入较多维生素C，并且体重超重或患有高血压的人与摄入较多的维生素C，体重、血压正常的人相比，患脑中风的危险性为3:1。因为维生素C能降低血液中的甘油三酯和胆固醇，并对肝、肾的脂肪浸润有保护作用，还可降低冠状动脉舒缩功能障碍。

(6) 促进伤口愈合作用：国外有文章指出，接受外科手术的患者在住院期间服用维生素C和维生素E，能防止手术后并发症的发生。研究人员发现，创伤患者从入院开始一直到出院期间坚持服用维生素C，手术后接受监护的时间减少，患多种器官衰竭的几率降低，接受人工吸氧的时间减少。

(7) 预防胆结石的作用：1998年9月17日美国《医学论坛报》报道，加州医学研究者称服用维生素C可以预防妇女患胆结石。

圣佛朗西斯科加利福尼亚大学医学院和流行病学教授Simon博士认为，维生素C可以通过帮助胆固醇（大部分结石的主要成分）转变为胆汁酸，而有助于预防胆结石形成。

(8) 促进有益菌生长：德国弗赖堡的科学家伊德·帕恩教授指出，维生素C可恢复阴道正常菌群，防止女性阴道菌群失调。弗赖堡大学妇科伊德·帕恩教授报告，女性阴道炎不必马上使用抗菌药和进行化学治疗法，可用维生素C阴道栓剂进行保守治疗。

临床上维生素C还用于克山病、风湿病、出血病、肝胆疾病、过敏疾病、化学性中毒等症的治疗。

(9) 益寿延年：加利福尼亚大学洛杉矶分校的恩斯特龙博士研究发现，人体每天获得300毫克的维生素C，能使男性的寿命增加6年，女性寿命增加2年。

(10) 美容：皮肤衰老的主要原因是皮下结缔组织的胶原纤维和基质的结构与代谢的改变。维生素C可促进脯氨酸转为羟脯氨酸的反应，而羟脯氨酸为构成胶原蛋白的主要成分之一，因此维生素C可促进胶原蛋白的生成，维持结缔组织的正常，因为胶原蛋白是结缔组织细胞间质。维生素C可抑制代谢废物转化成有色物质，从而减少黑色素（如雀斑、汗斑和黑斑以及妊娠斑）的形成，清洁脸部肌肤，使皱纹减少，光泽恢复。

(11) 维生素C是一种天然的抗组胺药，可以缓解眼睛疼痛和流鼻涕。

（12）维生素 C 可防止维生素 A、维生素 E 及不饱和脂肪酸的氧化。人体缺乏维生素 C 将影响胶原合成，造成创伤愈合延缓，微血管壁脆弱，而产生不同程度的出血；还会影响骨质、齿质合成，使婴儿的骨骼发育受阻，血管的完整性受到破坏。

缺乏表现：坏血病的主要表现为毛细血管脆性增强，牙龈和毛囊及其四周出血，严重者还有皮下、肌肉和关节出血及血肿形成，黏膜部位也有出血现象，常有鼻出血、月经过多及便血等；同时机体内抗体的生成减少，易感染容易发生贫血、过敏性疾病、心肌炎、慢性肝炎、外伤不愈合等。维生素 C 摄入不足会导致胶原蛋白的合成不足，矿物质易流失，易骨折，软骨失去弹性；肌肉疼痛萎缩，皮肤青紫块，白内障玻璃体混浊，牙周病、长红痣、长色斑、皮疹、气短；细菌只能被吞噬，不能被消化或破坏；儿童出现龋齿；牙龈肿胀出血，食欲不振、关节疼痛、全身无力、生长缓慢。

过量表现：健康人长期大量服用维生素 C 改变了体内的调节机制，会加速对维生素 C 的排泄，导致维生素 C 缺乏，导致坏血病。患者停药时应逐渐减少剂量。每日服用 1~4 克，会使小肠蠕动加速出现腹痛、腹泻等症。长期大量服用维生素 C，会发生恶心、呕吐、腹部痉挛、腹泻、胃黏膜充血、水肿、胃出血、痛风、静脉炎；误导尿糖测试结果；增加尿酸和草酸的形成，造成结石；使巨幼红细胞脆性贫血的病情加剧恶化，特别是对先天性缺乏葡萄糖-6-磷酸脱氢酶的患者，每日摄取维生素 C 超过 5 克时，会促使红细胞破裂，发生溶血现象而产生贫血，严重者可危及生命；人工流产的女性，3 日后可能引起月经性出血；育龄妇女长期每日服用 2 克会降低生育能力；哺乳期服用会使婴儿出现不安、不眠、消化不良等症；孕期过量服用会使胎儿对药物产生依赖性，出生后若不继续给婴儿服用维生素 C 可发生坏血病；儿童宜罹患骨科疾病，且发病率较多；成人过量服用还可能降低白细胞的吞噬功能，会使人体的抗病能力下降。

研究发现：当每日维生素 C 的服用量超过 250~2500 毫克时，血液中的维生素 C 的含量并没有进一步地升高。高剂量的维生素 C，能够使有胃病史的人和那些经常接受肾透析的人产生肾结石，服用大量的维生素 C 可能会消除体内必需的营养素——铜。

服用维生素 C 不能同时吃虾、蟹、甲壳类海鲜品，虾、蟹、甲壳类物质含有高浓度的 5 价砷化物，其本身对人体无害，但若与维生素 C 结合，5 价砷会被还原成 3 价砷，也就是三氧化二砷，俗称砒霜，会导致急性砷中毒。维生素 C 还忌动物肝（降低药效）。

中国营养学会（2001）推荐的居民膳食中维生素 C 的摄入量是：婴儿为 40~50 毫克/天，1~3 岁儿童为 60~90 毫克/天，14 岁以上及孕早期均为 100 毫克/天，孕中晚期和乳母为 130 毫克/天。

维生素 C 的食物来源：酸枣、沙棘、柑橘、柠檬、柚、柿子椒、菜花、茼蒿、山楂、草莓、桃子、辣椒、菠萝、花菜、雪里蕻、苦瓜、芥菜、藕、橙子、葡萄、杨梅、小白菜、油菜、柠檬、蒜苗、韭菜、菠菜、白萝卜、胡萝卜、番茄、金叶菜、梨、鲜毛豆、鲜豇豆、大白菜、莴笋、冬瓜、土豆、肝、肾、鲜豌豆、大葱、甜瓜、韭黄、丝瓜、芹菜、绿豆芽、人奶、苹果、南瓜、茄子、茭白、猪肉、牛肉、牛奶等。

● 维生素 D（钙化醇）的功能与供给原则

维生素 D 的种类很多，以维生素 D_2（麦角钙化醇）和维生素 D_3（胆钙化醇）最为重要。两者结构十分相似，维生素 D_2 反比维生素 D_3 多一个甲基和一个双键。

维生素 D_2 是植物中的麦固醇经紫外线照射后转变而成的，在天然食品中不存在。维生素 D_3 除存在于少数动物性食品中之外，主要是皮肤中的 7-脱氢胆固醇经紫外线照射后形成的，而 7-脱氢胆固醇则是由胆固醇转变生成的，所以有人叫它太阳维生素。我们若吸收足够的太阳光，就能获得足够的维生素 D。

维生素 D_3 是脂溶性的，不溶于水，只能溶解在脂肪或脂溶剂中，在中性及碱性溶液中能耐高温和氧化。但在酸性条件下则逐渐分解。一般食物在烹调加工过程中不会损失，但脂肪酸败时可引起维生素 D_3 的破坏。

维生素 D_3 的主要作用是通过肠壁增加磷的吸收，并通过胃小管增加磷的再吸收，调节机体钙和磷的代谢；促进新生骨质的正常钙化；维持血浆钙、磷的正常浓度；维持神经系统稳定，正常的心脏活动和血液凝固；维持血液中柠檬酸盐的正常水平；防止氨基酸通过肾脏流失；预防儿童骨骼发育不良，防止中老年人骨质疏松。维生素 D_3 不能直接发挥作用，而必须先经代谢转化成为具有活性的形式——1，25 二羟维生素 B_3，才能发挥生理作用。

国外研究显示，维生素 D_2 是保持机体内甲状腺和脑垂体功能正常所必需的物质，它能改善牛皮癣的症状，并保持细胞膜的流动性，能预防多发性动脉硬化症，自身免疫性关节炎和 1 型糖尿病的发生；对防止乳腺癌、结肠癌、前列腺癌以及包括骨质疏松症、牙龈病、糖尿病、关节炎和多发性硬化症在内的一些其他疾病的发生具有帮助作用。美国加利福尼亚大学的研究者们所做的研究结果显示，年龄在 65 岁以上并经常服用维生素 D 的老年妇女死于心脏病的几率是不服用维生素 D 的人的 1/3。

摄取维生素 D 的同时服用钙、硒和维生素 A、维生素 C 效果更好。

当维生素 D 缺乏时，成人会出现骨质软化、易骨折、牙齿松动、严重的蛀牙，副甲状腺分泌过量，脊椎受伤，经前期综合征，肌肉僵硬、动作不灵活，骨质更替速度过快等症状；老年人产生骨质疏松症，骨头变形、骨盆、腰及背部酸痛。肌肉软弱；儿童出现手足抽搐、佝偻病、易怒坐立不安、睡眠不稳、经常哭、走路慢等现象；婴儿出现脖后出汗多、出牙晚、头颅骨发软、弓形腿、膝外翻、脑部凹陷，"鸡"胸、背部凹陷、前额突出而眼睛凹陷。儿童肥胖、发育太快导致年幼型糖尿病，并引起先天性白内障、高度近视、角膜溃疡、角膜实质炎等疾病。

《美国公共卫生杂志》上撰文说："维生素 D 缺乏是一种普遍存在的现象。与此同时研究发现，缺乏维生素 D 的人患某些癌症的风险越来越高。这两种现象合并起来看，意味着维生素 D 缺乏或许是每年数千患者因结肠癌、乳腺癌、卵巢癌和其他癌症过早离开人世的原因。"

维生素 D 过量会导致肾结石和钙质在软组织（肌肉和器官）的成块堆积。长期服用 D 类药物可引起中毒，主要表现为身体疲倦、腹痛、呕吐、下痢、尿频、感染、发热、过敏、皮肤瘙痒、黏膜干燥、食欲不振、体重减轻、眼睛疼痛、口干舌燥、心律不齐、抽搐、肾脏衰竭、头晕、血压上升及高钙血症、组织钙化，甚至导致死亡。孕妇服用过量，会致胎儿血钙增加，婴儿出生后智力下降，胎儿肾、肺小动脉狭窄及高血压等。

维生素 D 中毒多在用药后 1~3 个月出现，最早症状为厌食，随后出现体重减轻、精神不振、低热、恶心、便秘、嗜睡、烦渴、多尿、肌张力下降、心律失常、头痛。

中国营养学会（2001）推荐的居民膳食中维生素 D 的摄入量是：0~10 岁为 10 微克/天，11~49 岁为 5 微克/天，50 岁以上及孕妇和乳母均为 10 微克/天。

医学界认为，正常小儿每日 2 万~5 万国际单位或 2000 国际单位/千克日，连服数周或数月即可发生中毒。

维生素 D 的食物来源：比目鱼鱼肝油、鳕鱼鱼肝油、海鱼油、鲭鱼、沙丁鱼、鲱鱼、牛奶巧克力、鸡蛋黄、奶油、鸡肝、鸡蛋、牛乳、羊肝、牛肝、鱼子、奶酪等。

● 维生素 E（别名生育酚、生育醇）的功能与供给原则

维生素 E 为黄色油状物，能溶于乙醇与脂肪溶剂，可溶于神经系统，不

溶于水，易受氧的破坏，其保存最好要隔绝空气。维生素 E 在人体内主要贮存于肝脏、多脂肪组织、心脏、肌肉、睾丸、子宫、血液、副肾、脑下垂体等之中。

（1）延长寿命。早在 20 世纪 60 年代初，美国和英国的科学家就发现一种奇特现象：人体胚胎细胞放在体外培养，一般分裂 50 代即衰老死亡。科学家们在培养液中加入维生素 E 后，细胞分裂可超过 100 代以上。这就说明维生素 E 使人体细胞寿命延长了 1 倍多。这个实验当时轰动了全球，并促使科学家们对维生素 E 作了深入研究。

（2）调节细胞内及细胞之间的信号传递；减少细胞破坏性炎症；对避免帕金森病的发生有轻微效果；缓解颈动脉的阻塞，部分恢复颈动脉健康；保护细胞膜的稳定性，减少细胞内的脂褐素。

（3）增强免疫功能。维生素 E 对维持正常的免疫功能，特别是 T 淋巴细胞的功能很重要。美国塔夫特斯大学免疫学家麦德尼博士发现，60 岁以上老年人服用维生素 E 后，其免疫力迅速回升，几乎可达到青年人的水平。捷克共和国的研究人员发现，住在老人院的老人们每天服用 4000 国际单位维生素 E 和 1000 克维生素 C 就较少发生病毒感染。

（4）改善微循环。维生素 E 能抑制血小板的聚集、降低血液黏度，被认为是一种安全的抗凝剂，被誉为"血管清道夫"，有利于预防中老年人的心脑血管疾病。

（5）抗突变防癌。美国国家癌症学会研究人员认为，摄入足量的维生素 E 可使癌症的发病率下降一半。芬兰国家癌症学会研究人员发现，体内缺乏维生素 E，会使癌症发病率上升，补充维生素 E，则可使患癌症几率降低。美国一项研究由 2900 人参加的有关 α-生育酚-β 的研究结果显示，补充维生素 E 使男性前列腺癌的危险性降低了 32%，死于前列腺癌的危险性降低了 41%，维生素 E 也能使妇女卵巢功能恢复正常，有助于改善妇女的月经不调，预防流血过多及阴道干燥。还有学者认为，维生素 E 能预防胃癌、皮肤癌、乳腺癌的发生和发展。

（6）防治糖尿病及其并发症。芬兰研究人员对 944 人进行的一项研究首次提供了流行病学证据，证明维生素 E 能使患 2 型糖尿病患者的胰岛素和患心脏病的老年人体内的胰岛素更有效果地发挥作用，从而起到一定的治疗作用。维生素 E 能改善血流速度，强化脆弱的血管，解除糖尿病患者末梢血管障碍。

（7）延缓老年痴呆症。科学家认为，服用适当剂量的维生素 E 的人发生智力下降的速度比补充量最少剂量维生素 E 的人出现智力下降的速度慢 36%；能使老年痴呆症的发病率降低 70%。血液中的维生素 E 含量越高，就越可以减少记忆力衰退。同时，维生素 C 和硒对于减少记忆力衰退也有帮助，并能减少自由基的活动。

(8) 提高生育能力。维生素 E 调节大脑视床下部的自主神经，从而产生刺激下垂体的激素，保证了激素的正常分泌，提高了性能力，治疗不孕症。动物学实验证明，维生素 E 与动物精子的形成和繁殖能力有关，缺乏时可出现睾丸萎缩，上皮变性及孕育异常。维生素 E 能提高体内雄性激素的水平，增加精子数量及活力；也能提高雌性激素的浓度，提高生育能力。一项针对数百名习惯性流产的妇女的研究结果显示：服用维生素 E 的妇女，有 97.5% 生出了健康的婴儿，而未服用维生素 E 的妇女仍再次流产。

(9) 增强肝脏的排毒功能。当体内维生素 E 充足时，肝脏就有能力排毒；反之，会损坏肝脏。

(10) 预防白内障和黄斑变性。1996 年 11 月《哈佛健康通讯》中载：胡萝卜素（1 万国际单位）能有助于降低产生白内障和黄斑变性退化的可能性。所以，有关专家认为，每天服用 1 万国际单位的维生素 A、1000 毫克的维生素 C 和 400 国际单位的维生素 E，可减少形成白内障和黄斑变性退化的可能性。

视网膜对维生素 E 营养作用特别敏感，当维生素 E 缺乏时，视网膜色素上皮细胞就会受损，甚至无法得到修复。

(11) 抗辐射功能。美国研究显示，如果维生素 E 用于外敷，将保护皮肤不受射线的辐射和减少斑痕。

(12) 保护溶酶体膜。维生素 E 能增强溶酶体及其他细胞抗御和消灭病毒的能力，而抗生素对病毒是束手无策的。

(13) 其他作用：维生素 E（会激活维生素 D，促进骨髓吸收钙）能促进内分泌功能，临床用于甲状腺功能低下，月经来前不适症状和糖尿病的辅助治疗；在体内与硒彼此相依，共同完成防止不饱和脂肪酸被氧化成过氧化脂质的功能；抑制含硒蛋白、含铁蛋白的氧化；在促进肌肉、细胞和皮肤的健康方面发挥作用；能够预防呼吸道感染；治疗间歇性跛行，改善腿部痉挛和手足僵硬状况；对静脉炎、骨关节炎的治疗有帮助；降低细胞需氧量，抑制细胞氧化，增加红细胞对溶血物质的抵抗作用；改善血液循环；防治肝坏死；维持正常的肌肉张力；调整激素，活化脑下垂体；延缓更年期，治疗更年期障碍；增加运动员的耐力；预防各种化疗药物对肺、肝、肾、心脏和皮肤造成伤害；在血液制造过程中担任辅酶的功能；促进正常的凝血，防止流产、早产；保护维生素 A 免受肠道的破坏；防止维生素 C 和维生素 B_2 的氧化，是维生素 C、辅酶 Q 合成的辅助因子，并同维生素 C 一起作用，预防低密度脂蛋白胆固醇的氧化；清除脂褐素在细胞中的沉积，改善细胞的正常功能，减慢组织细胞的衰老进程。

根据研究显示，50%的艾滋病患者和 38%的艾滋病病毒携带者，维生素 E 的摄入量比正常的建议剂量摄入量少半。由于维生素 E 与免疫系统关系密切，因此，研究人员认为补充维生素 E 有助于病情的稳定。

缺乏表现：容易引发遗传性疾病和代谢性疾病，某些癌症、心脏病、白内障、溶血性贫血、神经、肌肉系统的损伤，黄体素不足；发生胚胎及胎盘萎缩，卵巢功能低，性周期异常，肌肉营养不良；易造成男性性功能降低，女性不孕症、早产流产；疲倦或反应迟钝没精神，皮肤干燥老化，四肢血液循环不良造成的静脉曲张；脂肪吸收障碍；男性激素分泌不足，精子生成障碍，发生精子减少或不成熟，活力不足，易患不孕症；垂体功能不全容易导致某些代谢障碍；甲状腺生长不良；可发生细胞性溶血性贫血；婴儿贫血，大脑和脊椎退化；儿童躁动不安，苍白、乏力、厌食，消瘦、皮下组织减少，肌肉松弛、头发干枯、体重减轻；成人表现为疲劳、水肿、色斑、不耐冷、头发分叉、皮肤干燥、嗜睡及体重增加。

过量表现：血小板增加与活力增加及免疫功能减退，增加出血的危险性，恶心、呕吐、胀气、腹痛、腹泻、盗汗、疲倦头晕、头痛、心惊、视力模糊，肌肉衰弱，皮肤皲裂，唇炎、口角炎，荨麻疹；血清甲状腺素下降，降低维生素 A 和维生素 K 的利用，导致血液无法凝固。糖尿病或心绞痛症状明显加重，血液中胆固醇和甘油三酯水平升高；激素代谢紊乱，特别是与雌激素合用，可诱发血栓性静脉炎；儿童、青少年性早熟，乳房增大。

日本三重大学医学院的川西正佑教授领导的研究小组经过长期的研究认为，摄入过量的维生素 E 诱发癌症。川西教授在白红病患者的细胞里加入相当于正常血液 10 倍量的维生素 E，经过培养发现 DNA 里有与癌症有关的损伤。川西教授说："不能否认维生素 E 有抑制癌症的作用，但摄入过多将会产生副作用，有可能诱发癌症。希望那些认为服用维生素 E 越多越好的人，特别注意遵照医嘱。"

美国国立癌症研究所以 29000 名吸烟者为对象进行了临床试验，摄入 β-胡萝卜素，肺癌的发生率都上升了 18%；服用维生素 E 却使前列腺和直肠癌的发生率下降了。但实验也发现，维生素 E 与 β-胡萝卜素相同有抑癌和致癌的双重作用，关键在于摄入量多少。

中国营养学会（2001）推荐的居民膳食中维生素 E 的摄入量是：婴儿为 3 毫克/天，1~3 岁儿童为 4~7 毫克/天，14 岁以上、孕妇和乳母均为 14 毫克/天。

维生素 E 的食物来源：胡麻油、鹅蛋黄、芝麻油、菜子油、葵花子油、玉米油、花生油、松子油、核桃、芝麻、南瓜子、葵花子、榛子、羊肝、发菜、海螺、黄豆、黑豆、赤小豆、杏仁、花生仁、鸭蛋黄、黑木耳、绿豆、乌贼、桑葚、红辣椒、玉米（白）、鸡蛋黄、蚕豆、豇豆、小米、红枣（干）、豆腐、豆角、樱桃、芹菜、萝卜、小麦粉、葡萄、鳝鱼、鸡蛋、大黄鱼、番茄、稻米、猪肝、猪肉、牛乳等。

● 维生素 F（必需脂肪酸）的功能与供给原则

维生素 F 是必需脂肪酸旧称，亚油酸、α-亚麻酸人体无法合成，必须从食物中摄入；花生四烯酸由亚油酸合成数量不足时，也必须由食物供给。亚油酸缺乏会导致湿疹，皮炎和伤口不易愈合；亚麻酸的衍生物二十碳五烯酸（EPA）和二十二碳六烯酸（DHA）具有降血脂、抑制血小板凝集和阻抑血栓形成的作用，DHA 还有增强记忆的功能；花生四烯酸是合成前列腺的主要的成分。

维生素 F 是前列腺素的前体物，体内前列腺素生理活性十分广泛，可涉及心脑血管、消化和生殖系统，有扩张外周小动脉、降低血管阻力、使血压下降的作用。维生素 F 降低胆固醇的作用是亚油酸的 163 倍；抑制血小板聚集，防止血栓形成；促进脂肪线粒体的活性，消耗过多热量，同时抑制体内糖类转化为脂肪的酵素活性，从而防止脂肪蓄积，有助于延缓皮肤衰老和帮助皮肤锁住水分，保持毛发健康。

缺乏现象：腹泻、皮肤干燥、过敏症、痤疮、口渴、脱发、湿疹、指甲病、消瘦；易引发胆结石、静脉曲张、前列腺炎、失眠症、冠心病、糖尿病、和高血脂等病症。

食物来源：海产品首选，其次是坚果。

● 维生素 K 的功能与供给原则

别名甲萘醌（维生素 K_1）、合欢醌（维生素 K_2）、2-甲基萘醌（维生素 K_3）。

维生素 K 为脂溶性维生素，有止血功臣之称。维生素 K 在肠道被吸收，输送到肝脏，组成"凝血酶原"。若吸收不足时，血液中凝血酶原降低易于出血，并使血液的凝固时间延长。13 种凝血蛋白至少有 4 种的合成必须有维生素 K。如果血液不能凝结，就会导致出血疾病。它还能激活骨细胞形成过程中至少 3 种不同蛋白质，并会合成调节血钙浓度的血浆蛋白。血浆浓度异常将影响整个身体的健康。血浆中钙浓度通过甲状腺和甲状旁腺分泌的激素加以调节。这些激素也会影响到骨密度，一项临床实验显示，骨质疏松症患者补充维生素 K 可以有效减少 18%~50% 的尿钙流失。没有维生素 K，骨生成的异常蛋白不能与通常沉积在骨中的矿物质结晶结合，结果骨骼就会变得脆弱。肾脏组织的合成也需要维生素 K 的参与。它还可治疗月经过量；防治偏头痛的效果优于其他药物；它对防止小儿慢性肠炎、结肠炎及痔疮有疗效。

维生素 K 共有 3 种，维生素 K_1、维生素 K_2 可由肠内菌制造，占 50%~60%，在回肠吸收。维生素 K_3 则是合成物质。肠内菌制造的维生素 K 可供约一日需求的一半，只需在日常饮食中补充另一半即可。如果患胆道梗阻、肝病、长期腹泻或自发性脂肪痢引起脂肪吸收不良，或孕妇在妊娠期间使用过镇静剂、抗凝剂、利福平、异烟肼，或长期服用广谱抗生素抑制了肠道细菌生长等情况下，便有可能引起维生素 K 的缺乏，应注意补充。新生儿由于母亲血液供给断绝，血液中的凝血因子降低，而肠道内的细菌尚未充分生长，奶中含量又很低。因此，有的婴儿出生后不久，可考虑用维生素 K 作肌肉注射，以预防新生儿出血。

《护士健康研究》的报告说："如果每天摄取 110 微克的维生素 K，女性髋骨破碎的几率就会减少 30%"。

美国塔夫斯大学和哈佛公共卫生学院组成的一个团队和芬兰库奥皮奥大学共同进行了一项调查研究。他们用 15 年的时间研究了 34 万多名男性，发现那些服用维生素 K 最多的人患心脏病的风险下降了 20%。

缺乏表现：血液凝集障碍，皮下出现紫癜或瘀斑，出血、血尿、血便、胃出血、鼻出血、流产、肌肉痉挛，与激素有关的问题（如失眠、烦躁易怒和潮热），骨骼相关的症状（骨骼变软应力性骨折——尤其腿、脚部位），骨质减少或疏松。新生儿出血疾病，如吐血、便血、鼻血或肠子、脐带及包皮等部位出血；幼儿慢性肠炎，因血液不易凝结而造成的咯血不止、腹泻等症状。

过量表现；会破坏肝脏、肾脏功能；会影响皮肤以及呼吸器官的功能，导致呼吸困难，皮肤发红、发痒、水疱；出现高胆血红素症、黄疸、血栓、呕吐、贫血等症状。

在 18~45 岁之间的人所摄入维生素 K 的量通常低于每日推荐量的标准。

中国营养学会（2001）推荐的居民膳食中的维生素 K 摄入量是：婴儿为 1.7~1.8 毫克/天，1~10 岁儿童为 2.0~4.0 毫克/天，11 岁以上包括成年人和老年人为 5.0 毫克/天，孕妇和乳母均为 6.0~7.0 毫克/天。

食物来源：酸奶、苜蓿、菠菜、卷心菜、西兰花、花椰菜、莴苣、芜青、白菜、花椒、香茄、豌豆、胡萝卜、黄豆、稞麦、土豆、蛋黄、红花油、大豆油、鱼肝油、海藻类、猪肝、瘦肉等。

◆ 矿物质

矿物质与维生素的区别：维生素是从生物体中制造出来的有机化合物，被机体充分利用后会转变成二氧化碳和水；而矿物质则蕴涵在土壤、石头之中为无机化合物，生物体通过从土壤中直接摄入而贮存在体内。人体组织几乎含有自然界存在的所有元素，其中碳、氢、氧、氮四种元素主要组成蛋白质、脂肪和碳水化合物等有机物，其余多种元素大部分以无机化合物形式在体内起作用，统称为矿物质或无机盐。也有一些元素是体内有机化合物（如酶、激素、血红蛋白）的组成成分。这些矿物质根据它在体内含量的多少分为常量元素和微量元素。体内含量大于体重的 0.01% 称为常量元素，它们包括钙、磷、钾、钠、镁、氯、硫这 7 种。含量小于体重的 0.01% 的称为微量元素，比如锌、钼、铁、铬、钴、锰、钼、锡、钒、碘、硒、氟、镍、硅。世界卫生组织和联合国粮农组织对必需微量元素进行分析归类如下：

（1）已确认为人体的必需微量元素 8 种：铁、碘、锌、硒、钼、铜、铬、钴。

（2）5 种人体可能必需的微量元素：锰、硅、镍、硼、钒。

（3）具有潜在的毒性，但低剂量可能必需的微量元素：氟、铝、镉、汞、砷、铅、锂、锡等。

人体约含矿物质为体重的 3%~4%。

● 钙

人体含钙总量约 1200 克，为体重的 1.5%~2%。钙构成机体组织的材料，体内 99% 的钙存在于骨骼和牙齿中，骨、牙是人体钙的"大仓库"。只有 1% 的钙存在于血液中，它通过控制水分进出细胞来调节体温平衡，维持血液酸碱值；参与凝血过程，钙能激活凝血酶原，使之成为凝血酶而发挥凝血功能；带给神经营养，强化神经系统的传导功能及保持神经系统的镇静，有助于神经递质的产生和释放；保持肌肉平衡收缩、松弛、预防肌肉痉挛，推进肌肉产生疲劳感的时间，维持肌肉神经的正常兴奋，如血钙增高可抑制肌肉、神经的兴奋性，当血钙低于 70 毫克/升时，神经肌肉的兴奋性升高，出现抽搐、肠易激综合征、女性痛经；提供能量及参与蛋白质的形成 RNA 和 DNA 结构的进程；抑制体内邻苯二酚胺、血管紧张素等升压物质的作用；能将升高血压的钠由尿液排出体外，有助于放松外周血管的平滑肌，因此可以使某些个体降低血压；促进皮肤下弹性组织的生成而使皮肤有弹性，抑制皱纹的产生，还能抑制老年斑的出现；保持头发的正常光泽；对治疗经前期综合征和多囊卵巢综合征有辅助疗效；帮助血液凝固：钙是凝血的重要因素之一，如血液中缺少钙，则受伤后会流血不止；预防老年病、大出血、佝偻病及妇女更年期暴躁、燥热、背痛、痉挛、抑郁、夜间盗汗等症状；杀灭病毒并产生低热——增强巨噬细胞的活性，增强人体抵抗力；钙与维生素 C 一同服用能缓解背痛和月经痛并使睡眠效果更佳。机体许多酶系统需要钙激活：如三磷酸腺苷酶、琥珀酸脱氢酶、脂肪酶以及一些蛋白质分解酶等。

其他生理作用：

(1) 1970 年，拉斯莫森等科学家发现"钙是细胞内化学信使"，这一说法已被大量证据证实。

(2) 钙有助胎儿发育，孕期胎儿需钙约 30 克，自妊娠 30 周起，胎儿所需钙急剧增加，需及时补充，同时需要多摄取含维生素 D 的食物，以协助钙的吸收。

(3) 减肥。人体血钙升高后，可增加一种称为降钙素的激素分泌——降低人的食欲，减少进食量；钙在肠道中能与食物中的脂肪酸、胆固醇结合阻断肠道对脂肪的吸收，使其随粪便排出。

(4) 预防近视。眼科专家告诉我们：如果眼球缺钙，眼压就不能维持正常，如同电压忽高忽低会闪坏灯泡一样而导致近视形成。钙对防止白内障的形成有一定效果。

(5) 预防腹痛。儿童腹痛几分钟后自行消失查不出原因，据外科医生分析，这种症状很可能与体内缺钙导致肠痉挛有关。缺钙还会诱发儿童多动症。

(6) 预防肾结石。哈佛公共卫生学院卡里·C·柯尔汉博士的跟踪调查资料显示，三餐饮食中摄钙量较多的人（每天平均 1320 毫克）与摄钙量最少的人（每天 516 毫克）相比较，罹患结石病的危险性减少 1/3。

(7) 延年益寿。意大利研究长寿学的学者经过试验：将受试大白鼠分成两组，甲组鼠用普通饲料喂养，平均生存期为 89 天；乙组鼠的饮料中掺入 0.9%的钙，结果活了 344 天，为甲组鼠的 4 倍。

(8) 降血压。研究发现，1/3 的高血压患者在摄入钙之后血压有所降低。威斯康星大学研究人员指出，如果女性高血压患者在用药的同时每天摄入

1500 毫克钙，经过 4 年的治疗，她们的血压就明显地降低，而只进行药物治疗的人血压整体升高。

（9）改善血脂浓度。新西兰奥克兰大学研究人员发现，每日摄入 100 毫克的钙能够增加有益的高密度脂蛋白胆固醇（HDL）的浓度，降低有害的低密度脂蛋白胆固醇（LDL）的浓度，心血管疾病的患病率可以减少 20%~30%。

（10）防癌。现代医学研究认为，补钙有助于预防肠癌，可能是钙元素可阻止胆汁酸通过肠道之故。研究者对 13.5 万人为期 10~16 年的跟踪研究发现，每天钙的总摄入量如果超过 1250 毫克，结肠下部癌变的几率就会降低近 30%。在预防直肠癌的研究中，如果每天补充 1200 毫克的钙，直肠腺瘤的发病率就会降低 20%。

当我们从食物中摄取钙过少导致体液和软组织中的血钙低于 1%，副甲状腺里的钙浓度感应器就会感知这一现象，并分泌副甲状腺激素，从骨骼和牙齿中抽取，长期下去就会形成骨质疏松，缺钙是形成骨质疏松的主要原因。

但是，这种从骨头里提取钙的情况往往会造成钙的过剩。就是这些多余的钙，给身体各细胞造成损害也就是不良的钙。

这些不良的钙容易积聚在细胞内和容易附着在各组织的壁上形成块状的性质，不利于血流通，增加了心脏的工作量，进而造成高血压。

不良钙进入胰脏后，会阻碍胰岛素的分泌，从而导致血糖值上升，引发糖尿病。

所以，我们每天要合理地摄入钙。

据研究，钙的吸收和年龄也有一定的关系。如青少年可以吸收 20%~30%，而老年人，仅仅能吸收 15% 的钙质。因此，老人就应该常吃些含有钙的食物才行。钙在碱性食物中，常成为不溶于水的沉淀物；而在酸性的菜肴里，就能以离子的形式溶解在汤里，人体便容易吸收了。在炖骨头的时候，应当加点醋，好让骨头里的钙能大量溶进肉汤中去。

维生素 D 可以促进钙的吸收，当维生素 D 缺乏时，钙就不能正常吸收，造成骨质疏松；当维生素 D 过量时骨中钙就会大量流失，导致血液中钙的浓度过高，甚至造成中毒。长期服用维生素 D 会使身体产生依赖性，最好食用食物。当磷的摄入量大于钙时，生成为不溶于水的磷酸钙，并排出体外。磷的摄入量大于钙，会干扰钙的吸收，导致严重的钙缺乏。成人钙、磷比为 1:1，钙、镁比为 3:2。

缺乏表现：儿童缺钙，易患喉喘鸣、湿疹、生长痛、夜惊、夜啼、多汗、烦躁不安、佝偻病、"O" 形腿 、"V" 形腿、发育迟、牙齿不齐和疏松。

成人缺钙导致神经痉挛、面部抽搐、伤口血流不止、肌肉无力、骨质疏松症、骨质增生、骨质软化、身材矮小、骨关节痛、腰酸背痛、牙齿松动、易骨折、驼背、盗汗、水肿、脱发、头发稀疏、神经过敏、心悸和心率慢、神经性偏头痛（占女性的10%~20%）、烦躁不安、失眠、高血压、糖尿病、结石。孕妇缺钙导致小腿痉挛、腰酸背痛、关节痛、水肿、妊娠高血压等。

最近，英国科学家研究证实，缺钙可引起耳聋。具体机制是缺钙可致耳蜗局限性脱钙，继而耳蜗形态改变，破坏内耳听觉上皮细胞或骨结构，从而产生耳聋、耳鸣。

过量表现：高钙血脂、便秘、腹胀、腹泻、嘴干、饥渴、尿频（高钙尿）、肾损伤（结石）、头痛、无食欲、恶心、呕吐、疲劳等；还会出现肌肉痛，不规则的心跳、瘙痒、瞌睡和精神的变化。过量的钙质会干扰人体对其矿物质的吸收，例如铁、镁、磷、锰和锌；并影响维生素 K 的产生。服用噻嗪类利尿药或维生素 D 补品以及患有肾、甲状腺疾病的人，在补充钙之前应咨询医生。严重的钙中毒是致命的。儿童补钙过量会造成低血压，并增加日后患心脏病的危险，还会发生奶碱综合征，表现为高钙血症、肾功能衰弱、昏迷及碱中毒。

意大利科学家研究发现，老年人过多地饮用牛奶补钙得不偿失，因为牛奶能促使老年性白内障的发生。其原因是牛奶含有5%的乳糖，通过乳酸酶的作用，分解成半乳糖，极易沉积在老年人眼睛的晶状体并影响其正常代谢，而且蛋白质易发生变性，导致晶状体透明度降低，从而诱发老年性白内障的发生，或者加剧其病情。老年人补钙以天然食物最佳。当食品加热温度至65.5℃时，32%的钙会被破坏。钙质容易和草酸结合成草酸钙，不但会生成结石，而且还会降低人体对钙质的吸收率。因此，摄取钙的同时，应避免摄取富含草酸或植酸的食物，如绿叶蔬菜、草莓、花生、浓茶等。

中国营养学会（2001）推荐的居民膳食中钙的摄入量：婴儿为 300~400 毫克/天，儿童为 600~800 毫克/天，青少年为 1000 毫克/天，成人和孕早期为 800 毫克/天，老年人和孕中期为 1000 毫克/天，孕晚期和乳母为 1200 毫克/天。

最大安全量：长期服用为 1500 毫克，短期服用为 1900 毫克。

食物来源：田螺、苜蓿、黑芝麻、白芝麻、海带、黄花菜、荠菜、木耳、发菜、紫菜、泥鳅、海参、河蚌、黑豆、海蟹、蚕豆、青豆、黄豆、落葵、茴香、海蜇皮、海虾、河虾、扁豆、鲈鱼、蛤蜊、鱼腥草、海蜇头、牡蛎、河蟹、沙棘、香菜、薤白、豌豆、武昌鱼、鳙鱼、鲫鱼、绿豆、赤小虫、马齿苋、茼蒿、马兰头、雪里蕻、无花果、刺梨、芦柑、菠菜、金橘、白果、鲤鱼、银鱼、芹菜、荞麦、薏苡仁、韭菜、豇豆、苋菜、银耳、白萝卜、小麦、西红柿、茄子、柑橘、橙子、土豆、葡萄、苹果等。

● 磷

磷是人的遗传物质，即 RNA 和 DNA 的重要组成部分，并且有助于将体液维持于准确的平衡状态，它对于运动员是必不可少的，因为磷在"燃烧"碳水化合物、脂肪、糖类，为机体提供能量的过程中发挥重要作用。人体磷的含量约为体重的 1%，而机体中 80% 的磷是存在于骨骼和牙齿中，其余 20% 主要分布在软组织中及所有细胞中。它是组织细胞核蛋白的一种主要成分，构成 DNA 和 RNA 的成分之一，而且所有活体细胞的生存都离不开它，它也是磷脂、辅酶等的组成原料。它参与新陈代谢，具有储存和转移能量的作用，有助于维护血液中 pH 的平衡；碳水化合物代谢，组织及器官间脂肪酸运输都需要它的帮助。它是髓磷脂的一部分，而髓磷脂是围绕在神经细胞外起保护作用的脂肪皮鞘。磷和钙形成难溶的盐，因此，使骨髓、牙齿结构坚固，磷酸盐与胶原纤维共价结合，在骨的沉积和骨的溶出中起决定性的作用。磷还是许多酶系统的组成和激活剂，能使心脏有规律地跳动，并传达神经刺激的需要物质。磷与脂类物质的结合，可以形成细胞膜的磷脂。人体需要维生素 D 和钙来维持正常功能，体内钙和磷保持一定的比例，才能运作良好。

缺乏表现：当人体因消化系统不好或肾脏病排磷过多时，就会出现缺磷，主要表现为衰弱、食欲下降、骨骼疼痛、牙龈脓瘘，并可导致佝偻病和骨质软化症，甚至造成组织缺氧、细胞破裂出血。缺磷可以通过补充维生素 D 得到调节。

过量危害：如果每天磷的摄取量超过 12 克时，就会在人体内产生毒性而引起低钙血症；骨质密度低，骨骼脆弱，牙齿蛀虫，精神崩溃，破坏其他矿物质的平衡；生长发育缓慢，肌肉痉挛，身体虚弱，易疲劳、厌食。磷过量会导致体内钙储存降低。

中国营养学会（2001）推荐的居民膳食中磷的摄入量：婴儿为 150~300 毫克/天，儿童为 450~700 毫克/天，青少年为 1000 毫克/天，成人、老年人、孕妇和乳母均为 700 毫克/天。

磷在食物中分布很广。瘦肉、蛋、鱼、虾、蟹、贝、干酪、蛤蜊、动物的肝、肾中磷的含量很高。海菜、芝麻酱、花生、干豆腐及坚果含量也很高。但粮谷中的磷多为植酸磷，吸收和利用效率低。由于磷的食物来源广泛，一般膳食中不易缺乏。

● 铁

正常成年男性体内铁的总量为 3~4 克（50 毫克/千克）；女性为 2~3 克（35 毫克/千克）。肝、脾中含铁为最多，其次是肾、心、骨骼肌与脑。人体不能合成铁，必须每天从食物中摄取。

铁是血红蛋白、肌红蛋白、细胞色素和某些酶的组成成分，参与氧和二氧化碳的运输；参与组织呼吸，推动生物氧化还原反应；参与激素的合成或增加激素的作用；参与胶原的合成，协助细胞增殖、分化及抗体的产生；促进维生素 B_2 的代谢；人体缺铁时，中性白细胞杀菌能力降低，淋巴细胞功能受损，免疫功能降低；催化促进 β-胡萝卜素转化为维生素 A；增强肌肉的强度，提高运动员的成绩；促进胎儿的发育，孕妇尤需每日补充；保护动脉管免受血压突然改变所引起的压迫，同时是良好的抗紧张剂；参与嘌呤的合成，脂类从血液中转运药物在肝脏中的解毒也需铁的帮助，促进干扰素的产生，干扰素可以强化细胞对病毒的抵抗力，并有助于防止亚硝酸的形成；预防滤过性病毒和细菌的感染，增强免疫系统功能；增强对无机盐的吸收；激活体内氧化还原酶——琥珀酸脱氢酶和黄嘌呤氧化酶的活性；参与体内三羧酸循环而释放能量，满足机体需要。铁还影响体内蛋白质及脱氧核糖核酸的合成和造血功能。因此，机体缺铁可发生贫血及影响儿童身高、体重，并导致发育不良。贫血表现为面色苍白、口唇黏膜和眼结膜苍白。患病早期常有疲倦、乏力、头晕、耳鸣、记忆力减退和注意力不集中等症状。严重者有低热和基础代谢增高症状。患病中期表现出缺氧的代偿性改变，如心跳加快、心搏增强、心脏排出血量增加等，患者常有食欲减退、嗳气、恶心、腹胀、腹泻等。患者肾脏功能也可能出现改变。铁与精液中精子密度有明显关系，精浆中铁含量高时，精子密度较高，反之，则精子密度较低。

铁质有助御寒。据美国北达科他州大福克斯农业研究学家亨利·卢卡斯基报告：在寒冷环境中，调节体温和保持体温的能力与每日从饮食中摄取的铁元素多少有关。他让参加该试验的妇女只摄取相当于医生规定的每日 18 毫克的 1/3 量，然后测试他们的体温，发现要比测试前的体温明显降低。因而他认为，人体要增强抗寒能力，必须要有足够的铁质储备或每日摄取足够的铁质。

另外，英国医生发现，在缺铁性贫血患者中，几乎没有患风湿性关节炎的，而经常用铁锅炒菜的类风湿关节炎患者却极易旧病复发。过量的铁使铁蛋白可继续结合铁而达到饱和，饱和的结合铁蛋白和游离的铁都能促使类风湿关节炎的发作。

缺乏表现：

缺铁性贫血：年幼的儿童易出现烦躁、对周围不感兴趣，以及机体协调性、注意力和记忆力差的现象；年长的儿童则表现为学习、阅读和解决问题的能力差。儿童发育迟缓，体力下降，智力受损，心跳加快，饮食下降。由于铁在核糖苷酸还原酶和细胞呼吸氧化过程中某些酶供不应求，从而影响了淋巴细胞的增殖和去氧核糖核酸合成，因而，细胞免疫系统功能的降低导致机体产生白细胞及抗感染能力低下，手指甲和脚趾甲出现凹陷、变脆或突起。毛发变脆、脱落，指甲呈汤匙状或有纵凸起，脸色苍白，头晕，运动失调，呼吸急促，心跳加快，肝脾轻度肿大。爱吃泥土、墙皮、煤渣、生米等，异食癖主要与缺铁和缺锌有关。缺铁性贫血可损害儿童的认知能力，且在以后补充铁后也难以恢复。缺铁可使 T 淋巴细胞数量减少，免疫反应缺陷，淋巴细胞转化不良，中性粒细胞功能异常，杀菌能力减弱；机体很多代谢过程紊乱，可引起心血管疾病。铁不足不利于怀孕，铁过多可出现内分泌功能障碍，生殖器发育不良，第二性征发育不良。

国外研究结果显示，缺铁加速大脑细胞的退化；干预血红素也能使细胞产生一种不正常的叫做 APP 的蛋白——在机体内形成老年痴呆症患者特有的淀粉样沉淀。

过量危害：一次 3 克铁的摄入量就足以使幼儿致死，成人一次摄入铁 10 克以上可致命。研究表明，高铁比高胆固醇更危险，极容易诱发妊娠合并心脏病或者乙型肝炎等疾病；还可导致稀有的遗传病——青铜色糖尿病或地中海贫血。铁促进自由基生成，是导致大脑损坏的催化剂。老年人体内储铁过多，可致胰腺纤维及功能不良。还会干扰体内铬的运输，胰腺因而缺铬，干扰胰岛素生物活性，故致糖尿病。铁过多，可致色素代谢紊乱，皮肤呈棕黑色。英国医学家布里斯特尔指出，滥用铁剂药物补血会加剧类风湿关节炎。澳大利亚曾有人滥用铁剂使肺炎恶化。美国科学家的一项研究结果表明，人体内蓄积的铁过量会导致成年女性患糖尿病。

人体有 74% 的铁存在于血液中，几乎所有的铁都在红细胞内，因此，细菌为了生存，只有通过血清中的传铁蛋白争取铁。所以，血清铁蛋白过多，会促使各种病毒及细胞的繁殖而发生特殊感染。故孕妇应慎用铁制剂。铁过量还会出现呕吐、心衰、性功能障碍。如误服大量亚铁盐可引起恶心、胃肠道出血、休克等中毒症状。

用铁锅烧饭时间越长，食物酸性越大，获取的铁越多。但是人体主要摄取食物中的铁。

专家认为，维生素 C 帮助铁的吸收，叶酸和钙能增强铁的功能；单补铁（血）不但收获甚微，还会造成体内"上火"现象——流鼻血、长痘疹。更不要服用含有无机铁（硫酸亚铁）的补品——能破坏维生素 E。服用有机铁安全，如枸橼酸亚铁、葡萄糖酸铁等。

中国营养学会（2001）推荐的居民膳食中铁的摄入量：婴儿为 0.3~10 毫克/天，儿童为 12 毫克/天，男青少年为 16~20 毫克/天，女青少年为 18~25 毫克/天，成人男、老年人和孕早期为 15 毫克/天，成人女为 20 毫克/天，孕妇和乳母为 25 毫克/天。

食物来源：黑木耳、海带、紫菜、海虾、芝麻、黄豆、桂圆、白木耳、鸭血、猪肝、鸡血、河蚌、虾皮、淡菜、香菇、田螺、猪血、海参、鸡肝、海米、蛤蜊、芸豆、海蜇皮、花生、鸭蛋、核桃、蚕豆、炒西瓜子、豆腐皮、豆腐干、鸡蛋黄、鹅肝、羊肝、枣、牛肝、莲子、雪里蕻、冬笋、马肉、胡萝卜、海蜇头、海蜇皮、茎蓝叶、小米、驴肉、河虾、鸽肉、鹅肉、芹菜、沙果、油菜、柿饼、小白菜、牛肉、羊肉、兔肉、泥鳅、河蟹、狗肉、黄鳝、乌鸡、瘦精肉、猪蹄筋、鲇鱼、鲈鱼、海蟹、鸡肉、鲢鱼、鲫鱼、鲜枣、发菜、藕、扁豆、莜麦面、小豆、绿豆、辣椒、荠菜、草莓、鲳鱼、土豆、苹果、茄子、葡萄、稻米、面粉、人奶、牛奶。

● 碘

人体内为 15~22 毫克，而 70%~80% 的碘集中在甲状腺内，甲状腺与酪氨酸结合形成甲状腺素。其余的碘分布在肝脏、肺部、肾脏、睾丸、血液，淋巴结、大脑等组织中。碘是两种甲状腺激素——甲状腺素和三碘甲状腺氨酸的组成成分，而这两种甲状腺激素主要负责调节细胞活动，维持细胞的分化与生长。有研究表明，甲状腺激素促进 DNA 及蛋白质的合成、维生素的吸收和利用，并有活化许多酶的作用，包括细胞色素酶类、琥珀酸氧化酶等 100多种，对生物氧化和代谢都有促进作用。特别是在脑发育阶段，神经系统的发育都需要甲状腺激素的参与。TSH 的分泌则受血浆甲状腺激素浓度的反馈影响。TSH 的分泌受丘脑下部分泌的 TSH 释放因子所促进，丘脑下部则受中枢神经系统调节，由此可见碘、甲状腺激素与中枢神经系统关系密切。碘增强体力，提高反应的敏捷性；维持与调节体温；缓解由于纤维囊性乳腺病而产生的肿胀和疼痛；能够疏通乳管中阻塞的黏液并能预防婴儿和青少年龋齿；具有抵抗核辐射和电磁辐射的作用；促进氧化和氧化磷酸化过程；提高细胞抗氧化作用；保护头发、指（趾）甲、皮肤、牙齿的健康；缓解乳房疼痛及不明原因的胸部疼痛。它在能量转换，增加氧耗量，加强产热，以及蛋白质、糖类、脂肪的代谢上发挥作用。

缺乏表现：甲状腺的分泌就会减少，机体代谢就要降低，引起甲状腺肿大，俗称"大脖子病"。妇女怀孕期缺碘，能影响胎儿神经发育，特别在怀孕第 10~18 周，是胎儿神经元增殖期，尤其招致中枢神经及听神经损害，引起先天性痴呆、哑、聋、小头、低耳位及痉挛性瘫痪等。孕妇缺碘除对脑有损伤外，还对甲状腺、骨骼及生长发育有不良影响。严重缺碘可使胎儿生长停滞，智力低下，而形成先天性克汀病（呆小症），也可出现先天性甲状腺肿。成年人皮肤干燥，毛发脱落，情绪失常，甲状腺肿大。

中国营养学会（2001）推荐的居民膳食中碘的摄入量：婴儿为 50 微克/天，儿童为 50~90 微克/天，青少年为 120~150 微克/天，成年人和老年人为 150 微克/天，孕妇和乳母为 200 微克/天。

由于加碘盐的广泛应用，对于大多数人来说，额外补充碘就不需要了，但是对于严格的素食者来说，如果限制盐的摄入，不吃海菜，应该每日补充 150 微克的碘。最大安全量是长期服用 500 微克，短期服用 700 微克。高剂量的碘（一天几毫克）可能会干扰正常甲状腺的功能，使皮肤出现许多粉刺状的血疹。

含碘高的食物主要是海带、紫菜等。要使碘盐中的碘被人体摄取，应该在蒸、煲、煎、炸、炒完成之后加碘盐调和，才能有效地保持碘盐不至于丢失。

高碘也能引起甲状腺肿，碘过量会中毒，出现头晕、肚痛、呕吐、红眼等症。

● 锌

锌是人体中 200 多种酶的组成部分。锌分布于人体所有的组织、器官、体液及分泌物中，人体含锌 2~2.5 克，约 60%的锌存在于肌体中，以肝、肾、肌肉、视网膜、前列腺为最高，30%的锌存在于骨骼中，其余的存在于皮肤和毛发中。血液中锌的分布：红细胞占 75%~85%，白细胞和血小板占 3%，其余则含于血清中。头发中的锌量可以反映膳食中的锌长期供给状况。锌执行指挥和监督躯体各种功能的有效运作，以及酶系统和细胞的维护作用；锌是调节基因的必需成分，调节基因是由蛋白质和核酸组成的；锌是 DNA 聚合酶的组成部分，参与蛋白质的合成；锌有生血和活化胆碱酯酶的作用；锌在核糖核酸的代谢，以及 RNA 和 DNA 的产生与胰岛素的制造中发挥作用；促进胶原蛋白形成并预防感冒；它是参与多种酶的合成和细胞分裂过程必不可少的元素；延缓精子膜的氧化，维持胞膜结构的稳定性和通透性，利于精子生存及活力的维持；促进维生素 A 的代谢和功能，保护皮肤健康；在组织吸收、体内生化过程及中枢神经的传导中，也占有重要地位。

其他生理作用：

（1）增强免疫功能：意大利抗衰老研究中心法布里斯博士，在给实验猫喂含锌饲料时，惊奇地发现这些老龄猫的胸腺恢复了青春的活力，开始产生较多的胸腺素和 T 细胞。法布里斯博士认为，中老年之后胸腺不是真正地消失，而只是因为不够活跃而逐渐萎缩了。通过补充机体已丢失的锌，可以使胸腺功能重新恢复到年轻时的状态。法国科学家对一所老年保健院的人每天服用 20 毫克的锌，这些老年人体内胸腺素在 2 个月之内竟然提高了 50%。同时发现补充锌的老人血液中的蛋白质含量明显上升。

（2）抗氧化作用：锌能增强维生素 E 的活性。因此，它能抑制体内导致衰老的自由基的形成。研究发现，缺锌动物体内氧自由基的含量比正常动物要多出 15%~20%。

（3）预防动脉硬化：研究发现，冠心病、心肌梗死患者动脉硬化斑块中锌含量降低。病理学新进展认为，血管内皮炎症和损伤是引起动脉硬化的关键。锌能抑制炎症细胞因子对血管内皮细胞的损害，维持内皮的完整性。锌可以减少胆固醇的蓄积，预防动脉硬化，对预防危害中老年人健康的脑血管病有重要价值。

（4）防癌抗癌：国外研究发现，锌可降低食道癌、前列腺癌、肺癌和喉癌的患病几率。

（5）有利于清除青少年痤疮，促进生长发育：促进胎儿脑神经细胞的分裂与数量；参与维生素 A 还原酶和视黄醇结合蛋白的合成及结构转化作用，并动员肝脏内的维生素 A 到血浆中，以维持血浆中维生素 A 的正常含量，保护视力。研究发现，近视患者血清锌的含量异常低。锌促进组织再生，保护皮肤健康；保护肝脏免受化学物质的伤害；减少胆固醇的蓄积；有利于治疗神经异常；消除指（趾）甲上的白色斑点；维持正常的味觉和食欲；促进伤口愈合，并有抗病毒作用。

（6）用于睾丸激素的持续合成，可重新点燃性欲的烈火，增加精子数量，加快精子细胞的游动；调节卵巢等器官的激素分泌，有助于预防早产和流产；并减慢女性经前期综合征症状。

缺乏表现：在脑发育的各个阶段，若缺锌会损害记忆和神经功能，还会导致蛋白质合成障碍；胚胎分化异常，发生脑、心血管、骨的畸形及尿道下裂或隐睾症；还会导致儿童生长发育缓慢，侏儒症、畸形、头发稀少，味觉和嗅觉不灵敏，肝脾肿大，食欲不振，贫血，腹泻，厌食，异食癖（吃泥土、煤、纸张等）；还可使年轻人患有类似痤疮的皮肤病，精子数量太低，性功能受损或不育，皮肤粗糙、干燥、上皮角化和食管上皮类角化，伴有贫血、厌食、脱发；胸腺萎缩，胸腺因子活性降低，T细胞功能减退，免疫功能下降，机体易受微生物感染；指（趾）甲出现白点，带状白斑或呈现暗白色；消化功能紊乱；唾液分泌量降低，伤后疤痕，伤口愈合不良；精神委靡，嗜睡，欣快感或幻想，易受感染，还会出现皮肤对称性糜烂、水疱或脓疱等；孕妇可出现难产，产程延长，产后出血；后代畸形和矮小。口腔炎、类风湿关节炎也与缺锌有关。急性锌缺乏主要表现为皮肤损害和秃发病。此外，锌缺乏还有以下表现：

（1）身体含锌酶活性下降；人体所需的胱氨酸、蛋氨酸及赖氨酸代谢紊乱，谷胱甘肽、结缔组织蛋白质合成障碍以及导致维生素A代谢、内分泌功能及防御免疫机制等受到严重干扰，从而导致生长发育停滞，性成熟障碍，第二性征发育不全，闭经。

（2）影响口腔上皮细胞的形成，使口腔黏膜上皮细胞增生角化脱落，导致厌食、偏食及口腔炎。

（3）颌下腺的上皮细胞碱性磷酸酶的活性下降，影响唾液分泌，同时因缺锌的羧肽酶A活性降低而影响消化力。另一方面，由于缺锌，锌不能与细胞膜类部分的硫酸根和蛋白质中巯基结合构成牢固的复合物，不能维持细胞的稳定性，造成胰腺细胞溶酶体膜和酶系外膜破裂，细胞自溶消化力明显降低，也是引起厌食的原因之一。

过量表现：可引发顽固性贫血，食欲不振，血红蛋白降低，血清铁、体内铁储存量减少，上腹疼痛，腹泻及恶心呕吐；可引起铜的继发性缺乏（影响铜的吸收），胃损伤，指甲增厚易脆，脱发，神经损伤，免疫功能抑制以及呼气呈大蒜味等症状。长期接触或吸入锌盐，可患湿疹、皮炎、口中有金属甜味，还可出现寒战、高热、痉挛等。

中国营养学会（2001）推荐的居民膳食中锌的摄入量：婴儿为1.5~8.0毫克/天，儿童为9.0~13.5毫克/天，青少年男性为18.0~19.0毫克/天，青少年女性和成年男性为15毫克/天，成年女性、老年人和孕早期为11.5毫克/天，孕中晚期为16.5毫克/天，乳母为21.5毫克/天。

饮咖啡的人应该在饮用咖啡前1小时和饮用咖啡后2小时再补充锌。因为咖啡能使机体吸收锌的能力降低50%。如果每日大于150毫克，可能导致免疫抑制或其他副作用。高剂量的锌影响机体对铜的吸收。患有肝病和肠功能紊乱的人在补充锌之前应咨询医生。

锌不能贮存于体内，需每日补充。

食物来源：乌龟蛋、海蛎肉、马肉、黑芝麻、榛子、小麦胚、鲜扇贝、鱿鱼干、沙鸡、羊肉、石螺、牡蛎、蛤肉、香菇、红辣椒、竹笋、田螺、麸皮、葵花子、猪肝、蚕豆、虾米、梭子蟹、牛肝、河蟹、牛肉、驴肉、大麦、腰果、白芝麻、黑豆、黑米、荞麦、羊肝、扁豆、黑木耳、银耳、紫菜、淡菜、河虾、核桃、虾皮、鲤鱼、土豆、香蕉、黄豆、羊肉、狗肉、豇豆、莲子、鸡肝、青稞、小麦、花生、芋头、鳄梨、鹅肉、鸭肉、赤小豆、绿豆、对虾、小米、稻米、薏苡仁、高粱、枣、兔肉、乌鸡、鸡肉、鸡蛋、带鱼、海带、芹菜、番茄、豌豆、鲜蘑菇、牛乳、茄子、白菜、胡萝卜、苹果以及其他水果蔬菜都含有少量的锌。

● 铜

人体含铜量为 50~120 毫克。铜主要分布在肝、肾、心、脑等器官中。铜在代谢过程中起着生物催化剂的作用。铜是构成细胞色素氧化酶的重要物质，至少与 11 种氧化酶有关，也参与磷脂及铜蓝蛋白酶、铬氨酸酶和赖氨酸氧化酶等合成，因此，对合成胶原蛋白和弹性蛋白是必需的。铜与铁的代谢有关。铜有最强的促进血红蛋白合成的能力，能将铁转化为血红素，在肝脏内合成血浆铜蓝蛋白，使肝内的铁由传递蛋白传送到骨髓，合成血红蛋白，并促进结缔组织中胶原蛋白和弹性蛋白的交联，从而减少骨质疏松症。铜能提高白细胞的灭毒力，又能使人体的氧和氢合成水。铜参与胆固醇代谢；参与心肌氧化代谢；参与机体防御功能；参与激素的分泌。赖氨酸氧化酶经铜的催化作用，构成既有弹性又有一定硬度的纤维状蛋白质——构成血管、骨髓、结缔组织不怕血流冲击，骨骼也不易脆裂，关节灵活，皮肤柔韧。铜酶细胞色素氧化酶，能促进髓鞘形成，并与儿茶酚胺合成有关，这些都直接影响中枢神经系统的功能，体内缺铜会使神经系统的内抑制过程失调，使内分泌系统处于兴奋状态导致失眠。铜酶硫氢基氧化酶有维持毛发正常结构，防止角化的作用。铜可以通过减少蛋白质糖化的发生频率，从而在减慢机体老化速度之后发挥作用。所谓蛋白质糖化，是指糖分子与血液中的蛋白质分子部分黏附在一起，并使蛋白质变形，失去功能。蛋白质糖化可以导致骨质丢失，高胆固醇，心脏功能失常，以及其他很多症状或疾病的发生。

其他生理作用：

（1）保护心脏：当人们自认为高胆固醇饮食是心脏病的罪魁祸首时，美国科学家提醒人们，绝对不可忽视铜元素的缺乏。铜元素在体内参与多种金属酶的合成，其中氧化酶是构成心脏血管的基质胶原和弹性蛋白形成过程中必不可少的物质，而胶原又是将心血管的细胞牢固地连接起来的纤维成分，弹性蛋白则具有促进心脏和血管维持弹性的功能。一旦铜元素缺乏，心血管就无法工作，从而给冠心病入侵的可乘之机。

（2）抗癌：癌症专家研究表明，铜元素可抑制癌细胞的生长，诱导癌细胞"自杀"。

（3）助孕：据产科医生研究认为，缺铜会影响卵细胞的生长和成熟，又抑制输卵管的蠕动，即使受孕也会因缺铜而削弱羊膜的厚度和韧性，导致羊膜早破，引起流产；还会造成胎儿畸形，智力低下，铜性贫血，或胎儿感染。专家发现，不孕症妇女的血浆含铜的浓度低于正常人血浆含铜的浓度。

（4）预防流感：英国药物学联合会的专家们找到了一种预防流行性感冒的最简便办法：将维生素 C 与铜元素结合起来服用，即可收到良好的效果。实验证明，人体摄入足够的铜，可在侵入人体的流感病毒表面聚集较多的铜离子从而为维生素攻击感染病毒提供有效的"靶子"。维生素 C 与病毒表面的铜离子发生作用，构成一种可以分离的含有活性氧离子的不稳定化合物，促使含有蛋白质的病毒表面发生破裂进而置病毒于死地。

（5）防止白发：现代专家研究表明，铜酶酪酸氨能催化酪氨酸转化为黑色素，防止头发过早变白。缺铜可使人体内酪氨酶的形成困难，导致酪氨酸转变成多巴的过程受阻。多巴为多巴胺的前体，而多巴胺又是黑色素的中间产物，最终妨碍黑色素的合成，而引起头发变白。

缺乏表现：脑细胞中色素氧化酶减少，活力下降，从而使人出现记忆力减退，思维混乱，反应迟钝以及步态不稳，运动失常，经常感到疲劳，关节或骨骼出现问题，身上容易出现青肿或者经常感染疾病；由于心血管中的弹性蛋白和胶原物质的催化受阻，必然导致冠心病的发生；人体缺铜可影响肾上腺素皮质固醇及孕酮的合成，从而影响卵泡的生长，抑制输卵管的蠕动，而导致不孕；孕妇缺铜，会发生羊膜早破、流产；婴儿缺铜会使铁无法进入血浆，产生小球型低血色素贫血，水肿；成人骨质疏松，牙齿容易脱落，睾丸功能低下，视网膜退化，头发早白，还会导致血管破裂，内出血或皮肤色素脱失出现白癜风；还与结肠癌、风湿性关节炎、脱发、腹泻、免疫功能低下有关。铜缺乏可发生小细胞低色素性贫血、中性粒细胞减少以及生长发育停滞、精神委靡等症状。由于铜是胶原酶的激活剂，缺铜时胶原代谢即受影响。美国科学家曾对 400 名身体健康但睡眠不佳或长期失眠的女性进行成分分析发现，这些人的血浆中的铜含量偏低。

过量表现：高血铜可改变脂类的代谢过程，从而引发一系列的病理改变，成人肝硬化、掉发、精神分裂症、高血压、口吃、子痫前症、经前期综合征、忧郁症、失眠等。铜含量过高时，又可通过促使垂体释放黄体生成素，促肾上腺皮质激素，影响排卵干扰孕酮作用而抗生育。铜不能贮存于体内，需要每日补充。维生素 C 妨碍铜的吸收。

中国营养学会（2001）推荐的居民膳食中铜的摄入量：婴儿为 0.4~0.6 毫克/天，儿童为 0.8~1.2 毫克/天，青少年为 1.8~2.0 毫克/天，成年人和老年人均为 2.0 毫克/天。

铜在烹饪过程中不易被破坏。用铜制锅具（容器）来料理酸性食材，将会造成食物中毒。

一般食物中普遍含铜，以肝（羊最丰）、肾和甲壳类含量尤为丰富。植物食品中大豆、青稞、黑豆、绿豆、赤小豆、大麦、荞麦、豌豆、蘑菇、小麦胚芽、麦麸也含铜较多，其次是坚果类、葡萄干、巧克力、可可粉、酵母、肉类等。牛乳中含铜较低，人乳中含铜量高于牛奶，但随着哺乳期延长，含量逐渐降低，因此在以牛奶进行人工喂养的儿童或在母乳喂养期后期应注意铜的补充。

● 硼

硼广泛分布在全身各处。对人体的关节健康、骨质密度、骨折愈合发挥作用，对停经后的妇女防止钙质流失，预防骨质疏松有效；改善脑功能，从而提高大脑的反应能力，并能减少钙和镁在尿液中的排泄，减轻关节的各种症状及保持认知能力；有助于钙、磷、镁、铁的代谢，维持肌肉正常发育；提高男性睾酮的分泌量，提高生殖能力。临床发现，绝经后的妇女补充了少量硼，则骨骼激素也增加了 1 倍。还有实验结果显示，能使尿钙排泄量降低将近 40%。

硼缺乏会影响钙和镁的代谢，使维生素 D 减少，并影响骨的组织、结构和韧性，导致与骨质疏松相似的改变，容易引起佝偻病、骨关节炎、肌无力、生长迟缓，肌肉生长受到阻碍，从而影响人的运动功能。硼和镁都缺乏，尤其会加重骨质疏松症。由于硼对钙和镁的代谢有影响，则硼缺乏会导致肾结石。而且，硼缺乏还会降低神经系统的兴奋性。

硼过量会产生恶心、呕吐、腹泻，严重者导致硼中毒，引起肾、脑、肝等多器官病变。

食物来源：苹果、雪梨为最多，核桃、葡萄、桃子、豆类、花生、杏仁、榛子、枣、干梅、咖啡、苜蓿、香蕉、墨鱼、藻、梅子、李子、萝卜、甜菜根、芹菜中也有。动物性食物中不含硼，植物食物中以未精致加工过的食材为佳。

● 硅

成年人体内约含有 240 毫克。硅是构成某些葡萄糖氨基多糖和多糖羟酸的重要成分,参与多糖的代谢,促进胶原的生物合成为骨、软骨、结缔组织的重要成分。缺硅时易发生动脉硬化,结核病和骨骼畸形。丹尼尔在 1996 年 9 月的《美味!》杂志中写道:"硅在骨骼、软骨、结缔组织和皮肤的形成过程中起非常重要的作用。主动脉、气管、肌腱、骨骼和皮肤这些结构中的结缔组织含有异常丰富的硅。组织的生长和修复需要一种基质,有了这种基质,矿物质才能附着基上,新的组织才能生长。硅大量地参与这种基质的新陈代谢,而且是基质本身一个不可少的部分。"硅提供小脑能量,增强小脑及运动神经功能;参与骨的钙化;维持软骨的结缔组织的正常功能;能将黏多糖互相联结,并将黏多糖结合到蛋白质上,形成纤维性结构,从而增加结缔组织的弹性和硬度,维持结缔组织的完整性;保持弹力纤维和间质的完整性,减少粥样斑块的形成,防治动脉硬化;促进新陈代谢,有利于排毒。

硅保护心血管:流行病学表明,芬兰、英国等地水中硅量与心血管疾病发病率成负相关。在英国,饮水含硅量为 17 毫克/升的地区,冠心病死亡率低;而饮水含硅量为 7.6 毫克/升的地区,冠心病死亡率高。芬兰东部饮水硅含量为 4.8 毫克/升,冠心病死亡率高;而芬兰西部饮水硅含量为 7.7 毫克/升,冠心病的死亡率低于东部。

随着年龄的增长,体内硅含量逐渐减少,为了抗衰老必需每日补充硅。建议每日摄入硅 3 毫克/天。吸收过量的钼会降低硅的吸收。

缺乏表现:儿童骨质发育不良,生长发育缓慢。成年人可致血管通透性下降及弹性降低,引发心脑血管疾病以及胃溃疡、骨质疏松、指(趾)甲断裂、皮肤皱纹、头发断裂。牛皮癣是一种由于缺硅而引起的典型皮肤病。

过量表现:硅易沉淀于泌尿系统形成结石,还不利于骨骼发育。长期处于含硅的环境中,如陶瓷制造业、水泥制造业等,很容易因吸入过多的硅化合物而导致硅肺病。

食物来源:精加工食品不含硅。小麦、小米、燕麦、大麦、粳米、玉米、洋葱、甜菜根、苜蓿、根类蔬菜、谷物外皮、紫草科植物、豆类、坚果、鱼类、茶、蒲公英、海藻。

● 锗

锗能有效预防肿瘤。日本东京大学的田中信夫博士、熊本大学医学院的铃木藤雄博士仔细评估了锗元素,称它在肿瘤成长过程中具有"直接的细胞毒性功能"和"展现主体调节的抗癌功能"。根据田中发表于《生物反应修饰基因杂志》（1985）上的观察报告，各种微量元素能够"减少干扰素，活化自然杀手细胞的巨噬细胞"是所有体内免疫系统产生的，在抗癌过程中起着重要作用的物质。

铃木对他所说的锗展现"自主调节"抗癌功能做了解释。这种微量元素能够通过修饰主体（人类或其他实验动物）对肿瘤细胞的生物反应来调节肿瘤和其主体之间的关系，从而产生治疗效果。

表2-4的数据是由日本的美野吉木和他在大阪学院和得岛大学药学系的同事们整理的，刊登在《化学药剂会刊》（1980）上的摘录。

表 2-4　锗在各种草药中的含量分析结果（单位为 ppb）

植物原料	锗含量
蒜头	1
薏苡仁	6
人参根	5~6
美国野山参	1
紫草根	1
山豆根	4
茶叶	9
枸杞子	1
花生花叶	1
花生花根	2

● 钒

据发表在美国《联合公报》（1986）上的一篇报告称，人体内钒的含量最高不超过100毫克。在体内钒酸盐和氧钒根离子的化合物可以控制刺激多种酶的活动。通过动物实验，人们已经认识到钒能够影响肝、肾和心脏功能。它可使血压上升，并控制血液葡萄糖水平的上升。另外，狂躁抑郁症患者体内钒水平上升，说明这些患者的体内缺乏其他微量元素，如铜、镁和锌。

有实验表明，钒和钛、铬、锗的造血作用一样，都是具有阻碍机体氧化还原系统，引起缺氧，从而刺激骨髓的造血功能；摄入钒酸盐主要经尿道排出，并在肾小管细胞内积累，因此，钒酸盐对肾功能有一定影响；钒离子在牙釉质和牙质内可增加羟基磷灰石的硬度，同时还可增强有机物质和无机物质的黏合性；较高浓度的钒酸盐对心肌的收缩力有影响，钒酸钠（50~100 微摩尔/升）能使离体心脏的心室收缩力增强，从而使心房收缩力有所降低。钒能刺激造血功能，可使血红蛋白增加，可抑制胆固醇的合成，增强心肌收缩力。给人体补充钒，可见到血红蛋白和红细胞增加。

每天摄入 125 微克的钒化钠，能降低胰岛素依赖性糖尿病患者的胰岛素需求量，使血糖值近于正常，并抑制胆固醇的合成，促进脂质代谢，从而减轻诱发动脉硬化的程度，低浓度钒可增强体内单胺氧化酶的活力，因此有降低血压的作用。

钒的每日摄入量约 20 微克。钒与镉、镁和锌起相互协调作用，才能发挥最佳效力，预防和治疗大多数血糖疾病，特别是低血糖。而低血糖经常引起精神和情绪紊乱症。

过量危害：钒在体内不易蓄积，由食物摄入引起的中毒十分罕见，但每日摄入 10 毫克以上或每克食物中含钒 10~20 微克，可发生中毒，引起腹泻，食欲不振，生长缓慢和死亡。

食物来源：红薯、土豆、山药、芋头、木薯、面、米、人参果、当归、石决明、栀子、胡萝卜、紫萝卜、芥菜头、竹笋、藕、荸荠、慈姑、百合、芦笋、包心菜、苋菜、空心菜、生菜、菊花菜、芹菜、茴香菜、香菜、韭菜、木耳菜、黄花菜、菜花、黄瓜、冬瓜、苦瓜、丝瓜、南瓜、茄子、番茄、青椒、豇豆、蚕豆、豌豆、鲜蘑菇、核桃、芝麻、花生、栗子、松子、榛子、香榧子、瓜子、植物油、鱼类、海藻类、贝类、海参。

● 氯

氯和钠、钾形成化合物在体内维持酸碱平衡，氯多集中于细胞外液，维持正常的水分含量，氯离子和钠离子是细胞液中维持渗透压的主要离子。氯是形成胃酸、唾液或胰液的主要成分之一，能使消化蛋白质的胃蛋白酶发生作用，并杀灭食物中的细菌。胃酸还能促进维生素 B_{12} 及铁的吸收。氯能激活唾液淀粉酶分解淀粉，促进食物消化。氯可以刺激肠道，从而产生盐酸保护关节灵活，并且帮助把激素分布到全身。氯和钠促进体内废物排出体外。氯和钠、钾都具有电解质的功能，可协助肝脏功能，帮助扫出体内的废物。氯参与血液中二氧化碳的运输，当二氧化碳进入红细胞后与水结合成碳酸，再分解为氢离子和碳酸氢根离子，氯离子通过碳酸氢根离子置换将二氧化碳以碳酸氢根离子形式输送至肺排出体外。

缺乏表现：呼吸缓慢，有气无力，腹胀，手足麻木，头昏，肌肉收缩不良，消化受损，头发及牙齿脱落。

过量表现：摄取超过 15 克氯的话，则可能发生酸中毒，高氯血症，出现呼吸急迫，体内酸碱平衡失调。

食物来源：紫草科植物、榆树叶、薄荷、樟脑草、艾菊、苦艾、橄榄、山艾、马齿苋、海带与海藻类、茶、食盐、水等。

● 硫

硫存在于每一个细胞，是构成氨基酸的组成部分，也是用途十分广泛的胶原蛋白合成的元素。它有助于保护皮肤、头发、指（趾）甲的健康；维持体内氧的平衡，使大脑的功能发挥正常；硫至少是 3 种维生素（即维生素 B_1、泛酸和生物素）的组成部分，帮助人体新陈代谢，协助肝脏解毒；促进胆汁分泌，帮助人体消化吸收；保护细胞膜，防止细菌感染；预防癌症；改善血液黏稠度，并对多种疾病有辅助疗效；抵抗细菌感染，保护细胞质，协助肝脏解毒。

缺乏表现：痔疮，皮肤病，牛皮癣，皱褶，指（趾）甲脆弱，毛发脱落，过早出现老人斑，关节功能衰退，味觉、食欲减退，肝脏解毒能力降低。男性性器官发育障碍。儿童生长发育迟缓，智力发育迟钝。

过量表现：至今未发现食用生物体内的有机硫有毒性的报告，而大量使用非存在于生物体内的无机硫时，则会产生一些硫的副作用。

食物来源：蒜、水牛、鸵鸟、麦芽、燕麦、苜蓿、芦笋、甘蓝、卷心菜、萝卜、西兰花、芥末、大菜麻、无花果、杏、香蕉、番木瓜、菠菜、山核桃、肉类、鱼类、蛋类。

● 硒

硒在人体含量为 14~21 毫克，遍布于人体各组织器官和体液中，肾中硒浓度最高，肝脏次之，血液中较低，牙釉质、指（趾）甲、头发中也含有硒。硒是儿童大骨节病和克山病的克星；硒能增进心肌和骨骼肌的功能，参与多种重要的酶和蛋白质的合成，是精浆中谷胱甘肽过氧化物酶重要成分之一，又是精子膜的组成成分，可防止膜上的脂质氧化，对胞膜及线粒体有保护作用；参与核糖核酸（RNA）、去氧核糖核酸（DNA）合成；硒能催化有毒的过氧化物，还原成无毒的羟基化合物；从而保护各种生物膜不受损害；硒和维生素 E 对心肌纤维、小动脉及微循环的结构及功能均有协同保护作用；硒是天然对抗重金属的解毒剂，能降低致癌物黄曲霉素 B_1 毒性；帮助甲状腺激素的活动；调节神经系统；减轻思想负担，预防精神疾病；减轻潮红和其他绝经的症状；帮助人体产生抗体；预防和治疗哮喘病和关节炎；降低肺癌、前列腺癌、结肠癌和直肠癌的发病率。硒对某些影响生育功能的重金属有拮抗作用，如镉可引起睾丸坏死，而硒则与镉形成复合物，对镉起解毒作用。

其他生理作用：

（1）抗氧化作用：硒是谷胱甘肽过氧化物酶的组成成分，因此，硒的生物功能主要是通过酶发挥抗氧化作用，防止氢过氧化物在细胞内堆积及保护细胞膜。硒与维生素 E 结合生成谷胱甘肽过氧化酶，对组织细胞的生命活动有重要影响。硒增加维生素 E 的功效，从而阻断体内过氧化物的形成，而硒可促进过氧化物的分解，两者共同作用，来消除过氧化物之毒害作用。硒对吸烟、精神压抑、运动过少及肥胖给心脏和血管带来的不良反应有抑制作用。

（2）增强机体免疫力：硒能刺激免疫球蛋白和抗体的产生，从而增强机体的抗病能力。硒还能增强非特异性免疫功能，促进中性蛋白细胞杀菌作用。动物实验表明，缺硒的动物巨噬细胞减少；反之，硒能激活巨噬细胞。

（3）预防心脑血管疾病：硒能通过增加体内"好"胆固醇 HDL，降低"坏"胆固醇来预防心脏病的发生。通过降低血液的稠密度来减少心脏病的发作和脑中风的发生，从而降低血栓的形成。

（4）防癌作用：硒可激活淋巴细胞的某些酶。从而加强淋巴细胞的抗癌作用，能降低某些癌症的发病率，能抑制癌剂的化学致癌作用。中国医学科学院肿瘤研究所调查河南两个乡，测定两个乡居民血中硒水平大约相差 4 倍，而肝癌发病率也竟然相差 4 倍。两个乡仅隔一条河，原因是两个乡的土壤和粮食中含硒量有明显差别。

美国亚利桑那州大学和 Cornell 大学做的两项为期 5 年的研究发现，每天补充 200 微克硒能使前列腺癌的发生率减少 63%，结肠直肠癌的发生率降低 58%，肺癌的发生率降低 46%。那些补充 200 微克硒的癌症患者，其死亡率比总人群的癌症死亡率低 39%。

（5）保护眼睛：硒通过谷胱甘肽过氧化物酶和维生素 E 使视网膜上的氧化损失降低，使神经性视觉丧失得到改善，糖尿病患者的失明可通过补硒、维生素 E 和维生素 C 得到改善。它还能预防白内障的产生。硒能刺激免疫球蛋白及抗体产生，增加机体的抵抗力。老鹰眼睛含硒量是人的几十倍，能从高空发现猎物。

（6）排毒作用：硒能与体内重金属（如汞、镉、砷、铅）或其他致癌物质结合形成金属–硒–蛋白质复合物，从而使其解毒并排出。另外，它还降低黄曲霉素的毒性。

（7）提高生殖能力：硒参与前列腺素的新陈代谢，男性体内的硒几乎半数都集中在睾丸和连接前列腺的输精管中，能促进精子的生成，提高男性性能力。

硒可强化维生素 E 的效果；维生素 E、维生素 A 与硒相辅相成。硒和维生素 E 合用有助于关节炎的治疗。硒能减缓女性更年期症状。

(8) 肝癌发病率与硒水平成负相关。在对江苏省启东市 13 万居民进行现场调查，发现肝癌高发区的食物和居民的血的硒含量低于低发区。

人体缺硒使大脑可出现重要神经递质 5-羟色胺、多巴胺和肾上腺素的活性紊乱，意味着潜在的大脑损害和功能异常，尤其是情绪低落和焦虑增加；造成心脑细胞和细胞膜的结构和功能损伤，进而干扰核酸蛋白质、黏多糖及酶的代谢和合成，直接影响心脑血管疾病发生；还会导致谷胱甘肽过氧化酶活性降低，白细胞失去识别入侵者的能力，体内自由基对细胞的损害加剧，经常感冒（一年不止一两次），加速衰老过程；女性缺硒时，引起不孕、流产和胎盘滞留；男性缺硒时，引起精神委靡不振，精子活力下降；还会出现血糖异常、肝脏坏死、关节炎、贫血不孕、克山病（心脏扩大、心力衰竭、心律失常、心电图改变）、肿瘤、艾滋病、重金属中毒、肌营养不良和癌症等疾病。儿童缺硒：小儿厌食（吃指甲，咬衣服、玩具，吃头发、纸屑、生米、泥土、沙石、煤渣），反复感染（扁桃体炎、支气管炎、肺炎、腹泻），Full-Blown 综合征（发育阻滞、食欲减退、味觉和嗅觉缺陷甚至丧失、男性性功能不全，女性有青春期原发性闭经），智力低下，免疫力下降（包括念珠菌感染，细胞吞噬作用不全），小儿包茎；儿童皮肤行为症（神经功能障碍性皮肤症），生长发育不良。缺锌时，三羧酸循环过程障碍，脂质过氧化反应增强；使细胞 Na^+-K^+-ATP 酶及 5′ 核苷酸酶的活性显著降低及含量减少引起心肌病变及癌症。

国外有研究表明，缺硒还会导致小儿先天愚型——唐氏综合征。硒能通过人的胎盘进入胎儿体内，直接影响胎儿发育。

人摄入太多的硒，可引起慢性中毒。表现为秃发，指（趾）甲出现白纹、凸出、脆弱易碎，疲乏无力，龋齿，皮肤发痒，红肿，发疹起疱和瘢痕性皮炎，多发性神经炎，感觉迟钝，抑郁，急躁，恶心，呕吐，抽搐，偏瘫，头昏，四肢麻木，肢体疼痛，胃肠功能紊乱，肝肾功能障碍，老年性白内障及牙齿损害等。

人体内硒含量过多会导致维生素 B_{12} 和叶酸代谢紊乱，导致铁代谢失常而产生贫血等。

中国营养学会（2001）推荐的居民膳食中硒的摄入量：婴儿为 15~20 微克/天，儿童为 20~35 微克/天，青少年为 45~50 微克/天，成年人和孕妇为 50 微克/天，乳母为 65 微克/天。长期服用最大安全量是 200 微克/天，短期服用最大安全量是 700 微克/天。每日补充超过 800 微克可能是有害的。

食物来源：鱼子酱、鱿鱼干、牡蛎、海蟹、海参、猪肾、牛乳粉、牛肾、河蟹、小麦胚、鲜淡菜、海虾、小黄鱼、大黄鱼、墨鱼、干豌豆、鸡肝、青鱼、带鱼、对虾、泥鳅、黄鳝、鳗鱼、河虾、鲇鱼、鳜鱼、羊肉、猪肝、羊肝、鹅肉、狗肉、牛肝、鸡肉、鸭肉、鸽肉、兔肉、乌鸡、干扁豆、鸡蛋黄、干豆腐、炒瓜子、大麦、黑豆、苜蓿、桑葚、牛肉、鸡蛋、杏仁、黄豆、驴肉、干桂圆、鸡、小米、菠萝蜜、紫菜、麸皮、腐乳、青稞、绿豆、小麦、黄花菜、马肉、赤小豆、黑米、海带、梨、大蒜、薏苡仁、高粱、胡萝卜、沙棘、落葵、荞麦、苹果、稻米、花生仁、豆油、玉米面、豆角、蚕豆、枣、芹菜、豌豆、青豆、茄子、白菜、橙子、菠菜、西兰花、甘蓝菜、洋葱。

● 铬

成人体内含铬 6~7 毫克，而且分布很广，除了肺以外，各组织和器官中铬的浓度随年龄的增长而下降，因此老年人常有缺铬现象。铬是一种具有多种化合价的元素，其复合物呈 2、3、6 价 3 种化合价状态，6 价铬有很强的氧化特征，可干扰酶的活性，对人体有毒害作用；2 价铬有较强的还原性，与生物物质相接触时不稳定，无生物活性；3 价铬进入人体后在参与糖类、脂肪、酶及氨基酸的合成代谢及肌肉的形成中都是不可或缺的。葡萄糖耐量因子的正常工作离不开铬的帮助，铬能防止因血糖紊乱而引发的智力损害；平衡血清胆固醇的作用；促进胰岛素的生物效应，增强外周组织胰岛素的敏感性，防止体重增加并减少患糖尿病或突发心脏病的风险。铬与核酸结合调节细胞的生长。铬在体内可通过三羧酸循环促进琥珀酸氧化，提高葡萄糖的利用率和降低血糖。

铬的其他生理作用：

（1）防治动脉硬化、高血压：3 价铬能影响机体的脂质代谢，降低血中"坏"胆固醇（LDL-C）和甘油三酯的含量，并增进"好"胆固醇（HDL-C）含量。

（2）预防癌症：3 价铬是核酸类物质（DNA 与 RNA）的稳定剂，可防止细胞内某些基因物质的突变，并预防癌症。

（3）预防近视：美国纽约大学研究员贝兰博士用计算机进行大量病例分析后得出结论：青少年的近视眼多发与缺铬有关系。严重缺铬，不仅使空腹血糖与尿糖发生异常，也使血管变性。这些病变，对视力都有一定影响。特别是血糖高时，容易引起血液渗透压的改变，从而导致晶状体和眼房水渗透压的变化。当房水渗透压低于晶状体的渗透压时，房水会经晶状囊而进入晶状体内，致晶状体变凸，屈光度增加，造成近视。

缺乏表现：将导致葡萄糖耐受力受损，不能将葡萄糖充分利用及储存起来，血糖异常升高，而将葡萄糖排出体外；血浆中铬的浓度低时，表明冠状动脉有毛病，将导致动脉粥样硬化；爱吃甜食；血脂增高；氮平衡异常，尿糖含量异常。

过量导致中毒。糖尿病患者应遵医嘱，含铬补品不适于孕妇、哺乳期间妇女和癫痫患者服用。

中国营养学会（2001）推荐的居民膳食中铬的摄入量：婴儿为 10~15 微克/天，成年人和老年人均为 50 微克/天。

食物来源：动物肝脏和其他内脏，啤酒酵母不仅含铬高，而且所含铬的活性也大；所有谷类、豆类以及麸糠、坚果类、乳酪、软体动物、海藻、菌类、蜂糖、红糖、粗砂糖、水果皮也提供铬；蔬菜、水果含少量铬。

维生素 C 能促进铬的吸收，酸性食物在和不锈钢接触时能溶取铬。

● 钴

钴在人体中有 1.1~1.5 毫克，14%分布于骨骼，43%分布于肌肉组织，43%分布于其他软组织中。钴构成维生素 B_{12}。维生素 B_{12} 含有 4%的钴，每个维生素 B_{12} 分子含 1 个钴原子。钴在人体内的生理作用，主要通过维生素 B_{12} 的作用而体现。钴刺激造血功能，利于铁和锌的吸收，并可以加速储存铁，使铁容易被骨髓利用。临床上用钴盐可治疗小细胞低色素贫血，效果较好，而维生素 B_{12} 对巨幼细胞性贫血治疗有效。钴有驱脂作用，可防止脂肪在肝内沉积。钴可能还影响甲状腺的功能，可能为合成甲状腺素所需要。钴对血红蛋白形成、红细胞发育、脂肪代谢以及蛋白质、氨基酸、辅酶及脂蛋白的合成有一定影响。人类不能利用钴合成维生素 B_{12}，主要从能合成维生素 B_{12} 的动物及细菌摄取。

人体缺乏维生素 B_{12}，不能直接利用钴来合成它。红细胞的生长发育受干扰，可发生巨噬细胞性贫血、急性白血病等。素食者或食肉、贝类少者应补充钴。钴和酒精同食，可引起心肌病变。

缺乏表现：贫血，头昏，食欲不振，皮肤苍白，口咽部炎症及骨髓退行性疾病，发育不良。

过量表现：心律失常，呼吸困难，人体内氰钴胺素过多，可导致红细胞过多症，进而引起甲状腺增生。摄入过多的钴盐，还会损伤心肌，甚至引起心肌炎。婴儿过量服用，则会造成甲状腺过分成长或异常壮大。

吸取钴一般认为不超过 7 微克/天。

食物来源：海产品、甲壳类动物、肉类、动物肝、肾脏、牛奶、南瓜、瘦猪肉、薯类、豆类、菌类、发酵豆制品、绿色蔬菜类等。

● 钼

钼在人体内含量约 10 毫克，分布于全身组织和体液中，牙釉质中含钼丰富，肝、肾中含量也很高。钼是构成牙釉质、黄嘌呤氧化酶、醛氧化酶、硝酸还原酶和亚硫酸氧化酶等的重要成分，并起到催化作用。钼可解除有害醛类的毒性，减少致癌物亚硝酸铵的生成，并对食道癌有一定防治作用。钼能参与 RNA 的复制，蛋白质和 DNA 的合成；参与维生素 B_{12} 的组成和代谢；增强胰岛素，降低血糖；缓解肾上腺素升高血压；参与糖类和脂肪的代谢；提高铁的吸收率，促进红细胞再生的功能；能提高免疫力；促进肝脏和肾脏的酶素发挥作用；维持细胞膜的结构，控制乳激素；保护心肌，调节心律；增强氟的作用，减少龋齿的风险；参与细胞内电子的传递及铁从铁蛋白的释放及铁的运输；催化人体嘌呤化合物的氧化代谢及最后形成尿酸；参与机体解毒功能；催化含硫氨基酸的分解代谢，使亚硫酸变成硫酸盐，有利于智力发育；促进植物体内维生素 C 的合成，加速致癌物质的分解和排泄，使亚硝酸还原而失去致癌性。钼可能与骨骼和牙齿的发育有关。据研究，在缺钼的地区，儿童龋齿的发生率很高。

钼缺乏导致高血压、冠心病、糖尿病、癌症、贫血、疲劳、尿酸代谢障碍，影响黄素酶和细胞色素 C 还原酶的活性，造成三羟酸循环障碍，氧的激活率降低，致使心脏缺氧出现局灶性坏死，还可引起龋齿、肾结石。

过量表现：大量口服钼时会出现呕吐、腹泻、急性胃肠炎和牙龈炎、皮炎。钼过多会影响铜、磷对骨骼的代谢作用，会使尿酸增加而引发痛风。孕妇和哺乳期的女性不可服用钼补充品。

含钼量较高的为动物性食品及谷类、豆类、甘蓝、白菜等。含量较低的是土豆、萝卜等根状（茎）类植物。另外，在前苏联亚美尼亚地区的居民中，痛风病的发病率非常高，学者们的结论是由于该地区的土壤和植物中的含钼量特别高的缘故，所以在痛风病的研究中又增加了钼的因素。

中国营养学会（2001）推荐的居民膳食中钼的摄入量：儿童为 15~30 毫克/天，青少年为 50 毫克/天，成年人和老年人均为 60 毫克/天。

国外有研究表明，每人每日正常的钼摄取量是 210~460 微克，低于这个数字，可能发生地方性心脏病或其他心血管病。在病区，主食玉米比主食大米的人发病率要高。这是因为稻谷比玉米更容易吸收土壤中的钼。

食物来源：茶叶、坚果叶、坚果类、海产品类、粗谷物（燕麦、大麦、小麦、小米）、豆类；还有可可、奶油、大叶蔬菜（菠菜、生菜、芹菜、扁豆、菜花、芥菜）以及肉类中也含有。水果类、萝卜等根（茎）类和乳品等钼的含量较少。

硫的过量摄取，会降低体内钼的含量。

● 镁

成年人体内含镁约 25 克，其中 60%~65%存在于骨骼牙齿中，27%分布在软组织血浆中。镁是制造 DNA 的必需物质，参与体内组织尤其是骨骼的建造、蛋白质合成和体温调节。叶绿素的中心离子、胰岛素的合成需要镁的帮助。镁能防止钙在软组织中沉积形成结石；将维生素 D 软化为更活跃的形式，在体内激活 300 多种酶，酶必须被激活后才能促进体内一系列的生命活动的生物化学反应；有助于合成多种女性激素，调节生理功能；抑制神经与肌肉交接处的神经纤维冲动信号的传导；与钾、钠、钙等离子合作共同维持肌肉（包括心脏）、神经的兴奋，促进肌肉收缩，解除痉挛状态，消除抽搐反应；将营养素移入或移出细胞；在细胞分裂和增殖过程中传递密码（基因和染色体）。镁也是细胞线粒体的必要组成。镁的水平受肾脏调节，作用于周围循环，引起血管扩张，可使血压降低，约有 100 个以上的重要代谢（主要是钙、磷、维生素 C）必须靠镁来进行，几乎参与人体所有的新陈代谢过程；镁的充足可以减少食物到能量转化过程中的耗氧量，因而有利于心脏的健康。镁能用来治疗缺血性心脏病，使心脏免受肿瘤药物的破坏（研究发现，因心肌梗死等病而死亡的患者心脏中，镁的含量远低于正常人）促进心血管健康，预防心脏病的发作；维持体内适当的酸碱性；阻止细胞外的钙流入细胞内，提高肾脏血流量及尿的排泄量，防止产生肾结石，维持脑细胞内矿物质的平衡而保护大脑。低浓度硫酸镁具有利胆作用，酸性镁盐还可中和胃酸；血浆中镁浓度的变化直接影响甲状旁腺素的分泌，当血浆含镁盐量降低较多时，补充镁后甲状旁腺功能即可恢复；抑制铝和铬的吸收，防止老年痴呆症和不育症的发生；镁也被用来治疗痫，破伤风以及生产葡萄糖为细胞提供能量。镁又是人体酶反应必需的一个辅助离子，例如三磷酸腺苷酶、胆碱酯酶与胆碱乙酰化酶等。镁有抑制神经应激性的功能，镁过多即呈麻醉状态；镁缺乏时，能引起过敏症及肌肉痉挛、扭转等，同时有血中胆固醇增高的现象发生。

镁和钙在生产三磷酸腺苷（人体活细胞的正常运动的"能流"）的过程中结成了特殊的伙伴关系；它们还是调节心跳和肌肉收缩的两大相反的力量：镁松弛血管，而钙则收缩血管，并且在有维生素 B_6 的情况下镁有助于减少并溶解磷酸钙所形成的结石。钙和镁的比例是 2:1，如果这一平衡被击破，钙含量过高，就会导致镁的匮乏。镁的缺乏表现为钙及胆固醇含量的降低，进而降低骨中可用钙量，同时也影响性激素的新陈代谢，因为胆固醇是性激素的材料。饮食中的钙镁如果不平衡，钙将无法被骨骼所吸收。没有吸收的钙会涌入动脉，形成硬化动脉的组成部分，加速动脉硬化。保持钙镁平衡可阻止钙进入血管积聚。

国外研究发现，镁有助于降低血压，减轻头颅压力，使大脑缺氧状态得到改善，降低偏头痛的发作次数。一次临床实验发现，那些每日补充200毫克镁的人，其偏头痛发作的几率降低了80%。另一项实验发现，在疾病刚刚发作时，给体内血液中镁含量低的人静脉注射镁，结果在15分钟或小于15分钟的时间内，就能使该病的症状减轻了，有时甚至完全消失了。因周期性肢体运动失调而睡眠不良的人服用镁后，他们的睡眠质量大大地提高了。还有研究表明，45%的痛经患者体内的镁水平明显低于正常人。

在中东国家中，埃及癌症发病率仅是欧洲人的1/10。学者们深入研究后发现，埃及人平均摄入镁是欧洲人的5~6倍。另外，德国的研究也证实，大凡土壤含镁高的地区，癌症发病率就低。反之，癌症发病率偏高。

法国国家人类营养研究中心的科学家研究表明，补充镁有延长动物寿命的作用，并能预防高血压、心肌梗死、糖尿病等。

缺乏表现：缺乏镁易引起精神系统过敏而造成的心神不安、烦躁、激动、冲动、胸闷、心悸、震颤、失眠、紧张、偏头痛、舞蹈病、惊厥、定向障碍，精神错乱和幻觉；胰岛素的敏感性下降，造成高胰岛素血症和糖代谢紊乱，易诱发糖尿病；增强体内升血压的物质，加重高血压和心肌梗死患者的病情，出现充血性心力衰竭、心绞痛、心律不齐、冠状冲脉收缩痉挛以及经常性刺痛感，脑电图、心电图、肌电图不规则；经前期综合征——焦躁、易怒、情绪波动、乳房胀痛、疲倦、抑郁和头痛；导致组胺水平增加，从而引起过敏反应；还会出现失眠、遗尿、脱发、指（趾）甲破裂、肌肉功能异常和消化不良等现象。儿童长期腹泻，会引起镁的过量排出，会出现抑郁、肌无力及眩晕等现象；儿童、婴儿缺少镁易哭闹、抽搐。体内钙、镁水平过低可导致失眠和骨质疏松症。钙和镁有助于保持激素平衡，所以说，经前期综合征和前列腺问题可能是体内镁含量过低的信号。

过量表现：会导致运动肌障碍，妨碍铁的吸收；会导致滑肠及高镁血症、尿毒症、糖尿病酸中毒、先天性巨结肠症、病毒性肝炎、慢性淋巴细胞、白血病多发性骨髓瘤、淋巴瘤；中枢神经受损、昏迷、呆滞、运动功能障碍；肾脏疾病患者会导致肌肉无力、呼吸困难、心律不齐或心搏停止。

患有肾病或心脏病的人在补充镁之前要咨询医生。

日建议量：婴儿为 30~60 毫克/天，幼童为 70~110 毫克/天，儿童为 150~230 毫克/天，青少年为 240~280 毫克/天，成年男性为 310 毫克/天，成年女性为 270 毫克/天，孕妇为 340 毫克/天，哺乳期妇女为 310 毫克/天。

镁不能贮存于体内，必须每天补充。

食物来源：榛子、黑芝麻、杏仁、葵花子、芥末、黑豆、黄豆、黑米、松子、花生、小麦、腰果、赤小豆、核桃、高粱、绿豆、绿苋菜、豌豆、小米、薏苡仁、杏仁、青稞、落葵、苜蓿、蒲公英、小麦粉、菱角、茴香、百合、豇豆、红苋菜、荠菜、扁豆、稻米、玉米、生菜、豆角、韭菜、茎蓝、雪里红、黄瓜、茄子、羊栖菜、海带、裙带菜、鹿尾草、沙丁鱼、小鱼干、鲑鱼、鲭鱼、小虾、龙虾、蛤蜊、柿子、绿叶蔬菜、瓜果。

● 锰

人体内锰的含量为 0.05~0.2 毫克/千克体重，锰主要分布在腺体（垂体、乳房、胰腺）、器官（肝脏、肾脏、肠道）和骨骼中，人体所摄取的锰在肠道的吸收率仅有 3%，大多数由肠道排泄。锰是促进儿童脑发育的重要元素。锰也是脂肪、蛋白质、碳水化合物代谢和脂肪合成所需的酶的成分，同时又是多种酶的激活剂——需要锌和铜的帮助来激活 SOD_2（一种叫超氧化歧化酶）来破坏线粒体的自由基，并具有抗脂肪肝的作用；它是软骨和骨骼的结缔组织所必需的元素，促进内耳骨及内耳结构正常，维护前庭功能，防治共济失调；对骨中碱性碱酶有活化作用，从而促进骨的钙化。它能保护胰腺的正常功能，并在甲状腺的形成中发挥作用；它能促进胆固醇、蛋白质、维生素 B_1、维生素 C 的合成；同时生殖系统的健康也离不开锰。女性在怀孕期间锰能促进胎儿组织尤其是骨骼和软骨的正常发育。锰是胆碱中促进脂肪利用必不可少的元素。锰能维持线粒体的重要功能，它是精氨酸酶、脯氨酸肽酶、丙酮酸羧化酶、核糖核酸聚合酶、超氧化物歧化酶等多种酶的组成成分。锰可提高人体内性激素合成能力，激活上述一些酶，使下丘脑、垂体等保持良好的生理功能。锰参与中枢神经激素的传递，如果缺锰，老年人智力将逐渐减退，甚至智力呆滞。长寿区老人体内含锰多，心血管系统发病率低。锰有驱脂作用，能加速细胞内脂肪的氧化，并减少肝脏内脂肪的堆积，有利于心脑血管。世界卫生组织认为，锰是对心血管有益的元素，它对血糖、血脂和血压维持正常水平有生物学作用。

缺乏表现：人体缺锰时，黏多糖合成障碍，骨有机质形成减少，导致广泛的骨骼畸形以及婴儿不可逆的先天性共济失调；食欲缺乏，脂肪、蛋白质等代谢障碍；智力障碍，老年痴呆；骨质疏松；心血管疾病；骨骼生长不成比例，四肢骨骼缩短，脊椎变曲，耳骨发育异常，颅骨变形；葡萄糖耐受异常，葡萄糖利用率下降，使葡萄糖合成与分泌降低，可能是胰岛素干细胞受到了破坏，导致高血糖（糖尿病的一个危险前兆）；脂肪新陈代谢异常；神经衰弱综合征，精神异常；加速衰老；血中的胆固醇过高；细胞功能异常；平衡能力差，运动失调；儿童多动，智力减退，精神分裂，肌肉抽搐；眩晕或平衡感差，痉挛，惊厥，膝盖疼痛，关节痛，软骨生长发育障碍，长骨缩短弯曲甚至畸形，发育停滞，引起侏儒症。女性生殖功能及卵巢功能障碍，性欲减退引起不育或发生习惯性流产；男性输精管退行性变，精子减少，性周期紊乱以致不育。此外，红斑狼疮和重症肌无力也与缺铁有关。增加胆碱的摄入量，可预防缺锰。

过量表现：将导致神经系统功能的紊乱，轻度中毒多表现为疲乏无力、肌肉痛、头痛、头晕、情绪及性格改变（或冷漠或多语）、性欲减退、动作笨拙，协调运动轻度障碍；中度中毒表现为发音及行路困难、语言单调、说话迟缓、口吃、呆板、动作缓慢不协调、后退困难；重度中毒表现为肌张力增强、反身亢进、面具样表情、肌肉僵直、写字困难、身体出现震颤、完全不能后退、身体向前倾、出现"小书写症"（字越写越小）。孕妇缺锰，婴儿将产生不可逆转的先天性共济失调，这是由于内耳的耳石畸形发展。患有肝硬化，胆汁堵塞和糖尿病的人补充锰之前要咨询医生。

锰经摄取后大约只有 45%被身体吸收，其余排出体外。饮食中过量的钙、磷或铁会抑制锰的吸收。

锰的基本需要取决于人的生理状况，如妊娠、哺乳和儿童生长期锰的需要量就大，一般成年人每日对锰的需要根据国际上推荐的标准，为每日 2.9~7.0 毫克，我国暂定为 5~10 毫克。儿童每日每千克体重 0.2~0.3 毫克。6 个月婴儿的需锰量，世界卫生组织推荐量为每千克体重 2.5~25.0 微克。

食物来源：莲子、黑芝麻、榛子、山核桃、松子、核桃、腰果、小麦、黑豆、黄豆、茶叶、青稞、荞麦、白果、米糠、香料、麦芽、葵花子、黑米、薏苡仁、赤小豆、稻米、大麦、绿豆、高粱、花生、豆角、鱼、肉、蛋、奶、糖。

大量摄取钙和磷时，会妨碍人体对锰的吸收，比如牛奶。

● 钾

钾占人体体重的 0.2%~0.35%，它广泛分布于肌肉、神经及白细胞中，是细胞内化学反应的重要物质（主要存在于细胞内）。它将细胞外的营养物质传到细胞内，并将多余的钠排出体外，防止血压上升；增加钾的摄入量能有效地减少后代患高血压的几率，同时对青壮年高血压治疗有辅助疗效。钾保持细胞内外的水分平衡，维持细胞的渗透压，使体液维持适当的酸碱度；而钠离子的主要功能是维持细胞外液的渗透压。两者相互作用，相互制约，维持钾、钠离子的一定比例能维持渗透压。如果钠的浓度增高，那么为了调节浓度，水分必然会转移到细胞外，引起细胞内酸中毒和细胞外碱中毒；使血管细胞变得膨胀，血管变得狭窄，血液通过困难，血压上升。如果钾的浓度增高，细胞外的钾离子内移、氢离子外移，可引起细胞内碱中毒和细胞外酸中毒；高钠还能刺激自主神经的交感神经，这也是血压上升的原因。而钾能扩张血管，缓解自主神经和交感神经的紧张，减少血浆容积，调整细胞膜上渗透压的平衡，从而使血压稳定下降。细胞内的钾离子与细胞外的钠离子联合作用产生能量，维护细胞内外钾钠离子的浓度梯度，激活肌肉纤维收缩，引起神经突触释放神经递质。当血钾降低时，细胞膜应激性降低，发生松弛性瘫痪；当血钾过高时，也可致细胞膜应激性丧失，其结果也可发生肌肉麻痹。钾能利用肾排出体内有毒物质；它是糖、蛋白质代谢不可缺少的物质，并参与酶的活动。钾和钙、镁共同作用，使心脏功能正常发挥作用，在缺钾严重时心肌兴奋性增高；钾过高时又使心肌自律性、传导性和兴奋性受到抑制，两者均会导致心力衰竭。钾预防中风，降低血压，有助于体内红细胞携带氧的功能，维持肾上腺的功能，有助于胰岛素的分泌以调节血糖，持续产生能量，并对过敏婴儿腹痛有疗效。低血糖常常是因为低血钾降低了肾上腺功能引起的。

钾能降低脑中风的危险。美国一项对高血压患者的研究结果表明，每天吃含钾量高的食品（如 1 根香蕉）的人，患致命性脑中风的危险降低了 40%。美国夏威夷皇后医学中心的研究者们对 5600 位老年人的研究结果显示，那些膳食中钾的摄入量最低的老年人在 8 年内患脑中风的危险性增高了 1.5 倍。进一步的观察发现，这种患脑中风的危险性在服用利尿药的人群中提高了 2.5 倍，而在患有动脉纤维化，又服用了利尿药，而膳食中钾的摄入量少的人群中患脑中风的危险增加了 10 倍。

缺乏表现：①钾不足容易受钠的侵害，所以高血压的人要注意摄取钾。钾∶钠=2∶1。钾钠比失衡导致低血压，思维混乱，精神冷淡，肌肉无力，四肢麻痹，呼吸困难，消化不良，排尿困难。长期缺钾可表现为肾功能障碍，多尿，口渴，酸性尿等。②钾摄入不足时，钠会带着许多水分进入细胞中，使细胞破裂形成水肿。血液中缺钾会使血糖偏高，导致高血糖症。③钾不足可引起心跳不规律或加速心跳，心电图异常。钾的水平过低与高血压、中风有关，导致副肾皮质功能亢进，减少肌肉的兴奋性，使肌肉的收缩和放松无法顺利进行，容易疲惫。人体缺钾的主要原因：碱中毒、糖尿病酸中毒、呕吐以及服用利尿药而使尿钾大量逸出所致。

过量表现：体内钾过多主要是由于肾功能不全，钾不能被及时排出所致。血清钾超过 5.5 毫摩尔/升时，被称为高钾血症，这是一种短时间可危及生命的体液失衡。血钾增高可出现烦躁、神态恍惚、肌肉酸痛、精神疲惫、四肢麻木、沉重发凉、面色苍白等症状，导致高钾血症、心跳缓慢、心律不齐、低血压，甚至发生心跳骤停；高钾的副作用可能包括黑色尿、血尿、腹泻、疲劳和胃不适。

儿童急性腹泻、呕吐或其他原因导致消化液大量损失时，均可出现低钾血症，表现为肌张力降低，深部腱反射消失，胃肠平滑肌张力减低，可引起腹胀，甚至导致麻痹性肠梗阻。严重低钾可出现神志不清、心律失常，甚至心室颤动。通过检查血钾浓度及心电图可确定是否低钾。

美国心脏学会循环会刊报道：多吃富含钾的食物能大幅度降低中风的几率，有高血压的人受益尤大。这项研究历时 8 年，对 4400 人进行实验，显示多摄取钾的人中风的几率比少摄者减少 38%。研究报告说钾、镁及各类纤维都有预防中风的效果。

身体的细胞组织大量破坏或分解代谢增强时，如缺氧、酸中毒、大面积损伤、严重感染均可以引起血钾过多或称高钾血症。此外，输入储存时间较长而量大的血液，此时红细胞内部大量溢出血浆也会产生高钾血症。

儿童高钾症的表现是，早期出现极度软弱、四肢无力，尤其是下肢行走困难、肌张力减低、腱反射消失。高钾可导致心脏停搏或严重心律失常，甚至发生心室颤动。轻度高血钾者按其病因，限制含钾饮食，纠正酸中毒可缓解症状，严重高血钾者应遵医嘱。许多药物可能会使体内钾的含量增高，而造成对肌体的危害。因此，服用药物的人在服用钾类补品时应咨询医生。

美国政府允许钾在补品中的最大剂量是 99 毫克。

建议量：0~4 岁为 500~1500 毫克/天，4~18 岁以上为 1500~2000 毫克/天。孕妇为 2500 毫克/天。

食物来源：银耳、辣椒、干海带、黑木耳、虾米、花生、核桃、竹笋、芋头、鲜枣、芝麻、土豆、醋、豌豆、酱油、鲤鱼、河虾、草鱼、鲜蘑菇、菠菜、大蒜、姜、鲫鱼、兔肉、带鱼、大头蒜、干淡菜、鸡肉、藕、羊肉、鹅肉、牛肉、猪肉、香蕉、芹菜、叶莴笋、菜花、韭菜、萝卜、洋葱、大葱以及其他水果蔬菜都含有少量钾。

● 钠

正常人体内钠含量约为每千克体重 1 克。其中 40%~45%存在于骨骼中，约 10%存在于细胞内，50%存在于细胞外液中。钠和钾在血浆中的主要阳离子，占阳离子总量的 90%以上。钠在细胞外液，而钾在细胞内液共同构成渗透压，两者含量的平衡是维持细胞内外水分恒定的根本条件，钠在肾脏被重吸收后与氢离子交换，消除体内的二氧化碳，保持体液的酸碱平衡是钠的重要功能。钠调节细胞外液的容量，稳定血压，体内钠过多，就会使血压升高。适量的钠可增强神经肌肉的兴奋性，有利于能量产生，并将营养物质运送到细胞内维持生命活力。钠与氯及重碳酸盐共同维持身体酸碱平衡，并控制肌肉的感应性，防止因过热而疲劳或中暑。钠的重要化合物氯化钠就在我们日常的食盐当中。

成人每日需摄取食盐 6 克，高温环境下的重体力劳动者每天丢失 8 克钠，需额外补充。小儿则依年龄不同需要量也有差异。乳儿每日需 0.5~1.0 克，幼儿每日需 1~3 克，年长儿童需 3~6 克。

爱斯基摩人一天仅吃 4 克盐，他们的高血压发病率约 4%；美国人每日进食 10 克盐，高血压发病率约 10%；部分日本人的吃盐量远远超过上述地区，因此高血压患病率遥遥领先。

过量表现：

（1）会增加血管壁细胞中盐分的含量，这样一来，为稀释盐分的浓度，水分都会聚集到细胞内，于是细胞就膨胀，导致血管增厚。其结果就是血液流动困难，压力增大，导致高血压。医学研究表明，过多食用盐与高血压、心脏病、中风和胃癌的发病率成正比。

（2）摄入过多的食盐，将导致钾不足。

（3）美国专家对更年期的妇女及 8~13 岁女孩进行了研究，证实吃盐减半者，骨钙丢失速度下降，而高盐饮食者可降低骨钙的储备，从而降低骨峰值。

缺乏表现：眩晕、中暑、恶心、呕吐、低血压、脉搏加快、脉搏细弱、对事物缺乏兴趣、疼痛反射消失、食欲减退、体重减轻、母乳奶水减少、肌肉痉挛、视力模糊、关节松脆裂，还会导致黏膜炎（感冒），细胞组织会产生黏液。

一般饮食中钠的含量已超过生理需要量，无须额外补充。大量出汗或腹泻时钠丢失过多应当增加其摄入量。

小儿低钠血症最常见的症状是呕吐、腹泻，其次是利尿剂的使用及大量出汗。胃病综合征及肝硬化、心力衰竭等也可能发生稀释性低钠血症。低钠血症的症状是疲乏、表情淡漠、恶心、呕吐、食欲不振、头痛、视力模糊并有肌痛性痉挛、运动失调，严重时可发展为循环衰竭、谵妄、惊厥、昏迷甚至死亡，需寻求医生治疗。

● 镍

镍在机体中形成含镍金属蛋白，在血浆中与 α_2 球蛋白结合可激活某些酶，促进红细胞再生。还有激活胰岛素和降低血糖的作用。一般每人指数取 0.25 毫米的镍就可以满足人体健康的需要。

2000 年，河南省某县是全世界食道癌发病率最高的地区，长期以来，导致这种病的原因一直困扰着医生，直到土壤学家对当地的泥土作了化验分析后，这个谜团才得以解开——当地土壤严重缺镍，还缺乏可使亚硝酸胺转化成无容形式的物质维生素 C。

1982 年国际癌研究机构确认，镍含量高的环境对人有致癌危害。妇女妊娠期间避免接触镍，以免镍在胎儿体内蓄积。

谷类、蔬菜、蝉猴、龟、鳖是镍的丰富食品源。

● 锡

锡能促进蛋白质及核酸效应，与黄素酶的活性关系密切。补充锡元素，可提高机体的耐受力，加速机体的生长。

动物肝（肾）脏、瘦猪肉、石决明是锡的丰富食品源。

● 氟

成年人体内含氟约为 2.9 克，主要分布在骨髓、牙齿、指（趾）甲和毛发中，或以牙釉质质中含量最多，骨骼中以长骨的含氟量最多，皮肤、乳汁、唾液、血液、眼泪中也有微量存在。男性骨骼中氟含量高于女性，且随着年龄增长而升高。人的内脏，软组织中含氟量较低。氟是牙齿和骨骼的组成成分，它可以固化牙釉质，适量的氟参与有利于钙与磷形成骨盐，然后以沉积的形式存在于骨骼中，从而对骨骼的形成、骨骼的强度、硬度增加发挥作用；并刺激新骨生长，氟化物结合磷灰结晶内，则不易被骨细胞溶解，从而提高骨的质量。氟可以抑制口腔内乳酸杆菌的生长，使口腔内酸性食物残渣难以氧化成酸性物质，促进牙齿珐琅质对细菌酸性腐蚀的抵抗力，防止龋齿；还能迅速与胶原蛋白相互作用，将其转化为特氟纶（一种多氟烃）族的物质，增加骨骼的硬度和韧性。氟还能促进肠道对铁的吸收和利用，因而有利于防治缺铁性贫血。

缺乏表现：龋齿，老年人能影响钙和磷的利用，可致骨质疏松症，发生骨折。

过量表现：牙齿表面无光泽，氟斑牙症，牙齿变黑而破碎，指（趾）甲脱落、氟骨症（全身关节疼痛，弯腰驼背或瘫痪），四肢麻木无力，腰腿痛、关节僵硬、下肢弯曲、骨质疏松、肌肉无力、感觉迟钝、骨骼变形、肾脏损害。还会导致脊椎骨刺的产生。氟中毒可引起男性不育症。高氟时去氧核糖核酸产生永久性损害，破坏睾丸中性染色体，使之畸变，时间愈久畸变愈重。饮水含氟量高会引起中毒，可用吸附过滤除氟。铝盐、钙盐可降低氟在肠道中的吸收，而脂肪水平提高可增加氟的吸收。预防办法是改变水源，打深水井和化学除氟——加适量的氯酸盐，使水解生成疏松细小的氢氧化铝而沉淀。

建议量：0~4 岁为 0.1~0.8 毫克/天，最高 0.3~1.2 毫克/天；7~11 岁为 1.0~1.2 毫克/天，最高 1.8~2.2 毫克/天；14~18 岁为 1.4~1.5 毫克/天，最高 2.4~2.9 毫克/天。

海生植物、鲑鱼、茶、淡水鱼是氟的丰富食品源，而粮食、蔬菜、水果中的含氟量，因土壤和水质不同，有很大差异。有的地区水含氟量严重超标。

◆ 铅与铝

● 铅

铅中毒往往是通过呼吸道吸入铅烟和铅尘的形式引起的。我国学者根据 1988 年一些省市的调查，推算出我国城市儿童铅中毒的发病率为 51.6%。

室内墙壁的含铅油漆是引起铅中毒的主要来源。环境铅污染的主要工业行业包括蓄电池业、金属冶炼业、印刷业、造船和拆船业、机械制造业等。

儿童玩具用油漆、香烟烟雾中的铅含量较多。小儿不宜吃爆米花和皮蛋等含铅量高的食物。

动力气油为了防震防爆都加入了一定量的四乙基铅，故又称为乙基汽油。乙基汽油燃烧时，四乙基铅即分解，放出铅气随废弃排入大气中，人通过呼吸入体内的铅气在血液中积累，进而对人体包括孕妇、胎儿、幼儿产生危害。

铅慢性中毒早期出现的症状为食欲减退、恶心、呕吐、腹泻、便秘、消化不良等。较大儿童可表现为腹痛，婴幼儿则表现为厌食哭闹，但齿龈出现铅线、腹绞痛、血管痉挛、多发性神经炎及中毒性脑病，在儿童较为罕见。

铅能导致胚胎发育迟缓，故易引起死胎，铅对神经系统的影响是永久性的、不可逆的，任何治疗都无法将已死去的神经元再复生。其机制是铅容易与含巯基的蛋白质、酶、氨基酸等牢固结合，严重干扰大脑生理、生化功能。因此，铅中毒者常引起智力上的障碍。

● 铝

炊具尽量不用铝制品，铝主要在肝、脾、胃、甲状腺、脑部蓄积。铝主要是损伤人脑星形细胞的去氧核糖核酸，铝与去氧核糖核酸——酸性蛋白质复合物相结合，可影响去氧核糖核酸的正常复制与转录。铝超量可抑制消化道对磷的吸收，还可致卵巢萎缩。慢性铝中毒可使胎儿生长停滞。铝能干扰酸碱平衡导致胚胎吸收。在 20 世纪 70 年代，加拿大科学家克拉帕分析了 8 名健康人和儿童衰老者的脑样，发现脑神经元中含铝量，衰老者比健康人要多 4 倍。1980年，美国科学家皮尔和布罗第再一次证实了衰老者脑海马神经之纤维缠结中含有大量的铝。铝是一种非常活泼的元素，它能刺激脑神经，使之逐渐削弱和失去生理功能。人体中含铝量超过一定范围，人就会加快衰老。

矿物质太多会令骨骼硬而易碎，胶原蛋白太多则会令骨骼太软弱。

◆ 儿童食物搭配原则

婴儿 6 个月前不宜吃粮食，最好用母乳喂养。否则，他们成年时得哮喘病的机会增加，西班牙巴利亚多利德市奥尔特加河大学医院过敏科的一份研究报告得出这种结论。这一结论是专家对 1.6 万名成年人进行分析后得出的。分析表明，那些在哺乳期间内较早地使用粮食喂养的人中，有 85% 的人一进入成年期就开始得哮喘病。与此相反的是，那些在出生后头 6 个月中只用母乳喂养的人中，只有 15% 的人有此种情况。其中的原因十分简单：粮食中所含的一些物质的特点同禾本科目的花粉是一样的，禾本科目是最容易引起成人过敏的植物之一。

对主食要粗细搭配，对副食要荤素搭配，荤菜略多于素菜。医学研究发现，人体体液的酸碱度与智育水平有密切关系。在体液酸碱度允许的范围内，酸性偏高者智商较低，碱性偏高者则智商较高。科学家调查了数十名 6~13 岁的儿童，结果发现，大脑皮层中的体液 pH 大于 7.0 的孩子比 pH 小于 7.0 的孩子智商高出 1 倍多。但碱性不能太高，要保持体内酸碱平衡。正常的血液是中性，偶尔饮食不当，人体可将多余的酸碱排出体外，主要是从尿中排出。如果长期偏食，酸性或碱性物质就会在尿中沉积形成结石。

合理安排饮食让大脑始终保持理想的血糖水平，这是拥有一个优秀大脑的重要秘诀。血糖的紊乱反过来影响记忆力、注意力、专注力、兴奋性、情绪，并促进多种疾病的发生。有的孩子不吃早饭，体内血糖下降——大脑缺乏燃料无法有效运转，怎么能提高学习成绩呢？

婴幼儿脾胃功能很弱，"要想小儿安，常带三分饥和寒"。父母要常听天气预报，注意给小儿增减衣服，多观察小儿大便状况，以健脾胃为主。儿童饮食忌"快食"，"烫食"，"蹲食"，"边走边吃"，"边吃饭边嬉笑打闹"，"边吃饭边看电视、图书"。"杂食者，美食也；广食者，营养也！"全面、充分、均衡和多样性的营养是生命的要素。

各种维生素要搭配食用，才能有利于各种营养的吸收。

◆ 适当的烹调方法

传统的烹调方式——煮、炖、蒸、烫、凉拌更有益健康；焖、炒、炸、烧易患高脂血症。现已证实，烹饪时温度66℃，菠菜中维生素C损失90%，而在95℃时反而损失18%。原因是50~65℃时分解维生素的酶更加活跃，而超过70℃后，这种酶就受到抑制，维生素就不再被破坏了。所以，大火快炒，适当加少许醋可以使维生素免受破坏。但是，炒菜要降低油温，当食油加热到冒烟以上时，油中所含的脂溶性维生素被破坏殆尽，其他维生素（特别是维生素C）也遭到大量破坏，人体所需的各种脂肪酸也遭到大量氧化，从而使油脂变质对身体有害。将油锅加水或酱油可降低油温。微波炉的电磁波可以使食物中的水分子剧烈地震动（每秒2万次），然后以食品内部开始加热到外部。在这种自然界所不可能有的状态下，无法保证食品内部的细胞和遗传基因能够不发生改变。人食用重复加热的植物油有害，这种油的维生素被破坏了，干扰 α-亚麻酸转化为二十碳五烯酸（EPA）。而二十碳五烯酸是十分重要的健康因子，它在人体内会与两种酶结合，当与环氧化合酶结合后，会产生前列素 E_3（PGE_3）；与脂肪氧合酶结合后，则会产生白细胞三烯 B_6（LTB_6）。这两种新的物质能抑制炎症的发生，对心血管疾病具有显著的预防和治疗作用。当这种物质受到干扰、破坏时，会导致机体的抗炎能力和心血管的维护能力下降，导致心血管疾病的发生。

食物过分烹煮会致癌。新加坡消费者协会呼吁人们不要食用过分烹煮的食物——时间不要太长和温度不要太高，以避免吸收过量的丙烯酸化物。

丙烯酸化物是一种制造塑料时使用的化合物。瑞典国家食物管理局关于丙烯酸化物的研究报告指出：一些淀粉类食物经过高温烹煮后会产生大量的烯酸化物。薯片、薯条、曲奇饼等都会有这种致癌物。

在瑞典之外，英国、挪威等国家随后也发表研究结果，得出同样结论，认为丙烯化物损坏神经。新加坡有关部门认为，不要过分烹煮食物。但是，食物应当充分煮，以杀死食物里已存在的病原体，特别是肉类和肉类产品。美国有研究表明，食品中丙烯化物含量低不危及人身安全。

大米淘米次数越多，会使米中的维生素 B_1 大量流失，这是人们知道的常识。但何时下锅好，据日本京都大学藤原元典的实验证明，没有烧开的自来水中有氯气，米下在其中会引起维生素 B_1 大量流失，并且水温越低，烧饭时间越长，维生素 B_1 的损失越大。最好的办法是水开了以后下米，则不会引起维生素 B_1 的损失，或尽量在水热时下米，也会减少维生素 B_1 的损失。

第三章 学生时代

学生时代是人生的黄金时代，是金字塔的基石。美国商业顾问汤姆·彼得在《解放管理》一书中给学生这样的忠告："记住：①教育是通向成功之唯一途径；②教育并不以你获得的最后一张文凭而终止。终身学习在一个以知识为基础的社会里是绝对必需的。你必须认真地接受教育，其他所有的人也必须认真接受教育。教育是全球性相互依存经济中的大竞赛。"

在知识经济时代，技术知识更新平均 5 年一次，教育要随着知识的更新而发展，学生的思想要随着知识的发展而前进，学生时代要打好基础，才能迎接知识经济的挑战。知识是成功的基础，成功的源泉，成功的阶梯，成功的力量。一个人没有接受过良好的教育，没有渊博的知识，没有吃苦的干劲，没有思考的习惯，没有进取的精神，干什么都不能成功。我们要为自己的未来读书，为祖国的强大读书，为世界和平读书。

目前，世界不少人士认为：成功=IQ（智商）+EQ（情绪智商、情绪管理）+CQ（创造智商）+AQ（逆境商数）+DQ（发育商数）+OQ（成熟商数）+FQ（财商）+HQ（健康商数）+LQ（领导商数）+SQ（性商）。

IQ 跟 EQ 最大的不同点：IQ 偏向于技术能力，EQ 是培养人的包容力跟态度力。IQ 高的人学习能力快，有一技之长；EQ 高的人便于沟通，互动，合作，有自信心、忍耐力、自控力等。CQ 高的人有创造精神，永远立于不败之地；AQ 高的人百折不回；DQ 高的人不吃老本，不断充电，不断实践，与时代同行，与世界同步；OQ 高的人心里成熟度高于常人，有强大的生命力，执著的追求力，实干加巧干，活一分钟就要奋斗 60 秒；FQ 高的人不但有生财意识，还有生财、理财能力，懂得怎么赚钱、花钱；HQ 高的人有健康意识、健康知识、健康能力，把智慧首先用在"最重要的"健康长寿上；LQ 高的人具有团队精神，能激发团队相互协作以共同实现目标的能力；SQ 高的人精力充沛，健康长寿。有人研究过 100 位最杰出的企业家，竟然发现这些企业家一生平均破产 3.75 次以上，黑罗伊斯集团总裁尤尔根·黑罗伊斯说："我只任用曾经跌过大跤的人。这是我取得成功的一项措施，因为他们不再有害怕的感觉。"

1. 教育方式

◆ 对孩子应多鼓励，少批评

有一句名言：要让每个孩子都抬起头来走路。鼓励可激发孩子的上进心，培养自信心、乐观、好胜、果断、勇敢、坚强、豁达开朗的性格。英国教育家洛克说过："不宣扬子女的过错，则子女对于自己的名誉就越看重，他们觉得自己是有名誉的人，因而便会小心地去维持别人对自己的好评；若是你当众宣布他们的过失，使其无地自容，他们会失望……他们会觉得自己的名誉已经受了打击，则他们没法维持别人的好评的心理也就愈加淡薄。"光表扬不批评，会使孩子产生任性、专横跋扈、骄傲自满、故步自封的不良习气。父母可适当给孩子点压力，挨训可锻炼孩子的承受能力；适当地放任有利于孩子的智力发展。但是，光批评，不表扬，整天数落孩子，会使他们总是处于不安的惧怕心理状况中，失去心理平衡，无精打采，这样的孩子一部分会养成自卑、怯懦的性格，缺乏自信心，成为唯唯诺诺的人；一部分产生逆反心理，冷酷，暴躁，固执，易冲动，无礼貌，无理智；一部分形成孤僻、冷漠的性格，对周围事物无动于衷，不关心集体，不关心他人，没有团队精神。儿童 11 岁以前应尽量少批评，多表扬——80%的表扬，20%的批评。最强大的人是那些控制自我的人，孩子 12 岁以后就要进行自控力的教育，给他出难题——有意为难他，让他发火——使他逐渐熄火，几次就能见效。只有能控制自己的人，才能控制别人；只能战胜自己，才能战胜别人；只有自身强大，才能征服世界。对 14 岁以上的孩子做错事，用动武的方法教育往往收效甚微，叫他写检讨效果最佳。有时孩子犯了错误，事后口头认错，请求父母原谅。这时候，你要告诉他："你必须写检讨，假如今天原谅你，明天你还会犯同样的错误，法律不原谅你！"对于孩子玩游戏机除了要严加管教外，还要限制孩子的零花钱，特别是学习成绩差的孩子，为了减轻学习压力，向父母骗钱出游玩游戏机走上永远不归之路的例子屡见不鲜，还有的逃课在外走向犯罪之路。

韦尔奇小时候说话有些结巴，到饭店买牛排，一紧张就将"牛排"这个词多重复一遍。服务生误以为他多要一份牛排，就又端一份给他，韦尔奇为此感到自卑。他母亲没有批评他，坐在他的对面认真地说："韦尔奇，这不能说明你笨，恰恰说明你聪明啊！"韦尔奇困惑地看着母亲。母亲接着说："你想一想，有多少孩子能够像你这样，在如此短的时间内，突然之间能够把一个字重复两遍呢？只有你做到了。"

"那我怎么说话还那么别扭呢？"母亲耐心解释道："因为你这个小家伙太聪明了，聪明的嘴巴说话速度太快了，和大脑没有保持同步。你现在要做的事情就是管理这张嘴巴，放慢它说话的速度，让嘴巴和大脑保持同步就可以了。"

韦尔奇用了半年的时间信心百倍地解决了"嘴巴和大脑同步"这个问题，后来韦尔奇经过不断努力，成为美国通用电气公司的 CEO。

在我国，父母对孩子的叛逆心理十分反感，并严加管教。美国心理学家则得出这样的看法："能够同父母进行真正争吵的儿童，在以后会较自信，有创造力和合群。父母要平静地对待孩子发脾气，让他发言，不能威胁体罚伤害孩子。对孩子要正确引导，约束要有理有力。在约束之内提供选择。对孩子可能发生的事，提供细节情况，帮助他作好准备。"

日本人认为孩子成熟的含义是：身体的独立，知识的独立，经济的独立，精神的独立。

◆ **适时进行性教育**

据专家研究，孩子们青春期性意识发展的特点分为 4 个阶段：

第一阶段是"朦胧期"：女孩子从 9~11 岁，男孩子从 10~12 岁是性意识和性爱的朦胧期。此时男女性功能尚未成熟，但已确认了自己的性别角色。男女孩子在一起感到拘束、害羞，往往采取疏远和躲避的态度。

第二阶段是"爱慕期"：女孩子 11~13 岁，男孩子 12~14 岁。此时，男女孩子在一起觉得有意思，异性之间互相观察、欣赏的兴趣增多，注意异性的说话、表情、动作，并且开始注意自己的仪表，想给异性留下好的印象。对于异性的接触，往往自觉不自觉地在性爱上浮想联翩。然而，此时之间没有具体对象。

第三阶段是"初恋期"：女孩子 13~15 岁，男孩子 14~16 岁。这时孩子的性功能都已成熟，内心开始萌发初恋的"幼芽"，在年龄相近的异性中，寻找较喜爱的对象，给予关注，寄予期待，注意力往往在几个异性中徘徊。

第四阶段是"钟情期"：钟情，就是很专一地倾慕爱恋某个异性。这个阶段一般在初中，男孩子晚一些。此时往往出现"痴情男女"，陷入难以自拔之中。一旦受挫，会悲观厌世、自由放纵，甚至走向轻生之路。

◆ **培养学习兴趣**

日本学者木村久一说："天才人物指的是有毅力的人，勤奋的人，入迷的人和忘我的人。但是，千万不要忘记：毅力、勤奋、入迷，入了迷自然勤奋，有毅力，最终达到忘我。因此，我特别想说的是天才就是强烈的兴趣和顽强的入迷。"有的父母希望子承父业，从小学开始就培养这方面的兴趣，这样的孩子成功率高，有兴趣就不感觉累。丁肇中是诺贝尔奖获得者，他经常在实验室中一工作就是十几个小时，甚至几天几夜。有人问他这样苦不苦，他回答说："一点儿也不苦。正相反，我倒觉得很快活，因为我有兴趣，我此举为了探索世界奥妙。任何科学研究，最主要的就是要对自己的研究感兴趣，也就是说，我们要有事业心。"

孩子上初中以后，父母就要考虑孩子的兴趣，兼顾社会的需求以及社会发展的趋势，选学适合孩子的学业。

根据美国麻省理工学院研究中心提供的《1999 全球孩子成长的最新走向》提出了新世纪孩子启动成功的 6 种最新智慧，详见表 3-1。

表 3-1　孩子启动成功的智慧表

智慧类型	性　格　特　点	
语言智慧	这类小朋友喜欢阅读、认字，尤其喜欢与文字有关的游戏，如拼字等。能耐心听别人讲话，对琐事有很好的记忆力及有条理地分析	他们的未来成就可能会是作家、诗人、学者、政治家、编辑
音乐智慧	很多家长送子女学音乐，从中可察觉子女在这方面是否有天分。如孩子能辨认旋律，随音乐有节奏舞动，对音乐韵律有良好辨认能力，能歌善舞及对音乐记忆良好	他们的未来成就可能会是演艺家、作曲家、指挥、钢琴调音师、录音师
空间智慧	对视觉艺术有天分，这类孩子对颜色感觉敏锐，爱绘画，对事物有想象力，喜欢搭积木，对图画有良好的记忆力	他们的未来成就可能会是建筑师、画家、雕塑家、棋手、战略参谋、自然学家
逻辑数学智慧	数学是比较抽象的课题，不少学生是数学盲。但有逻辑思维的孩子就不以此为苦。他们喜欢点算、速算，对事情要求准确，喜欢抽象事物及较同年孩子懂得更多数学	他们的未来成就可能是数学家、科学家、工程师、侦探、律师、会计
身体动作智慧	换言之即是有运动员细胞。这类孩子喜欢跑跳运动，善攀爬，能巧妙控制身体及有效控制物体，把握时间，有良好的反射意识，喜欢模仿	他们的未来成就可能是舞蹈家、演员、体操选手、赛车手、喜剧演员
人际智慧	所谓人际智慧，即善于交际及有领导才能。这类小朋友往往是伶牙俐齿，爱说话，与人沟通容易，善解人意，关心别人，喜欢群体活动，极具领导能力	他们的未来成就可能是政治家、公关专才、推销能手、辅导专家

◆ **热爱祖国**

学生是祖国的未来。要爱祖国，爱人民。没有国，哪有家；没有强大的祖国，哪有学生的用武之地。祖国强大是学生的幸福。

彭德怀元帅在临终前的遗言中说："我死以后，把我的骨灰送到家乡……把它埋了。上头种一棵苹果树，让我最后报答家乡的土地，报答父老乡亲。"

◆ **明确目标**

成功=目标。学生要有明确的目标。目标就是方向，就是动力，就是责任，就是资源；既是成功的起跑线，又是成功的终点站。没有目标，就像航船没有舵，随波逐流，任意漂流，永远达不到目标。人生之路，我们只能走一回，不能前怕狼，后怕虎，碌碌无为走入天国；要脚踏实地，向目标不断奋斗，实现自己的梦想。目标要从大处着眼、大设想、大思考，小打小闹办不了大事。走向成功的核心战略：抓大放小。所谓大，就是大志向，大胸襟，大谋略。所谓小，无非是鸡毛蒜皮的小事，眼前的小利益，与他人的小摩擦，彼此的小争夺。大智做大事，小智干杂活，无智只能捣乱。美国耶鲁大学1994年曾对大四的学生作了一项调查——毕业后你的人生目标是什么？在这项调查中，有5%的学生对未来设定了明确的目标；其余95%的学生对不确定的未来"没有清楚的目标"。经过20年之后，再作追踪调查时发现了一个事实："那5%有明确目标的人，他们的财富总和比其余95%的人所有的财富还要高出许多！"

在选择目标时，必须注意目标的3种特性：一是阶段性：如升学、谋职、成家、立业等，注意一个台阶一个台阶上，不能越过锅台上炕。二是持续性：各个阶段之间都有直接与间接的持续关系。如"学以致用"就把升学与就业连在一起，需要什么学什么，干什么就学什么，需要什么人就交什么人。上一个台阶后，要考虑如何上第二个台阶……把人与人之间的关系，事物与事物之间的关系弄明白、搞清楚，按客观规律办事，就能事半功倍。三是终极性：不论我们曾经选择过多少目标，也不论我们曾经坚持某一个目标用了多久时间，最后还是会回到一个原点，我这一生究竟是为了什么？如果忽视目标的终极性，就会原地打转，永远成就不了事业。换言之，我们应该随着年龄的增长与经验的累积，不断开阔心胸与视野，与时代同步，与世界同行。

然后，我们应该争取有效的步骤，以求实现目标。步骤是否有效，除客观条件能否配合、主观条件是否具备外，在努力奋斗的过程中还有3点考虑：首先，要态度专注，全力以赴。饭要一口一口吃，事要一个一个办，把一件事做好、做精。其次，要计划周详，考虑各种利弊因素，进退自如，游刃有余。最后，要接受考验，付出适当的代价。一分耕耘，一分收获，唯有勤恳的耕耘，才有丰硕的收获。当我们满头白发的时候，对自己的衣食住行感到满意，对孩子的成长尽了责任，对祖国人民有所贡献，那么，我们可以自豪地说："这一生没有白活！"

◆ **记忆力**

西方有句格言："记忆乃是才智之母。"记忆是大脑的功能之一，是一切知识的基础，各种知识都建立在记忆之上。人类之所以能够认识世界、改造世界而成为"万物之灵"，关键就在于人类具有卓越的记忆能力。

科学研究表明：记忆力，实际上是一种化学物质。科学家把它称为"记忆肽"或"记忆分子"。它是由 16 个氨基酸（蛋白质的组成成分）组成的一个肽链，一个记忆分子，就是一个记忆单元。而动物的神经系统，相当于一架程序复杂的"电子计算机"，它可以将外界不断输入的新的"记忆分子"，编成并然有序的新的程序。

1962 年，美国密执安大学的麦思教授，进行了一系列十分有趣的实验：他耐心地训练了一批又一批的蜗虫，使它在光照下按一定的规律运动。随后，他把这些"训练有素"的虫子剁碎，喂给饥饿的未受过训练的蜗虫吃。吃完之后，再进行同样的训练，结果，它们学得非常快，像是获得了原受过训练的蜗虫的"记忆力"一样。后来，丹麦和捷克的科学家证明了脊椎动物身上记忆力也能进行化学移植。他们用电击的方法，训练大白鼠逃避暗箱奔向亮处，然后再把他的大脑抽提液注射到从未受过训练的大白鼠体内。结果，只要一按电钮，它们也能向受过训练的大白鼠那样"弃暗投明"。更令人感兴趣的是，这种受过训练的大白鼠的脑抽提液，注射到其他动物身上时，这些动物也学会了"害怕黑暗，追求光明"。

所谓记忆，《辞海》中给出了如下定义："对经历过的事物能够记住，并能在以后再现（或回忆），或在它重新呈现时能再认识的过程。它包括识记、保持、再现或再认三方面。识记即识别和记住事物、特点及其间的联系，它的生理基础为大脑皮层形成了相当的暂时神经联系；保持及暂时联系以痕迹的形式留存于细胞中；再现或再认则为暂时联系的再活跃。通过识记和保持可积累知识经验，通过再现或再认，可恢复过去的知识经验。各人记忆的快慢、准确、牢固和灵活程度，可能随其记忆的目的和任务，对记忆所采取的态度和方法而异，各人记忆的内容则随其观点、兴趣、生活经验为转移，对同一事物的记忆，各人所牢记的广度和深度也往往不同。"

哈佛医学院有报告指出,要加强记忆力,必须有足够的睡眠。这项研究以24个人作为研究对象,研究人员要他们在 1/10 秒内确认计算机上闪动的 3 条斜纹,然后让半数的人当晚呼呼大睡,其余的则保持清醒,直到第二或第三个晚上才入睡。4 天后测试这 24 个人的记忆力,结果发现,第一晚入睡者,辨认图案的正确度比不睡者强。罗切斯特大学专门研究睡眠医学的乔塞莫得苯博士认为:"需要睡眠来决定大量信息的去留。"

法国科学家研究发现,7~8 岁小学生的学习成绩,明显地与其睡眠时间长短有关,那些每夜睡眠少于 8 小时的学生,功课较差,跟不上学校课程进度的占 61%,勉强能达到平均成绩的占 39%,没有名列前茅者。而每晚睡眠时间在 10 小时左右的孩子,功课跟不上的只占 13%,有 76% 成绩中等,还有11% 成绩优良。

压力是记忆的敌人。以色列的研究人员作了一项研究,这项研究是以 36名 22~36 岁的学生为调查对象,并让这些学生在压力高峰期下接受评估。他们按压力处理分成两组,结果发现倾向忧虑的人会减少睡眠时间,相反的,那些懂得疏导情绪的人,睡眠不但没有减少,反而增加了。研究人员说,有时睡眠可以帮助舒缓激动紧张的神经,使人暂时远离压力。

美国麻省理工学院的一位教授说:"倘若你一生好学,那么你脑子一生中储藏的各种知识,将相当于美国图书馆藏书的 5 倍。"也就是说,人的脑子可以容纳 5 亿多本书的知识。

用脑有益身心健康。日本科学家曾对 200 名 20~80 岁的人进行跟踪调查,发现经常用脑的人,60 岁时的思考能力仍像 30 岁时那样敏捷,不会出现反应迟缓现象,而那些三四十岁就不肯动脑筋的人,脑细胞的老化程度加快。美国老年协会曾做过有趣的实验,证明肯动脑筋和善动脑筋还有利于身体健康。他们从不同的养老院中任意挑出平均年龄为 81 岁的人,分成三组。第一组进行积极的思维训练,第二组进行"松弛"训练,第三组不进行训练。3 年后,第一组中无一人死亡,第二组中有 12.5% 的人去世,第三组中去世者占37.5%。有人对 16 世纪以来欧美的数百位伟大人物进行了研究发现,最长寿的是科学家,平均寿命为 80 岁。其中牛顿 86 岁,爱迪生 85 岁,爱因斯坦 77岁。这证明动脑筋能减缓衰老。

19 世纪德国心理学家爱宾浩斯首先对遗忘现象作了系统的研究,他把自己作为被试对象,用无意义音节作为记忆的材料,用节省法计算出保持和遗忘的数量。实验结果见表 3-2。

表 3-2　不同时间间隔后的记忆成绩

时间间隔	自然遗忘率（%）	保持率（%）
20 分钟	41.8	58.2
1 小时	55.8	44.2
8 小时	64.2	35.8
1 天	66.3	33.7
2 天	72.2	27.8
6 天	74.6	25.4
31 天	78.9	21.1

心理学家对有意义的遗忘过程做了大量实验，他们比较了学习有意义的材料后，及时进行一次复习与不进行复习的情况，发现回忆结果差异很大（表 3-3）。

表 3-3　复习与不复习差异表

复习情况	一天后回忆率（%）	一周后回忆率（%）
及时复习一次	98	88
不复习	76	33

2. 学习方法

爱因斯坦说："学习必须讲究方法，千万不要失去学习的智慧，好方法可以让你事半功倍。"下面是几种有效的学习方法。

◆ **SQ3R 学习法**

SQ3R 学习法在美国衣阿华大学首创后深受欢迎，在美英等国的心理学教科书中多有介绍，并有专著论述。S 代表浏览（Survey），Q 代表提问（Question），3R 代表阅读（Read）、背诵（Recite）和复习（Review），SQ3R 是这 5 个词的第一个字母的合写。

（1）浏览。在学习一本书之初，先大概地初读一遍。着重看书的序言、内容提要、目录、正文中的大小标题、图表、照片以及注释、参考文献和索引这些附加部分，以便对该书有个总的印象，就此判断此书要不要读，有哪些内容值得注意，将会遇到哪些重点，难点。

（2）提问。在此阶段再次粗读。这次着眼于阅读大小标题、黑体字的基础上提出一些问题来，可以使随后的精读阶段更有目的和兴趣。

（3）阅读。是指带着问题进行深入精读。对比较重要的内容，要逐章、逐段、逐句、逐字地读，对于专门术语、重要概念、图表、注释要透彻理解其准确意义。同时还要配以圈点画线，写心得，做笔记。精读后方能掌握精神实质。

（4）背诵。是指在理解基础上的记忆，不是逐字逐句背诵，而是合上书本，把有关章节的主要内容提纲挈领地复述出来。还可抓住要点，自问自答加以理解，增强记忆。这种主动的、及时的回忆，还可发现尚未掌握的难点和重点，以便集中力量加以补救。

（5）复习。在复述的基础上，根据回忆所出现的问题和熟练度进行复习。若是需要长时间保存的记忆材料必须反复复习，牢固掌握。

◆ 发现式学习法

这是美国心理学家布鲁纳在 20 世纪 50 年代末提出的学习方法。他说："发现不限于那种寻求人类尚未知晓事物的行为，正确地说，发现包括用自己的头脑来亲自获得知识的一切形式。"其一般步骤为：提出和明确问题，把这些问题分解为若干需要回答的疑问，以便激发探索、研究的欲望，明确发现的目标或中心；提出解决疑问的各种可能的假设或答案，以便引导自己思考的方向，推测出各种答案；搜集和组织可能作为判断的有关资料，尽可能提供发现的依据；仔细认真审查这些资料，从而得出应用的结论；用分析思维去证实这些结论，对假设和答案从理论上进行检验、补充和修正，最后使问题得到解决。

在学习过程中，应当通过验证、实验和探索等环节，学习检验假设的方法，取得真实性认识。同时，要分清所学到的内容，哪些是尚未被证实的假设，哪些只是在一定范围内被证实，而在另一些范围内尚未被证实，由此懂得真理的相对性，减少谬误和差错。

◆ 交叉学习法

人的大脑内分工不同，左右脑交叉使用，减少疲劳，便于记忆。车尔尼雪夫斯基说："交替工作就等于休息。"物理学家、化学家居里夫人说："我同时读几种书，因为专门研究一种东西会使我宝贵的头脑疲倦，它已经太辛苦了！"列宁在给他妹妹的信中说："我劝你按现在的书籍正确地分配时间，使学习内容多样化。我很清楚地记得变换阅读或工作的内容，翻译以后改阅读，写作以后改做体操，阅读有分量的书之后，改看小说，是非常有益的……不过最重要的是不要忘记每天必须做体操，每天要使自己做几十种（不折不扣）不同的动作，这是非常重要的。"

◆ **循序渐进学习法**

这种方法是由浅入深,有计划目标、有步骤地进行学习。

我国宋代学者朱熹说:"或问读书之法,其用力也奈何?曰:'循序渐进'"。他还对此作解释:以两本书而言,则"通一书而后及一书",以一本书而言,则"篇章文具首位次第,亦各有序而不可乱也"。他还要求:"未及乎前,则不敢求其后,未通乎此,则不敢妄乎彼。"为什么要循序渐进呢?朱熹说:"譬如登山,人多要至高处,不知自低处不理会,终无至高处之理。"朱熹主张读书要选定一个目标由浅入深,不能不分主次先后,杂乱无章地乱读一气。

语言学家周祖谟说:"专攻某一门学科,也要先读有关的基础书,然后兼及其他。如从事语言研究、语言学就要先学好,要会发音,会用音标记音,这是必要的一个次第。从事文学研究的,文学史概要就是必要的一个次第。关于语言文字,就得先看《说文解字》,然后才能研究古文学。研究历史,应先从通史入手,再进行断代史研究。"

◆ **五遍读书法**

这是以 615 分的高分考入北京大学数学科学院的谭曙光同学总结的学习方法:

第一遍,是指上课前对老师要讲的课本上的内容粗略地看一遍。

第二遍,是指上课完了后,把老师讲的内容复习一遍。这时要边看边想,力求把内容吃透。看书过程中应不断向自己发问,多想想为什么,加深对概念的理解。万一有些地方一时不太明白,可暂时放下先看后面的,过一阵子再回过头来思索,往往就能明白了。

第三遍,是当书上的每一章讲完之后,从头到尾仔细看一遍。对定义概念加深记忆,对定理推论,掌握其被证明的过程。

第四遍,是当一本书全讲完之后,把整本书再读一遍。不要求太仔细,主要是列个表,将各章的知识整理一下,找出它们的脉络和相互之间的联系,对全书内容形成一个整体性了解。

第五遍,即考试前几天,花一些时间把书粗略地翻一遍,看看其中的概念性的东西,与笔记相配合,看一看平时老师在课堂上讲的重点难点。

◆ **能入能出读书法**

这种方法是把书本知识与自己的实践知识相结合的一种方法。这个方法最初是由南宋学者陈善提出。他说:"读书须知出入法,始当求所入,终当求所出。"清代著名学者惠周惕又进行了深入阐释,他说:"初读贵能入,既读贵能出。"读书要钻进去，学深学透，领会精神实质，这就是"能入"。读完书后要活用，理论联系实际，这就是"能出"。

陈公朴先生提倡"读活书、活读书、读书活"的方法，即读有活力的书，活学活用。

18 世纪法国启蒙思想家卢梭教授针对当时社会上一些人死读书，滥读书的现象进行批评。他在《爱弥尔》一书中说：这种人"就好比在海滩上拾贝壳的孩子，起初拾了一些贝壳，可是看到其他的贝壳时，他又想去拾，结果扔掉一些又拾到一些，乃至拾一大堆贝壳不知道选哪一个好的时候，只好统统扔掉，空着手回去"。

◆ "模型"读书法

这种方法要求读书前预购读书结构模型——书中将说些什么，将以什么方式说。然后带着这个模型在书中寻找验证，修正或重构。换句话说，人的身体需要吃什么"菜"就要什么"菜"；而且大概知道做"菜"的原料及工艺流程；还要用挑剔、反省和创新的思维去细嚼慢咽，品出味道来。

模型读书法的创立者许晓平从江西省一所农业中学考入北京师范大学教育系，后又被免试推荐为该系研究生。他在独创"模型"读书初衷时写道：模型已成为现代生活中使用频率极高的一个词。模型作为一个重要范畴，在现代科学方法论中引人注目。科学家在从事科学研究时，大都遵循这一条路径，先提出理论模型，然后用观察到的事实对先前的模型进行校验，在校验过程中，再对原有的模型修正或推翻重构。随着模型不断完善，达到认识对象的本质结构。这个过程可以简化为模型——校验（包括修正或重构）——结构。这个过程是对传统经验主义方法论的革命，它提供了人们怎样认识世界、改造世界的方法。

◆ 古今名人读书法

孔子在《论语》中说："学而不思则罔，思而不学则殆。"

"敏而好学，不耻下问……"

"知之为知之，不知为不知，是知也。"

"学而时习之，不亦说乎？"

"温故而知新，可以为师矣。"

荀子在《荀子·劝学》中说："学不可以已，……吾尝终日而而思矣，不如须臾之所学也，吾尝跂而望矣，不如登高之博见也。登高而招，臂非加长也，而见者远；顺风而呼，声非加疾也，而闻者彰。假舆马者，非利足也，而致千里；假舟楫者，非能水也，而绝江河。君子生非异也，善假于物也。"

韩愈在《进学解》中说："记事者必提其要，纂言者必钩其玄。"

欧阳修根据自己的需要，精选了《孝经》、《论语》、《诗经》等十部书总字数为455865千字，然后规定每天熟读300多字，用三年半时间全部熟读完毕。每天背诵150字，只要7年的时间就背熟了。他说："虽书卷浩繁，第能加日积之功，何患不至?"

朱熹谈"体会"："为学读书，须是耐烦细心体会，切不可粗心……去尽皮，方见肉；去尽肉，方见骨；去尽骨，方见髓。"又说"观书以己体验，固为亲切，然亦须遍观众理而合其归趣乃佳。若只据己见，却恐于事理有所不周，欲径急而反疏缓也。"

朱熹谈"循序"："以二书言之，则先《论》而后《孟》，通一书而后反及一书；以一书言之，则其篇章之句，首尾次第，亦各有序而不可乱也。"又说："量力所至，约其课程，而谨守之。字求其训，句索其结旨。未得乎前，则不敢求其后，未通于此，则不敢志于彼。"

朱熹谈"精思"："大抵观书须先熟读，使其言皆若出于吾之口；继以精思，使其意皆若出于吾之心。然后可以有得尔。"

毛泽东说："学习的最好方法就是坚持'四多'，即多读、多写、多想、多问。"

"多读"：除了博览群书以外，还要对重点的书籍多读几遍。他对司马光的《资治通鉴》一书，读了多达17遍。在读《饮冰室文集》、韩愈的古文及唐宋诗词的时候，常常要求自己要达到背诵的程度，并且要精深了解，透彻领悟。

"多写"：多写读书笔记。毛泽东的读书笔记形式灵活多样，除了各种记录本外，还有选抄本、摘录本，以备做重点记忆。他还常在书的重要地方画上各种符号，写眉批。丰泽园的图书室里就有13000多册图书被他眉批过。一本《伦理学原理》，全书不过10万多字，他用工整小楷在书的空白处写下了12000字的批语。他在读《辩证法唯物教程》一书时，也写下了近13000字的批语，其中第三章的批语就有1000多字。

"多想"：在学习的过程中，要清楚哪些观点是正确的，哪些观点是错误的，通过对比使正确观点更深刻。在读书批语中，他都有比较简单的赞成、反对或怀疑的话，用笔谈的形式与作者讨论，汇总历代学者的不同学说，提出自己的精辟见解。一旦形成自己独到的见解，就不会再忘了。

"多问"：学习时遇到不清楚、不明白的地方，及时请教。在湖南第一师范学习时，毛泽东除了在校自修，向本校教员请教外，还经常向有学问的人请教，每逢有专家、学者来长沙讲学，他都要拜访请教。他常说："学问一词讲的就是又学又问，不但要好学，还要好问，只有问懂了，才能记得牢。"

茅盾说："读名著起码要读三遍，第一遍最好很快地把他读完，这好像在飞机上鸟瞰桂林城的全景。第二遍要慢慢地读、细细地咀嚼，注意各章各段的结构。第三遍就要细细地一段一段地读，这时要注意到它的炼句炼字。"

杨振宁说："美国的学生应该学一点中国的传统，中国的学生则应该多多学习美国学生那种敢于怀疑、敢于创新、以兼收并蓄为主的学习方式。应该勤于辩论，把辩论放到与学习同等的地位上去。""中国留学生的学习成绩都是很好的，但知识面不够宽。还有就是胆子太小，觉得书上的知识就是天经地义不能随便怀疑，跟美国学生有很大差别。"

丁肇中说："中国留学生钻研学问很刻苦，理论思维能力很强，但动手能力差。一旦仪器出现故障，往往解决不了。美国学生就不一样，他们接触上仪器，就一边摆弄，一边思考，七动八动，半个小时就把故障清除了。"

爱因斯坦总结出"一总、二分、三合"的读书法。

一总：先浏览书的前言、后记、序等总述部分，再读目录，了解全书的结构，内容要点和体系，对全书有个总体印象，以判断这本书是否值得读。

二分：在读了目录以后，先略读正文，不需要逐字读，尤其注意那些大小标题、画线、加点黑体字或有特殊标记的句段，这些可能是作者自认为重要的地方。这样的目的是了解内容的主次重要性，以及对自己有益的部分，然后可以分清楚精读或略读的部分。

三合：在翻阅略读全书的基础上，对这本书已有个具体印象，这样再回过头来细读你所选择的精读部分，加以思考，综合，使其条理化、系统化，弄清其内在联系，达到深化，提高的目的。

叶圣陶说："就教学而言，精读是主体，略读只是补充；但是就效果而言，精读是准备，略读才是应用。……如果只注意精读而忽略了略读，工夫便只做了一半。"

鲁迅说："书在手头，不管它是什么，总要拿来翻一下，或者看一下序目，或者读几页内容，可以开拓视野，启迪思路。先大体了解一下书的结构和内容，并提出问题，然后带着'是什么？''为什么？''怎么样？'等问题去细读。既有重点的深掘，又有一般的博览；学理的偏爱看文学书，学文的偏爱看科学书。若是碰到疑问，便跳过去，接着看，于是前面不懂的地方也可以明白了。"

◆ 形象控制学习法

这是日本人创造的学习方法，可供参考。它根据"形象是一种巨大的记忆力"、"人逢喜事精神爽"等原理来激发学习兴趣，分4个步骤：第一，精神松弛。具体做法是全身放松，恬静自然，深呼吸几次，微闭上眼，想象自己过去生活学习的美好形象以及陶醉在美妙音乐中的景象，促使脑细胞活跃起来。第二，回忆成功的经验。比如：解出一道难题，获得了好成绩，得到嘉奖和表扬，等等。第三，想象出美好的前景。在自己的头脑中努力构思一幅非常诱人的美好图景，以英雄模范人物为榜样来激发自己的学习热情，暗示自己一定成功。第四，全神贯注，温故知新。每次用三五分钟时间完成上述3个步骤，然后再用30分钟左右的时间回想前一天老师上课的内容。

◆ 集腋成裘法

宇宙之大，知识之广，我们应该如何积累和储存呢？

要勤：牢记"业精于勤"、"书山有路勤为径"。眼勤看，处处留心；手勤动，多记笔记；耳勤听，兼听则明；心勤想，思维敏捷；口勤说，能言善辩。国外科学研究表明，一个健康的人五种感官吸收知识的比例如下：视觉83%，听觉11%，嗅觉3.5%，触觉1.5%，味觉1%。从记忆的效率看，单靠听觉获得的知识，3小时能记住60%，3天后记住40%；视觉、听觉兼用获得的知识3小时能记住90%，3天后仍可记住75%。

要恒："贵有恒，何必三更眠五更起。最无益，莫过一日曝十日寒。"这副对联说明了知识需要长期积累，还要有锲而不舍、持之以恒的毅力。

要广：学贵博而能专，因为各种知识是相互联系、互为作用的，掌握的知识越广，越能随心所欲。

要理：既然累积是为了用，就不能光是看，摘抄，还必须加以整理。及时整理有助于消化吸收，还便于查找。

◆ 操作记忆法

心理学家查包洛赛兹做的一个实验证明了这一点。在实验中，他要求甲乙两组学生绘制几何图形。发给甲组装好的圆规，发给乙组的是需要自己动手装配的圆规零件。完成绘图之后，出其不意地要求两组学生尽可能准确地画出他们刚才用过的圆规。结果甲组只画出圆规的大体框架，在一些重要的细节上与真正使用过的圆规相差甚远；而乙组无论是在圆规的整体结构还是细节上与实验中所使用的圆规都更接近更准确。

◆ 归类记忆法

美国学者鲍威尔用 112 个词让两组被测试者识记，一组按词的种属关系组织起来识记，另一组则随机识记。结果，分类组 4 次识记的次数分别为 73、106、112、112，而随机组分别为 20.6、38.9、52.8、70。归类就是按照事物的同一特点或属性，把它们归在一起、划成一类，使分散的趋于集中、零碎的组成系统、杂乱的构成条理。

美国著名记忆学家杰罗姆说："人类记忆的首要问题不是储存，而是检索。"也就是说，只要将储存的零散杂乱无章的东西进行系统分析总结，归纳和编排，真正纳入头脑中已有的知识结构和记忆网络中去，才能熟记于心，永不遗忘。

乔治·A·米勒在他的论文《神奇的数字 7±2》中指出，人的大脑短期记数在 9 以内，多了不便记忆。比如：电视机，钢笔，茄子，香蕉，洗衣机，圆规，番茄，苹果，铅笔，胡萝卜，梨。把它分成两大类，四小类就便于记忆了。

物品类 ┌ 电器：电视机，洗衣机
　　　 └ 文具：钢笔，圆规，铅笔

食品类 ┌ 蔬菜：茄子，番茄，胡萝卜
　　　 └ 水果：香蕉，苹果，梨

◆ 阅读与尝试回忆相结合的学习方法

前苏联心理学家伊万诺娃在实验中让学生识记一段课文，A 组学生是单纯阅读，将要识记的课文从头到尾反复阅读 4 次；B 组学生是阅读与尝试回忆结合，阅读一次尝试回忆一次，再阅读一次，然后再尝试回忆一次。如此交替进行。在记完之后的 1 小时、1 天和 10 天，分别对两组学生的记忆成绩进行测验。结果发现，单纯阅读组的成绩是记住了课文的 52%、30%和 25%；阅读与尝试回忆相结合组的成绩是记住了课文的 75%、72.5%、57.5%。可见，单纯阅读不仅记住得少，而且遗忘得也快；而阅读与尝试回忆相结合组不仅记住得多，遗忘也较慢。

◆ 理解记忆法

巴甫洛夫说："利用知识，利用获得的联系，就是理解。"毛泽东说："感觉到了的东西，我们不能立刻理解它，只有理解了的东西，我们才更深刻地感觉它。"在学习科学概念、定理、定律等时，需要运用已有的知识去进行理解，以探索事物内部的规律性，而理解的过程也就是记忆的过程。

◆ **圆周率记忆法**

钟道隆在《记忆的窍门》一书中，把抽象的数字形象化了，称其是死记硬背的最佳方法：

3.14159		26	535897
山巅一寺一壶酒		儿乐	我三壶不够吃

932	384	626	43383	279
酒杀尔	杀不死	乐而乐	死了算罢了	儿弃沟

406	286	20899	86280	348
四邻乐	儿不乐	儿疼爸久久	爸乐儿不懂	三思吧

25	34211	70679
儿悟	三思而依依	妻等乐其久

◆ **名字记忆法**

名字是人最重要的符号，沟通的前提是能叫出对方的名字，使人感到亲切，从而缩短了彼此的距离。久别重逢开场白："李先生，久违了。""汤老板，还记得我吗？"人家一听特别高兴。

1971年4月的一天下午，周恩来总理面带微笑地在人民大会堂东大厅会见美国乒乓球代表团。随团采访的美联社驻东京记者罗德里克在周恩来总理到美国代表团坐席跟前时，周恩来马上认出了罗德里克，走过去首先跟罗德里克握手。"这不是罗德里克先生吗？我们好久没见面了。"两人紧紧地握手。56岁的罗德里克为周恩来相隔多年还认识他并十分准确地叫出他的名字非常感动，紧握着周总理的手直摇。周总理盯着他："我记得你在1946年访问延安时，还是个青年……"这一小花絮，后来被罗德里克等西方记者渲染得全球皆知。

记名字首先要重视人家，把相识的人当成上司、主顾、救命恩人、导师来记，先默念名字，如果时间允许，可询问名字的出处，表明你对这名字产生兴趣，大多数人不会有反感，通常会乐于回答。要是那人的名字与你知道的名人同姓而且相近，你还可以询问他是否有亲戚关系，从而加深印象。有意识地记，下次见面往往能回忆见面时的情景。其次是找出对方的特点，五官特征等。再次是寻找与名字有关的谐音词组、图像等。

◆ **挂钩记忆法**

有些事物名称、词组等，互相没有逻辑联系，杂乱无章，风马牛不相及。

通过联想，把它们挂在一起便于记忆。当然，这种联想，有的可能是不合乎逻辑的，有的可能是荒谬的。例如：记忆"自行车、老虎、打柴、兔子、地震、树、山坡、棍棒"等词语。

我骑着"自行车"（事物当挂钩）上山，看见"老虎"（钩住对应的事物）正在"打柴"，一只"兔子"从洞里钻出来，对老虎说："地震"了，快上"树"吧！老虎爬上树摔下来了，从"山坡"滚下去摔死了。我和兔子用"棍棒"抬着他回家了。

◆　**运算记忆法**

爱因斯坦告诉朋友自己家的电话号码是 24361，朋友说不太好记，爱因斯坦说："这有什么难记，两打（12×2）加 19 平方（361）。"

周平王东迁，东周开始的时间是公元 770 年，可想为 7-7=0。秦于公元前 221 年统一中国，可想为 2÷2=1。李时珍于 1578 年写成《本草纲目》，可想为 15=7+8。

◆　**歌诀记忆法**

有节奏有韵律的材料，比无节奏无韵律的材料好记，该方法要求语言编码韵律化，语言精练节奏鲜明，句式整齐押韵，简短而朗朗上口。比如《节气歌》：

春雨惊春清谷天，夏满芒夏暑相连；

秋暑露秋寒霜降，冬雪雪冬小大寒。

再如《标点符号歌》：

一句话说完，画个小圆圈"。"（句号）

中间要停顿，小圆点带尖"，"（逗号）

并列分句间，圆点加逗号"；"（分号）

引用原话前，上下两圆点"："（冒号）

疑问或发问，耳朵坠耳环（?）

命令或感叹，滴水下屋檐（!）

引文特殊词，蝌蚪上下窜（""）

文中要注解，月牙分两边（()）

转折或注解，直线写后边（——）

意思说不完，六点紧相连（……）

强调词语句，字下加圆点（·）

书名要标明，四个硬角弯（《　》）

◆ 规律记忆法

列宁说："规律就是关系，本质的关系或本质之间的关系。"心理学告诉我们：规律是事物内部的必然联系。这种必然联系有因果关系上的联系，有顺序上的联系。比如学习现代汉语时，如按下面的规律划分成分，就方便记忆了。

主谓宾定状补，主干枝叶分清楚；

基本成分主谓宾，修饰成分定状补；

主语必居主宾前，谓前状语谓后补；

"的"定"地"状"得"后补，结构助语要有数。

◆ 联想记忆法

这种方法是由一事物想到另一事物的心理活动。生物学家巴甫洛夫认为，联想是由两个或两个以上刺激物同时地或连续地发生作用而产生的暂时神经联系。

美国心理学家威廉·詹姆斯说："一件在脑子里的事实，与其他各种事物发生联想，就容易很好记住。所联想的其他事物，犹如一个个钓钩一般，能把记忆着的事物钩钓出来。"

◆ 图表记忆法

美国著名的图表论学者哈拉里说："千言万语不及一张图。"这是一种把复杂事物简单清晰地反映出来的一种方法。我们工作和学习中广泛采用图表法。比如：门捷列夫的《化学元素周期表》一目了然。

◆ 浓缩记忆法

这种方法就是把繁杂的概念浓缩成简单的字词，便于记忆。比如，什么样的产品才有竞争力呢？产品样式新颖，独具一格；体积要小，不能傻大黑粗；设计要精巧；功能要多种；外观要好看，包装要美观；使用要方便；价格要低廉。这句话可以浓缩为：产品要小、巧、好、廉、新颖、多能、方便。

◆ 快速记忆法

在学习和工作中，往往会遇到时间紧迫，不允许记笔记的情况，要求一定期限记住某种东西，怎么办呢？我们要有满腔热忱，具有危机感、使命感，就会增加心理活动的强度——思想意识的压力越大，紧张度越高，注意也就越集中，效率也就越高。这需要平时多训练，数着秒表记忆，久而久之，就能见效。有位心理学家说：热情是记忆的原动力，良好的心境是进行记忆的保证，自信感有助于记忆力增强，紧迫感能够加速记忆的进程，趣味感是记忆的促进剂。

◆ **概括记忆法**

这种方法不需要点滴不漏，面面俱到；只要求抓住关键，浓缩概括，提炼精华。

美国海军人事管理研究处，曾对 180 个学生做过实验，调查学生的笔记法和其记忆力之间的关系：先把学生分为 3 组，每一组都是收听录音带中同样内容的讲课。实验规定，A 组的学生必须按照他们所听的，逐字记录成笔记。B 组的学生则需把内容分列为大纲，再依大纲来做笔记。而 C 组的学生则只要求听，不需要做笔记。而 C 组的一听完之后，对这三组的学生统一进行讲课内容的测验，看哪一组的记忆率最高。结果 A 组和 C 组的学生，只能记住全部内容的 37%，而 B 组的学生却能记住 58%，可见听课时如果要做笔记，与其逐字记录下来，倒不如把它列为大纲来记。然后进行综合概括，形成一个或一组简单的"信息符号"，便于大脑储存提取，理解消化。

◆ **编码记忆法**

这是用阿拉伯数字代表汉字的方法。比如：1234 代表"中"，4567 代表"国"。反过来，一个汉字，可以代表几个数字。有的从事数字工作的人，也可用自己最熟悉的汉字——耳、眼、手、脚等来代表需要的数位，便于记忆。

◆ **主导法**

主导法将每一个数字中用英文字母中的子音代表，发展出将数字先转化成字母、单词、图像，最后转化成连锁图像的系统。

这个过程是运用右脑储存视觉记忆的机制，若以数字、文字、图像等资料而言，图像记忆的"存取"最容易也最迅速。不妨回想一下某些往事，轻而易举地"浮现脑海"，根本不需要进一步巩固提高。

主导法比其他的记忆法系统严密、完整、容易操作。

主导法的转换规则如下：步骤一，将数字转化成字母（子音字母），字母 S 的形状像 0；T 像 1；N 像 2；M 像 3，R 像 4（four）;L 像 5 的开始笔画；J 像反过来的 6；K 像两个 7；F 像半个 8；P 像反过来的 9。步骤二，将字母转化成单字，比如一米，每个两位数字都可以结合元音，而组成具体的单词。例如：32-MN-man，men 或 moon 等；97-PK-Park,Pork 等。步骤三，将单词转化成图像，再转化成连锁图像：所以，32774157149284 可以简化地转化成连贯图像：man（32）在吃 cake（77），cake 上面有 rat（41），rat 掉进 lake（57），lake 上浮着 tire（14），tire 上插着 pen（92），pen 的顶端有 fire（84）。

◆ **循环记忆法**

即对系列材料分成若干组，每一组循环两次，再每两组循环一次，再每三组循环一次，直到把全系统都循环到。或者从时间上来循环，如每天一次，每周一次，每月一次……因人因事而异。

古罗马有谚语云："记忆如钱包，拼命装，反而漏得不剩一文。"这就是说要学会遗忘，不重要的资料可不记。

3. 学习习惯

学生时代是人走向成熟的重要阶段。性格有时决定命运，习惯往往影响成功。今天不好的习惯会成为明天的负担。人的性格受祖先的遗传和现实生活的影响。《三国演义》中的关羽文武双全，侠肝义胆，但性格刚愎自用，致使他败走麦城，身首异地，从而动摇了蜀国的前程，改变了三国鼎立的局势。曾国藩刚柔、方圆兼济的性格不是天生的，而是经过读书实践锤炼而得。正如他自己所说："人之气质，由于天生，本难改变，唯读书可以改变。"人的性格不是十全十美的，你要适应环境，就要改变性格。否则，也许会碰得头破血流的。不信，你观察成功人士 20 岁的性格与 50 岁的性格就不一样——成熟多了。

一代名将韩信犹豫的性格断送了他的性命。汉高祖刘邦得天下而诛功臣。有识之士蒯通、钟离昧等皆察出刘邦的阴谋，劝韩信举兵自立，而他一次次放过机会，犹豫不决，想反却没有起兵，不反却有人为其筹划，如此优柔寡断。而刘邦人虽粗，但心不粗，他与吕后先下手为强，快刀斩乱麻，将其诛杀了。

帕斯卡有句名言："一个坏习惯会导致 10 个坏习惯。"按照帕斯卡的理论，改掉了一个坏习惯，就相当于改掉了 10 个坏习惯。养成一个好习惯，会导致 10 个好习惯的形成。

成功学大师拿破仑·希尔说："习惯能够成就一个人，也能摧毁一个人。"

学生时代是人生习惯形成的最佳时期。养成良好的习惯将受益终生。良好的习惯，主要靠自己训练养成，外力作用是次要的，习惯成自然。那么，大学生需要养成哪些习惯呢？

◆ **养成合群的习惯**

一滴水只有融入大海，才不会干掉。一个人只有和群众打成一片才能生存。哈佛大学的职业辅导中心调查 4000 名被开除的员工，结果发现这些被开除的员工，90%以上都是因为人际关系不好，例如跟上司处不来，跟同事处不来，跟顾客处不来。美国威科特公司总裁贝克特说："你可以聘到世界上最聪明的人为你工作，但是如果他们不能与其他人沟通，并激励别人，就对你一点用处也没有。"我国外资企业聘用的经理人员不少人在实践一段时间后被辞掉，原因不是水平低，而是不会处理人际关系。

美国加利福尼亚大学有研究发现，几个人在一起学习，可以提高效率。因为，几个人在一起学习，可以看到其他人的学习状态，当有问题的时候，也可以请教别人。难题也可以一起讨论，达到互相促进的目的。

著名科学杂志《Pnysics Revew》上，发表过阿根廷克莱利亚博士的一篇论文，题目是"学习过程的理论说明"。如果用一句话概括这篇论文的内容，就是："像磁铁那样学习，可以提高效果。"克莱利亚博士认为，优等生和差生（不是有问题儿童）在一起学习的速度，可以比一个优等生在一起略慢，但可以学得更深入，让知识掌握得更牢固。在学习过程中，差生向优等生请教，而优等生要讲明白，自己必须先弄清楚，这对自己也是一个很好的学习机会。真正的优等生，结交朋友时不会以成绩优秀作为选择标准的。

◆ **养成幽默的习惯**

"幽默"包含了中国词汇的诙谐、有趣、自嘲、机智、调侃、风趣、豁达、可笑而意味深远的各种内涵。一般说来，某人仪表自然，谈吐不俗，说话风趣，引人发笑，我们都会说他是一个有幽默感的人。幽默是思想、爱心、智慧和灵感在语言运用中的结晶，是一种良好修养的体现。恩格斯说："幽默是具有智慧、教养和道德的优越感的表现。"幽默是调味品，能提高我们生活的乐趣，使生活丰富多彩；幽默是润滑剂，使人与人之间团结和谐；幽默是万能胶，它会使你的社交行为顺畅无阻，事业锦上添花；幽默是兴奋剂，使沉默寡言的人变成健谈的人；幽默是缓冲剂，使矛盾双方摆脱困境，使窘迫尴尬的场面在笑声中消逝。

据说，冯玉祥将军当年选妻，特地选用了交谈的方式。他先问对方："你为什么要同我结婚？"有的姑娘说："你是英雄，我爱慕英雄。"对于这些回答，冯玉祥都不满意。后来，他遇到一位皮肤黝黑、相貌平平而又不修边幅的女性李德全，她的回答是："上帝怕你办坏事，派我来监督你！"幽默之中显出了她的才智，出众的诙谐使冯玉祥爱意顿生。他们结下了百年之好。

二战初期，英国首相丘吉尔在美国游说罗斯福抗击德国法西斯。一天，当丘吉尔正赤身裸体淋浴时，不巧罗斯福总统不宣而入。当时的场面使双方都很尴尬。丘吉尔急中生智耸耸肩说："瞧，总统先生，我这个大英帝国的首相对你可谓没有丝毫隐瞒啊！"一句双关妙语，使进退两难的罗斯福总统捧腹大笑，幽默地掩饰了自己一丝不挂的窘态，又含蓄地表明他的政治立场和态度也是毫无隐私与开诚布公的。

◆ **养成遵守纪律的习惯**

遵守党纪国法、校规，必须从小处着眼：不随地吐痰，不随便扔废纸，不摘花踏草。这些看起来是小事，但可看出一个人的素质。

国际上有一个重要的商业谈判，甲方代表在走廊里看见一个人摘掉花盆里的一朵花，谈判中发现摘花人正是乙方代表。甲方终止了商业贸易，原因是他们认为乙方人员素质太低。

人的素质要靠平时养成，从小事做起。《后汉书》说："一屋不扫，何以扫天下。"

◆ **养成洗冷水浴的习惯**

将来的工作环境，不光是温室，还有冰窖，为了适应在各种环境下生活，还是洗冷水浴为好。洗冷水浴要从夏天开始，每隔3~5天洗一次，身体会慢慢适应。

日本人身体素质好，很少患感冒，因为这个民族从幼儿开始就洗冷水浴，下雪天也不例外，常年坚持不间断。

◆ **养成独立学习的习惯**

在美国一所大学图书馆大门上方，雕刻着这样一句名言："知识的一半就是知道在哪里去寻找它。"这与两百多年以前经常被引用的伟大的塞·约翰逊博士的格言很有相似之处："知识有两种，一种是我们自己知道的某主题的知识，而另一种则是我们知道什么地方能够找到知识的信息。"大学生的作息时间表上，要有一项去图书馆看书，那里是知识的海洋。

高尔基说："书籍是人类进步的阶梯。"现在是丰富多彩的社会，"铁饭碗"已经打破了，"金饭碗"＝终身学习——才能适应不断变化的社会，迎接未来的挑战。美国著名未来学家阿尔温·托夫勒说："知识资本最终将导致'世界财富的一次大转移'，转移到知识资本掌握者手中。"

瑞典的小学教育中，包含了很多独立学习的课程。不是简单的老师教、学生学，而是由学生根据自己的水准独立学习。老师也不再只站在讲台前，而是看到有人举手，就走过去个别辅导。俄罗斯的科学高等学校推行一种英才教育，这里所有的教师都是莫斯科大学的教授。进入这所学校以后，首先得到的是莫斯科大学图书馆的图书证。教授会布置一个课题，然后学生们就到图书馆去查阅各种资料，就这个课题写出论文。这个课题的时间是2~3年，这就是著名的俄罗斯英才教育。韩国教育开发院（KEDI）出版过一本名为

《独立学习的孩子将支配 21 世纪》的书，书中也强调了独立学习的重要性，它认为"提高成绩的秘诀在于独立的学习态度和学习环境"。学习是自觉的，而不是强迫的。通过电视、互联网也可以学习。现代远程教育的时代已经来临。这种学习方式的优点是如果一次没学会，可以反复几次，直到学会为止。

◆ **养成阅读的习惯**

阅读能力是任何其他学科学习的基础，是各种学习能力的基石，不管将来从事什么工作、什么行业，都离不开阅读。读书能丰富孩子的心灵世界，提高他们的认识水平。智力启蒙最重要的手段就是阅读，它是一种乘法手段，可以让儿童的聪慧以几何级数递增。阅读是培养孩子学习习惯的秘密武器。如果没有阅读垫底，年级越高越会显出力不从心。

著名学者，北大中文系教授钱理群先生说："我们传统的启蒙教育，发蒙时，老师不作任何解释，就让学生大声朗读语文，在抑扬顿挫之中，就自然领悟了经文中某些观念，像钉子一样地楔入学童几乎空白的脑子里，实际上就已经潜移默化地融入了读书人的心灵深处，然后老师再稍作解释，要言不烦地点拨，就自然'懂'了。即使暂时不懂，因已经牢记在心，随着年龄的增长，有了一定阅历，是会不解自通的。"

如何教孩子读书呢？家长要随孩子的理解能力施教。当孩子不认识字的时候，要选孩子感兴趣的故事，首先家长指着书一字字给他"读"，而不是"讲"。然后让孩子指到哪，家长读到哪。文字可以刺激儿童语言中枢的发展，孩子慢慢理解了文字的作用，就会把故事与文字联系到一起。"读"故事多了，许多"白字"问题自然就解决了。值得一提的是，不要一遇到生字就要求孩子查字典。好阅读在于读了多少，坏阅读计较记住多少。这样认字的方法比字卡效果好。"读书破万卷，下笔如有神。"

梳理心理学家代表人物皮亚杰·布鲁纳·奥苏贝尔等人的学习理论，可以看到关键的两点：一是思维发展与语言系统教育有密切关系，二是学习新知识依赖已有的智力背景，课余时间阅读多学科知识的孩子聪明，学习能力强，学习成绩超过阅读课外书籍少的孩子。

小学阶段主要解决学习兴趣的问题，要多读元典，《千字文》内容千锤百炼，权威性强，流传广。《希腊神话》是解读西方文明的钥匙，《圣经》凝结着人类最伟大的思想，最深刻的人生哲理，是信念的源泉，指引成长的方向。还有思维游戏、智力游戏、益智、美术、百科、手工、科幻侦探等类书要选读，从中吸取营养。

初中阶段主要解决学习方法问题，要多读经典，也可看由经典名著改编的电影。前苏联教育家苏霍姆林斯基说："我坚定地相信，少年的自我教育是从读一本好书开始的。"比如：蔡文培的《就任北京大学校长之演说》、《小妇人》、《汤姆历险记》、《蝇王》、《彼得潘》、《爱丽丝梦游仙境》、《哈姆雷特》、《绿野仙踪》、《乱世佳人》、《老人与海》、《我有一个梦》、《物种起源》、《华盛顿传》、《音乐的故事》、《昆虫记》、《80天环游地球》、《格列佛游记》、《打开理工科世界的"金钥匙"》等。

高中要多读精英。高中是孩子成长最快的时期，也是思辨能力提升的关键期。第一类是关于人生成长和生活励志的书。第二类是关于在学校如何学的书，如李开复的《世界因你不同》。第三类是关于古今中外政界、商界精英的书。第四类是读英语书《秘密花园》；历史书《现代世界的人与文化》、《为什么贫穷的国家如此贫穷》、《世界的道德：世界怎么了》、《逻辑思维训练》等，可以开阔视野，增长知识。

◆ **养成写日记的习惯**

在当今变革的时代，人在一生中可能会做多种工作，生活是丰富多彩的。我们在人生的旅途中，看到了什么，做过了什么，体验了什么，老师说了什么，在什么地方摔了跤，都应该记录下来，这才是最宝贵的财富。

卢梭说："每个人都有三类老师，一个是大自然，一个是人类，第三个是所有的事物。"我们要向老师学习，还要不断总结经验，特别是教训——所犯的错误（包括错题），记下来当做镜子，经常照一照，大有益处。"微软"每年有一大本犯错记录——比尔·盖茨要求员工必学之刊——这是不重复犯错的重要措施。

写日记可以练笔——工作需要书写流利的"笔"；更重要的是反省，懂得反省的人，对于自己的未来之路，会有一个成熟的想法。因此，有写日记习惯的人，一般都会有坚定的信念。成功人士兜里大都揣一个本子，随时记录他需要的东西。这种良好的习惯是从小写日记养成的。

日记就是自传，就是书籍，就是动力，就是财富。

◆ **养成吃苦的习惯**

吃苦就是常人脑力和体力承受极限再加一把劲的能力。社会竞争，绝不仅仅是知识和智能的较量，更多的则是意志和毅力的较量，没有吃苦的精神和能力，是不可能在激烈的竞争中获胜的。古今中外，任何成功人士都有吃苦精神：圣贤"头悬梁，锥刺股"；红军"爬雪山，过草地"；李嘉诚年轻时身背产品整天奔波在香港各地叫卖；比尔·盖茨总是废寝忘食地工作。人生就是要"自找苦吃"。李嘉诚对两个儿子说："我这棵小树是从沙石风雨中长出来的，你们可以去山上试试，由沙石长出来的小树，要拔去是多么的费劲啊！花虽好看，但从石缝里长出来的小树，则更富有生命力！"成功需要拼搏，往往把自己逼到险处，不少人从绝境逢生，走向辉煌。

人的一生就是奋斗，奋斗的各阶段是苦的，苦尽就会甘来。

一个德国儿童心理学家这样说过："有幸福童年的人常有不幸的成年。"这旨在说明幼时很少吃苦，很少遭受挫折的人，长大后往往会因不适应社会的激烈竞争及复杂多变而深感痛苦。

吃苦精神从哪里来？这是从小锻炼出来的：一是外力（家长、老师）的压力；二是自找苦吃——学习勤用脑，提高脑力；踢球、跑步、蹬跳锻炼腿力；举重、投弹、拔河、练单双杠锻炼手力和臂力；仰卧起坐、前后左右运动锻炼腰力。人的生存需要全身的力，而不是某一方面的力。陶行知说："淌自己的汗，吃自己的饭，自己的事自己干。靠天靠地靠祖宗，不算是好汉。"

◆ 养成文明礼貌的习惯

《礼记》中述："足容重（稳重）、手容恭（恭敬）、目容端（端正）、口容止（不要妄动）、声容静（说话声音小一点——不扰民）、头容直（不歪）、气容肃（控制呼吸，不招人烦）、立容德（站立时，头部略往前倾，不能目中无人）、色容庄（脸色端庄，形象自然）、坐如尸（恭恭敬敬，文质彬彬）。"中国自古就被称为"礼仪之邦"。圣人孔子曰："不学礼，无以立。"大儒颜元曰："国尚礼则国昌，家尚礼则家大，身尚礼则身正，心尚礼则心泰。"在周恩来青少年时期就读的南开中学，各教学楼门口有一个大镜子，上面写着引人注目的《镜箴》："面必净，发必理，衣必整，纽必结，头容正，肩容平，胸容宽，背容直，气象勿傲，勿暴，勿怠，颜色宜和，宜静，宜庄。""容止格言"融化在周恩来的血液中，落实到行动上，始终如一，他每天刮一次脸，有时一天接待几次外宾刮几次脸，总是衣冠楚楚，光彩照人。

2000多年前，亚里士多德说："你要别人怎样待你，就得怎样待别人。"

学生从小学会把尊重、理解和爱献给别人，把自己最渴望的献给别人，这样你才能获得别人的尊重。从讲话开始，例如，见面主动问候"您好"、"您早"；当得到帮助时，要说声"谢谢"；当无意中做错了事，就要说声"对不起"或"请原谅"；对人有某种要求时应"请"等。

值得一提的是，有的同学经常打人、骂人、逞强好斗——"立棍"。"棍"走向工作后，不少人进了监狱。最近，某校发生这样一件事：甲同学打乙同学，乙同学的家长找来3名壮青年拿着棍棒闯入校园，谁也阻挡不住，抓住甲同学的手一阵毒打，造成双手致残。古语说："恶人会有恶人治。"我不主张用这种办法"治"。对于欺辱孩子的"坏同学"，家长如果出面，目的应该是帮孩子解决问题，化解矛盾，而不是去报复。

◆ **养成制订计划的习惯**

干什么都要有计划，花销要制订财务计划，学习要制订作息时间计划，创业要制订创业计划。比如：你父母是老板，你要制订接班计划，怎样学好知识，创新才能守业，逆水行舟，不进则退；你父母没有钱，而你学业有成，知识就是钱；你既没有钱又学习一般化，找一个专业对口单位干几年，寻找机遇创业也可。

出国留学也要有计划，一定要定位准确，有明确的目的。从海外回归人员看，成为"金龟"和"精英"者，多半是有目的地去留学；成为"海待"者，多半是盲目地走出去为了混个文凭，镀一次金，结果越功利反而越无功而返。

有人说，如果把高中比喻成独木桥的话，那么大学则是不折不扣的立交桥。走独木桥时，你不需要事先辨认方向，只需要踏踏实实地向前走就能到达终点；走立交桥则不然，如果方向不明确或选择了错误的方向，那么你将无法到达终点，或者即使通过努力到达了终点，却无奈地发现结果并不是你所期待的。前微软副总裁李开复博士说："大学是人一生中最为关键的阶段。从入学的第一天起，你就应当对大学四年有一个正确的认识和规划。为了在学习中享受到最大的快乐，为了在毕业时找到自己最喜欢的工作，每一个刚进入大学校园的人都应当掌握7项学习，学习自修之道，基础知识，实践贯通，兴趣培养，积极主动，掌握时间，为人处世。只要做好了这7点，大学生临到毕业时的最大收获，就绝不是对什么事都没有的忍耐和适应，而应当是对什么都可以有的自信和渴望。只有做好了这7点，你就能成为一个有潜力、有思想、有价值、有前途的快乐的毕业生。"

计划要先于行动——没有想好最后一步，就永远不要迈出第一步。只有行动，没有计划是所有失败的开始。计划是方向盘，计划是发动机，计划是摇钱树。无计划地挣钱，也许钱来得快，失得也快，特别是歪门邪道来的钱，不长久，不合算；用汗水挣的钱才叫钱，拿着沉，吃着香，睡着甜——心里坦然，不做噩梦。

◆ **知错就改**

钱学森说："正确的结果是从大量错误中得出来的；没有大量错误作台阶，也就登不上最后正确结果的高座。"错误是未知的结果，每一个人不可能什么事都知道，任何人都会犯错误，人从降生那天起，便会不断地犯错误，只有在不断地犯错误、不断地碰钉子的过程中，才能不断进步。错误人人有，聪明人知错马上改，愚蠢人执迷不悟，强词夺理，盛气凌人，错上加错，甚至毁了自己的一生。

犯错误是不可避免的，但是不要重复犯错误。

◆ 笑

人类需要三大营养，第一个是饮食营养，第二个是行为营养，第三个是心理营养。"心宽出少年"、"强精必先强心"等古语，就是强调心理营养的价值不亚于饮食营养。"笑一笑，十年少，愁一愁，白了头。""药疗不如食疗，食疗不如心疗。"

捧腹大笑有利于腹部健康。人的腹部神经网络非常复杂，约有 1000 亿个神经细胞，被称为"腹脑"。科学家研究发现，体内神经递质大约有 95%来自"腹脑"，已发现能调节胃肠功能的激素有 50 余种。《素问·举病论》："怒则气上，喜则气缓，悲则气消，恐则气下。惊则气乱，思则气结。"笑是"太阳的呼吸"，能够启动全身细胞快乐的基因。笑会使大脑受到刺激，分泌免疫功能激素，增强杀死癌细胞的 NK 细胞的活性。大笑时产生的腹式呼吸能促进副交感神经的活动，调整自主神经，锻炼横膈膜，强化肺部。笑能牵动 400块肌肉；笑能呼吸更多的氧气，排出更多的废气；笑能加速血液循环，增强心血管功能；笑能调节大脑神经功能，舒缓压力，降低血压；笑能促进饮食，增进睡眠；笑能增加免疫能力；笑能刺激大脑产生一种激素——β 内啡肽的释放，这种生化物质具有镇痛和欣快作用。

笑有助于提升智能表现，尤其面对需要创意思考的问题时，乐观能助你远航。

笑是一种人人明白的世界语言，它是通过面部的笑容传达和善友好的信息的一种无声的语言。微笑是礼貌、自信的表示；微笑是万能的钥匙；微笑是最好的社交入场券；微笑是最大的财富；微笑是最能说服人的心理武器。发自内心的真诚的微笑，具有感染力，带给人们热情、快乐、温馨、和谐、理解和满足。美国医生雷蒙德·穆迪在《笑而又笑：幽默的康复效能》一书中写道："一个人笑的能力就像他健康状况的晴雨表，其精确程度与医生们所做的种种检查不相上下！"

当你含笑、微笑、大笑、狂笑时，一定要注意：声情并茂——表里如一，发自内心；气质优雅——笑的适时、尽兴、优雅、精神饱满；表现和谐——各部位运动到位，不温不火，合作成功。笑的禁忌：假笑、冷笑、媚笑、傻笑、奸笑、怯笑、窃笑、狞笑。

古人曰："乐极生悲。"美国的威福莱博士说："会心的微笑，是良好心境的最佳表露。"阴笑、奸笑、讥笑都有害健康，而毫无节制地大笑对冠心病、疝气、出血病症患者来说，都可能意味着灾难。德国心理学家经过调查后发现，出于职业要求，不得不长时间强颜欢笑的人可能会患病，空中小姐、售货员、寻呼中心服务员等，会使自己的真实感情受到压抑，时间长了，可能会出现沮丧和抑郁等症状，会对健康造成负面影响。

微笑是父母给的——童年备受关爱，身心健康，就会笑口常开；微笑是社会给的——工作满意，职场如鱼得水，心里总是乐呵呵的；微笑是夫妻互相给的，从脸上可以看出互相关爱的程度；微笑还是自己养成的，具有乐观向上的心态，平时多锻炼，见面笑一笑，点点头，给人亲切感。

◆ 细节

美国哲学家罗素说："一个人的命运就取决于某个不为人知的细节。"西班牙思想家巴尔塔沙·格拉西安也说："完成一幅完美的画卷很难，需要每一个细节都完美；但只要一个细节没有画好，整幅画卷就会功亏一篑。人生在世也是如此，有时一个细节就会改变你的命运。"

北京某外资企业招工，报酬丰厚要求严格。一些高学历的年轻人过五关斩六将，几乎就要如愿以偿了。最后一关是总经理面试。在到了面试时间之后，总经理突然说："我有点事，请等我10分钟。"总经理走后，踌躇满志的年轻人围住了老板的大办公桌，你翻看文件，我看来信，没一人闲着。10分钟后，经理回来了，宣布说："面试已经结束；很遗憾，你们都没有被录取。"年轻人惊惑不已："面试还没有开始呢！"总经理说："我不在期间，你们的表现就是面试。本公司不能录取随便翻阅领导文件的人。"年轻人全傻了。

中国有句古话：千里之堤，毁于蚁穴。细节需要从娃娃抓起：用过的东西放回原处，自己整理自己的东西；不要占别人的小便宜，更不能拿别人的东西，捡到东西要及时归还原主；珍惜每一分来之不易的钱；注意个人卫生，饭前便后洗手；滴水之恩，当涌泉相报。

人生无小事。勿以善小而不为，勿以恶小而为之；细节就像人的细胞一样，虽小却举足轻重！从细节见真知，寻找人生成功的突破口。细节决定人生的成败。老子说："天下难事，必做于易；天下大事，必做于细。"小事成就大事，细节成就完美。

成也细节，败也细节。生活中我们不是败在短处，往往败在长处，败在某一个细节上。而那些注意细节、细心做人的人，却往往会获得成功。只有深入细节中去，才能从细节中获得回报。

细节是一种创造，细节是一种修养，细节暗藏商机，细节产生效率，细节带来成功。

◆ **生活有规律**

给自己定个作息时间表，严格按表办事，当日事当日做完，让时间管理扎根头脑。

法国作家伏尔泰在小说《查第格》中写过这样一个谜语："世界上哪样东西最长的又是最短的，最能分割的又是最广大的，最不受重视的又是最受惋惜的；没有它，什么事情都做不成；它使一切渺小的东西归于消灭，使一切伟大的东西生命不绝。"作者揭示谜底：是时间。他解释道："最长的莫过于时间，因为他是无穷的；最短的也莫过于时间，因为他们所有的计划都来不及完成；在等待的人，时间是最慢的；在作乐的人，时间是最快的；它可以无穷地扩展，也可以无限地分割；当时谁都不加重视，过后都表示惋惜；没有它，什么事都做不成；不值得后世纪念的，它却令人忘怀；伟大的，却使他们永垂不朽。"一天 24 小时，对谁都一视同仁，但在相同的时间里，有的人成功了，有的人没有成功。差距就在于怎样利用时间，是当时间的主人，还是当时间的奴隶。雷巴柯夫说："时间是个常数，但对勤奋者来说是个变数。用'分'来计算时间的人，时间多 59 倍。"

对于成功者来说，时间就是金钱，时间就是效率，时间就是生命。时间利用率是检验成功的重要指标。黑格尔说："谁若想干点大事，那就得善于节制自己；反之，谁若想什么都干，那他实际上就什么都不想干，并终将一事无成。"

时间是属于有明确目标的人，力争上游的人，勇攀高峰的人。具有时间观念的人，会充分安排时间，急事先办，紧事次办，缓事后办，次事他办，闲事不办，繁事替办，多事并办，急事缓做（越急的事，反而要做得越仔细、越认真，欲速则不达），有条不紊。这样的人最有时间，能挤出时间充电——学习，还会休息，不打疲劳仗；有兴趣的工作也是休息的一种方式。充分利用电话、计算机等现代科技手段都可以节约时间，提高工作效率。没有时间观念的人，整天忙忙碌碌，工作效率低下，疲劳不堪，庸庸无为。记住：办事找最忙的人，不要找最闲的人。

有人算过一笔账，一生花费的时间：工作 11 年，走路 6 年，阅读 3 年，学习 3 年，说话 3 年，吃饭 6 年，睡眠 24 年，娱乐 8 年，沐浴修饰 3.5 年。以上数字仅是平均统计。但是，对于成功人士来说，工作时间长，而且效率高；走路时间短，以车代步，充分利用电话、计算机等现代科技手段；阅读学习时间长，不断充电，磨刀不误砍柴工；说话时间短，言简意赅；睡眠时间略少，不睡懒觉，睡醒5分钟就起床干事；娱乐、沐浴修饰时间短，讲效率。

时间催我奋进，时代逼我直追；时代不让后退，三思再往前行。海伦·凯勒说："把每天都当做生命中的最后一天，也许这真的是最后一天。"

这是诺贝尔文学奖得主吉卜林写给他12岁儿子的一首诗：

如果在众人六神无主时，你能镇定自若而不是人云亦云；

如果被众人猜忌怀疑时，你能自信如常而不是妄加辩论；

如果你有梦想，又不能迷失自我；

如果你有神思，又不至于走火入魔；

如果在你成功之时能不喜形于色，而在灾难之后也勇于咀嚼苦果；

如果看到自己追求的美好破灭为一堆零碎的瓦砾，也不说放弃；

如果辛苦劳作已是功成名就，为了新目标依然冒险一搏，哪怕成功化为乌有！

如果你跟村夫交谈而不变谦恭之态，和王侯散步而不露谄媚之颜；

如果他人的意志左右不了你；

如果你与任何人为伍都能卓然独立；

如果昏惑的骚扰动摇不了你的信念，你能等自己平心静气，再作应对——

那么，你的修养就会如天地般博大，

而你，就是一个真正的男子汉了，我的儿子！

◆ **学会花钱**

钱不是万能的，但没有钱是万万不能的。金钱不是从天上掉下来的，是通过艰苦奋斗获得的。所以，我们必须珍惜每一个铜板。同样多的钱在不同人的手中会发挥不同的作用。花钱是一门艺术，我们必须学会花钱。

假如你有1000元钱怎么用？有的人请同学到饭馆吃一顿；有的人买装饰品把自己打扮起来；有的人……但是，如果是戴尔，如果是李嘉诚，如果是杨致远，他们绝不会这么做。他们把钱用在事业上，自己当老板。

1000元的用法，不仅包含了一个人的生存智慧，尤其显示了一个人生命的培养和生活的技巧。

人离不开钱，但不能只着眼于钱，莫让钱遮住双眼，走出钱眼天地宽。

◆ **养成演讲的习惯**

开放的世界交往频繁，需要大量能言善辩的人。刘勰说："一人之辩，重于九鼎之宝；三寸之舌，强于百万之师。"掌握"语桥"——语言的桥梁要注意以下几点：

（1）正确的发音，一是吐字清晰、准确，不拖泥带水，更不能含混不清；二是速度适中，不宜太快，也不宜太慢；三是注意平仄和抑扬顿挫，注意语调和语音；四是要讲普通话。

（2）简洁。能用一个字说明问题就不用两个字；能用 10 分钟说明的，就不用 20 分钟。现代人最讲究时间，向领导汇报工作，先说结果，后说经过，说话简洁，会给人以精干的印象。

（3）逻辑性强，题材要有说服力，要依据时间、地点、场合、对象来决定内容，并具幽默感。口才的素质修养，一是知识广博。读逻辑学，可以掌握逻辑知识，从而提高逻辑思维能力；读语言学、文学、修辞学，可以提高语言的结构条理，增强讲话的生动性和形象性；读教育学和心理学，可以指导我们研究和把握听众的心理，从而采用适当的讲话态度和方法。二是实践，多演讲，多练习。

（4）身体语言，身体是信息的发射站。身体语言是一种非文字的语言通信手段。体语中最主要的是眼睛——心灵的窗口。

4. 常识

桌子和椅子的高度：椅子最好是竖直的，有竖直的靠背，软硬适当。椅子的高度应该能够调节，其高度应足以使你的大腿与地面平行或稍比平行高一点。普通桌子的高度是 73~81 厘米，并且平均而论，桌子的高度应该比椅面高大约 20 厘米。

眼睛与阅读材料之间的自然距离应该至少 50 厘米，这个距离可以使你的眼睛轻松地聚焦于字词，并且还可以减轻眼睛疲劳或头痛。

坐姿：理想的坐姿应该是双脚平放在地板上，背部直立，稍微有所弯曲，从而给你提供支撑。

第四章 求 职

人不能一辈子玩、一辈子读书而不工作。工作是人生的核心部分，有的人工作顺心，有的人工作不如意，有的人吃香的喝辣的，有的人喝清汤度日。为什么呢？

1. 职业选择

职业选择是个人对于自己就业的种类、方向的挑选和确定。它是人们真正进入社会领域的重要部分，是人生的关键环节，它将相伴人的终生。它对人的命运和社会发展起着重要作用。

在初次选择职业时，我们应先选择行业，再选择企业，最后选择部门。每一个行业都有专业性很强的工作。比如法院办案、工厂的技术工种、商业的营销等。

任何新的工作都应该让自己感觉有所发展，而不是刚刚够用。你所从事的每种职业都是一场赌博，它有可能开拓你未来的发展空间，也有可能缩小你的选择范围。

著名学者王立群教授在谈及秦国公子异人幸逢吕不韦而最后成功坐上秦王宝座时，精练地总结人要取得成功之"四行"："①自己行；②有人说你行；③说你行的人一定得行；④身体得行！"这里谈到职场成功的要素之一：一定要跟对人，站准队。你的老板应当是心胸坦荡，具有远见卓识，乐观积极，凡事有原则性，对工作有爱心，不断为员工开拓发展空间，让你"薪"情一路上涨的老板。

雅典的特尔斐神庙里有一段著名的铭文："认识你自己。"这句话应该成为教育的灵魂，成为每个人的座右铭。这和我国那句名言"人贵有自知之明"异曲同工，包括认识自己的能力、水平、优点、缺点、追求、兴趣、心理状况、个性特点。因为人生成功与否，很大程度上取决于自己的认识程度。在认识自我的过程中，每个生命体都会获得新生，融入到更广阔、更有作为的生命场之中，而群体的生命质量也会得到和谐地提升。

我们不妨自问3个问题："我能够做什么？我应该做什么？我愿意做什么？"

由"能够"来看，涉及两个方面，一是天生的本能，包括遗传因素：父母智商、情商等方面的优势；二是学习的技能：后天受教育程度，自身素质状况。"内因"是根据，"外因"是条件，两者必须结合起来。

光有"能够"是不足的，还须配合"应该"。"应该"就要靠认识自己与环境之间的关系了。客观环境"能够"成就我的事业吗？我在这个环境里扮演什么角色？当主角，还是配角？或者先当配角，后当主角？这场戏能否演下去？如果得不到观众的喝彩，趁早退出戏场，另选舞台：千万不能忽视"外因"条件。

至于"愿意"，则是在了解"能够"与"应该"之后所作的选择。这时应想到的是，我胜任这份工作，并能愉快地完成任务，事业一定成功。

剑桥大学教授沃尔特·斯威夫特说："每个人都可以成为强者，这需要你首先要认识你自己，认识你的强，认识你的弱。然后尽可能地培养、发挥你的强项，最大限度地转化你的弱项。利用你的弱项，弱有时就是强，强有时就是弱，二者是相辅相成的。没有强就没有弱，有强就有弱，就看你在生活中是怎样看待。开发利用你的强和弱，强如果不能好好利用，就会变成弱，弱有时也可以成为强，成为生命的保护神。"

业有千百行，千万别错行。俗语说："女怕嫁错郎，男怕选错行。"那么，什么工作适合你干呢？首先，你要清楚自己是属于哪种气质的人，然后再选择职业。古希腊"医学之父"希波克拉底把人分为4种类型：多血质、胆汁质、黏液质、抑郁质。

多血质：乐天型。这种类型的人反应迅速，有朝气，活泼好动，动作敏捷，性格开朗，善于交际，对人热情，兴趣广泛，工作效率高。但情绪不稳定，工作凭兴趣爱好，见异思迁，工作办事粗枝大叶，具有外倾性。这种气质的人适宜从事与人打交道的职业，如外交、军事、管理、驾驶、服务、推销、警察、新闻、体育、教师、纺织、医疗、法律、神职人员。

胆汁质：易怒型。这种气质类型的人有独立见解，反应迅速，性格刚强，精力旺盛，善于交际，表里如一，心直口快，富于表达，遇事果断，雷厉风行，工作有魄力，敢作敢为，不愿受人指挥，喜欢指挥别人。但抑制力差，情绪急躁，办事简单，态度生硬，容易感情用事，有时刚愎自用，鲁莽。一旦工作严重受挫，情绪马上降下来，具有外倾性。这种气质类型的人适宜于选择那些工作不断转换，环境不断变化，不断有新活动的职业。如导游、推销、节目主持人、演讲者、演员、地质勘探、外事接待等，不适宜从事那些安静、注意力需高度持久集中、事情处理过程中需要细心检查核对的职业。

黏液质：冷淡型。这种气质类型的人办事稳妥、深思熟虑、外柔内刚、沉着冷静、忍耐力强，外部表情不易变化，工作坚忍不拔，埋头苦干。但灵活性差，行为过于拘谨，反应迟缓，应变能力差，显得有些死板，以缺乏生气为特征，具有内倾性。这种气质类型的人适宜做持久而心细的工作，如财会、银行职员、机械师、工程师、法官、话务员、播音员、企划人员、测量员、调解员、译电员、精神病医师、社会工作者、研究工作者、摄影师等。

抑郁质：忧郁型。这种气质类型的人稳重、心细，情绪不易外露。但内心体验深刻，外表温柔，性格孤僻，以喜欢独处和行为缓慢为特征。但工作认真负责，遇事三思而后行，求稳不求快，因而显得刻板。学习工作易疲倦，与世无争，在困难面前怯懦、自卑、优柔寡断，具有内倾性。这种气质类型的人适宜于选择需要耐心、细心、认真的职业，如校对、统计、打字、排版、秘书、化验、雕刻、护士、刺绣、机要秘书等工作。

有些气质类型之间并不具有对立的差别，而且也不都是不可变的，有很高的可塑性。心理学家经过大量的观察、研究发现，任何一种职业对从业者的气质、特点都具有特定的要求，而且有的职业要求很高，如驾驶员，粗心暴躁的人是绝对不适宜的。

人的性格有先天的因素，但更主要的是后天形成的——家庭教育、学校教育、社会环境的影响和个人的自我修养等。先天的气质属于"性向"，后天的修养带来"性格"。因此，人要了解自己的性向，培养自己的个性，自己决定命运。

性格从两个方面影响着职业选择：一是人际关系，二是职业性质和特点。不同性格在人际关系中具有不同的相处方式、方法和效果。所以，在选择职业时，就要考虑自己的性格是否适于在人际关系较复杂、人群较大的职业中工作。同时，不同性格还要考虑职业性质、特点要什么样的性格类型的人去从事劳动。

当然，人的性格不是铁板一块，有的人一生中经过多种职业的磨合，不同程度地改变了性格——从失败中吸取了教训，有时甚至是痛苦的磨合，从而能较好地适应环境。具有两种以上性格的人也是常见的。重要的是自己知道缺点，并且"警钟长鸣"，逐渐缩小与工作的差距，以适应工作的需要。但选择职业，性格差异太大是干不长的，新人一来，你将是首换的人。

西德尼·史密斯说："不管你天性擅长什么，都要顺其自然：永远不丢开自己天赋的优势和才能。顺其自然就会成功，否则，无异于南辕北辙，结果一事无成。"

人生的第一个职业相当重要，你要付出很大努力去寻找。选择得好，如鱼得水。如能充分发挥自己的长处，克服短处，则能使自己处于稳定的工作环境中。否则，求职成了家常便饭，令人烦恼。

马克希姆·高尔基说："工作带来愉悦，生活就会充满欢乐；如果工作是一项义务，生活就无异于牢笼。"如果一份工作内容乏味，那你就没有必要再沉浸其中了。

随着社会的发展，工作变化速度加快，人的工作环境始终不变已成为历史。据美国堪萨斯大学的广泛调查表明，凡是在某项事业中达到最高成就的人大都是屡屡转业跳槽，直至找到最有成功机会的职位时，便努力干下去。

2. 求职最佳途径

◆ 网上求职

互联网信息量大，信息发布相对准确、及时，是一种快捷、方便、高效的求职途径。网上求职要注意以下几点：①把主要精力放在拥有人才数据库的招聘网站上，并把你的简历存入库中，用人单位会来这些网站浏览或选人。②有选择地向此单位发送你的简历，应该注明申请何职，说明你能否胜任这份工作，格式简单明了，重点突出，并同时发出一封求职信。

◆ 媒体求职

通过广播、电视、报刊的广告求职，但要学会识别真假招聘广告，以免上当受骗。

据美国有关方面统计，漫无目的地随便邮寄个人履历表给雇主，其成功率为7%；应聘专业性报刊或贸易期刊的招工广告，其成功率为7%；应聘非本地报刊的招工广告，其成功率为10%；应聘当地报刊的招工广告，其成功率为5%~24%；去寻找私人职业介绍所的帮助，其成功率在5%~24%（女性求职成功者较多）。

◆ 向亲朋好友询问空缺职位线索
◆ 亲自登门去找你感兴趣的工作
◆ 翻开电话号码簿，找你感兴趣的领域，然后给该单位负责人打电话询问是否需要你
◆ 和其他的求职者们组成一个团体，互通信息，共谋职业
◆ 跳槽求职

据国内高等教育领域调查机构的调查显示，在2009届大学生中，便有四成的人在工作半年内离职，其中近九成属于主动离职的"跳早族"。离职的理由五花八门，有的是不喜欢工作，有的是嫌薪水少，有的则是觉得太累，看不到前途在哪儿……

我们不能盲目跳槽。要考虑如下问题："为什么要走"、"往哪里走"、

"什么时候走"、"怎么走"、"走后怎么办"等一系列问题，成功的跳槽通常是骑驴找马式的行为。跳槽之前，你要选择更有发展前途，或者能够提供更高的薪资待遇的单位，否则就有些冒失了。

跳槽类型大致有：

（1）发展式跳槽。为个人的发展前途而跳槽。

（2）挑战式跳槽。不满足现状，喜欢攀登新的高峰的人。

（3）"钱"途式跳槽。嫌工资低，想多挣点钱的人。

（4）选择式跳槽。这山望着那山高的人。

（5）感觉式跳槽。跟着感觉走，人云亦云，缺乏主见的人。

（6）习惯式跳槽。跳槽成了家常便饭，这跟挑战式跳槽有着本质差别。

（7）创业式跳槽。这类人是为自己创业"充电"，了解行业情况、经营模式，为自己创业打基础。

无论你是哪一种，既然选择了跳，却最好先问自己几个问题：第一，真的非跳不可吗？第二，跳出去会比现在好吗？第三，能胜任跳槽之后的工作吗？如果你的回答是肯定的，那么就放手去跳吧。

若你有一技之长，有丰富的工作经历，有丰富的客户资源，有骄人的战绩，有超牛的人脉，猎头公司会主动找你。猎头公司的立身之命便是把那些最有市场价值而又希望有所变动的公司职员或高级主管从一家公司挖到另一家公司去。国内最早的猎头公司是1992年成立的沈阳维用猎头公司和1993年进入北京的雷文公司（英资）。猎头帮助企业找到一个人或向企业介绍了一个合适的人，向企业收取相当于这个人年薪的10%~35%的费用作为佣金。

猎头公司会利用各种手段收集有关人才的资料，并列入候选人名单。如果你是本行业的佼佼者，多参加有影响的高级培训班引起特别注意，被媒体访问时介绍自己；并在行业内发表论文、文章，那么，猎头公司人才库里就有你的名单。

人往高处走，水往低处流。巴菲特说："人生就像滚雪球，最重要的是发现很湿的雪和很长的坡。"人生就要不断挑战自我，上一个台阶就要考虑怎样上第二个台阶，永不停步地去攀登一个又一个高峰。最有能耐的人"跳槽"不损害原单位的利益——所到之处一片赞誉，不是别人撵你走，而是自己认为更有能力挑战自己，到新的领域去再创辉煌！这里的关键是视野开阔些，头脑灵活些，准备充分些，万事俱备就"跳槽"吧！但是，"跳槽"不宜过多，频频"跳槽"的人不好找工作了。

◆ **自然继承，子承父业**

◆ **自谋职业——创业**

3. 求职面试

面试是你向招聘的公司展示你简历上所写的技能和经验的机会。作为被面试者,你是卖方,而面试者是买方。假如你在商店买家电,首先看的是外观,然后看功能,看的时间越长,检查越仔细,选中的可能性越大。面试也一样,如果在头 50 秒或 5 分钟内不能吸引面试者,"买"你的希望不大。你要善于推销自己,你在面试时要让招聘人知道你能不能胜任这份工作,你是否是个忠心耿耿而且上进的员工。因此,面试前准备工作十分重要。

◆ **面试准备**

你要了解面试公司如下问题,做到心中有数:这家公司是从事什么工作的?它提供什么产品或服务?它的主要竞争对手是谁,在竞争中的实力如何?公司主要的高层管理人员是谁?他们在职多久了?假如公司正面临问题,问题是什么?这些问题解决了多少?公司的价值观是什么?公司的工作气氛如何,紧张还是轻松?该行业正在发生什么变化?对公司未来发展可能有何影响?在前半年内该公司或行业发生了什么重大事件?

着装要与面试的季节相协调。春有春装,冬有冬服。服饰一般要同自己的身材、肤色和气质相符。但有些特殊工作,要求所穿的服装要讲究些,给人一种潇洒、漂亮、稳重、自信、认真、有智慧、有能力的印象。最好穿正式的套装,裙子不宜太长、太短,尽量不要穿低胸紧身的服装。女士佩戴的饰品数量不宜过多。注意服装整体的搭配,要以简单朴素为主。男士胡须要刮干净,以正式西服为宜,领带要打端正,袜子颜色最好配合西服颜色,鞋子可选择较正式的,并要擦拭干净。面试前要剪指甲,不要吃葱、蒜、韭菜等有刺激性气味的食物。

你要提前一天弄清面试人的姓名、头衔和地址,再一次确定面试安排,弄清行车路线,途中时间安排要充足,要提前 10~20 分钟出现在面试接待人员面前。

面试时应避免抽烟、吃东西、戴太阳镜。要求使用对方电话、吹口哨、听随身听等都是令人反感的事。面试前应该做的事是:浏览公司的资料,复习重点答题。如果面试者延长了前一位面试者的面试时间,要耐心等待;如果有人试图和你交谈,要乐于加入,微笑相待。

面试之前,先检查一下仪表,关掉手机,不能有疏漏之处。心情要放松,脸上要露出自然笑容——这是无声的问候,无言的赞美。笑创造的价值是无限的。不管面试人采取善意或恶意的态度对你，你都要保持平静、有礼。

心理学家奥里·欧文斯认为："大多数人录用的是他们喜欢的人，而不是最能干的人。"考生要准时到达面试地点，对待考务人员谦和有礼，进入面试前关闭手机。

◆ 面试

面试开始时的礼仪要求：轻叩屋门后没有应答，应该等一二分钟再叩。一定不能直接推门而入。面试者进屋之后，一定要把门轻轻关上。进入面试室时，面试者要主动微笑着向面试官点头招呼，礼貌地问候："您好！"或"大家好！""各位老师好！"面试者不能主动与面试官握手，被动握手时应热情地伸出手来，与他握手。"请"才入座，并向面试官表示谢意。如果有指定的位置，要坐在指定的位置上。若无指定位置时，可以选定面试官面对面的位置坐下，坐姿端庄，大方得体，上身略前倾，以示尊敬。面试过程中要做到：眼神自然温和，面容微笑亲切，态度"略卑不亢"。面试结束时将使用的笔纸收拾好，摆放整齐，将坐过的椅子归原处，并面带微笑向面试官表达感激之情。面对着门，把门轻轻关上。

开场白应该是由面试官来说，面试者要注意倾听，冷静等待。如果面试官不开口，而且盯着面试者，面试者可使用售货员熟知的开场白："我能帮助您做点什么？""对于我是否适合在贵公司工作的问题，您怎么看？"或者"您觉得我适合做会计吗？"

回答问题要简练，表现要诚实大方，坦诚直率，面试官的问题要先答，次考官的话要依次回答。注意身体语言，手势不能过多，太多太夸张的手势会搅得听话人心烦意乱，反而影响面试者的说话效果。

结束面试的信号是类似这样的话："感谢你前来应聘。""你所提供的信息都相当有用。""你还有没有什么补充的？"如有面试官盯着门，看着表，从椅子上站起来等都是结束的信号。此时，你要有策略地退场，但在你没有搞清楚下一步发生什么事之前，千万别离开面试现场。据调查显示，90%的面试官希望被招聘者提出问题，这是个好机会，比如说："你觉得我的资历和这份工作的要求之间有什么差距吗？""我期待着您所提到的第二次面试。""我什么时候等候您的回答？""我能与你联系吗？""我能为你干点什么吗？比如写调查报告，无偿工作几天。"尽管面试官未必会同意，但面试者的主动精神会给面试者留下深刻印象。

面试就是表演，不管成功与否，在面试的短暂期间应建立良好的关系，给人深刻印象。著名喜剧演员陈佩斯在面试时的表现就相当出色。当时导演让他当个伪兵,没有语言,就是从幕这边走到那边——简单的过场戏。如此简单的场景,被他演绎成:当他听到枪响,刚想拔腿跑时,头上的帽子掉了。这一简单的动作语言充分体现了伪兵被人追赶时的狼狈相。导演对他产生了深刻的印象,从此他便步入艺坛。原"正大综艺"主持人杨澜,面试时以能言善辩的口才战胜了比她漂亮的竞争对手,走出了成功人生最关键的一步。

面试者要准备自我推销的广告词,时间要在 25 秒内,告诉人们你是谁,要找什么样的工作,需要怎样的帮助,你的研究方向,目前情况(在职、被裁、想跳槽等),你心目中理想的工作是怎么样的?相对于其他应聘者,你的与众不同之处是什么。你如果想应聘领导职位,要表明你能在本职位创造性地工作,善于处理困难和实际问题,表明处理问题的熟练性。要对本公司的销售、市场、服务、金融、研究和发展或生产阐述具体的观点。你提出的每一个问题都应该有双重目的:一是介绍你自己的情况,二是得到你需要的信息,以便作最后的决定。能同时实现这两个目的是最理想的。当你觉得你和未来的雇主都已经获得了所有重要信息的时候,就应该停止提问。

罗伯特·哈佛国际公司对经理人员作过调查,要求他们说出一个除应聘者能力和对这份工作感兴趣之外的最能打动他们的品质,以下是得出的结果:口头表达 38%,热情 24%,诚实正直 7%,过去经历或成绩 7%,自信心 4%,幽默感 2%,直接交流与眼神接触 2%,事先准备 2%,专业程度 2%,礼仪举止 2%。

对参与面试者的每一句话都要认真对待,要三思而后答,分析他的意图。比如说:你是一名好经理吗?你只说管理经验如何好,不说"实干家",而他需要实干家,就把你的名字划掉了,所以你必须说两者都内行。问你想当长期工,还是临时工?你回答想当长期工。如果他们需要临时工,就把你的名字划掉了。问话如果涉及违背法律或保密的问题,你实答违法,不答不礼貌,回答要围绕公司说,无关不说。有些问题需要创新地答。比如:2+2 等于几?一般情况下等于 4,某种情况下大于 4 或小于 4。推销工作需要大于 4,财务工作需要等于 4。有些话是陷阱,你要避开陷阱,不能按题意答。有些职业需要压力测试,故意让你坐不稳凳子,让你生气,故意让你等待——借打电话为由离开面试现场,以沉默对待你或故意让你逆光而坐,给你不稳的处境,甚至多位考官一起向你发问等。你要注意倾听,不能慢待每一位考官,使用词汇用"我们"而非"我",即站在雇主单位的立场说话,以突出团队精神。面试官问你话大多是根据本行业需要而定的,不管什么行业,都要问你工资需要多少,你应该说没考虑,因为自己能否选中没把握,先说工资不妥。最后，你认为有把握录用，可反问："你能告诉我像我这样的雇员应有的工资范围吗？"也可以说实话——事先查明你所从事职业的当前价。

近年来，一些高科技行业，为了把那些高学历而无创新能力的人剔出来，并找出那些无经验而有创新能力的人，于是采取了一系列的"诡题"、"诈题"、"傻题"，多为逻辑智力题，有的题没有正确答案，只需你说明理由，寻找解决问题的方法。有的面试官水平低于你，而你的答案完全正确，但因态度傲慢，缺乏沟通能力而落选——这是领导岗位，没有沟通能力的人不能说服部下。

◆ 准备一个履历表

履历表要反映自然状况、婚姻状况、健康状况、学历、工作经历、证明人、照片、应聘职位、其他项（包括军队服役、出版物、发表演讲、社团成员资格、奖励和获得承认、计算机技能、专利权、语言技能许可证书和资格证书以及个人兴趣）。简历上不要出现薪金的历史和待遇要求。

写作简历的大忌是非专业化，粗心大意，言辞含糊，表达失实，繁冗拖沓，夸大其辞。应放弃双关语，避免使用俚语和时髦词。

如果简历表不能详细说明问题，还可写一篇比简历表大些的单子，最好在面试开始后递给面试人，会省却不少麻烦。

在一项为罗伯特·哈佛国际公司进行的独立调查里，当150名人力资源经理和来自全国1000家大公司的经理们被问及："除了技术和经验，在审阅一份简历时，下列的哪一项是你寻找的最重要的信息？"结果是：职责的增加67%；经前雇主15%；稳定性11%；其他/不知道7%。

履历表主要有三种格式，即编年型、功能型、专攻型。编年型履历表比较适合有工作经验的人。功能型则注重过去工作上的经验与表现，而专攻型则是强调你在未来工作上发挥的才干与技能。

履历表要针对你应征的工作而写，写得愈详细对你就愈有利，可以体现出你的意图以及想一展身手的欲望。至于先写什么，后写什么，要根据自己的情况而定。最好是开门见山，直奔主题。面试人首先看到你的成绩，才能继续看下去。

履历表一定要用打字的，要印在质感好的白纸上，须体现出艺术性和文字功底。一般中文简历不超过3页，英文简历不超过2页，有特殊要求的履历表除外，多备几份。务必列出的是你的资历、才能与目标。

外企求职要懂外文，不必谦虚，充分展现你的长处和技能。一般外企都有自己应聘的登记表，项目较多，需要耐心，不要遗漏和盲目填写，仔细揣摩后再填。

◆ 面试的方式

●筛选性面试

在大机构里，面试常分两个阶段进行。首先，所有应聘者须经人事专家筛选，保留符合条件的候选人。然后，合格的候选人再接受一名经理（或由数名经理及业内负责人组成的小组）的面试，由他们挑选出最终获得职位的人。

●挑选性面试

当你过了筛选性面试这一关，来到有权作出用人决定的经理面前时，你已经被认为是合格的人选了。这时候，你不能完全轻松，也许会对你进行"餐桌面试"，即被邀请去共进午餐或晚餐，表明对方对你颇感兴趣。你要真情表演，少说私事，不要使有关就业的专业讨论带上非正式的色彩。如果让你点菜，不要点最贵或最便宜的菜和难以下咽或吃起来费力的菜。最好问老板需要点什么。席间，不要暴饮暴食（只要汽水或喝一点低度酒意思一下），要向主人致谢。最后，送上账单时，你要表示出有意付款，但不能抢着付账，那将显得虚伪又别扭。

●电话会谈

这是淘汰面试的一种，但也同样说明老板对你感兴趣。电话面试人很可能是专管招聘的人员或人事部门的职员，他没权决定雇你，但有权淘汰你。你要有精神准备，争取利用电话会谈得到面谈的机会。电话会谈的广告词必须在10秒钟左右讲完，回答问题既简洁又全面，不要跑题，最后你可问他能否安排一次面试，可以详谈，别忘了致谢。

◆ 面试的内容

面试的内容是根据时代的需要，用人单位的需求而定，不是千篇一律，并随着时间的变化而变化。

在我国，面试的主要内容无外乎是：人员素质、人际关系、应变能力、压力适应能力、创新能力、敬业精神等。

在美国，无形品质比有形品质更重要，如是否有创造性才能，是否有多学科知识和创业精神，是否能在团队中工作，在压力下能否履行职责，重要的是能否适应企业文化。心理学家通过极其详尽的测试结果，评证求职者的作为能力、管理风格及本人其他主要情况。

在英国，心理测试已取代传统面试。

在日本，招聘形式比较奇特：

电器产业：要进行自信心测试、时间观念和工作责任心测试。

伊藤忠商事公司：需要不墨守成规的人。

伊藤洋果堂：需要进行逻辑思考的人。

北海道拓殖银行：需要具有强烈好奇心的人。

东西国内航空公司：需要能够提出问题的人。

日本电信电话公司：需要顽强竞争的人。

日本麦克唐纳快餐公司：需要敢于迎接挑战的人。

野村证券公司：需要健康诚实的人。

马自达汽车公司：需要富有活力的人。

里克尔特公司：需要不怕跑腿的人。

●面试时提问内容大致有：

①领导交给你的一项任务并交代如何办理，但如果按领导的意见做，肯定会造成重大损失，你该怎么办？

②假如你正在兴致勃勃地和同事谈论领导的缺点，领导出现了，你会怎么处理？

③领导能力比你差得多，你怎么办？如果领导能力比你强得多，你又怎么办？

④领导交代你将某文件还给甲，第二天领导一来就责骂你应将文件送至乙，为什么送给甲？你又会如何处理？

⑤简单说说你个人的情况。

⑥如今你还在上班期间，又是如何找机会出来应聘的呢？

⑦你为什么辞职？

⑧你以前的雇主如何待你？

⑨你的长处是什么？

⑩你的弱点是什么？

⑪你对我们了解有多少？

⑫你最后一份工作的情况。

⑬你希望5年内达到什么目标？

⑭我们公司什么地方吸引了你？

⑮你觉得你能给本公司带来什么？根据你对本公司和本公司工作的了解，如果你在这个职位上，你能做哪些变革？

⑯我为什么要聘用你？

⑰你认为自己具备团队精神吗？

⑱你在最后一份工作中遇到的最大困难是什么？你又是如何解决的？

⑲你最喜欢以前那份工作的什么方面？

⑳你最不喜欢以前那份工作的什么方面？

㉑你对自己事业的满意程度如何？

㉒你工作之余爱做什么？

㉓你要求的工资是多少？

㉔你的专业是什么？为什么选择这一专业？

㉕你在学校里表现优秀吗？

㉖你所受的教育哪方面有助于你承担这份工作的能力？

㉗你参加什么样的课外活动？你担任过何种领导职位？你为什么没有参加一些课外活动？

㉘如果时光能够倒流，你想重选大学/专业吗？你不喜欢学校哪些方面？

㉙你曾有过一门功课不及格吗？假如有，什么原因？

㉚高中或大学是如何使你为毕业后的"现实世界"作好准备的？

㉛你怎样授权别人办事？

㉜描述一下你如何担当领导角色？

㉝你怎样给雇员提出批评意见？

㉞你曾雇用或解雇过许多人吗？

㉟你认为自身有什么需要改变的吗？如果你能改变过去的某些决定，那么这些决定又是什么？

㊱你对"成功"的定义是什么？你对"失败"的定义是什么？面对压力如何进行工作？你为什么能成功呢？

㊲你想得到的职位如何有助于这些目标的实现？

㊳描述一下你决策的过程，告诉我你是怎样应付意外出现的问题的。你是如何制定目标的，为了实现目标，你是怎样着手工作的？

㊴你对这个职位有何了解？你对我们的竞争对手有什么样的了解？你对我们公司当前面临的挑战有何看法？

㊵你将如何帮助公司发展壮大？

㊶你所遇到过的最棘手的问题是什么？

㊷你的口头发言能力如何？与你的口头表达能力相比，你认为自己的书面表达能力如何？

㊸你的履历表上有一段时间是空的，在那段时间你干了些什么？

㊹你喜欢办公室工作还是生产线上的工作？

㊺列出几条你自身最重要的品质。

㊻如果你有可能重新选择职业，你会不会做什么别的工作？

㊼你认为自己有担任高层管理人员的潜能吗？

㊽在过去的工作中你学到了些什么？

㊾你心中最理想的工作集体应是什么样的？

㊿你认为什么样的环境才有利于开展工作？

51你是否常与主管见面，为何见面？

52你原来的工作与企业的全面目标之间的关系如何？

53你可以同时承担多少个项目？

54关于原先的职务，你觉得工作量如何？

55在哪些方面可以说明你上次的职务已为你今后承担繁重的责任创造了条件？

56在你任职期间作出过哪些重要决定？

57在面对困难任务或不喜欢做的事情时，你是怎样保持工作效率的？

58一个好企业要取得进步有哪些因素？

59你认为当经理或当行政领导最困难的是什么？

60在没有先例或程序可供参考的情况下，若要你作出决定，你会怎么样？

61你的管理风格如何？以你最近的职位为例。

62你能坚持不懈吗？以你现在的工作加以说明。

63你解决过复杂问题吗？

64描述一下你不得不在压力下工作，并且应付最后期限的情形。

65说一说你原先工作中最典型的一天。

66你的强项是什么？

67你愿意与他人合作，还是愿意独当一面？

68你在处理问题时，是怎样获得他人帮助的？

69从 1 到 10 的刻度上，你的平均精力水平是什么？

70你有哪些资历和资格？

71你作决定时所持的标准是什么？

72哪种决定对你来说是最难作出的？

73 5 年以后你想干什么？

74假如你进了我们的公司，你会在这里待多久？

75假如你进了我们公司，希望何时提升？

76你是怎样奖励那些工作有成绩的人？

⑦⑦告诉我最近一次你在工作中发脾气的事。

⑦⑧当上司不在场而必须由你作出决定，当时又没常规可循时，你怎么办？

⑦⑨你采取什么步骤来解决一个难题？

⑧⓪你为何认为自己会喜欢这种工作？

⑧①你在以前的工作中学到了什么？

⑧②你所取得的最大成就是什么？

⑧③你是否或曾经有过与别人很难相处的时候？

⑧④你的上一次工作要求的出差次数是多少？

⑧⑤出多少次差才算太多呢？

⑧⑥你觉得出差旅行如何？你愿意去公司派你去的地方吗？

⑧⑦出差会给你带来哪些困难？

⑧⑧除了完成工作目标外，你认为出差还有什么好处？

⑧⑨你有没有困难和那些背景、兴趣迥异的人一起工作？

⑨⓪你为什么对这份工作感兴趣？

⑨①你怎样定义合作？

⑨②你拥有哪些资质能够让你成为一名成功的销售人员？

⑨③以我手上这支笔（手表、杯子等）为例，向我推销它。

⑨④推销遭到拒绝时怎么办？

⑨⑤作为一名销售人员，你认为对于你的成功，哪三件事最重要？

⑨⑥对于贸然给不相识的人打电话，你的感觉如何？

⑨⑦你怎样看待一旦需要时，不得不冒成败参半的风险？

⑨⑧你怎样评价作为面试者的我？

⑨⑨哪两个问题是你不希望我问到的？

⑩⓪你为什么辞职？

⑩①你换过多少工作，为什么？

⑩②你认为你的性格怎么样？

⑩③你认为你能为这家公司提供何种贡献？

⑩④你这个年纪为何想改行换业？

⑩⑤在你开始想升迁问题之前，你认为自己能在这份工作上快乐地干多久？

⑩⑥你与子女之间的感情如何？

⑩⑦使你印象最深刻的成就是什么？

⑩⑧你想喝点什么吗？想抽支烟吗？（抽烟的人，同等条件下成功率降低50%）

⑩你是想找一份永久性的工作，还是临时工作？

⑩你曾经被解雇过吗？

⑪你认为怎样才是一个令人满意的出勤记录？

⑫有没有原因让你不能按时上下班？

⑬你怎样设计一个打火机？

⑭有 8 个钢球，其中一个比其他的球重，你怎样使用天平通过两次称重找到这个球。

⑮一个正三角形的每一个角各有一只龟。每一只龟做直线运动，目标角是随机选择。龟不相遇的概率是多少？

⑯怎样以–2 为基数进行计算？

⑰你能搬动地球吗？

⑱提供一个 3 升和一个 5 升的桶，并提供无限量的水，怎样用它们准确地量出 4 升的水？

⑲为什么下水道盖子是圆形的，而不是方形的？

⑳为什么液化气罐两头缩小？

㉑为什么镜子里的影像左右颠倒而不是上下颠倒？

㉒世界上有多少钢琴调音师？

㉓在不使用天平的情况下，你怎样算出一辆卡车的重量？

㉔车钥匙应该往哪边转才能打开车门？

㉕地球上有多少这样的点：往南走 1 千米，往西走 1 千米，往北走 1 千米，你能回到原来的出发点吗？

㉖一天钟表的指针重叠多少次？

㉗甲乙两人共有 21 元人民币，甲的钱比乙多 20 元，每个人各有多少钱？在你的答案中不能有分数。

㉘有一个员工坚持要你每天用黄金付薪水，你有一块金条，价值刚好等于这位员工 7 天的薪水。金条已经被分成了相等的 7 份。如果只允许你切割 2 次，并且你每天下班时要给这位员工发薪水。请问你会怎么做？

㉙有三种颜色的软糖装在一个桶中，分别是红、白、黑。如果你闭上眼睛从桶里抓糖，需要从桶里抓多少颗糖才能保证你一定同时抓出两颗颜色相同的软糖？

㉚有三箱水果，前两箱分别装着桃和梨，还有一箱既装桃又装梨。每箱都密封，上面的标签都是错的。要求你闭上眼睛从箱里拿出一个水果，然后对它进行检查。你怎样确定每个箱里装的是什么水果？

⑬有 5 个装了滚珠的瓶，其中一个瓶装的滚珠重 9.9 克，4 个瓶中的滚珠重 10 克，给你一台秤，只准用它称一次，你能找到那瓶重量轻的滚珠瓶吗？

⑬你是愿意做一个大池塘里的小鱼，还是愿意做一个小池塘里的一条大鱼？

⑬你现在读什么书？

⑬如何将计算机技术运用于一栋 100 层高的办公大楼的电梯系统上？你怎样优化这种应用？工作日时的交通、楼层或时间等因素会对此产生怎样的影响？

⑬你如何对一种可以随机存在文件中或从因特网上拷贝下来的操作系统实施保护措施，防止被非法复制？

⑬你如何重新设计自助取款机？

⑬你如何为一辆汽车设计一台咖啡机？

⑬你给失聪的人设计怎样的闹钟？

⑬如果你在拆一个由许多部件组成的可以拆卸的时钟，你将这一块块拆开，但是没有记住是怎样拆的。然后你将各个零件重新组装起来，最后发现有两个重要零件没有放进去。这时你如何重新组装这个时钟？

⑭如果你需要学习一门新的计算机语言，你会怎么做？

⑭到目前为止，你遇到的最难回答的问题是什么？

⑭如果你将世界上所有的计算机制造商召集起来，告诉他们必须要做一件事，你会让他们做什么事？

⑭如果你在 5 年内会得到一笔奖金，你认为会是因为什么？关注你的成绩的人会是谁？

⑭为什么当我们在任何一家宾馆打开热水龙头时，热水会马上流出来？

⑭假设你回到家，进入自己的房间，打开电灯开关。可是一点反应都没有——灯没有亮。这时，你在判断问题出在哪里时，会依次采取怎样的做法？

⑭你如何把冰卖给爱斯基摩人？

⑭谈谈你成功解决自己所遇到的一个问题的情景。

⑭你为什么觉得自己聪明？

⑭下面哪项叙述是错误的？

(a) 主观主义者可能也是相对论者。

(b) 相对论者也可能是客观主义者。

(c) 绝对论者也可能是主观主义者。

(d) 客观主义者也可能是绝对论者。

⑩一等腰三角形，腰长一个单位，第三边还没有确定。请你很快地说出：当这个等腰三角形面积最大时，第三条边的长度是多少？

⑪在 1、2、3、4、5、6、7、8、9 这一串数字中间，加入标点符号"+"或"–"，使其代数和等于 99，按（1……9）可以有 17 种解，倒过来的后者（9……1）可以有 11 种解。请尝试一下。

⑫一列全长为 250 米的火车，以每小时 60 千米的速度，穿越一条长达 500 米的隧道。请在半分钟内回答：这列火车用了多少时间通过这条隧道？

⑬在一个家庭宴上，主人致祝酒词后，便开始相互碰杯祝贺。有人统计了一下，在宴会上所有人都相互碰了杯，而且席上共碰了 45 次杯。根据这些情况，你能知道有几个人出席这次家宴？

⑭如何组合 1、2、3、4、5、6、7 这些数字，使它们的和等于 100？

⑮已知 $11^3=1331$，$12^3=1278$。问什么数的立方等于 1442897？

⑯我骑自行车到了公园，看到那儿一共有 11 辆车（包括自行车和三轮车）。如果车的轮子总数为 27，请问有多少辆三轮车？

⑰合唱演出在即，一名团员病倒了，不能参加。指挥排了一下队伍，如果 10 人一排，有一排就少 1 人；如果 12 人一排，有一排还是少 1 人，如果 15 人一排，有一排仍少 1 人。请问合唱团一共有多少人？

⑱只允许使用 4 个 9，能否列出一个算式，使它的结果为 100 呢？

⑲在某宾馆的宴会厅里，有 4 位朋友正围桌而坐，侃侃而谈，他们用了中、英、法、日 4 种语言。现已知：A.甲、乙、丙各会两种语言，丁只会一种语言；B.有一种语言 4 人中 3 人都会；C.甲会日语，丁不会日语，乙不会英语；D.甲与丙与丁不能直接交谈，乙与丙可以直接交谈；E.没有人既会日语又会法语。请问：甲、乙、丙、丁各会什么语言？

⑳从前有 A、B 两个相邻的国家，它们的关系很好，不但互相之间贸易交往频繁，货币可以通用，汇率也相同。也就是说是 A 国的 100 元等于 B 国的 100 元。可是两国关系因为一次事件而破裂了，虽然贸易往来仍然继续，但两国国王都互相宣布对方货币的 100 元只能兑换本国货币的 90 元。有一个聪明人，他手里只有 A 国的 100 元钞票，却借机捞了一大把发了一笔横财。请你想一想，这个聪明人是怎样从中发财的？

㉑父亲有 100 元。他对儿子说："我有 100 元，如果你能猜对我现在想些什么，我就把这些钱都给你。"儿子非常想得到这 100 元，他苦思冥想，终于想到了一个绝妙的答案。他对父亲说了，父亲"嗯"了一声后就不再作声，把 100 元给了儿子。请问这个绝妙的答案是什么？

⑯一只酒瓶装了半瓶酒，瓶口用软木塞塞住。问：在不敲碎酒瓶，不拔去塞子或者不准在塞子上钻孔的情况下，怎样将瓶子内的酒喝光？

⑯一个小镇上只有两位理发师，他们各开了一家发廊。这两家发廊可谓天壤之别：一家窗明几净，理发师本人仪表整洁，发型大方得体；另一家则是又脏又乱，理发师也不修边幅，头发乱糟糟的。一位逻辑学家到此镇小住，有一天他想理发。他观察了两家发廊后，却走进了那家脏发廊。请问这是为什么？

⑯一分钟选择

（1）张三喜欢 225，不喜欢 244；喜欢 144，不喜欢 145；喜欢 900，不喜欢 800，问她喜欢下面的哪些数字？

A.1600　　B.1700

（2）如果 2 个打字员在 2 分钟能打 2 页，那么如果把 18 页文件在 6 分钟打完要多少打字员？

A.3　　B.4　　C.6　　D.12　　E.36

⑯有一个国王，在一次战争中逮捕了敌对国家的一个预言家。他对这个预言家说："我一定要处死你，但是在你临死之前，我想再给你一次预言的机会。你可以预言一下，我将用什么样的方法来处死你，如果你说对了，我不枪毙你，如果你说错了，我就要绞死你。"

但是预言家说了一句很聪明的话，使国王没办法对他执行死刑，你知道这位预言家是怎么说的吗？

⑯你认为成长过程中对你影响最大的因素是什么？

◆ **面试案例**

①生存能力。有一次，日本松下公司准备招聘一位市场策划人员，从众人中挑选 3 名人员进行考核。考核人员将他们从东京送往广岛，让他们在那里生活一天，按最低标准给他们每人一天的生活费用 2000 日元，剩下是不可能的，一罐乌龙茶的价格是 300 元，最便宜的旅馆一夜需要 2000 元……也就是说，他们手里的钱仅仅够在旅馆住一夜，要么就别睡觉，要么就别吃饭，除非他们在天黑前让这些钱生出更多的钱。而且他们必须单独生存，不能联手合作，更不能给人打工，最后看他们谁剩的钱多。

第一个聪明人花了 500 元买了一副墨镜，用剩下的钱买了一把二手吉他，来到了广岛最繁华的地区——新干线售票大厅的广场上，演起了"盲人卖艺"，半天下来，他的大琴盒里已经是满满的钞票了。

第二个聪明人花了 500 元做了一个大箱子，上写：将核武器赶出地球——纪念广岛捐赠箱，半天下来，他的捐赠箱里已经是满满的钞票了。

第三个用 150 元做了一个袖标，一枚胸卡，花了 350 元从一个拾垃圾老人那儿买了一把旧玩具手枪和一脸化装用的络腮胡子。傍晚时分，这人戴胸卡和袖标，腰挎手枪的城市稽查人员出现在广场上，他扔掉了"盲人"的墨镜，摔碎了"盲人"的吉他，撕破募捐人的箱子，并赶走了他雇的学生，没收了他们的"财产"，收缴了他们的身份证，还扬言要以欺诈罪起诉他们……

前两人想方设法借了点路费，狼狈不堪地返回了松下公司时，已经比规定的时间晚了一天，更让他们脸红的是，那个"稽查人员"还在公司恭候！

这时，松下公司国际市场营销部总课长走出来，一本正经地对站在那里发呆的"盲人"和"募捐人"说："企业要生存发展，要获得丰厚的利润，不仅仅是会吃市场，最重要的是懂得怎样吃掉市场的人。"只有超越他人，才能生存。松下公司聘用了超越他人的人。

②香港某企业登报招聘推销人员，考生按地址前去应聘，进门只见 3 个青年人聊天，请问："这是 XX 公司呢？"考官前后只回答了 3 句话："这不是 XX 公司"、"还没有到时间呢"、"别等了，已招满了。"不少人听第一句话走了，还有一些人听第二句话走了，少数人听第三句仍没有走，其中一名清华大学的女生表现最出色，终于说服了三位"聊天人"。这人后来工作非常出色，逐渐走向领导岗位。雇主要求考生具有判断力，想象力，洞察力，公关力，沟通力以及自信、机智、热情、果断等素质。

③某大公司招聘 CEO 出了一道随机应变能力题：如果在一个下大雨的晚上，你下班开车路过一个车站，看见车站里有 3 个人，一个人是曾经救过你命的医生，一个是生命垂危的患者，一个是你心爱的人，请问，在你的车只能坐两个人的情况下，你会选择谁来坐你的车？

④串词：展示、策划、高兴、网络、敏捷。这是 2007 年 4 月 18 日广东省公务员面试题，让考生用这些词语串连一句话或一段话。这一类试题评价的一般标准：符合语法规则，符合逻辑要求，主题正确鲜明，衔接自然巧妙。

⑤编故事：判断、升级、意向、联系、交通。这是 2007 年 4 月广东省公务员面试题。这类题要求具备"时间、地点、人物、情节"这 4 个基本要素；主题要明确；情节要完整，曲折多变。

⑥作一个 5 分钟的即席演讲，主题是关于"人才兴国战略"。这是 2006 年天津市公务员面试题。这类题要求确立好主题，提炼好材料，开头引人入胜，结构好层次，结尾耐人寻味。

以上面试题来自国内外，只选一部分，还有不少行业技术方面题未列入，仅供参考。

在面试回家之后，可以立刻写一封致谢信，最迟第二天写，表示你对这份工作特别感兴趣，强调你的有利之处，能胜任工作，这也说明你懂规矩，懂礼貌，有教养。

当你面试成功，上班的第一天，给人的第一印象很重要。你要与所有同事见面、握手，自我介绍，交换眼神和微笑，少说多问，了解情况，三思而行，对人和气，认真倾听，守口如瓶，谦虚谨慎。要将人际关系放在第一位，站稳脚跟才能干事业。你的言谈举止也会影响今后很长一段时间里人们对你的看法。

4. 创业

创业已成为当今社会的时尚。美国经济大师，艾伦集团总裁罗勃特艾伦说："无论你多么热爱你的工作，但指望它带来财富就好比在盐矿中寻找金子一样荒唐，一个固定的工作是为了你基本的生活需要，而极少人可能致富。"

◆ **创业的概念**

荣斯戴特（Robertc Ronstadt）曾这样定义创业："创业是一个增长财富的动态过程。财富是由这样一些人创造的，他们承担资产价值、时间承诺或提供产品或服务的风险。他们的产品或服务未必是新的或唯一的，但其价值是由企业家通过获得必要的技能与资源并进行配置来注入的。"

在《创业学》一书中对创业是这样定义的："创业是一个发现和捕捉机会并由此创造出新颖的产品、服务或实现潜在价值的过程。创业必须要贡献时间和付出努力，承担相当的财务的、精神的和社会的风险，并获得金钱的回报，个人的满足和独立自主。"

◆ **创业家的素质**

具有高瞻远瞩的战略眼光，能够准确地预测未来，把握时代的脉搏，顺应社会发展的趋势，去摘取成功的果实。有记者问比尔·盖茨："你能快速成为世界首富的秘诀是什么？"他回答："很多人看到微软的成功是技术、人脉和市场营销，其实这些都只是表象，我成功的秘诀很简单，就是一个好眼光。"英国科学家牛顿说："如果说我能够看得更远，那是因为我站在了巨人的肩膀上。"李嘉诚说："眼睛盯在自己小口袋的是小商人，眼光放在世界大市场的是大商人。同样是商人，眼光不同，境界不同，结果也不同。"

创业家要具有敏锐的商业嗅觉。

● 具有强烈的创业精神与创业意识和愿望。

不墨守成规，不人云亦云；不怕困难，吃苦耐劳。有从困境中求生存的能力；有把缺陷变成优点的能力；有善于与他人合作共事的能力；富于冒险精神、献身精神。

冒险与冒进、莽撞的区别：你想要干某种事情，必须有冒风险的能力，懂得取胜的技巧，而且认定你看到的机会，这叫冒险。如果你不明事情真相还要去干叫冒进；明知有地雷还要去踩叫莽撞。

● 自信

自信是指自己在作出正确估价的基础上，对事业充满信心，是一个人的气魄、胆识、求胜的信念，是激发人的潜力的最佳法宝，是塑造良好气质的重要因素，是乐观向上的生活态度，是内心深处的生命之火永远燃烧。美国代表团访华时，曾有一名官员当着周恩来总理的面说："中国人喜欢低着头走路，而我们美国人却总是抬着头走路。"此语一出，众人皆惊。周恩来不慌不忙，脸带微笑地说："这并不奇怪。因为我们中国人喜欢走上坡路，而你们美国人喜欢走下坡路。"美国官员的话里显然是含着对中国人的调侃，周总理的回答柔中带刚，针锋相对，表现出了机智与自信。

印度诗人泰戈尔说："自信是煤，成功就是熊熊燃烧的烈火。"能自信，才能有知难而进的斗争勇气，才能有临渊不惊、临危不惧的英雄本色。唯有自信的人，才敢于进取，坚持奋斗。说到底，一个人的自信，实际上是他对目标的追求，奋力拼搏的内在支撑，有大自信才会有大志向，才可能有大成功。一个没有自信的人，遇事畏首畏尾，瞻前顾后，优柔寡断，必然错失良机，怎么能成功呢？高尔基说："只有满怀自信的人，才能在任何地方都把自信沉浸在生活中，并实现自己的意志。"

古往今来，凡是想大事，能成大事者，都有大自信，所谓"当今之世，舍我其谁"，"天生我才必有用"，"人所具有的，我都具有"，"会当水击三千里，自信人生二百年"——这些名言展示的都是有大成就者的豪迈胸怀。胡雪岩在他生意面临全面倒闭时说："我是一双手起来的，到头来仍旧一双空手，不输啥！不仅不输，吃过，用过，阔过，都是赚头。只要我不死，我照样一双空手再翻过来。"这种自信心多难得呀！

自信的心态，促使人时常保持乐观。自信能催人奋进，自信是力量源泉，只有对自己的事业充满信心时，才会积极主动去干好它。鲁迅说："不要把自己看成别人的阿斗，也不要把别人看成自己的阿斗！"人既要自信，又要平等待人。

成功人士不羡慕别人，模仿别人，立志在我，谋事在我，事在人为，成事也在我。哈佛教授亨利·戴维·梭罗说："自信地朝着你想的方向前进！过你想过的生活。随着自信的激励，人生的法则也会变得简单，孤独将不再孤独，贫穷将不再贫穷，脆弱将不再脆弱。"自信的人生，就是成功的人生，幸福的人生。

但是，我们要警惕自信过头：自负（不量力而行，冒进），自我（只知道自己，不知道别人），顽固，刚愎自用，个人英雄主义。

● 行动

成功人士有一个特点，看准的事，立刻行动，分秒必争。智能=智力+能力=思考能力+行动能力。哈佛教授罗杰·布莱格说："任何语言都不能代替行动。而人的哪怕一点微小的进步，都是需要自己的双脚迈出去的。但在迈出去之前，千万不要假设前面就是万丈深渊。"当然，对前路的"万一"进行必要的思考，将使我们有备无患。但是，"万一"只是万一，而不是一万，我们不能把事物的偶然性，当成必然性，保持积极的心态十分重要。成功需要乘虚而入，在一件事还无人阻拦、无人设置障碍的时候，就果断地去直奔目标。当然，任何事迟早都会有人阻拦的，在这之前有先见之明——前进必败，那么，你就戛然而止吧！成功是一场马拉松的比赛，需要脚踏实地一步一步向前迈，每迈一步都会成为攀登高峰的台阶，竞争中没有终点，只有那些专注的目标，永不放弃，保持警惕，拼命向前冲的人才能成为冠军。这不光是一场体力、财力的竞争，更是意志和精神的较量。

● 专注

专注就是集中精力，全力以赴干一件事，做到好上加好，才能成功。俗语说："水滴石穿，绳锯木断"，就是这个道理。

尼克松说："一个人如若从未入迷于比其自身更重大的事业，那就失去了人生登峰造极的经验之一。只有入迷，他才能自知；只有入迷，他才能发现他从来不知道自己所具有的，否则将仍然是休眠着的一切潜在力量。"

《成功》杂志一位作者访问爱迪生时，曾经问他："成功的第一要素是什么？"爱迪生回答说："能够将你身体与心智的能量锲而不舍地运用在同一个问题上而不会厌倦的本领。可以说，我们每个人每天都做了不少的事，假如你早上7点钟起床，晚上11点睡觉，你就能做整整16个小时的工作。唯一的问题是，别人能做很多很多事，而我只能做一件。假如你们将这些时间运用在一个方向，一个目标上，你就会成功。"

换句话说，专注就是要放弃"芝麻"，丢掉"包袱"，才能轻装前进。诺基亚在企业发展到关键的时候，放弃了多种经营，专攻移动电话，现在成为全球最大的移动电话生产商。

黑格尔认为："一个志在大有成就的人，他必须如歌德所说：'知道限制自己'。反之，那些什么事情都做的人，其实什么事情都做不好，而最终归于失败。他必须专注干一件事，而不可分散到多方面。"他在这一思想的指导下，成为一位伟大的哲学家。

陈景润毕生专注于"哥德巴赫猜想"的研究上，他的关于（1+2）简化证明的论文，轰动了国内外数学界，成为现代著名数学家。

目标既然确定，每走一步都不能偏离方向，一步一个脚印朝前走，不回头。但是方法要灵活变通，做到"四两拨千斤"，就能事半功倍，早日到达目标。

● 将之"五德"

孙子曰："将者，智、信、仁、勇、严也。"

梅尧臣注曰："智能发谋，信能赏罚，仁能附众，勇能果断，严能立威。"王皙曰："智者，先见而不惑，能谋虑，通权变也；信者，号令一也；仁者，惠附恻隐，得人心也；勇者，徇义不惧，能果毅也；严者，以威严肃众心也。五者相须，缺一不可。"

剑桥教授伯图尔德·比尔斯论智勇："成功需要智勇双全，智是勇的基础和前提，没有智的勇，那叫鲁莽。勇是智的表述途径和方式，没有了勇，你的智无从表现，终将坏死心底，而不会为你带来一点价值和成功。"

剑桥教授哈曼德·埃沃森论智慧："智慧的表现就是机智。机智可以化险为夷；机智可以迎刃而解；机智可以使你平步青云；机智可以弥补你平庸的才能；机智可以助你成功。

但小聪明不叫机智，大智慧有时显得愚不可及，不要要小聪明，真正的智者，是适量的聪明中加上适量的愚蠢。"

周恩来说："自以为聪明的人往往是没有好下场的。世界上最聪明的人是老实的人。因为只有老实人才能经得起事实和历史的考验。"

聪明有许多种，有的等同于智慧，有的近似于愚蠢，有的聪明一世，却免不了糊涂一时，也有的人聪明过了头，处处精算，事事设防，甚至捡了芝麻丢了西瓜。

● 积极的心态

昆明西山华亭寺内，现存有一服"包治百病"的药方。传说是唐朝一位法号天际大师的和尚为普度众生而开的。据称凡诚心求治者，无不灵验。药方的内容如下：

药有十味：

好肚肠一根　　慈悲心一片　　温柔半两　　道理三分

信行要紧　　中直一块　　孝顺十分　　老实一个

阴阳全用　　方便不拘多少

用药的方法：

宽心锅内炒　　不要焦不要燥

用药的忌讳：

言清行浊　　利己损人　　暗箭中伤　　肠中毒　　笑里刀

两头蛇　　平地起风波

这是一服治疗消极心态，保持积极心态的十足的"中药"。

美国心理学家韦恩·W·戴埃是这样描述积极心态的："他们几乎热爱生活的每一个内容，并且从不抱怨生活，悲叹命运。如果需要改变现实，他们便能积极努力，并从中获得乐趣；他们是精神愉快、有所作为的人，从不因往事而内疚或悔恨，任何不愉快的事情出现之后，他们都会泰然处之；他们从不为未来忧郁，尤其是不愿意在目前为不能左右的未来痛苦；在他们的性格词典中，找不到'忧郁'这个词。这些人生活在现在，而不是过去或未来，他们不畏惧未来世界，敢于体会不熟悉的新事物，他们是精神健康的人，崇尚独立；他们并不是独往独来的孤家寡人，他们也喜欢和别人在一起，然而这不是从属关系；他们希望别人与他们一样愉快地生活，他们不寻求赞许。他们喜欢依照内心准则指导言行，并不在意别人的评头论足。他们并非不欣赏别人的赞许或喝彩，他们只是不肯花力气来满足这种无关紧要的需要。这些人并非叛逆者，但也决不会为适应社会环境而循规蹈矩。他们富有幽默感，善于制造引起精神愉快的幽默氛围，这些人能不加抱怨地接受自己，无论自身高矮美丑，一律喜欢。他们喜欢投身大自然的环境里，尽情地欣赏大自然的美。他们能够洞察别人的行为，对别人来说非常复杂费解的事情，他们都能明确地理解；他们从不进行毫无意义的争斗，他们也从不为炫耀自己而附和某种潮流。"这些人充满了希望，人生的旅途被阳光普照，无所畏惧，勇往直前。一个人具有什么样的心态，他就可以成为一个什么样的人，他就拥有一个怎样的人生。

在这个世界上，没有谁注定就是强者，也没有谁注定就是弱者。认为自己是强者的人，就是强者；认为自己是弱者的人，就是弱者。

当我们处于消极心态的时候，不要从事求生的创业项目，因为这时思维受阻碍，考虑问题片面，往往容易出错，导致失败。最好去做看书、游泳、打球、散步、跳舞及娱乐等休闲活动。心态完全正常才能全面地、准确地、深入地认识事物，步入成功之路。

美国人詹姆斯所著《强者的诞生》一书中写道：

对于强者说来，

有时需要积极进取，有时需要稍敛锋芒；

有时需要与众交融，有时需要朗笑；

有时需要发言，有时需要沉默；

有时需要善握良机，有时需要屏息等候。

● 忍耐力

人生不都是欢乐、鲜花、掌声、成功，还有悲伤、愤恨、孤独、失败的时候。解决这些问题的最佳办法就是忍耐。

唐朝诗人张公有《百忍歌》：

百忍歌，歌百忍，忍是大人之气量，忍是君子之根本。

能忍夏不热，能忍冬不冷。

能忍贫也乐，能忍寿也长。

贵不忍则倾，富不忍则损。

不忍小事变大事，不忍善事终身恨。

父子不忍失慈孝，兄弟不忍失爱敬。

朋友不忍失义气，夫妇不忍多争竞。

刘伶败了名，只为酒不忍。

陈君灭了国，只为色不忍。

石崇破了家，只为财不忍。

项羽送了命，只为气不忍。

如今犯罪人，都是不知忍。

古来创业人，谁个不是忍。

清朝中期，流传着一个"六尺巷"的故事。当朝宰相张英与一位姓叶的侍郎都是安徽桐城人。两家毗邻而居，都要起房建屋，因地皮发生了争执。张老夫人便修书北京，让张英出面干预。张宰相却极有谦让精神，回信一首打油诗劝导老夫人："千里家书只为墙，再让三尺又何妨？万里长城今犹在，不见当年秦始皇。"张母见书明理，马上将墙主动退后三尺；叶家见此，深感惭愧，也把墙让后三尺。因此，张叶两家的院墙之间形成了六尺宽的巷子，成了有名的"六尺巷"。

明代宋衮说："君子忍人所不能忍，容人所不能容，处人所不能处。"

唐代杜牧说："胜败兵家事不期，包羞忍耻是男儿。"男儿之所以能够包羞忍耻是因为他气度宽广，能够审时度势，心中还有更为远大的抱负在等着自己。若是意气用事，时机不成熟与强敌正面交锋，胜算无几，结果可想而知，生命不保，一切都将烟消云散。

孟买佛学院在它的正门一侧，又开了一个小门，这个小门只有1.5米高，40厘米宽，一个成年人要想进去，必须学会弯腰侧身，不然就只能碰壁了。这是老师对学生的第一堂课，所有的新生必须从这个门进出一次，只有学会了弯腰和侧身的人，只有暂时放下尊贵和体面的人，才能够出入。人不会弯腰或疏于弯腰是糊涂，而耻于弯腰者是傻子！低头是一种美德，更是一种智慧，能屈能伸、刚柔兼济的人才是有智慧的人。屈伸有时，以屈求伸。屈是能量的积累，伸是积聚后的释放。屈是伸的准备和积蓄，伸是屈的志向和目的。一旦时机成熟，就会"伸"他个惊天动地，绽放出耀人的光彩。

法国作家雨果说："世界上最大的是海洋，比海洋大的是天空，比天空大的是胸怀。"忍一时风平浪静，退一步海阔天空。

● 应变力

应变力就是根据不断变化的主客观条件，随时调整自身行为的能力。我们处在一个"变"的时代，市场在变，需求在变，目标客户在变，竞争对手在变，技术在变，生产成本在变，产销量在变，价值在变，员工在变，合作伙伴在变，计划在变，全球化中的世界在变——唯一不变的就是"变"。

"敌变我变"。拿破仑说："应变力是战斗力，而且是重要的战斗力。"应变力是生产力。我们要时刻保持清醒的头脑，了解敌情变化情况，并制定作战方案：一是向竞争对手学习，取长补短；二是重视创新，引进人才，用想象力来评估高层领导人，并奖励那些在创新中有成就或失败的人。

《易经》说："穷则变，变则通，通则久。"变则活，变则灵——成功。

"不变可以应万变"的思想是错误的，不要把一个领域中的成功方案照搬到另一个领域，想当然地以为你会得到同样的结果。一切从实际出发，紧跟时代节拍，以变应变，反应敏捷，"山重水复疑无路"终将转化为"柳暗花明又一村"。这个世界没有什么不可改变的。

● 学识

学，即学问，知识，包括直接知识、间接知识、理论知识、经验知识等。识，指的是人的见识，即观察问题、分析问题和解决问题的能力与见解，表现出与众不同的见识能力。学识，指的是你从事某行业所具有的专业知识、管理知识、竞争知识及相关知识。李嘉诚说："在知识经济时代里，如果你有资金，但是缺乏知识，没有最新的信息，无论何种行业，你越拼搏，失败的可能性越大。但是，你有知识，没有资金的话，小小的付出就能够有回报，并且很可能达到成功。现在跟数十年前相比，知识和资金在通往成功路上所起的作用完全不同。知识不仅包括课本内容，更包括社会经验、文明文化、时代精神等整体要素。"

你想干什么必须懂什么，不懂就不能干，干了非失败不可。最好自己懂，如果自己懂一半，不懂部分可雇明白人，多找几个，从中选一个；如果你全不懂，就雇用明白人。若资金雄厚，可长期雇用人；若小本经营，雇期越短越好——自己学会了就解雇他。

● 机遇

机遇是人生旅途中与社会环境条件、时间因素的影响有关的一种契合，也是一种发展趋势。机遇是客观存在的，它像长江的水川流不息，靠我们敏锐的洞察力及灵活的应变力去发现它，运用它创造财富。英国作家萧伯纳说："这个世界上取得成功的人，都必须寻找他们想要的机会，如果寻找不到，他们就必须创造机会。"一流人创造机会，二流人寻找机会，三流人抓住机会。美国著名学者桑德说："往往大行业中存在着市场空白，一旦你从中找到合适的空白点，那么，你就抓住了创造一家能够持久生存且能够赢利的企业的机会。"

政策、信息也是机遇，国家每一次大的改革，世界每一次大的变动，对于创业人来说，都是大的机遇；小的机遇随时都有，看你能否发现它、抓住它，为你创造财富。聪明的人寻找机遇，有时也等待大的机遇；愚蠢的人等待机遇，机遇来到却视而不见，听而不闻，与机遇失之交臂。信息是创业成功的动力，意志是创业成功的关键，人际关系是创业成功的基石。商人都关心政治，善于抓住政治变革中的商机，像猎狗那样嗅出"肉"的味道来，像鹰那样瞄准目标。当初有100个商机等你任意挑选；过后有一个商机，便有100个人去竞争，1000个人去竞争，换句话说，大商机之初法规不完善，有很多空子可钻，钻进去就可捞一把；当法规完善之时，挣钱就不那么容易了。从别人还不明白的新事物中发现机遇，抢占先机，就会一路领先。

如果把成功比喻为"杠杆原理"，那么，机遇就是杠杆的"支点"，目标就是"重点"，谋划是"杠杆"，IQ（智商）+EQ（情商）+CQ（创造商数）+AQ（逆境商数）+DQ（发育商数）+OQ（成熟商数）+FQ（财商）+HQ（健康商数）+LQ（领导商数）+SQ（性商）是"支点"。"力点"的素质越好，撬起目标的把握越大；谋划在制定目标和行动最佳方案时，要实事求是，做到天时、地利、人和才能成功。目标脱离了社会现实，即与政策和社会环境有悖，有违"天时"；目标脱离了社会现实，即所选目标与地域环境有悖，有违"地利"；目标脱离了个人实际，那所选目标与个人能力有悖，有违"人和"是不能成功的，每个人都是一根长短相同的杠杆，我们能否成功，关键在于我们能否找到一个合适的支点。这个支点就在自己身边，找到了，你就可以撬动地球。

创业人必须精力充沛，身体健康，控制欲强，独立性强，适应性强，判断力强，敢作敢为，有好奇心，有同情心，有想象力，有自控力，有创新力，有洞察力，有决策力，有公关力，有沟通力，有应变力，有感召力，有防范力，有饥饿感，有冒险精神，有整合资源的技巧，有不断创新的热情，有团队合作精神，有塑造企业文化的能力，有时间观念，做事深思熟虑，体贴他人，自信、自律、机智、热情、果断。创业人不但要有经营头脑把事情做出来，还要有商业头脑把事情做出一片理想的天地来，做出一个事业来。

哪些人不适合创业呢？早在 500 年前，政治学家马其维利（Maceniavelli）就指出了三种人不适合创业：生性懦弱的人，专门附和的人，热衷于权力的人。笔者认为还有守财奴——只吃老本，贪图享乐，没有创新观念的人；暴发户——没有饥饿感，暴饮暴食，不求上进的人；投机者——买彩票，玩资金游戏的人；盲目者——办事无目的，蜻蜓点水式的人；气管炎（妻管严）——无法说服妻子的人；吝啬鬼——过分省俭的人；孤独者——不善交际的人；阔少爷——对数字完全不擅长，做任何事情都稀里糊涂买单的人。

印第安纳大学研究人员对成功的美国人曾作了一次具有代表性的横断面调查，证明绝大多数成功的人，大都来自中上层家庭，他们的父亲也大都在他们的职业上有或多或少成就的人。

美国信托的调查研究显示，在美国只有 10%的百万富翁财产来自于继承；46%的百万富翁的财产来自于自行创业。《福布斯》的调查也发现，美国 6 位最有钱的富翁都是白手起家，而百万富翁每周平均工作 56 个小时，且高达96%的新经济富翁视认真工作为累积财富的必要条件。

● 创业人应知

创业人要有创业激情。"创业受苦两三年，打工受气一辈子"，不吃打工饭，要成为有钱人；有欲望，有目标，才有动力，信心百倍，干劲十足，吃苦耐劳，百折不回，勇往直前。这部分人喜欢站在团队的前端，喜欢指挥别人，不喜欢被指挥；喜欢我行我素。他们不满足现状，梦想着制造出新的东西，然后通过行动实现他们的梦想。他们以困难为跳板，实现下一次飞跃。

"不是久居人下之辈"，能忍受，但不会任人侮辱；可以承受失败，但是不会服输，像牛根生那样有一股"牛劲儿"。

世界上风险最小的生意，就是先试后做，"注册未动，生意先行"。生意不是注册好了公司才去找，或开店装饰好了，坐着等客上门，而是在长期积累做事，做人，管事，管人的阅历的同时就积累了人脉，生意。

创业要立足自己的专业和兴趣爱好去"高层次"创业，并在团队里有绝对的话语权，团队成员优势互补，听从指挥。

创业的起步要能挣钱，要有积累第一桶金的办法，并充分运用好资金，3个月不挣钱的生意不能做。先打工，后当老板——让老板给你交学费，这是最佳途径。最接近老板的工作就是销售——天天和市场打交道，最了解市场行情及经营过程。如果有几个铁哥们，"你当老板我马上付款"，再下点工夫，买卖就可以开张了。世界上多数富翁是从销售起步的；学会"偷"师——边干边学，善于观察、摸索、总结，而不是从学校书本中得来的。世界上没有"老板学院"。实践是检验真理的标准。创业者应具有学习实践的技能，建筑人脉网并促成自身成长的能力。另外，真正的创业者还要能从各种商战实践中积累经验，将其转化成企业的实际业绩，并不断推动企业向前发展。市场没有专家，只有赢家和输家。

中国人做生意讲"天时、地利、人和"。"天时"从宏观来说，指国家政策、法规；从微观来说，指切入点的"火候"到不到。"地利"，指商圈——店铺地点向外扩展的范围——力求较大的目标市场，以吸引更多的目标顾客，还要有前瞻性，并不是所有的"黄金市口"都一定赚钱，有时遇到市政规划变动，热闹的地段也可能变成冷僻之地。俗语说："一步三市。"选地原则：方便顾客性原则，有利于经营性原则，最大经济效益性原则。最佳地域：商业活动频度高的地区，面向客流量最多的街道，人口密度高的地区，接近人们聚集的场所，交通便利的地区，同类商店聚集的街区，选择最佳的黄金地，就能把握住市场的先机。考察商圈时，还要注意居住条件，吸引力有多大。"人和"，一指顾客的欢迎；二指"关系户"的合作愉快；三指"双赢"的生财之道。

开店"不熟不做"，"人无笑脸莫开店"，了解自己适合干什么，个人兴趣与特长，个人能力，设定合理的创业目标。"隔行如隔山"，不懂就不能干，干非失败不可。

历史证明，每次社会变革，都会产生一些时代弄潮儿。市场危机，金融危机来了，意味着产业格局重新调整，社会利益重新分配的时候到了，他们创业的机会到了。创业无处不在，创业无处不可为。袁隆平喜欢研究水稻杂交技术，比尔·盖茨迷上了计算机，每个人都有自己的爱好，创业项目很多：景观设计，彩铃设计，游戏动画设计，汽车美容，房地产估价咨询，特许金融分析师，高级会展设计，财务策划（理财规划）咨询，职业顾问；餐饮业，便利店；医药保健行业；加工、批发及零售等服饰行业；化妆护理，瘦身减肥等美容行业；专卖店形式的婴儿用品行业；儿童早期教育行业；老年用品和服务行业。

公司（店）名要求简洁、独特、新颖、响亮、有气魄；以地域命名，以典故、诗词、历史、逸闻命名，以美感命名，与众不同的名字，以产品特色命名，以经营者团体命名，以经营者本人的名字命名等。命名时还要考虑让所有人都能理解、易记。

店面就像人的脸。招牌设计要新潮醒目；店面设计要通畅华丽，突出行业特点，风格独特，与周围环境协调；橱窗设计要独特鲜明；货柜货架设计要美观大方；天花板设计要美丽优雅；墙壁设计要有美感背景；地板设计要有独特的图案；灯光设计要有和谐的色彩；色彩设计要搭配迷人，音乐设计要诱导购买，动感设计要掀起购买欲；店铺内装饰和设计应根据商品（服务）的性质与顾客流量而定，比如设计休息之处，备好坐椅、镜子等。

私营公司如何登记：

（1）申请开办　根据规定，成立新公司，主管部门审核，按业务性质分别向民航、经贸、科技、金融、建筑、旅游等行业归口部门，或劳动局、计经委和体改委提出申请。申请报告写明公司的宗旨、地址、名称、生产经营范围、组建负责人姓名、公司的性质、职工人数、生产经营方式、筹建日期、公司资金总额及其他需要写入的内容。

（2）申请开业登记　在申请开办公司批准后，即可以申请开业登记。根据相关规定，应该在审批机关批准后 30 日之内向登记主管机关提出申请；设有主管部门、审批机关的公司申请开业登记，由登记主管机关审查。登记主管机关应在受理申请后 30 日内，作出是否核准登记的决定。

（3）开业登记所需要的条件

·固定的经营场所和基本的设施

·符合国家规定的公司名称

·符合国家法律和政策规定的经营范围

·与服务规模或生产经营相适应的从业人员和资金

公司申请开业登记，应向工商管理局提供以下证件和文件

·资金信用证明，资金担保或验资证明

·组建负责人签署的登记申请书

·审批机关的批准文件

·公司负责人的身份证明

·公司章程

·其他有关文件、证件，并填报《企业法人申请开业登记注册书》

·住所和经营场所使用证明

（4）公司登记的范围

公司登记的主要内容有公司负责人姓名、公司名称、公司种类、经营地址、经营范围、注册资金数、从业人员人数、经营方式等。

（5）领取营业执照

工商机关在核实上述资料的基础上填写《营业执照》或《企业法人营业执照》，由主管领导签署记录在案，并出具公司核准登记通知书，通知被核准公司。公司接到通知以后，应由法定代表人拿着支票到等级主管机关领执照，同时，由法人代表人签字备案。公司自领取营业执照之日即宣告成立，并取得了法人资格，公司名称专用权及生产经营权。公司的权益受法律保护，公司必须承担法律明文规定的责任和义务。

创业开始是一步一步地走，发展到一定阶段后要加速事业发展脚步。成功以后可以建立一个标准模型，不断推广。在事业起步后，最重要的是明确自己的企业与其他同行者的差异，而实现差异化的具体措施就是要持续开创其他企业无法模仿的事业，并实行"品牌战略"。

创业人要有失败的心理准备，新办的企业有95%的5年内倒闭，只有5%活下来。那些存活下来的企业老板，一定是经过做事、做人、管事、管人的阅历（书本无法学到的人生经验的积累）磨炼，经过从初级到高级自我训练的人；善于组织资源，稳健起步，小步快跑，积蓄能量，待机跨大步的人；有雄心壮志，冷静思考，懂得从书本课堂到商海课堂如何衔接的人；市场定位（你在他人头脑里被放在什么位置）准确的人；认真分析市场，对"敌情"了如指掌，并制定战略——"持续提供比竞争对手更好的，要能满足顾客需求的产品和服务"的人；全球性视野洞察技术动向的人；懂得超常资源（人、财、物）整合的人；冷静的判断，果断的决策的人。

创业人要思考如下问题：

（1）创业从事什么业务？

（2）创业发展的愿景是什么？

(3) 你将会成为什么人?

(4) 企业如何创造价值?

(5) 企业竞争者是谁?

(6) 如何战胜对手?

(7) 如何拓展和组合业务?

(8) 如何降低成本?

(9) 如何从差异入手切入市场?

(10) 怎样制造拳头产品。

(11) 国家政策会有什么变化?

(12) 你如何看国际经济的变化?

(13) 你如何创名牌?

(14) 这个市场有多成熟?

(15) 在这个行业中成功的关键是什么?

(16) 对你的企业影响最大的个性变化是什么?

(17) 经营行为是否有季节性?

(18) 该行业是否对经济周期很敏感?

(19) 该行业是否受到了过度的管制?

(20) 战略性原材料供给的价格变动如何?

(21) 企业扩张前景如何? 尽量选择朝阳行业。

(22) 该行业的赢利性如何?

(23) 你选择的行业是否易于进入?

(24) 你的产品是否有竞争力?

(25) 你的替代产品是什么?

(26) 你的产品价值是高还是低?

(27) 你的目标客户是谁?

(28) 你的客户是不是最终的用户?

(29) 你的客户群体有多大?

(30) 客户为什么购买或者将会购买你的产品?

(31) 你如何留住老客户? 争取新顾客?

(32) 你的目标市场有多大?

(33) 你的目标市场发展有多快?

(34) 明天顾客的需求是什么?

(35) 你的营销关键因素是什么?

（36）你将采取什么营销策略？

（37）消费者对你的产品认识期有多长？

（38）你的销售计划是什么？

（39）你的销售渠道是什么？

（40）你的销售渠道是否发挥作用？

（41）你的管理团队方面人才素质怎样？

（42）管理团队的各位成员的创业动机是什么？

（43）你有什么计划去弥补团队的短板？

（44）你的管理团队执行力怎么样？

（45）你如何提高员工素质？

（46）你打算怎么样赚钱？

（47）这个商业模式是否可行？

（48）你什么时候赚到第一桶金？

（49）谁是你当前和潜在的竞争对手？

（50）竞争对手在想什么？

（51）你的产品（服务）竞争力如何？

（52）你如何战胜竞争对手？

（53）据你认为竞争对手会有什么反应？

（54）谁是你的销售或者技术合作伙伴？

（55）你的供应商是谁？你和供应商的关系牢固吗？

（56）你是不是有压价能力？

（57）这些合作伙伴是否稳定可靠？

（58）你打算怎样维护跟合作伙伴的关系？

（59）你计划发展谁成为你的合作伙伴？

（60）谁拥有专利？

（61）你用别人的专利技术发展前途如何？

（62）目前的研究方向是什么？

（63）研发速度对将来的销售会有怎样影响？

（64）企业投入多少研发经费？

（65）今后 5 年，企业打算投入多少研发费用？

（66）你已经得到谁的投资？

（67）你现在的股权结构是什么样？

（68）你希望得到多少钱的投资？

（69）你打算让出多少股权？

（70）你打算把资金用到什么地方？

（71）你获得投资资金的效果如何？

（72）你还打算什么时候吸引多少资金？

（73）企业的薄弱环节是什么？

（74）突发事件可能是什么？

（75）什么因素会置你于死地？

（76）你的公司面临怎样的竞争形势（供应、需求、进入障碍），你处于什么地位？

（77）你的行业中有可能出现哪些新的业务模式，你是否在努力赶在竞争对手之前做到？

（78）你是否在考察其他行业中能够实现市场转型的概念和业务模式？

（79）你是否组建了正确的团队，尤其是优秀人才团队？他们是否相信你的战略能够实现企业的生存与成功？

（80）你需要开发哪些能力为经济复苏作好准备？你是否有强有力的计划来开发这些能力？

（81）如果有资金，你会购买哪些公司和资产来改变形势？或者你是否会成为其他公司的收购对象？

（82）你的企业是否有适用于每个项目的统一、可靠且被接受的变革管理方法？

（83）你的企业是否投资培养可用于各个项目的变革管理技能？

（84）你的企业是否拥有现成的流程和技术，允许人员参与到变革中，获取准确的信息，并提供反馈？

（85）对于你所在的企业，你的领导者是否对未来、企业自身以及竞争对手的强项和弱点有共同的看法？对于你的企业需要实现的目标，领导者是否有共同的看法？

（86）你是否了解目前所面临的风险？是否知道目前运作环境受变革影响的程度？

（87）你当前的管理信息是否透明？是否坚信你对各种变化进行了追踪，掌握了公司以及风险的准确情况？

（88）你能预见未来和即将来临的变化吗？

（89）你将如何解决重复的问题，以便支持高效的全球运营？

（90）你如何优化运营能力，以便制定高标准，同时将注意力集中在与客户相关的领域？

（91）针对可重复的标准化流程，你如何管理例外；将交易例外控制在20%的范围内？

（92）你如何识别核心及非核心流程？你计划如何通过外包或其他解决方案来管理非核心流程？

（93）你如何从战略的高度在全球范围内定位流程，以及优化资产、人力、资源、市场和其他关键的生产因素？

（94）你知道通过什么合作战略来优化全球经营能力？

（95）你如何在全球内端到端地管理企业内外部的各个流程？

（96）鉴于全球整合工作的规模和范围，你是否具备推动整个企业实现适当变革的领导能力？

（97）你的组织通过什么变革管理方法来确保一致性？

（98）你运用什么流程和技术来支持员工参与变革、访问准确的信息并且提供反馈？

（99）你的管理结构是否持续监控流程以便确保整个企业在全球范围内确保一致的高品质？

（100）你将如何构建系统和技术基础结构来支持全球整合的运营？

（101）你当前的应急计划能力是否足以应付经常性成本大幅振荡？

（102）你的供应链设计是否够灵活，可以根据收入目标来计划成本？

（103）你的合作伙伴是否通过网络互连来提高效率？

（104）你是否争取了可持续战略和措施对不断波动的能源成本进行管理？

（105）如何拥有更高的可视性，你如何运用？大部分的可视性信息是通过人工还是通过"智能"设备和对象生成的？

（106）是否已准备应对迅猛增长的海量信息？

（107）如何在制定运营决策和应急计划时将风险因素考虑在内？

（108）即使在经济不稳定的时期，如何依照长期目标（如何持续性促进企业）进一步的发展？

（109）你的客户关系和供应商关系一样牢固吗？供应链的哪些部分缺少客户参与？

（110）绩效评测系统是否以客户目标达成为核心？

（111）如何应对日益扩大的全球采购所造成的负面影响？

（112）经济波动愈发严重，你是否能够分析并决定供应链的全球优化配置？

(113) 是否可以在需要时无缝切换到其他制造商、供应商或物流合作伙伴?

(114) 在哪里机会正在出现?

(115) 在哪里更容易攻击竞争者?

(116) 你公司具有哪些开发新市场的条件?

(117) 你公司哪些方面做得好,从而可以使你获得凌驾于其他竞争的较大优势?

(118) 新技术引入可以怎样加强你公司的竞争力?

(119) 有哪些趋势可以为你的公司产品建立一个新市场?

(120) 你的公司面临怎样的障碍?

(121) 你的公司竞争者用什么战略与你竞争?

(122) 你的公司竞争者在哪些方面做得好,使他们获得了凌驾于你的优势。

(123) 你的公司产品是否因为老化而失去了吸引力或者变得过时了?

(124) 不断变化的技术对你的公司生意造成什么威胁?

(125) 你的团队的弱点是如何被竞争者发现的?

(126) 什么是你公司的竞争优势?

(127) 在哪些方面你的团队有最好的专业技能?

(128) 你的公司有哪些资源或资产?

(129) 你的团队的表现有哪些不足或漏洞?

(130) 哪些目标是你的团队没有完全达到的?

(131) 你的公司在哪些领域低于标准水平或者表现出不足?

(132) 哪些是你的组织核心能力或流程上的缺陷?

(133) 你的公司在竞争上的不利条件是什么?

(134) 哪个市场是由你的公司统治的或者占据着强有力的地位?

(135) 在哪个领域里,你的组织表现优势?

世界一流公司的五个标准:

(1) 全球层面上的行业领先者;

(2) 在出口方面具有全球性的地位(主要是产品生产行业);

(3) 作为全球竞争者,必须在一定的国家占有前三位的市场份额;

(4) 不仅在价格上是全球竞争中,而且还应该体现在产品质量、技术含量和设计上;

(5) 以世界最大,最强作为衡量的标准。

下一代世界级企业要具备什么?

(1) 企业文化:能激励创新思维,工作荣誉感和销售速度。

(2) 质量至上。

（3）大胆却不出圈的构想，包括雇用尖端人才，愿意投入大量资金为将来发展进行研究试验。

（4）强烈渴望在客户要求高的全球市场考验自己，并用新颖独到而不是老一套的方式击败对手。

（5）不愿同税务机关、股东和客户"套近乎"。

（6）面对危机，新的行业动向和客户需求能快速作出调整。

（7）不断寻找别人忽视的产品和市场缝隙。

（8）有把策略传达给他人——客户和员工——的能力。

（9）把目光放在世界第一。

老板是什么？

《阁杂记》说："市肆主人，及船中长年等，闽俗多称老板……凡开店者，各处皆称老板，孰无取义，宜考之。"陶岳《泉货录》记载，五代时，王审知在福建（闽）称帝，下令铸大铁钱，五百文为一贯（一般的铜钱一文为一贯），俗谓之铑钣。《通俗编》说："老板"似当做"铑钣"。按照《正字通》的解释，"饼金日钣。"总之，"铑钣"就是大钱。用"老板"称呼店主和工厂主，借用的是"铑钣"大钱的意思。

老板，是生产资料的所有者，是资本的所有者。

老板，是资本"主义"的代言人，有资本就有"主义"，有多大资本就有多大"主义"，有多大资本就有多高层次的人围在你身边，帮你搞出多大"主义"。

亨利·福特说："由谁当老板这问题，很像是在问'在四部合唱里谁唱男高音？'这不清楚吗？老板就是能唱男高音的人。"

老板是演员——经济舞台的主角——直接影响"戏"的效果。他不但懂得某一领域的理论知识，而且还会亲自干。换句话说，老板既是指挥家，又是实干家。正如老罗斯福说："有人问领袖和老板有何区别。领袖在明处，老板在暗处。领袖是在'带人'，老板是在'推人'。"

老板是高级厨师，选好主料，加上调料，一炒、一烹味道就出来了。不同之处是老板的主料是资源——人力资源、财力资源、物力资源的整合，人尽其才，物尽其用，财尽其力，一切活用。

老板是运动员，几个前滚翻，几个后滚翻，几拳几脚，"金牌"就到手了。

老板就是拍板，在资本经济时代，谁投资谁就是老板，在决策问题上，资本说了算；在知识经济时代，当资金是企业核心因素时，谁掌握资金谁就说了算，当知识（技术）对企业发展起关键作用时，知识资本就有绝对的发言权。

美国通用电气公司原总裁韦尔奇说："过去关于老板的概念，就是他是管理人员。他们之所以当老板，是因为他比在他手下干活的人多知道一些情况。而将来的老板则将通过远见，一套共同的价值观念，共同的目标来实现领导。"

老板要具有猎犬的嗅觉；像驴那样苦干；像兔子那样灵敏；像狮子那样勇敢；像狐狸那样多智；像狼那样有凝聚力；像大象那样谨慎；像雄鹰那样敏锐；像大熊猫那样乖巧；像长颈鹿那样高瞻远瞩……总之，老板应具有所有动物的优点，才能在竞争中立于不败之地。物竞天择，适者生存。

中庸之道是成功之本，这就是恩威并施，权力的活用，就是赏罚分明，"王子犯法与庶民同罪"，有章可循，言行一致。当人饥时给一口是恩人，当人饱时给一斗米是仇人。

当老板，发大财的奥秘，就是知识、阅历、能力三位一体的个人综合实力。

老板学什么？从战略到产、供、销；从财力、物力、人力的整合……管基层，用法家：制度要起90%的作用，权谋占10%。明确规定他们可以做什么，不可以做什么。讲求效率，赏罚分明，当天记分，当月见效。管中层，用道家：中层一般是管理干部与专业人士，对他们要讲究公平，注意平衡，刚柔并济，软硬兼施。"激励机制与约束机制"同时作用，制度要起70%的作用，权谋占30%。对他们要月度考核，季度兑现。管高层，用儒家，高层人员有专长，有经验，有阅历，同时也有尊严。对高层要视其为事业伙伴，要给他一种"独立创业，不如一起创业"氛围与条件。同时还要限制他们"另立山头"，损害企业的根本利益。对高层的管理，制度要起50%的作用，权谋占50%。因为他们知道东西太多，不必摆到桌面上来。对他们的考核要每季度一次，年度兑现。高层人员心目中视老板真正体贴、关心人，那是最好不过了。

◆ **企业文化**

企业文化是在企业管理实践中产生的，是在20世纪70年代末80年代初提出来的。第二次世界大战后，日本经济迅速崛起，美国人对日本、美国的管理进行了比较研究，结果发现，日本企业的管理重视做人的工作，重视价值观问题，这样企业文化就被提出来了。1984年前后，企业文化才开始被我国理论界与企业界所关注，并逐渐升温。

企业是国民经济的细胞，国家的强大需要一批世界级的大企业。一流企业的标准具有两方面的含义：一个是综合实力，另一个是具有国际竞争力。能否具有竞争力，直接取决于企业是否具有一流的管理、一流的产品、一流的服务以及一流的队伍。企业的发展是由企业文化决定的。企业之间的竞争，最根本的是企业文化的竞争，谁具有文化优势，谁就拥有竞争优势、效益优势和发展优势。保持基业常青必须有一套坚持不懈的核心价值观，有其独特的、不断丰富和发展的优秀企业文化。企业家不断进取、吐故纳新、超越自我、追求卓越才是企业文化创新和文化力量的源泉。

美国管理学家彼得·德鲁克说："管理以文化为基础。管理并不是同文化无关的，即并不是自然界中的一部分。管理是一种社会职能，因而，既要承担社会责任，又要根植于文化中。"

关于企业文化的定义，不同的学者有不同的认识和表达，比较典型的有以下几种：

中国企业文化研究会常务理事长张大中认为："企业文化是一种新的现代企业管理理论，企业要真正步入市场，走出一条发展较快、效果较好、整体素质不断提高、使经济协调发展的路子，就必须普及和深化企业文化建设。"

中国社会科学院工业经济研究所研究员韩岫岚认为："企业文化有广义和狭义两种理解。广义的企业文化是指企业所创造的具有自身特点的物质文化和精神文化；狭义的企业文化是企业所形成的、具有个性的经营宗旨、价值观念和道德行为准则的综合。"

文化部常务副部长高占祥认为："企业文化是社会文化体系中的一个有机的重要组成部分，它是民族文化和现代意识影响下形成的具有企业特点和群体意识以及这种意识产生的行为规范。"

关于企业文化还有如下一些论述：

"企业文化就是在一个企业中形成的某种文化观念和历史传统，共同的价值准则、道德规范和生活信息，将多种内部力量统一于共同的指导思想和经营哲学之下，汇集到一个共同的方向。"

"企业文化是企业在长期的生产经营和管理活动中培养形成的具有本企业特色并体现企业管理者主体意识的精神财富及其物质形态。它由企业环境、价值观、英雄人物、文化仪式和文化网络等要素组成。"

"我们认为企业文化作为一种亚文化，是从属于组织文化的一个子概念，它是企业在实现企业目标的过程中形成和建立起来的，由企业内部全体成员共同认可和遵守的价值观念、道德标准、企业哲学、行为规范、经营理念、管理方式、规章制度等的总和，以人的全面发展为最终目标。其核心是企业精神和企业价值观。"

美国管理学家法兰西斯说："你能用钱买到一个人的时间，你能用钱买到劳动。但你却不能用钱买到热情，你不能用钱买到主动，你不能用钱买到一个对事业的贡献。而所有这一切，都是我们企业家可以通过企业文化的设置而做到。"海尔集团首席执行官张瑞敏说："一般认为，企业文化指支配企业及其员工从事商品生产、商品经济和社会交往的理想信念、价值取向、行为准则、亦即价值观。企业文化主要包括三个层次：表层、中层、深层。表层的企业文化指可见于形、闻之于声的文化形象，即所谓的外显部分，如厂貌、厂旗、厂歌、产品形象、职工风貌等；深层的企业文化指积淀于企业及其员工心灵中的意识形态，如理想信念、道德规范、价值取向、行为准则等，即所谓内隐部分；中层的企业文化指介于表层、深层之间的那部分文化，如企业的规章制度、组织机构等。上述三个层次中，最为重要的是深层文化，这是支配企业及其职工行为趋向，决定中层文化、表层文化的内核所在。……当然，表层文化、中层文化的状况，有时也会反作用于企业的深层文化，影响企业的凝聚力。"

兰德公司的专家们曾经花了 20 多年的时间跟踪了 500 家世界大公司，研究的结果表明，其中 100 年不衰的企业的一个共同特点，是他们遵循三条原则：第一，人的价值高于物的价值。日本松下的老板告诫自己的员工，如果有人问："你们松下是生产什么产品的？"你应该这样回答他："我们松下公司首先制造人才兼而生产电器。"第二，共同的价值高于个人的价值。共同的协作，高于独立单干，集体高于个人。第三，社会价值高于利润价值，用户价值高于生产价值。可见，人的因素第一是这些企业长久不衰的根本原因。

中国著名经济学家于光远说："国家富强靠经济，经济繁荣靠企业，企业兴旺靠管理，管理关键在文化。"企业文化是主轴，虽然看不见、摸不着，但有形的东西必须围绕它转，以其为核心。道德文化为立业之本，理念文化决定企业的面貌；制度文化是企业的保障。

"无商不奸"、"马不吃夜草不肥，人不诈外财不富"、"挂羊头卖狗肉"等旧观念已成为历史的垃圾。信誉第一、质量领先、顾客至上、互助合作、互惠双赢已成为新致富法宝。

美国福特公司的鼻祖亨利·福特说："如果发现有不合理的现象，马上就要设法铲除，不可姑息。对产品也是一样，不要因为是自己做的，有了毛病就讳而不宣，等到让消费者发觉时，受损失的就不止你本人，很可能连整个公司的名誉、信用也受到拖累!"

中国台湾省求好便当公司总经理林玉梨说:"把顾客的事当做自己的事来办,设身处地为顾客的需求利益着想,没有不成功的事业。"

麦当劳快餐店企业家雷·克罗克说:"收入可以以其他形式出现,其中最令人愉快的是顾客脸上出现满意的微笑。这比什么都值得,因为这意味着他会再次光顾,甚至可能带朋友来。"

理念文化重视人的作用,发挥人的积极性、创造性,做到人尽其才,任人唯贤,尊重人格,平等相待,赏罚分明,感情投资。创新是企业发展壮大的根本动力,先做强再做大,强大要靠技术创新,服务创新,领导创新,管理创新,营销创新,并要时刻反省:我是否走在时代的前列?我比竞争对手强在哪里、弱在哪里?怎样才能不被淘汰?

◆ **创业人要有成功的自信,还要有失败的准备**

据统计,我国初次创业的成功率为7%,我国企业的平均寿命为3.5岁,小集团公司平均寿命不到10年。另据2003年初国家统计局公布:中国的私营企业平均寿命5.7年。我国高新技术企业创立3年后的存活率只有1%~2%。华尔街有一句名言:"失败起源于资本不足和智慧不足。"

1999年的一项统计表明,日本中小企业能够维持10年的只有18.3%,运营超过20年的只有8.5%,而能够持续经营30年以上的则不到5%。

另有一些统计详见表4-1、表4-2。

表4-1 美国1991年失败的87266家公司的企业寿命

企业寿命	混合类型 (%)	制造业 (%)	批发业 (%)	零售业 (%)	服务业 (%)
1年(或以下)	1.5	1.4	1.2	1.3	2
2年	6.5	6.9	6.3	8.3	7
3年	10.3	10.1	10	13	10.3
4年	10.3	10.5	9.8	12.3	10.3
5年	9.5	9.1	10.5	10.1	9.4
5年或以下小计	38.1	39.7	37.8	45	39
6~10年	30.2	31.7	31.4	27.7	31.2
10年以上	31.7	30.3	30.8	27	29.8
总 计	100	100	100	100	100

表 4-2 英国 1999 年倒闭的 61 290 家企业寿命分布

企业寿命	制造业	批发业	零售业	服务业	各类企业合计
<1 年	7.8	7.7	12.0	14.9	10.0
2 年	13.0	12.5	15.9	12.7	12.4
3 年	11.3	11.3	13.7	11.2	11.4
4 年	9.9	9.5	10.1	8.9	9.4
5 年	7.0	8.4	7.6	7.8	7.5
0~5 年合计	49.0	49.4	59.3	55.5	50.7
6~10 年	23.3	25.5	22.0	24.6	24.6
>10 年	27.7	25.1	18.7	19.9	24.7
总 计	100	100	100	100	100

　　有研究表明，一个跻身于世界五百强跨国公司的平均生命周期是 40~50 年。美国著名杂志《财富》曾作过一次调查，在世界五百强企业之中，前 200 家大公司的 CEO（首席执行官）在位的平均时间越来越短：任职不到 5 年的从 1980 年的 46% 上升到 1998 年的 58%，而能够干满 6~10 年的则由 1984 年的 41% 下降到 1998 年的 38%。如今，不称职的 CEO 被解雇的可能性比他们的上一代要高出 3 倍。史玉柱曾谈到"我们的四大失误"：①盲目追求发展速度。②盲目追求多元化经营。③"巨人"的决策机制难以适应企业的发展。④没有把企业的技术创新放在重要位置。

　　我国第一次和第二次创业高潮成功的人大多文化程度不高，因为那期间有文化的人大多有工作，不愿丢下铁饭碗。从从事的项目来看，一般从生活方面着手，没有人向高科技方面发展。第三次创业高潮就不同了，各层次的人都有，有知识分子、工人、农民，从业面广，第一产业（农业、牧业、渔业、林业等）和第二产业（工业、能源、材料、制造业）以及第三产业（服务、信息、银行、通讯业等）均有。一部分下岗工人——政府给优惠待遇——税收启动资金（有的大项目给部分资金）给予照顾已初见成效。但收入最多的是知识分子，文化水平低的越来越不吃香了。据估计，中国目前约有一亿五千万的创业者、专业人士、中介机构人士、自由职业者、个体工商户等，形成了一个庞大的面向市场经济的职业群体。这批新阶层群体没有"铁饭碗"和"皇粮"可依赖，全凭自己的双手奋斗。

　　目前，中国的私营企业已超过 550 万家，占全国法人企业总数的 80% 以上，还有 2621 万名个体工商户，总共吸纳的就业人数占全国城镇全部就业人数的 70%以上和新增就业的 90%以上，其中不乏在高科技新经济领域里的个人企业。

有人查阅了当今国际人物的有关资料，发现当今政治、经济、军事、学术、文化等社会各界的领导人中，受过大学教育的约占 71.9%，受过大专教育的占 5.1%，中专学历占 2.5%，自学成才或学历不清楚者仅占 2.4%。而且往往职位越高，受教育的程度也就越高。在美国，20 世纪 80 年代大学毕业生的工资比高中毕业生的工资平均高 40%，现在已经变成了 80%。有研究生学历的人平均工资更高。

2002 年被《福布斯》列入世界富豪榜前百名的中国富豪，原受教育学历如下：2 名博士，13 名硕士，56 名大专以上学历，21 名高中或中专学历，7 名初中文化，1 名小学文化，即大专以上学历者占 71%，高中以上学历者占 92%，而初中以下学历者仅占 8%。

据考察，《福布斯》2002 年排行榜中的中国富豪之中原来学历较低者，大多数早已在工作中通过各种形式深造，取得了高学历，或者取得了相当于高学历和专家型企业家的身份。而他们的子女，则多数在国外接受高等教育。

从创业年龄上看，大多数在 22~45 岁之间，也有十几岁创业的，肯德基创始人 52 岁创业，麦当劳创始人在创造麦当劳连锁店时 59 岁。看来，创业年龄不受限制，年轻人年富力强，年老人经验丰富，任何年龄都可创业。

从创业性别上看，创业是男性主宰的领域的趋势正在改变，随着服务业的兴起，妇女在这一领域显示出来。

5. 创意

英国首相布莱尔说："创意是火车头，是播种机。"法国文学大师罗曼·罗兰说："创意是生机之父，历史之母。"创意对于创业人来说就是点子。罗杰·冯·伊庄说："知识本身不会使一个人具有创造力。创造力的真正关键在于如何运用知识，活用知识。活用知识和经验来寻找新点子，新创意就是培养创造性思考所需要的态度。"如果你只想发生小小的改变，那你只需改变行为方式；如果你希望带来成倍的改变，那你就必须改变思维方式！光有钱，没有创意，不能致富。有创业的愿望，没有钱，有好的点子，方法得当，可以致富。创意要看人的需求在哪里，人的欲望在哪里；它能在你的商业环境中行得通；必须在最佳的商业机会期间实施；必须有资源和技能才能创造业务；点子必须是最新的，具有实用性，独立性，震撼力和吸引力。那么点子从何而来呢？

首先从信息中来。创业者要关心时事政治，多听广播多看报纸杂志，多多收集致富信息。其次，从头脑中来——多思、多想。哈佛谚语："一天的思考，胜过一周的蛮干。"比尔·盖茨从事微软之前，常常静静地仰坐床上闭目梦想。梦想成功是达到成功的基石。向着梦想努力的时候，执著和冒险的进取精神是实现梦想的唯一途径。哥伦布假如不曾梦想着另外一个世界，就根本无从发现新大陆。哥白尼假使不曾梦想着无穷极大的宇宙，就根本提不出地动说。释迦牟尼不曾梦想着一个清净无染的涅槃胜境，就根本无法开启佛教的各宗各派。牛顿不放过苹果落地。伽利略不忽视吊灯摆动，瓦特研究烧开水的壶盖跳动……历史上的伟大发现就是在这些司空见惯的现象中成功的。牛顿说："在研究问题的过程中，从简单到复杂，可以发现新领域；从复杂到简单，可以发现新定律。"

创业人都想找个好项目，那么什么叫好项目？清华大学经管学院中国企业研究中心雷家骕教授说："一个好的创业项目要在细分市场内找到机会，还要和市场的大环境吻合，占据天时，再有就是要有充足的资金和人力，并要能适应现在的政策大环境。"

创业人多采用产品改进为切入点，这是最省力的方法。据美国学者研究，对一种产品改进的程度与可能获取的收益成正相关，而与推广的难度呈负相关。一个产品改进的 3 个程度：较小，中度，重大。衡量的标准是：能明显看出与原有产品的关联性，比较容易看出与原有产品的关联性，很难看出与原有产品的关联性，但实质存在关联，其获取可能收益的增长程度分别是25%、45% 与 80%，也就是改进越大，可能性的收益就越大。

◆ **思维方法**

杜威认为，思维起于直接经验到的疑难和问题，而思维的功能"在于将经验到的模糊、疑难的矛盾和某种纷乱的情景，转化为清晰，连贯，确定和和谐的情境"，在于"把困难克服，疑虑解除，问题解答"。因此，思维的方式，亦即解决问题的方法。

生物学家查丁说："人类思维不同于动物思维的地方是动物不知道它是在想，而人知道自己有思维。"一个正常的醒着的人，无时无刻不在开动脑筋，想办法，想什么呢？如联想、回想、推想、幻想、梦想、猜想、构想、遐想、冥想、臆想、狂想、妄想……这些思维能力具有先天的因素，主要是后天培养训练的结果。卢瑟福说："科学家不是依赖个人的思想，而是综合了几千人的智慧。"

● 辩证思维 它通过归纳和演绎、分析与综合、抽象与具体等多种方法来帮助人们认识问题。恩格斯说:"辩证的思维——正因为它是以概念本性的研究为前提——只对于人才是可能的,并且只对于较高发展阶段的人(佛教徒和希腊人)才是可能的,而其充分的发展还晚得多,在现代哲学中才达到。"(《马克思、恩格斯选集》第 3 卷 545 页)现在人们把它当成认识世界、改造世界的锐利思想武器。

辩证思维认为,整个世界是由万事万物相互联系构成的统一体。万事万物永远处于变化发展中。运用对立统一规律指导思维活动,善于从对立中发现统一,从统一中找出差距。善于运用矛盾分析法去解决问题,认识矛盾的普遍性与特殊性、同一性与斗争性、主要矛盾与次要矛盾,矛盾的主要方面与次要方面等。

人们对事物属性的概念外延不清晰,事物之间关系不明朗,难以用传统教学方法量化考查,要采用逻辑与非逻辑相结合的方法,以求得正确答案。逻辑思考其核心要素就是洞察力,透过感应器,了解市场,了解客户,了解竞争对手。

● 超常思维 即突破旧套,超越常规,跳出框框,换个角度思考,使我们的思维纵横交错,构成"意识之网"。有的想法看上去荒谬无稽,却往往收到出奇制胜的效果。托马斯·库恩说:"几乎所有的科技突破都来自于打破传统旧的思考方式或旧的思维观点。"

● 加减思维 又称分合思维,是一种通过将事物进行减与加、分与合的排列组合,从而产生创新的思维法。所谓加,就是把两种以上的事物有机地组合在一起;所谓减,就是将未相连的事物减掉、分开、分解。这种思维常常产生 1+1>2 的神奇效果。加减思维运用很广,比如:

军舰+飞机=航空母舰

维生素 A+维生素 D+钙+牛奶=AD 钙奶

肉类-油脂=脱脂食品

水-杂物=纯净水

"欲擒故纵"中擒是加法,纵是减法;擒是获得,纵是舍弃;擒是目的,纵是手段,加减联用,方为智慧较量上的上计。

许多产品向着轻、薄、短、小方向发展,要用减法。

"精兵简政"扁平化机构,一个拳头打人都用减法。

人生需要加法:发奋读书,勤奋工作,广交挚友,重视保健。

人生需要减法:淡泊名利,丢掉包袱,放弃"芝麻",忘记年龄。

● 超前思维　超前思维是人类特有的一种前瞻性、探索性、创造性的思维方法。中国思维科学学会副会长田运教授主编的《思维辞典》是这样定义超前思维的："超前思维是思维方式的一种，与后馈思维相对。是以未来的尺度，可能的发展来引导，调整和规范现在，使现在更快更好地逼近目标的思维方式。"超前思维需要建立在科学预测的基础上，对某一事物的结果进行预先的断定。社会、经济、军事、商业、自然灾害、日常生活等都要运用超前思维进行科学预测。前提是调查研究，把握现实情况；既有远见卓识，又有求实精神；审视昨天，着眼今天，面向明天。丰富的想象力有助于超前思维。

● 抽象思维　抽象思维是一种"舍象取质"的思维活动，它通过概念、归纳、演绎、分析、综合、因果、互变、迂回、预测等思维方式来解决问题，与形象思维相对。列宁指出："当思维从具体的东西上升到抽象的东西时，它不是离开真理，而是接近真理。"抽象思维的基本单位是概念，它的基本形式是判断和推理。人们凭着日常生活累积的实践经验办事是远远不够的，还要运用概念、判断和推理等思维形式，对客观现实进行间接的、概括的加工，把它上升为理性认识阶段，才能揭示事物的本质和客观世界发展规律。抽象思维在认识和改造客观世界中具有重要作用。

● 形象思维　在进行思维时要建立起形象，或借助这一形象来发展思维活动，这种形象在自然界中可有可无，没有的可以模仿、移植、组合，与抽象思维相对。人们通过"造像显质"的形象变相活动，使感性、混杂的生活现象升为理性审美的形象系统，是洞悉事物本质的高级理论思维活动，它包括科学家的形象思维与艺术家的形象思维。爱因斯坦在回答年轻人提问"什么是相对论"时说："比方说，你同最亲爱的人在一起聊天，一个钟头过去了，你只觉得过了5分钟；可如果让你一个人在大热天孤单地坐在炙热的火炉房，5分钟就好像一个小时。这就是相对论！"爱因斯坦所运用的就是形象思维。

● 灵感思维　这种思维是指人们在久思某一问题不得其解时，思维由于受到某种外来信息的刺激或诱导，忽然灵机一动，想出了办法，对问题的解决产生重大影响的思维过程。灵感可以归结为显意识和潜意识相互作用的产物。显意识和潜意识是人们对客观世界反映的不同层次。由于灵感思维非线性、突发性、随机性的特点，它的产生过程有时可以无视逻辑，突破常规界限，或者是先经验的。这种反经验，是长期思索的结果，是偶然性和必然性的高度统一，是灵活性的具体体现。灵感是科学发现和发明的"助产士"。华罗庚说："科学的灵感，绝不是坐等可以等来的。如果说，科学上的发现有什么偶然的机遇的话，那么这种偶然的机遇，只能给那些学有素养的人，给那些善于独立思考的人，给那些锲而不舍的精神的人，而不会给懒汉。"

杨振宁博士说："'灵感'当然不是凭空而来的，往往是经过一番苦思冥想而出现的'顿悟'现象。所以称其为'灵感'只是因为这一'顿悟'不是来自外面的思考，而通常是借助于熟能生巧的情况甚至梦境，总之是在一种不经意的状况下突然得出的平日百思不得其解的答案。将这'顿悟'的意念付诸实践，得到成功。于是，这一'顿悟'就被称为'灵感'。我的'灵感'常常是在早上刷牙时产生的。

科学家在'顿悟'的一刹那间，则能够将两个或两个以上从前从不相关的观念串联在一起，借以解决一个搜索枯肠未解的难题，或缔造一个科学上的新发现。人们认为是有事实根据的。如 17 世纪天文学家伽利略提出星河系理论；19 世纪巴士德发现免疫能力；1895 年伦琴发现 X 射线，以至于 1956 年我们推翻了宇宙守恒定律，可以说都是'灵感'所赐。"

灵感来源于信息的诱导，经验的积累，联想的升发，事业心的催化。费尔巴哈说："热情和灵感是不为意志所左右的，是不由钟点来调节的，更不会按照预定的日子和钟点迸发出来。"

灵感思维，来无踪去无影，显得扑朔迷离，神秘莫测，使创造者们如醉如痴，苦苦追求。罗斯曼在《发明心理学》一书中说："遇到阻碍时，他总是在实验室里躺下休息，打一阵瞌睡，而在睡梦中会忽然产生一个克服困难的想法。"

近代科学研究表明，尚未出生的胎儿也会做梦，他们需要用梦来建立良好的神经联络系统，需要梦来促进脑的发育，婴儿时期，大约有一半的睡眠时间是用来做梦的；而 60 岁以上的老人，只要花睡眠时间 15% 做梦就行了。日本研究人员发现，人脑中存在影响睡眠的物质——催眠肽。多梦者因催眠肽多更易长寿。20 年前，剑桥大学教授胡钦逊曾对富有成就的科学家作过调查，结果发现有 70% 的科学家从梦中得到过帮助。日内瓦大学教授福类瑙也调查了 69 位数学家，结果，其中有 51 位曾在睡眠中解决问题。1962 年诺贝尔生物学和医学奖获得者英国科学家克里克说："只要做了梦，人的头脑就会灵敏。"梦想就像一座蕴藏了大量宝藏的金矿。

音乐大师莫扎特在一封信中描述了他在乐曲创作过程中的思维过程。"当我感觉良好并且很有兴趣时，或者当我在每餐后驾车兜风或散步时，或者难以入眠的夜晚，思绪如潮水般涌过我的脑海。它们是在什么时候，又是怎样进来的呢？我不知道，而且与我无关。我把那些令我满意的思维留在脑中，并轻轻地哼唱它们。至少别人曾告诉我，我是这样做的。一旦我确定了旋律，另一个旋律就按照整个乐曲创作的需要连接到主旋律上，其他的配合旋律的每一种乐器以及所有的曲调片段也一一参与进来，最后就产生出完整的作品。"由此，灵感思维是人们长期思考过程中的一种飞跃，是思维的独特模式。

● 发散思维　发散思维是一种重要的创造性思维方式，是思维主体围绕某一个中心问题，突破已知领域，向四面八方进行辐射状态的积极思考。然后，把广泛搜集的有关资料、信息、知识、观念重新组合，寻找各种答案，从中选出答案。一般从组合、材料、方法、功能、结构、因果、形态、关系等8个方面向外扩散。这里的组合是任意的，各种各样的事物要素都可以进行组合，其形式不拘一格，大致如下：

成对组合法　这是将两种不同的技术因素组合在一起，可分为材料组合，用品组合，机器组合，技术、原理组合等各种形式。

辐射组合法　这是一种以新技术或令人感兴趣的技术为中心，同各方面的传统技术结合起来，形成技术辐射，从而导致各种技术的创新。

形态分析组合法　形态分析组合法也称形态分析法，是瑞典天文物理学家卜茨维基于1942年提出的，它的基本理论是：一个事物的新颖程度与相关程度成反比，事物（观念，要素）越不相关，创造性程度越高，极易产生更新的事物。该法的做法是：将发明课题分解为若干相互独立的基本因素，找出实现每个因素的功能所要求的可能的技术手段或形式，然后加以排列组合，得到各种解决问题的方案，前后筛选出最优方案。这种方法选定发明对象后，对其基本因素的数量应以25个为宜，数量太小，会使系统过大，使下步工作难度增加，数量过多，组合时过于繁杂很不方便。在形态分析方面，需要多学科知识，利用各种技术手段，才能解决问题。

● 收敛思维　一种有方向、有范围、有条理的收敛性思维方式，与发散思维是相辅相成的关系。如果说发散思维是"由一到多"的话，那么，收敛思维则是"由多到一"。这种思维问题仅有一种答案。我们思考问题都围绕这一答案，将众多的思路和信息汇集起来，通过比较、筛选、组合、论证，从而得出最佳方案。其具体做法大致如下：

目标识别法　学者德波诺认为，这个方法就是要求"搜寻思维的某些现象和模式"，其要求是确定搜寻目标，进行观察并作出判断。

间接注意法　即用一种拐了弯的间接手段，去寻找"关键"技术或目标，达到另一个真正目的。

层层剥笋法　我们思考问题时，最初往往看到问题的表层，还需由表及里，去粗存精，逐步揭示事物的本质。

● 平面思维 这种思维是另起炉灶的思维方法，"换个地方打井"是"创造思维之父"、著名思维学家德·波诺提出的概念，用来形容他提出的平面思维法。对于平面思维法，德·波诺的解释是："平面"是针对"纵向"而言的。纵向思维主要依托逻辑，只是沿着一条固定的思维走下去，而平面思维则是偏向多思路地进行思考。德·波诺打比方说："在一个地方打井，老打不出水来。具有纵向思维方式的人，只会嫌自己打得不够深，而增加努力程度。而具有平面思维的人，则考虑很可能选择打井的地方不对，或者根本就没有水，所以与其在这样一个地方努力，不如另外寻找一个更容易出水的地方打井。"平面思维告诉我们"此处不留人，另寻留人处"，不要只钟爱一种方案，捏合不相关的要素，将问题转到利己的一面。

● 纵向思维 这是将思维对象从纵的发展方向上，依照其各个发展阶段进行思考，从而设想推断进一步的发展趋向的思维，叫做纵向思维法。比如，轮胎的发明，最先使用的车轮是木制的易损，后改为铁制的坚固，但它的震动太大。最后，人们又发明了轮胎，利用压缩气体的弹性减少震动，到目前为止很多交通工具都是使用轮胎的。纵向思维告诉我们办事要尽善尽美，多问几个"为什么"。

● 换位思维 "换位"就是与对方交换位置，站在对方的立场上去思考问题。孔子说："己所不欲，勿施于人。"耶稣说："你要别人怎样对待你，你就要怎样对待别人。"这两句名人名言是对换位思考的准确注解。事在人为，世上没有办不成的事，只有办不成事的人，关键看你会不会转变一下思想，先想想别人。当我们站在别人的立场上来考虑问题时，就容易找到解决问题的方法。比如：你要赢得客户，就要想顾客所想，急顾客所急，让顾客满意而归。

● 系统思维 任何事物都是有千丝万缕联系的，我们要系统地、综合地思考问题。系统是由相互作用和相互联系的若干组成部分结合而成的，具有特定功能的有机整体。其特征：①系统都是由两个以上的要素按照一定方式组合而成的；②系统的各个要素之间都是相互联系，相互制约的；③系统具有一定的特征和功能行为；④系统总是存在于一定的环境之中，并与外界环境进行物质、能量、信息的交换等。锡德·恺撒说："发明一个轮子的人是白痴，而发明其他三个轮子的人是天才。"

我们运用系统思维应遵守的原则：

整体性原则 即从整体出发去思考问题，从整体与部分、部分与部分、整体与环境的相互联系和作用中认识事物或找到解决问题的恰当方法。

综合性原则 即从综合的观点出发，既要看到系统的各个方面，又要对各方面的联系中全面地综合地加以分析和研究。

优化性原则　我们无论做任何事情，必须选择最佳方案，达到最佳目的。

我国的三峡工程就是按照系统思维办的，它不光具有发电功能，还有防洪、航运、环保、旅游等各种功能。它成为造福子孙万代的利民工程。

● 溯源推因思维　这种方法是由果找因，一叶落而知天下秋。它有广义和狭义之分，广义的是从事物发展过程所造成的结果中去寻找形成结果的一系列原因；而狭义的则是指从事物的结果推断其原因的一种思维方法。

● 演绎思维　演绎思维就是从若干已知命题发出，按照命题之间的必然逻辑联系推寻新命题的思维方法。运用演绎思维时，必须使结论与其前提之间有必然的逻辑联系，即断定结论应是断定其前提的必然结果。否则，就不能发挥作用。

这种方法是从普遍到特殊，具有方向性；它在前提和结论之间具有因果性；它推出的结论没有超出前提所提供的知识范围，具有有效性。

● 联想思维　联想思维就是指人们在头脑中将一种事物的形象与另一种事物的形象联想起来，探索它们之间的共同的或类似的规律，从而找出解决问题的方法，我们从学习和实践中获得大量信息，通过联想很快获得所需信息，构成一条链，通过事物的接近、对比、同化等条件，把许多事物联系起来思考，它能开阔思路，加深对事物之间联系的认识。我们可以采取强制、接近、连锁、相关、即时、对比、相似、自由等联想方法去解决问题。日本创新学家高桥浩说："联想是打开沉睡在头脑深处记忆的最简单和最适宜的钥匙。"

● 剩余思维　所谓剩余思维是：如果一事物是由另一事物所引起的，那么，把其中确认有因果联系的部分减去，则剩下的部分也必然有因果联系。

运用这种方法的条件是：①前提必须真实可靠，如果前提不可靠，则结论也不可靠。②它必须首先知道某一复杂现象的一部分原因和结果，这就需要事先进行试验论证这些因果关系，因此，这种方法不适用于研究现象间因果关系的起始方法。

● 简单思维　简单思维是指以"简单"为核心的思维方式。我们的工作、生活越来越简单，让机器代替原来繁复的工作。机器化繁为简，广告词要简单，使之重点突出，功能鲜明，结构精悍，性能优化。爱情的表达：微笑、献花、便餐。"快刀斩乱麻"、纲举目张，扁平化机构解决复杂问题的方法。张瑞敏说："能够把简单的事情天天做好，就是不简单。"简单往往是最好的，简单便是聪明，复杂便是愚蠢。

● 否定思维　否定思维是通过确定于命题相矛盾的判断的虚假，然后根据排中律（在同一思维过程中，两个相矛盾的思想不能都是假的，其中必有一个是真的），由假推真来证明论题真实性的一种证明方法。它在对类似证据难以从正面进行鉴别时，可以从反面寻找不属于某证的依据，通过否定而达到确定诊断的目的。如果结论的反面只有一种情况，只要断定这种情况不成立就可以了，这种反证法叫归谬法。如果结论的反面不止一种情况，就需把各种情况一一反驳，从而肯定结论的正确，这种反证法叫穷举法。

● 聚焦思维　聚焦思维是指在思考问题时，有意识、有目的地将前后思维领域浓缩和聚拢起来，集中在某一点上，提高工作效率。其方法是：首先要研究问题是如何存在的，要从广度着手；然后试着区分问题的叙述，从某一点入手，最终达到质的飞跃。

● “两面神”思维　在罗马的门神，有两个面孔，同时朝着两个相反的方向，人们把它叫做“两面神”。20世纪70年代末，美国康涅狄大学的行为科学教授A·卢森堡在对20世纪最伟大的科学家爱因斯坦的历史、论文等进行深入研究，以及对当今仍在世的一些科学巨匠进行长达1665个小时的直接交谈后，借用古罗马门神的名称提出了一个有关创造性思维的崭新概念——“两面神”思维法。他认为，爱因斯坦凭借凡人的头脑创立极为抽象的相对论模型，其“核心秘密就是爱因斯坦炉火纯青地运用了‘两面神’思维这一独特的创造性思维方法。”

“两面神”思维过程大致包括：一是积极地构想出两个或更多并存的事物，倘若把这些事物合并成一个事物，即能产生创造性的新发现。二是如果把同样起作用、同样正确、但彼此完全对立的概念、印象和思想统一起来，也会产生创造性的结果。

爱因斯坦运用两面神思维引出相对论学说：“引力是相对的，引力与惯性力是等价的原理。”

● 典型思维　这种方法是指通过典型事例的深入细致分析，从中找出事物的本质和规律来解决问题。我们运用它的关键是选择典型，使其真正具有代表性。

● 求同思维　这种方法弃异求同——寻找唯一相同处便是原因。我们寻找某一事物现象出现在各种不同的场合中的原因，可将这些不同的场合进行比较，排除它们之间不同的情况，寻找出唯一相同的情况就解决了。

● 求异思维　在相同条件下，某一现象在一种场合下出现，而在另一场合下不出现，只有一个条件不同，那么，这唯一不同条件就是某现象产生的原因。

● 共变思维　这种方法就是通过对某一现象发生变化的若干场合进行考察，寻找与之有共变关系的相关情况，以确定该现象的原因。

● 曲折迂回思维　这种方法就是谋求避开或越过障碍去解决问题。人生的旅途中，不能永远走直路，有时还要走曲折的路。这种方法在政治、军事、科学研究及日常生活中的运用非常广泛。

具体做法：一是"中间传导式"，即增加解决问题的中间环节，比之直来直去更为切实可行。二是"曲径通幽式"，面对难题暂时抛开，充实必要的知识和技能后，再回头攻关。三是"以远为近式"，即解决点先放在主攻问题关联较小的问题上，后解决主要问题。

技巧：有些问题要拐个弯才能求解，就像我们的思维钻进英文字母"U"里去了，直走出不去怎么办？拐个弯就出来了。还有一些问题需要拐几个弯才能求解，就像跟着英文字母"W"的笔画走一样，才能到达目标。

● 试错思维　这种方法就是猜想——反驳法。

其运作方法分两步走：一是猜想，二是反驳。没有猜测，就不会发现错误，也就不会有反驳和更正。猜测离不开直觉和想象，但是猜测不是胡思乱想、随意编造，必须有事实根据。反驳就是在初步结论中寻找毛病，发现错误，通过检验确定错误，最后排除错误的思维过程。这是一种"从错误中学习"的方法。

● 博弈思维　博弈思维就是"游戏理论"，或者说，是一种通过如何"玩游戏"中获胜而采取的一系列的策略。这种方法可分三步进行：首先诊断问题所在，确定目标；其次探索和拟定各种可能的备选方案；最后，从各种备选方案中选最合适的方案。

选择方案的具体做法如下：

"经验判断法"　这种方法对各种预选方案进行直观的比较，按一定的价值标准从优到劣进行排队，对全部方案筛选一遍，去劣取精。

思维的"求同"和"求异"的方法　这种方法就是要比较和看出诸方案的差异，要求我们从不同角度、不同要求、不同场合、不同结果对已判定的方案提出不同的看法，以"兼听则明"的态度从各种不同的意见中吸取营养，也可能出现新的解决方案，这样才能保证方案的科学性、可靠性和完整性。

定量方法　对复杂事物必须借助于大型数学模型，设计科学的计算机程序，运用电子计算机进行设计、比较和筛选方案。它借助于概率论、统计学、组合论等数学理论，具有较强的自然科学性，难度较大。

● 共赢思维　这是一种基于互敬、寻求互惠的思考框架，目的是获得更多的机会、财富及资源，而非敌对式竞争。共赢既非损人利己、亦非损己利人。我们工作伙伴及家庭成员要从互赖式的角度来思考。共赢思维鼓励我们解决问题，并协助个人找到互惠的解决方法，是一种信息、力量、认可及报酬的分享。这种方法往往采取优势互补、和合双赢、荣辱与共、助人即是助己、大家好才是真好的方法，达到双赢的目的。

● 信息交合思维　我们把物体的总的信息分解成若干个要素，然后把这种物体与人类各种实践活动相关的用途进行要素分解，把两种信息要素按坐标法连成信息坐标 X 轴与 Y 轴，两轴垂直相交，构成"信息反应场"。每轴各点上的信息依次与另轴各点上的信息交合而产生一种新的信息，这种发明方法叫做信息交合法。多种示意图都选用此法，一目了然。其步骤：第一步将所考虑的对象分解成若干个单独的信息要素；第二步把这些要素按一定顺序连起来，组成信息标（横轴与纵轴）；第三步是把不同的信息标进行交合连接，组成信息反应场；最后从中选择需要的信息。

● 假说思维　这种方法是根据已知的科学原理和一定的事实材料对事物存在的原因、普遍规律或因果性作出有根据的假定、说明和科学解释。但是，假说还需要论证，通过观察和实验来验证假设，才能出成果。

● 渐近思维　这种方法是把所需要研究的复杂思维对象分成若干层次或阶段，然后逐步加以解决。我们要从众多资料中由此及彼，由表及里，由浅入深，去粗求精，善于抓关键，提高工作效率。

● 移植思维　移植思维法，源于植物学。在植物栽培过程中，人们为了某种需要，常把植物从一处移植到另一处。后来，移植一词有了更广阔的含义，人们把某一食物、学科或系统已发现的原理、方法、技术有意识地转用到其他有关事物、学科或系统，为创造发明解决问题提供启示和借鉴的创造活动成为移植。

移植形式：一是见到可"移"之物，触景生情，引起联想。二是根据移植的需要，去寻找"可移"之物。

移植的途径大致如下：

观念（或概念）的移植——破除旧观念，移植新观念。原理移植——将某种科学原理向新的研究领域推广和外延，以创造新的技术产物。结构移植——将某种事物形式或结构特征向另一事物移植以创造新的技术产物。方法移植——科学研究每提出一种新的理论，技术创造每完成一项新发明都伴随着方法上的更新和突破。材料移植——产品使用功能，使用价值和制造成本，除了取决于技术原理、结构、方法外还取决于物质的材料。

移植要符合事物发展规律,需要考虑以下因素:①相容性。常用于动物器官移植。②相通性。即事物之间彼此连贯沟通,能够通过某种中介把它们连接成为一个整体。③优越性。移植是为了追求优化。

● 连环思维 这是一种互为原因、互为结果、因果连锁的思维方式。原因后面有原因,结果后面有结果,事物发展过程中一个结果又是下一个发展的原因,用已知推未知。

具体方法要弄清的问题:我们理想的结果是什么?障碍在哪里?障碍的原因是什么?排除障碍的条件是什么?

● 创造性思维 这种方法原指清除障碍,就能解决问题;后来泛指与众不同的创新意:不因循守旧,不盲从,富于创意性和批判性,以敢于标新立异,独树一帜的精神和追求为主要特征。

ARIZ 创造性思维法首先是前苏联的阿里德尔提出的。ARIZ 法把创造性思维的程序为 3 个阶段:分析阶段;操作阶段;合成阶段。其中最关键的就是分析阶段,其他阶段仅仅是把分析阶段所得到的想法加以实施的过程。

ARIZ 的分析阶段进行步骤大致如下:

明确问题解决最终要达到的目的;明确要达到这个目的取得成果会遇到什么障碍;明确起障碍作用的主要原因是什么;找出清除障碍的方法。

1977 年诺贝尔物理学奖获得者朱棣文说:"科学的最高目标是要不断发现新的东西。因此,要想在科学上取得成功,最重要的一点就是要学会用别人不同的思维方式,别人忽略的思维方式来思考问题,也就是说要有一定的创造性。"

● 直觉思维 直觉思维是在无意识状况下,从整体上迅速发现事物本质属性的一种思维方法。它不经过渐进的精细的逻辑推理,是一种思维的断层和跳跃,被人们称为"第六感"———一种说不清楚的,莫名其妙的感觉。

直觉思维的特点:一是突发性与直接性,"一瞬间"发现问题、处理问题。二是跳跃性,是认识上的突变和飞跃,是长期逻辑抽象思维基础上的一种思维飞跃。三是或然性,由于直觉思维是在"一瞬间"跳跃产生的,所以它的结论只是一种"可能",并不具有必然性,只具有或然性。

直觉思维的作用:一是能够超越逻辑思维,直接进行思维选择。二是能够发挥思维主体的客观预见能力。三是提高思维效率。

● 模糊思维 所谓模糊思维,就是不求精确,大处着眼,使思维过程运用非精确性的认识方法而达到思维结果的清晰性的一种思维方式。精确思维是运用数学工具分析事物,模糊思维主要依靠定性分析,从整体上认识和把握事物具有更多的感性色彩。

模糊思维侧重于多角度考虑问题，侧重于思维形象化，善于独创，善于在事物之间建立联系，善于用互相对立的角度思考与描述问题，特别注重于对事物的整体和特征进行概括，并用近似方式勾勒事物轮廓，估测事物过程，作出近似的、灵活性的结论。

● 质疑思维　所谓质疑思维，是指人们对原有的事物提出疑问，综合运用各种思维改变原来条件而产生的新事物、新观念、新方案的思维，疑问性充分体现在"为什么"上。表现最明显、最活跃的是它的探索性，不达目的不罢休，最宝贵的是它的求实性。它是人们发现问题，提出问题，解决问题的钥匙。

● 批判思维　所谓批判思维，是指严密的、全面的、有自我反省的思维。我们用这种思维方式来检验工作，就能获得新的收获。

批判思维的特征：一是分析性，在思维过程中不断地分析解决问题所依据的条件和反复验证业已拟定的假设、计划和方案。二是策略性，在思维问题之前，根据自己原来已知的认识在头脑中构成相应的策略或解决问题的手段，然后使之在解决思维任务中生效。三是全面性，在思维活动的过程中，善于客观地考验正反两方面的论据，做到滴水不漏、无懈可击。四是独立性，独立性，即指不为情境性的暗示所左右，不人云亦云，盲目附和。五是正确性，思维过程严密，组织有条理，思维结果正确，结论实事求是。

● 逆向思维　所谓逆向思维，是指从习惯思路的反方向去寻找分析解答问题的思维方向。逆向思维需要的是反过来想，突破顺向思维的逻辑模式。在中国古代，司马光砸缸，诸葛亮"草船借箭"都是运用反向思考来解决问题的成功例子。

◆ **创意方法**

● "头脑风暴（Brain Storm）法"　原意是："突发性的精神错乱"，表示精神病患者处于大脑失常状态的情形。"头脑风暴"是将少数人召集在一起，以会议的形式，对于某些问题进行自由的思考和联想，提出各自的设想和提案。这是一种发挥集体创造精神的有效方法，与会者可以无任何约束地发表个人的想法，甚至可以异想天开，如同精神病患者处于大脑失常状态一样，故称这种方法为"头脑风暴法"。

该法发明者 A·F·奥斯本（Alex·F·Osborn）是美国大型广告公司 BBDO 的创始人，1939 年他在所在公司里首先采用了有组织地提建议的方法。

奥斯本在《发挥独创力》中认为，以 5~10 人为宜，包括主持人和记录人在内以 6~7 人最佳。参与者最好职位相当,对问题均感兴趣,但不必皆属同行。小组成员中最好有一两位创造力较强的人,以及多学科的人在一起讨论效果最好。头脑风暴法具体步骤:①先告诉大家题目、目的以及讨论要遵循的原则。②自由发言,主持者同时记下发言者的创意;将创意分类、归纳和评价。③将其中最切合实际又最有代表性的创意作为答案。

头脑风暴法的运用要求:①主持人要使会议保持热烈的气氛,让全体参加者都出谋划策。②主持人应该避免发表任何评论,一切有障创造性思考的判断或批评应留在最后。③问题最好应在召开会议前 1~2 天告诉参加者,问题应当在特定的范围,但又不能限制得太死。④想到就立即说出来,不要等完全想好后再说。⑤不要立即否定其他人的意见,有什么疑问立即提出来。⑥每次发言不要太长,根据参加人数以 1~2 小时为宜;在已结束时,再延长 5 分钟最好。⑦对会上收集到的设想最好过几天再进行评价,以便提出者进一步完善方案。

● 反向头脑风暴法 这种方法与"头脑风暴法"不同的是在反向头脑风暴的过程中允许提出批评。

● 综摄法(Synectics) 该词出自希腊语,指"把表面上看来不同而实际上有联系的要素综合起来"。综摄法的最初含义是指由不同性格和不同专业的人员组成精干的小组,采取自由运用比喻和类比方式进行非正式的交换意见,进行创造性思考,并在此基础上阐明观点或解决问题。综摄法是一种旨在开发人的潜力和创意力的思考方法。

综摄法最初是由威廉·戈登于 1914 年开发的,后来,乔治·普林斯(George Princg)加入到戈登的研究行列。他们在美国麻省波士顿创建了新耐梯克(Syneticc)公司,在这里他们共同创建了综摄法。

在类比法中,最典型的是综摄法,所谓的提喻法、集思法、群辨法、分合法等都是指在类比基础上的综摄法。

综摄法是指从已知的事物出发,把互相毫无联系的、不同的知识要素相结合,从不同的角度分析未知的事物,从而使理想中的未知事物成为现实的过程。

类比法的关键是发现和找出原型,也就是类比的对象。从熟悉的对象类推出陌生的事物,从已知探索未知。

综摄法基本上是一种集体技法,一般由主持人 1 名、专家 1 名,再加上各种学科领域的专业人员 4~6 名组成。主持人召集会员参加讨论、认真倾听、鼓励组员充分发表意见、整理资料、把握会议发展方向的作用。专家开会时要说明问题,分析问题,让组员们了解问题的背景以及现状,然后与主持人一起对解决问题应达到的目标进行研究,同时也要广泛虚心听取组员们的意见。小组成员应该由那些经常运用类比或暗喻的人组成。他们应具有互相帮助的态度，应具有密切配合的整体活动意识以及必要的抽象概括能力。他们还应当具备诸如感情成熟，"共担风险"以及非身份导向的人格特征。他们还应该表现出对小组目标的忠诚。他们最好在 25~40 岁之间。参加小组的人最好与会议主题没多大关系，可以邀请心理学、社会学、市场学、化学、生物学、机械和电子技术的专家参加，从多学科的角度提出，运用两种思维方式，"使陌生的熟悉起来"，"使熟悉的陌生起来"，以求获得一系列的类比设想：

（1）直接类比（Direct analogy）。就是直接提出相似的东西，由此获得启示进而萌发设想的方法。这种方法多数从自然界中寻找某种启示。

（2）间接类比。这种技巧是指非同类事间接对比。

（3）形状类比。这种技巧是根据形状进行创造。

（4）功能类比。这种方式是依据相似的功能进行类比。

（5）因果类比。这种技巧是指两个事物的各个属性之间可能存在着同一因素关系，因此，我们可以根据一个事物因素关系，推出另一事物的因果关系。

（6）仿生类比。这种技巧就是模仿生物的结构和功能等，提出新的发明项目。

（7）切身类比（personal analogy）。这种技法是指在解决问题时，设法使自己与该问题的要素等同起来，从而得到有益启迪。

（8）象征类比（syrnbolic analogy）。这种技巧就是尽可能使问题的关键点简化，并由此找到启示的方法。人们经常从童话、谚语、幻想小说这类东西中寻找启示。

（9）荒诞类比（Absurd analogy）。这种类比以弗洛伊德的理论为基础。他认为创造性思维与愿望的强烈实现联系在一起。如图 4-1。

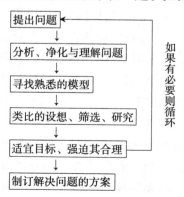

图 4-1 荒诞类比示意图

（10）从相反的方向思考问题。

（11）从综合角度分析问题。

● 默写式智力激励法　由德国创造学家荷立提出，又称"635法"，即会议有6人参加，每人在5分钟提出3个设想，并写在卡片上（卡片在设想的文字段落间要留有一定的间隙），然后传给右邻。第二个5分钟，每人从别人的3个设想基础上再提出3个设想，再传给右邻，这样半小时传递6次，可得108个设想。

● 卡片式智力激励法　又分CBS法和NBS法。CBS法由日本创造开发研究所所长高桥浩提出：会议有3~8人参加，每人50张卡片，桌子上另有200张备用，会议约1小时。前10分钟与会者在卡片上写设想（每张一个），后30分钟依次发表设想，每人宣读一张，卡片放在桌子中间，每人均可见，并可提出质询，或受启发产生新的设想填入备用卡片。后20分钟，互相交流讨论。NBS法由日本广播电台开发，有5~8人参加，会前先给卡片，要求每人提出5个以上设想，填在一张卡片上。会议开始依次出示卡片并说明，此时，别人仍可对自己的设想作修改。发言完毕后，将卡片集中分类，横排在桌子上，每类加一个标题，再进行讨论，进行择优。

● 三菱式智力激励法　又称MBS法，由日本三菱树脂公司提出，共分6步：第一步提出设想；第二步由与会者在10分钟内在纸上填写设想；第三步轮流谈设想。会议主持人做记录，每人限1~5个；第四步将设想正式作为提案并进行详细讨论；第五步相互咨询，进一步修正提案；第六步由会议主持人将每人的提案用图解方式写在黑板上，让到会者进一步讨论，以便获得最佳方案。

● 科学法　被广泛运用于调查的各个领域，依照一些原则和过程，通过观察和实验来验证假设。这些方法包括定义问题、分析问题、收集和分析数据、开发和测试潜在的解决方法，选择最优解决方案等步骤。

● 价值分析技术　用来寻找使创业者和风险企业价值最大化的方式。创业者为了使价值最大化，通常提出这样的问题："这部分的质量是否能够降低一些？因为这不是问题的关键部分。"在价值分析过程中，需要安排一定的时间对创意进行开发、评价和改进。

● 检核表法　是由美国创造学家奥斯本创造的一种创意方法。具体做法是，首先针对思考对象提出若干问题要素，然后分别提出要点进行思考，系统设想各个解决办法，并分析各种解决办法的可能性，从中找出最有效又最具可能性的方法。检核表的基本步骤和内容是：①能否改变功能、颜色、形状、运动、气味、音响、外形、外观？是否还有其他改变的可能性？②能否增加些什么，如使用时间、频率、尺寸和强度？能否提高性能？能否增加新成本？能否扩大或夸张？③能否减少些什么？能否密集、压缩？能否微型化？能否缩短、变窄、去掉、分割、减轻？能否变成流水线？④能否代替？用什么代替？还有什么其他种排列、成分、材料、过程、能源？⑤有无其他用途？是不是有新的使用方法？能不能改变现有的使用方法？⑥能否代用，是不是能应用别的设想，是不是与别的设想相类似？是不是暗示了其他设想能否模仿？⑦能否颠倒，如正负、上下、头尾、位置、功能？⑧能否组合、合成、配合、协调、配套？能否把物体、目的、特性或观念组合？⑨能否交换，有无可互换的成分？能否变换模式？能否变换布置，顺序？能否变换操作工序、因素关系、速度、频率、工作规范？

　　总之，对书本知识既要肯定，又要怀疑；对经验既要借鉴，又要鉴别，勇于标新立异，独树一帜。要善于敏锐地发现某个领域的空白、冷门或薄弱环节，对症下药地想出办法。当你对事物或问题有某种新的创造或新的解决方案，可"顺藤摸瓜"扩大战果。当你思考问题出现错误，能否"将错就错"加以利用，使其转化为一种有价值的成果。当你遇到无论是自然的还是人为的某种灾难时，要认真细致地思考分析一番，也许"因祸得福"或"因福得祸"。当你致力于思考问题解决某个问题，尚未得到任何结果时，是否考虑和注意获得其他的什么成果。当你思考和着手解决某个问题的过程中，要注意是否有可能同时再获得其他战果或启示。当你发现自己解决某个问题步入歧途时，需考虑是否已意外地解决了另一个问题或者提供了有关线索。当你认识了事物的局部，能否把全部想象出来呢？当你思考问题涉及很多因素或部分时，抓住主要的、抛开次要的因素，以构成该事物某方面本质与规律的简单化、单纯化、理想的形象。当你思考问题时，有时还需要设身处地去想，设想自己处于某个人、某件事的情境中，通过揣摩某人的思想感情或某事的具体情景，以谋求获得顺利解决问题的办法。

　　目前，许多企业将检核表法运用于管理领域，比如，通用汽车公司给职工制定了检核单，其内容有：①为了提高工作效率，可以利用其他适合的机械吗？②现有的设备有没有改进的可能呢？③改变滑轮、传送装置等搬运设备的位置或顺序，能否改善操作呢？④为了同时进行各种操作，能否利用某些特殊的工具？⑤变换操作顺序能否提高零部件的质量？⑥能否用成本更低的材料取代现有的材料？⑦改变材料的切割方法是否能更经济地利用材料？⑧能使操作方法更安全吗？⑨能否去掉无用的形式？⑩现在的操作不能再简单化些吗？

● 暴风骤雨联想法　这种方法就是以一种极其快速的联想方式思考问题，并从中引出新颖而具有某种价值的观念、信息或材料。在进行上述思维活动时，只要求主体思想飞快运转，将涌现出来的任何信息都记录下来，最后再去粗取精，寻找最优答案。

这种思维方法是由美国学者提出的，他们认为"智力的相乘作用和它的开放才是快速思考的最重要点"。开始，只是为了比较一下集体工作和单位工作的思维效率上的差别。后来，美国几所大学将这种思维技巧用于培养和训练学生的创造性思维。

● 笛卡尔连接法　这种方法的原意是指：用抽象的几何图形来说明代数方程，尽可能采用"智力图像"来解决问题。智力图像即指存在于人的思维中的某种思维模型。这种思维模型是通过某种图像或图形符号来显示的。

我们在思维时，将抽象的概念、原理、关系等，用生动具体的图像模型加以展示，并进行相关分析处理，这种方法便是"笛卡尔连接法"。

● 列举法　列举法是把同解决问题有联系的众多要素逐个罗列，把复杂的事物分解开来分别加以研究，以帮助人们克服感知不足的障碍，寻求科学方案的技法。

列举法是在美国内布拉斯加大学教授克劳福特（Robere crawford）创造的属性列举法基础上形成的，是具体地应用发散思维克服思维定势的创造技法。

按照所列举对象的不同，列举法主要可分为以下几种：①属性列举法，克劳福特说："所谓创造，就是掌握、呈现在自己眼前的事物属性，并把它置换到其他事物上。"属性列举法，通过研究对象进行分析，逐一列出其属性并以此为起点探讨对研究对象进行改进的方法，该方法通过列举，分析属性，应用类比、移植、代替、抽象的方法变换属性获得创造的目标。②缺点列举法是一一地把事物的缺点列举出来并针对发现的缺点，有目的地进行改革，以取得创造发明成果。③希望点列举法是列举出事物被希望具有的特征，从而寻找创造目标和方向的看法。④成对列举法是通过列举两种不同事物的属性，并在这些属性间进行组合，通过相互启发，而发现发明目标的方法。⑤综合列举法是将属性列举法、缺点列举法和希望点列举法综合起来应用的一种方法。

● 德尔菲法　德尔菲法是一种重要的预测决策方法，也是一种重要的群体创意方法。其特点：一是匿名性，专家们互不相识，可以各抒己见。二是专家从反馈回来的问题调查表上了解到发表意见的状况，以及同意或反对各个观点的理由并依次各自作出新的判断，从而构成专家之间的互补影响。三是对问题作定量处理。对于计划时间、数量等问题，可直接由数目表示，再按程序处理，对规划决策问题可采取评分的方法，把定性的问题转化为定量的问题。

（一）德尔菲法的实施步骤

1.制订征询调查表

征询调查表是运用德尔菲法的专家征询意见的重要工具，它制定得好坏，将直接关系着征询结果的优劣，在制订调查表时，须注意以下几点：

（1）对德尔菲法作出简单说明征询的目的与任务，以及专家应答的作用。同时对德尔菲法的程序、规则和作用作出简要说明。

（2）问题要集中，有针对性，不要过于分散。各个问题要按等级由浅入深地排列，这样易引起专家应答的兴趣。

（3）避免组合问题。如果一个问题包括两个方面，一方面是专家同意的，而另一方面又是不同意的，这时专家就难以作出回答。因而应避免提出"一种技术的实现是建立在另一种方法的基础上"这类组合问题。

（4）用词要确切。

（5）调查表要简化。调查表应有助于专家作出评价，应使专家把主要精力用于思考问题，而不是放在理解复杂和混乱的调查表上。

（6）要限制问题的数量。问题的数量要从实际出发，上限以 25 个为宜。

（二）选择专家

在选择专家时，不仅要注意选择那些精通本科领域，有一定名望、有学派代表性的专家，同时，还要注意选择边缘学科、社会学和经济学等方面的专家。专家小组的人数一般以 10~55 人为宜，最佳人数为 15 人左右。在确定专家人选前，应发函征求专家本人意见，以避免出现拒绝填表或中途退出等情况。

（三）征询调查

首先向专家小组成员发出询问调查表，允许任意回答。调查表统一回报后，由领导小组进行综合整理，提出一个"征询调查一览表"。然后将此表再发给专家小组成员。要求他们对表中所列意见作出评价，并相应地提出评价理由。领导小组根据返回的一览表进行综合整理后，再反馈给专家组成员。一般来说，这样轮番四次即可。

（四）确定结论

最后，领导小组汇总再取得一致意见。

● 电子会议　做法：多达 50 人围在一张马蹄形的桌子旁。这张桌子上除了一系列的计算机终端外别无他物。要点：将问题显示给决策参与者，让他们把自己的回答输入计算机，个人评论和票数统计都投影在会议室内的屏幕上。优点：匿名、诚实和快速。

● 标准日程法——选出最佳的解决办法，其步骤如下：首先了解团队面临的问题，并分析问题的实质，问题在何处，团队要解决的问题到底是什么？其次，在所有成员之间充分沟通，认真审核每条信息，并列出解决办法应包含哪些方面，解决办法中的哪些要点可被应用到次于最佳方案的可接受方案中？可能阻碍解决方案实施的法律、金融、道德以及其他方面的限制有哪些？最后，集思广益提出备用方案，同标准相比较，并选出最佳的解决办法。

飞机让莱特兄弟发明了，相对论让爱因斯坦发现了，计算机软件让比尔·盖茨领先了……殊不知，我们身边每时每刻都充满了奇迹的机会，关键在于谁先想到，谁先干，谁领先一步。

H·clenmeny 研究了各类人才最佳创新年龄如下：

化学家	26~36 岁
教学家	30~34 岁
物理学家	30~34 岁
哲学家	35~39 岁
发明家	25~29 岁
医学家	30~39 岁
植物学家	30~34 岁
心理学家	30~39 岁
生理学家	35~39 岁
作曲家	35~39 岁

◆ 建立选择评价准则

● 产品（或服务）市场有需求或潜在需求。

● 产品（或服务）是否有竞争力，特别是大项目，没有竞争力不能干。

● 一般产品（或服务）要量力而行，人力、物力、财力都具备（或可以解决）。

● 管理能力与市场战略相一致，生产计划与现有设备相匹配。

● 新、奇、稀、缺的产品（或服务），要适当冒风险，凡事预则立，周密的思考会把风险降低到最小限度。仔细分析创意，集中关注一些重要事项，将行动与分析结合起来，不要老是等待所有问题的答案，要准备随时改变进程，只要有 60% 把握就干。巴顿将军说："一个好的计划现在就去执行要比下周执行一个完美的计划好得多。"冒险就是抓住机遇，四平八稳干不了大事。

由麦肯锡公司进行的一项调查表明，对一个年市场增长率为 20%、平均价格降低 12%、生命周期为 5 年的新产品来说，迟进入市场 6 个月，会导致生命周期 1/3 利润的损失。

● 创意要尽量适宜你的专长，干什么必须懂什么，不懂不能干。

创意必须从实际出发，需要积累它的材料，加以综合起来，先易后难，一刻不停地琢磨它，十分耐心地雕琢它。

● 一个人的精力是有限的，创业期间不能分散精力，一个时期只能干一个项目，突破一点，就能站稳脚跟，一步一个脚印往前走，就会有成功的希望；同时干多个项目不见得会成功。

6. 市场调查

有了点子，还要进行市场调查，获取市场情报、信息并加以整理、分析，研究市场的各种基本状况及其影响因素，以便确定诸如谁将购买该产品或服务，潜在的市场的规模怎样等，这包括定价策略的考虑，最合适的分销渠道的考虑，以及最有效的促销策略的设想等，为企业的正确决策找出依据。主要收集如下信息：

◆ 市场环境信息

市场环境信息是指间接对企业市场活动产生影响和制约作用的那些外部因素，经济环境的变化对本行业的影响。宏观经济状况是否景气，直接影响老百姓的购买力。

（1）市场经济环境信息主要包括经济形势、能源和资源、国民经济收入、社会经济结构、经济发展水平、经济体制、国家经济政策，以及市场是增长还是衰退，购买力如何。该产品能否被消费者接受。

（2）政治法律环境信息。主要包括政治形势、政治体制、经济体制、国家方针政策、法制和法治等方面的信息。创办中过程会遇到许多重要的法律问题，创业者应该准备面对将来可能出现的影响到产品或服务、分销渠道、价格及供销策略等的法律和法规问题。

（3）文化环境信息。主要包括文化教育、宗教信仰、社会阶层、价值观念、风俗习惯、社会舆论、社会流行、社会道德、审美情趣等方面的信息。

（4）科学技术环境信息。主要包括基础研究、应用研究、技术开发、科技水平、科技投资、科研成果转换及其运用、科技发展方向的信息。技术是变化最为剧烈的环境因素，然而，创业者应该考虑对所涉及的技术变化趋势有所了解和把握，对新技术、新工艺、新材料、新产品的发展，对需求影响作出估计。技术每年的淘汰率为 20%，也就是说，技术的寿命周期平均只有 5 年。有资料表明，在美国 18 年淘汰了 8000 种职业，同时诞生了 6000 种新的职业。

(5) 自然地理环境信息。主要包括自然资源、气候条件及变化、自然灾害、地理位置、地形地貌等方面的信息。生产某种产品所需要的原材料、辅助材料、能源和协作供应情况等。

(6) 人口环境信息。主要包括人口数量、人口结构、人口增长、人口流动、人口分布等方面的信息。

(7) 行业环境信息。了解该种产品和服务项目从技术和经营两方面的发展趋势，行业规划及行业管理措施。

◆ **消费者及其作为信息的几方面**

(1) 消费者类型及其特征信息。主要包括消费者的性别、年龄、民族、宗教信仰、受教育程度、收入水平、职业、社会阶层、价值观等方面的信息。

(2) 消费者的地理分布信息。主要包括消费者在不同地区之间、城乡之间、不同地形之间、不同气候条件之间的分布状况。

(3) 消费者的需要信息，从消费者的角度来进行收集。主要包括消费者的生理需要、生存需要、安全需要、市场需要、尊严的需要、自我实现的需要等方面的信息。

(4) 消费者购买动机的信息。主要包括消费者购买时的常规动机、求实动机、求新动机、求美动机、求廉动机、癖好动机等方面的信息。

(5) 消费者的购买过程信息。主要包括消费者从认识需求、判断需求购买决定、购买成交、购后评价等各个环节的信息。

(6) 消费者购买习惯信息。主要包括消费者在购买时间、地点、数量支付习惯、厂牌或品牌偏好等方面的信息。

(7) 消费者购买类型信息。主要包括消费者在购买时所表现出来的习惯型、随机型、理智型、冲动型、经济型、想象型等购买类型方面的信息。

(8) 消费者的家庭信息。主要包括消费者家庭构成和规模、家庭的权力分配模式、家庭人员的生命周期、家庭结构等方面的信息。

(9) 消费者对厂商、产品的评价、对企业市场营销活动的反应信息。

(10) 潜在消费者的有关信息。

◆ **关系信息**

(1) 供求状况信息。主要包括供大于求、供求平衡、供不应求等状况的信息。

（2）供求问题关系的信息。主要包括供求总量在不同时期的相应关系的信息。

（3）供求结构关系信息。主要包括不同产品在不同时期的供求形式结构等方面的信息。

（4）供求变化与趋势信息。主要包括供求变化的形态、原因、趋势等方面的信息。

◆ **竞争信息**

（1）竞争与垄断的程度信息。主要包括市场处于完全竞争、完全垄断、寡头垄断、垄断竞争等状态的信息。

（2）竞争类别信息。主要包括对市场处于经营要素竞争、商业资源竞争、商业销售竞争等状况的信息。

（3）竞争形式信息。主要包括对市场处于使用价值竞争、技术竞争、服务竞争等状态的信息。

（4）竞争对手的概况信息。主要包括竞争对手的数量、规格、经营实力、分布情况、经营产品、市场占有率、企业形象、产品形象、经营效果等方面状况的信息。

（5）竞争对手行为信息。主要包括竞争对手的产品价格、服务方式、销售组织结构、销售渠道、广告宣传、促销手段、人事制度、技术开发等方面的信息。

（6）本企业在竞争中的地位信息。主要包括企业所处的市场领导者、市场挑战者、市场追随者、市场补缺者等方面的信息。绝对竞争力一定是不可复制，不可被取代的。只有两种情况，不可被取代和不可被复制的，要么第一，要么唯一。

（7）本企业的竞争能力信息。主要包括经济实力、产品竞争能力、产品分销能力、价格竞争能力、促销能力、售后服务能力、新产品开发能力等方面的信息。

◆ **产品信息**

产品市场调查，尽可能收集行业的发展现状趋势、行业生存条件等方面的内容，密切注意新技术在本行业的运用。

（1）产品类型信息。主要包括反映产品属于初级产品、中间产品、最终产品、耐用产品、易耗品、时尚品、日用品、选购品、特殊品、高档品、低档品、生存资料、享用资料、发展资料等方面的信息。

（2）产品效用信息。主要包括各类相关产品的功能、用途、使用方便性、实用性、安全性、美观性、装饰性等方面的信息。

(3) 产品样式信息。主要包括各类相关产品的体积、外观、品种、规格、式样、花色、标准、计量等方面的信息。

(4) 产品服务信息。主要包括售前、售中、售后服务等方面的信息。

(5) 产品品牌信息。主要包括产品的品牌和商标的类型、知名度、使用情况、品牌价值、品牌策略等方面的信息。

(6) 产品包装信息。产品线和产品组合信息、产品生命周期信息、新产品开发信息、替代产品信息。

◆ 价格信息

(1) 包括价格总水平、相关竞争商品的价格水平。

(2) 市场调节价格。

(3) 各种商品之间的比价与差价信息。

(4) 影响价格变化的因素信息，指供求、成本、资源、价格政策、竞争产品等影响价格变化的各种因素的有关信息。

(5) 定价目标信息，指高、中、低定价目标方面的信息。

(6) 定价方法信息，指各类定价主体所选用的成本导向、需求导向、竞争导向等定价方法方面的信息。

(7) 定价策略信息，指新产品定价策略、心理定价策略、差别定价策略、招徕定价策略等方面的信息。

(8) 定价折扣信息，指各类定价主体所采用的数量折扣、交易折扣、现金折扣、季节折扣、推广折扣等方面的信息。

(9) 支付时间信息，指交易时采用的延期付款、预付款等方面的信息。

(10) 信用信息，指交易中采用的商业信用与消费信用等方面的信息。

◆ 销售渠道信息

(1) 渠道类型信息。主要包括渠道中各种产销合一、产销分离、产销联合、经销商、经纪商等形式的渠道信息。

(2) 本企业销售组织与人员信息。主要包括企业内销售组织、销售机构、销售人员及销售能力、自销环节和比重等方面信息。

(3) 各地区销售网络信息。主要包括各类销售机构的数量、经营能力、配置销售特征、批发网络、零售网点、销售环节等方面信息。

(4) 目标市场中间商的概况信息。主要包括目标市场中各类中间商的数量、规模、类型、性质、资信、销售能力等方面的信息。

(5) 物流信息。主要包括仓储、运输、装卸、包装等方面的信息。

（6）通讯信息。主要包括信息网络、通信条件等方面的信息。

（7）本企业产品原有销售网络信息。主要包括中间商的销售成绩、同本企业的关系、对本企业的意见等。

◆ **竞争调查**

竞争不仅来自同行业间最类似的产品，还来自例如供货商、客户、替代品以及新加入的竞争者等多方面的威胁。

调查贯穿了管理运作的所有阶段，调研并不仅仅是项目决策之前需要，在项目执行中，在每一个决定前，都必须有可靠的调研。

7. 企业计划书

创业者首先要推销他的创业计划，研究投资人的思维方式。企业计划书的主要内容大致如下：

（1）企业定位。包括企业的名称、地点、负责人的姓名及住址；企业的性质、经营范围、目标、处于什么位置——前排、中排、后排；股东及股份比例；目前资产情况（总资产、总负债、净资产、去年销售收入和纯利润）；公司下属单位：合资公司及关联公司等情况。所需资金以及机密性的陈述。

（2）公司的组织机构（画出结构图）；公司主要管理者性别、年龄、出生地、学历、学位、毕业学校、工作年限，在目前行业工作年限获得的成就等；公司对主要管理和技术人员采取的激励机制；公司是否应聘请外部管理人员（会计师、律师、顾问、专家），说明公司知识产权、专利权、特许经营权等情况。说明公司的商业机密、技术机密等保密措施；公司是否存在关联经营和家族管理的问题说明。

（3）计划执行概述。对企业的经营计划（生产计划、组织计划、财务计划、营销计划）做全面的概述。

（4）机遇与法人素质。你为什么要做？为什么现在做？为什么由你来做？

（5）你承担什么风险？风险不可避免、不要隐瞒风险、敢于自己承担风险。你对技术风险、市场风险、管理风险、财务风险及其他不可预见的风险采取什么控制措施？

（6）产品介绍。产品的性能、特性、品牌，产品针对市场，需要点在哪里？这个需求度与需要量有多大？竞争对手的优缺点是什么？自己的产品竞争力在哪里？顾客为什么要选择自己的产品？产品的原料是什么？如何组织生产线？成本是多少？是否需要研发，研发经费是多少？产品定价是多少？这种定价相对于市场普通价格是高还是低？能为企业带来多少利润？该产品的发展前景及研发与更新的思路，在性能与独特上有哪些进步？

（7）资金需求计划：为实现公司发展计划所需要的资金额，资金需求的时间性；资金用途（详细说明资金用途，并列表说明）；融资方案：公司所希望的投资人及所占股份的说明；资金其他来源，如银行贷款等。

（8）团队情况介绍：团队是否完整？缺少哪方面的人才？有哪方面的人才？公司的人事制度，组织结构和工薪安排；如果是股份制公司还要列出股东名单，介绍认股权、比例和特权及董事成员、董事背景资料。

（9）竞争者在哪里？核心竞争力是什么？新经济时代竞争者到处都是，既有明的，又有暗的，你如何对付他们？

（10）市场占有率怎样？如何去占领市场？

（11）营销情况介绍：市场机构和营销渠道的选择；营销队伍和管理；促销计划和广告谋略，价格决策。

制造计划介绍：制造产品所需要的技术和设备；制造产品的原材料及原材料来源；新产品投产计划；技术提升和设备更新的要求；质量控制和质量改进计划。投资者希望看到生产链中的所有细节，还会对一些具体的问题加以关注。

财务规划介绍：流动资金是企业的生命线，健康的资金流动可以防御风险出现。生产计划书的条件假设，预计的资产负债表，预计的损益表，现金收支分析和资金的来源和使用。第一期产量是多少？预期今后每一个期间的产量是多少？原材料消耗是多少？材料运输费是多少？什么时候开始扩大产品线？每件产品生产费用是多少？每件产品的定价是多少？使用什么分销渠道，所预期的成本和利润是多少？需要雇佣哪几种类型的人？雇佣何时开始？工资预算是多少？财务规划从数字报告来支持整个计划书的内容。它的撰写应该注意数字的准确性与报表的直观性，科学性。对于新技术或创新产品的创业企业要根据实际情况，预测产品的各项市场数据，包括可能的市场成长速度和纯利，并以此推算出符合实际的财务模型。对于已有市场的企业，则可按照现有的市场数据结合可能的规模和改进方式，做出准确的财务规划。

（12）沟通与传播。充分展现企业领导人的表达能力，如何用最短的时间说服投资人从腰包里掏出钱来？

8. 市场预测

市场预测常用的方法，大体上分为两类，即经济判断预测和数字计算预测法。

◆ 经济判断预测

这种预测是利用直观材料，依靠人的综合能力和经验对市场的某个因素及其发展趋势进行估计，也叫直观预测法。可分为 4 个具体操作方法：

● 经济人员意见法 指由企业经理或厂长召集计划、销售、财务、生产等有关部门负责人，广泛交换意见，对市场前景作出预测。其优点是，汇集各部门负责人的意见和智慧，解决问题快。缺点是过分依赖主管人员主观判断，有时事实根据不足，风险性较大。

● 销售人员意见法 指经过征求本企业推销人员和商业部门业务人员的意见，然后汇成整个企业预测值。由于销售人员直接接触市场和用户，比较了解顾客和竞争厂家动向，他们对市场的预测值具有很大的现实性。

● 顾客意见法 指直接听取顾客意见后确定的预测值。这种方法适用于用户数量不大或用户与本企业有固定协作关系的企业。征求顾客意见，可走访企业用户，也可采取订货会、用户座谈会、巡回展览、商品展销、填报需要登记表等方式。这种方法若用户配合不力，可能导致数据不真实。

● 专家意见法 又叫特尔菲法。是一种函询调查法。即将所要预测的问题和必要的背景材料，用通讯形式向专家提出，得到答复后，把各种意见经过综合、整理、反馈，反复多次，直到获得较准确的预测结果。这种方法的优点是既依靠专家，又避免了专家会议方式不足。缺点是信件往返时间较长。

◆ 数字计算预测法

主要包括算术移动平均法和指数平滑法。

◆ 产品定价策略

● 定价需要考虑的因素：

影响利润的三要素：销量、价格和成本。这三要素的关系如下：利润=销量×价格-成本。商品成本决定了商品的最低价格。

市场供求状况：商品供应小于需求，价格可定得高些；反之，价格可定得低些。高明定价者善于思考产业演变的可能趋势，并能预知当前的行为将如何影响未来的价格走势。他们着眼于长期的获利而非追逐短期的市场占有率。

商品需求的价格特性：名牌商品，高度流行的商品，能显示购买者身份地位的商品，缺乏替代品的商品，没有竞争者的商品等，价格可定得高些。反之，价格可定得低些。高明定价的核心就是要有高水准的信息资料：竞争者同种商品的价格水平；目标市场的购买力水平及心理因素。企业的定价目标——通过制定商品的价格要达到的目的，不同的定价目标决定了不同的定价策略、定价方法和价格水平。定价要考虑自身实力及产品的成本，顾客行为、竞争反应；对各种替代战略的成本利益有全面的了解。既考虑定价的动态效应，也考虑定价的当前效应。高明的定价者应具有对动态效应相关知识的掌握，以及对动态效应的管理能力。

国家关于价格方面的政策法规，比如，《反不正当竞争法》第十一条规定："经营者不得以排挤竞争对手为目的，以低于成本的价格销售商品。"

● 定价基本策略

心理定价策略——根据顾客的不同心理，采取不同定价技巧的策略常见的有：

尾数定价策略。企业给商品定价时故意定一个接近整数，以零头尾数结尾的价格，这样会使顾客感到便宜，准确，合理。从而对价格产生一种信任感。

整数定价策略。企业给商品定价时，故意定一个整数价格。这样会使顾客感到货真价实，方便购买。

声望定价策略。这是依据人们的虚荣心理或寻求安全感的心理来确定商品价格的一种定价策略。

招徕定价策略。企业可利用消费者求廉的心理，特意将少数几种商品暂时降低价格，吸引和招徕顾客购买多种商品的一种策略。

● 产品组合定价策略：

关联产品定价——必须和主要产品一起使用的产品。

副产品定价——在生产主要产品的过程中同时产出的产品。

同类产品分组定价，即把同类产品分为价格不同的数组，每组商品制定统一的价格。

● 地区定价策略

这是根据买卖双方经营的差异，考虑买卖双方分担运输、装卸、仓储、保险等费用的一种价格策略。

产地价格又称离岸价格。

目的地交货价格，按照合同规定，卖方产地价格加上到达买方指定目的地的一切运输，保险金等费用所形成的价格。

统一交货价格又称到岸价格或送货制价格。一切费用由卖方承担。

分区运送价格，也称地域价格。

补贴运费定价，为弥补产地价格策略的不足，减轻买方的运杂费，保险费等负担，由卖方补贴其中一部分或全部运费。

● 折扣和折让策略

现金折扣，对按约定付款日期付款的顾客给予一定的折扣，对提前付款的顾客给予更大的折扣。

数量折扣，根据顾客购买货物数量或金额的多少，按其达到的标准，给予一定的折扣，购买数量愈多，金额愈大，给予的折扣愈高。

交易折扣，也称功能折扣，是由企业向中间商提供的一种折扣。不同的中间商，企业可根据提供的各种不同服务和担负的不同功能，给予不同的折扣优待。

季节性折扣，生产季节性商品的企业向在季节前后购买非时令商品或提前定购季节性商品的中间商给予一定的价格折扣。

推广折扣，企业向为其产品进行广告宣传，橱窗布置，展销等促销活动的中间商所给的一定价格折扣或让价，作为给中间商开展促销工作的报酬。

运费折让，企业对路途较远的顾客，减让部分价格作为对其部分或全部运费的补偿。

● 新产品定价与价格调整通常采用策略：

撇脂定价策略　在新产品刚进入市场的阶段，采取高价政策，在短期内赚取最大利润。必须考虑顾客在经济方面和情绪方面的反应。

渗透价格策略　这是以低价投放市场的策略。这种策略的优点是，产品低价薄利，能有效地排斥竞争者进入市场，使企业能较长期占领了市场。缺点是利润低，投资回收期长，若成本上升，再调高价格会使顾客认为产品质量不高，影响购买，也影响产品的形象。质优价廉才能立于不败之地。

满意定价策略　这是介于以上两种策略之间的渗透价格。

◆ **产品的生命周期**

人想长寿，企业也想长寿。各个企业都有长寿妙方，先介绍一下海尔集团的妙方：

海尔理念：海尔只有创业，没有守业。

海尔精神：敬业报国，追求卓越。

海尔作风：迅速反应，马上行动。

海尔管理模式：日事日毕，日清日高。

海尔人才观念：人人是人才，"赛马"不"相马"。

海尔市场观念：市场唯一不变的法则就是永远在变，只有淡季的思想，没有淡季的市场。

海尔名牌战略：要么不干，要干就要争第一；国门之内无名牌。

海尔的领导定位：组织与行动的设计师，经营理念的"布道"牧师。

海尔人的价值观：创新。

海尔的质量观念：高标准，精细化，零缺陷；优秀的产品是优秀人干出来的。

海尔的服务理念："真诚到永远"，永远接近用户，与用户零距离。

美国作家达维多和马隆早在1992年《虚拟企业》一书中写道："到2015年，西方工业国家，在这场革命中或者站在最前列，或者堕落后工业时期的发展中国家。我们将面临这样的选择：不是经济科技先锋就是经济奴隶；不是高水平的生活质量就是日益增长的贫困——西方必须改变他们的经济，否则它就将成为工业时代的坟墓。所有的经济大国都将在这场巨大的历史浪涛中被置于成功的浪尖之上，而败者则将在浪涛中沉没。"怎样才不"沉没"，这是每个创业人需要认真考虑的问题。

◆ **新产品的生命周期**

如图4-2所示.

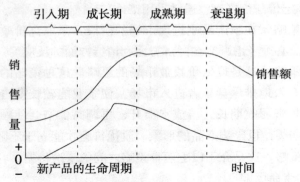

图4-2 新产品生命周期图

● 引入期的策略及注意事项

创业者初入市场首先需要考虑如下问题：

第一，在知识经济时代，企业的竞争是人才的竞争，智力资源已成为经济发展中的第一战略资源。搭建一支优秀的创业团队对任何创业者而言，都是一项至关重要的工作。建立"能者上，平者让，庸者下"的用人机制。

第二，应该选择被大企业忽视的利基市场。这样可以减少促销成本，并避免与大企业直接竞争。早想一步，早走半步，这样既抢了先机，又避免成"先烈"。柳传志说："没钱赚的事不能干；有钱赚但投不起钱的事不能干；有钱赚也投得起钱但是没有可靠的人去做的事也不能干。"

第三，为大企业服务——向大企业开发和控制的市场进行渗透。如果大企业的反应是允许而非强烈反对，你才能进入，否则，非失败不可。你要想进入商海，必须有价格上的优势与技术上的绝对优势，否则必输无疑。

第四，量力而行，要有足够的能力超过大企业，才能争取提供差异性产品的填补及替代战略。你要想做全国性市场，一定先做一个试销市场，做成功了，再迅速推广，走在别人前面才行。

第五，你的产品和大企业一样，如果大企业占据的市场份额只有50%左右，你进入空白地区有可能成功。大企业想吃掉你而力不从心时，你可免费搭乘进入大企业控制的市场，不必支付最先进入者付出的产品开发成本，这种方法包括模仿战略，平行进口（灰色营销）——从另一渠道进口代理经销的同一产品。在影响战略全局的新技术产品越来越少的情况下，弱小企业采用此法最省钱而风险最小。过河搭桥比造船费用低。

第六，大企业采取低价策略，企图赶你出局时，你要联合有相当实力的伙伴跟其斗；当其意识到损失太大，才能采取容忍态度，你才能生存，否则，你必死无疑。

第七，开店选址十分重要，俗语说："一步差三步。"选地址不当，人流少，交通不便，就可能差三成的买卖。好比武林高手，借力使力，四两拨千斤，不只是用笨力气。

第八，刀把子掌握在自己手里。孙子曰："故善战者，致人而不致于人。"善于打仗的人，要善于掌握主动权，控制"刀把子"。刀把子掌握在自己手里就如开车要掌握方向盘，但仅仅把握方向盘还不够，还要根据路况"学会加挡，更要学会减挡。"机遇到来时，给予全力资源支持，促使其快速发展，肥水要浇高产田。从行业发展的高度判断业务的走势，该减的减，该撤的撤。这要根据企业实际情况，掌握主动，及时调整，才能使企业在正确的方向上稳步前进。

第九，创业者赢利的各个元素：现金的产出，资产（资本、股本）收益率、利润率、周转率、增长，还有顾客——以及它们之间的相互关系，将使企业充满生机，变成一个赚钱的机会。一份调查显示，当用户接受好的服务，一般会告诉9~12个人，而用户接受了差的服务则会告诉20个人。如果一家公司能够快速而又满意地解决客户投诉，这些用户再次购买该品牌的概率是82%，否则，91%的人将不会再次购买。消费者满意度提高5%，将使企业的利润加倍；一个非常满意的消费者，其品牌忠诚度将6倍于一个满意的消费者。

现金的产出，指的是在给定的一段时间里现金的流入总量和流出总量之间的差值。现金流入的来源包括产品的销售以及现金支付的服务以及赊账方式实现的销售的支付等；而现金流出的方式则包括工资的支付、缴税以及给供货商的现金等。

资产收益率=利润率×周转率

资产收益率要高于你自己的钱或别人的钱（银行家或股东的钱）所付出的代价（所谓的资本成本），这是商业运作的一个真理。

增长必须要创造利润，而且要可持续，增长必须要伴随着利润率和周转率的提高，现金产出能力的增长也需要保持同步。

如果你的产品没有竞争者，有市场，应该实行高价策略，尽快收回投资成本，资金是企业发展的动力；如果你的新产品有竞争者，你是老大，应该批量生产，实行低价策略，获得市场中最大立足点，逐渐挤垮竞争者，垄断市场；如果你的产品不是老大，则要跟随超越，以超取胜，质量创新是关键，否则无立足之地。

万事开头难，创业者最辛苦的阶段既要制定战略，又要确定实施方案；既要把握企业方向，又要控制企业的发展速度。事实上，有很多企业疲于应付。只要选对了路，就不怕远。顺境也好，逆境也好，一定要坚持，坚持到底就是胜利。

文化建设、财务制度、锁住客户、控制稀有资源、员工培训及选拔人才，这是创业人必须优先考虑的问题。人才选择原则是：员工正直、热爱工作，智慧相宜。这方面日本人的3：4：3用人法则值得借鉴，即10个人中，3个人要想办法留住，4个人可留可不留，3个人必须辞掉。通常情况下，人群中优秀人才占20%，一般人才占60%，次才或废才占20%——这类人费多大劲教育也不能成为干才，只有辞掉，别无选择。"得人才者得天下，失人才者失天下"。不安分的人是聪明人，用好了能办大事，用不好，也会坏事。张瑞敏说："中国有一句老话叫做：下军尽己之能，中军尽人之力，上军尽人之智。"也就是说一般领导者只能靠你自己的能力，中等领导者发挥大家的能力，最高明的领导者激发团队的智慧。

商场如下棋，要取胜，就必须预见下几步的局势。

市场研究：客户是最好的老师，确认目标客户的需要和要求，评价特定市场细分的潜力，交易区域测量及竞争对手研究等。

产品研究：在新产品开发研究中，测试产品的价格以确定价格是过高还是过低，并调查总结客户对产品的意见。

促销研究：评价销售人员的绩效，研究销售费用和销售额之间的关系，销售区域分析以及类似的问题。

公司研究：检查行业和企业的经营趋势，树立企业形象。

● 成长期的策略及注意事项

在引入期的成本被销售额实实在在地消化后，由于产品的市场深度增加而创造的额外收入将使公司的利润急剧增加。对于制造商来说，成长阶段将产生最高的边际利润。同时，在此阶段，制造手段一般将随着生产逐渐符合顾客需要而得到完善。这样，反过来导致了较低的平均单位生产成本。这时，为公司树立企业形象，扩大知名度，可充分利用互联网、新闻媒体、广告以支持产品的成长。

品牌是企业的无形资产。什么是名牌，引用亚马孙（Amazon）的创始人及首席执行官员佐斯（JeffBezos）先生的说法："品牌就是指你与客户间的关系，说到底，起作用的不是你在广告或其他的宣传中向他们许诺了什么，而是他们反馈了什么以及你又如何对此作出反应，对我们来说，品牌极其重要，简而言之，品牌就是人们私下里对你的评价。"品牌是商海中的价值灯塔，品牌是一面旗帜，品牌是世界上最伟大的银行，品牌让消费者主动大把花钱。

当利润达到顶点时，待业竞争开始出现，竞争企业将努力赶上甚至超过领先制造商的显而易见的成功业绩。如果领先者不注意提高和改进产品质量、树立名牌、以质取胜的话，后来者必然取而代之。"吃着碗里的，看着锅里的，想着地里的"，也就是碗里的是企业现在的技术、产品和服务，这是企业当前的利润来源，后续发展的动力支撑；锅里的是追求可持续发展的动力源泉，必须培养未来的核心竞争力，地里种的是企业未来发展的希望。

"简单、高效、健康"是企业管理思想，准确的解释就是简单的管理，高效的运行和健康的发展。"简单"必须有扁平化的组织及其运行机制；"高效"率工作，在市场中更富有活力和竞争力。过去是"大鱼吃小鱼"，现在是"快鱼吃慢鱼"，未来的竞争更是企业综合实力和资源整合能力的竞争。"健康"指的是严格考核企业现金流、净利润、总收入等指标，加强各类要素的调整和配置，不断技术创新，加强干部队伍的建议，形成良好的人才机制等。

成长期利润最高，最容易被胜利冲昏头脑。荣华富贵、纸醉金迷的生活，甚至沉湎于堕落状态必然加速企业的灭亡。创业人必须永远有如履薄冰、如临深渊之感，才能立于不败之地。长寿企业成长期时间最长，永葆基业常青就能长寿。创业人要准备退路，但不能轻易走退路，主导思想应该是没有退路可走，只有不断创新，永远领先一步才有出路。

● 成熟期策略及注意事项

当你发现一直上升的成长曲线开始呈平行状态，那就是成熟期到来了。竞争产品同时进入市场，利润开始下降。

同类产品的供应商之间的竞争，给其产品的批发商和零售商带来好处。这些经销商会要求他们的供应商提供更好的经销条件和期限更长的保证，运货次数更频繁，共同使用广告费用等。同时会寻找机会不断与自己不满意的供应商的合作或将其替换下去。

这时候，你要充分调查研究，能否创新或做大，低价吃掉竞争者。如果不能的话，你要考虑逐渐转产。人无我有，人有我优，人优我转——善爆冷门，或拾遗补缺，以活取胜；品种多样，以多取胜；或标新立异，以奇取胜。

还有一个办法是做大蛋糕，寻求双赢，竞争公司之间形成战略联盟、捆绑销售、联合开发等合作行为，可以取长补短。其主要方式有并购、互购、合资等。

● 衰退期策略及注意事项

美兰德公司："世界上每100家破产倒闭的大企业中，85%是因为企业管理者的决策不慎造成的。"

当你面对不断下降的销售额和利润，往往采取最大努力，包括更换新的包装，进行特别的营销推广，营建新的产品概念，变动产品价格，企图使产品恢复元气。尽管企业很难作出放弃某项产品的决策，但迟早会面临这一决策。

这时候，你要毫不犹豫地分阶段放弃该产品，逐渐减少产品库存，处理库存积压产品，制定合理的可靠的安置经销商的计划，使这些经销商免受损失。

对于明显处于衰退阶段的产品，经销商会开始减少自己经销的数量，削减再订货，逐渐退出经销该产品。他们可能减价处理自己的产品，以便清仓。

破产的预警信号：

(1) 财务管理松弛，现金失调，有时低于常规价格的合同也不得不被接受。

(2) 无重要交易，正常交易往往给顾客很大的折扣，促使其尽快付款。

(3) 银行的贷款有附加条件。

(4) 关键人员离开公司，出现人心不稳状况。

(5) 缺少原材料，无法满足订单的要求。

(6) 薪金税未预支付。

（7）供应商要求以现金付款。

（8）顾客关于服务和商品质量的投诉增加。

在企业现金用完或没有进入项目之前申请破产，寻求法律保护，将精力集中在准备一份理想的财务重组计划上，重打锣鼓另开张。

美国劳工部统计处（BLS）提供的各种成长指标如下：

飞快成长：成长率超过 35%。

飞速成长：成长率在 25%~34%。

持续成长：平均成长率在 14%~24%。

成长缓慢：成长率在 5%~13%。

几无成长：成长率在 4% 以下。

日渐衰退：衰退率超过 5%。

企业要过五关：创业观、经营关、管理关、成长关、国际关——产品化的公司必须走向国际化，只有加入全球大市场行动中，产品的生产成本才有可能真正降低，产品销路才能更加广大，才能具有竞争力。否则，失败将等待着你。

9. 民营企业

◆ 家族企业

"富不过三代"是大家常说的一句话。国际上有个统计：第一代传给第二代的成功率是 30%，第二代传给第三代的成功率是 15%，超过第三代控制一个公司的家族只占 3%~4%，许多由家族掌控的公司，一旦上市，家族的控制就将消失。家族企业的优势在于：创业初期，企业上下团结一致，互相信任，具有自我牺牲的奉献精神，容易灵活应变，便于领导指挥，有利于经营管理，具有活力。

劣势在于：容易出现个人独断决策，造成决策失误；近亲繁殖，腐败难治；排斥别人，缺少新鲜血液，活力减弱，死水一潭，容易丧失发展机遇；权力交接与利益分配容易造成分崩离析。

研究家族历史的学者发现，至少有 80% 的家族生意在第二代手中完结，只有 13% 的家族生意成功地被第三代继承。

父强子弱、子强父弱——家族企业的致命伤。父强子强，一代比一代强，企业才能兴旺。当你基础雄厚到一定程度后，当你需要强大资金以及需要真正职业团队的时候，最好不要家庭成员参与决策，请外面的能人来管理，发展到什么时候请什么样的人，随时补充新鲜血液才能长寿。

◆ 合伙企业

合伙企业必须是优势互补、志趣相投、品格高尚、生活节俭、诚实守信、积极向上、能干实事的人组合在一起。创业初期要找合适的人，不要找明星团队，已经成功的人以及智商距离太大的人。每一成员带来一种关键技能，一般不超过三四个人。这些人的结合就像婚配一样，要详细了解，三思而行，否则会造成严重后果。

优点：风险小，协作创业在竞争中求生存的可能性会更大；有精神支持，分担精神压力；合伙投资，资金充足。

缺点：所有权的稀释，不是一人说了算，而是集体说了算，因而，集体成员之间的矛盾极易发生；职责分工不可能完全平等，容易造成不满情绪；合伙协议往往不能适应发展变化，给决策带来困扰，灵活性差；有的人常常强调自己的功劳、贬低别人的工作能力，更为严重的是，心术不正的人，怀着某种目的进来，达到目的便离开。

麻省理工大学（MIT）的 Eaward Roberts 在其名为《高技术产业的企业家》（Entreprenenrs in High Tecnn Longy）（牛津大学出版社出版）的杰作中指出，由一组创业者组建的技术企业的失败率远远低于由个人创建的公司，特别是在该团队含一位市场营销专业人员时。最近的一项关于快速成长企业的研究显示，仅有 6% 是由单人创建的，54% 是有两个创建人，40% 由三个或更多人创建。

清朝末年，一代名商胡雪岩总结了一套人生哲学，即"花花轿子人抬人"。他从一个小学徒成长成为中国近代史上一代名商，与善于和别人合作是分不开的。俗语说："一个篱笆三个桩，一个好汉三个帮。"个人的力量是有限的，取长补短，求同存异，方能取胜。

发达国家的高技术产品创新的成功经验之一，就是技术专家、管理专家、财务专家、营销专家的有机组合，形成企业整体优势，从而为高技术产品创新奠定坚实的基础。那些以技术所有包揽一切，集重权于一身的家长式管理，往往由于管理水平、管理规模等方面的问题导致创业失败。

合伙人最好共同制订一份协议书，从散伙开始想起，一开始就把丑话说明白，在责、权、利问题上要详细写清楚。责，指角色的责任义务，工作量如何分配和监督，个人干违法事应负什么责任；权，指每人的开支权利，借钱手续，公司以外的工作活动的限制；利，指利润分配，利润再投资的比例，薪金如何决定。协议书要有约束力。

终止/解散：一人去世、搬家辞职、一人婚配离婚等财产的处理；其中一人想买断其他股份如何决定公司的价值；合伙人能否任意决定卖给其他人；其他合伙人有第一优先购买权吗？如果有合伙人退出而加入另外企业或办一个企业，我们增加哪些非竞争性条款；合伙人不称职或因恶意行为而将其解雇时，将会有怎样的过程；如何卖给他人，共有财产将如何分割；谁会取保商标版权、专利、客户名单以及文件；谁将继续使用公司的名称和标识；如何选择调解员，仲裁解散事宜等建立起合伙人之间的互信与自信，这些问题都不容忽视。权与责应适当地划分，适当地统一。

我们办的事很多，每一件事都要有契约，先君子后小人。

10. 财务管理

创业人不懂理财，就如捕鱼不会收网，辛辛苦苦经营的结果最终只能是两手空空，一无所有。优秀的财务人员必须作风正派，有敬业精神，对企业忠诚，并具有一定的专业知识，才能对企业的资金运作起全面组织协调和监督作用。

财务贯穿于创业的各个环节，包括创业项目资金筹集、运用、投资分配等，一旦在其中某个环节出现了问题或者纰漏，都将面临着创业失败的困境，为了避免财务紊乱、资金流断的问题出现，业内专家认为，以下三点必须做好。

第一，建立和完善初创企业的财务预警系统：编制短期现金流量预算，建立财务分析指标体系，建立长期财务预警系统。抓三项指标："现金流"是企业的血流，"净利润"是企业的劲儿，"总收入"是企业的个儿。

第二，结合初创企业的实际情况，采取适当的风险策略，防范财务风险，通常采用方法如下：

①回避风险策略为企业在选择理财时，应综合评价各种方案可能产生的财务风险，在保证财务管理目标实现的前提下，选择风险较小的方案，以达到回避财务风险的目的。②控制风险策略按控制目的分为预防性控制和抑制性控制，前者指预先确定可能发生损失，提出相应措施，防止损失的实际发生；后者是对可能发生的损失采取措施，尽量降低损失程度。③转移风险策略指企业通过某种手段将部分或全部财务风险转移给他人承担的方法。④分散风险策略即通过企业之间联营，企业多种经营及对外投资多元化等方式分散财务风险。

第三，提升初创企业的财务管理水平，防范财务风险主要抓以下几项工作：①重视财务管理。②努力建立和保持最优资本结构，合理进行筹资。筹资分为负债筹资和权益筹资，相比较而言，由于权益性资本不能抵税及其不可收回性，权益资本的成本要高于债务资本的成本。面对各种各样的筹资方法，企业应当克服片面强调财务安全、过于依赖权益资本筹资的保守倾向和片面追求成本、忽视财务风险而过度举债的倾向，调整好经营杠杆系数和财务杠杆系数，综合权衡各种筹资方式的成本与风险，使企业的综合资本成本最低化，达到最优资本结构。③树立风险意识，健全内控程序，降低或有负债的潜在风险。④科学地进行投资决策。主要做好以下两点：首先必须明确投资是一项经济行为，在进行投资决策时克服"政治"、人际关系等因素的影响；其次在进行投资决策时还应搞好投资预算，充分考虑到投资项目所面临的风险，做好投资项目现金流量预算。⑤加强流动资金管理，流动资金管理包括现金（短期投资）管理、存货管理和应收账款管理等。⑥合理进行利润分配。

◆ **怎样建立财务管理制度？**

财务管理对象有两个，一是企业的资金运动，二是财务关系。资金只有在运动中才能增值，才能创造价值。企业资金从货币开始，经过若干阶段又回到货币资金形态的运动过程，就是资金的循环。企业的资金周而复始不间断的循环过程，叫做资金周转。根据资金运动的规律，一般经营者需要建立健全以下各项财务管理制度。

● 资金筹集管理制度　即对筹集生产经营所需资金的渠道和方法、筹资风险以及进行预测、计划、检验、考核的内容进行管理的制度。

● 资金运用管理制度　即对固定资产、流动资产、无形资产及其他资产和对外投资进行的管理制度。

● 资金耗量管理制度　即对成本费用所进行的预测、计划、决策、控制和考核制度。

● 资金收入管理制度　即对企业营业收入所进行的管理制度。

● 资金分配管理制度　即对企业实现的利润和利润分配所进行的管理制度。

● 外汇资金管理制度　即对外汇汇率、外汇风险和外汇收支平衡的管理制度。

● 资产评估与企业清算管理制度　即对企业的资产进行评估和破产，解散企业进行的管理制度。

总之，企业财务管理的内容十分广泛，并且随着生产技术的发展、经济环境的变化而变化。企业财务管理应加强资本预算、财务预算与决策，从过去的事后监督转到事前控制，强调对企业生产经营活动的全过程进行财务控制，以达到促进事业发展、控制生产经费和改进企业管理的目的。

◆ 预算

预算按照不同的内容可以分为投资预算、经营预算和财务预算三大类。

● 投资预算　是指企业固定资产的购量、扩建、改造、更新等，是在可行性研究的基础上编制的预算。它具有反映在何时进行投资，投资多少，资金来源，何时获益，每年的现金流量为多少，需要多少时间收回全部投资等。

● 经营预算　是指公司对日常各项基本活动的预算。它主要包括销售预算、生产预算和直接材料采购预算、直接人工预算、制造费用预算、单位生产成本预算、推销及管理费用预算等。其中最关键的是销售预算，它是经营预算的基础。

● 财务预算　是指企业在计划期内反映有关预计现金收支、经营成果和财务状况的预算。它主要包括现金预算——计划期间预计的现金收支详细情况；预算收益表——综合反映企业在计划期间生产经营的财务情况；预算资产负债表——反映企业在计划期末那一天预计的财务状况。

11. 推销技巧

推销员是现代企业与顾客的桥梁，他们千方百计把商品销售出去，把消费者的需要和利益作为推销的主体。据统计，世界上80%的富翁曾经当过推销员。

◆ 推销员的素质

（1）具有"创造性销售"思维，强烈的事业心和责任感，锲而不舍的精神，良好的记忆力，高雅的行为，充满魅力的举止，优良的悟性，坚强的忍耐力，敏锐的洞察力，良好的判断力，快捷的应变力，顽强的意志和效力，有现代市场营销观念，遵守职业道德。

（2）博学多才，懂得经济学、管理学、社会学、商品学、心理学、哲学、数学、语言学、传播学、民俗学、科学技术等知识。

（3）不但要详细了解产品的性能、用途、用法、维修、价格及管理程序等方面的知识，还要对竞争产品的状况十分清楚。

（4）熟悉企业文化，对企业的发展历史、规模、经营方针、规章制度清楚、明了，并了解企业在同行业中的地位、销售策略、服务项目、交货方式、付款条件等情况。

（5）懂得市场学的基本理论，掌握市场调查和预测的基本原理和方法，了解产品的市场趋向规律和市场行情的动向。

（6）善于了解、分析消费者的各种情况，了解购买者的心理、性格、习惯嗜好，针对拒绝购买者的心理障碍，采取不同的推销对策。

（7）具有实际工作能力和健康的身体素质。你性格中的每一处弱点，每一个不利的特点和每一种不良的习惯都会成为你推销的绊脚石和你成功的拦路虎。

◆ **接触客户**

接触客户前的准备：①要随身携带产品广告及有关资料、身份证、工作证（或介绍信）、名片等。②着装整洁，做到打扮得体，但不要过于华丽，符合社交礼仪要求。③了解目标人的自然情况：姓名、职务、性格、爱好等。

有研究表明，我们跟别人见面时，在7秒钟内就能对这个人作出评估。所以，你要注意服装、仪表、肢体语言；要精神饱满、镇定而充满信心；要热情表示自己渴望认识对方，善于用眼睛表态，给人以良好的第一印象。推销产品先推销自己，你要让"卖者"有吸引力，让他认为你有独特的卖点，这样他们才会对你感兴趣。桑德拉·罗斯卡努说："凡是给我留下深刻的第一印象的人都有积极的外表，振奋的表现。他们对一些细节非常注意，这使得他们的表现、他们的语言都非常完美，他们是好的倾听者，不仅对他们自己感兴趣，而且对别人所说的话感兴趣。"俗语说："大象不咬人，蚊子才咬人。"通常，一个极不起眼的小问题，竟会招来意想不到的麻烦。

心理学家雪莱·蔡根曾做过这样一个十分有趣的试验：他在莫萨立特大学挑选了68名自愿参加的实验者。这些应试者，如果从口才、外貌和对事物的理解能力和判断力方面，可以说是相差无几，几乎挑不出什么毛病。但是在风度仪表方面，却有明显差异。根据事先的安排，这68名应试者分别征求素不相识的过路人的意见，希望得到他们的支持。结果，风度翩翩者稳操胜券；仪表平平者则居人后。据有关专家研究，人的感觉印象77%来自眼睛，14%来自耳朵，9%来自其他器官。你接触陌生人就像见到久别重逢的朋友那样，用亲切温暖、柔和、信任的目光注视对方，面带微笑，加上流利的口才，肯定会赢得对方的好感。

美国纺织品零售商协会作过一项研究：有48位推销员在找过一个人之后就不干了；有25%的推销员在找过两个人之后不干了；有12%的推销员在找过三个人之后继续干下去，则80%的生意就是这些推销员做出的。看来，这些不干的人没有成绩，或效果甚微。其原因大概有：人家暂不需要；你行为丑陋、不修边幅、不会说话。总之，人家不想和你打交道。那12%的人如鱼得水，具有推销才能，素质高，有毅力，有魅力，着装整洁、举止端庄，友善真诚，大方、热情，像磁铁一样吸引人，给人带来温暖，使人心情舒畅，在购买你的东西的同时也成为一种享受。美国夏威夷医科大学精神病学院教授达尼鲁·潘斯曾说过："引人注目不仅仅是让别人注意你，而且意味着让别人记住你。"

"一分钟接近法"是指在短时间里，尽快找到与说服对象的共同点，实现感情上的沟通，为有效说服创造条件。一个成熟的推销员一分钟需要办的事项如下：说明来意，双手（或右手）递去名片及有关资料，同时作自我介绍。比如："李老板，还认识我吗？""李老板，我能提供给你经久耐用的节能新产品。""我有一个可以让你省钱的主意……""你能不能帮我？""我就打扰你一分钟。"顾客是被拉来的，而不是被推来的。

实践证明，初次见面，能给人留下深刻印象就算不错了。你要把人家的姓名、电话记下来，要把他的性格、面貌特征记在脑子里，以便以后联系。广告三次才有效，第一次能有好印象就行；第二次能进入大脑思考就不错了；第三次才能确定买与不买。有一句名言是："到用户那里五次，他就会购买。"要有锲而不舍的精神，不达目的誓不罢休。

在进入人家办公室前，无论门是关闭还是开启，都应先按铃或轻轻敲门，然后站在离门稍远一点的地方；当看到目标人时，应该点头微笑作礼；离开时，要很礼貌地说"再见"，要给人留下恋恋不舍的感觉，使他记住你。

巧过门卫与前台关。见到门卫要尊重、镇定、大方、气派，不要紧张，不要畏怯，像见到亲密朋友那样面带微笑，出示证件，并有充分理由说服他，才能允许你进。如果没有充分理由，有某种重要资料也可以，或者问："你们总经理（先要了解他的情况）在吗？"他反问："什么事？""我是他的校友，来看望他的。"如果你年纪稍大一点，就问："老李在吗？"他反问："哪个老李？""哦，就是你们李总经理呀！对不起，我这么叫惯了。"然后微笑表示歉意。有的单位门卫十分严格，你可以把名片交与他，请他转交某部门（或某人），并记下电话及目标人的姓名，下次有备而来。如果门卫让进，第二关就是见到前台小姐。"小姐，你好！我来拜访刘处长，供销部刘处长叫我送一份资料过来，可否帮我联系一下？"或"小姐，我有一份节能资料，想征求一下动力部门的意见，有样礼物送给他，可否帮我个忙？"或"小姐，你公司老板是不是姓王，我们老板叫我送东西过来？"

总之，方法多样，要根据企业大小、管理松严、保密程度等不同而采取不同的方法；也要因人而异，没有千篇一律的方法。

◆ **谈判策略**

语言，一是要正确，也就是说要符合一定时代标准语言的一般规范，不能使人误解。二是要准确，就是说要符合言者和笔者本人的意愿。三是要明确，那就是要使听者和读者听得明白或看得懂。四是要有逻辑，即符合逻辑规律。语言的紊乱是因思维混乱所致。五是要朴实，即淳美自然。笔法不怪癖，不浮华。六是要丰富，即运用多种语言表达手段。七是要精练，就是没有多余的语句，没有必要的重复。八是要纯洁，就是要从其中删除不规范的语句、土话等。九是要生动，即忌刻板，要富有表达力、形象性和激情。十是避免使用声音不美、拗口的词，不要说脏话，以礼待人。

● **准备** 谈判前应详尽了解国内外市场，并以此为基础充分了解自己和对方的优势、意图、需要以及可能做出多大的让步等情况。特别要了解谈判对手有关的情报、年龄、家庭情况、兴趣、爱好、个性、经历等情况，以及对方谈判者的权限，说了"算"还是不"算"。拟定谈判计划书、确定谈判目的和目标，拟定谈判议程、确定谈判进度。

谈判要运用多种技能、技巧和策略，它需要灵活性、变通性与创造性。

谈判要诀：一要保持耐性、敏感、轻松。耐性——沉着冷静以待时机。敏感——主要是为了获取信息，善于察言观色：对方的脸颊微微向上扬，表示对方对话题感兴趣。肩部保持平衡，表示他的精神状态很好。嘴角上扬时，表示他谈趣被你挑动起来。嘴角向下，是一种轻视或者不屑的表情。嘴巴紧闭，则表示他对你的话题并不想参与。眼睛眯起来表示对方思考问题。对方眨眼次数越少，表示他已经被你的话题所吸引；频频眨眼表示了他的不耐烦；突然睁大眼睛，表示他已经明白了你的意思。轻松——一可客观冷静地观察对方，作出正确的判断；二可保持思维的缜密，自如地运用各种谈判策略，使自己的潜力得到发挥；三会使对方感到你成竹在胸，心理上受到震慑。同样一笔交易如果泰然自若，言语轻松、简练、温和、中肯，常常会使对方欣然接受。

● **开局** 商务谈判的开局是指谈判双方进入具体交易内容的磋商之前的"破冰"。如握手、介绍、寒暄——要主动热情，大方得体，力求先入为主地向对方传递有声与无声的信息，借以表现出自己对对方的热情与友好，关心与信任，也表现出对谈判的真诚期望与信心，这可以给对方留下良好的第一印象。寒暄的内容是非业务性的，可以令人轻松愉快地闲聊一些对方感兴趣的话题。寒暄也要适可而止，到了一定"火候"，就应及时因势利导"言归正传"。良好的开局是成功的一半。

开局入题的技巧：从题外入题，从"自谦"入题，从介绍各方谈判人员入题，从介绍各方的生产经营状况入题；从具体议题入题。

开局的功能在于营造谈判气氛，为整个谈判过程定下基调。

● 讨价还价　这里的"价"不仅指价格，也包括与销售价格有关的其他交易条件，如质量、数量、包装、交货期、支付方式、争议的处理等。这是双方相互交锋与妥协的过程。

报价要考虑对方的谈判经验、需求程度、接受能力，一般认为，最初的开盘价应当是高价，但要切合实际，不能信口开河；还要坚定而果断，简单明了，只作抽象阐述，不作具体说明；声音不宜过高，应低沉而有力。

报价的高低，要考虑产品的需求状况。对于新、奇、稀、缺产品，无竞争对手，应报高价。还要考虑附带交易条件，如付款方式，供货时间、地点、运输方式以及消费者的心理因素等。争取双赢的办法可以持久。一方持高价，即使谈判成功了，以后很难再进行这方面的合作。

先、后报价，各有利弊。一般来说，如果对方不是行家，以先报价为好；如果对方是行家，自己不是行家，以后报价为好；双方都是行家，则先、后报价无实质性区别。在竞争激烈的场合，先报价有利。

另外，商业性谈判的惯例是：发起谈判者先报价；投标者与招标者之间，一般投标者应先报价；卖方与买方之间，一般应由卖方先报价。

谈判是慢功出细活儿的事，切忌快刀斩乱麻，应想法摸清对方的底价，并坚守自己的底价。方法有：买方：①以假设试探：如果我买一件价？十件价？②低姿态试探。③派别人试探。④可怜试探：我只这点钱，卖我吧。⑤威胁试探。卖方：①出高价试探。②诱发试探。③替代试探。④告吹试探。⑤错话试探，更改原话。⑥开价试探。⑦仲裁试探等。应认真倾听对方的意见，注意对方脸色变化。善于谈判的人是不露声色的，应显出冷峻的样子，任何一点喜怒哀乐的表情就会让人猜出你的底牌。

◆ 谈判方法

● 报高价法　往往采取"漫天要价，就地还钱"的报高价法。如果买主还价很低，很可能在报价与还价的中间价格上成交。这种方法一般只适用于一次谈判或垄断性供求关系，或时限较宽的谈判中。即使谈判成功了，双方感情对立，以后很难合作。

● 鱼饵法　谈判者想要顺利地获得谈判的成功，而且还要和谈判对手保持长久关系，把自己的利润给谈判对手一部分，满足其需要。这就像钓鱼用鱼饵，"鱼饵"多少，要视钓鱼大小而定，得不偿失则不能用。

● 变价法　即在报价中途，改变原来的报价趋势，争取更大利益的报价方法。遇到这种情况，应该"以变制变"，从而遏制对方的无限要求。

● 挑剔法　就是鸡蛋里挑骨头、吹毛求疵。作为卖方，要有足够的耐心，不能发火，也不能轻易让步，反驳对方提出的问题，不能让对方得寸进尺，还要灵活运用。

● 哄抬法　这是利用人们的"从众心理"。

● 沉默法　当对方自命不凡，要价太高，你沉默以对，会给对手以灰心的打击，再以低价谈判，逐步上升到接近对方的底线，你可获得不少好处。

● 暂停法　当谈判陷入僵局，要能忍，这时往往更能试探出对方的决心、诚意和实力。这时候要寻找条件的变化（如收款方式、支付时间、技术规格的变动）让对方能接受。当谈判双方互不相让、再说下去就陷入僵局时，可宣布暂停谈判。随着时间的推移，其中一方可能作出让步，或者双方各作让步方能成功。谈判要留一条路给对方走，让他看到隧道另外一头的光亮。

● 人缘法　不管别人如何严肃，你始终要以笑脸相待，不能故意与人为难，要给人面子，有绅士风度，买卖不成人情在。

● 时间法　一是时间就是金钱，摸清对方谈判时间多长，决定对策；二是最后期限是有力武器，谁要是善用它，谁就主动，谁就会获胜，不到关键时刻不能用它。

● 狡诈法　谈判界有一句流行口号："敲诈对方是一种智慧"，兵不厌诈，软硬兼施，往往对方设下种种陷阱，你要善于识别，以牙还牙，针锋相对，决不能委曲求全，钻进他的圈套，陷入深渊，要顶住压力，坚持到底。否则，你将一赔到底，不能自拔。这种谈判即使成功，建立长期关系也值得深思。你做的每笔买卖都是一个广告，他会帮助你做成下一笔买卖，也会断了你今后的销路。

● 调查法　调查法是一种比较简单的方法，可以采取任何手段获取对方的情报为己所用。

● 投石问路法　投石问路作为一件试探性策略，通常借助提问的方式来了解对方意图及某些实际情况。比如衣服 10 件、100 件、1000 件的价？一般来说，买主投出的每一块"石头"都能使自己更进一步了解卖主的商业习惯和动机，了解他可能抛售的最低价，从而增加选择机会。卖方不要匆忙立即回答对方的问题，仔细分析对方的"石子"所指的部位在哪里，对方是否急于成交，再作出具体回答。

瑞典谈判大师斯皮格勒说："让步是一种吸引对方的策略，可以个别让步，但不能时时让步。一味地让步就不是谈判，而是投降。相反，进步则是逼近对方，退到底线的手段。"让步要慎之又慎，讲究技巧，让对方同幅让步，互相妥协，以实现互利互惠的目的。

美国谈判学会会长杰德·卜尼尔伦伯格认为"谈判不是一盘棋赛，不要求决出胜负；谈判也不是一场战争，要将对方消灭；相反，谈判是一种双赢的事业"。

美国谈判大师嘉洛斯提出了 8 种让步模式（表 4-3），并分别分析了每种让步模式的利弊，谈判者在选择让步模式的时候，对此应该成竹在胸。

表 4-3　让步模式（以让步总幅度 60 为例）

让步模式	第一期让步	第二期让步	第三期让步	第四期让步
1	0	0	0	60
2	15	15	15	15
3	8	13	17	22
4	22	17	13	8
5	26	20	12	2
6	59	0	0	1
7	50	10	-1	1
8	60	0	0	0

第一种让步模式：0/0/0/60

这是一种比较冒险的模式。因为在前三个阶段时间内己方态度坚决，丝毫不让，有可能会让对方觉得没有妥协的余地，而又无法接受己方的初始条件，于是决定退出谈判。而这时若己方又以巨大的让步（60）把对方拉回谈判桌，则对方可能会因此而感到振奋，更加斗志昂扬，逼迫己方继续让步，而这时己方又没有了让步的余地。可见，这种模式成功的几率不大。

第二种让步模式：15/15/15/15

这是一种等额让步模式。这种模式极易刺激对手产生更大的期望。当他发现争取到的第二期让步与第一期相同时，他完全会有理由相信自己经过努力还可获取等额的让步。这样，当己方做出第三期等额让步后，对方的信心更强了。当己方做出第四期让步后，对方不会相信己方的让步额度已用完。于是，对方强迫之下，己方坚守阵地，双方极有可能陷入僵局。

第三种让步模式：8/13/17/22

这种让步方式几乎会带来灾难性的后果。因为，它把对方的胃口越吊越大，会诱使对方不切实际的要求，但己方在第四期让步后已无路可退。这样，双方都很难说服对方，又都不愿让步，谈判陷入僵局后，更难破解，最终结局极可能是谈判破裂。

第四种让步模式：22/17/13/8

这种让步模式显示己方立场越来越坚定，暗示虽然妥协，但防卫森严，不会轻易让步。且让步余地越来越少，会降低对方的期待，使对方不敢有太大的奢望。

第五种让步模式：26/20/12/2

这种模式表现出强烈的妥协愿望。在前期有提高对方期望的风险，不过，随着后期让步幅度的锐减且立场坚定，可以让对方明白己方的让步是有限的，想谋取进一步的让步很难。

第六种让步模式：59/0/0/1

这是一种让步幅度变化非常大的模式，风险很大。因为一开始就是原额的让步，很容易使对方大幅度地提高自己的期望，而接下来的丝毫不让步就让对方无法满意；不过，后期己方态度的坚决，可能会使对方的期望降下来。对方也许会明白，己方的让步余地已到尽头，如再紧逼，双方就可能会陷入僵局。

第七种让步模式：50/10/-1/1

在这种模式中，开始让步幅度也很大，有提高对方期望的风险。随后的第二期让步会让对方觉得幅度太小，显得没有分量。不过第三期比较有特点，就是发生了反弹，这一定会出乎对方的意料。当然，己方必须为此给对方适当的理由和借口。第四期又给对方一点补偿，弥补第三期给对手带来的损失，给对方带来一点小小的惊喜，因为经过第三期的反弹，对手可能会觉得己方让步已到尽头了。

第八种让步模式：60/0/0/0

这种模式与第一种模式正好相反，易使对方先大喜过望，继而大失所望。在己方再三坚持下，谈判有可能陷入僵局，乃至有破裂的危险。

这8种让步模式在谈判实践中有运用成功的先例。就一般而言，通常采用最后、第四及第五种让步模式；其他几种模式都有较高的风险，因而被采用的情况并不多，成功的机会相对也较少。……让步的指导思想不会"逃"出这 8 种模式。因此，选择谈判让步模式时，应权衡利弊，然后再作定夺。

商务谈判是一项集政策性、技术性、艺术性于一体的经济活动，真正成功的谈判，应当达到互利互惠，实现双赢的目的。

◆ **签约**

撰写合同时注意事项：合同的条款主要有共同的标的物、质量和数量、价格、支付方式、交货期、违约责任等。甲方不能在合同上设陷阱，乙方须仔细审阅，防止欺诈上当。应采用书面语言，双方共同参与。要按法律规定，不能和无权人签订合同。应尽可能避免文字方面的笔误。合同要符合专业的习惯，特点和要求。

签约前的审核，主要是对合同内容的审核：合法性审核；有效性审核；双方一致性的审核；文字性的审核；对签约人的审核，合同的签约人必须是法人代表或被授权的合法代表。授权证书应由企业的最高领导，即法人代表签发(别人无权签字，防止受骗)。签约后，双方要履行合同，不得有误。

12. 社交礼仪

◆ **着装**

在人际交往中服装被视为人的"第二肌肤"，既有御寒功能又有美化功能。《衣仪天下》曰："衣塑形象，仪展魅力。衣仪天下的女人，只要你知道向哪里去，世界就会为你让开一条路。"服装好似每个人手持的一封无言的介绍信，时时刻刻向自己的每一个交流对象传递各种信息。美国心理学家彼德·罗福甚至认为，一个人的服装并不只是表露他的情感，而且还显示他的智慧。一个人的衣着习惯，往往透露出他的人生哲学和价值观。

孔子说："人不可以不饰，不饰无貌，无貌不敬，不敬无礼，无礼不立。"他所谓的"饰"指的就是服装。

服装的色彩要适合"对象"及环境的要求，以吸引别人的眼球为准。款式（种类，样式与造型）要合乎身份，维护形象，并且对交流对象不失敬意；还要兼顾时间、地点、目的的协调一致，和谐般配。

服装穿着必须兼顾其个体性（与形体肤色相协调），整体性（完美和谐），整洁性（整齐、完好、卫生），文明性（大方、符合社会的道德传统和常规做法），技巧性（要依照成法而行，不同的服装有不同的搭配和约定俗成的穿法）。职业着装禁忌过分杂乱，过分鲜艳，过分暴露，过分透视，过分短小，过分紧身。

西装主要有欧式、英式、美式、日式等4种。欧式西装代表品牌有杰尼亚等。英式西装的典型代表是登喜路。美式西装的品牌有麦克斯等。日式西装的品牌有顺美等。

上述品牌的西装各有特色：欧式西装肩宽收腰、洒脱大气，英式西装比较狭长、剪裁得体，美式西装宽大飘逸，日式西装则贴身凝重。商界男士在具体选择时，欧式西装要求穿者高大魁梧，美式西装穿起来稍显休闲。中国人多数穿英式西装和日式西装。

商界男士穿西服要有腰线（即收腰），背部长要盖过臀部，略长6厘米，宁长勿短；袖长要适中，一般在虎口上方2.5厘米左右；裤长适中，一般至脚跟下沿即可。西装以合身、平整、挺括为标准，面料应力求高档，使西装穿着起来具有轻、薄、软、挺的特点。"优雅得体"，深色是比较稳妥的颜色，既耐脏，又显得成熟精干，且不易显旧。瘦高体型：要强调水平线，所以不要穿竖的细条纹的衣服，这样会显得身体更窄更高。上衣应该选择斜肩款式，腰部不要收，要有衣兜，双排扣是很理想的选择，图案可选格子或斜纹。不要穿紧身衣。尖领和窄的领带会使脸显得瘦长。平领为宜。矮胖体型：细条纹，白色条纹和很深的纯色很适合个子比较矮的人。上衣应该是单排扣，平肩，2个或3个扣子，最好再加上长的翻领，不要衣兜。上衣不要太长。衬衫应该选择竖纹和尖领。裤子应该有竖的细纹。粗壮体型：衣服的面料应该选平滑的，不要肥大的。应该选单排扣的西装，但要选用深色的衣料。尖长领的直条纹衬衫是最合适的，可以用吊带，不要用腰带。矮瘦体型：这种体型的男士穿着间隔不太大的深底细条纹西装，看起来显得高一些。衬衫自领缘向内约0.5厘米的位置处缉有白色的缝线，可选用直条纹尖领的款式，搭配色彩鲜艳的领带。还可选择鞋跟厚一点的皮鞋，以增加高度。

西装的面料可以选择纯毛或含70%以上或丝的合成材料。

西装首选深蓝、灰、深灰、灰黑色等中性色。

选择西装时，还要注意款式。西装一般是套装。套装又分两件套和三件套。两件套：一件上衣，一条裤子。三件套比两件套多一件背心。

购买西装要检查做工：一是要看其衬里是否外露，二是要看其衣袋是否对称，三是要看其纽扣是否缝牢，四是要看其表面是否起泡，五是要看其针脚是否均匀，六是要看其外观是否平整。

西装的穿着注意以下10个方面的问题：

一是新西装穿着之前，务必要将位于上衣左袖袖口上的商标、纯毛标志等拆除。

二是要熨烫平整，使之线条笔直、美观、大方。

三是要扣好纽扣。穿西装时，双排扣应当全部系上；单排三粒扣则系上边的两粒衣扣，或单系中间的衣扣；单排的两粒扣只系上边的那粒衣扣。站立时，西装上衣的纽扣应当系上，以示郑重。就座后，纽扣要解开，防止走样。

四是穿着西装要做到不卷不挽。西装不能勤洗，不穿时应用专门的西装衣架挂在衣橱里，使用西装袋以防尘。

五是要慎穿羊毛衫。在西装内，除了衬衫与背心之外，最好不要再穿其他任何衣物。万一非穿不可，最好穿一件单色薄型的"V"领羊毛衫。

六是要巧配内衣。最好选择质地精良的单色或者较暗图案的衬衫，衬衫袖口（尤其是法式袖口）应该比西装外套的袖子长0.8厘米。衬衫领口要高于西装外套1~2厘米，衬衫领口的松紧程度以能进入食指为宜。衬衫下摆要均匀地掖进裤腰内，要平展。如果打领带的话，衬衫上面扣子要系上，不打领带的话，衬衫上面那个扣子可以不系。在衬衫没有完全干透的时候拿下来熨烫最省力。烫领时应该从外缘开始不易褶皱。扣子周围要小心熨烫。

七是要少装东西。在西装上衣上，左侧的外胸袋除可以插入一块用以装饰的真丝手帕，男士一般是白色，女士除白色外，还可有洋红色、灰色等，不应该放其他物品。

八是不要将领带松开挂在颈项。

九是领带夹起到固定领带的作用，夹在衬衫上数第4~5颗扣子之间。一般时尚的穿法是不用领带夹的。只有两种人用领带夹：其一，穿制服的人。其二，VIP，高级官员，高级将领，大老板。

胸针：女性穿西装时，应别在左侧领上，穿无领上衣，应别在左侧胸前；发型偏左时，胸针居右；发型偏右时，胸针居左。胸针应别在从上往下数的第一颗和第二颗纽扣之间。

十是检查裤子的内衬是否在档部正中接缝，选择可消除引力并减少摩擦；在腰际处应该用棉衬，而且应该是成型的，完全做好的并且没有卷起；如果有正宗带名徽标的纽扣则说明是优质产品。

领带是西装的灵魂。它增强了西装的庄重感，正统感。高档领带一般是丝质或毛质的，真丝领带轻、薄、柔、滑，色泽鲜亮，精致高雅，轻拉可以很快恢复原形。优质的领带用同样质地的丝绸在背面做成环连接，接到中间的接缝里；而廉价的领带是折面处缝一个商标；用手拿住领带中央处，让其自然下垂，其窄的一端应正指向宽端的中间点；优质的领带由 3 片面料做成，很平滑，没有膨胀或褶皱，而劣质的领带由两片制成，不平整；套结牢固地连接在领带背面；拉起背面的暗缝线迹——此线迹用于保持领带形状并且在拉动时可以收束褶裥处；领带的宽最好与本人胸围与西装上衣的衣领形成正比，若使用超 8 厘米的领带是一种折中的选择，领带有箭头与平头之分，一般认为，下端为箭头的领带，显得比较传统、正规（商界多选用箭头的）；下端为平头的领带，则显得时髦、随意一些；领带颜色与自身的年龄、肤色、爱好相协调，一般选用单色：蓝色、灰色、黑色、紫红色为佳。图案要简洁，格子、条纹、点最佳。领带下端的大箭头正好抵达皮带扣的上端，穿套装一定要打领带，不穿套装不打领带；简易式的领带，如"一挂得"领带、"一拉得"领带，均不适合在正式商务活动中使用；领结宜于同礼服、翼领衬衫搭配，并且主要适合社交场合。领带外观美观、平整、无跳丝、无疵点、无线头，衬里以毛料、不变形悬垂挺括较为厚重。系领带时要使其尖端恰好触及皮带扣中间为佳；不要过长也不能过短。系好后应该在较宽的末端背后戴上领带夹，使之平顺地垂落。印有几何图案的领带，应根据其主色（底色），选择与西装同色系或对比系的来搭配，领带上的圆点、网纹或斜条的颜色应尽量与衬衫的颜色相同或相近，不要太华丽的图案或者大圆点的花纹。领带不要频繁清洗或在阳光下暴晒它们，褪色不好看，也不要天天佩戴一条领带。如果领带皱褶不多可绕着啤酒瓶卷起来，一夜之后皱褶可消失。

手帕：白色棉质手帕适合搭配自己任何套装的上衣衣袋；女士除白色外，还可有洋红色、灰色等；丝质领带就配亚麻方巾，毛料领带就配丝质方巾；方巾不要露出得过多——离上衣胸部口袋有 2.5~4 厘米就够了。手绢上的字母别露出来。

袜子的颜色要与套装或领带的颜色相呼应。男士选用黑色是安全色。

皮带的颜色应该和鞋子相配，麻花状的皮带最时髦。

皮鞋颜色以深色、单色为佳。鞋跟的高度以 3~4 厘米为宜。鞋子的颜色应该与衣服下摆的颜色一致或更深一些，应与整体着装的颜色保持协调。皮鞋穿后要干燥，不能天天穿一双鞋。经常换鞋还有利于脚的健康。女性露脚趾或后跟的鞋子，以及细高跟鞋都不合适商务场合。鞋子应该比裙子的颜色更深一些。袜子面料以纯棉、纯毛制品为佳，袜子颜色以黑色、深灰色为佳。

公文包以黑、棕色为正统色，标准式样是手提式的长方形公文包。

女士套裙：上衣注意平整、挺括、贴身，较少使用饰物、花边进行点缀。裙子则应以窄裙为主，并且裙长应当及膝或者边膝。

面料应是质地上乘，上衣与裙子应使用同一种面料，注意面料的匀称、平整、润滑、光洁、丰厚、柔软、挺括，其弹性一定要好，且不起皱。

商界女士在正式场合穿着的套裙无任何图案，颜色还是藏青色、黑色、深灰色多见，不宜添过多的点缀，上衣最短可以齐腰，袖口可盖住手腕，而其中的裙子最长则可到达小腿中部。穿套裙时，衬衫面料轻薄而柔软，常见的以白色、无图案的衬衫为妥。内衣柔软而贴身，面料以纯棉、真丝为佳，以白色、肉色为多见，粉色、红色、紫色、棕色、蓝色、黑色也可。一套内衣最好同为一色。衬裙面料以透气、吸湿、单薄、柔软为佳，宜为单色，并与套裙颜色相互协调。要选用款式端庄，线条优美的百褶裙、旗袍裙、开衩裙或"A"字裙。长筒尼龙丝袜或羊毛袜或连裤袜，颜色上肉色和黑色最常见，灰色和深咖啡色也不错。女忌白袜，夏季可以选择米色或其他浅色的袜子。天冷的时候则可以穿不透明的黑袜。丝袜的袜口不宜露于裙摆之外。

衣服脏了怎么办?

油迹应立即敷上滑石粉，等半小时后刷掉滑石粉，涂上污迹清除剂，然后用面料所能承受的高温水清洗。

食物混合污迹先涂干洗溶剂然后风干；其次用液体清洁剂去除污迹中的蛋白质化合物并用冷水冲洗；再次用污迹预洗去除剂；最后加清洁剂与适当的漂白剂用温水清洗。亦可用牙膏、酒精、食盐溶液、柠檬汁涂擦轻揉几次，再用清水洗净。熟油迹用温盐水浸泡后，再搓上肥皂冲洗净。皮衣油迹涂上由酒精和粉笔调成的糨糊，待糨糊干后，小心将其擦去。丝绸品油迹可敷滑石粉糊，停留一段时间后，捣去滑石粉，再在丝绸上垫纸，用低温电熨斗熨平。

鞋油迹可用汽油、松节油或酒精擦拭，残迹用含氨水的浓皂液洗涤。

黄油迹用酒精或氨水洗涤净。

菜汤迹用加了洗衣粉的温水溶液洗涤，玷污面积大时可浸泡30分钟后再揉洗。亦可先用汽油涂于污迹处，再用20%的氨水溶液搓洗，然后用肥皂或洗涤剂揉洗，清水冲净。亦可用30℃的甘油溶液润湿，再用刷子刷洗，约13分钟后，再用棉球蘸热水擦去甘油。还可用硫黄香皂擦洗净。

酱油迹可在洗涤剂溶剂液中按4:1的比例加入氨水浸洗。亦可用浓度为2%的硼砂溶液（或氨水）洗涤。亦可先用氨水擦洗，然后用少量草酸液洗涤，后用清水洗净。亦可在污迹处撒白砂糖少许揉搓，再用温水洗净。还可用新藕挤汁擦拭。新酱油迹用冷水洗，再用洗涤剂洗净。亦可涂上小苏打粉，10分钟后用清水洗净。毛、丝织品上的陈酱油迹，不宜用氨水洗涤，宜用白萝卜、白糖水、酒精洗刷揉搓除净。亦可用浓度为10%的柠檬溶液揩拭。

陈醋迹处撒少许白砂糖，再用温水洗净。亦可用酒精擦洗净。

酒迹用藕汁擦拭，白衬衣上酒迹可用牛奶擦拭。陈旧酒迹先用清水洗，再用2%的氨水和硼砂混合液搓洗，然后用清水漂洗净。亦可用肥皂、松节油、氨水（10:2:1）的混合液擦拭，然后用清水漂洗净。纤维织物沾了白酒、啤酒迹，可以先用酒精浸润，再加甘油轻擦，1小时后用水冲净。啤酒迹用温水洗净。

啤酒迹用2%氨水和硼砂混合液揉洗净。

黄酒迹先用清水洗，再用5%的硼砂溶液及3%的双氧水揩拭污迹处，最后用清水漂洗净。

红酒迹可将衣物浸泡在牛奶中，然后再用洗衣粉清洗净。未干红酒迹先撒上精盐，然后用清水清洗，再用洗衣粉或肥皂洗涤净。残存物加入2%氨水和硼砂水溶液中洗。白衬衣上的酒迹可用煮开的牛奶擦拭。

乳汁迹可用小刷子蘸汽油涂擦污迹处，然后把污迹浸泡在氨水、水（1:5）的混合溶液中揉搓，再用温洗涤液洗，清水漂洗净。亦可用胡萝卜捣碎加盐，涂在污迹处揉搓，清水漂洗净。还可用酒精、生姜揩擦，冷水搓洗净。

牛奶迹可用冷水洗；柔软织物可将污迹浸在等量的甘油和热水溶液中轻揉，将污迹化开时，再用温肥皂水洗涤。亦可将胡萝卜捣碎加盐，涂在污迹处揉搓，再用清水漂洗净。亦可用汽油或丙酮擦拭，然后用洗涤剂除净。陈旧牛奶迹可用刷子蘸汽油涂擦污迹处，然后用稀氨水溶液揉搓，再用肥皂揉搓，清水洗净。亦可将污迹处浸在甲醇溶液中约2分钟，然后用肥皂液洗涤净。

蟹黄迹可用煮熟的蟹上的白鳃搓拭，然后用肥皂冷水洗涤。

巧克力迹可用松节油擦拭。

冰淇淋迹未干可用洗衣粉温水溶液洗涤，20分钟后用清水洗净。旧迹可先用汽油涂于污处擦去油脂，再用氨水和水（1:5）溶液搓洗，最后用肥皂（或洗涤剂）洗涤净。

蛋迹用茶水浸泡一会儿可洗净。亦可用新鲜萝卜捣汁搓洗。淡黄迹可用汽油（风油精）擦拭，再用清水洗涤净。

西红柿酱迹用甘油浸润半小时，再用温洗涤剂（肥皂）洗净。

果酱迹用洗发香波刷洗，再用肥皂酒精溶液洗，清水冲净。

色拉酱迹用柠檬汁与水（1:4）混合物涂在污迹上，污迹消退后再用水冲洗净。

果汁迹用食盐撒在污迹处轻揉，再用洗涤剂、肥皂洗除净。亦可在果迹上滴几滴食醋，用手揉搓几次，再用清水洗净。陈果汁迹先用 5% 的氨水中和果汁中的有机酸，然后再用洗涤剂清洗。对含羊毛的化纤混合物可用酒石酸（或双氧水、稀氨水）清洗；如织物为白色的，可在 3% 的双氧水里加入几滴氨水，用棉球或布块蘸此溶液将污物润湿，再用干净布揩擦，或用 3%~5% 的次氯酸钠溶液揩拭污迹处，再用清水洗净。合成纤维布上的果迹，可先在痕迹上的下面垫上一块吸水布，然后用棉花蘸上柠檬汁擦拭即可。

瓜汁迹用 10%~20% 的氨水溶液擦洗，然后用洗涤剂搓洗。亦可用甘油擦陈旧污迹，并留置 1 小时后再用沸水泡洗。还可用 5% 的次氯酸钠水溶液揩擦污迹处，再用清水漂洗净。

咖啡迹用甘油和蛋黄混合溶液擦拭污迹处，待稍干后，再用清水洗涤净。亦可用稀氨水、醋、硼砂和温开水涂擦干净。还可用苏打水擦拭污迹。但羊毛衣服切忌用氨水，可改用甘油洗涤。苦咖啡加有伴侣牛奶迹，以少量洗涤剂擦拭。

西红柿迹用维生素 C 注射剂涂在污迹处，再用清水漂洗净。亦可用温甘油浸酒半小时，刷洗后，再用肥皂洗。

柿子迹立即用葡萄酒加浓盐水揉搓，再用温洗涤剂液清洗，最后用清水漂洗净。

葡萄汁迹用白醋浸泡污迹处数分钟，然后用清水洗净。

桃汁迹用草酸溶液除之。

可可迹用丙酮或汽油擦拭，残存物用棉球蘸双氧水溶液（1 汤匙双氧水加 1 杯水）擦除。亦可用氨水溶液去除（1 汤匙氨水加半杯水），或用氨水、松节油及水（1:20:20）混合溶液擦拭，清水漂洗净。

茶迹用浓盐水浸洗。亦可用灯心草煎汤加盐洗。还可用小苏打、柠檬汁洗。茶迹未干时，可先将衣服在加酶洗衣粉溶液中浸泡 20~30 分钟，然后轻轻揉搓，最后用清水洗净。

红薯浆迹用红薯叶汁液涂于污迹处搓几遍，清水洗涤净。

青草迹未干用活性酶浸泡液（一种强力清洗剂）或白醋浸泡后冲洗；浅色的衣服可先用酒精涂擦，后用水清洗。亦可用 10% 的食盐水浸泡几个小时，清水漂洗净。还可用含有少量氨水的热肥皂水或肥皂酒精溶液洗刷，清水漂洗净。尼龙和化纤织物用海绵蘸热水与甲醇混液揩拭污迹，并清洗干净。残存物用甘油或 5% 的酒石酸溶液揩拭，并留置 1 小时，然后再按常规洗涤。对于不可用水洗的衣服，可用海绵蘸甲醇、桉树油或乙醚揩擦污迹，然后用浸在净水中的布揩擦，再轻轻拭干；浅色衣裙用酒精擦即可除净。

血迹未干时用淡盐冷水泡一会儿，将胡萝卜捣碎拌盐后用肥皂（洗衣粉亦可）洗，或10%的碘化钾溶液洗。亦可在血迹处吐几滴唾液（生姜、白萝卜汁亦可）搓洗。还可用硫酸皂，加酶洗衣粉，10%的酒石酸溶液搓洗。陈旧血迹用10%的氨水揩拭污迹处，或10%~15%的草酸溶液洗涤。亦可用硼砂、10%的氨水和水（2:1:20）的混合液洗，然后用清水漂洗净。还可以用生姜切片擦拭。残存物用氟水、硫黄皂、草酸溶液、双氧水、柠檬汁加盐洗涤，最后用清水漂洗净。地毯和床垫上的血迹用白醋和淀粉清除污迹有效。

汗迹用10%的浓盐冷水泡1~3小时，取出用肥皂洗净。亦可用3%~5%的醋酸溶液揩拭，冷水漂洗净。亦可将冬瓜捣烂取汁用来搓洗沾有汗迹的衣服，然后再用清水漂洗。还可用具有弱酸碱性的3.5%的稀氨水或硼砂溶液洗涤。还可用醋酸溶液揩拭，然后用冷水漂洗净。毛线和毛织物不宜使用氨水清洗，要用柠檬酸来清洗，或者用棉球蘸无色汽油擦未除去汗迹。新汗迹涂上醋或撒上酵母粉，再用刷子刷，30分钟后再擦洗；残存物可用漂白粉去除。白色衣裙上的陈旧汗迹，可用5%的大苏打溶液去除。亦可用3%的双氧水略微加热快擦拭，用清水漂洗净。还可用冬瓜捣成汁，或酒精涂擦洗净。丝绸织物除用柠檬酸外，还可用棉球蘸无色汽油擦抹。白色的化纤织物可用氨水、盐、水（10:1:100）的混合液洗除。染色衣服可用蛋黄和95%的酒精溶液（在10毫升95%的酒精中加入1个蛋黄调匀）涂在汗迹上，等干燥后刮去，留下的痕迹用温水洗；残存物用加热的甘油擦拭。

生姜100克左右洗净捣碎，加水500毫升放在铝铁锅内煮沸，约10分钟倒入盆内，汗衫浸泡10分钟左右，再反复搓洗可除黑斑。

高锰酸钾4克和草酸14克分别溶于600毫升的40℃水中。先将汗衫在高锰酸钾溶液中浸泡5分钟，取出拧干，再浸入草酸溶液中，不时翻动，15分钟后取出，漂洗溶液后晾干可除霉斑。

口香糖迹可用冰块（或用冰箱冷冻）将其硬化后小心刮去，再取鸡蛋清抹在遗迹上使其松散，再用肥皂水清洗；亦可涂干洗溶剂并剥落污迹清洗，不净再用油脂溶剂（或汽油、酒精）清洗。亦可用清水将粘有口香糖的织物背面淋透，再用棉签按压口香糖粘在签上后，不断卷动棉签同时反复轻轻拉就可去掉。残存物可加少量衣领净揉搓几下就能全部去掉。

香烟油迹用2%的草酸、盐酸、亚硫酸钾的水溶液洗除。亦可用洗涤剂、优质汽油、松节油、乙酸的混合液擦洗净。新污迹可立即用汽油，温肥皂水，温洗衣粉溶液洗除净。

抽油烟油迹用几滴洗洁精和50毫升食醋混合的水中浸泡10~20分钟后，

再搓洗。亦可用草酸搓洗,再用肥皂或洗衣粉搓洗,清水漂洗净。

指甲油迹用四氯化碳把人造丝物和三醋酸纤维织物上的陈旧污迹弄湿,然后在软化了的污迹上滴一点醋酸戊酯,再用干净的软布揩擦。亦可将白醋或柠檬汁直接涂在污迹上,再用松节油擦,然后漂洗净。污迹未干时可用海绵蘸丙酮或去指甲油剂(卸甲水)揩擦,再用干净的布揩擦净为止。除了人造丝织物和三醋酸纤维织物之外,丙酮可在其他织物用过四氯化碳后使用,最后用热肥皂水洗涤。对于不可用水洗之物,污迹处可用甲醇轻揩,再用软布揩干净。

化妆油迹用10%的氨水溶液润湿,然后用4%的草酸溶液擦拭,再用洗涤剂洗涤。亦可用氨水、甘油去除,清水洗涤。残存物用3%的双氧水溶液擦洗。染色织物上的污迹用酒精或汽油擦拭,清水加洗涤剂揉洗。亦可用浓度为10%的酒精溶剂擦洗。残存物用漂白粉洗净。

唇膏迹用纯刀刮去唇膏,然后放在热的不含肥皂的洗涤液中洗涤。旧迹可在洗涤前用甘油揩擦。对于不可用水洗的织物,可用海绵蘸油溶剂揩擦。

咖喱迹用加盐的肥皂液洗涤。丝、毛织物上的污迹用稀醋酸洗。亦可用水湿润,掺入50克的温甘油刷洗,再用清水漂净。棉质衣服以漂白剂漂白,浸入草酸液洗涤,再用清水洗净。

口红印迹用小刷蘸上汽油(酒精亦可)刷拭,然后用温洗涤液洗除。亦可用牛油擦拭污迹。严重的可先用汽油浸泡揉洗,再用洗涤液洗除。刚沾上的口红迹,可立刻用纱布蘸酒精擦拭,然后放在加有洗涤剂的温水中搓洗净。

眉笔色迹用汽油将衣服上的污迹润湿,然后加入数滴氨水的皂液洗除,清水洗涤净。

胭脂迹用汽油润湿污迹,然后用含有氨水的浓皂液或洗发香波洗,再用汽油擦净。

香水迹用甘油揩擦,清水洗涤净。污迹未干时,可立即用热水清洗。对于不可用水洗的衣服,可用甘油擦干污迹处并留1小时,然后用海绵蘸热水擦洗净。

发膏迹用挥发油或四氯化碳洗除。陈旧迹可先在水蒸气上使其变软后再洗除。擦洗时,下面要垫旧布或吸水纸,避免油脂扩散。

染发水迹用温甘油刷洗,清水漂洗,再滴几滴10%醋酸洗液。亦可用次氯酸钠或双氧水对污迹进行氧化处理。

发油迹用酒精擦拭,再用挥发油揩拭净。

化妆粉垢用挥发油擦拭,残存物用牙刷蘸点厨房用的清洁剂刷洗净。

凡士林油迹用 10%的苯胺溶液，加上洗衣粉揩拭污迹处，清水漂洗净。

鞋油迹用汽油或酒精擦拭，残存物用含氨水的浓皂液（或丙酮）洗除。亦可用松节油，洗涤液去除污迹。白色织物用汽油润湿，再用 10%的氨水溶液或含氨水的浓皂液清洗，最后用酒精擦拭。

尿液迹用洗涤剂溶液洗。亦可用 28%的氨水、醋、酒精、苏打水去除污迹。尿迹未干时，用温水洗涤。亦可用食盐溶液洗除。白色织物可用 10%的柠檬酸溶液润湿，1 小时以后用清水漂洗净。有色织物可用 15%~20%的醋酸溶液润湿，过 1~2 小时后再用清水漂洗净。

精液迹用冷水浸泡 30 分钟，用低温皂液洗，然后漂洗净。亦可用 1%~3%的次氯酸钠低温漂洗净。残存物用草酸、无铅汽油擦拭，双氧水或氨水溶液擦拭，肥皂洗净。精液未干时用清水泡，稍加盐或氨水，肥皂洗净。亦可用 5%的小苏打溶液浸泡，清水漂洗，再用食盐搓洗。还可将沾污的衣服浸泡在 10%的尿素溶液中搓洗净。

白带迹用硫黄皂或含硫黄的洗发膏洗涤净。

疮毒脓迹用热酒精擦除净。

霉斑迹衣服放入肥皂水中浸透后取出不洗净，反复晒、浸几次就可消除污迹，清水漂洗净。亦可用酒精，煮烂的绿豆（或绿豆芽）、氨水、松节油、高锰酸钾溶液、亚硫酸钠溶液、柠檬汁、淘米水（浸泡一夜），50℃左右的热双氧水溶液、漂白粉溶液、醋、牛奶、5%的小苏打、9%的双氧水、冬瓜汁搓洗。衣服新长了霉斑，晒干后把霉斑刷掉。针织品的霉斑用氯化钙溶液擦洗清除。白色织物用 2%的肥皂酒精溶液（酒精 250 毫升加 1 把肥皂片，搅拌均匀）擦拭，然后用漂白剂 3%~5%的次氯酸钠或双氧水擦拭，最后再洗涤净。陈迹在溶液中浸泡 1 小时。丝织品可用 10%的柠檬酸溶液清洗。亦可用 50%的酒精擦拭。麻织物可用氯化钙溶液洗涤净。毛织品可用芥末和硼砂的溶液清洗。化纤衣服用 50%的酒精，5%的氨水或松节油擦拭；残存物先用 2%肥皂、酒精混合液擦拭，然后用医用双氧水擦拭，清水洗涤净。丝绸衣服用稀氨水喷洒即除净。白色织物用 50%的酒精擦洗净。棉织物用淡碱水刷洗。皮革制品用松节油擦除，再涂上甘油即可除净；亦可涂上凡士林油，10 分钟后，擦去凡士林就可以了。

黄斑迹可在浸湿的衣服上面撒些盐洗掉，或用双氧水和水（1:10）混合的溶液擦洗，清水洗涤净。衣领污迹涂些牙膏用冷水搓搓，再用肥皂洗涤净。

墨汁迹先用温洗涤液洗一遍，然后把酒精、肥皂（1:2）混合液（亦可在溶液中加些牙膏）涂在污迹处揉搓。也可用浓度为 4%的苏打液刷洗。还可用相等的稻谷和菖蒲研成粉末用水调成糊状涂在污迹中，晒干后搓去粉末就可以了。残迹用氨水洗涤或用牙膏或牛奶反复搓揉后，再用肥皂洗。

圆珠笔油迹用少量牙膏和肥皂洗，然后用95%的酒精擦洗。亦可用苯揉搓，然后用洗涤剂洗，清水冲净。亦可把牛奶烧开，在衣服下垫一块毛巾，用一团棉花蘸热牛奶在油迹处涂擦也可去除。亦可用洗发水浸透污迹处，再将白醋加水稀释，用刷子蘸上溶液轻轻擦洗。还可用四氧化碳、丙酮揩擦，再用洗涤剂洗，温水洗净。残存物先用汽油擦拭，再用95%的酒精搓刷，漂白粉清洗。亦可用牙膏、肥皂、洗洁精原液、洗发液、食醋揉搓，清水洗净。

油墨迹用汽油擦洗，再用洗涤剂洗净。亦可用热肥皂液浸10分钟，反复揉搓。或者用松节油充分浸润后，再用肥皂酒精液刷洗，最后用汽油揩拭。亦可用洗洁精原液搓揉。还可将污物浸泡在四氯化碳中揉洗，清水漂净。亦可用等份乙醚、松节油混合液浸泡，然后用汽油洗净。

胶水迹用丙酮或香蕉水滴在污迹上，同时用牙刷刷，待胶迹变软脱落，再用清水漂洗净（含醋酸纤维的织物勿用此法）。亦可用60度白酒或酒精（95%）与水（1:4）的混合液，浸泡衣服上的白乳胶迹半小时后，用水搓洗净。亦可在污迹的衣服背面垫上吸水布，然后往污迹上涂一些白醋，最后用棉花蘸水擦净。

染色迹用纯碱溶液浸洗。亦可使用加酶洗衣粉或氧化漂白剂漂洗。还可用醋、酒精、稀释过的巴氏消毒液去除净。

蜡烛油迹先用小刀刮去表面蜡质，然后用草纸两张分别托在污迹的上下用熨斗熨多次，使其融化被草纸吸收掉。

蓝墨水迹用水和酒精揩擦污迹处，再用2%的草酸溶液清洗，然后用洗涤剂洗，清水洗净。残存物用高锰酸钾溶液浸泡搓洗，或用10%的酒精溶液洗除净。亦可用酒精、肥皂、牙膏（1:2:2）混合糊状物涂于污迹处，用手搓揉，清水漂洗净。亦可用温水加洗衣粉，放入20%的酸液（或10%的氨水）中洗，或用热牛奶搓揉浸洗，即可去除。

红墨水迹先用40%的洗涤剂溶液清洗，再用10%的酒精揩擦，清水漂洗净。亦可用6%的高锰酸钾溶液洗涤，然后用草酸溶液洗去高锰酸钾的褐色，再用清水漂洗净。还可用氨水和酒精混合液揉洗净。普通衣服上的污迹可用柠檬汁擦洗，然后再用清水洗净。

紫药水迹用甘油刷洗，再用含氨皂液反复洗。亦可将少量保险粉用开水稀释后，用小毛刷蘸该溶液擦拭及清水擦洗。毛毡料、改染衣物、丝绸禁用此法。

红药水迹先用洗涤剂（白醋、甘油、氨皂液亦可）洗污迹处，再用1%~3%的高锰酸钾液揩拭，然后用10%的草酸液揩擦即除净。深色衣服上的污迹应尽快用浓度较低的漂白粉溶液洗。

黄色药水迹用醋去污有效。

碘酒迹用白酒或6%的酒精涂于污迹处揉搓，然后用肥皂水洗净。亦可用维生素C浸湿，放入污迹处揩擦，或用淀粉、肥皂水揉擦。还可用碘化钾、亚硫酸钠、丙酮酸的溶液处理后漂洗净。残存物可浸在15%~20%的苏打温热溶液中约2小时，再用水漂洗净。

高锰酸钾迹用柠檬酸或2%的草酸溶液洗涤，然后用清水漂洗净。亦可用维生素C蘸一点水在污迹处轻擦。还可用一粒阿司匹林蘸水擦洗净。

膏药迹用汽油、煤油擦拭，待污迹浮起后，再用洗洁精洗。亦可用酒精（高粱酒亦可）加几滴水润湿污迹处，然后用手揉搓，待膏药迹去除，再用清水洗净。还可用烘焙过的白矾、三氯甲烷、四氧化碳、食用碱搓洗，再用洗涤剂漂洗净。

黄泥浆迹用生姜、土豆、萝卜汤、豆秸灰涂擦洗。亦可用洗涤剂洗除；亦可用5%的硼酸溶液揩擦。对于不可用水洗之物，可用四氯化碳揩擦。

呕吐物迹用汽油擦拭，再用5%的稀氨水擦拭，清水洗涤净。亦可用10%的氨水将污迹处润湿，再用酒精和肥皂的混合液擦拭，然后用洗涤剂洗净。丝、毛织物用酒精与香皂的混合溶液擦洗，然后用中性洗涤剂洗涤；残存物用5%的氨水溶液洗净。

沥青迹先用小刀刮去污迹，再用四氯化碳水浸泡约4分钟，然后放入热水中漂洗净。亦可在粘有沥青处用花生油、机油、豆油浸泡约30分钟后取出搓揉，然后用汽油（或豆饼）洗去油污，清水漂洗净。对于陈污迹用乙醚、松节油各一半混合成溶液，将衣服放入溶液中浸泡约10分钟，反复揉搓，再用汽油搓洗，最后用洗涤剂洗净。

机械油迹用湿米糠撒在油污处揉搓，清水漂洗净。亦可用洗洁精清洗。还可用优质汽油、松节油、碱水、洗涤液去除污迹。

油漆迹未干可用松节油擦掉。亦可涂些清凉油少许，等数分钟后，用棉球顺衣料的纹路擦拭。亦可用汽油或酒精在污迹反面反复涂搽，再用稀料或醋酸去除污迹。还可用煤油（风油精）、肥皂、稀醋酸、苯、氨水、硼砂、甲苯去除污迹。除旧污迹，可用乙醚、松节油（1:1）混合液搓洗。亦可在锅内放2500毫升水、100克碱和少许石灰，把油迹衣服放入锅内煮20分钟，取出后用洗涤剂溶液清洗净。

印尼油迹先用苯去除油分，再用洗涤剂洗。亦可用温热的皂液浸泡约 8 分钟后洗，然后用 95% 的酒精擦洗。还可用松节油充分湿润后，再用肥皂、酒精混合液刷洗，最后用汽油揩拭。洗羊毛先用热水或开水冲洗，然后用肥皂冲洗，清水漂洗净。对于粘胶纤维织物，只能使用酒精，而不能用苛性钾。

煤焦油迹下垫吸水纸用棉球蘸汽油或苯、丙酮擦拭，然后浸在温热的纯碱水中洗涤，温水漂洗净。亦可用 10% 的柠檬溶液、草酸、水（1:1:10）混合后加热，涂于污迹处，数分钟后用清水漂洗净。残存物可用草酸结晶碾成粉末撒于湿的污迹处搓揉，清水漂洗净。

煤油迹用汽油，松节油或酒精擦除净。丝、毛织物用洗涤剂洗除；白色织物用汽油润湿，再用 10% 的氨水洗，然后再用酒精擦除净。亦可在污迹表面撒上白垩粉或氧化镁粉末，几天以后，再将粉末取下，煤油污迹即可消失。亦可用橘皮擦抹污迹处，再用清水漂洗。

松木油迹用棉球蘸酒精擦洗，清水洗净。

铁锈迹衣服泡在草酸和水（1:20）溶液里，过会儿锈就能除掉，然后再放进加有少量小苏打的水溶液中洗涤净。亦可用 3~4 粒维生素（药片碾成粉末）撒在浸湿的衣服污迹处，然后用水搓洗。亦可用白萝卜切片蘸半夏（滑石粉亦可）揩擦。还可用 10% 的柠檬液或浓度为 15% 醋酸溶液（浓度为 15% 的酒石酸溶液、10% 的草酸亦可）揩拭污迹，或将污迹部分浸泡在该溶液里（加盐亦可），次日再用清水漂洗净。

铜绿迹用 10% 的醋酸溶液闷热，并立即用温热的盐水搓拭，然后用水洗涤。亦可用普通氨水浸泡被染迹的衣物。残存物用氯化铵、石粉（1:4）和浓氢氧化铵调成的糊进行多次擦拭，每次使用后要用清水洗净。

树脂迹用 90% 的酒精和乙醚涂擦即可。毛料衣服可在其背面撒上滑石粉，再用松节油和 90% 的酒精混合液擦拭，直至痕迹消失。

◆ **衣服洗涤注意事项**

（1）人造纤维类面料和各类绒线水洗时，只宜轻轻搓揉，水漂净后，不能用力拧绞，可用洗衣机甩干。

（2）浸湿后及时洗涤，不要浸泡，避免用碱性较强的洗衣粉。

（3）合成纤维类面料遇水温过高时，会出现收缩、发黏和表面皱巴等，故不可用高于 30℃ 的水温洗涤。

（4）真丝服装用冷水手工轻揉洗涤，采用专用的"丝毛洗涤剂"或"丝绸洗涤剂"等中性优质洗涤剂洗涤，污迹部位只能用手或软毛刷轻轻刷洗。

漂洗时加入3%食用白醋浸泡3~4分钟再清洗。洗后不能拧绞，在阴凉处滴干。采取反面、中温（150℃）熨烫，可保持颜色鲜艳，减少褪色。

（5）羊绒（毛呢）服装除标有"超级耐洗"或"可能洗"标志的衣服，一般都要用于手洗或软毛刷刷洗，采用中性或专用的洗涤剂，用冷水（或不超过30℃的温水）洗涤，时间不能超过15分钟；洗净后轻压去水，平摊晾干。羊毛衫干至九成套上熨板，粗纺毛衫135~145℃为宜；精纺毛衫适宜电熨斗，在120~160℃下熨烫，盖一块浸湿的白布后熨烫不伤及衣服。

（6）一般皮革服装应进行专业干洗和加脂、上光处理。家庭清洁时，可以用棉线布擦去表面灰尘，继以稀释的中性洗涤剂擦洗，再以拧干的毛巾擦净。皮毛衬里脏，可用小牙刷蘸上稀释的洗剂，顺着衬布纹理刷去皂液，再覆盖干毛巾吸收水分，以免水分渗入皮质。

（7）清洗人造皮衣，可用温水浸湿衣服，然后在洗剂溶液中泡一会儿，挤出脏水。擦净衬里，再用纱布蘸洗涤剂溶液擦拭衣面，然后用温水冲净。如果人造皮毛不是太脏，用湿布擦洗即可；亦可用擦钢笔字的橡皮擦的白色部分直接擦拭。

（8）皮衣（衬里翻出）晾晒不能暴露于阳光，清洗处涂上甘油或凡士林挂在衣架上，置于温暖的室内待其慢慢晾干。

（9）皮衣受潮发霉，要用天鹅绒或灯芯绒擦去霉斑，然后再用皮革去污剂擦拭。残斑可用洗涤剂加9倍水，用软毛刷蘸上擦净。晾干后再以蘸有少量四氧化硅的抹布擦亮皮面。亦可在净皮面上涂上凡士林油，15分钟后用干布擦亮。还可用毛巾蘸稀释后的蛋清轻拭，使其恢复光彩。

（10）羽绒服内侧，都缝有一个印有保养和洗涤说明的小标签，90%的羽绒服标明要手洗，先将羽绒服放入冷水中浸泡20分钟，再入中性洗涤剂30℃的温水中浸泡15分钟，然后平铺在干净台板上，用软毛刷蘸洗涤剂刷污迹处，漂洗不少于3遍。若使用碱性洗涤剂容易在衣服表面留下白色的痕迹，去除残迹可在温水中加入两小勺白醋，将衣服浸泡一会儿再漂洗，醋能中和碱性洗涤剂。羽绒服不能用干洗，干洗用四氯乙烯药水会影响羽绒的保暖性，同时烘干工艺容易使布料老化；机洗甩干，易导致填充物薄厚不匀，便使衣服走形，影响美观和保暖性。

羽绒服洗净后不能拧干，应将水分挤出，再平铺或挂起晾干，禁止暴晒，晾干后，可轻轻拍打，使其恢复柔软。

如果羽绒服不太脏，用毛巾蘸少许汽油在脏处揩拭，油污去除后，再用干毛巾揩拭沾有汽油处即可。

◆ **衣服保养注意事项**

（1）将衣服洗净放入干净、干燥通风房间或箱柜，防止异物及灰尘污染服装，同时要定期进行消毒、晾晒。

（2）防止虫蛀：天然纤维织物服装（特别是丝、毛纤织品）易招虫蛀。一般都使用樟脑丸用白纸或浅色纱布包好，散放在箱柜四周，或装入小布袋中悬挂在衣柜内。

（3）为了保持衣服的平整、挺括美观，要用大小合适的衣、裤架将其挂起、摆正，并应保持一定间距。

（4）毛、丝、羽绒和人造纤维类面料存放时要避免受压。

（5）深浅不同衣服要分开存放，防止互相染色或变黄。

（6）羊绒服装放入密封的衣箱或收纳袋内妥善收藏，并放入防蛀剂。羊绒纤维细、短，强力不如羊毛，与外套之间摩擦机会多的部位容易起球，要用手工修剪，不能用力拉扯。羽绒服装用透风的物品包好，放入一粒樟脑丸存放避免重压。春秋两季过后，羽绒服要晾一晾，防止霉变；如果发现有霉点，可用棉球蘸酒精擦拭，再用干净的布擦洗干净，晾透后再妥善收藏。

◆ **规范的肢体语言**

● 站姿

头正、肩平、臂垂、躯挺、收腹、腿微分开、颈部挺直、下颌微收、嘴唇微闭、双目平视前方、面带微笑。站立时，两脚跟应靠拢在一起，两只脚尖应相距 10 厘米左右，其张角为 45°，呈 "V" 字状。两只脚最好一前一后，前一只脚的脚跟轻轻地靠在后一只脚的脚弓，将重心集中于后一只脚上，切勿两脚分开，甚至呈平行状，也不要将重心均匀地分配在两只脚上。在正式场合双膝挺直，而在非正式场合则伸在前面的那一条腿的膝盖部可以略微弯曲，似为 "稍息"；双臂自然下垂，面带微笑，平视前方，显得自然、挺拔、舒展、优美。

叉手站姿，即两手在小腹前交叉，右手搭在左手上直立，这种站姿，男子可以两脚分开，距离不超过 20 厘米；女子可以用小丁字步，即一脚稍微向前，脚跟靠在另一脚内侧。身体重心落在两个前脚掌。

背手站姿，即双手在身后交叉，右手贴在左手外面，贴在两臀中间。两脚可分可并，分开时不超过肩宽，脚尖展开，两脚夹角成 60°，挺胸立腰，收颌收腹，双目平视。身体重心落在两个前脚掌。

背垂手站姿，即一手背在后面，贴在臀部，另一手自然下垂，手自然弯曲，中指对准裤缝，两脚既可以并拢也可以分开，也可以成小 T 字步。身体重心落在两个前脚掌。这种站姿多适宜男士,显得大方、自然、洒脱。

正确的健美站姿,会给人以挺拔向上、舒展健美、庄重大方、亲切有礼、精力充沛的印象。

● 行姿

头正。双目平视、梗颈、收颌,表现自然平和,面带微笑。

肩平。两肩平稳。防止上下前后摇摆。双臂前后自然摆动,前后摆幅在30°~40°之间。

躯挺。上身挺直、收腹、立腰,重心稍前倾。步位直,两脚尖略开,脚跟先着地,重心应以足中移到足前部,两脚内侧落地下出的轨迹要在一条直线上。

步幅适度。行走中两脚落地的距离大约为一个脚长。

步速平稳。腰部以上至肩部应尽量减少动作,保持平稳;双臂靠近身体,随步伐前后自然摆动;手指自然弯曲朝向身体。步速不能太快,也不能太慢,以适中为宜。男士步态自然、协调、潇洒、稳重、刚毅;女士轻松、健美、敏捷、从容、既优雅又自信。

行走时要防止八字步,低头驼背。不要摇晃肩膀、双臂大甩,不要扭腰摆臀、左顾右盼。

● 坐姿

女士的8种坐姿:

①标准式:轻缓地走到座位前,转身后两脚成小丁字步,左前右后,两膝并拢的同时上身前倾,向下落座,坐在椅子前的2/3处,不要把整个身子"陷"进去,双膝分开,但不得超过肩宽。女士坐沙发的前1/3处,两腿并拢,双脚自然垂地,脊背伸直,两手自然地放在膝盖上(或双手掌心向下相叠或两手相握,放于身体的一边),头、颈保持站立时的样子不变,面带微笑地待人。女士穿裙也可以将双腿完全地一上一下交叠在一起,交叠后的两腿之间没有任何缝隙,犹如一条直线。双腿斜放于左右一侧,斜放后的腿部与地面呈45°夹角,叠放在上的脚尖垂向地面。如果穿的是裙装,在坐落时,要用双手在后边从上往下把裙子拢一下,以防坐出皱褶,或因裙子打褶而使腿部裸露过多。坐着谈话时,上半身与两腿应同时转向对方,目光一定要看着对方。

坐下后,上身挺直,头正目平,面带微笑,双肩平正,两臂自然弯曲,两手交叉叠放在两腿中部,靠近小腹。两膝并拢,小腿垂直于地面,两脚保持小丁字步。男士两膝间的距离不得超过肩宽,坐稳后,若椅子有扶手时,双手可轻搭扶手上呈一搭一放。

②前伸式。在标准坐姿的基础上，两小腿向前伸出一脚的距离，脚尖不要跷起。

③前交叉式。在前伸式坐姿的基础上，右脚后缩，与左脚交叉，两踝关节重叠，两脚尖着地。

④屈直式。右脚前伸，左小腿屈回，大腿靠紧，两脚前脚掌着地，并在一条直线上。

⑤后点式。两小腿后屈，脚尖着地，双膝并拢。

⑥侧点式。两小腿向左斜出，两膝并拢，右脚跟靠左脚内侧，右脚掌着地，左脚尖着地，头和身躯向左斜。注意大腿小腿要成90°，小腿要充分伸直，尽量显示小腿长度。

⑦侧挂式。在侧点式基础上，左小腿后屈，脚绷直，脚掌内侧着地，右脚提起，用脚面贴住左踝，膝和小腿并拢，上身右转。

⑧重叠式。重叠式也叫"二郎腿"。在标准式坐姿的基础上，两脚向前，一条腿提起，腘窝落在另一腿的膝关节上边。要注意上边的腿向里收，贴住另一只脚，脚尖向下，就显得大方自然，优美文雅，富有亲切感。女士不常采用此式，特别商务活动中少见。重叠式还有正身、侧身之分，手部也可有交叉、托肋、扶把手等各种变化。

男士的6种坐姿：

①标准式。上身正直上挺，双肩正平，两臂自然弯曲放在膝上，也可放在椅子或沙发的扶手上，掌心向下双膝略分开，小腿垂直落于地面，两脚自然分开成45°。坐在椅子上至少应坐满椅子的2/3，脊背轻靠椅背。站立时，右脚向后收半步，然后站起。

②前伸式。在标准式的基础上，两小腿前伸一脚的长度，左脚向前半脚，脚尖不要跷起。

③前交叉式。小腿前伸，两脚踝部交叉。

④屈直式。左小腿回屈，前脚掌着地，右脚前伸，双膝并拢。

⑤斜身交叉式。两小腿交叉向左斜出，上体向右倾，右肘放在扶手上，左手扶把手。

⑥重叠式。右腿叠在左膝上部，右小腿内收，贴向左腿，脚尖自然下垂。

● 蹲姿

女士的蹲姿：①交叉式蹲姿：下蹲时右脚在前，左脚在后，右小腿垂直于地面，全脚着地。左腿在后与右腿交叉重叠，左膝由后面伸向右侧，左脚跟抬起脚掌着地。两腿前后靠紧,全力支撑身体。臀部向下,上身稍前倾。

②高低式蹲姿:下蹲时左脚在前,右脚稍后(不重叠),两腿靠紧向下蹲。左脚全部脚着地,小腿基本垂直于地面,右脚脚跟提起,脚掌着地。右膝低于左膝,左膝内侧靠右小腿内侧,形成左膝高右膝低的姿势,臀部向下,基本上以右腿支撑身体。若捡身体右侧的东西,右脚靠后;若捡身体左侧的东西,左脚靠后。

男士的蹲姿:男士可依照女士的蹲姿,不过两腿不要靠紧,可以有一定的距离。

● 手势

①规范的手势。规范的手势应当是手掌自然伸直并拢,拇指自然稍稍分开,手与前臂成一条直线,肘关节自然弯曲,以140°为宜,掌心向内斜向上。

在出手势时,要讲究柔美、流畅,做到欲上先下,欲左先右。避免僵硬死板,缺乏意味。同时配合眼神、表情和其他姿态,使手势更显协调大方。

②常用的手势。

横摆式。在表示"请进"时常用横摆式。做法是五指并拢,手掌自然伸直,手心向上,肘微弯曲,腕低于肘。开始做手势应从腹部之前抬起,以肘为轴轻缓地向一旁摆出,到腰部并与身体下面成45°时停止。头部和上身微向伸出手的一侧倾斜,另一手下垂或背在背后,目视宾客,面带微笑,表现出对宾客的尊重和欢迎。

前摆式。如果右手拿着东西或扶着门时,这时要向宾客做向右请的手势,五指并拢,手掌伸直,由身体一侧由下向上抬起,以肩关节为轴到腰的高度,再由身前右方摆去,摆到距身体15厘米,并不超过躯干的位置时停止。目视来宾,面带笑容,也可双手前摆。

双臂横摆式。当来宾较多时,表示"请"可以动作大一些,采用双臂横摆式。两臂从身体两侧向前上方抬起,两臂微曲,向两侧摆出。指向前进方向的一侧的臂应抬高一些、伸直一些,另一手稍低一些、曲一些。也可以双臂向一个方向摆出。

斜摆式。请客人落座时,手应摆向座位的地方。手要先从身体的一侧抬起,到高于腰部后,再向下摆去,使大小臂成一斜线。目光兼顾客人和椅子。座位在哪里,手应指到哪里。

直臂式。需要给宾客指方向时,采用直臂式,手指并拢,掌伸直,屈肘从身前抬起,向抬到的方向摆去,摆到肩的高度时停止,肘关节基本伸直。

注意指引方向，不可用一手指指出，那是不礼貌的行为。

◆ **见面礼仪**

与人见面，互相问候，一般可说"您好"、"您早"。久别重逢可说"久违了"。按常规应男士先问女士，年轻人先问候年长者。下级先问上级；未婚先问已婚；主人先问来宾，本着"尊者居后"的原则。问候注意表情，美国心理学家艾伯特·梅拉比安把人的感情表达效果总结为一个公式：感情的表达=语言（7%）+声音（38%）+表情（55%）。眼神注视时间要根据重视程度而定。"小姐"是称未婚女性，"女士"是称已婚女性。外国人"爱人"是"第三者"的意思。

外事介绍：宾主双方见面后，主人应该主动与客人寒暄，包括介绍其他的陪同人员给客人，告知接下来的行程安排。先介绍位卑者给位尊者认识。如果你所介绍的人有任何代表其身份地位的头衔，比如医生、博士、议员等，要记住把它冠在其姓名之上，便于对方记忆。必要时多提供一些相关的个人信息，以便双方在接下来的交往中较快找到话题。比如某领域的专家、业绩。

握手：握手的姿势一般均应起身站立，迎向对方，目光相对，面带微笑，相对而立，距离约半米，上身微微前倾，伸出右手，四指并拢，拇指张开，握住对方的手掌（而不是手指），稍微上下晃动一两下，并且令其垂直于地面。男士跟女士握手时，往往只握一下女士的手指部分，不能过于用力，握手时间通常是1~3秒钟（欧洲拉丁语系地区，握手时间5~7秒钟。法国人握手时间短，干脆有力。阿拉伯人握手轻而有力，只微微上下动动）。一般女士先伸手，如果有些男士不懂规矩，首先伸手，一般情况女士不要拒绝，要自然地伸出手，显得大方友好。已婚者应主动伸手，未婚者才能握手。同性之间握手，可以轻握对方的手掌心。穆斯林妇女不与男士握手。握手伸手顺序"尊者居前"，即通常应由握手双方之中的身份较高者首先伸出手来，反之是失礼的。但是，客人告辞时，应首先伸出手来与主人相握。握手力度，既不可过轻，也不可过重。用力过轻，有怠慢对方之嫌；用力过重，则有捉弄（或老粗）之意。

握手的禁忌是心不在焉，不能用左手，不能戴手套、戴墨镜、交叉（同时用双手与多人握手）、长时间和用双手（只限贵宾和挚友）或脏手（如果有污渍，应赶紧擦净或事先向对方打招呼表示歉意）与人握手。

行鞠躬礼时，要挺胸、抬头、收腹、面带微笑，与对方距离两步开外，不能太远，女士的双手握于腹前，男士的两手垂放于身体两侧。鞠躬时，先看看对方的眼睛，以胯为轴，上半身向前倾，视线随着身体的移动而移动，腰部下弯，头、颈、背成一条直线，最后，目光落在对方的脚面。抬起时，起身的速度要比下弯时稍慢一些。恢复站姿后，目光再一次注视对方，以体现对对方的尊重。要求：15°鞠躬礼表示一点点致意。用于问候、介绍、握手、递物、让座、让路、引导等。30°鞠躬礼表示向对方敬礼。用于对首长、客人等迎送问候。45°鞠躬礼表示向对方深度敬礼。用于致敬或表示深深的感谢。一般来说，鞠躬礼系下级对上级或同级之间的礼节。行礼时须脱帽，右手（如手持物可用左手）握住帽前檐中央将帽取下。脱帽时所用之手和敬礼方向相反，即向左边的人敬礼，以右手脱帽；向右边的人敬礼，以左手脱帽。

行礼时不可戴帽。

日本人所行的鞠躬礼，面对受礼者呈立正姿势，距离受礼者两三步远，双臂下垂，腰、背同时前倾而不能驼背，面带微笑。一般来说，迎宾鞠躬为15°，停留时间2秒；送客或表示恳切之意为35°，停留时间为3秒；表示感谢为60°，停留时间5秒；90°鞠躬礼常用于悔过、谢罪等特殊情况。男士鞠躬时两手自然地垂直于身体两侧，同时频频弯腰，女士则双手交叉于腹前。顺着身体的起伏而自然移动，说话途中身体不要抬起来。

吻礼。盛行于西方欧美国家，涉外活动中时有所遇。吻礼包括拥抱、亲脸和额头、面颊、吻手、接吻等形式。拥抱时两人相距20厘米，相对而立，左脚在前，右脚在后，左手在下，右手在上。胸贴胸，手抱背，彼此将胸部各向左倾，并且要紧紧拥抱，贴右颊，然后换左边脸颊，最后是右脸颊，一般不超过三次。一般来说，长辈则吻晚辈的前额，男女之间可贴面，只有夫妻、情人才吻唇部，脸颊对脸颊地亲吻（不要只是装腔作势地空吻，别人会认为你没有诚意）。如果你的客户和你表示亲近的方式是亲吻或者是给你一个大大的拥抱，那么你当然不能把他推开。一般来说，亲吻、拥抱、轻拍、恭维都需要细腻地处理。人们在建立关系的过程中，亲吻和拥抱是很自然的事情。当然，你还得注意不要在会议或者其他公开的专业场合去亲吻别人，尽量不要在众目睽睽之下亲吻。女性之间通常亲脸或拥抱。而阿拉伯的上层人士一般吻尊者的右肩头。男女之间通常也行吻手礼。先由女性伸出手做出下垂姿势，男士立正、敬意，然后用自己的右手或双手将其指尖轻轻托起，以微闭的嘴唇轻吻手背或手指背面（手腕以上不可吻）；在女士身份地位较高的情况下，男士要屈一膝作半跪式后，再握手吻之。男士不能主动去吻女士手。吻时一定要稳重、自然、利索，不发出声音，不留痕迹，吻后抬头与对方微笑相视，再把手放下。行吻手礼仅限于室内，对未婚少女是不行此礼的。

贴面，在异性、同性之间，也可采用贴面颊的礼节。行礼时两人同时将面颊相贴，顺序先右后左。

拱手礼：右手握拳，左手在外。双手举到胸前，面带微笑，向行礼对象前后拱手，最高不能超过头部。

合十礼：双手合十于胸前正前方；五指并拢，指尖向上，手掌上端与鼻尖持平，双腿直立，上身微微欠身，低头，口颂祝词或慰问对方。

抚胸礼：眼睛注视或看正前方，头正，态度庄重，右手掌心向内，指尖朝左上方轻轻地按在右胸上，以示恭敬。

碰鼻礼：碰鼻礼行礼时双方只需先互碰一下额头，再轻轻接触一下鼻尖，就等于互相问候了。目前主要盛行于西亚与北非的沙漠地区，新西兰的毛利人也用它作见面礼。

吻足礼：行礼者只要跪下来用右手摸一下地，在挨一下自己的额头，就不必"亲近"别人的脚面了。此礼在尼泊尔、斯里兰卡、也门及波利西亚盛行。

跪拜礼：行礼时，必须五体投地，即行礼者的双手、双肘、双膝、双脚和额头等5个部位同时触地。它运用于对父母、师长、僧侣行礼之时。此礼在日本、朝鲜、韩国以及东南亚各国流行。

致意。致意的基本规则是：男士应先向女士致意，晚辈应先向长辈致意，未婚者应向已婚者致意，学生应向老师致意，下级应向上级致意。致意就是向对方表示一种敬意。致意时彼此距离一般在三四步远，表示彼此见面时不出声的问候，"此时无声胜有声"。

举手致意作为见面礼，适用于与自己距离较远的熟人相逢之际。举手致意时，身体直立，面向对方，面带微笑。手背应自下而上向侧上方伸出；手臂既可略有弯曲，也可全部伸直。掌心向外，五指并拢，指尖向上。

挥手道别：身体站立，用右手或双手。手臂应向前平伸，与肩同高。掌心朝向客人，指尖向上。手臂向左右两侧挥动，若使用双手时，挥动的幅度应大些，以显示热情。目视对方，直到对方在你的视线范围内消失。

北美人不论是在向人打招呼还是告别，或者只是引起离他较远的人注意，都要挥手。在欧洲大多数地方，此动作表示"不"。

用点头作为见面礼，大多运用于自己与对方不宜交谈的场合。

中国人常说："摇头不算点头算。"可在意大利这句话也得打一个问号呢。如果你去那不勒斯，要对什么事否定，那你就不能摇头，而应将头向后仰。如果是坚决否定，那最好用自己的手敲自己的下巴。

用微笑作为见面礼，要求真诚、自然、朴实无华。

欠身礼的具体做法是：全身或身体的上半部在目视被致者的同时，微微向前倾斜一下。

赞意。中国人伸出大拇指表示称赞的意思；美国人竖起大拇指常被用于无声的表示支持和赞同："干得好!""OK"或者"棒极了!"在澳大利亚，如果竖起大拇指上下挥动，等于在说："他妈的!"北美人用竖起大拇指表示要搭便车；在希腊，拇指向上表示"够了"，向下表示"厌恶"；但在尼日利亚等地，这个手势却被认为非常粗鲁；在日本和法国，竖起大拇指是用来计数：日本竖大拇指表示"5"，但在法国则表示"1"。

◆ 名片

名片是人的第二张脸，是一个人身份和地位的无声介绍载体。我们将名片给别人，应起身站立，走上前去，动作要洒脱、大方，态度从容，面带微笑，上体前倾15°左右，用双手（一般商务活动也可用右手，不能用左手）将名片正面朝向对方递去，并说"请您多指教"、"请您多多关照"、"常联系"。接受名片应起身站立，面带微笑，目视对方，双手（一般商务活动可用右手）捧接。接过名片后，要从头到尾看一遍。以示重视对方。最后，接受他人名片时，应使用谦词"请您多关照"、"谢谢"，并将其精心地放在自己的名片包、名片夹或上衣口袋内。

索取名片的方法大致有：

(1) 交易法，把名片递给对方，请求对方帮助。

(2) 明示法，"李总，认识您很高兴，能交换一下名片吗?"

(3) 谦恭法，"以后怎样才能向您请教?"

(4) 联系法，"认识你很高兴，希望以后能够保持联系，不知道怎么跟你联系最方便。"

值得注意的是，第一次见面后，应在名片背面记下会面的时间、地点、内容、是否本人亲自递交；名片主人的个人情况，如籍贯、学历、专业等；显著的变动，如升降、调职、职业变化、住址或电话的改变等资料，最好记下对方的特征，如爱好、习惯、擅长等，以便以后沟通。未经允许，不能当面在名片上写字。名片必须采用柔软耐磨、白板纸、布纹纸、香片纸均可。名片的色彩讲究淡雅端庄，白色、黄色、乳白色、浅蓝色等。别人索要名片，不能满足对方要求，要说"对不起，我忘了带名片"、"实在抱歉，我的名片用完了"。名片不要涂改，不要乱发，不要在说话前过早地发，不要在就餐时发。

◆ 交谈礼仪

交谈就是人与人之间的语言沟通，每天都在进行，它是人类文明的具体标志。话题的选择一般都是事先约定好的，主题明确，顺序清晰，时间确定，目标一致。交谈方式多样，室内面对面交谈，目光距离最好在 1~2 米，目光注视对方的三角部位，这个三角部位以两眼为上线，嘴为下顶角，也就是两眼和嘴之间，这是正常的社交区间。但不能死死盯着人家；更不能像扫描一样上上下下扫描一遍。日本人交往不喜欢自己的视线与他人相对；欧美人喜欢在和别人握手时与对象目光交会，在他们看来，这是信赖和联系的开始。有时会出现目光对视的情况，此时不必躲开，泰然自若地徐徐移开就可以了。总之，眼神要友善尊敬，清澈坦荡，真诚热情，炯炯有神。一般来说，视线接触对方脸部的时间应占全部说话时间的 30%~60%，超过这一平均值者，可以认为对说话者本人很感兴趣；低于此平均值者可以认为对说话者和谈话内容都不怎么感兴趣。对于亲密的同性朋友，视线接触能时间长一些；异性朋友连续对视不宜超过 10 秒钟，目不转睛地长时间注视是失礼的。如果站着与人说话，说话时要挺胸、收腹，全身重量均匀地分配于两足，使重心稳定。这样显得生气勃勃，泰然自若。如果是坐着说话，要注意说话距离宜保持在一臂之间。双脚要平放于地面，不宜交叠双腿，背靠椅子，肩膀平正，腰部挺直。交谈效果取决于交谈人的知识水平，文化修养，道德观念。怎样才能交谈成功呢？

言为心声，只要是发自内心的，态度真诚的话，都会打动人心。

交谈要专心致志，聚精会神，合乎规范，一心敬人。美国著名主持人芭芭拉·华特说："对全神贯注和我说话的人，我以为是可亲近的人"，"没有其他的事比这更重要了。"

尊重他人。主讲人讲一两分钟后，把时间让给别人，不搞"一言堂"；宜短不宜长；不要轻易打断对方的说话，找准插话时机："你讲的这个问题很对，别的书中还有这样的说法……""你刚才讲的观点很新，能否再详细地解释一下吗？""你讲得很有道理，请允许我打断一下。""为了慎重起见，我想和你最后确定一下费用的事。"

言贵精当，更贵适时。不该说的时候说了，是操之过急；该说的时候没说，是错失良机。这就好比炼钢，要到"火候"才行。一般推销员先套近乎，后推销产品。

交谈要注意语言美（"请"、"谢谢"、"对不起"经常挂嘴边）、声音美、姿态美，在交谈中的语气、语态、神色、动作等表现都很重要。

对不同的说话对象要有不同的语气。对政府首长要尊重、谨慎；对朋友要用亲切的商量语言；对长辈要恭敬；对部下要平易近人；对亲友要随和。

社会学家兰金也说：在人们日常的语言交往活动（听、说、读、写）中，听的时间占54%，说的时间占30%，读的时间占7%，写的时间占9%，我们要认真倾听对方说话，这是关心他人的一种表现，是沟通彼此心灵的一种手段。称道对方，关怀对方，对对方所说的一切表示出浓厚的情趣，都可以提高对方说话的兴趣。如果多人在一起，要照顾全局，话题谈得更广、更深，相互间的感染也就更浓。

交谈时避免用"好"或"不好"之类的答话，过于简单的答话是拒人千里的表示，会让人感到我们不愿交往。如果需要强调某个话题，讲话语气要清晰、准确、有力，这样会给对方留下深刻印象。如果想让不善言谈的人加入谈话，可问他专业方面的问题，说双方感兴趣的话题。如果发现对方注意力不集中，应该转换话题，打破沉默。适当加点幽默语言，更能调解空气，活跃气氛，启人心智，吸引听众，达到更好地与人沟通和交流的效果。

说话要考虑对方的特点，以他们能接受为前提，而不能逾越他们的思想感情所能及的范围。把握尺度，留有余地，赞美人恰如其分。

说话不能涉及个人隐私，不能用脏话恶言，不能目空一切、喋喋不休、一言不发、唱独角戏、心不在焉；还要注意地点、场合。当你坐在书店看书，突然，店主召集员工在你身旁开会，你怎么办呢？是加入他们的谈话，或者坐着不动，还是走开呢？我看还是走开为好。当你在公共场所遇到几个人说话，你走进去，发现他们对你有戒备，那么你就要走开。当你在公园发现一对情人正在说话，你就不能凑过去了。当你在公园看到一群人在谈论国内外大事，你走进去，他们无反感。那么，你就听下去，必要时插几句高见，他们对你会另眼相看，和你交朋友。

结束谈话，以赞美的话"欢迎您再来"，做到恰到好处，轻松自然，回味无穷，满意而归。

二人同时进门，应让客人先进，并伸手示意："请！"

◆ **拨打接收电话的礼仪**

现代社会，接打电话是常事，人们在通话过程中的语言、声调、内容、表情、态度、时间感等方面，可以体现出个人素质以及通话者所在单位的整体水平。

（1）做好充分的准备。如果电话内容太多，最好写一份通话提纲，避免说话颠三倒四，前言不搭后语，以及一时疏忽而遗漏事项。

（2）选择恰当的时间。如果双方事先约好了通话时间，就应准时致电。

如果事先没有约好通话时间，应当在对方方便的时候打电话。打电话的最佳时间：上班 10 分钟以后到下班 10 分钟以前。一般不在休息时间（包括午休时间），特别是晚上 9 点以后到早晨 7 点以前不能打电话，会引起人家的反感。如果有急事，第一句话要说的是"抱歉，事关紧急，打扰你了"。打电话还要注意各地区的时间差。

（3）开场白要有礼貌。话筒与我们的口部之间保持 3 厘米左右的距离为宜。电话接通后，首先应当问对方"你好"、"王总，你好"、"李博士，你好"，尽量不说"喂"。打电话要语言美，比如："请问，你是哪位？""我身边有客人，一会儿我再给你回话"、"对不起，请你稍等一会儿"、"他不在，我是他的秘书，请你留下电话，我一定告诉他"等。

自报家门有几种方式：其一，报自己的姓名；其二，报自己所在单位的名称；其三，先报自己所在单位的名称，再报自己的全名和职务。

（4）合理安排通话时间与内容，电话内容务必简单明了，通话 3 分钟法则，"长话短说，废话不说，没话别说"。

日本松下电器曾经关注公司的话费问题，在自己的广岛营业所安装了类似于出租车的计价器的仪器，把通话的对象、时间、话费全部记录下来。结果，每月高达 480 万日元的话费，一下子减到了 273 万日元。

（5）礼貌地结束通话。一般情况下，电话应当由打电话的一方主动挂断；地位高者先挂断；求人的人要等被求的人先挂断。但也有单位明文规定，不许先挂电话。结束语："再见"，有不少人为了节省时间，没有结束语也是可以理解的。挂电话时一定要轻放话筒，以免引起对方反感。

（6）接电话要及时，一般情况下，应该在电话铃响两三声之内接听电话，接电话早、晚都不好，如果你接晚了，要说："对不起，让您久等了。"

电话掉线的处理：要及时打过去，说明理由，消除误会。

拨错电话的处理："先生您好，您拨错电话了"，第二句话把本单位的电话重述一下，第三句话问对方："您需要帮助吗？"

（7）录音电话现在被越来越多的单位使用，在使用录音电话时要注意以下两点：①录音留言的常规内容有问候语，电话机主单位或者是姓名，致歉语，留言的原因，对来电者的要求以及道别语等。②在处理录音电话的时候要注意：一是尽量少用录音电话，尤其是座位上明明有人却用录音电话"挡驾"。二是对录音电话上商务伙伴打进来的电话，要及时进行处理。三是不要以录音电话为借口推卸自己的疏忽和错误。

（8）打电话注意事项：开车时不要使用手机通话或者查看信息。不要在加油站、油库使用手机，以免手机发出电磁波引起火灾、爆炸。不要在病房内使用手机，以免手机电磁波影响医疗仪器的正常运行。不要在飞机飞行时使用手机，以免给自己带来危险。移动电话不涉及机密问题，不要随便叫别人代接电话。手机不宜相互借用。手机应放公文包里，挂在脖子上，离心脏近，电磁波对你的生命构成影响。

◆ 饰物佩戴

赴宴饰品包括耳环、项链、手镯、戒指、发饰，应配合服装选用，在精不在多，强调搭配的巧妙与协调，选择式样简洁，质量上乘的，可以起到"锦上添花"的效果的饰品，"简单即是美"。

宴请中，镶有钻石或宝石的饰物容易吸引他人的目光。千万不要戴脚链参加宴会。

佩戴项链应选择和服装相配的造型和质地，同时应充分考虑自身的体型、体貌。细小的金项链只有和无领连衣裙相配才显得清秀；矮胖圆脸体形者则适合佩戴一串长项链；细长脖颈者应佩戴贴领的大珠短项链。

耳环的色彩要和服装的色彩相协调，纯白色的耳环或金、银耳环可配任何衣服；色彩鲜艳的耳环应和服装色彩相一致或接近；钻石耳环或珍珠耳环则应配以深色高级天鹅绒旗袍或礼服。耳环的造型和脸型相配，圆脸的人戴长的吊坠式耳环，这样可以使脸型显得椭圆一些；方脸的人可以用圆形、鸡心形、螺旋形的耳环"缓和"棱角；长形脸的人应戴较大的圆形、方形、扇形耳环；短脸的人选择细长结构的首饰。倒三角形脸对首饰的款式苛求不大。正三角形脸可用较大的有坠耳环配合短发遮盖脸颊，还可在蓬松的发型鬓角处戴醒目的发簪、发夹、花簇等，以增加上额的宽度。颈部可选择具有拉长效果的长项链。饰品与肤色搭配同色调为宜。黄金、钻石等首饰适合各种肤色人选用。

戒指的质地有金银、钻石、翡翠等；造型有方形、圆形、椭圆、镶嵌等。戒指的佩戴方法表示某种特定涵义：戴在食指上，表示求婚；戴在中指上，表示正在恋爱；戴在无名指上，表示订婚或完婚；戴在小指上，表示独身。男戴右手，女戴左手。在不少西方国家，未婚女性的戒指是戴在右手的中指上，修女则把戒指戴在右手的无名指上，这意味着将爱献给上帝。妇女离婚后，可以换到右手戴表示不再有婚姻关系。手指短而粗的，不宜戴圆形戒指，最好戴椭圆的、菱形的戒指；手指细长的，最好戴秀气的、小巧的戒指。一般情况下，一只手上只戴一枚戒指。手镯戴在右手腕上，表示"我是自由的"；戴在左右手腕或仅戴在左手腕，表示已婚。一只手上不能同时戴两只或两只以上的手镯或手链。

在正式场合，男女一般不戴手镯，但可以戴手链。

饰品的佩戴：以少为佳，同质用途（色彩和款式要协调）、符合习俗（入乡随俗）、注意搭配（佩戴饰物时，应使之和你的服装和谐、和你的其他首饰和谐）。

◆ 赴宴礼仪

如接受对方赴宴邀请，应用电话或专函或委托秘书答复对方，一旦决定赴宴，非特殊原因不可临时取消，若取消也应事先求得邀请者的谅解。

● 赴宴发型　参加宴会的发型可根据自己的喜好确定，男士发型以阳刚整洁为宜，女士披肩发最好吹出妩媚而富有韵味之大波浪，绾发则喷以定型胶，使头发纹丝不乱且显出光泽。

● 赴宴服饰　男士装应是打领结或领带的深色西服、燕尾服。女士应以丝、丝绒、雪纺纱、绸缎之类轻软而富有光泽的衣料，它能衬出女性高雅窈窕的身姿。晚宴服最好用黑、白、红、蓝、黄等纯色为宜，因为纯色能更好展现女性身段且易给人以端庄之感。

宴会着装的款式应高雅得体，显示出自己身体的优势。肩膀和颈部漂亮者可露出双肩。胸部丰满者可穿低胸或中空样式。腿部修长者可穿开中、高叉或短裙。

袜子宜透明或选择印花丝袜。鞋应选用皮面质料的高跟鞋，这样走起路来才会展现出款款风情。

皮包应和鞋的质感配套，大小不宜超过两个手掌宽度，手拿式最优雅。皮包里东西不可太多，只宜放些小型的女性随身用品。

弱视者应佩戴有反光效果的隐形眼镜，这样会使眼睛显得格外明亮光彩。

香水不要选择气味过于浓烈的。香水应喷在人体脉搏跳动的部位，如耳后、前胸、手、脚、手肘弯或腿膝后。手掌间如用些微香水再和人握手，则会更富有女人味。男人用香水应粗犷野性，充满阳刚之气。如果不会用，宁可不用。

当我们持请柬赴宴时，应提前2分钟抵达酒宴场所，见到熟人要落落大方打招呼，见到生人则应礼貌地微笑致意。

◆ 宴请礼仪

涉外宴请要求严格，必须按国际惯例去做。选择宴请时间，不要选在对方重大的节假日、有重要活动或禁忌的时间。如对信仰基督教的人士不要选在13号，更不要选择在星期五的13号。确定时间后最好能征询客人的意见，千万不要按我国传统习惯办事。

菜谱和所上菜的配料要适合来宾的口味。比如在宴请西方人士时，不要上以各种宠物和珍稀动物的肉为主料的菜肴，菜谱上也不要以各种动物命名。各地的土产品和独特风味菜肴最具有吸引力。酒宜低度酒，像茅台这样的烈酒只有在比较特殊的场合才使用。对伊斯兰教徒来说，不能用含有任何酒精的饮料。当宴会准备好后，应该印刷和打印几份或为每一位客人准备一份无异味、版面整洁美观的菜单（能有中外文对照最好）以方便客人。

菜式要考虑宾客健康状况，比如宾客是高血脂，最好吃一些低脂餐；高血压宾客不能喝酒；糖尿病宾客应该吃一些忌糖的餐食等。

西餐是讲女士优先的，你首先应该致意的就是女主人。如果女主人亲自下手为你做饭的话，你得赞美一下菜烧得很好吃。

正式宴请，按国际惯例有以下几个程序：迎接、小憩、开宴、致辞、宴会、宴毕、休息，最后是告辞。

礼貌的主人应在迎接客人到来的安全门口等待客人的到来，客人来后，要由服务人员为客人脱掉外套和帽子，放到衣架上，主人则与来宾一一行礼（握手等）。要由陪同人员唱名，主人最好在见到客人时重复这些名字以示尊重和礼貌。在正式宴会中的各个场合里的服务员一般由男士来担当，礼仪小姐要慎用。

小憩可以在休息厅，也可在客厅，总之不要让客人看着服务人员准备饭菜。这时可以准备点菜、水和擦洗手的干湿纸巾，或者告诉客人卫生间的位置。

主人应该在休息厅里陪客人叙谈一会儿。等规定时间一到，而主要客人也已到齐时就可开宴了。开宴时最需要注意客人的落座。如果事先安排好座位卡，也需要引座。顺序是男主人引领女主宾第一个入席，而女主人引领男主宾最后一个入席。客人们一旦入席，最好不要再随便离座，也不要大声喧哗，安静是对主人的尊重，也是自己风度的表现。

宴会的主人若是一对配偶，他们两人就应该分别在长条桌的两端相对而坐，在女主人的左边（以其本人的角度而言）就座的是宴席上级别最高的客人；而男主人的右边（以其本人的角度而言）的座位是留给宴席上级别最高的女客的。当然，她同样也可能被视为贵宾。在级别上仅次于贵宾的男客人通常被安排在女主人的右侧；反之亦然，在男主人的左手就座的女客应该比他右侧那位在级别上要略低一等。

宴请要量力而行，节俭为本，意在会客，意在环境（安全、方便、卫生）。

宴请要体现面向门为上——面对餐门正门的位子要高于背对餐门的位子；女士优先——女主人为第一主人，在主位就座。而男主人为第二主人，坐在第二主人的位置上，以右为尊——男主宾排在女主人的右侧，女主宾排在男主人的右侧，距主位近的位置要高于距主位远的位置。会议上，翻译、记录人员坐在主人和主宾的后面，其他客人按照礼宾顺序排列。除此以外，在外交活动中还有居中为上（中央高于两侧）、前排为上（第一排的人位置高）、以远为上（就是距离房间正门越远，位置越高）。

如果主宾双方需要在席上讲话，表示某种意愿，入席以后就可以开始发表讲话了。讲话最好简洁一些，并注意气氛的轻松幽默及热情友好。在主宾讲话时、认真倾听其讲完，等主人宣布开宴之后（一般是以祝酒的方式宣布开宴）再开始用餐。有时讲话也会安排在其他时间，如热菜之后甜食以前，非主要人员这时要停止进食，放下餐具静听主宾双方讲话。一旦主宾双方相互祝酒时，所有客人应举杯向主人示意，而不要在餐桌上相互交叉碰杯。

西餐的餐序：一是头盆，开胃菜（色拉、鹅肝酱、冻子、泥子）。二是汤（红汤、清汤、白汤）。三是菜，分为主菜与副菜。副菜一般指海鲜类、禽类的东西。主菜通常是牛肉、羊肉、猪肉。四是甜品（冰淇淋、水果、干果、坚果、鲜果以及各种各样的其他小吃，如布丁、炸薯条、三明治、曲奇饼、烤饼）。五是饮料（酒类、红茶、咖啡）。

如果客人吃得快，很快结束用餐，可以一边用水或饮料，一边和其他人聊天等待（如有急事要离开，可叫服务员帮助传个字条或自己走到主人那里告诉一声），主人起立宣布宴会结束再准备离开。

◆ **进餐的礼仪**

● **席次的安排** 同一桌上席位高低，以距离主人座位的远近而定，右高左低。男女交叉安排，熟人和生人也应当交叉排列。一个就餐者的对面和两侧往往是异性或不熟悉的人，这样可以广交朋友。非官方接待时，以女主人的座位为准，主宾坐在女主人右首，主宾夫人坐在男主人右首。举行两桌以上的西式宴会各桌均应有第一主人，其位置与主桌主人的位置相同，其宾客也依主桌的座位排列方法就座。就座时，从椅子左方入座，入座后不要东张西望，也不要坐在那儿发呆，或摆弄餐巾，应该神态自如、风度优雅地和邻座的客人轻轻说几句，或神态安详地倾听别人的说话。如有女宾来，男宾应替女宾移开身边的椅子，让她入座，自己再坐下。

宴会时必须时刻注意女主人的举止，以免失礼。比如说，偶有迟到的客人人座，当她从座位上站起来迎接、打招呼时，席上的男宾也必须陪同站起来。每一道菜上来时要经女主人招呼，才能开始进食。

● 在冷餐会或酒会上，如果是自己取食物，要注意不要往人多的食物前挤，也不要一下拿太多的某一种食物。另外，要一边吃，一边与其他人说话，不要独自在一边享用食物。一定要端好自己的盘子，以免被别人碰翻。有的招待会是由服务人员为客人送取食物。酒主要是由服务员为客人们送，他们的托盘会有几种酒，可以随便要一种，由他来斟上，不要自己去倒酒。在酒会上服务员一般固定在某一地点，由客人自己去点各种各样的酒。实际上，酒会的主要内容，与其说是喝酒，还不如说是聚在一起聊天。

● 湿毛巾的用法　如果服务员送上一块毛巾，应礼貌地接下来并轻轻擦拭一下自己的双手，然后放在桌沿上，而决不能用它擦脸、脖颈和手臂，哪怕自己此时汗流浃背。

● 餐巾的用法　当主人示意用餐时（通常是女主人把餐巾铺在右腿上之后，才是宴会的标志），可将桌上的餐巾拉开铺在自己的双腿上（中式餐和西式餐都是将餐巾完全打开，西式晚餐则是将餐巾打开到双折为止）。当中途因故离开座位，可将餐巾稍微折一下，放在椅子上，说明你会回来，放在桌子上说明你不回来了。餐巾可以沾沾嘴后与人说话，不能用来擦餐具。如用手取食，可用洗手水洗后用餐巾擦干。用餐完毕，用餐巾轻轻擦拭嘴唇和嘴角，切忌不要将餐巾沾染上口红，然后顺势放在餐具右手边，不可放在椅子上，也不能叠得方方正正地放在一边。千万不可用餐巾擦刀叉碗碟。

● 筷子的用法　规范的握筷子方法是右手大拇指和食指相对，五指握在筷子 2/3 处。用餐应先用公用筷或汤匙将所需菜肴夹到自己的餐盘中，然后再用自己的筷子慢慢食用。用筷一忌每筷夹太多，二忌夹菜至自己餐盘中时滴汁不断，三忌用筷子在桌上笃齐，四忌用筷子在菜盘中挑拣，五忌用筷在汤中洗涮，六忌用筷子敲打餐具，七忌用筷子指点人，八忌用汤匙舀汤时手里同时拿着筷子，九忌拿着筷子与人交谈，十忌筷子乱放（只能放在自己使用的餐具上，不能横放），十一忌用自己的筷子给别人夹菜。

● 饮酒方法　饮酒除高脚杯应用手指捏拿杯腿以外，其他酒杯常用整手握拿。举杯敬酒时应热情注视对方。小辈、下属、男士应对长辈、上司、女士碰杯时，杯位应略低于对方，碰杯时避免交叉，干杯后应注视对方并点头示意。斟酒、倒酒时，应一手执瓶身，另一手轻扶瓶侧，面带笑容，全神贯注，姿态优雅而认真地将酒慢慢倒入对方杯中。劝酒要适度，切莫强求。

啤酒宜斟满，让泡沫溢至杯口；甜酒宜倒至杯的八成；白酒或烈性酒宜倒至杯的 2/3 左右。

别人为自己斟酒时，应一手持杯，一手扶住杯底，微笑对人并轻声道谢。

如果饮酒时需要加冰块，可向服务员示意，然后主动为邻座加冰。

对超过自己酒量的敬酒，可含笑婉拒，举杯浅尝辄止，然后用微笑及敏捷的动作，将对方手中的酒瓶取过来为他斟酒，会使他没有机会为自己斟酒。

● 喝咖啡的方法　用餐完毕喝咖啡时，应先用专用糖夹或糖勺往自己的咖啡杯里加适当的糖，或者加些奶，然后用小匙搅拌，搅匀后将小匙取出置于托盘上。也可根据个人口味不加糖和奶。喝咖啡时应左手托盘，右手执杯耳，将托盘置于齐胸处，然后将咖啡端离托盘慢慢品饮。喝完后，再将咖啡放回托盘上，再整个儿一起放回桌上。将小匙放在杯内或用小匙舀着喝的做法都是不规范也是失礼的。

● 喝茶的方法　喝茶时，左手托杯，右手执杯耳，或两手捧住杯，放在嘴边，轻轻吹开杯中漂浮在上面的茶叶，慢慢品饮。

酒宴的规矩是，不能用嘴舔餐具；不能站起来夹另一边的食物，只能要求服务员或主人代劳，不要在餐桌上评说菜肴不好吃，不能边吃边说话；不能用嘴吹汤；不能和异性过多说话；不能舔嘴边的食物，只能用餐巾擦干净；用手取食前，服务员送上一盅（铜盆、瓷碗或水晶玻璃缸），水里放着柠檬片或玫瑰瓣，这是洗手水，将两手的手指轮流在水中沾湿，轻轻涮洗，然后用餐巾擦干。

● 西式餐具的用法　西式餐具是刀、叉、匙，一般在开餐前已在桌上摆好。通常是一道菜用一副刀叉，刀叉会根据上菜顺序依次摆放。放在托盘最左边的是沙拉叉，由外向内依次是肉叉、鱼叉。托盘右边由外向内依次是汤匙、沙拉刀、肉刀、鱼刀。刀锋都是朝着盘子方向的。

黄油盘一般放在垫盘的左上方。取用的面包可以搁在这个盘子里。黄油刀横放在黄油盘的顶部，用它将黄油抹在面包撕开的小块面包上，用手拿着往里送。

在餐具中间的前方是盐瓶和胡椒瓶，一般都是带磨刀石的，用时向食物上拧动几下即可。也有用瓷瓶的，上面有一个孔的里面是盐，三个孔的里面是胡椒。

吃西餐时，汤匙大概两把或者三把。一把是喝汤的，一把是吃甜食的，一把是喝红茶、咖啡的。勺子需要从外侧向内侧取用的；勺子不能含在嘴里，应把食物倒进嘴里；勺子不用的时候，不能让它在杯子里面立正，应令其平躺在盘子上，或放在杯子下的碟子里。不能喝汤，只能舀汤：是往远侧舀起，要把汤舀起来先往远的地方走，然后转一圈回来再送入口中，这样不会弄脏衣服。

持餐刀的正确方法：右手持刀，拇指抵刀柄一侧，食指按于刀柄上，向下用力切割，其余三指弯曲握住刀柄，两臂肘关节应该正好夹在腰的两侧，这是控制你切割的动作。你跟人说话，把刀叉放下来。怎么放呢？你可在盘子上把刀叉横成汉字的八字。刀刃朝内，不能朝外，朝外有砍人之嫌；叉子则是弓朝上，齿朝下。这表示我这个菜没有吃完。如果刀刃朝内，叉齿朝上，则表示自己不吃了，请人立即将其收掉。不用餐刀时，应将其横放在盘子的右上方。正确持叉子的方法是：五指持住叉柄。叉柄后端处在手指的第二关节处。若叉不与刀并用时，右手持叉取食，叉齿向上或向下；当用右手取食时，用左手持叉；叉刀并用时，左手持叉，右手持刀，叉齿向下叉取肉。通常的刀叉使用有两种方法：一种是英国式的，要求在进餐时，始终右手持刀，左手持叉，一边切割，一边用叉食之，叉背朝着嘴的方向进餐，这种方式比较文雅；另一种是美国式的，是右手刀，左手叉，把每盘的食物全部切割好，然后把右手的餐刀斜放在餐具的前方，将左手的餐叉换到右手，再品尝，这种方法比较省事，肉要从左边切起，顺叉缝隙切下去省力。持匙方法：匙柄倚在中指上，中指则以外面的无名指和小指作支撑，大拇指压在匙柄上，食指在匙柄的外侧。持匙时，务必持在匙柄的上端，而不是匙柄下端。使用匙应注意下列几个问题：第一，匙子除了可以饮汤、吃甜食之外，不能直接取任何主食菜肴。第二，已经使用的餐匙，切不可再放回原处，也不可将其插入菜肴主食，或者令其"直立"于甜品、汤盘或红茶杯之中。第三，使用餐匙时，要尽量保持其周身的干净清洁，不要把它搞得"色彩缤纷"；不要互相碰撞发出声音。第四，用匙取食时，动作应干净利索，勿在甜品、汤或红茶之中搅来搅去。第五，用匙取食时，由内向外舀汤，汤汁大约控制在汤匙的七分满即可，并轻碰一下盘边，要一次将其用完。餐匙入口时，应以其前端入口，而不是将它全部塞进嘴去。第六，不能直接用菜匙去舀取红茶引用。

握鱼刀的方式应该就像握铅笔一样。把易碎的鱼肉拢到叉子上，而不要用很大的力气去锯开鲜嫩的鱼肉。餐桌上的小匙是用来调饮料的，无论喝什么饮料，用毕应将其从杯中拿出，放入托盘。用完一道菜时，应将刀叉平行摆放，在盘子上右侧，叉尖向上，刀叉向内。如果未用完，正确的摆放方法是刀叉相交，成交叉位置，叉尖向下。刀叉并排横斜放在餐盘上刀口向外，叉齿向上，柄向右表示用餐已毕。

在整个进餐过程中，尽量不使刀叉发出声音，不要把自己的餐具伸进供全桌用的大容器中，应用公用叉匙。公用叉匙用完放回原处，千万不要顺手将其放入自己盘中。

吃色拉、泥子用叉；吃汉堡要切成两份或四份再吃；吃比萨把三角形的比萨对折，好像三明治一样，然后从尖端开始吃，最后才吃厚饼皮；考面包慢慢地咬着吃；鲜面包用左手拿大小适当可一次入口的小块涂上黄油、果酱等送入口中；面包不能用来沾汤或擦盘子；冻子用刀切割，以叉取食；吃鱼用刀将其切开，将刺剥出后，再把它切成小块食用；吃肉菜从左往右，以大小一次入口为宜，将其以刀叉切割进食；吃点心用右手拿着吃；吃饼用刀叉切成小块，然后用右手托着吃；吃三明治用双手捧着或右手捏着吃；吃通心粉左手握着叉，右手握汤匙，将其缠绕在叉上，然后食用，不能吸食；土豆片、炸肉片、芹菜、芦笋等食物以手取食，但取食时，只限拇指和食指取，食后可用摆在面前的小手巾抹干；菠菜切割成小块用叉进食；吃龙虾，以左手将龙虾固定在盘中，右手用力拔下龙虾的大螯，放在盘子边，然后，用小叉子（或筷子）取虾肉，蘸酱汁吃；吃蟹先把蟹的钳子摘下来放在一边，并从打开的一端吸出肉来（不要发出声音），对于切好的蟹可用刀叉将肉挑出来，蘸着调料吃；吃蜗牛左手拿着夹具压住蜗牛壳，右手用挖蜗牛的食器取肉直接吃；吃蚝用左手捏着蚝壳，右手用蚝叉取出蚝肉，蘸着调味料吃。吃甜食可用叉或匙，可依其性质而定。说话时无须将刀叉放下——做手势除外。服务人员左边端上菜，客人可以用右手去取菜，若从右边端上，千万别去取，那是给右边客人的。菜端上来时，最好每样都取一点。如果有不喜欢吃的东西，可悄悄地说："我不要，谢谢。"女主人如果问客人是不是愿意再添一点菜，你要礼貌地说要或不要。

打喷嚏用餐巾掩住嘴，头扭到一边侧身进行；擤鼻涕最好去洗手间或转头低下用纸巾擦拭。嘴里的鱼刺、骨头不要直接吐在桌子上，可以用手取出或轻轻吐在叉子或筷子上，放在盘子里。如果食物太烫，不能用嘴吹，凉后闭嘴咀嚼，喝汤不能发出声音；不能嚼着食物说话；不准吸烟，进嘴的东西不能吐出来；敬酒不劝酒；不能拿着餐具做手势；不要直接用刀叉着食物往嘴里送；不要在餐桌上梳理头发，脱下外套、挽袖子、摘领带、松开领口等。西餐就餐，不喜欢浪费，最好吃干净。如果你在就餐过程中需要去趟洗手间，最好要向左右座位的朋友说一声，"对不起，一会儿就回来"。结账时，面向服务生，只要轻抬你的一只手，服务生就会把账单拿过来，这样就可以付账了。在正式的宴会上，勿食蒜、洋葱、韭菜等产生异味的食物。对于自己喜欢的食物，"不马食，不牛饮，不虎咽，不鲸吞。嚼食物，不出声，嘴唇边，不留痕。骨与秽，莫乱扔。"

进餐进入尾声，常有一道水果助兴，不同的水果有不同的食用方法。梨和苹果，应用刀切成四或八瓣，再用刀削去皮核，然后拿着吃。削皮时刀口向内，由外向里削。

香蕉应用手剥皮，然后一口一口边吃边剥，直到最后。橘子应用手剥皮，一瓣一瓣地吃。橙子应用刀切成四或八瓣，将皮剥下。葡萄要一个个摘下来吃。西瓜、菠萝、哈密瓜等水果通常都是去了皮切成块放在盘子里大家分着吃，吃时用叉。如有果核应用手掌托在嘴边，同时用手遮挡一下，将果核吐于掌中，然后放在盘沿，不能吐在桌布上。

饭后用牙签剔牙时，应用手或餐巾遮住嘴部。一切不用物放入盘子里，不能乱扔别处。

西餐交际要注意等距离，不能亲一个疏一个；肢体不能频频晃动，会让人心烦意乱；西餐与中餐的宴会一样，都是重在交际，不能像木头人。需要交际的人，以请的方式说话联系。吃西餐跟吃中餐一样，自然要吃好、吃饱，但同时也要不失风度，并要显得大方，不卑不亢。

客人在进餐过程中离席，或在女主人表示吃饭结束之前离席都是不礼貌的。若必须离席的话，应请女主人原谅。当女主人表示宴会已经结束时，应从座位起立，与此同时，所有的客人也都应起立。按礼节来说，男宾应帮助她们把椅子归回原处。在正式社交场合，男客人应围桌说一会儿话，然后进客厅与女主人相聚。

◆ **使用洗手间礼仪**

使用洗手间前一定要先敲门，以确定是否有人在使用中。使用人也应用声音回敲以示有人。里面的人要抓紧时间，外边的人不可频频敲门，要互相体谅。使用过的卫生纸应放入垃圾桶内，不可乱丢。使用之后，应随手冲净。个人整理完毕再冲水一次，以示对后面使用人的尊重。在洗手间里洗手可对镜梳理一下，化妆后的废物要扔在垃圾桶内或用水冲洗干净。

洗手间内禁止大声说笑。如果要更换衣服，也应进小间进行，以免影响别人使用，叫别人看见也不雅。

◆ **拜访礼仪**

拜访他人应事先打招呼，约好时间，不要做不速之客，以免扑空或打乱被访者的日常安排。如因故迟到甚至失约，应设法事先通知对方并表示歉意，或在事后上门道歉。拜访应该选择对方方便时，尽量避免在吃饭或休息时间登门拜访。一般的家庭拜访，上午 10 时或下午 4 时左右是比较合适的时间。

拜访长辈或在场的人较多时，可先让自己的秘书递上一张名片，以作通报，让对方考虑安排何时见你。

拜访时，应仪表整洁、庄重、彬彬有礼，关掉手机。如果是礼节性拜访，还应适当带些礼物，以示敬意。如果是私人性拜访，可以馈赠花卉，受访者喜欢的小礼物以示心意。拜访时，应轻轻敲门或按门铃，有礼貌地向开门者询问拜访者是否在家。若门已开着，也应该站在门外打招呼，待与主人照了面，可边道谢边进屋。若被访者不在，可托其转告或稍等。

被访者被邀请入室就座前，要向室内其他人打招呼问好。主人敬上茶，应站起来双手迎接并道谢。

若是陪同他人拜访，则应首先将访问人介绍给主人。

初次拜访不宜停留过久，一般以20分钟为宜，熟悉后，则可视拜访内容而定。总之，应尽快进入话题，说明来意，以免过多占用对方时间而影响其工作和休息。

拜访时不要随便翻弄主人的物品，如果遇见他人也登门拜访主人，应在他人坐稳后设法尽快告辞，以免妨碍主人接待他人。告辞出门时应该请主人留步，并主动握手告别。必要时，事后致函感谢，包括卡片、信件、电子邮件等。送客时，目光注视着对方，且表示出惜别的情意，等客人走出一段路，不再回头张望时，才能转移目送客人的视线以示尊重。

◆ **外事活动礼仪**

● **迎送礼仪**

确定迎送规格，来访人数，提前在机场（车站、码头）安排贵宾休息，落实交通工具、访问路线。有的外宾可能有私人飞机，或者是乘坐其商务机来访，这就需要请示民航部门尽早提有关的专机资料，通过外交途径向往返国提出申请，并有民航部门按正常的国际飞行规则办理各种手续。做好日程安排：迎送、会谈、签字仪式、宴请、食宿、参观、游览、购物。如果是举办国际会议，日程还应包括合影、记者招待会、双边会见等。

迎送应安排陪车，如主人陪车，应坐在客人左侧，客人从右门上，主人从左门上，不能从客人前面过去坐左边，翻译坐在加座或司机旁。上车应请客人首先上车，主人晚一点上。如客人已自选座位就座，则不宜让他调换座位。轿车的座次：吉普车上座是副驾驶室；小巴离门越近，位置越高。原因是那样上下车时方便。双排座轿车，一般的规则是：主人亲自开车时，上座是副驾驶室座。专职司机开车时，上座是司机后排的对角线之位，亦即副驾驶身后位置。一是安全，二是方便。其实轿车上座还有第三种情况，即 VIP

的位置，也就是司机身后的位置。高级官员、高级将领、知名人士、商界巨子，实际上都比较喜欢坐在那个位置里。那个位置好处有：一是安全，肇事伤亡概率低。二是隐私情况比较高，别人看不见。上车的规则：一般讲究"尊者先行"。下车的规则：在正式场合，人们在走下轿车时讲究"尊者居后"。先行为"居后"者拉开车门。

如有条件，在客人到达之前最好能将住房号通知客人，并指派来人协助客人办理出境手续、机票（车船票）和行李托运手续等事宜。

客人到达后，应尽快指示秘书或接待人员进行清点并将行李取出和运送到住处，以便客人更衣。客人到达后，一般不要为其立刻安排活动，应让客人稍稍休息。如有必要可在高级客人房间里适当安排些新鲜水果，在女士房间内可放些鲜花。

● 会谈礼仪

会谈是指双方身份地位相等的会见并讨论一些具体问题。

会谈时，应按人数的多少、房间的大小及形状、位置等情况安排会见坐席。宾主可穿插或分开坐。如正式会谈，谈判的位次排列方法主要有 3 种。

（1）相对式。主要运用于双边谈判，届时，宾主双方面对面而坐。具体又分为两种情况。一是谈判桌横放，客方面对正门而坐，主方背向对正门而坐。二是谈判桌竖放，以进门时面向为准，右侧为上，为客方座位；左侧为下，是主方座位。在谈判时，双方的主谈者应居中而坐，其他人员则应遵循右高左低的惯例，依照各自实际身份的高低，自右而左分别就座于主谈的两侧。按惯例各方的译员应就座于主谈者的右侧，并与之相邻。

（2）主席式。它主要适于多边谈判。届时可在谈判厅内面对面设立一主席台，其他各方人员均应背对正门，分片就座于主席台的对面。在谈判中，各方发言者须依次走上主席台，面对大家阐述自己的见解。

（3）圆桌式。它也适用于多边谈判。在谈判现场仅设立一张圆桌，由各方人员分座次，自由就座。

无论何种方式，都必须体现出相互平等的原则。

外国人来访看重的是实效，访问的目的是什么，项目要推进到哪一步，计划要安排得清清楚楚的，人来了要一项一项地谈，卑躬屈膝没有用。形式要服务于内容，让人感觉舒适、方便就好。我们的工作要做到尊重，真诚，得体，高效。

● 签字仪式

举行签字仪式是和约、协议生效的必经步骤，也是礼仪性较强的一项活动。举行签字仪式时位次排列的方式是，签字桌横放，客方签字者面对正门居右而坐，主方签字者则应面对正门居左而坐。双方的助签者应站立各自一方签字的外侧。其他人员则按职务高低，自左至右（客方）或自右至左（主方）排列成一行，站立于乙方签字人的身后。也可以以一定的顺序就座于乙方签字人的正对面。

● **注意事项**

古人云："入境而问禁，入国而问俗，入门而问讳。"礼品不宜太贵，体积也不宜过大，可以根据对方的习俗、习惯以及兴趣爱好，有针对性地选择，还要有观赏性及文化特色。

美国人守时，如果你同美国人约会时迟到 15 分钟以上，那就最好先通知对方。"在美国你可以谈性，可以骂总统，但你绝不可以说借钱；更不能开口借钱"。这是一句在美籍华人中广为流传的话。他们不喜欢别人打断他们的讲话。在美国，你同他们聊天时，对于那些涉及个人的私事，如年龄、婚姻、收入、宗教、股票等，你最好少问，因为他们肯定不告诉你。在美国家里 做客时，你不要随便进入个人卧室、办公室等处。美国人讲究效率，生活节奏很快；不喜欢在节假日安排工作上的会面；如果对方是基督徒，就不要选择在 13 号聚会，尤其是逢星期五的 13 号，因为这是耶稣遇难的日子；他们还忌讳 3 和 666 数字；伊斯兰教在斋月内白天禁食，宴会应该安排在日落后举行。一些西方国家还忌"3"。美国人忌穿睡衣迎客；忌蝙蝠，认为它是凶神的象征，所以不喜欢印有蝙蝠图案的商品。美国人喜欢白色、黄色、蓝色、红色，忌讳黑色；忌一根火柴连续点燃 3 支烟，认为这是给人带来灾难。不应以带有公司标志的便宜礼物作为馈赠礼品，因为这好像在为公司做广告。美国人接受礼品当面打开表示尊重。美国人喜欢吃清淡新鲜的食物，不喜欢油腻；偏爱咸中带甜的食物。鸡、鸭、鱼要去骨才能做菜。不喜欢吃奇形怪状的食物，如鸡爪、海参。不吃各种动物的内脏和五指，不爱吃肥肉、红烧和蒸的食物。菜的主要特点就是生、冷、淡。一般不太爱吃茶，喜欢喝冰水、可乐、啤酒和咖啡。

英国人社交中不系戴花纹的领带；站着说话，不可背手将手插入口袋，不可耳语，不可拍打肩背，不可说个人私事、家事、婚事、年龄、职业、收入、宗教问题，不可相距太近——1 米多为常见；坐着说话，忌两膝张得太宽，更不能跷起"二郎腿"；注意"淑女"之风和"女士优先"原则；说话先谈天气多见。说话声音不要太高，语速不要太快，忌以头像做广告。夸夸其谈少见，点头示意较多。男士天天刮脸，代表整洁、绅士风度，彬彬有礼，傲气自负。英国人认为菊花和百合花是死亡的象征；认为大象蠢笨，忌用大象头像做图案，而把孔雀看成是祸鸟加以禁忌；忌送香水香皂等生活用品，以免造成误解；接受礼品一般不当面打开包装。他们喜欢喝茶，尤其爱喝红茶；饮食比较清淡，少而精，爱吃土豆，炸鱼，爱喝汤，不吃多油及辣味。忌数字"13"和星期五。忌讳在名人面前相互耳语——失礼的行为。忌讳有人用手捂着嘴看着他们笑——嘲笑的举止。忌讳四人交叉握手，传说这样交叉握手会招来不幸。送礼忌服饰、肥皂、香水，愿意接受鲜花、威士忌、巧克力、工艺品或者音乐会票。

法国人认为，男子送香水给女方则意味着求爱；认为仙鹤为蠢汉与淫妇的象征，故忌用仙鹤图案。法国人、比利时人不喜欢墨绿色，因为这是纳粹军服色；忌黄色、灰绿色；喜欢蓝色、白色和红色。百合花是法国人的国花。玫瑰、郁金香表示爱情；百合象征安全和信赖；丁香表示纯情和爱恋；金鱼草表自信；石竹表幻想；牡丹表害羞。白茶花表示"您轻视我的爱情"，红茶花是赞扬女士的"国色天香"。他们忌送别人菊花、杜鹃花、牡丹花、康乃馨和纸做的花。在法国，孔雀和核桃都是人们平时所忌讳的东西，所以此类图案也就避免送之于他人。法国喜欢有文化和有关美学素养的礼品、唱片、磁带、艺术画册等。他们非常喜欢名人传记、回忆录、历史书籍，对于鲜花和外国工艺品也颇感兴趣。法国人爱吃冷盘、牡蛎、牛排、土豆丝、奶酪；喜欢吃蔬菜，但一定要新鲜；鹅肝是法国的名菜；爱吃水果，不喜欢吃汤菜。喜欢做菜用酒，肉类烧得不太熟。法国人不喜欢吃无鳞的鱼，忌辛辣食品。忌讳"13"。我们和法国人交流不要拐弯抹角，也不要打听对方的隐私。

法国人是一个非常讲究"女士优先"的国家。法国人一般以握手为礼。女士之间见面可施亲面颊或贴面礼。两个男人见面一般要当众在对方的面颊上分别亲一下。忌讳男人向女人送香水，因为这会被认为图谋不轨；不要给法国人送葡萄酒，因为法国盛产葡萄酒；送花的朵数必须是单数；不可送菊花和康乃馨，因为前者是与死亡相关，后者在法国语言里与"钮孔"同音，属不祥之物；如果给孩子送礼物，最好送流行的玩具。

德国人守时；见朋友总是把手握了又握，以表达自己真挚的感情；但是他们忌讳4个人交叉握手。忌送玫瑰（表示求爱）、蔷薇（用于悼亡）。忌送刀、剑、剪、餐刀和餐叉。忌讳在公共场合窃窃私语，交谈忌谈棒球、篮球或美式足球，更不宜涉及纳粹、宗教与党派之争等话题。德国人不喜欢听恭维话，他们认为过分的恭维是对人的看不起，甚至是侮辱。不喜欢褐色、白色、黑色、红色、茶色，红、黑两色相同的搭配也尽量要少用。在具体图案上，德国人比较忌讳纳粹的标志、锤子、镰刀图案，以及有关宗教的图案等。在德国，即使青少年也得加上"先生"、"小姐"和"您"尊称，切勿直呼其名。德国人除北部地区的少数居民之外，大都不爱吃鱼、虾。忌吃核桃。忌邮寄可可粉和"对国家安宁有害"的文学作品；忌用丝带作为外包装。

荷兰人倒咖啡要到离杯 2/3 处，倒满是失礼的行为。

在俄罗斯与人谈话时，你不要用手对别人指指点点，也不要大声喧哗。女士切忌以手抚弄裙边，更不要以裙边当扇子扇风。在那里，如果你撩起裙子露出大腿，那就等于是引诱男人了。在那里，"13"和"星期五"都是不吉祥的。镜子破了，盐撒了都是灾难。姑娘要是坐在桌角，那就意味着嫁不出去。家人出远门后，不要马上扫地。你出门忘了什么东西，回来取时应当先望一下镜子。送花只能送单，不能送双，因为双数是不吉利的。俄罗斯人不吃木耳、海蜇、海参之类的食品。忌讳用餐发出声响，并且不能用匙直接饮茶，或让其直立于杯中。俄罗斯人喜欢泡澡减肥；禁邮鲜果、乳制品、面包、口香糖、毛毯、床单。他们有"送客不出门"的习俗，认为"送出去"不吉利。

欧美人对个人隐私问题十分敏感，因此千万不要随意问及他们的年龄、婚姻、职业、收入、住址、个人经历、宗教信仰。黑色为欧美一些国家忌讳，认为黑色是悲哀之色。国际交往中，忌用菊花、杜鹃花、石竹花以及所有的黄色花献给客人嘉宾。同时，不用纸花、塑料花送给客人。而蓝色、白色、红色很受欢迎。

日本人喜欢饮茶，也爱用茶待客。他们若为你斟茶，一般不会满上，"七八分为敬"。他们送礼喜欢名牌，重价格、重包装。当你送给日本人礼物时，应在私下里送给他，你要是收到别人的礼物时，则不要当面拆开，更忌讳询问其价格。日本人喜欢喝清酒，喜欢吃海带、豆腐等清淡的食物，牛肉、鸡蛋、精猪肉也颇受他们的喜爱，但不爱吃羊肉、兔肉、鸭肉和猪肉内脏，忌油腻食品。宴请忌讳将饭盛得过满，并且不允许一勺盛一碗饭。客人与主人之间互相斟酒是主客之间平等与友谊关系的一种表现。切忌为客人备餐时将筷子垂直插入米饭中，因为这种行为在日本是用来祭奉死者的。他们分餐，吃中国菜时，也会在盘里加一个公用勺子。他们忌讳数字"4"和"9"，因为日语中"4"发音与"死"相似，而"9"的发音与"苦"相似；欧美忌"13"的习俗，目前也传入了日本；忌翻阅除书报以外的其他物品；忌 3 人并排合影，中间一人被夹着预示不祥或死亡之兆；忌窥视卧室；忌绿色或荷花造型的图案，喜欢黄白色或红白色的纸张来包装礼品；葬礼用黑色或灰色的纸张包装。忌送梳子——日本话音与"苦死"同音；忌送装饰着狐狸和獾图案的物品。日本以荷花为不祥之物，因为荷花在日本仅用于丧葬活动。菊花是日本皇室的专用花饰，不能作为礼品送给普通的日本人。他们没有互相敬烟的习惯；忌讳别人打听他们的工资收入。年轻的女性忌讳别人询问她的姓名、年龄以及是否结婚等。在日本发信时，邮票倒贴表示绝交。装信也要注意，不要使收信打开后，看到自己的名字朝下。与日本人说话时，不能直勾勾地盯着别人的脸，应当盯着对方的双肩或脖子为宜。到日本人家做客要有约在先，非请莫入，非请莫坐。

韩国有敬老习俗，晚辈、下级走路时遇到长辈或上级应鞠躬，问候；吃饭时，应先为老人或长辈盛饭上菜，老人动筷后晚辈方可开始吃，不要把双腿伸直或叉开，不要随便发出声响，并且不要相互交谈。席敬酒时，要用右手拿酒瓶，左手托着瓶底，然后鞠躬致说词，再后再倒酒，且要一连三杯，敬完酒后再鞠个躬才能离开。喜欢吃狗肉、辣味。送人的小礼品最好是包装好了的。男性多喜欢领带、打火机、电动剃须刀等礼物。女性则喜欢化妆品、提包、围巾类物品和厨房用的调料。孩子喜欢食品。用双手接礼物，但不会当着客人的面打开。不要送外国香烟给韩国人，也不要送酒给妇女，如果送钱应放在信封内。男士之间见面用双手或用右手握手，女士一般不与人握手，招呼性地点头即可。韩国人忌"4"表示不吉利的，"4"和"死"的发音是一样的。他们不喜欢喝稀粥，稀粥是为穷人准备的。

印度人忌讳"3"和"13"。因为鬼神的第3只眼表示毁灭；而人死后会有13天丧气。在印度南部，你则要注意避开"1"、"3"、"7"等几个数字。在那里不要伤害牛和猫。印度教徒爱牛，敬牛，奉若神灵；他们不吃牛肉。忌送牛皮制品，他们还崇拜蛇，认为杀蛇是触犯神明的行为。印度人不吃猪肉，不吸烟，印度的耆那教徒严忌杀生，不仅戒食肉，而且戒吃萝卜之类的蔬菜，甚至戒穿丝绸与皮革类服装。印度朋友在你家留宿，不能让其睡在头朝北的床上，那将是对他的诅咒。脱鞋时，忌一只压着另一只。早上，你则要忌提猪、狗、猫头鹰等。在节日里忌烙饼、忌买火柴，妻子忌穿素服。要是客人到来，忌当面吃蚕豆，因为它是在死人时才吃的。客人走后，忌扫除。出门在外，忌食酸食。新买的衣服，要洗后才能穿。

新加坡人认为"恭喜发财"是发不义之财；忌黑、白、黄和紫色；喜欢红、绿、蓝色；讨厌留长发的男子，交谈时忌跷二郎腿。吃饭不要用左手，忌谈政治和宗教，不谈与邻国关系。忌4、7、8、13、37、69数字，反对使用如来佛的形象和侧面像，并且禁止使用宗教的词句和象征性的标志。忌用食指指着别人，更讨厌你紧握拳头自打另外一手的手心，或将拇指插在紧握的食指、中指之间。这些具体动作，都被视为侮辱性的。公共场合不准嚼口香糖，不准吸烟、吐痰和随地乱扔废弃物品。

阿富汗人忌食猪肉、海味和鱼虾；忌猪、狗图案；忌邮寄烟灰缸、通心粉、明信片、日历、香口胶等；忌数字"13"和"39"。

意大利人交谈话题一般避免谈美式足球和政治，忌"13"、"3"。紫色表示消极的颜色。忌送菊花，这是给死人送的花；送礼不要送手帕，这是亲人离别时擦眼泪的不祥之物，改送丝绸头巾为好。叫一个熟人过来，可以伸出手背向下，向其招呼。切不可反过来那就成了唤狗的动作了。

新西兰人看电影男女分开看，社会活动，男女也分开。他们以米饭为主，喜欢清淡口味，平时以炒、煎、烤方式做菜；传统菜有番茄牛肉、脆皮鸡、烤肉等；特别爱吃水果。喜欢吃西餐，爱喝啤酒、茶。忌谈政治、私人性问题，同新西兰人见面行握礼就好。

在泰国公共场所大声说话，表示愤怒有不敬之嫌。千万不要触摸他人的头，小孩的头也不要摸。进入泰国人家里要脱鞋，坐着时，忌跷起腿来回晃，也不要将鞋底对着别人。谈话时忌戴镜、指手画脚。不夸小孩好看，认为在咒他的孩子会被鬼抓走。喜欢红色，忌黑色。

缅甸人忌星期天送礼物；忌不脱鞋进入庙寺、佛塔。

美国人特别时兴的"OK"手势，巴西人认为是非常下流的行为。8月13日是巴西大幸、大灾的一天，不要在这天请客。在巴西，紫色表示忧伤，黄色表示绝望。二者要是合在一起了，那可就是不折不扣的恶兆。暗茶色表示自己将有不幸，棕色和绛紫色则是凶丧的颜色，据说这与落叶是棕色有关。棕色和紫色配在一起则是患病的预兆。

瑞典人极重礼节，宾主分开时忌讳客人先向主人告别，必须等主人有礼貌地送客时，才可以告别主人。

阿拉伯的妇女是不允许抛头露面的，因此，不能问及阿拉伯人的妻子，或向阿拉伯人的妻子送礼物。

阿曼人视女人为不洁之物，绝不允许妇女接近他家的奶牛，更不允许妇女挤牛奶。

沙特阿拉伯人忌看电影，全国没有电影院。忌吃猪肉、狗肉、动物的血液、自己死去的动物。忌烟、酒。忌随意拍照。千万不要把雕塑、玩偶送给沙特阿拉伯人。

马来西亚男人会见宾客时，必须戴一种帽子，以示敬意，忌脱帽。

在尼泊尔、斯里兰卡、保加利亚、希腊等国，人们用摇头表示"同意"，用点头表示"反对"。

你要向越南人问路，遇到同龄人应称呼"二哥"、"二姐"，不能称呼"大哥"、"大姐"、"先生"、"小姐"。

在巴基斯坦称长辈为"大叔"、"大妈"表示尊重。将同辈称为"兄弟"、"姐妹"则表示亲切。忌吃母鸡、甲鱼、螃蟹、海狗、鱼肚、海参、动物的血、自死的牛羊。外国妇女穿沙滩裤、运动短裤、裙子出现在公共场合会被人指责。当你进入清真寺和其他伊斯兰教圣地，一定要脱下自己的鞋子，不能打扰做礼拜的人，更不能随意吃东西。

在蒙古家做客，要把马鞭放在门外，当地牧民的大忌：马鞭以及棍、杖等，都只能放在毡包的门外，不能带入室内。进毡包，不要用脚去踩门槛，一跨进就行了。忌用烟袋或手指人家的头部，那会被视为一种骂人或挑衅的举动。

埃及人在正式用餐时忌讳交谈；忌用左手；忌饮酒；忌吃猪肉、狗肉；忌黑色、黄色；忌穿有星星图案的衣服；忌数字"13"。埃及人主食是面饼，爱吃豌豆、洋葱、茄子、西红柿、土豆等蔬菜。忌饮酒。不吃猪肉，海鲜及奇形怪状的食物。他们认为"5"是个吉利数，"7"是个让人崇拜的数字。进入寺庙要记得脱鞋。忌用左手接递物品。女人蒙面纱，较少出去活动，男子不要轻易和女子打招呼，这被认为很没礼貌。忌讳蓝色、黄色。在埃及下午4点以后，你无论出多高的价钱都不会有人卖针给你。据说这是因为天神只在黄昏赐福于人，但他对那些手拿针线的人都没有好脸色。

以色列人忌吃无鳞无鳍的鱼类，禁止将乳制品和肉类混在一起食用。忌食猪肉。

一般来说，虔诚的穆斯林，就是伊斯兰教的信仰者，不吃猪、狗、驴、骡肉。

南美人一般不吃猪肉，也不大吃鱼，不喜欢生食。

在印尼忌说政治、宗教、民族与排华等问题。忌摸小孩头。

澳大利亚忌食辣味食物、味精，一般人不吃狗肉、猫肉、蛇肉，不吃动物的内脏和头瓜。

国际上把三角形作为警告的标记，捷克人认为红三角是有毒的标记。土耳其人认为绿三角表示"免费商品"等。佛教徒吃素，忌外人用手抚摸小孩的头。伊斯兰教忌食猪、狗、马、驴肉等，禁饮含酒精的饮料。

出国办事携带必需证件，并复印以备遗失用（留家一份）外，还要备用照片，人民币，外币，旅行支票，国际驾照，联系电话，药品（用英文书写），小礼物，名片（外文），文件，有单位名头的信纸、信封、相机、牙具、刮胡刀、拖鞋、袜子、内衣、羊毛袜、羊毛衫、卡其布裤子、牛仔裤、电热杯、信用卡、手机的充电器，必要的转接线等电子配件，充电变压器和转换插头等一定要和所在国家的相吻合，欧洲国家饭店插头的插孔大都是圆的。计算机可放在随身携带的行李箱中，机场安检 X 线检查机不会伤害计算机；计算机放入托运行李中——磁性金属探测器检查时，硬盘中的资料有可能被删除。

远离职场"性骚扰"，"性骚扰"指以性欲为出发点的骚扰，以带有性暗示的言语或动作针对被骚扰对象，引起对方的不悦感，这常是加害者肢体碰触受害者性别特征部位，妨碍受害者行为自由并引发受害者抗拒反映。

职场中，借工作之名骚扰异性事件层出不穷。"性骚扰"不光指的是男人侵犯女人，女人侵犯男人也叫"性骚扰"。

女性在职场要避免性骚扰，首先要注意自己的言行举止，要穿得体的职业服装，不要穿着具有性感的奇装异服，也不要化表现得过于性感的妆，以及喷洒浓烈的香水。

其次，要将自己感知到的潜在骚扰扼杀在萌芽状态，不要给对方一丝一毫的机会，要义正词严，态度一定要坚决。

第三，在工作中避免长时间与领导和同事的单独相处。

第四，小心取证，报警或向朋友求助，比方说用手机录音、拍照以及保留物证。事情发展到这一步要考虑走人了。

第五章　稳　职

1. 定位

麻省理工学院人才教授指出，职业定位可以分为5类：

1.技术型

这类职业定位的人不愿意干别的工作，而是愿意在自己所处的专业技术领域发展。

2.管理型

这类人才有强烈的愿望去做管理人员，将自己的职业目标定为相当大职责的管理岗位。这类人才往往具备以下能力：

（1）分析能力：在信息不充分或情况不确定时，判断分析解决问题的能力。

（2）人际能力：影响、监督、领导、应对与控制各级人员的能力。

（3）情绪控制力：有能力在面对危机事件时，不沮丧、不气馁并且有能力承担重大的责任，而不被其拖垮。

3.创造型

这类人需要建立完全属于自己的东西，或是以自己名字命名的产品或工艺，或者自己的公司，或是能反映个人成就的私人财产。他们认为只有这些实实在在的事物，才能体现自己的才干。

4.自由独立型

这些人更喜欢独来独往，不愿受人管束，很多有这种职业定位的人同时也有相当高的技术型职业定位。但是他们不同于那些简单技术型定位的人，他们不愿意在组织中发展，而是宁愿做一名咨询人员，或者独立从业，或是与他人合伙开业。自由独立型的人往往会成为自由撰稿人，或是开一家小的零售店。

5.安全型

有些人最关心职业的长期稳定性和安全性。他们为了安全的工作，可观的收入，优越的福利与养老制度等付出努力。当代不少大学毕业生首先想到的是到大城市，大公司的写字楼里做"白骨精"（白领、骨干、精英）。

当你找到了工作，领导给你定了岗位，要考虑你处在什么位置上，你需要什么位置，你需要的位置上人的水平如何？他和上司的关系怎么样？你能取代他吗？你怎样才能取代他呢？

金融界的杰出人物罗塞尔·塞奇说："单枪匹马，既无阅历又无背景的年轻人起步的最好办法是：首先谋求一个职业，第二要保持沉默，第三要细致观察，第四要忠诚，第五要让雇主觉得他必不可缺，第六要有礼貌修养。"你要考虑跟个人，帮这个人把事业做大，再借助其成就和权势，实现你的理想。跟人要跟在点子上，帮到关键处。为他着想，帮他谋划，解除他的困惑，最重要的是让他按你的意图行事。一切顺势而为，势是事物发展的趋向，是做事的基础和条件，借助趋势，相机而动。在职场上，无论是保职还是升迁，也无论用权还是做事，都必须重视趋势，瞄准火候，不能勉强，不可盲动，更不能逆向谋事。攀比能力和业绩，不要攀比工资；记住成长的机会比工资更重要；把每个人视为自己的客户；每天都向卓越靠近。

约翰·沃纳梅克的忠告是："细致入微，人品正直，注意细节，为人谨慎。"他的座右铭是："做下一件事。"晋升没有捷径，你必须做出出色的业绩，最大的敌人是自己，永远不能满足现状，力争上游，把自己所有的活力、能量都给予公司的事业；满足老板的要求，真诚或许是最好的卖点；你要融入团队中，使周围的人都很快乐，自己也不觉得孤单；你完成任务不找借口，创造性地干好每一份工作，不要让挫折把自己打垮，始终保持积极的态度，并且感染他人；竞争要有实力，采取正当的手段，不搞歪门邪道，阴谋诡计，投机取巧，诋毁自己周围的人，侮辱和贬损其他同事，踩着别人的肩膀向上爬。《圣经》曰："无论你做什么，你都要竭尽全力。"如果表现出色，晋升自然是水到渠成，虽然有时实际未必如此。你除了干好本职工作外，还要了解整个行业形势，做好跨行业的准备工作，了解组织的需求，以及你如何去满足这些需求。某董事长说："任何组织中的年轻人，应当了解自己的权限，把握好超越他们的时机，务必不能出错。"诺威治联合公司董事长乔治·保罗说："如果你知道自己确实表现出色，那么，大胆提出升职要求，或者力求承担更大的责任。"总之普通员工要勤奋、敬业；当骨干后还要有激情，创新；当领导必须要有责任，公平。办事要留有余地——不把话说满，不把事做绝。如果没有余地，你就没有退路，诸事都不能回旋，甚至会陷入绝对化，走向片面性。

如果你遇到了一位坏老板，那首先要检查自己的毛病，其次要分析这位老板能否长期待下去，如果答案是肯定的，那么你就"走为上"，到新的工作岗位要问自己——原来的老板为什么讨厌我，要吸取那些教训；如果暂时不能"走"，那就闭上嘴巴，好好工作，侍机而行。一般来说，老板看人往往带有职业病：和好人打交道的人，会把人看成好人；和坏人打交道的人，会把人看成坏人；经理人会给人画问号？胡雪岩得到阜康钱庄老板的信任是因为他忠诚——多次"拣"到银元不入腰包。

世上凡是成大业者，都是少年立志，择业正确，一个时期攻某一点，干自己懂的事，一步一个台阶，并全力以赴，奋勇拼搏，百折不挠，不达目的誓不罢休。

道格拉斯·玛拉赫也表达了自己的看法：

如果你不能成为山顶上的高松，那就当一棵山里的小树吧，——但要当棵溪边最好的小树。

如果你不能成为一棵大树，那就当一片小草吧。如果你不能是一只麝香鹿，那就当尾小鲈鱼。——但要当湖里最活泼的小鲈鱼。

我们不能全是船长，必须有人也当水手。

这里有很多事让我们去做，有大事，有小事，但最重要的是我们身旁的事。

如果你不能成为大道，那就当一条小路。

如果你不能成为太阳，那就当一颗星。

决定成败的不是你尺寸的大小——而在你做一个最好的你。

2. 为人

人的知识、能力是一种"硬件"，还有一种"软件"在课堂上是很难学到的，那就是为人。李嘉诚说："未学经商先学为人。"人品即产品，人品即财富，做人容不得半点水分，丝毫不能作假。人品不好，谁也不会跟你做生意；人品不好，谁也不会雇用你；人品不好，谁也不会和你打交道。这样的人就是孤家寡人。怎样为人呢？

◆ 诚信

曾子曰："吾日三省吾身，为人谋而不忠乎？与朋友交而不信乎？传不习乎？"这是《论语》中的经典名句。上班族要尽心尽力（尽忠）办事，遵守各项规章制度。诚信有各种批注：表里如一、言行一致、光明正大、奉公守法，这只是最基本的行为规范。诚信强调群己关系的合理对待，对朋友、对家人、对公司、对上司、对部属、对同事，凡事都要说到做到，要信守承诺，不欺诈妄为，不以权谋私……人生需要健康、美貌、机敏、才学、金钱、荣誉、梦想，但人更需要诚信。人生没有了诚信，健康的身体就成了没有灵魂的躯壳；美貌就成了媚人的用具；机敏就成了奸诈的化身；才华就成了犯罪的手段；金钱就成了花天酒地的粪土；荣誉就成了违法乱纪的外衣；梦想就成了埋葬自己的坟墓。

1969 年，美国著名的心理学家约翰·安德森在一张表格中列出了 500 多个描写人的形容词。他邀请 6000 名大学生挑选出他们所喜欢的做人品质。调查结果显示，大学生们对做人品质最高评价的形容词是"真诚"。在8个评价最高的候选词语中，其中共有6个和真诚有关，他们是：真诚的、诚实的、老实的、真实的、信得过的和可靠的。大学生们对做人的品质给以最低评价的形容词是"虚伪"。在5个评价最低的候选词语中，其中有4个和虚伪有关，它们是：说谎、做作、装假、不老实。

诚信是一种品格，是一种修养。美国小说家韦拉凯瑟说："真诚是每个艺术家的秘诀，而每位演说家都是一位艺术家，这是个公开的秘诀，十分有效。这如同英雄的本领一样，是不能拿假武器冒充的。"

人无诚不信，人无信不立，诚信是做人的准绳，良好的信誉是事业上成功的标志。现代管理认为，员工的忠诚是企业核心竞争力的重要组成部分，没有了忠诚，企业迟早会在残酷的市场竞争中淘汰出局。李嘉诚说："一个不知道培养员工忠诚度的企业，不会有自己的企业文化，不会是行业最好的企业，不会是受到大众尊重的企业。企业像个大家庭，每个员工都忠于这个家，热爱这个家，这个家庭才能屹立不倒。"员工要比别人更完美、更迅速、更专注、更卓越，有创新就高人一等，成为老板的拐棍就会有安全感，步步高升。老板有忠诚的员工，就会带来效益，增强凝聚力，提高竞争力，降低管理成本。

俗语说："精诚所至、金石为开。"诚实守信就会有人缘，有顾客，有商机，有财源。人与人之间的感情是相通的，真心换真心，虚情换假意。林肯说："你能在所有的时候欺骗某些人，也能在某些时候欺骗所有人，但你不能在所有的时候欺骗所有的人。"

商业声誉包括公司声誉、品牌声誉或者个人声誉等，都建立在诚信基础上。诚实信用的名誉是世界上最好的广告。松下幸之助说："长期守信得来的信用，很可能只因为一次失信就人格破产。所以，爱惜信用的人一定要谨慎行事，千万不可走错一步。"

唐代武则天《臣轨下》："以诚信为本者，谓之君子；以诈伪为本者，谓之小人。"

范仲淹青年时代就以诚实忠厚、勤奋刻苦闻名。他在读书之余常向风趣幽默、知识广博的阴阳术士（以占卜、看星象、炼丹等为业的人）讨教天下地理、阴阳八卦之类的知识，两人相处得很融洽。可惜这位阴阳术士患有痨病，临终前派人把范仲淹请来，做了最后一次谈话。

术士对范仲淹说："我早就看出你是个不寻常的青年，将来一定会干一番大事业，可惜我看不到那一天。不过，我要你答应一件事。"范仲淹说："您讲吧、只要我能办到，我一定尽力去做！"术士严肃地说："不是尽力去办，而是一定要办到。要你不论遇到什么困难，都不能放松对自己的要求，要奋力地读书，诚实地做人，将来去干一番大事业，不要像我，一辈子碌碌无为。"

范仲淹含泪道："我一定做到。"

术士又叫人拿来一个用火漆封了口，并加盖印章的裹囊交到范仲淹手里。说："这里面有我祖传提烁'白金'的秘方，还有一斤练成的'白金'。我儿子年幼无知，传给他，我不放心。现在我把它交给你，希望它日后能对你有所帮助。"

范仲淹推辞说："您的好意我感激不尽，可这样的宝物我不能接受。您可让家人收藏，待后再传给小兄弟。"术士见他推迟，气得直瞪眼，又剧烈地咳嗽起来，他挣扎着说："你若不收……我死……也不能瞑目了。"

术士死了。范仲淹捧着这裹囊，泪如雨下。范仲淹勤奋学习，成为一代名人。后来，待那术士的儿子长大后，范仲淹才将裹囊原封不动地交给那位术士的儿子。

范仲淹"封金不纳"的故事告诉我们：做事要诚。人生有了诚信，就像开放的花朵，芳香四溢；人生有了诚信，就会前途光明，财源广进。一个民族拥有诚信，便能世代繁荣，永远立于不败之地。

◆ 双赢

双赢就是与对方互惠互利，共同发展。李嘉诚说："如果一单生意只有自己赚，而对方一点不赚，这样的生意绝对不能干。"

社会分工越细，每个人对他人的依存就越高，不会与人合作，甚至排斥异己，就等于自掘坟墓。俗话说："一个篱笆三个桩，一个好汉三个帮。"个人的力量是有限的，取长补短，求同存异，共谋发展，才是万全之策。

斗则两伤，合则两利。俗话说："孤掌难鸣。"本意是单靠匹夫之勇，很难成就大事。企业竞争不能排斥合作，对供应商以诚相待，愿与供应商结成质量合作共同体，共同努力为社会提供优质产品；对分销商坦诚相待，真正相处，相互合作，共同维护消费者利益；对国内外合作企业，坚持相互尊重，平等互利，风险共担，利益共存，场上是对手，场下是朋友。查尔斯·瑞勒说："良好的人际关系的根本基础在于友善和真诚。在我看来，正确的商业观念是本着友善的诚意去处理一件或一系列的事务。然而我知道有许多人，他们在人生旅途中的每一步路上都是那么的冷酷无情，与之交往令人寒心。生意的定义远不止于单纯的物质价值的交换。如同人生的某些方面，我们从事商业也应该保持健康、友善的态度，这会使我们的每一天过得更欢快明朗，更加充满意义和富有价值。"

有人说，人生如战场。但人生毕竟不是战场，无论在商场，还是在职场，用心、用情比斗志有效。

21 世纪的今天，"真枪实弹"不能征服敌人，"自强以弱化敌人，不战而屈人之兵"，苦练内功——才是合作中求生存的万全之策。

◆ **自省**

自省就是对自己的行为思想做深刻的检查，把自己做人做事不当的地方想清楚，然后纠正自己的错误，修正自己的人生道路。许多时候，我们都不是跌倒在自己的缺陷上，而是跌倒在自己的优势里，而且重复犯错误。哈佛教授埃得·平卡斯说："反省是一面镜子，他能将我们的错误清清楚楚地照出来，使我们有改正的机会。去掉了这面镜子，浑身污垢的你就丧失了清洁自己的参照。"

当你没有加薪、没有提升、没有奖励时，是埋怨上司呢，还是自省呢？我看还是自省为好。古人说："吾日三省吾身。"你工作无成绩，肯定有失误之处，不管你干什么工作、说什么话，不管领导在场与否，你的一言一行，领导了如指掌。现代职场上的人很少感觉到轻松和消闲，你的表现上司看得清清楚楚。你不了解这一点，明天就可能"无缘无故"被辞退。你相信吗？你今天说错一句话，干错一件事，明天就有人（可能是你最亲密的朋友）反映给上司。当然上司不是光看你的缺点，优点也是记得清清楚楚。当你和别人发生矛盾的时候，当你工作中受挫折的时候，当你的仕途受阻的时候，不要怨天尤人，检查自己的失误吧！哈佛教授赫拉·哈来德说："有意义的人生在于时时审视自己，人在内省中常常发现什么是最珍贵的。所以，没有经过自省检讨的人生是没有价值的。"哈佛教授罗德·里达说："一个真正成熟的人是具有反省能力而又能诚实面对并加以正确改善的人。错误并不可怕，可怕的是一错再错。"

人为什么会犯这样那样的错误呢？人的家庭出身、受教育程度、性格、经历不一样，各种缺陷必然暴露出来，你要想进步，必须战胜自己的敌人：自私、贪婪、嫉妒、罪恶、欺骗、懒惰、虚伪、傲慢、恐惧、愤怒、忧郁、缺乏自信、心胸狭窄、刚愎自用。

◆ **上进**

每个行业都有核心小组，努力争取进入核心小组，成为核心人物，这要求你善于处理人际关系，人群中，人与人之间的关系十分复杂，要多观察、多了解、多分析，并注意利用这种关系，一步一个脚印，不能一步登天。甘居中游，随大溜，迟早会被水冲下来。要说与做结合起来，"光说不做，没把势；光做不说，傻把势；又做又说，好把势"。有好奇心固然可贵，但在职场上要尽量收起来。该说的就说，不该说的不要说；该看的看，不该看的不看；该知道的知道，不该知道的不打听；该做的做，不该做的不做。

文章须写得简练，一目了然，说话抓住重点，不啰唆，这样会给上司干练的印象。

若你有才干，没有导师，也很难走向成功之路。导师不光从本行业中找，还可从其他行业中寻找。美国作家莉莉·西格曼——佩克说："你的导师，就是你的守护神。他们知识渊博，富有智慧，并准备帮助你走上职业的坦途。他们帮你渡过难关，在你将要摔倒的时候扶你一把，给你飞翔的翅膀。"优秀导师不止一个，而且很多，有的会成为你的靠山；还要找到志趣相投的人，在职业生涯中应该越早越好。人一生中关键的只有几步，有人指引，加之自己努力奋斗，就会青云直上，走向成功之路。

◆ **认真与糊涂**

世界上怕就怕"认真"二字。不管干什么事，都要认真去干，马虎不得，只有连小事都不能疏忽的人，才会有发展。上司最不得意干事草率、虎头蛇尾、见异思迁的人。聪明人都是认真倾听上司的指示，把做好工作放在第一位。有条件要考虑如何做得更好，没条件也要想办法创造条件做好；而对困难和问题不能等、靠、要，而要在自己的职责和能力范围内，尽可能整合资源，推进问题的解决。狄德罗说："知道事物应该是什么样，说明你是聪明人；知道事物实际上是什么样，说明你是有经验的人；知道怎样使事物变得更好，说明你是有才能的人。"

凡是认真的人做事思考周密万无一失，尽量提前准备所有可能发生的问题，以防不利事件的发生，积极应对可能的突发事件。

凡事认真的人，他们处处表现出踏实、尽责的精神，做任何事都全力以赴，有一股傻劲。凡是认真的人不会推卸责任，不会阳奉阴违，不会浑水摸鱼，不会偷工减料，不会贪赃枉法，不会破坏自己名誉，更不会自贬身价，只知道脚踏实地、一步一个脚印朝前走。凡是认真的人不死板地按老板的意图办事，不受标准的束缚敢于创新：一是产品创新——引进新品种。二是工艺创新——采用一种新生产方法。三是市场区域创新——开辟另一个新市场。四是物料供应来源创新——获得一种原料或半成品的新的供给来源。五是制度创新——实行一种新的企业组织形式。六是战略创新——制定自强不息、克敌制胜的方案。七是观念创新——发散思维，集思广益，寻求新的思路。八是文化创新——从实际出发，确定价值观。认真工作的人到任何时候都会受到欢迎，这是提升自己的最佳方法。相反，在工作中投机取巧的人，也许一时得利，但不能长期得利。聪明人用工作说话，大傻瓜用舌头吹牛。成功的秘诀是认真，失败的教训是粗心。

有人说："人生难得糊涂。"糊涂学的观点是：该认真的要认真，该糊涂的要糊涂，这才是处世的大智慧。

中国人糊涂哲学的精髓是："过程糊涂，结果不糊涂，表面糊涂，心里不糊涂，小事糊涂，大事不糊涂。"这一做人哲学体现的是一种从容不迫的气度，一种谦仰为人的态度，这正是中国人的人格理想。有大智慧者，则知道该舍小利时，便舍小利；该不争时，便不争；该糊涂时，便糊涂。

◆ 成熟

农作物需播种、发芽、生长，在人工培育和阳光的作用下逐渐成熟。人要靠父母的哺育，社会的教育，自己勤奋学习，工作埋头苦干，不断吸取经验教训，才能逐渐成熟起来。有的人看起来个儿大，但行为却像孩子，这种人生理成熟了，但心理不成熟。我们需要的是经过岁月磨炼心理成熟的人。

那么，人成熟的标志是什么呢？

①优良的品质，有教养，有学问，有责任心，能挑重担子。

②愿意为自己的行为负责，承担后果。干事不毛糙，认真负责，干净利落，给人一个稳重的印象。

③不怕困难，见困难就上，百折不回，跌倒了爬起来，认真总结失败教训，以后不犯同样的错误。

④善于处理各种复杂问题，有独立工作能力，办事像钟点那么准确从不误事，有毅力、有魄力、有感召力，特别能吃苦，特别能战斗，特别能忍耐——泪在眼眶打转仍然在微笑，肚里能撑船。

⑤有远大的目标，每走一步都直奔目标，一步一个脚印朝着目标前进，不达目的，誓不罢休。

⑥有冷静的头脑。

⑦灵活应变。荀子主张君子应以"屈伸变态"。管子也认为："此言圣人之动静开阖，诎信涅儒，取与之必因于时也，时则动，不时则静……"（《管子·宙合》）意思是指：明智的人应因时势而决定静与动，开与合，屈与伸，盈与缩，取与给的行为模式。

⑧凡事灵活运用，以柔克刚，圆满周详，细致入微，滴水不漏，刚柔结合，伺机而动，当断不断，后患无穷。

⑨人际关系好，善于与各种人相处，得到多数人的支持和帮助，才能走向成功之路。

⑩用整体性思维看待世界，用一分为二的观点评价别人。

⑪像对待自己一样去对待别人。

⑫对周围的人充满爱心。

⑬具有反省能力，随时检查自己的失误，不断调整自己的方向。

⑭三思而说，多几个心眼，职场上不欢迎心直口快的人。

⑮低调做人是说大智若愚，大勇若怯，大巧若拙，大辩若讷，大成若缺，韬光养晦之术；人在矮檐下，一定要低头；才高而不自诩，位高而不放纵；善于借势，顺势而为，乘势而上；深藏不露，熟知中庸之道；待机而动，万无一失；出头的椽子易烂；慧眼识人，广纳贤才、防范小人之为；谨言慎为，不得意忘形；言词不可太露骨，不伤人自尊；捧人有方，左右逢源；火眼金睛，不见真佛不烧香；刚柔并济，彼此互依；广结善缘，与人和睦相处；心宽体健，知足常乐；花要半开，酒要半醉；善于倾听，多听少说；功成身退，天之道；把握好低头与抬头的分寸，才能游刃有余，进退自如，无往不胜。高调做事，不仅是目标高远，志向远大，更要追求完美，激情洋溢。

成熟是才智的结晶，是能力的标志，是成功的要素。成熟既是生理上的又是心理上的；成熟既是发展人的独特性，又是同他人合作的适应性；成熟的人能够把握快乐的分寸，并把快乐带给别人分享；成熟是人生的全过程。成熟的人不找任何借口，全力干好工作。英国大都会总裁谢巴尔德说："要么奉献，要么滚蛋。""在其位，谋其政，不要找任何借口说自己不能够，办不到。"

◆ 魅力

魅力是人或事物所具有的特别吸引人注意的力量。企业顾问苏珊娜·克里斯塔尔说："许多年轻的女企业家之所以成功是因为他们考虑问题要比男性全面，而且是设身处地考虑问题。"魅力对于女人来说，漂亮的脸蛋、端正的五官、标准的三围身材、秀发美腿、健康雪肤、和谐自然，只是女人的一张名片。真正有魅力的女人是尊敬他人、礼貌待人、不断学习、力争上游的人；有丰富阅历、充满活力、注意细节的人；是自信、执著、善良、多情、懂得情绪管理的人；具有影响力，注意健康的人；不学男人的"刚"，善于发挥自己的柔，高效率工作的人；善于把握男人跳动的脉搏；适应男人，并理智处事的人；爱好体育运动，体内魅力四射的人。

3. 学习

知识社会是一个可以让人毫无限制地向上发展的社会。知识和其他生产工具最大的不同，就是不能继承遗留给后代，要获得知识，个人都必须从头学起，每个人都在一个起跑线上，为什么有的人跑得快，有的人跑得慢呢？这要看学习知识多少，父母的知识水平高，教育子女有方，加之本人勤奋学习，就会领先一步，步步领先。《圣经》说："无知的人一定衰败。""凡有的，还要加给他；没有的，连他所有的那么一点点也要夺过来。"有知才能无畏。学得越少，干的就越多，收获反而越小。培根说："读史使人明智，读诗使人灵秀，数学使人周密，科学使人深刻，伦理使人庄重，逻辑修辞文学使人善辩；凡有所学，皆成性格。"知识能改造世界；知识是成功的源泉；知识就是力量，学习是一个人进步的动力。我们学得愈多，就愈发现自己其实不懂。随着知识的增长，对外在事物的无知也跟着成长。我们永葆青春的秘方——学习。从书本中学，书籍是黑暗中的灯塔，能照亮你的前程，要干啥学啥，精通一门学问，精通有关技能，学一切有用的。要向上司学习，谦逊的下属，会给上司留下孺子可教的印象；要向同事学习，既增智又交友；向对手学习，想办法击败对手。对手使我们内部更紧密团结，对手使我们不敢懈怠，对手使我们持续完善自己，对手使我们奋力拼搏，争当冠军。

朱熹说："无一事而不学，无一时而不学，无一处而不学。"身体需要不断地新陈代谢才能生存，人的头脑要不断地"充电"才能灵活，书籍就是"充电器"，学习成为现代人的第一需要。未来社会只有两种人：一种是忙得要死的人，另一种是找不到工作的人。

世界就是学校，

生活就是课堂，

每一个人都是你的老师。

成功人士教你：

如何奋斗，

走向成功之路！

失败人士教你：

吸取教训，

怎样才能成功。

囚犯教你：

防微杜渐，警钟长鸣！

只有走夜路的人，

才知道阳光的宝贵。

托马斯·卡莱尔说："当今这个时代，真正的大学就是书籍。"

《变化中的美国》一书中有这样一段话："成年时期出现的问题，多半可视为是由于人们身在某种境遇中，缺乏相应的应对的知识、技能和其他一些手段而造成的。为此，成年人需要懂得，无论是失业、丧偶，还是疾病，这些都是一些常见现象，完全可以通过努力学习摆脱这种烦扰。活到老，学到老，学习可以帮助我们找到新的职业生涯、新的家庭生活和全新的身体健康状况。"美国学者特乐曼从 1928 年起对 1500 名儿童进行了长期的追踪研究，发现这些"天才"儿童平均年龄为 7 岁，平均智商为 130。成年之后，又对其中最有成就的 20% 和没有什么成就的 20% 进行分析比较，结果发现，他们成年后之所以存在着差异，其主要原因就是前者有良好的学习习惯及强烈的进取精神和顽强的毅力，而后者则甚为缺乏。

孔子自称"吾少也贱，故多能鄙事"。他曾经做过管账与畜牧方面的杂务，又当过家教。但是，他自 15 岁立志向学以来，不曾松懈进取之心，一直到了 35 岁还专心研究《易经》，"读书韦编三绝"。他的一生可以用《易经》的一句话来形容："天行健，君子以自强不息。"他自称：学不厌，教不倦，发愤忘食，乐以忘忧，不知老之将至。

"学如逆水行舟，不进则退。""进"就是成功人生，"退"就是一具僵尸。进取的人生观并非放弃一切享受，而是能够不沉浸于物质享受，同时追求精神享受，努力使自己的人格臻于完美。

我们 30 岁以前如果不累积实力，没有更大的发展空间；如果不置身于职场主流，不是重大决策团中的一员；如果不具备多方面的知识，发展多方面才华；如果不为自己铺路，只专心本职工作，不参加外面活动（会议）；如果不被上司重视，可能会错失很多良机而被淘汰。

学习要解决问题，学什么，是战略问题；怎么学，是战术问题。我们不能读死书，死读书，以致造成读书死的结果。

美国著名未来学家阿尔温·托夫勒说："知识资本最终将导致世界财富的一次大转移，转移到知识资源掌握者手中。"

◆ **付出**

几分辛劳，几分收获；吃得几分苦，享得几分福。一夜成功靠多年努力，成功之道对每个人都是不同的，只有发挥自己的相对优势，发掘自己的强项，培养自己的强项，把自己的强项发挥得淋漓尽致，才会成功。艾伯特·罗威尔说："真能训练人类头脑的只有一件事，就是当事人自愿用他的头脑。你可以帮他，你可以提建议，更重要的是你可以激励他。但是，唯一值得拥有的，是他靠自己努力求来的东西；而且他投入多少，就收获多少。"入浅水者得鱼虾，涉深水者缚蛟龙。经常自问"我能为别人做什么？"当今世界上，只有牢门是紧锁的，其他的门是虚掩的，你付出精力，会发现知识的门是虚掩的。你付出真诚，会发现友爱之门是虚掩的；你付出智慧，会发现财富之门是虚掩的；你付出汗水，会发现成功之门是虚掩的；你付出真善美，会发现天堂之门是虚掩的。我们要付出血汗，打开心扉，张开双臂去拥抱新世界。

孟子说："天将降大任于斯人也，必先苦其心智，劳其筋骨，饿其体肤，空乏其身，行拂乱其所为，所以动心忍性，增益其所不能。"著名企业家杰克·本顿说："苦难是一笔巨大的财富。我从苦难中获得的东西，都是我赢得成功的必要投资。"苦难磨炼了强者的意志，塑造了他们健康有力的品格，丰富了他们的斗争经验，锻炼了他们非凡的才干。历史上被誉为天才的人没有一个是走捷径而来的。不愿付出脑力，又不愿付出体力的人就是懒汉，等于将自己活埋。

爱因斯坦有一个成功的公式：成功=1%的天赋+99%的汗水。人类历史上那些文化丰碑，都是曾经也是平凡人的巨匠们呕心沥血多年坚持而成：玄奘去印度求取真经来回19年；宋应星著《天工开物》18年；李时珍著《本草纲目》27年；徐霞客著《徐霞客游记》30年；法布尔著《昆虫记》30余年；歌德写《浮士德》前后60年；达尔文著《物种起源》22年；摩尔根著《古代社会》40余年；马克思著《资本论》40年。在成功人士面前，没有拦路虎，没有路他们开辟路；没有钱，他们流血流汗挣钱；没有招儿他们想招儿，千方百计完成任务。总比别人领先一步。哈佛教授斯皮尔格·基尔说："人们总喜欢找借口为自己懒惰和懈怠辩护，其实这种辩护不过是自欺欺人，毫无意义。人生追求，找借口就等于失败。因为成功是没有寻找借口权利的。"

美国西点军校有一个久远的传统，遇到学长或军官问话，新兵只能有四种回答：

"报告长官，是！"

"报告长官，不是！"

"报告长官，没有任何借口！"

"报告长官，不知道。"

除此之外，不能多说一个字。

◆ 热情

爱默生说："有史以来，没有任何一件伟大的事业不是因为热情而办成功的。"没有热情，工作之门不会为你敞开；没有热情，顾客不会登你的门；没有热情，成功不会向你招手；没有热情，爱情与你无缘；没有热情就没有现代文明。

一个人有奋斗的目标，有强烈的欲望，有完全的准备，有坚定的信心，有持久以恒的毅力，有不断充电的习惯，热情自然会上来。我们有满腔的热情，有求知欲望，有致富的渴望，有切实可行的方法，办什么事都会成功。麦克阿瑟将军在南太平洋指挥盟军的时候，办公室墙上挂着一块牌子，上面写着："有信仰就年轻，疑惑就年老；有自信就年轻，畏惧就衰老；有希望就年轻，绝望就衰老；岁月使你皮肤起皱，但是失去了热情就损伤了灵魂。"

杰克·韦尔奇说："这世界终究是属于热情、急切的领导人的——这种人不只是本身拥有极大的能量，还能为他们领导的人注入能量。"热情像春风温暖人的心；热情像花朵让人心花怒放；热情像美酒使人陶醉！热情永葆青春，让我们心中永远充满阳光。我们张开热情的双臂去拥抱世界，拥抱未来。那么世界是属于我们的。

◆ **失败**

人生的每个环节争取达到零的境界：婚姻零失败，生子零缺陷，育儿零缺点，学业无零分，就业零忧患，跟时代零距离，创业零失败。但是，人生并非如此，万事如意并不多，而经常伴随我们的是坎坷、曲折、困惑、误会蒙冤，甚至受害。有的人在失败面前束手无策，消沉落寞；而有的人在事业上失败了，精神不败，信念不灭，另辟蹊径，昂扬向上，仿佛路前总有一盏照亮前程的明灯。这盏明灯是青少年时期自己造就的。他们学会了吃苦，懂得如何在逆境下生活。诺贝尔文学奖得主福克纳说："成功的人生，不在于握一手好牌，而是在于把一手坏牌打得可圈可点。"

成功是相对的，失败是绝对的。有的产品成功了，是因为某种客观因素促成的。某种产品失败了，或者是暂时滞销；或者是"打井"深度不够；或者是管理不善；或者是自身的恐惧心理使自己的心态失去平衡，乱了分寸，慌了手脚，走进失败深渊。原因找到了，"病"就好了一半，再"对症下药"，就会起死回生。李嘉诚说："我常常花 90%的时间考虑失败。"

失败是偶然的，也是必然的——客观事物是复杂多变的，就像一匹难以驯服的烈马，骑手要驯服它，跌跤不可避免。洛克菲勒说："你要成功就要忍受一次次的失败。"无论顺境与逆境都是一种享受和锻炼。

失败与成功就差一点。一个科学家，失败了 99 次，一次成功，可能获得"诺贝尔"奖。一个政治家，成功 99 次，一次失败，也许就身败名裂。

失败往往是成功的转折点，失败是暂时的，而生命是顽强的。爱迪生说："我不会沮丧，因为每一次错误的尝试都会把我往前推一步。"

善于总结经验的人认为，失败是成功之母。经历了失败，那是一种成长；

经历了失败，那是一种美！日本谚语："跌倒七次爬起八次。"

爱因斯坦说："一个人在科学探索的道路上，走过弯路，犯过错误，并不是坏事，更不是耻辱，要在实践中勇于承认和改正错误。错误同真理的关系，就像睡梦同清醒的关系一样。一个人从错误中醒来就会以新的力量走向真理。"失败是教科书，它启迪我们走向成功之路；失败是磨刀石，它磨炼了思想的剑刃；失败是雕刻刀，它在我们心壁上刻下印痕，从而铭记心中；失败是熔炉，它锻造我们的钢筋铁骨；失败是温度计，它提示我们"体温"升、停、降的速度；失败是望远镜，它让我们看到事物的本源，人生的内核，生命的本质。海明威说："一个人可以被消灭，但永远不能被打败。"

不善于总结教训的人，失败并非成功之母，一次失败，多次失败，直至衰败。同样失败是成功之母。世界上没有不变的东西，如果说有什么会永远不变，那么，只有变化是永远不变的。

当我们工作一帆风顺的时候，要有危机感，不要笑话别人的失败。葛拉西安说："世界上一半以上的人在嘲笑另一半的人，其实所有的人都是傻瓜"。——这些人看不到自己的缺点。我们要把别人的失败变成自己成功的经验，从市场中发现市场。哲学家卡莱尔说："伟大往往是从对待别人的失败中显示其伟大的。"

鲁迅说："用笑脸迎接悲惨的厄运，用百倍的勇气，来应付一切不幸。"人生免不了失败，失败降临时最好的办法是阻止它，克服它，扭转它；其次是把损失减少到最低程度；再次是超常思维，能否变弊为利，种瓜得豆呢？真正的强者，是从失败中奋起的人。美国前司法部长罗伯特·肯尼迪说："只有那些敢于承受巨大失败的人才能获得巨大的成功。"我们每个人出生后都要从零开始，一步步走入天国的途中，只有走好每一步的历程，才会有完美的人生。

◆ **放弃**

世界之大，无奇不有；人之需求，无限之大。我们什么都学，什么都不精；我们什么都干，什么也干不成功；我们什么都要，什么也得不到——包袱压在身上不能迈步。有时候为了保命，还需要将珠宝倒进大海，这是唯一的选择。有时候，一个项目决策失误，在执行过程中发现有损，就要立即摆脱沉没成本的羁绊，认赔认输，避免造成更大的损失。麦肯锡资深咨询顾问奥母威尔·格林绍说：我们不一定知道正确的道路是什么，但不要在错误的道路上走得太远。没有放弃，就没有获得；没有超越，就没有升迁；没有创新，就没有卓越。"鱼与熊掌不能兼得"，轻装才能前进。一次明智的放弃也许意味着另一次绝好机会的开始。"麦肯锡"成功的关键就是，把注意力集中到重要的事项上面去。一是工作要抓关键——利润高的产品；放弃不挣钱的产品。二是在自己的人生之路上，要把精力集中在分析问题寻找对策上，这才是最主要的事情。有时候不是别人要放弃你，而是你自己放弃了自己，后悔莫及。在任何艰难困苦的环境中，只要自己心中充满阳光，不断改变自己、发展自己，就有成功的希望。学习、理想、追求决不能放弃。1984 年丘吉尔在牛津大学办的"成功秘诀"演讲大会上说："我成功的秘诀有 3 个：第一是决不放弃；第二是决不、决不放弃；第 3 是决不、决不、决不放弃！我的演讲结束了。"

永不放弃

　　当你的学业不及格，
　　当你的工作不满意，
　　当你的创业遭失败，
　　当你的债台开始高筑，
　　无计可施的时候，
　　你不要放弃！

　　乌云不会永远遮盖天空，
　　阳光终会露出笑脸。
　　冬天来了，
　　春天还会远吗？
　　不要为暴雨忧愁，
　　天晴就会鸟语花香。
　　只要我们心中充满阳光，
　　昂首跨步往前走，
　　就会看到胜利的曙光，
　　所以不要放弃！

　　人生就是奋斗，
　　奋斗就会有失败，
　　跌倒了爬起来，
　　拍拍身上的泥土，
　　踢开"绊脚石"，
　　朝着既定目标勇往直前！

不管道路多么曲折

记住：永远不要放弃！

只要工夫深，

成功自然将你拥抱！

◆ **批评**

我们要多栽花少栽刺。批评的目的：帮助别人进步，用医生的话说："治病救人。"

自责式的批评："海尔"CEO张瑞敏当年拿着铁锤砸烂不合格的冰箱，并对员工说："冰箱质量不好，我有责任，没有建立质量管理制度。我这月的工资一分不拿，管理层的工资都扣发。今后谁要出现质量问题，就追究谁的责任。"

警告式批评："娃哈哈"某月的销售通报中曾这样提道：公司要求各省销售公司四月份必须扭负转增，若负增长的话，从销售公司总经理开始直到调度、财务、办公室管理人员一律工资降一级，各省销售公司经理与挂钩内勤按负增长值比例扣发工资奖金。各级销售人员按自己分管客户考核，并按比例扣发工资奖金。对不愿干的，干脆请你开路；对不能干的、不肯干的不走亦得请他走，必须要培养出一支拉得出、打得响、过得硬的战斗队伍。

三明治式批评：美国著名企业家玛丽·凯在《谈人的管理》一书中写道："不要只批评而要赞美。这是我严格遵守的一个原则。不管你批评什么，都必须找出对方的长处来赞美，批评前和批评后都要这么做。这即是我所谓的'三明治策略——夹在大赞美中的小批评'。中国有句俗语：'打一巴掌给个甜枣吃。'"

某公司老板发现员工穿脏衣服上班很不文雅，于是他表扬一句："你这衣服太漂亮了！"

奖励试批评：美国著名管理人员史考伯看到几个工人正在厂内"禁止吸烟"的大招牌下面抽烟。他朝那些人走过去，递给每人一根雪茄说："诸位，如果你们能到外面抽这些雪茄，那我真是感激不尽。"工人马上就知道自己违反了钢铁厂规则。

幽默式批评：古希腊大哲学家苏格拉底在讲课时，夫人突然跑出来，劈头盖脸将他臭骂一顿，越骂越气，最后一盒洗脚水就往他身上泼去。待夫人走后，苏格拉底看着惊诧莫名的学生问："雷鸣过后是什么？当然是倾盆大雨。"后来别人问他，像他这样有名望的人为什么要娶一个泼妇。苏格拉底反问："好骑手要骑什么马？当然是烈马。如果我跟这样的人都能相处成功，那跟别人交往会有什么问题呢?"

责骂试批评:日本鸟冈先生在总结他人多年执教经验时说:"我对待队员时的责骂方式是因人而异的,适时地痛骂队员,是一种高级的用人之术。不仅可以去除大牌明星的娇气,同时也能发挥杀鸡吓猴的作用,促使其他队员更加严格要求自己。这种用语言驾驭队员,可以产生一石二鸟的作用。久而久之,即使我不在场监督,我们队员也能自动自发的自我进行训练。"

渐进式批评:1949年9月,陈毅作为上海市市长到北京参加政协会议,由于住房紧张,他主动从豪华的北京饭店搬出来,把房子让给傅作义将军,自己住进了陈旧的小房子,他还代表上海市赠给博作义两辆名牌小汽车。这在部队引起很大议论,很多人都这样说:像这些大战犯不杀就便宜他了,凭什么陈市长还要给他腾房子,送汽车?陈毅听到后,在一次会议上批评这些同志说:"同志们,我的老兄老弟们,要我陈毅怎么讲你们才懂啊!我陈毅不住北京饭店,照样上班,照样骂人!他可不一样了!你们知道不知道,傅先生到电台讲了半小时话,长沙那边就起义两个军!为我军减少很大伤亡!让傅先生住了北京饭店,有了小汽车,他就会感谢共产党是真心要交朋友的。"他越说越激动,用手指敲着桌子说:"我把北京饭店让给你住,再送你10辆小汽车,你能起义两个军?怎么不吭声呢?"他的火气出完了,又心平气和地说:"我们是共产党嘛,要有太平洋那样的胸怀和气量咧,不要长一副周瑜的细肚肠!依我看,你想把中国的事情办好,还是那句老话——团结的朋友越多越有希望!"

◆ 留住客户

从事经济工作的人都懂得:顾客是上帝,每位顾客都要尊重;顾客是衣食父母,我们不能怠待;顾客永远是对的,我们要多找自我原因;顾客不会无事登门,是为买而来的;顾客不是有求于我们,而是我们有求于顾客;顾客不是冷血动物,而是拥有七情六欲的人类普通一员;顾客不是我们与之争论或与之斗智的人;把顾客当做家里人,我们不能另眼相待;顾客是营业员,给我们带来财富;我们的笑脸就是满面春风;顾客的笑脸就是滚滚财源。我们只能认同顾客不能误导顾客,更不要企图改造顾客。顾客的满意标准是不一致的。因此,我们提供的产品和服务应该有差异。顾客的满意是我们的无形资产,它可以随时随地向无形资产转化。多一个满意的顾客,就多一份无形资产;多一个不满意的顾客,就减少一份无形资产。借助顾客的满意,可以计算他的无形资产。

留住顾客的招五花八门，无奇不有，下面介绍几种：

海尔的服务理念：真诚到永远。

戴尔认为：按顾客的要求制造产品，直接与顾客打交道，"顾客喜欢，我戴尔也快乐"。

希尔顿的服务理念：一流设施，一流微笑。

麦当劳老板克罗克说："收入可以其他形式出现，其中最令人愉快的是顾客脸上出现满意的微笑。这比什么都值得，因为这意味着他会再次光临，甚至可能带朋友来。"

沃尔玛"天天平价"——部分商品轮流打折的办法来吸引顾客，今天是日用品打折，明天是调味品打折。这周是烟酒打折，下周是食品打折。其他的商品价格与别的超市价格没有区别。

鄂尔多斯的服务理念：鄂尔多斯温暖全世界。

阿尔迪的经营方针：物美价廉，大量批发。

中国台湾求好便当公司总经理林玉梨说："把顾客的事当做自己的事来办，设身处地多为顾客的需求利益着想，没有不成功的事业。"

美国杰出汽车经销人——乔·吉拉特卖出的车比谁都多。他在解释自己成功秘诀时说："我每月都要送出 13000 张以上贺卡。信头上写名：我喜欢你，乔·吉拉特祝您新年快乐！"

4. 人际关系

人际关系是指社会成员之间通过人际关注而发生的关系，这样关系的建立决定于双方受教育程度、兴趣、爱好、价值观和审美情趣等，而且人际关系是私人性的。人际关系随价值观和人生观而改变。

JR 人才调查中心一份调查报告显示："中国每 100 位头脑出众、业务过硬的人士中，就有 67 位因人际关系不好而在事业中严重受挫，难以获得成功。他们共同的心理障碍是：难以启齿赞美别人。"

而美国《幸福》杂志下属的名人研究会，对美国 500 位年薪 50 万美元以上的企业高级管理人员和 300 名政界人士进行调查表明：93.7%的人认为人际关系顺畅是事业成功的最关键因素。其中最核心的课程是学会赞美别人。斯坦福研究中心曾经发表一分报告，结论提出："一个人赚的钱 12.5%来自于知识，87.5%来自于关系。"卡耐基训练区负责人黑幼龙说："人脉是一张通往财富成功的门票。"

人际关系的研究起源于"霍桑"试验的"社会人"假设。在此之前的近代工业化大生产时期，机械唯物论思潮盛行，管理学对于人们假设处于泰勒阶段，人被假定为"经济人"，即除了吃饭穿衣还要挣钱。那时，生产力落后，人的素质低下。管理者强调控制，把工厂看成一个大机器，把职工看成是机器上的零件，是可以被动地受利益驱动的。随着生产力向前发展，管理者的职责就是规划、协调、组织、监控，对工人实行工作定额、考勤、奖励和惩罚制度等。

从 20 世纪 30 年代起，管理者开始注意到工人除有物质生活需求外，还有精神需求，不仅仅是"经济人"，而且还是"社会人"。"社会人"的假设提醒管理者关注上下级的关系及工人内部的关系。

随着生产力的飞速发展，用胡萝卜加大棒的方法不灵了，上世纪 90 年代以来，大生产需要团队精神，工人的素质提高了，特别是知识经济时代，高技术问世，大家有共同的目标，协同作战，以主人翁的精神拼命工作——人际关系发生了质的变化。

日本作家谷川须佐雄说："人际关系是对自己人生的反映"。人不能孤立生活，为了生存的需要必须和各种性格的人广泛交往，各取所需，才能创造财富。当今社会，人与人之间的沟通艺术显得越来越重要，形成了人际关系学。

罗伯特·朗西说："就算我们的金钱供应出岔，我们这民族也不会灭亡；但是，我们的人际关系若是出岔了，倒会自取灭亡。"

人际关系涉及名利、地位、权势、财力、爱好、情趣和个性等，要看清摸透，运用得好就成功了；运用得不好就失败了。

● 沟通的艺术

沟通是信息的传递，是两个心灵的碰撞发出的火花——关注、缓和、和谐、融洽、认同等，营造良好的气氛，为双方共赢铺平道路。

沟通要有准备，了解被沟通者的背景和情绪状况，选择适当语言，以及时间、地点、环境等与其沟通，若 3 秒钟能使对方有所反应，说明沟通有结果，否则，沟通很难成功。打电话要简洁不啰唆，不要太靠近话筒，声音不要太大，语速不要太快，也不要把话筒拿得太远。打国际电话、要把握好时差，人家睡觉时接电话就不高兴了。正在开车的人接电话只能说："待会你方便接听的时候再打过来。"

电子邮件：电子邮件方便、快捷、高效、低耗。首先征求对方的意见："你比较喜欢用什么方式进行沟通，电子邮件还是传统信函？"客户会告诉你沟通形式。

电子邮件用正式的语言和形式，除非对方有特别要求，否则最好使用尊称，比如先生、女士、博士或教授等；并问"早上好"，"你好"。如果有人介绍，应该在第一行就引用介绍人的名字："我非常感谢×××。他建议我直接和您联系。"在输入对方地址时，不妨把第一个字母用大写表示，包括对方的英文姓氏和名字的第一个字母都一起大写，以表尊重对方。

电子邮件的主题应该直截了当，让对方知道你是谁；内容言简意赅，重点突出，如同报纸头条新闻，显得光彩夺目。好好设计页面的格式，适当地使用空行、小圆点、数字功能，清晰而专业地呈现你想要表达的内容。语法必须正确；检查错别字；不要涉及不想公开的秘密，以免引起纠纷。回复电函要及时，以示重视对方。

有数据显示，人类平均一天只说 11 分钟左右的话，而其余 99%的时间都在和他人进行身体语言的无声沟通。

肢体语言是指沟通中，利用手势、体态、面部表情等来辅助言语表达的沟通手段。美国学者费洛拉·戴维斯在《怎样识别形体语言》一文中曾指出：心理学家阿乐·白特梅毕安曾发明过这样一个公式：一个信息的表达总效果=7%语言+38%声音+55%面部表情。

面部基本上有 6 种表情：惊讶、害怕、生气、厌恶、快乐、伤心。眼神接触通常表示是彼此的眼神投向对方，避开眼神时表示逃避接触。此外，眼神也能传达"控制"和"顺从"的信息。赫斯在他的《会说话的眼睛》一书中指出：眼睛能显示出人类最明显最准确的交际信号，喜怒哀乐等情绪的存在和变化都能从眼睛这个神秘的器官内显示出来。成语"暗送秋波"也说明了眼睛的作用。

手势具有对语言表达的辅助作用，应保持自己的风格。不应一味模仿，不可乱用手势。

姿势能给人一种无声的信息，它是人们思想感情和文化修养的外在表现，人们往往以此衡量他人的文明程度，确定与其沟通的条件。

语言是沟通的桥梁。中国有句俗语："良言一句三冬暖，恶语伤人六月寒。"西班牙有一句成语："舌头是肉做的匕首。"脏话就像砒霜，开始没有效果反应，不知什么时候毒性就发作了。美的语言可以加深友谊，增添干劲，使人拥有和谐的人际关系；丑的语言可成为各种矛盾的导火线，损害团结、破坏人的感情。同样一句话，两种说法两种味儿。比如：咱们骑自行车上班前面有几个人横行挡路，说一句："你们别横行霸道！"这句话改成"借光！"领导给员工下达紧急任务："这个零件你今天务必干完！""这个零件只有你能干好，今天能完成吗？"前句话不如后句话听起来舒服，效果不一样。

沟通从"你"开始。万事"你"为先，还要巧妙使用"我们"二字，这样能把过去素不相识的人感情拉近，使亲密关系一触即发。

美国威特公司总裁贝克特说："你可以聘到世界上最聪明的人为你工作，但如果他们不能与其他人沟通并激励别人，就对你一点用途也没有。"

倾听是智慧的源泉。尼泊尔佛学师 Dilgo knyentse Rinpocne 说过："倾听愈深，获知愈甚；获知愈甚，理解愈深。"老天给我们两只耳朵，一个嘴巴，本来就是让我们多听少说。只要善于倾听，善于吸纳别人的意见，才有可能取得更大的成功。倾听要全神贯注，眼睛注视着说话人，不要轻易打断别人的话，有响应地听。鼓励对方多讲话，可用点头、微笑，"嗯"、"对"、"是"等词加以鼓励；对方讲话简短，还可以询问的方式诱导，以获得更多信息。有时还可解释说话内容，必要时可重复重点，归纳整理。切忌心不在焉、抓耳挠腮。

声音的大小、高低、速度快慢、抑扬顿挫、重音强调、结巴停顿等能表达不同的信息。

史柏瑞医生有所谓"寄生语言"之说，即不同的语言、语调所表达的意思如下：

寄生语言	可能表达的意思
单调的声音	无聊
慢速、低频	压抑
上升的音调	惊讶
断裂的语调	防卫
大声、简洁的速度	生气
高频、拉长的声音	不相信

同样一句话，声调不同，效果则不一样，比如："他能完成任务。""他能完成任务？"前一句是肯定的，后一句是否定的。

美国人以下述 4 种身体距离表示不同的人际关系：

①关系甚密——18 英寸到身体接触；

②一般私交——18 英寸到 4 英尺；

③社会交往——4 英尺到 14 英寸；

④公众场合——12 英尺到 25 英尺。

最亲密的关系一般在家庭中才能存在；一般私交范围用于朋友和熟人；社会交流范围，适用于正式的社会交际。东方人身体距离一般大于 30 英寸。人与人之间的沟通主要是心灵的沟通，只要你们打动了对方的心，对方心悦诚服了，你的目的就达到了。俗语说："秀才遇到兵，有理说不清。"

　　在人际沟通的理论中，有一种"七秒钟"理论，是指陌不相识的人在最初见面的几秒钟里，给对方留下深刻的印象，对后来沟通的成功与否，会引起很大的作用；如果给对方留下美好的印象，则会使后面的沟通越来越顺利，如果给对方留下不好的印象，会使后面的沟通越来越困难。需要指出的是，这种印象是感性的、下意识的，而非理性的、有意识的。要给对方留下好的印象，必须要注意个人的包装，而个人的包装第一方面就是**头部修饰**。这是重中之重，人们初交观察的中心往往在头部。

　　发型：整洁、得体、协调、美观。

　　面容：男士胡子刮干净。女士化妆：自然、美化、适度、协调。

　　眉毛：自然大方，画眉多数效果不好，看起来俗气。

　　嘴唇：色度浓淡要适合环境。

　　牙齿：刷牙、口净、无异味。

　　第二方面是**手臂和脖子**。一位法国美容专家曾说："手是女人的身份证明。"也有人形容"手是女人第二张脸"。要洁净，指甲勤剪，汗毛及伤残部分要修饰，让人看起来顺眼。电影《画魂》里有这样一句话："十个美人九个美在脖子。"有人说："数一数女人颈部的褶皱，就知道她衰老的程度。"颈部清洁，经常转动、按摩，敷抹护颈霜。

　　第三方面是**服装要符合礼仪要求**。

　　第四方面是**"品牌"**。个人品牌＝个人在工作中表现出的价值。美国管理学家汤姆·彼得斯指出："21世纪的工作生存法则，就是建立个人品牌。个人品牌是成功的助推器，是提高身价的无形资产，能给人一见难忘的第一印象。个人品牌可以提高自身竞争力；个人品牌可以使你的客户忠贞不贰；个人品牌可以延长老板用你的时间。如果没有精湛的专业技能，没有形成独具特色的工作风格，没有具备别人不可替代的价值，没有形成自己的品牌，那么，你迟早将会被裁员风暴击倒。"其实，人的一生就是一个字——"卖"。要么卖自己要么卖产品。我们这一生到底卖什么？是卖脑袋，还是卖四肢……总得有个卖点吧。"卖点"就是品牌。有好的品牌就能卖大价钱，没有品牌就卖小价钱，或者卖"库存"。

　　早在2005年中国商务研究员马宇说："姚明是中国最大的单个出口商品。"2003年10月他与锐步一份10年品牌代言合同就价值760万美元。2006年，姚明个人收入约为3500万美元，而其来自工资的收入不过1500万美元，其中大半收入都来自个人品牌的产业开发。

斯蒂夹·巴尔默说：形象魅力提升品牌影响力。知识是打造品牌的基础，诚实是天下第一品牌，敬业是个人品牌重要的品质保证，宽容可以扩大品牌的知名度。前人曾说过，"身言书判"，意思是判断一个人的时候，首先要看他的行为举止，然后再听他谈吐言语，最后观察他所掌握的知识。别人是根据你的综合表现来决定与你交往方式和程度的。个人品牌是打开成功之门的"金钥匙"。

品牌即人品，人的品格又指人格道德，这是为人处世的准绳，人格的魅力比外在仪表更具有强烈的吸引力，人们认为你可信，才能和你打交道，对你的事业形成一种强大的向心力，从而加快了你的成功步伐。

在美国一所学校通往教学楼的门上刻着这样一段话：

请注意你的思想，因为思想将成为言语；

请注意你的言语，因为言语将成为行动；

请注意你的行动，因为行动将成为习惯；

请注意你的习惯，因为习惯将成为品格；

请注意你的品格，因为品格将决定命运。

名人论品格：丁尼生说："真正的谦虚是最高的美德，也即是美德之母。"

马克思说："人生离不开友谊，但要得到真正的友谊却是不容易的；友谊总需要真诚去播种，用热情去灌溉，用原则去培养，用谅解去护理。"

邓拓说："真正的虚心是自己毫无成见，思想完全解放，不受任何束缚，对于一切采取实事求是的态度，具体分析情况，对于任何方面反映的意见都要加以考虑，不要听不进去。"

毛泽东在《纪念白求恩》中说："我们要学习他毫不利己专门利人的精神。从这点出发，就可以变为有利于人民的人。一个人能力有大小，但只要有这点精神，就是一个高尚的人，一个纯粹的人，一个有道德的人，一个脱离了低级趣味的人，一个有益于人民的人。"

社会在不断进步，环境在不断改变，如果你的个人品牌也一成不变，那将意味着被这个社会淘汰。

第五方面是**气质塑造**，气质是指一个人内在涵养或修养的外在体现。气质是父母给的，从小培养出来的；气质是学校给的，从书本中学的；气质是社会给的，从社会大课堂中学的；气质是自己给的，从自强不息、勇攀高峰中获得的丰硕果实。首先要正确认识自己，然后对各方面因素加以科学的精雕细琢，来一个脱胎换骨的改造。昨天的"我"不是今天的"我"，今天的"我"也不可能成为明天的"我"。现在的"我"要为明天的"我"作准备。

一个人的自我形象表里如一才是完美的。只有那些力争上游的人，刻苦磨炼自己的人才具有优雅的形象、高贵的气质。

● 赞美

赞美人人需要。你送别人玫瑰，自己手中留下持久的芬芳；"良药苦口利于病，忠言逆耳利于行"。但真正愿意"苦口"的人恐怕寥寥无几。赞美是一门高深的学问，更是一门艺术，要与阿谀奉承区别开来。赞美切忌夸张、虚伪，要分场合、时机，要真诚、自然、真情流露、有感而发。比如，你爱上了某位姑娘，在没有人的地方对她说上一句："你太漂亮了！"她会甜甜地回答一句："谢谢！"如果你在大庭广众面前对她说一句同样的话，他会骂你一句"混蛋！"并马上离开你。如果你对不相识的姑娘说一句："你太年轻漂亮了！"她会骂你一句"流氓！"然后远离你。

据心理学家调查表明，男人之间往往存在着彼此不信任，他们都视对方为潜在的威胁，因而对同性的赞美之词有戒心，保持一定的理性分析和批判。而与女士在一起，他们更愿意解除戒备，想当然地接受对方的赞誉。

美国心理学家卡耐基说："真诚的鼓励和赞扬就像春天明媚的阳光，给人以温暖和激情，能使失败变成前进的动力，并能为成功的大厦添砖加瓦，使心与心的距离拉近。"

日本东京国民素质研究会深刻总结了日本战后迅速发展的原因，归纳为："我们日本国民的一大优点是，对外人不停地鞠躬，不停地说好话。可以说，善于发现别人的长处，善于赞美别人，是日本走向世界的一个重要原因。"一家日本公司甚至明文规定：当你的上司拿出香烟时，下属马上递上打火机。

赞美不光直接抒怀，更要间接、含蓄、背后表意；赞美不光出自口中，还要认真倾听，微笑相待是无声的赞美。唐太宗下江南寻找人才，人家推荐一个18岁的辛太公，这个辛太公被叫到唐太宗的面前，唐太宗问他："辛太公，你的名字跟姜太公差一个字，到底有什么意义？"他说："报告皇上，当年姜太公八十见文王，我辛太公十八见皇上，皇上的英明远远超越文王。"唐太宗听了高兴得不得了。

奥地利心理学家贝维尔博士说："如果你想赞美一个人，而又找不到他有什么值得你称赞之处，那么你可以赞美他的亲人，或者问他有关的一些事物。"

切忌吹牛皮、说大话、弄虚作假、搬弄是非、锋芒毕露、油腔滑调、胡搅蛮缠。

● 戒律

一著名老板针对白领阶层归纳出13条戒律，分别以一种动物或物体比喻：

①没有保险单的鹦鹉。只做固定的工作，不断模仿他人，不求自我创新，

自我突破，认为多做多错，少做少错。

②无法与人合作的荒野之狼，无视他人的意见，自顾自做自己的工作，离群索居。

③缺乏适应力的恐龙。对环境无法适应，一有变化就显得不知所措，受不了职位调动或轮调等工作变化。

④浪费金钱的流水。成本意识很差，常常无限制任意申报交际费、交通费等，不注重生产效率。

⑤不愿沟通的贝类。有了问题不愿意直接沟通，总是紧闭着嘴巴，任由情势坏下去，显得没有诚意。

⑥不注重资讯汇集的白纸。对外界不敏锐，不肯思考、判断、分析，懒得理会"知己知彼，百战不殆"这句名言。

⑦没有礼貌的海盗。不守时，常常迟到早退，讲话带刺，不尊重他人，服装不整，做事散漫，根本不在乎他人。

⑧缺乏人缘的孤猿。嫉妒他人，不愿意向他人学习，以致在需要帮助时没人肯伸手援助。

⑨没有知识的小孩。对社会问题及趋势不关心，不肯充实专业知识，很少阅读专业书籍及参加各种活动。

⑩不重视健康的幽灵。不注重休闲活动，只知道一天到晚工作，常常闷闷不乐，工作情绪低落，自觉压力太大。

⑪过于慎重消极的岩石。不会主动工作，很难掌握机会，对事情悲观，对周围事物不关心。

⑫失去平衡的空中风筝。缺乏多样化的观点，不肯接纳别人的意见，单一角度想事情，视野狭小，刚愎自用。

⑬自我设限的家畜。不肯追求成长，突破自己，抱着"努力也没用，薪水够用就好"的心态，人家给什么就接受什么。

美国一位心理学家研究人类的"沉闷行为"多年，结果归纳出 24 种经常由那些"闷人"所做出的"闷事"：

①经常对自己的命运及生活遭遇作出抱怨。

②扮演心理分析专家，对任何人的言行都要作出分析找寻其动机。

③自我作大，以夸耀去掩饰自己的怯懦无能。

④拒绝尝试新事物及新经验，不肯从众。

⑤言语冷漠单调，缺乏情感和热诚。

⑥过分注意取悦别人，阿谀奉承。

⑦毫无主见，人云亦云。

⑧自我膨胀，视自己为最受瞩目的人物，一派"天下滔滔，舍我其谁"的狂妄态度。

⑨过度轻率，凡事不经大脑，肤浅幼稚。

⑩尖刻冷淡，专揭别人伤疤，恶意多，善意少。

⑪说话内容狭窄，而且多以个人的喜好或活动为主题，从不考虑别人的感受或反应。

⑫在团体活动中扮演旁观者角色，从不为天下先，不主动倡议任何活动。

⑬说话时唯唯诺诺，态度冷漠。

⑭对人对事从不认真，态度暧昧，模棱两可。

⑮肆意攻击、诋毁别人，揭人隐私。

⑯过度吝啬，有机会占人便宜，绝不放过。

⑰喜欢挟名人以自重，常以"某某人是我的朋友"来抬高自己身价。

⑱逢人便巨细无遗地叙述自己的健康情况。

⑲专门破坏别人兴致。

⑳经常打断别人的话题，强行表达自己的意见。

㉑扮演"通天晓"的角色，对任何事物都作权威状。

㉒自我过度谦抑，肉麻虚伪。

㉓经常向人诉说自己生活沉闷。

㉔自我吹嘘，夸耀个人优点及成就。

在人际交往中，多琢磨事，少琢磨人，就能成为团队中和谐的一分子。

● 说服

人类学家马斯洛把人类行为的基本需要分为7类，研究这些需要对于"说服术"有作用：

①生理需要。人类生存的最基本的需要，如对衣、食、住等方面的需要以及对异性的需要。

②安全感的需要（保障人身安全需要）。

③社交需要（友谊等需要）。

④尊重需要（自尊和被人尊重的需要）。

⑤成就需要（充分发挥自己才能，在事业上有所建树的需要）。

⑥求知的需要。

⑦美感的需要。

说服力的三大来源：

①知识渊博，经验丰富，具有敏锐的观察力、判断力、洞察力。

②人品端正，德高望重。

③角色力量是名正言顺的。老师天天说服学生，领导时时说服员工……说服将伴随着你的终身。

说服要有准备、有耐心、循序渐进，方法大致如下：

①了解员工，揣摩对方的需要，记住姓名、性格、爱好、生日、特长、家庭情况，一举一动了如指掌，知人才能用人。

②以情感人，广开言路（不搞"一言堂"），微笑待人，两眼有神，取信于人。比如：将"这件事你去干吧。"改成"这件事只有你才能办得好。"这对他是鼓励，他会尽力完成。

③表扬为主，批评为辅，批评要注意方法，从欣赏和表扬入手，委婉地暗示，以平等的姿态、协商的口吻，给人面子，赞扬他的每一点进步。

④一个人的性格不同，说服的方法也不同。外向者会立即表态，内向者则会思考几秒钟后表态。

与内向者进行沟通的适当时机：早上上班时、午餐前后时段或者当天下班的时候。说话要简短，无旁人在场的场合，采取一对一的晤谈方式较理想。此外，内向者常喜欢事先有所准备的聚会，而不适宜即席晤谈，也不喜欢耗时长谈。

与外向者进行沟通，可以不分时间、地点、场合，人越多越好，说话可直截了当。

⑤掌握说话的技巧。寻找共同感兴趣的话题，赞美别人，不能抬高自己。温柔的话语，往往是最有说服力的。说完话沉默一会儿，给对方思考的时间，效果会更好些。对沉默寡言的人，平时要多和他聊天；对年少者说话，要亲切关怀；与智慧型者说话要见闻广博；与见闻广博者说话，要有辨析能力；与善辩者说话，要简明扼要；与上司说话要用奇妙的事打动他；与部下说话，就要用好处来说服他；与屡教不改的人说话，要严词相告；与反对你的人说话，要规劝他；别人不愿干的事，就不要勉强；对方所喜欢的，就顺从他；对方所讨厌的，就避开不说；急事简要地说；大事清楚地说；小事幽默地说；没把握的事谨慎地说；没发生的事不要胡说；做不到的事别乱说；别人的事不能说；自己的事三思而说；话多不如话少，话少不如话好；说得好不如说得巧。"见人说人话，见鬼说鬼话"。

著名演说家李燕杰说："在演讲和一切艺术活动中。唯有真情才能使人怒；唯有真情才能使人怜；唯有真情才能使人信服。"对真善美热情讴歌；对假丑恶无情鞭挞。

⑥关心体贴下属，"用人不疑，疑人不用"（必要时限制使用"疑人"），对下属做到放心、关心、爱心、宽心（宽宏大量，不小肚鸡肠），有责任心（承担责任，成绩归下属，过失归自己），真诚待人，真正关心下属的疾苦，给他提供成长发展的机遇，对其出色工作应认可，才能换来下属的一片赤诚。下级要时时维护上级的权威；多提建议少提意见，提建议的时候最好在私下场合；到位而不越位。

⑦甘当公仆身教重于言教，行动是最有说服力的。

⑧用目标激发干劲，用利益把员工捆在一起，不用扬鞭自奋蹄，从而产生压力感、责任感，发扬员工的主人翁精神。

⑨"想钓到鱼，就要问鱼想吃什么。"只要鱼饵适当，没有不上钩的鱼。

⑩身体语言具有说服力，注意自身形象、仪表着装、手势等。

⑪激将法也可说服他人，对于有些人，正面说服往往不起作用，用刺激性语言，激发其自尊心、荣誉心，效果也许会很好。这种方法要注意分寸，掌握时机，而且最好只对熟人使用，不对生人使用。

⑫以竞争促进下属各显其能，提拔优秀员工，肯定工作成绩。

⑬把员工当成伙伴，有福同享。你要想别人怎样对待你，你就怎样对待别人，你对他笑，他不会对你哭；你尊重他，他也尊重你；你欺骗他，他会糊弄你。

⑭避免争吵，尊重他人意见，如果是你错了，要敢于承认错误；以他人的角度去思考问题，解决问题。

⑮渗透说服法，如果你认为自己有一个好的创意，那么，只要你能够说服别人也同样认为这个好创意，你就有可能把握住即将到来的机会。

⑯间接说服法，有相当一部分人在他们的业务领域比你更有专长。当你试图在其专业领域内说服这些人接受你的意见的时候，采用第三人参与的方法是比较稳妥的。

⑰限期说服法，给下属规定完成工作的最后期限。

⑱缓冲说服法，当问题陷入僵局时，不要强行解决，可以在时间上、气氛上缓冲一下。幽默是沟通的润滑剂。

●"合群"

法赫德·伯恩说："能当众拥抱敌人的人，他的成就往往比不能爱敌人的人大得多。"在职场上没有永远不变的敌人，也没有永远不变的朋友，只有永远不变的利益。有些事朋友办不到，只有"敌人"能办到。善于利用"敌人"，要学会和各种人打交道的方法，寻找对你有帮助的人，构建助你成功的关系网。红顶商人胡雪岩说：多一个朋友多条路，多一个敌人多堵墙，一和万事兴，在合适的时候，我们不妨站到敌人身边去，化敌为友，借助对方的力量共同成功。古人说："居丧不言乐，祭事不言凶，临老不哭，临乐不叹。"

没有天敌的动物往往最先灭绝，腹背受敌的动物则繁衍至今。鲶鱼因为有狗鱼这样的对手，才保得了生命的活力。如果没有狮子，羚羊永远也跑不了那么快。达尔文说："能生存下来的并不是那些最强壮的，也不是那些最聪明的，而是那些对变化作出快速反应的。"

人的成功不全是父母给的，还有竞争对手给的——使你从危机之中奋起。从这个意义上讲，应该感谢伤害你的人——因为他磨炼了你的意志，使你更加成熟；感谢绊倒你的人——因为他强化了你的双腿，使你加速飞奔；感谢欺骗你的人——因为他增进了你的智慧，使你警钟长鸣；感谢藐视你的人——因为他提醒了你的自尊，使你自强不息；感谢遗弃你的人——因为他教会了你该独立，使你奋发图强；感谢意图消灭你的人——因为他迫使你当冠军，使你美梦成真。只有在逆境中度过的人，才是最完美的人。

慎交朋友，善交朋友，成功离不开朋友支持，失败更需要朋友帮助；有乐同享，有苦分忧。多交与事业发展有关的朋友，他们会助你一臂之力，助你走向成功之路。但不能过分依赖朋友，关键时刻才能求友相助。美国一位心理学家将朋友分为六大类：

第一类是交际最浅薄的朋友，通常只限于一面之交。

第二类朋友的友谊较第一类深，彼此之间有共同的兴趣。

第三类是功利重于感情的朋友。在这种友谊里存在着一种危险性和虚假的因素。

第四类是情谊真挚、可以信任的朋友。

第五类是能够与之交心的朋友，此类朋友可能有相同的志趣和理想，为达到共同的理想，携手合作。

第六类是属于真正知己的朋友，绝对可以信任，悲欢与共，祸福同享。

益交三友 孔子曰："益者三友，损者三友。友直，友谅，友多闻，益矣；友便辟，友善柔，友便佞，损矣。"意见是："有益的朋友有三种，有害的朋友有三种。和正直的人为友，和诚实守信的人为友，和见识广博的人为友，都会受益；结交惯于装饰外貌，内心并不真诚的人为友，结交善于逢迎，虚情假意讨人喜欢的人为友，结交巧言好辩，没有真实学问的人为友，就有害处了。"

犹太人把朋友分为三种，第一种像面包的朋友，这种朋友是经常需要的；第二种是像菜的朋友，这种朋友是偶尔需要的；最后一种是像病的朋友，这种朋友应尽量避开。

据说，美国的财阀们有一条共同的家训：不进行无畏的交际。换句话说，他们不将时间浪费在没有价值的事和没有价值的人身上。交上一个良师益友，有如找到一座金矿，而交上一个不恰当的朋友，比遭遇一场抢劫的危害更大。"君子之交淡如水"是庄子在论述交友之道时说的一句话。这句话的意思是，交朋友要保持水一般的细水长流的滋味。朋友之间关系不可太过密切，彼此互相敬重，朋友关系的纽带才能牢固持久。

交罪犯为朋友，你就会成为罪犯；交傻子为朋友，你就会成为傻子；交有发展前途的人为朋友，你就不会临时抱佛脚；交成功的人为朋友，你就会走向成功之路。人际关系专家哈维麦凯说："作为一个平凡的人，这一辈子的命运要想彻底改变需要两样东西，一个是人生中遇到的贵人，一个是你所读的书籍。你所结交的真正的朋友决定着你的命运。"

交友要看本质，看素质，从德、识、才、学、体多方面去看，既要看过去，又要看现在，还要预见将来，听其言观其行，不能听其言信其行。

成功需要借助有名、势、钱的人的力量。交名人要以诚为先，"精诚所至，金石为开"，尊重人格，礼貌待人；要在参加社会活动中去尽量接近他们，和他们攀谈，请他们签名以加深印象；我们不应该随意浪费他们宝贵的时间和精力。

论处世的分寸：抬高自己，却不贬低别人；谦虚，但不虚伪；谨慎，但不拘谨；认真，但不较真；坦诚，但不轻率；信赖，但不轻信；谦虚礼让，但不奴颜婢膝；劳苦功高，但不压群盖主；严于律己，也要宽以待人；居功受奖，要谦虚报恩；锐意进取，但不锋芒毕露；办事不强人所难，欲取之，先予之，留余地；厚而无形，黑而无色。

俗语说："一根筷子容易折，十根筷子折不断。"集体力量大，领导者主要工作放在群众的身上，借用所有人的大脑，发动群众，组织群众，充分发挥群众的积极性，就能干好每一件事。迈克尔·勒伯夫说："所谓进步，95%是靠寻常的团队合作而达成的。剩下的5%就是靠不眠不休、自动自发的人，愿意用更新、更好的想法推翻我们的现状。"合作是21世纪的一个主要的成功策略，在科技进步，专业分工日趋细微的当今世界，任何一个天才都难包打天下，任何一项重大的成功都离不开集体的智慧，未来学告诉我们，今后的失败已经不再是失败于大脑的智慧，而是败于人际和人机的交互上。在职业场上，无论你有多大本事，没有团队精神很难混下去。"有人说：在非洲的草原上，如果见到羚羊在奔逃，那一定是狮子来了；如果看见狮子在躲避，那就是象群发怒了；如果见到成百上千的狮子和大象集体逃命的壮观景象，那是什么来了——蚂蚁军团"！

天下之事，有矛就有盾，有锁就有钥匙。只有找对了钥匙，没有开不了的锁。

● 学会和各种人打交道

人的一生天天和人打交道，不能不琢磨人，时至今日，能把人琢磨透的很少。我提出9种人，也只是从表面上看，具体分析如下：

①压路机一样的人。特点：工作积极肯干，有魄力；傲慢、专横跋扈，固执己见，唯我独尊，贬低别人，见风使舵，易抛弃他人。

我们要看这种人的优点，肯定他的成绩，但要避免权力斗争，防止被攻击。当你成功后，要适当利用他的长处，多干活，并策略地指出他的缺点，使他有所收敛；当你失败的时候，要有尊严地做事，寻找与他沟通的机会，防止他的打击。

②吹毛求疵的人。这种人有一定的工作能力、分析能力，认真负责，踏实肯干，自命不凡，喜欢指手画脚，鸡蛋里挑骨头，追求完美，喋喋不休，有权力欲望，好表现自己。

我们要站在吹毛求疵的人的立场上看问题，跟这种人一起工作少得病——他常给你打预防针，使你更完美，受益不小，但要防止他背后议论你，拆你的台。

③阳奉阴违的人。这种人成分复杂，有高水平的人，也有低水平的人。有的有后台，各层次的人都有。他们的共同点：当面一套，背后一套，心存嫉妒，唯唯诺诺，流言飞语，好话说尽，坏事做绝，明枪暗箭，虚伪狡诈，串通勾结，心怀不满，怒火中烧。

这类人要区别情况，分别对待，一方面加强自己的防卫能力，减少失误；另一方面要争取团结绝大多数，化敌为友，孤立打击极少数——如果有多数人支持你，一部分人保持中立，极少数人反对你，就算不错了，没有反对的人，并不是完美的人。

④脾气暴躁的人。特点：粗鲁、自私、怀疑、报复、情绪极不稳定，点火就着。

我们要理解他，顺着他，尊重他，不和他发生利益关系，不惹是生非，不得罪他，敬而远之。我们要争取他，成为中间派就行，他不是打击对象，更不是依靠对象。

⑤胸怀大志的人。这种人有目标，什么时候干什么事，就像钟表那样准确，不知疲倦，工作效率相当高，公私分明，豁达开朗，和善有礼，能言善

辩，不计得失，讲究策略，敬业乐群，外表卑谦，他在任何艰难困苦中，都不会忘记目标，内心世界非常宽广，是一个攻不破的堡垒。

我们要虚心向他学习，假如你们利益一致，可以创一番大事业。假如一山不容二虎的话，也可以合作起来，图谋大业，或者各取所需。假如以上都行不通的话，你要尽力帮助他，自己也能落个识才的美名。投资是会有回报的。

⑥心狠手毒的人，这种人表面和善卑谦，善于伪装，无所不知，无所不能，投其所好，见缝下针，甜言蜜语，不择手段，身如磁铁，心如豺狼，胆大包天，无视国法。

他们不懂经营管理，不懂人情故旧，只懂坑、蒙、拐、骗、宰。

这种人很难识别，多数属于黑社会成员。对恶人即使仁至义尽，他们的本性也不会改变的。尽量不要和这些人来往，不交无义之友。但是，你不惹他，他要惹你，在忍无可忍的情况下，你必须以牙还牙。鲁迅说："以无赖的手段对付无赖，以流氓的手段对付流氓。"

⑦城府深的人。就是深藏不露的人。这种性格是在长期生活中磨炼形成的。有的人经过多次打击、严重挫折后吸取教训，往往戴着有色眼镜看人；有的人无能，以沉默、冷淡的态度对人；有的人别有用心，怀有某种不可告人的目的。对于沉默寡言、态度冷淡的人，表面看不动感情，反应迟钝，不近人情，像似一块冰，内心却是一团火；只有打破坚冰，才能取火。破冰不能用拳头，用手抚摸就会使他掉泪，平时多和他交谈，亲近他，使他信任你，才能说服他。对于那些别有用心的人，要从他的经历交往、言行中观察，综合分析才能得出结论，任何轻举妄动的作为都是愚蠢的。

⑧无能的人。特点：贪婪自私，心胸狭窄，强词夺理，多嘴多舌，自作聪明，唯利是图，爱凑热闹，唯唯诺诺，喜探他人隐私，散布流言飞语。这种人最容易被人利用来干坏事，在某种意义上讲他比明枪还厉害，是需要防备的人。但不会与你争权夺利，你不能得罪他，不能和他有利益瓜葛，若即若离，如有所求，可适当施舍。宁可得罪君子，不可得罪小人。君子不会无故报复你，小人却耿耿于怀，从而树起一个敌人。

⑨有才无德的人。这种人有专长，善伪装，巧迎合，爱记仇，心胸狭窄，喜欢打击。这种人说不定一遇到机会便脱颖而出甚至青云直上，说不定昨天还背靠背互相指责，今天就成了你的顶头上司。各阶层都有这种人。

还有一种可怕的小人——有文化的小人是小人中的精品，能把很多勾当做得冠冕堂皇、天衣无缝、让人无话可说。

我们对这类人要多留几个心眼，逢人只说三分话，不可全抛一片心，不得罪他，不背他的黑锅，不和他有经济瓜葛，不要中他的圈套，不要与他为敌，保持一定距离，见机行事。

大千世界，什么人都有，以上说的几种人只是其中的一部分，你要和所有的人处理好关系，不是一种方法可以解决的。俗语说："一把钥匙开一把锁。"这需要谦卑、决心、宽容和希望。别忘了你能给人们作点什么贡献，他们需要你的帮助，才能说服他。

职场上存在着世俗的体面，晋升的诱惑，攀爬的艰辛，竞争的陷阱，谗、毁、诬、陷随处可见，政治手腕、权力斗争天天上演，日日落幕。俗语说："害人之心不可有，防人之心不可无。"学一点防身术吧，警惕口蜜腹剑的人。然而，你不能用有色眼镜看人，心术不正的人毕竟是少数。绝大多数人是好人。

● **社交**

美国著名社会学家亚当斯·金的通用教材《社交、阶级与运气》一书中说："社交是一股潜在于人的基本素质中的魔力，能够把死沉呆板的事情变得充满生机，能够把曲曲折折的事情变得顺畅通达，更重要的是能把毫无生气的人推向功成名就的高峰。假如人生是一座高峰，那么社交就是助你攀登的冰镐；假如人生是一条河流，那么社交就是载你远航的船只；假如人生是一部厚书，那么社交就是记录你成功的密码。"商界金言曰："一流人才最注重人缘。"《抱朴子·外篇》曰：金玉能够经过深不可测的江河，是因为依托了轻舟；神灵的鸟能够群聚于九霄之上，是因为依靠了旋风的力量；兰草传出强烈的芳香是清风的功劳；委屈的士人能够在山丘田园中受到启用提拔是因为有了知己者的帮助。由此可见，我们必须有一张牢不可破的关系网，只要能利用好关系网，就一定能成功。"关系"都是靠自己建立起来的，"朝中无人不做官"，如果要想"朝中有人"，自己先要学会去"交人"。"朝中"、"朝外"之人都要交。西班牙著名作家赛马提斯说："重要的不在于你是谁生的，而在于你跟谁交朋友。"清末张之洞说："秘诀只有一条：要找一个强有力的靠山。""如果这个靠山在羽翼未丰时，你就与他有非同一般的关系，那么一旦他的地位稳固之后，你在仕途上便会一帆风顺，左右逢源。官做到这个地步，便可谓做到家了。"

（1）社交的原则

双赢　互利互惠，共谋发展。

与人为善　《三国志·蜀书·秦宓传》云："记人之善，忘人之短。"南朝萧绎《金楼子》云："无道人之短，无说己之长；施人慎勿念，受恩慎勿忘。"俗话说："种瓜得瓜，种豆得豆。"善待别人，要有同情心，多栽花，不栽刺。

胡雪岩当年在阜康钱庄当学徒时，很同情穷书生王友龄的困境，用公款500两银子交给王友龄进京捐官，一切顺利，回到杭州，很快便得了浙江海运局坐办的肥缺。王友龄知恩图报，胡雪岩逐渐成为我国近代名商。世界上的人不都是"一手钱 一手货"，有的人看你付出多少，就会给你多少钱，可能给得更多。因此，我们要学会与人为善，能给你做点什么，奉献点什么，不求索取。

谦和宽客　古人云："满招损，谦受益。"有容乃大。宽容就是心胸坦荡，豁达大度，既要严于律己，更要宽以待人。《意林》："君子不以所能者病人，不以人之不能者愧人。"意思是君子不拿自己所擅长的方面去责难别人，不拿别人不擅长的方面去故意为难别人，推销自己不要显山露水，却又要达到某种效果。和气生财，凡事以和为贵，"退一步海阔天空"。

适度　掌握好社交中各种情况下，不同交往准则和彼此的感情尺度，凡事当止即止，过犹不及，包括感情适度，不冷不热；谈吐适度，应根据谈话对象不同，选择不同的节奏、音量及说话内容与方式；举止适度，肢体语言要适当，表情与交际场合气氛相适应。《战国策》："事有不可知者，有不可不知者，有不可忘者，有不可不忘者。"国家机密，他人的隐私不知道为好；知识要多知；经验教训、恩奖提携不能忘记；有恩于人的事及消极的东西要忘记。

从容　我们要入乡随俗，每个地方、每个民族、每个国家的文化背景不同，客观上就有着完全不同的具体礼仪表达方式与方法，以及对同一种礼仪行为的不同评价标准，贸然采取自以为是的礼仪方式，很可能触及禁忌，引起对方反感，甚至厌恶。

美国总统尼克松当年访问我国，在欢迎他的国宴上，竟然主动先拿起茅台酒，讲了一句"干杯"，然后，他又马上去拿双筷子，夹片北京烤鸭，送到嘴里，眼睛眨一下说："好吃。"第二天，中国很多报纸用最大篇幅报道了此事，说这是一位最了解中国的美国总统。

(2) 社交法则

向度法则　向度就是交往要有方向性。向度是交往是否有益的前提。无方向性的社交，弊大于利。

广度法则　广度就是交往的范围。要根据自己的工作性质、业余爱好、性格特征来界定，特别是结合自己的工作和业余活动来界定交往广度，有利于提高社交质量。

适度法则　适度是人们社交是否成熟的重要标志。适度包括两个含义：一方面是寻找对方合适的交往时间；另一方面要把握爱情与友谊的界限。

(3) 社交方法

瞬间接触　美国畅销书《人生的99个瞬间》说："命运的改变就在于那一个个精彩的瞬间。"

美国《生活》杂志的总裁戈登·克罗期将这称为"电梯语言艺术"，他说："所谓'电梯语言艺术'是指当你在电梯里同领导一起的一分钟内所表达的包罗万象并能形成行动的一系列的思想和事实。"比如在工作餐中，你尽量与他接近搭上几句幽默话，从而引起他的注意，或者让个座。在走廊上看见领导问声好。在酒会上举杯向领导致意。在娱乐场所不失时机与之问候，与他同乐，兴趣相投为好。

套近乎　"套近乎"说白了就是拉关系，两人一见面，主动说一句："你的领带不错！""你孩子真聪明。""听口音你是XX地方人吧？""这里餐厅饭菜怎么样？"有时还可以即兴发言——看见几个人聊天，走近他们，先静静地听几分钟，等到大家停下来的时候，你说几句高见，再介绍自己，但不能介入两个人正热烈交谈的圈子。为了防止受骗，在没有完全了解对方之前，不要有财物往来。

假痴不癫　清代郑板桥名言"难得糊涂"。大事清楚，小事糊涂。一个人过于清醒明白，自命清高往往难以合群；以自己标准苛求他人，很难让人信服。

高调必然难以合拍，因为"曲高"往往"和寡"。我们不能戴着有色眼镜看人，看见一个坏人，认为所有的人都不好。这样只能给自己关"禁闭"——把自己和别人隔离开来。社会上坏人只是少数，绝大多数人是好人。

会议　我们要多参加国内外会议——这是"信息宝库"，"往往物以类聚人以群分"。这里有各阶层的精英，我们要主动送与人员名片，必要时向对方索取名片（同级），会收到意想不到的效果。这些人可以助你一臂之力，有的会主动找你献宝，有的是你主动找他取经，成功需要关系网。

舞会　跳舞既能锻炼身体，又能提高社交能力。舞厅里有各阶层的人，我们与需要的人跳舞，可以拉近彼此之间的距离，舞伴就是朋友，先交朋友后做生意。

设身处地　这是一种换位思考，我们要站在他的位置去看待问题。以他的利益为准，想他之所想，干他之所干。

道歉　一贯正确不干错事的人罕见，错了就应该马上道歉，拖得越久越难启齿。道歉光明正大，并不是耻辱。"吾日三省吾身"是有修养的表现。见面一笑，一束花，一份小礼物，一项奖励，一次晋升都可表示道歉。

柔和　在耶稣出生的两千年前，埃及阿克图国王就给他的儿子一条忠告：圆滑一些，它可使你予求予取。如果使别人同意你，请尊重别人的意见，切勿指出对方错了。老子说："人生也柔弱，其死也坚强。草木之生也柔脆，其死也枯槁。故坚强者死之徒，柔弱者生之徒。是以兵强则灭，不强则折，坚强居下，柔弱居上。"

卡耐基说："武断的决定于自己不同的意见常常会引发正面的冲突，而造成对别人的伤害。这样，社交就难逃失败的命运，其实，我们仅仅在用词上加以注意，往往就可有所改变。"又说："当有人愤怒地挥舞着拳头表示不满或是出言不逊的时候，我们何不以平和的态度去平息呢？虽然这需要高度的自制力，但总比最终感情的破裂要划得来。"

争论两伤，忍让两合，凡事和为贵，和气生财，以柔克刚，万事大吉。

甜言蜜语 卡耐基说："一句古老而真的格言说：'一滴蜜比一加仑胆汁，能捕到更多的苍蝇。'人也是如此，如果你要让别人同意你的原则，就先使他相信你是他忠实的朋友。用一滴蜜赢得他的心，你就能使他走在理智的大道上了。"他又说："懂得说话的人都在一开始就得到一些'是的'反应，接着就把听众心理导入肯定方向，就好像打撞球的运动，从一个方向打击，它就偏向一方；要使它能够反弹回来，必须花更大的力量。"

锲而不舍 卡耐基说："我们注意到常发牢骚的人，甚至最不容易讨好的人，在一个有耐心、具有同情心的听者面前都常常会软化而屈服下来。"一把钥匙开一把锁，只要方法得当，就能说服任何人。

循序渐进 《荀子·性恶》："不知其子，视其友；不知其君，视其左右。"也就是说，当你对一个人还不太了解时，可以先了解他周围的人都是一些什么样的人，一般情况，性情相近的人容易交往，因为他周围关系密切之人主要是与他性情相近的。

诸葛亮 《心术·知人第三》云："知人知道有七焉。闻之是非而观其志。穷之以词辩而观其就。咨之以计谋而观其识。告知已祸难而观其勇。醉之以酒观其性。临之以利而观其廉。期之以事而观其信。"意思是说：充分了解一个人的办法有7种。故意以是非混淆他观察他的心态。用刁钻的言语诡辩为难他，看他的应变能力如何。向他咨询处世的计谋，来判断他的学识程度。告诉他灾难变故，看他的勇气和胆量。用酒灌醉他，看他酒后本性怎么样。施以物质利诱，看他是否廉洁。要求他按时完成某事，看他是否可靠，守承诺。

诸葛亮《心术·三宾第三十》云："词若悬流，奇谋不测，博闻广见，多艺多才，此万夫之望，引为上宾。猛如熊虎，捷若腾猿，钢如铁石，利若龙泉，此一时之雄，引为中宾。多方或中，薄技小才，此常人之能，引为下宾。"诸葛亮把宾客分为上，中，下三等——

上等宾客是能口若悬河，滔滔不绝的人，有奇谋异计，神鬼莫测之人，知识渊博，见多识广的人，多才多艺的人，这些人都具有某一方面的高超才能深受众望。因此，在交往中要倾心相交，奉为上宾。

中等宾客是如熊虎般勇猛无比的人，机灵敏捷赛过腾跃的猿猴的人，如铁石一般刚强不屈的人，有如龙泉剑一般犀利无比、干脆利落的人，这样的人都是一时的英雄豪杰，在交往中不怠慢，但也用不着推心置腹，用中等礼节即可。

下等宾客是提了很多建议，但只有偶尔有作用的人；只有雕虫小技和小聪明的人。这些都是一般人所具有的能力，社交中也只是泛泛相交之人。

还有一种人，初交时好话说尽，一派君子风度；但渐交时，发现不规言行，漏洞不断出现。换句话说这人有很多疑点，我们只能婉言拒交了。这里的"拒"指内心要坚决，不能再第二次交往，疑人不交。

◆ **领导力**

领导力，就是引领组织达到目标的能力。领导是乐队的指挥，而不是钢琴手；冲锋陷阵的不是领导，决胜于千里之外的才是领导。领导者做正确的事。而不是事事做正确；领导者着眼于长期目标，而不是着眼于短期目标；领导者是原制品，而不是仿制品；领导者力求发展，而不是维持现状；领导者重视人员，而不是重视系统和结构；领导者激发信任，而不是依赖控制；领导者想的是做什么以及为什么而做，而不是想的怎么做以及何时做；领导者放眼于发展前景，而不是始终盯着盈亏数字；领导者挑战现状，而不是忍受现状。领导者洞悉下属的心灵和思想，而不是仅仅填满他们的手和钱袋。领导必须奉献爱心，才能点亮他人心灵的火把，看透他人的心扉，信心十足地带领团队冲锋陷阵，完成共同的愿景。第一代领导是身体力行的精英；第二代领导是全面管理的管理员；第三代领导是有素质，能力的教练；第四代领导是提供咨询，专门研究竞争对手，思考企业长远的发展，把握方向盘的舵手。李嘉诚说："我每天90%以上的时间不是用来想今天的事情，而是想明年，五年，十年后的事情。"

领导者应该具备的特质：自信、坚强、果断、创新、善辩、正直、公平、主动、坦率、稳重、乐观、幽默、热情、客观、可靠、勇敢、诚恳、灵活、谦和、机智、折中、现实（主义）、宽容、专注、合作、成熟、独立、反思。有学习力（改变自己，适应变化的能力），有决断力（决策和判断是非的能力），有组织力（整合内外部资源的能力），有教导力（复制优秀团队的能力），有推行力（推动组织执行的能力），有感召力，有凝聚力，有自控能力，有想象力，有公关力，有沟通力，有应变力，有使命远见，有同情心，有条理，有灵感，有好奇心，有旺盛的精力，不满足现状，敢于超越自己，不仅自己要敢于承担因变革导致的风险，而且要鼓励下属追求发展与创新，允许下属失误；甘当公仆，为下属服务的目的不是从下属那里索取，而是激发下属的自我价值与尊严。始终如一，善于决策、远见卓识、雄心勃勃、赏罚分明、言行一致，可依赖性。

在通向领导巅峰的道路绝对不是一条直线。事实上，它必须经受极其艰难的考验，战胜一系列挑战。

人品是领导者最为重要的资产，但是有人品没有能力是一种软弱，人品与能力都具备的人最具冒险精神，最能干出一番大事业。《礼记·哀公问》中有这么一段对话："公曰：'敢问为何为政？'孔子对曰：'政者，正也。君为正，则百姓从政矣。君所为，百姓之所以也，君所不为，百姓何从？'"孔子在回答鲁哀公什么是为政问题时强调："为政就是正。君主端正自己，那么百姓就服从于政令了。君主怎么做，百姓就是跟着怎么做，君主不做的，叫百姓怎么跟着做？"唐太宗说："若安天下，必须先正其身。未有身正而影曲，上治而下乱者，""为人君者、驱驾英才，推赤心待士。"《中庸》曰："性天下至诚为能任。"《中庸》讲做人要正，做事要有度，要无过无不及等等。古人云："动人心者莫过于情。"情动之后心动，心动之后理顺。

《曾胡治兵》："古人用兵，先明功罪赏罚。"领导者赏不避仇，罚不避亲，执法必严，违法必究。但是执行中多奖少罚，设法让下属"愉快地接受处罚。恩与威相结合方能长治久安。所谓威就是必须要令行禁止。所谓恩不仅表现为对下属在物质上的奖赏和帮助，而且还表现为精神上的理解、宽慰、尊重、信任和鼓励等。你给饥饿者一碗饭是奖励，给饱食者一碗饭是处罚。

领导者处于舞台的中心，是团队的带头者，变革的推动者，潜力的挖掘者，政策的决策者，下属的追随者。

《领导艺术学》作者威廉·柯汗说："除非激发了一个人的工作动机，你很难令人愿意追随你。""90%的领导人，将工作保障、高薪和盈利视为影响属下工作的重要因素，是值得怀疑的。比上述更重要的因素还多得多，主管本身得拥有超凡的、令人'信服'和'归属'的领袖魅力，才有办法让下属跟着你走。因此，我们可以确信，人们愿不愿意跟随你，要看你是否有强大的感召力，而非权力。"感召力是领导者改变和影响下属心理行为的能力，使下属心往一处想，劲往一处使，共同为目标而奋斗。感召力是由一个人的信念、修养、知识、智慧、才能等所构成的一种内在吸引力。感召力来自企业文化，个人魅力。领导者对自己的工作有火一般的热情；还要爱下属，调动他们的活力，帮助他们学会改变自己，充分发挥团队每个人的光和热，使他们跟随你一起去完成一个愿望，让每个人都去搜寻想法，并不断创新。

当好领导的两个关键：选人与用人。（战国）韩非子说："上君用人之智，中君用人之力，下君用己之智。"一流的领导用一流人才，企业的成功在于建立高效团队：一是团队成员必须经过层层筛选和充分磨炼的精兵强将组成。二是其成员必须融入一个高效运转、生机勃勃的集体。团队所在机构应给予足够的支持。三是领导必须具有决策能力，给团队带来清晰的指引，以身作则，并赢得成员的信任。

唐代陈子昂说："天下之政，非贤不理，天下之业，非贤不成。"古语："千军易得，一将难求。"领导者任人唯贤，重视人才，尊重人才，把那些有能力也乐意为工作而"倾情奉献"的人提拔到领导岗位。但不能重用5种人：①打探公司机密包藏祸心者；②欺骗领导，信口雌黄者；③溜须拍马，阳奉阴违者；④庸俗者；⑤诡佞（暗中伤人）和谗邪（直接毁人）者。善于管人者总是不分亲疏，一碗水端平，营造一种信任的环境，这样才能最大限度地办好事情。另眼看待所造成的特殊化，容易使人觉得不公正，人与人之间产生隔膜，忌妒，仇视而消极怠工。

顾嗣协说："骏马能历险，犁田不如牛；坚车能载重，渡河不如舟；舍长以就短，智者难为谋；生不贵适用，慎勿多苛求。"领导者在选人用人时，一定充分考虑到人才群体的最佳结构要素，使组织中的每个人都能发挥自己的长处，形成一个具有多功能的动态综合体和最优的群体结构。

富国银行的迪克·科瓦塞维奇认为，高智商有时反而成为领导者的障碍。"当你的智商超过组织中99%的人时，智商和领导力之间就会出现一个反向关联。"他说道。智商极高的领导者容易对工作过于投入，采取强硬手段，从而很难容忍自己身边的人。俗话说："一个和尚有水喝，两个和尚抬水喝，三个和尚没水喝。"说的是人与人之间协调问题，不能相互推诿，防止内耗。领导者把"内耗"引导为良性竞争，把员工的着眼点由彼此斗争转移到相互赶超上。

古语："自古不谋万世者，不足谋一时；不谋全局者，不足谋一域。"领导者办事从全局出发，大处着眼、小处着手，从长计议。

《别子·杨朱篇》：要办大事的人，不计较小事；成就大功的人，不考虑琐碎。

伍德罗·威尔逊说："领导者的耳朵必须听到人民的声音。"

戴高乐说："没有威望便没有权威，不保持距离便没有威望。"

大权独揽，事必躬亲不可取；权力分散各尽其责，各尽其能，各展所长最时髦。在分权的过程中要掌握一套制衡的策略，以防止下属集权现象的发生。分权要遵循以下原则；职权一致，责权对等原则；层级分明，权责明确原则；科学合理，相互制约原则；知人善任，大胆放权原则。

第二次世界大战时，有人问一位将军："什么人适合当头儿？"将军回答说："聪明而懒惰的人。"这种人懂得如何更高效而不是更辛苦地工作，减少无谓的精力浪费，用适度的勤奋获得更大的成功。

拿破仑有句名言："一头狼率领的千头羊群，一定胜过一头羊率领的千头狼群。"认为现代领导人应具有狼的"刚"劲，还要具有羊的"柔"性，善于处理人际关系的能力。"刚"指决策的果断性，办事的坚决性，管理的严肃性。"柔"指说服力，以理服人，"仁义"待人，小事忍让。

"海纳百川，有容乃大。"

知识社会剧变，主要特征是新机构、新理论、新意识形态和新问题，变化之快往往出乎我们的意料之外。知识成为社会的关键资源，其特质：没有疆界，知识传播快，谁掌握就为谁服务；向上流动，力争上游的人都有成功的机会；成功和失败的几率均等，不是每个人都能成功。所有企业和组织的平均寿命都在缩短，经济处于动态不平衡之中，一不留神就掉进万丈深渊。学习成为人生的主题，学则活，不学则死。我们必须抛弃那些已被证明不成功的东西；也必须在企业内有组织地不断改进每一种产品、服务和流程；必须善于成功，还必须有系统的创新，"创造性破坏"是经济的驱动力，以及新科技是经济变化的主要动力。领导这个岗位所需要的不是业务尖子，而是通才。精英对岗位负责，领导对整个组织负责。

《财富》杂志（中文版）曾做过一次"中国商业领袖国际化调查"。其中概括了全球商业领袖必备的8项能力：

全球化视野——将整个世界纳入他们获取资源和职业竞技的平台。

国际知识——关心并了解国际上发生的所有事情。

领导变革——计划、领导、激励以及有效执行变革的能力。

开放型的管理风格——关心他人，分享你的感受，适当的时候共担领导能力。

跨文化的管理能力——能够在不同的文化环境中保持高效的管理能力。

适应不确定环境的能力——在不确定的环境条件下，自主而有效的决策能力。

乐观思维和成就欲望——即使面对挫折也能保持自信心，并制定奋斗目标。

愿景管理和激励人心的能力——能清楚描绘，表达未来发展方向，并且激励他人。

美国詹姆斯·库泽斯和巴里·波斯纳著《领导力》一书中述：受人尊敬的领导者的品质，见表5–1。

表5–1 受人尊敬的领导者的品质表

品　质	选择该种品质的被调查者的百分比（%）			
	2007 年版	2002 年版	1995 年版	1987 年版
真诚	89	88	88	83
有前瞻性	71	71	75	62
有激情	69	65	68	58
有能力	68	66	63	67
聪明	48	47	40	43
公平	39	42	49	40
正直	36	34	33	34
宽容	35	40	40	37
能支持别人	35	35	41	32
可靠	34	33	32	33
合作	25	28	28	25
勇敢	25	20	29	27
果断	25	23	17	17
关心别人	22	20	23	26
富有想象力	17	23	28	34
成熟	15	21	13	23
有雄心	16	17	13	21
忠诚	18	14	11	11
有自制力	10	8	5	13
独立	4	6	5	10

注：数据代表的被调查者来自非洲、北美洲、南美洲、亚洲、欧洲和大洋洲。他们大部分是美国人。因为我们请被调查，选择7种品质，所以总数加起来超过100%。

勃隆查德培训和开发公司董事长勃隆查德列表说明常见的文化误区与对立的价值观念：

21世纪领导的新模式如下：

旧模式		新模式
当经理	→	当领导
当老板	→	当教练，当参谋
管束员工	→	向员工放权

集权	→	分权
微观管理，目标分散	→	统一战略设想，明确战略目标
根据规章制度下命令	→	用价值原则和企业文化作指导
"地位型"领导制，等级分明	→	"关系型"领导制，协作网络
需要员工服从	→	赢得员工承诺
以指标和任务为中心	→	以质量服务和客户为中心
对抗和倾轧	→	合作和协调
强调独立性	→	互相帮助和支持
拉帮结派，讲义气	→	互相尊重，发扬先进，提供多样化
遇到危机再变革	→	不断学习和创新
内部争斗	→	全球竞争
心胸狭窄，盯着"我的公司"	→	心胸宽广：放眼"社区、社会和世界"

各项体制的利弊关系见表5-2。

表5-2　各种体制的利弊关系

体制类型	体制类型 A 进化式（系统、合作、人道）	体制类型 B 保守式（等级、机械、争权）	体制类型 C 独裁式（中央集权、分权主管，主仆关系）
指导原则	伙伴式、社会的	权威式，专制的	独裁式，专权的
目的和目标	维护体制和成员的生存，利润只是达到目的的手段	主要是以赢利为导向，体制的存留是第二位的	获得体制的专断权，赢利只是获权的手段
规则和法律	维护体制的目的和目标与维护人权联系在一起	集体原则，服从等级的指令行事	服从体制的目的和领袖的指令
惩罚	违反如团结、忠诚、人道等价值观和破坏大自然	拒绝体制的一致性则受到心理压力、孤立或开除	集中营、精神和肉体的伤害，毁灭生存条件，种族拘禁，谋杀
敌人	双重标准对待伙伴和竞争者	任何非体制成员均为对手	任何非体制组成部分者均为敌人
礼仪、标志	淡化、不断变化，只是短期有效	数量众多的公开和精确的效忠礼和服从姿态，炒作因素	僵硬的保持一致的礼仪、明显的标志、禁令、炒作、精神和肉体压制

事 例	现代化的 Know-bow 企业（迄今罕见）	多数经济企业公共行政管理部门学校	等级森严的企业，政治专制实体，伪宗教团体，犯罪集团，施虐团伙，越来越多的期待获取超高利润的年轻企业

◆ 方与圆

"方"即方形端庄严己，棱角分明，为人之"方"是指公正，坦诚，表里一致，内心刚直，"方"是做人之本，是堂堂正正做人的脊梁。俗语说："没有规矩不成方圆。""规矩"就是党纪，国法，家规，企业的规章制度。这是人人必须遵守的前提条件。圆形周而复始，无懈可击，为人之"圆"则是指圆通，圆活，圆融，圆满，圆屈，圆伸，通是权和变，活是趋向、目标，融是状态，满是结局，屈是手段，伸是目的。大医学家孙思邈主张"胆欲大而心欲小"智欲圆而行欲方。人们常用"圆滑"这个形容词形容一个人处世老练，善用技巧，左右逢源，滴水不漏，其中有贬义，过于圆滑被认为老奸巨猾，必然众叛亲离。

方世是个智慧培养的处世态度，办事要讲原则性，刚直不阿。圆世则是外表柔和，不张扬、夸大自己，而是求心"咬定"目标。近乎宗教培养的处世态度，办事要讲灵活性。因圆而近乎神。只要仔细体味一下"神、通、广、大"四个字，就不难理解了。圆世的态度带来的是无所不通，法力无边的效果，这就是宗教"神"在人们心中的形象。有了它，生意场上也好，社交场合也好，都能化弊为利，达到不留后患，无事不成的境界。郑板桥说："难得糊涂。"刘少奇说："大事清楚，小事糊涂。"《汉书》："水过清则无鱼，人过察则无徒。"一个人要大智若愚，如果过分认真，那么将一事无成。做人就要像铜钱那样方外有圆，圆中有方，外圆内方。这样的人行动干练，敏捷周到，"狡兔三窟"，绵里藏针，知人善任，引咎自贬，欲擒故纵，洁身自好，砸琴扬名，沉默是金，进退自如，无往不胜。

◆ 进与退

为什么人生的道路上有人脱颖而出，名扬天下；有人名落孙山，默默无闻呢？成功的人往往掌握好进与退的火候能够和着进与退的节奏"起舞"，知道什么时候该进，什么时候该退，进退自如是一门领导艺术。

只进不退者莽，只退不进者懦。

《左传》中说：可见而进，知难而退，军之善政也。意思是见到能获胜的机会就进攻，认识到难以取胜就后退，这是指挥军队的一条好办法。

《左传》中还说："力能则进，否则退，量力而行。"意思是估计自己的力量能够完成就进取，办不到就撤退，要正确的估量自己的能力去做相应的事。

审时度势，方能进退自如，时是时间，是事物的趋向和形势。时势指的是某一时间的客观形势。

当你年富力强，才华横溢，领导重视，前进道路上畅通无阻，天时、地利、人和都具备的情况下，采取"急行军"的速度前进是最佳成事策略。只有鼓足干劲，以大无畏的气概披荆斩棘奋力前行，才能为自己杀出一条"血路"。每走一步要行得端，走得正，有主见，不媚上，立场坚定，旗帜鲜明，处处高标准，严要求，防微杜渐，居安思危，力争不出纰漏，成功的关键是服务于人，自私将毁灭自己。对竞争对手以攻制攻，对奸邪之徒以毒攻毒，对逞奸犯科者绝不手软，这样才能站稳脚跟，赢得领导重视，群众信任。

当你前进道路上遇到重大障碍，时局变化无常自己处于进退维谷之境，往往采取不进不退的战术，以糊涂之道守住求进的门户，以逸待劳，静观其变才是良方。隔岸观火，"坐山观虎斗"往往会收到意想不到的收获。冷处理能带来热效应。古语云："鹰立如睡，虎行似病，故君子聪明不露才华不逞，才有肩鸿任巨之力。"一个人只有能对自己的才华保持深藏不露的态度，才能在将来肩负重任。古人云："烦恼皆因强出头。"强字在这里有两个意思，第一个意思是不能"勉强"干某些事，力不从心成功率低。第二个意思是"强力"——自己虽然有足够的能力，可是客观环境这一"大势"和周遭人对你的支持的程度这一"人势"却还未成熟，会遭到别人的打压和排挤，给自己带来烦恼。当然并不是不能"出头"。当各方面条件都已成熟，且"大势"、"人势"皆利于我们时再"出头"，那么，我们一定成功。进无常法，退无常形。进，不一定非要轰轰烈烈；退，也不必显山露水，一切顺其自然，做到天衣无缝，无懈可击。

当你才智一般，精力渐衰，已有人走在你的前面，何必刀光剑影，争强好胜呢？争取不落伍，保住饭碗是万全之策。

老子说："无为而无不为。"意思是说，只有不做，才能无所不做，唯有不为，才能无所不为。人的"无为"比有为更有用，更能给自己带来益处。一味地争强好胜。"有为"过盛，最终只能落得个身败名裂的下场。

退却只是一种权宜之计，待时机成熟，成功条件已到，便可由无为转有为，只有退几步方能无所不为；只有退几步，方能大踏步前进！

退却不是逃跑，不是为退而退。战略性退却不能一触即溃，要秩序井然，有条不紊，不慌不乱。退却时需要善于给将来的进留机会，给有朝一日的东山再起建人脉。在细处把握好进退的时机，进退主要在随机应变，想办法杜绝进退之后的后遗症，选好接班人就可以放心退。功成身退，天之道。

◆ **压力与动力**

压力就是主观愿望与客观实际不相符合，从而使人难以忍受时产生的心理和生理状态。

我们生活在一个高风险的社会，竞争十分激烈，有的人惊恐万状，有的人处变不惊。

一项盖洛普调查显示，当美国人被问到"生活中多久会经历一次压力"时，40%的人回答是"一直"；39%的人则认为"有时候"。

我国曾有一项报告说，在全国 12.6 万名大学生的抽样调查结果表明，大学生因心理压力而患心理性疾病的比率高达 20.23%；据国家体改委完成的一项调查表明，有 68.5%的居民觉得生活有压力。

联合国国际劳工组织发表的一份调查报告认为："压力所造成的心理压抑已成为 21 世纪最严重的健康问题之一。"

从业人员恐惧：失业、事故、职业病、出差错，受批评，超重的工作负担，苛刻的时间定额，同事之间的竞争与摩擦等。

头头恐惧：无法完成指标；工作出差错；不能成为员工信服的管理者；失去了权力与权威；出现了被青年人取而代之的迹象；身体欠佳，年龄较大等。

公务员恐惧：倾轧，陷害，钩心斗角，争权夺利，取而代之等。

社会上的失业、失恋、离婚、疾病、噪音等均会产生恐惧。

学生课业繁重，毕业后就业难，以及部分学生经济困难都会产生恐惧感。

内心的恐惧是因为无知愚昧造成的。死亡并不可怕，脑袋掉了不过碗口大个疤，真正可怕的是心理恐惧，它会使你慢性自杀。《黄帝内经》开篇第一段就讲了，只有精足才不"善恐"。中医还讲"习能胜恐"，就是习惯可以战胜惊恐。

恐惧给人带来灾难，又给人带来幸运。

恐惧是警报器。它告诉你工作要干得漂亮、出色、无可挑剔。行为举止要体面，大方，潇洒，处理问题要精明。学习要深入钻研，干啥钻啥，学深学透，无所不能。人生就是赛跑，不能落在别人后面，别人能做到的，我一定要做到；别人能达到的目标，我也一定要达到；别人不能干的，我要干成功。我要比别人更精干，更潇洒，更有成绩，更被人爱戴，才能立于不败之地。

恐惧是救生圈。在大大小小的危险到来之前，它会及时告诉我们，并闪电般迅速地作出决定，一次又一次地脱离险境；它提醒人们居安思危，防患于未然；它使我们深思熟虑，在危急关头严阵以待，奋勇拼搏，起死回生。

安全是相对的，不安全是绝对的。职场上的人，如果自觉良好，自以为聪明绝顶，智慧过人，对自己的愚蠢一无所知，而且一点压力也没有；如果不忠于职守，不会为人处世，没有团队精神，缺乏创新精神，沟通能力差；如果不充电，甘居中流，不"每天淘汰你自己"。那么，你就会被别人淘汰了。在这个竞争的社会，到处都有自己的竞争对手——敌人、朋友或同事。职场上不需要平庸的人。古人曰："生于忧患，死于安乐。"比尔·盖茨说："微软离破产永远只有 18 个月。"张瑞敏感觉：每天的心情都是"如履薄冰，如临深渊"。柳传志认为："你一打盹，对手的机会就来了。"

恐惧是机遇。汉姆大学毕业后来到一家公司，这家公司的薪水发放形式有两种：一是固定工资，二是销售提成。在签劳务合同的时候汉姆是唯一的零薪水者。初期由于辖区经营陷入了前所未有的低潮，产品销售不畅，无钱开支。他没有被困难压倒，迎着困难上，一位女工说："汉姆先生，你的压力太大了！"汉姆告诉她："压力就是我们的工作和机遇！"汉姆 3 个月的试用期后，由于工作出色就成了这家公司的业务主管，半年之后，成了最大的代理商。后来，汉姆已经调到公司总部，负责整个中东地区的营销业务。

人们常说：喜伤心，怒伤肝，思伤脾，忧伤肺，恐伤肾。医学上认为，精神长期忧郁、悲伤、烦恼、紧张、恐惧等，能使内分泌紊乱，组织损伤，器官过早老化。同时在精神作用下，还会减少脑血流量，影响大脑皮层功能，逐步形成脑动脉硬化。

欧文说："思想浅薄的人会因为生活的不幸而变得胆小和畏怯，而思想伟大的人则只会因此而振作起来。"正如成功学博士拿破仑·希尔引用过的一首诗：

如果你认为自己已经被打败，

那你就被打败了；

如果你认为自己并没有被打败，

那么你就未被打败。

如果你想象获胜，但又认为自己办不到，

那么，你必然不会获胜；

如果你认为你将失败，

那你已经失败了。

……

积极的心态是希尔博士"成功学"的核心。凡事要从积极方面去想，远离消极的人，以轻松的态度面对现实。老子《道德经》中说："胜人者有力，自胜者强。"意思是说，能够战胜别人的人，只是有力量而已。能够战胜自己的人，才是真正的强者。

古希腊哲学家柏拉图说："最先和最后的胜利是征服自我。被自我征服，是所有事情中最令人羞耻，也是最可恶的。

歌德说："谁若游戏一生，他就一事无成，不敢主宰自己永远是一个奴隶。"

人生的道路是多样的，有时在空中航线上飞行，有时在高速公路上行驶，有时在羊肠小道上爬行，有时在悬崖峭壁上攀登，有时在险恶的江河中游泳——能否游过彼岸，就要靠自己的本事了。本事大的人能征服惊涛骇浪游到彼岸，本事小的人一遇风波就沉没了。学习、实践是生活游泳术。成功的人是善于思考的人，寻找市场空隙的人，梦想是你的宝贝，周全的准备是必胜的法宝。

当你在前进的道路上遇到困难时，要认真分析原因，想出各种解决问题的办法，不要被困难压倒，困难就是机会，危机就是转机，每克服一次困难就前进一步，克服的困难越多，进步越大。

美国加州大学生物影像研究所主任乔治·希森对一部分人进行过调查，他将这些人分为两类：一类是不断地向新的目标发起挑战的人，他们设定好目标，再制定一套行动策略去不断地实现目标；另一类是只有一个终极目标的人。结果，总是设定新目标的人，平均每月赚7401美元；而实现了一个目标就满足现状的人平均每月仅赚3397美元。

成功的人生活是充实的。一天工作安排得满满的，完成第一个目标，第二天则起程奔向第二个目标。他们不断超越自我，挑战自我，生命不息，奋斗不止。在这前进着的变化的年代，短期目标3年，中期目标6年，长期目标7~10年；还有日、月、季计划，一环扣一环，不能松懈。目标定在100的刻度，要付出110的努力才能达到目标。这并不是说要整天紧张工作，疲劳战术。恰恰相反，会休息的人才会工作。最好的休息是改变生活方式。目标就是方向，就是动力，就能排除一切干扰，走向成功之路。没有目标，就像无舵之舟，随波逐流。当然，制定目标要充分考虑变化因素，不要定得太高，加大自己的压力；还要经常检查自己，修正方向，不断为自己加油，多拉快跑。美国文学家福斯迪克说："蒸汽或瓦斯只有在压缩的状态下才能产生推动力。尼亚加拉瀑布要在巨流之后才能转化成电力。而生命唯有在专心一意，勤奋不懈，追求高远的情况下，才可获得成长。"

压力包围着人们，每个人要学会自我减压：散步、游泳、跳舞、打球、下棋、打牌、看书、养鸟、听音乐、和家人团聚、跟朋友谈心等都可以减压。善于把压力变成动力的人才是赢家。

◆ 警惕

我们不能埋头拉车，还要抬头看路，时刻警惕老板不信任你的征兆：

不再让你参加例会，不重视你的意见，不再分配你重要工作，而且工作越来越少。

去找别人讨论你的业务或工作，暗中监视你的行为。

老板直接召集你下面的员工开会而不让你出席。

莫名其妙地安排你出差，出游，出国或换岗。

让你建立制度及工作档案。

给你配副手，架空你的工作。

奖励没有你的份，对你没有好脸。

犯小失误遭到大惩罚。

一开始就给你力所不能及的重要职务。

你认为单位里的人不好，自己很孤独。

你所在的单位财务状况不佳，无发展空间。

你的工作乏味，只是为了养家糊口。

第六章　家庭理财

1. 理财工具之一：储蓄

众所周知，储蓄风险最小，但存在通货膨胀和货币贬值的因素，储户需要警惕。

储蓄有如下种类：

（1）活期储蓄。这种储蓄的特点是零星存入，随时支取，不规定存期，存款金额不限，是个人安全保管现金的存款方式。凭折支取，存折记名，可以挂失。利息每年结算一次，并入本金起息。

根据活期储蓄所使用的存取款凭证不同划分为 3 种形式：

①活期存折储蓄。这种储蓄开户是由银行发给存折，以后凭存折办理存取（或凭印鉴、密码支取），每年结息一次，并入本金生息，未到结息销户，利息算到销户的前一天。

②活期存单储蓄。即一次存入，一次取出，适合大额临时性存款。银行发给储户存单，并凭存单（或密码）随时支取，取款时计息。

③活期支票储蓄。它与活期存折储蓄性质完全相同，只是存取方法不同，存入时使用存单，取款时，使用活期储蓄支票。这种储蓄方便结算，有利于储户存款保密。

活期储蓄还有两种本地开户而异地取款的形式：

①活期储蓄异地（各城市储蓄所之间）通存通取，不计利息，银行还要按每笔业务收取一定的手续费。

②储蓄旅行支票，是由储蓄所签发，限个人使用的一种储蓄异地结算凭证。它的优点是：见票即可验付，使用灵活方便。银行签发储蓄旅行支票按签发金额的百分比收取手续费。不计名，不挂失，不受理查询。

（2）定活两便定额储蓄。它是介于定期与活期之间的储蓄种类。这种储蓄以固定面额存单为存款凭证，存单不记名，不挂失，同城可随时存取。

（3）定期储蓄。是储户在存款时约定期限，一次或存期内按期分次存入本金，整笔或分期分次取本金或利息的储蓄。

定期储蓄分为 7 种：

①整存整取。

②零存整取。

③存本取息。

④整存零取。

⑤大额可转让定期存单。它是以固定面额存单为存款凭证，存单面额一般为 500 元、1000 元、3000 元、5000 元、10000 元等数种，存款期限有半年、1 年、3 年、5 年等。不能提前支取；存单一般不记名；记名存单可以挂失。

⑥贴水定期储蓄。是在存入时预先一次付清全部利息，到期还本的一种定期储蓄。存期一般分 1 年、2 年、3 年三种，不能提前支取。

⑦专项储蓄。是以积攒某项特定用途的费用为目的的一种储蓄形式，我国现行的专项储蓄主要有购房储蓄和购物储蓄两种。

2. 理财工具之二：股票

股票是高风险、高收益的理财工具，随着社会的发展，人民生活水平的提高，股票将进入每个家庭。无论是成功的经验，还是失败的教训，对股民来说，都是一笔巨大的财富。

只要掌握了基础知识，合理地运用技术，有敏锐的眼光，良好的心态，稳健的操作，潜心研究，才能真正成为股市的赢家。股市里曾流传一句话："笑到最后的永远是懂得技术分析的人。"

股票是上市股份公司在筹集资金时向投资者发出的股份凭证，即股票持有者股东对股份公司的所有权。

● 影响股票涨跌的主要因素

①如果国家实行的是扩张性财政政策，则股票价格就会上涨。相反，国家实行的是紧缩性财政政策时，则股票价格就会连续下跌。

②货币政策，主要是利率、汇率两个因素。一般地，利率下降时股票价格就会上涨；相反，利率上升时，股票价格就会下跌。升降与股价走势呈反向运动。外汇汇率对股票价格也有影响。如果一国的货币实行的是升值政策，股票价格会上涨；反之，如果货币贬值，股价就会下跌。汇率对股价影响最直接的是那些从事进出口贸易的上市公司。

③经济周期变动对股市的变化影响极大。经济周期可分为衰退、危机、复苏和繁荣 4 个阶段。

衰退期，股票价格逐步下跌；

危机期，股票价格跌至最低点；

复苏期，股票价格又逐步回升；

繁荣期，股票又会上涨至最高点。

以上经济周期的变动与股价变动时呈同一方向变动趋势，这是一般情况，但股价的变动常常具有超前性，大约在经济衰退前一年，股价涨到顶峰，随之开始下跌。而在复苏之前半年左右，股价已经回升。当股价跌破上次经济衰退前的最高价与最近一次最高价的差距 1/3 时，下次经济衰退就为期不远了。当经济处于衰退的泥潭中，而股价起伏波动不大，成交量逐渐增多，表明经济衰退阶段将过去，经济复苏即将到来。

我国宏观经济经历了 4 次周期循环。1978—1981 年为第一个经济周期，1981—1986 年为第二个经济周期，1986—1990 年为第三个经济周期，1990—1996 年为第四个经济周期，1996 以后，由于国民经济调整，这个周期时间较长些。2007 年牛市，2008 初还是牛市，以后就下跌了，这与西方金融危机有关。

④物价上涨，股价上升；物价下跌，股价下跌。当商品价格出现缓慢上涨，且幅度不是太大时，公司库存商品的价值会上升，从而公司的利润会上升，带动股价上升；反之，股价会下降。但如果商品的价格上涨的幅度过大，股价不仅不上升，可能还会下降，这是因为物价上涨会使公司生产成本增加，而产品又不能很快销出去，从而使公司的利润下降，继而股价降低。

⑤通货膨胀对股价具有刺激作用和抑制作用。当货币供应量增加时，一方面可以支持公司生产，扶持物价，阻止利润下降；另一方面，扩大的社会购买力会部分投资于股票，从而抬高股价。当货币供应量减少时，社会购买压力会下降，投资会减少，因而股价也必然受影响，导致股价下滑。

⑥政治环境对股价产生越来越敏感的影响。政局稳定，外交关系改善，外资流入多，生产就会上去，股价就会上升。政治风波、领导人的健康状况、政府换届选举等都会对股票产生重大影响。战争会使军工繁荣，与此相关的公司股票必然上涨，而其他股票可能下跌。

⑦公司的经济实力、财务状况、盈利情况等对股价有影响。其中涉及股票发行时间长短，发行价格高低，注册资金大小，直接影响股价高低。股本结构中有无国家股、法人股、职工内部股是不一样的。公司的盈利水平是影响股价的主要因素之一，公司的盈利水平上升，其股票价格必然上升。反之，公司的盈利水平下降，股票价格也会下跌。公司并购企业经营状况好坏影响股价涨跌；公司坏消息传闻、谣言都会对股价产生影响。

● 购买股票既要选股又要选时

选股。既要作基本分析，又要作技术分析，缺一不可。比如：美国"天才理财家"沃伦·巴菲特只强调内涵价值（基本分析）而不重视技术分析，在1997年金融风暴从亚洲各国蔓延到俄罗斯、拉丁美洲，一年后，欧美股市亦受重创，终于酿成全球性的金融危机，短短两个月，他就赔掉巨额资金。然而，美国另一位富有远见的国际投资家杰姆·罗杰斯，既重视基本分析，又重视技术分析，1984—1987年，当世界经济发生巨变，股市暴跌之时，曾三次成功地卖空巨额股票，从而逃脱了股票灾难。这位世界奇才毕业于耶鲁大学和牛津大学。他博览群书，学识广泛，善于独立思考，从社会、经济、政治和军事等宏观因素去分析企业的命运将产生什么样的影响，行业景气状况将如何变化而进行顺势操作。我国华东理工大学数学博士赵小平，借助数学工具，对股价趋势作了几何图形，采用"通道"理论，关注股价下降通道的走向。他不但成功地躲避了七次风险，而且还利用技术分析的方法，在暴跌和反弹的间隙缝中进货出货，成功地抢反弹，搏差价，从而在股市暴跌的整个过程中逐步完成了脱贫。

基本分析：根据销售额、资产、收益、产品和服务、市场和管理等因素，对企业进行分析。亦指对宏观政治、经济、军事动态的分析，以预测它们对股市的影响。

技术分析：以供求关系为基础，对市场和股票进行分析研究。技术分析人员研究价格动向、交易量、交易趋势和形式，并制图表示上述因素，力图预测当前市场行为对未来证券的供求关系和个人持有的证券可能发生的影响。

选股不如选时。对散户来说，为把握起见，牛市挣钱，而熊市挣钱相当不易。

所谓牛市，指股市行情前景看好，行情看涨，交易活跃。特征是：上升的股票种类多于下跌的股票种类；常有股票价格创历史新高；企业大量买回自己的股票；除息，除权股很快填息、填权；成交量上升；新开户人数逐渐增加；投资人踊跃到登记公司办理过户等。

牛市上升的3阶段：第一阶段，上升由起步到结束，一般耗时2~3个月，其中盘整耗时1~2个月才到达第二阶段上扬的起点。第二阶段涨幅，依第一阶段盘整幅度与盘整时间而定，第一阶段盘整幅度越大，盘整时间越长，第二阶段的涨幅也就越大，大约成倍数增长。接下来又要历经1~2个月的回调整理，其幅度大约是第一阶段涨幅的1/3或1/2。第三阶段上升非常不规则，行情展开非常迅速，常常出现急涨、急跌的反复行情。

牛市时的投资策略是：买股并持有，每一次调整时机都是买入良机。

牛市见顶时的市场特征是：价格创新高的股票数量激增，市场十分火爆。

隔不久，股市创新高很少，这是牛市见顶征兆。股票拆细行为盛行，新股大量上市，但一经推出，便被大幅炒高。证券经理行业不断扩张，甚至增聘一些对股市无认识的人加入。新闻媒体大量报道股市信息，投资基金净资产值增高。

牛市见顶时的投资策略：立即清仓离场，不因贪小利而误入歧途。

熊市特征：熊市来临时，市场看好，一片繁荣景象。熊市到来时，经济状况良好，无衰退迹象，大市仍然上升，但其中个别股票突然急跌。股市进入熊市后，大多数投资者认为熊市不会持久，在熊市反弹后，股民仍然抢购。当证券公司大量裁人，新股发行受挫，承销商和投资者对新股失去兴趣是熊市快见底的信号。当利空消息频传，投资者纷纷抛出股票，表明股市接近了熊市底部阶段。

一般熊市的持续时间为 17 个月至 3 年，特殊情况还要长些，低于 12 个月的很少。

在熊市初跌阶段坚决清仓，在熊市接近底部之时，可考虑低买股票，中线或长线持有。但多数散户在熊市结束时买股票，这样风险小些。

如果你想长期炒股，每年年底价较低，是一般投资者买入的机会——熊市除外。要学会 K 线法，多看书，研究道氏理论、波浪理论、循环周期理论、亚当理论、相反理论、正面倾斜理论、信心股价理论、有效市场理论以及混沌理论和分形几何学异出的分析市场理论……并建立资料库，仔细研究所有股票的股本结构、公司构成、发展方向、主营业务、最新动态、历年财务状况，不仅要研究宏观经济，还研究微观经济——各股处于成长的哪个阶段，以及成长速度、现实经营状况等。

● 技术指标的实际应用

MACD 简称平滑移动平均线（是做好波段的保护神），它由两条线组成，DIE（白线）和 MACD（黄线），在 O 轴之上的（红色线柱）为强势区特征，在 O 轴之下的（绿色柱线）为弱势区。

我们在选择股票时，一定在 DIE 大于 MACD，即 O 轴上的低位金叉（日 K 线为多头排列趋势向上的）此时为启动阶段，可果断进入，做好波段。当 DIF 正在相对高位时，下穿 MACD 时，即高位死叉点出现后（日 K 线为空头排列趋势向下），此时为顶部阶段，要果断卖出。在 O 轴上多次金叉的各股，为强势股，在 O 轴下多次死叉的各股为弱势股，我们在选择各股时一定要看好该股的趋势和方向，多头市场不做空，空头市场不做多，不与趋势相抗衡，要顺势而为。我们要选择趋势向上的各股加以炒作。

DMI 指标系股价波动的具体表现，它先于各种指标而动，较快反应。+DI 代表多头，–DI 代表空头。当 +DI 大于 –DI 时，它的金叉点出现后，为买入信号，在量的配合下，可积极介入。当 +DI 小于 –DI 时，为卖出信号。其中的 ADX 线（紫色）作为风险提示，当数值大于 70 以上时，风险加大，注意该股应及时卖出。

EXPMA 为牛熊分界指标，由两条线组成，当股价有效地站在两条线上，可积极介入，特别是当两条线变窄黏合后，差价越小越好，后面的涨幅会较大。站在牛线上买入，站在熊线上卖出。

BRAR 指标的实际应用。BR 是人气指标，反映市场的心理；AR 是股价气势指标，测量市场的潜在能力。当股价上升时，BR 的人气指标一定要站在 AR 股价的指标上。

CR 属能量指标，当 CR 线有效地站在其他一条线之上，数值达 100~120 以上时，可积极介入。

W%R 威谦（超买超卖）是快线指标。

20~0 为强势区，100~80 为弱势区，底部状态时，100~90 出现拐点时可果断介入，其指标特点有 4 次冲顶机会，可第四次冲顶后果断离场。

OBV 能量潮指标的实际应用。用 OBV 分析和研究股价趋势十分重要；能量是股价涨跌的直接根本原因。

OBV 线下降，股价上升，表示买盘无力，是卖出信号。

OBV 线上升，股价下降，表示承接强，是买进信号。

OBV 线向上走势越陡越好，可连续创造 5~9 个连续的 N 字头高点，在 8~9 个 N 字头出现后，可出货。

RSI 是一个相对强弱指标，当 RSI 白线（快线）上穿黄线（慢线）在 50 的位置上，出现金叉后，可积极介入。强势各股可看到 90~95 一带。

KDJ 随机指标的实际应用。它属于超买超卖指标，KDJ 的指标的强势为 100，弱势为 0，它的高低点都有纯化现象，KDJ20 以下底部的金叉意义不大，我们要求在中位 50 以上的金叉可积极介入。强势各股应反复在 70~80 以上出现金叉，或长时间在高位运行，我们要积极介入。

布林线（ROLL）压力与支撑。布林线有三条线之分，有上轨线、中轨线、下轨线，当股价经过调整波带变窄时，或黏合后（然后走出喇叭形，上升的力度较大）收盘价大于上轨线价位时，为最佳买入点。

SAR 止损指标的实际应用。当收盘价有效地站在红球上方时，为买入信号，可买入。当股价有效地站在绿球下方时，为卖出信号，可卖出。

● 波浪理论

波浪理论是实用性较强的理论，具有很好的指导意义。上升分为 5 浪，下跌时为 ABC 3 浪。

①1 浪（上升浪）：行情刚刚启动，成交量逐渐放大，K 线组合为多头排列（5 日线>20>60 日线），股价应站在 60 均线的上方。

2 浪（小调整浪）：经过小幅调整后，清理浮筹，为后边的 3 浪打下基础。

3 浪（主升浪）：经过第 2 浪调整后，庄家对市场信心大增，成交量急剧放大，各股涨幅较大、时间长，强势各股在此浪中有翻倍的机会，该浪最具有爆发力，是整个行情收益最大的一浪。

4 浪（调整浪）：该浪以调整为主，形态较复杂，时间也略长，是对第 3 浪主升的充分调整和洗盘。

5 浪（延长浪）：该浪是整个行情的尾声，各股获利应在此浪了结，果断卖出手中各股。

②A 浪（下跌浪）：该股行情从此反转，下跌幅度逐渐加大，如套各股，在此浪中止损离场，越早越好，以减少损失。

B 浪（反弹浪）：我们要利用 B 浪的反弹的高点，卖出手中的各股，远离市场。

C 浪（下跌浪）：该浪各股损失较大，下跌幅度较深。C 浪在下跌中是最有杀伤力的一浪。

● 缺口理论

缺口理论较实际地反映了各股的实际状态，为我们判断大盘及各股的形态提供了依据，在日 K 线上留下了向上或向下的跳空口，根据这一形态的出现，使我们研究缺口理论时，更有明确的指导意义。缺口理论有极强的测试功能，可在日、周、月 K 线上反映出来，为我们判断大盘和各股提供了可靠的依据。

（1）向上跳空缺口

①普通缺口：大盘和各股的行情从此展开（有 3 天回补可能和确认），回探时可介入。

②突破缺口：突破缺口其意义在于大盘和各股将展开一段拉升行情，已经形成对热点板块或主流板块炒作。

③持续缺口：（即主升段）大盘与各股在此缺口炒作中，使行情更加火爆，股指、股价连创新高。

④竭尽缺口：此缺口为庄家派发出货缺口，行情接近尾声，也是最能套

股民的缺口，因此，在此缺口应止赢，获利的各股要落袋为安。

（2）向下跳空缺口

①普通缺口：行情在此缺口发生逆转，手中各股要立即止损离场。

②突破缺口：行情将向下调整百十点以下，各股损失较大。

③持续缺口：行情将向下调整，不要在此缺口补被套牢的股票。

④竭尽缺口：行情离底部较近，此缺口不要止损或出局，等待大势转好或强势股的出现，再做各股的调整。

● 静态指标的实际应用

①压缩图主要解决跟庄问题；如实力较强的庄家进场，红方格会越来越大和逐渐增多，将有很好的升幅。如庄家出货，白方格越多，说明庄家出货越坚决，不要参与无庄或弱庄各股的炒作。

②宝塔线：顶部时三阳顶部翻阴时是最佳卖出时机。底部时三阴底翻阳时是最佳买入时机。

③支撑与压力：当买入各股时，一定要在最大压力线上方买入，即支撑点出现时买入。

④乖离率：乖离率偏高时注意离场，乖离率偏低时注意买入（+8 和-8）。

有人说：我国股市"一挣、二平、七亏损"，还有人说："二挣、一平、七亏损。"不管怎么说，股市风险大，入市要谨慎。股票投资既是一门科学，更是一门艺术，只有真正投身于股市的投资者，才能理解其中的意义。技术分析就在于它的实用性、准确性和有效性。市场行为能反映出一切讯息、价格趋势、形态变动，历史经常重演。投资者要掌握股市运行规律，有一套符合自己的操作风格和买卖技巧，学会止赢、止损、减少失误，及时调整好自己的投资理念，才能成为成功的投资者。

1999 年 9 月 13 日，《华尔街日报》写道："无论是有关民众投资共同基金的讨论，还是为理发师、擦皮鞋工与普通人提供的投资建议认为，股票市场是那些相对来说所谓的精英人群的领地，纽约大学经济学家爱德华·尔夫提供的最新数据表明，1997 年仅有 43.3%的家庭拥有股票，但其中许多投资组合的规模相对较小，近 90%的股票已为最富有的 10%的人所拥有，而那 10%最富有的人由国家资产净值的比例从 1983 的 68%上升到了 1997 年的 73%。"

3. 理财工具之三：债券

债券是指政府、企业（公司）、金融机构为筹集资金而发行的到期还本付息的有价证券，是表明债权债务关系的凭证。债券的发行者是债务人，债券的持有者是债权人，当债券到期时，持券人有权按约定的条件向发行者取得利息和收回本金。它能够在市场上按一定的价格进行买卖。

4. 理财工具之四：基金

投资基金是指基金发起人通过发行基金券，将投资者的分散资金集中起来，交由基金托管人保管，基金管理人经营管理，并将投资收益分配给经营基金券的持有人的投资制度。

购买投资基金，等于是将基金交给专家经营，由于集体智慧技术先进，经验丰富，信息充分，组合投资，所以风险小，对于那些缺乏时间和专业知识的投资人是最佳的投资工具。

但是，投资人要认真比较基金经理人的素质和过往业绩，买好以后，应较长时间持有、分享基金成长的利润。如果遇到不测风云——主要从宏观经济的角度去考虑，风险程度大致与股票相当，投资者要适时卖出，避免损失。

5. 理财工具之五：保险

所谓保险是指人们为了应付自然灾害或者意外事故，由保险公司出面，组织千千万万参加保险的单位或个人缴纳保险费，组成保险基金，用于对这些单位或个人在一旦蒙受危险时的经济补偿。

家庭财产保险是以家庭生活资料、生产资料、自住房屋等财产作为保险标的的一种灾害事故的保险。保险公司对于投资的财产因灾害的损失负责赔偿责任。同时，对因防止火灾蔓延，减少财产损失进行施救、保护、整顿工作所发生的合理费用，保险公司也负责赔偿。

我国家庭保险的主要种类有：

①家庭财产两全保险。这是一种中长期保险，兼具补偿经济损失的保险性质和期满还本的储蓄性质。在保险期间，若发生保险责任范围内的损失，保险公司按规定的条款予以赔偿，保险期满无条件退还保险储金。

②家庭财产长效还本保险。这是一种长期性的、具有储蓄性质的保险。其保险储金、保险费计算缴纳方法，类似于家庭财产两全保险。但是，只要保险储金存在，保险就长期有效。且储金最终还是归投保人所有。

③家庭财产保险的附加险。这是在家庭财产保险的基础上，除房屋及附

属设备、手表、怀表外的其他家庭财产都可以附加盗窃险，按投保金额计算，费率一般为 2‰，其间发生的损失，按规定负责赔偿。

④家庭财产专项保险。交通工具、家用煤气、液化气、设备、服装、厂商用品等，都按规定投保并承担保险责任。

人身保险是以人的生命和人体功能（健康和工作能力）作为保险对象的保险，当人们遭到不幸事故、意外灾害、疾病、伤残、衰老、丧失工作能力、年老退休以致死亡时，根据保险条款的规定，保险人应对其被保险人或其家属（受益人）给付预定的保险金或年金，以解决病、伤、残、老、死等所造成的经济困难。

我国人身保险分类主要有人寿保险、健康保险和意外伤害保险 3 类。

6. 理财工具之六：期货

现代期货交易自 1848 年美国芝加哥谷物交易所（现名芝加哥期货交易所，简称 BOT）成立以来，至今已有 150 多年的历史。

我国的期货交易市场是在中国经济体制改革和市场经济的发展过程中，在借鉴国外经验的基础上，先进行试点，然后发展起来的。自 1990 年成立中国郑州粮食批发市场以来，只有近 20 年的历史。

● 期货市场的特征

期货市场是在现货市场的基础上产生和发展起来的，但它与现货市场有着本质的区别，并具有自身运行的一系列特征：

（1）交易合约标准化

期货合约指由期货交易所统一制定的、规定在将来某一特定的时间和地点交割一定数量和质量商品的具有法律效力的标准化合约。这种标准化是指进行期货交易商品的单位、报价方式、交易时间、交割品级、交割地点、交割方式等都是预先规定的，只有价格是变动的。这就大大简化了交易手续，降低了交货成本，最大程度地减少了交易双方因对合约条款理解不同而产生的争议和纠纷。

（2）交易场所固定化

不管交易者身处何处，期货交易都必须在期货交易所内进行，不许私下交易或进行场外交易。

（3）交易结算统一化

期货交易必须在交易所的结算机构进行统一的专门结算。交易双方都以结算机构作为媒介，实行每日无负债的结算制度。

（4）实物交割定点化

期货交易绝大多数都是"对冲"交易，即先买空、后卖空进行"对冲"结束交易。或者先卖空、后买空进行"对冲"结束交易。实物交割的交易大约占2%——这种交割的成本高，还必须在交易所指定的定点仓库进行交割，买卖双方不得私下进行交割。

（5）交易过程经纪化

交易所的会员单位可以直接在交易所内进行交易，其他交易者可以通过期货经纪公司来完成。

（6）保证金交易制度化

期货交易实行保证金交易制度。一般来说交易者只需缴纳期货面值的10%左右的资金，便可以做期货合约面值100%的金额交易。

（7）交易商品特殊化

期货合约的标的物就是期货商品，这种商品必须具备如下条件：①商品能够贮藏相当长的时间；②商品的等级、规格、质量容易划分；③商品的价格波动比较频繁；④商品的供给与需求量较大。

（8）投机交易合法化

期货交易没有双赢，只有一方赢，另一方输；不是商品实体的买卖；买空、卖空盛行，且合理合法。

从世界范围来看，期货交易所的设置有两种模式：一种是股份关系为基础而设立的股份制交易所；另一种是以会员合作关系为基础而设立的会员制交易所。我国目前保留下来的三家交易所，都是会员制交易所。

● 期货交易的组织机构

我国的期货交易所由理事会推举的理事长作为交易所的法人代表，一般不兼交易所的总裁，而是聘任交易所的总裁负责交易所的日常管理事务。交易所根据业务量设立业务部门。此外，在理事会下，一般还设有各种职能的专门委员会来处理日常工作以外的事务，它们与交易所的各职能部门相结合，共同进行期货交易所的管理工作。

● 期货交易入市手续

（1）正确选择期货公司

期货交易者选择自己所信赖的期货经纪公司，一般应具有以下条件：①必须是依法成立的；②拥有雄厚的资金和良好的信誉；③最好是交易所及结算所的会员单位；④拥有完备的通讯系统；⑤有一批精干的队伍，能完成客户下达的各项交易指令；⑥组织机构健全，能满足期货交易各环节的需要；⑦收取的保证金与佣金比较合理；⑧经营业务良好，拥有众多的客户。

由于我国期货交易尚处于发展初级阶段，一些不法分子从事非法经营活动，交易者应小心上当受骗。

（2）开立交易账户

交易者选好自己的期货经纪公司之后，就可以与其签订期货交易委托代理协议书，然后向其缴纳交易保证金，开立期货交易账户。这样交易者就可以随时进行交易了。

（3）选择合适的经纪人

期货新手要选择那些善于招引客户，熟练地向客户解释双方签订合同的内容与交易规则，准确地分析市场行情并告知客户；及时地向客户传递研究部门的报告、最新消息、下达的交易指令、已执行的交易头寸及有关盈亏状况，收取客户的交易初始保证金与追加保证金；协助客户提款及终止代理合同的经纪人，又不能过分地依赖经纪人。

（4）期货交易业务流程

客户首先选择一家经纪公司，并委托其办理开户手续，并缴纳手续费，签字后下达交易指令。经纪公司的经纪人在接到客户指令订单后，即将客户交易单交给经理公司的收单部门，收单部门在打上收单时间并经审查核对后，送给经纪公司出市代表。出市代表根据客户的指令在交易大厅场内将订单传给交易所场内交易员，由计算机进行议价交易。交易完成之后，出市代表将交易汇入交易记录卡，并将其交给交易所的结算部门，由结算部门进行当天的结算工作，同时把交易情况传回经纪公司，由经纪公司再传给客户，由客户加以确认。

经纪公司根据结算结果决定是否向交易者收取追加保证金。至此，交易流程即告结束。

此外，在期货合约到期时，期货交易还涉及一个占比例很小的实物交割问题，交易所结算部门都有明确的说明。

影响期货涨跌的主要因素：

（1）供求关系　期货交易是市场经济的产物，因此，它的价格变化受市场供求关系的影响，当供大于求时，期货价格下跌；反之，期货价格就上升。

（2）经济周期　在经济周期的各个阶段都会出现随之波动的价格上涨和下降现象。

（3）政治因素　期货市场对政治气候的变化非常敏感，各种政治性事件的发生常常对价格造成不同程度的影响。

（4）社会因素　社会因素指公众的观念，社会心理趋势，传播媒介的信息影响。

（5）季节性因素　许多期货商品，尤其是农产品有明显的季节性，价格亦随季节变化而波动。

（6）心理因素　所谓心理因素，就是交易者对市场的信心程度，俗称"人气"。如对某商品看好时，即使无任何利好因素，该商品价格也会上涨；而当你看淡时，无任何利淡消息，价格也会下跌。

（7）金融货币变动因素　当货币供应量增加时，期货价格上涨；当货币供应量减少时，期货价格会下降。它的价格变化随着各国的通货膨胀，货币汇价以及利率的上下波动。

7. 理财工具之七：外汇

外汇是指外国货币，包括钞票、铸币等；外币有价证券，包括政府公债、国库券、公司债券、股票等；外币支付凭证，包括票据（支票、本票等），银行存款凭证及其他外汇资金。

● 个人外汇买卖基本程序

外汇市场是昼夜都可以交易的投资场所。

我国银行规定，凡持有有效身份证件，拥有完全民事行为能力的境内居民个人，持有一定金融外汇（或外币）均可进行个人买盘外汇交易。对于普通居民来讲，只要持有一定的外币现钞或银行外币存单即可进行外汇买卖。

如何选择开户银行，可以比较各银行外汇买卖业务"指标"，如：

第一，交易方式的多寡：外汇买卖业务的交易方式有柜台交易、电话委托交易、自助交易、网上交易等多种方式。

第二，交易收取点数的高低：各开办个人外汇买卖的银行均是以国际金融市场价格作为中间价，在买入时在中间价基础上减去一定费用，在卖出时再加上一定费用，这个费用被业内人士称为"点数"。

第三，服务功能的多少，银行所提供的可交易的外汇币种越多，投资者选择的余地就越大，盈利和减少风险的机会也就自然增多。相应的，银行的营业时间越长，客户把握的机会也就越多。

第四，技术保障水平的高低：技术是交易的基本保障。由于汇市行情瞬息万变，开户银行能否与国际汇率信息系统联网，及时反映报价的变化和及时更新十分重要。银行电话线路是否保证及时畅通，通讯故障是否及时排除也很重要。

● 影响汇率变动的因素

①国际收支。一国国际收支赤字就意味着外汇市场上的外汇供不应求，本币供过于求，结果是外汇汇率上升；反之，一国国际收支盈余则意味着外汇供过于求，本币供不应求，结果是外汇汇率下降。

②通货膨胀。如果一国通货膨胀高于他国，该国货币在外汇市场上就会趋于贬值；反之，就会趋于升值。

③利率。如果一国利率水平相对高于他国，就会刺激国外资金流入，由此改善资本账户，提高本币的汇率；反之，如果一国的利率水平相对低于他国，则会导致资金外流，资本账户恶化。

④经济发展增长的差异。经济的增长有利于本币升值的稳中趋升。

⑤市场预期。国际金融市场游资数额巨大，这些游资对世界各国的政治、军事、经济状况具有高度的敏感性，由此产生的预期支配着游资的流动方向，对外汇市场形成巨大冲击。预期因素是短期内影响外汇市场的最主要因素。

⑥货币管理当局的干预。各国货币当局为了使汇率维持在政府所期望的水平上，会对外汇市场进行直接干预，以改变外汇市场的供求状况，这种干预虽然不能从根本上改变汇率的长期趋势，但对外汇的短期走势仍有重要影响。

外汇投资跟股票一样，涉及多学科，要进行基本分析和技术分析，否则，失败将等待着你。

8. 理财工具之八：房地产

房屋与房屋相关之地产称为房地产。随着人口增长，土地越来越显得稀缺，国民经济的增长，住房需求将增加，为房地产投资带来商机，作为耐用消费品将会越来越引起人们青睐。

房地产拟建项目要进行可行性研究。其内容有：

①总论。包括项目提出的背景、投资的重要性、项目研究的根据。

②需要预测和拟建项目规模、销售计划、价格分析、方案和发展方向的技术经济比较和分析。

③资源、原材料、燃料和公用设施情况。

④建设条件和地址方案。

⑤设计方案。

⑥环境保护。

⑦实施进度建设。

⑧投资结算和资金筹集。

⑨财务评价。

⑩国民经济评价。

对拟建项目进行经济评价，具体做法是根据国民经济发展规划和地区发展计划的要求，做好市场需求预测、地址选择、工艺技术和设备选择，计算出建设资金和效益，对拟建项目的财务可行性、经济可行性进行多种方案比较、分析和论证。这是项目评估的核心内容。经济评价分为财务评价和国民经济评价两个方面，通常做法是先进行财务评价，在这个基础上确定效益、费用和价格，作出项目的国民经济评价。

最后还要对拟建项目进行市场分析，这包括对拟建项目的投入物、产出物的历史资料进行整理、归纳、分析，以此作为判断项目建设的必要性，确定项目经济规模的重要数据，也是项目市场预测的重要内容。项目市场调查的内容主要包括：

①供应情况，包括项目投入物，同类产品和替代产品，现有生产能力、产量。

②需求情况，主要调查项目产出物，同类和替代品销售量，用户对产品的需求。

③供需关系方面。项目产品的市场占有率，投入物的市场供应量。

消费者要熟悉购房合同，熟悉国家的有关规定，小心上当受骗。买方要了解房屋产权的真实情况，对于违反法律政策的房屋买卖、当事人不具备主体资格的房屋买卖、规避法律的房屋买卖、意思表示不真实的房屋买卖、违反法定形式的房屋买卖等要慎重处理。购买者除了要向卖方索要一切产权文件，仔细阅读外，还要到房屋管理部门查询有关房产的产权记录，两相对照，才能清楚地知道房产的一切产权细节，不至于有所遗漏。

购买商品房首先要审查卖方"五证"，即《国有土地使用证》、《建设用地规划许可证》、《住宅使用说明书》、《建设工程施工许可证》、《商品房销售许可证》，从中可看出卖方的建设质量，并索要《住房质量保证书》和《房地产地籍》。根据房地产部门有关规定，办理产权证需提交申请书、身份证或营业执照、购房合同及付款凭证、房屋勘丈表及平面图、契税收据和商品房用地面积分摊表、地籍图等有关资料，这些资料绝大多数购房者本身拥有或可自行购到。这些资料要妥善保存，以便以后发生纠纷时查阅。《合同法》第136条规定："出卖人应当按照约定或交易习惯向买受人交付提取标的物单证以外的有关单位和资料。"购房者在合同中最好详细规定开发商必须提供办理产权证所需的资料，否则承担违约责任。

买方在未办理房产证之前，不要交足房费，交多少定金要在合同中注明。

购买私房（个人所有或者数人共有的房屋），根据《城市私有房屋管理条例》的有关规定，买卖城市私房的双方当事人应当办理以下手续：

①卖房需持《房屋所有权证》和身份证明，买方须持购买房屋的证明和身份证明。

②双方签订房屋买卖合同。

③缴纳契税。

当事人签订房屋买卖合同后，必须经房屋交易管理机关审查，经同意后缴纳契税办理契证手续。

④办理过户手续。

在以上手续完备后，到房屋管理机关办理产权转移登记手续，领取新的产权证。

买卖农村私有房屋，应签订房屋买卖契约、办理审批手续。买卖契约应由镇（乡）人民政府审批。如果当地政府规定要求缴纳办理契税或房产权过户手续费，应按规定办理。

财富的大门是敞开的，只要理财方法得当，我们就能成为富翁。财富是劳动的产物；是起点，而不是终点。资产是果，不是因；是仆人，不是主人；是手段，不是目的。

生活实用指南

（下篇）

刘世述　编著

辽宁科学技术出版社
·沈阳·

图书在版编目（CIP）数据

生活实用指南(下篇)/刘世述编著. —沈阳：辽宁
科学技术出版社，2011.12
ISBN 978-7-5381-7097-9

Ⅰ.①生… Ⅱ.①刘… Ⅲ.①生活－知识－指南
Ⅳ.①TS976.3-62

中国版本图书馆CIP数据核字(2011)第 188954 号

出版发行：辽宁科学技术出版社
　　　　　　（地址：沈阳市和平区十一纬路 29 号　邮编：110003）
印 刷 者：沈阳市新友印刷有限公司
经 销 者：各地新华书店
幅面尺寸：165mm×240mm
印　　张：53.75
字　　数：750 千字
印　　数：1~2000
出版时间：2011 年 12 月第 1 版
印刷时间：2011 年 12 月第 1 次印刷
责任编辑：寿亚荷
封面设计：Book 文轩
版式设计：袁　舒
责任校对：李桂春　刘美思

书　　号：ISBN 978-7-5381-7097-9
总 定 价：138.00 元

联系电话：024-23284370
邮购热线：024-23284502
E-mail：dlgzs@mail.lnpgc.com.cn
http://www.lnkj.com.cn
本书网址：www.lnkj.cn/uri.sh/7097

CONTENTS

目录

CONTENTS

第七章 保 健

健康的含义是什么？《辞海》中说，健康是"人体各器官系统发育良好，体质健壮，功能正常，精力充沛，并具有良好劳动效能的状态。通常用人体测量、健康检查和各种生理指标来衡量"。世界卫生组织制定出健康标准是躯体没有疾病，并符合以下条件：

①有充沛的精力，能从容不迫地应付日常生活和工作压力，而不感到过分紧张；

②处世乐观，态度积极，乐于承担责任；

③善于休息，睡眠良好；

④应变能力强，能够适应外界环境的各种变化；

⑤能够抵抗一般性感冒和传染病；

⑥体重适当，身材匀称，站立时头、肩、臀位置协调；

⑦眼睛明亮，反应敏锐，眼睑不发炎；

⑧牙齿清洁，无空洞，无痛感，齿龈颜色正常，无出血现象；

⑨头发有光泽，无头屑；

⑩肌肉皮肤有弹性。

又说："健康不但是没有缺陷和疾病，还要有完整的生活、心理状况和社会适应能力。"

心理健康的人应当：

①智商、情绪智商、情绪管理正常，创造商数、逆境商数良好。

②人格发育完整，自尊、自爱、自重、自信。

③任何时候不忘信念、目标，生命不息，奋斗不止。

④正确对待喜、怒、哀、乐，永远保持平常心态。

⑤对平常事物保持兴趣，事事关心；对现实具有敏感的知觉，并善待之。

⑥适应任何环境的生活、工作、学习，永远保持乐观向上的心情。

⑦对世界充满爱心，人际关系和谐，无歪心邪念，乐于助人。

⑧积极进取，勇于创新，三思而行，表达适度。

1. 生命在于运动

《一览延龄》中说："动中思静，静中思动，皆人之情也。更如静中亦动观书，动中亦静垂钓，无论动静，总归于自然，心情开旷，则谓之善生。"《延年九转法·全图说》曰："过动则伤阴，阳必偏胜；过静伤阳，阴必偏胜。且阴伤而阳无所成，阳也伤也；阳伤而阴无所生，阴亦伤也。"动中求静，静中求动，动静结合是科学、合理的健康长寿之道。现代科学研究表明：0.618这个数字在养生中起到重要作用。动与静是一个 0.618 的比例关系，大致四分动，六分静，才是最佳养生法。所谓 0.618 是被古希腊美学家柏拉图誉为"黄金分割律"或"黄金比"的数值。有人曾断言：宇宙万物，凡符合黄金分割律的总是最美的。静的最佳形式是睡眠。运动需要消耗人体的能量，大量的体力消耗会使人产生倦感，进而增加睡眠时间，改善睡眠的品质，增加了造血时间，提高了血气水平，储备了足够的能量，身体才能健康。

古希腊思想家亚里士多德说："生活需要运动。"我国古代著名医学家华佗说："动摇则谷气得消，血脉流通，病不得生。"

运动有如下益处：

第一，运动会打通经络，强化心脏功能。

长期坚持锻炼可使心肌纤维变得粗大有力，心脏收缩力增强，心率减慢——延长心脏寿命，由于脉搏输出量增加，从而使排血量增加，特别是对冠状动脉的侧支血管增多，管腔增大，管壁弹性增强，从而使心脏本身的血液供给得到改善，使心脏和整个循环系统的功能处于良好状态，能够承受高强度的体力负荷。运动能强化脑的功能。美国匹兹堡大学的专家研究表明，缺乏运动比衰老更易导致造成各种心血管疾病的动脉硬化。如果大脑动脉壁出现蚀斑，会导致中风和痴呆；肾脏出现蚀斑会导致高血压和血液渗析；生殖器的动脉出现蚀斑，会使人发生阳痿。

第二，增加呼吸功能。

肺活量增大使呼吸功能得到改善。肺的通气功能强，肺内残余气体量少，机体的代谢和抗病能力强。

第三，增强消化系统功能。

运动时，腹肌活动增强，对于胃肠道起到了一定的按摩作用，促进了胃肠道的蠕动，可产生饥饿感，食欲增加；改善胃肠道的血液循环，使消化系统血液增加，有利于食物的消化吸收；同时促进排便，防治便秘、痤疮和消化道肿瘤。

第四，改善人体的代谢功能。

运动有助于促进体内新陈代谢，对机体内葡萄糖的消化、吸收和利用也有一定作用，有利于糖尿病的防治。运动可以改善肾功能，增加肾脏的血液供给，促进肾脏排泄废物。运动可改善骨髓的血液供应，同时由于食欲增加，摄取更多的营养物质，使骨髓造血功能增强。运动还可降血脂，特别是甘油三酯和低密度脂蛋白，从而降低血液黏稠度，预防心血管病。

第五，对肌肉骨骼系统的影响。

体育锻炼可使肌肉的血液供应增加，新陈代谢活跃。时间一久，肌纤维增粗，肌束的生理横切面增大，这就使肌肉兴奋的力量必然增大，表现为收缩时的爆发力，静态的肌张力及耐力均增加。它可使能源物质的贮存增多，从而提高耐力。运动可使骨骼变粗，骨密度增加，骨上肌肉附着处的隆突更高，内部骨小梁的排列与承受力的方向更一致，骨的抗弯折、抗压、抗拉伸能力提高。运动能减少骨质流失，增加身体对饮食中钙质的吸收，从而对预防老年骨质疏松症有一定作用。运动也可使关节囊和关节韧带增厚变粗，抗牵拉能力和韧性都增加。

第六，对神经系统有保健和调节作用。

运动使心脏的每搏输出量增加，血液循环加快，摄氧量增加，血氧含量增高，脑动脉中含氧量上升，改善了脑细胞氧的供应，从而维持了大脑的正常功能，使大脑发达，减少中风发病率，有助于防治老年痴呆。运动是不花钱的"安眠药"，可防治失眠。运动也有利于增强记忆力，能促使大脑皮层内相应功能区健全各种反射，提高应变能力；运动还有助于两大自主神经（交感和副交感神经）的协调，预防乃至治疗神经官能症。运动会影响情绪和心理健康，运动会影响体内多种化学物质，还会影响到我们的心情和注意力。

第七，活跃免疫系统调节免疫功能。

强筋壮骨，改善肌肉，骨关节功能，使肌纤维变粗，肌肉力量增强；还可以加强关节的韧性，提高关节的弹性，灵活性和稳定性。从而提高机体的免疫能力，抵御各种病原微生物的侵袭，增强身体的自我调节能力。

2. 运动量应适度

运动应适应个体特点，不同年龄、性别、体质基础，应选择不同的运动内容和组织形式，运动量也有所区别。现代医学研究证明，过量和剧烈的运动，不仅使人体的新陈代谢旺盛，产生太多的"活性氧"——肌肉的需血、需氧量迅速增多，大脑和脏腑供血相应减少而处于缺氧状态。如果这种状况持续的时间过长，就会对人体产生损害，既加重机体器官的磨损，也加快脑衰老，偶尔引起过敏反应，影响身心发育，影响男性生殖能力，引发闭经，诱发心脏病，增加运动性贫血的发生率，造成运动性血尿蛋白尿，运动性哮喘,加速衰老。医生在对世界闻名的德国青年网球明星贝克尔进行全面体检和科学测定后指出,他虽年仅 23 岁,但其生理状态已超过 40 岁,进一步探讨指出,这是由于长期的超量运动所致。法国健美专家肯库伯认为,运动一旦超过极限,人体免疫系统将受到损害,并且丧失抵抗疾病的能力。

2010 年,美国报道了一项最新的研究结果,通过对 5 万多名男性和 6.9 万多女性长达 14 年的跟踪发现,每天坐 6 小时的女性,早亡的风险比每天坐 3 小时的女性要高 27%,在男性这个风险差距则为 17%,显然久坐不动危害无穷。

运动要限时,每次运动时间在 30 分钟以内,体内"垃圾"清除率不高;时间大于 1.5 个小时,特别是超过 2 个小时,体内"垃圾"常常反而会增多;而在 30~60 分钟内,体内"垃圾"清除率最高。

运动要限量,根据生物学原理和特征,应该运动到人的年龄加心跳=170 的时候。比如,60 岁的人运动到心跳 110 次(60+110=170)。有的文献记载:运动脉搏每分钟不能超过 120 次。锻炼后若有轻度疲劳感,但是,精神状态良好,体力充沛,睡眠良好,食欲佳,说明运动是合适的。若是锻炼后感到体力不支,食欲欠佳,睡眠不好,说明运动量大。锻炼后微微出汗对身体有好处,出大汗就会"气从以顺",不出汗的人一旦生病就大病不起,危及生命。老年人不适合跑步,步行是最安全、最佳的运动和减肥方式。

运动不能三天打鱼两天晒网,要持之以恒,循序渐进。美国医学家对哈佛大学 16936 名毕业生进行了 16 年的追踪调查,研究发现,偶尔运动者所吸入体内的氧气比长期坚持适度运动的人要多,随着呼吸频率加快,各种组织代谢加快,耗氧量骤增,容易破坏人体正常新陈代谢过程,造成细胞的衰老而危害机体。

医学家们发现,喜欢参加体育运动的人的死亡率为偶尔参加体育运动的人的一半。偶尔运动一下将会加重生命器官的磨损和组织功能的丧失而致寿命缩短。研究证明,30 岁以上的人的各项生理功能以每年 0.75%~1% 的速度下降,而偶尔运动的人和坐着工作的人,生理功能退化的速度是经常锻炼者的两倍。

有研究显示,男性剧烈运动后,大动脉会变得缺少弹性,血压也随之升高,流向肌肉和皮肤血管的血液会减少。这是因为男人随着年龄的增长,控制心脏肌肉收缩的细胞大量减少,70 岁的男人会比 20 岁时减少 1/3 的此类细胞。然而,一个健康的女人甚至到 70 岁时仍可拥有 20 岁的心脏。

3. 运动的最佳时间

最佳运动时间是在夜晚。英国《运动医学杂志》发表文章称:调查显示,许多早晨进行训练的运动员，在训练后免疫功能下降。经测试，人们晨练后身体内有一种叫"可的松"的激素值升高，这种物质将抑制人的免疫系统。通常，"可的松"的数值早晨会高于夜晚，而晨练之后发现这一物质会明显增高。调查还发现，人们晨练之后，唾液的流动速度将明显减慢。而唾液的流动量是帮助人们抵抗感染的有效途径。缓慢的唾液流动将会让人们更容易被病毒感染，从而得出结论：人们锻炼的最佳时段是夜晚。那时人体的"可的松"数值最低，而唾液流动速度最高。城市早晨空气有污染，太阳出来后空气会好一些，这时可以适当锻炼身体。饭后不宜运动，最好静坐或半卧 30~45 分钟再逐渐运动，这时的血液流向胃肠道以帮助食物的消化吸收，而剧烈活动会伤胃。

4. 运动后的营养补充

运动后的第一小时是身体的"黄金阶段"。身体所需的能量、水分和其他的营养物质应该在运动后的 30 分钟内得到补充，才能保证身体功能的快速恢复，运动后的食物补充时间拖得越长，身体能量的补充和储备就越慢，功能的恢复也就越慢。

运动需要营养补充及医学监督。一是食物多样化。中国营养学会制定的"中国居民平衡膳食宝塔"（2007）规定：第一层：谷类、薯类及杂豆 250~400 克，水 1200 毫升；第二层：蔬菜类 300~500 克，水果 200~400 克；第三层：畜禽肉类 50~75 克，鱼虾类 50~100 克，蛋类 25~50 克；第四层：奶类及奶制品 300 克，大豆类及坚果 30~50 克；第五层：油 25~30 克，盐 6 克。

哈佛医学院的最新平衡膳食宝塔：第一层：谷物食物每天摄入 250~400 克，水 1200 毫克。第二层：蔬菜和水果，每天分别摄入 300~500 克和 200~400 克。第三层：鱼、禽、肉、蛋等动物性食物，每天摄入 125~225 克。第四层：奶类和豆类食物，每天吃相当于鲜奶 300 克的奶类及奶制品。第五层：烹调油和食盐，每天烹调油不超过 25 克或 30 克，食盐不超过 6 克。

公元前 5 世纪中期，意大利医生阿克·麦侬曾经提出健康本质上是一种平衡的概念："健康是体内的各种成分之间的适当平衡：如果任何一项功能特别突出或不足，破坏了和谐，便会造成疾病。"

现代医学研究表明，人类各种疾病的发生，几乎或多或少，或轻或重都与人体内元素平衡失调有关。如心血管病与体内钾、镁、锌低而铜高有关；高血压与体内钠高钾低、镁不足有关；脑血管疾病与体内钙、镁、锌、硒不足有关。

阴阳平衡 《黄帝内经》中说："阴阳者，天地之道也，万物之纲纪，变化之父母，生杀之本始。"认为阴阳的矛盾对立统一运动规律是自然界一切事物运动变化固有的不可逃脱的规律，世界是阴阳二气对立统一运动的结果。

阴阳平衡即是天人合一（人和自然达到和谐）的基本理论。阴阳来源于《易经》。阴阳既可以表示为对立的两个物体，又可以表示为同一事物的两个对立方面。阴阳是相对于参照物的不同而有所变化。阴阳两者既存在对立的关系，也存在统一。阴阳双方在一定的条件下，可以向相反的方向转化。正如《黄帝内经》所说："阴盛则阳病，阳盛则阴病；阳盛则热，阴盛则寒；阴虚则阳亢，阳虚则阴盛。"《素问·四气调神大论》说："夫四时阴阳者，万物之根本也。所以圣人春夏养阳，秋冬养阴，以从其根。逆之则灾害生，从之则疴疾不起。"《神农本草经》说："疗寒以热药，疗热以寒药。"《千金翼方》说："秋冬间，暖里腹。"当暖食忌生冷，可适当增加含热能营养较多的食物。阳亢更需阴补，阳亢阳补，犹如火上浇油，燃料耗尽，必然阳痿。

阴阳消长关系概括起来有四方面。既：①阴长阳消，阳长阴消；②阴消阳长，阳消阴长；③阴长阳亦长，阳长阴亦长；④阴消阳消，阳消阴消。只要人不违背自然规律，把阴阳消长的关系控制在稳定水平，那么就可以起到保健作用。

阴虚内热的人通常表现为：形体瘦弱，口燥咽干，面色潮红，烦躁不安，手足心热，便干，尿黄，少眠，不耐春夏，多喜冷饮，脉细数，舌红少苔。如果身体表现出的上述诸症更加明显。并伴有干咳少痰、潮热盗汗等症是属于肺阴虚内热；伴有心悸健忘、失眠多梦等症是属于心阴虚内热；伴有腰酸背痛、眩晕耳鸣、男子遗精、女子月经量少等症是属于肾虚内热；伴有肋部痛、视物昏花等症是属于肝阴虚内热。

阴阳平和之人喜好安静，不争强好胜，不消沉认输。他们常常表现出一种很高的境界——无为。无为不是不做事，而是能够轻松掌握全局，不用亲力亲为，却能使事情按着自身的规律运作得通达顺畅。这就是中国文化中特别强调的"有所为，有所不为，无为而无所不为"。

心理平衡 情绪是生命的指挥棒。在人生的旅途中，会遇到各种艰难曲折的考验，始终保持良好的心态，就能排除千难万险，走向成功的坦途。据报道，人类有70%的疾病与脑有关，这个"脑"主要是心理状态，精神作用。笑口常开，青春永驻。多年研究证明，内心平和，愉悦的人往往长寿，且很少生病，正如《素问·上古天真论》所说："恬淡虚无，真气从之，精神内守，病安从来。"

我国著名的老年心理学家许淑莲教授把老年人心理健康的标准概括为5条：①热爱生活和工作；②心情舒畅，精神愉快；③情绪稳定，适应能力强；④性格开朗，通情达理；⑤人际关系适应性强。

国外研究心理健康的标准有10条：①有充分的安全感；②充分了解自己，并能对自己的能力作出恰当的估计；③有切合实际的目标和理想；④与现实环境保持接触；⑤能保持个性的完整与和谐；⑥具有从经验中学习的能力；⑦能保持良好的人际关系；⑧适度的情绪和控制；⑨在不违背集体意识的前提下有限度地发挥个性；⑩在不违反社会道德规范的情况下，能适当满足个人的基本需要。

饮食平衡 三大产能营养素的平衡。经营养学家研究，饮食结构的合理比例即蛋白质、脂肪和糖类三者之比为：成人1:0.8:7.5；少儿1:1.1:5.0；婴儿1:2.0:5.4。副食与主食的比例是3:2，副食中的比例是：动物性蛋白：植物性蛋白：蔬菜=1:1:3。一日三餐的比例要适宜（早餐占全日能量的25%~30%，午餐占35%~40%，晚餐占30%~35%）；各种营养素之间的比例要恰当。特别是氨基酸平衡，人体需要的23种氨基酸一般在肉、蛋、奶等动物食品和豆类食品中含量充足。注意品种齐全，比例适当，供需平衡；其中8种必需氨基酸人体无法自行制造，必须靠外在食物供给。这8种氨基酸当中，有两种只要是一遇到高热，它马上就会被破坏掉。加热超过20℃破坏海洋胶体。40℃分解维生素C，54℃破坏酵素红，60℃毁灭消化酶，80℃分解DHA，100℃破坏叶酸，200℃歪曲蛋白质，产生自由基。这也是造成现代人免疫力普通降低的因素。生食有利于通便、排毒、美容、燃脂、减肥、降压、活血、增强免疫力、预防和治疗糖尿病。中国人生食比例要逐渐提高。食物蛋白质氨基酸构成评为：人奶100、鸡蛋100、牛奶95、黄豆74、大米67、花生65、小米63、小麦53、芝麻50。能达到氨基酸全部平衡的蛋白质，被称为完全蛋白质。世界卫生组织提出了人体所需的8种氨基酸的比例，比例越接近，生理价值就越高。生理价值接近100时，即100%被吸收，就成为全部氨基酸平衡。《黄帝内经》："谷肉果菜，食前尽之，无使过之，得其正色。"

生吃蔬菜水果用水洗净，用开水烫一下（番茄）；芹菜、生菜、菠菜等洗净后最好用开水焯一下，再拌作料。生豆芽含有抗营养成分的物质，煮熟后才会被分解，不能生吃。大白菜心也要洗净才能吃。把住病从口入关：一是不吃变质有毒食物；二是不吃太多高油脂高能量的食物。

在运动后，人体内产生的自由基增多，最多时会达到平时的4倍。这时，身体不得不消耗大量的抗氧化物质维生素 E 来清除多出来的自由基。所以，运动后要补充富含维生素 E 的食物。

热量平衡 多动者多食，少动者少食。能量过多或者过少都会引发疾病，比如，营养过剩会得富贵病、癌症（结肠癌、肺癌、乳腺癌、血癌、儿童脑癌、胃癌、肝癌）、糖尿病、冠状动脉硬化性心脏病，营养不足和卫生不佳会得贫穷病：肺炎、肠阻塞、消化性溃疡、消化性疾病、肺结核、寄生虫病、风湿性心脏病、新陈代谢与内分泌疾病（糖尿病除外）、妊娠疾病与其他疾病。人体需要均衡的能量。我们要健康，必须学会如何消耗多余的能量（适当运动），学会如何补充消耗的能量（摄取营养），做到能量平衡。

能量供应为轻体力劳动者每天每公斤体重 125 千焦，中体力劳动者每天每公斤体重 145 千焦，重体力劳动者每天每公斤体重 165 千焦。成人能量来源比例，碳水化合物占 55%~65%，脂肪 20%~30%，蛋白质占 10%~15%。

总氮平衡 蛋白质的合成量与分解量是否平衡，就像镜子的两面，有正氮平衡，也有负氮平衡。正平衡是指蛋白质的合成量比分解量多，体内有一定储备，可备不时之需，孕妇、儿童和患病恢复过程中特别需要达到这种平衡。

负平衡是指蛋白质分解量比合成量多，会导致消耗性疾病，达到一定的严重程度，甚至会出现反噬。

电解质平衡与酸碱平衡 我们知道人体是可以导电的，所以有电解质也不奇怪。电解质主要维持着骨骼肌和心肌的兴奋性，参与调节酸碱平衡是调节钾和钠的进出细胞。电解质是否平衡其实也是体现着酸碱平衡。人体血液在酸碱度的指标 pH 等于 7 时为中性，小于 7 为酸性，大于 7 为碱性。正常人 pH 为 7.35~7.45。此时人的各种酶活力最强，新陈代谢也处于最佳状况。"酸"意味着什么？这就是说你的免疫细胞吞噬和消灭细胞的体力值开始下降了。富含碳水化合物、蛋白质、脂肪的食品，在人体内代谢后产生氯、碳、酸根、硫酸根、磷酸根离子较多属于酸性食品（含磷、氯、硫、碘等非金属元素的食物一般为酸性食物），首先是牛肉、猪肉、肝脏、水产、砂糖、奶酪、蛋（蛋黄）；其次是茄子、油炸物、白菜、花生米、面包、饼干、啤酒、白米饭、红小豆、豌豆、芝麻、石榴、草莓、葡萄、柿子椒。而富含钾、钠、钙、镁、铁、铜等矿物质元素较多的则在体内氧化产生带阴离子的碱性氧化物（如碳酸氢钾等），属于碱性食物。在碱性食品中，首屈一指的是海带；其次是牛乳、菠菜、番茄、胡萝卜、白萝卜、大豆、香蕉、橘子、番瓜、草莓、蛋白、柠檬、胡瓜、芋头、茶叶、葡萄、无花果；再次是西瓜、青菜、莴笋、生菜、芹菜、香菇、苹果、橘子、凤梨、樱桃、桃、豆类、洋葱、甘蓝、豆腐、莲藕、土豆、南瓜、菇类、青葱、大麦饭、黑米饭。动物性质食物中，只有乳制品、血制品不属于酸性食物，而属于碱性食物。动物性食品吃得太多，精米、精粉吃得太多，血液容易变酸。具有酸性血液的人，容易产生疲劳感，胆固醇容易在血管壁上瘀积，血液黏度也高，性格浮躁。现代医学研究探明，人类70%疾病是由体液偏酸引起的。比如糖尿病，慢性支气管炎，肺心病，癌症，动脉硬化等。美国一位病理学家经过长期研究指出："万病之源起源于体液中的酸中毒，只有使体液呈碱性，才能够保持身体健康。"爱斯基摩人骨质疏松症患率偏高：因为脂肪、蛋白质吃得太多，导致体质偏酸性，缺乏碱性食物来中和。体质偏酸的结果是，身体必须分泌骨中的钙来中和，所以易形成骨质流失。第二个因素是南北极特有的永昼和永夜造成的。在永夜的时候，有长达半年时间几乎不见阳光，日光严重缺乏，造成维生素 D_3 在人体内制造不足，进而影响到钙的吸收。

在前苏联高加索地区，有许多闻名于世的长寿村，其中有的人活到130~140 岁，经研究人员调查发现，那里的气候和水土与前苏联其他地区相比，并无区别，而且那里的老人也没有吃什么特别的好的食物，但唯一不同的是，那里家家户户都喝井水，这些井水来源于附近高加索山上融化的积雪，雪融化后形成的水流经花岗岩、安山岩、玄武岩土层，因而含有丰富的微量元素，经测定 pH 是 7.2~7.4，呈微碱性，与人的血液正常 pH 几乎相同。那里的长寿老人的血管柔软，无硬化，脉搏正常，血压偏低，这正是微碱性的水使这些长寿老人的血管保持着良好的状态。

味道平衡　日常膳食中的"五味"是指"甜、酸、苦、辣、咸"5 种口味，也可以说是中医所指的"甘、酸、苦、辛、咸" 五味。《本草备要》："味同者，作用相近；味不同，作用相异"，"凡酸者能涩能收，苦者能泻能燥能坚，甘者能补能和能缓，辛者能散能润能横行，咸者能下能软坚，淡者能利窍能渗泻，此五味之用也"。

甜食中热能高，能解除疲劳，增强肝功能——缓释肝气的劲急，抗感冒，防病毒感染。甜还能补，能和，能缓。"补"可补虚扶强，用以治疗虚弱症；"和"是协调，调和药性；"缓"是指缓和急迫，用以治疗拘挛疼痛。"甘"走肉，肉病无多食甘。甜味的东西走肉走脾胃。如果病在脾胃，就不要吃很多甘类的东西，不要吃滋腻东西，因为滋腻的东西会让脾增加代谢负担，使脾更加疲劳。"甘多伤肾"，肾主骨，甘味吃多了，就会抑制骨头的凝敛功能，出现骨头疼痛的症状；肾也主毛发，肾衰导致毛发脱落。《素问·生气通天论》：“味过于甘，脾气不濡，胃气乃厚。”味过于甘，脾气不能为胃行其津液，脏腑组织失养，就会导致胃中饮食积滞。

酸味食物中的有机酸能提高人体的胃酸浓度，增进食欲，使消化过程减慢或减低了"胃排空率"，血糖上升速度放慢；酸还能收，能涩。"收"即收敛心火，心宜酸。酸涩虽不同味，但收敛固涩功效相同。收敛是指在固护正气时防止津、精、气、血、小便外泄过度，能治疗正气不固，滑脱不禁等多种病症，如酸味的五味子、乌梅等有敛肺止咳、涩肠止泻的作用。"涩"即固涩，用以治疗虚汗、久泄等由于体虚所引起的津液外泄的病症。酸味止咳、止泻、止汗、止痛、止渴。酸能帮助食物中钙质的溶解，以补充骨头所需的钙，所以能"养骨"。"酸走筋"，走肝的。如果你病在筋或得肝病以后，则"无食酸"。"酸多伤脾"，多食酸会使肝气生发太过而抑制脾胃，使肌肉角质变厚而嘴唇外翻。《素问·生气通天论》：“味过于酸，肝气以津，脾气乃绝。”

苦味食物中含有黄酮，具有消炎、清热、解毒、降血脂、抗过敏，改善血管通透性，抑制特定酶活性；还富含有机酸、苦瓜素、茶碱、咖啡、生物碱、多肽类物质，生理作用广泛。《素问·脏气法时论》：“脾苦湿，急食苦以燥之。”脾为湿浊所困时，可立即食苦味食物或药物来燥湿。苦能泄，能燥，能坚。"泄"有通泄，降泄，清泄之分：通泄大肠，能治疗热结便秘，如大黄泻下攻积；消泄火热，能治疗火热炽盛，如栀子清泻三焦；降泻肺气，能治疗咳喘。如杏仁止咳平喘。"燥"是指燥湿，用以治疗湿证，有苦温燥寒湿、苦寒燥湿热两种，苦而性温的药物如苍术、厚朴治寒湿证；苦而性寒的药物如黄芩、黄连治湿热证。"坚"是指坚阴，用以治疗阴虚火旺证。"苦走骨，骨病无多食苦"。"苦多伤肺"，苦主降，多食苦味的东西会降气，导致气血不能行以滋润皮肤，导致皮肤枯槁，汗毛脱落。《本草纲目》中讲"苦菜，久服安心益气，轻身耐老。"《素问·生气通天论》：“味过于苦，心气喘满，色黑，肾气不衡。”过食苦味，则会伤心气，导致心悸、胸闷、面色黯黑，这是肾气受损，心肾平衡被打破的征象。

辛辣味食物能刺激胃肠蠕动，增加消化液分泌，提高食物中淀粉酶的活性。辛入肺，还能散，能行，能润。"散"可开表达邪，发汗解表，用以治疗表证；"行"能行之活血，用以治疗气滞血瘀证；"润"是润肾燥，用以治疗阴亏肾燥证，并宣散和提升肾水之阳气。辛能兴奋神经系统和升高血压，有"养筋"作用。但"辛走气，气病无食辛"。如果你肺得病了，就少吃辛辣食物，以防过度耗散。"辛多伤肝"，肝主筋，进食辛味的东西就会损伤筋脉的张弛性，使四肢筋脉失去弹性，手爪会干枯。

咸味食物入肾，能软坚润下，提供人体所需钠、氯两种电解质，从而调节细胞与血液之间的渗透压及正常代谢功能。咸还能下，能软。"下"即泄下，用以治疗坚结便秘症；"软"即软坚结，用以治疗瘰疬、痰核、瘿瘤、癥瘕痞块等证。脾宜咸——使脾不会运化过度。"咸走血，血病无多食咸。""咸多伤心。"心主血脉，咸味食物吃多了，血的黏稠度会增加，从而影响血的流动速度，从而导致心脏病。《黄帝内经·五味论》："五禁：肝病禁辛，心病禁咸，脾病禁酸，肾病禁甘，肺病禁苦。"《素问·生气通天论》："味过于咸，大骨气劳，短肌心气抑。"过食咸味，肾气会受损。而肾主骨，肾伤则大的骨骼劳伤，出现肌肉无力、萎缩，心慌胸闷。

任何物质过量都会变成毒素，甚至水过量也会中毒。

5. 食疗功卓

《美国医学期刊》的一份报告对药物的副作用发出了红牌警告。报告透露，在美国的住院病例中严重的致命药物反应发生率极高。世界卫生组织估计，1994 年美国有 10.6 万名住院患者死于药物的副作用，被列为美国继心脏病、癌症和中风之后居第四位的死亡原因。

伯利克说：植物王国里大约有 25000 多种植物化学成分"可促使癌细胞的凋亡（可控细胞死亡），在癌症的治疗中可能会发挥某种作用，还可以在治疗过程中保护正常的细胞免受自由基的长期而剧烈的影响。"比如，人们发现苹果、洋葱、茶和红酒中都存在槲皮素，可以改善毛细血管和结缔组织，减少静脉曲张和水肿，还可以阻止组胺的释放。它还在治疗慢性前列腺炎方面有显著的疗效。芳香苷是一种重要的生物类黄酮，柑橘类水果的果皮和果肉中，葡萄、樱桃、李子、苹果、桃子、杏子和浆果也含有这种物质。它能够加强和维持血管壁、包括很小的毛细血管。它为眼部的毛细血管提供营养支持，对防止因血管脆弱而引起的经常性出血特别有效。芳香苷缺乏的人会表现出经常流鼻血，瘀伤，牙周出血，甚至动脉瘤。芳香苷还可以与金属离子紧密结合，起到排毒作用。

专家认为，病程有长有短，药方有小有大，有的有毒，有的无毒，应当经常加以考虑，权衡制约。大毒的药方治病，可以祛除 60% 的疾病；常毒的药方治病，可以祛除 70% 的疾病；小毒的药方治病，可以祛除 80% 的疾病；无毒的药方治病，可以祛除 90% 的疾病；谷肉果菜，饮食调养，可以祛除全部的疾病。"五谷为养，五果为助，五畜为益，五菜为充，气味合而服之，以补益精气。"

早在公元前 15 世纪，西方医学之父希波克拉底就宣称："你的食物就是你的医药。"我们不能低估了人体自身的智慧，其实人体的小病小灾完全可以用食物治愈，药物是多余的，有害的。战国时期扁鹊说："为医者，洞察疾源，知其所犯，以食治之，食疗不愈，然后命药。"

目前，国内外医学家对药用食物表现出了很大兴趣，有不少研究成果。但是，还有不少食物，至今仍不知疗效，有待研究。我们知道一些食疗知识，大有益处。

● 大米：别名粳米，为禾本科植物稻（粳米）的种仁。中医认为，大米性平，味甘；有补中益气，健脾养胃，益精强志，止渴止泻功效。《名医别录》："主益气、止烦、止泻。"《千金要方·食治》："平胃气，长肌肉。"孟诜说："温中，益气，补下元。"《日华子本草》："壮筋骨，补肠胃。"《滇南本草》："治诸虚百损，强阴壮骨，生津，明目，长智。"《本草纲目》："粳米粥：利小便，止烦渴，养肠胃。""炒米汤：益胃除湿。""炒米汤不去火毒，令人作渴。"《食疗本草》："不可和苍耳食之，令人卒心痛；不可与马肉同食，发痼疾。""新熟者动气、常食干饭、令人热中、唇口干。"王孟英："炒米虽香、性燥助火、非中寒便泻者忌之。"

大米其蛋白质的氨基酸组成接近人体的需要，利用率较高，但低于动物蛋白质，是因为其赖氨酸含量低，应与豆类或动物蛋白混合食用。糙米和全麦粉虽然营养丰富，但是属于温性的细粮，粗粮属于平性食物，应该粗细搭配，以粗为主。细粮的细胞壁易被胃肠破坏，粗粮的细胞壁极难被破坏。由于人是热血动物，纯阳之体，吃温性食物易得病——痤疮、疖肿、扁桃体炎、脚气、失眠、精神不稳定、注意力不集中、肥胖、糖尿病、动脉硬化症、心肌梗死、脑血栓等都与吃细粮有关。

大米忌：碱（导致维生素 B_1 缺乏）、赤小豆（引发口疮）、苍耳（引起心痛）。

● 谷芽：别名蘖米、谷蘖、稻蘖、稻芽，为稻谷浸泡 1~2 天捞出置容器中加湿发芽 3~6 毫米时，取出晒干。再置锅内用文火抄至深黄色并大部爆裂，取出放凉。《本草纲目》："甘，温，无毒。""快脾开胃，下气和中，消食化积。"《食物本草会纂》："除烦消食。"《中草药材手册》："治脾虚，心胃痛，胀满，热毒下痢，烦渴，消瘦。"《本草经疏》："蘖米即稻蘖也。具生化之性，故为消食健脾，开胃和中之要药，脾胃和则中自温，气自下，热自除也。"《本经逢源》："谷芽，启脾进食，宽中消谷，而能补中，不似麦芽之克削也。"《中国医药大辞典》："消食，健胃，和中，生津液主气。治病后脾土不健者：谷芽蒸露用以代茶。"炒谷芽偏于消食，用于不饥食少，焦谷芽善化积滞，用于积滞不消。用量9~15克。

《澹寮方》谷神丸："启脾进食：谷蘖200克，为末，入姜汁，盐少许，和作饼，焙干；入炙甘草、砂仁、白术（麸炒）各50克。为末，白汤点服之，或丸服。"

《麻疹集成》健脾止泻汤："脾胃虚弱泄泻：茯苓、芡实、建曲、查肉、扁豆、泽泻、谷芽、甘草。"

《中国医学大辞典》谷芽露："食，健脾，开胃，和中，生津液，益元气。治病后脾土不健者：谷芽蒸露，用以代茶。"

● 小米：别名粟米、稞子、黏米、白梁粟、粟谷、硬粟、秫子、籼粟、谷子，中医认为，小米性凉味甘咸；有益肾补脾，除热解毒，养胃安眠功效。《名医别录》："主养肾气，去胃脾中热，益气。陈粟米：主胃热，消渴，利小便。"陶弘景："陈粟米：做粉尤解烦闷。"孟诜："陈粟米：止痢。"《本草纲目拾遗》："粟米粉解诸毒，水搅服之；亦主热腹痛，鼻衄，并水煮服之。"《日用本草》："和中益气，止痢，治消渴，利小便，陈者更良。"《滇南本草》："主滋阴，养肾气，健脾胃，暖中。治反胃，小儿肝虫，或霍乱吐泻，肚疼痢疾，水泻不止。"《本草纲目》："煮粥食益丹田，补虚损，开肠胃。"《食医心境》："治消渴口干，粟米炊饭，食之良"。《日用本草》："与杏仁同食，令人吐泻。"《饮食须知》："胃冷者，不宜多食。"孕妇常吃小米，不仅可以健身壮骨，而且有利于骨盆发育成熟，还有消除疲劳的作用。

现代研究认为，小米中的色氨酸含量居所有谷物之首，亮氨酸、精氨酸含量很高。营养学家发现，小米能促进大脑神经细胞分泌出使让人欲睡的血清素——5羟色胺。因为人类睡眠愿望的产生和困倦程度与食物中色氨酸含量有关，它可使大脑思维活动受到暂时抑制，人便有困倦感。小米含淀粉可促进胰岛素分泌；进一步提高进入脑内的色胺酸量。

小米忌：葵菜、蜜牛肉、烧酒、杏仁。

● 小麦：别名麦来，为禾本科植物小麦的种子或其面粉。中医认为，小麦性凉，味甘；有养心益肾，健脾厚肠，除热止渴功效。治脏燥，烦热，消渴，泻利，痈肿、外伤出血、烫伤。《名医别录》："除热，止燥渴，利小便，养肝气，止漏血，唾血。"《本草纲目拾遗》："小麦面，补虚，实人肤体，厚肠胃，强气力。"《本草纲目》："陈者煎汤饮，止虚汗，烧存性，油调涂诸疮，汤火灼伤。""小麦面敷痈肿损伤，散血止痛。生食利大肠，水调服止鼻血，吐血。"干面粉放在铁锅内炒至微黄"每以方寸匕入粥中食用，能治疗日泻百行，师不救者。"《医林纂要》："除烦，止血，利小便，润肺燥。"《本草再新》："养心，益肾，和血健脾。"《随息居饮食谱》："南方地卑，麦壮黏滞，能助湿热，时感及疟痢，疳、疸肿胀，脚气，痞满，痧胀，肝胃痛诸病，并忌之。"《饮食须知》："勿同粟米，枇杷食。"《本草纲目》："小麦面畏汉椒，萝菔。"《太平圣惠方》："治妇人乳痈不消：小麦面炒令焦黄、醋煮为糊，涂于乳上。"《经验方》："治汤火伤：小麦炒黑为度，研末，油调涂之。"《中国食疗学》："小儿口腔炎：取小麦面烧灰2份，冰片1份混合研细，吹在患儿口疮面，每天2~3次。"《蔺氏经验方》："治金疮血出不止：生面干敷。"《千金方》："治火燎成疮：炒面，入栀子仁末，调和油（涂）之。"

《饮膳正要》："治泄泻肠胃不固：白面500克，炒令焦黄，每日空心温水调服一匙头。"《养老奉亲书》："治老人五淋，身热腹满：小麦一升，通草100克。水3升煮取一升饮之。"

● 大麦：别名牟麦、糯麦、倮麦、赤膊麦、饭麦，为禾本科植物大麦的果实。中医认为，大麦性凉，味甘咸；有和胃宽肠，除热利水功效。治食滞泄泻，小便淋痛，水肿，汤火伤。《名医别录》："主消渴，除热，益气，调中。"《唐本草》："大麦面平胃，止渴，消食，疗胀。"崔禹锡《食经》："主水痕。"《本草纲目拾遗》："调中止泻。"《本草纲目》："宽胸下气，凉血，消积，进食。"《本草经集注》："蜜为之使。"《本草经疏》："大麦，功用与小麦相似，而生性更平凉滑腻，故人以之佐粳米同食，或歉岁全食之，而益气补中，实五脏，厚肠胃之功，不亚于粳米矣。"

现代研究发现，在大麦和燕麦中含有一种天然物质——生育三烯醇，它能控制与胆固醇合成有关的酶的活性，使胆固醇合成减少，又可把胆固醇降解为胆汁酸排出体外。大麦含有抗氧化的木酚素；女性食用含木酚素食物（亚麻子和芝麻中木酚素的含量也很高）患乳腺癌的可能性就比较小。全谷中的抗氧化剂至少有80%的含量存在于麸皮和胚芽中。每天吃100克大麦麸或燕麦麸可以得到胰岛素那样降低血糖浓度，还可以降低胆固醇。

《伤寒类要》："治蟏蛸尿疮：大麦研末调敷，三日上。"

孙思邈："治麦芒入目：煮大麦汁洗之。"

《本草纲目》："治汤火灼伤：大麦炒黑，研末，油调擦之。"

《保幼大全》："治小儿伤乳，腹胀烦闷欲睡。大麦面生用：水调，5克服。"

《肘后方》："治食饱烦胀，但欲卧者。大麦面熬微香，每白汤服方寸匕。"

《常见病食疗食补大全》："大麦粥：适用于小儿脾虚所至的消化不良，停食等症。大麦米 50 克，红糖适量。将大麦米碾碎，如常法煮粥，熟后调入红糖。适量食用。"

● 大麦芽：别名麦芽，麦糵、大麦糵、大麦毛、为发芽的大麦颖果。中医认为，麦芽性微温，味甘；生麦芽健脾和胃，疏肝理气。用于脾虚食少，纳呆脘胀，乳汁瘀积。炒麦芽 (麦芽炒至黄色，取出放凉；或将麦芽炒焦黄色后，喷洒清水，取出晒干) 行气消食回乳。用于食积不消，妇女断乳。焦麦芽消食化滞。用于食积不消，脘腹胀痛。《药性论》："消化宿食，破冷气，去心腹胀满。"《千金要方·食治》："消食和中。熬末令赤黑，捣做敦，止泻痢，和清酢浆服之。日三夜一服。"《日华子本草》："温中，下气，开胃，止霍乱，除烦，消痰，破癥结，能催生落胎。"《医学启源》："补脾胃虚，宽肠胃，捣细炒黄色，取而用之。"《滇南本草》："宽中，下气，止呕吐，消宿食，止吞酸吐酸，止泻，消胃宽膈，并治妇女奶乳不收，乳汁不止。"近代名医张锡纯说："麦芽虽为脾胃之药，同时也可以疏肝气。"《食疗本草》："久食消肾，不可多食。"《汤药本草》："豆蔻、缩砂、木瓜、芍药、五味子、乌梅为之使。"《本草经疏》："无积滞，脾胃虚者不宜用。"《本草正》："妇有胎妊者不宜多服。"《药品化仪》："凡痰火哮喘及孕妇，切不可用。"煎服 10~15 克；回乳炒用 60 克。因生麦芽所含的麦角类化合物有抑制催乳素分泌的作用，故妇女哺乳期忌服。孕妇慎用。

麦芽含淀粉酶、转化糖酶、酯酶、蛋白质分解酶、磷脂、B 族维生素、麦芽糖、葡萄糖等，促进消化，促进胃酸与胃蛋白酶的分泌；抑制催乳素的分泌；兴奋心脏，降低血糖，收缩血管，扩张支气管，抑制肠蠕动等。

《本草纲目》："快膈进食：麦芽 200 克，神曲 100 克，白术、橘皮各 50 克，为末，蒸饼丸悟子大。每人参汤下三五十丸。"

《兵部手集方》："治产后腹中臌胀，不通转，气急，坐卧不安：麦糵一合，末，和酒服食，良久通转。"

《丹溪心法》："治产后发热，乳汁不通及膨，无子当消者：麦糵 100 克，炒，研细末，清汤调下，作四服。"

《肘后方》消疳丸："治小儿疳、百药不疗：大麦糵 (炒)、神曲 (炒)、芜荑 (炒)、黄连 (去须)。上药等分末，以猹猪胆蒸熟取汁，和宿蒸饼研如薄糊，然后入药拌匀，丸如麻子大。量儿大小加减，空心米饮下 20 粒，临时增减，小儿无时，每日 3~5 次。"

《广西中医药》："治断乳乳房肿痛：炒麦芽 100 克，淡豆豉 15 克，神曲 15 克，苦地丁 20 克，蝉蜕 10 克。每日 1 剂，水煎，分 2 次服。"

《孕病饮食自疗》麦芽山楂饮："消食化滞，和胃止呕。适用于饮食停滞，呕吐酸腐，脘腹胀满，嗳气厌食，或腹痛拒按等症。炒麦芽 10g，炒山楂片 3g。水煎取汁，调入红糖。"

《中西医结合杂志》："治疗乳溢症：用生麦芽 100~200 克，煎汤，分 3~4 次服。"

《新医药通讯》："治疗急慢性肝炎：取大麦低温发芽的幼根（长约 0.5 厘米），干燥后磨粉制成糖浆内服，每次 10 毫升（内含麦芽粉 15 克），每日 3 次，饭后服。另适当加酵母或复合维生素 B 片。30 日为 1 个疗程，连服至治愈后再服 1 个疗程。"

● 大麦苗：《伤寒类要》："治诸黄，利小便，杵汁日日服。"《本草纲目》："治冬月面目手足瘃，煮汁洗之。"

● 大麦秸：《本草从新》："味甘苦，性温，无毒。""消肿、利湿、理气。"《简便单方》："治小便不通：陈大麦秸，煎浓汁频服。"

大麦芽含蛋白质、细胞色素、大麦芽碱、大麦碱 A、大麦碱 B 及多种维生素，具有助消化、降血糖、降血脂作用。

● 玉米：别名玉蜀浆、玉麦、苞米、粟米、包谷、珍珠米、包麦米、包粟、纡粟、玉露秫秫。现代研究认为，玉米含有谷胱甘肽，具有抗癌、抗氧化作用；含有十二碳五烯酸和二十二碳六烯酸：即"脑黄金"，有抗动脉硬化作用；含有镥（黄色素成分之一），可防止视网膜的老化；含有丰富的膳食纤维，能促进肠蠕动，加速排毒；含有谷固醇、卵磷脂能溶解降低胆固醇，防治高血压、冠心病，延缓脑细胞衰老的作用；玉米胚芽含有 52%的不饱和脂肪酸，有助于人体内脂肪与胆固醇的正常代谢，对脂肪肝、肥胖症有防治作用。《本草纲目》："甘、平、无毒。""调中开胃。"《医林纂要》："甘、淡、微寒。""益肺宁心。"《本草推陈》："为健胃剂。煎服亦有利尿之功。"《药性切用》："久食则助湿损胃；鲜者助湿生虫，尤忌多食。"

中美洲印第安人不易患高血压与他们主要食用玉米有关。

玉米含糖量高，糖尿病患者不宜食用。土法膨化的玉米爆花含铅高，不利于身体健康。玉米营养成分有限应与其他谷物搭配食用，否则不利于心脏健康。玉米忌：牡蛎（阻碍锌吸收）。

● 玉米须：别名玉蜀黍蕊、棒子毛、玉米花柱、苞米须。《现代实用中药》："甘，平。"《滇南本草》："宽肠下气。治妇女乳结，乳汁不通，红肿疼痛，怕冷发热，头痛体困。"《岭南采药录》："和猪肉煎汤治糖尿病。又治小便淋漓砂石，苦痛不可忍，煎汤频服。"《现代实用中药》："为利尿药，对肾脏病，浮肿性疾患，糖尿病等有效。又为胆囊炎胆石、肝炎性黄疸等的有效药。"《民间常用草药汇编》："能降低血压，利尿消肿，治鼻血，红崩。"《河北药材》："治水肿性脚气。"《浙江民间草药》："开胃，平肝，祛风。"《全国中草药汇编》："利尿消肿，平肝利胆。治急慢性肾炎，水肿，急慢性肝炎，高血压，糖尿病，慢性副鼻窦炎，尿路结石，胆结石，并预防习惯性流产。"《四川中药志》："清血热，利小便。治黄疸、风热、出疹、吐血及红崩。"玉米须具有利尿消肿，利胆退黄功效。用于水肿，小便不利，血淋，湿热黄疸。

现代研究认为，玉米须含有脂肪油、挥发油、树胶样物质、树脂苦味糖甙、皂甙、生物碱、隐黄素、谷甾醇、豆甾醇、苹果酸、枸橼酸、酒石酸、草酸及多种维生素，具有利尿、降血压、降血糖、促进胆汁排泄、降低其黏稠度、加速血液凝固过程、增加凝血醇原含量、提高血小板数量的作用。近代多用于急慢性肾炎、水肿、急慢性肝炎、高血压、糖尿病、慢性副鼻窦炎，尿路结石、胆结石，并预防习惯性流产。

煎服 30~60 克；鲜者加倍。

《四川中药志》："治肝炎黄疸：玉米须、金钱草、满天星、郁金、茵陈、煎服。""治劳伤吐血：玉米须，小蓟，炖五花肉服。""治吐血及红崩：玉米须熬水炖肉服。""治风疹块（俗称凤丹）和热毒：玉米须烧灰、兑醪糟服。""治原发性高血压病：玉米须，西瓜皮，香蕉。煎服。"

《浙江民间草药》："治糖尿病：玉蜀黍须一两。煎服。""治脑漏：玉蜀黍须晒干，装旱烟筒上吸之。"

《贵阳市秘方验方》："治肾炎，初期肾结石：玉蜀黍须，分量不拘，煎浓汤，频服。""治水肿：玉蜀黍须 100 克。煎水服，忌食盐。"

《常用中药的药理和应用》："治高血压病方：玉米须、决明子、甘菊花、荠菜。煎汤代茶饮。""胆道一号方：治胆道结石，玉米须、郁金、姜黄、茵陈、鸡内金、枳实、金钱等。煎服。"

《家庭食疗手册》玉米龟："滋阴泻热，治消渴，降血压。适用于糖尿病、口渴神倦、高血压等。玉米须 100 克（干品 50 克），乌龟 1 只。将乌龟放入热水盆中，排出尿液，再放入沸水中烫死，去头、爪、内脏，放入沙锅内；玉米须洗净，装入纱布袋内，放入沙锅，加葱、姜、食盐、料酒、清水适量；将沙锅置武火上烧沸，改用文火熬炖至熟，除去玉米须袋和龟甲即成。

佐餐食用。

《中华医学杂志》玉米须饮：利水消肿。治疗慢性肾炎水肿。取干燥玉米须 50 克，加温水 600 毫升，用文火煎煮 20~30 分钟，得 300~400 毫升药液，过滤后内服，每日 1 次或分次服完。

《中华内科杂志》玉米须饮："利水消肿。治胃病综合征。干玉米须 60 克，煎服，早晚各 1 次。同时服氯化钾 1 克，每日 3 次。治疗 12 例，其中 10 例伴有严重的周身性水肿，或有胸水及腹水，2 例水肿较轻。治疗 3 个月后，9 例水肿完全消退，2 例大部消退。最快 1 例于服药后 15 天水肿全消。一般于服药 3 天即开始有利尿现象，同时尿蛋白有不同程度的下降，少数病例血浆蛋白有所升高，部分病例的酚红试验及血压转为正常。"

《偏方大全》："治结核咯血方：玉米须 60 克，冰糖 60 克。加水共炖，饮数次见效。"

● 玉米笋：玉米笋是甜玉米细小幼嫩的果穗，去掉苞叶及发丝，切掉穗梗，即为玉米笋，是一种低热量、高纤维素、无胆固醇的优质蔬菜，含有多种矿物质和维生素及人体必需的氨基酸。

● 青稞：别名元麦、莜麦、青稞麦、油麦、稞麦、裸麦，为禾本科植物青稞的种仁《本草纲目拾遗》："味咸，性平凉。"下气宽中，壮筋益力，除湿发汗，止泻。""青稞似大麦，天生皮肉相离，秦陇以西种之。"《维西见闻记》："青稞，质类䅟麦，而茎叶类黍，耐雪霜，阿墩子及高寒之地皆种之，经年一熟，七月种，六月获，炒而舂面，入酥糌粑。"《药性考》："青稞黄稞，仁露于外，川，陕、滇、黔多种之。味咸，可酿糟吊酒，形同大麦，皮薄而脆，西南人倚为正食。"《植物名实图考》："青稞即莜麦，一作油麦。《唐本草》注误以大麦为青稞。"青稞是大麦的高原品种，青稞含 β-葡萄糖和黄酮素类物质，可抗氧化，降低血脂，降低血糖，提高免疫力，增加胃动力，排毒。青稞富含有 β-葡聚糖，能降低胆固醇。

脾胃虚弱者多食会造成腹胀。

● 荞麦：别名净肠草、鹿蹄草、乌麦、三角麦、花荞、花麦、甜荞、甜麦、荞子，为蓼科植物荞麦的种子。中医认为，荞麦性凉，味甘；有健脾除湿，下气消积，清热解毒功效。治病后体虚、盗汗、肠胃积滞、慢性泄泻、血崩、便秘、瘰疬、绞肠痧、噤口痢疾、丹毒、痈疽、发背、鸡眼、面暗疮、斑秃、酒渣鼻。孟诜："实肠胃，益气力、续神经，能练五脏滓秽。"《本草纲目》："降气宽肠，磨积滞，消热肿风痛，除白浊白带，脾积泄泻。"《本草备要》："解酒积。"《安徽药材》："治淋病。"《中国药植图鉴》："可收敛冷汗。"《千金要方·食治》:"荞麦食之难消,动大热风。"《本草图经》:"荞麦不宜多食,亦能动风气,令人昏眩。"《品汇精要》:"不可与平胃散及矾同食。"《医林纂要》:"荞,春后食之动寒气,发痼疾。"《得配本草》:"脾虚寒者禁用。"孙思邈:"荞麦面酸、微寒,食之难消,不可合黄鱼食。"《类摘良忌》:"江鱼即黄鱼也,不可与荞麦食,令人失音。"《食鉴本草》:"同猪肉同食,落眉发,同白矾食杀人。"《本草求真》:"荞麦,味甘性寒,能降气宽肠,消积去秽,凡白带,去浊,泻痢,痘疮溃烂,汤火灼伤,气盛湿热等症,其是所宜。且炒醮热水冲服,以治绞肠痧,腹痛;醋调涂之,以治小儿丹毒赤肿亦妙;盖以味甘入肠,性寒泄热,气动而降,能使五脏滓滞皆炼而去也。若使脾胃虚弱,不堪服食,食则令人头晕。"《随息居饮食普》:"荞麦,罗而煮食,开胃宽肠,益气力,御风寒、练滓秽,磨积滞,与芦菔同食良。以性有微毒而发痼疾,芦菔能制之也。"

现代研究认为,荞麦含有黄酮素成分具有抗菌,消炎,止咳,平喘、祛痰和降血糖的作用;含有油酸、亚油酸,有降低血脂、胆固醇、保护血管、防止脑出血的作用;含有丰富的镁,有利于降低血清胆固醇,促进血液循环;含有芦丁能帮助维生素 C 合成胶原纤维,使毛细血管变结实,并使血管紧张素 II 的功能减弱,从而抑制了血压的上升,还能促进胰腺分泌胰岛素,为预防糖尿病发挥作用(100 克荞麦里含有芦丁 100 毫克,人体日需要约 30 毫克);含有多酚,特别是芸香苷能提高血管壁质量,并预防痔疮和静脉曲张等疾病;含有膳食纤维——大部分是可溶性的,能够降低胆固醇,降低患结肠癌的风险;含有一种使血管收缩的蛋白质——血管收缩类转化酶(ACE),能降低血压;含有苦味素有清热、祛火健脑的作用。

加拿大马尼托巴大学的科学家发表一项研究成果,给老鼠饲喂一定量的荞麦汁,使老鼠的血糖平均降低了 19%。研究人员认为,荞麦之所以有明显降低血糖作用,可能是因为其中含有一种名为 chiro_inositol 的化合物。这种化合物在动物和人体的葡萄糖代谢和细胞信息传输中担当着重要作用,而这种物质在其他食物中比较罕见。

据日本学者研究,从营养价值看,小麦粉的指数为 59,大米为 70,而荞麦面则为 80。

荞麦性凉,素有脾胃虚寒者勿食;荞麦含有致敏物质,故平素过敏体质者慎食;癌症患者忌食。

● 高粱:别名蜀黍、蜀秫、芦稷、稷米、芦粟、桃粟,为禾本科植物蜀黍的种仁。

中医认为，高粱性温，味甘涩；有和胃健脾，回肠止泻功效。用于小儿消化不良，脾胃气虚，大便溏薄，骨质疏松，腰酸腿痛，痛经，癞皮病。《本草纲目》："甘涩，温，无毒。""温中，涩肠胃，止霍乱。黏者与黍米功同。"《四川中药志》："益中，利气，止泻、去客风顽痹。治霍乱，下痢及湿热小便不利。"《内蒙古中草药新医疗法资料选编》："治小儿消化不良：红高粱50克，大枣10枚。大枣去核炒焦，高粱炒黄，共研细末。2岁小孩每服10克；3~5岁小孩每服15克，每日服2次。"糖尿病，大便干结，便秘者禁食高粱。忌与瓠子和中药附子同食。

● 高粱根：《贵州草药》："味甘，性平。"《本草纲目》："煮汁服，利小便，止喘满；烧灰服酒，治难产。""治横生难产：高粱根，阴干，烧存性，研末，酒服10克。"

《内蒙古中草药新医疗资料选编》："治功能性子宫出血，产后出血：陈高粱根7个，红糖25克，煎水服。"

《贵州草药》："清热利湿，消肿止痛，安神定志。""治喘咳：高粱根25克，蒸冰糖服。""治狂病（精神失常）：高粱根50克，石菖蒲、水灯芯各25克，苦竹叶5片。煨水服。"

● 燕麦：别名莜麦、油麦、玉麦、野麦、夏燕麦、牛星草、稞裸燕麦、雀麦，为禾本科植物野燕麦的果实。中医认为，燕麦性平味甘；有益肝和胃，补虚止汗，健脾润肠功效。

现代研究认为，燕麦含有植物雌激素——附着在依靠雌性激素存活的癌瘤的特殊受体上，阻止真雌性激素向其提供营养，使之消亡；含有 β-葡聚糖，这是一种多孔的可溶纤维，能够吸附并清除肠道内的胆固醇，并降低高血压患者的血压；含有果糖衍生的多糖，降低低密度脂蛋白胆固醇，升高高密度脂蛋白胆固醇；含有蛋白质酶抑制剂——有利于阻止蛋白质过多消化，防止细胞组织 DNA 突变或发生癌变；含有多种酶类，延缓细胞衰老；含有亚油酸——每30克燕麦中的亚油酸量相当于10粒益寿灵或脉通药的含量，是预防动脉硬化、高血压、冠心病的理想食物，还对脂肪肝、糖尿病、便秘和水肿有辅助疗效。

据北京心肺血管医学研究中心和中国农业科学院协作研究证实，每日吃50克燕麦片，就可使每100毫升血中胆固醇含量平均下降39毫克，甘油三酯下降76毫克。

美国医学院研究证明，每天吃60克燕麦，可使胆固醇含量平均下降3%。北京的一家临床研究中心经5年时间，对800名高血脂患者试用观察，认为燕麦对高血脂的疗效，不亚于临床应用降脂药氯贝丁酯（冠心平），且无副作用。

美国皮肤科医生法伦博士指出，燕麦粉能够治疗皮肤刺痒，不管刺痒的原因是阳光暴晒，蚊虫叮咬，或者是接触了过敏性物质。具体方法是将燕麦磨碎，加水溶解，调成糊状，涂搽在患部皮肤部位。若全身发痒，可将燕麦水浴浸泡全身。

加拿大营养学教授坎峰指出：黏稠性纤维、植物性蛋白、植物固醇、坚果等4类食物是"护心食品"，黏稠性食物代表是燕麦、茄子；植物性蛋白的代表是豆制品；植物固醇存在于植物油及坚果中；坚果则以甜杏仁为代表。这类食物均含不饱和脂肪酸，坎峰将高胆固醇血症患者分为3组，第一组食用这4类食物，第二组食用低饱和脂肪酸食物；第三组比第二组增加降胆固醇药物。4组以后观察疗效，结果是第二组患者胆固醇降了8%，第三组降了30%，而第一组患者没吃任何药物，胆固醇也降低了30%。

新加坡一项研究显示，食用燕麦有助于缓解男性性功能障碍症状。研究人员让一些中年男子食用燕麦制成的天然植物保健品，4周后发现，这些男子体内的游离睾丸素水平上升了27%。研究同时证明，燕麦对提高女性性欲也有帮助。尤其是更年期女性，适当食用燕麦可缓解更年期症状。

燕麦还具有减肥，通便，改善血液循环，预防骨质疏松，促进伤口愈合，防止贫血作用。

燕麦多食会造成胃痉挛，或胀气；体虚便溏者及孕妇慎食。

● 马肉：中医认为，马肉性寒，味甘酸、有小毒；有补中益气，强筋健骨功效。适宜气血不足，营养不良，腰酸腿软者食用。《名医别录》："主除热下气，长筋，强腰脊。脯疗寒热痿痹。"《食疗本草》："主肠中热。""患疮人切不得食，加增难瘥。"《千金要方·食治》："下痢者，食马肉必加剧。"《日华子本草》："马肉忌苍耳、生姜。"《本草纲目》："食马中毒者，饮芦菔汁，食杏仁可解。"马肉还忌：仓米、粳米、猪肉、鹿肉。

● 马心：《名医别录》："主喜忘。"孟诜："患痢人不得食。"

● 马皮：《圣惠方》："治小儿赤秃，以赤马皮，白马蹄烧灰，和腊猪脂敷之。"《滇南本草》："烧灰调油搽铜钱牛皮癣。"

● 马肝：《圣惠方》："治妇人月水不通，心腹滞闷，四肢疼痛。赤马肝1片。炙令干（燥）捣细罗为散，每于食前，以热酒调下5克。"

● 马齿：《本草纲目》："甘，平，有小毒。"《名医别录》："主小儿马痫。"《本草纲目拾遗》："烧作灰，唾和，绯帛贴于肿上，根出。"《日华子本草》："水磨（服）治惊痫。"煅存性研末服2.5~5克。

● 马乳：《名医别录》："冷"、"止渴"。《本草纲目拾遗》："味甘，性冷利。"《唐本草》："止渴疗热。"《随息居饮食谱》："功同牛乳而性凉不腻。补血润燥之外，善清胆，胃之热，疗咽喉口齿诸病，利头目，止消渴，专治青腿牙疳。"《泉州本草》："治骨蒸，痨热，消瘦。"

● 马骨：《本草纲目》："头骨，微寒，有小毒。"《名医别录》："头骨：主喜眠，令人不睡。"《食疗本草》"小儿患头疮，烧马骨作灰，和醋敷，亦治身上疮。"《日华子本草》："头骨烧灰，敷头耳疮佳。"《本草纲目》："止邪疟；烧灰加油，敷小儿耳疮、头疮、阴疮、癞疽有浆如火灼。"

● 牛肉：中医认为，牛肉性平，味甘；有健脾益肾，补气养血，强筋健胃功效。凡筋骨酸软，肢体乏力，中气下陷，脾弱不适，水肿气短，消渴多饮，贫血久病，头昏目眩之人均宜食用。《名医别录》："主消渴，止唾泄，安中益气，养脾胃。"《千金要方·食治》："止唾涎出。"《本草纲目拾遗》："消水肿，除湿气，补虚。令人强筋骨，壮健。"《滇南本草》："水牛肉，能安胎补血。"《韩氏医镜》："黄牛肉，补气，与绵黄芪同功。"《饮膳正要》："猪肉不可与牛肉同食。"土豆与牛肉也不宜同食，由于这两种食物所需要的胃酸浓度不同，会延长食物在胃中的滞留时间，从而引起胃肠消化吸收时间的延长，久而久之，必然导致胃肠功能的紊乱。牛肉属于红肉，含有恶臭乙醛，多食诱发结肠癌，每周吃1~2次即可。患皮肤病、肝病、肾病的人应慎食。牛肉忌：牛膝（药理相克）、仙茅（阳过伤阴）、栗子（引起呕吐）、韭菜（发热动火）、黍米、生姜、猪肉、狗肉、柿子、鱼肉、田螺、红糖。牛肉100克含胆固醇90~107毫克。

● 牛血：《本草纲目》："咸，平，无毒。""解毒利肠，煮拌醋食，治血痢，便血。"《本草蒙荃》："补血枯。"《本经逢原》："能补脾胃诸虚，治便血，血痢，一切病后赢瘦。咸宜食之。"《医林纂要》："破瘀通经，利大小便。"动物血忌：朱砂（降低药效）。

● 牛肝：《本草经疏》："味苦甘，气和平。""补肝，治雀目。"《名医别录》："主明目。"孟洗："醋煮食之，治瘦，治痢。"《本草纲目拾遗》："肝和腹内百叶（即重瓣胃），作生、姜、醋食之，主热气、水气、丹毒、解酒劳。"《日用本草》："明目，平肝气。"《本草蒙荃》："助肝血。明目。"《现代实用中药》："适用于萎黄病，妇人产后贫血，肺结核，小儿疳眼，夜盲。"《饮膳正要》："牛肝不可与鲇鱼同食。"牛肝还忌与鳆鱼、鳗鱼同食。牛肝100克含胆固醇257毫克。

● 牛肚：《日用本草》："味甘，平。""和中，益脾胃"。《本草纲目》："甘，温，无毒。""补中益气，解毒，养脾胃。"《食疗本草》："主消渴，风眩，补五脏，以醋煮食之。"《本草纲目拾遗》："牛肝和腹内百叶（即重瓣胃）作生、姜、醋食之，主热气，水气，丹毒，解酒劳。"《本草蒙荃》："健脾胃，免饮积食伤。"牛肚 100 克含胆固醇 132 毫克。

● 牛肠：《本草蒙荃》："厚肠、除肠风痔漏。"

● 牛齿：《名医别录》："主小儿牛痫。"

● 牛肾：《名医别录》："补肾气、益精。"《千金要方·食治》："去湿痹。"

《圣惠方》牛肾粥："治五劳七伤，阴萎气乏：牛肾一枚（去筋膜，细切），阳起石四两（布裹），粳米二合。以水五大盏，煮阳起石，取二盏，去石，下米及肾，着五味葱白等，煮作粥，空腹食之。"

● 牛肺：《本草纲目拾遗》："补肺。"《本草蒙荃》："止咳逆。"

● 牛骨：《本草纲目》："甘，温，无毒。""治邪疟。"《日华子本草》："烧灰，治吐血，鼻洪，崩中，带下，肠风，泻血，水泻。"

● 牛胆：《名医别录》："味苦，大寒。""除心腹热、渴、利，口焦燥，益目睛。""牛胆主明目，疗疳湿，以酿槐子，服之弥神。"《药性论》："青牛胆主消渴，利大，小肠。"《日用本草》："治小儿惊风痰热。"《本草纲目》："除黄，杀虫，治痈肿。"《现代实用中药》："为健胃整肠，苦补苦泻剂。治消化不良，慢性胃炎。大便之慢性秘结，肝胆性黄疸，胃部膨满。"《本草经疏》："脾胃虚寒者忌之。目病非风热者不宜用。"干燥粉末服 1~3 分。

《摄生众妙方》牛胆散："明目清心，乌须发，补养下元，生髓，去风湿，壮精神：何首乌、白茯苓、槐角子各 100 克，生地黄、当归各 50 克。上共为末，装入黑牛胆内，连汁挂在背阴处至九日取出，研为末，温酒调服 10~15 克，百日见效。

《现代实用中药》："治肝胆病性黄疸及慢性便秘：牛胆汁干燥粉末，为丸剂，或装入胶囊中，每日三回，每回三分，开水送服。"

● 牛脂：《本草纲目》："甘，温，微毒。""治诸疮，疥癣，白秃。""多食发痼疾。"

《姚僧坦集验方》："治狐臭：牛脂和胡粉三合，熬令可丸，涂腋下。"

● 牛脑：《本草纲目》："甘，温，微毒。""治脾积痞气。"《名医别录》："主消渴，风眩。"《本经逢原》："治脑漏。"牛脑 100 克含胆固醇 2670 毫克。

● 牛黄（牛胆囊、胆管或肝管中的结石）：牛黄有豁痰开窍，息风定惊，清热解毒功效。用于热病高热，神昏谵语，惊厥抽搐，小儿惊痫，中风痰迷，癫痫发狂，热毒疮痛，咽喉肿烂，口舌生疮。《神农本草经》："味苦、平。""主惊痫，寒热，热盛狂痓。"《药性论》："味甘。""小儿夜啼，主卒中恶。"《名医别录》："有小毒"。"疗小儿诸痫热，口不开，大人狂癫，又堕胎。"《吴普本草》："无毒。"孙思邈："益肝胆，定精神，除热，止惊痢，辟恶气。"《日华子本草》："疗中风失音，口噤，妇人血噤，惊悸，天行时疾，健忘虚乏。"《日用本草》："治惊痫搐搦烦热之疾，清心化热，利痰凉惊。"《本草纲目》："痘疮紫色，发狂谵语者可用。"《会药医镜》："疗小儿急惊，热痰壅塞，麻疹余毒，丹毒，牙疳，喉肿，一切实证垂危者。"内服0.15~0.35克。孕妇慎服。非实热证者忌用。《本草经集注》："人参为之使。恶龙骨、地黄、龙胆、蜚蠊。畏牛膝。"《药性论》："恶常山。畏干漆。"《品汇精要》："妊妇勿服。"《本草经疏》："伤乳作泻，脾胃虚寒者不当用。"非实热证者忌用。牛黄含有胆红素物质。

《鲁府禁方》牛黄散："治中风痰厥，不省人事，小儿急慢惊风：牛黄0.5克，辰砂0.25克，白牵牛（头末）1克。共研为末，作一服，小儿减半。痰厥温香油下；急慢惊风，黄酒入蜜少许送下。"

《外科全生集》犀黄丸："治乳岩，横痃，瘰疬，痰核，流注，肺痈，小肠痈：犀黄1.5克，麝香7.5克，乳香、没药（各去油）各50克。各研极细末，黄米饭50克，捣烂为丸，忌火烘，晒干。陈酒送下15克，患生上部，临卧服，下部空心服。"

《保婴撮要》牛黄解毒丸："治胎毒疮疖及一切疮疡：牛黄15克，甘草、金银花各50克，草紫河车25克。上为末，炼蜜丸，量儿服。"

《圣济总录》牛黄散："治伤寒咽喉痛，心中烦躁，舌上生疮：牛黄（研）、朴硝（研）、甘草（炙，锉）各50克，升麻、山栀子（去皮）、芍药各25克。捣研为细散，再同研令匀。每服5克，食后煎姜、蜜汤，放冷调下。""治小儿鹅口，不能饮乳：牛黄0.5克，为末。上一味，用竹沥调匀，沥在儿口中。"

● 牛蹄筋：《本草从新》："补肝强筋，益气力，续绝伤。"明代永乐太医刘纯说："岩者，食牛筋而安。"《太医养生宝典》：吃牛筋、鲤鱼、牛肉，喝中药（山楂、木香、猪苓、菊花）汤，治热血妄行（癌症）有辅助疗效。如果加服"控岩散"或"鲨鱼胆"效果更佳。

专家认为，牛蹄筋含有硬蛋白，胶原纤维——形成骨骼、肌腱、韧带、筋膜。孩子出生3个月开始喝牛蹄筋汤，就不会出现韧带松弛、内脏下垂、痔疮、疝气、关节炎、骨质增生等症状。牛蹄筋是牛、脚部位的块状筋健，就像拳头一样，上面带着牛皮的生料，而不是放在火碱水里泡过的白色物质，更不是长条的腿上筋健。牦牛最好，黄牛次之，再次是水牛；壮年牛最好，小牛与老牛次之；好斗者最好，体重者最好，无病者最好。还有些动物也含有蹄筋，其中：熊掌和骆驼掌最好，而马蹄、驴蹄、猪蹄则劣等。

● 牛鼻：《本草纲目拾遗》："和石燕煮汁服，主消渴。"

● 牛乳：《唐本草》："性平。"《千金要方·食治》："味甘，微寒，无毒。""入生姜，葱白，止小儿吐乳。补劳。"《名医别录》："补虚羸，止渴下气。"《本草纲目拾遗》："黄牛乳，生服利人，下热气，冷补，润肤止渴；和蒜煎三五沸食之，主冷气，痃癖，羸瘦。"《日华子本草》："润皮肤，养心肺，解热毒。"《滇南本草》："水牛乳，补虚弱，止渴，养心血，治反胃而利大肠。"《本草纲目》："治反胃热哕，补益劳损，润大肠，治气痢，除疸黄，老人煮粥甚宜。"《本草纲目拾遗》："与酸物相反，令人腹中症结。患冷人忌之。合生鱼食作瘕。"《本草经疏》："脾湿作泄者不得服。"《本草汇言》："膈中有冷痰积饮者，忌之。"《重庆堂随笔》："牛乳滋润补液，宜于血少无痰之证。"《随息居饮食谱》："善治血枯便燥，反胃噎膈，老年火盛者宜之。"牛奶忌：蔬菜（引起中毒）、醋（导致结石）、莲子（加重便秘）、药（降低药效）、仙茅（药效全失）、红糖（降低牛奶营养）、山楂。肾结石患者不宜睡前喝牛奶，加重病情。

牛乳中蛋白质和钙含量比人乳高，蛋白质主要是铬蛋白，遇酸后结成较大凝块，不易消化。所以未满月新生儿喝牛奶必须加水稀释，牛奶与水之比是 2:1，逐渐增至 3:1、4:1，满月后可吃全奶。牛乳中乳糖含量较人乳低，因此需加 5%~8% 的糖，也可用淀粉代替一部分糖。如果过多地往牛奶里加糖会导致婴儿发胖。

糖和牛奶一同加热对婴儿有害。因为牛奶中所含的赖氨酸与糖在高温下（80~110℃）会发生"梅拉德"反应，从而生成一种有害物果糖基赖氨酸。这种物质不利于人体消化利用。因此，应先把煮开的牛奶凉到温热（40~50℃）时，再将白糖放入牛奶中溶解。

袋装鲜牛奶经过巴氏消毒，可以直接饮用。但是，牛奶高温加工后，营养损失很多，特别是酶很怕热，在 48~115℃ 就会失去活性。食物越新鲜含酶量就越多。人体中酶有 5000 多种，种类之所以多，是因为每一种酶只有一种功能。牛奶不宜冰冻，冰冻后的牛奶中蛋白质和其他营养成分会发生变性，再遇热就会发生沉淀，使营养遭受损失。牛乳（消毒）100 克含胆固醇 166 毫克。

牛奶含有乳清酸，能抑制胆固醇的合成，降低血清胆固醇的含量。牛奶每天应控制在 500 毫升以内，过多会生成对血管非常危险的物质——高半胱氨酸，这种物质极易沉积在血管壁，造成动脉硬化。此外，牛奶中的乳糖在酶的作用下，水解成半乳糖，血液中过多的半乳糖进入到眼睛的水晶体可形成白内障。有的人体内缺乏乳糖酶，不能对牛奶中的乳糖加以分解利用，而出现腹胀、腹痛、呕吐、腹泻等症状。

2003 年 6 月，《糖尿病》杂志刊登了芬兰研究人员的发现：在孩提阶段，一天喝半升（500 毫升）以上牛奶的儿童，他们亲属中又有人是糖尿病的，比牛奶喝得少的孩子，有高出 5 倍的可能性发展为自然免疫失调的 1 型糖尿病。

英国《柳叶刀》杂志指出，数月大的婴儿喝牛奶，成人后患糖尿病的几率比平均值高 1.5 倍。

浙江大学动物科学学院方维焕教授表示，牛奶中抗生素残留是全世界乳牛业普遍存在的问题。据调查目前我国一般奶牛场中乳牛乳腺炎的患病率约30%，乳牛子宫癌的患病率约 40%。

浙江大学兽医专家高庆田说：长期以来，中外治疗乳牛乳腺炎的药物有青霉素、链霉素等抗生素。世界卫生组织的专家已经确认，这种抗药性病，可以通过食品传给人，产生难以治愈的疾病，像疯牛病等。

2003 年世界乳癌医学研究研讨会中，美国科学家 Dr·Samnel Epstein 提出了一份报告。他发现，给乳牛注射生长激素以后，牛奶中含有一种叫 IGF-1 的生长激素，而它是导致乳腺癌和前列腺癌的祸首。

法国全国保健和医学研究所的专家皮埃尔及其助理人员经过 10 余年的深入研究后发现，牛奶里含有一种名为酪蛋白的蛋白质，能生成一种对血管非常危险的分子——高半胱氨酸，这种分子会损害血管的弹性组织，从而使得脂类，特别是胆固醇极易积淀在血管壁上，以致血管逐渐阻塞，最终发展成为动脉硬化。

有研究发现，摄取最多牛奶和乳制品的国家人口，不但骨折率最高，骨骼也最差。中国乡村营养研究中发现，当地的动物植物蛋白比例约为 1:10，而骨折比例只有美国的 1/5，如果人类过度消耗动物蛋白和钙质，则会增加骨质疏松的危险。

髋骨骨折通常出现在乳制品消耗最普遍而且钙摄取量相当高的国家。

此外，牛奶中的乳糖在酶的作用下，水解为半乳糖。当血液中吸收了过多的半乳糖，就会积蓄在眼睛的晶状体内，进而影响到晶状体的日常代谢，使晶状蛋白发生变性，从而失去透光性，这就形成了老年性白内障。

儿童患 1 型糖尿病与多喝牛奶有关。

奶粉忌：米汤（破坏维生素 A）。

● 酸奶：酸奶是用新鲜牛奶加入乳酸菌发酵制成的，具有独特的清香的乳酸味。酸奶中的蛋白质分散后，生成游离氨基酸和多肽直接被人体吸收。它能使钙和乳酸结合形成乳酸钙，提高了蛋白质和钙、磷、铁的吸收利用率。酸奶中的有机酸，可促进肠蠕动，促进胃液分泌，提高食欲，增强体质。酸奶中的乳酸菌还能降血浆中的胆固醇，抑制体内腐败菌，消除黄褐斑。

酸奶中有嗜酸乳酸菌可以减慢直肠肿瘤的生长。因此，常喝酸奶的人直肠癌的发生率低于不喝酸奶的人。酸奶对胆结石、失眠、近视患者有辅助疗效。

酸奶中的钾、钙、锌、蛋氨酸等有降压作用，对高血压、心血管病患者大有裨益。

酸奶食用也要适量，否则影响胃中消化酶的分泌，还会影响肠内有益菌群的平衡。有好多人喝酸奶多了之后患腹泻，并且伴有少量的滞留便———一次拉不完。酸奶不能蒸煮后喝，否则杀死它所含有的活性乳酸菌。酸奶与收敛剂药物同服影响药效。酸奶中含有一定的蔗糖，糖尿病患者不宜食用。喝完酸奶应及时漱口，防止酸奶中的活性乳酸菌与腔中的残留物发酵，产生酸性物质，导致龋齿或口腔疾病。酸奶饭后 2 小时左右喝为宜。

婴儿忌用酸奶。酸奶是发酵食品，食用时应注意保质期。

酸奶忌：黄豆（影响钙吸收）。

● 羊肉：中医认为，羊肉性温，味甘；有益气补肾，温中暖胃功效。用于虚劳羸瘦，腰膝酸软，产后虚冷，肾虚阳痿，腹痛，寒疝，胁痛，中虚反胃。《脾胃论》："羊肉，甘热，能补血之虚。有形之物也，能补有形肌肉之气，凡味与羊肉同者，皆可补之。故曰：补可去弱，人参、羊肉之属是也。人参补气，羊肉补形也。"《名医别录》："主缓中，字乳余疾，及头脑大风汗出，虚劳寒冷，补中益气，安心止惊。"《千金要方·食治》："主暖中止痛，利产妇。""头肉：主风眩瘦疾，小儿惊痫，丈夫五劳七伤。"《日华子本草》："开胃肥健。""头肉：治骨蒸，脑热，头眩，明目。"《日用本草》："治腰膝羸弱，壮筋骨，厚肠胃。"《金匮要略》："有宿热者不可食之。"《本草经集注》："有半夏、菖蒲勿食羊肉。"《千金要方·食治》："暴下后不可食羊肉，髓及骨汁，成烦热难解，还动利。"《金匮要略》："有宿热者不可食之。"《医学入门》："素有痰火者，食之骨蒸。"《本草纲目》："铜器煮之，男子损阳，女子暴下，物性之异，不可知。"羊肉治白癜风有辅助疗效。阴虚内热火旺的人，如口干咽干、头晕、牙痛、目红、面赤多汗、便秘口疮、鼻血痰红者均不宜用羊肉。体态肥胖，痰多湿重，消化不良均应少食为佳。肝炎患者，代谢功能差，少吃为好，孕妇不宜吃羊肉，以免造成流产。烤羊、牛肉过程中会产生如苯并芘等诱发癌症物质。羊肉还忌：茶（便秘）、豆瓣酱（功效相反）、南瓜（胸闷腹胀）、西瓜（伤元气）、荞麦（功效相反）、梅干茶（胸闷）、鲇鱼（中毒）、半夏（引起不良反应）、小豆、鱼鲙、猪肉、醋、石菖蒲、铜、朱砂、薄荷。

动物蛋白质中有一种能够燃烧细胞内部脂肪的氨基酸——肉毒碱，其含量特别高。日本田岛真教授指出："虽然人体能够制造肉毒碱，但是过了20岁以后随着身体的老化，其合成量不断减少。因此，通过摄取含有大量肉毒碱的食物，将能够促进脂肪的燃烧。"

北海道大学助教若松纯一曾对羊、牛、猪肉中的肉毒碱含量进行检测，发现羊肉中肉毒碱含量最高。每100克羊肉中含有188~282毫克肉毒碱，特别是羊腿肉里含量最高。

肉毒碱还有提高神经传导物质乙酰胆碱的作用。田岛真教授指出："肉毒碱还有可能具有预防脑老化的功效。从脑科学的角度来看，羊肉也称得上是健康食品。"

● 羊肝：《唐本草》："性冷。""疗肝风虚热。目赤暗无所见，生食子肝7枚。"

《本草纲目》："苦，寒，无毒。"《随息居饮食谱》："甘，凉。"《药性论》："青羊肝服之明目。"《千金要方·食治》："补肝，明目。"《现代实用中药》："适用于萎黄病，妇人产后贫血，肺结核，小儿衰弱及维生素A缺乏之眼病（疳眼、夜盲等）。"孙思邈说："羊肝合生椒食，伤人五脏，最损小儿。"羊肝100克食胆固醇323毫克。

● 羊肾：《本草纲目》："甘，温，无毒"。"治肾消渴。"《名医别录》："补肾气、益精髓。"《唐本草》："羊肾合脂为羹疗劳痢。"《日华子本草》："补虚耳聋，阴弱，壮阳益胃，止小便。治虚损盗汗。"《本经逢原》："治肾虚膀胱蓄热胞痹，小便淋沥疼胀。"

● 羊血：《本草纲目》："咸，平，无毒。""治产后血攻。下胎衣。"《唐本草》："主女人中风，血虚闷，产后血运、闷欲绝者，生饮一升。"《医学入门》："治卒惊悸；九窍出血，取新热血饮。"《随息居饮食谱》："生饮止诸血、解诸毒。熟食但止血，患肠风痔血者宜之。"羊血忌半夏（引起不良反应)。

● 羊角：性寒味咸，有镇惊、安心、明目、平肝、益气的功效，适用于头晕目眩、惊风癫痫、高热神昏、头疼目赤、惊悸抽搐等症，以羚羊角为最好。

● 羊胆：《本草纲目》："苦，寒，无毒"。《名医别录》："青羊胆：主青盲，明目。"《药性论》："点眼中，主赤障白膜风泪。"《千金要方·食治》："主诸疮。"《唐本草》："疗疳湿，时行热熛疮，和酢服。"《四川中药志》："清热解毒，明目退翳。治青盲雀目，风眼翳障，食道结核，肺痨吐血，喉头红肿及黄疸。"煎服 0.5~1 克。

《肘后方》："治眼暗，热病后失明：羊胆，旦暮时各一敷之。"

《四川中药志》："治喉头红肿：羊胆、青黛、马勃、川贝、红牛膝。煎汤服。""治黄胆：羊胆、茵陈、秦艽、白鲜皮、大黄、木通。煎汤服。"

● 羊心：《本草纲目》："甘，温，无毒。"《名医别录》："止忧恚隔气。"《食疗本草》："补心。"《随息居饮食谱》："治芳心隔痛。"

《饮膳正要》炙羊心："治心气惊，郁结不乐：羊心一个。咱夫兰 15 克，用玫瑰水一盏，浸取汁，入盐少许，签子签羊心于火上炙，将咱夫兰汁徐徐涂之，汁尽为度，食之。"

● 羊皮：《食疗本草》："去毛，煮羹：补虚芳。煮作臛食之：去一切风，治肺中虚风。"《本草纲目》："干皮烧服，治蛊毒下血。"

● 羊肚：《本草纲目》："甘，温，无毒。"《千金要方·食治》："主胃反。治虚羸，小便数，止虚汗。"《本草蒙荃》："补虚怯，健脾。"羊肚忌：赤小豆（引起中毒）。每 100 克羊肚含胆固醇 41 毫克。

张文仲："治久病虚羸，不生肌肉，水气在胁下，不能饮食，四肢烦热：羊胃一枚，白术一升。切，水二斗、煮九升，分九服，日三。"

《本草纲目》："治项下瘰疬：羊胴胵，烧灰，香油调敷。"

《古今录验方》："治胃虚消渴：羊肚烂煮，空腹食之。"

● 羊乳：《名医别录》："温。""补寒冷虚乏。"《药性论》："味甘，无毒。""润心肺，治消渴。"孟诜："治卒心痛，可温服之。"《食疗本草》："补肺，肾气，和小肠，亦主消渴，治虚劳，益精气。"《日华子本草》："利大肠，（治）小儿惊痫疾，含之治口疮。"《本草纲目》："治大人干呕及反胃，小儿哕啘及舌肿，并时时温服之。"

《食疗本草》："补肾虚，亦主中风：羊乳合脂作羹食。"

《千金方》："治漆疮，羊乳汁涂之。"

羊奶性热而助火，人喝了易得病。

● 羊肺：《千金要方·食治》："平。""止渴。治小便多，伤中，补虚不足，去风邪。"《本草纲目》："甘，温，无毒。""通肺气，利小便，行水解毒。"《名医别录》："补肺，主咳嗽。"

《十药神书》辛字润肺膏："治久咳肺燥，肺痿：羊肺一具，杏仁（净研）、柿霜、真酥、真粉各50克，白蜜100克。先将羊肺洗净，次将五味入水搅黏，灌入肺中，白水煮熟，如常食之。"

《唐本草》："治渴，止小便数：羊肺，并小豆叶，煮食之。"

《千金方》："治水气肿，鼓胀，小便不利：莨菪子一升，羖羊肺一具。上二味，先洗羊肺，汤微煠之，薄切，曝干作末，以三年大醋渍莨菪子一晬时，出，熬令变色，熟捣如泥，和羊肺末，蜜合捣作丸，如梧子大。以麦冬饮服四丸，日三，以喉中干，口黏，浪语为候，数日小便大利。"

《千金方》："治尿数而多：羊肺一具。作羹，纳少羊肉和盐豉，如食法，任性食。"

● 羊须：《本草纲目》："治小儿口疮，蠼螋尿疮。"《会约医镜》："治小儿疳疮，羊须疮。"

● 羊胰：《本草纲目》："润肺燥，（治）诸疮疡，入面脂，去黚黯，泽肌肤，灭瘢痕。"《本经逢原》："与猪胰同功，而入肺祛痰尤捷。"

《肘后方》："治远年咳嗽：羊胰三具，大枣百枚，酒五升，渍七日，饮之。"

《外台秘要》："治妇人带下：羊胰一具。以醋洗净，空心食之。"

● 羊脂：《随息居饮食谱》："甘，温。""外感不清，痰火内盛者均忌。"《千金要方·食治》："生脂：上下痢脱肛，去风毒，妇人产后腹中绞痛。"《日华子本草》："治游风并黑黚。"《本草纲目》："熟脂：主贼风痿痹，辟瘟气，止劳痢，润肌肤。杀虫，治疮癣。入膏药，透肌肉经络，彻风热毒气。"

● 羊骨：性温，味甘，无毒。《名医别录》："主虚劳，寒中，羸瘦。"《千金要方·食治》："头骨，主小儿惊痫。""宿有热者不可食。"《新修本草》："头骨：疗风眩，瘦疾。"《日用本草》："胫骨：治牙齿疏活，疼痛。"《饮膳正要》："尾骨：益肾明目，补下焦虚冷。"《本草纲目》："脊骨：甘，热。补肾虚，通督脉，治腰痛下痢。""胫骨：主脾弱，肾虚不能摄精，白浊。除湿热，健腰脚，固牙齿，去黚黯，治误吞铜钱。"

《普济方》肾虚耳聋方："羖羊脊骨一具（炙研），磁石（煅、醋淬七次），白术、黄芪、炮姜、白茯苓各 50 克，桂 1.5 克。为末，每服 25 克，水煎服。"

● 羊脑：《随息居饮食谱》："甘，温。""治风寒入脑，头疼久不愈。""多食发风生热，余病皆忌。"《本草纲目》："有毒。""润皮肤，去黚黸。涂损伤，丹瘤，肉刺。"

《瑞竹堂经验方》："治小儿丹瘤：绵羊脑子（生用），朴硝。调匀，贴于瘤上。"

《千金方》："治四肢骨碎，筋伤蹉跌：羊脑 50 克，胡桃脂，发灰，胡粉各 25 克。捣和，调如膏敷。"

● 羊黄（山羊的胆囊结石）：《陆川本草》："苦，平，有小毒。""代牛黄用。泻热，利痰，通窍，镇惊。治风痰闭窍，痰火昏迷，热病谵妄，小儿惊痫。"研末服 1.5~2.5 克。没有说明配方，不可全信。

● 羊脬：别名羊胞（膀胱）。《随息居饮食谱》："甘，温。""补脬损，摄下焦之气，凡虚人或产后患遗溺者宜之。"孙思邈："治下虚遗尿。"

《本经逢原》："治下虚遗尿：羊脬，温水漂净，入补骨脂，焙干为末，卧时温酒服 25 克。"

● 羊靥（甲状腺体）：《本草纲目》："甘淡，温，无毒。""治气瘿。"

《广济方》昆布丸："治气瘿气，胸膈满塞，咽喉项颈渐粗：昆布 100 克（洗去咸汁），通草 50 克，羊靥二具（炙），海蛤 50 克（研），马尾海藻 50 克（洗去咸汁）。上五味，蜜丸如弹子，细细含咽汁。"

《杂病治例》："治项下气瘿：羊靥，猪靥各二枚；昆布、海藻、海带各 10 克（洗，焙），牛蒡子（炒）20 克，上为末。捣二靥和丸，弹子大，每服一丸，含化咽汁。"

● 羊髓（骨髓或脊髓）：《名医别录》："味甘，温，无毒。""主男女伤中，阴气不足，利血脉，益经气，以酒服之。"《千金要方·食治》："祛风热，止毒。"《食疗本草》："酒服之补血，主女人风血虚闷。"《删繁本草》："治肺虚毛悴，酥髓汤中用之。"《本草纲目》："润肺气，泽皮毛，灭疤痕。"《随息居饮食谱》："润五脏，充液，补诸虚，调养营阴，滑利经脉，却风化毒，填髓。"《删繁本草》："治肺虚毛悴，酥髓汤中用之。"

《千金方》："治小儿舌上疮：羊蹄骨中生髓和胡粉敷之。""治目赤及翳：白羊髓敷之。"

《经验方》："治白秃头疮：生羊骨髓，调轻粉搽之；先以泔水洗净，一日二次。"

● 羊外肾：别名羊石子，羊肾。《随息居饮食谱》："甘，温。""功同内肾而更优。治下部虚寒，遗精淋带，癥瘕疝气，房劳内伤，阳痿阴寒，诸般隐疾。并宜煨烂，或熬粥食，亦可入药用。""下部火盛者忌之。"《四川中药志》："性温，味甘，咸，无毒。""益精助阳，补肾。治虚损盗汗，肾虚阳痿，消渴，小便频数，劳伤腰痛，下焦虚冷及睾丸肿痛。"

《四川中药志》："治肾虚阳痿：雄羊外肾二对，鹿茸、菟丝子各 50 克，茴香 25 克，共研末。将羊外肾入酒煮烂，和药末捣泥成丸，阴干。每服 20~30 丸，温酒送下，每日 3 次。"

营养学家认为，发物可刺激机体产生激发反应，会引起疾病复发或加重疾病。发物按其性能分为六类：一为发热之物，薤、姜、花椒、胡椒、羊肉等，阴虚火旺体质的人要慎用。二为发风之物。如虾、蟹、香蕈、鸡、鹅、鸡蛋等，诸如过敏体质与绝大多数皮肤患者要慎用。三为发湿热之物，如柑、橘、饴糖、糯米、米酒等，身体肥胖的痰湿体质人慎用。四为发冷积之物，如西瓜、梨、柿子、冰水等，脾胃虚弱的阳虚体质就应慎用，特别是慢性结肠炎等大便稀溏的患者就应禁食。五为发动血之物，如海椒、慈姑、胡椒等，虚火旺体质的人忌食。六为发滞气之物，如芋头、羊肉、莲子、芡实等，对于实证患者应慎用，尤其是高血脂、高热的病。

● 驴肉：别名毛驴，漠骊。中医认为，驴肉性平，味甘酸；有补气养血，养心安神功效。治劳损风眩，心烦心悸，气血不足，贫血头晕。《千金要方·食治》："主风狂，愁忧不乐，能安心气。"《日华子本草》："解心烦，止风狂，酿酒治一切风。"《饮膳正要》："野驴，食之能治风眩。"《本草纲目》："补血益气，治远年劳损；煮汁空心饮，疗痔引虫。"《日用本草》："食驴肉，饮荆芥茶杀人。妊妇食之难产。"《本草衍义》："驴肉食之动风，脂肥尤甚，屡试屡验。"驴肉还忌：凫茈、猪肉、茶；凡瘙痒性皮肤病患者，各种痼疾，如结核病、红斑狼疮、哮喘者忌食。

驴肉脂肪中不饱和脂肪酸的含量丰富，尤其是能降低血脂和胆固醇的亚麻油酸和亚油酸含量特别高，可降血脂，降低胆固醇。

● 驴毛：《食疗本草》："治头中一切风，驴毛 500 克炒令黄，投一斗酒中，渍三日，空心细细饮，使醉，覆卧取汗，明日更依前服。忌陈仓米，麦面等。"

● 驴头：《千金要方·食治》："头烧却毛，煮取汁，以浸曲酿酒，甚治大风动摇不休者。"孟诜："煮头汁令服二三升，治多年消渴。"《日华子本草》："头汁，洗头风，风屑。"

● 驴乳：性寒，味甘。《千金要方·食治》："主大热，黄疸，止渴。"《唐本草》："主小儿热惊，急黄等，多服使利热毒。"《本草纲目拾遗》："主蜘蛛咬，以物盛浸之。"《蜀本草》："疗消渴。"《日华子本草》："治小儿痫，客忤，天吊，风疾。"《本草纲目》："频热饮之，治气郁，解小儿热毒，不生痘疹；浸黄连取汁，点风热赤眼。"

● 驴骨：孟诜："煮作汤，俗渍身，治历节风。"《本草纲目》："牝驴骨煮汁服，治多年消渴。""头骨烧灰和油涂小儿解颅。"

● 驴脂：孟诜："生脂和生椒熟捣绵裹塞耳中，治积年耳聋。狂癫不能语，不识人者，和酒服三升。和乌梅为丸，治多年疟，未发时服三十丸。"《日华子本草》："敷恶疮、疥及风肿。"《本草纲目》："和酒等分服，治卒咳；各盐涂身体手足风肿。"

《圣惠方》："治耳聋：乌驴脂一分，鲫鱼胆一枚，生油25克。上伴药，相和令匀，纳葼葱管中，七日后倾出，每用少许，滴于耳中。"

《千金方》："治目中息肉：驴脂，石盐末。上二味和合，令调注目两眦头，日三夜一。"

● 驴蹄：《本草纲目》："悬蹄烧灰敷痈疽，散脓水，和油敷小儿解颅，以瘥为度。"

● 驴阴茎：别名驴鞭，驴三件，驴肾。《四川中药志》："性温，味甘咸，无毒。""滋肾壮阳。治阳痿不举，筋骨酸软及肾囊现冷。"《本草纲目》："甘，温，无毒。""强阳壮筋。"《吉林中草药》："强筋，壮骨，滋阴补虚。治骨结核，骨髓炎，血虚气弱，妇女乳汁不足。"煎服15~20克。

《吉林中草药》："治肾虚体弱：驴肾一副，白水煮烂，匀2次吃。""治妇女乳汁不足：生黄芪50克，王不留行25克。水3千克煎至2千克，去药。用此汤煮驴肾，熟烂后，吃驴肾，饮汤。""治骨结核或骨髓炎：驴肾一副，白水煮熟，匀2次吃。"

● 狗肉：别名地羊、犬肉、黄耳、犬、家犬。中医认为，狗肉性温，味咸；有利中益气，温肾助阳功效。治脾肾气虚，胸腹胀满，臌胀，水肿，腰膝软弱，脘腹冷痛，凹肢久温，遗尿，尿频，肾虚耳聋，败疮久不收敛。《名医别录》："主安五藏，补绝伤。"孟诜："补血脉，厚肠胃实下焦，填精髓。"《日华子本草》："补胃气，壮阳，暖腰膝，补虚劳，益气力。"《本经逢原》："治败疮稀水不敛。"《医林纂要》："补肺气，固肾气，壮营卫，强腰膝。"《本经逢原》："下元虚人，食之最宜，但食后必发口燥，惟啜米汤以解之。"《食疗本草》："益阳事，补血脉，厚肠胃，实下焦，填精髓，补七伤五劳。"《千金要方·食治》:"宜肾。"《普济方》:"久病大虚者,服之身轻,益气力。"《本草纲目》:"犬性温暖,能治脾胃虚寒之疾,脾胃温和,则腰肾受矣。""热病后食之,杀人。若素常气壮多火之人,则宜忌之。""鳝鱼不可合犬肉犬血食之。"《本草备要》:"畏杏仁,恶蒜。"孟诜:"天行病后下痢及宿症,俱不可食。服天门冬、朱砂不可食。不可合犬肉及葵菜食。《本草经集注》:"有当陆,勿食犬肉。"《本草经疏》:"发热动火,生痰发渴,凡病人阴虚内热,多痰多火者慎勿食之,天行病后尤为大忌,治痢疾亦非所宜。"

现代研究认为,痛风、疔疮、发热、目赤、鼻燥、阴虚内热、脾胃湿热及高血压、中风后遗症、严重心脏病、心律失常、甲状腺功能亢进、胃炎、痢疾、溃疡病、肺结核、气管炎、急性炎症、湿疹、痈疽、疮疡、大病初愈者及妊娠妇女忌食。狗肝有毒。九月食狗伤神。狗肉忌:浓茶:蛋白质与鞣酸结合可使肠蠕动减少,不利于排毒;狗肉与菱角、绿豆等同食会引起腹胀;狗肉与大蒜同食刺激肠胃黏膜。狗肉还忌:泥鳅(上火)、葱(助热生火)、姜(腹痛)、牛肠、鲤鱼、鳝鱼、商陆、杏仁、鳖肉、兔肉、獭肉、野鸡。

● 狗毛:《名医别录》:"主产难。"《本草纲目》:"烧灰汤服一钱,治邪疟;尾(毛)烧灰,敷火伤。"

● 狗心:《医林纂要》:"甘酸咸,温。"《名医别录》:"主忧恚气,除邪。"《日华子本草》:"治狂犬咬,除邪气,风痹,疗鼻衄及下部疮。"

● 狗血:《名医别录》:"味咸,无毒。""白狗血,主癫疾发作。乌狗血,主产难横生,血上荡心者。"《日华子本草》:"补安五脏。"《本草纲目》:"热饮治虚劳吐血,又解射罔毒;点眼,治痘疮入目。"《医林纂要》:"心血合酒饮,治肠痈。"

● 狗肝:《医林纂要》:"甘苦咸,温。"《本草纲目拾遗》:"主脚气攻心,作生姜醋进之,当泄。先泄者勿服之。"

● 狗齿:《名医别录》:"平。""主癫痫寒热,卒风痱。"《本草纲目》:"平,微毒。""磨汁,治犬痫。烧研醋和,敷发背及马鞍疮。同人齿烧灰,汤服,治痘疮倒陷。"

● 狗肾:《滇南本草》:"气味平。"《本草纲目》:"平,微毒。"《本草纲目拾遗》:"主妇人产后肾劳如疟者(体热用狗肾,体冷用犬肾)。"

● 狗骨:《本草纲目》:"甘,平,无毒。""烧灰,米饮日服,治休息久痢;猪脂调,敷鼻中疮。"《四川中药志》:"性温,味辛咸,无毒。""治风湿关节痛,冷骨风痛,腰腿无力及四肢麻木。"《名医别录》:"烧灰疗下利，生肌。"陶弘景："烧灰疗诸疮瘘及妒乳痈肿。"《本草纲目拾遗》："煎为粥，热补，令妇人有子。"《蜀本草》："主补虚，小儿惊痫，止下利。"《医学入门·本草》："补虚壮阳，治头风眩。"《宝庆本草折衷》："脊骨，接元气，补虚惫。"

● 狗胆：《药性论》："味苦，有小毒。""主鼻齆，鼻中息肉。"《玉楸药解》："味苦，性寒。""清肝胆风热。治眼痛。"《神农本草经》："主明目。"《名医别录》："主痂疡恶疮。"《食疗本草》："采胆以酒调服之，明目，去眼中脓水。"《日华子本草》："主扑损瘀血，刀箭疮。"《日用本草》："去诸疥癣疮疾。"《本草纲目》："主鼻衄，聤耳，止消渴，杀虫，除积，能破血，凡血气痛及伤损者，热酒服半个，瘀血尽下。"

● 兔肉：中医认为，兔肉性凉，味甘；有补中益气，凉血解毒功效。用于脾胃虚弱或营养不良，身体虚弱，疲倦乏力，食欲不振，胃肠有热所致消渴，口干呕血，便血。《名医别录》："主补中益气。"《千金要方·食治》："止渴。"《本草纲目拾遗》："主热气湿痹。"《本草纲目》："凉血，解热毒，利大肠。"《本经逢原》："治胃热呕逆，肠红下血。"刘纯《治例》云："反胃结肠，甚者难治，常食兔肉，则便自行，又可证其性之寒利矣。"孕妇及经期妇女，阳虚四肢畏冷者；或脾胃虚寒，腹痛泄泻者忌食。兔肉忌：生姜、橘皮、芥末、鸡肉、鹿肉、獭肉、橘子、芹菜（脱发）。兔肉100克含胆固醇65毫克。

● 兔血：《本草纲目》："咸，寒，无毒。""凉血，活血，解胎中热毒，催生易产。"

● 兔肝：《本草纲目》："性冷。"《医林纂要》："甘苦咸，寒。"《名医别录》："主目暗。"孟诜："主明目，和决明子作丸服之。"《日华子本草》："明目补劳，治头旋眼疼。"《日用本草》："明目退翳。"

● 兔骨：《药性论》："味甘。"《四川中药志》："性平，味甘酸，无毒。""治头昏眩晕，疯疾。"《名医别录》："主热中消渴。"《本草纲目拾遗》："主久疥，醋磨敷之。"《日华子本草》："治疮疥，刺风。"《本草纲目》："煮汁服，止霍乱吐利。"煎服20~30克。

● 兔脑：《本草经疏》："温。"《名医别录》："疗冻疮。"《圣惠方》："手足皲裂成疮，生涂之良。"《本草纲目》："催生滑胎。"

● 骆驼肉：骆驼肉性温，味甘；有润燥，祛风，活血，消肿功效。适宜顽痹不仁之风疾者食用。《日华子本草》："治风，下气，壮筋力，润皮肤。"《医林纂要》："益气血，壮筋力。"

● 骆驼脂：别名驼脂、驼峰、峰子油。《日华子本草》："温。""疗一切风疾，顽痹，皮肤急，及恶疮肿毒漏烂，并和药敷之。野者弥良。"《开宝本草》："无毒。""筋皮挛缩，踠损筋骨，火炙摩之，取热气入肉。和米粉作煎饼食之，疗痔。"《品汇精要》："味甘，性温，无毒。"《饮膳正要》："治虚劳风有冷积者，用葡萄酒温调服之，好酒亦可。"《医林纂要》："益气血，壮筋骨。"

● 骆驼毛：别名驼绒。《神农本草经》："味咸，平。""主寒热惊痫，癫痉狂走。"《名医别录》："有毒。"《唐本草》："主妇人带下赤白。"煅存性研末服1.5~2.5克。外用：烧灰、调服。

● 骆驼奶：骆驼奶有滋补，安神，养阴，解毒功效，可用于病后虚弱以及除硫酸铜以外的中毒。《饮膳正要》："性温，味甘。""补中益气，壮筋骨。"《本草纲目》："甘冷，无毒。"

● 骆驼掌含胶原蛋白丰富，是珍稀佳肴。

● 猪肉：中医认为，猪肉性平，味甘咸；有滋阴润燥，补益气血功效。用于热病津伤，口渴多饮，肺燥咳嗽，干咳少痰，咽喉干痛，肠燥便秘，消渴羸瘦，气血亏虚。《名医别录》："獖猪肉，疗狂病。"《千金要方·食治》："宜肾，补肾气虚竭。""头肉，补虚乏气力，去惊痫寒热，五癃。"孟诜："头，主五痔。"《本经逢原》："精者补肝益血。"《随息居饮食谱》："獖猪肉，补肾液，充胃汁，滋肝阴，润肌肤，利二便，止消渴，起尪羸。""一切外感及哮嗽、疟、痢、痧、疸、霍乱、胀满、脚气、时毒、喉痹、疾满、疝痛诸病，切忌之，其头肉尤忌。"《本草备要》："其味隽永，食之润肠胃，生津液，丰肌体，泽皮肤，固其所也，惟多食则助热生痰，动风作湿，伤风寒及病初愈人为大忌耳。"《饮膳正要》："猪肉不可与牛肉同食。"孙思邈说："久食令人少子，发宿疾。""鳖肉不可和猪、兔、鸭肉食，损人。"《本草经集注》："服药有巴豆，勿食猪肉。"《滇南本草》："反乌梅、大黄等。"《本草纲目》："反乌梅、桔梗、黄连、胡黄连、犯之令人泻痢；及苍耳，令人动风，合百花菜、吴茱萸食，发痔疾。"《本经逢原》："助湿生痰。""精者，补肝益血。"

《本草纲目》提出了食物的配伍禁忌，未说明禁忌理由。后人对部分禁忌已找出理由，还有些至今不得而知，可供参考。猪肉忌：豆类：豆中植酸含量高，易与蛋白质和矿物质形成复合物，从而影响蛋白质的利用率。猪肉还忌：苍术（降低药效）、桔梗（药性相克）、菊花（药性相克）、补骨脂（药性相反）、伏降宁（不良反应）、百合（引起中毒）、甘草（药性相反）、杏仁（引起腹痛）、菱角（引起肚痛）、乌梅（药理相反）、生姜、荞麦、葵菜、芫荽、梅子、炒豆、鸽肉、牛肉、鲫鱼、马肉、羊肝、龟鳖、鹌鹑、驴肉、田螺、茶。但是这些禁忌应与中医忌口的说法区别对待。忌口的理论主要包括两类：一是某种疾病忌某类食物。二是某类病症或某种情况下忌某种食物。

猪肉枣不能吃——猪肉中暗红色和灰黄色的疙瘩，是猪的淋巴结，积累了很多有毒物质，食后对健康不利。小腰子不能吃——动物肾上腺位于肾（腰子）的前端，呈褐色。由于小腰子内含有激素，烧煮时不易破坏，如经常食用，会发生肾上腺素过剩。牲畜甲状腺不能吃——位于咽喉的后部和气管附近，一般分为两个侧叶。甲状腺含有大量的激素。人误食后会使体内甲状腺激素浓度骤增，引起类似甲亢的中毒症状。

● 猪心：《本草纲目》："甘咸，平，无毒。"《名医别录》："主惊邪忧恚。"《千金要方·食治》："主虚惊气逆，妇人产后中风，聚血气惊恐。"《本草图经》："主血不足，补虚劣。""不与吴茱萸合食。"刘完素："镇恍惚。"猪心100克含胆固醇158毫克。

● 猪肝：《随息居饮食谱》："甘苦，温。"《千金要方·食治》："主明目。"《本草纲目拾遗》："主脚气。空心，切作生，以姜醋进之，当微泄。若先痢，即勿服。"《食医心镜》："治水气胀满，浮肿。"《本经逢原》："治脱肛。"《本草再新》："治肝风。"《饮食须知》："不可用雉肉、雀肉及同鱼脍食，生痈疽。"猪肝还忌：黄豆、菜花、荞麦、豆腐、鲤鱼肠子、鱼肉。《太医养生宝典》：吃肝脏、鲤鱼、牛肉、喝中药（山楂、木香、党参、当归）汤，治脾不统血（再障）有辅助疗效。如果加服"安冲散"或"归脾丸"效果更佳。猪肝100克含胆固醇420毫克。

猪肝烹调前，应当把猪肝在清水中反复冲洗，再于水中浸泡1~2小时，去掉散存于肝血窦和肝管内的有毒物质，然后再进行烹调。也可将猪肝切成片，在盆中轻轻抓洗，然后冲洗干净，烹调时间尽量长一些，以确保食品安全。

● 猪肺：《本草药性大全》："治肺咳声连。"《随息居饮食谱》："甘，平。""治肺痿咳血，上消诸症。"《本草图经》："补肺。"《本草纲目》："疗肺虚咳嗽，嗽血。"根据王孟英经验，常人不必多食。猪肺100克含胆固醇314毫克。

《证治要诀》："治肺虚咳嗽：猪肺一具，切片，麻油炒熟，同粥食。""治嗽血肺损：薏苡仁研细末，煮猪肺，白蘸食之。"

《四川中药志》："治风寒久咳：猪肺、麻黄根，共炖汤服。"

● 猪脾：《本草纲目》："涩，平，无毒。"《随息居饮食谱》："甘，平。"《本草图经》："治脾胃虚热：猪脾，陈橘皮红、生姜、人参、葱白（切，拍之）。合陈米水煮如羹，去橘皮，空腹食之。"

《圣济总录》猪脾粥："治脾胃气弱，不下食，米谷不化：猪脾一具，猪胃一枚。上二味，净洗细切，入好米二合，如常法煮粥，空腹食。"

《保寿堂经验方》："治脾积痞块：猪脾七个，每个用新针刺烂，以皮硝一钱擦之，瓷器盛七日，铁器焙干，又用水红花子35克，同捣为末，以无灰酒空心调下。"

● 猪肚：《本草纲目》："甘，微温，无毒。"《名医别录》："微温。""补中益气，止渴，利。"《千金要方·食治》："断暴痢虚弱。"《日华子本草》："补虚损，杀劳虫，止痢。酿黄糯米蒸捣为丸，甚治劳气，并小儿疳蛔黄瘦病。"《本草图经》："主骨蒸热劳，血脉不行，补羸助气。"《本草经疏》："为补脾胃之要品，脾胃得补，则中气益，利自止矣。《日华子本草》："主补虚损，主骨蒸劳热，血脉不行，皆取其补益脾胃，则精血自生，虚劳自愈，根本固而五脏皆安也。"《随息居饮食谱》："止带、浊、遗精，散癥瘕积聚。"据王孟英经验，怀孕妇女若胎气不足，或屡患半产以及娩后虚羸者，用猪肚煨煮烂熟如糜，频频服食，最为适宜。如同火腿，并喂食大补。猪肚100克含胆固醇159毫克。

《食医心镜》："治消渴，日夜饮水数斗，小便数，瘦弱：猪肚一枚，净洗，以水五升，煮令烂熟，取2升已来，去肚，著少豉，渴即饮之，肉亦可吃。又和米，着五味，煮粥食之佳。"

《肘后方》猪肚黄连丸："治小便数：猪肚1枚（洗去脂膜），黄连末1.5千克。纳猪肚中蒸之，暴干，捣丸如梧子。服30丸，日再服，渐渐加之，以瘥为度。忌猪肉。"

《经验广集》："治臌胀水肿：健猪肚1个（不落水，翻出屎净，在砖墙上磨去秽气），将大虾蟆装入肚内，麻扎紧，煮熟，去虾蟆，连汤淡食，勿入盐醋。"

《养生类要》法制猪肚方："补老人脾胃不足，虚羸乏气。猪肚1具，洗净，人参25克，干姜5克，川椒（炒）5克，葱白5茎，糯米5合，合为末入猪肚内，扎紧，勿以泄气，以水5升，用沙锅慢火煮，令极烂，空心服，再饮酒3~5杯。"

《中医补益大全》猪肚姜桂汤："温中，健脾，养胃。主治脾胃虚寒所致的脘腹冷痛，呕吐清水，不思饮食，以及慢性胃炎，胃十二指肠溃疡属于脾胃虚寒者。"猪肚1个，生姜15克，肉桂5克。将猪肚洗干净切成小块；生姜洗净，切成片，与肉桂一起用纱布袋装好，扎紧口备用。将药袋与肚片同入沙锅，加水适量，先以武火开，后以文火慢炖至肚片烂熟，捞出药袋不用，加入调味品即成。

《寿亲养老新书》猪肚羹："治产后积热劳极，四肢干瘦，饮食而不生肌肉。猪肚1件（洗净，以小麦煮令半熟，取出细切），黄芪（锉碎）半两，人参3分，粳米3合，莲实（锉碎）50克。以水5升煮猪肚，入人参、黄芪、莲实，候烂滤，去药弃肚，澄其汁令清，方入米煮，临熟入葱白味调和作粥，任意食用。"

● 猪肾：即猪腰子，《千金要方·食治》："平，无毒。"《本草纲目》："咸，冷，无毒。""止消渴，治产劳虚汗，下利崩中。""肾有虚热者宜食之。若肾气虚寒者，非所宜也。"《随息居饮食谱》："甘咸，平。"《名医别录》："和理肾气，通利膀胱。"孟诜："主人肾虚。"《日华子本草》："补水脏，治耳聋。""猪肾100克含胆固醇405毫克。

《四川中药志》："治老人耳聋：猪肾、党参、防风、葱白、薤白。糯米共煮粥服。"

● 猪膀胱：别名脬：即猪尿胞。《本草汇言》："味甘，气平，无毒。"《本草纲目》："甘咸。"治梦中遗溺，疝气坠痛，阴囊湿痒，玉茎生疮。《本经逢原》："治产妇伤膀胱。"

《千金方》："治梦中遗尿：猪脬洗，炙食之。"

《医林集要》："产后遗尿：猪胞，猪肚各1个，糯米半升入脬内，更以脬入肚内，同五味煮食。"

● 猪骨髓：《本草纲目》："甘，寒，无毒。""涂小儿解颅，头疮及脐肿，眉疮。服之补骨髓，益虚劳。"《本草图经》："主扑损恶疮。"《随息居饮食谱》："补髓养阴，治骨蒸劳热，带浊遗精，宜为衰老之馔。"《本草便读》："凡阴虚骨蒸，五心夜热，脊痛脊凸等症，皆可用之。"

● 猪胆：《汤液本草》："味苦咸，寒。"《本草图经》："主骨热劳极，伤寒及渴疾，小儿五疳，杀虫。"《名医别录》："疗伤寒热渴。"《本草纲目拾遗》："主小儿头疮，取胆汁敷之。"《本草纲目》："通小便，敷恶疮，杀疳䘌，治目赤，目翳，明目，清心脏，凉肝脾。"《随息居饮食谱》："补胆，清热，治热痢，通热秘。治厥癫疾。"煎汤，取汁冲服5~10克。

● 猪脑髓：《本草纲目》："甘，寒，有毒。""治手足皲裂出血，以酒化洗，并涂之。"《四川中药志》："无毒""补骨髓，益虚劳，治神经衰弱，偏正头风及老人头眩。"《名医别录》："主风眩，脑鸣及冻疮。"猪脑100克含胆固醇3100毫克。

《四川中药志》："治偏正头风：猪脑髓，明天麻蒸汤服。""治老人头眩耳鸣：猪脑髓、天麻、响铃草、枸杞子。共蒸汤服。"

● 猪胎衣：又称胎盘、胎胞，性温，有益气、补虚补血等功用。

● 猪睾丸：可补肾治喘。

● 猪肠：《千金要方·食治》："猪洞肠，平，无毒。""主洞肠挺出血多者。"《本草纲目》："甘微寒，无毒。""润肠治燥，调血痢脏毒。"孟诜："主虚渴，小便数，补下焦虚竭。"《本草图经》："主大小肠风热。"《随息居饮食谱》："外感不清，脾虚滑泻者均忌。"猪大肠100克含胆固醇180毫克。

《救急方》："治肠风脏毒：猪大肠1条，入芫荽在内煮食。"

《奇效良方》猪脏丸："治痔瘘下血：猪脏1条，洗净，控干，槐花炒，为末，填入脏内，两头扎定，米醋煮烂，捣和，丸如梧桐子大，每服50丸，食前当归酒下。"

《本草蒙荃》连壳丸："治内痔：黄连（酒煮）500克，枳壳（麸炒）200克。以大肠脏23厘米，入水浸糯米于内，煮烂捣为丸。"

● 猪胰脏：《本草纲目》："甘，平，微毒。"《本草图经》："寒。""主肺气干胀喘急，润五脏，去皴、疱、黯黵，并肪膏。并杀斑猫、地胆、亭长等毒。"《本草逢原》："同胡黄连等药，治霉疮。"《随息居饮食谱》："润燥，涤垢化痰，运食清胎。泽颜止嗽。"《药对》："通乳汁。"《本草纲目拾遗》："主肺痿咳嗽，和枣肉浸酒服之，亦能主疰癖羸瘦。"《食物中药与便方》："糖尿病，口渴，尿多，饥饿：新鲜猪胰脏1条，洗净于开水中烫至半熟，以酱油拌食，每日1条，有胰岛素样作用。"据王孟英经验，肥胖妇人不孕者食之亦宜。

● 猪骨：《本草纲目》："颊骨煎汁服，解丹药毒。"《王圣俞手集》："猪项上蜻蜓骨烧灰，涂一切头项疽毒，凡脑疽、鬓发、对口等症，麻油调敷。"

《本草纲目》："治下痢红白：腊猪骨烧存性，研末，温酒调服15克。"

《辽宁中草药新医疗法资料选编》："治牛皮癣：猪骨馏油。将新鲜猪骨晒干，砸开骨髓腔，装入干馏器内，加热，收集馏液冷却后即得。将患部洗净后，涂骨馏油一薄层，用绷带包裹，每日1次。"

● 猪蹄：又名猪脚、猪爪，《本草纲目》："甘咸，小寒，无毒。""煮清汁，洗痈疽，溃热毒，消毒气，去恶肉。"《随息居饮食谱》："填肾精而健腰脚，滋胃液以滑皮肤，长肌肉可愈漏疡，助血脉能充乳汁，较肉尤补。"《名医别录》："主伤挞诸败疮，下乳汁。"《本草图经》："行妇人乳脉，滑肌肤，去寒热。"《伤寒论》："和气血，润肌肤，可美容。"猪蹄忌黄豆（降低营养的吸收)。

《删繁方》："治痈疽等毒溃烂：猪蹄一具（治如食法），蔷薇根 500 克，甘草 250 克（炙），芍药 250 克，白芷 250 克。上五味切，以水二斗，煮猪蹄取八升，去滓，下诸药，煮取四升，稍以洗疮。"

猪蹄中含有胶原蛋白——构成结缔组织、软骨、骨白色纤维的主要蛋白质，可以使组织细胞内的水分保持平衡，促进毛发、指甲生长，保持皮肤柔软，毛发光泽；经常食用猪蹄，可防治进行性肌肉营养障碍，对消化道出血、失水性休克等有一定疗效，并可改善微循环，从而使冠心病和缺血性脑病得到改善，起到抗衰老作用。对大手术后，以及重病恢复期的患者大有益处。胶原蛋白缺乏时，机体细胞就会减弱，造成多种器官萎缩，弹力降低，是导致癌症发生的主要原因之一。

《卫生简易方》洗面黯药：本方悦泽皮肤，除皱抗老的美容效果。猪蹄 1 具、白芷、瓜蒌、白及、白蔹、茯苓、藿香各 30 克，梨 2 个。猪蹄去黑皮，熬膏，入蜜两大勺，放入余药，熬至滴水不散，滤过，贮瓶备用。临卧涂面，次日以浆水洗之。

《太医养生宝典》：吃猪蹄、鲤鱼、牛肉，喝中药（山楂、木香、沙参、草决明）汤，治胃阴不足（亚健康）有辅助疗效。如果加服养正散和六味地黄丸，效果更佳。猪蹄筋 100 克含胆固醇 117 毫克。

● 猪皮：又称猪肤，《本草蒙荃》："味甘，气微寒，无毒。"《本草纲目》："治少阴下痢，咽痛。"《长沙药解》："利咽喉而消肿痛，清心肺而除烦热。"猪皮 100 克含胆固醇 300 毫克。

《伤寒论》猪肤汤："治少阴病下利、咽痛、胸满、心烦：猪肤 500 克。以水一斗，煮取五升，去滓，加白蜜一升，白粉五合，熬香和合相得。温分六服。"

《食物中药与便方》："血友病、鼻衄、齿衄、紫癜：猪皮 1 块，红枣 10~15 枚，同煮至稀烂，每日 1 剂。"

《太医养生宝典》：吃肉皮，喝中药（山楂、木香、沙参、川芎）汤，治阴虚阳亢（冠心病）有辅助疗效。如果加服"通玄散"或"天麻丸"效果更佳。又载：吃肉皮，喝中药（山楂、木香、沙参、磁石）汤，治热入心热（精神病）有辅助疗效。如果加服"指迷散"或"补心丹"效果更佳。又载：吃肉皮，喝中药（山楂、木香、沙参、菊花）汤，治阳虚内热（糖尿病）有辅助疗效。如果加服"函消散"或"大补阴丸"效果更佳。又载：吃肉皮，喝中药（山楂、木香、沙参、瓜蒌）汤，治痰热壅肺（慢性支气管炎）有辅

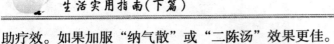

助疗效。如果加服"纳气散"或"二陈汤"效果更佳。

猪皮中蛋白质的主要成分是胶原蛋白和弹性蛋白，很适合中老年人食用，对于妇女月经不调、血虚也有裨益。

● 脂膏：又称猪脂肪。《名医别录》："微寒。""猪脂膏主煎诸膏药，解斑猫、芫青毒。"《滇南本草》："味甘。"陶弘景："能悦皮肤，作手膏，不皲裂。"《日华子本草》："治皮肤风，杀虫，敷恶疮。"《本草图经》："利血脉，解风热，润肺。"《本草纲目》："解地胆、亭长、野葛、硫黄毒，诸肝毒，利肠胃，通小便，除五疸水肿。"《金匮要略》："猪脂不可合梅子食之。"《随息居饮食谱》："外感诸病，大便滑泄者均忌。"

可适当吃些荤油，经检测，肥猪肉慢火煮 1~2 小时，其中的饱和脂肪酸可以减少 30%~50%，而不饱和脂肪酸却能大量增加。研究发现，用肥肉炼熟的猪油，每百克仅含胆固醇 102 毫克，大大低于猪肉中的胆固醇含量（每百克 220 毫克）。

猪油中含有一种叫做花生四烯酸的物质，它能降低血脂水平，并可与亚油酸、亚麻酸合成具有多种重要生理功能的前列腺素。另外，猪肉中还含有一种能延长寿命的物质叫 α 脂蛋白，它可以预防冠心病和心血管病，植物油中则没有这两种物质。

● 猪乳汁：性寒，可治小儿惊痫。

● 猪毛：《本草纲目》："治赤白崩中：猪毛烧灰 15 克，以黑豆一碗，好酒一碗半，煮一碗，调服。"

《袖珍方》："治汤火伤：猪毛烧灰，麻油调涂。"

● 猪血：《名医别录》："主奔豚暴气，中风头眩，淋沥。"《千金要方·食治》："主卒下血不止，美清酒和炒食之。"《日华子本草》："生血，疗奔豚气。"《医林纂要·药性》："利大肠。"

猪血含有钙、铁、蛋白质较高，脂肪少；具有排毒，护肝，抗炎，降血压作用。

● 猫肉：《本草纲目》："甘酸，温，无毒。""治劳疰，鼠瘘。"《本草求真》："补血，治痨疰，又治瘰疬。"《四川中药志》："治风湿痹痛，散瘰疬结核，补虚劳，消虫胀，疗汤火伤。"《本经逢原》："助湿发毒，有湿毒人忌之。"

《江苏中草药新医疗法资料选编》："治血小板减少性紫癜：猫肉适量，煮熟连汤随意吃。"

● 猫头骨：《本草纲目》："甘，温，无毒。""治心绞痛，杀虫治疳，及痘疮变黑，瘰疬鼠瘘，恶疮。"《陆川本草》："甘酸，微温。""生肌收口，治痔疮。"

● 猫肝：《仁斋直指方》："治劳瘵，杀虫；黑猫肝1具，生晒研末，酒调服。"

● 猫皮毛：《本草纲目》："治瘰疬诸瘘，痈疽溃烂。"《证治要诀》："治瘰疬：先以石菖蒲烂研罨患处，微破，却以猫狸皮连毛烧灰，香油调敷。"《济生秘览》："治乳痈溃烂见内者：猫儿腹下毛，钳埚内煅存性，入轻粉少许，油调封之。"《千金方》："治鬼舐头（即油风）：猫儿毛灰，膏和敷之。"

● 猫胞衣：《本草再新》："味甘，性温，无毒。"《本草从新》："甘酸，温。"《本草纲目拾遗》："治胃脘痛。"

● 鹿肉：中医认为，鹿肉性温，味甘；具有补五脏，调血脉，壮阳气，强筋骨功效。用于虚劳羸瘦，精神疲倦，阳痿遗精，产后无乳，血寒不孕。《名医别录》；"补中，强五藏，益气力。生者疗口僻，割，薄之。"《食疗本草》："补虚羸瘦弱，利五藏，调血脉。"《本草纲目》："养血，治产后风虚邪僻。"《医林纂要》："补脾胃，益气血，补助命火，壮阳益精，暖腰脊。"《随息居饮食谱》："强筋骨。""诸外感病忌之。其鹿角皆主温补下元，惟虚寒之体宜之。若阴虚火动者服之，贻误非浅。"

● 鹿血：《日用本草》："味甘。"《医林纂要》："咸，热。"《千金要方·食治》："生血，治痈肿。"《唐本草》："主狂犬伤，鼻衄，折伤，阴痿，补虚，止腰痛。"《日华子本草》："治肺痿吐血及崩中，带下，和酒服之良。"《新修本草》："主狂犬伤，鼻衄，折伤，阳痿，补虚，止腰痛。"《日用本草》："补阴，益营气。"汪颖《食物本草》："诸气痛欲危者，饮之。"《本草纲目》："大补虚损，益精血，解痘毒，药毒。"《医林纂要》："行血祛瘀，续绝除伤，与山羊血同而性较中和。"内服5~10克。

《本草新编》："调血脉，止腰痛：鹿血，滚酒调，热服。"

《四川中药志》："治老人心悸，失眠：鹿心血，研细兑酒服。""治肺痿吐血：鹿血、沙参、生地、天冬、麦冬、阿胶、百合各等量。研末为丸服。"

《本草纲目》："治鼻血时作：干鹿血，炒枯，将酒染淬熏二三次，仍用酒淬半杯和服之。"

● 鹿皮：《四川中药志》："性温，味咸，无毒。""能补气，涩虚滑。治妇女白带，血崩不止，肾虚滑精；涂一切疮。"《本草纲目》："一切漏疮，烧灰和猪脂纳之，日五六易，愈乃止。"煎服15~20克。

● 鹿角：《神农本草经》："温。""主恶疮痈肿，逐邪恶气，留血在阴中。"《名医别录》："味咸，微温，无毒。""除小腹血急痛，腰脊痛，折伤恶血，益气。"《千金要方·食治》："屑服方寸匕，日三，益气力，强骨髓，补绝伤。"孟诜："妇人梦交者，鹿角末三指撮，和清酒服；女子胞中余血不尽欲死者，以清酒和鹿角灰服方寸匕，日三夜一。"《日华子本草》："疗患疮痈肿热毒等，醋摩敷；脱精尿血，水摩服；小儿重舌鹅口疮，炙熨之。"《本草经集注》："杜仲为之使。"《本草经疏》："无瘀血停留者不得服，阳盛阴虚者忌之，胃火齿痛亦不宜服。"《得配本草》："命门火炽，疮毒宜凉者，并禁用。"煎服9~15克。

《洪氏集验方》："治妊娠忽下血，腰痛不可忍：鹿角（锉）50克，当归（锉）50克。上二味作一服，以水二盏，煎至一盏，去滓，温服，食前。"

《千金方》："治产后下血不尽，烦闷腰痛：鹿角，烧成炭，捣筛，煮豉汁服方寸匕，日三夜再，稍加至二匕。不能用豉清，煮水作汤用之。""治消中，日夜尿七八升：鹿角，炙令焦，末，以酒服2.5克，日二，渐加至方寸匕。"

《本草纲目》："治筋骨疼痛：鹿角，烧存性，为末，酒服5克，日二。"

《妇人良方》："治妇人白浊，滑数虚冷者：鹿角屑，炒黄，为末，酒服10克。"

《医略六书》鹿角秋石丸："治溺血久不止，脉细数者：鹿角400克（烧灰），秋石50克（煅灰）。共为末，蜜丸，乌梅汤下15克。"

● 鹿角胶：别名白胶、鹿胶。性温，味甘咸。《神农本草经》："主伤中劳绝，腰痛羸瘦，补中益气，妇人血闭无子，止痛安胎。"《名医别录》："疗吐血，下血，崩中不止，四肢酸疼，多汗，淋露，折跌伤损。"《药性论》："主男子肾脏气衰虚劳损，能安胎去冷，治漏下赤白，主吐血。"《本草纲目》："治劳嗽，尿精，尿血，疮疡肿毒。"《玉楸药解》："温肝补肾，滋养精血。治阳痿精滑，跌打损伤。"《本草汇言》："鹿角胶，壮元阳，补血气，生精髓，暖筋骨之药也。主伤中劳绝，腰痛羸瘦，补血气精髓筋骨肠胃。虚者补之，损者培之，绝者续之，怯者强之，寒者暖之，此系血属之精，较草木无情，更增一筹之力矣。"《医学入门》："主咳嗽，吐血，咯血，嗽血，尿血，下血。"《本草纲目》："治唠嗽，尿精，尿血，疮疡肿毒。"《吉林中草药》："补脑，强心。治大脑水肿。"《本草经集注》："得火良。畏大黄。"《本草经疏》："肾虚有火者不宜用，以其偏于补阳也；上焦有痰热及胃家有火者不宜用，以其性热复腻滞难化也。凡吐血，下血，系阴虚火炽者，概不得服。"《本草汇言》："肠胃有郁火者，阳有余阴不足者，诸病因血热者，俱忌用。苟非精寒血冷，阳衰命门无火者，不可概用。"

《太平圣惠方》鹿角胶散："治虚劳梦泄。鹿角胶 50 克（研碎，炒令黄燥），覆盆子 50 克，车前子 50 克。上药捣细，罗为散。每于食前以温酒调，下 10 克。""治妇人白崩不止。鹿角胶 50 克（捣碎炒令黄燥），鹿茸 50 克（去毛涂酥炙微黄），乌贼骨 50 克（烧灰），当归 50 克（锉，微炒），龙骨 50 克，白术 50 克。捣罗为散，每于食前，以热酒调下 10 克。""治妇人白带下不止，面色萎黄，绕脐冷痛。鹿角胶 50 克（捣碎炒令黄燥），白龙骨 50 克，桂心 50 克，当归 50 克（微炒），附子 100 克（炮裂），白术 50 克。上药捣，细罗为散，每于食前以粥饮调下 10 克。"

《济生方》鹿角胶丸："治房室劳伤，小便尿血。鹿角胶 25 克，没药（另研），油头发灰各 1.5 克。为末，用白茅根汁打糊丸如梧桐子大，每服 50 丸，空心盐汤送下。"

《景岳全书》金鹿丸："固精益气，滋补强壮。老年人每年冬至立春之间服用，可解除形寒肢冷，精疲乏力。本品性偏于温热，故阴虚内热之人慎服，夏日忌服。鹿角胶 240 克，青毛鹿茸 120 克，鹿肾 90 克，鲜鹿肉 9600 克，鹿尾 60 克，熟地、黄芪、人参、当归、生地、牛膝、天冬、芡实、枸杞子、麦冬、肉苁蓉、补骨脂、巴戟天、锁阳、杜仲炭、菟丝子、山药、五味子、秋石、茯苓、续断、胡芦巴、甘草、覆盆子、白术、橘皮、楮实子各 480 克，川椒、小茴香、沉香、大粒盐各 240 克。以生地、芡实、枸杞子、补骨脂、山药、续断、川芎、白术、沉香等 9 味研粗末，余药下罐加黄酒 14400 毫升，蒸三昼夜，再同粗末烂匀晒干共研细末，炼蜜为丸。每丸 9 克，猪皮封固，日服两次，每次半丸或一丸。温开水送下。"

《圣济总录》鹿角胶丸："治妊娠胎动，漏血不止。鹿角胶（炙燥）50 克，人参、白茯苓（去黑皮）各 25 克。粗捣筛，每服 15 克，水 1 盏煎至 3.5 克，去滓，温服。"

● 鹿角霜：别名鹿角白霜（提制鹿角后采集剩下的残渣）。性温，味咸，无毒。《宝庆本草折衷》："治亡血盗汗，遗沥失精，小便滑数，妇人宫脏冷，带下无子，秘精坚髓补虚。"《医学入门》："治五劳七伤羸瘦，补肾益气，固精壮阳，强骨髓，治禁遗。"《本草汇言》："收涩止痢，去妇人白带。"《本草新编》："止滑泻。"《本经逢原》："治脾胃虚寒，食少便溏，胃反呕吐。"《本草便读》："鹿角胶，鹿角霜，性味功用与鹿茸相近，但少壮衰老不同，然总不外乎血肉有情之品，能温补督脉，添精益血。如精血不足，而可受腻补则用胶。若仅阳虚而不受滋腻者，则用霜可也。"《本草蒙荃》："主治同鹿角胶，功效略缓。"《四川中药志》："补中益血，止痛安胎。治折伤，痘疮不起，疔疮，疮疡肿毒。"

《普济方》鹿角霜丸："治盗汗遗精。鹿菜霜100克，生龙骨（炒）、牡蛎（煅）各50克。为末，酒糊丸梧子大。每盐汤下40丸。"

《梁氏总要方》鹿角霜茯苓丸："治小便频数。鹿角霜，白茯苓等分。为末，酒糊丸梧子大。每服30丸，盐汤下。"

《四科简效方》："治茎痿：鹿角霜、茯苓等分为末，酒糊丸梧子大。每服30丸，盐汤下。"

● 鹿尾：《青海药材》："性温，无毒。""为滋补药。制腰痛，阳痿。"《四川中药志》："味甘咸。""暖腰膝，益肾精，治腰脊疼痛不能屈伸，肾虚遗精及头昏耳鸣。"煎服10~25克。

● 鹿齿：《唐本草》："主留血，鼠瘘，心腹痛。"《本草蒙荃》："理鼠瘘，攻疮毒，水磨湿涂。"

● 鹿肾：别名鹿茎筋、鹿鞭、鹿阴茎、鹿冲、鹿冲肾。《医林纂要》："甘咸，热。"《四川中药志》："性温，味咸辛，无毒。""治阳痿，肾虚耳鸣，妇人子宫寒冷，久不受孕，慢性睾丸发炎。"《名医别录》："主补肾气。"《千金要方·食治》："主劳损。"《日华子本草》："补中，安五脏，壮阳气，作酒及煮粥服。"《日用本草》："补腰脊。"《河北药材》："补肾益精，活血催乳。"煎服10~25克。

《东北动物药》："治阳痿，宫寒不孕：鹿肾1具，补骨脂30克，肉苁蓉30克，枸杞子30克，韭菜子15克，巴戟天15克，共研为末，制成9克蜜丸，每服1丸，日服2次。"

《四川中药志》："治阳事不举：鹿肾、枸杞子、菟丝子、巴戟天、狗肾，为丸服。"

● 鹿茸：别名斑龙珠、鹿茸片。鹿茸为梅花鹿或马鹿的雄鹿末骨化密生茸毛的幼角。鹿茸含脑素约1.25%，胶质25%，磷酸钙50%~60%，还含卵磷脂、脑磷脂、神经磷脂、溶血磷脂酰胆碱等磷脂类，雄性激素，雌酮，多种前列腺素，15种氨基酸，多种微量元素，蛋白质等，是良好的全身强壮剂，调节中枢神经功能，提高机体工作能力，减轻疲劳，改善食欲和睡眠。鹿茸还能促进红细胞、血红蛋白、网织红细胞的新生；提高子宫的张力而增加子宫的节律性收缩；防治骨质疏松作用，促进创伤骨折；鹿茸多糖灌肠对醋酸型、应激型和幽门结扎型胃溃疡，皆有明显的抗溃疡作用；鹿茸多糖对五肽胃泌素引起的胃酸增多有明显抑制作用；提高核酸和蛋白质代谢水平；增加冠状动脉流量，改善心脏功能；增强机体免疫力；增加脑组织 RNA、蛋白质含量，从而起提神益智作用；增强胃肠的蠕动和分泌功能；增加肾脏利尿功能；对长期不易愈合与一时新生不良的溃疡和口疮，能增加再生能力，促进骨折的愈合；促进性功能，抗衰老，抗氧化，抗肿瘤，抗炎，抗创伤，抗应激，抗缺氧，抗胃溃疡，促进物质新陈代谢和促进人体生长发育。但是，鹿茸类药具有肾上腺皮质激素的作用，可使血糖升高，从而影响糖尿病的治疗。

中医认为，鹿茸性温，味甘咸，具有壮阳、补精气、益精髓、强筋骨、调冲任、敛疮毒、养血的功效。用于肾阳不足，精血亏虚所致腰膝冷痛，阳痿早泄，遗精滑精，小便频数，面色萎黄，耳聋耳鸣，慢性中耳炎，畏寒头晕，宫冷不孕，冲任不固，崩漏带下，阴疽不敛，体弱贫血，消瘦乏力，小儿发育不良，溃疡创口久溃不敛，阴疽内陷。《神农本草经》："主漏下恶血，寒热惊痫，益气强志。"《名医别录》："疗虚劳洒洒如疟，羸瘦，四肢酸疼，腰脊痛，小便利，泄精，溺血，破流血在腹，散石淋，痈肿，骨中热，疽痒（《本草经疏》云：'痒'应作'疡'）。"《药性论》："主补男子腰肾虚冷，脚膝无力，梦交，精溢自出，女人崩中漏血，炙末空心温酒服方寸匕。又主赤白带下，入散用。"《日华子本草》："补虚羸，壮筋骨，破瘀血，安胎下气，酥炙入用。"《本草纲目》："生精补髓，养血益阳，强健筋骨。治一切虚损，耳聋，目暗，眩晕，虚痢。"《本草切要》："治小儿痘疮虚白，浆水不充，或大便泄泻，寒战咬牙；治老人脾肾衰寒，命门无火，或饮食减常，大便溏滑诸证。"《本草经解要》："鹿茸，味甘，可以养血，气温可以导火，所以止惊痫之寒热也。益气者，气温则益阳气，味甘则益阴气也。甘温有益阴阳之气，气得则大而志强矣。鹿茸，骨属也，齿者，骨之余也，甘温之味主生长，所以生齿。"《中药大辞典》："壮元阳，补气血，益精髓，强筋骨。治虚劳羸瘦，精神倦乏，子宫虚冷……"《本草经集注》："麻勃为之使。"《本草经疏》："肾虚有火者不宜用，以其偏于补阳也；上焦有痰热及胃家有火者不宜用，以其性热复腻滞难化也，凡吐血下血，阴虚火炽者概不得服。"研末冲服 1~2 克。服用本品宜从小量开始，缓缓增加，以免阳升风动或伤阴动血。热证及阴虚阳亢者忌服。

《千金方》："治崩中漏下，赤白不止：鹿茸十八铢，桑耳 150 克。上二味，以醋五升渍，炙燥渍尽为度，治下筛，服方寸匕，日三。"

《济生方》白敛丸："治室女冲任虚寒，带下纯白：鹿茸（醋蒸，焙）100 克，白敛、金毛狗脊（燎去毛）各 50 克。上为细末，用艾煎醋汁，打糯米糊为丸，如梧桐子大。每服 50 丸，空心温酒下。"

《古今录验方》鹿茸散："治尿血：鹿茸（炙）、当归、干地黄各 100 克，葵子五合，蒲黄五合。上五味，捣筛为散。酒服方寸匕，日三服。忌芜荑。"

《太平圣惠方》鹿茸散："治产后脏虚冷致恶露淋沥不尽，腹中时痛，面色萎黄，羸瘦无力，鹿茸 50 克（去毛涂酥炙令黄），卷柏 25 克，桑寄生 25 克，当归 25 克（锉，微炒），附子 25 克（炮裂去皮脐），龟甲 50 克（涂酥炙令黄），白芍药 25 克，阿胶 25 克（捣碎，炒令黄燥），熟干地黄 25 克，地榆 25 克（锉）。上捣细罗为散，每服食前，以生姜温酒调下 5 克。""治妇人漏下不断。鹿茸 100 克（去毛涂酥炙微黄），当归 100 克（锉，微炒），蒲黄 25 克。上药捣细罗为散，每于食前以温酒调下 10 克。"

《鸡峰普济方》鹿茸煎丸："治经候过多，其色瘀黑，甚则崩下，吸吸少气，脐腹冷痛，极则汗出如雨，脉微小。鹿茸、禹余粮、赤石脂、当归各 50 克，艾叶、柏叶、附子各 25 克，续断、熟干地黄各 100 克。上为细末，炼蜜为丸，如梧桐子大，温酒下 30 丸，空心服。"

《十便良方》鹿茸丸："治妇人子宫脏虚损，肌体羸瘦，漏下赤白，脐腹撮痛，瘀血在腹，经候不通，虚劳洒洒如疟，寒热不定。鹿茸 50 克，阳起石 25 克，麝香三铢，地黄 150 克。上二味捣罗为末，合阳起石，麝香拌匀，炼蜜为丸如梧桐子大，每服 30 丸，空心酒下或米饮任下。"

鹿茸只适宜肾阳虚引起的男子性功能减退有疗效，不适宜阴虚阳亢的患者食用。对于低热、胃火亢盛、肺有热痰、消瘦、盗汗、手足心发热、口燥咽干、面颊潮红的阴虚体质者和患有高血压、冠心病、肝肾疾病者及各种热情疾病，出血热疾病者，均不宜食用。身体健康，无肾阳虚的人滥用鹿茸，会引起心悸、血压升高、流鼻血等现象。用量过大，甚至会造成脱发、呕吐及造血功能障碍等不良后果。

研粉吞服 0.5~1 克。服用时从小量开始，逐渐增加剂量，以免伤阴血。热证及阴虚阳亢者忌服。在服用鹿茸时若出现口干、流鼻血、目赤心跳加速等现象，应停止服用。鹿茸忌猪肉、生萝卜及生冷辛辣的食物。

● 鹿齿：《唐本草》："主留血，鼠瘘，心腹痛。"《本草蒙荃》："理鼠瘘，攻疮毒，水磨湿涂。"

● 鹿胎：《本草新编》："健脾生精，兴阳补火。"《本经逢原》："其胎纯阳未散，宜为补养天真，滋益少火之良剂，然须参芪、河车辈佐之，尤为得力。如平素虚寒，下元不足者，入六味丸中为温补精血之要药，而无桂、附辛热伤阴之患。"《青海药材》："治妇女月经不调，血虚、血寒，久不生育。"《四川中药志》："能补下元，调经种子。治血虚精亏及崩带。""上焦有痰热，胃中有火者忌。"

《四川中药志》鹿胎种子丸："治妇女阴虚崩带，种子。鹿胎、当归、枸杞子、熟地、紫河车、阿胶。为丸剂服。"

● 鹿筋（四肢的筋）：《新修本草》："主劳损续绝。"《本草药性大全》："下骨鲠。"《本经逢原》："大壮筋骨，食之令人不畏寒冷。"《本草求真》："壮阳。"《四川中药志》："治风湿关节痛，手足无力及脚转筋。"

《饮食疗法》鹿筋煲花生："补脾暖胃，强筋壮骨。适用于慢性腰腿痛，四肢麻木，关节酸痛，腰膝冷痛等症。鹿筋 50~100 克，花生米 150~200 克。加水煲汤，油盐调味，佐餐。"

● 鹿髓（骨髓或脊髓）：《名医别录》："主丈夫女子伤中，脉绝，筋急，咳逆。以酒服之。"《日华子本草》："治筋骨弱，呕吐；地黄汁煎作膏，填骨髓；蜜煮，壮阳，令有子。"《本草纲目》："补阴强阳，生精益髓，润燥泽肌。"《本草求原》："治肺痿咳嗽。"

《太平圣惠方》鹿髓煎："治虚劳，肺萎。鹿髓半升，蜜 100 克，酥 100 克，生地黄汁四合，杏仁 150 克（酒一中盏，浸研取汁），桃仁 150 克（酒半盏，研取汁）。先以桃仁、杏仁、地黄等汁于银锅内慢火煎令减半，次下鹿髓、酥、蜜同煎如饧。每于食后，含咽 1 茶匙。"

● 海狗肾：别名腽肭脐、豽兽、海狗鞭。海狗肾为哺乳纲海狗科动物海狗或海豹科动物海豹的干燥阴茎及睾丸。海狗肾含雄性激素、蛋白质、脂肪、糖类及多种酶等。中医认为，海狗肾性热味咸；具有暖肾壮阳，填精补髓功效。用于虚劳损伤，阳痿遗精，精神疲乏，失眠健忘，腰膝酸软，男性精少不育，女性宫冷不孕，肾阳衰微，心腹冷痛，骨质疏松，延缓衰老，养护肌肤。《药性论》："治男子宿症、气块、积冷、劳气羸瘦，肾精衰损，瘦悴。"《本草纲目拾遗》："主心腹痛，宿血积块，疝癖羸瘦。"《海药本草》："主五劳七伤，阳痿少力，肾气衰弱，虚损，背膊劳闷，面黑精冷。"《日华子本草》："补中，益肾气，暖腰膝，助阳气，破症结，疗惊狂痫疾，及心腹疼，破宿血。"《本草经疏》："阴虚火炽及骨蒸劳嗽等候，咸在所忌。"《本草求真》："脾胃挟有寒湿者，亦忌。"《常见药用动物》："治年老体倦，哮喘，神经衰弱阳痿。"

海狗肾以黄棕色，有斑点，质油润，有腥气的为佳品。用量：一具研粉服，浸酒服 1~3 克，每日 2~3 次。阴虚有热者忌服。

《济生方》腽肭脐丸："治五劳七伤，真阳衰惫，脐腹冷痛，肢体酸疼，腰背拘急，脚膝缓弱，面色黧黑，肌肉消瘦，目眩耳鸣，口苦舌干，饮食无味，腹中虚鸣，胁下刺痛，夜多异梦，昼少精神，小便滑数，大肠溏泄，时有遗沥，但是风虚痼冷，皆宜服之，温肭脐一对（酒蒸熟，打和后药）、天雄（炮，去皮）、附子（炮，去皮，脐）、川乌（炮，去皮，尖）、阳起石（煅）、钟乳粉各100克，鹿茸（酒蒸）50克，独体朱砂（研极细）、人参、沉香（不见火，别研）。上为细末，用温肭脐膏入少酒，臼内杵，和为丸，如桐子大。每服70丸，空心盐酒，盐汤任下。"

《中医药养生集萃》："海狗肾猪肝汤：治疗肝肾亏虚之青光眼。海狗肾1个，洗净后，加水适量煮熟，即至煨烂，加入洗净切片的猪肝120克，再加入陈酒、酱油、盐少许，食肝连汤服。次日，再用海狗肾加水适量，同时放入小片猪肝60克，煨至猪肝熟，食肉喝汤。"

《圣济总录》腽肭脐散："治下元久冷，虚气攻刺心脾小肠，冷痛不可忍：腽肭脐（焙，切）、吴茱萸（汤洗，焙炒）、甘松（洗，焙）、陈橘皮（汤浸去白，焙）、高良姜各0.5克。上五味捣罗为末，洗用猪白脏一个，去脂膏，入葱白三茎，椒十四粒，盐一捻，同细锉银石器中，炒，入无灰酒三盏，煮令熟，去滓。每服3.5克盏，调药10克，日三。"

《中国药用海洋生物》加味海狗肾散："补肾，益气健脾。治疗脾气虚弱型阳痿。海狗肾5具，人参30克，黄芪45克，玉竹30克，连曲30克，白术30克，白茯苓30克，陈皮15克，沉香15克。诸药共捣细粉，每次服6~12克，每日3次。"

《青岛中草药手册》海狗肾苁蓉酒："壮阳健身。治疗肾阳虚阳痿。海狗肾5具，肉苁蓉60克，巴戟肉45克，山茱萸60克。以上诸药切细，放入1000毫升粮酒中浸泡3~5日，再加粮酒至足量1000毫升。每次饮1~5毫升，每日3次。"

● 鸡：中医认为，鸡肉性温，味甘；有补中益气，补益精髓功效。用于脾胃虚弱所致食少，泻痢，水肿，消渴，小便数频，妇女带下，崩漏，产后诸虚，乳少，病后虚损；肝血不足所致头晕，眼花。《本草纲目》：乌骨鸡："补虚劳羸弱，治消渴，中恶鬼击心腹痛，益产妇，治女人崩中带下，一切虚损诸病，大人小儿痢噤口，并煮食饮汁，亦可捣和丸药。"《神农本草经》："丹雄鸡：主女人崩中漏下，赤白沃，补虚温中，止血，杀毒。黑雌鸡：主风寒湿痹，安胎。"《名医别录》："丹雄鸡：主久伤乏疮。白雄鸡：主下气，疗狂邪，安五脏，伤中，消渴。黄雌鸡：主伤中，消渴，小便数不禁，肠澼泄利，补益五脏，续绝伤，疗劳，益气力。乌雄鸡：主补中止痛。"孟诜："黄雌鸡：主腹中水癖，水肿，补丈夫阳气，治冷气。瘦着床者，渐渐食之。""醋煮空腹食之，治久赤白痢。"《食疗本草》："乌雌鸡：治反胃，腹痛，踒折骨疼，乳痈。安胎。"《本草纲目拾遗》："白鸡：利小便，去丹毒风。"《日华子本草》："黄雌鸡：止劳劣，添髓补精，助阳气，暖小肠，止泄精，补水气。黑雌鸡：安心定志，治血邪，破心中宿血及痈疽排脓，补心血，补产后虚羸，益气助气。"《饮膳正要》："黑雌鸡：疗乳难。""鸡肉不可与鱼汁同食。"《本草经疏》："乌骨鸡补血益阴，则虚劳羸弱可除，阴回热去，则津液自生，渴自止矣。益阴，则冲、任、带三脉俱旺，故能除崩中带下，一切虚损诸疾也。"《本草纲目》："泰和老鸡：内托小儿痘疮。"《医林纂要》："肥腻壅滞，有外邪者皆忌食之。"《随息居饮食谱》："鸡肉补虚，暖胃，强筋骨，续绝伤，活血，调经拓疽，止崩带，节小便频数，主娩后羸。""多食生热动风。"《金匮要略》："鸡，不可合胡蒜食之，滞食。"《饮食须知》："鸡肉，善发风动火。男女虚乏有风痛人食之，无不足发。""同胡蒜、芥、李及兔、犬肝、犬肾食，并令人泻痢。""同鲤鱼、鲫鱼、虾子食成痈疽。""小儿食多，腹内生虫，五岁以下忌食。四月勿食抱鸡肉。男女虚乏有风病人食之，无不足发。勿同野鸡、鳖肉食。"乌鸡以肉与骨俱黑者为良；凡感冒发热、食少腹胀、皮肤病、急性痢疾、肠炎初期患者忌食乌骨鸡。产妇乳汁分泌不足的情况下，最好不吃母鸡肉。因为母鸡的卵巢中含有雌激素会增加体内的雌激素水平，使泌乳素的作用减弱。鸡臀尖不能吃——鸡屁股是鸡身上淋巴最为集中的地方，成了贮藏细菌病毒和某些致癌物质的"仓库"。鸡肉属火性，只能炖食。鸡肉还忌：生葱、糯米、芹菜（伤元气）。鸡肉100克含胆固醇90毫克。

《太平圣惠方》黄雌鸡汤："益气养血温中。治产后虚羸：四肢无力，不思饮食。肥黄雌鸡1只，当归50克，黄芪、熟地黄、麦冬各50克，人参、川芎、白芍药各1.5克，炙甘草0.5克，桂心25克。研为散，先以水7升，煮鸡取汁3升。每服药散20克，用鸡汁煎服，日3次。"

《圣济总录》生地黄鸡："治腰背痛，骨髓虚，不能久立，耳重气乏，盗汗少食等。生地黄400克，饴糖250克，乌鸡1只。细切地黄，与糖相和，纳鸡腹中，铜器贮之，复置甑中蒸，炊饭熟药成，取食之。勿用盐醋，食肉尽，即饮铜器中药汁。"

《寿亲养老新书》鸡肉索饼："益气养血安胎。用于妊娠养胎及治胎漏下血，心烦口干。丹雄鸡1只，取肉，去肚杂，做成肉羹；白面500克，做成面条，和肉羹随意食之。"

《四季补品精选》："当归鸡：补血。主治妇女血虚。土鸡或乌骨鸡（煨）500~1000克1只，当归12克，米酒2杯，生姜（姜段）、麻油、盐适量。鸡洗净切块，撒少许盐混合，置入炖锅或电锅内锅中。姜片加入麻油中炒热，将切薄片的当归放入炖锅中。加入酒及煮沸之开水，炖锅加盖放入电锅中，外锅加一杯水，蒸煮后即有当归之香气溢出，佐餐食用。"

《良药佳馐》乌鸡汤；"滋阴清热，补益肝肾。适用于肝肾不足，虚劳发热之证。乌骨鸡肉 100 克，冬虫夏草 15 克，山药 40 克，调料适量。将鸡肉切块，与冬虫夏草、山药加水同煮，待肉熟时入调料。饮汤食肉。"

《中国药膳学》乌鸡补血汤："补益肝肾，益阴清热。适用于气血不足，月经不调，或虚劳骨蒸，潮热盗汗等症。乌鸡 1 只，当归、熟地、白芍、知母、地骨皮各 10 克。乌鸡去毛及内脏，放诸药于腹内，用线缝好，煮熟后去药。食肉饮汤。"

《大众医学》："乌鸡炖黑豆：补气，补血，补肾。主治男女气血不足，身体虚弱，肾亏腰酸的不孕、不育。乌骨鸡 1 只（去毛，洗净内脏），黑大豆 250 克，黑木耳 30 克，香菇 15 克。将乌骨鸡与黑大豆同煮熬汤，至肉熟豆酥，加入用热水泡过的黑木耳和香菇再煮，撒盐调味，喝汤，食鸡肉、大豆、香菇、木耳。"

现代研究认为，鸡肉含有 18 种氨基酸中包括 8 种必需氨基酸及多种人体生命活动的重要物质，具有抗疲劳、抗缺氧、促进网状内皮系统的吞噬功能，提高人体抗病能力。

● 鸡血：《本草纲目》："咸，平，无毒。""热血服之，主小儿下血及惊风，解丹毒，安神定志。""乌雄鸡冠血亦点暴赤目。丹鸡者并疗经络间风热；涂颊治口㖞不正；卒饮之治小儿卒惊客忤；涂诸疮癣、蜈蚣、蜘蛛毒，马啮疮，百虫入耳。"孟诜："目泪出不止者，以三年乌雄鸡冠血敷目睛上，日三度。"《名医别录》："乌鸡鸡血：主踒折骨痛及痿痹。黑雌鸡血：主中恶腹痛及踒折骨痛，乳难。乌雄鸡冠血：主乳难。"《本草纲目拾遗》："马咬疮及剥驴马伤手，热鸡血及热浸之。""雄鸡肋血：涂白癜风，疬疡风。"《痘疹正宗》："鸡冠血和酒服，发痘最佳。"《本草再新》："治心血枯，肝火旺，利关节，通经络。""鸡冠血兼理血分气分，无血可生，血多可破；气弱可补，气逆可舒；补中益肾，利水通经。"《本草经疏》："乌骨鸡补血益阴，则虚劳羸弱可除，阴回热去，则津液自生，渴岂止矣。益阴，则冲、任、带三脉俱旺，故除崩中带下一切虚损诸疾也。"

《圣济总录》鸡血涂方："治中风口面㖞僻不正：雄鸡血煎热涂之，正则止。或新取者血，使涂之亦佳。涂缓处一边为良。"

● 鸡肝：《本草纲目》："甘苦，温，无毒。""疗风虚目暗。"《名医别录》："主起阴。"孟诜："丹雄鸡肝补肾。"《医林纂要》："治小儿疳积，杀虫。"《现代实用中药》："适用于痿黄病，妇人产后贫血，肺结核，小儿衰弱。"鸡肝忌伏降宁（不良反应）。

● 鸡肠：《神农本草经》："主遗溺。"《名医别录》："小便数不禁。"《本草纲目》："止遗精，白浊，消渴。"《蜀本草》："凡鸡肠以乌雄为良。"

● 鸡胆：《本草求原》："苦，寒。"《名医别录》："主疗目不明，肌疮。"《食疗本草》："月蚀疮绕耳根，以乌雌鸡胆汁敷之，日三。"《日华子本草》："治疣目、耳瘑疮，日三敷。"《本草纲目》："灯心蘸点胎赤眼甚良，水化揉痔疮亦效。"《陆川本草》："解病毒，治目不明，百日咳。"

● 鸡子白：别名鸡卵白，鸡子清。《本草纲目》："甘，微寒，无毒。""和赤小虫末涂一切热毒、丹肿、腮痛。"《名医别录》："疗目热赤痛，除心下伏热，止烦满咳逆，小儿下泄，妇人难产，胞衣不出。醯渍之一宿，疗黄疸，破大烦热。"孟诜："热毒发，可取三颗鸡子白和蜜一合服之。"《本草纲目拾遗》："解热烦。"《本经逢原》："治喉痛。"《食疗本草》："动心气。不宜多食。"

孟诜《必效方》："治小儿1岁以上，2岁以下，赤白痢久不差：鸡子2枚（取白），胡粉10克，蜡50克。上三味，熬蜡消，下鸡子、胡粉，候成饼。平明空腹与吃，可三顿。"

《海上方》："治汤火烧、浇，皮肉溃烂疼痛：鸡清，好酒淋洗之。"

《本草纲目拾遗》："治产后血闭不下：鸡子1枚，打开取白，酽醋如白之半，搅调吞之。"

● 鸡子壳：别名鸡卵壳，混沌皮，鸡子蜕。《日华子本草》："研摩障翳。"《本草备要》："研细，麻油调，搽痘毒。"《本草再新》："能消疳瘤，解毒，治气，下胎。"《随息居饮食谱》："治小便不通，暨饮停脘痛。外治痘疮入目，白秃，聤耳，下疳，囊痈。"《现代实用中药》："焙燥研细末，开水服，治黏膜性胃炎、胃痛及佝偻病、肺结核、骨结核等。"

《本草纲目》："治反胃：抱出鸡卵壳为末，酒调服10克。"

● 鸡子黄：别名鸡卵黄。《本草从新》："味甘，性平，无毒。""补中益气，养肾益阴，润肺止咳，治虚劳吐血。"《药性论》："和常山末为丸，竹叶煎汤下，治久疟不差。治漆疮，涂之。醋煮，治产后虚及痢，主小儿发热。煎服，主痢，除烦热。炼之，主呕逆。"《千金要方·食治》："主除热，火灼，烂疮。"《日华子本草》："炒取油，和粉敷头疮。"《本草纲目》："补阴血，解热毒，治下痢。"《本草求真》："多服则滞。"

● 鸡内金：别名鸡肫皮、鸡肫内黄皮、鸡黄皮、鸡食皮、鸡滕子、鸡肫胵、鸡合子、鸡中金、化石胆、化骨胆。鸡内金含促胃液素、糖蛋白、多种微量元素、胃蛋白酶、淀粉酶、类角蛋白及 17 种氨基酸总量为 80.8%，可增强胃运动功能，增高胃液分泌量，酸度及消化力，故胃排空率也大大加快。鸡内金具有消食健胃，涩精，缩尿，止遗功效。用于多种饮食积滞、腹胀、肠内异常发酵、消化不良、小儿疳积、口臭、发热、遗精、遗尿、大便不成形等，近年多用于尿路、肝胆结石，有化坚消石之功。鸡内金水煎剂对排除体内放射性元素有一定的促进作用。用量 3~10 克；研末服，每次 1.5~3 克。《本草备要》："甘，平，性涩。"《神农本草经》："主泄利。"《名医别录》："主小便利，遗溺，除热止烦。"《日华子本草》："止泄精，并尿血、崩中、带下、肠风、泻痢。"《滇南本草》："宽中健脾，消食磨胃。治小儿乳食结滞，肚大筋青，痞积疳积。"《本草纲目》："治小儿食疟，疗大人（小便）淋漓，反胃，消酒积，主喉闭、乳蛾，一切口疮，牙疳诸疮。"《本草述》："治消瘅。"《本经逢原》："治眼目障翳。"《本草再新》："化痰，理气，利湿。"《医学衷中参西录》："治疝癖癥瘕，通经闭。"《陆川本草》："生肌收口。治消化性溃疡。"煎服 5~15 克。脾虚无积者慎用。鸡内金 100 克含胆固醇 180 毫克。

《本草求原》："治食积腹满：鸡内金研末，乳服。"

《千金方》："治反胃，食即吐出，上气：鸡肫胵烧灰，酒服。""治小儿温疟：烧鸡肫胵中黄皮，末，和乳与服。"

《医学衷中参西录》益脾饼："治脾胃湿寒，饮食减少，长作泄泻，完谷不化：白术 200 克，干姜 100 克，鸡内金 100 克，熟枣肉 250 克。上药四味，白术、鸡内金各自轧细焙熟，再将干姜轧细，共和枣肉，同捣如泥，作小饼，木炭火上炙干。空心时，当点心，强嚼咽之。"

《本草纲目》："治噤口痢疾：鸡内金焙研，乳汁服之。""治发背已溃：鸡肫黄皮，同棉絮焙末搽之。"

《寿世新编》："治小儿疳病：鸡肫皮 20 个（勿落水，瓦焙干，研末），车前子 200 克（炒，研末）。二物和匀，以米糖溶化。忌油腻，面食，煎炒。"

《医林纂要》："治小便淋漓，痛不可忍：鸡肫内黄皮 25 克。阴干，烧存性。作一服，白汤下。"

《吉林中草药》："治遗精：鸡内金 30 克，炒焦研末，分六包，早晚各服 1 包，以热黄酒半盅冲服。""治骨核、肠结核：鸡内金炒焦研末，每次 15 克，日服 3 次，空腹用温黄酒送下。"

《活幼新书》："治一切口疮：鸡内金烧灰，敷之。"

《青囊杂纂》："治喉闭乳蛾：鸡肶黄皮勿洗，阴干烧末，用竹管吹之。"

《方剂学》三金汤："化石通淋，治尿路结石。金钱草 30~60 克，海金砂 15~30 克，鸡内金 6~9 克，冬葵子、石韦、瞿麦各 9~12 克。水煎服。"

山东中医学院编《中药方剂学》二金排石汤："清热利湿，化石通淋。治泌尿系统结石。金钱草、鸡内金、木通、牛膝、瞿麦、车前子、滑石、甘草、琥珀粉（吞）。水煎服。"

《疡医大全》："治阴户溃烂方：儿茶、鸡内金各 5 克，轻粉 2.5 克，冰片 1.5 克。各研细，和匀。干掺。"

鸡内金含胆固醇较多，故动脉粥样硬化、冠心病、高脂血症者不宜多食；胆囊炎者忌食。

● 鸡蛋：蛋黄里富含镥，为黄色素成分的一种，可有效防止视网膜的老化，使眼睛保持年轻的状态。鸡蛋含有卵磷脂，是构成细胞、脑以及神经组织的重要成分；卵磷脂进入大脑后能供应制造乙酰胆碱所需的磷脂酰丝氨酸类物质。乙酰胆碱磷脂就是专门在神经细胞之间进行资讯传递的"信使"，有助于记忆。卵磷脂还能让血液中多余的脂肪乳化排出体外，因此对于预防动脉硬化有疗效。卵磷脂还具有减轻压力，保护肝肾，保护皮肤，美容养颜，安定神经系统；帮助宝宝脑细胞的发育，促进脂溶性维生素的吸收的作用。日本医学专家发现鸡蛋中含有的光黄素和光色素，对能诱发喉和淋巴癌的 EB 病毒增殖具有明显的抑制作用。一枚 50 克的鸡蛋含胆固醇 280 毫克。

中医认为，鸡蛋性平，味甘；有滋阴润燥，养血安胎功效。用于热病心烦，燥咳声哑，虚劳吐血，目赤肿痛，热病痉厥，胎动不安，产后口渴，下痢，烫伤。《神农本草经》："主除热火疮，痫痉。"《药性论》："治目赤痛。"《食疗本草》："治大人及小儿发热，可取卵三颗，白蜜一合，相和服之。"《本草纲目拾遗》："益气，多食令人有声。一枚以浊水搅，煮两沸，合水服之，主产后痢。和蜡作煎饼，与小儿食之，止痢。"《日华子本草》："镇心，安五脏，止惊，安胎。治怀妊天行热疾狂走，男子阴囊湿痒，及开声喉。醋煮，治久痢。和光粉炒干，止小儿疳痢，及妇人阴疮。和豆淋酒服，治贼风麻痹。"《日用本草》："治汤火疼痛。"《随息居饮食谱》："补血安胎，濡燥除烦，解毒息风，润下止逆。"孟诜："鸡子动风气，不可多食。"《本草汇言》："胸中有宿食积滞未清者，勿宜用。"《随息居饮食谱》："多食动风阻气，诸外感及疟、疸、痞满、肝郁、痰饮、脚气、痘疮、皆不可食。"《饮食须知》："同鳖肉食，损人。同兔肉食，咸泻痢。鸡子同鲤鱼同食，令人生疮。同糯米食，令儿生寸白虫。"鸡蛋不宜冲豆浆：鸡蛋中的黏蛋白能与豆浆中的胰蛋白酶结合，从而失去营养价值。鸡蛋不宜用茶叶煮：茶叶中除含生物碱外，还有酸性物质，它与鸡蛋中的铁元素结合，对胃有刺激作用，且不易消化吸收。炒鸡蛋不宜放味精：鸡蛋含有与味精成分相同的谷氨酸，所以炒鸡蛋不需要放味精。鸡蛋还忌：红糖（同煮破坏鸡蛋中的营养成分）、白糖（影响消化吸收）、糖精（中毒）、鹅肉（伤元气）。煮鸡蛋时间不宜过长，一般将鸡蛋冷水下锅，将水烧开，再煮 5 分钟捞出为宜。喂半岁前的婴儿宜用蛋黄，忌用蛋清——不能消化吸收。

民间验方：本方防皱、增白。鲜鸡蛋清 4 个，好酒适量。贮罐内 1 个月备用。睡前以蛋清敷面。

● 鸡头：《本草再新》："味甘，性温，无毒。""养肝益肾，宜阳助阴，通络活血。治小儿痘浆不起，时疹毒疮；堕死胎，安生胎。"《本草纲目》："辟温。"《蜀本草》："鸡头，以丹雄为良。"鸡头含胆固醇高，心血管病患者少食。

● 鸭。中医认为，鸭肉性凉，味甘；有滋阴养胃，利水消肿功效。用于阴虚所致的劳热，骨蒸，盗汗，遗精，咳嗽，咯血，咽干口渴，各种水肿，腹水及月经量少。《本草纲目》："治水利小便，宜用青头雄鸭。治虚劳热毒，宜用乌骨白鸭。"《日用本草》："滋五脏之阴，清虚劳之热，补血行水，养胃生津，止嗽息惊，消螺蛳积。"《本草汇》："滋阴除热，化虚痰，止咳嗽。"《名医别录》："补虚除热，和脏腑，利水道。主小儿惊痫。"《本经逢原》：白鸭肉"温中补虚，扶阳利水，是其本性。男子阳气不振者，食之最益，患水肿人用之最妥。"《医林纂要》："补心，清肺，止热嗽，治喉痛。"《本草通玄》："主虚劳骨蒸。"《随息居饮食谱》："多食滞气，滑肠，凡为阳虚脾弱，外感未清，痞胀脚气，便泻，肠风皆忌之。"《日用本草》："肠风下血人不可食。"《饮膳正要》："补内虚，消毒热，利水道及治小儿热惊痫。""鸭肉不可与鳖肉合食。"孙思邈："鳖肉不合猪、兔、鸭食，损人。"李时珍说："鳖性冷，发水病，鸭肉属凉性，久食令人阴盛阳虚，水肿泄泻。"胆囊炎患者也不宜多食鸭肉，高脂肪会诱发胆囊炎发作。鸭肉属于寒性，烤食为佳。鸭肉还忌：苋菜（中毒）、李子、桑葚、大蒜、木耳。鸭肉烤吃为佳，煮吃泻肚。鸭肉 100 克含胆固醇 90 毫克。

● 鸭头：《名医别录》："煮服，治水肿，通利小便。"

● 鸭血：《医林纂要》："咸，寒。""解鱼虫百毒。"《名医别录》："解诸毒。"《食疗本草》："解野葛毒。"《本草纲目》："热血，解中生金、生银、砒霜诸毒，射工毒。蚯蚓咬疮，涂之。"《本草正》："盐卤毒，宜服此解之。"《本经逢原》："能补血解毒，劳伤吐血，冲热酒调服。"《随息居饮食谱》："解亚片毒。"《本草便读》："鸭血功专解毒，但须热饮方解，亦古今相传之法耳。"

● 鸭肪（脂肪油）：《千金要方·食治》："味甘，平，无毒。"《名医别录》："主风（"风"作"气"）虚寒热，水肿。"

● 鸭胆：《本草纲目》："苦辛，寒，无毒。""涂痔核。又点目赤初起。"

● 鸭蛋：中医认为，鸭蛋性凉，味甘咸；有养阴清肺，滋养阴血功效。用于肺燥咳嗽，咽喉肿痛，痰少咽干；阴血亏虚之失眠，面色萎黄；泻痢，齿痛，喉痛。《日华子本草》："治心腹胸膈热。"《本草备要》："能滋阴。"《医林纂要》："补心清肺，止热嗽，治喉痛齿痛；百沸汤冲食，清肺火，解阳明结热。"《本草求原》："止泄痢。"《食性本草》："生疮毒者食之，令恶肉突出。"《饮食须知》："多食发冷气，令人气短背闷。妊妇多食，令子失音，且生虫。小儿多食，令脚软。不可同鳖肉、李子食，害人。"《日用本草》："发疮疥。"《随息居饮食谱》："鸭卵，滞气甚于鸡蛋，诸病皆不可食。""便泻，肠风皆忌之。"鸭蛋忌桑葚、李子、鳖肉同食。

● 鸽肉：中医认为，鸽肉性平，味咸甘；有滋阴壮阳，养血补气，祛风解毒功效。用于肝肾阴虚所致消渴多饮及气虚所致虚羸，气短乏力。肠风下血，恶疮疥癣，风疮白癜。寇宗奭说："小儿患疳，旦旦食之。"《本经逢原》："久患虚羸者，食之有益。"现代研究认为，鸽肉能防止男子精子活力减退和睾丸萎缩。

鸽蛋性平，味甘咸：有补肾养心功效。用于肾虚或心神不足所致膝酸软，乏力，心悸，头晕，失眠。

● 雉肉：别名野鸡。中医认为，雉肉性温，味甘酸；有补中益气功效。适宜脾胃气虚下痢，慢性痢疾，肠滑便溏，消渴，小便频多者食用。《名医别录》："主补中，益气力，止泄利，除蚁瘘。"《唐本草》："主诸瘘疮。"崔禹锡《食经》："主行步汲汲然，益肝气，明目，治癣病诸浅疮。"《饮膳正要》："入五味如常法作羹曛食之，治消渴口干，小便频数。"《医学入门》："治痰气上喘。"《医林纂要》："温中补虚，益肝，和血。"孟诜："九月至十二月食之，稍有补；他月即发五痔及诸疮疥。"《日华子本草》："有痼疾人不宜食。"《饮食须知》："发五痔诸疮疥。同菌蕈木耳食，发五痔，立下血。不可与鹿肉、猪肝、鲫鱼、鮰鱼同食。"《日华子本草》："有痼疾人不宜食。"《随息居饮食谱》："诸病人忌之。"雉肉还忌胡桃、荞麦、葱、木耳同食。

● 鹅肉：中医认为，鹅肉性平，味甘；有补虚益气，温胃生津，止渴功效。用于脾胃之虚所致的消瘦乏力，食少；气阴不足所致口干思饮，咳嗽，消渴。《名医别录》："利五脏。"《本草纲目拾遗》："主消渴，煮鹅汁饮之。"《日华子本草》："白鹅：解五脏热，止渴。苍鹅：发疮脓。"《随息居饮食谱》："补虚益气，暖胃生津。性与葛根相似，能解铅毒。"孟诜："多食令人易霍乱。亦发痼疾。"《本草求真》："鹅肉发风发疮发毒，因其病多湿热，得此湿胜气壅外发热出者意也。"《饮食须知》："鹅卵性温，多食鹅卵发痼疾。"《中药大辞典》："湿热内蕴者勿食。"鹅肉忌鸡蛋、鸭梨同食。鹅肉能提高机体免疫力，促进淋巴细胞吞噬功能。

《食疗药膳学》鹅肉补中汤："补中益气。适用于脾胃虚弱，中气不足，倦怠乏力，食少消瘦等。鹅1只，黄芪30克，党参30克，山药30克，大枣30克。将鹅宰杀去毛皮及内脏；上四药装入鹅腹中，用线缝合，小火煨炖，略加食盐调味。煮熟后将鹅捞起，取出药物，饮汤食肉。"

《中国药膳学》鹅肉补阴汤："益气养阴。适于气阴不足之口渴思饮，乏力，气短咳嗽，食欲不振等症。鹅肉250克，猪瘦肉250克，山药30克，北沙参、玉竹各15克。鹅肉、猪肉切块；山药、沙参、玉竹放纱布袋内，扎口，共放水中煮熟，去药袋，加调味品，饮汤食肉。"

● 鹅血：《本草纲目》："咸，平，微毒。""解药毒。"陶弘景："中射工毒者饮血，又以涂身。"《本草从新》："愈噎膈反胃。"《本草求原》："苍鹅血，治噎膈反胃；白鹅血，能吐胸腹诸虫血积。"《本经逢原》："鹅血能涌吐胃中瘀结，开血膈吐逆，食不得入，乘热恣饮，即能呕出病根。中射工毒者饮之，并涂其身即解，以其能食此虫也。"

现代研究认为，鹅血中有一种抗癌因子，能增强人体免疫而产生抗体。由于免疫功能和肿瘤的发病率有密切关系，大多数患有恶性肿瘤的患者，其肌体的免疫功能显著下降。在鹅血中所含的免疫球蛋白，对艾氏腹水癌的抑制率达40%以上，可增强机体的免疫功能，升高白细胞，增强淋巴细胞的吞噬功能。

● 鹅胆：《本草纲目》："苦，寒，无毒。""解热毒及痔疮初起，频涂涂抹之自消。"

● 蛇肉：《食物中药与便方》："蛇肉为强壮神经药。主治诸风顽痹、麻木不仁、风瘙、疥癞。"蛇胆中的胆汁酸至少有12种以上，具有镇咳、祛痰、平喘、抑菌、抗氧化、抗突变作用。但是，胆汁酸中的胆酸和去氧胆酸有促肝癌生成作用；牛磺胆酸酯对大鼠有促胃癌生成作用。牛磺胆酸对胃黏膜有损害作用；其他胆汁酸（胆酸除外）对肝细胞有损害作用。蛇胆不可生食。医学研究已经证明，蛇是许多肠道传染病致病菌的携带者，其携带率可达 50%，蛇胆的携带率则更高。蛇胆的正确食用方法是：将蛇胆蒸熟后食用，或用高浓度酒浸泡后服用。一般可将新鲜蛇胆一枚切开，置于 250 毫升 50 度以上的白酒中，密封浸泡 1 个月以后饮用。食用蛇血应将蛇头朝上吊起，截断蛇尾取血，防止呼吸道或食道中的虫卵混入血中，然后加入等量的 50 度以上的白酒，密封 1 个月后服用。蛇肉要加高温才能吃，低温杀不死致病菌，有些小虫随血液流动，进入大脑后立刻瘫痪，治疗不及时就会死亡。

《辽宁中医杂志》蛇胆膏："消炎，抑菌杀虫，溶解皮脂，脱色，止痒。主治痤疮，脂溢性皮炎，黄褐斑。蝮蛇胆汁 0.5 毫升、加雪花膏 500 克，混合调匀得蛇胆霜，每日早晚涂搽皮损处。治疗痤疮 374 例，治愈率 20%，好转率为 71.1%，无效率为 8.9%。治疗脂溢性皮炎 322 例，有效率达 100%，治愈率为 83.2%，疗效最好。治疗黄褐斑 104 例，治愈率占 26.3%。"

（1）乌蛇：别名乌梢蛇、三棱子、黑乌梢、剑脊蛇、青大将、黄风蛇、乌风蛇、青蛇、乌峰蛇、黑花蛇。《药性论》："味甘，平，有小毒。""治热毒风，皮肤生疮，眉须脱落，瘑痒疥等。"《开宝本草》："无毒。""主诸风瘙瘾疹，疥癣，皮肤不仁，顽痹诸风。"《玉楸药解》："味咸，气平。"《本草纲目》："功与白花蛇同而性善无毒。"《医林纂要》："滋阴明目。"《本经逢原》："忌犯铁器。"煎服 9~12 克；研末 2~3 克。

《圣惠方》乌蛇丸："治风痹，手足缓弱，不能伸举：乌蛇 150 克（酒浸、炙微黄、去皮骨），天南星 50 克（炮裂），干蝎 50 克（微炒），白附子 50 克（炮裂），羌活 50~100 克，白僵蚕 50 克（微炒），麻黄 100 克（去根节），防风 1.5 克（去芦头），桂心 50 克。上药捣细罗为末，炼蜜和捣二三百杵，丸如梧桐子大。每服不计时候，以热豆淋酒下十丸。""治身体顽麻风：乌蛇 100 克（酒浸、去皮骨、炙令微黄），防风 50 克（去芦头），细辛 50 克，白花蛇 100 克（酒浸，去皮骨，炙令微黄），天麻 50 克，独活 50 克，肉桂 50 克（去皱皮），枳壳 50 克（麸炒微黄去瓤），苦参 50 克（锉）。上药捣罗为末，炼蜜和捣二三百杵，丸如梧桐子大。每服食前以温酒下廿丸。"

《全展选编·外科》："治骨、关节结核：乌梢蛇、去头皮、内脏、焙干研粉，过 120 目筛，装入 00 号胶囊备用。第一周早晚各服 2 个胶囊；第二周早中晚各服 2 个；第三周早晚各服 3 个，中午 2 个；第四周早中晚各服 3 个；第五周早中晚各服 4 个。"

《食物中药与便方》："治病后或产后虚弱，贫血，神经痛，下肢麻痹，痿弱，步履困难等：乌梢蛇 1~2 条，浸泡于高粱烧酒内 10~15 天，每服 5~10 毫升，每日 2 次。"

《圣惠方》："治婴儿撮口，不能乳者：乌梢蛇（酒浸、去皮骨、炙）25 克，麝香 0.5 克。为末，每用半分，荆芥煎汤调灌之。""治紫白癜风：乌蛇肉（酒炙）300 克，枳壳（麸炒）、牛膝、天麻各 100 克，熟地黄 200 克，白蒺藜（炒）、五加皮、防风、桂心各 100 克。锉片，以绢袋盛，于无灰酒二斗中浸之，蜜封七日。每温服一小盏。忌鸡、鹅、鱼、肉发物。""治面上疮及黯：乌蛇 100 克、烧灰、细研如粉，以腊月猪脂调涂之。"

（2）水蛇：《本草纲目》："甘咸、寒、无毒。""治消渴、烦热、毒痢。"《本草求原》："明目。"

《圣惠方》："治消渴，四肢烦热，口干心燥：水蛇 1 条（活者利皮、炙黄捣末），蜗牛不拘多少（水浸五日，取涎，入腻粉煎令稠）、麝香 0.5 克（细研）。上药用粟饭和丸，如绿豆大。每服，不计时候，以生姜汤下 10 丸。"

（3）白花蛇：①五步蛇：褰鼻蛇、蕲蛇、百步蛇、盘蛇、棋盘蛇、五步跳、龙蛇、尖吻蝮。②银环蛇：别名银报应、寸白蛇、多条金甲带、白节蛇、手巾蛇、断肌甲。《开宝本草》："味甘咸，温，有毒。"《本草图经》："有大毒。"《雷公炮炙论》："治风。"《药性论》："主治肺风鼻塞，身生白癜风，疬疡，斑点及浮风瘾疹。"《医林纂要·药性》："（蕲蛇）虽本阴类，而能壮阳祛风，善窜穴上石，无阴不达，故能内彻脏腑，外达皮毛，中透骨节经络，凡有风湿、血瘀之积，皆能攻而去之。"《本草求原》："（蕲蛇）甘咸内走脏腑，气温外彻皮肤，所以透骨搜风胜于诸蛇。凡外中风邪，久郁血壅而成湿痹，或湿郁血中，久壅而成风毒，以致㖞僻拘急，瘫痪不仁，及大风疬癣、惊搐、疥癞、白癜、恶疮、瘰疬、漏疾，悉本风湿浸淫于血者宜之。"《开宝本草》："主中风湿痹不仁，筋脉拘急，口面㖞斜，半身不遂，骨节疼痛，大风疥癞及暴风瘙痒，脚弱不能久立。"《本草纲目》："通治诸风，破伤风，小儿风热，急慢惊风，搐搦，瘰疬漏疾，杨梅疮，痘疮倒陷。"《本草汇》："治癞麻风，白癜风，髭眉脱落，鼻柱塌坏者；鹤膝风，鸡距风，筋爪拘挛，肌肉消蚀者。"《玉楸药解》："通关透节，泄湿驱风。"《本草经疏》："中风口面㖞斜、半身不遂，定缘阴虚血少内热而发，与得之风湿者殊科，非所宜也。"《本草从新》："唯真有风者宜之，若类中风属虚者大忌。"《得配本草》："虚弱者禁用。"《本草求真》："忌铁。"煎服 4~7.5 克。《本草图经》："白花蛇有大毒、头尾各一尺尤甚，不可用，只用中断干者。以酒浸去皮骨炙过收之，不复蛀坏。"《本草纲目》："按《圣济总录》云，凡用花蛇，春、秋酒浸三宿，夏一宿，冬五宿，取出炭火焙干。如此三次，以砂瓶盛，埋地中一宿，出火气，去皮骨，取肉用。"

《濒湖集简方》白花蛇酒："治中风伤酒，半身不遂，口目㖞斜，肤肉瘰痹，骨节疼痛，及年久疥癣、恶疮、风癞诸症：白花蛇一条（以酒洗润透，去骨刺，取肉200克），羌活100克，当归身100克，天麻100克，秦艽100克，五加皮100克，防风50克。各锉匀、以生绢袋盛之，入金华酒坛内悬起安置，入糯米生酒醅五壶浸袋，箬叶密封，安坛于大锅内，水煮一日，取起，埋阴地七日，取出。每饮一二杯。仍以滓日干碾末，酒和丸梧子大。每服50丸，用煮酒吞下。切忌见风、犯欲，及鱼、羊、鹅、面发风之物。"

《中国药膳大辞典》白花蛇酒："适用于风湿疥癞，骨节疼痛，半身不遂，口眼㖞斜，语言謇涩，肌肉麻痹，破伤风，小儿惊风。白花蛇1条，曲、糯饭适量。白花蛇肉袋盛，同曲置于缸底，糯饭盖，3~7日酒成，浸过，瓶贮。或将白花蛇肉用好酒500克，浸泡数日。早晚各饮1~2杯。"

《圣济总录》白花蛇散："治中风肢体疼痛，言语謇涩。白花蛇（酒浸，炙，去皮骨）100克，何首乌（去黑皮，切）、牛膝（三味用酒浸半日，焙干）、蔓荆实（去白皮）各200克，威灵仙（去土）、荆芥穗、旋覆花各100克。上药捣罗为末。每服5克，温酒调下，空心临卧服。"

《食物中药与便方》："治风痹麻木，大风癞疾（包括末梢神经性麻痹以及过敏性皮肤病）：干的蕲蛇肉研细末，每服2~3克，每日2次，食后黄酒送下。

《浙江中医学院学报》："治骨质增生疼痛：蕲蛇4条、威灵仙72克，防风、当归、血竭、透骨草、土鳖虫各36克，随证加减。上药烘干，共研细末过筛，日服3次，每次3克，饭后温开水送下。1剂为1个疗程。治疗52例骨质增生，显效42例，进步6例，无效4例。"

《抗癌中草药大辞典》："治坐骨神经痛：蕲蛇、全蝎、蜈蚣各15克，焙干研细末，分8包，第1天上午下午各服1次，以后每日上午服1次，7天为1疗程。"

《圣济总录》定命散："治破伤风，项颈紧硬，身体强直：蜈蚣1条（全者），乌蛇（项后取）、白花蛇（项后取）各6厘米（先酒浸，去骨并酒炙）。上三味为细散。每服10~15克，煎酒小沸调服。"

《圣济总录》地骨皮散："治脑风头痛时作及偏头疼：地骨皮0.5克，白花蛇（酒浸、炙、去皮、骨）、天南星（浆水煮软、切、焙）各50克，荆芥

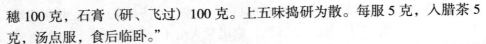

穗 100 克,石膏(研、飞过)100 克。上五味捣研为散。每服 5 克,入腊茶 5 克,汤点服,食后临卧。"

(4)蚺蛇肉:蟒蛇:别名蟒、王蛇、南蛇、埋头蛇、王字蛇、琴蛇。《本草纲目》:"甘,温,有小毒。"孟诜:"作脍食之除疳疮:小儿脑热,水渍注鼻中;齿根宣露,和麝香末敷之。"《食疗本草》:"主温疫气,可作脍食之。"《本草纲目拾遗》:"主喉中有物,吞吐不得出者,作脍食之。"《本草纲目》:"除手足风痛,杀三虫,去死肌,皮肤风毒疬风,疥癣恶疮。"《饮食须知》:"四月勿食。"用量 3~9 克;研末吞服 1~1.5 克。

《濒湖集简方》蚺蛇酒:"治诸风瘫痪,筋挛骨痛,痹木瘙痒,杀虫辟瘴,及疬风疥癣恶疮:蚺蛇肉 500 克,羌活 50 克(绢袋盛之)。用糯米二斗,蒸熟,安曲于缸底,置蛇于曲上,乃下饭,密盖,待熟取酒,以蛇焙研和药,其酒每随量温饮数杯,忌风及欲事。亦可袋盛浸酒饮。"

蚺蛇胆:《名医别录》:"味甘苦,寒,有小毒。"《海药本草》:"大寒,毒。"《名医别录》:"主心腹䘌痛,下部䘌疮,目肿痛。"《药性论》:"主下部虫,杀小儿疳。"《本草纲目拾遗》:"主破血,止血痢,小儿热丹、口疮、疳痢。"《海药本草》:"主小儿痫、男子下部䘌。"《本草纲目》:"肯目,去翳膜,疗大风。"《随息居饮食谱》:"为伤科要药。"研末服 1.5~2.5 克。

蚺蛇膏:别名蟒油。《名医别录》:"平,有小毒。""主皮肤风毒,妇人产后腹痛余疾。"《本草纲目》:"甘,平,有小毒。""绵裹塞耳聋。"陶弘景:"能疗癞疾。"《本草纲目拾遗》:"治漏疮。"外用:熔化涂敷。

(5)蝮蛇:别名地扁蛇、土球子、烂肚蝮、狗屙蝮、土公蛇、七寸子、草上飞、灰地匾、土锦、方胜板、碧飞、反鼻蛇、土虺蛇。《本草纲目》:"甘,温,有毒。"《本经逢原》:"大热,有毒。"《名医别录》:"酿作酒疗癞疾,诸瘘,心腹痛,下结气。"《药性论》:"治五痔,肠风泻血。"《本草纲目拾遗》:"治风痹。"

《防癌抗癌吃什么》:"人参煨蛇肉:益气活血,驱风破积,解毒抗癌功效。适用于气滞血瘀,瘀毒内阻型中晚期食管癌、贲门癌、胃癌等,坚持服食,均有一定的辅助治疗作用。生晒参 15 克,蝮蛇 1 条。将人参洗净,晒干或烘干,切成薄片;蝮蛇宰杀,砍去蛇头,蛇尾(另用),剖腹去内脏,洗净,与人参片同入沙锅,加水适量,先用大火煮沸,加料酒、葱段、姜片,拌匀,改用小火煨炖煮至蛇肉透烂,汤浓醇泛乳白色,加精盐,五香粉,味精,淋入芝麻油适量即成。佐餐当菜、随量服食。""蝮蛇酒:活血驱风,止痛祛瘀，解毒抗癌。适用于消化道癌症，早期胃癌患者，坚持服食，有较好的辅助治疗作用。蝮蛇1条。将蝮蛇急行宰杀，去内脏，洗净，整蛇（不砍头支尾）放入大口磨砂瓶中，以60度白酒1000毫升浸泡，加盖，密封。每日振摇1次，3个月（或2个月）后开始饮用。每月2次，每次1小盅（约15毫升）。"

《本草纲目拾遗》："治大风及诸恶风，恶疮瘰疬，皮肤顽痹，半身枯死，皮肤手足脏腑间重疾并主之：蝮蛇一枚。活着器中，以醇酒一斗投之，埋于马溺处，周年以后开取，酒味犹存，蛇已消化。不过服一升次来，当觉举身习习，服讫，服他药不复得力。亦有小毒，不可顿服。"

《普济方》天南星丸："治破伤风牙关紧急，口噤不开，口面㖞斜，肢体弛缓：土虺蛇一条（去头、尾、肠、皮、骨，醋炙），地龙五条（醋炙），天南星一枚（重1.5克者，炮）。上为末，醋煮面和丸，如绿豆大。每服3~5丸，生姜酒下，稀葱粥投、汗出瘥。"

《外科调宝记》蝮蛇油："治一般肿毒，创伤溃烂久远等症：蝮蛇，去其首尾，剖腹除肠，锉，浸油中，50日后，微蒸取用，外涂。"

《动植物民间药》："治胃痉挛：蝮蛇，酒浸一年以上，每食前饮一杯，1日3次，连续20日有效。"

蝮蛇皮：《唐本草》："皮灰，疗疔肿，恶疮，骨疽。"

蝮蛇骨：《本草纲目拾遗》："主赤痢，取骨烧为黑末，饮下15克。"

蝮蛇胆：《名医别录》："味苦，微寒，有毒。""主䘌疮。"《药性论》："治下部虫、杀虫良。"《外台》："疗诸漏，研敷之。若作痛，杵杏仁摩之。"

蝮蛇脂（脂肪）：《本草纲目》："绵裹塞耳聋，亦敷肿毒。"

蝮蛇蜕皮：《唐本草》："主身痒、癗、疥、癣等。"

● 鱼。鱼肉含有丰富的蛋白质、矿物质和维生素，更重要的是鱼肉中含有大量亚麻酸EPA和DHA是人体必需的而体内又不能合成的亚麻酸，必须从鱼类食物中摄取。EPA和DHA大量存在于鱼头里（沙丁鱼和青花鱼等青背类鱼里含量最多）。DHA成分是构建突触信息交流中心的建筑材料。摄入大量的鱼油有助于对抗自由基对大脑细胞的侵袭，减弱大脑中的免疫应激水平，从而减少由此引起的脑细胞炎症损害，改变神经递质的水平及作用，调节脑细胞自身基本的物理构造。多吃鱼油可以提高DHA水平，从而增多脑内5-羟色胺的含量。Ω-3鱼油抵制脑血管及脑细胞中的炎症反应。鱼油研究的领先权威，美国健康学会的生化学家威廉·兰德博士说，Ω-3在人体组织中达到最大饱和量需要千年时间。鱼子中的类脂质中的磷质可提出的卵磷质、脑磷质，有滋补强壮的功效。

　　鱼鳞中含有丰富的蛋白质、脂肪、卵磷脂及多种矿物质。鱼鳞中的多种不饱和脂肪酸可在血液中以结合蛋白的形式帮助传递和乳化脂肪，减少胆固醇在血管壁的沉积，具有防止动脉硬化、预防高血压及心脏病等多种功用。卵磷脂内含有胆碱，有益于脑功能。鱼鳞煮的时间长一点，去渣喝汤。

　　鱼内脏里含有丰富的牛黄酸（对血胆固醇有抑制作用）、不饱和脂肪酸以及铁、铜等微量元素。这些成分都能使血流顺畅，有助于软化血管。

　　在鱼类，特别是凤尾鱼和沙丁鱼中，发现了另外一种营养素，被称为DMAF，即二甲基乙醇胺。它能很容易地进入大脑，转化成胆碱，以合成乙酰胆碱。DMAF 可以改善情绪和记忆力，提高智力，增强体力，还能延长实验动物的寿命。

　　2002 年，哈佛健康专业人员追踪研究的长期随访数据表明，每月吃 3~5盎司鱼肉的人的缺血性脑中风发病率可以降低 40%。

　　瑞典卡罗林斯卡医学院进行的一次长达 30 年的跟踪调查显示，经常吃鱼的人不容易患前列腺癌。研究人员经初步分析认为，鱼体内含有一种 Ω-3 脂肪酸，有预防前列腺癌的功效。但是他们尚未弄清楚多吃鱼为什么能预防前列腺癌。

　　2005 年，美国哈佛大学的科学家揭示了 65 岁以上人群食用做法不同的鱼与患中风危险之间的关系。每星期吃 1~4 次烤鱼可降低 28% 中风危险，每星期吃 5 次以上可降低 32%。相反，吃炸鱼和鱼三明治则会增加 37% 中风危险。

　　哈佛大学公共卫生学院的研究人员认为，吃鱼可预防中风的好处应归功于鱼中所含的 Ω-3 多不饱和脂肪酸的降低血黏稠度的作用。美国路易斯安那州立大学最近的研究表明，每天补充一定量的鱼油药丸，可以改善体重超重者的胰岛素分泌。在服用 12 周鱼油之后参加试验的人中，有 70% 的人胰岛素功能有了改善，有 50% 的人胰岛素功能的改善具有医学意义。

　　爱斯基摩人冠状动脉心脏病的发生率远远低于西方国家，由于爱斯基摩人饮食中脂肪含量与西方相似，其间的差异是爱斯基摩人摄取的脂肪主要来自海洋哺乳类和鱼类，而西方人所摄取的脂肪主要来自陆生动物及植物。我国科学工作者发现，沿海地区渔民中脑出血的发病率明显低于内地居民。这是由于渔民经常摄食鱼肉蛋白的缘故。日本鸟根医科大学森幸男教授也证明了这一观点。

　　美国波特兰的奥瑞冈健康科学大学研究员 Dr.WillianE·Connor 表示，理想的预防心律不齐和突发猝死的方法是摄取低胆固醇和 Ω-3 脂肪酸。鱼油可预防心脑血管疾病，但服用过量会引发肌肉溶解及肝细胞受损，应补充维生素E、动物肝脏、大蒜、甜菜等。

美国威尔斯卡迪夫大学研究人员又发现鱼油中所含的 $\Omega-3$ 脂肪酸能够溶入软骨细胞中，并降低对软骨组织造成伤害的酵素的活力。根据该大学生化学院负责这项研究的卡特森教授说，通常罹患关节炎的关节组织部，如果在软骨组织中发现 $\Omega-3$ 脂肪酸的存在，就能停止那些在关节组织中破坏软骨的酵素，而一般人若 $\Omega-3$ 脂肪酸含量不足时，在罹患关节炎时往往需要进行关节的移植。

卡特森教授指出，医学界针对 $\Omega-3$ 脂肪酸的研究已有 10 多年了，其中不少研究结果证实，许多人在增加鱼油的摄取后又相对减少了止痛药的服用剂量，过去的研究也知道 $\Omega-3$ 脂肪酸对风湿性关节炎的好处，但是对软骨的功效还是第一次发现。

在糖尿病患者中，约 90% 是 2 型糖尿病。医生建议说，2 型糖尿病患者或者体重超重的人最好每周 2 次食用像三文鱼、鲱鱼和鲭鱼这样的海鱼。

深海鱼中的 $\Omega-3$ 脂肪酸可以阻止血液凝结，减少血管收缩，降低甘油三酯等，对心脑血管特别有益。美国心脏病协会建议一星期至少吃两次鱼。

鱼类属于变温动物，在通常情况下体温要比人类低很多，所以鱼类脂肪可以疏通血液，并降低胆固醇的含量。但是，鱼有白肉和红肉之分，很多人认为，白肉比红肉更利于身体健康。金枪鱼、松鱼、海豚、鲸、海豹的肌肉组织呈红色。金枪鱼的汞含量超标。孕妇与儿童勿食含汞高的鲨鱼、旗鱼、大鲭鱼、瓦片鱼和长鳍金枪鱼。

经食品检验测定，咸鱼在腌制过程中，盐中的氯化钠和死鱼中的胺长期作用，生成一种甲基亚硝酸盐化合物。这种物质进入人体内经代谢可转化成致癌性很强的二甲基硝胺。该物质作用于鼻咽部黏膜，刺激上皮细胞发生癌变，可引起鼻咽癌。孕妇不宜吃咸鱼。死鱼比活鱼有更多的胺从蛋白质中分解出来。

鱼腹内两侧壁有一层黑色衣膜内含有大量的组胺类脂质、溶菌酶等物质，食后会引起恶心、呕吐、腹痛等中毒反应。

鱼胆中含有胆汁毒素，是一种耐热，毒性强的蛋白质分解产物。这种毒素对人体细胞起着破坏作用而导致中毒。

杀完鱼置于冰箱存放 2~6 小时吃最有营养。鱼在宰杀后虽然呼吸停止了，但体内还在进行一系列生物化学变化和物理变化，通常分为僵硬、自溶和腐败变质 3 个阶段。第一阶段鱼肉中含有少量的乳酸和磷酸生成，因此，肉呈弱酸性，可以抑制腐败微生物的繁殖与生长。但此时鱼肉的肉质发硬，肌肉组织中的蛋白质还没有分解产生氨基酸，而氨基酸是鲜味的主要成分。第二阶段鱼肉中的多种蛋白质水解酶开始发挥作用，使部分蛋白分解为肽类和多种氨基酸。鱼肉僵硬阶段的后期，自溶阶段之前期，吃起来美味可口，利于消化。

鱼忌：伏降宁（不良反应）、大枣（引起消化不良）。生鱼忌：维生素 B_2（导致腹泻）、维生素 B_1（造成体内 B_1 减少）。

● 鱼鳔：别名鱼肚、鱼腹、鱼白、鱼胿、鱼胶、鱼鳔胶。中医认为，鱼鳔性平，味甘；有补肾益精，滋养筋脉，止血，散瘀消肿功效。用于肾虚遗精，滑精；产后痉厥，破伤风；吐血，崩漏，创伤出血，痔疮。鱼鳔含有大量胶质，能提高人体免疫力，滋润皮肤；抗胃溃疡。《本草纲目拾遗》："主竹木入肉经久不出者，取白敷疮上四边，肉烂即出刺。"《本草汇言》："鱼胶，暖子脏，益精道之药也……甘能养脾，咸能归肾，故方书用之。善种子安胎，生精补肾，治妇人临产艰涩不下，及产后一切血崩溃乳，血晕风搐。"《海药本草》："主月蚀疮，阴疮，痔疮，并烧灰用。"《饮膳正要》："与酒化服之，清破伤风。"《本草纲目》："鳔，止折伤血出不止；鳔胶，烧存性，治妇人难产，产后风搐，破伤风痉，止呕血，散瘀血，消肿毒。"《本草新编》："补精益血。"《本草求原》："养筋脉，定手战，固精。"煎服15~25克。

《补品补药与补益良方》羊肉鱼鳔黄芪汤："温补脾肾阳气。适用于脾肾阳虚所致的遗尿，尿频，乏力，畏寒等症。羊肉150~250克，鱼鳔50克，黄芪30克。将羊肉洗净切片，同鱼鳔、黄芪同加水煎煮，放入适量桂皮、姜、盐，煮熟。饮汤食肉及鱼鳔。""龟肉鱼鳔汤：补肝益肾。适用于肾气不足之遗尿，老年人夜尿多，慢性肾炎等。龟肉100~150克，鱼鳔15~30克，龟肉切块，与鱼鳔共水煮，加少许盐调味，熟后饮汤食肉和鱼鳔。"

《中国药膳学》鱼鳔酥："为治疗食道癌、胃癌的辅佐膳食。鱼鳔，油炸酥，压碎。每服6克，每日3次。"

《常见药用动物》："治恶性肿瘤：干鱼鳔40克（炒），伏龙肝40克，共研细末，每服3次，每次10克。"

《青岛中药手册》："治肾虚遗精：鮸鱼鳔12克，枸杞子12克，补肾脂9克，牡蛎15克，莲须9克。水煎服，或研末。每服6克，每日3次。""治再生障碍性贫血：鮸鱼鳔9克，红枣10余枚，当归9克，水煎服。"

《三因方》："治破伤风，口噤，强直：鱼胶烧3.5克，留性，研细，入麝香少许。每服10克，酒调下，不饮酒，米汤下。"

《本草纲目》："治赤白崩中：鱼鳔胶三尺，焙黄研末，同鸡子煎饼，好酒食之。"

《内蒙古中草药新医疗法资料选编》："治食道癌，胃癌：鱼鳔，用香油炸酥，压碎。每服 5 克，每日 3 次。"

● 乌贼鱼：别名墨鱼、墨斗鱼、花枝、乌鱼。中医认为，乌贼鱼性平，味咸；有养血滋阴，收敛止血，益胃调经功效。治血虚经闭，崩漏，带下。《名医别录》："益气强志。"《日华子本草》："通月经。"《医林纂要》："补心通脉，和血清肾，去热保精。作脍食，大能养血滋阴，明目去热。"《随息居饮食谱》："疗口咸，滋肝肾，补血脉，理奇经，愈崩淋，利胎产，调经带，疗疝瘕，最益妇人。"《饮食须知》："有疮人不可食，令瘢白。食之无益，能发瘤疾。"《本草求真》："食则动风与气。"

《海味营养与药用指南》："治腰肌劳损：乌贼干 1~2 条，杜仲 30 克，炖熟，取肉及汤服。""治食欲不振：乌贼干 1~2 条，用童便浸透，清水洗净，加入龙芽草、夏枯草、蜈蚣草各 10 克。文火煎透，去渣取汁及肉内服。"

乌贼鱼腹中墨：《本草纲目拾遗》："主血刺心痛。"烘干研粉服 1.5~2.5 克，日两次。

国外有研究认为，墨汁液中含抗癌物质。墨鱼中还含有牛磺酸——能起到保护血流顺畅，血管有弹性，降低血糖作用。

● 乌贼鱼骨：别名墨鱼盖、墨鱼骨、鱼古、淡古，中医称为海螵蛸，性微温、咸；主要成分是碳酸钙，壳角质，黏液质以及少量氯化钠、磷酸钙、镁、盐等，有制酸敛疮，收敛止血，涩精止带，除湿功效。可治胃痛吞酸，胃溃疡，湿疹，湿疮，虚疟泄痢，阴蚀烂疮，面部神经痛，吐血衄血，崩漏便血，遗精滑精，赤白带下，消化不良，小儿软骨症，皮肤和耳科疾病。外用可治外伤出血，疮疡溃后久不收口等。《神农本草经》："主女子漏下赤白经汁，血闭，阴蚀肿痛，寒热癥瘕，无子。"《名医别录》："惊气入腹，腹痛环脐，阴中寒肿（一作丈夫阴中肿痛），又止疮多脓汁不燥。"《药性论》："止妇人漏血，主耳聋。"《唐本草》："疗人目中翳。"《食疗本草》："主小儿大人下痢，炙令黄，去皮细研成粉，粥中调服之。"《本草纲目拾遗》："主妇人血瘕，杀小虫。"《日华子本草》："疗血崩。"《本草纲目》："主女子血枯病，伤肝，唾血下血，治疟消瘿。研末敷小儿疳疮，痘疮臭烂，丈夫阴疮，烫火伤，跌伤出血。烧成性，同鸡子黄涂小儿重舌，鹅口，同蒲黄末敷舌肿血出如泉，如银朱吹鼻治喉痹，同麝香吹耳治聤耳有脓及耳聋。"《要药分剂》："通经络，祛寒湿。"《现代实用中药》："为制酸药，对胃酸过多，胃溃疡有效。"《本草经集注》："恶白敛，白及。"《蜀本草》："恶附子。"《本草经疏》："血病多热者勿用。"

现代研究发现，海螵蛸对急性放射病有预防作用，并经过一定的制备，可以得到一种复合物，这种复合物具有一定的抗癌作用；抑制胃酸分泌，降低胃蛋白酶活性，促进溃疡愈合；所含碳酸钙，对肠黏膜有收敛作用，因而有止泻，止血功能；水煎剂有抗辐射作用；外用于皮肤黏膜，有吸湿性，能使皮肤干燥，防止细菌生长。除此之外，从海螵蛸还提取出具有抗病毒作用的物质。

海螵蛸助阳固涩，故阴虚多火，膀胱有热而小便频数者忌用。水煎日服6~12克。外用研末敷患处。阴虚有热者慎服，久服易致便秘。

《山东中草药手册》："①治胃痛，吐酸：a.海螵蛸25克，贝母、甘草各10克，瓦楞子15克。共研细末。每次服10克。b.海螵蛸50克（研末），阿胶15克。共炒，再研末。每次服5克，每日3次。""治胃出血：海螵蛸25克，白及30克。共研细末。每次服7.5克，日服3次。"

《圣惠方》："治吐血及鼻衄不止：乌贼骨，捣细罗为散，不计时候，以清粥饮调下10克。""治积年肠风下血，面色萎黄，下部肿疼，或如鼠妳，或如鸡冠，常似虫咬，痛痒不息：绿矾100克（烧令赤），乌贼鱼骨50克（炙令微黄），釜底墨50克。捣罗为末，用粟米饭和丸，如梧桐子大。每于食前，煎赤糯米汤下30丸。""治妇人久赤白带下：乌贼骨50克（烧灰），白矾150克（烧汁尽），釜底墨100克。捣罗为末，用软饭和丸，如梧桐子大，每于食前，以粥饮下30丸。""治小儿脐疮出脓及血：海螵蛸、胭脂，为末，油调搽之。"

《经验方》："治小便血淋：海螵蛸末5克。生地黄汁调服。"

《千金方》："治妇人漏下不止：乌贼骨、当归各100克，鹿茸、阿胶各150克，蒲黄50克。上五味治下筛。空心酒服方寸匕，日三，夜再服。""治疬疡：三年醋磨乌贼骨，先布摩肉赤，敷之。"

《仁斋直指方》："治跌破出血：乌贼骨鱼骨末敷之。"

《辽宁中草药新医疗法资料选编》："治各种出血：骨粉、海螵蛸、蒲黄炭各等分。研细末，过180目筛，混合即得。撒于创面，稍加压即可凝固止血。"

《徐州单方验方新医疗法选编》："治哮喘：海螵蛸，焙干研成细末。每日3次，每次7.5克，温开水送服。"

● 白鱼：别名鲌鱼，鲚鱼，白扁鱼。《开宝本草》："味甘，平，无毒。""主胃气，开胃下食，去水气，令人肥健。"孟诜："主肝家不足气。调五藏气，理经脉。"《食疗本草》："助脾气，能消食，理十二经络舒展不相及气。"《日华子本草》："助血脉，补肝明目，炙疮不发，作脍食之良。"《滇南本草》："治痈疽疮疥，同大蒜食之。"《随息居饮食谱》："行水助脾，发痘排脓。"孟诜："多食泥人心，久食令人心腹诸病。"《日华子本草》："患疮疖人不可食，甚发脓。"吴瑞："多食生痰，与枣同食患腰病。"白鱼100克含胆固醇40.3毫克。

● 青鱼：别名鲭。《开宝本草》："甘，平，无毒。""主脚气湿痹。"崔禹锡《食经》："主血利，补中安肾气。"《食疗本草》："和韭白煮食之，治脚气脚弱，烦闷，益心力。"《日华子本草》："益气力。"《滇南本草》："和中，养肝明目。"《医林纂要》："滋阴，平肝，逐水，截疟，治痢。"《随息居饮食谱》："补气养胃，除烦懑，化湿祛风。"《本草经集注》："服术勿食青鱼鲊。"陶弘景："青鱼鲊不可合生胡荽及生葵并麦酱食之。"青鱼忌豆藿同食。

● 河豚：别名胡夷鱼，气泡鱼，河鲀鱼，吹肚鱼。《开宝本草》："味甘，温，无毒。""主补虚，去湿气，理腰脚，去痔疾，杀虫。"《食疗本草》："有毒。""其肝毒，杀人。"《本草蒙荃》："去疳䘌，消肿。"《本草纲目拾遗》："其肝，子毒人。"《日用本草》："发疮疥。"《品汇精要》："反荆芥。燕尾者杀人。去睛并脊血。忌梁上挂尘。"《本草纲目》："煮忌煤炲落中。与荆芥、菊花、桔梗、甘草、附子、乌头相反。宜荻笋、蒌蒿、菘菜。畏橄榄、甘蔗、芦根、粪汁。"《本经逢原》："其毒入肝助火，莫有甚于此者，患痈疡脚气人切不可食。"河豚忌：荆芥（药性相反）。

河豚子：《本草纲目拾遗》："有大毒。"《本草纲目》："治疥癣虫疮，用（河豚）子同蜈蚣烧研，香油调搽之。"

● 泥鳅：别名鳅、鳅鱼、和鳅、黄鳅。中医认为，泥鳅性平，味甘；具有补中益气，滋肾生精（含有一种特殊蛋白，可促进精子的形成），能利小便，健脾祛湿，壮阳疗痔，止虚汗功效。用于脾虚体弱，形体消瘦，乏力，小便不利，黄疸阳痿，湿盛泄泻，传染性肝炎，痔疾，疥癣。《滇南本草》："煮食治疮癣，通血脉而大补阴分。"《医学入门》："补中，止泄。"《本草纲目》："暖中益气，醒酒，解消渴。"《随息居饮食谱》："暖胃，壮阳，杀虫，收痔。"《食物考》："兴阳事，止痢。"《四川中药志》："利小便。治皮肤瘙痒，疥疮发痒。"叶橘泉："暖中益气，解毒收痔。"泥鳅忌狗肉、螃蟹同食。泥鳅具有温阳作用，而高血压多属阳亢型，高血压患者食后加重病

情。无鳞鱼忌荆芥（药性互消）。泥鳅100克含胆固醇164毫克。

《圣济总录》沃焦散："治消渴饮水无度，泥鳅鱼加头（阴干，去头、尾，烧灰，碾细为末），干荷叶（碾细为末）。上二味等分，每服各10克，新汲水调下，遇渴时服，日三，候不思水即止。"

《泉州本草》："治黄疸湿热小便不利：泥鳅炖豆腐食。""治久疮不愈合：泥鳅醋炙为末，掺患处。""治上下肢肌肉隆起处肿痛：泥鳅合食盐，冷饭粒捣敷患处。"

吴球："调中收痔：鳅鱼同米粉煮羹食。"

《四川中药志》："治湿热皮肤起疹发痒：泥鳅、鱼鳅串、侧耳根、蒲公英。共炖汤服。""治芥癣发痒：泥鳅，侧耳根，鱼鳅串，老君须，一枝箭。共炖汤服。"泥鳅滑液"治小便不通和热淋：泥鳅身上撒以白糖，使黏液与白糖混合，去泥鳅用其涎，兑冷开水一盅服"。

《动植物民间药》："治痈：泥鳅十余条，清水洗净，用砂糖半碗许搅拌，腻滑涎即出，鳅死，去鳅，用此糖糊涂布，一日三四次。""治中耳炎：用碗盛取泥鳅滴下之滑液，滴耳内，干则再滴。"

《常见药用动物》："治小儿盗汗：泥鳅200克，去内脏后，洗净黏液，用油煎至焦黄，加水一碗半，煮汤至半碗，也可用盐调味。每日1次，幼儿分次服，连服数日。"

《广西药用动物》："治营养不良性水肿：泥鳅90克，大蒜头2个。猛火炖吃，不加盐，连续吃几次。""治急性传染性黄疸型肝炎：泥鳅晒干研末，加适量的薄荷和香料作矫味剂，每日服3次，每次10克，饭后服。小儿酌量。"

● 带鱼：别名牙鱼、鞭鱼、裙带鱼、带柳、海刀鱼、鳞刀鱼。中医认为，带鱼性平，味甘，咸；有补中和胃，养肝补血，通乳功效。用于脾胃虚寒，气短乏力，食少，倦怠，恶心，毛发枯黄，面色萎黄，产后乳汁不足，还能改善肝炎、肝硬化症状。带鱼银鳞可以降低胆固醇，防治动脉粥样硬化，预防冠心病，并有抗癌作用。从银鳞中提取的6-硫代鸟嘌呤（6-TC）可以治疗急性白血病。对胃癌，淋巴肿瘤等病症有疗效。《本草从新》："甘，温。""补五脏，去风杀虫。"《食物中药与便方》："滋阴、养肝、止血。急慢性肠炎蒸食，能改善症状。"《医林纂要》："甘，咸，平。"《食物宜忌》："和中开胃。"《随息居饮食谱》："暖胃，补虚，泽肤。""发疥动风，病人忌食。"《药性考》："多食发疥。"《饮食须知》："多食助火动痰，发疮疾。"带鱼100克含胆固醇108毫克。

《中国药膳学》带鱼益气汤："补气升阳。适用于气虚所致的脏器下垂，如脱肛、子宫下垂、胃下垂等，及气短乏力。带鱼 500 克，黄芪 24 克，炒枳壳 9 克，鱼洗净切块，与黄芪、枳壳同煎，去药，食肉饮汤。"

《疾病的食物与验方》带鱼番木耳汤："补气血，生乳汁。适用于产后乳汁不足，纳少等。鲜带鱼 150~250 克，生番木瓜 200~300 克。带鱼洗净切段，生番木瓜去皮、核，切条，共水煮，加盐调味，饮汤食鱼及木瓜。"

● 黄花鱼：别名石首鱼、黄鱼、黄鱼鲞、石头鱼、鳔、海鱼、江鱼、黄瓜鱼。中医认为，黄鱼性平，味甘；有健脾开胃，益气填精功效。用于体虚纳果，食欲不振，消化不良，胃脘疼痛，吐血；肾虚滑精，腰膝酸软，头晕眼花，耳鸣。崔禹锡《食经》："主下痢，明目，安心神。"《开宝本草》："和莼菜作羹，开胃益气。"《随息居饮食谱》："填精""多食发疮助热。"《本草汇言》："动风发气，起痰助毒。"《日华子本草》："取鱼脑中枕（即鱼脑石）烧为末，饮下治石淋。"《开宝本草》："主下石淋，磨石服之，亦烧为灰末服。"黄花鱼 100 克含胆固醇 100 毫克。

黄鱼忌荞麦同食。黄花鱼为发物，体质过敏、咳嗽、疔疮患者食后加重病情。

● 黄颡鱼：别名河龙盾鮠、黄刺鱼、黄骨鱼、黄樱。《日用本草》："甘、平，有小毒。""祛风。""发风动气，发疮疥，病人尤忌食之。"《东医宝鉴》："性平，味甘，无毒。"陶弘景："醒酒。"《本草纲目》："煮食消水肿，利小便；烧灰，治瘰疬久溃不收敛及诸恶疮。""反荆芥。"姚可成《食物本草》："主益脾胃和五脏，发小儿痘疹。"

● 章鱼：别名八爪鱼、八带鱼、蛸、鳔、望潮，是一种生活在海底的软体动物，有八条长的腕足。真蛸鲜肉含多种氨基酸、牛磺酸、章鱼碱，其中涎腺中含胍基、肽、蛋白、消化酶、章鱼素等。牛磺酸是一种游离氨基酸，可降低胆固醇，促进血流顺畅，维持血压正常，还可治疗夜盲症。《本草纲目》："甘、咸，寒，无毒。""益血益气。"《东医宝鉴》："性平，味甘，无毒。"《泉州本草》："益气养血，收敛，生肌。主治气血虚弱，痈疽肿毒，久疮溃烂。""有荨麻疹史者不宜服。""补血益气：章鱼炒姜、醋常食。""治痈疽肿毒：章鱼捣烂，调冰片，敷患处。"

● 银鱼：别名鲶残鱼、银条鱼、面条鱼，大银鱼。中医认为，银鱼性平，味甘；有补虚劳损，促脾和胃，润肺止咳功效。用于脾胃虚弱，食欲缺乏，小儿疳积，营养不良，咳喘，腹胀，水肿。《日用本草》："宽中健胃，合生姜作羹佳。"姚可成《食物本草》："利水，润肺，止咳。"《医林纂要》："补肺清金，滋阴，补虚劳。"《随息居饮食谱》："养胃阴，和经脉。"

● 鲂鱼：别名鳊鱼、平胸鳊、法罗鱼、乌鳊、花边、三角鳊。《日用本草》："味甘，平。""调脾胃，去肠风，消食化谷，利益五脏。"《本草纲目》："甘，温，无毒。"《食疗本草》："调胃气，利五藏，和芥子酱食之，助肺气，去胃家风。消谷不化者，作鲙食，助脾气，令人能食。""患疳痢者不得食。"《医林纂要·药性》："健脾行水。"《随息居饮食谱》："补肾，养脾，去风，运食。"

● 鱿鱼：别名柔鱼，枪乌贼。现代研究认为，鱿鱼含牛磺酸，能降低血清中的胆固醇，预防代谢综合征，有助解毒，缓解疲劳，恢复视力，促进胰岛素的分泌作用；含有氨基酸的 N–三烷基衍生物，具有抑制糖的吸收功能的作用；含有腺苷酸（AMP）能扩张小动脉，促进毛细血管的血液流通，对肢冷症有很大的作用；含有黏多糖，具有抗癌能力。但是，鱿鱼中含有导致痛风产生的布丁体，胆固醇含量高，心血管病、肝病患者少食。鱿鱼 100 克含胆固醇 1170 毫克。

有关专家提醒消费者选购鱿鱼丝时要到大超市及信誉好的商店购买，颜色太白的含重金属砷和苯甲酸超标，不要买。要挑颜色偏暗，红白色泽的整片的纯天然鱿鱼干。

鱿鱼性平，味甘咸，有滋阴养胃，补虚润肤，排毒功效。

● 鲈鱼：别名花鲈、鲈板、花寨、鲈子鱼、四鳃鱼。中医认为，鲈鱼性平，味甘，有小毒；具有健脾益气，补益肝肾，止咳化痰，安胎催乳，利水消肿功效。适宜慢性肠炎，慢性肾炎，贫血头晕，手术后伤口难愈，习惯性流产，胎动不安，产后乳汁缺乏，腰腿酸软之人食用。崔禹锡《食经》："主风痹瘀症，面疱。补中，安五脏。可为月霍脍。"《食疗本草》："安胎，补中。作鲙尤佳。"《嘉祐本草》："补五脏，益筋骨，和肠胃，治水气。""曝干甚香美，虽有小毒，不至发病。"《食物中药与便方》："妇女妊娠水肿：鲈鱼作鲙食之。"《本草经疏》："鲈鱼，味甘淡气平与脾胃相宜。肾主骨，肝主筋，滋味属阴，总归于脏，益二脏之阴气。故能益筋骨。"《随息居饮食谱》："鲈鱼多食发疮患癖，其肝尤毒。"根据前人经验，患有皮肤病疮肿者忌食；不可与牛羊油、奶酪和中药荆芥同食。

● 鲵鱼：别名白鱶、阔口鱼、白戟鱼。《本草纲目拾遗》："味甘，平，无毒。""下膀胱水，开胃。"《日用本草》："补中益气。"《本经逢原》："阔口鱼，能开胃进食，下膀胱水气，病人食之，无发毒之虑，食品中之有益者也。"《随息居饮食谱》："多食能动痫疾。"鲵鱼忌乌鸡肉、猪肉同食。

● 鲚鱼：别名毛花鱼、凤尾鱼、子鱼、麻鲚、江鲚、鲦鱼。《本草纲目》："甘，温，无毒。""鲊贴痔瘘。"《本草求原》："贴败疽痔漏。"《随息居饮食谱》："补气。"《中国食疗学》："临床证实鲥鱼有益于提高人体对化疗的耐受力。"《食物本草》："发疥，不可多食。"《日用本草》："食之无益，助火动痰。"姚可成《食物本草》："有湿病疮疥勿食。"《本经逢原》："性多降泄，败疽痔漏人忌食。"

● 鲛鱼：别名鲛鲨、溜鱼、鳆鱼、沙鱼、鳎鱼、瑰雷鱼。《本草纲目》："甘，平，无毒。"《日华子本草》："平，微毒。"《食疗本草》："补五脏。"《医林纂要》："消肿去瘀。"《本草纲目拾遗》：鲛鱼皮"主食鱼中毒，烧末服之"。《本草纲目》：鲛鱼皮"解鲸鲵鱼毒。治食鱼鲙成积不消"。《随息居饮食谱》：鲛鱼皮"解诸鱼毒，杀虫，愈虚劳"。《食疗本草》：鲛鱼胆"治喉闭。取胆汁和白矾灰，丸之如豆颗，绵襄纳喉中。良久吐恶涎沫，即喉咙开。腊月取之"。

鲛鱼翅：《医林纂要》："甘，咸，滑。""渗湿行水。"《食物宜忌》："味甘，性平。""补五脏，消鱼积。"《药性考》："消疾，开胃进食。"《闽部食疏》："益气开膈，托毒，长腰力。"《随息居饮食谱》："益虚劳。"

● 鲢鱼：别名鲢子鱼、跳鲢。鲢鱼有白鲢与花鲢之分，白鲢鱼色浅头小，称"鲢"；花鲢色深头大，称"鳙"，又叫"胖头鱼，大头鱼，黑鲢，花鲢"。中医认为，鲢鱼性温，味甘；有健脾，利水，温中，益气，消肿，通乳，疏肝，利肺，美容，化湿功效。适宜肾炎，肝炎，慢性肾炎水肿，肝硬化腹水，妊娠水肿，产后乳汁不足，咳嗽，眩晕，气虚，小便不利者食用。《本草纲目》："温中益气。""多食动风热，发疮疥。"《随息居饮食谱》："暖胃，补气，泽肤。"《本草求原》："鳙鱼，暖胃，去头眩，益脑髓，老人痰喘宜之。"王孟英：鲢"多食令人热中，动风，发疥。痘疹，疟痢，目疾，疮家皆忌之"。《本草纲目》："鳙鱼肉，食之己疣，多食动风热，发疮疥。"鲢鱼100克含胆固醇103毫克。

《宫廷颐养与食疗粥谱》鲢鱼小米粥："能经下乳。治产后乳少。活鲢鱼一条，丝瓜仁10克，小米100克。先煮小米，待水沸时将鱼及丝瓜仁投入锅内再煮，至熟，空腹喝粥食鱼。"

● 鲟鱼：别名碧鱼，乞里麻鱼，为鲟科动物中华鲟的肉。《本草纲目拾遗》："甘，平，无毒。""益气补虚，令人肥健。"《食疗本草》："主血淋，可煮汁饮之。"《饮膳正要》："利五藏，肥美人。"《随息居饮食谱》："补胃，活血通淋。"鲟鱼忌干笋。

● 鲤鱼：别名拐子、鲤子。现代研究表明，鲤鱼头含卵磷脂是人脑中神经递质乙酰胆碱的重要来源。多吃卵磷脂，可增强人的记忆力，思维和分析能力，并能控制脑细胞的退化，延缓衰老。鲤鱼可提取 EPA 和 DHA，具有降血脂、抗血栓、降低血液黏度、对抗 ADP 诱导的血小板聚集等作用。

中医认为，鲤鱼性平，味甘；有健胃，利水，消肿，安胎，催乳，镇惊，消除黄疸及妊娠的水毒功效。《名医别录》："主咳逆上气，黄疸，止渴；生者主水肿脚满，下气。"《药性论》："烧灰，末，糯米煮粥（调服），治咳嗽。"《本草纲目拾遗》："主安胎。胎动，怀妊身肿，为汤食之。破冷气痃癖气块，横关伏梁，作绘以浓蒜薤食之。"《滇南本草》："治痢疾，水泻，冷气存胃，作羹食。"《本草纲目》："煮食，下水气，利小便；烧末，能发汗，定气喘，咳嗽，下乳汁，消肿。"《本经逢原》："治便血，同白蜡煮食。"《本草求真》："……每于急流之水跳跃而下，是鲤已有治水之功，且能入脾，故书载能下气利水。"《中华诸家本草》："鲤鱼，治怀妊身肿及胎气不安。"《随息居饮食谱》："多食热中，热则生风，变生诸病，发风动痰，天行病后及有宿症者均忌。"根据前人经验，鲤鱼为发物，鲤鱼脊两侧各有一条如同细线的筋，剖开抽出去掉。鲤鱼忌龙骨（降低药效）、甘草（中毒）、朱砂（生成有毒的和不易消化的物质）、龙齿（降低药效）、猪肝、葵菜、狗肉、鸡肉、咸菜、绿豆、天冬、荆芥、麦冬、葱。凡患有恶性肿瘤，淋巴结核，红斑性狼疮，支气管哮喘，小儿疖腮，血栓闭塞脉管炎，痈疽疔疮，荨麻疹，皮肤湿疹等疾病人均忌。鲤鱼 100 克含胆固醇 90 毫克。

《太医养生宝典》：吃鲤鱼，牛肉，喝中药（山楂、木香、厚朴、猪苓）汤，治湿热内蕴（肝炎）有辅助疗效。如果加服"变症散"或"开胸顺气丸"效果更佳。又载：吃鲤鱼，喝中药（山楂、木香、麻黄、甘草）汤，治风热袭肺（感冒）有辅助疗效。如果加服"和风散"或"麻杏石甘丸"效果更佳。又载：吃鲤鱼，喝中药（山楂、木香、生姜、猪苓）汤，治寒湿化热（痢疾）有辅助疗效。如果加服"备急散"或"左金丸"效果更佳。又载：吃鲤鱼，牛肉，喝中药（山楂、木香、党参、川芎）汤，治中气下陷（肌无力）有辅助疗效。如果加服"苏厥散"或"补中益气丸"效果更佳。又载：吃鲤鱼，牛肉，喝中药（山楂、木香、桂枝、白芍）汤，治脾虚挟热（尿毒症）有辅助疗效。如果加服"奉水散"或"济生肾气丸"效果更佳。又载：吃鲤鱼，牛肉，喝中药（山楂、木香、党参、猪苓）汤，治运化失常（溃疡病）有辅助疗效。如果加服"承利散"或"参苓白术散"效果更佳。又载：吃鲤鱼，喝中药（山楂、木香、菊花、草决明），治胃肠实热（阑尾炎）有辅助疗效。如果加服"平疮散"或"大黄牡丹皮汤"效果更佳。又载：吃鲤鱼，喝中药（山楂、木香、防风、川芎）汤，治瘀热互结（关节炎）有辅助疗效。如果加服"化痞散"或"活络丹"效果更佳。

《寿亲养老新书》鲤鱼羹："治妊娠伤动，胎气不安。鲜鲤鱼1尾，理如食法，黄芪（锉、炒）、当归（切、焙）、人参、生地黄各25克，蜀椒10粒（炒），生姜0.5克，陈皮0.5克（汤浸去白），糯米1合。上9味，锉8味，令匀细，纳鱼腹中，用绵裹合，以水3升煮鱼熟，去骨取肉，及取鱼腹中药，同为羹，下少盐酢，热啜汁吃，极效。"

《常见病民间饮食滋补疗法》鲤鱼苎麻根粥："治妊娠胎动不安，胎漏下血。活鲤鱼1条（约500克重），苎麻根30克，糯米100克。治鲤鱼，切片，再将苎麻根洗净切碎，加水适量，煎取汁，与糯米煮至米花粥稠，入鲤鱼煮到熟，再加入油、盐、姜、葱适量调味，每日早晚趁热服食。"

《吉林中草药》："治黄疸：大鲤鱼1条（去内脏，不去鳞）。放火中煨熟，分次食用。"

《产宝》鲤鱼汤："治妊娠腹胀满，或通身浮肿，小便不利，或胎死腹中。当归、白芍药各5克，白茯苓6.5克，白术10克，橘红2.5克，鲤鱼1尾（不拘大小）。上细切，作1服，将鲤鱼用白水煮熟，去鱼，用汁1盏半，生姜7片，煎至1盏，空心服，当见胎水下，如水去未尽，或胎死腹中，胀闷未除，再合1剂服之，水尽胀满除为度。"

● 鲋鱼，别名瘟鱼、三黎。《本草纲目》："甘，平，无毒。"《食疗本草》："补虚劳。""稍发疮痼。"《日用本草》："快胃气。"《本经逢原》："性补，温中益虚。"《本草求原》："发疥癫。"《随息居饮食谱》："甘温，开胃，润脏，补虚。""诸病忌之，能发痼疾。"

● 鲦鱼：别名鰲鲦、白漂子、餐鱼。《本草纲目》："甘，温，无毒。""暖胃，止冷泻。""鲦鱼生江湖中，小鱼也。长仅数寸，开狭而扁，状如柳叶。鳞细而整，洁白可爱，性好群游。"《随息居饮食谱》："助火发疮，诸病人勿食。"

● 鲩鱼：别名草鱼、油鲩、草鲩、白鲩、草要、混子、鳗鱼。《本草纲目》："甘温，无毒。""暖胃和中。"《医林纂要》："平肝，祛风，治痹，截疟。治虚劳及风虚头痛，截久疟。其头蒸食尤良。"《本草纲目拾遗》：草鱼胆"主喉闭，取胆和暖水搅服之"。《本草纲目》：草鱼胆"一切骨鲠，竹木刺在喉中，以酒化二枚，温呷取吐"。李延经："鲩鱼肉多食，能发诸疮。"

● 鲫鱼：别名鲋鱼、童子鲫、鲫瓜子、喜头。中医认为，鲫鱼性平，味甘；有和中补虚，除湿利尿，益气健脾，通络下乳功效。用于慢性肾炎，水肿，肝硬化腹水，营养不良性水肿，气管炎哮喘，痔疮出血，慢性久痢，小便不利，白带清稀，脾胃虚弱，胃炎，食道癌引起的反胃呕吐，产后乳汁不足。《名医别录》："主诸疮，烧，以酱汁和敷之，或取猪脂煎用；又主肠痈。"《唐本草》："合莼作羹，主胃弱不下食；作鲙，主久赤白痢。"《本草纲目拾遗》："主虚羸，熟煮食之；鲙主五痔。"《本草经疏》："鲫鱼调胃实肠，与病无碍，诸鱼中唯此可常食。"《本草从新》："诸鱼属火，独鲫属土。土能制水，故有和胃，实肠，行水之功。"《医林纂要》："鲫鱼性和缓，能行水而不燥，能补脾而不濡，所以可贵耳。"《日华子本草》："温中下气，补不足；鲙疗肠澼水谷不调；烧灰以敷恶疮；又酿白矾烧灰，治肠风血痢。"《滇南本草》："和五脏，通血脉，消积。"叶橘泉："小儿麻疹初起，或麻疹透发不快，用清炖鲜活鲫鱼，令小儿喝汤吃鱼，可使麻疹透发良好，早发早回，缩短病程，避免并发病。"《随息居饮食谱》："外感邪盛时勿食，嫌其补也，余无所忌。"《本经逢原》："鲫鱼，有反厚朴之戒，以厚朴泄胃气，鲫鱼益胃气。丸煅，俱不可去鳞，以鳞有止血之功也。"《食疗心镜》："合蒜食少热，同砂糖食生疳虫，同芥菜食成肿疾，同猪肝、鸡肉、雉肉、鹿肉、猴肉食生痈疽，同麦冬食害人。"鲫鱼还忌山药、蜂蜜、天冬、甘草、冬瓜、鹿肉、猴肉同食。鲫鱼100克含胆固醇58~90毫克。

《补品补药与补益良方》鲫鱼黄芪汤："补气升举，用于气虚致脱肛，子宫下垂，胃下垂。鲫鱼150~200克，黄芪15~20克，炒枳壳9克。治鲫鱼，先煎黄芪、枳壳，30分钟后下鲫鱼，鱼熟后取汤饮之。可少加生姜，盐以调味。"

《吉林中草药》清蒸鲫鱼："健脾利水消肿。鲫鱼1条，砂仁末6克，甘草末3克。鲫鱼去鳞及内脏。洗净，将药末纳入鱼腹中，用线缝好，清蒸至熟烂，日分2次当菜食。"

《寿亲养老新书》鲫鱼粥："食治老人赤白痢，不多食，痿瘦。亦治劳伤及脏腑不足。鲫鱼肉50克，青粱米200克，橘皮末0.5克。上相和煮作粥，下五味椒酱葱调和，空心食之，一日2次。"

《饮膳正要》鲫鱼羹："治脾胃虚弱，泄痢，久不瘥者。大鲫鱼1千克，大蒜二块，胡椒10克，小椒10克，陈皮10克，缩砂10克，毕芰10克。上件葱，酱、盐、料物，蒜入鱼肚内，煎熟作羹。五味调和令匀，空心食之。"

《千金要方》鲫鱼汤："治产后乳少。鲫鱼长七寸，猪脂250克，漏芦400克，石钟乳400克。上四味，切猪脂，鱼不须洗治，清酒一斗二升合煮，鱼熟药成，绞去滓，适寒温分5服饮，其间相去须臾一次，令药力相及。"

鲫鱼子：《食疗本草》："调中，补肝气。"《本草从新》："去目中障翳。"

鲫鱼头：《唐本草》："头灰，主小儿头疮，口疮，垂舌，目翳。"《本草纲目拾遗》："主咳嗽，烧为末服之。"《滇南本草》："烧灰治癫疮。"《本草纲目》："烧研饮服，治下痢；酒服，治脱肛及女人阴脱，仍以油调搽之；酱汁和涂小儿面上黄水疮。"《本草从新》："发痘疹。"内服烧存性研末服5~10克。外用：烧存性研末调敷。

鲫鱼骨：《食疗本草》："烧为灰，敷蠿疮。"

鲫鱼胆：《本草纲目》："取汁涂疳疮，阴蚀疮，杀虫止痛；点喉中，治骨鲠，竹刺不出。"《陆川本草》："治白喉。"

鲫鱼脑：《仁斋直指方》："治耳聋，鲫鱼脑一盒，以竹筒子盛蒸之，冷灌耳中。"

● 鲮鱼：别名土鲮鱼、鲮鱼、雪鲮。《本草求原》："甘平，无毒。""补中开胃，益气血，功近鲫鱼。""阴虚喘嗽忌之。"姚可成《食物本草》："味甘，无毒。""主滑利肌肉，通小便。治膀胱结热，黄疸，水鼓。"现代医学的尿路感染性疾病是因"热结膀胱"所致。

● 鲳鱼：别名叉片鱼、白昌、平鱼、镜鱼。《本草纲目拾遗》："味甘，平，无毒。""肥健，益气力。"《医林纂要》："甘苦，温。"《本经逢原》："益胃气。"《随息居饮食谱》："补胃，益血，充精。""多食发疥动风。"《本草纲目拾遗》："腹中子有毒，令人痢下。"

● 鲶鱼：别名鲇鱼、塘虱鱼、生仔鱼、黏鱼、鲠鱼、胡子鲶、鲶胡子、鲢巴浪。鲶鱼周身无鳞，体表多黏液，头扁口阔，上下颌有四根胡须。中医认为，鲶鱼性温，味甘；有滋阴养血，补中开胃，催乳利尿功效。用于水肿，小便不利，产后乳汁稀少，久病体虚，消化不良，血虚眩晕。《食物本草汇纂》："治百病，作臛补人，疗水肿，利小便。"崔禹锡《食经》："主内冷冷痹，赤白下痢，虚损不足，令人皮肤肥美。"《医林纂要》："滋阴补虚，和脾养血。"陶弘景："作臛食之去补。"《唐本草》："主水，浮肿，利小便。"《本草纲目》："五痔下血肛痛，同葱煮食之。""反荆芥。"《本草求原》："醋煮，开胃。"鲶鱼还忌大枣（导致头发脱落）、牛肝、野猪肉、鹿肉同食；素有痼疾，如肿瘤，痔疮等者也不宜食用。

● 鲸鱼：别名尖头鲚。《食疗本草》："平。""补五脏，益筋骨，和脾胃。"《本草纲目》："甘，平，无毒。"

● 鳆鱼：别名镜面鱼、明目鱼、鲍鱼、石决明肉。中医认为，鳆鱼性平，味甘咸；有滋阴清热，益精明目功效。适宜阴虚之人骨蒸劳热，肺结核干咳无痰，手足心热，妇女阴虚内热，月经过多，白带多以及更年期综合征，青盲内障，阴精亏损，甲亢，癌症患者及放疗，化疗后食用。《蜀本草》："主咳嗽，啖之明目。"《医林纂要》："补心缓肝，滋阴明目。又可治骨蒸劳热，解妄热，疗痈疽，通五淋，治黄疸。"《随息居饮食谱》："补肝肾，益精明目，开胃养营，已带浊崩淋，愈骨蒸劳极。""体坚难化，脾弱者饮汁为宜。"

《食疗本草学》鲍鱼决明汤："养肝明目，用于肝虚目暗，视物昏花，眼干目涩等。鲍鱼肉 30 克，石决明 30 克（打碎），枸杞子 30 克，菊花 10 克，加水适量，煎汤服。"

● 鳗鲡鱼：别名鳗鱼，又分河鳗和海鳗，河鳗又称白鳝，蛇鱼，风鳗，青鳗，白鳗；海鳗又称勾鱼，门鳝，海鳝，麻鱼。现代研究认为，鳗鱼是含 EPA 和 DHA 最高的鱼类之一，不仅可以降低血脂，抗动脉硬化，抗血栓，还能为大脑补充必要的营养素。这对促进青少年大脑发育、增强记忆力有显著作用，也有利于老年人预防大脑功能衰退与老年痴呆症。鳗鱼兼有鱼油和植物油的有益成分，是补充人体必需脂肪酸、氨基酸的理想食物。鳗鱼含有高密度脂蛋白（HDL），高密度脂蛋白称为抗凝血因子，与二十碳五烯酸 EPA 共同作用，具有软化血管的作用；含有一种很稀有的西河洛克蛋白，具有强精壮肾的作用。鳗鲡鱼 100 克含胆固醇 91 毫克。

中医认为，鳗鱼性平，味甘，有小毒；有补虚养血，祛风杀虫，强筋骨功效。用于虚劳体弱羸瘦，贫血，肺结核，妇女崩漏，带下，小儿疳积，痔疮，脱肛，风湿痹痛，疮疡痔漏。河鳗：《名医别录》："主五痔疮瘘，杀诸虫。"《食疗本草》："疗妇人带下百病，一切风瘙如虫行。"孟诜："熏痔。患诸疮瘘及疬疡风，长食之甚念。腰肾间湿风痹常如水洗者，可取五味，米煮，空腹食之，甚补益，湿脚气人服之良。"《日华子本草》："治劳，补不足，杀虫毒恶疮，暖腰膝，起阳，疗妇人产户疮虫痒。"《日用本草》："补五藏。治一切风疾，肠风下血。"《本草纲目》："治小儿疳劳及虫心病。"寇宗奭："动风。"《日用本草》："腹下有黑斑者毒甚。与银杏同食患软风。"《本草经疏》："鳗鲡鱼甘寒而善能杀虫，故骨蒸劳瘵，及五痔疮瘘人常食之，有大益也。""脾胃薄弱易泄勿食。"《本草求原》："脾肾虚滑及多痰人勿食。"《随息居饮食谱》："多食助热发病，孕妇及时病忌之。"《本草汇言》："能补肾脏，壮虚羸。"海鳗：《日华子本草》："平，有毒。""治皮肤恶疮，疥，痹瘤，痔瘘。"《本草纲目》："主治同鳗鲡。"《随息居饮食谱》："疮痔家宜食之，余病并忌。"鳗鱼还忌醋（中毒）同食。高脂血症，肥胖，风寒感冒，皮肤瘙痒，红斑性狼疮，支气管哮喘及脾胃虚弱者不宜食用。

海味不宜与水果同吃：海味中的鱼、虾、藻类含有丰富的蛋白质和钙，如与鞣酸的水果同吃，不仅失去营养价值，而且由于刺激胃可引起不适之感，久而久之形成疾病。含鞣酸较多的水果有柿子、葡萄、石榴、山楂。

《全国中草药汇编》："治妇女赤白带下方：鳗鲡鱼1条，芡实15克，莲肉15克，白果9克，当归6克，水煎服。日服2次。"

《中国动物药》："治肺结核阴虚发热方：鳗鲡鱼1条，贝母15克，百合15克，百部10克，茅根15克，水煎服，日服2次。"

《食医心镜》："炙鳗鲡：补虚，杀虫。治瘰疬溃烂及痔瘘。鳗鲡1尾，切片，放锅中炙炒至熟，蘸椒、盐等食用。"

● 鳜鱼：别名母猪壳、鳌花鱼、鳎鱼、桂鱼、绵鳞鱼、石桂鱼、水豚。《开宝本草》："甘，平，无毒。""主腹内恶血，益气力，令人肥健，去腹内小虫。"《食疗本草》："平，稍有毒。""补劳，益脾胃。"《日华子本草》："益气，治肠风泻血。"《随息居饮食谱》："养血，补虚劳，杀劳虫，消恶血，运饮食。"《品汇精要》："患寒湿病人不可食。"《本草纲目》：鳜鱼胆"治骨鲠不拘久近"。《开宝本草》："鳜鱼，背有黑点，味重。生江溪间。"

《食疗本草学》鳜鱼羹："补虚扶正，益脾滋肺，用于脾虚气弱，气血不足之少气羸弱，久咳不愈等。亦用于肺痨病人的辅助治疗。鳜鱼250克，百合、薏苡仁各30克，调料适量。将鱼治净，加葱、姜、盐、酱油、胡椒等共煮至鱼熟。食肉饮汤。"

《中国药膳学》鳜鱼补养汤："调补气血，适用于病后体弱，年老体虚者。鳜鱼1条，黄芪、党参各15克，山药30克，当归头12克。将诸药先煎取汁。鳜鱼去鳞及内脏，与药汁共煮至鱼熟。食肉喝汤。"

● 鳝鱼别名黄鳝、长鱼、蛇鱼、海蛇、鲌鱼。中医认为，鳝鱼性温，味甘；有补中益气，温补脾胃，强筋骨，通络祛风，壮阳生精，止血功效。用于中耳炎，气血不足，脱肛，子宫脱垂，妇女劳伤，产后恶露淋漓，内痔出血，久痢，风湿痹痛，四肢酸痛。《名医别录》："主补中益血，疗沈唇。"《千金要方·食治》："主少气吸吸，足不能立地。"孟诜："补五藏，逐十二风邪。治风湿。"《本草纲目拾遗》："主湿痹气，补虚损，妇人产后淋漏，血气不调，羸瘦，止血，除腹中冷气肠鸣。"《本草衍义补遗》："善补气。"《滇南本草》："治痨伤，添精益髓壮筋骨。"《本草用法研究》："鳝鱼入肝，肾，脾，胃四经，为补血生精助阳之品，大补五脏，除风湿，壮阳道。"《本草蒙荃》："去狐臭。"《本草纲目》："专贴一切冷漏，痔瘘，臁疮。"《本草汇》：

"治痢疾。"《便民食疗》："治内痔出血，鳝鱼煮食。"《名医别录》："时兴病起，食之多复。"《本草备要》："补五脏，除风湿。尾血疗口眼歪斜，滴耳治耳病，滴鼻治鼻衄，滴目治痘后翳。"《随息居饮食谱》："多食动风，发疥，患霍乱损伤，时病前后，疟，痢，胀满诸病均大忌。"《本草经疏》："凡病属虚热者，不宜食。"鳝鱼忌狗肉、狗血及与含鞣酸多的水果同食，如山楂、石榴、柿子、橄榄等；痢疾，湿疹患者不宜食。鳝鱼含有黄鳝素、硫胺素、DHA 和卵磷脂，有助于大脑的发育。鳝鱼100克含胆固醇144毫克。

据广西陆川县人民医院科研组研究资料报道，发现鳝鱼对糖尿病有疗效，且无副作用。从黄鳝中提取出"黄鳝鱼素"，又从中分出黄鳝鱼素 A 和黄鳝鱼素 B，这两种物质具有降血糖和恢复调节血糖的生理功能作用。因此黄鳝是糖尿病人较理想的食品。

《补品补药与补益良方》黄鳝汤："补气。用于气虚所致的无力，脱肛，子宫脱垂等症。黄鳝 2 条，去内脏，切成段，加几片生姜和少量盐煮汤，肉熟后饮汤食肉。""黄鳝煲猪肉黄芪大枣：补气养血，用于气血两虚所致的体倦乏力，少气，头晕，目花等症。黄鳝 2~3 条，猪瘦肉 100 克，黄芪 15 克，大枣 10 枚。将黄鳝去内脏，切成段，黄芪、猪肉（切块）、大枣洗净，共煨，30 分钟后即可饮汤食肉。"

鳝鱼死后体内的组氨酸在细菌作用下产生有毒物质，故不能吃死鳝。成人一次摄入 100 毫克即可中毒，所以死鳝不能购买。鳝鱼必须熟透食用，以防感染铁线虫病，多食不易消化吸收。鳝鱼并非越粗越好，因为有的饲养场在饲养鳝鱼时过多添加雌二醇（实际上是一种性激素）。经过催生的鳝鱼，会使本来 30 厘米长的雌性鳝鱼，迅速长成 46 厘米以上的雄性鳝鱼，食之无味，有害健康。

鳝鱼头：《本草纲目》："甘，平，无毒。""百虫入耳，烧研，绵裹塞之。"《名医别录》："头骨烧之，止痢。""干鳝头主消渴，食不消；去冷气，除痞症。"

《集成方》："治小肠痈：鳝鱼头，蛇头，地龙头。烧灰，酒服有效。"

鳝鱼皮：《圣惠方》："治妇人乳结硬疼痛。取鳝鱼皮烧灰，捣细罗为散，空心以暖酒调下 5 克服之。"

鳝鱼血：《本草汇言》："味咸甘，气平，无毒。""去风活血。治血燥筋挛。"《医林纂要》："咸，温。""正经络，去壅滞，缓风软坚，渗湿去热。"《本草纲目拾遗》："主癣及瘘，断取血涂之。"《本草纲目》："疗口眼㖞斜，同麝香少许，左㖞涂右（颊），右㖞涂左（颊），正即洗去。治耳痛，滴数点入耳。治鼻衄，滴数点入鼻。治疹后生翳，点少许入目。治赤疵，同蒜汁，墨汁频涂之，又涂赤游风。"《本经逢原》："助阳。"

《本经逢原》育龟丸："治壮年阳道不长：石龙子、蛤蚧、生犀角、生附子、草乌头、乳香、没药、血竭、细辛、黑芝麻、五倍子、阳起石等分。为末，生鳝鱼血为丸，朱砂为衣，每日空心，酒下百丸。"

鳝鱼骨：《本经逢原》："烧灰，香油调涂流火。"《本草再新》："治风热痘毒。"

● 鳟鱼：别名红月鳟、赤眼鱼、鮅。《本草纲目》："甘，温，无毒。""暖胃和中。""多食动风热，发疥癣。"《七卷食经》："味酸，热。""多食发疮。"《随息居饮食谱》："多食动风，生湿。""补胃暖中。"

● 乌龟：别名金龟、草龟、泥龟、山龟、龟、水龟、元绪。乌龟100克含蛋白质15.35克，脂肪0.76克，五氧化二磷510毫克，钙201毫克，铁34毫克，铜0.21毫克，钴0.2毫克，钼0.02毫克。体脂肪油的甾醇含量：胆甾醇占96%~97%，β-谷甾醇占3%，菜油甾醇占0.2%，豆甾醇占0.15%。心、肝、肾等内脏含多种酶。垂体及血中可提供生长激素，促卵泡激素，促黄体生长激素。背及腹甲含大量的骨胶质，并含有多种氨基酸和钙及磷。

中医认为，乌龟性平，味甘咸；有养阴补血，益肾填精功效。用于阴虚所致的劳瘵骨蒸，咳嗽，咯血，心烦，失眠，五心烦热，口干咽燥，小儿虚弱，妇女产后体虚，子宫脱垂，脱肛，血痢，痔疮，久疟，筋骨疼痛。《名医别录》："肉作羹臛，大补。"《唐本草》："酿酒，主大风缓急，四肢拘挛，或久瘫缓不收摄，皆差。"《食疗本草》："主除温瘴气，风痹，身肿，蹉折。"《日用本草》："大补阴虚，作羹臛，截久疟不愈。"《本草纲目》："治筋骨疼痛及一二十年寒嗽，止泻血，血痢。"《医林纂要》："治骨蒸劳热，吐血，衄血，肠风血痔，阴虚血热之症。"《四川中药志》："治女子干病，老人尿多及流血不止。"《随息居饮食谱》："滋肝肾之阴，清虚劳之热。"孙思邈："六甲日，十二月，俱不可食，损人神。"龟肉忌苋菜、酒、果、猪肉、菰米（茭白果实）同食；不宜与人参、沙参同食，影响疗效。

《益寿中草药选解》虫草炖金钱龟："补肾益精，益阴生血。用于肺结核低烧潮热，久咳咯血，心烦失眠，舌红无苔。健康人常食之能祛病强身，延年益寿。金钱龟2千克，冬虫夏草10克，火腿30克，瘦猪肉120克，鸡清汤1.5千克。将龟去掉硬壳、颈和爪夹，刮去黄皮，洗净切块，用开水氽透捞出洗净，瘦猪肉亦用开水氽透。龟肉与姜葱一道炒片刻，加入料酒，烧开后5分钟捞出龟肉，弃掉原汤。把龟肉放入钵内，火腿、瘦猪肉、冬虫夏草置于四周，加上鸡清汤、葱、姜、料酒、盐蒸烂后只留龟肉，其余拣掉，加入味精、胡椒面即可。"

《补药与补品》龟肉百合红枣汤："滋阴润燥，养血安神。适用于阴虚之失眠，心烦，心悸及阴虚肺燥的久咳等。龟肉250克，百合50克，红枣30克。将龟肉和温水洗净的百合，红枣一并放入瓦锅内，加水适量；先用武火煮沸后，改用文火炖至龟肉熟透即成，如常食用。"《四川中药志》："治肺痨吐血：龟肉、沙参、冬虫夏草。共炖服。"

龟血：《本草纲目》："咸，寒，无毒。""治打扑损伤，和酒饮之。仍捣生龟肉涂之。"《药性论》："治脱肛。"

龟板：别名无武版、坎版、拖泥板、龟腹甲、龟底甲、龟下甲、龟筒、败龟板、败将、龟壳、龟甲。龟甲有滋阴潜阳，益肾健骨，养血补心功效。用于肝痛阴虚，肝阳上亢，眩晕头痛；阴虚火旺，骨蒸劳热，盗汗益精，阴虚血热，崩漏出血，虚风内动，手足抽搐，肾虚骨屡，囟门不合，阴血亏虚，惊悸失眠等。《神农本草经》："味咸，平。""主漏下赤白，破癥瘕，痎疟，五痔，阴蚀，湿痹，四肢重弱，小儿囟不合。"《名医别录》："甘，有毒。""主头疮难燥，女子阴疮，及惊恚气，心腹痛，不可久立，骨中寒热，伤寒劳复，或肌体寒热欲死，以作汤良，益气资智，亦使人能食。"《药性论》："无毒。""灰治脱肛。"《四声本草》："主风脚弱，炙之，末，酒服。"《日华子本草》："治血麻痹。"《本草衍义》："补心。"《日用本草》："治腰膝酸软，不能久立。"朱震亨："补阴，主阴血不足，去瘀血，止血痢，续筋骨，治劳倦，四肢无力。"《本草通玄》："龟甲咸平，肾经药也。大有补水制火之功，故能强筋骨，益心智，止咳嗽，截久疟，去瘀血，止新血。大凡滋阴降火之药，多是寒凉损胃，惟龟甲益大肠，止泄泻，使人进食。"《药品化义》："龟底甲纯阴，气味厚浊，为浊中浊品，专入肾脏。主治咽痛口燥，气喘咳嗽，或劳热骨蒸，四肢发热，产妇阴脱发躁，病系肾水虚，致相火无依，此非气柔贞静者，不能息其炎上之火。又取其汁润滋阴，味咸养脉，主治朝凉夜热，盗汗遗精，神疲力怯，腰痛腿酸，瘫痪拘挛，手足虚弱，久疟血枯，小儿囟颅不合，病由真脏衰，致元阴不生，非此味浊纯阴者，不能补其不足之阴。古云，寒养肾精，职此义耳。"《本草蒙荃》："专补阴衰，善滋肾损。"《本草纲目》："治腰脚酸痛，补心肾，益大肠，止久痢久泄，主难产，消痈肿，烧灰敷臁疮。"《本经逢原》："烧灰酒服，治痘疮。"《医林纂要》："治骨蒸劳热，吐血、衄血，肠风痔血，阴虚血热之症。"《本草经集注》："恶沙参，蜚蠊。"《药对》："畏狗胆。"《本草备要》："恶人参。"

《本草经疏》："妊妇不宜用，病人虚而无热者不宜用。"煎服 9~24 克，宜先煎。脾胃虚寒者忌服。龟板有抗癌功效，并对头颅外伤遗留下来的顽固性头痛有疗效。《食疗本草》："涂酥炙。"《本草衍义补遗》："酥、酒、猪脂，皆可炙用。"

龟板提取物对肉瘤 180，艾氏腹水瘤和腹水型肝癌有抑制作用，并能提高机体对肿瘤的免疫能力。

《千金方》："治崩中漏下，赤白不止，气虚竭：龟甲、牡蛎各 150 克。上二味治下筛，酒服方寸匕，日三。"

《医学入门》龟柏姜栀丸："治赤白带下，或时腹痛：龟板 150 克，黄柏 50 克，干姜（炒）5 克，栀子 12.5 克。上为末，酒糊丸，白汤下。"

《梅氏验方新编》龟蜡丹："治无名肿毒，对口疔疮，发背流注，无论初起，将溃，已溃：血龟板一大个，白蜡 50 克，将龟板安置炉上烘热，将白蜡渐渐掺上，掺完版自炙枯，即移下退火气，研为细末。每服 15 克，日服 3 次，黄酒调下，以醉为度。服后必卧，得大汗一身。"

《圣惠方》龟甲散："治五痔，结硬焮痛不止：龟甲 100 克（涂醋炙令黄），蛇蜕皮 50 克（烧灰），露蜂房 25 克（微炒），麝香 0.5 克（研入），猪后悬蹄甲 50 克（炙令微黄）。上药捣，细罗为散，每于食前，以酒粥饮调下 5 克。"

《丹溪心法》补阴丸："滋阴清热。治阴虚内热。龟甲 100 克，黄柏 50 克。以地黄用酒蒸熟擂细为丸。"

《重订通俗伤寒论》龟柏地黄汤："滋阴降火。治阴虚阳亢，虚火上炎，颧红骨蒸，梦遗滑精。生龟甲 20 克，白芍药、山药、朱茯神各 15 克，熟地黄 25 克（砂仁 1.5 克拌捣），黄柏 3 克（醋炒），牡丹皮 7.5 克，山萸萸 5 克，陈皮 4 克（青盐制）。水煎服。"

《千金要方》孔子大圣知枕中方："养阴安神定志。治心悸不安，失眠健忘。龟甲、龙骨、远志、菖蒲各等分。为末，每服方寸匕，水盛酒送服。"

《医学衷中参西录》镇肝息风汤："滋阴潜阳，镇肝息风。治肝肾阴虚，肝阳上亢而致头目眩晕，目胀耳鸣。怀牛膝 50 克，生赭石 50 克，生龙骨 25 克，生牡蛎 25 克，生龟甲 25 克，生杭芍 25 克，玄参 25 克，天冬 25 克，川楝子 10 克，生麦芽 10 克，茵陈 10 克，甘草 7.5 克。水煎服。"

《妇科玉尺》龟甲丸："养阴清热，固冲止崩。治素日瘦弱，阴虚火旺发热，月经过多不止。龟甲（醋炙）、黄芩、白芍药、椿根、白皮各 50 克，黄柏 15 克（蜜炙）。为末，炼蜜为丸，淡醋汤送服。"

● 龟板胶：别名龟板膏、龟胶、鱼甲胶。中医认为，龟板胶性平，味甘咸；有滋阴潜阳，益肾健骨，固经止血，养血补心功效。治肾虚骨痿，阳虚血热，冲任不回的崩漏，月经过多，心虚惊悸，失眠健忘，阳虚内热，肾虚腰痛，膝盖萎弱。龟板胶是大分子胶原蛋白质，含有皮肤所需要的多种氨基酸，有养颜护肤，美容健身之效。《医林纂要》："滋补养肺。"《本草正》："龟甲膏功用亦同龟甲，而性味浓厚，尤属纯阴，能退孤阳。阴虚劳热，阴火上炎，吐血、衄血、肺热咳喘、消渴、烦扰、热汗、惊悸、谵妄、狂躁之要药。然性禀阴寒，善消阳气，凡阳虚假热，及脾胃命门虚寒等症皆切忌之，毋混用也；若误用，久之则必致败脾妨食之患。"《本草求真》："龟胶，经版煎就，气味益阴，故《本草》载版不如胶之说，以版炙酥煅用，气味尚淡，故补阴分之阴，用版不如用胶，然必审属阳旺，于阴果属亏损，凡属微温不敢杂投，得此，则阳得随阴化，而阳不致独旺。否则阴虚仍以熟地为要，服之阴即得滋，而阳仍得随阴而不绝也。是以古人滋阴，多以地黄为率，而龟甲、龟胶，止以劳热骨蒸为用，其意实基此矣。使不分辨明晰，仅以此属至阴，任意妄投，其不损阳败中者鲜矣。"《本草汇言》："主阴虚不足，发热口渴，咳咯血痰，骨蒸劳热，腰膝痿弱，筋骨疼痛，寒热久发，疟疾不已，妇人崩带淋漏，赤白频来，凡一切阴虚血虚之证，并皆治之。"《浙江中药手册》："滋养止血。"《本草备要》："恶人参。"《本草从新》："恶沙参。"《得配本草》："脾胃虚寒，真精冷滑，二者禁用。"开水或黄酒化服5~15克。《本草汇言》："治寒热久发，疟疾不止：龟胶50克，肉桂25克，于白术100克（土拌炒）。分作五贴，煎服。""治妇人滞带赤白不止：龟胶15克。酒溶化，每日清晨调服。"

龟胆汁：《本草纲目》："苦，寒，无毒。""治痘后目肿，经月不开，取点之。"

● 田螺：别名石螺、黄螺、池螺、田赢、湖螺、蜗螺牛。中医认为，田螺性寒，味甘咸；有清热利尿，消肿止渴功效。用于黄疸，水肿，小便频数，痔疮便血，脚气，消渴，风热，目赤肿痛，疔疮肿毒。《名医别录》："汁主目热赤痛，止渴。"陶弘景："煮汁疗热，醒酒，止渴。"《本草纲目拾遗》："煮食之，利大小便，去腹中结热，目下黄，脚气冲上，小腹结硬，小便赤涩，脚手浮肿；生浸取汁饮之，止消渴；碎其肉敷热疮。"《本草纲目》："利湿热，治黄疸：捣烂贴脐，引热下行，止噤口痢，下水气淋闭；取水搽痔疮狐臭，烧研治瘰疬癣疮。"《本草经疏》："目病非关风热者不宜用。"《本经逢原》："过食，令人腹痛泄泻，急磨木香酒解之。"《随息居饮食谱》：

"多食寒中，脾虚者忌。"田螺忌：木耳（引起中毒）。田螺 100 克含胆固醇 236 毫克。

《德生堂经验方》："治大肠脱肛，脱下三五寸者：大田螺二三枚，将井水养三四月，去泥，用鸡爪黄连研细末，入靥内，待化成水，以浓茶洗净肛门，将鸡翎蘸扫之，以软帛托上。"

《普济方》："治一切疔肿：田螺一个，以好冰脑二片，放在螺内化为水，点疮上。"

《医林集要》："治瘰疬溃破：田螺连肉烧存性，香油调搽。"

田螺壳：《本草纲目》："甘，平，无毒。""烂壳研细末服之，止下血，小儿惊风有痰，疮疡脓水。"《名医别录》："疗心腹痛，又主失精。水渍饮汁，止泻。"《本草纲目拾遗》："烂壳烧为灰，末服，主反胃，胃冷，去卒心痛。"煅研末服 5~10 克。

《本草述》："治反胃吐食：田螺壳，黄蚬壳（皆取久在泥中者）各等分。炒成白灰，每 100 克入白梅肉四个，捣和为丸，再入砂合子内盖定泥固，煅存性，研细末。每服 10 克，用人参缩砂汤调下，不然用陈米饮调服亦可。"

《单方验方调查资料选编》："治风湿性关节炎：大田螺壳 7 个，韭菜根 7 根，茵陈 50 克。水煎，加烧酒少许冲服。每日 1 剂，服后盖服令出汗。"

田螺厣：《本草求原》："煅存性，去目翳。"外用：煅存性研极细末点眼。

● 牡蛎肉：别名蛎黄、海蛎子、蚝。中医认为，牡蛎肉性平，味甘咸；有滋阴养血，养心安神功效。用于虚损劳疾，阴虚血亏，心烦失眠。崔禹锡《食经》："治夜不眠，志意不定。"《本草纲目拾遗》："煮食，主虚损，妇人血气，调中，解丹毒。于姜醋中生食之，主丹毒，酒后烦热，止渴。"《图经本草》："南人以其肉当食品，其味尤美好，更有益。兼令人细肌肤，美颜色。海族之最可贵者也。"《七卷食经》："有癞疮不可食。"《本草蒙荃》："补虚劳，调血色。"《医林纂要》："清肺补心，滋阴养血。"《本草求原》："脾虚精滑忌。"《中药与食物便方》："肺门淋巴结核，颈淋巴结核，牡蛎肉方最佳食品。"《本草纲目》："能细活皮肤，补肾壮阳，并能治虚，解丹毒。"牡蛎肉忌：高膳食纤维食品（减少锌吸收）。

现代研究认为，牡蛎肉含大量牛磺酸、谷胱甘肽、肝糖原、亚铅、10 种必需氨基酸及不饱和脂肪酸类。牛黄酸有保护血流顺畅，维持血管弹性，降低血糖作用；肝糖原能改善疲劳，提高肝脏功能；亚铅——味觉器官不可或缺的。

《本草纲目拾遗》蛎黄汤："滋阴养血。用于久病阴血虚亏，妇女崩漏失血，体虚少食，营养不良等。鲜牡蛎250克，瘦猪肉100克（切薄片）。拌少许淀粉，放鲜开水中煮沸待熟即成，略加食盐调味。吃肉，饮汤。"

《食疗本草学》蛎肉带丝汤："滋养补虚，软坚散结。用于小儿体虚，肺门淋巴结核，颈淋巴结核，或有阴虚潮热盗汗，心烦不眠等。牡蛎肉250克，海带50克。将海带用水发胀，洗净，切细丝，放水中煮至熟软后，再放牡蛎肉同煮沸，以食盐，熟猪油调味即成。"

● 牡蛎：别名海蛎子皮、海蛎壳、蚝壳、蛎蛤、牡蛤、蛎房。牡蛎含有碳酸钙80%~90%，并含磷酸钙，硫酸钙和少量的镁、钾、钠和微量磷、锌、锶、铅等。碳酸钙具有弱碱性，能中和胃酸，对因胃酸过多所致的上腹部灼痛、反酸、嘈杂感有疗效。牡蛎还有改善高血压的症状，抗菌抗病毒作用。中医认为，牡蛎性凉，性咸涩；有平肝潜阳，收敛固涩，清热益阴，养血安神，软坚散结，化瘀止汗功效。用于眩晕头痛，虚风内动，热灼真阴，烦躁不眠，虚汗遗精，崩漏带下，肝脾肿大，瘰疬，瘿瘤，痰核，泄泻，惊痫，疝瘕，痈肿，疮毒，妇女更年期综合征和怀孕期间食用。本品还能制酸，可用于胃酸过多，胃溃疡等。《神农本草经》："主伤寒寒热，温疟洒洒，惊恚怒气，除拘缓鼠瘘，女子带下赤白。久服强骨节。"《名医别录》："除留热在关节荣卫，虚热来去不定，烦满；止汗，心痛气结，止渴，除老血，涩大小肠，止大小便，疗泄精，喉痹，咳嗽，心胁下痞热。"《药性论》："主治女子崩中。止盗汗，除风热，止痛。治温疟。又和杜仲服止盗汗。病人虚而多热，加用地黄、小草。"《本草纲目拾遗》："捣为粉，粉身，主大人小儿盗汗；和麻黄根，蛇床子，干姜为粉，去阴汗。"《海药本草》："主男子遗精，虚劳乏损，补肾正气，止盗汗，去烦热，治伤寒热痰，能补养安神，治孩子惊痫。"《珍珠囊》："软痞积。又治带下，温疟，疮肿，为软坚收涩之剂。"《本草纲目》："化痰软坚，清热除湿，止心脾气痛，痢下，赤白浊，消疝瘕积块，瘿疾结核。"《医学衷中参西录》："止呃逆。"《现代实用中药》："为制酸剂，有和胃镇痛作用，治胃酸过多，身体虚弱，盗汗及心悸动惕，肉瞤等。对于怀孕妇及小儿钙质缺乏与肺结核等有效。"《食经》："治夜不眠，志意不足。"《本草经集注》："贝母为之使，得甘草、牛膝、远志、蛇床良。恶麻黄、茱萸、辛夷。"《本草经疏》："凡病虚而多热者宜用，虚而有寒者忌之，肾虚无火，精寒自出者非宜。"煎服9~30克。宜打碎先煎，洗净，晒干，碾碎用。或用烧炉煅至灰白色，碾碎。

牡蛎含有牛磺酸有助于谷胱甘肽的生成，从而提高清除自由基的效力，预防癌症，抑制酒精对肝脏造成的损害。

《山东中草药手册》："治眩晕：牡蛎 30 克，龙骨 30 克，菊花 15 克，枸杞子 20 克，何首乌 20 克，水煎服。""治胃酸过多：牡蛎、海螵蛸各 25 克，浙贝母 20 克。共研细粉，每服 15 克，每日 3 次。"

《千金方》："治崩中漏下赤白不止，气虚竭：牡蛎、鳖甲各 150 克。上二味治下筛，酒服方寸匕，日三。"

《肘后方》："治金疮出血：牡蛎粉敷之。"

《中国中医秘方大全》镇心安神汤："镇心安神，主治失眠。生牡蛎 30 克，生龙骨 10~30 克，朱茯苓 12 克，丹参 30 克，酸枣仁 30 克，合欢皮 12 克，夜交藤 30 克，水煎服。3 天为 1 个疗程。治疗严重失眠症 157 例，有效率 97.1%。""女贞牡蛎汤：滋补肝肾之阴，镇静安神。主治小儿多动症。女贞子 15 克，生牡蛎 12 克（先煎），枸杞子 12 克，白芍 10 克，珍珠母 10 克（先煎），夜交藤 12 克。每日 1 剂，水煎 3 次服。治疗 15 例，全部治愈。最少服 15 剂，最多服 55 剂，随访半年未见复发。""溃疡散：制酸缓中，行血消瘀。主治胃及十二指肠溃疡。甘草 50%，牡蛎 30%，乳香 10%，没药 10%。上药按比例并研细末。每服 3~6 克，每天 3~4 次，3 周为一疗程。必要时可服用 4~6 周。""软坚降气汤：化痰软坚，理气降逆。主治食道癌。夏枯草 15 克，煅牡蛎 30 克，海带 15 克，急性子 30 克，蜣螂虫 9 克，川楝子 12 克，姜半夏 12 克，姜竹茹 12 克，旋覆花 9 克，代赭石 30 克，广木香 9 克，公丁香 6 克，川厚朴 9 克，南沙参 30 克，当归 9 克，石斛 15 克。水煎服。治疗晚期食道癌 182 例，生存 6 个月以上 96 例，1 年以上 27 例，2 年以上 4 例，3 年以上 2 例，4 年以上 1 例。"

《太平圣惠方》牡蛎丸："治妇人血海虚损，脉不断。牡蛎粉、代赫石、赤石脂各 50 克，当归、川芎、续断、炮姜、鹿茸、阿胶各 1.5 克，炙甘草 0.5 克。研末，炼蜜为丸，如梧桐子大。每服 30 丸，温酒下。"

● 虾：别名长须公、虎头公、虾米、虾子、鰕。欧美科学家认为，虾、蟹的外壳中含有丰富的甲壳质，又叫几丁质。他们将这种物质与蛋白质、脂肪、碳水化合物、维生素、矿物质并列，成为维持人类生存的第六大生命要素。虾青素是鲑鱼、虾壳及蟹甲中的红色素成分，它是一种特殊的类胡萝卜素，具有异常强大的抗氧化功能，使血管重换青春，它不仅能防止恶性（LDL）胆固醇在血管中"生锈"，还能清除已经附着在血管壁上的恶性胆固醇。此外，虾青素还是脑内的少数抗氧化物之一，它能够改善脑内毛细血管的血液循环，大大减少脑卒中的发病几率。

几丁聚糖能直接活化巨噬细胞，自然杀伤细胞，B淋巴细胞，T淋巴细胞以及攻击肿瘤的细胞，增强机体免疫监视功能，消除体内的有害因子。

甲壳质和几丁聚糖在胃中形成胶状物质，附着在胃壁上，防止胃黏膜的损伤，促进损伤面的恢复。几丁聚糖对肠内双歧杆菌的生长具有促进作用，因而能帮助消化，并预防肠道感染。甲壳质和几丁聚糖还具有降血脂、降血压、降血糖、防癌抗癌的功效，预防脂肪肝和病毒性肝炎，还能缓解酒精对肝细胞的损伤。虾含胆固醇高，又含有许多降低胆固醇的氨基乙磺酸。虾皮有镇静作用。

中医认为，虾性温，味甘咸；有补肾壮阳，养血固精，开胃化痰功效。用于肾虚阳痿，遗精早泄，乳汁不下，筋骨疼痛，手足抽搐，全身瘙痒，臁疮，痈疽肿毒，丹毒，身体虚弱和神经衰弱。孟诜："小儿患赤白游肿，捣碎敷之。"《中国药用海洋生物》：龙虾"肉和全体：补肾壮阳，滋阴，健胃；壳：镇静"。《中国药用动物志》："有补肾壮阳，滋阴，镇静功能。主治阳痿，筋骨疼痛，手足搐搦，神经衰弱，皮肤瘙痒等。"《本草纲目》："作羹，治鳖瘕，托豆疮，下乳汁；法制壮阳道。煮汁吐风痰，捣膏敷虫疽。"《本草纲目拾遗》："大红虾鲊，主蛔虫，口中疳䘌，风瘙身痒，头疮，龋齿，去疥癣。""主五野鸡病。""对虾，补肾兴阳；治痰火后半身不遂，筋骨疼痛。"《食物宜忌》："治疣去癣。"《随息居饮食谱》："通督壮阳，补胃气，敷丹毒。"对虾"开胃，化痰。""海虾，盐渍曝干，乃不发病，开胃化痰，病人可食。""虾，发风动痰，生食尤甚，病人忌之。"《食疗本草》："动风，发疮疥。"虾为发物，有宿疾或阴虚火旺者；过敏性疾病及皮肤病患者忌食；高脂血症，动脉硬化及痤疮患者少食。虾忌猪肉、鸡肉、驴肉、番茄、虾皮(引起中毒)、黄豆同食。虾不宜与维生素C同食，否则可生成三价砷，对人体有害。

《食物中药与便方》："肾虚，阳痿，腰脚痿弱无力：小茴香30克，炒研末，生虾肉90~120克，捣和为丸，黄酒送服，每服3~6克，每日2次。"

《海洋药物民间运用》："治神经衰弱：对虾壳15克，酸枣仁9克，远志9克，水煎服。"《泉州本草》："治痈疽肿毒：虾，新瓦上焙干掺患处。"《濒湖集简方》："治血风臁疮：生虾、黄丹，捣和贴之，日一换。"

《医学指南》："治痰火后半身不遂，筋骨疼痛：核桃仁、棉花子仁、杜仲、炒巴戟、朱砂、骨碎补、枸杞子、续断、牛膝各100克，大虾米200克，菟丝饼200克。用烧酒20千克煮服。如年高者加附子、肉桂各50克。酒服完，将渣晒干为细末蜜丸。每服10克，酒送下。"

《中国动物药》治阳痿："龙虾肉 50 克，胡桃肉 15 克，仙茅 15 克，淫羊藿 15 克。水煎，日服 2 次，连续服用。"

● 青蛙：别名田鸡、青鸡、坐鱼、蛤鱼。中医认为，蛙肉性凉，味甘；具有滋阳降火，清热解毒，补虚利水功效。治劳热，水肿，疳疾，水臌，噎膈，痢疾，虾蟆瘟，小儿热疮。《名医别录》："主小儿赤气肌疮，脐伤，止痛，气不足。"《日华子本草》："治小儿热疮。金钱蛙去痨劣，解热毒。"《本草衍义》："解劳热。"《日用本草》："治小儿赤毒热疮，脐肠腹痛，疳瘦肚大，虚劳烦热，胃气虚弱。"《本草纲目》："利水消肿。烧灰，涂目蚀疮。"《陆川本草》："滋阴降火。治阴虚牙痛，腰痛、久痢。"《本草蒙荃》："馔食调疳瘦补虚损，尤宜产妇。"《四川中药志》："便溏者忌用。"《随息居饮食谱》："多食寒中，多食助湿，生热，孕妇最忌。"

青蛙是一种高蛋白，低脂肪食物，人工饲养的青蛙可以食用。但是，现代农田多用农药，这种益虫食用被污染的害虫后，体内必然有农药成分，故农田青蛙不宜食用。

最近研究发现，青蛙肉中含有肉眼看不见的虫。这虫耐高温，人食入后可到全身活动，所到之处均受其害，特别是随血进入大脑后人会瘫痪，应及时送入医院动手术取出。

● 蚬肉：中医认为，蚬肉性寒，味甘咸；有清热，利湿，解毒功效。适宜目黄，湿毒脚气，消渴以及疔疮，痈肿之人食用。《唐本草》："治时气，开胃，压丹石药及疔疮，下湿气。下乳，糟煮服良。生浸取汁，洗疔疮。"《日华子本草》："去暴热，明目，利小便，下热气，脚气湿毒，解酒毒目黄，浸取汁服，主消渴。"《本草纲目》："生蚬浸水，洗痘痈无瘢痕。"《本草求原》："饮食中毒，黄蚬汤可解。""遗浊勿食。"《本草纲目拾遗》："多食发嗽及冷气，消肾。"蚬肉性寒，故风寒病，月经期及产后忌食。《外科集要》："治疔疽恶毒：蚬肉杵烂，涂。"蚬肉 100 克含胆固醇 450 毫克。

● 蚬壳：《本草纲目》："咸，温，无毒。""化痰止呕，治吞酸心痛及暴咳。烧灰涂一切湿疮，与蚌粉同功。"陶弘景："止痢。"《唐本草》："治阴疮。"《本草纲目拾遗》："烧灰饮服，治反胃吐食，除心胸痰水。"《日华子本草》："疗失精反胃。"《医林纂要》："除血热，敛虚汗。"煎服 15~20克。《四川中药志》："治疮毒：蚬壳粉调胆汁涂。"

● 蚌肉：别名河歪、河蛤蜊、河蚌、蜃。中医认为，蚌肉性寒，味甘咸；有滋阴，养肝，明目，清热功效。用于热毒所致目赤火眼，小儿胎毒，以及湿疹，酒毒，眩晕，妇女虚劳血崩，带下，痔疮，甲状腺功能亢进，胆

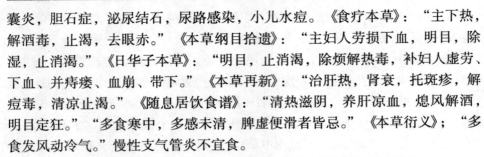

囊炎，胆石症，泌尿结石，尿路感染，小儿水痘。《食疗本草》："主下热，解酒毒，止渴，去眼赤。"《本草纲目拾遗》："主妇人劳损下血，明目，除湿，止消渴。"《日华子本草》："明目，止消渴，除烦解热毒，补妇人虚劳、下血、并痔瘘、血崩、带下。"《本草再新》："治肝热，肾衰，托斑疹，解痘毒，清凉止渴。"《随息居饮食谱》："清热滋阴，养肝凉血，熄风解酒，明目定狂。""多食寒中，多感未清，脾虚便滑者皆忌。"《本草衍义》；"多食发风动冷气。"慢性支气管炎不宜食。

河蚌 100 克含胆固醇 56.7 毫克，海蚌 100 克含胆固醇 227 毫克。

● 蚌粉：别名蚌壳粉、蚌壳灰。《日华子本草》："冷，无毒。""治疳，止痢并呕逆；痈肿醋调敷。"《本草纲目》："咸，寒，无毒。""解热燥湿，化痰消积。止白浊，带下，痢疾，除湿肿，水嗽，明目，擦阴疮、湿疮，痱痒。"《本草纲目拾遗》："烂壳为粉，饮下，主反胃，心胸间痰饮。"《医林纂要》："治顽痰，止咳嗽，清心保肺。"

● 海参：别名刺参、海鼠、海瓜、瓜参、光参、梅花参、沙噀。中医认为，海参性温，味咸；有补肾益精，除湿利尿，养血润燥，止血消炎功效。用于虚劳羸弱，气血不足，阳痿遗精，小便频数，肾虚腰痛，产后体虚，经闭，肠燥便秘，面色萎黄，肾炎。《五杂俎》："其性温补，足敌人参，故四渗参。"《本草从新》："补肾益精，壮阳疗痿。"《药性考》："降火滋肾，通肠润燥，除劳怯症。"《食物宜忌》："补肾经，益精髓，消痰涎，摄小便，壮阳疗痿，杀疮虫。"《本草纲目拾遗》："生百脉血，治休息痢。"《本草求原》："润五脏，滋精利水。"《随息居饮食谱》："滋阴，补血，健阳，润燥，调经，养胎，利产。凡产后，病后衰老尫孱，宜同火腿或猪、羊肉煨食之。"姚可成《食物本草》："主补元气，滋补五脏六腑，去三焦火热。同鸭甲烹治食之，止劳怯虚损诸疾；同鸭肉煮食，治肺虚咳嗽。"《药性纂要》："补阴益精。"《医林纂要·药性》："补心益肾，养血滋阴，补虚羸，靖劳热。"《现代实用中药》："为滋养品。治肺结核，神经衰弱及血友病样的易出血患者，用作止血剂。"《饮食须知》："患泄泻痢下者勿食。"《本草求原》："泻痢遗滑人忌之，宜配涩味而用。"《随息居饮食谱》："脾弱不适，痰多便滑，客邪未尽者，均不可食。"海参与醋同食使人体 pH 下降。

《中国医学大辞典》海参丸："治腰痛，梦遗，泄精：海参 500 克，全当归（酒炒）、巴戟肉、牛膝（盐水炒）、补骨脂、龟板、鹿角胶（烊化）、枸杞子各 200 克，羊肾（去筋生打）10 对，杜仲（盐水炒）、菟丝子各 400 克，胡桃肉 100 个，猪脊髓 10 条（去筋）。共研细末，鹿角胶和丸，每服 20 克，温酒送下。"

《中国药用海洋生物》："治糖尿病方：海参3个，鸡蛋1个，猪胰1个，地肤子与向日葵杆芯各6克。前3味蒸熟，再加后2味折水煎液共煮内服。"

《药性考》："治虚火燥结：海参、木耳（切烂）、入猪大肠煮食。"

现代研究发现，海参含有胶原蛋白，海参酸黏多糖，氨基酸、海参毒素，海参素A和海参素B等。海参酸黏多糖具有抗肿癌，抗放射性损伤，提高机体免疫力，促进机体造血功能，提高迟发型超敏反应。酸黏多糖还是一种新型抗凝剂，对中老年人具有降低血黏度的效果。海参含有大量氨基酸，有助于维持人体正常代谢；刺参酸黏糖具有调节血脂的功能，能够降低血清胆固醇和甘油三酯的水平，因此，能够防止心血管病。

海参毒素又称海参皂苷，在海参的体壁内脏和腺体等组织中含量很高。它能抑制某些癌细胞的生长，对星状发癣菌、白色念珠菌有抑制作用；能阻止神经传导，对痉挛性麻痹有治疗作用。美国的研究学者从海参中萃取出一种海参毒素，这种化合物能将有效抑制霉菌及某些人类癌细胞的生长和转移。

海参素A和海参毒B对S-180和K-2腹水癌有抑制作用，用于治疗大脑瘫痪、脑震荡以及脊椎损伤，疮疡，手术后的生肌，止血，促进愈合也有疗效。

海参含有硫软骨素，有助于治疗心血管疾病，对防治高血压有帮助，能够延缓肌肉衰老，增强机体的免疫力。

海参还有收缩平滑肌、镇痛、解痉的作用。

海参肠（用开水烫一下后烹饪）含有钒，海参腔内液体含有色素，这些营养物质有软化血管作用，当地人把这些东西放入鸡蛋煮汤食用。

海参不宜与含有较多鞣酸的水果食用；关节炎，痛风患者少吃；脾虚便溏，出血兼有瘀滞以及湿阻的患者不宜食用。海参忌醋（口感差）。

刺参酸性黏多糖可使血小板聚集；防治急性放射损伤和促进造血功能恢复。

● 淡菜：别名红蛤、珠菜、海蜓、海红、壳菜，为贻贝科动物贻贝，原壳贻贝等的肉。

中医认为，淡菜性温，味咸甘，有小毒；有滋阴调经，温肾固精，益气补虚，消瘿散结功效。用于肾虚遗精早泄，崩漏带下，腰膝酸软，头晕目眩，低热盗汗，瘿瘤，疝瘕。《食疗本草》："补虚劳损，产后血结，腹内冷痛，治癥瘕，腰痛，润毛发，治崩中带下，烧一顿令饱，大效。"《本草纲目拾遗》："主虚羸劳损，因产瘦瘁，血气结积，腹冷、肠鸣、下痢，腰疼、带下、疝瘕。"《日华子本草》："煮熟食之，能补五脏，益阳事，理腰脚气，消宿食，除腹中冷气，痃癖。"《嘉祐本草》："治虚劳伤惫，精血少者，及吐血，妇人带下，漏下，丈夫久痢，并煮食之。"《本草纲目》："消瘿气。"《随息居饮食谱》："补肾，益血填精，治遗、带、崩、淋，阳痿阴冷，消渴，瘿瘤。"淡菜久食掉头发。

《现代实用中药》淡菜陈皮丸："治头晕及睡中盗汗。淡菜90克（焙燥，研细粉），陈皮60克（研细粉）。研和，蜂蜜为丸，每日6克，每日3次。"

《山东药用动物》淡菜煮狗肾："治阳痿，肾虚腰痛。淡菜31克，狗肾1具，煎煮至熟烂，饮汁食肉。为1日量。""治妇女经血过多。淡菜31~62克，与猪肉共煮，行经前服，每日1次。""治瘿气。淡菜31克，昆布15克，煎煮熟烂，连药带汁一次服，每日1次。"

《中国动物学》："治贫血：淡菜50克，熟地40克，黄芪50克，当归10克。水煎服，日服2次。"

● 蛤蜊：别名蛤、花蛤、文蛤、海潮、沙蛤、沙痢。中医认为，蛤蜊性寒，味咸：有滋阴，化痰，利尿，软坚功效。适宜肺结核嗽咯血，阴虚盗汗，瘿瘤瘰疬，淋巴结肿大，甲状腺肿大，痔疮，水肿，痰积，癌症，心血管病，糖尿病，阴虚所致的口渴，干咳，心烦，手足心热，红斑性狼疮，黄疸，腹痛，尿路感染者食用。《本草经集注》："煮之醒酒。"《嘉祐本草》："润五脏，止消渴，开胃，解酒毒，主老癖能为寒热者，及妇人血块，煮食之。"《医林纂要》："功同蚌蚬，滋阴明目。"《本草求原》："消水肿，利水，化痰，治崩带，瘿瘤（单纯性甲状腺肿大），五痔。"《泉州本草》："主治黄疸，小便不利，腹胀，诸淋。"《本草经疏》："蛤蜊其性滋润而助津液，故能润五脏，止消渴，开胃也。咸能入血软坚，故主妇人血块及老癖为寒热也。"《本草衍义》："补肺虚劳嗽有功。"蛤蜊忌：维生素B_1（降低药效）。蛤蜊性寒，脾胃虚寒，腹泻便溏，寒性胃腹痛之人忌食；女子月经期及妇人产后忌食；受凉感冒者忌食。

● 蛤蜊粉：《丹溪心法》："咸，寒。"《本草摄要》："性涩。"朱震亨："治热痰、湿痰、老痰、顽痰、疝气，白浊带下。同香附末，姜汁调服，主心痛。"《本草纲目》："清热利湿，化痰饮，定咳嗽，止呕逆，消浮肿，利小便，止遗精白浊，心脾疼痛，化积块，解结气，消瘿核，散肿毒，治妇人血病。油调涂汤、火伤。"《本草备要》："与牡蛎同功。"《本经逢原》："清肺热，滋肾燥，降痰清火，止咳定喘，消坚癖，散瘿瘤。"《本草再新》："除烦止渴，利大小便。"《本草经疏》："脾胃虚寒者宜少用，或加益脾胃药同用为宜。"内服5~15克。

《圣惠方》："治小便不通：蛤粉25克，麻根25克，捣细罗为散，每于空心，以新汲水调下 10 克。""治吹奶，蛤粉 1.5 克，槐花 1.5 克，麝香 0.5 克（细研）。捣细罗为散，不计时候，以热酒调下 5 克。"

● 螺蛳：别名师螺。《名医别录》："味甘，无毒。""主明目。"《本草纲目拾遗》："寒。""汁主明目，下水。"《日用本草》："解热毒，治酒疸，利小水，消疮肿。"《饮膳正要》："治肝气热，止渴。"《本草纲目》："醒酒解热，利大小便，消黄疸水种。治反胃，痢疾，脱肛，痔漏。"《玉楸药解》："清金利水，泄湿除热。治水胀满，疗脚气，黄疸，淋沥，消渴，疥疾，瘰疬，眼病，脱肛，痔瘘，痢疾，一切疗肿。"《本草汇言》："味甘微苦，气寒，有毒。""胃中有冷饮，腹中有久泄不实，并有冷瘕宿疝，或有久溃痈疮未敛，不宜食之。"姚可成《食物本草》："多食令人腹痛不消。"海螺忌甘草。螺蛳 100 克含胆固醇 236 毫克。

● 蟹：别名螃蟹、螯、毛蟹、青蟹、棱子蟹、螯毛蟹。中医认为，蟹性寒，味咸，有小毒；有清热利湿，散瘀血，通经络，利肢节，续绝伤，滋阴补肾，生精益髓，和胃消食，强壮筋骨功效。用于跌打劳伤，瘀血肿痛，产后腹痛，难产，胎衣不下，湿热，黄疸，眩晕，健忘，疟疾，疥癣，漆疮，烫火伤，风湿性关节炎，腰酸腿软，喉风肿痛。《神农本草经》："主胸中邪气热结痛，㖞僻面肿。"《本草经集注》："杀莨菪毒。"《名医别录》："解结散血，愈漆疮，养筋益气。""蟹爪主破胞堕胎。"崔禹锡《食经》："主衄鼻恶血，明目醒酒。"孟诜："主散诸热，治胃气。理筋脉，消食。醋食之，利肢节，主五脏中烦闷气。"《本草纲目拾遗》："蟹脚中髓、脑、壳中黄，并能续断绝筋骨，取碎之微熬，纳疮中筋即连也。"《日华子本草》："治产后肚痛血不下，并酒服；筋骨折伤，生捣炒罨良。"《本草纲目》："治疟及黄疸；捣膏涂疥疮癣疮；捣汁滴耳聋。""盐蟹汁，治喉风肿痛，满含细咽即消。"《本经逢原》："生捣涂火烫。"《随息居饮食谱》："补骨髓，滋肝阴，充胃液，养筋活血，治疟愈核。"《食疗本草》："主散诸热，治胃气，理筋脉，消食。醋食之，利肢节，主五脏中烦闷气。"《本草衍义》："此物极动风，体有风疾人，不可食。"《日用本草》："不可与红柿同食。偶中蟹毒，煎紫苏汁饮之，或捣冬瓜汁饮之，俱可解散。"《本草纲目》："不可同荆芥食，发霍乱，动风，木香汁可解。"《本草经疏》："跌打损伤，血热瘀滞者宜之，若血因寒凝结，与夫脾胃寒滑，腹痛喜热恶寒之人，咸不宜服。"《随息居饮食谱》："中气虚寒，时感未清，痰嗽便泻者均忌。"《本经逢原》："蟹与柿性寒，所以二物不宜同食，令人泄泻，发癥瘕。"《千金翼方》："十月勿食螺蛳、螃蟹，损人志气，长尸虫。"海蟹忌：大枣（引起消化不良）、荆芥（药性相反）、南瓜、茄子（易伤肠胃）。蟹100克含胆固醇145毫克。

叶橘泉："妇女临产阵缩力微弱，胞浆破而迟迟不下者，或胎死腹中及胎盘残留：蟹脚爪30~60克，黄酒或米醋适量，加水同煎服。"

《滇南本草》："治妇人产后儿枕疼：山螃蟹不拘多少，甲新瓦焙干，热烧酒服，良效。"

现代研究表明，蟹肉可提高人体的免疫功能，有抗结核病的作用。蟹壳中所含的甲壳素，可增强抗癌药的作用；降低血液胆固醇水平。蟹壳中的膳食纤维有抑制血压上升的效果，故可用来防治高血压病。据称，这种膳食纤维是组成壳表皮细胞膜的主要成分，能吸附氯离子。从蟹壳中提取出 NA-COS-6，是一种低毒性免疫活性物质，可以抑制癌细胞的增殖和转移。自从发现甲壳质的抗癌作用后，蟹壳便在医学界和生物工程中风行。

蒸煮蟹时，宜加入紫苏叶，鲜生姜，醋以解蟹毒和驱寒，时间不少于20分钟。吃蟹前可把蟹放入淡盐水浸一下，使其吐出污水和杂质，煮前洗刷干净。不要食用螃蟹的腮（眉毛），在打开蟹壳时，两侧灰白色条状，柔软的就是鳃条，应取下弃除。在壳前半部，眼睛下方，呈三角形的就是胃，要小心分离后取出。蟹肠——由蟹胃通到蟹脐的一条黑线，蟹心（六角板），蟹脐，死蟹不能食用。现蒸现吃，不吃剩蟹。药用以河蟹最佳。

螃蟹具有活血祛瘀功效，孕妇忌食；患有伤风，发热，胃痛以及腹泻病人吃蟹会使病情加剧；慢性胃炎、十二指肠溃疡、胆囊炎、胆结石症、肝炎活动期的人慎食，以免病情加重；蟹黄中的胆固醇含量高，患有心血管疾病的人不吃为佳；体质过敏的人，吃蟹后容易引起恶心、呕吐，引起荨麻疹块；脾胃虚寒的人应少吃或不吃蟹。螃蟹为发物，患有宿疾者不宜食。螃蟹与油腻食品同食，会导致腹泻。螃蟹还忌冷饮、梨、柿、橘、枣、香瓜、石榴、茶水、茄子、花生仁、兔肉、泥鳅、蜗牛、蜂蜜、半夏、菖蒲、丹砂、荆芥（令人抽搐）同食。

● 鳖：别名水鱼、脚鱼、老鳖、团鱼、甲鱼。中医认为，鳖肉性平，味甘；有滋阴凉血，补虚调中，散结消痞功效。用于阴血亏虚所致骨蒸劳热，五心烦热，午后低热，遗精，贫血；妇女阴血不足所致的经少，经闭，崩漏，带下，子宫出血；体虚，久痢，肺结核，肝脾肿大，慢性痢疾，脱肛，痔疮，胃及十二指肠球部溃疡，体内赘生物，如结肿瘰疬，痰核。《名医别录》："主伤中益气，补不足。"《千金要方·食治》："疗脚气。"孟诜："主妇人漏下羸瘦。"《本草纲目拾遗》："主热气湿痹，腹中激热。五味煮食之，当微泄。"《日华子本草》："益气调中，妇人带下，治血瘕腰痛。"《本草图经》：

"补虚，去血热。""凡食柿不可与鳖同，令人腹痛大泄。"《日用本草》："补劳伤，壮阳气，大补阴之不足。"《本草纲目》："作曜食，治久痢；作丸服，治虚劳，痃癖，脚气。"《本草备要》："凉血补阴，亦治疟，痢。"《随息居饮食谱》："滋肝肾之阴，清虚劳之热。主脱肛，崩带，瘰疬，癥瘕。"《日用本草》："与矾石相反。"《现代实用中药》："鳖血生饮，用于结核潮热有效。"《本草求真》："鳖和鸡子食生恶伤，与妊妇食则生子项短，同薄荷食则能杀人。"《本草备要》："忌苋菜、鸡子。"《本草从新》："脾虚者大忌。"《随息居饮食谱》："孕妇及中虚寒湿内盛，时邪未净者切忌之。"孙思邈："鳖肉不合猪、兔、鸭食，损人。"李时珍："鳖性冷，发水病，鸭肉属凉性，久食令人阴盛阳虚，水肿泄泻。"鳖100克含胆固醇120毫克。

鳖肉要吃活的，因为鳖体内含有组氨酸，死后极易腐败变质，组氨酸可分解产生有毒的组氨物质，食后会引起中毒。鳖只适用于阴虚的人；脾胃虚弱、慢性肾衰、肝炎、胆囊炎、胆石症、肠炎、痰湿盛者、失眠者、孕妇或产后泄泻者忌食。但产后大便正常者食用能够增强身体的抗病能力及调节人体的内分泌功能，也是提高乳质量、增强婴儿免疫力及智力的滋补佳品。鳖肉还忌：苋菜、薄荷、芥菜、芫荽、桃子、橘子、鸡蛋、猪肉、兔肉、鸡肉、鸭肉。

现代研究表明，甲鱼能抑制结缔组织的增生，可消除结块，以治疗癥瘕。对于肝炎所致的贫血，各种肿瘤有一定疗效。甲鱼能增加血浆蛋白的作用，调节免疫功能，提高淋巴细胞的转化率，促进骨髓造血功能，保护肾上腺皮质功能，防止癌细胞突变，还有净血作用，可降低胆固醇，对高血压、冠心病患者有益。

《中国食疗大典》鳖肉滋阴汤："滋阴清热。适用于阴虚潮热，盗汗，五心烦热或劳嗽等症。鳖肉800克，生地25克，知母10克，百部10克，地骨皮15克，料酒、精盐、白糖、葱段、姜片、猪油、鸡汤各少许。将鳖背朝下，头伸出时，抓住颈拉出，齐颈切断，出尽血，然后用刀由颈根处至尾部剖腹，取出内脏，斩去脚爪、尾，放入热水中浸泡，抹去白黏膜，刮尽黑衣，揭去背壳，将鳖斩成6块，入清水锅中，烧开捞出洗净，放入锅中，加入鸡汤及上述调料，旺火烧沸，改文火炖至六成熟，加入装有百部、地骨皮、生地、知母（均洗净）的纱布袋，继续炖至鳖肉熟烂，拣去葱、姜、药袋，淋上猪油即成。食肉饮汤。"

● 鳖甲：别名上甲、鳖壳、团鱼甲、鳖盖子、必用、别甲、水鱼甲、脚鱼甲。中医认为，鳖甲性平，味咸；有滋阴潜阳，软坚散结，益肾健骨，退热除蒸功效。用于肝肾阴虚，劳热骨蒸，夜热早凉，虚风内动，头晕目眩，经闭经漏，癥瘕痃癖，盗汗，久疟，小儿惊痫。《神农本草经》："主心腹癥瘕坚积，寒热，去痞、息肉、阴蚀、痔（核）、恶肉。"《名医别录》："疗温疟，血瘕，腰痛，小儿胁下坚。"《药性论》："主宿食、症块、痃癖气、冷瘕、劳瘦，下气，除骨热，骨节间劳热，结实壅塞。治妇人漏下五色羸瘦者。"《日华子本草》："去血气，破症结、恶血，堕胎，消疮肿并扑损瘀血，疟疾，肠痈。"《本草衍义补遗》："补阴补气。"《医学入门》："主劳疟，老疟，女子经闭，小儿痫疾。"《本草纲目》："除老疟疟母，阴毒腹痛，劳复，斑痘烦喘，妇人难产，产后阴脱，丈夫阴疮，石淋；敛溃痈。"《江西中药》："治软骨病。"《本经逢原》："凡骨蒸劳热，自汗皆用之，为其能滋肝经之火也。然究竟是削肝之剂，非补肝药也，妊妇忌用，以其能伐肝破血也。""煅灰研极细末，疗汤火伤，皮纵肉烂者并效，干则麻油调敷，湿则干掺，其痛立止。"《本草经集注》："恶矾石。"《药性论》："恶理石。"《本草经疏》："妊娠禁用，凡阴虚胃弱，阴虚泄泻，产后泄泻，产后饮食不消，不思食及呕恶等证咸忌之。"《本经逢原》："肝虚无热，禁之。"《得配本草》："冷劳癥瘕人不宜服，血燥者禁用。"《品汇精要》："常用酥炙黄色。"煎服9~24克。脾胃虚寒、食少便溏者及孕妇慎服。鳖甲忌与蒲茶（产生对身体有害物质）、苋菜同食。

现代研究发现，鳖甲含骨胶原，17种氨基酸，碳酸钙，磷酸钙，多种微量元素和维生素 D。能抑制结缔组织增生；对肝硬化，肝脾肿大有疗效，尤其是对肝癌敏感，其抑制率达 92.15%，而且副作用较 5-氟尿嘧啶轻；提高淋巴母细胞的转化率，使抗体存在的时间延长；促进骨髓造血功能，增加血浆蛋白；对肝癌、胃癌、急性淋巴性白细胞有抑制作用，并能抑制人体肝癌、胃癌的呼吸；还能补血，抗疲劳，抗辐射，抗突变，抗肝纤维化，抗肺纤维化，提高应激能力。

《甄氏家乘方》："治心腹癥瘕血积：鳖甲 50 克（汤泡洗净，米醋浸一宿，火上炙干，再淬再炙，以甲酥为度，研极细），琥珀 15 克（研级细），大黄 25 克（酒拌炒）。上共研细作散。每早服 10 克，白汤调下。"

《圣惠方》鳖甲丸："治妇人月水不利，腹胁妨闷，背膊烦疼：鳖甲 100 克（涂醋炙令黄，去裙襕），川大黄 50 克（锉，微炒），琥珀 75 克。上药捣罗为末，炼蜜和丸，如梧桐子大。以温酒下 20 丸。"

《肘后方》："治妇人漏下五色，羸瘦、骨节间痛：鳖甲烧令黄，为末，酒调服方寸匕，日三。""治石淋：鳖甲杵末，以酒服方寸匕，日二三下，下石子瘕。"

《医垒元戎》："治阴虚梦泄：鳖甲烧研，每用一字，以酒半盏，童尿半盏，葱白七寸同煎，去葱，日晡时服之，出臭汗为度。"

《千金方》鳖甲汤："治产后早起中风冷，泄痢及带下：鳖甲如手大，当归、黄连、干姜各 100 克，黄柏长一尺、广三寸。上五味细切，以水七升，煮取三升，去滓，分三服，日三。"

《子母秘录》："治小儿痫：鳖甲炙令黄，捣为末，取 5 克，乳服，亦可蜜丸如小豆大服。"

《圣惠方》鳖甲散："治痔，肛边生鼠乳，气壅疼痛：鳖甲 150 克（涂醋炙令黄，去裙襕），槟榔 100 克。上药捣细罗为散，每于食前，以粥饮调下 10 克。"

《中国动物药》："治肺结核方：鳖甲 25 克，知母 10 克，青蒿 10 克。水煎服。日服 2 次。""治高血压方：生鳖甲 50 克，牛膝 50 克，生白药 40 克，水煎服，日服 3 次。"

《抗癌良方》："治乳腺癌：半支莲、黄柏、银花、川楝子各 15 克，鳖甲、仙人掌各 12 克，山楂 50 克，穿山甲、野菊花、瓦松各 100 克。水煎服，日一剂。"

● 鳖甲胶：性微寒，味咸，无毒；有滋阴补血，退热消瘀功效。用于阴虚潮热，虚劳咳血，久疟不愈，癥瘕积聚，血虚经闭，痔核肿痛。《中国医学大辞典》："补肝阴，清肝热。治劳瘦骨蒸，往来寒热，温疟，疟母，腰痛，胁坚，血瘕，痔核，妇人经闭，产难，小儿惊痫，斑痘，肠痈，疮肿。"《现代实用中药》："滋阴补血，为滋养解热止血药。"《四川中药志》："滋阴补血，润肺消结。治虚劳咳血，肛门肿痛，湿痰流注，肺结核潮热。"开水或黄酒化服，5~15 克。脾虚便溏及孕妇忌服。

● 鳖头：《唐本草》："烧为灰，主小儿诸疾，又主产后阴脱下坠。"《日华子本草》："烧灰疗脱肛。"

《千金方》："治产后阴下脱：鳖头五枚。烧末，以井华水服方寸匕，日三。""治脱肛历年不愈：死鳖头一枚。烧令烟缩，治作屑，以敷肛门上，进，以手按之。"

《普济方》："治男子阴头痈不能治者，及妇人阴疮脱肛：鳖甲头烧灰，以鸡子白和敷之。"

● 鳖血：《药性论》："鳖头血涂脱肛。"《本草纲目》："治风中血脉，口眼喝僻，小儿疳劳潮热。"《现代实用中药》："生饮，用于结核潮热有效。"

《肘后方》:"治中风口喝:鳖血调乌头末涂之,待正则即揭去。"

《小儿卫生总微论方》鳖血煎丸:"治小儿诸疳:吴茱萸、胡黄连(挫碎,用鳖血浸一宿,同吴茱萸炒令干焦,去吴茱萸不用)、白芜荑仁、柴胡(去芦)各等分。上为细末,用獖猪胆汁浸,蒸饼和丸绿豆大。每服 10 丸。热水下,无时。"

● 鳖卵:《医林纂要》:"咸,寒。"《本草蒙荃》:"盐淹煮吞,补阴虚亦验。"《本草纲目》:"盐藏煨食,止小儿下痢。"《医林纂要》:"治久泻久痢。"

● 鳖胆:《周益生家宝方》:"治痔疮痔漏:鳖胆一个,取汁磨香墨,入麝香,冰片少许,鸡毛蘸涂。"

● 鳖脂:《本草蒙荃》:"眼睫倒毛签入,可资除害。"《现代实用中药》:"为滋养强壮药。"

● 蜂蜜:别名蜜、食蜜、石蜜、崖蜜、白蜜、白沙蜜、蜂糖、蜜糖、炼蜜。《神农本草经》:"味甘,平。""主心腹邪气,诸惊痫痉,安五脏诸不足,益气补中,止痛解毒,和百药。"《名医别录》:"养脾气,除心烦,食饮不下,止肠澼,肌中疼痛,口疮,明耳目。"《本草纲目拾遗》:"主牙齿疳䘌,唇口疮,目肤赤障,杀虫。"《本草衍义》:"汤火伤涂之痛止,仍捣薤白相和。"《本草纲目》:"和营卫,润脏腑,通三焦,调脾胃。"《本草用法研究》:"甘平润肺,滋大肠之结燥难通;香滑和中,悦胃气而肌肤自泽,生则解毒而止痛,熟则缓脾以补虚。"《药品化义》:"蜂蜜生用通利大肠,老年便结,更宜服之。"《本草经疏》:"石蜜,生者性寒滑,能作泄,大肠气虚,完谷不化者不宜用,呕家酒家不宜用,中满蛊胀不宜用,湿热脚气不宜用。"蜂蜜甜,有生痰的特性,故痰湿者不宜用;过敏及肠炎患者不宜用。外敷用于疮疡不敛,水火烫伤,蜂蜜忌生葱、大蒜、莴苣、茭白、豆花、菱角、豆腐、豆浆、洋葱、韭菜、鲊鱼同食。

蜂蜜含有碱性无机盐,可以中和体内的酸性代谢产物,使体液保持酸碱平衡,调整新陈代谢;含有叶酸和铁,能增加血红蛋白而补血。还含有酵母、酶类、乙酰胆碱、有机酸等,具有护肝、抗菌、抗疲劳、抗凝血作用。英国加地夫大学和新西兰 Waikato 大学的国际科学家研究组所进行的研究表明,蜂蜜对于抵抗"超级耐药菌"是非常有用的。实验显示,含有高糖的蜂蜜降低了细菌生长的速度,而它厚厚的糖浆结构使得伤口被完全封住,这样就形成了能够抵抗任何潜在入侵者的天然屏障。

美国伊诺斯大学的学者们发现，饮用水稀释的蜂蜜60~90分钟，机体血液中抗氧化剂的水平出现了明显的升高。蜂蜜中抗氧化剂的量取决于蜂蜜的颜色，颜色越深，抗氧化剂含量越高。

蜂蜜的最大用量每天1~2汤勺（10~20克），不会影响血液黏稠度。因为蜂蜜不仅含葡萄糖，还含有抗氧化物质的蜂蜜多酚，吃得太多会使血液黏稠。本品能助湿，令人中满，且可滑肠，故湿热痰滞、胸闷及大便溏泻者忌用。好的蜂蜜放入热水中溶化，放上3~4小时后无沉淀物，有淡淡的植物味的花香，而且有黏稠糊的嘴感和轻微淡酸味，并且入口即化。蜂蜜最好用40℃以下的温开水或凉开水冲调蜂蜜。蜂蜜忌：洋葱、韭菜、大米、鲫鱼。

现代研究表明，内服外用蜂蜜，可改善营养状况，促进皮肤新陈代谢，增强皮肤的活力和抗菌力，减少色素沉着，防止皮肤干燥，使肌肤柔软、洁白、细腻，并可减少皱纹和防治粉刺等皮肤疾患，起到理想的养颜美容作用。

《现代实用中药》："治高血压，慢性便秘：蜂蜜90克，黑芝麻75克。先将芝麻蒸熟捣如泥，搅入蜂蜜，用热开水冲化，1日2次分服。""治胃及十二指肠溃疡：蜂蜜90克，生甘草15克，陈皮10克。水适量，先煎甘草、陈皮去渣，冲入蜂蜜。1日3次分服。"

民间验方——鸡蛋面膜，将一个鸡蛋打入碗内，加适量蜂蜜和白面，调成糊状，每天早晨洗脸后，用鸡蛋面膜涂于脸上。10分钟后用清水洗去，长期使用，可明显收敛毛孔，紧致细纹，使肌肤光洁白嫩有弹性。

《太平圣惠芳》蜜糖蒸百合："润肺止咳，治秋冬肺燥，咳嗽咽干，大便燥结，肺结核咳嗽，痰中带血，老年慢性支气管炎干咳等。新百合200克，加入蜂蜜半盏拌和，蒸至软熟后服食。"

● 蜂乳：又叫蜂王浆，王浆是青年工蜂在采食花粉和蜂蜜后，经体内生物加工，从头部王浆腺分泌出来的浆状物质。王浆被用于卵育蜜蜂的幼虫（孵育3天）。蜂后可独自享用王浆，由此人们相信，由于王浆的营养使蜂后具有极强的生育能力和较长的生命年限（蜂后存活5~9年，而雄蜂只存活8周）。王浆平均含水分66%，灰分0.82%，蛋白质12.34%，脂肪5.46%，还原性物质总量12.49%，未知物质2.84%，尚含有5种糖、乙酰胆碱、酶类、多种矿物质和维生素等70多种生理活性物质，现代研究已知主要作用表现为：

①促进生长和抗衰老作用　王浆对细胞具有再生作用，主要是新生细胞代替衰老细胞，增加组织呼吸、耗氧量，促进代谢，促进蛋白质的合成，促进受伤组织的再生。苏联医学科学院对12名血管硬化症的老年患者，令其服用蜂乳片，结果血压降低，冠状动脉和脑疾患者症状减轻，糖尿病患者亦有

明显好转。给早期动脉粥样硬化的 16 名患者，每天服 10 毫克；10 天后，患者食欲增加，高血压患者血压趋于正常，心绞痛消失。

②加强机体抵抗力　蜂乳能增强实验动物的机体免疫功能，提高对各种致病因素的抵抗力，使其在低压、缺氧、高温、低温、感染、中毒、器官组织损伤等情况下，死亡时间较对照组延长。

③对心血管系统的影响　蜂乳能扩张实验动物的冠状血管，有明显降压作用；能使实验动物的心脏收缩力加强，振幅增大；降低实验动物的血浆甘油三酯水平。

④对内分泌系统的影响　蜂乳中所含促进性腺激素样物质能促进内分泌腺的活动，能使 21 天小鼠卵泡早熟；果蝇产卵量增加；切除睾丸之大鼠的精囊重量增加。蜂乳能使幼大鼠甲状腺重量增加，血浆及甲状腺中蛋白结合碘显著提高。

⑤对造血器官的影响　蜂乳可降低小鼠因六巯嘌呤所致的死亡率，延长寿命，并减轻其骨髓抑制作用；口服或注射能增加人红细胞的直径和网织红细胞的血红蛋白，血铁含量显著增加；大鼠连续皮下注射 10 天可使红细胞、血红蛋白及血小板增加。

⑥对物质代谢的影响　蜂乳能促进糖代谢，促进生物氧化。用组织切片观察蜂乳（浓度为 10:1000）对氧消耗的影响，结果证明组织的耗氧明显增加，一般正常人服用蜂乳后，其基础代谢率增加 24%，如同时服用蜂乳和葡萄糖，则基础代谢增加至 29%。蜂乳能降低血糖，也能降低四氧嘧啶糖尿病的高血糖和代谢性的高血糖。蜂乳有促进蛋白质的合成、降低血胆固醇、降低总血脂的作用。美国学者发现，蜂乳含有胰岛素样肽类，其分子量与牛胰岛素相同，进一步提示蜂王浆治疗糖尿病的药理依据。

⑦对组织再生功能的影响　蜂乳有促进肾组织再生作用，组织学检查表明，使血红蛋白数量的网组织的数目增加，服用蜂乳后 24 小时内血中铁含量明显增加，同时蜂乳还能使血中的血小板数目增多。

⑧抗癌作用　蜂乳的醚溶性部分 W-羟基-△2-癸烯酸具有强烈抑制移植性 AKP 白血病、6C3HED 淋巴癌、TA3 乳腺癌及多种腹水型艾氏癌等癌生长的作用，可使患癌的家鼠能够活 1 年，而对照组仅活 21 天。加拿大多伦多大学及安大略农学院的学者们在两年之中约在 1000 只小鼠上反复试验，接种癌细胞加蜂乳的小鼠组，存活 12 个月以上仍然健康；另一组接种癌细胞不加蜂乳 21 天内小鼠全部死亡，还有不少的试验都证明了蜂乳与癌细胞混合接种，小白鼠完全可以阻止白血病、淋巴癌及腹水癌的发生。

⑨抗菌消炎作用　山西医学院第二附属医院临床用蜂王浆治疗风湿性关节炎，服用 2~3 天症状开始减轻，精神振奋，食欲增加，疼痛减轻。持续治疗 20~30 天，可显示出理想的效果。英国科学家对 200 名关节炎患者进行研究后得出一个结论，每天服用一次蜂王浆的关节炎患者，其疼痛感程度减轻高达 50%，关节灵活度也改善了 17%。蜂乳对沙门菌属变形杆菌属 X-19.V.普通变形杆菌、枯草杆菌、链球菌等均有抗菌作用，并对结核杆菌球虫、利什曼原虫、枯雄虫、短膜虫等亦有抑制作用。

⑩抗辐射作用　蜂乳能提高小白鼠对钻 60 射线照射的抵抗力，平均生长时间显著延长，现已确认蜂乳可作为肿瘤患者放射治疗或化学治疗的辅助用药。

由于蜂王浆品质不同，故作用也不同：

槐树浆——生产于全国各地，有舒展血管、改善血液循环、防止血管硬化、降低血压等作用。

茶叶浆——生产于长江流域及以南地区，具有改善睡眠、提神醒脑、恢复体力、增强体质等功效。

橘子浆——生产于四川等地，金属钾含量高，对人体骨骼较有好处，并能调节内分泌，促进新陈代谢，治疗风湿性关节炎。

五味子浆——生产于东北、华东等地，具有补肺益肝、敛汗涩精、健脑益智、调节神经系统的功效。

益母草浆——其性味辛苦微寒，有活血调经、降血压、利尿、消肿的作用，对产后恢复、妇科病、调节新陈代谢、美容驻颜效果良好，对贫血亦有防治效果。

山荆芥浆——能缓解更年期综合征，对动脉粥样硬化和高血脂、糖尿病、心脏病有显著疗效。

蜂乳含有激素样物质，儿童勿食。蜂乳能干挠胎儿的生长发育，孕妇勿食。蜂乳具有降压作用，低血压患者勿食。蜂乳具有降血糖作用，低血糖患者勿食。蜂乳可以诱发肠功能紊乱，导致腹泻与便秘交替出现，影响肠道吸收功能，消化不良者勿食。蜂乳中某些激素、酶以及异性蛋白质等物质，可使过敏体质者产生一系列过敏反应，故过敏体质者勿食。体虚时不宜大补，身体虚弱者勿食。

老年人不宜晚间入睡前服用人参蜂王浆。这是因为老年人的血液常常处在高凝状态，而服用人参蜂王浆不久即入睡，会使心率减慢，加剧血液黏稠度，这就容易引起局部血液动力异常，造成微循环障碍，从而促发脑血栓。

老年人如在白天服用人参蜂王浆，宜在早饭后1小时，午饭后2小时服用。

● 蜂胶 蜂胶中含树胶约55%，蜡质30%，芳香夹杂物及芳香挥发物约15%，其中还含40余种黄酮类化合物，生物活性物质，酶、多糖以及各种维生素和20余种微量元素。蜂胶有20大类，300多种有效成分组成，《中华本草》列举蜂胶具有抗病原微生物，促进组织修复，预防和辅助治疗心脑血管疾病，保护肝脏等八大功效。《中华皮肤科杂志》："治鸡眼，胼胝，蹠疣和寻常疣。""治鸡眼：蜂胶适量。先将患部用热水浸泡，并以刀片削去表层病变组织，然后将一小块比病变范围稍大的小饼状蜂胶，紧贴患处，用胶布或洁净布条数层固定。约六七天后鸡眼从它的穴窝内自行脱落，此后还需再贴上药六七天，待患处皮肤长好为止。"《东北动物药》："治恶性肿瘤和创伤有效。"《江西中草药学》："保护肉芽组织，利于伤口愈合，对皲裂亦有疗效。"

蜂胶对流感病毒、牛痘病毒、乙肝病毒、疱疹病毒、骨髓灰质炎病毒、小泡性口腔类病毒均有疗效；蜂胶能够增加抗体活性，使血清总蛋白和丙种球蛋白增加，增强白细胞和巨噬细胞的吞噬能力，提高机体的免疫功能；蜂胶能加强心脏收缩力，调整血压，防止血管内胶原纤维的增加，从而阻止胆固醇在血管壁沉积，并抑制血小板聚集；蜂胶对粉刺、脱发有疗效；蜂胶具有消炎、抗溃疡作用，并减轻放疗、化疗所带来的副作用；蜂胶外用防治鸡眼。国外研究认为，蜂胶中的CAPE物质能选择性地杀伤癌细胞，使癌细胞染色体中的DNA断裂，从而使癌细胞凋亡；对血压有双向调节作用；对局部有麻醉作用；治疗牙痛。此外，蜂胶还具有美容、抗辐射、抗痉挛、抗缺氧、抗疲劳、抗氧化作用，并改善亚健康状况。

原始蜂胶中含有铅、砷等重金属，不能直接食用，必须经过GMP标准生产的提取设备来去除这些重金属，并且要经过国家一级的检验部门检验合格方可使用。目前市场上经销的蜂胶呈固状，有可塑性及黏附性，黄褐色稍绿，有中草药味，味苦且涩，低温下变硬变脆，65℃时能溶化，它能溶于乙醇，难溶于水，比重1.127。

● 蜂毒 别名蜜蜂毒素。蜂毒以大胡蜂毒性最强，蜜蜂次之。蜜蜂蜇刺时，排出一种浅黄色透明的液体，有特殊的芳香味，这就是蜂毒。每只蜂身上只有0.2~0.4毫克蜂毒，别小看这一丁点儿蜂毒，杀菌力却是惊人的，放入水中，即使只有五万分之一的浓度，病菌也无法存活。蜂毒能抗菌、消炎、镇痛、调节神经、刺激血液循环，促进机体恢复正常功能，对风湿性关节炎、类风湿病、神经痛、神经炎、高血压、血栓闭塞性脉管炎和支气管哮喘等有良好效果。

《药材学》："对支气管喘息，甲状腺肿，某些高血压病，风湿及脓肿有效。"《吉林中草药》："祛风湿。治风湿性关节炎。"结核病、糖尿病、心血管病、性病忌用蜂毒。儿童和老年人慎用。

● 蜜蜂花粉：古医籍称松花粉"甘，温，无毒"，有润心肺，益气，祛风止血，壮颜益寿功效。《新修本草》："松花名松黄，拂取似蒲黄，酒服轻身疗病。"《本草纲目》："润心肺，益气，除风，止血，亦可酿酒。""月季花粉汤"可治闭经、痛经、疮疖肿毒和创伤肿痛等症。

当代美国著名的世界保健学权威帕夫埃罗博士（Dr.Paruo Airola）称："花粉是自然界最完美，含营养最丰富的食物，它不但能增强人体抗病能力，同时也能加速疾病的康复，还有倒退生命时钟的功能。总之，花粉是一种美妙的食品，神奇的药品和青春的源泉。"

著名的癌症专家西米特博士（Dt.Sigmunol Schi-midt）说："多吃花粉，因为花粉中含有许多抵抗癌症的重要成分。"

法巴黎养蜂协会修安博士及多位专家对花粉作为药物的研究得出如下的结果："将花粉中抗生素抽取出来并维持其活性，很多的微生物细菌，如沙门氏菌、大肠埃希菌等一遇到花粉抽取精立刻死亡，尤其是一些较难控制的病原菌效果尤佳，花粉成功地治愈了胃肠胀气、慢性便秘及痢疾。花粉能提供严重疾病后恢复健康的生长素，如肠炎、恶性痢疾、急性关节风湿病、肾炎、肝炎、贫血等，花粉都可以促进迅速恢复健康。"

花粉的化学组成相当全面、复杂，各种花粉因植物种类不同，所含成分种类及含量也不同。不同季节生产的花粉成分及含量也有差异。一般花粉所含营养成分大致是：蛋白质 20%~25%，氨基酸总量 20%以上，游离氨基酸 1%~2%，碳水化合物 40%~50%，脂肪 9%~10%，矿物质 2%~3%，木质素 10%~15%，3%~4%的未知物质；还有丰富的维生素、酶类、核酸、激素、生物活性物质等多种营养物质。

玉米花粉具有降血压，降血脂作用；增强心肌耐缺氧，耐缺血能力；改善血液循环，抗疲劳，增强体质。

茶花粉能预防和治疗肿瘤、动脉硬化、便秘、老年痴呆；儿童智力低下，内分泌失调等症；对糖尿病防治有明显作用；对美容祛黄褐斑，痤疮有奇效，并能延缓衰老。

油菜花粉中黄酮类含量相当高，具有抗动脉硬化，降血脂，防辐射，治疗便秘等作用；对前列腺炎有效率达 90%，并可美容，祛黄褐斑，防衰老。

荷花粉具有滋阴，护脾，养胃，安心神，润颜功效。对脾胃虚弱，神疲乏力，虚烦失眠有疗效；还能调节内分泌，促进新陈代谢，润肤美容。

荞麦花粉中芸香甙含量高，具有保护毛细血管壁作用，可减少血液凝固时间，防治出血；增强心脏的收缩，使心跳速度放慢。用于心脏衰弱和毛细血管脆弱等病症。

西瓜花粉具有清热解毒，清咽利喉，消炎散肿功效。对因热毒引起的咳嗽，咽喉肿痛，口腔溃疡及牙龈炎，牙周炎等均有疗效。

芝麻花粉具有滋阴补血，润燥滑肠功效。对阴虚血虚引起的头晕，眼花，耳鸣，失眠及肠燥便秘等有疗效。

苹果花粉能提高心脏能力，具有抗中风和心肌梗死、抗衰老作用。

山楂花粉具有退热、强心、调节神经系统功能和止痛作用，可防治头昏、忧虑和心绞痛。

桃花花粉具有利尿、通便、解毒功能，对肿瘤、妇科疾病有防治作用。

据罗马尼亚报道，神经衰弱患者服用蜂花粉后，头痛、心不在焉等症状消失，睡眠、记忆力和精神状态好转，生活能力和对周围环境适宜能力增强；精神抑郁症患者服用蜂花粉后，自觉症状好转；老年痴呆症患者服用蜂花粉2~3个月后，症状大改善。

孕妇、婴儿忌服花粉。

● 蜂房：别名蜂巢、蜂肠、马蜂窝、露蜂房、野蜂房、纸蜂房、长脚蜂房。《本草纲目》："露蜂房，阳明药也。外科齿科及他病用之者，亦皆取其以毒攻毒，兼杀虫之功耳。"中医认为，蜂房性平，味甘；具有祛风，攻毒，杀虫，止痛作用。用于手足风痹，皮肤瘙痒，风热牙痛，疮疡肿毒，瘰疬，癌肿。煎服3~5克；外用适量，研末油调敷患处，或煎水漱或洗患处。

现代研究认为，蜂房的醇、醚及丙酮浸出物，皆有促进血液凝固的作用，能增强心脏运动，使血压一时性下降，并有利尿作用。

《中医杂志》：治急性乳腺炎，蜂房炙焦黄为细末，每次1~2克，黄酒30毫升冲服，6小时一次。《辽宁中医杂志》治耳廓囊肿，蜂房3克炙黄研末与冰片0.3克混匀，先用温水将患处洗净，再用生姜片擦一遍，取药粉适量，以陈醋调糊，做成比囊肿稍大，后约0.3厘米的药饼贴于患处，加以固定。早晚各热敷一次，2天换药一次，5~7次可愈。

《新中医》：治龋齿痛，将蜂房单味研末，每服4克（年幼者酌减），每日2次，开水送服即可，一般4~7日奏效。

本品有毒，故气血虚弱者慎用。

蜂房炙黄，研末，每次 6 克，每日 3 次，温酒送服可治鼻出血。

● 山楂：别名山里红、红果、酸楂、胭脂果、酸梅子、棠球子、棠棣子、鼠查、朹、山梨、山里果、洋球、赤瓜、赤枣子、猴梨、酸枣。中医认为，山楂性微温，味酸甘，有消食化积，行气散瘀，收敛止痢，去脂降压，收缩子宫功效。用于肉积，癥瘕，痰饮，食滞不化，胃脘胀满，呕恶腹泻，疝气或睾丸偏坠疼痛，血瘀经闭，产后瘀阻，疝气偏坠胀痛，小儿乳积，消化不良，冠心病，心绞痛，高血压，高脂血症等。陶弘景："煮汁洗漆疮。"《唐本草》："汁服主利，洗头及身上疮痒。"《本草图经》："治痢疾及腰疼。"《履巉岩本草》："能消食。"《日用本草》："化食积，行结气，健胃宽膈，消血痞气块。"《滇南本草》："消食积滞，下气；治吞酸，积块。"《本草蒙荃》："行结气，疗癫疝。"宁原《食鉴本草》："化血块，气块，活血。"《本草纲目》："化饮食，消肉积，癥瘕，痰饮痞满吞酸，滞血痛胀。"《医学衷中参西录》："山楂，若以甘药佐之，化瘀血则不伤新血，开郁气而不伤正气，其性尤和平也。"《本草通玄》："味和中，消油垢之积，故幼科用之最宜。"《本草衍义补遗》："妇人产后儿枕痛，恶露不尽，煎汁入砂糖服之，立效。"《本草再新》："治脾虚湿热，消食磨积，利大小便。"《本草撮要》："冻疮涂之。"《本草纲目》："生食多，令人嘈烦易肌，损齿，齿龋人尤不宜。"《本草经疏》："脾胃虚，兼有积滞者，当与补药同施，亦不宜过用。"《得配本草》："气虚便溏，脾虚不食，二者禁用。服人参者忌之。"《随息居饮食谱》："多食耗气，损齿，易饥，空腹及羸弱人或虚病后忌之。"山楂、杨梅、海棠与酸性果品不能用铁锅烹煮，因为这些酸性果品中含有果酸，遇到铁后会引起中毒。儿童脾胃虚弱，多食会导致消化不良。山楂有破血散瘀作用，孕妇忌食。不过产后服用可促进子宫复原。煎服 10~15 克。

现代研究表明，山楂能增强胃中蛋白酶的活性，促进消化，其所含的脂肪酶可增加胃中酶类物质，能促进脂肪食积的消化；含有黄酮、三萜酸、熊果酸能扩张外周血管，降低脂肪在血管壁的沉积，有降血压作用；含有解脂酶能促进脂肪类食物的消化；含有三萜酸和黄酮类能舒张血管，加强和调节心肌活力，增强冠脉的血流量，防止因电解质不均衡而引起的心律失常，并使超氧化物歧化酶活性提高，单胺氨化酶、过氧化脂质和脂褐素等降低；黄酮类化合物有抗癌，抗氧化作用；含有果胶有防辐射作用；含有槲皮黄苷，金丝桃苷能扩张气管，利于祛痰平喘；含牡荆素化合物，有一定的抗癌、抗菌和消炎作用，对痢疾杆菌、变形杆菌、大肠埃希菌、铜绿假单胞菌、炭疽杆菌、白喉杆菌和金黄色葡萄球菌有抑制作用。山楂能抑制内源性胆固醇的合成，并能升高高密度脂蛋白，降低低密度脂蛋白，有利于清除外周组织中过多的胆固醇，从而改善体内的胆质代谢达到降血脂的作用。山楂对人体脑中的衰老物质单胺氧化酶具有明显的抑制作用。

德国科学家给患有充血性心衰的患者服用山楂提取物后，患者的全身症状减轻了许多，精力也得到了改善，并降低了运动期间的血压和心率。这是因为山楂在平衡胶原蛋白，保护关节不受炎性侵害，利于关节炎的恢复的结果。

山楂含酸量高，过食会损伤脾胃，并易腐蚀牙齿表层的珐琅质。山楂有活血化瘀之功，能加强子宫收缩，故孕妇不宜多食。山楂含有鞣酸，会与蛋白质凝固沉淀形成不易消化的物质，故忌与甲鱼、虾、蟹和海鲜同食。山楂含有丰富的有机酸，胃酸过多者忌食，胃及十二指肠溃疡者亦不宜服用。山楂有破血散瘀作用，易导致流产，故妊娠妇女，习惯性流产和先兆流产者忌服。儿童脾胃虚弱，多食会导致消化不良。中气不足者，尤其是食用人参等补气药者慎食。山楂还忌与胡萝卜（破坏维生素C）、柠檬（影响消化）同食。山楂与海鲜同食引起腹痛便秘。

《丹溪心法》："治一切食积：山楂200克，白术200克，神曲100克。上为末，蒸饼丸，梧子大，服70丸，白汤下。"

《民间验方》菊楂决明饮："活血平肝明目。适用于高血压兼有冠心病者。洁净菊花3克，生山楂片、草决明各15克，放入保温杯中，以沸水冲泡，盖严温浸半小时，频频饮用，每日数次。"

《新编中成药》山楂丸："健脾消食。治脾胃虚弱，消化不良。山楂500克，山药100克，莲子肉50克，茯苓50克，砂糖250克。上药研为细末，炼蜜为丸，每丸9克，每于食前服1丸，温开水送下。"

《中医杂志》："治闭经：生山楂30~45克，刘寄奴12克，鸡内金5~9克，为基础方，随证加味，水煎服，每日1剂。"

《辽宁中医》："葵楂散：化瘀通经。治功能性痛经。山楂去核50克，向日葵子不去皮25克，烤干粉碎，过筛，制成散剂，每日1剂，经前1日开始，连服2日，加红糖或白糖少许，温开水送下。"

● 无花果：别名隐花果、无生子、文仙果、映日果、奶浆果、蜜果、优昙钵品、仙果。中医认为，无花果性平，味甘；有健胃润肠，催乳利咽，清热解毒功效。治咳喘，咽喉肿痛，痔疮，便秘，腹泻，脱肛，肠胃炎，痈疮疥癣。《滇南本草》："敷一切无名肿毒，痈疽疥癞癣疮，黄水疮，鱼口便毒，乳结，痘疮破烂；调芝麻油搽之。"《便民图纂》："治咽喉疾。"汪颖

《食物本草》："开胃，止泄痢。"《本草纲目》："治五痔，咽喉痛。"《生草药性备要》："洗痔疮。子，煲肉食，解百毒。蕊，下乳汁。"《医林纂要》："益肺，通乳。"《随息居饮食谱》："清热，润肠。"《江苏植药志》："鲜果的白色乳汁外涂去疣。"《云南中草药》："健胃止泻，祛痰理气。治食欲不振，消化不良，肠炎，痢疾，咽喉痛，咳嗽痰多，胸闷。"

现代研究认为，无花果含有补骨脂素、佛柑内酯、寡肽等活性成分及芳香物质苯甲醛，可抑制癌细胞生成，增强 SOD 的活性，降低过氧化脂质，预防肝癌、胃癌的发生，延缓抑制移植性肉瘤、自发性乳癌、淋巴肉瘤的发展或恶化，最终可致肿瘤坏死退化；含有脂肪酶，水解酶有降血脂，分解血脂的作用。无花果还有镇痛，降血压，抗炎消肿，轻度泻下作用。

干果，未成熟果实的乳状汁液（有微毒）含抗癌成分。

《重庆草药》："发乳：无花果 100 克，树地瓜根 100 克，金针花根 200~300 克，奶浆藤 100 克。炖猪前蹄服。"

《泉州本草》："治咽喉刺痛：无花果鲜果晒干，研末，吹喉。"

《福建中药》："治肺热声嘶：无花果 25 克，水煎调，冰糖服。""治痔疮，脱肛，大便秘结：鲜无花果生吃或干果 10 个，猪大肠一段，水煎服。"

《湖南药物志》："治久泻不止：无花果 5~7 枚，水煎服。"

《新疆中草药手册》："治干咳，久咳：无花果 9 克，葡萄干 15 克，甘草 6 克。水煎服。"

《安徽中草药》："治消化不良腹泻：炒无花果，炒山楂，炒鸡内金各 9 克，厚朴 4.5 克，煎服。"

《中医肿瘤防治》："治膀胱癌：无花果 30 克，木通 15 克，煎服，日 1 剂。"

《实用抗癌药膳》无花果汤："治肺癌。鲜无花果 1~2 个，蜜枣 2 个，隔水炖烂，每天吃 1~2 次。"

● 无花果叶：《本草纲目》："甘微辛，平，有小毒。"《本经逢原》："微辛，无毒。"

朱震亨："治五痔肿痛，煎汤频熏洗之。"《救荒本草》："治心痛。煎汤服。"《本草汇言》："去湿热，解疮毒。"煎服 15~25 克。

● 无花果根：《生草药性备要》："治火病。"《重庆草药》："发乳治痔疮。"煎服 15~25 克。《湖南药物志》："治筋骨疼痛，风湿麻木：无花果根或果，炖猪精肉或煮鸡蛋食。"《福建中草药》："治颈淋巴结核：鲜无花果根 50 克。水煎服。"

● 木瓜：别名乳瓜、番瓜、文冠果、海棠梨、木瓜实、宣木瓜、川木瓜、铁脚梨、皱皮木瓜、贴梗海棠。中医认为，木瓜性温，味酸；有润肝排毒，舒筋活络，和胃化湿，抗菌杀虫，消肿止泻功效。用于湿痹拘挛，腰膝关节酸痛，消化不良，吐泻转筋，脚气水肿。《雷公炮炙论》："调营卫，助谷气。"《名医别录》："主湿痹邪气，霍乱大吐下，转筋不止。"《食疗本草》："治呕哕风气，吐后转筋，煮汁饮之。"《本草纲目拾遗》："下冷气，强筋骨，消食，止水痢后渴不止，作饮服之。又脚气冲心，取一颗去子，煎服之。嫩者更佳。又止呕逆，心膈痰唾。"《海药本草》："敛肺和胃，理脾伐肝，化食止渴。"《日华子本草》："止吐泻奔豚及脚气水肿，冷热痢，心腹痛，疗渴。"王好古："去湿和胃，滋脾益肺。治腹胀善噫，心下烦痞。"《日用本草》："治脚气上攻，腿膝疼痛，止渴消肿。"《本草再新》："敛汗和脾胃，活血通经。"《食疗本草》："不可多食，损齿及骨。"《医学入门》："忌铅，铁。"《本草经疏》："下部腰膝无力，由于精血虚，真阴不足者不宜用。伤食脾胃未虚，积滞多者，不宜用。"《随息居饮食谱》："木瓜多食患淋，以酸收太过也。"煎服7.5~15克。胃酸过多、内有郁热、小便短赤者忌用。

现代研究认为，木瓜含有木瓜蛋白酶，能将脂肪分解为脂肪酸；含有酵素，有利于蛋白质食物的消化吸收；含有番茄红素具有抗癌作用；含有凝乳酶有通乳功能；含有番木瓜碱和木瓜蛋白酶能阻止亚硝酸胺的合成，对淋巴细胞性白血病具有强烈抗癌活性，对结核杆菌、绦虫、蛔虫、鞭虫和阿米巴原虫有抑制作用，还可缓解胃肠平滑肌和腓肠肌痉挛所引起的腹痛和肌肉疼痛有疗效，含有齐墩果酸是一种具有护肝降酶，抗炎抑菌，降低血脂，软化血管等功能的化合物；含有皂苷、黄酮类、苹果酸、酒石酸、枸橼酸，17种氨基酸（色氨酸和赖氨酸含量最丰富）及多种矿物质，具有丰胸、催乳、助消化、降血压、抗肿瘤，促进肝细胞修复、降低血清谷丙转氨酶活性作用，并将木瓜汁涂于皮肤溃疡表面，可促进溃疡的愈合。青木瓜有催乳、丰胸作用。

世界艾滋病研究与防治基金会主席昌克·蒙塔尼耶认为，木瓜汁中含有一些可以提高免疫力和抗氧化能力的物质。从发酵木瓜中提取的汁液能增强人体免疫力，对抗包括"非典"在内的一些病毒。

木瓜中的番木瓜碱有微毒，孕妇及过敏者忌食。胃酸过多者，小便淋漓涩痛者忌食。木瓜汁外用涂搽，可治疗湿疹、皮癣等；外用洗脸、洗手，可除去蛋白质、油质等污垢，是很多美容、美白护肤品的原料之一。

● 乌梅：别名合汉梅、干枝梅、酸梅、乌实、梅干、黄子、橘梅肉、熏梅、梅实、青梅、春梅、梅果。中医认为，乌梅性温，味酸；有敛肺止咳，涩肠止泻，生津止渴，安蛔止痛功效。用于肺虚久咳，干咳少痰，津伤口渴，久痢滑肠，虚热烦渴，蛔厥呕吐，腹痛，胆逆蛔虫，胆囊炎，牛皮癣，久泻便血，尿血，血崩，梅核膈气，痈疽肿毒，钩虫病，胬肉。外治疮疡久不收口，鸡眼等。《神农本草经》："主下气，除热烦满，安心，肢体痛，偏枯不仁，死肌。去青黑痣，恶肉。"《名医别录》："止下痢，好唾口干。""利筋脉，去痹。"陶弘景："伤寒烦热，水渍饮汁。"孟诜："大便不通，气奔欲死，以乌梅十颗，置汤中，须臾挼去核，杵为丸如枣大，纳下部，少时即通。擘破水渍，以少蜜相和，止渴。霍乱心腹不安，及痢赤，治疟方多用之。"《本草纲目拾遗》："去痰，主疟瘴，止渴调中，除冷热痢，止吐逆。"《日华子本草》："除劳，治骨蒸，去烦闷，涩肠止痢，消酒毒，治偏枯皮肤麻烦，去黑点，令人得睡。又入建茶，干姜为丸，止休息痢。"《本草图经》："主伤寒烦热及霍乱躁（'躁'作'燥'）渴，虚劳瘦羸，产妇气痢等方中多用之。"《用药心法》："收肺气。"《本草纲目》："敛肺涩肠，治久嗽，泻痢，反胃噎膈，蛔厥吐利，消肿，涌痰，杀虫，解鱼毒，马汗毒，硫黄毒。"《本草求原》："治溲血，下血，诸血证，自汗，口燥咽干。"《道听集》："治妇人三月久惯小产，梅梗三五条，煎脓汤饮之，复饮龙眼汤。"《随息居饮食谱》："多食损齿，生痰助火，凡痰嗽、疟膨、痞积、胀满、外感未清，女子天葵未行，及妇女经期，产前产后，痧痘后并忌之。"《本草新编》："乌梅止痢断疟，每有速效。"孟诜："多食损齿。"《日华子本草》："多啖伤骨，蚀脾胃，令人发热。"《本草经疏》："不宜多食，齿痛及病后当发散者咸忌之。"《药品化义》；"咳嗽初起，气实喘促，胸膈痞闷，恐酸以束邪气戒之。"《得配本草》："疟痢初起者禁用。"乌梅忌猪肉（药理相反）；妇女月经期间及产妇忌食；胃酸过多者慎用；乌梅具有酸敛性，内有湿热积滞者不宜食用。

煎服4~10克，最大剂量30克。止泻止血宜炒炭用，捣烂或炒炭研末外敷。外有表邪或内有实热积滞者均不宜服。乌梅忌羊肝（药性不合）、鳗鱼（导致中毒反应）、荆芥同食。

现代研究认为，乌梅含有柠檬酸、苹果酸、琥珀酸具有抗菌消炎作用，对大肠埃希菌、痢疾杆菌、伤寒杆菌、霍乱杆菌有抑制作用；含有枸橼酸可将血液疲劳物质乳酸分解为 CO_2 和 H_2O，并排出体外，尚可使体液保持弱碱性，使血液中的酸性有毒物质分解以改善血液循环；含有绞股蓝皂甙有降血脂、降血压，防止动脉硬化，防止肝炎，延缓衰老，抗疲劳作用。尚含有苦杏仁甙，苦味酸，超氧化物歧化酶，5-羟甲基-2-糖醛，挥发油等，具有抗过敏、抗癌、抗辐射、抗病原微生物作用；对子宫颈癌有抑制率达90%以上；使胆囊收缩，促进胆汁分泌和排泄兴奋并刺激蛔虫后退。体外实验本品对人子宫颈癌JTC-26株抑制率在90%以上。

● 石榴：别名天浆、安石榴、甘石榴、钟石榴、金庞酸石榴、醋石榴、金罂。中医认为，石榴性温，味甘酸；功能：生津止渴，解毒止痢。酸石榴兼有止血之功，可用治津伤烦渴，滑泻久痢，崩漏，带下等症。甜石榴除可用治津伤口渴及久痢外，尚有杀虫之功，可用治虫积腹痛等症。《名医别录》："主咽燥渴。"《本草纲目拾遗》："止渴。"《蜀本草》："《本草图经》云，止痢。"《本草纲目》：酸石榴"止泻痢，崩中带下"。《随息居饮食谱》：酸石榴"解渴，醒酒"。《食疗本草》："治赤白痢腹痛者，取一枚并子捣汁顿服。"《广州植物志》：酸石榴"可治胃病"。孟诜：酸石榴"治赤白痢腹痛者，取一枚并子捣汁顿服"。《滇南本草》：甜石榴"治筋骨疼痛，四肢无力，化虫，止痢，或咽喉疼痛肿胀，齿床出血，退胆热，明目，同文蛤为末，亦能乌须"。《名医别录》："损人肺，不可多食。"孟诜："多食损齿令黑。"《日用本草》："其汁恋膈而成痰。损肺气，病人忌食。"《医林纂要》："多食生痰，作热痢。"多食石榴伤肺损齿，使齿变黑；急性盆腔炎、尿道及感冒患者忌食；小儿少食。

《中国食疗学》石榴汁："涩肠止泻。主治痢疾，肠炎，滑泄无度。鲜石榴（以酸者为好）一个。上切块，捣烂，绞取汁液顿服。""石榴糖蜜饮：调理脾胃，收敛止泻。主治小儿泄泻。新鲜石榴2个，剥去外皮，留果肉，加水500毫升，文火煎至150毫升，捞去石榴果肉后，加入少量蜜糖调味。分2~3次饮服，1天内服完。"

《果品食疗》："治久泻久痢，大便出血，陈石榴焙干研末，每次10~12克用米汤送下，或鲜石榴1个连皮捣碎，加少许食盐水煎服。""治肺结核咳嗽，老年慢性支气管炎：未熟鲜果11个，每晚临睡前取种子嚼服。"

《中华食物疗法大全》石榴山药饮："益气固肺。主治喘证，肺脾气虚，气短息促，声低息微，动则喘甚，面色无华，自汗，舌淡齿痕，脉细弱。酸石榴自然汁18克，生山药45克，甘蔗汁30克，生鸡蛋4个。水煎服，每日1剂。"

现代研究认为，石榴含有类黄酮，能保护细胞免受致癌物攻击，还对癌细胞有抑制作用；含有番茄红素，可以防治前列腺癌；含有多酚是抗衰老和防癌的首选佳品，对大多数依赖雌激素的乳腺癌细胞有一定毒性，但对正常细胞基本没影响；含有鞣酸、生物碱、熊果酸，有收敛作用，能够涩肠化血，是治疗痢疾、泄泻、便血及遗精、脱肛病症的食品；皮含有多种生物碱，对金黄色葡萄球菌、霍乱弧菌、痢疾杆菌有抑制作用。

从营养学的角度讲，吃水果要皮肉一起吃，果皮大部分是碱性的，果肉大部分是酸性的，酸碱综合有益健康，果皮含膳食纤维多，利于排毒。

临床发现，石榴汁在抵抗心血管疾病的抗氧化作用比红酒、番茄汁、维生素 E 等更有效。

美国《临床营养学》杂志指出，每次饮用 2~3 盅石榴汁，连续应用 2 周，可使胆固醇氧化过程减缓 40%，并可减少已沉积的氧化胆固醇。石榴汁不仅减轻了胆固醇氧化的过程，而且可将低密度脂蛋白减少到最低水平。

以色列的研究人员发现，在一群健康男性中，石榴汁能够将有害胆固醇氧化的可能性降低 43%。在同一项研究中，老鼠的胆固醇氧化降低到 90%，但这些老鼠的动脉粥样硬化病变缩小了 44%。这就是说，它不仅能够防止血小板凝块，还能够缩小已经存在的凝块。

以色列工程技术学院脂类专家迈克尔·阿维拉姆认为，石榴中所含的花青甙和鞣酸能够提高一种叫做"二乙基对硝基苯磷酸酯酶"的水平，这种酶的作用就是分解氧化的胆固醇。他说："现在我们看到，这不仅能够预防病变，还能够在病变已经形成后将其分解。"他说，我们完全可以认为二乙基对硝基苯磷酸酯酶的消耗量增加甚至可能有助于动脉粥样硬化的自然退化，使得病人可以不再依赖于血管成形术和外科手术。

石榴忌螃蟹（刺激胃肠）同食。

● 石榴皮：《生草药性备要》："治瘤子疮，洗疝痛。"《本草纲目》："止泻痢，下血，脱肛，崩中带下。"有涩肠止泻，止血，杀虫疗癣功效。用于久泻久痢，肠滑不禁，崩漏出血，虫积腹痛。外用可治牛皮癣。用量 3~9克。湿热泻痢者慎用。

● 可可：可可粉 100 克含蛋白质 25 克，脂肪 25 克，糖类 10.8 克，钙115 毫克，磷 650 毫克，铁 11.50 毫克，钾 1920 毫克，镁 414 毫克，氟 0.12毫克。尚含可可酯，其中甘油三酯被机体吸收后，会增加血脂的浓度，故心血管病患者及肥胖者慎服。

中医认为，可可性平，味甘；有强壮，利尿功效。用于营养不良及血压偏低，头晕眼花。

● 龙眼肉：别名桂圆、圆眼、益智、骊珠、比目、龙眼干。中医认为，龙眼肉性温，味甘；有补益心脾，养血安神，益智功效。用于心脾两虚，气血亏虚之惊悸，健忘失眠，乏力久病及妇女崩漏出血等。《神农本草经》："主五脏邪气，安志，厌食，久服强魂魄，聪明。"《名医别录》："除虫，去毒。"《滇南本草》："养血安神，长智敛汗，开胃益脾。"《本草药性大全》："养肌肉，美颜色，除健忘，却怔忡。"《开宝本草》："归脾而能益智。"《日用本草》："益智宁心。"《滇南本草》："养血安神，长智敛汗，开胃益脾。"《本草通玄》："润肺止咳。"《得配本草》："益脾胃，葆心血，润五脏，治怔忡。"《泉州本草》："壮阳益气，补脾胃。治妇人产后浮肿，气虚水肿，脾虚泄泻。"《随息居饮食谱》："果中神品，老弱宜之。""外感未清，内有郁火，饮停气滞，胀满不饥诸候均忌。"《本草汇言》："甘温而润，恐有滞气，如胃热有痰有火者；肺受风热，咳嗽有痰有血者，又非所宜。"《药品化义》："甘甜助火，亦能作痛，若心肺火盛，中满呕吐及气膈郁结者，皆宜忌用。"历代医家有"血热宜龙眼，血寒宜荔枝"之说。

龙眼肉能提高机体的适应能力，对黄素蛋白——脑B型单胺氧化酶（MAO-B）有较强的抑制作用，这与人的衰老过程有密切关系。

煎服10~15克；湿滞中满或有痰火者忌服。

《济生方》归脾汤："治思虑过度，劳伤心脾，健忘怔忡：白术、茯苓（去末）、黄芪（去芦）、龙眼肉、酸枣仁各50克（炒，去壳），人参、木香各25克（不见火），甘草12.5克（炙）。上细切，每服20克，水一盏半，生姜五片，枣一枚，煎至七分，去滓温服，不拘时候。"

《随息居饮食谱》玉灵膏："大补气血：以剥好龙眼肉，盛竹筒式瓷碗内，每肉50克，入白糖5克，素体多火者，再加西洋参5克，碗口罩以丝绵一层，日日于饭锅上蒸之，蒸至多次。凡衰赢老弱，别无痰火便滑之病者，每以开水瀹服一匙，大补气血，力胜参芪，产后临盆，服之尤妙。"

《泉州本草》："治脾虚泄泻：龙眼干14粒，生姜3片。煎汤服。""治妇人产后浮肿：龙眼干、生姜、大枣。煎汤服。"

《补药与补品》定心汤："治心悸怔忡。龙眼肉50克，酸枣仁（炒，捣）25克，柏子仁、生龙骨、生牡蛎（捣细）各20克，生乳香、生没药各5克。水煎服。每日1次。"

《常见病食疗食补大全》龙眼肉粥："适用于小儿贫血。龙眼肉10克，莲子15克，糯米60克。上三味同煮作粥。每日早晚服食。"

现代研究认为，龙眼肉对黄素蛋白——脑B型单胺氧化酶（MAO-B）有较强的抑制作用，所以能延缓衰老。龙眼肉含有蛋白质、脂肪、糖类、有机酸、粗纤维及多种维生素和矿物质，能保护肌体免受低温、高温、缺氧刺激，从而可有效增强人体抗应激能力，并增加网状内皮系统的活性；促进生长发育，有补血及镇静作用，使非特异性免疫增强作用。此外，龙眼还能降低血脂，增加冠状动脉的血流量；还有一定的抑菌和抗癌活性。龙眼肉水浸液对人的宫颈癌细胞 JTC-26 有 90%以上抑制率。龙眼肉提取液对人体抗衰老物质黄素蛋白酶——脑 B 型单胺氧化酶（HAO-B）的活性有较强的抑制作用。现代用于治疗神经衰弱、心律失常、再生障碍性贫血和血小板减少性紫癜等。

龙眼肉性温，多食助热生火，每次食用 10~15 个，每天不得超过 50 个，阴虚内热、风寒感冒、消化不良、大便干结停饮，火盛者以及牙龈或痔疮出血者忌食，孕妇忌食，可助热动血，有障胎气。过食易引起气滞，腹胀，食欲减退等症状。

● 龙眼叶：《广州部队常用中草药手册》："淡，平。""防治流感，感冒：龙眼叶 15~25 克，煎水代茶饮。"《生草药性备要》："治疔疮，杀虫，作茶饮明目，嫩叶蒸水，加冰片搽眼眩烂。"《本草求原》："选疔、痔、疳疮、烂脚。"《泉州本草》："治疟疾：龙眼叶七叶，芝麻一酒盏。清水二杯，煎一杯，在疟疾发作前二小时内服。""治孕妇胎动腹痛：龙眼叶十多叶，生米一盏，食盐少许。煎汤，内服。"

● 龙眼壳：《本草从新》："味甘，性温，无毒。""治心虚头晕，散邪祛风，聪耳明目。"《重庆堂随笔》："研细治汤火伤亦佳。"煎服 10~15 克。《行箧检秘》："治汤泡伤：圆眼壳煅存性为末，桐油调涂患处，即止痛，愈后又无瘢痕。"《泉州本草》："治痈疽久不愈合：龙眼壳烧灰研细，调茶油敷。"

● 龙眼花：《泉州本草》："诸种淋证，龙眼花煎汤服；下消，小便如豆腐，龙眼花 50 克，合猪赤肉炖食，3~5 次。"

● 龙眼核仁：《泉州本草》："味涩。"《滇南本草图说》："治瘰疾。"《医学入门》："烧烟熏鼻，治流涕不止。"《本草纲目》："治狐臭，龙眼核六枚同胡椒二七枚研，遇汗出即擦之。"《本草从新》："治瘰疬，消肿排脓拔毒。并治目疾。"《岭南采药录》："疗疝气，敷疮癣，又止金疮出血。"煎服 5~15 克。

《重庆堂随笔》骊珠散："治刀刃跌打诸伤，止血定痛：龙眼核研敷。"《内经类编试效方》偏坠散："治疝气偏坠，小肠气痛：荔枝核（炒）、龙眼核（炒）、小茴香（炒）各等分。为细末，空心服 5 克，用升麻 5 克，水酒煮，送下。"《高世元传世方》："治一切疮疥：龙眼核煅存性，麻油调敷。"《医方集听》："治癣：龙眼核，去外黑壳，用内核，米醋磨涂。"《黄贩翁医抄》："治脑漏：广东圆眼核，入铜炉内烧烟起，将筒熏入患鼻孔内。"《本草纲目拾遗》："治小便不通：龙眼核去外黑壳，打碎，水煎服。如通后欲脱者，以圆肉汤饮之。"《药镜》："治足指痒烂：桂圆核烧灰掺之。"

● 龙眼根：《泉州本草》："苦涩。""治脾肾虚，小便如米泔，冷则凝结如豆腐浆：龙眼树根二重皮，每次 100 克，焙干喷酒，连续制二次，合薏苡仁 50 克煎服；第二、三次加茯苓 15 克再煎服，三次效。""治妇女白带：龙眼根二重皮（焙焦喷酒，再焙再喷，连续三次）100 克，合猪肉（半肥半瘦）炖服。"《福建中草药处方》："治流火（丝虫病）：龙眼树根 200 克，土牛膝，枸骨根各 100 克，水煎服。"

● 白果：别名银杏、佛指柑、公孙果、灵眼、佛指甲、鸭脚子。中医认为，白果性平，味甘苦涩，有毒。有敛肺平喘，收涩止带，除湿功效。治痤疮，咳嗽气喘，痰多，遗精遗尿，妇女带下清稀，淋病，白浊、小便频数。《三元延寿书》："生食解酒。"《滇南本草》："大疮不出头者，白果肉同糯米蒸合蜜丸；与核桃捣烂为膏服之，治噎食反胃，白浊，冷淋；捣烂敷太阳穴，止头风眼疼，又敷无名肿毒。"《品汇精要》："煨熟食之，止小便频数。"《医学入门》："清肺胃浊气，化痰定喘，止咳。"《本草纲目》："熟食温肺益气，定喘嗽，缩小便，止白浊；生食降痰，消毒杀虫；（捣）涂鼻面手足，去皶泡，黚䵟，皴皱及疥癣疳匿，阴虱。"《本草再新》："补气养心，益肾滋阴，止咳除烦，生肌长肉，排脓拔毒，消疮疥疽瘤。"《本草便读》："上敛肺金除咳逆，下行湿浊化痰涎。"《现代实用中药》："核仁治喘息，头晕，耳鸣，慢性淋浊及妇人带下。果肉捣碎作贴布剂，有发泡作用；菜油浸一年以上，用于肺结核。"《山东中药》："治遗精，遗尿。"《日用本草》："多食壅气动风。小儿多食昏霍，发惊引疳。同鳗鲡鱼食患软风。"《本草纲目》："多食令人胪胀。"《短命条辩》："果品有药性，切不可妄食。"这里的"妄食"一指有毒水果不能多食；二指身体需要吃什么水果就吃什么水果，不需要吃的水果就不要吃，而且不能当饭吃。《本草求真》："稍食则可，再食令人气壅，多食则令人胪胀昏闷，昔有服此过多而胀闷欲死者。"又说："小儿多食，昏霍发惊。昔有机者，以白果代饭食饱，次日皆死。"白果中含有氰氢酸（以色绿的胚最毒）——注入实验动物体内，动物可现抽搐，最后因延髓麻痹而死亡。一般认为，儿童生吃 7~15 枚即可引起中毒。炒熟后毒性减低，但一次食量不能过多。5 岁以下的幼儿禁止吃白果。若中毒，可内服蛋清或甘草 60 克，煎服，或白果壳 30 克，煎服，或麝香 0.3 克，温水调服。白果不宜长期食用。白果忌：白鳝（引起中毒）、鳗鲡。

煎服 5~10 克，捣碎。咳嗽痰稠不利者慎用。本品有毒（含银杏毒），若服用过量，轻者出现消化道症状，重者致呼吸麻痹而死亡。小儿慎用。

现代研究认为，白果含黄酮苷、苦内脂有扩张血管，促进血液循环，激活神经传递介质的活性，刺激因老化而丢失的神经细胞受体的再生，抵抗使脑细胞失活且遭到破坏的所谓"毒力增强"的过程，抑制血小板的凝集，防止在血管内形成血栓，降低血清胆固醇，降低血液黏稠度，收缩膀胱括约肌的作用，对脑血栓、老年性痴呆、高血压、冠心病、小儿遗尿、小便频数、遗精不固有疗效；含有氢化白果酸，能抑制结核杆菌和一些皮肤真菌，并对葡萄球菌、链球菌有抑制作用；含有银杏酸、银杏酚成分对多种革兰阴性菌有抑制作用，对真菌也有抑制作用；并能使子宫收缩，血压短暂降低，血管壁渗透性增加。含有蛋白质、脂肪、淀粉、氰苷、维生素及多种氨基酸，具有祛痰、平喘、抗癌功效；对肾损害有治疗作用，能增加小球过滤速度、尿流量和钠排出。白果酸有溶血作用；还能减少神经系统的兴奋能对缓解心悸、易怒、失眠和经期心神不宁有帮助。有研究显示，双叶白果白浆是治疗与年龄有关的记忆力和集中力的下降及加剧性的心不在焉、意识模糊、头晕、耳鸣和阿尔茨海默病的一种成功疗法。双叶银杏是从银杏树的树叶中抽炼出来的。银杏甲素能阻止过敏介质释放，以及肥大细胞的脱粒作用。Braquet 研究发现，银杏内脂 B 对被动过敏性休克有预防作用。可显著降低内毒素引起的休克，也可减少血栓素的释放等。

Viiamediana 等研究发现，银杏内脂 B 可降低肝门静脉压，提高全身血管耐受性，对肝硬化有一定疗效。

Koltai 等研究发现，银杏内脂 B 能阻止局部缺血引起的心律不齐，但不干扰心脏的正常功能。

《摄生众妙方》定喘汤："治齁喘：白果 21 枚（去壳砸碎，炒黄色），麻黄 15 克，苏子 10 克，甘草 5 克，款冬花 15 克，杏仁 7.5 克（去皮尖），桑皮 15 克（蜜炙），黄芩 7.5 克（微炒），法制半夏 15 克（如无，用甘草汤泡 7 次，去脐用）。上用水三钟，煎二钟，作二服，每服一钟，不拘时。"

《湖南药物志》："治梦遗：银杏三粒。酒煮食，连食四至五日。"

《濒湖集简方》："治赤白带下，下元虚惫：白果、莲肉、江米各 25 克。为末，用乌骨鸡一只，去肠盛药煮烂，空心食之。"

《内蒙古中草药新医疗法资料选编》："治小儿腹泻：白果 2 个，鸡蛋 1 个。将白果去皮研末，鸡蛋打破一孔，装入白果末，烧熟食。"

《证治要诀》："治诸般肠风脏毒：生银杏 49 个。去壳膜，烂研，入百药煎末，丸如弹子大。每服 3 丸，空心细嚼米饮下。"

《永类钤方》："治牙齿虫蠹：生银杏，每食后嚼一个，良。"

《医林纂要》："治鼻面酒皶：银杏、酒醉糟。同嚼烂，夜涂旦洗。"

《秘传经验方》："治头面癣疮：生白果仁切断，频擦取效。"

《济急仙方》："治下部疳疮：生白果，杵，涂之。"

《救急易方》："治乳痈溃烂：银杏 250 克。以 200 克研酒服之，以 200 克研敷之。"

《摄生方》："鸭掌散：宣降肺气，止咳平喘。主治风寒外束，痰浊内阻，喘咳气急。银杏五个，麻黄 12.5 克，甘草（炙）10 克。水煎，临睡时服。"

《常见心肺疾病的治疗》白果仁煎汤："益肺定喘。主治支气管哮喘。白果仁 15 克，加水煮熟，加砂糖或蜂蜜适量食用，每日 1 剂，连续服用。"

《傅青主女科》易黄汤："健脾除湿，清热止带。主治脾虚热带下。症见带下稠黏量多、色白兼黄、其气腥臭、头眩且重、乏力、舌淡苔白、脉濡微者。炒山药、炒芡实各 50 克，黄柏（盐水炒）、车前子（酒炒）各 5 克，白果 10 枚，水煎服。"

● 白果叶：中医认为，白果叶性平，味苦甘涩；有益心活血，敛肺平喘，化湿止泻功效。治胸闷心痛，心悸怔忡，肺虚咳喘，高血压，高脂血症，泻痢，白带白浊。《品汇精要》："为末和面作饼，煨熟食之，止泻痢。"《中药志》："敛肺气，平喘咳，止带浊。治痰喘咳嗽，白带白浊。""有实邪者忌用。"《中草药手册》："治象皮腿。"

有研究显示，银杏叶中的异银杏双黄酮能抗血小板聚集，使血栓形成长度缩短，血栓干重和湿重减轻。银杏叶的提取物可扩张冠状动脉，对冠心病心绞痛有疗效；对高血压患者有一定的降压作用；可使帕金森病患者的脑血流量增加。银杏叶能拮抗气喘患者因抗原引起的支气管收缩，并抑制残留的支气管高反应性。银杏叶能降低炎症患者的 γ-球蛋白和免疫球蛋白的不正常升高。银杏叶水煎液对金黄色葡萄球菌、痢疾杆菌、铜绿假单胞菌等 7 种皮肤真菌有抑制作用。银杏叶含有超氧化物歧化酶（SOD）、黄酮类化合物，萜类银杏内酯有抗氧化，降低血清胆固醇作用。银杏叶多糖可显著抑制致炎剂引起的肿胀和毛细血管通透性增加，具有抗炎作用。

煎服 7~15 克。未加工的银杏叶不能泡茶喝。

银杏叶片虽然有扩张脑血管增加脑血流量，防止脑动脉硬化及治疗老年性痴呆症等作用。但英国《柳叶刀》提醒老年患者慎用银杏叶片，因为在西方已发现好几例因连续服用银杏叶片治疗脑动脉硬化症而诱发脑出血的病例。

专家推测，银杏叶片的主要成分黄酮类化合物是一种抑制血小板的凝聚功能，并能相应增加脑出血的危险。

美国底特律大学在研究中发现，服用一种类型银杏补品的妇女体内具有高水平的能够引起胎儿缺陷的水仙毒素，所以孕妇和哺乳期妇女以及计划怀孕的妇女最好不要补充银杏产品。

● 芒果：别名蜜望、望果、檬果、香盖、蜜桌、蜜果、庵罗果、沙果梨。中医认为，芒果性凉，味甘酸；有生津止渴，养胃止呕，解毒利尿功效。用于津液不足，口渴咽燥，眩晕症，梅尼埃病，慢性胃炎，消化不良，呕吐，头晕，尿少，尿涩及女子月经过少，闭经者食用。《食性本草》："主妇人经脉不通，丈夫营卫中血脉不行。"《陆川本草》："行气导滞，去瘀积。治热滞腹痛，气胀。并洗烂疮。"《岭南采药录》："治枪弹伤，芒果叶煎水洗；铁屑入肉，取汁捣烂敷罨。"《本草纲目拾遗》："益胃气，止呕晕。"《开宝本草》："食之止渴。""动风气，天行病后俱不可食之，又不可同大蒜，辛物食，令人患黄病。"

现代研究认为，芒果含有芒果苷有祛痰、止咳及抗肿瘤作用；含有芒果酮酸、异芒果醇酸等三萜酸和多酚类化合物，具有一定的防癌和抗癌作用。芒果及许多浆果和草莓中都含有槲皮素——生物类黄酮之一，可以促进毛细血管及相关组织的健康。因此，槲皮素可以减轻皮肤青紫、水肿、静脉曲张及毛细血管脆弱等症状；还可阻止组胺释放，缓解某些类型的过敏原引起的过敏反应，并有一定抗炎性质。未成熟的果实及树皮、茎能抑制化脓球菌、大肠埃希菌。皮肤病，肾炎患者慎食。不宜与大蒜、胡椒、辣椒等辛辣食物同食。芒果核仁性平，味酸涩；有消积，治疝痛功效。用于小儿食积不化，疝气疼痛症，但不宜过量，以免引起中毒。

《果品食疗》："治慢性咽炎，音哑：芒果煎水，代茶频饮。""多发性疣：芒果1~2枚，分两次，并取果皮擦患处。"

《健康与食物》："治食积不化，胃腹胀满：芒果每次1个，连皮吃，早晚各1次。"

● 阳桃：别名五敛子、酸五棱、羊桃、洋桃、杨桃、山敛、三敛子、三楼子、木踏子、风鼓、鬼桃。中医认为，阳桃性寒，味甘酸；有清热生津，止渴利尿，凉血解毒功效。用于风热咳嗽，热病烦渴，口舌糜烂，咽喉肿痛，风火牙痛，痈疽肿毒，虫蛇咬伤，小便不利，热淋石淋，疟母痞块（即疟疾反复发作后引起的肝肺肿大）。民间有用以治疗泌尿系结石症。《本草纲目》："主治风热，生津止渴。"《岭南杂记》："能解肉食之毒。又能解岚瘴。"

《本草纲目拾遗》："脯之或白蜜渍之，不服水土与疟者皆可治。"《岭南采药录》："止渴解烦，除热，利小便，除小儿口烂，治蛇咬伤症。"《陆川本草》："疏滞，解毒，凉血。治口烂，牙痛。"《广西中药志》："解酒毒，消积滞。"《药性考》："多食冷脾胃，动泄澼。"

　　阳桃性寒，多食易损脾阳而致泄泻，脾胃虚寒，大便溏薄慎服。

　　● 阳桃叶：《生草药性备要》："味涩，性寒。""利小水。"《南宁市药物志》："苦，寒，无毒。""枝叶：清湿热，利小便，散郁血，治痧气。叶：洗皮肤热毒。""体质虚寒者忌服。"《岭南采药录》："捣烂敷疮，止痛，散热毒，止血，拔脓，生肌。"《陆川本草》："治血热身痒。"

　　《泉州本草》："治热喝，小便短涩：阳桃鲜叶 50 克。煎汤代茶服。""治痈疽肿毒：阳桃鲜叶捣烂调米泔敷，善拔毒生肌。""治顽癣疥疮：阳桃鲜叶煎汤，趁温洗患处。""治蜘蛛毒，蛇咬伤：阳桃鲜叶捣烂绞汁搽患处，止痛拔毒。"

　　● 阳桃花：《本草求原》："解鸦片毒。"煎服 15~40 克。

　　《福建民间草药》："治寒热往来：干阳桃花 25~40 克。酌冲开水炖服，日服两次。"

　　《岭南采药录》："解鸦片毒：阳桃花 15 克。水 250~300 克煎服。"

　　● 阳桃根：《福建民间草药》："治慢性头风：鲜阳桃根 50~75 克，豆腐 200 克炖服。日服 1 次。"

　　《泉州本草》："治关节痛：阳桃根 200 克，浸酒 500 克，历一星期可用，每次服一小杯。"

　　《岭南采药录》："治心痛：阳桃根 20~25 克。水煎服。"

　　● 杨梅：别名杬子、水珠红、树梅、圣僧梅、白蒂梅、龙睛、朱红、水杨梅、杨果。中医认为，杨梅性温，味甘酸；有生津解渴，和胃止呕，涩肠止泻功效。用于津少口渴，食积腹胀，吐泻腹痛；外伤出血，水火烫伤。孟诜："和五藏，能涤肠胃，除烦愦恶气，亦能治痢。"《本草纲目拾遗》："止渴。"《日华子本草》："疗呕逆吐酒。"《开宝本草》："主去痰，止呕哕，消食下酒。"《玉楸药解》："酸涩降敛，治心肺烦郁，疗痢疾损伤，止血衄。"《现代实用中药》："治口腔咽喉炎症。"《中国药植图鉴》："对心胃气痛及霍乱有效。"孟诜："切不可多食，甚能损齿及筋。"《日华子本草》："疗呕逆吐酒。""忌生葱。"《开宝本草》："多食令人发热。"《本经逢原》："血热火旺人，不宜多食。"《本草从新》："多食发疮致痰。"腹泻患者宜吃杨梅、葡萄、石榴、苹果等具有收敛作用的水果，忌吃李子、桃子、香蕉等水果。

现代研究认为，杨梅含有维生素 C、叶酸、亚油酸、亚麻酸、生育酚（子中含有），矿物质钾、锌，还含有 18 种氨基酸，其中谷氨酸对调节脑功能发挥作用；含有有机酸不仅增强食欲，帮助人体消化，还可使食物中水溶性 B 族维生素和维生素 C，化学物质稳定，促进铜、锌和钙的分解，以利于身体的吸收和利用，增强防病能力；含有果胶有助于降低血液中胆固醇，也有助于防治糖尿病；含有树莓铜具有一定的减肥功能；含有水杨酸可防治高血压、动脉粥样硬化等心脑血管疾病以及结肠、直肠癌；含有黄酮类物质、人参皂苷等，参与糖的代谢，有增强毛细血管的通透性，降血脂，阻止癌细胞在体内生成的功效；并能使胆囊收缩，促进胆汁排泄；还能对大肠埃希菌、痢疾杆菌有抑制作用；还有收敛消炎功能。

杨梅忌鲤鱼：杨梅含有苦杏仁苷与鲤鱼肉中的多种酶结合，会分解成有毒物质氢氰酸。杨梅还忌生葱、鸭肉（功效相反）同食。

阴虚血热者、胃溃疡患者、糖尿病患者、牙痛、胃酸过多、上火者不宜多食。

《普济方》杨梅方："治痢：杨梅烧服之。"

《江西中草药学》："治痢疾及预防中暑：杨梅浸烧酒服。或用 25 克煎服。"

《泉州本草》："治胃肠胀满：杨梅腌食盐备用，越久越佳，用时取数颗泡开水服。""治汤火伤：杨梅烧灰为末，调茶油敷。""治鼻息肉或一般肉芽：杨梅（连核）合冷饭粒捣极烂，敷患处。"

● 杨梅根：《江西民间草药验方》："性温，味苦辛涩。""治跌打扭伤肿痛：杨梅树根 100~200 克。水煎，熏洗伤处。""治刀斧伤筋：杨梅树根（烧存性，外黑内焦黄）50 克，冰片 1.5 克。共研极细末，用时以药末撒布伤处，以绷带扎护，夏天每日换 1 次，冬天 3 日换 1 次（伤处忌沾生水，忌摇动）。

《日华子本草》："煎汤洗恶疮疥癞。"《本草纲目》："煎水漱牙痛，服之解砒毒，烧灰油调，涂汤火伤。"《贵州草药》："凉血止血，化瘀生新。""治吐血，血崩：杨梅根皮 200 克。炖肉 250 克吃。""治痔疮出血：杨梅根皮 200 克。炖 1 只老鸭子吃。"

《福建中草药》："理气散瘀，通关开窍。""治膈食呕吐：杨梅鲜根 100 克。水煎服。"

《闽南民间草药》："治胃气痛：杨梅根（要白种的）50 克。洗净切碎，和鸡 1 只（去头、脚、内脏），水酌量，炖 2 小时服。"

《全展选编·内科》："治胃，十二指肠溃疡病，功能性胃痛：杨梅树根皮（去粗皮），青木香（马兜铃根）各等量。均洗净切片烘干，共研细末，制成蜜丸。每丸含杨梅根皮和青木香各 7.5 克。用法：每日 2 次，每次 1 丸，温水送服。"

● 杨梅树皮：《日华子本草》："煎汤洗恶疮疥癞。"《本草纲目》："煎水漱牙痛，服之解砒毒，烧灰油调，涂汤火伤。"《江西民间草药验方》："性温，味苦辛涩，无毒。""退目翳，止泻痢。""治休息痢，泄泻日久不止：杨梅树皮 25~35 克。水煎，分作 3 次，每次加白糖 15 克服，每日 1 剂。""治跌打扭伤肿痛：杨梅树皮 100 克，百两金 50 克，烧酒 500 克，同浸 10 天备用。用时以酒搽擦伤处。""治眼生星翳：①杨梅树皮 100~200 克。水煎，去滓，放面盆内，熏患眼，每日 1 次。②杨梅树皮适量。洗净切碎，加食盐少许捣烂，做成如铜铁大的小饼，敷于手腕动脉处，约经 1 小时取下。""治齿痛：杨梅树皮（或根）25~35 克。加清水煎汁，去渣，以汁煮两鸭蛋，及至蛋熟，先食蛋，后饮汁。"

《全展选编·传染病》："治菌痢：鲜杨梅树皮、叶共 50 克，鲜南天竹 25 克，橘子皮 7.5 克，将上药切碎，共放入沙锅内，加水 400 毫升，煎至 200 毫升，滤取药液，在药渣中再加水 300 毫升，煎至 100 毫升，合并两次药液为一日量。每次服 100 毫升，每日 3 次。亦可将一日量浓缩为 60 毫升，每次服 20 毫升。"

《贵州民间方药集》："治臁疮：杨梅树皮 150 克。捣烂煮水洗。"

《易简方》："治砒中毒，心腹绞痛，欲吐不吐，面青肢冷：杨梅树皮煎汤二三碗，服之。"

● 杏子：别名甜梅、叭达杏、杏实、杏果。中医认为，杏子性温，味甘酸；有润肠通便，化痰止咳，生津解渴，消食开胃功效。《千金要方·食治》："其中核犹未鞭者，采之曝干食之，甚止渴，去冷热毒。"《滇南本草》："治心中冷热，止渴定喘，解瘟疫。"柴裔《食鉴本草》："心病人宜之。"《随息居饮食谱》："润肺生津。"崔禹锡《食经》："不可多食，生痈疖，伤筋骨。"《本草衍义》："小儿尤不可食，多食疮痈及上膈热，产妇尤忌之。"《本草经集注》："杏子恶黄芪、黄芩、葛根。"

现代研究表明，杏的果肉里含有一种氨基酸类物质——γ-氨基 T 酸（GABA），这是人体中重要的神经递质，具有降血压、防治糖尿病、促进肺表面活性物质合成、改善肝功能的作用。苦杏仁苷可降低胃蛋白酶的消化功能。

长期摄入，可以预防震颤麻痹、老年性痴呆疾病、改善记忆力、增加脑血流量。

未成熟的杏中含黄酮类化合物（简称类黄酮）较多，这是一种广泛存在于植物中的天然有机化合物，因其分子量小，易被人体吸收，能通过血脑屏障进入脂肪组织，所以它对人体的健康具有广泛的作用：如抗炎症、抗过敏、抑制细菌、抑制病毒、防治肝病、降血压、降血脂、防止血栓形成、降低血管脆性、增强免疫、改善心脑血管血液循环、抗肿瘤等。

类黄酮在体内代谢快，与维生素 C 相似，过多时通过尿液排出体外。人体自身不能合成类黄酮，必须从食物中得来，需要经常补充。食物来源是谷物、蔬菜、水果，茶叶表层中含量最多。

● 杏叶：《滇南本草》："敷大恶疮。"《本草蒙荃》："煎汤洗眼止泪。"《补缺肘后方》："治卒肿满身面皆洪大：杏叶，锉，煮令浓，及热渍之，亦可服之。"

● 杏花：《本草纲目》："苦，温，无毒。"《名医别录》："主补不足，女子伤中，寒热痹，厥逆。"《卫生易简方》："治妇人无子：杏花，桃花，阴干为末，和井华水服方寸匕，日三服。"

● 杏枝：《本草图经》："主堕伤。"《塞上方》："治坠马仆损，瘀血在内，烦闷：杏枝 150 克。细锉微熬，好酒二升，煎十余沸，去渣。分为二服，空心，如人行三四里，再服。"

● 杏树皮：《全展选编·内科疾病》："治苦杏仁中毒。"煎服 50~100 克。

● 杏仁：别名杏核仁、杏子、不落子、苦杏仁、杏梅仁。中医认为，杏仁性温，味甘、苦。杏仁有苦、甜两种，味苦的称苦杏仁，有毒，多用于风寒咳嗽实症（气喘，痰多，血虚津枯，肠燥便秘）；适当使用可治疗疾病，过量服用（50~100 粒）则会中毒。婴儿，阴虚劳嗽、大便稀薄者慎用。味甜的杏仁无毒，多用于肺虚久咳，润肠通便。《神农本草经》："主咳逆上气雷鸣，喉痹，下气，产乳金疮，寒心奔豚。"《本草经集注》："解锡、胡粉毒。"《名医别录》："主惊痫，心下烦热，风气去来，时行头痛，解肌，消心下急，杀狗毒。"《药性论》："治腹痹不通，发汗，主温病。治心下急满痛，除心腹烦闷，疗肺气咳嗽，上气喘促。入天门冬煎，润心肺。可和酪作汤，益润声气。宿即动冷气。"《本草求真》："杏仁，既有发散风寒之能，复有下气除喘之力，缘辛则散邪，苦则下气，润则通秘，温则宣滞行痰。杏仁气味具备，故凡肺经感受风寒，而且喘嗽咳逆，胸满便秘，烦热头痛，与夫蛊毒，疮疡，狗毒，面毒，锡毒，金疮，无不可以调治。"崔禹锡《食经》："理风臁及言吮不开。"《医学启源》："除肺中燥，治风燥在于胸膈。"《主治秘诀》云："润肺气，消食，升滞气。"《滇南本草》："止咳嗽，消痰润肺，润肠胃，消面粉积，下气。治疳虫。"《本草纲目》："杀虫，治诸疮疥，消肿，去头面诸风皶疱。"《本草经集注》："得火良。恶黄耆、黄芩、葛根。畏蘘草。"《本草经疏》："阴虚咳嗽，肺家有虚热，热痰者忌之。"《本草正》："无气虚陷者勿用，恐其沉降大泄。"《本经逢原》："亡血家尤为切禁。"《随息居饮食谱》："寒湿痰饮，脾虚肠滑者忌食。"《本草从新》："因虚而咳嗽便秘者忌之。"杏仁中含有苦杏仁苷，有镇咳化痰作用。

煎服 3~10 克。婴儿慎用。

《备急千金要方》夏姬杏仁方：本方润肺、娇嫩容颜。杏仁（汤浸去皮尖，熟捣研 7~8 升汁）1500 克，羊脂 2000 克。相合为膏色如金状。每食弹子大，每日 3 次。

《太平圣惠方》杏仁散：本方润肺悦色驻颜。杏仁 5000 克。取杏仁用开水浸泡后，去掉皮、尖，过滤去水，取无皮尖的杏仁放入甑内，用小火慢蒸至熟烂，再转入一干净锅内，用微火烘焙，连续烘焙 7 天，每焙后摊冷。焙 7 天后杏仁焦酥可食用。每天空腹时取焦杏仁 5~7 粒，嚼烂后慢慢用液咽下。服用时间以早晨天色将亮，尚未起床时嚼服最佳。

《圣济总录》双仁丸："治上气喘急：桃仁、杏仁（并去双仁，皮尖，炒）各 25 克。上二味，细研，水调生面少许，和丸如梧桐子大。每服 10 丸，生姜，蜜汤下，微利为度。"

《方脉正宗》："治久病大肠燥结不利：杏仁 400 克，桃仁 300 克（俱用汤泡去皮），蒌仁 500 克（去壳净），三味总捣如泥；川贝 400 克，陈胆星 200 克（经三制者），同贝母研极细，拌入杏、桃、蒌三仁内。神曲 200 克研末，打糊为丸，梧子大。每早服 15 克，淡姜汤下。"

《千金方》："治鼻中生疮：捣杏仁乳敷之；亦烧核，压取油敷之。"

《本草纲目》："治诸疮肿痛：杏仁去皮，研滤取膏，入轻粉，麻油调搽，不拘大人小儿。""治犬啮人：熬杏仁五合，令黑，碎研成膏敷之。"

《外台秘要》杏仁汤："宣肺散寒，降气止咳。治小儿咳嗽上气。麻黄 4 克，杏仁 40 枚。水煎服。"

《中国中医秘方大全》麻杏肺炎汤："清热宣肺，化痰止咳。主治大叶性肺炎。麻黄 6 克，杏仁 6 克，石膏 30 克，知母 12 克，荆芥 9 克，远志 9 克，前胡 12 克，橘红 12 克，半夏 9 克，甘草 12 克，黄芩 9 克。水煎服。治疗 25

例，肺部完全恢复，正常平均为 7.6 天，白细胞数降至正常平均 4.8 天，体温降至正常平均 3 天。"

《近世妇科中药处方集》："治子宫及附件肿瘤方：杏仁 15 克，桃仁 60 克，大黄 9 克，水蛭、虻虫各 30 枚。以水 2 碗，煮取 1 碗，分 3 次服。"

美国医疗卫生部门发现苦杏仁对癌症有显著疗效。维生素 B_{17} 是从苦杏仁苷中提取的。苦杏仁苷由葡萄糖、苯甲酸、氰化物三种成分组成，其中氰化物是一种天然产生活性成分，可杀死癌细胞，或者抑制其分裂，对正常细胞没有损害。

现代医学认为，杏仁之所以能够止咳、平喘，原因在于氢氰酸。杏仁含苦杏仁苷约 3%，杏仁油约 50%，其他成分还有酶、蛋白质和各种游离氨基酸等。苦杏仁苷受杏仁中苦杏仁酶和樱叶酶的作用，依次水解成野樱皮苷和扁桃睛，再分解生成氢氰酸和苯甲醛。苯甲醛有较强烈的灭癌活性，并可缓解癌症患者的疼痛。1 克杏仁大约可产生 2.5 毫克氢氰酸。氢氰酸是剧毒物质，过量能使人中毒，甚至死亡。但若服小剂量杏仁则仅生成微氢氰酸，使呼吸趋于安静而镇咳平喘。杏仁对伤寒、副伤寒杆菌以及蛔虫、钩虫、蛲虫等均有抑制和杀灭作用。苦杏仁打碎煎服 3~10 克。苦杏仁油对蛔虫、钩虫及伤寒杆菌、副伤寒杆菌有抑制作用。杏仁油可促进胃肠的蠕动，润滑肠道，促进大便的排泄。杏仁含有黄酮类和多酚成分，可降低胆固醇含量，从而降低心血管疾病；还能促皮肤微循环，使皮肤红润而有光泽。类黄酮是新发现的人体必需的天然营养素，当人体内缺乏类黄酮时，容易导致大脑和心脏功能不全，血管硬化，脆性增强。杏仁忌：小米（易使人呕吐腹泻）、栗子（有害健康）、狗肉（有害健康）、猪肉（引起腹痛）。苦杏仁有小毒，内服用量不宜过大，否则容易引起中毒，成人服 60 克便可能致死。婴幼儿慎用。

● 杏树根：《本草蒙荃》："主堕胎。"《本草纲目》："治食杏仁多，致迷乱将死，杏树根切碎，煎汤服，即解。"煎服 50~100 克。

● 佛手柑：别名陈佛手、蜜罗柑、五指柑、佛手、木缘干、手柑、手橘、福寿柑、佛手片。中医认为，佛手性温，味辛苦酸；有疏肝解郁，理气和中，除湿化痰功效。用于肝胃气滞，胸闷胁痛，胃脘痞满，胃痛纳呆，嗳气呕恶，消化不良，痰多咳嗽。《滇南本草》："补肝暖胃，止呕吐，消胃寒痰，治胃气疼痛，止面寒疼，和中行气。"《本草纲目》："煮酒饮，治痰气咳嗽。煎汤，治心下气痛。"《本经逢原》："专破滞气。治痢下后重，取陈年者用之。""痢久气虚，非其所宜。"《本草再新》："治气疏肝，和胃化痰，破积，治噎膈反胃，消癥瘕瘰疬。"《随息居饮食谱》："醒胃豁痰，辟恶，解酲，消食止痛。"

现代研究认为，果实中含有柠檬油素，香叶木苷和橙皮苷，对肠道平滑肌有明显的抑制作用；对乙酰胆碱引起的十二指肠痉挛有解痉作用；有扩张冠脉状血管，增加冠脉血流量的作用；还能抑制心肌收缩力，减缓心率，降低血压，保护心肌缺血。佛手还有抗过敏、抗炎、抗病毒、祛痰作用，能对抗组胺引起的气管收缩。

煎服 3~9 克。阴虚火旺，气虚或无气滞者慎用。

《闽南民间草药》："治痰气咳嗽，陈佛手 10~15 克。水煎饮。""治妇女白带：佛手 25~50 克，猪小肠 30 厘米。水煎服。"

《岭南采药录》："治膨胀发肿：香橼去瓤 200 克，人中白 150 克。共为末，空腹白汤下。"

● 佛手花：《药材资料汇编》："平肝胃气痛。"煎服 5~10 克。

● 佛手柑根：《重庆草药》："味苦辛，性平，无毒。"《民间常用草药汇编》："顺气止痛。"煎服 15~25 克。

《闽南民间草药》："治男人下消，四肢酸软：鲜佛手根 25~40 克，猪小肚一个洗净，水适量煮服。"

● 李子：别名李实，嘉庆子。中医认为，李子性平，味甘酸；有清热生津，泻肝利水功效。用于阴虚内热，咽干唇燥，津少口渴及水肿，小便不利，妇人黄褐斑，蝎子蜇伤。《名医别录》："除痼热，调中。"孟诜："去骨节间劳热。"《日华子本草》："益气。"《滇南本草》："治风湿气滞血凝。"《医林纂要》："养肝，泻肝，破瘀。"《随息居饮食谱》："清肝涤热，活血生津。"《泉州本草》："清湿热，解邪毒，利小便，止消渴。治肝病腹水，骨蒸劳热，消渴引饮等证。"《千金要方·食治》："肝病宜食。""不可多食，令人虚。"《滇南本草》："不可多食，损伤脾胃。"《随息居饮食谱》："多食生痰，助湿发疟痢，脾弱者尤忌之。"《保生目录》："李子不可与蜜、雀肉同食，损五脏。"李子还忌：浆水、鸭、鸡、獐、白术、葱、鱼。未熟透的李子不可食用，味苦涩，或入水漂浮者有毒，不可食用。

现代医学证实，李子含有田基黄苷，是治疗肝炎的有效成分，对各种急慢性肝炎、肝硬化的 ALT 下降均有疗效；含有 γ-氨基丁酸、丝氨酸、甘氨酸、脯氨酸、谷酰胺等氨基酸，有利尿消肿、扩张血管、安眠作用，并有短暂的降压作用；含有柠檬酸、苹果酸，有生津止渴作用。李子核含苦杏仁和大量脂肪油，有润肠道、促进排便和止咳祛痰功效。

《天目山药用植物志》："治胃痛呕恶：李子干果实 30 克，鲜鱼腥草根

120 克，厚朴 15~18 克。水煎，冲红糖，早晚饭前各服 1 次。"

《果品食疗》："治消化不良，嘈杂，嗳气：腌李子 3~5 粒。水煎服，每日 2 次。"

《泉州本草》："治骨蒸劳热，或消渴引饮：鲜李子捣绞汁冷服。""治肝肿硬腹水：李子鲜食。"

● 李根：《日华子本草》："凉，无毒。""主赤白痢，浓煎服。"《滇南本草》："性寒，味苦涩。""治膏淋脓闭，马口疼痛，秧草为使，用根点水酒服，但服后脓止，管中痒，方好。"《药性论》："苦李根煮汁止消渴。"《本草纲目》："治小儿暴热，解丹毒。"《重庆草药》："清火解毒。用于热淋，血痢，牙痛。"

● 李树叶：《日华子本草》："平，无毒。""治小儿壮热，痁疾，惊痫，作浴汤。"《本草纲目》："甘酸，平，无毒。"《滇南本草》："治金疮水肿。"《中药形性经验鉴别法》："镇咳。"《千金方》："治少儿身热：李叶以水煮，去滓，浴儿。""治恶刺：李叶，枣叶捣绞取汁点之。"

● 李树胶：《本草纲目》："苦，寒，无毒。""治目臀，定痛消肿。"煎服 25~50 克。徐州《单方验方新医疗法选编》："透发麻疹：李树胶 25 克。煎汤，每日服 2 次，每次半茶盅。"

● 李核仁：《名医别录》："味甘苦，平，无毒。""主僵仆跻（一作'主僵仆蹉折'），瘀血骨痛。"《药性论》："治女子小腹肿满，主蹉折骨痛肉伤，利小肠，下水气，除肿满。"《本草求原》："治僵仆瘀血骨痛，清血海中风气，令人有子。其性散结，解硫黄、白石英、附子毒，去面黚。"《中药形性经验鉴别法》："润肠，镇咳。"《四川中药志》："活血去瘀，润燥滑肠。治跌打损伤，瘀血作痛，痰饮咳嗽，脚气，大便秘结等症。""脾弱便溏，肾虚遗精及孕妇忌用。"煎服 10~20 克。外用：研末调敷。

《千金方》："治面黚：李子仁末和鸡子白敷。"

《养生必用方》："治蝎虿螫痛：苦李仁，捣涂良。"

● 李树皮：别名甘李根白皮。《药性论》："味咸。""治脚下气，主热毒，烦躁。"《滇南本草》："性寒，味苦涩。"《吴普本草》："治疮。"《名医别录》："主消渴，止心烦，逆奔气。"陶弘景："水煎含之，疗齿痛。"孟诜："主女人卒赤白下。"《长沙药解》："下肝气之奔冲，清风木之郁热。"

煎服 10~15 克。

《金匮要略》奔豚汤："治奔豚气上冲胸，腹痛，往来寒热：甘草、芎藭、当归各 100 克，半夏 200 克，黄芩 100 克，生葛 250 克，芍药 100 克，生姜 200 克，甘李根白皮一升。上九味，以水二斗，煮取五升，温服一升，日三，夜一服。"

● 李树花可以"去粉刺黑暗"，"令人面泽"，对汗斑、面部色素沉着、黑斑均有疗效。

● 沙枣：别名银柳、红豆。《内蒙古中草药》："味甘酸涩，性平。"《新疆中草药手册》："强壮，镇静，固精，健胃，止泻，调经，利尿。治胃痛，腹泻，身体虚弱，肺热咳嗽。"煎服 25~50 克。

● 沙枣花：《中国沙漠地区药用植物》："味甘涩，性温。"止咳，平喘。"治慢性支气管炎：沙枣花（蜜炙）干品 10 克（鲜品 15~25 克），水煎服，每日 2 次；或沙枣花 50 克（蜜炙），白芥子、杏仁（去皮，蜜炙）、前胡各 15 克，甘草 5 克，共研细末，每次服 15 克，每日 2~3 次。"

● 沙枣胶（沙枣茎枝胶汁的干燥品）：《新疆中草药手册》："治骨折。沙枣胶 23 克，茜草 10 克，曼陀罗子 15 克，硫酸镁 30 克，明矾 10 克。共为细末，每 10 克加蛋清一个，调敷患部。"

● 沙枣树皮：《陕甘宁青中草药选》："味涩微苦，性凉。""收敛止痛，清热凉血。""治白带：沙枣树皮 25 克。水煎服。""治烧伤：沙枣树皮研粉，以 80%酒精浸泡 48 小时，过滤，用时喷涂创面。能止渗出液，促进创面愈合。""外用止血：沙枣树皮研末，敷患处。"煎服 15~25 克。

● 沙棘：别名醋柳果、酸刺、酸溜溜、大补兴。中医认为，沙棘性温、味甘酸涩；有活血散瘀，化痰宽胸，生津止渴，补益脾胃，清热止泻功效。治跌打损伤，肺脓肿，咳嗽痰多，消化不良，高热伤阴，肠炎痢疾，胃痛，闭经。《西藏常用中药》："活血散瘀，化痰宽胸，补脾健胃。治跌打损伤，瘀肿，咳嗽痰多，呼吸困难，消化不良。"《高原中草药治疗手册》："生津止渴，清热制泻。治高热伤阴证，支气管炎，肠炎，痢疾。"《新疆药用植物志》："滋补肝肾。用于身体虚弱及维生素缺乏症，外用治皮肤放射线损伤。"《内蒙古中草药》："止痰祛痰，通经。治肺脓肿，闭经。"煎服 15~25 克。

现代研究认为，沙棘含有黄酮类（异鼠李素、槲皮苷、黄芪苷、芦丁、杨梅酮、山奈素、香树精），可增强心肌营养性血流量，改善心肌微循环，降低心肌耗氧量，抑制血小板聚集，对心绞痛患者有效率达 90%，改善心肌供血状况，增进心脏功能；还能增加特异性细胞免疫功能，对体液免疫也有作用。俄罗斯学者已从沙棘黄酮类中发现有诸多抗癌作用的成分。沙棘油、沙棘黄酮类能降低血清总胆固醇、甘油三酯的浓度。原中国中医研究院西苑医院做了三类八项实验，证明沙棘油具有明显的抗炎镇痛作用，良好的化腐生机作用，并可提高免疫功能，有一定的扶正作用。沙棘子油还能降低肝脏丙二醛含量，血清炳氨酸转氨酶和天冬氨酸转氨酶活性，起到保护肝脏的作用。沙棘含有儿茶素等具有对抗强烈辐射的作用，可以对人体重要脏器提供有效保护。沙棘还含有糖类（葡萄糖、果糖）、有机酸类（儿茶酸、齐墩果酸、肉豆蔻酸、棕榈烯酸、油酸、亚油酸、亚麻酸、硬脂酸、苹果酸、枸橼酸、琥珀酸、草酸），多种微量元素和维生素，以及超氧化物歧化酶（SOD）等多种活性物质，能阻断 N-亚硝基吗啉的合成，比同浓度抗坏血酸要强；还具有抗氧化、抗疲劳、抗溃疡、抗突变、护肝、抗癌、护肤作用。

● 林檎：别名花红果、花红、沙果、林禽、密果、五色奈。《千金要方·食治》："酸苦涩、平、无毒。""止渴。""不可多食、令人百脉弱。"《本草纲目拾遗》："味甘、无毒。""主水痢，去烦热。"《食疗本草》："止消渴。""主谷痢，泄精。"《日华子本草》："下气，治霍乱肚痛，消痰。"《滇南本草》："治一切冷积痞块，中气不足，似痞非疟，化一切风痰气滞。"《医林纂要》："止渴，除烦，解暑，去瘀。"《开宝本草》："味酸甘。""不可多食，发热涩气，令人好睡，发冷痰，生疮疖，脉闭不行。"《子母秘录》："治小儿痢：林檎、构子。杵取汁服。""治小儿闪癖，头发竖黄，瘰疬羸瘦：杵林檎末，以和醋敷上。"

● 林檎根：《食疗本草》："治白虫，蛔虫，消渴，好睡。"

煎服 50~150 克。

● 刺梨：别名文先果、茨梨、木梨子、九头鸟、缫丝花、团糖二、油刺果。中医认为，刺梨性凉、味甘酸涩；有健胃消食、清热解暑、止血功效。用于食积饱胀，消化不良，心烦口渴，小便短赤，便血，痔血。《贵州民间方药集》："健胃，消食积饱胀，并滋补强壮。"《四川中药志》："解暑，消食。"《宦游笔记》："刺梨，形如棠梨，多芒梨，不可触。……渍其汁，同蜜煎之，可作膏，正不减于樝梨也。花于夏，实于秋。花有单瓣重合之别，名为送春归。密萼繁英、红紫相间，植之园林，可供玩赏。"

现代研究认为，刺梨含有多种矿物质、维生素、16 种人体必需氨基酸、黄酮类物质和 DHA（超氧化物歧化酶）。因此，具有抗氧化、降血脂、防衰老作用，可以防治心脑血管疾病和代谢疾病。刺梨汁对致癌物质 N-亚硝基乙基脲在生物体内的合成有明显阻断作用。刺梨多糖对非特异性免疫和体液免疫有明显的增强作用。刺梨汁对 CCl$_4$ 的肝损害具有一定的保肝作用。刺梨可加速胃肠的排泄作用，能促进胰液及胰酶的分泌，促进胆汁的分泌。

《中国药膳大辞典》刺梨蜜膏："治胃阴不足或热伤津液，口干口渴。刺梨适量，洗净，水煎，浓缩成膏，或加等量蜂蜜。每次 1~2 汤匙，开水冲服。"

● 苹果：别名檬果、频婆、天然子、柰子、平波、超凡子、文林郎。中医认为，苹果性凉、味甘；有健脾开胃，生津止渴，消食止泻，养心益气，解暑醒酒，和血润肤，解毒除烦，去脂降压功效。用于慢性肾炎，腹泻，便秘，高脂血症，冠心病，高血压病。苹果皮有和中止呕功效，可用于呕吐。《千金要方·食治》："益心气。"孟诜："主补中焦诸不足气，和脾；卒患食后气不通，生捣汁服之。"《饮膳正要》："止渴生津。"《滇南本草》："炖膏食之生津。"《滇南本草图说》："治脾虚火盛，补中益气，同酒食治筋骨疼痛。搽疮红晕可散。"《医林纂要》："止渴，除烦，解暑，去瘀。"《随息居饮食谱》："润肺悦心，生津开胃，醒酒。"《名医别录》："多食令人胪胀，病人尤甚。"心衰及水肿患者宜吃苹果等含钾多而含水少的水果。苹果有收敛作用，痛经者忌食。

现代研究认为，苹果含有果酸和柠檬酸可稳定血糖，提高胃液的分泌，促进消化，清除体内多余脂肪，易饱而不发胖，排毒——避免食物在肠内腐化；含有鞣质预防肌肉骨关节炎；含有钾盐、铁盐，对心血管有保护作用；含有硼（Boron），预防骨质疏松症，增加血液保持雌激素和其他合成物的浓度，这些物质能够有效预防钙质流失；含有多酚能够抑制癌细胞的增殖；含有栎精具有抗氧化作用；含有钾，协助排水，减轻心脏负担；含有类黄酮，可通过抑制低密度脂蛋白氧化，发挥抗动脉粥样硬化的作用，还能抑制血小板聚集，减少血栓形成；含有苹果甙有抗脂质过氧化和保护脑神经元的作用，并提高红细胞过氧化氢化酶的活力和降低红细胞血红蛋白，还有祛痰、止咳的功效；含有果胶能与胆汁酸结合，吸收多余的胆固醇和甘油三酯，并抑制食欲达 4 个小时之久，有保护肠壁、活化肠内有益菌、调整胃肠功能的作用，还有吸收水分、消除便秘、吸附胆汁和胆固醇的作用；含有根皮素——一种只见于苹果的类黄酮物质，有稳定血糖水平的作用；含有多酚，能够抑制癌细胞的增生；含有原花素，能预防结肠癌。苹果和柑橘中的果胶，可以向肠中有益细菌提供食物来源。这些有益细菌能够合成 B 族维生素，酸化结肠，形成短链脂肪酸，保护结肠，抑制有害菌的繁殖。果胶可以吸收重金属，能促进肠道中的铅、锰及铍的排出。

芬兰的一项研究发现，吃苹果能降低患 2 型糖尿病的危险。研究者认为，苹果的这一疗效是因为苹果皮的主要成分槲皮苷有抗氧化作用。

日本科学家田中敬一认为苹果能够减少血液中的甘油三酯含量，从而打破了迄今为止认为苹果里的糖分会导致甘油三酯增多的定论。他说：吃苹果能够增加血液中的维生素 C 含量，减少肠内的不良细菌数量而帮助有益菌繁殖。每天吃苹果可以改善肠内的细菌丛状况，预防血脂等疾病。

荷兰国立公共卫生和环境保护研究所的朱切尔·赫托格博士进行的一项流行病学研究表明，老年冠心病患者每天吃一个或一个以上的苹果（至少 110 克），可以把因冠心病死亡的危险性降低一半。究其原因是由于苹果含有的丰富类黄酮在发挥作用。

美国爱德华·舒克在《草药学高级论述》中说："在对苹果进行了详尽无遗的研究之后，可以说，在已知的所有治疗用物质中，没有哪一种药剂或者草药比得上苹果。""研究证明，在那些未经甜化的苹果酒被当做普通饮料的国家，结石十分罕见。"

英国著名牙科专家杰姆对 171 名 6~15 岁的儿童做了一项实验后得出结论，苹果可以预防牙病。杰姆给其中 90 多儿童每天吃一个苹果，其余的儿童则吃其他水果。6 个月后发现，每天吃苹果的儿童，口腔没有发生疾病；而吃其他水果的儿童有半数患了口腔疾病，其中牙病为最多见。苹果之所以能预防牙病，是因为苹果中所含的纤维素和水分，能够消除牙齿周围的污垢，清洁口腔，有机酸可杀灭细菌。

苹果与水产品同吃，会导致便秘，引起不适之感。食用苹果过量有损心、肾，患有心肌梗死、肾炎、糖尿病的人以及痛经者忌食。

《古今长寿妙方》苹果川贝汤："温肺止嗽，化痰。治疗久咳不愈。苹果 5 个，川贝 5 克。将苹果切去头部，挖出果心，加入川贝，蜜糖炖汤。喝汤吃苹果，每日 2 次。"

《食疗本草学》苹果山药散："益脾胃，助消化，止腹泻。主治消化不良，食少腹泻，或久泻而脾阴不足者。苹果 30 克，山药 30 克。上为细末，每次 15~20 克，加白糖适量，温开水送服。"

● 苹果叶：《滇南本草》："敷脐上治阴证。又治产后血迷，经水不调，蒸热发烧，服之效。"《滇南本草图说》："贴火毒疮，烧灰调油搽之。"煎服 50~150 克。

● 苹果皮：《滇南本草图说》："治反胃吐痰。"煎服 25~50 克。

● 枣：别名大枣、红枣、刺枣、良枣、美枣、干枣、干赤枣、胶枣、南枣。中医认为，大枣性温，味甘；有益气补血，健脾和胃，祛风安神，缓和药性，调和营卫功效。用于血虚面色萎黄及心失所养，血虚旺燥者；中气不足，脾胃虚弱，倦怠乏力，食少，便溏，失眠，心悸，缺铁性贫血，血友病和再生障碍性贫血，盗汗，过敏性紫癜，慢性肝炎，妇人脏燥，月经量少及色淡，精神恍惚，神志失常，头晕眼花，缓解酸烈药物的毒副作用，使正气不受伤，并能调和各药的寒热偏性。黑枣的功用与红枣相似，一般认为其滋补的作用较强。《神农本草经》："主心腹邪气，安中养脾，助十二经。平胃气，通九窍，补少气，少津液，身中不足，大惊，四肢重，和百药。"《本草经集注》："煞乌头毒。"《名医别录》："补中益气，强力，除烦闷，疗心下悬，肠澼。"《药对》："杀附子、天雄毒。"孟诜："主补津液，洗心腹邪气，和百药毒通九窍，补不足气，煮食补肠胃，肥中益气第一，小儿患秋痢，与虫枣食，良。"《日华子本草》："润心肺，止嗽，补五脏，治虚劳损，除肠胃癖气。"张仲景："有治心腹邪气化顽肉之功。"《素问》："枣为脾之果，脾病宜食之。"《珍珠囊》："温胃。"李杲："温以补脾经不足，甘以缓阴血，和阴阳，调营卫，生津液。"《药品化义》："养血补肝。"《本草再新》："补中益气，滋肾暖胃，治阴虚。"《中国药植图鉴》："治过敏性紫斑病、贫血及高血压。"《救荒本草》："多食令人寒热腹胀，羸瘦人不可食。蒸煮食补肠胃，肥中益气。不宜合葱食。"《千金方》："治虚劳烦闷不得眠。"《医学入门》："心下痞、中满呕吐者忌之，多食动风、脾反受病。"《本草经疏》："小儿疳病不宜食，患痰热者不宜食。"《本草汇言》："胃痛气闭者，蛔结腹痛及一切诸虫为病者，咸忌之。"《随息居饮食谱》："多食患胀泄热渴，最不益人。凡小儿，产后及温热、暑湿诸病前后，黄疸、肿胀并忌之。"大枣忌：鱼（引起消化不良）、葱（引起消化不良）、海蜇（易患寒热病）、鲶鱼（导致头发脱落）、虾皮（引起中毒）、海蟹（易害寒热病）、海鲜（令人腰酸疼痛）。肝炎患者宜吃大枣、橘子、香蕉、桃子等降压、缓解血管硬化作用的水果。哮喘患者忌吃红枣，因红枣易生痰、助热、积食作用。凡有湿痰、积滞、齿痛、虫病者均不宜食，小儿疳病，痰热病患者亦不宜食。月经期间有眼肿、脚肿等现象的女性在月经期间不宜食。

现代研究认为，大枣含有高浓度的类黄酮具有抗氧化，抗忧虑，保护血管，预防癌症的作用；含有环磷酸腺苷对人体细胞起着重要的生理调节作用，可增强心肌收缩力，改善心肌营养，扩张冠状血管，抑制血小板聚集，并有抗过敏作用；含有多糖能促进免疫细胞的增殖，提高肌体免疫力；含有与人参中所含类同的达玛烷型皂甙，具有增强人体耐力和抗疲劳的作用；含有酸枣仁皂苷具有免疫促进活性，且在体内能与苯丙氨酸（能够缓解痛感）相互作用；含有芦丁可降低血脂中的胆固醇水平，防止血管硬化，预防毛细血管发脆的作用；含有如桦木酸和山楂酸等多种具有抗癌活性的三萜类化合物，对肉瘤 S-180 增殖有抑制效应，并能防止细胞突变；含有黄酮-双-葡萄糖甙 A 成分，有镇静、催眠和降低血压作用；含有生物碱，并从枣核中分离出 14 种生物碱，这些生物碱能抑制一种与清醒有关的特异性细胞的活化途径，有促进睡眠和提高睡眠质量的作用。大枣还含有 14 种氨基酸、6 种有机酸、36 种微量元素，这些物质对降低血清谷丙转氨酶、治疗非血小板减少性紫癜、贫血、眼疾、头发干枯、高血压、急慢性肝炎有辅助疗效，并能提高肌力，抗疲劳，抗过敏，抗癌，抗突变。鲜枣能够防治胆结石。

科学家用射线照射培养脾细胞，然后在培养基中加入枣核提取物，结果发现细胞 DNA 的损伤程度比那些没有接受枣核提取物的细胞轻得多。另有研究发现，枣核提取物能在体内保持心脏细胞不受因氧缺乏而造成损伤，从而证明了枣在治疗心脏病上的作用。动物实验证明，枣核能降低血压。

日本大阪大学微生物研究所报道，大枣对癌细胞有 90% 以上的抑制率，是一种很有前途的抗癌药。科学家从大枣中分离出一组抗癌的有效成分——三萜类化合物，其中的山楂酸在动物实验中的抗癌能力超过了化疗药 5-氟尿嘧啶。同时，还发现大枣中含有丰富的环磷酸腺苷（CAMP）。这种物质能够调节细胞分裂增殖，若将一定量的 CAMP 加入肿瘤培养液中，可抑制某些肿瘤细胞的生长繁殖，甚至使癌细胞向正常细胞转化。

煎服 6~15 克。

《医学衷中参西录》益脾饼："治脾胃湿寒，饮食减少，长作泄泻，完谷不化：白术 200 克，干姜 100 克，鸡内金 100 克，熟枣肉 250 克。上药四味，白术、鸡内金皆用生者，每味各自轧细、焙熟，再将干姜轧细，共和枣肉，同捣如泥，作小饼，木炭火上炙干，空心时，当点心，细嚼咽之。"

《金匮要略》甘麦大枣汤："治妇人脏燥，喜悲伤，欲哭，数欠伸：大枣十枚，甘草 150 克，小麦一升。上三味，以水六升，煮取三升，温分三服。"

《千金方》："治诸疮久不瘥：枣膏三升，水三斗，煮取一斗半，数洗取愈。"

《中国药膳学》大枣羊骨粥："补脾胃，益气血。适用于再生障碍性贫血，血小板减少性紫癜及其他气血不足症。大枣 20 枚，羊胫骨 1~2 根，糯米 50~100 克，食盐适量。羊骨捶破，大枣去核，与糯米同煮稀粥，入盐调味。早晚温热服食。"

● 罗汉果：别名拉汉果、假苦瓜、青皮果、汉果、罗晃子。中医认为，罗汉果性凉，味甘，有解暑利咽，清肺化痰，润肠排毒，嫩肤益颜功效。用于痰火咳嗽，百日咳，咽痛音哑，大便干结。《岭南采药录》："理痰火咳嗽，和猪精肉煎汤服之。"《广西中药志》："止咳清热，凉血润肠。治咳嗽，血燥胃热便秘等。"阳痿人吃罗汉果后阴茎疲软。

煎服15~25克。便溏者，肺寒及外感咳嗽者忌服。

现代研究认为，罗汉果含有D甘露糖有止咳作用；含有亚油酸、油酸、棕榈酸、硬脂酸、棕榈油酸、肉豆蔻酸、癸酸、月桂酸提高血液渗透压、降低颅内压；还含有甜度极强的非糖成分，主要是三萜苷类，其甜度为蔗糖的126~344倍，具有降血糖作用，可以用来辅助治疗糖尿病。

罗汉果花具有清热解毒，消炎祛火，化痰止咳，补气养血，镇静安神，润燥通便功效。用于肺火燥咳、咽炎、喉炎、胃炎、气管炎，感冒引起的鼻塞、头痛、咽喉痛、发烧发热及肠燥便秘。

科研人员从罗汉果块根中分离得到葫芦烷型的四环萜酸在体内外有明显的抗癌作用，还能祛痰、镇咳、平喘。另外，还发现罗汉果水提取物有保肝、抗炎、增强免疫的活性之功效。

● 金橘：别名金柑、金枣、寿星柑、夏橘、卢橘、山橘、长金柑、罗浮、金弹、金橙、公孙橘、牛奶橘、金弹橘。中医认为，金橘性温，味辛甘；有理气解郁，生津消食，化痰利咽，祛风止咳功效。用于肝肾气滞所引起的胸闷胃痛，嗳气吞酸，恶心呕吐，食滞纳少，消化不良，大便溏泄，腹胀，风寒袭肺，咳嗽，吐痰，百日咳。《本草纲目》："下气快膈，止渴解醒，辟臭。皮尤佳。"《随息居饮食谱》："醒脾，辟秽，化痰，消食。"《中国药植图鉴》："治胸脘痞闷作痛，心悸亢进，食欲不佳，百日咳。"金橘可减少毛细血管脆性和通透性，防止血管破裂；抑制葡萄球菌；双向调节血压；美容养颜。凡口舌生疮，大便干结，舌结口渴等内热亢盛者慎用。

● 金橘叶：《本草再新》："味辛苦，性微寒，无毒。""疏肝郁肝气，开胃气，散肺气。治噎膈、瘰疬。"《本草再新》："多用散气。"煎服5~15克。

● 金橘核：味酸辛、性平、无毒。《本草再新》："治目疾、喉痹，消瘰疬结核。"《闽东本草》："治睾丸垂大：金橘子10克，碧朴草15克。炖白酒，日服二次。"

● 金橘根：《四川中药志》："酸甘，温，无毒。""行血，散瘰疬，顺气化痰。治胃痛，九子疡初起未溃由于气滞者。""治胃痛吐食并吐水：寿星柑根、藿香、刺梨子、冬葵根各25克，水煎服。"《闽东本草》："调气降逆，健脾开胃，舒筋活络。治胸腹痛，痰滞气逆，疝气及水肿。""治胃痛：金橘根300克，猪肚1个。用水、红酒各半炖服（小儿减半）。""治疝气：

金橘根 100 克，枳壳 25 克，小茴香 50 克。酒适量炖服。""治水肿：金橘根 100 克，大号辣蓼 50 克，过冬柚子皮 200 克。煎服。""治血淋：鲜金橘根 50 克，冰糖 25 克。用开水炖服。""治子宫下垂：金橘根 150 克，生黄精 50 克，小茴香 100 克，猪肚 1 个。水酒各半炖，分 2 次服。""治产后小便痛：金橘根 20 克。炖红酒服。"

● 枇杷：别名卢橘、瑟瑟果、金丸、无忧扇、芦枝、腊兄、雁兄。中医认为，枇杷性凉，味甘酸；有和胃降逆，清热润燥，生津止咳功效。用于肺热咳嗽，肺痿咳嗽，咯血及暑热声嘶哑。胃热胃燥津伤口渴，胃气上逆之呕吐，呃逆。孟诜："利五脏。"崔禹锡《食经》："下气，止哕呕逆。"《日华子》："治肺气，润五脏，下气，止呕逆，并渴疾。"《滇南本草》："治肺痿痨伤吐血，咳嗽吐痰，哮吼。又治小儿惊风发热。"《随息居饮食谱》："多食助湿生痰，脾虚滑泄者忌之。"《本草逢原》："必极熟，乃有止渴下气润五脏之功。若带生味酸，力能助肝伐脾，食之令人中满泄泻。"《类摘良忌》："枇杷不可同炙肉、热面同食，令人患热发黄。"枇杷忌小麦（生痰）、烤肉（皮肤发炎）同食。呼吸道感染患者宜吃枇杷、罗汉果、橘子、生梨等有化痰润肺止咳作用的水果。

● 枇杷叶：中医认为，枇杷叶性微寒，味苦辛；有清肺止咳，和胃止呕功效。用于肺热咳嗽，咯痰黄稠，口苦烟干，气逆喘急，胃热呕逆，烦渴，神经痛，头痛，肩膀酸痛，腰痛，自主神经失调以及高血压、心脏病有疗效。《滇南本草》："止咳嗽、消痰定喘、能断痰丝、化顽痰、散吼喘止气促。"《名医别录》："主卒宛不止，下气。"《食疗本草》："煮汁饮，主渴疾，治肺气热嗽及肺风疮，胸、面上疮。"《新修本草》："主咳逆，不下食。"《本草纲目》："和胃降气，清热解暑毒，疗脚气（以足胫麻木、酸痛、软弱无力为主症的一种维生素缺乏病，并非西医中真菌感染引起的脚气）。"《本草再新》："清肺气，降肺火，止咳化痰，止吐血呛血，治痈痰热毒。"《安徽药材》："煎汁洗脓疮、溃疡、痔疮。"《本草经疏》："胃寒呕吐及肺感风寒咳嗽者，法并忌之。"用量 5~10 克。枇杷叶清泄苦降，故寒咳及胃寒呕逆者慎用。

现代研究认为，枇杷叶含有皂苷、熊果酸、苦杏仁苷、鞣质、山梨醇、维生素、挥发油类，是治疗肺病、咳喘的良药；枇杷叶水煎剂对金色葡萄球菌、革兰阳性球菌有抑制作用；还有消炎作用；敷于患处可治疗化妆品、洗涤剂药品、害虫、生漆等外界物质刺激引起的皮炎。还可将煮沸过滤后的汁液用作洗眼液，可治疗眼睛炎症，消除视疲劳。止咳炙用；止呕宜生用。煎

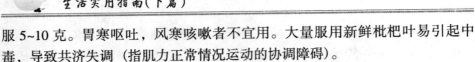

服 5~10 克。胃寒呕吐，风寒咳嗽者不宜用。大量服用新鲜枇杷叶易引起中毒，导致共济失调（指肌力正常情况运动的协调障碍）。

《滇南本草》："治咳嗽，喉中有痰声：枇杷叶 25 克，川贝母 7.5 克，叭旦杏仁 10 克，广陈皮 10 克。共为末，每服 5~10 克，开水送下。"

《本草衍义》："治妇人患肺热久嗽，身如炙，肌瘦，将成肺痨：枇杷叶、木通、款冬花、紫菀、杏仁、桑白皮各等分，大黄减半各如常制，治讫。同为末，蜜丸如樱桃大。食后夜卧，各含化一丸。"

《福建中草药》："治声音嘶哑：鲜枇杷叶 50 克，淡竹叶 25 克。水煎服。"

《圣惠方》枇杷叶散："治小儿吐乳不定：枇杷叶 0.5 克（拭去毛，微炙黄），母丁香 0.5 克。上药捣细罗为散，如吐者，乳头上涂一字，令儿咂便止。""治衄血不止：枇杷叶、去毛，焙，研末，茶服 5~10 克、日二。"

《摘元方》："治痘疮溃烂：枇杷叶煎汤洗之。"

《雷公炮炙论》："采得枇杷叶后，粗布拭去毛令净，用甘草汤洗一遍，却用绵再拭令干，每 50 克加酥 0.5 克炙之，酥尽为度。"《本草纲目》："治胃病以姜汁涂炙，治肺病以蜜水涂炙良。"

● 枇杷花：《重庆草药》："味淡，微温。""治枯痨咳嗽，痰中带黑血：枇杷花 100 克，鲜地棕根 200 克，珍珠七 100 克，石竹根 100 克，淫羊藿 100 克。炖肉服。"《贵州民间方药集》："花蒸蜂蜜，治伤风感冒，润喉止咳。"《民间常用草药汇编》："治寒咳。"煎汤 10~15 克，或研末。

枇杷花含有挥发油、低聚糖，主治伤风感冒，咳嗽痰血有疗效。

《本草纲目》："治头风，鼻流清涕：枇杷花，辛夷等分。研末，酒服 10 克，日二服。"

● 枇杷核：《现代实用中药》："苦，平。""镇咳祛痰。"《本草纲目拾遗》："治肝有余诸症，气实者可用。"《本草再新》："治疝气，消水肿，利关节，治瘰疬。"《四川中药志》："疏肝理气。"

枇杷核可用来治疗咳嗽、疝气等。

煎服 10~15 克。外用：研末调敷。枇杷核内所含的氢氰酸有毒，若大量应用可引起中毒。轻者出现呕吐，重者可致呼吸困难，昏迷，故不能过量服用。

《浙江中医杂志》："治咳嗽：枇杷核，晒干，捣碎，约 30 克，煎汤，煮沸 10 多分钟，临服时加少量白糖或冰糖，一日两次服用。"

《福建中草药》："治瘰疬：枇杷干种子为末，调热酒敷患处。"

● 枇杷根：《四川中药志》："性平，味苦，无毒。""治年久咳嗽，疗虚劳咳嗽。"《民间常用草药汇编》："镇痛，下乳。"《生草药手册》："治咳嗽、吐血伤症。"同肉类煨汤服 100~200 克。

《闽东本草》："治关节疼痛：鲜枇杷根 200 克，猪脚一个，黄酒 250 克。炖服。"

● 枇杷木白皮：《千金要方·食治》："止宛不止，下气。削取生树皮嚼之，少少咽汁；亦可煮汁冷服之。"《本草图经》："止吐逆不下食。"

● 波罗蜜：别名牛肚子果、蜜冬瓜、木波罗、树波罗、优珠昙、天婆罗、树婆罗。中医认为，波罗蜜性平，味甘微酸；有生津解渴，补中益气，醒酒除烦功效。用于胃阴不足，口中干渴，烦热不退。《本草纲目》："止渴解烦，醒酒，益气。"《广西药植名录》："生津，止渴，助消化。"

现代研究认为，波罗蜜含有波罗蜜蛋白酶是一种蛋白水解物质，具有抗水肿、消炎作用。其叶汁涂疮疖红肿，淋巴管炎和痤疮有疗效。

● 波罗蜜叶：《中国树木分类学》："叶磨粉，热之以敷创伤。"《广西药植名录》："治溃疡。"

● 波罗蜜树液：《广西中草药》："味淡涩。""散结消肿，止痛。治疮疖红肿，或疮疖红肿引起的淋巴结炎，用鲜树液涂患处。"《中国树木分类学》："波罗蜜树皮分泌一种树脂，菲律宾人用疗溃疡。"

● 波罗蜜核中仁：《本草纲目》："甘微酸，平，无毒。""补中益气。"《陆川本草》："治气弱，通乳。"煎服 100~200 克。

《广西中草药》："治产后乳少或乳汁不通：木菠萝果仁 100~200 克。炖肉服，或水煎服，并食果仁。"

● 柑：别名金实、柑子、木奴、瑞金奴。崔禹锡《食经》："味甘酸，小冷，无毒。""食之下气，主胸热烦满。"《开宝本草》："味甘，大寒。""利肠胃中热毒，止暴渴，利小便。"《医林纂要》："除烦、醒酒。""多食生寒痰。"《本草衍义》："脾肾冷人食其肉，多致藏寒或泄痢。"《随息居饮食谱》："风寒为病忌之。"

柑含橘皮苷，能够增强毛细血管韧性，减少脑血管疾病。

● 柑叶：《本草求原》："苦，平，无毒。""治胸膈逆气，行肝胃滞气，消肿散毒。消乳痈、乳吹、乳岩、肋痛。行经。"煎服 5~15 克。

《本草求原》："治伤寒胸痞：柑叶捣烂，和面熨。""治肺痈：柑叶，绞汁一盏服，吐出脓血愈。"

《蔺氏经验方》："治聤耳流水或脓血：柑树叶嫩头七个，入水数滴，杵取汁滴之。"

● 柑皮：别名广陈皮、新会皮、陈柑皮。《七卷食经》："小冷。""治气胜于橘皮；去积痰。"《本草纲目》："辛甘，寒，无毒。""伤寒饮食劳复者，浓煎汁服。"《食经》："主上气烦满。"《本草纲目拾遗》："去气，调中。治产后肌浮，为末酒下。"《日华子本草》："皮炙作汤，可解酒毒及酒渴。""多食发阴汗。"《食疗本草》："多食令人肺燥、冷中、发疬癣。"煎服 5~15 克。

● 柚子：别名文旦、香泡、臭橙、香栾壶柑、雷柚、朱栾、沙田柚。中医认为，柚子性寒，味甘酸；有健胃利水，消食下气，化痰去脂，宽中理气，解酒毒功效。用于食积不化，脘腹胀满，恶心呕吐，咳嗽痰多，高脂血症，肥胖，饮酒后口中有酒气。柚皮性温，味甘苦辛；有化痰消食，理气宽胸功效。用于喉痒痰多风寒咳嗽，食积不化，气郁胸闷，脘腹冷痛。柚核可用于小肠疝气。

现代研究认为，柚子含有柠檬萜与精油成分，能刺激血管，促进血液流通，缓解寒证等造成的疼痛和神经痛；含有柠檬酸，有抗疲劳，预防肩膀酸痛等肌肉痛作用；含有类似胰岛素成分，有降低血糖作用；含有枸橼酸有消除疲劳作用；含有维生素 P，有强化毛细血管，降低血压作用；含有柚皮苷元和橙皮素，有抑制金黄色葡萄球菌、大肠埃希菌、痢疾杆菌、伤寒杆菌等细菌的生长作用；橙皮苷对真菌和某些病毒感染有预防作用；柚皮苷与其他黄酮类相似，可改变毛细血管通透性，抑制 AOP 转变为 ATP，从而阻止毛细血管前括约肌的松弛，可以降低血小板的凝集，增进血液浮悬的稳定及加快血流等，对心血管病有益，还有抗炎作用；种子含有果胶，能调节血糖和胆固醇水平；柚皮含柠檬烯和蒎烯，可使呼吸道分泌物变稀而易于由痰液排出，具有祛痰镇咳效果；柚子汁能缓和橄榄油的味道，同时能净化肝脏。柚子有滑肠之效，故腹部寒冷，常患腹泻者少食。

美国食品医学专家研究结果表明，鲜柚肉中含有一种类似胰岛素的成分，是糖尿病患者的理想食品。

有关医学专家研究表明，患者尤其是老年病人，服药时不要吃柚子，因为柚子与抗过敏药特非那定的相互作用，会引起室性心律失常，甚至引起致命的心室纤维颤动。柚子与降胆固醇药他汀类成分相互作用会引起肝脏、肾脏受损。

日本《汉方研究》杂志报道，柚皮含有和人参一样强的抗癌活性，对人体子宫颈癌细胞的抑制率在 70%~90%。日本《生物学杂志》报告指出，在抗癌霉菌和毒素方面，中药材成分中作用最强的物质正是存在于柚皮中。

● 柚皮性温，味辛苦甘，具有化痰，止咳，止痛功效。

● 柿子：别名红柿、大盖柿。中医认为，鲜柿性寒，味甘涩；有润肺止咳，化痰软坚，清热生津，补虚健胃，固肠止泻，解酒毒功效。用于肺燥久咳，大便秘结，甲状腺瘤，甲状腺肿大，胃热伤阴，口干吐血，痔疮出血，慢性腹泻，痢疾，口疮。《名医别录》："主通鼻耳气，肠澼不足。""软熟肺解酒热毒，止口干，压胃间热。"《千金要方·食治》："主火疮，金疮，止痛。"崔禹锡《食经》："主下痢，理痈肿，口焦，舌烂。"孟诜："主补虚劳不足。"《日华子本草》："润心肺，止渴，涩肠，疗肺痿，心热，嗽，消痰，开胃。亦治吐血。"《嘉祐本草》："红柿补气，续经脉气。醂柿涩下焦，健脾胃气，消宿血。"《本草图经》："凡食柿不可与蟹同，令人腹痛大泻。"《本草经疏》："肺经无火，因客风寒作嗽者忌之；冷痢滑泄，肠胃虚脱者忌之；脾家素有寒积及感寒腹痛、感寒呕吐者皆不得服。"《随息居饮食谱》："鲜柿，甘寒养肺胃之阴，宜于干燥津枯之体。""凡中气虚寒，痰湿内盛，外感风寒，胸腹痞闷，产后、病后，泻痢、疟、疝、痧痘后皆忌之。"《饮食须知》："多食发痰。同酒食易醉，或心痛欲死。同蟹食，令腹痛作泻，或呕吐昏闷。"柿子含糖较多，故糖尿病患者慎食；柿子含单宁酸与体内的铁结合，阻碍对铁的吸收，故缺铁性贫血患者忌食，同时，单宁具有收敛性，会刺激肠壁收缩，造成肠液分泌减少，消化吸收功能降低，多吃容易大便干燥；柿子含有鞣酸、果胶与红薯的糖分在胃里发生反映易患胃病，故柿子忌红薯同吃；鞣酸与蛋白质凝固，在胃肠中结成硬块，引起吐泻，故柿子忌白酒、螃蟹、章鱼同吃。柿子多食会形成不消化的"植物团"，时间久了就引起"胃结石"。

柿子含有黄酮苷，具有降低血压，软化血管，改善冠状动脉血流量，有益于改善心功能和预防心血管病作用；含有柠檬酸、苹果酸，具有生津止渴作用。

《江西中草药学》："治地方性甲状腺肿：柿未成熟时，捣取汁，冲服。"

《果品食疗》："治高血压、脑出血：用鲜青柿捣汁 1~2 匙和牛奶或米汤调服，每次半杯，用于急救时，卓有成效。"

● 柿叶：《本草再新》："味苦，性寒，无毒。""治咳嗽吐血，止渴生津。"《分类草药性》："治咳嗽气喘，消肺气胀。"《滇南本草》："经霜叶敷臁疮。"煎服 5~15 克。

《江西中草药学》："治血小板减少症：干柿叶、马蓝、阿胶、侧柏叶。

水煎服。"

《食疗本草学》柿叶山楂茶："增加冠脉流量，降低血脂与血压。主治冠心病、高脂血症和高血压等心血管疾病。柿叶 10 克，山楂 12 克，茶叶 3 克。沸水浸泡，时时饮用。"

《湖南药物志》："治高血压：柿叶研末，每次服 6 克。"

《新医药杂志》："柿叶具有美容作用，可治疗面部褐斑等症。治面部褐斑：将柿叶研成细粉，加入熔化的凡士林中搅拌，以成膏为度，装瓶备用。每日用本品搽面部褐斑处 3 次，一般用 1 瓶（45 克）后，褐斑减轻或消退，少数重度患者用 3 瓶后见效。共治黄褐斑 247 例，痊愈 50 例，占 20.2%；显效 118 例，占 47.8%，有效 78 例，占 31.6%，无效 1 例，占 0.4%。"

现代研究认为，柿叶含有机酸类、香豆精类、胆碱、黄酮类及多种维生素和微量元素，能提高心肌功能，减少肝内脂肪堆积，改善毛细血管通透性，抗血栓，抗癌，止血，抗菌。嫩柿叶以开水泡茶饮，能软化血管，降低血压，防止动脉硬化，并有清热健胃助消化的作用。

● 柿饼：柿饼性寒，味甘涩；有润肺化痰，补脾涩肠，利尿止血功效。用于燥热咳嗽，脾虚食少，腹泻、便血、痔疮出血、尿道灼热疼痛。《名医别录》："火柿主煞毒。疗金疮，火疮，生肉止痛。"陶弘景："日干者性冷；火熏者性热。""乌柿、火熏者断下、又疗狗啮疮。"《本草纲目拾遗》："日干者温补，多食去面皯、除腹中宿血；火干者，人服药口苦及欲吐逆，食少许立止。"《日华子本草》："润声喉，杀虫。"《嘉祐本草》："厚肠胃，涩中，健脾胃气，消宿血。"《日用本草》："涩肠止泻，杀小虫，润喉音。治小儿秋深下痢。"《本草纲目》："白柿治反胃，咯血，血淋，肠澼，痔漏下血。"《本草通玄》："止胃热口干，润心肺，消痰。治血淋，便血。"《食疗本草》："厚肠胃，涩中，健脾胃气，消宿血。"

《疾病的食疗与验方》："柿干桂圆蜜饯：补益心脾，温中止泻。主治心脾两虚型慢性结肠炎。柿饼 500 克（每个切 4 瓣），桂圆 20 枚（剥去皮核），党参 15 克，生黄芪 15 克（捣碎），山药 20 克（去皮，切块或片），莲子 20 克（剥去皮心）。将上述原料全部装入瓷罐中加入适量蜂蜜、红糖、水和香精，上锅用文火蒸 2~3 小时，若有汤汁则以文火煎熬、浓缩至蜜饯状，凉后即可食用，每日 2~3 次，每次 1~2 匙。"

《家庭食疗方100种》柿饼红枣山萸汤："补益肝肾，收敛藏精，滋养精血而助元阳之不足。主治肝肾不足，精气失藏，腰膝酸冷，耳鸣懒动，动则气喘等症。柿饼 3 个，红枣 10 枚，山茱萸 15 克。先煎山茱萸，取汁一大碗，再与柿饼、红枣同煎熟即成。每日 1 剂，连用 3~5 天为 1 个疗程。"

● 柿根：《重庆草药》："味涩，性平，无毒。"《本草纲目》："治血崩，血痢，下血。"《民间常用草药汇编》："清热凉血，治吐血，痔疮。"煎服 50~100 克。

《重庆草药》："治血痢，红崩：柿子根、红斑鸠窝各 100 克。第一剂煎水服，第二剂炖肉服。"

● 柿蒂：《本草纲目》："涩，平，无毒。"《本草汇言》："味苦涩。"孟诜："治咳逆，哕气，煮汁服。"《滇南本草》："治气膈反胃。"煎服 10~20 克。柿蒂含有三萜酸成分（为乌苏酸、白桦脂酸、齐墩果酸）有降逆止呕作用。

《洁古家珍》柿钱散："治呃逆：柿钱、丁香、人参等分。为细末，水煎，食后服。"

《村居救急方》："治呃逆不止：柿蒂（烧灰存性）为末。黄酒调服，或用姜汁，砂糖等分和匀，炖热徐服。"

《江西中医药》："治百日咳：柿蒂 20 克（阴干），乌梅核中之白仁 10 个（细切），加白糖 15 克。用水 2 杯，煎至 1 杯。1 日数回分服，连服数日。"

《奇效良方》柿蒂散："治血淋：干柿蒂（烧灰存性），为末。每服 10 克，空心米饮调服。"

● 柿霜：《玉楸药解》："味甘，性凉。"《滇南本草》："治气膈不通。"《滇南本草图说》："消痰止嗽。"《本草蒙筌》："治劳嗽。"《本草纲目》："清上焦心肺热，生津止渴，化痰宁嗽，治咽喉口舌疮痛。"《本草求真》："治肠风痔漏。"《随息居饮食谱》："清肺。治吐血，咯血，劳嗽、上消。"冲服 5~15 克。

《沈氏尊生书》柿霜丸："治咽喉嗽痛：柿霜、硼砂、天冬、麦冬各 10 克，元参 5 克，乌梅肉 2.5 克。蜜丸含化。"

《卫生杂兴》："治臁胫烂疮：柿霜、柿蒂等分。烧研敷之。"

● 荔枝：别名丹荔、妃子笑、离支、火山荔、丽枝、勒荔、荔支、丹枝。中医认为，荔枝性温，味甘酸；有开胃益脾，养血生津，补心安神，理气止痛功效。用于脾虚久泻，血虚心悸，头晕，身体虚弱，血虚崩漏，气虚胃寒腹痛及气滞呃逆不止；思虑过度，劳伤心脾之心悸、怔忡、失眠、健忘；疔肿、牙痛、外伤出血。《食疗本草》："益智，健气。"《海药本草》："主烦渴，头重，心燥，背膊劳闷。"《日用本草》："生津，散无形质之滞气。"《本草衍义补遗》："消瘤赘赤肿。"《本草纲目》："治瘰疬，疔肿，发小儿痘疮。"《玉楸药解》："暖补脾精、温滋肝血。""血热宜龙眼，血寒宜荔枝。"《本草从新》："解烦渴，止呃逆。"《医林纂要》："补肺，宁心，和脾，开胃。治胃脘寒痛，气血滞痛。"《泉州本草》："壮阳益气，补中清肺，生津止渴，利咽喉。治产后水肿，脾虚下血，咽喉肿痛，呕逆等症。"《食疗本草》："多食则发热。"《海药本草》："食之多则发热疮。"《本草纲目》："鲜者食多，即龈肿口痛，或衄血。病齿䘌及火病人尤忌之。"

煎服5~10枚。阴虚火旺体质者，妊娠，出血病患者，糖尿病患者，皮肤生疮疖者，胃热口苦者以及小儿均忌食。荔枝含有一种名为α-次甲基丙杯基甘氨酸的物质，可使血糖下降，过食可引起中毒性血糖降低性晕厥，即"荔枝病"，此症轻则恶心，四肢无力；重则头昏、眩晕。如遇此种情况，用荔枝壳煎汤饮服可解。

现代研究认为，荔枝含有色氨酸能抑制大脑的过度兴奋，改善睡眠、健忘、神疲等症状；含有一种称为α-次甲基丙杯基甘氨酸的物质，可使血糖降低，对糖尿病的治疗有益；含有游离氨基酸、柠檬酸、枸橼酸、苹果酸，有补肾、改善肝功能、抑制乙型肝炎病毒表面抗原，加速病毒排出，促进细胞生成，使皮肤细嫩作用。

《医方摘要》："治呃逆不止：荔枝7个，连皮核烧存性，为末，白汤调下。"

《泉州本草》："治瘰疬溃烂：荔肉敷患处。""止外伤出血，并防止疮口感染溃烂，得以迅速愈合：荔枝晒干研末（浸童便晒更佳）备用。每用取末掺患处。""治老人五更泻：荔枝干，每次5粒，米一把，合煮粥食，连服3次；酌加山药或莲子同煮更佳。"

《济生秘览》："治疔疮恶肿：荔枝肉、白梅各3个。捣作饼子，贴于疮上。"

《孙天仁集效方》："治风火牙痛：大荔枝1个，剔开，填盐满壳，煅研，搽之。"

《食物中药与便方》："治脾虚久泻：荔枝干果7个，大枣5枚，水煎服。""治妇女虚弱，崩漏贫血：荔枝干果30克，水煎服。"

● 荔枝叶：《生草药性备要》："浸水数日，贴烂脚。"《泉州本草》："治耳后溃疡，晒干，烧存性，研末调茶油，抹患处。"

● 荔枝壳：《本草纲目》："痘疮出发不爽快，煎汤饮之；又解荔枝热、浸水饮。"《广西中药志》："洗湿疹。"煎服7.5~15克。

《普济方》橡实散："治赤白痢：橡实壳、甘草、荔枝壳、石榴皮。上等分，细锉，每服 25 克，水一盏半，煎至 4 克，去滓温服。"

《同寿录》："治血崩：荔枝壳烧灰存性，研末。好酒空心调服，每服 10 克。"

● 荔枝核：别名荔枝仁。中医认为，荔枝核性温，味甘涩；有行气散结，祛寒止痛功效。用于寒疝腹痛，睾丸肿痛，肝气郁滞，胃脘久痛，痢疾，湿疹，血崩及妇人气滞血瘀致经前腹痛或产后腹痛。荔枝核含皂苷、鞣质等，有类似双胍类降糖药的作用，能够降血糖，并能调节血脂代谢紊乱；抑制乙肝病毒和护肝作用。《本草纲目》："行散滞气。治癫疝气痛、妇人血气刺痛。"《本草备要》："辟寒邪、治胃脘痛。"《本草从新》："无寒湿滞气者勿服。"

《景岳全书》荔香散："治心腹胃脘久痛，屡触屡发者，荔枝核 5 克，木香 4 克。为末。每服 5 克，清汤调服。"

《本草衍义》："治心痛及小肠气：荔枝核一枚。煅存性，酒调服。"

《世医得效方》："治肾大如斗：舶上茴香、青皮（全者）、荔枝核等分。锉散、炒、出火毒，为末。酒下 10 克，日 3 服。"

《坦仙皆效方》玉环来复丹："治疝气癫肿：荔枝核 49 个，陈皮（连白）45 克，硫黄 20 克。为末，盐水打面糊丸绿豆大。遇痛时，空心酒服九丸，良久再服，亦治诸气痛。"

《妇人良方》蠲痛散："治血气刺痛：荔枝核（烧存性）25 克，香附子 50 克。上为末，每服 10 克，盐酒送下。"

煎服 4.5~9 克。无寒湿气滞者忌用。

● 荔枝根：《福建中草药》："治胃寒胀痛：鲜荔枝根 50~100 克。水煎服。""治疝气：鲜荔枝根 100 克。水煎调红糖饭前服。"

《泉州本草》："治遗精日久，肌肉清瘦，四肢无力，关节酸痛肿胀：荔枝树根 100 克，猪小肚 1 个。水 2 碗，炖成 4 克，去渣，食小肚及饮汤。"

《海上集验方》："治喉痹肿痛：荔枝花并根，共 6 克。以水 3 升，煮，去滓，含，细细咽之。"

● 草莓：别名红莓、洋莓、地莓、野草莓、五月香、广州地锦、台湾称为土多啤梨。中医认为，草莓性凉，味甘酸；有清肺止咳，健胃和中，养血益气，清热凉血，利尿止泻，美肤养颜，解毒通淋功效。用于肺热干咳，津少口渴，消化不良，气虚贫血，神疲面黄，牙龈出血，疮疖肿毒，毒蛇咬伤，便秘，泻痢，尿频，尿痛，小便短赤，心血管病，结肠癌。《食物中药与便方》："夏季腹泻：草莓适宜煎水饮服，有止泻之效。""糖尿病，消渴尿多，

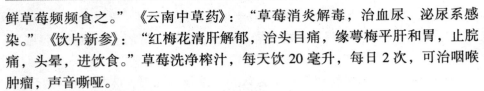

鲜草莓频频食之。"《云南中草药》："草莓消炎解毒，治血尿、泌尿系感染。"《饮片新参》："红梅花清肝解郁，治头目痛，缘萼梅平肝和胃，止脘痛，头晕，进饮食。"草莓洗净榨汁，每天饮 20 毫升，每日 2 次，可治咽喉肿瘤，声音嘶哑。

现代研究认为，草莓含有有机酸，能促进人体新陈代谢，使血流畅通，还可排出尼古丁毒素；含有一种胺类物质，对治疗白血病、再生障碍性贫血等血液病有辅助疗效；含有鞣花酸和异蛋白质物质，能将多环芳香碳氢化合物、亚硝酸、黄曲霉素等致癌物质在损害健康细胞之前将其中和，保护人体组织不受致癌物质的伤害，具有一定的抑制恶性肿瘤细胞生长的作用；含有天冬氨酸，可减肥；含有类黄酮（莓类水果中都有），能够防止致癌的荷尔蒙依附在正常细胞上，还能够抑制酶参与癌细胞的转移。

土耳其的医学专家认为，草莓有医治失眠的神奇功效，这种功效主要得益于其所含的钾、镁两种元素，钾有镇静功能，镁有安抚机体作用，两者结合可达到安眠的功效。

美国科学家加里·斯坦纳博士在美国化学协会的年会上宣布，他们对老鼠的研究表明，草莓和黑莓（覆盆子）是癌细胞的强有力的抑制剂。

斯坦纳等发现，草莓对鳞状细胞食道癌有抑制作用。全世界 95% 的食道癌属于鳞状细胞癌，这种癌 5 年生存率只有 10%。这种癌的发病原因有饮酒、吸烟、高盐饮食，热辣性食物，亚硝胺、霉菌素等；而硫氰酸盐类物质则抑制肿瘤生长，草莓中含有这种物质。

美国把草莓列入十大美容食品。据研究，女性常吃草莓，对皮肤、头发均有保健作用。

鞣花酸存在于草莓、葡萄和树梅中，它可以在致癌物质损伤 DNA 之前将其中和。美国印第安纳大学医学院的一项研究称，草莓和树梅中的鞣花酸，可以保护健康细胞，阻止它们癌变。鞣花酸还可以保护我们不受另一种致癌物——黄曲霉毒素的侵害。

草莓性凉，脾胃虚寒，大便溏而滑泄者不宜食用；草莓中含有草酸钙较多，尿路结石患者少吃。草莓用流动水冲洗，再用淡盐水或淘米水浸泡 5 分钟。淡盐水可杀菌；淘米水呈碱性，可促进呈酸性的农药降解。此外，草莓中含水杨酸，儿童过量食用可引发多动症，少食为佳。

●香蕉：别名蕉子、蕉果、牙蕉、甘蕉、弓蕉、大蕉、粉蕉。中医认为，香蕉性寒，味甘；有润肠通便，清热解毒，润肺止咳功效。用于热病烦渴，便秘，酒醉，痔血。《日用本草》："生食破血，合金疮，解酒毒；干者解肌热烦渴。"《本草纲目》："除小儿客热。"《本草求原》："止渴润肺解酒，清脾滑肠；脾火盛者食之，反能止泻止痢。"香蕉和哈密瓜同食使肾衰患者、关节炎患者病症加重。肾炎患者忌吃橘子、香蕉等含钾较多的水果，以免加重肾脏负担。脾胃虚寒、胃痛腹泻、食欲减退者慎食。空腹不宜多吃香蕉，因为它改变了体液中镁与钙的比值，使身体有不适之感。女子月经期间及有痛经者忌食。香蕉还忌芋头、白薯、酸奶（易引起腹痛腹泻）。

现代研究表明，香蕉中含有血管紧张素转化酶抑制物质，可以抑制血压升高，对降低血压有辅助作用；含有钾盐，能降低钠盐的吸收，有利于防治心血管病的发生，含有一种协助人脑产生 5-羟色胺的物质，它能将化学"信号"传达给大脑的神经末梢，使人心情愉快和安宁，有镇静和缓解痛病作用；含有 5-羟色胺，去甲肾上腺素可降低胃酸，对胃溃疡有改善作用；含有噻苯哒唑有清除肠寄生虫功效；含有菠萝蛋白酶酵素，能够增加男性的性欲；成熟香蕉果肉所含甲醇提取物的水溶性部分对细菌、真菌有抑制作用。用氨水或二氧化硫可催熟香蕉，这种香蕉表皮嫩黄好看，但果肉口感僵硬，味道也不甜，二氧化硫会对人体神经系统造成损害，还会影响肝肾功能。

1980 年，中国医学科学院肿瘤研究所发现，香蕉的提取液对三种致癌物——黄曲霉素 B_1，4-硝基喹啉-N 一氧化物和苯并（α）芘，都有明显的抑制其致癌的作用。

英国科学家从印度制造的香蕉粉中（成熟前），分离出一种活性化学成分，用于治疗胃溃疡，具有显著成效。成熟香蕉中不含这种物质。

日本科学家在香蕉中发现了具有抗癌作用的"TNF"，香蕉越成熟，这种物质越高，其抗癌效果越好。

德国帕德尔教授研究认为，香蕉富含一种能帮助人脑产生 5-羟色胺的物质，类似化学"信使"，其能将信号传递到大脑的神经末梢，使人的心情变得安宁、快乐，甚至可以减轻疼痛。

荷兰科学家认为，最合营养标准的水果是香蕉，它能帮助人体制造"开心激素"，减轻心理压力，预防忧郁，睡前吃香蕉，还有镇静作用。

美国科学家证实，连续 1 周每天吃 2 根香蕉，可使血压降低 10%。如果每天吃 5 根香蕉，其降低效果相当于降压药日服用量产生效果的 50%。

香蕉皮有抑制真菌、细菌作用，煎水洗，可治皮肤瘙痒症。

《岭南采药录》："治痔及便后血：香蕉 2 个，不去皮，炖熟，连皮食之。"

《中国民间百病自疗宝库》香蕉玉米须汤："利水降压。治疗高血压。玉米须 30 克，西瓜皮 30 克，香蕉 30 克，水煎服。"

● 香榧子：别名赤果、榧子、榧实、木榧、玉山果、玉榧、野极子、被赤果、榧树。

中医认为，香榧子性温，味甘涩；有杀虫消积，润肺滑肠，化痰止咳功效。用于虫积腹痛，肠燥便秘，肺燥咳嗽，小儿疳积，痔疮。《本草新编》："榧子杀虫最胜，虫痛者立时安定，亲试屡验，故敢告人共同之。丸杀虫之物，多病气血，帷榧子不然。"《本草衍义》："(食之) 过多则滑肠。"《日用本草》："杀腹间大小虫，小儿黄瘦，腹中有虫积者食之即愈。又带壳细嚼食下，消痰。"《本草求真》："(绿豆) 与榧子相反，同食杀人。""忌鹅肉。"《神农本草经》："主腹中邪气，去三虫，蛇螫。"《食疗本草》："令人能食，消谷，助筋骨，行营卫，明目。"《名医别录》："主五痔。"陶弘景："疗寸白。"《生生编》："治咳嗽，白浊，助阳道。"《本经逢原》："与使君子同功。"《随息居饮食谱》："多食助火，热嗽非宜。"《得配本草》："入手太阴经气分，助筋骨，行营卫，润肺气，助阳道，去虫蛊，消谷食。"《本草再新》："治肺火，健脾土，补气化痰，止咳嗽，定呵喘，去瘀生新。"

现代研究认为，榧子对淋巴细胞性白血病有明显抑制作用，并对治疗和预防恶性淋巴肉瘤有益；含有榧子油，有驱除肠道中涤虫、钩虫、蛲虫、蛔虫、姜片虫等，并能帮助脂溶性维生素的吸收，改善胃肠道功能状态，起到增进食欲、健脾益气、消积化谷的作用。

《救急方》治百虫："榧子 100 枚。去皮，火燃啖之。能食尽佳，不能者，但啖 50 枚亦得，经宿虫消自下。"

《现代实用中药》："治十二指肠虫、蛔虫、蛲虫等：榧子 30 克 (切碎)，使君子仁 30 克 (切细)，大蒜瓣 30 克 (切细)。水煎去滓。每日 3 次，食前空腹时服。"

● 柠檬：别名柠果、洋柠檬、益母果、药果、黎檬子、里木子、鲜母子。中医认为，柠檬性平，味酸；有生津止渴，祛暑安胎，开胃消食功效。用于百日咳，支气管炎，噫气，呕吐，口渴，倦怠及胎动不安。《食物考》："浆饮渴瘳，能避暑。孕妇宜食，能安胎。"《粤语》："以盐腌，岁久色黑，可治伤寒痰火。"《岭南随笔》："治哕。"《本草纲目拾遗》："腌食，下气和胃。"

实验显示，酸度极强的柠檬汁在 15 分钟内可把海生贝壳内所有的细菌杀死。柠檬含有柠檬酸盐，能够抑制钙盐结晶，从而阻止肾结石形成，甚至已成的结石也可被溶解掉。柠檬酸可与钙离子结合形成一种可溶性结合物，阻止或减轻钙离子参与血液凝固，故有预防高血压和心肌梗死的作用；柠檬酸有抑制子宫收缩，增固毛细血管，降低其通透性，提高血小板数量的作用。柠檬可以促进蛋白质分解酶的分泌，增加胃肠蠕动，促进消化。

柠檬忌橘子（消化道病）、牛奶同食，果酸可使牛奶中的蛋白质凝固不易消化吸收。溃疡患者及胃酸过多者慎服。

《常见心肺疾病的食疗》："柠檬荸荠汤：降压。主治高血压。柠檬1个，荸荠10个。水煎、常饮用。"

《祝你健康》柠檬汁煨鸡："生津止渴，止咳，化痰，安胎。主治流产、中暑。仔鸡一只、柠檬汁、白糖、麻油、盐、植物油各适量。将鸡宰杀去毛和内脏后斩成4克长、1.5克厚的小块。放入锅中油煎至金黄色，加入柠檬汁及其他调料，用文火煨30分钟即可。佐餐为茶。"

● 桃子：别名水蜜桃、蟠桃、佛桃、甜桃、毛桃、山桃、仙桃、桃实、寿桃、寿果。

中医认为，桃性温，味甘微酸；有补益气血，养阴生津，润肠通便功效。用于津少口渴，肠燥便秘，瘀血阻滞，癥瘕结块，月经紊乱，腹痛和便秘引起的疼痛，年老体虚，乏力眩晕。崔禹锡《食经》："养肝气。"《滇南本草》："通月经，润大肠，消心下积。"《随息居饮食谱》："补心，活血，生津涤热。"《陆川本草》："滋补，强壮，补血，强心，利尿。"《日华子本草》："益色。"《本草纲目》："冬桃，食之解劳热。"《医林纂要》："养肺，泻肺。"《千金翼方》："蜜桃，肺之果，肺病宜食之。"《百草镜》："利水甚捷，除遍身浮肿。"《名医别录》："多食令人有热。"《日用本草》："桃与鳖同食，患心痛，服术人忌食之。"《滇南本草图说》："多食动脾助热，令人膨胀，发疮疖。"《本经逢原》："多食令人腹热作泻。"

桃有活血化瘀作用，对因过食生冷食物而引起的痛经很有效，并可辅助治疗女性闭经。桃含有果胶，经常食用可预防便秘。

● 桃仁：别名桃核仁。中医认为，桃仁性平，味苦甘；有活血祛瘀，润肠通便功效。可祛除血管栓塞，治室女血闭不通，痛经，癥瘕，产后腹痛及恶露不净，肺痈咳吐脓血，肠痈腹痛，胸膈痞满，气喘，五心烦热；慢性阑尾炎，疟疾，津伤肠燥，大便秘结；也用于治疗从高坠下，胸腹中有血，不得气息。此外还用于治疗痰咳，气喘等。《神农本草经》："主瘀血，血闭癥瘕，邪气，杀小虫。"《名医别录》："止咳逆上气，消心下坚，除卒暴击血，破癥瘕，通脉，止痛。"孟诜："杀三虫，止心痛。"《药品化义》："桃仁，味苦能泻血热，体润能滋肠燥。若连皮研碎多用，走肝经，主破蓄血，逐月水，及遍身疼痛，四肢木痹，左半身不遂，左足痛甚者，以其舒经活血，有去瘀生新之功，若去皮捣烂少用，入大肠，治血枯便闭，血燥便难，以其濡润凉血和血，有开结通滞之力。"《医学启源》："治大便血结。"李杲："治热入血室，腹中滞血，皮肤血热燥痒，皮肤凝聚之血。"《滇南本草》："治血痰。"《本草纲目》："主血滞风痹，骨蒸，肝疟寒热，产后血病。"《现代实用中药》："治高血压及慢性盲肠炎，妇人子宫血肿。"《食经》："桃有两仁者有毒，不可食。"《医学入门》："血燥虚者慎之。"《本草纲目》："香附为之使。"《本草经疏》："凡经闭不通由于血枯，而不由于瘀滞；产后腹痛由于血虚，而不由于留血结块；大便不通由于津液不足，而不由于血燥秘结，法并忌之。"桃仁忌与甲鱼同食。

现代研究认为，桃仁含有苦杏仁苷、甾体、挥发油、脂肪油、苦杏仁酶、蛋白质、氨基酸、甲基苷、糖类、维生素 B_1 等，具有抗凝血，降低血黏度，改善微循环的作用；促进胆汁分泌，利胆退黄；润滑肠道，有利于排便；抗炎，镇咳，平喘，镇静，镇痛；抗菌，驱虫，抑制血小板聚集，抗血栓形成；调节免疫；其提取液能增加心脑血管血流量，增强肝组织胶原酶活性，促进肝内胶原物质分解，抑制肝纤维组织增生，有明显抗肝纤维化及早期肝硬化的作用；它还能扩张肝脏门静脉，改善肝脏血流速度，从而起到降低门静脉压的作用。尚含扁桃贰，在酸或酶的作用下，分解而成氢氰酸和苯甲醛，可麻痹延髓的呼吸中枢。吃多了导致中毒，早期有恶心、呕吐、头痛、头晕、视力模糊、心跳加速等症状，严重者可导致心跳停止。尤其是孕妇忌食。氢氰酸和苯甲醛对癌细胞有协同破坏作用，而氢氰酸和苯甲醛的代谢产物，分别对改善肿瘤患者的贫血及缓解疼痛有一定作用。

未成熟的桃果实干燥后，称为碧桃干，性温，味苦；有敛汗，止血，涩精功效。用于阴虚盗汗，咯血，妊娠下血，遗精。

煎服 5~10 克。本品有小毒，所含苦杏仁苷在体内分解生成的氢氰酸可麻痹延髓呼吸中枢，大量服用易引起中毒，故临床应用不可过量。孕妇忌服；便溏者慎用。

《叶氏医案》桃仁通幽汤："润肠通便，行气化瘀消胀。治血脉瘀阻致腹部胀满，大小便不通。桃仁 9 粒，郁李仁 6 克，当归尾 5 克，小茴香 1 克，藏红花 1.5 克。上五味合煮后，去滓，不拘时饮之。"

《兰室秘藏》润燥汤："养血润肠通便。治疗阴血虚，瘀滞便秘。桃仁、麻仁各 5 克，升麻、生地黄各 10 克，熟地黄、当归梢、大黄、甘草各 5 克。

上药将桃仁、麻仁研如泥，余锉如麻豆，以水2盏煎至1盏。去滓，空心温服。"

《食医心镜》："养血润燥，活血脉阴滞而引起的女子经闭或皮肤燥痒：桃仁15克（去皮尖），粳米50克，将桃仁研碎和米煮粥，晨起作早餐食用，食时可加入红糖少许。"

《杨氏家藏方》桃仁散："治妇人室女，血闭不通，五心烦热：桃仁（焙）、红花、当归（洗焙）、杜牛膝等分为末，每服15克，温酒调下，空心食前。"

《金匮要略》下瘀血汤："治产后腹痛，干血着脐下，亦主经水不利：大黄150克，桃仁20枚，土鳖虫20枚（熬，去足）。上三味，末之，炼蜜和为四丸，以酒一升煎一丸，取八合。顿服之，新血下如豚肝。"

《唐瑶经验方》："治产后血闭：桃仁20枚（去皮，尖）藕一块。水煎服之。"

《医略六书》桃仁煎："治产后恶露不净，脉弦滞涩者：桃仁15克，当归15克，赤芍、桂心各7.5克，砂糖15克（炒炭）。水煎，去渣温服。"

《金匮要略》桂枝茯苓丸："治血证，漏下不止：桃仁（去皮、尖、熬）、芍药、桂枝、茯苓、牡丹（去心）各等分。上五味为末，炼蜜和丸如兔屎大。每日食前服一丸，不知，加至三丸。"

《伤寒论》桃核承气汤："治太阳病不解，热结膀胱，其人如狂，少腹急结：桃仁50个（去皮、尖），大黄200克，桂枝100克（去皮），甘草（炙）100克，芒硝100克。上五味，以水七升，煮取二升半，去滓，内芒硝，更上火微沸，下水。先食温服五合，日三服，当微利。"

《食医心镜》："治上气咳喘，胸膈痞满，气喘：桃仁150克，去皮、尖，以水一大升，研汁，和粳米二合，煮粥食。"

《汤液本草》："治老人虚秘：桃仁、柏子仁、火麻仁、松子仁等分。同研，熔白蜡和丸如桐子大，以少黄丹汤下。"

《圣济总录》："治里急后重，大便不快：桃仁（去皮）150克，吴茱萸100克，盐50克。上三味，同炒熟，去盐并茱萸。只以桃仁空心夜卧不拘时，任意嚼五七粒至一二十粒。"

《千金方》桃仁汤："治从高坠下，胸腹中有血，不得气息：桃仁14枚，大黄、消石、甘草各50克，蒲黄75克，大枣20枚。上六味，细切，以水3升，煮取1升，绞去滓，适寒温尽服之。当下，下不止，渍麻汁一杯，饮之即止。"

《证类本草》：“治疟：桃仁100个，去皮，尖，于乳钵中细研成膏，不得犯生水，候成膏，入黄丹15克，丸如梧桐子大。每服3丸，当发日用温酒吞下，如不饮酒，井花水亦得。”

《千金方》：“治崩中漏下赤白不止，气虚竭：烧桃核为末，酒服方寸匕，日三。”“治聤耳：桃仁熟捣，以故绯绢裹，纳耳中，日三易，以瘥为度。”

《子母秘录》：“治小儿烂疮初起，膘浆似火疮：杵桃仁面脂敷上。”

《卫生家宝方》：“治风虫牙痛：针刺桃仁，灯上烧烟出，吹灭，安痛齿上咬之。”

孟诜：“治女人阴户内生疮，作痛如虫咬，或作痒难忍者：桃仁，桃叶相等捣烂，丝绵纳裹其中，日易三四次。”

《医林改错》补阳还五汤：“治半身不遂，口眼喎斜，语言謇涩，口角流涎，大便干燥，小便频数，遗尿不禁。黄芪200克（生），当归尾10克，赤芍7.5克，地龙5克，川芎5克，红花5克。水煎服。”

《中医药学报》祛瘀清颅汤：“化瘀清热。治疗脑震荡后遗症。桃仁8克，红花5克，川芎5克，当归10克，丹皮10克，赤芍10克，羚羊角2克（锉末吞服），菊花10克，蔓荆子8克，甘草5克。每日1剂，水煎服。”

《中国药膳大观》桃仁决明蜜茶：“活血抗凝。治高血压，脑血栓形成。桃仁10克，草决明12克，白蜜适量。先煮前2味药取汁，加白蜜冲服。”

● 桃叶：《本草纲目》：“苦，平，无毒。”“疗伤寒时气，风痹无汗，治头风，通大小便，止霍乱腹痛。”《名医别录》：“出疮中虫。”《日华子本草》：“治恶气，小儿寒热客忤。”《本草汇言》：“破妇人血闭血瘕。”《本草再新》：“发汗，除痰，消湿，杀虫。”《现代实用中药》：“洗汗疮及湿疹。”《贵州民间方药集》：“煮水洗，治风湿；外用消痈肿。”

《千金方》：“治身面癣疮：桃叶捣汁敷之。”

《上海常用中草药》：“治痔疮：桃叶适量。煎汤熏洗。”

● 桃花：《名医别录》：“味苦，平，无毒。”“主除水气，破石淋，利大小便，下三虫。”《唐本草》：“主下恶气，消肿满，利大小肠。”《本草纲目》：“利宿水痰饮，积滞。治风狂。”《本草汇言》：“破妇人血闭血瘕，血风癫狂。”《岭南采药录》：“带蒂入药，能凉血解毒，痘疹通用之。”

桃花含有萘酚，具有利尿作用，能除水气，消肿满，医治黄疸、淋症等；同时它还能导泻，且对肠壁无刺激作用。

煎服5~10克。孕妇忌服。

● 桃枝：《本草蒙荃》：“味苦。”《本草纲目》：“治痃忤心腹痛，辟疫疬。"

煎服 100~150 克。

《补缺肘后方》："治卒心痛，桃枝一把，切，以酒一升，煎取半升，顿服。"

《伤寒类要》："治天行疬下部生疮：浓煎桃枝如糖，以通下部。若口中生疮，含之。"

● 桃根：《本草纲目》："苦，平，无毒。""疗黄疸，身目如金。"《分类草药性》："破血。治一切吐血、衄血。"《贵州民间方药集》："煮水洗可治风湿；外用消痈肿。"《民间常用草药汇编》："行血。治腰痛。"

煎服 100~150 克。孕妇忌服。

《圣惠方》桃根煎："治妇人数年月水不通，面色萎黄，唇口青白，腹内成块，肚上筋脉，腿胫或肿：桃树根 500 克，牛蒡子根 500 克，马鞭草根 500克，牛膝 1 千克（去苗），蓬蘽根 500 克。上药都锉，以水三斗，煎取一斗，去滓，更于净锅中，以慢火煎如饧，盛于瓷器中。每于食前，以热酒调下半大匙。"

《本草纲目》："治五痔作痛：桃根水煎汁浸洗之。"

《单方验方调查资料选编》："治骨髓炎：白毛桃（未嫁接）根白皮，加红糖少许，捣烂外敷局部。"

● 桃胶（树皮中分泌出的树脂）：《唐本草》："味甘苦，平，无毒。""主下石淋，破血，中恶疰忤。"《名医别录》："主保中不饥，忍风寒。"《本草纲目》："和血益气，治下痢，止痛。"煎服 25~50 克。

《古今录验方》："治石淋作痛：桃木胶如枣大，夏以冷水二合，冬以汤三合和服，日三服，当下石，石尽即止。"

《杨氏家藏方》桃胶散："治血淋：石膏、木通、桃胶（炒作末）各 25克。上为细末。每服 10 克，水一盏，煎至 3.5 克，通口服，食前。"

《妇人良方》："治产后下痢赤白，里急后重疞痛：桃胶（焙干）、沉香、蒲黄（炒）各等分，为末。每服 10 克，食前米饮下。"

● 桑葚：别名桑果、桑粒、桑实、乌桑、桑枣、黑葚、斌实、桑镰、桑葚子。中医认为，桑葚性寒，味甘；有补肝益肾，滋阴养血，明目润肠功效。用于肝肾阴亏，精血亏虚，眩晕耳鸣，心悸失眠，须发早白，津伤口渴，瘰疬，腰膝酸软，神疲健忘，肠燥便秘，小便不利，肺燥干咳。《唐本草》："单食，主消渴。"《本草纲目拾遗》："利五脏关节，通血气，捣末，蜜和为丸。"《本草衍义》："治热渴，生精神，及小肠热。"《滇南本草》："益肾脏而固精、久服黑发明目。"《本草纲目》："捣汁饮、解酒中毒。酿酒服，利水气，消肿。"《玉楸药解》："治癃淋，瘰疬，秃疮。"《本草求真》："除热，养阴，止泻。"《随息居饮食谱》："滋肝肾，充血液，祛风湿，健步履，息虚风，清虚火。"《现代实用中药》："清凉止咳。"《中药形性经验鉴别法》："安胎。"《本草经疏》："桑葚，甘寒益血而除热，为凉血补血益阴之药。消渴由于内热，津液不足，生津故止渴。五脏皆属阴，益阴故利五脏。阴不足则关节之血气不通，血生津满，阴气长盛，则不饥而血气自通矣。热退阴生，则肝心无火，故魂安而神自清宁，神清则聪明内发，阴复则变白不老。甘寒除热，故解中酒毒。性寒而下行利水，故利水气而消肿。""脾胃虚寒作泄者勿服。"唐代苏恭说："桑葚最恶铁器，然在饭内蒸熟，虽铁器而无碍也。采紫者第一，红者次之，青则不可用。"

现代研究认为，桑葚含有 100% 的桑葚煎液，有中度激发淋巴细胞转化的作用，能升高外周白细胞，防止环磷酰胺所致的白细胞减少症的作用，增强人体免疫功能、调节免疫平衡，促进造血细胞生长，并对粒系祖细胞的生长有促进作用；降低红细胞膜活性的作用。桑葚能降低红细胞膜 Na^+-K^+-ATP 酶活性，桑葚的此种作用，可能是其滋阴作用原理之一。桑葚含有亚油酸、硬脂酸及油酸能抑制脂肪合成，促进脂肪分解，降低血脂和阻止脂质在血管内沉积及升高血清锌的作用，并且有增高血清高密度蛋白胆固醇和红细胞 SOD 活性的效应，具有预防动脉硬化和血管老化及一定的延缓衰老的作用；含有芦丁、花青素、白黎芦醇等，具有防癌、抗衰老、抗溃疡、抗病毒等作用；含有铁和维生素 C 是补血佳品，妇女产后出血、体虚弱者均宜食用；含有叶酸对婴儿的大脑发育很有好处；含有鞣酸、脂肪酸、苹果酸，有助于脂肪、蛋白质和淀粉的消化吸收；含有芸香苷、花色素、葡萄糖、果糖、膳食纤维、多种维生素和矿物质，对胃壁黏液膜具有保护作用，并能护肝、抗癌、排毒、减肥。桑葚含的溶血性过敏物质及透明质酸，过食易引发溶血性肠炎。桑葚含有胰蛋白酶抑制物，能使胰蛋白酶的活性降低，影响蛋白质消化吸收，可出现恶心、呕吐、腹痛、腹泻等症状，故消化不良者慎用。

煎服 9~15 克。

《实用补养中药》："治身体虚弱、失眠、健忘：桑葚子 30 克，何首乌 12 克，枸杞子 9 克，黄精、酸枣仁 15 克。水煎服。"

《补药与补品》："治阴血不足所致的肠燥便秘：桑葚 30 克，肉苁蓉 15 克，黑芝麻 15 克，炒枳壳 9 克，水煎服，每日 1 剂。""治疗肝肾虚所致的头发早白、眩晕等症：桑葚 15 克，首乌 12 克，女贞子 12 克，旱莲草 9 克。

水煎服，每日 1 剂。"

《中国药膳学》侧柏桑葚膏："清热凉血、祛风生发。治血热生风致毛发突然成片脱落。侧柏叶 50 克，桑葚 200 克，蜂蜜 50 克。水煎侧柏叶 20 分钟后去渣，再纳入桑葚，文火煎煮半小时后去渣，加蜂蜜成膏。"

● 桑叶：桑叶具有疏散风热，清肺润燥，平肝明目功效。《本草纲目》："味苦甘，寒，有小毒。""治劳热咳嗽，明目，长发。"《神农本草经》："除寒热，出汗。"《唐本草》："水煎取脓汁，除脚气，水肿，利大小肠。"孟诜："炙前饮之，止渴，一如茶法。"《本草纲目拾遗》："主霍乱腹痛吐下，冬月用干者浓煮服之。细锉，大釜中煎取如赤糖，去老风及宿血。"《日华子本草》："利五脏，通关节，下气，煎服；除风痛出汗，前扑损瘀血，并蒸后罯；蛇虫蜈蚣咬、盐挼敷上。"《本草图经》："煮汤淋渫手足，去风痹。"《丹溪心法》："焙干为末，空心米饮调服，止盗汗。"《本草蒙荃》："煮汤，洗眼去风泪，消水肿脚浮，下气，利关节。"《本草从新》："滋燥，凉血，止血。"《百草镜》："治肠风。"《本草求真》："清肺泻胃，凉血燥湿。"《本草摄要》："以之代茶，取经霜者，常服治盗汗。"《本草求原》："止吐血，金疮出血。"《山东中药》："治喉痛，牙龈肿痛，头血浮肿。"《中药大辞典》："桑叶含芸香苷、槲皮苷、柠檬酸、天冬氨酸、谷氨酸、胆碱、B 族维生素、维生素 C 及铜、锌、锰等，有抗糖尿病等作用。桑葚，含糖、鞣酸、胡萝卜素及 B 族维生素、维生素 C 等、补肝肾、利五脏、治消渴等。"桑叶中特有的 1-脱氧野尻霉素（1-DNJ）成分能抑制多糖分解葡萄糖的 α-糖苷酶，从而抑制血糖上升。桑叶还含昆虫变态激素（牛膝甾酮、脱皮甾酮）、芸香苷、槲皮素等黄酮类化合物及甾醇类、挥发油、生物碱、氨基酸、有机酸等成分，能够降低体内胆固醇；降血糖、降血脂、降血压；促进蛋白质合成，其煎剂对金黄色葡萄球菌，乙型溶血性链球菌及钩端螺旋体等有抑郁作用；桑叶及其制剂可用于治疗感冒，银屑病，牙龈肿痛，急性结膜炎，高血压和小儿紫癜等。

煎服 5~9 克。桑叶药性平和，凡风寒感冒，口淡，咳嗽痰稀白者不宜服用。

● 桑耳（为寄生于桑树上的木耳）：《名医别录》："味甘、有毒。""疗月水不调，其黄熟陈白者止久泄，益气不饥。其金色者治癖饮，积聚腹痛，金疮。"《药性论》："平。""能治风，破血，益力。"孟诜："寒、无毒。"《神农本草经》："黑者主女子漏下赤白汁，血病，癥瘕积聚，阴痛，阴阳寒热，无子。"《日华子本草》："止肠风泻血，妇人心腹痛。"

煎服 7.5~15 克。

《圣济总录》：“治遗尿止涩：桑耳为末，每酒下方寸匕、日 3 服。”

《本草经疏》：“治血崩：桑耳（煅存性，研细），香附（童便炒黑，研细）。每用桑耳灰 1 克，香附末 1.5 克，泼醋汤空心调服。”

《便民图纂》：“治咽喉痹痛：五月收桑上木耳，白如鱼鳞者、临时捣碎，绵包弹子大，蜜汤浸含之。”

● 桑枝：《本草纲目》：“苦、平。”《本草图经》：“疗遍体风痒干燥，脚气风气，四肢拘挛，上气，眼晕，肺气嗽，消食，利小便，兼疗口干。”《本草蒙荃》：“利喘嗽逆气，消痈肿毒痛。”《本草汇言》：“去风气挛痛。”《本草备要》：“利关节，养津液，行水祛风。”《玉楸药解》：“治中风喎斜，咳嗽。”《本草再新》：“壮肺气，燥湿，滋肾水，通径，止咳除烦，消肿止痛。”《岭南采药录》：“去骨节风疾，治老年鹤膝风。”《现代实用中药》：“嫩枝及叶熬膏服，治高血压、手足麻木。”桑枝治疗风湿性关节炎。

煎服 50~100 克。

《中草药新医疗法展览会资料选编》双桑降压汤：“治高血压：桑枝、桑叶、茺蔚子各 25 克。加水 1000 毫升，煎成 600 毫升。睡前洗脚 30~40 分钟，洗完睡觉。”

● 桑根：《日华子本草》：“暖，无毒。”“研汁，治小儿天吊，惊痫客忤；敷鹅口疮。”《岭南采药录》：“去骨节风痰。”《南京民间药草》：“治筋骨痛，高血压。”

煎服 25~50 克。

● 桑皮汁（桑皮中的白色液汁）：《本草汇言》：“味苦。”《本草图经》：“主小儿口疮，敷之。涂金刃所伤燥痛，更剥白皮裹之，令汁得入疮中。冬日用根皮。”《本草蒙荃》：“点唇裂。釜中煎如糖赤，推老痰宿血。”《本草纲目》：“涂蛇、蜈蚣、蜘蛛伤。”《玉楸药解》：“灭黑痣恶肉，敷金疮，化积块。”《子母秘录》：“治小儿鹅口：桑白皮汁和胡粉敷之。”《圣惠方》：“治口疮及舌上生疮，烂：斫桑树取白汁涂之。”

● 桑白皮：《神农本草经》：“甘，寒。”“主伤中，五劳六极羸瘦，崩中，脉绝，补虚益气。”《名医别录》：“去肺中水气，唾血，热渴，水肿，腹满胪胀，利水道，去寸白，可以缝金疮。”《药性论》：“治肺气喘满，水气浮肿，主伤绝，利水道，消水气，虚劳客热，头痛，内补不足。”孟诜：“入散用，下一切风气水气。”《滇南本草》：“止肺热咳嗽。”《本草纲目》：“泻肺，降气，散血。”《本草求原》：“治脚气痹挛，目昏，黄疸，通二便，治尿数。"《贵州民间方药集》："治风湿麻木。"《本草经集注》："续断、桂心、麻子为之使。"《本草经疏》："肺虚无火,因寒袭之而发咳嗽者勿服。"《得配本草》："肺虚,小便利者禁用。"

《小儿药证直诀》泻白散："治小儿肺盛,气急喘嗽;地骨皮、桑白皮(炒)各50克,甘草(炙)5克。锉散,入粳米一摄,水二小盏,煎七分,食前服。"

《肘后方》："治产后下血不止:炙桑白皮100克,煮水饮之。""治卒小便多,消渴,桑根白皮,炙令黄黑,锉,以水煮之令浓,随意饮之;亦可纳小米,勿用盐。"

桑白皮含多种黄铜衍生物,东莨苕素,挥发油、谷甾醇、果胶、软脂酸等成分,有泻肺平喘、利水消肿、降血压、镇静、镇痛、安定、降温、抗惊厥、抑菌、抗癌功效。用于肺热喘咳、痰多、水肿胀满、小便不利、肺气壅滞的实证,以及肝火偏旺型高血压症。用量5~15克。肺虚无火、小便多及风寒咳嗽忌服。

● 梨:别名快果、果宗、玉乳、蜜父。中医认为,梨性凉、味甘微酸;有清热生津,化痰止渴,润燥解酒功效。用于阴虚有热,肺燥干咳无痰,声嘶失音,津少口渴,大便燥结,噎膈,眼赤肿痛。梨有生食与熟食之别,生者性凉,善于清热降火;熟者性平,功在生津滋阴。《千金要方·食治》："除客热气,止心烦。"《唐本草》："削贴汤火伤、不烂、止痛、易差。又主热嗽、止渴。"《食疗本草》："胸中痞塞热结者可多食好生梨。卒闇风失音不语者,生捣汁一合顿服之,日再服。"《本经逢原》："越瓜惟解酒毒,利小便宜之。"《日华子本草》："消风,疗咳嗽,气喘热狂;又除贼风,胸中热结;作浆吐风痰。"《开宝本草》："主客热、中风不语,又疗伤寒热发、惊邪,嗽,消渴,利大小便。"《滇南本草》："治胃中痞块食积,霍乱吐泻,小儿偏坠疼痛。"《本草纲目》："润肺凉心,清痰降火,解疮毒、酒毒。"《本草通玄》："生者清六腑之热,熟者滋五脏之阴。"《本草求原》："梨汁煮粥,治小儿疳热及风热昏躁。"《本草经疏》："肺寒咳嗽、脾家泄泻、腹痛冷积、寒痰痰饮、妇人产后、小儿痘后、胃冷呕吐、法咸忌之。"《随息居饮食谱》："中虚寒泄,乳妇,金疮忌之。"《饮食须知》："多食令人寒中,损脾。乳妇产后血虚者勿食。生食多成冷痢。"《增补食物秘书》："多食寒中。"《饮膳正要》："柿、梨不可与蟹同食。"发烧患者宜吃生梨和橘子。外伤、产后、小儿出痘后尤忌。经研究,梨能防止动脉粥样硬化、抑制致癌物质亚硝胺的形成,防止癌症。梨含有果胶有助于胃肠的消化、促进大便排泄。

● 梨叶：《唐本草》："主霍乱吐利不止，煮汁服之。"《日用本草》："捣汁服，解中菌毒。"《滇南本草》："敷疮。"姚可成《食物本草》："捣汁服，治小儿疝。"

● 梨枝：《圣惠方》："治霍乱吐利、煮汁饮。"

● 梨木皮：《本草纲目》："解伤寒时气。"《简易方论》："治伤寒温疫，已发未发：用梨木皮、大甘草各 50 克，黄秫谷一合（为末），锅底灰 5 克。每服 15 克，白汤下，日二服。"

● 梨树根：《四川中药志》："性平，味甘淡，无毒。"《民间常用草药汇编》："治疝气，止咳嗽。"

煎服 50~100 克。

● 椰子：别名胥椰，越子头，胥余，椰楪，越王头，奶桃。中医认为，椰子性平，味甘；有清暑益气，补脾益胃，利尿驱虫，止呕止泻功效。用于绦虫、姜片虫病及小儿疳积，面黄肌瘦，食欲不振，胃阴不足，咽干口渴，或暑热烦渴，小便不利。《开宝本草》："益气，去风。"《本草求原》："清疳积白虫，小儿青瘦。"《海药本草》：椰子浆"主消渴，吐血，水肿，去风热"。"多食动气。"《中国药植图鉴》：椰子酱"滋补，清暑，解渴"。《异物志》："椰子，食其肉不饥，饮其酱不渴。"《肥胖研究》上的研究报告称，多吃椰子能促进新陈代谢，从而潜在地刺激减肥。

《中华食物疗法大全》椰浆粥："清暑解渴，强心利尿，驱虫，止吐泻。主治胃肠炎，充血性心力衰竭及水肿，姜片虫、绦虫等。椰浆 30 毫升，大米 30 克。以大米加水如常法煮粥，将熟时加入椰浆，空腹食用。"

● 椰子根皮：《日华子本草》："入药炙用。"《开宝本草》："苦、平、无毒。""止血、疗鼻衄、吐逆霍乱、煮汁服之。"《本草纲目》："治卒心痛、烧存性，研，以新汲水服 5 克。"《本草求原》："治夹阴风寒邪热、煮汁饮。"

● 椰子壳：《本草纲目》："杨梅疮筋骨痛，椰子壳烧存性，临时炒热，以滚酒泡服 10~15 克，暖覆取汁。"《本草纲目拾遗》："椰子壳熬膏，涂癣良。"《本草求原》："治夹阴风寒寒热。"

● 椰子油（椰子的胚乳，经碾碎烧蒸后所榨取的油）：《华夷花木考》："祛暑气。"《粤志》："疗齿疾、冻疮。"《中国药植图鉴》："治神经性皮炎。"

椰子油是有益心脏健康的，并且有助消化系统、内分泌系统和免疫系统的健康。研究表明，椰子油能帮助预防癌症、糖尿病、心脏病和其他多种退化性疾病。椰子油还益于减轻体重。

● 番石榴：别名秋果、鸡矢果、林拔、拔仔、椰拔、木八子、喇叭番石榴、番鬼子、百子树、罗拔、花稔、饭桃、番桃树、郊桃、番稔、拿耙果、喇叭果。中医认为，番石榴性温，性酸涩，有收敛、止泻、解毒功效。适宜泄泻、久痢巴豆中毒。《广东中药》："酸涩、温。""止痢疾。"《广西药植名录》："止泻。"叶子煎汁外洗皮肤可治疗湿疹瘙痒。未成熟的果实焙干研末，或用蜂蜜调后外用，对刀伤出血、跌打损伤等有止血及促进伤口愈合作用。煎服 10~15 克。

现代研究认为，番石榴含糖类、多种氨基酸、槲皮素、番石榴甙、没食子酸、并没食子酸、无色矢车菊素、维生素 C、萹蓄素，具有降血糖、止血作用。

《海南省常用中草药手册》番石榴蜜糖水："调脾胃，收敛止泻。主治小儿单纯性消化不良、腹泻，粪便稀薄，有少许黏液及不消化的黄白色蛋花样小花。番石榴（除去外皮，取果肉）2~3 个，蜜糖少许。先将番石榴果肉加水一碗半煎至大半碗，去渣，冲入蜜糖少许调味。1 天内分 2~3 次饮用。"

《西昌中草药》："治小儿消化不良、痢疾：水辣蓼 2.5 千克，拿耙果 2.5 千克。共加水煎汁，加红糖调味。每日 3 次。每次 30 克左右。"

《广西民族药简编》："治腹泻：番石榴果 30~60 克。捣碎，水煎服。"

《小儿常见食疗方》番石榴苦瓜汤："降血糖。主治糖尿病。番石榴干果 5 个，苦瓜 1 个。将番石榴与苦瓜分别洗净，切碎，同入锅，加水适量，旺火煮沸后，改小火煎煮 20 分钟，去渣饮汤。每日 1~2 次，连服数日。"

《福建药物志》："治血崩：番石榴干果烧灰存性，研末，每服 9 克，开水送下。"

● 番石榴叶：《广西中药志》："味甘涩，性平，无毒。"《南宁市药物志》："收敛止泻。治泄泻，久痢，湿疹，创伤出血。"广州部队《常用中草药手册》："治皮肤湿疹，瘙痒，热痱。""治跌打损伤，刀伤出血：番石榴鲜叶捣烂外敷患处。"煎服 4~7.5 克（鲜者 25~50 克）。

《云南中药选》："治肠炎、痢疾：番石榴鲜汁 50~100 克，煎服。"

● 番石榴皮（根皮及树皮）：《岭南采药集》："树皮煅灰，以臭草自然汁调涂，治湿毒疥疮。根皮，以白醋煎而含之，止牙痛；小儿患疮疖，和鸡毛煎水洗之。"

● 猕猴桃：别名藤梨、羊桃、木子、狐狸桃、毛桃、毛梨、阳桃、猴子梨、山洋桃、野梨、金梨、绳梨、杨桃、大零核、大红袍。

中医认为，猕猴桃性寒，味甘酸；有除烦通淋，滋补强身，清热利尿，生津润燥功效。用于肝肾阴虚，燥热伤肺，脾胃气虚，消化不良，骨节风痛，咽喉肿瘤，黄疸，石淋，痔疮，呕吐，烦热口渴，小便涩痛。崔禹锡《食经》："和中安肝。主黄疸，消渴。"《食疗本草》："取瓤和蜜煎，去烦热，止消渴。《本草纲目拾遗》："主骨节风，瘫缓不随，常年变白，痔病，调中下气。"《开宝本草》："止暴渴，解烦热，下石淋。热壅反胃者，取汁和生姜汁服之。""冷脾胃，动泄澼。"

现代研究认为，猕猴桃含有蛋白水解酶成分，可催化肠道内的蛋白质水解，消化吸收，并阻止蛋白质的凝固；含有血清促进素，具有稳定情绪、安心宁神的作用；含有天然肌醇，有助于脑部活动，因此可帮助忧郁之人走出情绪低谷；有助于汞的排出，使血汞降低。猕猴桃还对高血压、高脂血症、冠心病及消化系统癌症均有防治作用；治疗坏血病、过敏性紫癜、感冒有显著效果；其汁能阻断致癌性 N-亚硝基吗啉在人体合成，预防多种癌症的发生并提高人体的免疫力功能，其效能优于相同浓度的维生素 C，也优于美国的柠檬汁。临床应用表明猕猴桃对预防鼻咽癌、肺癌、乳腺癌、膀胱癌、胃癌、呃逆、食道癌均有显著疗效。猕猴桃还具有抗衰老，降血脂，保肝作用。

食用注意：猕猴桃忌与乳品（腹痛、腹泻）同食；慢性肠炎、黄疸性肝炎属寒湿内盛者和孕妇、先兆流产、月经过多者不宜食用；还不宜与动物肝脏、番茄、黄瓜同食。动物肝脏可使食物中所含的维生素 C 氧化、番茄中的抗坏血酸、酵酶，黄瓜中的维生素 C 分解酶均有破坏食物中的维生素 C 的作用。

煎服 50~100 克。

《湖南药物志》："治食欲不振，消化不良：猕猴桃干果 100 克。水煎服。"

《闽东本草》："治偏坠：猕猴桃 50 克，金柑根 15 克。水煎去渣，冲入烧酒 100 克，分两次内服。"

● 猕猴桃根：《陕西中草药》："酸微甘，凉，有小毒。""清热解毒，活血消肿，抗癌。治疮疖、瘰疬。"《贵州民间方药集》："利尿，缓泻。治腹水；外用接骨，消伤。"《浙江民间常用草药》："健胃，活血，催乳，消炎。"《闽东本草》："孕妇不宜服。"

煎服 50~100 克。

《浙江民间常用草药》："治跌打损伤：猕猴桃鲜根白皮，加酒糟或白酒捣烂烘热，外敷伤处；同时用根 100~150 克水煎服。""治疗肿：猕猴桃鲜根皮捣烂外敷；同时用根 100~150 克，水煎服。""治产妇乳少：猕猴桃根

100~150 克，水煎服。"

《湖南药物志》："治风湿关节痛：猕猴桃、木防己各 25 克、荭草 15 克，胡枝子 50 克，水煎服。"

《福建民间草药》："治淋浊，带下：猕猴桃根 50~100 克，苎麻根等量，酌加水煎，日服两次。"

《闽东本草》："治脱肛：猕猴桃根 50 克，和猪肠炖服。"

《陕西中草药》："治胃肠系统肿瘤，乳腺癌：猕猴桃根 125 克，水 1000 毫升，煎 3 小时以上，每天 1 剂，10~15 天为 1 个疗程。休息几天再服，共 4 个疗程。"

● 猕猴桃枝叶：《开宝本草》："杀虫。"

《福建民间草药》："治妇人乳痈：鲜猕猴桃叶一握，和适当的酒糟，红糖捣烂，加热外敷，每天早晚各换一次。"

《福南药物志》："治烫伤：猕猴桃叶，捣烂，加石灰少许，敷患处。"

猕猴桃藤中汁：《本草纲目》："甘，寒，无毒。"《本草纲目拾遗》："下石淋，主胃闭（一作'反胃'），取汁和姜汁服之。"

● 葡萄：别名山葫芦、草龙珠、蒲桃、菩提子。中医认为，葡萄性平，味甘酸；有补气血，强肝肾，利小便，忍风寒，令人肥健之功效。用于脾虚气弱，肺虚咳嗽，心惊盗汗，贫血萎黄，头晕乏力，风湿麻痹，津少口渴，声嘶咽干，小便淋涩，浮肿尿少。《神农本草经》："主筋骨湿痹，益气倍力，强志，令人肥健耐饥，忍风寒。可作酒。"《名医别录》："逐水、利小便。"《药性论》："除肠间水气，调中治淋，通小便。"《本草图经》："治时气发疮疹不出者，研酒饮。"《滇南本草》："大补气血，舒筋活络，泡酒服之。治阴阳脱症，又治盗汗虚症。汁，治咳嗽。"《滇南本草图说》："治痘症毒，胎气上冲，煎汤饮之即下。"《百草镜》："治筋骨湿痛。利水甚捷、除遍身浮肿。"《本草再新》："暖胃健脾，治肺虚寒嗽，破血积疽瘤。"《随息居饮食谱》："补气，滋肾液，益肝阴，强筋骨，止渴，安胎。"《新疆药材》："解毒，散表。"《陆川本草》："滋养强壮、补血、强心、利尿。治腰痛、胃痛、精神疲惫、血虚心跳。"《圣惠方》："治热淋，小便涩少，碜痛沥血。"孟诜："不堪多食，令人卒烦闷眼暗。"《本经逢原》："食多令人泄泻。"《医林纂要》："多食生内热。"

现代研究认为，葡萄籽含有原青花素，是天然的抗氧化剂；含有水杨酸可以降低胆固醇；含有花色苷有助于供血；含有鞣质酸可稀释血液，预防心肌梗死和脑中风；红葡萄的果皮中，多酚含量可达 25%~50%，种子中则达

50%~70%，具有清除自由基的功效；葡萄的外皮、果肉和籽都含有白藜芦醇———一种可能会降低心脏病和某些癌症的发病率的天然植物化学物质。美国农业调查部门1998年的一份研究结果显示，一杯红葡萄汁中含有0.7毫克的白藜芦醇，而每克红葡萄酒中则含有0.6~8.0毫克的白藜芦醇。白葡萄酒中白藜芦醇含量少。葡萄含有丰富的糖、氨基酸、维生素和矿物质，具有抗菌、抗病毒、增强体质、改善各种慢性病症状的作用。种子油15克口服可降低胃酸度；12克可利胆（胆绞痛发作时无效）；40~50克有致泻作用。葡萄籽含有一种强力抗氧化剂OPC，能够预防癌症心脏疾病和视网膜疾病。

法国科学家研究发现，葡萄能阻止血栓形成，并且能降低人体血清胆固醇水平，降低血小板的聚集力，对预防心脏血管疾病有一定作用。

芝加哥大学的药理学者约翰·裴祖托说："在我们测试的所有植物中，我们看到的所有化合物中，这种化学物质作为一种天然的防癌武器，很有希望。"在70多种植物中都可以找到RESVERATROL。但是在葡萄中最为明显。研究人员在红葡萄酒中也找到了这种物质。

糖尿病患者或肥胖之人不宜食用。葡萄不宜与水产品同食，以免葡萄中的鞣酸与水产品中的钙质形成难以吸收的物质，刺激胃肠道；还不宜与萝卜同食，因可产生抑制甲状腺作用的物质，诱发甲状腺肿。使用安体舒通、氨苯喋啶和补钾剂时，不宜同食葡萄干和其他含钾高的食物，否则易引起高血钾症，出现胃肠痉挛、腹胀、腹泻或心律失常现象。

● 葡萄根：《本草纲目》："甘涩，平，无毒。""治腰脚肢腿痛，煎汤淋洗之良。"《四川中药志》："性寒，味甘苦，无毒。""除风湿，消胀，利水。治瘫痪麻木，吐血，口渴。"孟诜："浓煮汁，细细饮之，止呕哕及霍乱后恶心。妊孕人子上冲心，饮之即下，其胎安。"

煎服25~50克。

《福建民间草药》："治关节痛：白葡萄根100~150克，猪蹄一个或鲤鱼一两尾。酌加水煎，或酒水各半炖服。"

《四川中药志》："治吐血、葡萄根、白茅根、侧柏叶、红茶花、茜草根、藕节。炖肉服。"

《江西草药手册》："治筋伤骨折：葡萄鲜根捣烂敷伤处。"

● 葡萄藤叶：《本草纲目》："甘涩，平，无毒。""饮其汁，利小便，通小肠，消肿满。"《滇南本草》："叶治火眼，汁治咳嗽。"《滇南本草图说》："采叶贴无名肿毒。"《陆川本草》："治呕吐，恶阻，肿胀。"煎服15~25克。

《活法机要》："治水肿：葡萄心（嫩叶）与蝼蛄（去头尾）同研，露七日，曝干，为末，淡酒调下，暑月用佳。"

● 菠萝：别名凤梨、玉梨、地波罗、黄梨、婆那婆、草菠罗。中医认为，菠萝性平，味甘酸；有解暑除烦，补脾止泻，清胃解渴，健胃消食功效。用于暑热烦渴，津少口渴，消化不良，小便不利。《本草纲目》："通血脉，开胸膈，下气调中。"《本草求原》："痔漏关寒之人，咸宜用人。"

现代研究认为，菠萝蛋白酶主要集中在菠萝中部的茎上，它具有很强的分解纤维蛋白的作用，抑制肿瘤细胞的生长，抑制血小板聚集，嫩肤、美白、祛斑的优异功效。菠萝含有生物甙和菠萝朊酶——可在胃里分解蛋白质，溶解阻塞于血管中的纤维蛋白和血凝块的作用，从而改善体液的局部循环，消除炎症和水肿。但是，这种酶能使少数人引起过敏反应，一般在食用菠萝后15分钟到1小时左右急骤发病，出现腹痛、腹泻，还有的出现虚脱现象，人们把这种反映称为"菠萝病"，需进医院进行脱敏处理，即可康复。如果在食前削去果皮，将菠萝肉切成片，放入1%的盐水中浸泡，20分钟生食就不会发生过敏现象了。菠萝朊酶有助消化。但是对于患消化道溃疡，严重肝或胃功能衰竭，或血凝固功能不全者应慎食；发烧及患有湿疹、疥疮人的不宜吃，以免加重病情。高血压患者少食。

● 樱桃：别名莺桃、含桃、荆桃、樱珠、家樱桃、朱果。

中医认为，樱桃性温，味甘；有补中益气，健脾和胃，祛风除湿功效。用于体虚气弱，气短心悸，倦怠食少、风湿疼痛、四肢麻木。《名医别录》："主调中，益脾气。"《滇南本草》："治一切虚证，能大补元气，滋润皮肤；浸酒服之，治左瘫右痪，四肢不仁，风湿腰腿疼痛。"孟诜："不可多食，令人发暗风。"《日华子本草》："多食令人吐。"《本草图经》："虽多（食）无损，但发虚热耳。"《日用本草》："其性属火，能发虚热喘嗽之疾，小儿尤忌。"《饮食须知》："过食太多，发肺，痈肺痨。"大便干燥、干咳少痰、午后潮热、盗汗、舌质红、脉细软、口臭、鼻衄以及患热症者忌食。煎服250~500克。

樱桃含有一种叫做花青素的抗氧化剂，实验结果显示，它比维生素E的抗衰老作用更强，花青素促进血液循环，有助于尿酸的排泄，通便效果好，能去除体内毒素及不洁体液，对肾脏的排毒有效。樱桃还有抑癌、收涩止痛的作用，用于治疗烧伤、烫伤、虫蛇咬伤、防止伤处起疱化脓，还可用于治疗轻、重度冻伤。还有研究发现，樱桃具有阿司匹林一样的药效，吃20枚樱桃比服用阿司匹林还有效。民间还有用樱桃治汗斑，是将樱桃挤汁装入净瓶中，涂患处。樱桃核有发汗透疹解毒作用，在麻疹流行时，给小儿饮用樱桃汁能够预防感染。

● 樱桃叶：《本草再新》："味辛苦，性温，无毒。""养肝助火，健脾开胃，除胃脘之积寒，消食破滞。"《唐本草》："捣叶封，主蛇毒；绞汁服防蛇毒内攻。"《滇南本草》："治吐血。"《滇南本草图说》："敷疮。"《湖南药物志》："治腹泻，咳嗽：樱桃叶及树枝，水煎服。"《全展选编·妇科》："治阴道滴虫：樱桃树叶（或桃树叶）500克。将上药煎水坐浴，同时用棉球（用线扎好）沾樱桃汁水塞阴道内，每日换1次，本月即愈。"

● 樱桃枝：《滇南本草》："治寒疼，胃气疼，九种气疼。樱桃梗烧灰，为末，烧酒下。"

● 樱桃核：《滇南本草图说》："痘症色白陷顶不升浆者，为末敷之，可以升浆起长。""痘疹阳证忌服。"《本草再新》："败毒、消疳瘤。"《江苏植物志》："治麻疹透发不快；煎水洗净疮，灭瘢痕。"《本经逢原》："樱桃，其核今人用以升发麻斑、力能助火、大非所宜、在春夏尤为切忌。"

《本草纲目拾遗》："治出痘喉哑：甜樱桃核20枚。沙锅内焙黄色，煎汤服。"

《医学指南》："治眼皮生瘤：樱桃核磨水搽之，其瘤渐渐自消。"

● 樱桃根：《重庆草药》："味甘，性平，无毒。""调气和血。治妇人气血不和，肝经火旺，手心潮烧，经闭。"《食疗本草》："治蛔虫。"

煎服鲜者50~100克。

● 橄榄：别名青果、忠果、谏果、裸果、青子、白榄、黄榄、甘榄、橄榄果、山榄。中医认为，橄榄性平，味甘涩酸；有清肺利咽，化痰消积，生津解毒功效。用于肺热咳嗽，咽喉肿痛，急性痢疾，痔疮出血，癫痫，坏血病，酒醉烦渴，食河豚，鳖中毒所致诸症。孟诜："主鳀鱼（即河豚）毒，汁服之。"《日华子本草》："开胃，下气，止泻。"《开宝本草》："主消酒。"《本草衍义》："嚼汁咽治鱼鲠。"《滇南本草》："治一切喉火上炎，大头瘟症。能解湿热，春温，生津止渴，利痰，解鱼毒、酒、积滞。"《本草纲目》："治咽喉痛，咀嚼咽汁，能解一切鱼鳖毒。"《本草通玄》："固精。"《本经逢原》："令痘起发。"《本草再新》："平肝开胃，润肺滋阴，清痰理气，止咳嗽，治吐血。"《随息居饮食谱》："凉胆息惊。"《现代实用中药》："治神经病癫痫，配合明矾煮成流膏用。"《要药分剂》："主清咽喉而止渴，厚肠胃而止泻，下气醒酒、消食除烦。解河豚毒，一切鱼鳖毒及鱼骨梗。"

现代研究认为，橄榄含多酚，具有抗氧化作用，能够预防冠心病、动脉粥样硬化的发生，还有舒缓血管平滑肌、降低血压的作用；还能促进胶原蛋白的生成，修复肌肤，以及促进胆囊收缩，促进胆汁分泌和排泄，从而降低血脂。

煎服 7.5~15 克。

《王氏医案》青龙白虎汤："治时行风火喉痛，喉间红肿：鲜青果、鲜莱菔、水煎服。"

《本草求原》："治心痛、胃脘痛：盐腌咸（橄）榄去核，以鲜明人中黄入满，用纸及泥包好煅透、滚水调下。"

《本草求真》："治肠风下血：橄榄烧灰（存性）研末，每服 10 克，米饮调下。"

《随息居饮食谱》："治河豚鱼鳖诸毒，诸鱼骨鲠：橄榄捣汁或煎浓汤饮。无橄榄以核研末或磨汁服。"

● 橄榄仁：《本草纲目》："甘，平，无毒。"《开宝本草》："研敷唇吻燥痛。"《医林纂要》："润肺，解酒，解鱼虫毒。"《随息居饮食谱》："润肺，解毒，杀虫，稀痘，制鱼腥。"

橄榄的果实里榨出的油称橄榄油。主要油类中油酸含量（100 克中单位：%）：橄榄油 71.9%，葵花油 60.6%，花生油 45.9%，牛油 45.8%，猪油 42.7%，米糠油 42%，芝麻油 39.3%，玉米油 28.9%，大豆油 23.1%，棉籽油 18.5%。一般不饱和脂肪酸能降低低密度脂蛋白，但摄取过多又会降低高密度脂蛋白，这是一个缺点。在不饱和脂肪酸中，如果有含有油酸脂酸的橄榄油，就不会担心降低高密度脂蛋白了。橄榄油富含维生素 E。所以能够保护机体不受活性氧侵害，防止老化；尚含有多酚——有抗氧化、防止动脉硬化、促进末梢血液循环、抑制胃酸分泌过多，预防癌症，改善便秘，防止老化，预防心脏病作用。橄榄油刺激肝脏和胆囊排出胆汁，从而迫使结石脱离胆管。

法国人认为，橄榄叶粉含利尿物质，可以帮助控制血压。同时，橄榄叶还可降低血糖和促进血液循环。

● 橄榄核：《本草纲目》："甘涩，温，无毒。""磨汁服治诸鱼骨鲠、及含鲩成积，又治小儿痘疮倒黡。烧研服之治下血。"《本草备要》："烧灰，敷疰疮。"《本经逢原》："灰末，敷金疮无瘢。生核磨水，搽瘢渐灭。"《本草再新》："治肝胃气，疝气，消疳瘤。"《岭南采药录》："磨碎涂眼、去眼膜。"

烧存性研末服 5~10 克。

《本草纲目》："治阴肾癞肿：橄榄核、荔枝核、山楂核等分。烧成性、研末，每服 10 克，空心茴香汤调下。"

《杨氏家藏方》橄榄散："治肠风下血久不瘥者：橄榄核，不以多少，灯上烧灰为细末，每服 10 克，陈米饮调下，空心食前。"

● 橙子：别名黄橙、鹄壳、金球、黄果、香橙、甜橙、广柑。中医认为，橙子性凉，味酸；有开胃行气，通便利尿，化痰止呕，生津止渴，醒酒解毒功效。用于恶心呕吐，食欲不振，胸腹满胀，腹中雷鸣，大便溏泄，口渴心烦，解鱼蟹毒。还有效调节血脂代谢，抑制胃肠平滑肌，缓解紧张情绪，预防胆囊疾病，降低毛细血管的脆性，果皮煎剂能抑制胃肠及子宫的运动。果皮中的果胶及膳食纤维具有排毒作用。《食性本草》："行风气，瘿气，发瘰疬，杀鱼虫（'虫'作'蟹'）毒。"《开宝本草》："瓤，去恶心，洗去酸汁，细切和盐蜜煎成，食之，去胃中浮风。""不可多食，伤肝气。"《玉楸药解》："宽胸利气，解酒。"《本草纲目拾遗》："橙饼：消顽痰，降气，和中，开胃，宽膈，健脾，解鱼、蟹毒，醒酒。"《本经逢原》："疟疾寒热禁食。"《本草纲目拾遗》："气虚瘰疬者勿服。"

橙子含有类黄酮和柠檬素成分，可以促进血液中高密度脂蛋白的增加，降低低密度脂蛋白的含量；含有橙皮苷，有降低毛细血管脆性，防止微血管出血作用；含有那可可丁，有镇咳作用。橘子等柑橘类水果的皮中所含的橙皮油素，具有抑制肝脏、食道、大肠及皮肤发生癌症的效果。橘皮可以加强毛细血管的韧度，降血压，扩张心脏的冠状动脉。

《医方摘要》："治痔疮肿痛：隔年风干橙子，桶内烧烟熏之。"

《滇南本草》橙调酒汁："治乳痈红肿硬结、疼痛等。甜橙 1 个，黄酒适量。甜橙去皮、核，以洁净纱布绞汁，加黄酒 1 汤匙，温水开水适量，顿服，每日 2 次。"

● 橙叶：《岭南采药录》："捣烂敷疮、能止疼散瘀。"

● 橙皮：《滇南本草》："性温，味辛微苦。""主降气宽中，破老痰结痰固如胶者。"《四川中药志》："性温，味甘苦，无毒。""行气化痰，健脾温胃。治食欲不振，胸腹满胀作痛，腹中雷鸣及大便或溏或泻。"《岭南采药录》："治乳痈初起，以之煎水，大热洗患处数次。"煎服 7.5~15 克。

《四川中药志》："治感冒咳嗽有痰：橙皮、法夏茯苓、木香、紫菀、前胡。煎服。"

《滇南本草》："治痰结于咽喉、吐咯不出、咽之不下。因肝气不舒、忧思气郁结成梅核气者：理陈皮 10 克（去白），土白芍 10 克，苏子 10 克，桔梗 5 克。引用竹叶煎汤服。"

　　橙子皮中含有的叶黄素是一种高效抗氧化剂，许多水果蔬菜中都含有它。佛罗里达国际大学的一项研究发现，眼内叶黄素含量高的人，患老年性黄斑变性（ARMD）及白内障的可能性要低 80%。

　　● 橙子皮：《开宝本草》："味苦辛，温。""散肠胃恶气，消食，去胃中浮风气。"《食疗本草》："去恶心胃风、取黄皮和盐贮之。"《本草纲目》："糖作橙丁，甘美，消痰下气，利膈宽中，解酒。"《随息居饮食谱》："止呕醒胃，杀鱼、蟹毒。"

　　《杨氏家藏方》香橙汤："宽中、快气、消酒：橙子大者 1.5 千克（破去核，切作片子，连皮用），生姜 250 克（去皮，切片，焙干）。上件于净砂盆内烂研如泥、入炙甘草末 100 克，檀香末 25 克，并搜和捏作饼子，焙干为细末，每服 5 克，入盐少许，沸汤点服。"

　　《随息居饮食谱》香橙饼："生津舒郁，辟臭解醒，化浊痰，御岚瘴，调和肝胃，定痛止呕：橙皮 1 千克（切片），白砂糖 200 克，乌梅肉 100 克。同研烂，入甘草末 50 克，檀香末 25 克，捣成小饼，收干藏之。汤瀹化茶或噙化。"

　　● 橙子核：《本草纲目》："面黚粉刺，湿研，夜上涂之。"《本草求原》："治疝气，诸淋，血淋。"

　　《摄生众妙方》："治闪挫腰疼不能屈伸：橙子核炒干为细末 15 克，以白酒调服。"

　　● 橘子：别名橘、橘实、黄橘、木奴、福橘、红橘、大红蜜橘、漳橘、红柑、扁柑、玉林柑、大红袍、朱沙柑、潮州柑、朱橘、朱红橘、赤蜜柑、朱砂橘、迟红、朱红、了红。中医认为，橘瓤性凉，味甘酸，有开胃理气，润肺化痰，止渴醒酒功效。用于胸膈结气，呕逆，消渴。孟诜："止泄痢，食之下食，开胸膈痰实结气。"《日华子本草》："止消渴，开胃，除胸中膈气。"《饮膳正要》："止呕下气，利水道，去胸中瘕热。"《日用本草》："止渴，润燥，生津。"《医林纂要》："除烦，醒酒。"《国药的药理学》："为滋养剂，并治坏血病。"《开宝本草》："利肠胃中热毒，止暴渴，利小便。"《中药大辞典》："风寒咳嗽及有痰饮者不宜食。"《本草汇言》："橘皮、亡液之症，自汗之症，元虚之人，吐血之人，不可用。"《得配本草》："橘皮，痘疹灌浆时禁用。""橘红，久嗽气泻，又非所宜。橘核，惟实证为宜，虚者禁用。"心肌梗死及中风患者宜吃橘子、香蕉、桃子等水果，保持大便通畅防便秘。橘忌萝卜、动物肝脏；在服用西药磺胺类药物、安体舒通、氨苯喋啶、维生素 K 和补钾药物时忌食橘子。

美国佛罗里达大学研究人员证实，食用柑橘可以降低沉积在动脉血管中的胆固醇，有助于使动脉粥样硬化发生逆转。

美国妇产科医生研究认为，易患尿道感染的人，每天喝300毫升的橘汁，有助于防治尿道感染。

在新柑橘汁中有一种抗癌活性物质"诺朱灵"，它能使致癌化学物质分解，抑制和阻断癌细胞的生长，能使人体除毒酶的活性成倍提高，阻止致癌物对细胞核的损伤，保护基因的完好。橘子含有类黄酮物质磷酰橙皮苷能降低血清胆固醇，明显减轻和改善动脉硬化病变；黄酮苷可以扩张冠状动脉，增加冠脉血流量。

据成都军区总医院的调查论证，长年食用橘子的地方，心血管疾病的发病率极低，认为食橘子对高血压病有预防作用。

橘忌萝卜：据《中国食品报》称："橘子萝卜同吃，诱发甲状腺肿。"由于萝卜含酶类较多，被摄取后可生成一种硫氰酸盐，在代谢中产生一种抗甲状腺物——硫氰酸阻止甲状腺摄取碘，抑制甲状腺素的形成。而橘子中含有类黄酮物质，在肠中被细胞分解后，可转化为羟苯甲酸及阿魏酸，它们能加强硫氰酸抑制甲状腺的作用，从而诱发成导致甲状腺肿。橘子忌牛奶：牛奶中的蛋白质与橘子中的果酸和维生素C相遇而结成块，使人出现不适之感。橘子忌黄瓜：黄瓜中的维素C分解酶会破坏橘子中所含的维生素C，而使橘子的营养价值降低。橘子忌动物肝脏：肝脏中富含铜离子会使橘中所含的维素C被氧化而失效。橘子还忌：豆浆（影响消化）、螃蟹、蛤（气滞生痰）、兔肉（腹泻）。

橘子吃多了易得"橘黄病"——橘中太多的胡萝卜素入血液后不能全部转化为维生素A所致。

● 橘叶：《本草纲目》："苦，平，无毒。"《滇南本草》："性温，味苦辛。""行气消痰，降肝气。治咳嗽，疝气等症。"朱震亨："导胸膈逆气，行肝气。消肿散毒，乳痈胁痛，用之行径。"煎服10~25克（鲜者100~200克）。

《滇南本草》："治咳嗽：橘子叶（著蜜于背上，火焙干），水煎服。"治疝气："橘子叶10个，荔枝核5个（焙）。水煎服。"《经验良方》："治肺痈：绿橘叶（洗），捣绞汁一盏服之，吐出脓血愈。"

《本经逢原》："治伤寒胸膈痞满：橘子捣烂和面熨。"

《贵阳市秘方验方》："治水肿：鲜橘叶一大握。煎甜酒服。"

《重庆草药》："治气痛、气胀：橘叶捣烂，炒热外包，或煎服。""杀蛔虫，饶虫：鲜橘叶 200 克熬水服。"

● 橘白（橘类果皮的白色内层部分）：《中国医学大辞典》："苦辛，温，无毒。""和胃，化浊腻。"煎服 2.5~5 克。

● 橘皮：别名陈皮、贵老、黄橘皮、红皮。中医认为，陈皮性温，味辛；有理气健脾，燥湿化痰功效。用于脾胃气滞，脘胀呕恶，食少纳呆；湿浊中阻，脘痞呕逆，胸闷苔腻；湿痰壅滞，咳嗽痰多，纳呆呕逆。《神农本草经》："主胸中瘕热、逆气，利水谷，久服去臭，下气。"《食经》："味辛苦。"《医林纂要》："橘皮上则泻肺邪，降逆气；中则燥脾湿，和中气；下则疏肝木，润肾命。主于顺气，消痰，去郁。"《名医别录》："无毒。""下气，止咳嗽，除膀胱留热、停水、五淋，利小便，主脾不能消谷，气冲胸中，吐逆霍乱，止泄，去寸白。"《药性论》："治胸膈间气，开胃，主气痢，消痰涎，治上气咳嗽。"《本草纲目拾遗》："去气，调中。"《日华子本草》："消痰止嗽，破癥瘕痃癖。"《医学启源》："去胸中寒邪，破滞气，益脾胃。"《本草纲目》："疗呕哕反胃嘈杂，时吐清水，痰痞，痎疟，大肠闭塞，妇人乳痈。入食料解鱼腥毒。"《随息居饮食谱》："解鱼、蟹毒。治噫噎，胀闷，痔疟，泻痢，便秘，脚气。"《本草经疏》："中气虚，气不归元者，忌与耗气药同用；胃虚有火呕吐，不宜与温热香燥药同用；阴虚咳嗽生痰，不宜与半夏、南星等同用；疟非寒甚者，亦勿使。"《本草汇言》："亡液之证，自汗之证，元虚之人，吐血之证不可用。"《本草从新》："无滞勿用。"《得配本草》："痘疹灌浆时禁用。"煎服 3~9 克。陈皮不适宜气虚、阴虚、燥咳者服用，吐血症慎服。

现代研究认为，陈皮含有挥发油 1.2%~3.2%。主要成分为右旋柠烯、β-蒎烯、柠檬醛、橙花醇、香芳醇、黄酮类橙皮苷、新橙皮苷、柑橘素、川皮酮、对羟福林、肌醇、维生素 B_1 等。具有顺气、止痛、消肿、利胆、止呕、反胃、抗菌、抗癌、抗炎、抗过敏、抗溃疡、抗组胺、利胆保肝、增进食欲的作用。小剂量煎剂可使心肌收缩量增强，输出量增加；大剂量可抑制心脏。柑橘类水果皮中含有 "α-柠檬菇"，能够阻止 "5α-二氢睾酮" 的活动；含有类黄酮，能够防止致癌的荷尔蒙依附在正常细胞上，还能够抑制酶参与癌细胞的转移；含有黄酮苷，可以加强毛细血管的韧性，扩张冠状动脉，防治因毛细血管透性增加引起的水肿、出血、高血压、糖尿病、慢性静脉功能不全、痔疮、坏血病和血管挫伤等疾病。同时具有抗氧化，抗辐射，降血脂，保持运动体液平衡作用；含有磷酰橙皮苷，对实验兔高脂血症有降低血清胆固醇的作用，并能明显地减轻和改善其主动脉粥样硬化病变；含有挥发油，能促胃液分泌和胃肠积气的排出，有助于消化，并能祛痰：鲜品煎汤能扩张支气管而起平喘作用。

民间验方——陈皮黄豆方，本方润肤祛皱，延缓衰老功效。陈皮 10 克，黄豆 50 克。将两味一同放入锅中，加入适量清水煎取药液即可。每晚临睡前涂抹于面部和手部。

《仁斋直指方》："治反胃吐食：真橘皮，以壁土炒香为末，每服 10 克，生姜三片，枣肉一枚，水二钟，煎一钟，温服。"

《简便单方》："治痰膈气胀：陈皮 15 克。水煎热服。"

《普济方》："治大便秘结：陈皮（不去白、酒浸）煮至软、焙干为末，复以温酒调服 10 克。"

《小儿药证直诀》橘连丸："治疳瘦：陈橘皮 50 克，黄连 75 克（去须，米泔浸一日）。上为细末，研入麝香 2.5 克，用猪胆 7 个，分药入在胆内，浆水煮候临熟，以针微扎破，以熟为度，取出以粟米粥和丸绿豆大，每服 10 丸至二三十丸，米饮下，量儿大小与之，无时。久食消食和气、长肌肉。"

《本草纲目》："治产后吹奶：陈皮 50 克，甘草 5 克。水煎服，即散。"

《圣惠方》："治鱼骨鲠在喉中：常含橘皮即下。"

《实用中医营养学》橘皮饮："理气祛痰。主治湿痰内蓄之咳喘及癫痫症。橘皮（干、鲜均可）10~15 克，杏仁 10 克，老丝瓜 10 克，以水煮 15 分钟，橙汁代饮，可加入少许白糖。冬天热饮，春、秋温饮，夏天可凉饮。"

● 橘红（橘类的果皮的外层红色部分）：《药品化义》："味辛带苦、性温。"《医学启源》："理胸中、肺气。"《本草纲目》："下气消痰。"《本草汇》："能除寒发表。"《本草逢原》："久嗽气泄又非所宜。"

《怪证奇方》："治嘈杂吐水：真橘皮（去白）为末，五更安 2.5 克，于掌心舐之，即睡。"

《局方》二陈汤："治痰饮为患，或呕吐恶心，或头眩心悸，或中脘不快，或发为寒热，或因食生冷，脾胃不和：半夏（汤洗 7 次）、橘红各 250 克，白茯苓 150 克，甘草（炙）75 克。上细锉，每服 20 克，用水一盏，生姜 7 片，乌梅 1 个，同煎 3 克，去滓热服，不拘时候。"

《妇人良方》："治产后脾气不利，小便不通：橘红为末，每服 10 克，空心，温酒下。"

《圣惠方》橘香散："治乳痈，未结即散，已结即溃，极痛不可忍者：陈皮（汤浸去白，日干，面炒黄）为末，麝香研，酒调下 10 克。"

● 橘络（橘类的果皮内层的筋络）：《四川中药志》："性平，味甘苦，无毒。" "化痰通络：治肺劳咳痰，咳血及湿热客于经隧等症。"《日华子本草》："治渴及吐酒，炒煎汤饮甚验。"《本草纲目拾遗》："通经络滞气、脉胀，驱皮里膜外积痰，活血。"《本草求原》："通经络，舒气，化痰，燥胃去秽，和血脉。"

煎服 4~7.5 克。

● 橘核：《本草纲目》："苦，平，无毒。" "治小肠疝气及阴核肿痛。"《日华子本草》："治腰痛、膀胱气、肾疼。炒去壳、酒服良。"《本草备要》："行肝气、消肿散毒。"《医林纂要》："润肾、坚肾。"《本草逢原》："惟实证为宜、虚者禁用。以其味苦，大伤胃中冲和之气也。"煎服 5~15 克。

《济生方》橘核丸："治四种癫病，卵核肿胀，偏有大小；或坚硬如石；或引脐腹绞痛，甚则肤囊肿胀；或成疮毒，轻则时出黄水，甚则成痈溃烂：橘核（炒）、海藻（洗）、昆布（洗）、海带（洗）、川楝子（去肉、炒）、桃仁（麸炒）各 50 克、厚朴（去皮、姜汁炒）、木通、枳实（麸炒）、延胡索（炒、去皮）、桂心（不见火）、木香（不见火）各 25 克。为细末，酒糊为丸如桐子大，每服 70 丸，空心盐酒，盐汤任下。虚寒甚者，加制川乌 50 克；坚胀久不消者，加硇砂 10 克（醋煮），旋入。"

《光华医药杂志》："治乳痈初起未溃：橘核（略炒）25 克、黄酒煎，去滓温服，不能饮酒者，用水煎，少加黄酒。"

《简便单方》："治腰痛：橘核、杜仲各 100 克。炒研末，每服 10 克，盐酒下。"

《本草衍义》："治酒皶风、鼻上赤：橘子核（微炒）为末，每用 5 克，研胡桃肉一个，同以温酒调服，以知为度。"

● 橘根：《重庆草药》："味苦辛，性平，无毒。" "理气。治气痛，气胀，膀胱疝气。"《民间常用草药汇编》："顺气止痛、除寒湿。"煎服 15~25 克。

● 芝麻：别名胡麻、乌麻、脂麻。中医认为，芝麻性平，味甘；有平胃健脾，补肝肾、益精血、和五脏、润肠燥、乌须发、抗衰老功效。用于肝肾不足引起的眩晕眼花、视物不清、须发早白、腰酸腿软、耳鸣耳聋；因身体虚弱、疾病造成的脱发，药物性脱发；肠燥便秘；妇女产后乳汁少。《本草纲目》："胡麻取油以白者为佳，服食以黑者为良。" "治妇人乳少：芝麻炒研入盐少许食之。"陶弘景："八谷之中唯此为良。淳黑者名曰巨胜，巨者大也，是为大胜。"《神农本草经》："主伤中虚羸，补五内，益气力，长肌肉，填脑髓。"《本草经疏》："益脾胃，补肝肾之佳谷也。"《名医别录》："坚筋骨，明耳目，耐饥渴延年。" "疗虚热，羸困。" 《本草求真》："下元不固而见便溏、阳痿、精滑、白带，皆所忌用。" 《医林纂要·药性》："黑色者能滋阴，补肾，利大小肠，缓肝，明目，凉血，解热毒。赤褐者交心肾。" 《本草从新》："胡麻服之令人肠滑，精气不固者亦勿宜食。" 慢性肠炎、便溏腹泻者，或男子阴痿，遗精者或皮肤疮毒，湿疹，瘙痒者忌食；炒食。燥热者食后易引起牙痛、口疮、出血等症，应慎用。黑芝麻外敷用于疮疡痛痒及诸虫咬伤等。内服煎汤一般日用量9~15克。

现代研究认为，芝麻含有木酚素，能阻止雌性激素向肿瘤输送营养，达到抗癌的目的；含有维生素E和芝麻素（木酚素），具有抗氧化作用，保护肝脏不受氧化损伤；含有木质素，能抑制肠道对胆固醇的吸收，减少血液中的胆固醇含量，并快速分解脂肪，促进脂肪燃烧、抑制身体的酸化、防止身体老化；含有芝麻素和芝麻醇（人体代谢产物）除抗身体酸化外，还对维持通畅的血液和光滑的血管有特殊作用；木质素类中还含有一种溶于芝麻油中的芝麻素酚——在油炸的温度（170℃）时会转化成芝麻醇——抗身体酸化效果极佳。黑芝麻有滋燥滑肠缓解作用，还有兴奋子宫、降低血糖及增加肾上腺中的抗坏血酸作用。

黑芝麻：别名小胡麻、乌麻、乌麻子、油麻、交麻、脂麻、巨胜、巨胜子。《神农本草经》："甘，平。" "主伤中虚羸，补五内，益气力，长肌肉，填脑髓。" 《抱朴子》："耐风湿、补衰老。" 《名医别录》："坚筋骨，疗金疮，止痛，及伤寒温疟，大吐后虚热羸困，明耳目。" 《唐本草》："生嚼涂小儿头疮及浸淫恶疮。" 《本草备要》："补肝肾，润五脏，滑肠"；"明耳目，乌须发，利大肠，逐风湿气。" 《食疗本草》："润五藏，主火灼，填骨髓，补虚气。" 《中药大辞典》："黑芝麻治肝肾不足，虚风眩晕。" 《本草蒙荃》："治虚劳及身体客热，滑肠胃，通便闭结，利血脉，润发焦枯。" 《本草思辨录》："功在增液，则润肌肤，泽骨节，乌须发，益乳汁，皆效有必至。" 《食性本草》："疗妇人阴疮，初食利大小肠，久服即否，去陈留新。" 《日华子本草》："补中益气，养五藏，治劳气，产后羸困，耐寒暑，止心惊。逐风湿气，游风，头风。" 《嘉祐本草》："合苍耳子为散服之，治风癫。" 《玉楸药解》："补益精液，润肝脏，养血舒筋。疗语謇、步迟、皮燥发枯、髓涸肉减、乳少、经阻诸证。医一切疮疡，败毒消肿，生肌长肉。杀虫，生秃发。" 《医林纂要》："黑色者能滋阴，补胃，利大小肠，缓肝，明目，凉血，解热毒。赤褐者交心肾。" 《山西中药志》："治腰脚痛，痢疾，尿血等证。" 《本草从新》："胡麻服之令人肠滑。精气不固者亦勿宜食。" 《本草求真》："下元不固而见便溏、阳痿、精滑、白带，皆所忌用。"煎服 15~25 克。大便溏泄者不宜服用。

现代研究认为，黑芝麻抑制体内的自由基，使细胞分裂的代数显著增加；抗衰老、降低血中胆固醇含量，防治动脉粥样硬化；降低血糖，增加肝脏及机体中糖原的含量；新鲜灭菌的黑芝麻油涂布皮肤黏膜，有减轻刺激，促进炎症痊愈等作用；缓下通便，补充营养。黑芝麻及黑芝麻油现代用于治疗消化性溃疡、寻常疣、中老年体虚和烂伤等。

《本草纲目》："治五脏虚损，益气力，坚筋骨：巨胜九蒸九暴，收贮。每服二合，汤浸布裹，挼去皮再研，水滤汁煎饮，和粳米煮粥食之。"

《医级》桑麻丸："治肝肾不足，时发目疾，皮肤燥涩，大便闭坚：桑叶（经霜者、去梗筋、晒枯）、黑芝麻（炒）等分。为末，以糯米饮捣丸（或炼蜜为丸）。日服 20~25 克，勿间断，自效。"

《寿亲养老新书》巨胜酒："治老人风虚痹弱，四脚无力，腰膝疼痛：巨胜子二升（熬），薏苡仁二升，干地黄 250 克（切）。上以绢袋贮，无灰酒一斗渍之，勿令泄气，满五六日。空心温服一二盏尤益。"

《方脉正宗》："治一切风湿，腰脚疼痛，并游风行止不定：胡麻 500 克，白术 400 克，葳灵仙（酒炒）200 克。共研为末，每早服 25 克，白汤调下。"

《肘后方》："治牙齿痛肿：胡麻五升。水一斗，煮取五升，含漱吐之。茎叶皆可用之。""治沸汤煎膏所烧火烂疮：熟捣生胡麻如泥，以厚涂疮上。"

《本草纲目》："治妇人乳少：脂麻炒研，入盐少许食之。""治痔疮风肿作痛：胡麻子煎汤洗之。"

《谭氏小儿方》："治小儿软疖：油麻炒焦乘热捣烂敷之。"

《普济方》："治浸淫恶疮：胡麻子生捣敷之。"

《简便单方》："治小儿瘰疬：脂麻、连翘等分。为末，频频食之。"

《圣济总录》胡麻涂敷方："治丁肿：胡麻（烧灰），针砂各 25 克。上二味和研令细，用醋调如糊，涂敷肿上，日三易。"

《补缺肘后方》："治阴痒生疮：捣胡麻涂之。"

《千金方》："治脓溃后疮不合：炒乌麻令黑，熟捣敷之。"

《经验方》："治蜘蛛咬疮：油麻研烂敷之。亦治诸虫咬伤。"

《中国秘方大全》："乌发方：治发枯发落，早年白发。黑芝麻粉 250 克，何首乌粉 250 克，加糖少许，煮成浆状，用滚水冲服，早晚各 1 碗。半年后白发转灰，灰发转黑。"

● 花生：别名落花生、地果、唐人果、落花参、地豆、番豆、番果、长寿果、落地生、南京豆。中医认为，花生性平，味甘；有润肺化痰，健脾开胃，滋阴调气，扶正补虚，止血生乳功效。用于肺燥止咳，小儿百日咳，肠燥便秘，食少反胃，脘腹闷满，贫血，脚气，乳妇奶少。《滇南本草》："盐水煮食治肺痨，炒用燥火行血，治一切腹内冷积肚疼。"《滇南本草图说》："补中益气，盐水煮食养肺。"《本草备要》："补脾润肺。"《医林纂要》："和脾，醒酒，托痘毒。"《药性考》："生研用下痰，炒熟用开胃醒脾，滑肠，干咳者宜餐，滋燥润火。"《本草纲目拾遗》："多食治反胃。"《本经逢原》："能健脾胃，饮食难消者宜之。"《本草求真》："花生味甘而辛，体润气香，性平无毒。按书言此香可舒脾，辛而润肺，果中佳品，诚佳品也。"《现代实用中药》："治脚气及妇人乳汁缺乏。"《刘启堂经验秘方》："长生果不可与黄熟瓜同吃，食之必死。黄熟瓜即香瓜。"《饮食须知》："小儿多食，滞气难消。"花生忌螃蟹（腹泻）、黄瓜（腹泻）同食。

现代研究认为，花生含有异黄酮——利用类似雌性激素的物质抗癌。雌性激素——女性荷尔蒙为某些乳腺肿瘤以及其他肿瘤提供营养。异黄酮占据了肿瘤细胞的雌性激素受体，从而阻止雌性激素进入。花生含有 β-谷甾醇能阻断致癌物诱发癌细胞的形成，降低血清胆固醇水平，预防和治疗高血压、冠心病；含有卵磷脂、嘌呤、花生碱、甜菜碱、胆碱、三萜皂苷等，具有滋补强壮、降血压、降血脂、止血（蛋白酶能抑制纤维素蛋白酶、缩短凝血时间）作用。花生皮含有名为 3，4—二甲氧苯甲酸的多酚——具有抗氧化作用，能降低胆固醇，预防动脉硬化，使血流畅通；含有止血成分（花生红衣），可用于各种出血疾病，还是妇女防止再生障碍性贫血的药膳；还能抑制纤维蛋白的溶解，促进骨髓制造血小板，加强毛细血管的收缩功能。花生外壳含有降低胆固醇的成分——木樨草素。花生红衣对白血病有辅助疗效。

美国哈勃特大学的研究所有报告，食用花生对心肌梗死等心脏病有预防作用。

美国科学家在花生中发现了一种生物活性很强的天然多酚类物质——白藜芦醇，这种物质是肿瘤类疾病的化学预防剂，也是降低血小板聚集，治疗动脉硬化的化学预防剂。

《吉林医学》："治久咳、秋燥，小儿百日咳：花生，文火煎汤调服。"

《现代实用中药》："治脚气：生花生肉（带衣用）150 克，赤小豆 150 克，红皮枣 150 克。煮汤，一日数回饮用。"

《陆川本草》："治乳汁少：花生米 150 克，猪脚一条（用前腿）。共炖服。"

《益寿中草药选解》花生壳汤："治高血压。花生壳 100 克，水煎服。"

《广东医药资料》通脉灵片："治高脂血症。本品为花生壳制成的浸膏片，每片 0.2 克，每服 5 片，每日 3 次，连服 2~3 个月。"

● 花生枝叶：《滇南本草》："治跌打损伤，敷伤处。"《滇南本草图说》："治疮毒。"《辽宁医学杂志》："花生叶煎剂：治失眠。取鲜花生叶 40 克 (干叶 30 克)，制成 200 毫升煎剂，早晚两次分服。一般用药 4~7 剂后，睡眠情况即有不同程度的改善。"

● 松子：别名罗松子、松子仁、海松子、红松果。中医认为，松子性温，味甘；有补气滑肠，强阳补骨，和血美肤，祛风通络，润肺止咳功效。用于风痹，头眩，肺阴不足燥咳或干咳无痰咽干，年老体虚羸少气，妇女产后大便秘结，肌肤麻木不仁，关节疼痛。《海药本草》："主诸风，温肠胃。"《日华子本草》："逐风痹寒气，虚羸少气，补不足，润皮肤，肥五脏。"《开宝本草》："主骨节风，头眩，去死肌，变白，散水气，润五脏，不饥。"《本草衍义》："与柏子仁同治虚秘。"《本草纲目》："润肺，治燥结咳嗽。"《本草通玄》："益肺止嗽，补气养血，润肠止渴，温中搜风。"《本草再新》："润肺健脾，敛咳嗽，止吐血。"《本草从新》："便溏精滑者勿与；有湿痰者亦禁。"

现代研究认为，松子仁中含有多不饱和脂肪酸、优质蛋白质、多种营养成分，有益气健脾、润燥滑肠、强身健体、提高机体免疫力、延缓衰老、消除皮肤皱纹、润肤美容、增加性功能等作用，对肺燥咳嗽、皮肤干燥、肠燥便秘、食欲不振、疲劳感强、遗精、盗汗、多梦、体虚、阳痿有疗效。

煎服 5~10 克。

《千金翼方》松子丸：本方滋五脏，润皮肤；驻颜，悦泽紧致。松子、菊花各等份。以松子和蜜丸，如梧桐子大。每服 10~20 丸，每日 3 次。

● 松叶：别名松毛、松针、山松须。中医认为，松叶性温，味苦，无毒。有祛风燥湿，杀虫止痒功效。用于风湿痹痛，水肿，跌打损伤，湿疮，疥癣。《名医别录》："主风湿疮，生毛发，安五脏，不饥延年。"《日华子本草》："灸罨冻疮，风湿疮。"《本草纲目》："去风痛脚痹，杀米虫。""治各种肿毒，风寒湿症。"《生草药性备要》："杀螆，干水，止痒，埋口（合疮口），洗疳疮，治螆疥。"《广州部队常用中草药手册》："治神经衰弱，维生素 C 缺乏，营养性水肿；防治流脑，流感。"《会约医镜》："辟瘟疫气。"煎服 10~15 克（鲜品 30~60 克）。

松叶每千克含铜 3.5 毫克，硒 3.6 毫克，锌 15 毫克，含有多种维生素，有利于睡眠；对治疗青春痘、老年痴呆、阳痿、阴冷、便秘、牙痛、癌症有疗效；改善发质，白发转黑，治秃；预防感冒，前列腺增生；促进胆汁分泌。从松叶中提取的黄酮及前花青素，在人体内抗氧化活性要高于维生素 E。生物类黄酮有抗凝作用，能改善血液流动性，保护血管的韧度和弹性，阻止胆固醇在血管内异常沉积，保护心脏血管；参与人体胶原蛋白和弹性蛋白的结合，有利于皮肤健康，有抗氧化作用。松叶含有甘油奎宁，有降血糖作用。中国人民志愿军在朝鲜战场上采集松叶煮汤喝，治疗夜盲症。第二次世界大战中留在苏军战俘营中等待遣返的日本战俘因营养不良与缺乏维生素而患了坏血症，饮用松叶，保全了这批战俘的生命。

松叶中蛋白质、脂类、挥发油、矿物质、维生素、叶绿素十分丰富，具有抗衰老、降血脂、抗病毒作用。松叶挥发油有镇静，镇痛，抗炎，抗毒作用。

《浙江民间常用草药》："治失眠，维生素 C 缺乏，营养性水肿：鲜松叶30~60 克，水煎服。""治跌打损伤，扭伤，皮肤瘙痒，漆疮，湿疹，阴囊湿痒。鲜松叶煎汤熏洗，连续数次。"

《疾病的食疗与验方》松叶生汁："活血通络。用于心肌梗死。嫩幼松叶适量，用水洗净，捣碎，加水搅拌后用布过滤，饮用生汁，日 3 次，空腹服。"

● 松花：《本草纲目》："润心肺，益气，除风止血。"

● 松脂可镇咳祛痰，排脓拔毒，生肌止痛，对血栓闭塞性脉管炎有效。另外，对肝虚目泪、妇女白带、虫牙痛、久聋不听、肿毒、疥癣湿疮等症有效。血虚者，内热实火者禁服。未经严格炮制的松脂不可服。

● 柏树果：别名柏树子、香柏树子、柏实。《分类草药性》："苦涩。""安神除烦。"《重庆草药》："味甘辛微苦，性平，无毒。""解风邪，安神，止血。治血热烦躁，小儿寒热高烧，吐血。"《四川中药志》："治风寒感冒、胃痛及虚弱吐血。"《列仙传》："赤松子食柏子，齿落更生。"《神农本草经》："柏实主惊悸，安五藏，益气，除湿痹。久服，令人悦泽美色，耳目聪明，不饥不老，轻身延年。"煎服 15~25 克。

《四川中药志》："治风湿感冒头痛、胃疼：柏树果 2~3 枚，打碎和酒吞服。""治吐血：柏树果研末和甜酒服。"

● 柏树叶：《分类草药性》："苦涩。""和血。治肠风痔肿，痢疾，吐血；兼涂小儿肥疮。"《重庆草药》："味辛苦，性温，无毒。""止血生肌，治刀伤。"《广西药植名录》："治咳血，心气痛，筋缩症。"《救荒本草》：

"采柏叶新生并嫩者，换水浸其苦味，初食苦涩，入蜜或枣肉和食尤好，后稍易吃，遂不复饥，冬不寒，夏不热。"煎服 15~20 克。

《重庆草药》："治吐血：柏树子、柏树叶。打粉，兑酒吃，每次 20 克。""治小儿肥疮：柏树嫩叶打粉（或煅打粉），调油涂（洗尽后涂）。""治刀伤：柏树嫩叶，嚼烂敷。"

江西《草药手册》："治蛇伤（目光复视）：柏树叶 100 克，香附全草 100 克。米泔水洗伤口。""治烫伤：柏叶捣汁搽。"

柏树油（柏木树干渗出的树脂）：《草木便方》："甘，平。""除风毒，生肌。""治痈疽疮疡，刀斧损伤。"《重庆草药》："淡涩，平，无毒。""解风热，调气镇痛。治风热头痛、白带淋浊。"《民间常用草药汇编》："清热凉血，收敛精气。"煎服 5~15 克。

《重庆草药》："治胸口痛：柏树油 5 克，柏子 10 克，鱼鳅串 15 克。捣烂泡开水服。"

● 栗子：别名板栗、大栗、栗果、风栗、家栗、毛栗子、毛板栗、梨楔、瑰栗、栗实、瓦栗子。中医认为，栗子性温，味甘；具有养胃健脾，补肾强腰，和血止血功效。用于气管炎，反胃，鼻出血，吐血，衄血，便血，金疮，瘰疬，泄泻，腰腿软弱，筋骨风痛，小便频数。《名医别录》："主益气，厚肠胃，补肾气，令人忍饥。"《千金要方·食治》："生食之，甚治腰脚不遂。"《唐本草》："嚼生者涂病上，疗筋骨断碎、疼痛、肿瘀。"《食性本草》："理筋骨风痛。"《日华子本草》："生食破冷痃癖，日生吃七个。生嚼罯恶刺，并敷瘰疬肿毒痛。"《本草图经》："活血。"《滇南本草》："治山岚嶂气，疟疾，或不泻不止，或红白痢疾。用火煅为末。每服 15 克姜汤下。""生吃止吐血、衄血、便血，一切血症俱可用。"《滇南本草图说》："治反胃。"《玉楸药解》："栗子，补中助气，充虚益馁，培土实脾，诸物莫逮。但多食则气滞难消，少啖则气达易克耳。"《本草纲目》："有人内寒，暴泄如注，令食煨栗二三十枚顿愈。肾主大便，栗能通肾，于此可验。"《经验方》："治肾虚腰脚无力，以袋盛生栗悬干，每旦吃十余颗，次吃猪肾粥助之，久必强健。益风干之栗，胜于日曝，而火煨油炒、胜于煮蒸，仍需细嚼，连液吞咽，则有益，若顿食至饱，反致伤脾矣。"孟诜："栗子蒸炒食之令气拥，患风水气不宜食。"《本草衍义》："小儿不可多食，生者难化，熟则滞气隔食，往往至少儿病。"《得配本草》："多食滞脾恋膈，风湿病者禁用。"《随息居饮食谱》："外感未去，痞满、疳积、疟痢、产后、小儿、病人不饥、便秘者并忌之。"

《经验方》："治肾虚腰膝无力：栗楔风干，每日空心食 7 枚，再食猪肾粥。"

姚可成《食物本草》："治小儿脚弱无力、三四岁尚不能行步：日以生栗与食。"

江西《草药手册》："治气管炎：板栗肉 250 克，煮瘦肉服。"

《浙江天目山药植志》："治筋骨肿痛：板栗果捣烂敷患处。"

《备急方》："治小儿疳疮：捣栗子涂之。"

《濒湖集简方》："治金刃斧伤：独壳大栗研敷，或仓卒捣敷亦可。"

《实用补养中药》："治肾虚腰痛：栗仁、胡桃仁各 250 克。捣茸为丸，每丸重 9 克。每服 1 丸，每日 3 次，淡盐水冲服。""治中气不足，脾胃虚弱：栗仁 250 克，山药、党参各 60 克。炖鸡或炖肉吃。""慢性支气管炎(肺肾虚弱型)：栗子 250 克，橘红、白果各 60 克。炖肉吃。"

《补药和补品》："栗子粥：健脾止泄。治疗脾胃虚所致的泄泻。栗子肉 30 克，大枣 10 枚，茯苓 12 克，大米 60 克，共煮粥，加白糖适量食用。""治核黄素缺乏所致的口角炎、舌炎、唇炎、阴囊炎：栗子适量，炒熟食用。"

《食物中药与便方》："治幼儿腹泻：栗子磨粉，煮为糊，加白糖适量喂服。"

《中国民间百病自疗宝库》："板栗炖鸡肉：止咳化痰。治疗慢性支气管炎。板栗 150 克，鸡肉 50~100 克。加水适量炖熟，调味食用。"

毛栗子难以消化，熟栗子又易滞气，不宜多吃。栗子忌杏仁（有害健康）。

● 核桃：别名胡桃、羌桃、合桃、万岁子、长寿果。中医认为，核桃仁味甘，性温；有补肾固精，润肠通便，养气养血，敛肺定喘，强筋壮骨，润燥化痰，荣毛发，润皮肤功效。用于肾亏腰痛，筋骨无力，阴虚遗精，遗尿尿频，女子崩带，石淋，虚寒咳喘，肠燥便秘，头晕目眩，久咳耳鸣，神经衰弱，食欲不振，一切筋骨疼痛。孟诜："通经脉，润血脉，黑须发，常服骨肉细腻光润。"崔禹锡《食经》："下气，主喉痹，杀白虫。"《本草纲目拾遗》："食之令人肥健。"《开宝本草》："多食利小便，去五痔。"《七卷食经》："去积气。"《本草纲目》："补气养血，润燥化痰，益命门，利三焦，温肺润肠。治虚寒喘嗽，腰脚重痛，心腹疝痛，血痢肠风，散肿毒，发痘疮，制铜毒。"《医林纂要》："补肾，润命门，固精，润大肠，通热秘，止寒泻虚泻。"《本草从新》："治痿，强阴。"《医学衷中参西录》："为滋补肝肾，强健筋骨之药，故善治腰疼腿疼、一切筋骨疼痛。为其能补肾，故能固齿牙，乌须发，治虚劳喘嗽，气不归元，下焦虚寒，小便频数，女子崩带等证。"《本草药性大全》："补下元。"《食疗本草》："除风，令人能食。""通经脉，润血脉，黑鬓发。""常服，骨肉细腻光润，能养一切老痔疾。"《千金要方·食治》："不可多食，动痰饮，令人恶心，吐水吐食。"汪颖《食物本草》："食多生痰，动肾火。"《本草经疏》："肺家有痰热，命门火炽，阴虚吐衄等症皆不得施。"《得配本草》："泄泻不已者禁用。"《中医大辞典》："有痰火积热者忌服。"

煎服 10~15 克，单味嚼服 10~30 克。治咳嗽宜连皮用。润肠宜去皮，排结石宜用油炸酥。服硫酸亚铁剂、各种酶剂、碳酸氢钠以及洋地黄、洋地黄苷片等强心苷类药物时，不应食用；大便稀薄、痰热咳喘、阴虚发热、慢性肠炎者忌食。核桃忌：茶、野鸭、酒、雉。

现代研究认为，核桃含有 18 种氨基酸，其中赖氨酸对化学物质有破坏作用，有助于防癌抗癌；含有丙酮酸，能阻止黏蛋白和钙离子，非结合型胆红素的结合并使其溶解、消退和排泄；含有磷脂，对脑神经有良好保健作用；含有氧化物质，能够降低血液中的 LDL-C 含量。脂肪中有 71% 的马亚油酸和 12% 马亚麻酸，这些不饱和脂肪酸能净化血液，清除血管壁杂物，消耗体内饱和脂肪酸。

2002 年，美国和挪威的科学家发表了一份研究报告：核桃仁是含有抗氧化成分最多的植物食品，每 100 克核桃仁中，含有 20、97 个单位的抗氧化物质，它比柑橘高出 20 倍，比菠菜、胡萝卜、番茄高出更多。这些抗氧化成分可以缓解血液大脑组织中脂质过氧化反应，提高 SOD 的活性，而且对于环境中的有害因素，致衰老因子，有一定的防御作用。

《万病回春》红颜酒（又名不老汤）：本方温补肺肾，润肤黑发。核桃仁（泡，去皮）120 克，小红枣 120 克，白蜜 120 克，酥油 60 克，杏仁（泡，去皮尖，不用双仁，煮四五沸，晒干）30 克。将药入酒内浸三七日。每日服二三杯。

《续传仪方》："治湿伤于内外，阳气衰绝，虚寒喘嗽，腰脚疼痛：胡桃肉 1 千克（捣烂），补骨脂 500 克（酒蒸）。研末，蜜调如饴服。"

《本草纲目》："治久嗽不止：核桃仁 50 个（煮熟、去皮），人参 250 克，杏仁 350 个（麸炒、汤浸去皮）。研匀，入炼蜜，丸梧子大。每空心细嚼一丸。人参汤下，临卧再服。""治小便频数：胡桃煨熟，卧时嚼之，温酒下。"

《普济方》："治产后气喘：胡桃仁（不必去皮）、人参各等分。上细切，每服 25 克，水二盏，煎 3.5 克，频频呷服。"

《局方》青娥丸："治肾气虚弱，腰痛如折，或腰间似有物重坠，起坐艰辛者：胡桃20个（去皮膜），补骨脂400克（酒浸，炒），蒜200克（熬膏），杜仲800克（去皮，姜汁浸，炒）。上为细末，蒜膏为丸。每服30丸。空心温酒下，妇人淡醋汤下。常服壮筋骨，活血脉，乌髭须，益颜色。"

《御药院方》："益血补髓，强筋壮骨，明目，悦心，滋润肌肤：补骨脂、杜仲、草薢、胡桃仁各200克。上三味为末，次入胡桃膏拌匀，杵千余下，丸如梧子大。每服50丸，空心，温酒、盐汤任下。"

《三因方》胡桃丸："治消肾，唇口干焦，精溢自出，或小便赤黄，五色浮浊，大便燥实，小便大利而不甚渴：白茯苓、胡桃肉（汤去薄皮，别研）、附子大者一枚（去皮脐，切作片，生姜汁一盏，蛤粉0.5克，同煮干，焙）。上等分，为末，蜜丸梧子大，米饮下三五十丸；或为散、以米饮调下，食前服。"

《海上集验方》："治石淋：胡桃肉一升。细米煮浆粥一升，相和顿服。"

《传信适用方》："治醋心：烂嚼胡桃，以干姜汤下。或只嚼胡桃，或只吃干姜汤亦可治。"

《圣济总录》枳壳散："治赤痢不止：枳壳，胡桃各七枚、皂荚（不蛀者）一挺。上三味，就新瓦上以草灰烧令烟尽，取研极细，分为八服。每临卧及二更、五更时各一服，荆芥茶调下。"

《开宝本草》："治瘰疬疮：胡桃瓤烧令黑，烟断，和松脂研敷。"

《本经逢原》："治鼠瘘痰核：连皮胡桃肉，同贝母，全蝎枚数相等，蜜丸服。"

《贵州草药》："治肾虚耳鸣遗精：核桃仁3个，五味子7粒，蜂蜜适量。于睡前嚼服。"

《中医验方汇编》："治小儿顿咳，剥食核桃仁，每日早晚嚼取核桃仁3个。"

《医学六要》胡桃散："补气养血，散结通乳。治妇人少乳，乳汁不行。核桃仁1个（去皮、捣烂），穿山甲5克（炒）。上为散，黄酒调服。"

● 核桃叶：《贵州草药》："性温，味甘。""杀虫解毒。""治疥疮：鲜胡桃枝叶、化槁树枝叶各等量。煨水洗患处。"

《苏医中草药手册》："治白带过多：胡桃树叶10片，加鸡蛋2枚，煎服。"

《江苏中草药新医疗法资料选编》："治象皮腿：胡桃树叶100克，石打穿50克，鸡蛋3枚。3味同煮至蛋熟，去壳，继续入汤煎至蛋色发黑为度。

每天吃蛋 3 枚，14 天为一疗程。另用白果树叶适量，煎水熏洗患足。"

● 核桃壳：《本草纲目》："烧存性，入下血，崩中药。"

《重庆草药》："治妇女血气痛：核桃硬壳 100 克，陈老棕 50 克。烧成炭，淬水服。"

《本经逢原》："治乳痈：胡桃壳烧灰存性，取灰末 10 克，酒调服。"

《苏医中草药手册》："治疥癣：胡桃壳煎洗。"

● 核桃枝：《贵州草药》："性温，味甘。""杀虫解毒。"《辨证施治》："对肿瘤能改善症状，增进食欲，镇痛补血。外洗治全身发痒。"煎服 25~50 克。

《新疆中草药单方验方选编》："治淋巴结核：鲜核桃树嫩枝、鲜大蓟等分，煎水当茶饮；另煮马齿苋当菜吃。"

《贵州草药》："治疥疮：鲜核桃枝叶、化稿树枝叶各等量。煨水洗患处。"

《新编中医入门》："治子宫颈癌：鲜核桃树枝 30 厘米，鸡蛋 4 枚。加水同煮，蛋熟后，敲碎蛋壳再煮 4 小时。每次吃鸡蛋 2 个，1 日限 2 次，连续吃。此方可试用于各种癌症的治疗。"

● 葵花子：别名向日葵、葵子、葵瓜子、天葵子。葵花子性平，味甘。治血痢、杀蛲虫（临睡前每次嚼服 150 克）。脾胃虚弱者忌服。煎服 15~30 克。

现代研究认为，葵花子脂肪油中亚油酸含量达 70%，有抗血栓形成的作用；又含有磷脂成分，有预防高脂血症，防止心血管疾病的作用；含有维生素 B_3，有调节脑细胞代谢，改善其抑制功能的作用，故可用于催眠。葵花子还能降低肝脏抗氧化酶——硒谷胱甘肽过氧化酶的活性，可减低组织过氧化速率而有抗衰老作用。葵花子对治肺水肿有疗效。葵花子的蛋白质部分含有抑制睾丸成分，能诱发睾丸萎缩，影响正常生育功能。葵花子含有不饱和脂肪酸，过量消耗体内胆碱影响肝细胞功能。

《福建民间草药》："治血痢：向日葵子 50 克。冲开水炖一小时，加冰糖服。"

● 向日葵叶：《中国药植图鉴》："叶与花作苦味健胃剂。"

《江西草药手册》："治高血压：向日葵叶 50 克（鲜的 100 克），土牛膝 50 克（鲜的加倍）。水煎内服。"

● 向日葵壳：《民间常用草药汇编》："治耳鸣。"煎服 15~25 克。

● 向日葵花：《民间常用草药汇编》："祛风，明目。治头昏，面肿，又可催生。"煎服 10~40 克（鲜者加倍）。孕妇忌服。

《淮阴民间验方选编》："治牙痛：向日葵花 40 克。晒干，加入旱烟内吸。"

● 向日葵根：《四川中药志》："性温，味甘，无毒。""治胃胀胸痛，胁肋滞痛，润肠通便。"《岭南采药录》："治跌打损伤，红肿。"《泉州本草》："治消渴引饮，疳疮流黄水。"

《四川中药志》："治胃脘滞痛：向日葵根、芫荽子、小茴香。煎汤服。"

《泉州本草》："治二便不通：向日葵鲜根捣绞汁，调蜜服，每次 25~50 克。"

《江西草药手册》："治淋病阴茎涩痛：鲜向日葵根 50 克。水煎数沸（不要久煎）服。""治疝气：鲜向日葵根 50 克。和红糖煎水服。"

● 向日葵花托：《福建民间草药》："甘，温，无毒。""利小便，清湿热，通窍，逐风、滑胎催产。"《浙江中药资源名录》："治流火。"

《福建民间草药》："治风热挟湿头痛：干向日葵花盘 40~50 克（或加鸡蛋 1 枚）。和水煎成半碗，饭后服，日 2 次。"

《江西草药手册》："治眼蒙：葵花盘煎水，炖蛋吃。""治牙痛：葵花盘 1 个，枸杞根，煎水，泡蛋服。""治胃、腹痛：葵花盘 1 个，猪肚 1 个。煮服。""治妇女经前或经期小腹痛：葵花盘 50~100 克。水煎，加红糖 50 克服。""治背疽溃烂面积大，脓孔多，葵花盘烧存性，研末，麻油调搽。"

● 向日葵茎髓：别名向日葵梗心、向日葵茎心、向日葵瓤。《江苏药材志》："止血淋。"煎服 15~25 克。

《苏医中草药手册》："治尿路结石、肾结石：向日葵梗心 100 厘米，煎服，每日 1 剂，连服 1 星期。""治乳糜尿：向日葵梗心 65 厘米，水芹菜根 100 克。煎服，每日 1 剂，连服数日。"

江西《草药手册》："治小便不通：向日葵茎心 25 克。水煎服。""治百日咳：向日葵茎心捣烂，冲开水加白糖服。"

《内蒙古中草药新医疗法资料选编》："治外伤出血：向日葵瓤，敷患处。"

● 榛子：别名山板栗、平榛、锤子、尖栗、槌子。中医认为，榛子性平，味甘；有补脾胃，益气力，滋养气血功效。用于饮食减少，体倦乏力，脾虚便溏，腹泻。崔禹锡《食经》："食之明目，去三虫。"《日华子本草》："肥白人，止饥，调中，开胃。"《开宝本草》："主益气力，宽肠胃，令人不饥，健行。"煎服 50~100 克。

《宁夏中草药手册》："治病后体虚，食少疲乏：榛子仁 100 克，山药 50 克，党参 20 克，陈皮 15 克。水煎服。"

《安徽中草药》："治气管炎：榛子 15 克，桔梗、前胡各 9 克，煎服。"

《果品食疗》："治肝血不足所致的两目昏花：榛子仁 50 克，枸杞子 50 克，水煎服，每日 1 剂。"

现代研究认为，榛子含有人体需要的 18 种氨基酸，每 100 克含酪氨酸 553 毫克，亮氨酸 1396 毫克，异亮氨酸 681 毫克，苏家酸 420 毫克，苯丙氨酸 927 毫克，基氨酸 221 毫克，赖氨酸 667 毫克。榛子含有不饱和脂肪酸，可软化血管，促进胆固醇代谢，抗疲劳，有利于心脏健康；含有抗癌物质杉酚，对卵巢癌和乳腺癌以及其他一些癌症有辅助治疗作用；还能促进抗体的生成，延长患者的生命活力。

吃水果为什么不能代替蔬菜？这是由于水果和蔬菜所含的糖类及作用不一样。水果中所含的碳化合物，主要成分是蔗糖、果糖之类的单糖和双糖。这些营养物质被人体消化吸收。但是，如果水果含糖量过多，会使血液中血糖迅速升高，不利于糖尿病患者的身体健康。大多数蔬菜所含的碳水化合物是淀粉一类的多糖。它们需要经过人体消化道慢慢地被消化和吸收。因此，蔬菜的长处是不会引起人体内血糖浓度的大幅度波动。人们要均衡吸收水果和蔬菜的营养，才能健康长寿。

● 大豆：别名黄豆。中医认为，大豆性平，味甘；有补中益气，润肺和胃，清热解毒，活血祛风，去脂降压功效。用于气血不足，腹胀羸瘦，疳积，泻痢，妊娠中毒，疮疡肿毒，外伤出血。《日用本草》"宽中下气，利大肠，消水胀。治肿毒。"《本草汇言》："煮汁饮，能润脾燥，故消积痢。"《本经逢原》："误食毒物，黄大豆生捣研水灌吐之；诸病毒不得吐者，浓煎汁饮之。又试内痈及臭毒腹痛，并与生黄豆嚼，甜而不恶心者，为上部有痈脓，及臭毒发痧之真候。"《贵州民间方药集》："用于催乳；研成末外敷，可止刀伤出血，及拔疔毒。"《本草纲目》："多食壅气、生痰、动嗽，令人身重、发面黄疮疥。"豆类忌厚朴（引起身体不适）；服用氨茶碱等茶碱类药时忌食；对黄豆过敏性忌食。

现代研究认为，大豆含有低聚糖，是肠道双歧杆菌、乳酸杆菌等有益菌的食物，有益于调整肠道环境，消除便秘和防止大肠癌；含有膳食纤维，一部分被肠道细菌吸收，另一部分有助于排便，清除肠内有毒物质；含有染料木素，是一种雌激素，对预防乳房肿瘤、前列腺肿瘤及其他一些肿瘤的增长和扩散有较好效果，还能辅助治疗女性更年期综合征；含有卵磷脂，是一种天然的脑细胞营养活性剂；含有异黄酮素和金雀异黄素，都具有抗氧化作用，前者含有能抑制促进癌细胞增殖的酵素，对于预防前列腺癌、乳癌和子宫癌有疗效，还能降低血清胆固醇水平，减少患上冠心病的几率，帮助更年期后妇女降低罹患骨质疏松的风险，后者能抑制肿瘤继续生长；煮大豆汁水里含有皂苷，能分解胆固醇和降低胆固醇的作用，还能抑制肿瘤细胞生长，抑制血小板聚集，抑制胆汁酸的再吸收，激活纤维溶解酶，扩张心血管，改善心肌缺氧，提高超氧化物转化酶含量，降低脂质过氧化物，保护内皮细胞，降低血糖，提高胰岛素水平，促进 T 细胞产生淋巴因子、增强自然杀伤细胞的分化，具有抗病毒、抗氧化、溶血、燃烧脂肪使其转化成能量的作用；含有淀粉酶抑制剂，能阻碍消化淀粉所需要的淀粉酶的活动；含有低聚糖，可以引起嗝气肠鸣、腹胀，胃溃疡患者少食为佳；含有胰蛋白酶抑制剂——阻碍蛋白质和血凝素的消耗，形成血凝结——会损伤心脏和肺部，使胰腺超负荷工作；含有甲状腺肿原，大剂量会降低甲状腺的功能；含有植物酸盐能妨碍矿物质的吸收；含有色氨酸能够改善睡眠；含有多肽可以促进人体消化道内钙等无机盐的吸收，进而促进儿童骨骼和牙齿的生长发育，并能预防和改善中老年龄人骨质疏松。多肽还可以通过抑制血管紧张来转换酶的活性，使高血压得到有效控制。大豆不可以作为牛羊肉的替代品。

改善血液循环的异黄酮提取自大豆胚芽，具有强大的抗氧化功效。国外有研究证明它能够增强血液流动性，另外，异黄酮的化学结构与雌性激素极其相似，因此，它亦可预防由雌激素不足而导致的骨质疏松症、胆固醇值上升等。异黄酮分为游离的苷元和结合型的糖苷两类，购买保健品时请选择分子较小的苷元异黄酮。

日本食品科学家研究证实，大豆刚刚发育的胚芽中，异黄酮的含量与活性最高。黄豆芽及豆浆均大大减低了大豆异黄酮的活性。大豆异黄酮能抑制一些依赖雌激素生长的肿瘤；对肿瘤细胞合成过程中所需的酶有抑制作用；间接抑制肿瘤细胞的生长；能减轻活性氧、自由基对细胞的损伤，防止细胞突变和癌的发生；减轻女性的热潮红与绝经综合征；预防心血管疾病；预防骨质疏松。

《食疗药膳》黄豆猪蹄汤："增乳，通便。主治产妇乳少，大便秘结。猪蹄 1 只（约 750 克），黄豆 150 克，黄酒、葱、姜、精盐、味精各适量。猪蹄洗净加清水、姜片煮沸，去浮沫，加上酒、葱及冷水浸泡过 1 小时的黄豆，加盖用小火炖煮至半熟，加调料再煮 1 小时。食猪蹄喝汤。"

《中国药膳大辞典》黄豆红枣茶："利水消肿，适用于体虚水肿。黄豆

（炒半生半熟）、红枣各 250 克，大蒜 200 克，鸡肫皮 3 个（焙枯），冬瓜皮 200 克。分 4 次，水煎，代茶饮。"

使用卤碱制造的豆腐，叫做北豆腐，使用熟石膏制造的豆腐叫做南豆腐。卤碱是一种溶于水的矿物质，化学成分是氯化镁。氯化镁急性中毒，可以造成高镁血症而使心脏骤停；氯化镁慢性中毒，可以造成双肾损害而发生尿毒症。熟石膏的化学成分是脱水硫酸钙，其特性沾水就凝固，而不被人吸收。豆腐中含大量的蛋氨酸，在酶的作用下，蛋氨酸会转化为半胱氨酸。半胱氨酸能损伤动脉管壁的内皮细胞，使胆固醇和甘油三酯更多沉积于动脉壁上，最后将导致动脉粥样硬化形成。有痛风的人、尿酸高的人少吃豆腐。

大豆需烧熟煮透，才能破坏有害物质（胰蛋白酶抑制素，红血细胞凝集素），确保身体健康。豆浆也需要煮透，未煮透的豆浆含有血素和抗营养因子等物质。煮豆浆不宜放红糖，红糖内含有草酸和苹果酸，与豆浆蛋白质结合发生"变性沉淀物"，不仅降低营养价值，还会减少铁、铜吸收。患有肝病、肾病、痛风、消化性溃疡、动脉硬化的人及低碘者和大豆过敏者忌食。在服用补铁剂，四环素类药物和茶碱类药物时，也应该忌食大豆。

● 豆豉：别名香豉、淡豉、淡豆豉。中医认为，豆豉性凉，味甘、苦；有疏风解表、清热除烦功效。用于外感表证之轻者，有透散表邪、宣散郁热的作用，对感冒、寒热、头痛、烦躁胸闷、虚烦不眠有一定疗效。《本草纲目拾遗》：豉汁"大除烦热"。《千金方》：豉汁"治服药过剂闷乱者：豉汁饮之"。"治蜀椒毒：豉汁饮之。"《药性论》："治时疾热病发汗，熬末，能止盗汗，除烦。"《肘后方》："今江南人凡得时气，必先用此汤服之，往往便瘥。"《随息居饮食谱》："豉，咸平，和胃，解鱼腥毒，不仅为素肴佳味也。金华造者佳。"《本草从新》："发汗解肌、调中下气，治伤寒、寒热头痛、烦躁郁闷、懊憹不眠。"煎服 10~15 克。

据现代科学研究分析，豆豉中含有大量能溶解血栓的尿激酶，以及一些有益细菌，这些细菌能产生大量 B 族维生素和抗生素。研究认为，导致老年性痴呆的主要原因是由于脑血管栓塞的形成。

● 纳豆：纳豆起源于我国，分为拉丝纳豆和寺院纳豆两大类。前者是将大豆粒或大豆瓣煮熟后加上纳豆菌发酵数日而成，浅褐色、拉长丝，保质期短；后者是将煮熟的大豆和小麦混合在一起自然发酵，然后用盐水腌制、晒干后食用，黑褐色黏着状、微咸呈酱味。

纳豆含有纳豆激酶，这是科学家发现的一种新酶，能够激活体内 3000 多种酶，是直接溶解血栓的活性酶。它能将初期形成的血管壁的血栓溶解，逐渐恢复血管的弹性，改善微循环通畅；减轻血管的外周阻力，缓解高血压，减轻心脏的负荷。大脑微循环的改善，可有效改善睡眠。纳豆中富含皂青素，有改善便秘，降低血脂，预防大肠癌，降低胆固醇，软化血管，预防高血压和动脉硬化，抑制艾滋病毒等作用。纳豆中含有游离的异黄酮类物质及多种对人体有益的酶类，如过氧化物歧化酶、过氧化氢酶、蛋白酶、淀粉酶、脂酶等，它们对清除体内致癌物质、提高记忆力、延缓衰老有明显效果。

纳豆中的黏液素是由谷氨酸多肽特别的结构组成，它具有与膳食纤维相似的作用，在人体肠道内不被吸收，吸水率比膳食纤维还高，减少人体对脂肪的吸收。

每 100 克纳豆中含有 870 毫克维生素 K_2，能够将钙固定于骨中，而大豆异黄酮能防止骨中的钙溶解，从而防止骨质疏松症。

纳豆菌食品对眼睛有非常好的保健作用，它不仅能净化血液，溶解阻塞在眼球微血管当中的血栓，并且可以减少胆固醇在血管壁的蓄积，预防飞蚊症。此外，对白内障的预防也有益处。

● 刀豆：别名葜豆、大刀豆、大弋豆、刀鞘豆、马刀豆、洋刀豆、刀巴豆、刀培豆、挟剑豆、关刀豆，为豆科植物刀豆的种子。中医认为，刀豆性温，味甘；有温中下气，活血化瘀，补肾助阳功效。用于虚寒呃逆，胃寒呕吐，痢疾，腹胀，肾虚腰痛，妇女经闭，老年痰喘。《滇南本草》："健脾。"《本草纲目》："温中下气，利肠胃，止呕逆，益肾补元。"《中药材手册》："补肾，散寒，下气，利肠胃，止呕吐。治肾气虚损，肠胃不和，呕逆，腹胀，吐泻。"《四川中药志》："治胸中痞满及腹痛，疗肾气不归元及痢疾。""胃热盛者慎服。"

现代研究认为，刀豆含有赤霉素和刀豆血球凝集素，具有抗肿瘤作用，可使部分肿癌细胞重新恢复到正常细胞的生长状态。同属植物洋刀豆所含的洋刀豆血细胞凝集素，可激活淋巴细胞转变成淋巴母细胞而增加机体免疫作用，能凝集癌细胞而具有抗癌作用。

刀豆中含有毒蛋白凝集素和溶血素，只有加热才可除掉食用。过量食用可发生中毒反应，表现为恶心、呕吐、痉挛性抽搐、心率加快、血压偏高。

煎服 15~25 克。

《医级》刀豆散："治气滞呃逆，膈闷不舒：刀豆取老而绽者，每服 10~15 克，开水下。"

《重庆草药》："治肾虚腰痛：刀豆子二粒，包于猪腰子内，外裹叶、烧熟食。"

《江西中医药》："治百日咳：刀豆子 10 粒（打碎），甘草 5 克。加冰糖适量，水一杯半，煎至一杯，去渣，频服。"

《年希尧集验良方》："治鼻渊：老刀豆，文火焙干为末，酒服 15 克。"

《湖南药物志》："治小儿疝气：刀豆子研粉，每次 7.5 克，开水冲服。"

● 刀豆壳：《泉州本草》："甘，平，无毒。""治膈食呕吐，不能吞咽：刀豆壳 25 克，或橄榄 3 粒，半夏 15 克。煎汤服。"《医林纂要》："和中，交心肾，止呃逆。"《重庆草药》："散瘀活血。治腰痛，血气痛。"

煎服 15~25 克。

《福建中草药》："治虚寒呃逆：刀豆壳烧灰存性，研末每次 10~15 克，开水送服。"

《种福堂公选良方》："治久痢：刀豆荚饭上蒸熟，蘸糖食。"

《万氏家抄方》："治腰痛：刀豆壳烧存性研末，好酒调服，外以皂角烧烟熏之。"

《经验广集》："治妇女经闭、腹胁胀痛：刀豆壳焙为末，每服 5 克，黄酒下，少加麝香尤妙。"

《泉州本草》："治喉痹：刀豆壳（烧存性）、青黛，共研末饮之。"

《张氏秘效方》："治喉癣：刀豆壳烧灰，以二三厘吹之。"

《医方一盘珠》："治牙根臭烂：刀豆壳烧灰，加冰片擦上，涎出即安。"

《福建中草药》："治颈淋巴结核初起：鲜刀豆壳 50 克，鸭蛋一个。酒水煎服。"

● 刀豆根：《陆川本草》："甘，温。"《医林纂要》："苦咸。""止肾气攻心心痛。能通冲脉而济水火，交心肾。"《本草纲目拾遗》："治头风。"《分类草药性》："治跌打损伤，膀胱疝气。"《南宁市药物志》："消炎，行血，通经。治风湿性腰脊痛，经闭，久痢，牙痛；外用治杨梅疮。"

煎服 15~25 克。

《医方集听》："治头风：刀豆根 25 克，酒煎服。"

《江西草药》："治风湿性腰痛：刀豆根 50 克，酒水各半煎服。""治肾虚腰痛：刀豆根 50 克，水煎去渣，将药液与糯米适量炖服，每日一次。"

《陆川本草》："治跌打损筋：刀豆根捣烂，酒蒸敷患处。"

《重庆草药》："治跌打损伤：大刀豆根，火麻梗各等量。烧灰泡酒，每次服一杯，内服外搽。"

● 豆角：别名菜豆、四季豆、芸扁豆、龙瓜豆、龙骨豆、二生豆、四月豆、云豆、玉豆、梅豆、京豆、唐虹、三生豆、唐豆。中医认为，豆角性平，味甘；有益肾利气，健脾利尿，散寒止喘，消肿止渴功效。用于呃逆，呕吐，腹胀，肾虚腰痛，咳喘，水肿，小便不利，脚气水肿，慢性肝炎，流行性出血热。《本草纲目》："消暑，暖脾胃，除湿热，止消渴。"《浙江药用植物志》："滋养，利尿，消肿。主治水肿，脚气病。"

现代研究表明，豆角种子含有白细胞凝集素，能凝集人的红细胞，并能激活淋巴细胞胚形转化，促进有丝分裂，增加 DNA 和 RNA 的合成，抑制免疫反应，抑制白细胞或淋巴细胞的移动。在体内用这种凝集素激活肿瘤病自身的淋巴细胞，提高免疫力，对肿瘤、心血管病、低钾血症和忌盐患者有辅助疗效。豆角含有 PHA，能诱导干扰素产生，干扰病毒对正常细胞的损害，并能杀伤病毒侵袭的细胞。豆角还有排毒，减肥，抗癌，抗病毒功效。

豆角含有胰蛋白酶抑制物、白细胞凝集素等有毒物质，烹饪时需熟透才能去毒食用。

《抗癌食物中药》："治疗癌性胸腹水：菜豆 120 克，大蒜 15 克，白糖 30 克，水煎服。"

● 赤小豆：别名红小豆、红饭豆、饭赤豆、朱赤豆、朱小豆、金红小豆、红豆。中医认为，赤小豆性平，味甘酸；有补肾益精，活血润肤，利水消肿，解毒排浓，清热祛湿，健脾止泻功效。用于心脏性水肿，脚气病，肾炎水肿，肝硬化腹水，黄疸，泻痢，尿赤，痈疽，肿毒，腮颊肿痛，肠痈腹痛，痔疮出血，瘾疹瘙痒，乳汁不通。赤小豆的水煎液对金黄色葡萄球菌、痢疾杆菌、伤寒杆菌有抑制作用。《神农本草经》："主下水，排痈肿脓血。"《名医别录》："主寒热，热中，消渴，止泄，利小便，吐逆，卒澼，下胀满。"《药性论》："消热毒痈肿，散恶血不尽，烦满。治水肿皮肌胀满；捣薄涂痈肿上；主小儿急黄、烂疮，取汁令洗之；能令人美食；末与鸡子白调涂热毒痈肿；通气，健脾胃。"《食疗本草》："和鲤鱼烂煮食之，甚治脚气及大腹水肿；散气，去关节烦热，令人心孔开，止小便数；绿赤者，并可食。暴利后气满不能食，煮一顿服之。"《蜀本草》："病酒热，饮汁。"《食性本草》："坚筋骨，疗水气，解小麦热毒。""久食瘦人。"《日华子本草》："赤豆粉，治烦，解热毒，排脓，补血脉。"《本草纲目》："辟瘟疫，治产难，下胞衣，通乳汁。"《产书方》："下乳汁，煮赤小豆取汁饮。"《本草再新》："清热和血，利水通经，宽肠理气。"陶弘景："性逐津液，久食令人枯燥。"《本草诗解药性注》："赤豆性味甘酸辛，通肠利水善下行。散血排脓消痈肿，泻痢脚气亦能清。"《本草新编》："赤小豆，可暂用以利水，而不可久用以渗湿。湿症多源于气虚，气虚利水，转利转虚而湿愈不能去矣，况赤小豆专利下身之水而不能利上身之湿。盖下身之湿，真湿也，用之而有效；上身之湿，虚湿也，用之而益甚，不可不辨。"《本经疏证》："痈肿脓血，是血分病，水肿是气分病，何以赤小豆均能治之？盖气血皆源于脾，以是知血与水同源而异派，溯其源，其流未有不顺者矣。然凡物之于人，能抑其盛者，不必能起其衰，能起其衰者，不必能取其盛，痈肿脓血为火之有余，水肿则火之不足，赤小豆两者兼治，既损其盛，又补其衰。"《随息居饮食谱》："蛇咬者百日内忌之。"

阴虚，尿多者不宜食用。被蛇咬伤百日内忌食。赤小豆不宜与羊肉（引起中毒）、盐（降低食疗效果）、大米（引发口疮）同食。现吃现做不宜久存。

现代研究认为，赤小豆含有胰蛋白酶抑制剂，具有避孕作用；含有皂苷，能促进血液流通，还可刺激肠道，有通便利尿作用；含有多酚，能强化血管；含有三萜皂苷，有降低胆固醇及甘油三酯的作用。

《本草纲目》："治腮颊热肿：赤小豆末和蜜涂之，或加芙蓉叶末。"

《产书方》："下乳汁：煮赤小豆取汁饮。"

《妇人良方补遗》："治妇人吹奶：赤小豆酒研，温服，以滓敷之。"

《本草纲目》："治风瘙瘾疹：赤小豆，荆芥穗等分，为末，鸡子清调涂之。"

● 扁豆：别名藕豆、沿篱豆、娥眉豆、藤豆、膨皮豆、茶豆、眉豆、白扁豆、鹊豆、羊眼豆、树豆、南豆、南扁豆、小刀豆。中医认为，扁豆性平，味甘；有清热解毒，健脾和中，调节血压，补虚止泻，养胃下气，消暑化湿之功效。用于脾虚湿盛，泄泻便溏，湿浊下注，妇女带下，暑湿伤中，消渴呕逆，胸闷腹胀，脚气水肿，小儿疳积，胎动不安，痢疾肠炎。《名医别录》："主和中下气。"《药性论》："主解一切草木毒，生嚼及煎汤服。"孟诜："疗霍乱吐利水止，末，和醋服之。"《日华子本草》："补五脏。"《本草图经》："主行风气，女子带下，兼杀酒毒，亦解河豚毒。"《滇南本草》："治脾胃虚弱，反胃冷吐，久泻不止，食积痞块，小儿疳疾。"《品汇精要》："消暑和中。"《本草纲目》："止泄泻，消暑，暖脾胃，除湿热，止消渴。"《会约医镜》："生用清暑养胃，炒用健脾止泻。"陶弘景："患寒热病者，不可食。"《药品化义》："扁豆，味甘平而不甜，气清香而不串，性温和而色微黄，与脾性最合。"《食疗本草》："患冷气人勿食。"《随息居饮食谱》："患病者忌之。"《本草从新》："多食能壅气。"《本草求真》："多食壅滞，不可不知。"尿路结石者忌食。

现代研究认为，扁豆煎剂在试管内可抑制宋内氏型、弗氏型痢疾杆菌生长，故用于治疗细菌性痢疾有效。扁豆、豆角、可食种子和植物油中含有植物固醇，能阻止胆固醇在小肠中吸收，从而降低血中胆固醇含量；含有淀粉酶抑制物，在体内有降低血糖作用；含有血球凝集素，它是一种蛋白质物质，可增加脱氧核糖核酸和核糖核酸的合成，抑制免疫反应和白细胞与淋巴细胞的移动，所以能激活肿瘤患者的淋巴细胞产生淋巴毒素、对机体细胞有非特异性的伤害作用，故有显著的消退肿瘤的效用；含有多种微量元素，能刺激骨髓造血组织，提高造血功能，对白细胞减少症有效。对食物中毒引起的呕吐、急肠胃肠炎有解毒作用。本品冷盐浸液可增强免疫功能，有一定抗肿瘤活性。白扁豆对妇女脾虚带下，小儿疳积（单纯性消化不良）以及暑热、头昏恶心、心腹疼痛、烦躁也有疗效。

扁豆含有血细胞 A 为一种毒蛋白，可引起大鼠肝脏区域坏死，加热后毒性减弱；凝集素 B 为胰蛋酶抑制剂，在体内不易消化，并能抑制血酶，而延长凝血时间。豆荚中哌啶酸-2 为溶血素，高温才能破坏。尤其是霜降前后的扁豆毒素含量较高。

煎服 10~15 克。不宜多食，以免壅气滞脾。

《本草汇言》："治水肿：扁豆 3 升，炒黄，磨成粉。每早午晚食前服，大人用 15 克，小儿用 5 克，灯心汤调服。"

《永类钤方》："治赤白带下：白扁豆炒为末，用米饮每服 10 克。"

《补缺肘后方》："治恶疮连痂痒痛：捣扁豆封，痂落即差。"

《补药与补品》："治脾虚腹泻，纳少，乏力：党参 25 克，怀山药 25 克，炒扁豆 20 克，茯苓 15 克，炒白术 15 克，白豆蔻仁 5 克，防风 10 克，焦内金 15 克。水煎服，每日 1 剂。"

《食物中药与便方》："治急性胃肠炎，上吐下泻：白扁豆研粉，温水送服，每次 12 克，每日 3~4 次。或扁豆 30~60 克，煮汁分 2~3 次饮服。"

《食物药用指南》："治胎动不安，白带，呕逆：扁豆适量，煮熟，食用。"

《福建药物志》："治贫血：扁豆 30 克，红枣 20 粒，水煎服。"

● 扁豆叶：《生草药性备要》："味辛甜，性平，有小毒。""理跌打损伤，消疮。"《名医别录》："主霍乱吐下不止。"孟诜："吐利后转筋，生捣叶一杷，以少醋浸汁服。"《食疗本草》："治瘕、和醋煮。"《日华子本草》："敷蛇虫咬。"《滇南本草》："烧灰搽金脓血。"

● 扁豆皮：《本草便读》："达肌行水。"《安徽药材》："补脾化湿，止泻痢。治食物中毒性上吐下泻，解酒精中毒。"《江苏植药志》："治脚气足肿。"煎服 10~15 克。

● 扁豆花：《山东中药》："味甘。"《四川中药志》："性平，味甘淡，无毒。""和胃健脾，清热除湿。治暑热神昏，湿滞中焦，下痢脓血，夏日腹泻及赤白带下。"《本草图经》："主治女子赤白下，干末，米饮和服。"《本草纲目》："焙研服，治崩带；作馄饨食，治泄痢；擂水饮，解中一切药毒。功同扁豆。"《岭南采药录》："敷跌打伤，去瘀生新，消肿散青黑。"扁豆花有化湿解暑之功，主要用于夏季感受着湿、发热、心烦、胸闷、吐泻等症。煎服 7.5~15 克。

《奇效良方》："治妇人白崩：白扁豆花（紫者勿用）焙干为末，炒米煮饮人烧盐，空心服。"

● 扁豆根：《滇南本草》："治大肠下血，痔漏、冷淋。"《生草药性备要》："治白浊，去腐。"煎服 10~15 克。

● 扁豆藤：《滇南本草》："治风痰迷窍，癫狂乱语，同朱砂为末姜汤下。"《本草纲目》："治霍乱，同芦荟、人参、仓米等分煎服。"煎服 15~25 克。

● 豇豆：别名长豇豆、褚带豆、长豆、饭豆、架豆、腰豆、浆豆、甘豆、眉豆、白豆、角豆。中医认为，豇豆性平，味甘；有健脾补肾，益气调中功效。用于脾胃虚弱，食积腹满，小儿消化不良，吐逆，消渴，尿频遗精，白带，白浊，脚气水肿。《滇南本草》："治脾土虚弱，开胃健脾。"《本草纲目》："理中益气，补肾健胃，和五脏，调营卫，生精髓。止消渴，吐逆，泄痢，小便数，解鼠莽毒。"《本草从新》："散血消肿，清热解毒。"《医林纂要》："补心泻肾，渗水，利小便，降浊升清。"《四川中药志》："滋阴补肾，健脾胃，消食。治食积腹胀，白带，白浊及肾虚遗精。"《得配本草》："气滞便结者禁用。"《孙真人食忌》："白豆，肾之谷，肾病忌食。"《本草求真》："白豆，必假以炒熟，则服始见有益，若使仅以生投，保元呕吐泄泻伤中之候乎？"

现代研究认为，豇豆含有尿毒酶可使尿素水解减少，氨的产生也随之减少，有利于肝性脑病患者；含有氨基酸、白细胞凝集素及刀豆赤霉素，具有抗癌作用。

《四川中药志》："治白带，白浊：豇豆、藤藤菜、炖鸡肉服。"成都《常用草药治疗手册》："治蛇咬伤：豇豆、山慈姑、樱桃叶、黄豆汁。捣茸外敷。"《食物中药与便方》："糖尿病，口渴，小便多，用带壳豇豆 30~60 克，水煎，每日 1 次，喝汤吃豆。"

● 豇豆叶：《滇南本草》："治石淋。"煎服鲜用 100~150 克。

● 豇豆根：《滇南本草》："捣烂敷疔疮。根、梗烧灰，调油搽破烂处，又能长肌肉。"《分类草药性》："治五淋，消食积。"《重庆草药》："健脾益气。治脾胃虚弱，白带白浊，痔疮出血。"《食物中药与便方》："健脾益气，消食化积，治疗食积，脾胃虚弱，淋浊，疔疮和痔疮下血。"煎服鲜用 100~150 克。

成都《常用草药治疗手册》："治小儿脾胃虚弱，食欲不振：豇豆根、鸡屎藤炖肉吃。"

《重庆草药》："治妇女白带，男子白浊：豇豆根 250 克，藤藤菜根 250 克。炖肉或炖鸡吃。"

豇豆壳有镇痛，消肿功效；用于腰痛，乳痛。煎服鲜用 150~250 克。

● 蚕豆：别名胡豆、夏豆、罗汉豆、佛豆、南豆、寒豆、马齿豆、竖豆、仙豆、柜豆、罗泛豆。中医认为，蚕豆性平，味甘；有益气健脾，利湿消肿功效。用于倦怠少气，腹泻便溏，膈食，水肿。汪颖《食物本草》："快胃，和脏腑。"《本草从新》："补中益气，涩精，实肠。"《湖南药物志》："健脾，止血，利尿。"《本经逢原》："性滞，中气虚者食之，令人腹胀。"《饮食须知》："多食滞气成积，发胀作痛。"

蚕豆含有磷脂是神经组织及其他膜性组织的组成成分；含有胆碱是神经细胞传递信息不可缺少的化学物质。

《日用本草》："解诸热，益气，解酒食诸毒。熟者胶黏难得克化，脾胃虚弱与病后勿食。"《本草求真》："服此性善解毒，故凡一切痈肿等症无不用此奏效。"

《指南方》："治膈食：蚕豆磨粉，红糖调食。"

《民间常用草药汇编》："治水胀，利水消肿：虫胡豆 50~400 克。炖黄牛肉服。不可与菠菜同用。"

《湖南药物志》："治水肿：蚕豆 100 克，冬瓜皮 100 克。水煎服。"

《秘方集验》："治秃疮：鲜蚕豆捣如泥，涂疮上，干即换之。如无鲜者，用干豆以水泡胖、捣敷亦效。"

《小儿常见食疗方》："蚕豆花生米粥：健脾，降压，止血，利尿，降低血中胆固醇。治疗小儿肾病，高血压，血尿，水肿，高血脂胆固醇血症。带红壳花生米 40 克，蚕豆 70 克，大米 50 克，红糖适量。蚕豆、花生米分别洗净，一同入锅，加水 2 碗，煮沸，改小火炖至汤呈棕红色时加入红糖，煮沸即成。"

现代研究认为，蚕豆含有磷脂，是神经组织和其他膜性组织的组成部分；含有胆碱，有增强记忆的作用；含有膳食纤维，有排毒、抗癌——预防肠癌作用；含有植物凝集素，有消肿、抗癌作用，尤其对胃癌、食道癌、子宫颈癌有效。

蚕豆多食令人腹胀。有极少数吃了蚕豆或吸入蚕豆花粉后，可发生急性溶血性贫血（即"蚕豆黄"称"蚕豆病"）。其症状：疲倦乏力、畏寒、发热、头晕、头痛、厌食、恶心、呕吐、腹痛。这是因为"蚕豆病"患者的红细胞内先天性缺乏一种"葡萄糖-6-磷酸脱氢酸"的物质，因而这种红细胞很容易被蚕豆中的巢茶碱苷等物质所破坏，导致发病。应及时就医，这种病有遗传性，其子女忌食。

● 绿豆：别名青小豆、菉豆。中医认为，绿豆性凉，味甘；有利水消肿，祛暑止渴，清热解毒，益气除烦，利尿润肤，养心祛风，祛脂降压功效。用于食物中毒，尿路感染，尿毒症，暑热烦渴，汗多尿少，水肿泻痢，疮疖痈肿，丹毒，砒石，胃炎。外用可治疗创伤，疮疖痈，烧伤。高脂血症、冠心病、高血压、肥胖者食之有益。孙思邈："治寒热、热中，止泄痢、卒僻，利小便胀满。"孟诜："研煮汁饮，治消渴，又去浮风，益气力，润皮肉。"《日华子本草》："益气，除热毒风，厚肠胃；作枕明目，治头风头痛。"《开宝本草》："主丹毒烦热，风疹，热气奔豚，生研绞汁服。亦煮食，消肿下气，压热解毒。"《本草纲目》："治痘毒，利肿胀。"《本草汇言》："清暑热，静烦热，润燥热，解毒热。"《本草述》："治痰喘及齁齘。"《本经逢原》："明目。解附子、砒石、诸石药毒。"《会约医镜》："清火清痰，疗痈肿痘烂。"《食疗本草》："补益元气，和调五脏，行十二经脉，去浮风，润皮肤，止消渴，利肿胀，解诸毒。""令人食皆挞去皮，即有少壅气，若愈病须和皮，故不可去。"《随息居饮食谱》："煮食清胆养胃，解暑止渴，润皮肤，消水肿，利小便，止泻痢。"《日用本草》："熟者胶黏，难得克化，脾胃虚弱与病后勿食。"《食鉴本草》："清热解毒，不可去皮，去皮壅气。"《本草求真》："凡脏腑经络皮肤脾胃，无一不受毒扰，服此性善解毒，故凡一切痈肿等症无不用此奏效。""与榧子相反，同食则杀人。"孟诜："令人食绿豆皆挞去皮，即有少壅气，若愈病须和皮，故不可去。"《本草纲目拾遗》："反榧子壳、害人。"《本草经疏》："脾胃虚寒滑泄者忌之。"绿豆忌番茄（易伤元气）、狗肉（易胀肚）、榧子（引起不食反应）、厚朴、蓖麻子同食。绿豆不宜煮得过烂，以免降低其清热解毒之效。煮绿豆忌铁锅，因为豆皮中所含的单宁质遇铁后会发生化学反应，生成黑色的单宁铁，并使绿豆的汤汁变为黑色，影响味道及人体的消化吸收。在服用人参、黄芪、肉桂、附子、丁香、良姜等温补类药物以及桂枝、干姜、细辛等温经散寒中药时，要遵医嘱，以免减低药效。

现代研究认为，绿豆含有多糖能增强血清脂蛋白酶的活性，使脂蛋白中的甘油三酯水解，达到降低血脂的效果；含有胰蛋白酶抑制剂，可以保护肝脏，减少对蛋白质的消化、分解，减少氮质血症，因此，吃绿豆可以保护肝脏，预防尿毒症；含有球蛋白和多糖，能促进动物体内胆固醇在肝脏分解成胆酸、加速胆汁中胆盐分泌和降低小肠对胆固醇的吸收；含有蛋白质、磷脂均有兴奋神经，增强食欲的功能；含有 0.05% 左右的单宁，能凝固微生物原生质，所以有抗菌、保护创面和面部止血作用。此外，单宁具有收敛性，能与重金属结合生成沉淀，进而起到解毒作用。绿豆还有抗过敏以及促进机体吞噬细胞数量增加，吞噬功能增强的作用；长期服用可减肥，也可预防心血管病的发生。

绿豆汤：取绿豆加凉水煮开，大火再煮 5 分钟左右（汤汁绿而未红），即可。久煮绿豆可使各种酶失去活性，营养素含量也会随之降低。

煎服外用 15~30 克。研末服、泡茶服 3~6 克。

《普济方》莹肌如玉散：本方润泽肌肤，紧致除斑。绿豆、楮实子、白及、丁香、砂仁、升麻各 15 克，甘松 1 克，三赖子（山奈）9 克，皂荚 1500克，糯米 500 克。上药共为末。常用洗面。

《朱氏集验医方》绿豆附子煮食："治十种水气：绿豆二合半，大附子一只（去皮、脐、切作两片）。水三碗，煮熟，空心卧时食豆，次日将附子两片作四片，再以绿豆二合半，如前煮食，第三日别以绿豆、附子如前煮食，第四日如第二日法煮食，水从小便下，肿自消，未消再服。忌生冷毒物盐酒六十日。"

《圣惠方》："治小便不通，淋沥：青小豆半升，冬麻子三合（捣碎、以水二升淘、绞取汁），陈橘皮一合（末）。上以冬麻子汁煮橘皮及豆令熟食之。"

《普济方》："治赤痢经年不愈：绿豆角蒸熟，随意食之。""治小儿遍身犬丹并赤游肿：绿豆、大黄。为末、薄荷蜜水调涂。"

《上海常用中草药》："解乌头毒：绿豆 200 克，生甘草 100 克，煎服。"

《中医验方》绿豆敷脐方："治小儿红、白痢疾。绿豆 3 粒，胡椒 3 粒，掺入枣肉，共捣烂，敷脐上。"

《普济方》三豆散："治痈疽。赤小豆、绿豆、黑豆、川姜黄。上为细末、未发起，姜汁和井华水调敷；已发起，蜜水调敷。"绿豆大黄散：治小儿遍身火丹并赤游肿。绿豆、大黄。为末薄荷蜜水调涂。"

《中国药膳学》绿豆海带汤："治湿疹，皮肤瘙痒。绿豆、海带和海藻、云香、水煎加红糖服。"

《黑龙江中医秘方验方》绿豆油："治溃疡性皮肤病。绿豆500克，将绿豆装瓷瓶中，用谷糠烧，流出油，将油抹患处。"

《新中医》："绿豆鸡蛋饮：治复发性口疮。取鸡蛋1枚，绿豆适量。将鸡蛋打入碗中调成糊状，绿豆放入沙锅内，冷水浸泡约10~20分钟再煮沸，沸后约3~5分钟（陈绿豆可适当延长时间）即可，不宜久煮，此时绿豆尚未熟，取煮沸绿豆水冲入鸡蛋糊内，成为鸡蛋花状饮用，每日早晚各1次，一般3天即愈。"

绿豆芽发芽时，胡萝卜素增加2~3倍；维生素B_2增加2~4倍；烟碱酸增加2倍以上；叶酸成倍增加；维生素B_{12}增加10倍。但是，无根豆芽是用化肥或除草剂生长出来的，含有较多的氨氮化合物，在细菌作用下，易转变成强致癌物亚硝胺。

● 黑大豆：别名黑豆、乌豆、冬豆子、料豆、为豆科植物大豆的黑色种子。中医认为，黑豆性平，味甘；有滋阴补肾，活血明目，健脾利湿，敛汗消肿，祛风除痹，润肤解毒之功。用于肾虚消渴，头昏目暗，黄疸，水肿，风湿痹痛，四肢拘挛，产后风痉，口噤，痈肿疮毒，白癜风，神经性皮炎；解药毒。《神农本草经》："涂痈肿；煮汁饮，止痛。"《名医别录》："逐水胀，除胃中热痹，伤中淋露，下瘀血，散五藏结积内寒，杀乌头毒。炒为屑，主胃中热，去肿除痹，消谷，止腹胀。"崔禹锡《食经》："煮饮汁，疗温毒水肿、除五淋，通大便，去结积。"孟诜："和饭捣涂一切毒肿；疗男女阴肿，以绵裹纳之；杀诸药毒；和桑柴灰汁煮之，下水鼓腹胀。"《食疗本草》："主中风脚弱，产后诸疾；若和甘草煮汤饮之，去一切热毒气，善治风毒脚气；煮食之，主心痛，筋挛，膝痛，胀满；杀乌头，附子毒。"《本草纲目拾遗》："炒令黑，烟未断，及热投酒中，主风痹、瘫缓、口噤、产后诸风。"《日华子本草》："调中下气，通经脉。"《本草纲目》："治肾病，利水下气，制诸风热，活血。煮汁，解砒石、甘遂、天雄、附子、射罔、巴豆、芫青、斑蝥，百药之毒；治下痢脐痛；冲酒治风痉及阴毒腹痛。"《本草汇言》："煮汁饮，能润肾燥，故止盗汗。"《四川中药志》："治黄疸浮肿，肾虚遗尿。"《本草经集注》："恶五参、龙胆。得前胡、乌喙、杏仁、牡蛎良。"《本草纲目》："服蓖麻子者忌炒豆，犯之胀满；服厚朴者亦忌之，动气也。"

脾虚腹胀，肠滑泄泻，消化不良，慢性胃肠病患者慎食。

现代研究认为，黑大豆含有皂苷，有降血脂、抑制脂肪吸收及促进分解的作用，对预防肥胖症和动脉粥样硬化有良好作用；含有磷脂，有降脂、抗动脉硬化及抗心肌损伤的作用；含有大豆异黄酮、大豆皂苷等成分，功用同大豆。黑豆中含有血球凝素不可生食，加热可破坏血球凝素。黑豆中含有大量的嘌呤碱，嘌呤碱能加重肝肾的中间代谢负担，因此肝、肾器官有疾患时宜少用。

《千金方》："治小儿丹毒：浓煮大豆汁涂之良，瘥，亦无瘢痕"。

《本草纲目》："治痘疮湿烂：黑大豆研末敷之。"

《子母秘录》："治小儿汤火疮：水煮大豆汁涂上，易瘥，无斑。"

《肘后方》："治消渴：乌豆置牛胆中阴干百日，吞之。"

《普济方》救活丸："治肾虚消渴难治者：天花粉、大黑豆（炒）。上等分为末，面糊丸，如梧桐子大，黑豆百粒（煎）汤下。"

《全幼心鉴》："治小儿胎热：黑豆 10 克，甘草 5 克，灯心 20 厘米，淡竹叶 1 片。水煎服。"

● 豌豆：别名青豆、青小豆、小寒豆、雪豆、荷兰豆、毕豆、回回豆、菜碗豆、淮豆、麦豆。中医认为，豌豆性平，味甘；有和中益气，补肾健脾，止渴通乳，止泻痢，解疮毒功效。用于霍乱吐泻，心腹胀痛，小便不利，转筋，脚气水肿，产后乳少；痈肿，疮毒，痘疮多外用。《绍兴校定证类本草》："主调顺营卫，益中平气。"《日用本草》："煮食下乳汁。"《本草纲目》："研末涂痈肿、痘疮。"《本草从新》："理脾胃。"《医林纂要》："利小便。"《随息居饮食谱》："煮食，和中生津，止渴下气，通乳消胀。"《植物名实图考长编》："豌豆苗作蔬极美。固始有患疥者，每摘食之，以为能去湿解毒，试之良验。其豆嫩时作蔬，老则炒食。南方无黑豆，取之饲马，亦以其性不热故也。"《外台秘要》："将豌豆捣碎，煮水洗面，能令人面光净。"寒湿停滞及腹泻者忌服，炒制多食动火。

现代研究认为，豌豆含有植物凝集素，可以刺激淋巴结，有增强免疫作用；含有胡萝卜素可防止人体致癌物质的合成，因而降低癌症的发病率；含有石灰酸——是多种抗体的混合物，能抵抗病毒、止血、中和致癌物质；含有植物盐能够防止某种肿瘤增大，全谷类都含有这种物质；含有异黄酮、植物雌激素、止权素、赤霉素 A20、蛋白酶抑制剂等物质，具有抗氧化、抗菌消炎及增强人体新陈代谢功能，加速体内的毒素排泄作用。新鲜豌豆还含有能分解亚硝胺的酶，故其有防癌抗癌的作用。

● 冬瓜：别名枕瓜、地芝、水芝、东瓜、车瓜、白瓜。冬瓜含有胡芦巴碱，可促进新陈代谢，限制体内脂肪堆积；含有丙醇二酸能有效阻止糖类转化为脂肪，可起到减肥作用。

中医认为，冬瓜性凉，味甘淡；有清热利尿，清痰解毒，减肥润肤功效。用于暑热烦渴，痰喘胀满，小便淋涩，疮疡肿痛，脚气，泄痢，痔漏，肥胖症，解鱼毒，酒毒。《名医别录》："主治小腹水胀，利小便，止渴。"陶弘景："解毒，消渴，止烦闷，直捣绞汁服之。"孟诜："益气耐老，除胸心满，去头面热。"《日华子本草》："除烦。治胸膈热，清热毒痛肿；切摩痱子。"《本草图经》："主三消渴疾、解积热，利大、小肠。"《本草衍义》："患发背及一切痈疽，削一大块置疮上，热则易之，分散热毒气。"《日用本草》："瘥五淋。"《滇南本草》："治痰吼，气喘，姜汤下。又解远方瘴气，又治小儿惊风。""润肺消热痰，止咳嗽，利小便。"《本草再新》："清心火，泻脾火，利湿祛风，消肿止渴，解暑化热。"《粥谱》："散热，宣胃，益脾。"《随息居饮食谱》："清热，养胃生津，涤秽治烦，消痈行水，治胀满，泻痢霍乱，解鱼、酒等毒。""亦治水肿，消暑湿。""若孕妇常食，泽胎化毒，令儿无病。"孟诜："热者食之佳，冷者食之瘦人。"崔禹锡《食经》："冷人勿食，益病，又作胃反病。"《本草经疏》："若虚寒肾冷，久病滑泄者，不得食。"《医林纂要》："癫者忌食，善溃也。"

现代研究认为，冬瓜含有丙醇二酸，能抑制糖类转化为脂肪，防止人体内脂肪的堆积，从而达到减肥的效果。冬瓜还有美容作用——用冬瓜瓤洗脸部，可使皮肤滑净。

《中华药膳宝典》冬瓜番茄汤："健脾利尿，养胎去毒。主治脾虚水肿，妊娠水肿。冬瓜250克，番茄200克，味精、葱适量。按常法做成汤，调入味精、葱花，不放盐。每日佐餐食之。"

《家庭食疗手册》冬瓜薏米汤："清热解暑，健脾利尿。主治暑疖痱毒，膀胱积热，小便短黄。冬瓜200~400克，薏苡仁30~60克。煎汤，加糖少许，代茶饮。"

《家庭保健饮料》冬瓜海带豆瓣汤："清热，清暑，利水。主治暑热烦渴，汗出过多，并治甲状腺肿大及各种水肿。海带60克，冬瓜1000克，去皮蚕豆瓣60克，植物油、精盐各适量。按常法做汤，每日1~2次，每次1碗，连用3~5天。"

《御药院方》冬瓜洗面药："增白悦颜。治颜面不洁，苍黑无色。冬瓜（以竹刀去青皮，切作片）1个，酒1升半。上2味，以水1升，同煮烂，用竹筛擦去滓，再以布滤过，熬成膏，入蜜 500 克，再熬，稀稠得所，以新绵再滤过，于瓷器中盛。用取栗子大，用津液调涂面上，用手擦匀。"

凡属脾胃虚寒者，久病者或阳虚肢冷者忌食。

● 冬瓜子：《陆川本草》："甘，凉。"《神农本草经》："益气。"《名医别录》："主烦满不乐。"崔禹锡《食经》："利水道，去淡水。"《日华子本草》："去皮肤风剥黑䵟，润肌肤。"《本草纲目》："治肠痈。"《本草经疏》："能开胃醒脾。"《本草述》："主治心经蕴热，小水淋痛，并鼻而酒渣如麻豆，疼痛，黄水出。"《本草从新》："补肝明目。"《本草述钩元》："主腹内结聚，破溃脓血，凡肠胃内壅，最为要药。"陈念祖："能润肺化痰，兼益胃气。"《山东中药》："治肾脏炎，尿道炎，小便不利，脚气，水肿。"《中国药植图鉴》："罨痔疾肿痛，或洗涤。"煎服 5~20 克。

《疾病的食疗与验方》冬瓜子麦冬汤："冬瓜子、麦冬各 30 克。水煎服，日 2 次。养阴润肺，消痰止嗽。适用于慢性支气管炎属肺阴不足者，见干咳少痰、手足心热等症。"

《救急汤方》："治男子白浊，女子白带：陈冬瓜仁炒为末。每空心米饮服 25 克。"

《摘元方》："治消渴不止，小便多：干冬瓜子、麦冬、黄连各 100 克，水煎饮之。"

● 冬瓜叶：《日华子本草》："煅肿毒及蜂叮。"《本草纲目》："主消渴，疟疾寒热；又焙研敷多年恶疮。"《随息居饮食谱》："清暑。治疟、痢、泄泻，止渴。"

《海上名方》："治积热泻痢：冬瓜叶嫩心，拖面煎饼食之。"

● 冬瓜皮：中医认为，冬瓜皮味甘，性微寒，有利水消肿，解暑功效。用于水肿胀满，小便不利，暑热症。《本草从新》："味甘，性凉，无毒。"《本草图经》："功用与冬瓜等。"《滇南本草》："止渴，消痰，利小便。""治中风。"《本草纲目》："主驴马汗入疮肿痛，阴干为末涂之，又主折伤损痛。"《本草再新》："走皮肤，去湿追风，补脾泻火。"《重庆堂随笔》："解风热，消浮肿。"《分类草药性》："治水肿，痔疮。"《江苏植药志》："治腹泄、足跗浮肿。"《山东中药》："利湿消暑。"《四川中药志》："因营养不良而致之虚肿慎用。"煎服 15~30 克。

《现代实用中药》："治肾脏炎，小便不利，全身浮肿：冬瓜皮 30 克，西瓜皮 30 克，白茅根 30 克，玉蜀黍蕊 20 克，赤豆 150 克。水煎，一日三回分服。"

● 冬瓜藤：《本草再新》："味苦，性寒，无毒。"《日华子本草》：

"洗黑黯，并洗疮疥。"《本草纲目》："捣汁服，解木耳毒，煎水洗脱肛。"《本草再新》："活络通经，利关节，和血气，去湿追风。"《随息居饮食谱》："秋后齐根截断，插瓶中，取汁服，制肺热，痰火，内痈诸证。"

● 冬瓜瓤：《药性论》："味甘，平。""汁：止烦躁热渴，利小肠，除消渴，差五淋。"崔禹锡《食经》："补中，除肠胃中风。杀三虫，止眩目。"《本草纲目》："洗面澡身，去黯䵟。"《安徽药材》："利小便，止烦渴，清热毒痈肿。"《广西中药志》："敷火药伤。"煎服 50~100 克。

● 节瓜：《本草求原》："甘，淡。""功同冬瓜，而无冷利之患。益胃，长于下气消水。"《本草纲目拾遗》："止渴生津，驱暑，健脾，利大小肠。"《本草求原》："功同冬瓜，而无冷利之患，益胃，长于下气消水。"《粤草志》："解暑毒。"

● 丝瓜：别名天罗、布瓜、锦瓜、木瓜、天丝瓜、天吊瓜、絮瓜、砌瓜、水瓜、天罗絮、倒阳菜、天罗蜜瓜、纯阳瓜、蛮瓜、缣瓜、坭瓜。中医认为，丝瓜性凉，味甘；有清热祛暑，通经活络，化痰解毒，润肤通乳，凉血安胎功效。主治暑热烦渴，咳嗽痰喘，痔疮出血，崩漏，痄腮肿痛，肌肉僵硬，妇女乳汁不下，并对外伤和乳房肿胀有辅助疗效。丝瓜汁液具有抗皱纹，消除黑色素、蝴蝶斑、雀斑、老年斑、延缓细胞衰老作用。朱震亨："治痘疮不快，枯者烧成性，入朱砂研末，蜜水调服。"《本草蒙筌》："治痘疮脚痛，烧灰，敷上。"《医学入门》："治男女一切恶疮，小儿痘疮余毒，并乳疽、疔疮。"《本草纲目》："煮熟除热利肠。老者烧成性服，去风化痰，凉血解毒，杀虫，通经络，行血脉，下乳汁；治大小便下血，痔漏崩中，黄积，疝痛卵肿，血气作痛，痈疽疮肿，齿䘌、痘疹胎毒。"《滇南本草》："治五脏虚冷，补肾补精，或阴虚火动，又能滋阴降火。久服能乌须黑发，延年益寿。"《滇南本草图说》："解热，凉血，通经，下乳汁，利肠胃。"《药性纂要》："少食润肺清热，多食滑肠。"《食物考》："清胃解毒。"《随息居饮食谱》："老者入药能补能通，化湿除黄，息风止血。"《萃金裘草述录》："止吐血，衄血。"汪连仕《采药书》："天骷髅，治妇人白带血淋，膨胀积聚，一切筋骨疼痛。"《陆川本草》："生津止渴，解暑除烦。治热病口渴，身热烦躁。"《学圃杂疏》："丝瓜，北种为佳，性寒无毒，有云多食之能痿阳，北人时啖之，殊不尔。"《滇南本草》："不宜多食，损命门相火，令人倒阳不举。"《本经逢原》："丝瓜嫩者寒滑，多食泻人。"粤丝瓜全植物有杀昆虫作用，果实含氢氰酸，对鱼毒性很大。煎服 15~25 克。

现代研究认为，丝瓜含有皂苷物质，具有强心作用；含有黏液质、木胶、瓜氨酸、木聚糖成分，具有化痰排毒作用；含有干扰素诱导剂，能刺激机体产生干扰素，从而达到抗病毒、防癌抗癌功效。

《本草纲目》："治肛门久痔：丝瓜烧存性，研末，酒服10克。""治风热腮肿：丝瓜烧存性，研末，水调搽之。""治天疱湿疮：丝瓜汁调辰粉频搽之。"

《奇效良方》："治白崩：棕榈（烧灰）、丝瓜。上各等分，为细末。空心酒调下。"

《仁斋直指方》："治痈疽不敛，疮口太深：丝瓜捣汁频抹之。"

《寿域神方》："治干血气痛，妇人血气不行，不冲心膈、变为干血气者：丝瓜1枚，烧存性，空心温酒服。"

《简便单方》："治乳汁不通：丝瓜连子烧存性，研末。酒服5~10克，被覆取汗。"

《湖南药物志》："治疮毒脓疱：嫩丝瓜捣烂，敷患处。"

《儿童药膳》丝瓜增乳散："补益气血，增乳。主治产后乳汁少。丝瓜10条，黑芝麻120克，红糖60克，核桃仁60克。将丝瓜焙干，和黑芝麻、红糖、核桃仁共捣为末，每日6克，煎汁温服。"

《家庭食疗方1100种》丝瓜莲子鸡蛋汤："补益脾胃，养心益肾，补虚生乳。主治产后体虚缺乳。丝瓜250克，莲子60克，鸡蛋1个，麻油、精盐、味精各适量。丝瓜洗净切小段备用。莲子加水煮烂熟再入丝瓜烧5分钟，散打鸡蛋，调入麻油、盐、味精即成。每日1剂，连用7~10天为1疗程。"

● 丝瓜子：姚可成《食物本草》："苦者：气寒，有毒。甜者：无毒。""苦者：主大水，面目四肢浮肿，下水，令人吐。甜者：除烦止渴，治心热，利水道，调心肺，治石淋，吐蛔虫。""若患脚气、虚胀、冷气人食之病增。"《医林纂要》："治肠风，痔瘘，崩漏，下乳。"《南宁市药物志》："通大便。"《得配本草》："脾虚者禁用。"《南宁市药物志》："孕妇忌用。"

● 丝瓜叶：《本草纲目》："癣疮，频按掺之，疗痈疽，丁肿，卵癞。"《本经逢原》："捣汁生服，解蛇伤毒，以滓盦伤处，干即易之。"《随息居饮食谱》："消暑解毒。治痧秽腹痛，绞汁服。"《岭南采药录》："煎服，治鹅喉。"《广州植物志》："捣烂，治痈疽和小儿夏月皮肤病，有消肿退炎之效。"煎服50~150克。

《世医得效方》："治鱼脐疔疮：丝瓜叶、连须葱、韭菜等分。上入石钵内，捣烂如泥。以酒和服，以渣贴腋下，如病在左手，贴左腋下，右手贴右腋下，在左脚贴左胯，右脚贴右胯，如在中心贴心脐，并用手缚住，候肉下红线处皆白，则可为安。"

《重庆草药》："治肾囊风热瘙痒：丝瓜叶 200 克，苍耳草 50 克，野菊花 100 克，煎水服或外用洗。"

《闽南民间草药》："治妇人血崩：丝瓜叶炒黑研末。每周 10~25 克，酒冲服之。"

● 丝瓜皮：《滇南本草》："晒干为末，治金疮疼。"《分类草药性》："涂疔疮，退火毒，消肿。"

《摄生丛妙方》："治坐板疮疥：丝瓜皮焙干为末，烧酒调搽之。"

● 丝瓜花：《滇南本草》："性寒、味甘微苦。""清肺热，消痰下气，止咳，止咽喉疼，消烦渴，泻相火。"《分类草药性》："涂疔疮，退火毒，消肿。"《陆川本草》："治鼻窦炎。"《重庆草药》："清热利便。治疮毒，痔疮。"煎服 10~15 克。

《滇南本草》："治肺热咳嗽，喘急气促：丝瓜花、蜂蜜。煎服。"

《重庆草药》："治红肿热毒疮，痔疮：丝瓜花 25 克，铧头草 25 克。生捣涂敷。"

《单方验方调查资料选编》："治外伤出血：丝瓜花、秋葵叶。晒干研粉，加冰片少许，同研末外用。"

● 丝瓜络：别名丝瓜网、丝瓜壳、瓜络、絮瓜瓢、天罗线、丝瓜筋、丝瓜瓢、千层楼。《南宁市药物志》："甘，平，无毒。"《医林纂要》："凉血渗血，通经络，托痘毒。"《本草从新》："通经络，和血脉，化痰顺气。"《分类草药性》："治乳肿疼痛，火煅存性冲酒服。研末调香油涂汤火伤。"《现代实用中药》："通乳汁，发痘疮。治痈疽不敛。作黑烧内服，治肠出血，赤痢，子宫出血，睾丸炎肿，痔疮流血等。"《陆川本草》："凉血解毒，利水去湿。治肺热痰咳，热病谵妄，心热烦躁，手足抽搐。"

煎服 7.5~15 克。

● 丝瓜蒂：《本草求原》："丝瓜蒂同金针菜治一切咽喉肿痛。"

● 丝瓜藤：《本草求原》："苦，微寒，小毒。""和血脉，活筋络，滋水，止阴痛，补中健脾，消水肿。治血枯少，腰膝四肢麻木，产后惊风，调经。"《岭南采药录》："解暑热。"煎服 50~100 克。

《医学正传》："治鼻中时时流臭黄水，甚至脑亦时痛：丝瓜藤近根三，五寸许，烧存性为细末，酒调服之。"

● 西瓜：别名水瓜、寒瓜、夏瓜、天生白虎汤。中医认为，西瓜瓤性寒，性甘；有清热解暑，生津止渴，利尿除烦，清胃消肿功效。用于暑热烦渴，热盛津伤口渴，小便不利或短赤，水肿，口舌生疮。《日用本草》："消暑热，解烦渴，宽中下气，利小水；治血痢。"《医学入门·本草》："病热口疮者食之立愈。"《饮膳正要》："主消渴，治心烦，解酒毒。"《丹溪心法》："治口疮甚者，用西瓜浆水徐徐饮之。"《滇南本草》："治一切热症，痰涌气滞。"汪颖《食物本草》："疗喉痹。"《现代实用中药》："治肾炎浮肿，糖尿病，黄疸，并能解酒毒。"《中药大辞典》："中寒者忌服。"《饮食须知》："胃弱者不可食。"西瓜忌羊肉同食：导致中毒。

现代研究认为，西瓜含有瓜氨酸和精氨酸物质，可促进肝脏合成尿毒从尿中排出，有利尿、降压作用；含有蛋白酶，可把不溶性蛋白转化为可溶性蛋白质，有利于身体吸收；含有少量盐类对肾炎有比较好的治疗作用；含有苹果酸、磷酸、甜菜碱、丁醛、异戊醛、乙醛、番茄红素等，有降低血压、降低血脂、软化血管作用，并能缓解急性膀胱炎症状。果皮含有糖，有消暑、解热、止渴、利小便功效。

● 西瓜皮：《本草纲目》："甘，凉，无毒。"《饮片新参》："淡平微苦。""清透暑热，养胃津。"《丹溪心法》："治口疮甚者，西瓜皮烧灰敷之。"《要药分剂》："能解皮肤间热。"《本草从新》："能化热除烦，去风利湿。"《随息居饮食谱》："凉惊涤暑。"《现代实用中药》："为利尿剂。治肾脏炎浮肿，糖尿病，黄疸。并能解酒毒。"《药性切用》："泻皮间湿热，治肤黄、肤肿。"《萃金裘本草述录》："清金除烦，利水通淋，涤胸膈躁烦，泄膀胱热涩，治天行火疟，风瘟热症最佳之品。"煎服15~50克。

《中国药膳学》西瓜大蒜散："利水消肿。适用于肾型水肿，肝硬化腹水等症。西瓜1个，大蒜适量。西瓜掏空，装满大蒜，盖好，用纸泥封固，于微火中煨干，研末。每次3~5克，温开水吞服。""西瓜决明茶：平肝降压，利水消肿。适用于高血压病，头眩伴有水肿。干西瓜翠衣、草决明各9克。研为粗末，沸水冲泡，代茶饮。"

《饮食疗法100例》西瓜白茅茶："利水消肿。适用于慢性肾炎，高血压病，肾炎水肿。西瓜皮60克，白茅根（鲜品）90克。同煎取汁。随量饮，日3次。"

《食物中药与便方》："治糖尿病，口渴，尿混浊：西瓜皮，冬瓜皮各15克，天花粉12克，水煎服。"

《安徽中草药》："治小儿夏季热：西瓜翠衣、金银花各15克，太子参9克，扁豆花、薄荷（后下）各6克，鲜荷叶半张，煎服。"

● 西瓜霜性寒、味咸；有清热、消肿功效。用于咽喉肿痛，口舌生疮，扁桃体炎，牙龈肿痛。

西瓜霜：《疡医大全》："治咽喉口齿，双蛾喉痹。"《本草再新》："治喉痹久嗽。"

《喉痧症治概要》玉钥匙："治一切喉症，肿痛白腐，退炎消肿：西瓜霜25克，西月石25克，飞朱砂3克，僵蚕2.5克，冰片2.5克。研极细末，吹患处。阴虚白喉忌用。"

《治喉捷要》瓜霜散："治白喉：西瓜霜100克，人中白5克（煅），辰砂10克，雄精1克，冰片5克。共研细末，再乳无声。如非白喉，减去雄精。"

● 西瓜子仁：西瓜子仁性平，味甘；有清肺化痰，和中润肠，通便功效。主治便秘，淋证，肺虚劳热，咳嗽不止，口渴心烦，头昏心悸。《本草纲目》："清肺润肠，和中止渴。"《随息居饮食谱》："生食化痰涤垢，下气清营；一味浓煎，治吐血，久嗽。"《本草求原》："止痢，解烟毒。炒则温中，开豁痰诞。"《医林纂要》："多食惹咳生痰。"

● 西瓜子壳：《本草摄要》："治吐血、肠风下血。"煎服25~50克。

《中国医学大辞典》："治肠风下血：西瓜子壳、地榆、白薇、蒲黄、桑白皮，煎汤服。"

● 西葫芦：别名美洲南瓜、角瓜、王瓜、茭瓜、笋瓜、夜开花，是南瓜的变种。中医认为，西葫芦性寒，味甘；有清热利尿、除烦止渴、润肺止咳，消肿散结功效。可辅助治疗水肿腹胀、烦渴、疮毒，以及肾炎、肝硬化腹水等病症。

现代研究认为，西葫芦含有瓜氨酸、腺嘌呤、天门冬氨酸、葫芦巴碱等物质，有促进人体内胰岛素分泌的作用，对糖尿病有辅助疗效；可增强肝肾细胞的再生能力；含有一种干扰素的诱导剂，可刺激机体产生干扰素，提高免疫能力。

● 苦瓜：别名癞瓜、凉瓜、锦荔枝、癞葡萄、红羊、菩达、红姑娘。中医认为，青苦瓜性寒，味苦；熟苦瓜性平，味苦。青苦瓜祛暑解热，明目清心，消疮肿毒。用于热病烦渴引饮，中暑，痢疾，赤眼疼痛，痈肿丹毒，恶疮。熟苦瓜养血滋肝，益脾补肾，降低血糖，提高免疫力。苦瓜子补肾壮阳，用于阳痿、遗精等症。《滇南本草》："治丹火毒气，疗恶疮结毒，或遍身已成芝麻疔疮难忍。""泻六经实火，清暑，益气，止渴。""脾胃虚寒热者，食令人吐泻腹痛。"《生生编》："除邪热，解劳乏，清心明目。"《本草求真》："除热解烦。"《随息居饮食谱》："清热涤热，明目清心。熟则养血滋肝，润脾补肾。"《泉州本草》："主治烦热消渴引饮，风热赤眼，中暑下痢。"《滇南本草》："脾胃虚寒者，食之令人吐泻腹痛。"

现代研究认为，苦瓜含有多肽-P，有加速降低血糖的功能，能够预防和改善糖尿病的并发症，具有调节血脂、提高免疫力的作用；含有糖苷能刺激唾液及胃液分泌，有助于消化作用；含有金鸡纳霜，可抑制过度兴奋的体温，起到消暑解热的作用；含有苦瓜素，增进食欲，健脾开胃；含有0.4%的高能清脂素，具有减肥特效；含有苦杏仁苷，能提高人体免疫力；含有脂蛋白，对癌症有防治作用；苦瓜水提取物含鸟苷酸环化酶抑制成分，具有抗病毒作用；含有苦瓜皂苷，既有类似胰岛素的作用，又有刺激胰岛素释放的功效，其制剂，对治疗2型糖尿病有效率达78.3%；含有胰蛋白酶抑制剂，可以抑制癌细胞分泌出来的蛋白酶，以阻止恶性组织的扩大，阻遏恶性肿瘤的生长；含有蛋白MAP3，它能阻止艾滋病的病毒DNA的合成，抑制艾滋病病毒的感染与生长；含有奎宁，有利尿、活血、解热、清心明目功效。并可引起子宫收缩，造成流产，故孕妇忌食。苦瓜最好夏秋季节吃，能明目补气，止渴消暑。

吃苦瓜最好搭配辛味的食物比如辣椒、胡椒、葱、蒜等，这样避免苦味入心，有助于补益肺气。另外，苦瓜熟食性温，生食性寒，因此脾胃寒者不宜生吃。此外，孕妇也需少吃苦瓜。

煎服10~25克。

《福建中草药》："治痢疾：鲜苦瓜捣烂绞汁一杯，开水冲服。"

《滇南本草》："治眼疼：苦瓜煅为末，灯草汤下。""治胃气疼：苦瓜煅为末，开水下。"

《泉州本草》："治痈肿：鲜苦瓜捣烂敷患处。"

● 香瓜：别名甜瓜、甘瓜、果瓜、熟瓜、白兰瓜、青皮瓜、黄菜瓜、黄金瓜。香瓜含有丙醇二酸可抑制糖类转化为脂肪，加上其热量很低，多食用有减肥作用；含有柠檬酸、球蛋白，多种核糖核酸和多种生物酶可助消化，促进新陈代谢，有利于排毒。

中医认为，香瓜性寒，味甘；有消暑解渴，通利小便功效。用于暑热烦渴，小便不利。《食疗本草》："止渴，益气，除烦热，利小便，通三焦壅塞气。"《嘉祐本草》："主口鼻疮。"《滇南本草》："治风湿麻木，四肢疼痛。"《孙真人食忌》："患脚气病人食甜瓜，其患永不除。又多食发黄疸病、动冷疾、令人虚羸。解药力。"《食疗本草》："多食令人阴下湿痒生疮，动宿冷病，症癖人不可食之，多食令人惙惙虚弱，脚手无力。"《饮食须知》：

"夏日过食，深秋泻痢，最为难治。"香瓜忌螃蟹、油饼同食：导致腹泻。脾胃虚寒、腹泻便溏、产后有虚寒以及急性胃肠炎、急性菌痢、溃疡病活动期患者忌食。

● 香瓜子：《本草纲目》："甘，寒。"《名医别录》："主腹内结聚，破溃脓血，最为肠、胃、脾内壅要药。"《本草纲目拾遗》："止月经太过，为末去油，水调服。"《本草纲目》："清肺润肠，和中止渴。"《中药志》："跌仆瘀血，肠痈，咳嗽口渴。"煎服 15~25 克。

《圣惠方》："治肠痈已成，小腹肿痛，小便似淋，或大便艰涩，下脓：甜瓜子一合，当归（炒）50 克，蛇退皮一条。研粗末，每服 20 克，水一盏半，煎一盏，食前服，利下恶物为妙。"

《千金方》："治口臭：甜瓜子作末，蜜和，每日空心洗漱讫，含一丸如枣核大，亦敷齿。"

《寿域神方》："治腰腿疼痛：甜瓜子 150 克，酒浸 10 日，为末。每服 15 克，空心酒下，日三。"

● 香瓜叶：《食疗本草》："生捣汁（涂），生发。研末酒服，去瘀血。治小儿疳。"《滇南本草》："煎汤洗风癞。"

● 香瓜花：《名医别录》："主心痛咳逆。"《滇南本草》："敷疮散毒。"

煎服 5~15 克。

● 香瓜蒂：中医认为，香瓜蒂性寒，味苦，有毒。有催吐痰食，利湿退黄作用。用于痰热郁积，精神错乱，误食毒物停于胃脘，尚未吸收者，以及湿热黄疸。香瓜蒂含有葫芦素 B 能减轻慢性肝损伤，保护肝脏，可辅助治疗黄疸及无黄疸型传染性肝炎，肝硬化病。煎服 2~5 克。外用适量，研末饮鼻，待鼻中流出黄水即可停药。体虚，吐血，嗽血及上部无实邪者忌服。

● 香瓜茎：《本草图经》："主鼻中瘜肉，齆鼻等。"

《本草纲目》："治女人月经断绝：甜瓜茎、使君子各 25 克，甘草 30 克。为末，每酒服 10 克。"

● 香瓜根：《滇南本草》："煎汤洗风癞。"

● 南瓜：别名金瓜、番瓜、北瓜、倭瓜、饭瓜、麦瓜、伏瓜、水瓜、秀瓜、阴瓜、窝瓜、老西瓜、番蒲、番南瓜、金冬瓜。中医认为，南瓜性温，味甘；有补中益气，消炎止痛，杀虫解毒，美容排毒功效。可预防和治疗糖尿病，前列腺肥大，动脉硬化，胃黏膜溃疡，胆结石，气虚乏力，水火烫伤，下肢溃疡，胁肋疼痛，蛔虫病，鸦片中毒。《滇南本草》："横行经络，利小便。"《本草纲目》："补中益气。"清代名医陈修园："补血之炒品。"《医林纂要》："益心敛肺。"《中国药植图鉴》："煮熟用纸敷贴干性肋膜炎、肋间神经痛患处，有消炎止痛作用。"《本草纲目》："多食发脚气、黄疸，若与羊肉同吃，令人气壅；凡气滞湿阻者忌食。"《随息居饮食谱》："凡时病疳疟，疸痢胀满，脚气痞闷，产后痧痘，皆忌之。"《饮食须知》："忌与猪肝、赤豆、荞麦面同食。"

现代研究认为，南瓜含有果胶，可提高胃内容物的黏度，减慢吸收速度，从而控制餐后血糖升高，并有降低胆固醇和排毒作用；含有腺嘌呤，有刺激白细胞增生的作用，能防治各种原因引起的白细胞减少症；含有甘露醇，有通大便作用；含有维生素 A 的衍生物，可以降低机体对致癌物质的敏感程度；含有胡芦巴碱，能分解消除体内的致癌物亚硝胺，对肝癌、子宫颈癌有一定治疗作用；含有西瓜子氨酸，有助于防止人体将睾丸激素转化为效力更强的二氢睾酮形式，减少前列腺细胞的生长，从而抑制前列腺变大。南瓜中钴的含量较高，它是胰岛细胞合成胰岛素所必需的微量元素，故常吃南瓜有助于防治糖尿病。

《随息居饮食谱》："解鸦片毒：生南瓜捣汁频灌。""治火药伤人及汤火伤：生南瓜捣敷。"

《岭南草药志》："治肺痛：南瓜 500 克，牛肉 250 克。煮熟食之（勿加盐、油），连服数次后，则服六味地黄汤 5~6 剂。忌服肥腻。"

● 南瓜子：《陆川本草》："甘，平。"《现代实用中药》："驱除绦虫。"《安徽药材》："能杀蛔虫。"《中国药植图鉴》："炒后煎服，治产后手足浮肿，糖尿病。"《本草纲目拾遗》："多食壅气滞膈。"

《中药的药理与应用》："驱除绦虫：新鲜南瓜子仁 50~100 克，研烂，加水制成乳剂，加冰糖或蜂蜜空腹顿服；或以种子压油取服 15~30 滴。"

《四川中药志》："驱除绦虫：南瓜子、石榴根皮各 50 克，日服 3 次，连服 2 日。""治营养不良，面色萎黄：南瓜子、花生仁、胡桃仁同服。"《验方选编》："治血吸虫病：南瓜子、炒黄、研细末。每日服 100 克，分 2 次，加白糖开水冲服。以 15 日为 1 疗程。"

《江西中医药》："治百日咳：南瓜种子，瓦上炙焦，研细粉。赤砂糖汤调服少许，一日数回。"

《国医导报》："治小儿咽喉痛：南瓜子（不用水洗、晒干），用冰糖煎汤。每天服 10~15 克。"

《岭南草药志》："治内痔：南瓜子 1000 克，煎水熏之。每日 2 次，连熏数天。"

● 南瓜叶：《闽东本草》："治风火痢：南瓜叶（去叶柄）7~8 片。水煎，加食盐少许服之，5~6 次即可。"《岭南草药志》："治小儿疳积：南瓜叶 500 克，腥豆叶（即大眼南子叶）250 克，剃刀柄 100 克。晒干研末。每次 25 克，蒸猪肝服。"《闽南本草》："治刀伤：南瓜叶，晒干研末，敷伤口。"

● 南瓜花：《分类草药性》："性凉。""治咳嗽，提音，解毒，久远痼疾。"《民间常用草药汇编》："清肿，除湿热，解毒，排痰、下乳。治黄疸病及痢疾：外敷治痈疽。"煎服 15~25 克。

● 南瓜根：《四川中药志》："性平，味淡，无毒。"《分类草药性》："治一切火淋，火疖，行大肠气胀。"《民间常用草药汇编》："消肿，除湿热，解毒，排痰，下乳。治黄疸病及痢疾。"煎服 15~30 克，鲜者加倍。

《四川中药志》："治火淋及小便赤热涩痛：南瓜根、车前草、水案板、水灯芯。同煎服。"

《重庆草药》："治湿热发黄：南瓜根炖黄牛肉服。"

《闽东本草》："治便秘：南瓜根 75 克。浓煎灌肠。"

● 南瓜蒂：《安徽药材》："焙干用麻油调涂，治疔疮，背疽。"

《民间常用草药汇编》："排痰、安胎。"煎服 50~100 克。

《行箧检秘》："治疔疮：老南瓜蒂数个。焙研为末，麻油调敷。"

《江西草药手册》："治烫伤：南瓜蒂晒干烧灰存性，研末，茶油调搽。"

《岭南草药志》："治对口疮：南瓜蒂烧灰，调茶油涂患处，连涂至痊愈为止。""治骨鲠喉：南瓜蒂灰、血余灰、冰糖，各适量。米糊为丸服。"

徐州《单方验方新医疗法选编》："治一般溃疡：南瓜蒂烧炭研末，香油调匀，涂敷患处。"

《本草纲目拾遗》神妙汤："保胎：黄牛鼻一条（煅灰存性），南瓜蒂 50 克。煎汤服。"

● 南瓜藤：《本草再新》："味甘苦，性微寒，无毒。""平肝和胃，通经络，利血脉，滋肾水。治肝风，和血养血，调经理气，兼去诸风。"《上海常用中草药》："清热。治肺结核低热。"煎服 25~50 克。

《随息居饮食谱》："治虚劳内热：秋后南瓜藤，齐根煎断，插瓶内，取汁服。"

《闽东本草》："治胃痛：南瓜藤汁，冲红酒服。"

《福建中药杂志》："治各种烫伤：南瓜藤汁涂伤处，一天数次。"

● 南瓜瓤：《岭南中药志》："治打伤眼球：南瓜瓤捣敷伤眼，连敷 12

小时左右。"

● 菜瓜：别名稍瓜、越瓜、生瓜、羊角瓜。中医认为，菜瓜性凉，味甘；有清热，利尿，解渴，除烦功效。用于烦热口渴，小便不利。姚可成《食物本草》："主涤胃，消渴，消暑，益气。"《备急千金要方·食治》："利肠胃。"《本草纲目拾遗》："利小便，去烦热，宣泄热气。"《随息居饮食谱》："病目者忌。"女子月经期和有寒性痛经者忌食菜瓜。

● 瓠子：别名甘瓠、甜瓠、长瓠、天瓜、龙蜜瓜。中医认为，瓠子性寒，味甘，有清热利湿，除烦止渴功效。《新修本草》："通利水道、止渴消热。"《群芳谱》："瓠子味淡，可煮食，不可生吃，夏日为日常食用。"《千金要方·食治》："扁鹊云，患脚气虚胀者，不得食之。""主消渴恶疮，鼻口中肉烂痛。"姚可成《食物本草》："主利大肠，润泽肌肤。"

瓠子有甜、苦两种，甜瓠无毒，苦瓠有毒，不宜食用。脾胃虚寒阳虚者慎食。

● 葫芦：别名壶芦、蒲芦、葫芦瓜、瓠瓜、扁蒲、瓠匏、夜开花、药葫芦。中医认为，葫芦性平，味甘淡；有利水，通淋，润肺功效。用于水肿腹胀，小便不利，淋沥涩痛，黄疸，肺燥咳嗽。《饮膳正要》："主消水肿，益气。"《滇南本草》："利水肿，通淋，除心肺烦热。"《本草再新》："利水。治腹胀，黄疸。"《陆川本草》："润肺。治肺燥咳嗽。"陶弘景："利水道。"《日华子本草》："除烦止渴，治心热，利小肠，润心肺，治石淋。"《千金要方·食治》："扁鹊云，患脚气虚胀者，不得食之。"《食疗本草》："主利大肠，润泽肌肤。"《唐本草》："通利水道，止渴消热。"《备急千金要方》："止消渴、恶疮、鼻口中肉烂痛。"《滇南本草》："动寒疾，有寒疾食之，肚腹疼。发腹中风湿痰积，有风湿积食之，肚腹疼痛。出风疹，不宜多食。"葫芦含葫芦素 B 有毒，能使动物死于急性肝水肿。

葫芦含有干扰素诱生剂，可刺激干扰素的产生，提高机体免疫力，发挥抗病毒、抗肿瘤的作用。但是，这种干扰素诱生剂不耐高温，故不宜将葫芦煮得太熟。

● 壶卢子：《御药院方》："治齿龈或肿或露，齿摇疼痛：壶卢子 400 克、牛膝 200 克。每服 25 克，煎水含漱，日三四次。"

● 葫芦壳：性平，味甘；有利水消肿功效。用于面目水肿，大腹水肿，脚气水肿。

● 黄瓜：别名胡瓜、王瓜、刺瓜、青瓜。中医认为，黄瓜性凉、味甘；有清热，利水，解毒功效。用于热病烦渴，咽喉肿痒，目赤火眼，水火烫伤。

《日用本草》："除胸中热，解烦渴，利水道。"《滇南本草》："解疮癣热毒，消烦渴。""动寒痰，胃冷者食之，腹痛吐泻。"《陆川本草》："治热病身热、口渴，烫伤；瓜干陈久者，补脾气，止腹泻。"李时珍说："张骞使西域得种，胡名胡瓜。"《本草求真》："服此能清热利水。"

女子月经期、寒性痛经，结肠炎患者忌食生冷黄瓜。黄瓜与花生同食易引起腹泻。黄瓜不能与山楂同食，以免维生素被分解破坏。黄瓜忌与辣椒（破坏维生素 C）同食。

现代研究认为，黄瓜含有丙醇二酸，能抑制碳水化合物转化为脂肪，对肥胖、高血压、高脂血症有一定疗效；含有苯丙氨酸、精氨酸、谷氨酸、酰胺，对酒精性肝硬化以及酒精中毒有防治作用；含有葫芦素（黄瓜蒂），能增强人体免疫力；含有生物碱（黄瓜蒂），能够抑制癌细胞的繁殖；含有黄瓜酶，有很强的生物活性，能促进机体的新陈代谢；含有丙氨酸、精氨酸和谷氨酰胺，对肝病患者，特别是对酒精肝硬化患者有辅助疗效；含有葡萄糖苷、果糖等，不参与通常的糖代谢，糖尿病患者以黄瓜代替淀粉类食物，可使血糖降低；含有丙醇二酸，可抑制糖类物质转化为脂肪；含有水杨酸类物质，多动症儿童禁用；含有分解酶，能破坏番茄中的维生素 C，两者不能同食。黄瓜还有降血脂、降血糖作用。黄瓜藤有降血压，降低血清胆固醇，扩张血管，减慢心率的作用。黄瓜根有治疗黄疸之功。黄瓜叶治腹泻。

《医林集要》："治跌打疮燉肿：六月取黄瓜入瓷瓶中，水浸之，每以水扫于疮上。"

《寿域神方》："治火眼赤痛：五月取老黄瓜一条，上开小孔，去瓤、入芒硝令满，悬阴处，待硝透出刮下，留点眼。"

《医方摘要》："治烫火伤灼：五月掐黄瓜入瓶内，封，挂檐下，取水刷之，良。"

● 马齿苋：别名马齿菜、五行草、酱瓣豆草、酸味菜、地马菜、太阳草、马食菜、晒不死、酸米菜、马勺菜、蛇草、猪母菜、狮子草、马蛇子菜、蚂蚁菜、马踏菜、瓜子菜、长命菜、马枸菜、安乐菜、老鼠耳、鱼鳞菜，为马齿苋科植物马齿苋的全草。这种野蔬含有钾盐，有利水消肿、排除毒素的作用，尤其是对肾炎水肿有较好治疗效果；含有一种 $\Omega-3$ 脂肪酸，能抑制人体内血清胆固醇和甘油三酯的生成，使血栓素 A_2 合成减少，血液黏度下降，使抗凝血脂增加，从而有效地预防冠心病的发生；含有强心苷及多种钾盐，其鲜品约含钾盐 1%，干品高达 10%，对心血管起到保护作用；含有高浓度的去甲肾上腺素和二羟基苯乙胺（去甲肾上腺素的前体），能促进胰岛素分泌胰岛素，从而降低血糖；含有黄酮类物质有抗氧化作用；含有 Ω-3 脂肪酸，在体内容易转换成好前列腺素 PGE3，使身体不容易发炎。尚含有蛋白质、糖类、膳食纤维、生物碱、香豆精类、强心甙、蒽醌甙、多种矿物质和维生素，可兴奋子宫，促进子宫收缩强度增加；还有抗菌，消除尘毒，防止吞噬细胞的变性和坏死，防治硅沉着病的作用。对痢疾杆菌、伤寒杆菌、大肠埃希菌和常见致病性皮肤真菌均有抑制作用，可用于多种炎症的治疗。

中医认为，马齿苋性寒，味酸；有清热解毒，利湿止痢，散血消肿，抗菌消炎功效。用于热毒血痢，痈肿疔疮，湿疹丹毒，蛇虫咬伤，腹痛泄泻，瘰疬，肝炎，夜盲症，肾炎水肿，急性乳腺炎，赤白带下，产后及功能性子宫出血，胃肠道感染，腮腺炎，痔血，便血，淋巴结核，习惯性便秘，尿道炎，防治矽肺病。《救荒野谱》："有红、白二种。入夏采，沸汤瀹过，曝干冬用，旋食亦可。楚俗，元旦食之。"《唐本草》："主诸种瘘疣目，捣揩之；饮汁主反胃，诸淋，金疮血流，破血癖症癖，小儿尤良；用汁洗紧唇、面疱、马汗、射工毒涂之瘥。"孟诜："湿癣白秃，以马齿膏和灰涂效。治疳痢及一切风，敷杖疮。"《食疗本草》："明目，亦治疳痢。"《本草纲目拾遗》："止消渴。"《蜀本草》："主尸脚（人脚无冬夏常拆裂）、阴肿。"《开宝本草》："主目盲白翳，利大小便，去寒热，杀诸虫，止渴，破症结痈疮。又烧为灰，和多年醋滓，先灸丁肿，以封之，即根出。生捣绞汁服，当利下恶物，去白虫。"《日用本草》："凉肝退翳。"《滇南本草》："益气，清暑热，宽中下气，润肠，消积滞，杀虫，疗疮红肿疼痛。"《本草纲目》："散血消肿，利肠滑胎，解毒通淋，治产后虚汗。"《生草药性备要》："治红痢症，清热毒，洗痔疮疳疔。"《开宝本草》：马齿苋"明目"。《本草经疏》："凡脾胃虚寒，肠滑作泄者勿用；煎饵方中不得与鳖甲同入。"煎服 10~15 克（鲜者 30~60 克），或捣汁饮。孕妇忌食——对子宫有兴奋作用——不利保胎。脾胃虚寒、肠滑作泄者忌服。

《福建中医药》："治阑尾炎：生马齿苋一握，洗净捣绞汁 30 毫升，加冷开水 100 毫升，白糖适量，每日服 3 次，每次 100 毫升。"

《滇南本草》："治多年恶疮：马齿苋捣敷之。"

《圣惠方》："治小儿白秃：马齿苋煎膏涂之，或烧灰猪脂和涂。"

● 马兰头：别名马郎头、红梗菜、鸡肠菜、路边也菊、马兰、马莱、鸡儿菜、竹节草、马兰菊、田边菊、鱼鳅串、田菊、毛蜞菜、红马兰、马兰青、螃蜞头草、蓑衣莲、灯盏细辛，为菊科植物马兰的全草及根。中医认为，马兰头性凉，味辛；有凉血，清热，利湿，消炎，解毒功效。用于吐血，衄血，血痢，创伤出血，疟疾，黄疸，水肿，淋浊，咽痛，喉痛，痔疮，痈肿，丹毒，蛇咬伤。《日华子本草》："根、叶，破宿血，养新血，止鼻衄，吐血，合金疮，断血痢，解酒疸及诸菌毒；生捣敷蛇咬。"《本草纲目》："根、叶，主诸疟及腹中急痛，痔疮。"《本经逢原》："治妇人淋浊、痔漏。"《医林纂要》："补肾命，除寒湿，暖子宫，杀虫。治小儿疳积。"《质问本草》："捣汁涂黄水疮及无名肿毒。""用叶同冬蜜捣匀，敷阳证无名肿毒，未溃者能散。"《福建民间草药》："活瘀止血，消痈，解毒。"《四川中药志》："消食积饱胀及胸结气胀，除湿热，利小便，退热，止咳嗽，解毒，治蛇伤。"《云南中草药》："根：祛风散寒，止咳平喘。治支气管炎，支气管哮喘，风湿痹痛，小儿疝气。"《广西药植名录》："清热解表。治外感风热。"《本草正义》："马兰，甘辛凉，清血热，析醒解毒，疗痔杀虫。最解热毒，能专入血分，止血凉血，尤其特长。凡湿热之邪，深入营分，及痈疡血热，腐溃等证，允为专药。内服外敷，其用甚广，亦清热解毒之要品也。若谓其破宿血而生新血，则言之过甚矣。"《随息居饮食谱》："马兰，甘辛凉，清血热，析醒解毒，疗痔杀虫。嫩者可茹，可菹，可馅，诸病可餐。"孕妇慎食。

《集成良方三百种》："治吐血：鲜白茅根 200 克（白嫩去心），马兰头 200 克（连根），湘莲子 200 克，红枣 200 克。先将茅根、马兰头洗净，同入锅内浓煎二三次滤去渣，再加入湘莲、红枣入罐内，用文火炖之。晚间临睡时取食 50 克。

《云南中草药》："治肺结核：蓑衣莲根 20 克。炖猪心肺服。"

● 白菜：别名菘、菘菜、江门白采、交菜、黄矮菜、黄芽菜、黄芽白菜、结球白菜。中医认为，白菜性平，味甘；有清热除烦，消食养胃，止咳化痰，排毒润颜功效。治肺热咳嗽，咽干口渴，大便干结，丹毒，痔出血，漆疮。《名医别录》："主通利肠胃，除胸中烦，解酒渴。"崔禹锡《食经》："和中。"《食疗本草》："治消渴，又消食，亦少下气。"《四声本草》："治瘴气，止热气嗽。"《滇南本草》："走经络，利小便。""主消痰，止咳嗽，利小便，清肺热。"《本草纲目》："气虚胃冷人多食，恶心吐沫。"《随息居饮食谱》："养胃。鲜者滑肠，不可冷食。""治漆毒生疮：白菘菜捣烂涂之。"《本草纲目拾遗》："润肌肤，利五脏，且能降气，清音声。"《分类草药性》：白菜子"治痰喘，清肺气，化痰"。《食物宜忌》："滑利窍。"白菜忌：白术，甘草（功效相反）。

现代研究认为，白菜含有吲哚三甲醇化合物，能帮助分解与乳腺癌相关的雌激素；含有少量预防甲状腺肿大的物质，这种物质阻碍了甲状腺对碘的利用。消化道系统（特别是胃、食道）癌症高发地区与常食含有亚硝酸盐含量的腌菜有关。腌菜中亚硝酸盐最多的时候出现在开始腌浸以后的两三天到十几天之间。温度高而盐浓度低的时候亚硝酸出现比较早；反之，温度低而盐量大的时候，出现就比较晚。

美国纽约激素研究所科研人员发现，中国和日本妇女乳腺癌发生率比西方妇女低得多，常吃白菜功不可没。研究发现，白菜中的微量元素能帮助分解同乳腺癌相接系的雌激素。

蔬菜浸泡 10 分钟左右后用流动的水加以清洗，可除去 15%~60%的农药残留。蔬菜在阳光下照射 5 分钟，有机氯、有机汞农药的损失可达到 60%。

● 白萝卜：别名莱菔、芦菔、土瓜、芥根、萝白、土酥。中医认为，白萝卜性凉，味辛甘；有消积下气，解毒消热，生津开胃，润肺化痰，祛风涤热，平喘止咳，顺气消食，养血润肤功效。用于消渴口干，衄血，咯血，食积胀满，咳嗽泻痢，咽痛失音，偏正头痛。《名医别录》："主利五脏，益气。"《唐本草》："散服及炮煮服食，大下气，消谷，去痰癖；生捣汁服，主消渴。"孟诜："甚利关节，除五脏中风，练五脏中恶气。"《四声本草》："凡人饮食过度，生嚼咽之便消，亦主肺嗽吐血。"《食性本草》："行风气，去邪热气。""花：明目"。《日华子本草》："能消痰止咳，治肺痿吐血；温中，补不足，治劳瘦咳嗽，和羊肉、鲫鱼煮食之。"《日用本草》："宽胸膈，利大小便。熟食之，化痰消谷；生啖之，止渴宽中。"汪颖《食物本草》："生捣服，治噤口痢。"《本草会编》："杀鱼腥气，治豆腐积。"《本草纲目》："主吞酸，化积滞，解酒毒，散瘀血，甚效。末服治五淋；丸服治白浊；煎汤洗脚气；饮汁治下痢及失音，并烟熏欲死；生捣涂打扑，汤火伤。"《本草经疏》："莱菔根，《神农本草经》下气消谷，去痰癖，肥健人，及温中补不足，宽胸膈，利大小便，化痰消导者，煮熟之用也；止消渴，制面毒，行风气，去邪热，治肺痿吐血，肺热痰嗽下痢者，生食之用也。"《本草求真》："解附子毒。"《随息居饮食谱》："治咳嗽失音，咽喉诸病；解煤毒，茄子毒。熟者下气和中，补脾运食，生津液，御风寒，已带浊，泽胎养血。"《本草衍义》："莱菔根，服地黄，何首乌人食之，则令人髭发白。"《本经逢原》："脾胃虚寒，食不化者勿食。"《饮食须知》："多食动气，服何首乌诸补药忌食。"胃及十二指肠溃疡、慢性胃炎、单纯甲状腺肿，先兆流产、子宫脱垂等患者忌食。萝卜忌与橘子同食（易患甲状腺肿大）。《饮法新参》：萝卜叶"气虚血弱者禁用"。

现代研究认为，白萝卜含有木质素，能提高巨噬细胞吞噬瘤细胞的活力，并破坏癌细胞遗传基因中的脱氧核糖核酸（DNA），致使癌细胞坏死，生食效果最佳；含有能解致癌物质亚硝酸胺的酶，因而具有抗癌作用；含有干扰诱生剂，可刺激机体产生干扰素，而发挥机体抗病毒、抗癌作用，生萝卜汁能直接接触人体黏膜细胞，抗病毒感染力最强。

单纯性甲状腺肿患者慎食萝卜，因萝卜进入人体后，会迅速产生一种叫硫酸盐的物质，并很快代谢产生一种抗甲状腺的物质——硫氰酸，从而诱发或加重甲状腺肿大。

腹胀、先兆流产、子宫脱垂的患者慎食萝卜。因萝卜含辛辣的硫化物，在肠道酵解后产生硫化氢和硫醇，抑制二氧化碳的吸收，造成腹部胀气。

萝卜不应与水果同吃：科学家发现萝卜等十字花科蔬菜在体内产生一种叫"硫化氰盐"的物质，经代谢很快就会产生硫氰酸。水果中的类黄酮物质在肠道被细菌分解转化成羟苯甲酸及阿魏酸，它们可加强硫氰酸抑制甲状腺的作用，从而诱发或导致甲状腺肿。萝卜还忌：人参、常山、地黄、何首乌（破坏药效）、胡萝卜（破坏维生素C）、橘子（导致甲状腺肿）、柿子（导致甲状腺肿）、木耳（得皮炎）。

《中医药膳学》鲤鱼萝卜饮："行气除湿，利水安胎。治妊娠水肿，由气滞湿阻引起。鲤鱼1条（约500克），萝卜120克。将鲤鱼洗挣去鳞及内脏，萝卜洗净切块，加佐料及清水适量煮熟，取汁代茶饮，吃萝卜和鱼。"

《濒湖集简方》："治满口烂疮：萝卜自然汁频漱去涎。"

● 白萝卜子：别名莱菔子。《日华子本草》："水研服，吐风痰；醋研消肿毒。"《日用本草》："治黄疸及皮肤目黄如金色，小水热赤。"《滇南本草》："下气宽中，消膨胀，降痰，定吼喘，攻肠胃积滞，治痞块，腹疼。"《本草纲目》："下气定喘，治痰，消食，除胀，利大小便，止气痛，下痢后重，发疮疹。"《医林纂要》："生用，吐风痰，宽胸膈，抚疮疹；熟用，下气消痰，攻坚积，疗后重。"《本草再新》："化痰除风，散邪发汗。"《随息居饮食谱》："治咳嗽，齁喘，气鼓，头风，溺闭，及误服补剂。"内服：煎汤，7.5~15克。本品辛散耗气，气虚而无食积，痰滞者慎用。不宜与人参等补气药同用，以免抵消补气作用。

莱菔子含有脂肪油、少量挥发油、硬脂酸、谷甾醇、黄酮苷及多糖等，对链球菌、葡萄球菌、肺炎双球菌、大肠埃希菌有抑制作用；对常见致病性皮肤真菌有抑制作用；促进消化道腺体的分泌，有助消化；平喘、止咳、抗炎、降压，能中和破伤风毒素和白喉毒素及促进胃肠蠕动的功能。

● 生菜：别名卷心莴苣、牛利菜、叶用莴笋、莴菜、千金菜、莴苣、香乌笋、莜麦菜。中医认为，生菜性凉，味甘苦；有清热安神，活血通乳，利尿排毒，镇痛功效。用于小便不通，尿血，水肿，孕妇产后缺奶。《滇南本草》："治冷积虫积，痰火凝结，气滞不通。"《医林纂要》："泻心，去热，解燔炙火毒。"生菜忌：细辛（药性相克）。

生菜性惊，胃寒、脾胃虚弱、尿频者不宜多食。

● 番茄：又称西红柿，小金瓜、喜报三元、番李子、金橘、洋柿子。中医认为，番茄性微寒，味甘酸；有清热解毒，健脾消食，生津止渴，凉血平肝，去脂降压功效。用于热病烦渴，口干舌燥；肝阴不足，目昏眼干；阴虚血热，鼻衄，齿衄。《陆川本草》："生津止渴，健胃消食，治口渴，食欲不振。"

番茄含有谷胱甘肽——一种抗氧化物质，能够抵御自由基，预防癌症、心脏病，抑制酪氨酸酶的活性，使黏着于皮肤的色素减退和消失，雀斑减少；含有苹果酸和柠檬酸，增强胃内酵素，帮助胃液消化脂肪，降低血清及肝中的胆甾醇含量；含有番茄碱，能抗真菌，消炎，并能降低组织胺引起的毛细血管通透性升高；含有腺嘌呤——与香豆素和乔恩类似，能通过稀释血液预防心脏病和中风；含有番茄红素可以降低患心脏病的风险，对各种细菌有抑制作用；含有氯化汞，对肝脏病有辅助疗效；含有维生素PP（芦丁）及维生素C等物质，有保护血管和降血压的作用。

德国柏林自由大学分子生物和生物化学学院教授福尔曼说，番茄中的菌脂色素具有防癌和防止心肌梗死的作用，西瓜、圆柚（柚子）等瓜果中也含有菌脂色素。菌脂色素可以吸收在消化过程中产生的游离原子因——导致癌症和心肌梗死的主要原因之一。它还可以提高人体的免疫系统功能。

国外研究发现，从番茄周围黄色果冻状的汁液中分离出来的一种被称为P_3的物质，具有抗血小板凝聚的功效，可以防止脑血栓的发生。

青番茄因含有生物碱番茄，吃后可被胃酸水解成番茄次碱，而后者对人体有毒性作用。番茄忌与猪肝（破坏维生素C）同食。番茄不宜空腹吃，影响胃消化功能。

● 发菜：别名龙须菜、头发菜、发藻、大发丝、地毛、旃毛菜、仙菜。中医认为，发菜性寒，味甘咸；有清热利尿，益肝潜阳，软坚化痰功效。用于肺热咳嗽，慢性支气管炎，颈部淋巴结核，高血压，动脉硬化，肥胖症，佝偻病，手术后病或外伤患者伤后愈合阶段食用。《本草纲目》：龙须菜"治瘿结热气，利小便"。《本草求原》：龙须菜"去内热"。

● 花椰菜：别名菜花、青花菜、花菜、西兰花。中医认为，花椰菜性平，味甘；有消食健胃，生津止渴功效。

现代研究认为，菜花中含有萝卜硫素及类胡萝卜素，可以激发某种酶的产生——消除体内的氧化剂，保护细胞的 DNA，排出细胞中的抗癌物质。研究人员已发现，经微波炉烹饪后，菜花中的类胡萝卜素仍然完好无损。菜花等十字花科甘蓝族蔬菜中均含有吲哚类化合物，主要是芳香硫氰酸和二硫酚硫酮，其能使小肠黏膜中具有抗癌作用的酶的活性提高 30 倍。国外研究发现，每天食用吲哚蔬菜的人，血液内的有益雌性激素被发现增加了 50%。菜花含有类黄酮，有防止感染，净化血液，阻止胆固醇氧化，防止血小板凝结成块的功效，从而减少心脏病与中风的危险。菜花含有橡精——多肽之一，能抑制活性氧造成的危害，并有助于保护血液和血管；含有维生素 U，可防治消化性溃疡。菜花可以增强肝脏的解毒能力，并且能提高机体的免疫力，可预防感冒和坏血病的发生。

吃菜花不能扔掉老皮和茎，要同其他部分同吃。菜花加热时间越长，营养损失越多。

尿路结石患者忌食菜花。

● 苋菜：别名青香苋、红苋菜、雁来红、野苋菜、赤苋、野刺菜、米苋，是一种野菜。中医认为，苋菜性凉，味甘；有清热解毒，滋阴润燥，收敛止血，抗菌止痢，消炎退肿功效。用于急性肠炎，细菌性痢疾，湿热黄疸，小便不利，伤寒，扁桃体炎，尿路感染，便秘，血吸虫病，子宫癌。外用治蜈蚣，蜂蜇伤等。陶弘景："赤苋：能疗赤下。"《唐本草》："赤苋：主赤痢，又主射工沙虱。"孟诜："补气除热。"《本草纲目拾遗》："紫苋：杀虫毒。"《日华子本草》："通九窍。"《本草图经》："紫苋：主气痢。赤苋：主血痢。"《滇南本草》："治大小便不通，化虫去寒热，能通血脉，逐瘀血。"《本草纲目》："六苋，并利大小肠。治初痢，滑胎。""治漆疮瘙痒：苋菜煎汤洗之。"《饮食须知》："妊妇食之滑胎，临产食之易产。"《本草求原》："脾弱易泻勿用。恶蕨粉。"《食物考》："通肠导滞。"《随息居饮食谱》："痧胀滑泻者忌之。"

● 苋菜子：《神农本草经》："味甘，寒。""主青盲，明目，除邪，利大小便，去寒热。"《名医别录》："主白翳，杀蛔虫。"《日华子本草》："益精。"《本草图经》："主翳目黑花，肝风客热等。"《民间常用草药汇编》："治伤风咳嗽。"煎服 10~15 克。

《四川中药志》："治眼雾不明及白翳：苋菜子，青葙子，蝉花，炖猪肝服。""治红崩：苋菜子，红鸡冠花，红绫子，炖肉服。"

徐州《单方验方新医疗法选编》："治乳糜血尿：红苋菜种子炒至炸花，研成细末。每服 15 克，糖水送服，每日 3 次。服几次后如小便仍混浊不清，可用委陵菜 50 克，水煎服。"

● 苋根：《重庆草药》："味甘，性寒，无毒。""治跌打损伤，吐血。"《本草纲目》："治阴下冷痛，入腹则肿满杀人，捣烂敷之。"《分类草药性》："红苋菜根：破癥瘕，血块。煅灰搽鼻蚁子。"《四川中药志》："根梗：治鼻䘌；根：治红崩白带及痔疮。"

● 芸薹：别名：油菜、油菜苔、菜苔、上海青、矮箕菜、小棠菜、青江菜、胡菜、寒菜、台菜、薹芥、青菜、红油菜。中医认为，芸薹性凉，味辛；有散血，消肿功效。用于劳伤出血，血痢，丹毒，热毒疮，乳痈，口角湿白，口腔溃疡，牙齿松动，牙龈出血。《千金要方·食治》："主腰脚痹，又治油肿丹毒。"《唐本草》："主风游丹肿，乳痈。"《本草纲目拾遗》："破血，产妇煮食之。又捣叶敷赤游瘀。"《日华子本草》："治产后血风及瘀血。"《开宝本草》："破癥瘕结血。"《本草纲目》："治瘰疬，豌豆疮，散血消肿。"《随息居饮食谱》："破结通肠。""发风动气，丸患腰脚口齿诸病，及产后，痧痘，疮家痼疾，目证，时感皆忌之。"《四川中药志》："治吐血。"《百病方》："狐臭人食之，病加剧。"《中药大辞典》："麻疹后，疮疥，目疾患者不宜食。"油菜含有植物激素，能够增强酶的形成，对进入体内的致癌物质有吸附排斥作用，故有防癌功能。

《千金方》："治小儿赤丹：芸薹菜汁服三合，滓敷上。""治豌豆疮：煮芸薹洗之。"

《近效方》："治毒热肿：蔓菁根 150 克，芸薹苗叶根 150 克。上二味，捣，以鸡子清和，贴之，干即易之。"

《日用本草》："治女人吹乳：芸薹菜捣烂敷之。"

● 芸薹子：《本草纲目》："辛，温，无毒。""行滞血，破冷气，消肿散结。治产难，产后心腹诸疾，赤丹热肿，金疮血痔。"《千金要方·食治》："主梦中泄精。"《安徽药材》："治血痢，腰脚痿痹，瘰疬，乳痈，痔疮，汤火灼伤等。"《四川中药志》："能消虚胀，清肺，明目。治腹胀，大便结；外用敷无名肿毒。"煎服 7.5~15 克。

《产乳集验方》芸薹散："治产后恶露不下，血结冲心刺痛，并治产后心腹诸疾：芸薹子（炒）、当归、桂心、赤芍药等分（为末）。每酒服 10 克。"

《圣惠方》："治夹脑风及偏头痛：芸薹子 0.5 克，川大黄 1.5 克。捣细罗为散。每取少许吹鼻中，后有黄水出。如有顽麻，以酽醋调涂之。"

● 大头菜：别名芜菁、芥辣、芥菜疙瘩、芥蓝、茄连、蔓菁。《饮膳正要》："味甘，平，无毒。""温中益气，去心腹冷痛。"《本草纲目》："辛甘苦。"《食疗本草》："下气，治黄疸，利小便。根：主消渴，治热毒风肿。""冬月葅作煮作羹食之，能消宿食，下气，治嗽。"《本草备要》："捣敷阴囊肿大如斗，末服解酒毒，和芸薹根捣汁，鸡子清调涂诸热毒。"《医林纂要》："利水解热，下气宽中，功用略同萝卜。"《千金要方·食治》："主消风热毒肿。""不可多食，令人气胀。"《本草衍义》："过食动气。"

《兵部手集方》："治乳痈疼痛寒热：蔓菁根叶，净择去土，不用洗，以盐捣敷乳上，热即换，不过三五度。冬无叶即用根。切须避风。"

《集疗方》："治男子阴肿大，核痛：芜菁根捣敷之。"

● 大头菜子：别名芜菁子、蔓菁子。《本草纲目》："苦辛，平，无毒。"《名医别录》："主明目。"《千金要方·食治》："疗黄疸，利小便。"《唐本草》："主目暗"。孟诜："治热黄结实不通。"《本草纲目拾遗》："和油敷蜘蛛咬，恐毒入肉，亦捣为末，酒服。"《本草备要》："泻热解毒，利水明目。治小儿血痢，一切疮疽。"《医林纂要》："益肝行气，去郁热，攻积聚，杀虫毒。"《本草从新》："实热相宜，虚寒勿使。"煎服5~15克。

● 大头菜花：《本草纲目》："辛，平，无毒。"《千金方》："补肝明目。三月采蔓菁花，阴干，治下筛，空心井华水服方寸匕。"

● 芦笋：别名长命菜、石刁柏、露笋。

中医认为，芦笋性凉，味甘；有清热利尿，排毒减肥功效。适宜白内障，牙龈出血，贫血，冠心病，癌症，肥胖者食用。《玉楸药解》："清肺止渴，利尿通淋。"《日用本草》："治膈寒客热，止渴，利小便，解诸鱼之毒。"《食鉴本草》："忌巴豆。"

现代研究认为，芦笋含有天门酰胺酸，可以刺激代谢，促进胃脏分解废物沉积的生物碱，具有抗氧化作用。还能帮助消除潜在危险性的酢浆草酸晶体，防止细胞退化，提高免疫力，净化血液，治疗白血病；含有芦丁，可降低血压软化血管。

糖尿病和痛风病者勿食。

● 芹菜：别名香芹、药芹、水芹、旱芹。芹菜含有叶绿素，具有促进新陈代谢、润滑肠道、防治便秘作用；含有膳食纤维，是肠道清洁夫，对便秘、排毒素都有疗效。

中医认为，芹菜性凉，味甘辛（水芹），味甘苦（旱芹）。《本草纲目》："芹有水芹，旱芹。水芹在江湖陂泽之涯；旱芹生平地，有赤、白两种。"药用以旱芹为佳，又名香芹、药芹、胡芹。旱芹：《生草药性备要》："补血，祛风，去湿。敷洗诸风之症。""生疔癞人勿服。"《本经逢原》："清理胃中浊湿。"《本草推陈》："治肝阳头昏，面红目赤，头重脚轻，步行飘摇等症。"《中国药植图鉴》："治小便出血，捣汁服。"《大同药植手册》："治小便淋痛。"《陕西草药》："祛风，除热，散疮肿。治肝风内动，头晕目眩，寒热头痛，无名肿毒。"《本草汇言》："脾胃虚弱，中气寒乏者禁食。"水芹具有平肝，解表，透疹功效。治麻疹初起，高血压，失眠。芹菜有降血压作用，血压低者慎食。芹菜有促进血液流动的作用，有过敏体质的儿童少食。煎服50~100克。

野芹菜有毒。芹菜中含有一种致癌物质香芹素，食用时要将芹菜烫一下，再烹调食用就无碍了。

芹菜忌：蚬、毛蚶（破坏维生素 B_1）、蛤（引起腹泻）、螃蟹（影响蛋白质吸收）、黄瓜（破坏维生素 C）。

《福建中医药》鲜芹液："治疗高血压及降低血清胆固醇。鲜芹菜切细绞汁，加入等量蜂蜜。日服 3 次，每次 40 毫升。治疗 16 例，有效 14 例。"

《长寿药粥谱》芹菜粥："清肝热，降血压。治高血压病，肝火头痛眩晕目赤。芹菜连根 120 克；洗净切碎，同粳米 250 克煮粥。早、晚餐温热服食。"

《上二医科学研究技术革新资料汇编》："治乳糜尿方：取青茎旱芹下半之茎及全根，每次 10 根，洗净，加水 500 毫升，文火煎煮浓缩至 200 毫升。每天 2 次，早晚空腹服用。治疗 6 例，显效 5 例，服后 3~7 天乳糜尿可完全消失或显著好转。"

《上海中医药杂志》芹菜红枣汤："降血压，降血清胆固醇。用于高血压、冠心病、高胆固醇血症。芹菜根 10 根，洗净捣烂，加大枣 10 枚，水煎。每日 2 次分服，15~20 天为一疗程。治疗高血压病，冠状动脉硬化性心脏病等血清胆固醇超过 200 毫克％以上者 21 例，其中 14 例胆固醇下降 8 毫克％~7.5 毫克％。

● 青菜：中医认为，青菜性平，味甘；有通利肠胃，解热除烦，下气消食功效。《滇南本草》："主消痰，止咳嗽，清肺热。"

● 苜蓿：别名金花菜、草头、光风草。苜蓿 100 克重含胡萝卜素 2.64 毫克，钙 713 毫克，铁 9.7 毫克，钾 497 毫克，钠 5.8 克，锌 2.01 毫克，硒 8.5 微克。《名医别录》："味苦，平，无毒。"孟诜："利五脏，洗去脾胃间邪气，诸恶热毒。"《日华子本草》："去腹藏邪气，脾胃间热气，通小肠。"

《本草衍义》："利大小肠。"《现代实用中药》："治尿酸性膀胱结石。"《食疗本草》："少食好，多食当冷气入筋中，即瘦人。"《食物本草》："苜蓿不可同蜜食，令人下利。"捣汁服 150~250 克。

现代研究认为，苜蓿含有皂角苷，可与胆固醇的代谢产物——胆碱结合，有利于胆固醇的排泄。叶子能够预防心脏病、中风、癌症，并能降低血液中的胆固醇水平。

● 苜蓿根：《唐本草》："寒。""主热病烦满，目黄赤，小便黄，酒疸，捣汁服一升，令人吐利即愈。"《现代实用中药》："治尿酸性膀胱结石。"《苏医中草药手册》："苦微涩、寒。""清热利尿，退黄。""治黄疸，尿路结石，南苜蓿根 25~50 克。水煎服。"《本草纲目》："捣汁煎饮，治砂石淋痛。"煎服 25~50 克。

《吉林中草药》："治尿路结石：鲜苜蓿根，捣汁温服，每次半茶杯，日服 2 次。"

● 茄子：别名矮瓜、吊菜子、落苏、东风草、紫瓜、紫茄。中医认为，茄子性凉，味甘；有清热活血，消肿止痛，止血排毒功效。治肠风下血，热毒疮痈，皮肤溃疡。孟诜："主寒热，五藏劳，又醋摩之，敷肿毒。"崔禹锡《食经》："主充皮肤，益气力，脚气。"《日华子本草》："治温疾，传尸劳气。"《滇南本草》："散血，止乳疼，消肿宽肠，烧灰米汤饮，治肠风下血不止及血痔。"《医林纂要》："宽中，散血，止渴。"《随息居饮食谱》："活血，止痛，消痛，杀虫，已疟，痕疝诸病。""秋后者微毒，病人勿食。"《三元延寿书》："秋后茄食多损目。"《饮食须知》："多食动风气，发痼疾及疮疥，诸病人莫食，女子能伤子宫无孕，蔬中惟此无益。"体质虚冷，脾胃虚寒，慢性肠滑腹泻及肺寒者慎食。

现代研究认为，茄子皮含有维生素 E 和维生素 P（紫茄子含量高），能提高微血管抵抗力，防止出血和抗衰老。茄子中含有皂草苷、胡芦巴碱、花色苷、水苏碱及胆碱等，能降低血中胆固醇浓度，可防冠心病；含有龙葵碱，能抑制消化系统肿瘤的增殖，对于防治胃癌有一定效果。

对于细菌性食物中毒，生吃茄子可解毒。将茄子烧炭存性，可治内痔出血及直肠溃疡性出血。用醋和茄子一起捣烂外敷，可治无名肿毒，有消炎镇痛之效。紫茄数斤同煮米饭食用，可辅助治疗黄疸型肝炎。秋后经霜的老茄子，烧炭存性，研末，用香油调敷，可治妇女乳头　裂。茄子的茎、根、叶煎汤洗患处，可防治冻疮、皲裂和脚后跟痛。

茄科植物中对人有害的茄碱在成熟期的茄子中含量最高，不宜吃过老的茄子。

● 茄叶：《开宝本草》："枯茎叶主冻脚疮，煮汤渍之良。"《本草纲目》："散血消肿。治血淋，下血，血痢，阴挺，齿䶗，口蕈。"研末服 10~15克。

● 茄花：《本草纲目》："治金疮，牙痛。"《海上名方》："治牙痛：秋茄花干之，旋烧研涂痛处。"

● 茄根：《滇南本草》："性寒，味甘微苦。""行肝气，洗皮肤瘙痒之风，游走引风，祛妇人下阴湿痒，阴浊疮。""根，叶，蒸热治瘫痪。"《陆川本草》："性寒，味甘，有小毒。"《医林纂要》："辛咸，寒。""散热消肿，治风痹。"《开宝本草》："主冻疮，可煮作汤渍之良。"《日用本草》："烧灰敷冻疮穿烂处。"《本草纲目》："散血消肿，治血淋，下血，血痢，阴挺，齿䶗，口蕈。"《分类草药性》："治风湿筋骨瘫痪，洗痔疮。"《天宝本草》："去下焦湿热，痰火，脚气。"《岭南采药录》："有收敛性，治赤白下痢。"煎服 15~30克。

《乾坤生意》："治女阴挺出：茄根烧存性，为末，油调在纸上，卷筒安入内，一日一上。"

● 茄蒂：《本草衍义补遗》："治口疮。"《本草纲目》："烧灰，治口齿疮䶗，生切，擦癜风。"《岭南采药录》："治发背及痈毒初起，用14个，水、酒煎服。"煎服 10~15克。

● 卷心菜：别名甘蓝、洋白菜、圆心菜、包心菜、结球甘蓝、西土蓝、莲花白、蓝菜、葵花白菜。中医认为，卷心菜性平，味甘；有补益脾胃，缓急止痛功效。用于脾胃不和，上腹胀气疼痛，脘腹拘急疼痛，对治疗胃及十二指肠球部溃疡及腹痛有一定疗效。《千金要方·食治》："久食大益肾，填髓脑，利五脏，调六腑。"《本草纲目拾遗》："补骨髓，利五脏六腑，利关节，通经络中结气，明耳目，健人，少睡，益心力，壮筋骨。治黄毒，煮作菹，经宿渍色黄，和盐食之，去心下结伏气。"

现代研究认为，卷心菜含有植物杀菌素，有抑菌消炎作用；含有"溃疡愈合因子"，对胃溃疡有治疗作用；含有硫黄成分刺激细胞内的临界酶，可形成对抗肿瘤的膜；含有维生素 U，能深入肌肤，形成细胞代谢所需要的核酸，促进皮肤细胞的快速再生；提高胃黏膜细胞分泌激素能力；含有维生素 C 及酶，能消除紫外线导致的皮肤炎症；含有异硫氰酸苯乙酯，能够抑制肺癌的产生，以及防止致癌物质与 DNA 结合。

《食疗本草学》甘蓝饴糖液："缓急止痛，主治胃及十二指肠溃疡疼痛。

鲜甘蓝 500 克加盐少许拌匀使软，绞取汁，加入饴糖拌匀。每次 200 毫克，每日 2 次，饭前服。"

● 茴香：别名小茴香、土茴香、野茴香、谷茴香、谷香、香子、小香、香丝菜、瘪谷香、八月珠、怀香、茴香苗，为伞形科植物茴香小果实。中医认为，茴香性温，味辛；有理气开胃，温肾散寒、解鱼肉毒功效。用于小肠疝气痛，寒气腹痛，睾丸肿痛偏坠，睾丸鞘膜积液，胃寒恶心，呕吐呃逆；肾虚腰痛，小便频数；女子月经期小腹冷痛，孕妇产后乳汁缺乏；干、湿脚气。《千金要方·食治》："主蛇咬疮久不瘥，捣敷之。又治九种瘘。"《唐本草》："主诸瘘，霍乱及蛇伤。"《开宝本草》："主膀胱，肾间冷气及盲肠气，调中止痛，呕吐。"《日华子本草》："治干、湿脚气"并肾劳癫疝气，开胃下食（'食'作'气'），治膀胱痛，阴疼。"李杲："补命门不足。"《伤寒蕴要》："暖丹田。"《玉楸药解》："治水土湿寒，腰痛脚气、固瘕寒疝。"《本草求真》："肝经虚火从左上冲头面者用之。"《随息居饮食谱》："杀虫辟秽，制鱼肉腥臊冷滞诸毒。"《中药形性经验鉴别法》："治慢性气管炎。"《吉林中草药》："散寒止痛。治疝气，肾寒小腹痛，胃痛，腰痛，遗尿。"《本草经疏》："胃、肾多火，阳道数举，得热则呕者勿服。"《得配本草》："肺，胃有热及热毒盛者禁用。"

煎服 3~6 克。阴虚火旺的人不宜食用。多食容易导致伤目，长疮。

现代研究认为，茴香含茴香醚、小茴香酮等，能促进胃肠蠕动和增加消化液分泌，降低胃张力，排出胃肠气体，有助于缓解胃肠痉挛，减轻疼痛；亦有祛痰作用；还能增强链霉素，抗结核杆菌；增加放疗、化疗患者的白细胞。小茴香含有茴香烯，能促进骨髓细胞成熟，有明显升高白细胞的作用。

《医方集解》导气汤："治寒疝疼痛：川楝子 20 克，木香 15 克，小茴香 10 克，吴茱萸 5 克（汤泡），长流水煎。"

《证治要诀》："治肾虚腰痛，转侧不能，嗜卧疲弱者：茴香（炒）研末。破开猪腰子，作薄片，不令断，层层掺药末，水纸裹，煨熟，细嚼，酒咽。"

《江西草药》："治胃痛，腹痛：小茴香、良姜、乌药根各 10 克，炒香附 15 克。水煎服。"

《吉林中草药》："治遗尿：小茴香 10 克，桑螵蛸 25 克。装入猪尿胞内，焙干研末。每次 5 克，日服 2 次。""治睾丸肿：小茴香、苍耳子各 15 克。水煎，日服 2 次。"

《千金方》："治蛇咬久溃：小茴香捣末敷之。"

● 茴香根：《成都常用草药治疗手册》："性温，味甘辛。""行气散寒，和中止痛。治胃寒腹痛，反胃呕吐，寒疝疼痛。"《草木便方》："暖丹田，通肾经。治肾气冲心卒痛。"《分类草药性》："治一切气痛，膀胱疝气。"《开宝本草》：" 治胃气胀满。"《贵州民间方药集》："消阴囊肿，膀胱气，表风寒，治腹痛。"煎服：鲜品50~100克。

《四川中药志》："治丹停，肿胀：小茴香根、筋骨草炖猪蹄子服。"

《贵州草药》："治风湿关节痛：茴香根、白土茯苓各50克。煨火服。""治疝气痛：茴香根25克，茴香子、吴萸子各5克，臭牡丹花和根，通花根各15克。煨水服。"

● 茴香茎叶：《南川常用中草药手册》："味甘辛，性温。"《药性论》："卒恶心腹中不安，煮食之即瘥。"《千金要方·食治》："主霍乱，辟热，除口气。"《动植物民间药》："驱风，解热。"《南京民间药草》："煎服，顺气发汗；泡酒，治小肠气。"煎服15~25克。

● 茼蒿：别名蓬茼菜、菊花菜、蒿子秆、蓬蒿、蒿菜、同蒿菜、皇帝菜。中医认为，茼蒿性平，味辛甘；有调补脾胃，润肺清痰，利尿通便功效。用于脾胃不和，膀胱结热，小便不利，痰热咳嗽，心悸失眠，夜尿频数。《千金要方·食治》："安心气，养脾胃，消痰饮。"《日用本草》："消水谷。"《滇南本草》："行肝气，治偏坠气疼，利小便。"《得配本草》："利肠胃，通血脉，除膈中臭气。""泄泻者禁用。"《备急千金要方·食治》："不可多食，令人气胀。"《医林纂要》："利水，解热，下气宽中，功用略同萝卜。"脾胃虚寒，腹泻者，阴虚有热者，患疮毒人忌之。不宜久煎，以免所含挥发油散失。

现代研究认为，茼蒿含有β-胡萝卜素，有预防癌症、提高视力、缓解结膜炎、预防眼病的作用；含有一种浑发性的精油以及胆碱成分，具有降压、补脑作用；还能保持皮肤和黏膜组织功能的正常，具有美容的作用；缓解感冒，哮喘等呼吸系统疾病。

● 荠菜：别名萎角菜、麦地菜、枕头草、清明草、蓟菜、烟盒草、假水菜、靡草、香善菜、鸡脚菜、地米菜、鸡心菜、净肠草、护生草、榄豉菜、香田荠、香料娘、香芹娘、饭锹头草、蒲蝇花、荠只菜、上巳菜、地地菜，是一种野菜。中医认为，荠菜性凉，味甘；有健脾消食，宣肺豁痰，清肺解毒，温中利气，利水通淋，凉肝明目，凉血止血功效。治疗痢疾，肾炎，水肿，淋病，乳糜尿，吐血，便血，血崩，月经过多，目赤疼痛，软骨病，麻疹，皮肤角化，呼吸系统感染，前列腺炎，泌尿系统感染及结石，肠炎，感冒发热，肾结核尿血，产后子宫出血，肺结核咯血，高血压。《名医别录》：

"主利肝气，和中。"《新编中药学纲要》："凉血止血，清热利水，降血压，对高血压，眼底出血，齿龈出血，肾炎水肿有效。"《药性论》："烧灰（服），能治赤白痢。"《千金要方·食治》："杀诸毒。根，主目涩痛。"崔禹锡《食经》："补心脾。"《日用本草》："凉肝明目。"《本草纲目》："明目，益胃。""利肝和中。""利五脏。根：治目痛。"《现代实用中药》："止血。治肺出血，子宫出血，流产出血，月经过多，头痛，目痛或视网膜出血。"《陆川本草》："消肿解毒。治疮疖，赤眼。"《南宁市药物志》："治乳糜尿。"《广西中药志》："健胃消食，化积滞。"《食疗本草》："布席下，辟虫，又辟蚊蛾。"煎服15~60克，鲜者50~100克。

现代研究认为，荠菜含有荠菜酸，能收缩凝血时间，可用于多种出血症；含有谷甾醇和季铵化合物能降低血液及肝脏中的胆固醇和甘油三酯的含量，从而降低血脂；含有胆碱，有兴奋神经、改善呼吸的作用；含有乙酰胆碱，有降低血压、治疗原发性高血压和眼底出血症的作用；含有吲哚类化合物和芳香异硫氰酸有抑癌细胞作用；含有二硫酚硫酮，有抗癌作用，可降低胃癌和呼吸道癌的发生率。全草有收缩子宫，出血，降压，扩张冠状动脉，兴奋呼吸，收缩平滑肌，加速溃疡面的愈合作用；对肾结核，肺结核，感冒发热，肾炎水肿，泌尿系统结石，乳糜尿，肠炎有疗效；醇提取物，有催产素样的子宫收缩作用。荠菜提取物用于高血压的治疗，其疗效优于芦丁，而且无毒性。近年来，人们用荠菜治疗胆石症，尿石症，乳糜尿，肾炎，胃溃疡，痢疾，肠炎，腹泻，呕吐，目赤肿痛，结膜炎，夜盲症，青光眼，目生翳膜等也收到了较好疗效。

《广西中药志》："治崩漏及月经过多：荠菜50克，龙芽草50克。水煎服。"

《圣惠方》："治暴赤眼，疼痛碜涩：荠菜根，捣绞取汁，以点目中。"

《福建民间草药》："治小儿麻疹火盛：鲜荠菜50~100克（干的40~60克），白芽根200~250克。水煎，可代茶常服。"

《中华养生药膳大典》荠菜白糖饮："清热凉血，止血。用于血热所致的月经过多。荠菜150克，天门冬15克，白糖25克，将荠菜、天门冬洗净，同入锅中，煎汤取汁300毫升，放入白糖搅均匀即成。分2次服，早晚各饮一半。连服10天。"

《食物本草》荠菜花汤："利五脏，健脾。治久痢。荠菜花30克，大枣10克。荠菜花阴干，研末，每服取末6克，大枣煎汤送服，并食枣。"

● 荠菜子：《本草纲目》："甘、平、无毒。"《吴普本草》："治腹胀。"《名医别录》:"主明目,目痛。"《药性论》:"主青盲病不见物,补五脏不足。"《食性本草》:"主壅,去风毒邪气,明目去翳障,能解毒。久食视物鲜明。"煎服15~25克。

● 荠菜花:《履巉岩本草》:"性暖,无毒。"《日华子本草》:"阴干,研末,枣汤日服10克,治久痢。"《植物名实图考》:"能消小儿乳积;烧灰治红白痢。"煎服15~60克。

江西《草药手册》:"治崩漏,鲜荠菜花50克,煎水服;或配丹参10克,当归20克,煎水服。"

● 茭白:别名茭瓜、茭笋、菰首、绿节、茭耳菜、菇、茭手、茭粑。中医认为,茭白性寒,味甘;有清热解毒,除烦利尿,退黄疸,解酒毒功效,用于烦热,消渴,黄疸,痢疾,目赤,风疮。孟诜:"利五脏邪气,酒皶面赤,白癞,疬疡,目赤,热毒风气,卒心痛,可盐、醋煮食之。"《本草纲目拾遗》:"去烦热,止渴,除目黄,利大小便,止热痢,解酒毒。"孟诜:"滑中,不可多食。""性滑,发冷气,令人下焦寒,伤阴道;禁蜜食,发痼疾;服巴豆人不可食。"《本草汇言》:"脾胃虚冷,作泻者勿食。""《随息居饮食谱》:"清湿热,止烦渴,热淋。""精滑便泻者勿食。"茭白还忌:豆腐(形成结石);尿路结石、肾脏疾病者忌食,因含有草酸和难容的草酸钙。煎服50~100克。

现代研究认为,茭白含有豆甾醇能清除体内活性氧抑制酪氨酸酶活性,从而阻止黑色素形成,并能软化皮肤表面的角质层,使皮肤润滑细腻。

《湖南药物志》:"催乳:茭白25~50克,通草15克。猪脚煮食。"

《鲟溪单方选》:"治虚劳咳嗽,吐血,肺痿,肺痈吐脓血垂危者:茭白细根药150~200克捣碎,陈酒煮酸汁,每日服1~2次。"

● 面筋:中医认为,面筋性凉,味甘;有和中益气,解热止渴功效。《食鉴本草》:"宽中,益气。"《本草纲目》:"解热和中,劳热人宜煮食之。"《随息居饮食谱》:"解热,止渴,消烦。"

● 洋葱:别名玉葱、葱头、元葱、圆葱、胡葱。现代研究表明,洋葱含有L二烯丙基化合物和硫氨基酸,可增强纤维蛋白溶解酶的活性,阻止动脉硬化的进展,软化血管,防止血栓形成,也有降低血脂的功效;含有槲皮苦素,是目前所知最有效的天然抗癌物质之一,它能阻止体内的生物化学机制出现变异,控制癌细胞生长,它在人体黄酮醇的作用下,成为一种药用配糖体,即使在100比10万倍的水溶液中,仍有明显的利尿效果,可以治疗肾炎水肿和老年性水肿;含有磺脲丁酸,它可以通过促进细胞对糖的利用而引导降糖的作用；含有虫草素，是一种抗癌活性物质；含有类黄酮，能够防止致癌的激素依附在正常细胞上，还能够抑制酶参与癌细胞的转移；含有前列素 A，甲磺丁脲，具有抑制血小板凝集，降低血液黏稠度，扩张血管，降低血管外周阻力，进而产生降血压，增加冠脉流量，预防血栓形成的作用；含有硫黄、S-甲基半胱氨酸、亚砜，可促进血液流动，改善高血脂、高血压和糖尿病；有抗氧化和预防动脉硬化的效果；含有疏化物——硫化丙烷基，能提高血液中胰岛素的浓度，生吃可降低血糖值，熟吃可降低中脂肪，降低胆固醇；含有辣味素，可以杀死金黄色葡萄球菌、白喉杆菌等，生嚼洋葱 3 分钟，就能将口腔中的细菌杀死；含有槲皮质类物质，在人体内黄酮醇的诱导下，可以形成一种药用配糖体，有利尿作用；含有半胱氨酸，能推迟细胞衰老。

洋葱鳞茎和叶子含有一种称为硫化丙烯的油脂挥发物，具有辛香辣味，这种物质能抗寒，抵御流感病毒，有较强的杀菌作用。

洋葱及其制剂有预防血脂增高作用，优于降血脂药安妥明。

洋葱捣烂加上蜂蜜调匀，敷于疮疖或溃疡面上，均有助于抗感染和促进愈合。

《药材学》："新鲜洋葱捣成泥剂，治疗创伤、溃疡及妇女滴虫阴道炎。"

哈佛医学院的维克多·尼尔维奇博士经过实验，表明多吃洋葱能够在总的胆固醇保持不变前提下，将有益的高密度脂蛋白水平升高 30%，每天吃一个中等大小（或等量）的洋葱就够了。生洋葱比熟洋葱更有效。

食用注意：洋葱应在加热烹饪前 15 分钟就切好，放置 15 分钟再加热效果最好，若超过 1 小时，反而会减少含量。凡眼疾，发热，便秘，瘙痒性皮肤病，红斑性狼疮者不宜食用。

《中医药养生集萃》："衄血不止：用葱汁入酒，取少许滴鼻即止。""肠风下血：葱白煮汤熏洗。""治胎动下血：葱白煮浓汁饮服。"

《食品的营养与食疗》洋葱糊："治疗失眠。取适量洋葱捣烂后装入瓶内盖好，临睡前放鼻子边吸其气味。"

● 胡萝卜：别名红萝卜、黄萝卜、胡芦菔、菜人参、番萝卜、丁香萝卜、红芦菔、金笋。《饮膳正要》："味甘，平，无毒。"《日用本草》："宽中下气，散胃中邪滞。"《本草纲目》："下气补中，利胸膈肠胃，安五脏，令人健食。"《医林纂要》："润肾命，壮元阳，暖下部，除寒湿。"《岭南采药录》："凡出麻痘，始终以此煎水饮，能消热解毒，鲜用及晒干用均可。"《现代实用中药》："治久痢。"《分类草药性》："止咳化痰，消肺气，治痢症。"胡萝卜忌：氢氯噻嗪（造成低钾血症）、辣椒（破坏营养）、醋（破坏胡萝卜素）。

现代研究认为，胡萝卜含有木质素，能提高机体免疫能力和间接消灭癌细胞的作用；含有干扰诱生剂，能产生干扰素，有抗病毒和抗癌的作用；含有山奈酚、槲皮素，可增加冠状动脉血流量，降低血压、血脂，促进肾上腺素的合成；含有果胶，与人体内的汞离子结合之后，能有效降低血液中汞离子的浓度，加速体内汞离子的排出，还可使大便成形并吸附肠道内的细菌和毒素排出体外；含有琥珀酸钾盐，对于治疗高血压、肾脏病有疗效；含有胡萝卜素能诱导癌细胞向正常细胞转化，并对体内正常细胞无任何不良反应，在体内转变成维生素 A 后，可维护眼睛和皮肤的健康；含有果胶酸钙，它可与体内的胆酸结合而降低胆固醇。科学家认为，坚持每天吃 2 个胡萝卜，在一定时间内可使胆固醇水平降低 10%~20%。胡萝卜还含有番茄红素——是一种抗体，能够防止血液中低脂蛋白胆固醇氧化。胡萝卜还能抗前列腺癌、结肠癌、膀胱癌、宫颈癌；并预防心脏病和导致失明的头号原因——黄斑变性。

胡萝卜素会影响卵巢的黄体素的合成，从而造成无月经，不排卵，月经变乱。医学家曾经在多位因吃了过量的胡萝卜而导致月经异常的女性身上发现，她们的卵巢颜色都是黄橙的，因此被称为"黄金般的卵巢"。还有学者认为，摄入过量胡萝卜素会阻止维生素 A 相应受体结合，进而阻止肿瘤抑制基因转化，其结果，便不是抗癌，而是走向反面。

研究人员发现，摄取较多胡萝卜素者，罹患黄斑变性的频率较低。不只胡萝卜素，另外五种植物性食物在经过测量后，也都跟罹患黄斑变性的概率较低有关。这些食物包括西兰花、胡萝卜、菠萝或羽衣甘蓝、冬南瓜和红薯，其中以菠菜或羽衣甘蓝的保护作用最高。

美国一份研究报告显示，每天吃一定量的菠菜和胡萝卜，可以明显降低中风危险。这份报告显示，每天吃一份菠菜的女性比一个月吃一份者，中风危险降低了 53%，每天吃一份胡萝卜者比不吃者低 68%。这主要得益于 β-胡萝卜，它可以转化成维生素 A，防止胆固醇在血管壁上集结，保护脑血管畅通从而防止中风。

据临床医生报道，具有抗氧化与调节免疫作用的维生素 A 和硒元素，能使儿童免遭肺炎之害。已患肺炎的儿童多摄入维生素 A 和硒，也可以缓解病情，加快康复。

《百病家庭饮食疗法》胡萝卜茶："行气消食。主治婴儿积滞，腹胀，积食不化，吐泻不止，哭闹不安。胡萝卜 250 克水煎，加入药糖少许，代茶频饮。"

《食品的营养与食疗》："胡萝卜怀山内金汤："治脾胃气虚所致的食欲减少，消化不良。胡萝卜250克，怀山药20~30克，鸡内金10~15克。胡萝卜切块，与怀山药，鸡内金同煮，加入少许红糖，服汤，连食数日。"

《岭南草药志》："治百日咳：胡萝卜200克，红枣12枚连核。以水3碗，煎成1碗，随意分服。连服10次。"

在国际癌症研究基金会进行的206项研究中，胡萝卜始终是最有效的防病食品之一。其他的防癌食品有绿色蔬菜、番茄和十字花科植物（如花椰菜、卷心菜和菜花）。胡萝卜能够减少中风的发病率，可以降低胆固醇。

● 香菜：又名芫荽、香荽，满天星、莛荽菜、莛葛菜、圆荽、盐荽、胡菜。中医认为，香菜性温，味辛；有发汗透疹，消食下气功效。用于感冒，小儿麻疹或风疹透发不畅，食物积滞，消化不良。崔禹锡《食经》："调食下气。"《食疗本草》："利五脏，补筋脉，主消谷能食，治肠风，热饼裹食。"《嘉祐本草》："消炎，治五脏，补不足，利大小肠，通小腹气，祛四肢热，止头痛，疗痧疹，豌豆疮不出，作酒喷之立出，通心窍。"《日用本草》："消炎化气，通大小肠结气。治头痛齿病，解鱼肉毒。"《医林纂要》："升散阴气，辟邪气，发汗，托疹。"陈念祖："化疾。"《千金要方·食治》："不可久食，令人多忘。华佗云：患胡臭人，患口气臭，蟹齿人，食之加剧，腹内患邪气者弥不得食，食之发宿病，金疮尤忌。"《食疗本草》："久冷人食之脚弱，又不得与斜蒿同食，食之令人汗臭难瘥。不得久食。此是熏菜，损人精神。""根发痼疾。"《本草纲目》："凡服一切补药及药中有白术、牡丹者，不可食此。"《本草经疏》："气虚人不宜食。疹痘出不快，非风寒外侵及秽恶之气触犯者，不宜用。"《医林纂要》："多食昏目、耗气。"

香菜含有沉香酸、苹果酸钾，能促进血液循环，改善心肌收缩能力及利尿作用。

香菜属于发物，有淋巴结核、哮喘、贫血、眼疾、癌症、红斑狼疮、痛肿疔疮、胃溃疡及顽固性皮肤病患者忌食。香菜不宜生吃，因为香菜是撒播蔬菜，常泼施人畜粪尿，生物污染相当严重。香菜用开水焯一下，或用醋杀菌后食为宜。

● 香椿：别各椿叶，香椿头，春芽，春尖叶。中医认为，香椿性平，味苦涩；有健胃理气，祛风散寒，清热解毒，润泽肌肤，祛虫疗癣功效。主治蛔虫病，慢性肠炎，白带频多，疮癣疥癞，外感风寒，风湿关节疼痛。治疗痢疾可以将其炒吃；治疗体态疾患，可以将其捣烂，加大蒜、食盐，取汁外敷；治漆疮，可煎水外洗。《陆川本草》："香椿头健胃，止血，消炎，杀虫。治子宫炎，肠炎，痢疾，尿道炎。"《唐本草》："主洗疮疥，风疽。"《生生编》："嫩芽瀹食，消风祛毒。"朱震亨："椿根白皮，性凉，而能涩血。凡湿热为病，泻痢，浊带，精滑，梦遗诸症，无不用之。"《随息居饮食谱》："多食壅气动风，有宿疾者勿食。"孟诜："动风，多食令人神昏、血气微。"香椿为发物，慢性疾病痼疾，如慢性皮肤病、淋巴结核、肿瘤患者不宜食用。香椿白皮：《雷公炮炙论》："利溺涩。"《唐本草》："主干癗。"孟诜："女子血崩及产后血不止，月信来多，亦上赤带下；疗小儿疳痢。"《医林纂要》："泄肺逆，燥脾湿，去血中湿热。治泄泻，久痢，肠风，崩，带，小便赤数。"《分类草药性》："治下血，吐血，发表散寒，攻小儿痘疹。"《中国药植图鉴》："治痔疮，跌打损伤；接骨，消伤肿痛。"《四川常用中药》："能发表，透麻疹。"《本草经疏》："脾胃虚寒者不可用，崩带属肾家真阴虚者亦忌之，以其徒燥故也。丸带下积气未尽者亦不宜速用。"

现代研究证实，香椿煎剂对金黄色葡萄球菌、痢疾杆菌、伤寒杆菌等有杀菌作用。

● 枸杞菜：别名枸杞头、枸杞苗、地仙苗、甜菜，为春天野生佳蔬。中医认为，枸杞菜性凉，味甘苦；有补虚，益精，清热，凉血，止渴，解毒，祛风，明目功效。用于虚烦发热、肝肾阴虚或肝热所致的目昏、夜盲、目赤涩痛、目生翳膜，妇女肾虚带下和湿热带下，糖尿病，春季急性结膜炎。《陆川本草》："治疗视力减退及夜盲。"《食疗本草》："坚筋耐老，除风，补益筋骨，能益人，去虚劳。"《日华子本草》："清热毒，散疮肿。"《本经逢原》："能降火及清头目。"《药性论》："枸杞头能补益精诸不足，勿颜色，变白，明目，安神。"枸杞菜忌与乳酪同食。

● 茎蓝：别名玉蔓青、球茎甘蓝、早白、芥蓝头、撇拉、擘蓝、松根、茄连、撇蓝、玉蔓茎。中医认为，茎蓝性凉，味甘，辛；有宽肠通便，化痰止渴，生肌止痛功效。治小便淋浊，大便下血，肿毒，脑漏。《中国高等植物图鉴》："治疗十二指肠溃疡。"《四川中药志》："利水消肿，和脾。治热毒风肿；外用涂肿毒。"《滇南本草》："治脾虚火盛，中膈存痰，腹内冷疼，小便淋浊，又治大麻风疥癞之疾；生食止渴化疾，煎服治大肠下血；烧灰为末，治脑漏；吹鼻治中风不语。皮能止渴淋。"《本草纲目拾遗》："解煤毒。"《本草求原》："宽胸、解酒。""茎蓝耗气损血，病后及患疮忌之。"茎蓝久食能抑制性激素分泌。

《四川中药志》："治阳囊肿大如斗：茎蓝、商陆，切片捣绒外敷。"

● 莴苣笋：别名莴笋、生笋、千金菜、莴苣、白笋、香乌笋、莴菜、藤菜。中医认为，莴苣笋性凉，味甘苦；有通乳汁，助发育，助消化功效。治小便不利，尿血，乳汁不通。《本草纲目拾遗》："利五脏，通经脉，开胸膈。"《日用本草》："利五脏，补筋骨，开膈热，通经脉，去口气，白齿牙，明眼目。"《滇南本草》："治冷积虫积，痰火凝结，气滞不通。"《本草纲目》："通乳汁，利小便，杀虫蛇毒。"《医林纂要》："泻心，去热，解燔炙火毒。"《随息居饮食谱》："利便，析酲，消食。""微辛微苦，微寒微毒，病人忌之。"《食疗本草》："补筋骨，利五脏，开胸膈壅气，通经脉，止脾气，令人齿白，聪明少睡，可常食之。"《千金要方·食治》："益精力。"《四声本草》："患冷气人食之即腹冷。产后不可食，令人寒中，小肠痛。"《本草衍义》："多食昏人眼。"《滇南本草》："常食目痛，素有目疾者切忌。"莴苣笋性凉，脾胃虚弱、腹泻便溏者忌食，痛风患者忌食。莴笋中含有刺激视神经的物质，患有眼病的人不宜食用。莴笋还忌与蜂蜜（导致腹泻）同食。莴笋含有许多碱性物质，患磷酸盐尿病者少吃。莴笋含有草酸和嘌呤，草酸尿患者不宜吃。莴笋属于光敏性蔬菜，对易发湿疹、荨麻疹的敏感性皮肤人群，或是患过过敏性哮喘的敏感性体质者慎食。

莴笋含有一种芳香烃化酯，能够分解食物中的致癌物质亚硝胺，有抗癌作用。当今日本人视莴苣为抗癌蔬菜。

《本草纲目》："治小便尿血：莴苣，捣敷脐上。"

《海上方》："治产后无乳：莴苣3枚，研作泥，好酒调开服。"

《圣济总录》："治百虫入耳：莴苣捣汁，滴入自出。"

● 莴苣子：《河北药材》："味苦，性寒。"《本草纲目》："下乳汁，通小便。治阴肿，痔漏下血，伤损作痛。"

● 莙荙菜：别名叶荶菜、叶甜菜、牛皮菜、厚皮菜、杓菜、猪𩾌菜、光菜。中医认为，莙荙菜性凉，味甘；有清热解毒，行瘀止血功效。治麻疹透发不快，热毒下痢，闭经淋浊，肛门肿痛，伤折生肌。《名医别录》："疗时行壮热，解风热毒。"《唐本草》："夏日以其菜研作粥，解热，又止热毒痢。捣敷炙疮，止痛。"《本草纲目拾遗》："捣绞汁服之，主冷热痢。又止血生肌，人有伤折，敷之。"《日华子本草》："炙作熟水饮，开胃，通心膈。"《嘉祐本草》："补中下气，理脾气，去头风，利五脏。"《随息居饮食谱》："清火祛风，杀虫解毒，涤垢浊，稀痘疮，止带调经，通淋治痢，妇人小儿尤宜食之。"《民间常用草药汇编》："清热，行血。治肛门肿痛。"《四川中药志》："治麻疹初起，见点未透和颜色不红，并治妇女经闭停瘀，血肿和肛门肿痛。"《嘉祐本草》："不可多食，动气，先患腹冷，食必破腹。"《滇南本草》：“吃之动痰，有损无益。腹中有积不宜食，无积不宜多食。”《本草求真》：“脾虚人服之，则有腹痛之患；气虚人服之，则有动气之忧；与滑肠人服之，则有泄泻之虞。”煎服：鲜者100~200克。

《四川中药志》：“治成人及小孩出麻疹应期不透：红牛皮菜，芫荽子，樱桃核各15克，煎水服。”“治吐血：红牛皮菜、白及，炖猪条口肉服。”

● 莼菜：别名水葵、露葵、马蹄菜、水荷叶、凫葵、水莲、绵菜、马粟草。中医认为，莼菜性寒，味甘；有清热，解毒，利水，消肿功效。治热痢，黄疸，痈肿，疔疮。《名医别录》：“主消渴，热痹。”陶弘景：“补，下气，杂鳢鱼作羹，亦逐水。”《唐本草》：“久食大宜人，合鲋鱼为清羹，食之主胃气弱，不下食者至效，又宜老人。”孟诜：“和鲫鱼作羹，下气止呕。”“少食补大小肠虚气。”《日华子本草》：“治热疸，厚肠胃，安下焦，解百药毒。”《医林纂要》：“除烦，解热，消痰。”《本草再新》：“疗百毒，清诸疮。”陶弘景：“性滑，服食家不可多噉。”《千金要方·食治》：“多食动痔病。”《本草纲目拾遗》：“常食薄气，令关节急，嗜睡。”孟诜：“虽冷而补，热食之，亦壅气不下，甚损人胃及齿。不可多食，令人颜色恶。又不宜和醋食之，令人骨痿，久食损毛发。”《医林纂要》：“多食腹寒痛。”

现代研究认为，莼菜含有一种酸性的杂多糖——免疫促进剂，它能改善脾脏的功能，促进巨噬细胞的吞噬能力，增强人的免疫力。妇女月经期和孕妇产后忌食。莼菜性寒而滑，不能多食，易损伤毛发，伤脾胃。

《营养保健野菜335种》莼菜鲫鱼羹：“清热利水消肿，适用于身体瘦弱、消化不良、乳汁少、乏力、黄疸、痈肿、营养不良性水肿。莼菜100克，活鲫鱼4尾（重约500克），同煮加调味剂后作羹。”

《抗肿瘤中药的临床应用》：“治胃癌方：莼菜用水煎成稠黏液，每日数次，每次两杯。”

● 菠菜：别名波斯菜、赤根菜、鹦鹉菜、菠棱、鼠根菜、角菜。中医认为，菠菜性惊，味甘；有补血止血，利五脏，通血脉，止渴润肠，滋阴润燥，排毒功效。用于体虚大便涩滞不通，肠燥便秘或便血，衄血，坏血病，消渴，眼目昏花。孟诜：“利五脏，通肠胃热，解酒毒。”《日用本草》：“解热毒。”《本草纲目》：“通血淋，开胸膈，下气调中，止渴润燥。根尤良。”“菠菜不宜与鳝同食，发霍。”（两者食物药性的性味功能大不相协）《医林纂要》：“敛阴，和血。”《陆川本草》：“入血分。生血，活血，止血，去瘀。治衄血，肠出血，坏血症。”《随息居饮食谱》：“菠菜，开胸膈，通肠胃，润燥活血，大便涩滞及患痔人宜食之。根味尤美，秋种者良。”《本草求真》："菠菜，能解热毒，酒毒，盖因寒则疗热，菠菜气味既冷，凡因痈肿毒发，并因酒湿或毒瘾者，须宜用此以服。""惊蛰后不宜食，病人忌之。"《医林纂要》："多食发疮。"菠菜忌豆腐：豆腐中含有氯化镁、硫酸钙，与菠菜中草酸结合，可生成草酸镁和草酸钙白色沉淀物，不能被人体吸收，还会影响人体钙和镁的吸收。菠菜还忌：猪瘦肉（减少铜吸收）、鳝鱼（导致腹泻）、黄瓜等富含维生素 C 的食物（破坏维生素 C）、韭菜（引起腹泻）。菠菜中草酸与食物中锌、钙结合而排出体外，从而引起体内钙与锌的缺乏，也易与钙形成结石。除去草酸的方法是将菠菜用开水焯一下（时间不能太长）再烹调。凡平素脾胃虚寒、腹泻便溏者，缺钙、软骨病者，泌尿系结石、肺结核、肾炎、肾结石及胃功能不全者不宜食用。菠菜多食发疮。菠菜宜煮熟吃，不能放置时间长——硝酸盐可以转化为亚硝酸盐类，有害健康。

现代研究认为，菠菜含有 α-硫辛酸，是所有抗氧化剂中"功能最多且活性最强的"一种抗氧化剂，"它是易进入脑内的仅有一种抗氧化剂。"（牛肾、牛心、甘蓝、牛肝、番茄、豌豆、米糠中也含有硫辛酸）菠菜含有辅酶 Q_{10} 及维生素 E，具有抗衰老和增强青春活力的作用；含有镥（黄色素成分之一）有效防止视网膜的老化；含有叶绿素，能使血流顺畅；深绿色蔬菜中存在类胡萝卜素，能预防几种导致失明的疾病，包括黄斑变性。

威斯康星州的研究人员发现摄取最多叶黄素（一种特殊的抗氧化剂）的人罹患白内障的概率是摄取最少量的 1/2。叶黄素是组成晶体组织不可或缺的一部分。它保护视功能，蓝光对视网膜的损伤最严重，叶黄素有过滤蓝光的功能，可降低视网膜受到光损伤的程度，有助于防治黄斑变性和白内障，对视功能有很强的保护作用。叶黄素的还原性可以淬灭活性氧自由基，有抗癌作用。叶黄素延缓动脉粥样硬化过程。叶黄素可以直接从菠菜等绿叶菜中摄取，而摄取最多菠菜的人罹患白内障概率会减少四成。

黄斑变性和白内障这两种眼疾，都是因为我们未能摄取足够的深绿色叶菜。

● 黄花菜：别名金针菜、萱草花、忘忧草、川草花、宜男花、萱草、连珠炮、下奶药，杀参，绿葱根，镇心丹，野皮菜，真金花，鸡脚参，小提药。中医认为，黄花菜性平，味甘；有补气血，强筋骨，利湿热，宽胸膈，安五脏，利心志，止渴消烦，通乳解毒功效。用于肝血亏虚，肝阳上亢所致头晕，耳鸣；小便不利，水肿，淋证，吐血，衄血，便血；产后体虚，乳汁分泌过少。《昆明民间常用草药》："补虚下奶，平肝利尿，消肿止血。"《云南中草药选》："镇静，利尿，消肿。治头昏，心悸，小便不利，水肿，尿路感染，乳汁分泌不足，关节肿痛。"《云南中草药》："养血补虚，清热。"《岭南采药录》："煎水饮之，治牙痛。"《安徽药材》："治夜盲。"《日华子本草》："治小便赤涩，身体烦热，除酒疸。"《本草图经》："安五脏，利心志，明目。作菹利胸膈。"《滇南本草》："治妇人虚烧血干。"《本草纲目》："消食，利湿热。"《随息居饮食谱》："利膈，清热，养心，解忧释忿，醒酒，除黄，荤素宜之，与病无忌。"《本草正义》："萱草花，今为恒食之品，亦秉凉降之性，日华谓治小便赤，涩，身体烦热；苏颂谓利胸膈，安五脏；濒湖谓消食利湿热，其旨皆同。又今人恒以治其气火上升，夜少安寐，其效颇著。"煎服 25~50 克。

《四季补品精选》金针菜蒸肉饼："补肾养血。治疗产后乳汁不足，肾虚腰痛，耳鸣等症。金针菜 50 克，瘦猪肉 150~200 克，一起放砧板用刀剁成肉酱，加酱油，食盐，豆粉，味精调味，放碟上摊平，隔水蒸熟。佐餐食之。"

《昆明民间常用草药》："治腰痛，耳鸣，奶少：黄花菜根蒸肉饼或煮猪腰吃。""治乳痈肿痛，疮毒：黄花菜根捣敷。"

现代研究表明，黄花菜含有谷氨酸、赖氨酸以及天门冬素，秋水仙碱具有抗癌作用；含有卵磷脂，对改善大脑功能有作用。黄花菜具有止血、消炎、清热、健胃、安神、益智、抗衰老功能，并能降低血清胆固醇；对便血，小便不通，肺结核贫血，老年性头晕以及慢性疲劳综合征，亚健康状态，动脉粥样硬化有一定疗效。

黄花菜属于发物，疮疡患者不宜吃。新鲜黄花菜中含有秋水仙碱会变成有毒的氧化二秋水仙碱，烹饪时，应先将其放入清水中浸泡 2 小时捞出，炒熟煮透，方可食用（干黄花菜无毒，因为它在加工时就将秋水仙碱用水浸泡清除出去了）。

日本阪野节夫教授曾在其专著中列举了 8 种健脑食物，首位便是黄花菜。他说："金针菜具有获得营养平衡的健脑效果，因此，可以把它叫健脑菜，对于神经过度疲劳的现代人，应该大量食用。"

● 雪里蕻：别名芥菜、黄芥。中医认为，雪里蕻宣肺豁痰，温中利气。用于寒痰咳嗽，胸滞满闷，水肿，腹泻，小便不畅，咽痛声嘶。《名医别录》："主除肾邪气，利九窍，明耳目，安中，久服温中。"《食疗本草》："主咳逆，下气，明目，去头面风。"《本草纲目》："通肺豁痰，利膈开胃。""久食则积温成热，辛散太甚，耗人真元，肝木受病，昏人眼目，发人痔疮。"《本草衍义》："多食动风。"《随息居饮食谱》："痧胀滑泻者忌之，尤忌与鳖同食。""春芥发风动气，病人忌之。"雪里蕻还忌与鲫鱼同食。雪里蕻为发物，凡疮疖、痔疮便血、目疾、肝炎、甲状腺肿大、癌症、热盛者不宜食用。

《千金方》："治漆疮瘙痒：芥菜煎汤洗之。"

《谈野翁试验方》："治痔疮肿痛：芥叶，捣饼，频坐之。"

现代研究认为，雪里蕻含有异硫氰酸苯乙酯，能够抑制肺癌的产生，防止致癌物与 DNA 结合。

● 芥菜子（雪里蕻子）：《本草纲目》："辛，热，无毒。""温中散寒，豁痰利窍。治胃寒吐食，肺寒咳嗽，风冷气痛，口噤唇紧，消散痈肿，瘀血。""多食昏目动火，泄气伤精。"《名医别录》："主射工及注气发无恒处，丸服之；或捣为末，酢和涂之。"陶弘景："归鼻。去一切邪恶疰气，喉痹。"《日华子本草》："治风肿肿及麻痹，醋研敷之；扑损瘀血，腰痛肾冷，和生姜研微暖涂贴；心痛，酒醋服之。"《日用本草》："研末水调涂顶囟，止衄血。"《分类草药性》："消肿毒，止血痢。"《得配本草》："阴虚火盛，气虚之嗽者忌用。"

《简便单方》："治感寒无汗：水调芥子末填脐内，以热物隔衣熨之，取汗出炒。"

《千金方》："治上气呕吐：芥子二升，末之，蜜丸、寅时井花水服，如梧子七丸，日二服；亦可作散，空腹服之；及可酒浸服，并治脐下绞痛。""治大人小儿痈肿：芥子末，汤和敷纸上贴之。""治耳聋：芥子捣碎，以人乳和，绵裹内之。"

《徐州单方验方新医疗法选编》："治关节炎：芥末 50 克，醋适量，将芥末先用开水湿润，再加醋调成糊状，摊在布上再盖上一层纱布，贴敷痛处。3 小时后取下，每隔 3~5 天贴一次。"

《补缺肘后方》："治肿及瘰疬：小芥子捣末，醋和作饼子，贴。数看，消即止，恐损肉。"

● 鱼腥草：别名猪鼻孔、苓草、侧耳草、野花麦、鱼鳞芋、蕺菜、臭菜、肺形草、九节莲、侧耳根、臭腥草、狗贴耳、紫蕺、臭蕺、奶头草、辣子草、臭灵丹、臭牡丹、臭质草、热草、秋打尾、猪姆耳、鸡蕠草、重药、鱼鳞真珠草、狗子耳、草摄、红桔草，为三白草科植物蕺菜带根全草。中医认为，鱼腥草性寒，味辛，有小毒；有清热解毒，消痈排脓，利尿通淋，止咳化痰功效。用于肺热喘咳，痰稠，肺炎，热痢，扁桃体炎，急慢性支气管炎，小便淋涩疼痛，肾炎水肿，淋病，白带，痔疮，脱肛，湿疹，秃疮，疥癣。《名医别录》："主蠼螋溺疮。"《日华子本草》："淡竹筒内煨，敷恶疮白秃。"《履巉岩本草》："大治中暑伏热闷乱，不省人事。"《滇南本草》："治肺痈咳嗽带脓血，痰有星臭，大肠热毒，疗痔疮。"《本草纲目》："散热毒痈肿，疮痔脱肛，断痁疾，解硇毒。"《医林纂要》："行水，攻坚，去瘴，解暑。疗蛇虫毒，治脚气，溃痈疽，去瘀血。"陈念祖："生捣治呕血。"《分类草药性》："治五淋，消水肿，去食积，补虚弱，消膨胀。"《岭南采药录》："叶：敷恶毒大疮，能消毒；煎服能去湿热，治痢疾。"《现代实用中药》："生叶：烘热外贴，为发泡药，可治疮癣。凡疥癣肿胀，湿疹，腰痛等可作浴汤料。生嚼其根，防止冠心病的心绞痛发作。"《中国药植图鉴》："可作急救服毒的催吐剂。"《广州空军常用中草药手册》："消炎解毒，利尿消肿。治上呼吸道感染，肺脓疡，尿路炎及其他炎症及其他部位化脓性炎症，毒蛇咬伤。"《广州部队常用中草药手册》："清热解毒。治乳腺炎，蜂窝织炎，中耳炎，肠炎。"《名医别录》："多食令人气喘。"孟诜："久食之，发虚弱，损阳气，消精髓。"煎服15~28克，不宜久煎；或鲜品捣汁，用量加倍。虚寒证及阴性疮肿慎服；孕妇忌服。部分患者服用鱼腥草制剂后引起皮肤瘙痒，红斑，恶心，心悸，口唇发绀，四肢厥冷，大汗等过敏反应或过敏性休克。

现代研究认为，鱼腥草对癌细胞分裂最高的抑制率为45.7%，多用于防治胃癌、贲门癌、肺癌等。鱼腥草含有癸酰乙醛，有抑菌作用，并能增强白细胞的吞噬功能；含有花椒油有降低血清胆固醇及甘油三酯的作用；含有槲皮甙，能扩张肾动脉，增强尿液分泌，具有利尿作用；含有挥发油油中主要成分为柠檬烯、枯醇、异茴香醚及不饱和有机酸等，对白喉杆菌，炭疽杆菌、肺炎链球菌、伤寒杆菌、绿脓杆菌和某些皮肤真菌有抑制作用，并含水溶性成分，具有增强机体免疫功能及抗病原微生物，抗病毒，抗炎，抗凉，抗惊厥，抗辐射，抗过敏，利尿，镇静，镇痛，降压，止血，止咳，改善毛细血管脆性，促进血液循环，提高新陈代谢能力，促进头发生长作用。

鱼腥草含有甲氨，一旦中毒，皮肤会出现轻度烧伤，眼睛出现充血、水肿、畏光、流泪、视力模糊、胸闷、咳嗽等症状。

● 韭菜：别名长生韭、阳起韭、壮阳草、韭白、草钟乳、钟乳草、懒人草、懒人菜、扁菜。中医认为，韭菜性温，味甘辛；有温肾助阳，润肠通便，止汗固涩，益肝健胃，行气活血之功。用于脾胃虚寒，呕吐食少，气滞血瘀，肾阳虚之腰膝酸痛，阳痿遗精遗尿；还可降血脂，扩张血管，促进胃肠蠕动，预防便秘。《名医别录》："安五脏，除胃中热。"陶弘景："以煮鲫鱼鲊，断卒下利。"《食疗本草》："利胸膈。"《本草纲目拾遗》："温中，下气，补虚，调和腑脏，令人能食，益阳，止泄白脓、腹冷痛，并煮食之。叶及根生捣绞汁服，解药毒，疗狂狗咬人欲发者；亦杀诸蛇、虺、蝎，恶虫毒。"《日华子本草》："止泄精尿血，暖腰膝，除心腹痼冷、胸中痹冷、痃癖气及腹痛等，食之肥白人。中风失音研汁服，心脾胃痛甚，生研服，蛇、犬咬并恶疮，捣敷。"《本草衍义补遗》："研汁冷饮，可下膈中瘀血，能充肝气。"《丹溪心法》："经血逆行，或血腥、或吐血、或唾血，用韭汁服之。""跌打损伤在上者，宜饮韭汁，或和粥吃。"《滇南本草》："滑润肠胃中积，或食金、银、铜器于腹内，吃之立下。"《本草纲目》："饮生汁，主上气喘息欲绝，解肉脯毒。煮汁饮，止消渴、盗汗，熏产妇血运，洗肠痔脱肛。"《贵州民间方药集》："治年久喘吼，又可通经催乳。"《方脉正宗》："治吐血、唾血、呕血、衄血、淋血、尿血及一切血症。"孟诜："热病后十日不可食热韭，食之即发困。""不可与蜜及牛肉同食。"《本草经疏》："胃气虚而有热者勿服。"《本草汇方》："疮毒食之，愈增痛痒，疗肿食之，令人转剧。"《本草求真》："火盛阴虚，用之为最忌。"《随息居饮食谱》："疟疾，疮家，痧，痘后切忌。"《金匮要略》："饮白酒，食生韭，令人病增。"寇宗奭："韭菜春食则香，夏食则臭，多食则神昏目暗，酒后尤忌。"韭菜中含有大量的硝酸盐，炒熟存放过久，硝酸盐可转化亚硝酸盐，常吃易致癌，炒熟的韭菜隔夜之后不宜再食。

现代研究表明，韭菜含有挥发性精油及硫化物，有促进食欲、杀菌消炎和降低血脂作用，因而对冠心病、高脂血症有一定疗效；含有苷类物质，有兴奋器官作用；含有甲基蒜素、丙基蒜素、香辣韭菜素及磁化物、硫化物等，均有抑菌和杀菌作用；含有挥发性酶能激活巨噬细胞的吞噬能力，增强人的免疫力；含有胡萝卜素，是预防多种上皮细胞癌变的良方妙药；含有挥发性精油及硫化合物，具有降血脂的作用；含有蒜氨酸，经体内代谢后转变为蒜硫胺素能够加速乳酶分解——具有抗疲劳、增进食欲、稳定情绪，促进发汗的作用。韭菜有"洗肠草"的美称，能清除消化道中的异物，防止脂肪沉淀，降低血脂。

《丹溪心法》："治反胃：韭菜汁 100 克，牛乳一盏。上用生姜汁 25 克，和匀。温服。"

《方脉正宗》："治吐血、唾血、呕血、淋血、尿血及一切血证：韭菜 5 千克，捣汁，生地黄 2.5 千克（切碎）浸韭菜汁内，烈日下晒干，以生地黄黑烂，韭菜汁干为度；入石臼内，捣数千下，如烂膏无渣者，为丸，弹子大。每早晚各服 2 丸，白萝卜煎汤化下。"

朱震亨："下肠中瘀血：韭汁冷饮。"

《濒湖集简方》："治金疮出血：韭汁和风化石灰，每用为末，敷之。"

《圣惠方》："治　耳出汁：韭汁日滴3次。"

《千金方》："治百虫入耳不出：捣韭汁，灌耳中。"

《苏医中草药手册》："治跌打损伤：鲜韭菜三份，面粉一份。共捣成糊状。敷于患处，每日2次。""治荨麻疹：韭菜、甘草各25克，煎服；或用韭菜炒食。""治子宫脱垂：韭菜250克。煎汤熏洗外阴部。""治中暑昏迷：韭菜捣汁，滴鼻。"

《斗门方》："治漆疮作痒：韭叶杵敷。"

《药茶——健身益寿之宝》："治妊娠呕吐：韭菜适量，糖少许。将韭菜洗净绞汁50克，煮沸，加糖，趁热服，日2次。"

《食物药用指南》韭汁饮："下气散瘀。治老年胃脘瘀血作痛，胸痹，噎膈，吐血，慢性便秘。韭菜叶和根等量。共捣汁约20毫升，温开水冲服。每日1次。""治痛经：韭菜汁一杯，红糖水冲服。"

《中医药膳学》韭菜煮蛤蜊肉："温阳滋肾，补脾固摄。治消渴下消之阴阳两亏型。韭菜（韭黄更好）250克，蛤蜊肉300克，盐、姜、黄酒、味精各适量。韭菜洗净，切成3厘米长段。蛤蜊肉洗净，切成片。两者一起放入锅内，加姜、黄酒、盐及适量清水用武火烧沸腾，改文火炖至肉熟，加味精搅拌即成，分两次服，每日2次，连服3~4周。"

● 韭菜子：《滇南本草》："性温，味辛咸。""补肝肾，暖腰膝，兴阳道。治阳痿。"《本草纲目》："辛甘，温，无毒。""补肝及命门。治小便频数，遗尿，女人白淫白带。"《名医别录》："主梦泄精，溺白（一作溺血）。"《日华子本草》："暖腰膝。"《本草汇言》："通淋浊，利小水。"《本草正》："妇人阴寒，少腹疼痛。"姚可成《食物本草》："研末，治白痢白糖拌，赤痢黑糖拌，陈米饮下。"《本草再新》："治筋骨疼痛，赤白带下。"《岭南采药录》："患鼻渊，烧烟熏之。内服能散跌打损伤积瘀。"《现代实用中药》："治疝痛。"煎服5~15克。

《千金方》："治女人带下及男子肾虚冷，梦遗：韭子7升。醋煮千沸，焙，研末，炼蜜丸，梧子大。每服30丸，空心温酒下。"

《经验方》："治玉茎强硬不痿，精流不住，时时如针刺，捏之则痛，其病名强中，乃肾滞漏疾也：韭子、补骨脂各50克。为末，每服15克，水一盏，煎服，日三。"

● 韭根：《本草纲目》："温。""功用与韭叶相同。"《医林纂要》：

"甘辛酸，热。""大补命火，去瘀血，续筋骨，逐陈寒，疗损伤；加酒服之，回阳救急。"《名医别录》："主养发。"《本草纲目拾遗》："捣根汁多服，主胸痹骨痛不可触者。"姚可成《食物本草》："治诸癣。"《分类草药性》："治风热，消食积，明目清昏，补遗精，止鼻血，清虚火，搽痔疮，熏喉蚁痒。"《现代实用中药》："治吐血及衄血，又捣汁涂膝疮。"煎服鲜者50~100克。

● 落葵：别名红鸡屎藤、滑腹菜、软藤菜、经藤菜、紫豆藤、紫葵、潺菜、藤露、木耳菜、燕脂豆、西洋菜、天葵、紫角叶、承露、软浆菜、豆瓣菜、水田芥、胭脂菜。中医认为，落葵性寒，味甘酸；有凉血清热，生津润肺，祛热解渴，利尿通便，消炎解毒功效。用于大便秘结，小便短涩，痢疾，痔疮，便血，疔疮，斑疹。《名医别录》："主滑中，散热。"《本草纲目》："利大小肠。"《岭南采药录》："治湿热痢。"《福建民间草药》："泻热，滑肠，消痈，解毒。"《江苏植物志》："为妇科止血药。"《陆川本草》："凉血，解毒，消炎，生肌。治热毒，火疮，血瘕，斑疹。"《泉州本草》："治便秘结，小便短涩，胸膈郁闷。"《南宁市药物志》："孕妇忌服。"煎服鲜者50~100克。脾胃虚寒者慎用。

现代研究认为，落葵含有葡聚糖、黏多糖皂甙，具有滑中、散热利肠、凉血、解毒功效。可治疗胸膈烦热，大便秘结，血热鼻出血，便血，痢疾，斑疹疔疮等。

《闽南民间草药》："治久年下血：落葵50克，白肉豆根50克，老母鸡一只（去头、脚、内脏）。水适量炖服。""治手脚关节风疼痛：鲜落葵全茎50克，猪蹄节一具或老母鸡一只（去头，脚，内脏），和水酒适量各半炖服。""治多发性脓肿：落葵30克，水煎，冲服。"

《福建民间草药》："治疔疮：鲜落葵十余片。捣烂涂贴，日换1~2次。""治外伤出血：鲜落葵叶和冰糖共捣烂敷患处。"

《福建中草药》："治阑尾炎：鲜落葵100~200克。水煎服。"

《泉州本草》："治胸膈积热郁闷：鲜落葵每次60克，浓煎汤加热温服。""治大便秘结：鲜落葵叶煮作副食。""治小便短赤：鲜落葵每次60克，煎汤代茶频服。"

● 辣椒：别名尖椒、朝天椒、番椒、香椒、海椒、秦椒、辣子、辣角、辣茄、鸡嘴椒、辣角、腊茄、辣虎。中医认为，辣椒性热，味辛；有温中散寒，开胃进食功效。用于脘腹冷痛，风湿痹痛，食欲不振，呕吐，泻痢，疮癣，冻疮。姚可成《食物本草》："消宿食，解结气，开胃口，辟邪恶，杀腥气诸毒。"《百草镜》："洗冻瘃，浴冷疥，泻大肠经寒澼。"《药性考》："温中散寒，除风发汗，去冷癖，行痰逐湿。"《食物宜忌》："温中下气，散寒除湿，开郁去痰，消食，杀虫解毒。治呕逆，疗噎膈，止泻痢，祛脚气。"《药性考》："多食眩旋，动火故也。久食发痔，令人齿痛咽肿。"《随息居饮食谱》："人多嗜之，往往致疾。阴虚内热，尤宜禁食。"

现代研究认为，辣椒含有类辣椒素，有刺激唾液和胃液分泌的作用，能增强食欲，帮助消化，促进肠蠕动，防止便秘及抗氧化作用。其中含量最多的，对人体最有益的是辣椒碱。它有强大的抗炎功能和已经证实的抗癌和健康心脏的特性。因为它能抑制一种名为"P物质"的神经肽的产生，所以在镇痛方面也有奇效。辣椒碱可控制体重，抑制食欲；降低人体的热量摄入，食物越辣，效果越佳；暂时提高代谢速度，从而刺激身体释放肾上腺素，进而加速燃烧脂肪和糖类，帮助减肥；促进生热作用，对心脏健康有积极作用；抑制因摄入糖类而出现血糖波峰 30 分钟之久，从而降低胰岛素反应的几率。青椒里含有吡嗪会使血流顺畅，有效延缓动脉粥样硬化的发展及血液中脂蛋白的氧化。

科学家认为，辣椒能够保胃不受阿司匹林伤害。适量吃辣椒不伤胃，会抑制胃酸的分泌，刺激碱性黏液的分泌，有利于预防和治疗胃溃疡。另外还有抗菌的效果。

辣椒有刺激性，故凡阴虚火旺及患齿浮，牙龈肿痛，咽痛，目赤肿痛，疮痈疔肿，痔疮，大便干结，以及食道炎，胃炎、胃及十二指肠溃疡，失眠，喉痒，咳嗽，目疾等病时均不宜食用。健康人进食过多，可使口腔和胃黏膜充血，肠蠕动增加，从而引起脘腹部不适之感。据报道，辣椒可以起干扰单胺氧化酶抑制剂的作用，可能增加药物在肝脏中的代谢。10 月勿食椒，伤血脉。

● 柿子椒：别名甜椒。甜椒里的叶绿素能够使胆固醇和胆汁酸结合，随粪便排出体外，并防止被再吸收，从而达到减少血液中胆固醇含量的目的。

柿子椒、青椒生吃效果最佳。

● 葵菜：别名冬葵菜、滑滑菜、茼菜、冬寒菜、冬苋菜、滑肠菜、滑菜、马蹄菜、奇菜、露葵。中医认为，葵菜性寒，味甘；有清热止咳，滑肠行水功效。治肺热咳嗽，热毒下痢，黄疸，二便不通，丹毒，金疮。《药性论》："叶：烧灰及捣干叶末，治金疮。煮汁，能滑小肠，单煮汁，主治时行黄病。"崔禹锡《食经》："食之补肝胆气，明目。主治内热消渴，酒客热不解。"《本草图经》："孕妇临产煮叶食之，则胎滑易产。"汪颖《食物本草》：

"除客热,治恶疮,散脓血,女人带下,小儿热毒下痢,丹毒,并宜食之。"《医林纂要》:"益心,泻肾,滑肠,去结行水,通乳。"《昆明药植调查报告》:"治腹胀。"《贵州民间方药集》:"全草:治小便不通,全身肿胀,又用以利便缓下,催生,催乳。"《重庆草药》:"苗叶:治肺火咳嗽,肺痨,虚咳盗汗。"《名医别录》:"其心伤人。"《千金要方·食治》:"食生葵菜,令人饮食不化,发宿病。"《本草汇言》:"里虚胃寒人,并风疾,宿疾,咸忌之。"孕妇慎服。煎服 50~100 克。

《重庆草药》:"治肺炎:冬苋菜煮稀饭服。"

《江西草药手册》:"治黄疸:冬葵全草 100 克,天胡荽 150 克,紫花地丁 100 克,车前草 50 克,精肉 150 克。水炖服。""治咽喉肿痛:冬葵叶,花,阴干,煎水含漱。"

《圣惠方》:"治小儿发斑,散恶毒气:生葵叶绞取汁,少少与服之。"

汪颖《食物本草》:"治汤火伤:葵菜为末敷之。"

《千金方》:"治蛇蝎螫:熟捣葵取汁服。"

● 冬葵菜子:《神农本草经》:"味甘,寒。""去五脏六腑寒热羸瘦,五癃,利小便。"《本草经集注》:"葵子汁解蜀椒毒。"《名医别录》:"疗妇人乳难内('内'作'血')闭。"《药性论》:"治五淋,主奶肿,下乳汁。"《本草衍义》:"患痈疖毒热内攻,未出脓者,水吞三,五枚,遂作窍,脓出。"《本草纲目》:"通大便,消水气,滑胎,治痢。"《本草通玄》:"达诸窍。"《本草汇》:"下胞衣。"《本草经集注》:"黄芩为之使。"《得配本草》:"气虚下陷,脾虚肠滑,二者禁用。"煎服 10~25 克。

《千金方》:"治妊娠患子淋:葵子一升,以水三升,煮取二升,分再服。""治死胎腹中:葵子一升,阿胶 250 克。上二味,以水五升,煮取二升,顿服之。末出再煮服。""治死胎腹中,若母病欲下:牛膝 150 克,葵子一升。上二味,以水七升,煮取三升,分三服。"

《妇人良方》:"治乳妇气脉壅塞,乳汁不行,及经络凝滞,乳房胀痛,留蓄作痈毒:葵菜子(炒香),缩砂仁等分。为末,热酒服 10 克。"

《圣惠方》:"治血痢、产痢:冬葵子为末,每服 10 克,入腊茶 5 克,沸汤调服,日三。""治痰疟邪热:冬葵子阳干为末,酒服 10 克。"

《江西草药手册》:"治盗汗:冬葵了 15 克,水煎对白糖服。"

陶弘景:"治面上疱疮:冬葵子、柏子仁、茯苓、瓜瓣各 50 克。为末,食后酒服方寸匕,日三服。"

● 蕹菜:别名瓮菜、蓊菜、空心菜、藤藤菜、水蕹菜、通心菜、空筒菜、无心菜、竹叶菜。中医认为，蕹菜性寒，味甘；有清热解毒，凉血利尿，润肠消痈功效。用于疮疡肿毒，痔疹，蛇虫咬伤及食物中毒。血热所致的衄血、咯血、吐血、鼻衄、便血、尿血及热淋，湿热带下。《本草纲目拾遗》："解胡蔓草（野葛）毒，煮食之，亦生捣服。"《陆川本草》："治胃肠热，大便结。"《饮食辨》："性滑利，能和中解热，大便不快及闭结者，宜多食，叶妙于梗。"《医林纂要》："解砒石毒，补心血，行水。"《食物中药与便方》："治肺热咳血。""小儿夏季热。"《南方草木状》："能解治葛毒。"《岭南采药录》："食狗肉中毒，煮食之。"《广州植物志》："内服解饮食中毒，外用治一切胎毒，肿物和仆伤。"《广州野生资源植物》："根茎春烂煨热，熨吹乳。"

《果蔬食疗》："治糖尿病方：蕹菜梗 100 克，玉米须 50 克，水煎服，可作辅助治疗。"

《岭南采药录》："治鼻衄方：蕹菜数根，和糖捣烂，冲入沸水服。""治出斑：蕹菜、野芋、雄黄、朱砂。同捣烂，敷胸前。"

《闽南民间草药》："治大、小便出血及淋浊方：鲜蕹菜洗净，捣烂取汁，和蜂蜜酌量服之。""治皮肤湿痒：鲜蕹菜水煎数沸，候微温洗患部，日洗 1 次。""治毒蛇咬伤：鲜蕹菜洗净捣烂，取汁约半碗和黄酒适量服之，渣搽患处。"

现代研究表明，紫色蕹菜中含有胰岛素成分，能降低血糖，可治糖尿病。

气虚无滞，脾胃虚寒，大便溏泻者不宜多食。

● 薤白：别名薤根、小根蒜、野蒜、藠头、鸿荟。中医认为，薤白性温，味辛苦；有通阳散结，行气导滞，宽胸理气，健胃消食，解毒补虚，安胎活血功效。用于胸痹疼痛，饮食不消，脘腹痞痛，泄痢后重，肢体疼痛，咳喘气短，小儿咳嗽，妇女赤白带下，疮疖。《神农本草经》："主金疮疮败。""轻身，不饥耐老。"《千金要方·食治》："能生肌肉，利产妇。"《日华子本草》："煮食耐寒调中……止久痢冷泻。"《本草纲目》："治少阴病厥逆泄痢，及胸痹刺痛，下气散血，安胎。""温补助阳道。"《长沙药解》："肺病则逆，浊气不降，故胸膈痹塞；肠病则陷，清气不开，故肛门重坠。薤白，善散壅滞，故痹者下达而变冲和，重者上达而化轻清。"《本草求真》："薤，味辛则散，散则能使在上寒滞立消；味苦则降，阴则能使在下寒滞立下；气温则散，散则能使在中寒滞立除；体滑则通，通则能使久痼寒滞立解。……实通气、滑窍，助阳佳品也。"《千金翼方》："薤白，心病宜食之，利产妇。"王祯："薤，生则气辛，熟则甘美，食之有益，老人宜之。"《名医别录》："归于骨。除寒热，去水气，温中散结。诸疮中风寒水肿，以涂之。"《唐本草》："白者补而美，赤者主金疮及风。"《食疗本草》："治妇人赤白带下。"《本草纲目拾遗》："调中，主久利不瘥，大腹内常恶者，但多煮食之。"《本草图经》："补虚，解毒。""主脚气；煮与薤妇饮之，易产。"《本草衍义》："与蜜同捣，涂汤火伤。"《用药心法》："治泄痢下重，下焦气滞。"《本草备要》："利窍。治肺气喘急。"《本经逢原》："捣汁生饮，能吐胃中痰食虫积。"《岭南采药录》："和生盐捣烂敷疮；治铁针伤，留铁锈于肌肉，敷之可以吸出。能发散解表，健胃，开膈。"《南京民间药草》："打烂外敷，治各种疮疖。另外，取野菊花煎水内服。"《食疗本草》："发热病人不宜多食。"《本草从新》："滑利之品，无滞勿用。"《随息居饮食谱》："多食发热，忌与韭同。"《本草汇言》："阴虚发热病不宜食。"胃气虚寒者服薤白会发生嗳气，不宜多用；脾胃虚弱，溃疡者不宜用；还忌牛肉同食。用量5~9克。

现代研究表明，薤白含有大蒜配糖体，有降低血压作用；含有大蒜辣素，能杀菌消炎，对各种细菌有抑制作用；含有香辣味，能促进消化功能，加强血液循环，起到利尿祛湿作用；含有挥发油（其中硫化合物），有抗氧化作用，对保护生物膜的完整、抗衰老有疗效；含有大蒜氨酸、甲基大蒜氨酸、大蒜糖、亚油酸、油酸、棕榈酸等，对血栓素合成酶有抑制作用。此外，薤白还有增加冠状动脉血流量，抑制高血脂患者血液中过氧酯的升高，防止动脉粥样硬化；抑制血小板聚集，并有一定的促解聚作用；对平滑肌短暂兴奋后起抑制作用；对痢疾杆菌、肺炎杆菌、溶血性金黄色葡萄球菌等有一定抑制作用；能抗肿瘤，平喘，利尿，镇痛。

《抗衰老中药学》心绞痛方："活血化瘀，温阳散结，理气止痛。薤白、瓜蒌、丹参各15克，半夏、桃仁、五灵脂各9克，桂枝6克，水煎分服。1日1剂。"

● 马铃薯：别名土豆、洋芋、土芋、地蛋、洋番薯、山芋、山药蛋。中医认为，马铃薯性平，味甘，有小毒；有和胃调中，益气健脾，强身益肾，活血消肿功效。治消化不良，习惯性便秘，神疲乏力，慢性肾炎。

现代研究证实，马铃薯对消化不良的治疗有特效，是胃病和心脏病患者的首选食品。2005年英国食品研究协会的研究人员发现，马铃薯中含有天然成分 KUK0αmines，在一种草药（枸杞子）中也含有这种成分，这种成分具有降血压的特性。

孕妇忌吃久存马铃薯，发芽的马铃薯含有较多的龙葵素，可引起食用者急性中毒。

马铃薯不宜烧牛肉，由于这两种食物所需的胃酸浓度不同，会延长食物在胃中的滞留时间，从而引起胃肠消化吸收时间的延长，久而久之，必然导致胃肠功能的紊乱，马铃薯还忌香蕉（面部生斑）。脾胃虚寒易腹泻者少食。

● 山药：别名山芋、薯蓣、淮山药、薯药、白苕、光条山药、毛条山药、山薯、怀山、玉涎、白山药、佛掌薯、蛇芋、野山豆、山板术、九黄姜、野白薯、扇子薯、白药子。

中医认为，山药性平，味甘；有益气养阴，补脾止泻，补肺止咳，补肾涩精功效。用于肺气不足，久咳虚喘或肺肾两虚，纳气无力的虚喘；脾气不足，食少，便溏或妇女白带过多属脾虚湿注者；肾虚腰膝酸软，滑精早泄等。鲜品多用于虚劳咳嗽及消渴病，炒熟时用治脾胃，肾气亏虚。《神农本草经》："主伤中，补虚，除寒热邪气，补中益气力，长肌肉，久服耳目聪明。"《名医别录》："主头面游风，风头（又作'头风'）眼眩，下气，止腰痛，治虚劳羸瘦，充五脏，除烦热，强阴。"《药性论》："补五劳七伤，去冷风，止腰痛，镇心神，补心气不足，患人体虚羸，加而用之。"《食疗本草》："治头疼，助阴力。"《日华子本草》："助五脏，强筋骨，长志安神，主泄精健忘。"朱震亨："生捣贴肿硬毒，能消散。"《伤寒蕴要》："补不足，清虚热。"《本草纲目》："益肾气，健脾胃，止泄痢，化痰涎，润皮毛。"陈修园："山药能补肾填精，精足则阴强。"《本草求真》："山药本为食物，其性涩，能治遗精不禁。""古人用入汤剂，谓其补脾益气除热。气温平，补脾肺之阴，是以能润皮毛，长肌肉。"《圣惠方》："补下焦虚冷，小便频数，瘦损无力。"《本草经读》："山药，能补肾填精，精足则阴强，目明，耳聪。凡上品之药，法宜久服，多则终身，少则数年，与五谷之养人相佐，以臻寿考。"《医学衷中参西录》："山药之性，能滋阴又有利湿，能滑润又能收涩，是以能补肺补肾兼补脾胃。且其含蛋白质最多，在滋补药中诚为无上之品，特性甚和平，宜多服长服耳。"《本草经集注》："紫芝为之便，恶甘遂。"《汤液本草》："二门冬为之使。"《本草正》："山药，能健脾补虚，滋精固肾，治诸虚百损，疗五劳七伤。其气轻性缓，非堪专任，故补脾肺必主参、术，补肾水必君茱、地，涩带浊须破故同研，固遗泄仗菟丝相济。诸丸固本丸药，亦宜捣末为糊。总之性味柔弱，但可用为佐使。"元代李景："治皮肤干燥以此物润之。"《药品化义》："山药，温补而不骤，微香而不燥，循循有调肺之功，治肺虚久嗽，何其稳当。因其味甘气香，用之助脾，治脾虚腹泻，怠惰嗜卧，四肢困倦。又取其甘则补阳，以能补中益气，温养肌肉，为肺脾二脏要药。土旺生金，金盛生水，功用相仍，故六味丸中用之治肾虚腰痛，滑精梦遗，虚怯阳痿。但性缓力微。剂宜倍用。"《随息居饮食谱》："肿胀，气滞诸病均忌。"煎服 15~30 克。湿盛中满，或有积滞者忌服。

《圣济总录》山芋丸："治脾胃虚弱，不思进饮食：山芋、白术各 50 克。人参 1.5 克。上三味，捣罗为细末，煮白面糊为丸，如小豆大，每服 30 丸，空心食前温米饮下。"

《濒湖经验方》："治温热虚泄：山药、苍术等分，饭丸，米饮服。"

《儒门事亲》："治小便多，滑数不禁：白茯苓（去黑皮）、干山药（去皮，白矾水内湛过，慢火焙干用之）。上二味各等分，为细末，稀米饮调服。"

《普济方》："治肿毒：山药，蓖麻子，糯米为一处，水浸研为泥，敷肿处。"

《本经逢原》："治乳癖结块诸痛日久，坚硬不溃：鲜山药和苎麻，白糖霜共捣烂涂患处。涂上后奇痒不可忍，忍之良久渐止。"

《山东中医杂志》山药内金饼："治婴幼儿疳积腹泻。山药与鸡内金以 5:2 的比例炒，微黄，为细末，掺入面粉、红糖、芝麻烙饼，或作散剂服用，每日 2~3 次，每次药量 2~6 克。"

《中西医结合杂志》山药薏苡仁粥："治婴幼儿消化不良。取炒山药、炒薏苡仁等量。碾细过箩，每次以 10~15 克熬成粥状，并加红糖适量服用，每日 2~3 次。"

《湖南医药杂志》山药糊："治婴幼儿秋季腹泻。山药研碎过筛成细末，临用时加冷水煮成糊状口服，1 岁以内每次 5~10 克，1~2 岁每次 11~15 克，2~3 岁每次 16~20 克。"

《千金要方》金水膏："润肺化痰。适合慢性气管炎患者长期服用，年老体弱者尤宜。生地 300 克，山药 200 克，麦冬 200 克，天冬 150 克，紫菀 150 克，玉竹 150 克，款冬花 100 克，白芍 100 克，百合 100 克，茜草 50 克，知母 50 克，广陈皮 50 克，川贝母（去心，研极细末）50 克。上药除贝母外，共研粗末，水煎 3 次，过滤，去渣，合并滤液，浓缩成清膏，加炼蜜 250 克收膏。冷过一周后，将贝母粉渐渐调入，拌匀，收贮。每服 25 克，每日 3 次，噙化。临睡及睡醒时服尤妙。"

《医学衷中参西录》清带汤："治妇女赤白带下。生山药 50 克，牡蛎 30 克，乌贼骨 30 克，龙骨 30 克，茜草 15 克。水煎服。单赤带，加白芍、苦参各 10 克；单白带，加鹿角霜、白术各 15 克。"

现代研究认为，山药中的黏滑成分是由黏蛋白形成的，黏蛋白能防止脂肪沉积在心血管壁上，可以保持血管弹性，阻止动脉粥样化过早发生，并包裹肠内其他食物，使糖分被缓慢地吸收，从而抑制饭后血糖急剧上升。同时，可以避免胰岛素分泌过剩，调整血糖的作用。山药含有脱氢表雄酮，有预防动脉硬化、防止肺肾等脏器中结缔组织萎缩，预防胶原病的发生的作用；含有黏蛋白和淀粉酶消化素，能分解糖和脂肪，减少皮下组织脂肪积聚，起减肥作用；黏液质多糖与无机盐结合，可以形成骨质，并使软骨具有一定弹性，预防胶原病的发生。山药所含 17 种氨基酸中包括了人体不能合成的 8 种必需氨基酸、胆碱、碳水化合物和多种维生素，能保持消化道和关节腔润滑，促进肠内有益菌的生长，减少有毒发酵产物及有害细菌酶的产生，提高铁、磷的吸收利用率，增加机体 T 细胞的数量，并对巨噬细胞有促进作用，增强人体免疫功能；扩张血管，改善血液循环；降血糖；镇痛、促进上皮细胞生长；祛痰止咳平喘；改善视网膜缺氧及营养失调的症状，并有收敛作用。大便燥结，有实热、实邪者不宜过多食用。

● 芋头：别名芋奶、毛芋、芋根、芋芳、土芝、蹲鸱。中医认为，芋头性平，味甘辛，有小毒；有健脾益胃，化痰散结，解毒消瘰，通便解毒，调中止泻功效。治瘰疬，痰核，肿毒，毒蛇咬伤，慢性肾炎，消化不良，类风湿性关节炎，烫火伤，牛皮癣。《名医别录》："主宽肠胃，充肌肤，滑中。"《唐本草》："蒸煮冷啖，疗热止渴。"孟诜："浴去身上浮风，慎风半日。"《本草纲目》："芋，饮汁，止血渴，破宿血，去死肌。和鱼者食，甚下气，调中补虚。"《本草纲目拾遗》："吞之开胃，通肠闭，产后煮食之破血，饮其汁，止血、渴。"《日华子本草》："破宿血，去死肌。和鱼煮，甚下气，调中补虚。"《滇南本草》："治中气不足，久服补肝肾，添精益髓。"《医林纂要》："行水。"《食疗本草》："主宽缓肠胃，去死肌，令脂肉悦泽。捣汁罨毒箭，及蛇、虫伤。"《本草求原》："止泻。"《随息居饮食谱》："生嚼治绞肠痧，捣涂痈疡初起，丸服散瘰疬。"《岭南采药录》："以此煮粥，研末和粥食之，能治小儿连珠疬及虚疬，大人亦合，并可免一切疥疮。"《中国药植图鉴》："调以胡麻油，敷治火伤，开水烫伤；用芋片不断摩擦疣部，可除去。"《本草衍义》："多食滞气困脾。"《本草求真》："多食则不免有动气，发冷泄泻及难克化之弊。"陶弘景："生则有毒，莶不可食。"《千金要方·食治》："不可多食、动宿冷。"芋头忌：香蕉（引起腹胀）。煎服 100~200克。生品有毒，麻口，刺激咽喉不可食用。凡患支气管哮喘，气滞胸闷，腹胀，两胁胀痛，肠胃湿热者忌食。

《简易单方》："治头上软疖：大芋捣敷，即干。"《湖南药物志》："治牛皮癣：大芋头、生大蒜。共捣烂敷患处。""治筋骨痛，无名肿毒，蛇头指，蛇虫伤：芋头磨麻油搽，未破者用醋磨涂患处。”“治便血日久：芋根20克，水煎服，白痢兑白糖，红痢兑红糖。”

现代研究认为，芋头含魔芋甘露聚糖分子，可以延缓葡萄糖的吸收，有效地抑制餐后血糖升高，从而减轻胰岛素的负担，使糖尿病患者处于良好循环之中。芋头含有甘露聚糖，对细胞代谢有干扰作用，可用于治疗白血病；甘露聚糖和多种生物碱对多种病原体有抑制作用；黏蛋白既对肝脏有毒害作用，又可强化消化器官的功能，还能保护肌肤的柔嫩。

● 芋叶：《本草纲目》："辛，冷，无毒。""汁，涂蜘蛛伤。"《日华子本草》："除烦止泻，疗妊孕心烦迷闷，胎动不安；又盐研敷蛇虫咬并痈肿毒，及署敷毒箭。"《医林纂要》："敛自汗，盗汗。"《本草求真》："治痘疮溃烂成疮。"《民间常用草药汇编》："利水和脾，消肿。"《湖南药物志》："治蜂螫，蜘蛛咬伤：芋叶捣烂，敷患处。"《青囊杂纂》："治黄水疮：芋苗晒干，烧存性研搽。"

● 芋梗：《本草衍义》："擦蜂螫处。"《民间常用草药汇编》："利水，和脾，消肿。"煎服鲜者25~100克。

《湖南药物志》："治腹泻痢疾：芋茎（叶柄）、陈萝卜根、大蒜。水煎服。""治筋骨痛，无名肿毒，蛇头指，蛇虫伤：芋茎捣烂，敷患处。"

● 芋头花：《四川中药志》："性平，味麻，有毒。""治内外痔疮，吐血及小儿脱肛。"《生草药性备要》："治膈食，炒用。"《民间常用草药汇编》："治胃气痛，除湿。"

江西《草药手册》："治吐血：芋头花25~50克，炖腊肉或猪肉服。""治子宫脱垂，小儿脱肛，痔核脱出：鲜芋头花3~6朵，炖陈腊肉服。"

《四川中药志》："治鹤膝风：芋头花、生姜、葱子、灰面。共捣烂，酒炒，包患处。"

● 竹笋：别名竹肉、竹胎、笋、筍、毛笋、竹芽、竹萌、圆笋、青笋、笋子、笋干、淡竹笋、中母笋、绿竹笋、玉兰片。春天的笋为春笋，冬天的笋为冬笋，夏天的笋为鞭笋。在鲜笋中，冬笋的营养价值最高，几乎高出春笋1倍。

中医认为，竹笋性寒，味甘；有清热化痰，利水益气，镇静安神，解毒透疹，滑肠通便功效。用于温病热狂，妊娠头眩，痰热咳嗽，胸膈满闷，痘疹不出，便秘，久泻。《名医别录》："主治消渴，利水道，益气，可久食。"（引自《本草纲目》）宁原《食物本草》："利膈下气，化热消痰，爽胃。"《本草求原》："清热除痰同肉多煮，益阴血。"《随息居饮食谱》："甘凉舒郁，降浊升清，开膈消痰。味冠素食。" "竹笋能发病，诸病后产后均忌之。"《千金方》： "竹笋，味甘，微寒，无毒。主消渴，利水道，益气力，可久食。" 王孟英： "笋，甘凉，舒郁降浊升清，开膈消痰，味冠素食。" 孙思邈： "（羊肝）合苦笋食，病青盲。"《食物宜忌》：毛笋： "消痰，滑肠，透毒，解醒，发痘疹。" "小儿脾虚者，多食难化。"《本草纲目拾遗》：毛笋 "利九窍，通血脉，化痰涎，消食胀"。竹笋含有多糖类物质，有一定抗癌作用；含有一种白色的含氮物质，称作亚斯普拉金，构成了竹笋独有的清香，具有开胃，促进消化，增强食欲的作用，含有植物纤维可以增加肠道水分的潴留量，促进胃肠蠕动，降低肠内压力，减少粪便黏度，使粪便变软利于排出；含有蛋白质、维生素及微量元素，有助于增强机体的免疫功能，提高防病抗病能力。竹笋有滋阴益血，化痰，消食，利便，明目功效。

竹笋不易消化，胃肠疾病患者忌食；竹笋多吃易过敏，易引起荨麻疹。竹笋含草酸多，患有尿道结石、肾结石、胆结石的人不宜多食。竹笋为发物，慢性病者不宜多吃；发疮毒，痈肿，皮肤瘙痒者不宜多吃。为了去掉竹笋中草酸盐和涩味，应将竹笋纵向切成两半，剥掉所有的外层，然后把竹笋切成薄片，再用开水或淡盐水焯 5~10 分钟，捞出再配以其他食品烹饪。由于竹笋中含有草酸，会影响人体对钙的吸收，儿童不宜多食。

竹笋忌糖：竹性寒，而糖甘温，二者相互有抵触。竹笋中氨基酸与糖共同加热的过程中，易形成赖氨酸糖基，不利于人体健康。竹笋还忌与羊心肝、鲟鱼、砂糖同食。

《家庭药膳手册》竹笋鲫鱼汤： "益气，清热。适于小儿麻疹，风疹，水痘初起。鲜竹笋，鲫鱼各适量，洗净煮汤食，日 3 次，随量食。"

● 竹叶：中医认为，竹叶性寒，味甘淡，有清热除烦，生津利尿，清肝明目之功；用于热病烦渴，口疮尿赤，清胃泻火。《名医别录》： "主胸中痰热，咳逆上气。"《药性论》： "味甘，无毒。" "主吐血热毒风，止消渴。"《食疗本草》： "主咳逆，消渴，痰饮，喉痹，除烦热。"《日华子本草》： "消痰，治热狂烦闷，中风失音不语，壮热，头痛头风，并怀妊人头旋倒地，止惊悸，温疫迷闷，小儿惊痫天吊。" 张元素： "凉心经，益元气，除热，缓脾。"《本草纲目》： "煎浓汁，漱齿中出血，洗脱肛不收。"《本草正》： "退虚热烦躁不眠，止烦渴，生津液，利小水，解喉痹，并小儿风热惊痫。"《重庆堂随笔》： "内息肝胆之风，外清温暑之热，故有安神止痉之功。"《本草再新》： "凉心健脾，治吐血，鼻血，聪耳明目。" 竹叶卷心（尚未展开呈卷筒形的嫩叶）用于温热病邪，神昏谵语。《本草经集注》： "清热，明目，利窍，解毒，杀虫。治消渴，烦热不眠，目痛，口疮，失音，汤火伤。"《名医别录》："疗口疮，目痛，明目，利九窍。"《本草再新》："清心泻火，解毒除烦，消暑利湿，止渴生津。"《生草药性备要》："治火伤，烧存性油调搽。"煎服10~20克。

《金匮要略》竹叶汤："治产后中风发热，面正赤，喘而头痛：竹叶一把，葛根150克，防风50克，桔梗、甘草各50克，桂皮50克，人参50克，附子（炮）1枚，大枣15枚，生姜250克。上十味以水一斗，煮取二升半，分温三服。温覆使汗出。"

● 竹衣：别名金竹衣，为禾本种植物金竹秆内的衣膜。《本草纲目拾遗》："治喉哑劳嗽。"《景岳全书》竹衣麦冬汤："治一切劳瘵痰嗽，声哑不出难治者：金竹衣5克，金竹茹弹子大一丸，麦冬10克，甘草、橘红各2.5克，白茯苓、桔梗各5克，杏仁7粒（去皮，尖，研）。上药，水一盏半，加竹叶14片，煎七分，入金竹沥1杯，和匀服。"

● 竹沥：别名竹汁、淡竹沥、竹油，为禾本科植物淡竹的茎用火烤灼而流出的液汁。取鲜竹秆，截成30~50厘米长，两端去节，劈开，架起，中部用火烤之，两端即有液汁流出，以器盛之，即为竹沥。竹沥性寒，味甘苦，有清火消痰，镇惊利窍，止渴除烦，消肺化痰功效。治中风痰迷，舌强偏瘫，肺热痰壅，小儿惊风，四肢抽搐，癫痫，壮热烦渴，子烦，破伤风。《名医别录》："疗暴中风风痹，胸中大热，止烦闷。"《药性论》："治卒中风失音不语。"《本草纲目拾遗》："久渴心烦。"《本草纲目》："治子冒风痉，解罔毒。"《本草备要》："消风降火，润燥行痰，养血益阴，利窍明目。治中风口噤，痰迷大热，风痉癫狂，烦闷消渴，血虚自汗。"《本草再新》："清心火，降肝火，化痰止渴，解热除烦，治牙痛，明眼目。"《本草纲目》："姜汁为之使。"《本草经疏》："寒痰湿痰及饮食生痰不宜用。"《本草备要》："寒胃滑肠，有寒湿者勿服。"

《千金方》："治中风口噤不知人：淡竹沥一升服。"

《千金方》竹沥汤："治风痱四肢不收，心神恍惚，不知人，不能言：竹沥二升，生葛汁一升，生姜汁三合。上三味相和温暖，分三服，平旦，日晡，夜各一服。"

《肘后方》："治卒消渴，小便多：作竹沥恣饮数日愈。"

《江西中草药学》："治乙脑、流脑高热，呕吐：竹沥代茶饮。"《兵部手集方》："治小儿口噤，体热：用竹沥二合，暖之，分三四服。""治小儿大人咳逆短气，胸中吸吸，咳出涕唾，嗽出臭脓涕黏：溃竹沥一合服之，日三五服，大人一升。"

《全幼心鉴》："治小儿吻疮：竹沥和黄连、黄檗、黄丹，敷之。"

《古今录验方》："治小儿赤目：淡竹沥点之，或入人乳。"

《简便单方》："治小儿重舌：竹沥渍黄檗，时时点之。"

● 竹实：别名竹米，为禾本科竹类植物的颖果。《神农本草经》："益气。"《物理小识》："下积。"

● 竹茹：别名竹皮、青竹茹、淡竹茹，竹二青，为禾本科植物淡竹的茎秆除去外皮后刮下的中间层，可鲜用，晒干后用或用姜炒后用。其性凉，味甘；有和胃止呕，清热化痰，凉血止血，清胃除浊，清心除烦功效。治烦热呕吐，呃逆，痰热咳喘，吐血，衄血，崩漏，恶阻，胎动，惊痫。《名医别录》："主呕啘，温气寒热，吐血，崩中溢筋。"《药性论》："止肺痿唾血，鼻衄，治五痔。"《食疗本草》："主噎膈，鼻衄。"《本草蒙荃》："主胃热呃逆，疗噎膈呕哕。"《本草纲目》："治伤寒劳复，小儿热痫，妇人胎动。"《本草正》："治肺痿唾痰，尿血，妇人血热崩淋，胎动，及小儿风热癫痫，痰气喘咳，小水热涩。"《本草述》："除胃烦不眠，疗妊娠烦躁。"《本草再新》："泻火除烦，润肺开郁，化痰凉血，止吐血，化瘀血，消痈痿肿毒。"《本草经疏》："胃寒呕吐及感寒挟食作吐忌用。"煎服7.5~15克。

《千金方》："治妊娠恶阻呕吐，不下食：青竹茹、橘皮各十八铢，茯苓、生姜各50克，半夏三十铢。上五味以水六升，煮取二升半，分三服，不瘥，频作。""治齿龈间血出不止：生竹茹100克，醋煮食之。"

《金匮要略》竹皮大丸："治妇人乳中虚，烦乱呕逆，安中益气，生竹茹1克，石膏1克，桂枝0.5克，甘草3.5克，白薇0.5克，上五味，末之，枣肉和丸弹子大。以饮服一丸，日三夜二服。有热者倍白薇，烦喘者加柏实0.5克。"

《上海常用中草药》："治肺热咳嗽，咳吐黄痰：竹二青15克。水煎服。"

《子母秘录》："治小儿痫：青竹茹150克，醋三升，煎一升，去滓，服一合，兼治小儿口噤体热病。"

《类证活人书》青竹茹汤："治妇人病未平复，因有所动，致热气上冲胸，手足拘急搐搦，如中风状：栝楼根100克，淡竹茹半升。上以水二升半，煮取一升二合，去滓，分作二三服。"

《济生方》：竹茹膏："治黄泡热疮：真麻油100克，青木香100克，青竹茹一小团，杏仁二十粒（去皮，尖）。上药入麻油内，慢火煎令杏仁黄色，去渣，入松脂（研）25克，熬成膏，每用少许擦疮上。"

● 竹黄：别名竺黄、竹膏、天竹黄、竹糖，为禾木料植物青皮竹等因被寄生的竹黄蜂咬洞后，而干竹节间贮积的流液，经干涸凝结而成的块状物质。其表面乳白色，灰白色或灰蓝色相杂。质轻，松脆，易破碎。冬季采取砍取竹秆，剖取竹黄，晾干入药。天竹黄性寒，味甘；有清热祛痰，凉心定惊之功，为治惊痫要药。治诸风疾涌，热极生风，中风痰迷不语，小儿惊厥，癫痫。《蜀本草》："制药毒发热。"《日华子本草》："治中风痰壅，卒失音不语，小儿客忤及痫痰。"《开宝本草》："主小儿惊风天吊，镇心明目，去诸风热，疗金疮止血，滋养五脏。"《本草衍义》："凉心经，去风热。"《玉楸药解》："清热解毒。"煎服 5~15 克。

《小儿药证直诀》抱龙丸："治伤风温疫，身热昏睡，气粗，风热痰寒壅嗽，惊风潮搐，中暑，亦治室女白带：天竺黄 50 克，雄黄（水飞）5 克，辰砂、麝香（各别研）25 克，天南星 200 克（腊月酿牛胆中，阴干百日，如无，只将生者去皮脐，炒干用）。上为细末，煮甘草水和丸，皂子大，温水化下服之。百日小儿，每丸分作三四服，五岁一二丸，大人三五丸。伏暑用盐少许，嚼一二丸，新水送下；腊月中，雪水煮甘草和药尤佳。"

《小儿药证直诀》利惊丸："治小儿急惊风，青黛、轻粉各 5 克，牵牛末 25 克，天竺黄 10 克。上为末，白面糊丸，如小豆大，（每）20 丸，薄荷汤下。"

《圣济总录》天竺黄散："治鼻衄不止：天竺黄、芎藭各 0.5 克，防己 25 克。上三味捣研为散。每服 5 克，新汲水调下。肺损吐血用药 10 克，生面 5 克，水调下，并食后服。"

● 竹花：别名竹黄，为肉痤菌科真菌竹黄的子座。子座肉质渐变为末栓质，粉红色，呈不规则瘤状，初期平滑，后龟裂；子囊壳近球形，埋生于座内。竹花有祛风活血，利湿通络，镇咳化痰，理气止痒之功。治中风，小儿惊风，胃气痛。

● 雷丸：别名雷矢、雷实、竹苓、竹林子、竹铃芝、木连子，为寄生于病竹根部的多孔菌科植物雷丸菌的蕈核。多因受雷电霹雳震动，地气变化，有竹根产生蕈菌，其形似卵似丸，故称雷丸。雷丸性寒，味苦，有小毒，可杀虫消积，为杀虫良药，适用于绦虫、蛔虫及小儿疳积，风痫。一般以研末散剂吞服为佳，煎剂则药力减少。《神农本草经》："主杀三虫，逐毒气，胃中热，利丈夫，不利女子，作摩膏，除小儿百病。"《药性论》："能逐风，主癫痫狂走，杀蛔虫。"《名医别录》："逐邪气，恶风汗出，除皮中热、结积，白虫、寸白自出不止。""久服令人阳痿，赤者杀人。"这句话说明长期服用雷丸能伤人肾气；雷丸色赤者不宜入药，有剧毒，能致命。《陕西中药志》："消积杀虫，清热解毒。治虫积腹痛，小儿疳积，胃中热，对绦虫病疗效显著。"《本草经集注》："荔实，厚朴为之使，恶葛根。"《药性论》："恶（萹）蓄、（葛）根。芫花为使。"

● 竹荪：别名竹菌、僧竺蕈，为生于竹林地上的一种真菌。竹荪有养阴清热，补益气血，润肺化痰之功；对心脑血管疾病、高血压，有防治作用。

● 红薯：别名红苕、地瓜、甘薯、番薯、白薯、山芋、带瓜茹、地萝卜、土萝卜、葛瓜、薯瓜、凉薯、土瓜、金薯、红山药、豆薯、沙葛、凉瓜。中医认为，红薯性凉，味甘；有健胃，补气血，宽肠胃，通便秘功效。《陆川本草》："生津止渴，治热病口渴。"《四川中药志》："止口渴，解酒毒。"红薯藤"通乳汁，治妇人乳汁不通"。《本草求原》："凉血活血，宽肠胃，通便秘，去宿瘀脏毒。"《金薯传习录》："治湿热黄疸番薯煮食，其黄自退。""痢疾下血，滴积热泻，湿热黄疸，遗精淋浊，血虚经乱，小儿疳积。"《中华本草》："补中和血，益气生津，宽肠胃，通便秘。主治脾虚水肿，疮疡肿毒，肠燥便秘。"《本草求真》："番薯，产妇最宜。"《随息居饮食谱》："番薯煮食补脾胃，益气力，御风寒，益颜色。"《本草纲目拾遗》："能凉血活血，益气生津，解渴止血，宽肠胃通便秘，产妇最宜。""中满者不宜多食，能壅气。"《本草纲目》："补虚，健脾开胃，强肾阴。"乾隆皇帝吃红薯治好了便秘，并夸赞道："好个红薯，功胜人参啊！"

《中国药学大辞典》："治湿热黄疸因湿成热，因热成黄者，用此薯煮食，黄疸自退，治遗精淋浊，每早晚用此粉调服，大有奇功。治小儿疳疾，此薯最能润燥生津，安神养胃，使常服之，则日积化而疳愈矣。"

现代研究表明，红薯含有赖氨酸，可促进人体新陈代谢与生长发育；含有脱氢表雄酮，可预防结肠癌和乳腺癌；含有类似雌激素的物质，对于保持皮肤细腻，延缓细胞衰老有一定的作用；含有类黄酮，能够防止致癌的激素依附在正常细胞上，还能够抑制酶参与癌细胞的转移；含有胶原纤维素，能抑制胆汁在小肠的吸收，胆汁对胆固醇有消化作用，所以能有效地降低血液的胆固醇；含有黏多糖，是一种多糖和蛋白质的混合物，属胶原蛋白和黏液多糖类物质，能防止疲劳，保持人体动脉血管的弹性，保持关节腔里的关节面和浆膜腔的润滑作用，防止肝脏肾脏中结缔组织的萎缩，防止结缔组织病的发生；对人体的消化系统，呼吸系统和泌尿系统各器官组织的黏膜具有保护作用；含有膳食纤维，可以刺激肠蠕动，减少粪便中细菌和代谢产物吲哚、酚等有害物质在肠内的停留时间，预防肠道疾病及胶原病的发生，还可以提高机体的免疫功能，防癌抗癌。红薯皮中含有淀粉酶，可减少废气，有助消化。红薯中的氧化酶在人的胃肠道里产生大量二氧化碳气体，吃多了易腹胀，打嗝，排气；糖含量高，吃多了可产生大量胃酸，倒流进入食道，有"烧心"之感。

地瓜叶的营养素可以去除血液中的羧酸甘油酯，又可降低胆固醇，具有防治高血压、退肝火、利尿功效。根据联合国亚蔬中心的研究，地瓜叶含有抗氧化物质，是抗癌食品之一。红薯淀粉质量最优。

日本国立癌症预防研究所对26万人的饮食生活与癌的关系进行调查统计证明蔬菜具有一定防癌作用。根据40多种蔬菜抗癌成分的分析及抑癌实验结果，他们发现有20种蔬菜对肿瘤有明显的抑制效果，按所得数据，按抑癌效果，从高到低为：1.熟红薯（98.7%）；2.生红薯（94.4%）；3.芦笋（93.7%）；4.花椰菜（92.8%）；5.卷心菜（91.4%）；6.花菜（90.8%）；7.芹菜（83.7%）；8.茄子皮（74%）；9.甜椒（55.5%）；10.胡萝卜（46.5%）；11.金针菜（37.6%）；12.荠菜（35.4%）；13.茎蓝（34.7%）；14.芥菜（32.9%）；15.雪里蕻（29.8%）；16.番茄（23.8%）；17.大葱（16.3%）；18.大蒜（15.9%）；19.黄瓜（14.3%）；20.大白菜（4%）。红薯忌：豆浆（影响消化）、柿子（胃柿石症）、白酒（易结石）、香蕉（面部生斑）、番茄（结石、腹泻）、螃蟹（结石）。有黑斑的红薯不能吃，黑斑病毒污染排出含有番薯酮和番薯酮醇，对肝脏有剧毒，此病毒水煮蒸和火烧均不能杀死。

● 荸荠：别名地栗、乌芋、黑山棱、水芋、马蹄、芍、凫茈、茹、乌茨、红慈姑、马薯。中医认为，荸荠性寒，味甘；有清热生津，活血通便，润肺止咳，利尿消积功效。治温病消渴，咳嗽，咯血，产后血崩，痔疮，食毒，药毒，尿路结石，淋浊尿闭，胞衣不下，狂犬咬伤，慢性支气管炎，黄疸性肝炎，肠癌，中暑，小儿口疮，赘疣。《名医别录》："主消渴，痹热，热中，益气。"孟诜："消风毒，除胸中实热气；可作粉食，明耳目，止渴，消疸黄。"《日华子本草》："开胃下食。"《日用本草》："下五淋，泻胃热。"《滇南本草》："治腹中热痰，大肠下血。"《本草汇编》："疗五种膈气，消宿食，饭后宜食之。"《本草纲目》："主血痢、下血，血崩。"《本经逢原》："治酒客肺胃湿热，声音不清。"《北砚食规》："荸荠粉：清心，开翳。"《本草再新》："清心降火，补肺凉肝，消食化痰，破积滞，利脓血。"《本草求真》："盖以味甘性寒，则于在胸实热可除，而诸实胀满可消，力善下行，而诸血痢，血毒可祛。""对瘰疬结核之症，以此内服，亦可调治。"认为这是"解毒散结之方。""冷气勿食，食则令人每患脚气。"孟诜："有冷气,不可食,令人腹胀气满。"《医学入门》:"得生姜良。"《本经逢原》:"虚劳咳嗽切禁。以其峻削肺气,兼耗营血,故孕妇血渴忌之。"《随息居饮食谱》:"中气虚寒者忌之。"

《唐瑶经验方》:"治下痢赤白:取完好荸荠,洗净拭干,勿令损破,于瓶内入好烧酒浸之,黄泥密封收贮。遇有患者:取二枚细嚼,空心用原酒送下。"

《本草经疏》:"治腹满胀大,乌芋去皮,填入雄猪肚内,线缝,沙器煮糜食之,勿入盐。"

《神秘方》:"治大便下血:荸荠捣汁半钟,好酒半钟,空心温服。"

《本草纲目》:"治妇人血崩:凫茈一岁一个,烧存性,研末,酒服之。"

《简便单方》:"治小儿口疮:荸荠烧存性,研末掺之。"

《药茶——健身益寿之宝》:"治高血压:荸荠10个,海带25克,玉米须25克。加清水共煎,饮服。"

《泉州本草》:"治咽喉肿痛:荸荠绞汁冷服每次200克。"

《北京卫生职工学院资料》荸藕茅根饮:"清热、凉血、解毒。治小儿痄腮。荸荠、生藕、鲜茅根各等量。以水洗净,再与水同煮,去渣,代茶饮。"

《中国药膳学》荸荠西河柳饮:"清热解毒,发表透疹。治小儿麻疹透疹期。荸荠150克,西河柳10克(鲜枝叶30克)。先将荸荠洗净切片,与西河柳同煎水频饮。"

《中国药膳大观》荸荠茅根汤:"清热凉血止血。治倒经。荸荠120克,鲜茅根100克。先水煮茅根取汁,入荸荠汁,加白糖调味,当茶频频饮之。"

《中华皮肤科杂志》:"治寻常疣:将荸荠瓣开,用其白色果肉摩擦疣体,每日3~4次,每次摩至疣体角质层软化,脱掉,微有痛感并露出针尖大小的点状出血为止。连用7~10天。"

现代研究表明,荸荠含有不耐热的抗菌成分——荸荠英对金黄色葡萄球菌、大肠埃希菌、产气杆菌等均有抑制作用,对降低血压也有一定效果;含有一种抗病毒物质,可抑制流脑、流感病毒、预防流脑及流感的传播,并对肺部食道和乳腺的癌肿有防治作用;含有黏液质,有生津润肺化痰作用;含有粗脂肪有滑肠通便作用。荸荠各种制剂在动物体内均有抑瘤效果。

荸荠榨汁当茶饮,可治疗咽喉炎、舌炎及声音嘶哑。

脾胃虚寒和有血瘀的人忌食,血虚者少食。

荸荠忌:茱萸。

● 菱角:别名菱实、水栗子、水菱、沙角、芰。中医认为,菱生食性凉，味甘；有清热生津，消炎镇痛，益气健胃，解毒通乳功效。用于消化不良，暑热伤律，泻痢便血，月经过多，酒精中毒，多种癌症（如食道癌，乳腺癌，子宫癌）。熟食性平，味甘；有健脾益气功效。用于脾虚泄泻。《名医别录》："主安中补脑。"《滇南本草》："治一切腰腿筋骨疼痛，周身四肢不仁，风湿入窍之症。"《滇南本草图说》："醒脾，解酒，缓中。"《本草纲目》："解暑（及）伤寒积热，止消渴，解酒毒、射罔毒。"《本草纲目拾遗》："菱粉补脾胃，健力益气。"《齐民要术》："菱，上品药，食之安神补脑，养神强志，除百病，益精气，耳目聪明，轻身耐老。"《本经逢原》："患疟，痢人勿食。"《医林纂要·药性》："止渴，除烦，清暑。"《食物考》："食啖宽中，清胃除热。老则甘香，补中益气，生者解酒。"《随息居饮食谱》："鲜者甘凉，多食损阳助湿，胃寒脾弱之人忌之。熟者甘平，多食滞气，胸腹痞胀者忌之。"《饮食须知》："生食多伤脏腑，损阳元，痿茎。熟食多令滞气。"

菱角是水生植物，外皮易吸附姜片虫的尾虫幼囊虫，不宜生吃。

《全国中草药汇编》："治月经过多：鲜菱 500 克，水煎服汁冲红糖服。"

《饮食治疗指南》："治子宫癌，胃癌：以生菱肉，日 20~30 个，加足水量，文火煮成浓褐色汤，分 2~3 次饮服。据日本民间经验记载，长期多服有效。"

《食物中药与便方》菱实紫藤汤，"治食道癌、胃癌、菱实、紫藤瘤、诃子、薏苡仁 9 克，煎汤服。"

● 菱叶：《滇南本草》："晒干为末，搽小儿走马疳。"《中国药植图鉴》："治小儿头疮及增强视力。"煎服 5~7.5 克。

● 菱壳：《滇南本草》："烧灰为末，调菜油搽痔疮。"《本草纲目》："止泻痢。"《本草纲目拾遗》："治头面黄水疮。"《本草推陈》："止便血。"

《张氏必验方》："治脱肛：先将麻油润湿肠上，自去浮衣，再将风菱壳水净之。"

《医宗汇编》："治头面黄水疮：隔年老菱壳，烧存性，麻油调敷。"

黄贩翁《医抄》："治无名肿毒及天泡疮：老菱壳烧灰，香油调敷。"

● 菱蒂（果柄）：《本草纲目拾遗》："治疣子，用鲜水菱蒂搽一二次即自落。"《本草推陈》："治胃溃疡。"煎服：鲜煮 50~75 克。

临床治疗皮肤疣。取鲜菱蒂在患部不断擦拭，每次约 2 分钟，每天 6~8 次。

● 慈姑：别名：白地栗、茨姑、水萍、燕尾草、河凫茨、剪刀草、水慈孤、剪搭草、借姑、藕姑。中医认为，慈姑性凉，味苦甘辛，有小毒；有活血消结，解毒利尿，强心润肺，防癌抗癌功效。用于肿块疮节，肺热咳嗽，喘促气憋，心悸心慌，水肿，小便不利，产后血闷，胎衣不下，淋病。《千金方》："下石淋。"《唐本草》："主百毒，产后血闷，攻心欲死，产难衣不出，捣汁服一升。"《滇南本草》："厚肠胃，止咳嗽，痰中带血或咳血。"《岭南采药录》："以盐渍之，治癫犬咬伤，并治牛程蹇（即石硬）。"《本草求真》："对瘰疬结核之症，以此内服，亦可调治。"《本草纲目》："主疔肿，攻毒，破皮，解诸毒，蛊毒，蛇虫狂犬伤。"《本草纲目拾遗》："疗痈肿疮疾，摸清结核。"《日华子本草》："多食发虚热，及肠风，痔漏，崩中带下，疮疖，怀孕人不可食。"《随息居饮食谱》："慈姑功专破血，通淋滑胎，利窍。多食动血，孕妇忌之。""多食发疮，凡孕妇及痈瘰，脚气，失血诸病，尤忌之。"慈姑忌：茱萸。

现代研究认为，慈姑含有秋水仙碱等多种生物碱，可提高癌细胞中CAMP水平，抑制癌细胞有丝分裂和癌细胞的增殖，常用于治疗肿瘤及痛风。

● 藕：别名莲菜、莲根、玉节、藕瓜、莲藕、荷梗、灵根、雪藕、芙蕖、菡萏、朱化、水芙蓉。中医认为，生藕性寒；熟藕性温，味甘涩。生藕清热，凉血，止血，散瘀，除烦；熟藕补虚，健脾，开胃，养血，生肌，止泻。《本草经集注》："藕汁解射罔毒，蟹毒。"《名医别录》："主热渴，散血，生机。"《药性论》："藕汁能消瘀血不散。"崔禹锡《食经》："主烦热鼻血不止。"孟诜："生食之，主霍乱后虚渴、烦闷、不能食；蒸食甚补五脏，实下焦。"《本草纲目拾遗》："消食止泄，除烦，解酒毒，压食及痛后热渴。"《日华子本草》："破产后血闷，生研服亦不妨；捣罨金疮并伤折，止暴痛；蒸煮食，大开胃。"《日用本草》："清热除烦，凡呕血、吐血、瘀血、败血，一切血症宜食之。"《本草经疏》："藕，生者甘寒，能凉血止血，除热清胃，故主消散瘀血，吐血、口鼻出血，产后血闷，罨金疮伤折及止热渴，霍乱，烦闷，解酒等功，熟者甘温，能健脾开胃，益血补心，故主补五脏，实下焦，消食，止泻，生肌，及久服令人心欢止怒也。"《滇南本草》："多食润肠肺，生津液。"赞宁《物类相感志》："忌铁器。"糖尿病患者和脾胃虚寒之人不宜食用。由于藕性偏凉，故产妇不宜过早食用，产后1~2周再吃藕可以逐瘀。脾胃消化功能低下，大便溏泻者不宜生食。中满腹胀和有实邪者不宜服。

现代研究认为，藕含有单宁酸，有抗氧化、预防动脉硬化、防癌抗癌、改善便秘、治疗胃十二指肠溃疡作用，并能收缩血管，清除血管组织的炎症，发挥止血作用；含有儿茶酚类物质，有止咳平喘作用。从古时候起就用莲藕治疗产后恶露（妇女分娩后自子宫排出的残余血液和分泌物等）不畅。此外，藕中还含有抗菌物质，民间用来治疗伤风感冒、久痢有疗效。

普通的藕大多表面发黄，断口地方闻着有一股清香；而经过盐酸或硫酸等工业用酸浸泡过的藕看起来很白，闻着有酸味，经水洗颜色变褐，易腐烂。因此，藕太白不能买。

● 藕节（根茎的节部）：《本草纲目》："涩，平，无毒。""能止咳血，唾血，血淋，溺血，下血，血痢，血崩。"《本草纲目拾遗》："藕节粉：味甘微苦，性平。""开膈，补腰肾，和血脉，散瘀血，生新血；产后及吐血者食之尤佳。"《药性论》："捣汁，主吐血不止，口鼻并皆治之。"《日华子本草》："解热毒，消瘀血，产后血闷。合地黄生研汁，（入）热酒并小便服。"《滇南本草》："治妇人血崩，冷浊。"《本草再新》："凉血养，利水通经。"煎服15~25克。

《圣惠方》双荷散："治卒暴吐血：藕节七个，荷叶顶七个。上同蜜擂细，水二盅，煎4克，去滓温服。或研末，蜜调下。"

《本草纲目》："治鼻衄不止：藕节捣汁饮，并滴鼻中。"

《全幼心鉴》："治大便下血：藕节晒干研末，人参、白蜜煎汤调服10克，日二服。"

● 藕粉——藕加工制成的淀粉：《医林纂要》："甘咸，平。"《本草通玄》："安神，开胃。"《本经逢原》："治虚损失血，吐利下血，又血痢口噤不能食，频服则结粪自下，胃气自开，便能进食。"《本草纲目拾遗》："调中开胃，补髓益血，通气分，清表热，常食安神生智慧，解暑生津，消食止泻。"沸水冲服。

● 莲子：别名莲蓬子、莲子肉、莲心、藕实、湖莲子。中医认为，莲子性平，味甘涩；有收敛固涩，止泻固精，健脾益肾，补心安神功效。用于脾虚久泻，心烦口干，心悸失眠，血热吐血，食欲减退，肾虚遗精滑泄，尿频，白浊，便溏，妇女崩漏，带下。《神农本草经》："主补中，养神，益气力。"孟诜："主五脏不足，伤中气绝，利十二经脉血气。"《本草纲目拾遗》："令发黑，不老。"《医林纂要》："莲子去心连皮生嚼，最益人，能除烦，止渴，涩精，和血，止梦遗，调冷热。"《食医心镜》："止渴，去热。"《日华子本草》："益气，止渴，助心，止痢。治腰痛，泄精。"《日用本草》："止烦渴，治泻痢，止白浊。"《滇南本草》："清心解热。"《本草纲目》："交心肾，厚肠胃，固精气，强筋骨，补虚损，利耳目，除寒湿，止脾泄久痢，赤白浊，女人带下崩中诸血病。""眼赤作痛，莲实去皮研末一盏，粳米半升，以水煮粥，常食。"《本草备要》："清心除烦，开胃进食，专治噤口痢，淋浊诸证。""大便燥者勿服。"《随息居饮食谱》："镇逆止呕，固下焦，愈二便不禁。""凡外感前后，疟、疸、疳、痔、气郁痞胀，溺赤便秘，食不运化，及新产后皆忌之。"《王楸药解》："莲子甘平，甚益脾胃，而固涩之性，最宜滑泄之家，遗精便溏，极有良效。"《重庆堂随笔》："莲子，交心肾，不可去心，然能泄气。"《中药大辞典》："治夜寝多梦。"《王氏医案》："莲子，最补胃气而镇虚逆，若反胃由于胃虚，而气冲不纳者，但日以干莲子细嚼而咽之，胜于他药多矣。凡胃气薄弱者常服玉芝丸，能令人肥健。至痢症噤口，热邪伤其胃中清和之气，故以黄边苦泄其邪，即仗莲子镇其胃。"《本草纲目》："得茯苓、山药、白术、枸杞子良。"用量10~15克，大便燥结者不宜服用。莲子忌蟹、龟类同食。莲子含莲碱有平静性欲之效；降血糖；治疗心律不齐。

《局方》：清心莲子饮："治心火上炎，湿热下盛，小便涩赤，淋浊崩带，遗精等证：黄芩、麦冬（区心）、地骨皮、车前子、甘草（炙）各25克，石莲肉（去心）、白茯苓、黄芪（蜜炙）、人参各37.5克。上锉散。每15克，麦冬十粒，水一盏半，煎取八分，空心食前服。"

《奇效良方》莲肉散："治小便白浊，梦遗泄精：莲肉、益智仁、龙骨（五色者）各等分。上为细末。每服10克，空心用清米饮调下。"

《士材三书》莲肉糕："治病后胃弱，不消水谷：莲肉、粳米各炒200克，茯苓100克。共为末，砂糖调和，每用两许，白汤送下。"

《仁斋直指方》：莲子散治反胃："石莲肉，为末，入些豆蔻末，米汤乘热调服。"

《妇人良方》石莲散："治产后胃寒咳逆，呕吐不食，或腹作胀：石莲肉75克，白茯苓50克，丁香25克。上为末。每服10克，不拘时，用姜汤或米饮调下，日三服。"

《医学发明》水芝丸："补虚益损，治脾胃虚弱，饮食少进。莲实（去皮）不以多少，用好酒浸一宿，入大猪肚内，用水煮熟，取出焙干。上为极细末，酒糊为丸，如鸡头大。每服50~70丸，食前温酒送下。"

《局方发挥》参苓白术散：补气健脾，行气和胃。治脾胃虚弱。莲子肉（去皮）、薏苡仁、缩砂仁、桔梗（炒令深黄色）各500克，白扁豆（姜汁浸，去皮，微炒）750克，白茯苓、人参（去芦）、甘草（炒）、白术、山药各1千克。上为末。每服10克，枣汤调下。小儿量岁数减服。

《补药和补品》："治疗心虚所致的心悸，失眠等症：莲子肉9克，龙眼肉15克，百合12克，五味子9克，水煎服，每日1剂。""治肾虚所致的遗精，白浊，小便频数：莲肉、芡实各20克，沙苑子、益智仁各15克，生龙骨、煅牡蛎各30克（先煎）。水煎服每日1剂。""治疗遗精；莲子9克，芡实9克，怀山药15克，雪耳6克。共煎汤，加入鸡蛋1~2个，砂糖适量服用。"

《药茶——健身益寿之宝》："治失眠：莲子芯30个，食盐少许。清水煮莲子芯汤，加盐，睡前饮服。"

现代研究认为，莲子含有莲心碱、芸香甙等成分，有镇静作用，可促进胰腺分泌胰岛素，使人入眠。甲基莲心碱对正常血压、肾性高血压、盐性高血压等均有降压作用，此与扩张外围血管有关。莲心碱，甲基莲心碱则有抗癌及抗心律不齐的作用。子萚所含氧化黄心树宁碱，有抑制鼻咽癌生长的作用。莲子还含有淀粉、棉子糖以及蛋白质、脂肪、磷、铁等，子萚还含有荷叶碱，具有抗心律失常，抗心肌缺血，抑制心肌收缩力等功效。

中满痞胀及大便燥结者忌用。

● 莲衣：别名莲皮（种皮）。《药品化义》："味涩。""能敛，诸失血后，佐参以补脾阴，使统血归经。"《本草再新》："味苦而涩，性凉，无毒。""治心胃之浮火，利肠分之湿热。"煎服1.5~2.5克。

● 莲花：别名荷花、水花。《本草纲目》："苦甘，温，无毒。"《日华子本草》："镇心，益色驻颜。"《日用本草》："涩精气。"《滇南本草》："治妇人血逆昏迷。"《本草再新》："清心凉血，解热毒，治惊痫，消湿去风，治疮疥。"《河北药材》："揉碎贴肿毒，促脓肿之吸收。"《山东中药》："活血祛瘀。"研末服2.5~5克。

《医方摘要》："治坠损呕血，坠跌积血，心胃呕血不止：干荷花，为末，每酒服方寸匕。"

《简便单方》："治天泡湿疮：荷花贴之。"

● 莲房：别名莲蓬壳、莲壳（成熟花托）。《本草纲目》："苦涩、温。""止血崩，下血，溺血。"孟诜："破血。"《本草纲目拾遗》："主血胀腹痛，产后胎衣不下，酒煮服之；又主食野菌毒，水煮服之。"《本草汇言》："止血痢，脾泄。"《握灵本草》："烧灰止崩带，胎漏，血淋等症。"《分类草药性》："消毒，去风，治背花。"《岭南采药录》："疗乳头开裂。"《江苏植药志》："治脱肛。"煎服7.5~15克。

《圣惠方》："治室女血崩，不以冷热皆可服：荆芥、莲蓬壳（烧灰存

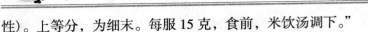

性)。上等分,为细末。每服 15 克,食前,米饮汤调下。"

《儒门事亲》莲壳散:"治血崩:棕皮(烧灰)、莲壳(烧存性)各 25 克,香附子 150 克(炒)。上为末。米饮调下 15~20 克,食前。"

《妇人经验方》瑞莲散:"治经血不止:陈莲蓬壳,烧存性,研末。每服 10 克,热酒下。"

《朱氏集验医方》:"治漏胎下血:莲房,烧,研,面糊丸,梧子大。每服百丸,汤,酒任下,日二。"

《岭南采药录》:"治胎衣不下:莲房一个,甜酒煎服。""治乳裂:莲房炒研为末,外敷。"

《海上方》:"治天泡湿疮:莲蓬壳,烧存性,研末,井泥调涂。"

《徐州单方验方新医疗法选编》:"治黄水疮:莲房烧成炭研细末,香油调匀,敷患处,1 日 2 次。"

● 莲须:别名莲蕊须、莲花蕊、莲花须、金樱草(莲的雄蕊)。《本草从新》:"甘、平而涩。""小便不利者勿服。"《本草蒙荃》:"益肾,涩精,固髓。"《本草纲目》:"清心通肾,固精气,乌须发,悦颜色,益血,止血崩,吐血。"《本草通玄》:"治男子肾泄,女子崩带。"《会约医镜》:"除泻痢。"《本草再新》:"清心肺之虚热,解暑降烦,生津止渴。"《日华子本草》:"忌地黄、葱、蒜。"煎服 4~7.5 克。

● 莲子心:别名莲心、莲薏,它是莲的成熟种子的绿色胚芽。莲子心有清心安神,交通心肾,涩精止血作用。用于热入心包,神昏谵语,心肾不交,失眠遗精,血热吐血。《本草纲目》:"苦,寒,无毒。"《食性本草》:"生取为末,以米饮调下 15 克,疗血渴疾,产后渴疾。"《日华子本草》:"止霍乱。"《大明—统志》:"清心去热。"《医林纂要》:"泻心,坚肾。"《本草再新》:"清心火,平肝火,泻脾火,降肺火。消暑除烦,生津止渴,治目红肿。"《随息居饮食谱》:"敛液止汗,清热养神,止血固精。"煎服 2~5 克。

莲子心含有莲心碱,莲子心碱,有平静性欲的作用,对性欲亢进者有效,并具有抗氧化作用;含有甲基莲心碱,具有扩血管、降压、抗心律失常、抗血小板聚集、抗血栓形成的作用;含有荷叶碱、前荷叶碱,对大肠埃希菌的代谢具有抑制作用;含有槲草苷、金丝桃苷、芸香苷等黄酮类元素,有止痛作用及抗炎和静咳作用;含有莲心碱结晶,有短暂降脂之效;含有氧位甲基——莲心碱硫酸甲酯季铵盐,对迷走神经节阻滞作用强而持久,可持久降脂。

《援生四书》仙莲丸:本方紧致肌肤,改变晦暗,净白容颜,使青春常驻。干莲花、干莲藕、莲子肉（专心莲子）。七月七日采莲花 3.5 克，八月八日采根 4 克，九月九日采实 4.5 克，阴干捣筛。每服方寸匕，温酒调服。即干荷花、干莲藕、莲子肉以重量比 7:8:9 混合制成细粉，每次服用细粉约 1 克，用加温黄酒或白酒调匀后服用。

《普济方》纯阳红妆丸：本方驻颜美容。补骨脂、核桃肉、胡芦巴各 120 克，莲肉 30 克。诸药共研细粉，以酒相拌为丸，如梧桐子大。每服 30 丸，空腹酒送下，每日 1 次。

《百一选方》："治劳心吐血：莲子心、糯米。上为细末，酒调服。"

《医林纂要》："治遗精：莲子心一摄，为末，入辰砂 0.5 克。每服 5 克，白汤下，日二。"

● 荷叶：为莲的叶。中医认为，荷叶性平，味苦涩；有清热解暑，凉血止泻，降脂减肥，护肝除烦功效。用于暑热烦渴，暑湿泄泻，眩晕水气水肿，雷头风，吐血，衄血，崩漏，便血，产后血晕。荷叶炭收涩化瘀止血。用于多种出血症及产后血晕。孟诜："破血。"《本草纲目拾遗》："主血胀腹痛，产后胞衣不下，酒煮服之；又主食野菌毒，水煮服之。"《日华子本草》："止渴，并产后口干，心肺燥，烦闷。"《日用本草》："治呕血，吐血。"《医林纂要·药性》："荷叶，功略同于藕及莲心，而多入肝分，平热，祛湿，以行清气，以青入肝也。然苦涩之味，实以泻心肝而清金固水，故能祛瘀，保精，除妄热，平气血也。"《本草从新》："清凉解暑，止渴生津，治泻痢，解火热。"《滇南本草》："上清头目之风热，止眩晕，清痰，泄气，止呕，头闷疼。"《品汇精要》："治食蟹中毒。"《本草纲目》："生发元气，裨助脾胃，涩精浊，散瘀血，清水肿，痛肿，发痘疮。治吐血、咯血、衄血、下血、溺血、血淋、崩中、产后恶血、损伤败血。"《本草通玄》："开胃消食，止血固精。"《本草备要》："洗肾囊风。"《生草药性备要》："春汁，治白浊，（煅）存性，治莲蓬疮。"《现代实用中药》："用于妇人慢性子宫炎，赤白带下，男子遗精或夜尿证；又为解毒药。"《本草纲目》："畏桐油、茯苓、白银。"《本草从新》："升散消耗，虚者禁之。"《随息居饮食谱》："凡上焦邪盛，治宜清降者，切不可用。"《本草经疏》："咳嗽者因肺虚寒客之而无热证者勿服。"《证治要诀》："荷叶服之，令人瘦劣。"煎服 2~5 克（鲜者 25~50 克）。

现代研究表明，荷叶含莲碱、荷叶碱、原荷叶碱、亚美罂粟碱，前荷叶碱、N–去甲基荷叶碱，D–N–甲乌药碱、香荔枝碱、鹅掌楸碱、异槲皮苷、槲皮苷、草酸、苹果酸、柠檬酸、酒石酸、葡萄糖酸、琥珀酸、鞣质等成分，

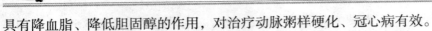

具有降血脂、降低胆固醇的作用，对治疗动脉粥样硬化、冠心病有效。

《经验后方》："治吐血咯血：荷叶焙干，为末，米饮下 10 克。"

《本草纲目》："治崩中下血，荷叶（烧研）25 克，蒲黄、黄芩各 50 克。为末，空心酒服 15 克。""治下痢赤白：荷叶烧研，每服 10 克；红痢蜜、白痢砂糖汤下。"

《三因方》罩胎散："治妊娠伤寒，大热闷乱，燥渴，恐伤胎脏：卷荷叶嫩者（焙干）50 克，蚌粉花 25 克。上为末。每服 10 克，入蜜少许，新汲水调下，食前服。"

《经验良方》："治脱肛不收：贴水荷叶，焙，研，酒服 10 克，仍以荷叶盛末坐之。"

《食物与治病》荷叶煎："止血安神。治冲脉气盛，妊娠初期出现胎漏下血。鲜荷叶 1~2 张，红糖 30~50 克，先将荷叶切成细条，与红糖同煮后，去荷叶渣，温饮之。每日饮 2~3 次，每次 1 小杯。"

《中医药养生集萃》荷叶粥："利水消脂，减少血小板凝聚，改善血液循环。经常服用可预防高血压，中风的发生。鲜叶 2 张洗净，煎汤，粳米 100 克，冰糖少许入荷叶汤中，共煮为粥食用。"

《单方验方新医疗法选编》："治黄水疮：荷叶烧灰，研细末，香油调匀，敷患处，1 日 1 次。"

叶橘泉："治梦遗滑精：荷叶 30 克研末，每服 3 克，每日早晚各 1 次，热米汤送服，轻者一二料，重者三料愈。"

《药茶——健身益寿之宝》："治高血压及减肥：绿茶 10 克，荷叶 10 克，共置杯中，沸水冲泡。代茶，频频饮服。""治肥胖病：干荷叶 9 克（鲜者 30 克），撕碎，煎水。代茶频饮，连服 2~3 个月。""治高血压，高血脂，减肥：干荷叶 60 克，生山楂、花生米各 10 克。共为粗末，沸水冲泡，代茶饮服。连服百日。"

《华夏药膳保健顾问》荷叶减肥茶："降脂减肥。治疗单纯性肥胖，高脂血症。也可作为糖尿病，脂肪肝，胆石症等病的日常饮料。荷叶 60 克，生山楂 10 克，生薏苡仁 10 克，橘皮 5 克，采鲜嫩荷叶洗净，晒干，研为细末。其余各药亦焙干研成细末，混合均匀。每日晨起，将混匀之药末放入开水瓶中，用沸水冲入，塞上瓶塞，泡约 30 分钟后即可饮用。以此代茶，日用 1 剂，水饮完后可再加开水浸泡。连服 3~4 个月。"

《新医学杂志》：降脂合剂："益气养阴，活血祛瘀。用于高脂血症。荷叶 15 克，首乌 12 克，黄精 15 克，山楂 24 克，草决明 24 克，桑寄生 15 克，郁金9克，每日1剂，煎熬成流浸膏50毫升，每次饭后服25毫升，每日服2次，1个月为1个疗程。"

动物实验研究指出，荷叶含有的槲皮素等，有扩张冠状血管、改善心肌循环、降低血压等功效。临床观察指出，用荷叶煎剂治疗高脂血症合并高血压患者47例，连用3个星期，降胆固醇有效率超过90%；上海某医疗机构以荷叶煎剂或浸膏治疗高脂血症235例，结果降血清胆固醇（TL）有效率为55.8%~91.3%，降β-脂蛋白有效率为79.1%，平均下降胆固醇（TL）1.01毫摩尔/升（mmol/L），平均下降β-脂蛋白0.83毫摩尔/升。荷叶含有酸性杂多糖，能促进巨噬细胞的吞噬功能，提高肌体免疫力；含有荷莲碱，有收敛作用；含有槲皮素、异槲皮素、莲甙、β谷甾醇等，有解毒、降血脂作用；含有酒石酸、柠檬酸、苹果酸、葡萄糖酸、草酸、琥珀酸，有生津止渴、祛暑安胎、开胃消食的作用。

● 荷梗：别名藕秆（叶柄或花柄）。荷梗通气宽胸，和胃安胎。用于外感暑湿，胸闷不畅，妊娠吐血，胎动不安。

《本草再新》："通气消暑，泻火清心。"《随息居饮食谱》："通气舒筋，升津止渴，霜后采者，清热止盗汗，行水愈崩淋。"《现代实用中药》："为收敛药。用于慢性衰竭的肠炎、久下痢、肠出血、妇人慢性子宫炎、赤白带下、男子遗精或夜尿症。又为解毒药。"煎服2~5克。

● 荷叶蒂：别名荷鼻、莲蒂（莲的叶基部）。《本草纲目拾遗》："味苦，平，无毒。""主安胎，去恶血，留好血，血痢，煮服之。"《品汇精要》："甘。""解食野蕈毒，水煮服之。"《本草图经》："主益气。"《本草求原》："安胎，止崩，健脾。"《本草再新》："清心降火，解暑除烦，治痢泻，消湿热。"《四川中药志》："通经，行气，清热。"煎服7.5~15克。

《普济方》："治血痢：荷叶蒂水煮服之。"

《贵州中医验方秘方》："治小便出血，荷叶蒂七枚，烧存性，酒调服。"

《幸福杂志》："治小儿百日咳，咳时吐血，头面水肿：荷叶蒂（去茎）数枚，煮汤，调百草霜（吹去煤，研末），空心服，连服数次。"

《本事方》拢毒七宝散："治痛疽，止痛：干荷叶心当中如钱片大，不计多少，为粗末。每用3匙，水2碗，慢火煮至一碗半，放温，淋洗，揩干，以太白膏敷。"

《岭南采药录》："治乳癌已破：莲蒂7个，煅存性，为末，黄酒调下。"

● 魔芋：别名荷翡、皂芋、萌头、虎掌、南星、花秆莲、黑芋头、蒟蒻、花伞把、蜈蜀、麻芋、鬼头、蛇头草。中医认为，魔芋性温，味甘辛，有毒，必须煎煮 3 小时以上食用。魔芋有化痰散结，去脂减肥，行瘀消肿，开胃抗癌，活血排毒功效。《本草纲目拾遗》："一芋所煮，可充数十人之腹，故称鬼芋焉。"《开宝本草》："主消渴。"《医林纂要》："去肺寒，治痰嗽。"《草木便方》："化食，消陈积，症聚，久疟。"

现代研究认为，魔芋含有黏蛋白，能减少体内胆固醇的积累，被誉为"胃肠清道夫，血液净化剂"。能清除肠壁上的废物；含有魔芋多糖（葡萄甘露聚糖）达 45% 以上，具有吸水性强、黏度大、膨胀率高、低热量、低脂肪和高纤维的特点，可与胆固醇经肝脏代谢后，部分转变成胆酸，胆酸排入肠道后，被魔芋多糖吸附，有效地抑制回肠和结肠黏膜对胆酸的主动吸收和运转，增加粪胆固醇排出量，同时，还可阻止唾液淀粉酶水解，促进肠系酶分泌，提高酶活性，起到减肥作用，还可降低餐后血糖水平，减轻胰岛的负担，干扰癌细胞的代谢；含有甘露糖苷对癌细胞代谢有干扰作用；含有束水凝胶进入人体后能形成膜衣附在肠壁上，可以阻碍有害物质对机体的侵袭，并刺激肠系膜分泌和活力增强，加快清除肠壁上的沉积废物和粪便排出，起到解毒，防治如甲状腺癌、胃贲门癌、结肠癌、鼻咽癌等癌症的作用。本品还有抗炎，清除脸上雀斑作用。食前去毒方法：先将魔芋洗净，去皮，切成薄片，每 0.5 千克魔芋片用 12% 食用碱溶液 1000 毫升浸泡 4 小时（也可用石灰水或草木灰水浸泡 1 天），再用清水漂洗至无麻辣味即可，如果发生喉舌灼热、痒痛、肿大等中毒症状，可饮服稀醋或鞣酸、浓茶、蛋清；或用食醋 30~60 克，加生姜汁少许，内服或含漱；也可取防风 60 克，生姜 30 克，甘草 15 克，以四碗清水煎成两碗，先含漱一碗，后内服一碗。

《抗癌良方》："治淋巴癌：蒟蒻、泽漆各 50 克，黄独 40 克，天葵子、红木香各 25 克，七叶一枝花 15 克。水煎服，每日 1 剂。""治肝癌：蒟蒻、红景天、红三七、爵床、草乌各适量，用鲜品捣烂，外敷肝区。"

● 白豆蔻：别名白蔻、扣仁、豆蔻仁、豆蔻、壳蔻、原豆蔻、多骨，为姜科多年生草本植物白蔻的成熟果实。中医认为，白豆蔻性温，味辛；有化湿行气，温中止呕，暖脾消食功效，属于芳香性调料品。用于食欲不振，胃脘胀满，呕吐，噫气，疟疾，反胃，噎膈。《开宝本草》："主积冷气，止吐逆，反胃，消谷下气。"《本草图经》："主胃冷。"《医学启源》："《主治秘要》云，肺金本药，散胸中滞气，感寒腹痛。温暖脾胃，赤眼暴发，白睛红者。"杨士瀛："治脾虚疟疾，呕吐，寒热，能消能磨，流行三焦。"王好古："补肺气，益脾胃，理元气，收脱气。"《本草纲目》："治噎膈，除疟疾，寒热，解酒毒。"《本草备要》："除寒燥湿，化湿宽膨。"《本草经疏》："凡火生作呕，因热腹痛，法咸忌之。"《本草汇言》："凡喘嗽呕吐，不因于寒而因于火者；疟疾不由于瘴邪，而因于阴阳两虚者；目中赤脉白翳，不因于暴病寒风，而因于久眼血虚血热者，皆不可犯。"《本草备要》："肺胃火盛及气虚者禁用。"《本经逢原》："忌见火。"煎服3~6克，宜后下。胃热呕吐者不宜服用。

现代研究认为，白豆蔻含有挥发油（主要为α-龙脑，α-樟脑，葎草烯及其环氧化物），可促进胃液分泌，增进胃肠蠕动，制止肠内异常发酵，祛除胃肠积气，故有良好的芳香健胃作用，并能止呕。

● 花椒：别名蜀椒、椒红、大红袍、川椒、巴椒、汉椒、陆拔。中医认为，花椒性温，味辛，有毒。有温中止泻，燥湿杀虫，暖胃止痛，解鱼腥毒功效。用于胃部及腹部冷疼，呕吐，腹泻，呃逆，咳嗽气逆，风寒湿痹，齿痛，蛔虫病，蛲虫病，阴痒，疮疥。外治湿疹瘙痒。《神农本草经》："主风邪气，温中，除寒痹，坚齿发，明目。""主邪气咳逆，温中，逐骨节皮肤死肌，寒湿痹痛，下气。"《名医别录》："疗喉痹，吐逆，疝瘕，去老血，产后余疾腹痛，出汗，利五脏。""降六腑寒冷，伤寒，温疟，大风汗不出，心腹留饮，宿食，肠澼下痢，泄精，女子字乳余疾，散风邪瘕结，水肿，黄胆，杀虫鱼毒，开腠理，通血脉，坚齿发，调关节，耐寒暑，可作膏药。"《药性论》："治恶风，遍身四肢顽痹，口齿水肿摇动；主女人月闭不通，治产后恶血痢，多年痢，主生发，疗腹中冷痛。""治头风下泪，腰脚下遂，虚损留结，破血，下诸石水，腹内冷而痛，除齿痛。"《食疗本草》："灭瘢，下乳汁。"《日华子本草》："破症结，开胃，治天行时气温疾，产后宿血，治心腹气，壮阳，疗阴汗，暖腰膝，缩小便。"《本草纲目》："散寒除湿，解郁结，消宿食，通三焦，温脾胃，补右肾命门，杀蛔虫，止泄泻。"《本草经集注》："杏仁为之使。畏款冬。""恶栝楼，防葵。畏雌黄。"《名医别录》："多食令人乏气，口闭者杀人。"《千金要方·食治》："久食令人乏气失明。"《唐本草》："畏橐吾、附子、防风。"《本草经疏》："肺胃素有火热，或咳嗽生痰，或嘈杂醋心，呕吐酸水，或大肠积热下血，咸不宜用；凡泄泻由于火热暴注而非积寒虚冷者忌之；阴痿脚弱，由于精血耗竭而非命门火衰虚寒所致者，不宜入下焦药用；咳逆非风寒外邪壅塞者不宜用；字乳余疾由于本气自病者不宜用；水肿黄疸因于肺虚而无风湿邪气者不宜用；一切阴虚阳盛，火热上冲，头目肿痛，齿浮，口疮，衄血，耳聋，咽痛，舌赤，消渴，肺痿，咳嗽，咯血，吐血等症，法所咸忌。"《随息居饮食谱》："多食动火堕胎。"煎服3~8克。

花椒含挥发油，对多种致病细菌及某些皮肤真菌有抑制作用，对蛔虫有杀灭作用，于局部有麻醉止痛作用。

● 胡椒：胡椒又分黑白两种，同是一种果实，黑胡椒是未成熟的，白胡椒是成熟的果实，品质最好。黑胡椒：别名王椒、大川、古月、浮椒、黑川；白胡椒：别名白川。中医认为，胡椒性热，味辛；有温中散寒，下气解毒功效。用于脾胃虚寒所致的脘腹冷痛，胃寒反胃，呕吐清水，朝食暮吐，腹痛泄泻者；或感受风寒，雨淋时食用；同鱼肉、蟹一同食用，防止食物中毒。《唐本草》："主下气，温中，去痰，除脏腑中风冷。"《海药本草》："去胃口气虚冷，宿食不消，霍乱气逆，心腹卒痛，冷气上冲，和气。"《日华子本草》："调五脏，止霍乱，心腹冷痛，壮肾气，主冷痢，杀一切鱼、肉、鳖、蕈毒。"《本草蒙筌》："疗产后血气刺疼，治跌仆血滞肿痛。"《本草纲目》："暖肠胃，除寒湿反胃、虚胀冷积，阴毒，牙齿浮热作痛。""时珍自少嗜之，岁岁病目，而不疑及也。后渐知其弊，遂痛绝之，目病亦止。"这说明胡椒性热，只适用于寒证，热证和内热火旺者忌用。《本草求真》："肠滑令痢，治皆有效。"朱丹溪："胡椒，大伤脾胃肺气，久则气大伤。"《海药本草》："不宜多服，损肺。"《本草备要》："多食发痔疮，脏毒，齿痛目昏。"《随息居饮食谱》："多食动火燥液，耗气伤阴，破血堕胎，发疮损目，故孕妇及阴虚内热，血证痔患，或有咽喉口齿目疾者皆忌之。绿豆能制其毒。"

胡椒碱存在于黑胡椒中，有明显对抗惊厥及电惊厥的作用，还可作为解热剂，亦有助人体更好地吸收其他营养素的作用。除此以外，胡椒还有镇静利胆作用，可使胆汁分泌增加，固体物质减少；还具有杀虫作用，可杀绦虫。煎服2~6克，研末服0.5~1克。

● 八角茴香：别名大八角、原油茴、八角、八角香、大料、大茴香。中医认为，八角茴香性温，味辛甘；有散寒理气，温阳开胃功效。用于胃寒呃逆，寒疝腹痛，心腹冷痛，小肠疝气，肾虚腰痛，干湿脚气。《品汇精要》："主一切冷气及诸疝疗痛。"《本草蒙筌》："主肾劳疝气，小肠吊气挛疼，干、湿脚气，膀胱冷气肿痛。开胃止呕，下食，补命门不足。(治)诸瘘，霍乱。"《医学入门》："专主腰痛。"《本草正》："除齿牙口疾，下气，解毒。"《医林纂要》："润肾补肾，疏肝木，达阴郁，疏筋，下除脚气。"《得配本草》："多食损目发疮。"《会约医镜》："阳旺及得热则呕者均戒。"《本草经疏》："肺、胃有热及热毒盛者禁用。阴虚火旺者勿食；结核病、干燥综合征，糖尿病，红斑狼疮者忌食。"煎服5~10克。

《仁斋直指方》："治小肠气坠：八角茴香、小茴香各15克，乳香少许。

水（煎）服取汗。""治腰重刺胀：八角茴香，炒，为末，食前酒服 10 克。"

《卫生杂兴》："治疝气偏坠：大茴香末 50 克，小茴香末 50 克。用猪尿胞一个，连尿入二末于内，系定罐内，以酒煮烂，连胞捣丸如梧子大。每服 50 丸，白汤下。"

《简便单方》："治腰痛如刺：八角茴香（炒研）每服 10 克，食前盐汤下。外以糯米一二升，炒热，袋盛，拴于痛处。"

《永类钤方》："治大小便皆秘，腹胀如鼓，气促：大麻子（炒，去壳）25 克，八角茴香 7 个。上作末，生葱白 3~7 个，同研煎汤，调五苓散服。"

《脚气治法总要》茴香丸："治风毒湿气，攻疰成疮，皮肉紫破胀坏，行步无力，皮肉焮热：舶上茴香（炒）、地龙（去土，炒）、川乌头（炮，去皮尖）、乌药（锉）、牵牛（炒）各 50 克。研杵匀细，酒煮糊为丸，如梧桐子大。每服空心盐汤下 15 丸。日二。"

● 生姜：别名子姜、老姜、黄姜、川姜、均姜。中医认为，生姜性温，味辛苦；有出汗解表，温中止呕，破血行气，通经止痛功效。《名医别录》："主伤寒头痛鼻塞，咳逆上气。"陶弘景："归五脏，去痰下气，止呕吐，除风湿寒热。"《药性论》："主痰水气满，下气；生与干并治嗽，疗时疾，止呕吐不下食。生和半夏主心下急痛；若中热不能食，捣汁和蜜服之。又汁和杏仁作煎，下一切结气实，心胸壅隔，冷热气。"《千金要方·食治》："通汗，去膈上臭气。"《食疗本草》："除壮热，治转筋，心满。""止逆，散烦闷，开胃气。"《日用本草》："治伤寒、伤风、头痛、九窍不利。入肺开胃，去腹中寒气，解臭秽。""解菌蕈诸物毒。"《本草纲目》："生用发散，熟用和众，解食野禽中毒成喉痹，浸汁点赤眼；捣汁和黄明胶熬，贴风湿痛。"《本草从新》："姜汁，开痰，治噎膈反胃，救暴卒，疗狐臭，搽冻耳。煨姜，和中止呕。"《会药医镜》："煨姜，治胃寒，泄泻，吞酸。"《现代实用中药》："治肠疝痛有效。"《本草纲目拾遗》："汁解毒药，破血调中，去冷除痰，开胃。"《本草正》："除心腹气结气胀，冷气食积疼痛。"《本草述》："治气证痞证，胀满喘噎，胃脘痛，腹胁肩背及臂痛，痹疝。"《医林纂要》："治四肢之风寒湿痹。"《神农本草经》："久服去臭气，通神明。"《珍珠囊》："益脾胃，散风寒。"《医学启源》："温中去湿。制厚朴、半夏毒。"李杲："孙真人云，姜为呕家圣药。盖辛以散之，呕乃气逆不散，此药行阳而散气也。俗言上床萝卜下床姜，姜能开胃，萝卜消食也。"因为夜是主合的，要关闭，天地之气都关闭了，而生姜是主散的。如果夜里吃生姜，那就是天地之气都关闭时，还在拼命地去发散，就会对人体造成损害。秋天是主收敛的，也是主收的，主合的，少吃为佳。

《医学入门》："姜，产后必用者，以其能破血逐瘀也。今人但知为开胃药，而不知其能通心肺也。心气通，则一身之气正而邪不能客，故曰去秽恶，通神明。"《本草新编》："姜通神明，古老之矣，然徒用一二片，欲遽通明，亦必不得之数。或用人参，或用白术，或用石菖蒲，或用丹砂，彼此相剂，而后神明可通，邪气可辟也。"《本草纲目》："食姜久，积热患目。凡病痔人多食兼酒，立发甚速。痈疮人多食则生恶肉。"《本草经疏》："久服损阴伤目，阴虚内热，阴虚咳嗽吐血，表虚有热汗出，自汗盗汗，脏毒下血，因热呕恶，火热腹痛，法并忌之。"《随息居饮食谱》："内热阴虚，目赤喉患，血证疮痛，呕泄有火，暑热实证，热哮大喘，胎产瘀胀及时病后，痧痘后均忌之。"《本草求真》："积热患目及因热成痔者切忌。"民间俗语说："冬吃萝卜夏吃姜，不用医生开药方。"夏天，我们的阳气全部浮越在体外，身体内形成了一个寒湿的格局，人体的脾胃是最虚的，消化能力也是最弱的，所以我们在夏天要吃一些姜类温热的、宣发的食物，而不能吃滋补类的食物——人体内没有足够的力量消化这些东西。而等到冬天的时候，我们的阳气全部收敛了，身体的内部就形成了一个内热的格局，反而可以吃一些滋补类的东西。而吃萝卜可以清凉顺气，可以使我们的身体保持一种清凉和通畅的状态。

现代研究认为，生姜含有姜辣素，进入体内吸收后，产生一种抗衰老活性的抗氧化酶——氧化歧化酶，能抑制体内脂质过氧化物和脂褐质色素——老年斑的产生延缓衰老速度，并能改善心脏功能，促进血液循环，加速新陈代谢；含有姜曲酚、姜烯酮，能治疗恶心呕吐、腹胀、反酸、食欲不振、利胆等病症；含有油树脂在肠道阻止胆固醇吸收，加速排泄；含类黄酮，能缓解老年痴呆症患者脑组织的炎症，还具有抗氧化作用；含有植物精油，有温暖身体、消除炎症、化痰健胃作用；含有一种类似水杨酸的有机化合物，相当于血液的稀释剂和防凝剂，对降血脂、降血压、预防心肌梗死均有特殊作用；姜对伤寒杆菌，霍乱弧菌，阴道滴虫等皆有不同程度的抑杀作用；对消化道有轻微刺激，可使蠕动增强，促进消化液分泌；抗炎消肿；还可以调节前列腺功能——在控制前列腺素血液黏度等方面有重要作用。生姜蛋白酶是一种疏基醇蛋白酶，可分解胶原蛋白和肌动球蛋白，促进肉类的消化，生姜蛋白酶用于肉类嫩化，不仅可以显著提高肉的嫩度，而且可以使其具有良好的风味。

科学家在子宫颈癌细胞样品的观察实验中，生姜提取物能够显著抑制癌细胞的生长，有效率达96%以上。

1990 年，美国国家癌症研究所公布：姜能够预防大肠癌。

欧洲的研究发现，生姜能够促进磺胺咪的吸收，过多地摄入生姜（没有说明剂量）可能干扰对心脏病、糖尿病或抗血凝的治疗效果。不要口服生姜料油，用于皮肤使用前进行稀释。

腐烂的生姜会产生一种毒性很强的有机物——黄樟素，它能损坏肝细胞。生姜忌：猪肉、牛肉、马肉、兔肉。孕妇，阴虚内热、内火偏盛及湿热、实热症者，患有目疾、痈疮及痔疮者，糖尿病及干燥综合征患者，肝炎病患者均应忌食生姜，姜多食伤肝，伤心神。煎服 4~14 克。

● 大葱：别名青葱、四季葱、胡葱、和事菜、香葱、芤、莱伯、葱叶。中医认为，大葱性温，味辛；有散寒发汗，祛痰健胃，驱虫解毒功效。用于水肿，胀满，肿毒。葱叶：《食疗本草》："主伤寒壮热，出汗中风，面目浮肿，骨节头疼。"《蜀本草》："疗肿毒。"《开宝本草》："温中消炎，下气杀虫。"《本草图经》："凡葱皆能杀鱼肉毒。食品所不可缺也。"《千金要方·食治》："青叶归目。除肝中邪气，安中补五脏，益目精（"精"《政和本草》引作"睛"），杀百药毒。"《日华子本草》："茎叶用盐研罨蛇虫伤并金疮。水入铍肿，煨研罯敷。"《本草图经》："煨葱治打仆损。"《用药心得》："通阳气，发散风邪。"《本草经疏》："病人表虚易汗者勿食，病已得汗勿再进。"《开宝本草》："损目明。"《随息居饮食谱》："气虚易汗者不可单食，又忌同蜜食。"葱还忌白术、常山、地黄、何首乌、狗肉、公鸡肉、枣、杨梅同食。湿疹，感冒汗多，目疾，疮疡，狐臭，皮肤痒疹者不宜食用。葱不宜拌豆腐：豆腐中的钙与葱（所有含有草酸的食物）中的草酸会结合成人体不易吸收的草酸钙。煎汤 15~25 克。

现代研究认为，大葱含有前列腺素 A，有舒张小血管、促进血液循环的作用，也有防止血压升高所致的头晕，使大脑保持灵活和预防痴呆的作用；含有蒜素、挥发性辣素，有促进消化、增进食欲、杀菌祛毒，抑制癌细胞生长；含有橡皮素，有抗氧化作用，并抑制亚硝酸盐的生成，干扰和破坏某些致癌物和肿瘤促进物；含有疏化烯丙基，能够清洁血液，降低血糖值；含有果胶，可减少结肠癌的发生，有抗癌作用。

《食疗本草》："治疮中有风水肿痛：葱叶、干姜、黄柏。相和煎作汤，浸洗之。"

《独行方》："治水病两足肿者：锉葱叶及茎，煮令烂渍之，日三五作。"

《千金方》："治代指：萎黄葱叶，煮沸渍之。"

● 葱白：别名葱茎白、葱白头，为百合科植物葱的鳞茎。《素问》：

"辛。"《名医别录》："平"，治"伤寒骨肉痛，喉痹不通，安胎"。《神农本草经》："主伤寒寒热，出汗中风，面目肿。"孟诜："通关节，止衄血，利大小便。"《日华子本草》："治天行时疾，头痛热狂，通大小肠，霍乱转筋及贲豚气，脚气，心腹痛，目眩及止心迷闷。"《用药心法》："通阳气，发散风邪。"李杲："治阳明下痢下血。"《日用本草》："能达表和里，安胎止血。"《本草蒙荃》："蛇伤，蚯蚓伤，和盐罨即解。"《本草纲目》："除风湿，身痛麻痹，虫积心痛，止大人阳脱，阴毒腹痛，小儿盘肠内钩，妇人妊娠溺血，通奶汁，散乳痛，利耳鸣，涂猘犬毒。"《千金要方·食治》："食生葱即啖蜜，变作下利。"《食疗本草》："上冲人，五脏闭绝。虚人患气者，多食发气。"《履巉岩本草》："久食令人多忘，尤发痼疾。狐臭人不可食。"《本草纲目》："服地黄，常山人，忌食葱。"《本草经疏》："病人表虚易汗者勿食，病已得汗勿再进。""辛能发散，能解肌，能通上下阳气。"

葱白时白喉杆菌、结核杆菌、痢疾杆菌、葡萄球菌及链球菌有抑制作用；对多种皮肤真菌有抑制作用；发汗、解热、利尿、健胃、祛痰等。

表虚多汗者忌服；不宜与蜂蜜同服。

《伤寒类要》："治妊娠七月，伤寒壮热，赤斑变为黑斑，溺血：葱一把，水三升，煮令热服之，取汗，食葱令尽。"

《华佗危病方》："治脱阳，或因大吐大泻之后，四肢逆冷，元气不接，不省人事，或伤寒新瘥，误与妇人交，小腹紧痛，外肾搐缩，面黑气喘，冷汗自出，须臾不救：葱白数茎炒令热，熨脐下，后以葱白连须三七根，细锉，砂盆内研细，用酒五升，煮至二升。分作三服，灌之。"

《内蒙古中草药新医疗法资料选编》："治胃痛，胃酸过多，消化不良，大葱头 4 个，赤糖 200 克。将葱头捣烂，混入赤糖，放在盘里用锅蒸熟。每日 3 次，每次 15 克。"

《瑞竹堂经验方》："治虫积卒心急痛，牙关紧闭欲绝：老葱白五茎。去皮须捣膏，以匙送入喉中，灌以麻油 200 克，虫积皆化为黄水而下。"

《外台秘要方》："治小儿初生不小便：人乳四合，葱白一寸。上二味相和煎，分为四服。"

《全幼心鉴》："治小儿虚闭：葱白三根。煎汤，调生蜜，阿胶末服。仍以葱头染蜜，插入肛门。"

《伤寒论》白通汤："治少阴病下利：葱白四茎，干姜 50 克，附子一枚，(生，去皮，破八片)。上三味，以水三升，煮取一升，去滓分温再服。"

《食医心镜》："治赤白痢：葱一握。细切，和米煮粥，空心食之。"

《外科精义》乌金散："治痈疖肿硬、无头、不变色者：米粉200克，葱白50克（细切）。上同炒黑色，杵为细末。每用，看多少，醋调摊纸上，贴病处，一伏时换一次，以消为度。"

《圣济总录》："治疗疮恶肿：刺破（以）老葱，生蜜杵贴二时，疗出以醋汤洗之。"

《本草纲目》："治小儿秃疮：冷泔洗净，以羊角葱捣泥，入蜜和涂之。"

《食物中药与便方》："治婴儿伤风鼻塞：婴儿伤风鼻塞，甚至不能吮乳，用葱白头捣烂挤汁，涂抹鼻唇间，可使鼻通。或将葱白捣烂，用开水冲后，乘湿熏口鼻。"

《中医杂志》："治便秘法：以小指粗的葱白一根蘸蜂蜜小许，徐徐插入肛门内1寸，再来回拉动两三下，然后拔出，一般15~30分钟即欲大便。如仍不通，再用上法二三次即能。"

《湖南妇科学单方验方选》："治孕妇尿闭方：葱白1豆，细切，和盐炒热，熨脐下立通。"

《寿亲养老新书》葱粥："治妊娠数目未满，损动，及产后血晕。葱2茎，糯米2合。上以葱煮糯米粥食之。"

《中国秘方大全》："治胎漏方：葱白60克，煮浓汁饮，不止加川芎6克，粳米30克，煮成粥吃。"

● 葱实：别名葱子，为百合科植物葱的种子。《神农本草经》："主明目，补中不足。"《本草蒙荃》："温中益精。"《本草经集注》："解藜芦毒。"

● 大蒜：别名胡蒜、蒜头、独蒜、荤菜、大蒜头、麝香草、石蒜、山蒜。中医认为，大蒜性温，味辛，有小毒；有健胃散寒，解毒杀虫，消肿止痢功效。用于饮食积滞，脘腹冷痛，水肿胀满，泄泻，疟疾，百日咳，痈疽肿毒，白秃癣疮，蛇虫咬伤。《名医别录》："散痈肿䘌疮，除风邪，杀毒气。"《唐本草》："下气消谷，除风破冷。"《食疗本草》："除风，杀虫。"《本草纲目拾遗》："去水恶瘴气，除风湿，破冷气，烂痃癖，伏邪恶；宣通温补，无以加之；疗疮癣。"《日华子本草》："健脾，治肾气，止霍乱转筋，腹痛；除邪辟温，疗劳疟，冷风，痃癖，温疫气，敷风损冷痛，蛇虫伤，并捣贴之。"《日用本草》："燥脾胃，化肉食。"《滇南本草》："祛寒痰，兴阳道，泄精，解水毒。"《本草纲目》："捣汁饮，治吐血心痛；煮汁饮，治角弓反张；同鲫鱼丸治膈气；同蛤粉丸治水肿；同黄丹丸治痢疟孕痢；同乳香丸治腹痛；捣膏敷脐，能达下焦，消水，利大小便；贴足心，能引热下行，治泄泻暴痢及干湿霍乱，止衄血；纳肛中，能通幽门，治关格不通。""夏月食之解暑气，北方人食肉面，尤不可无。""其辛能散气，热能助火，伤肺，损目，久食伤肝损眼。"《四川中药志》："治肺结核，血痢及崩中带下。"《医林纂要·药性》："润肾补肝，宣达九窍，攻决六淫，阳气宣达，故凡风寒暑湿清喝之邪，皆能驱之。且能辟瘟疫，消痈肿，破症结，消肉食，杀蛇虫毒。大蒜性似附子，但无其毒，且味甘则尚有和缓意。和胃健脾，行水利膈，无所不通。不能如葱之发表，非诸其中空通外，直能泻肺而开腠理也。"《本草经疏》："辛温能辟恶散邪，故主除风邪，杀毒气，及外治散痈肿匶疮也；辛温走窜，无处不到，故主归五脏。总之，其功长于通达走窍，祛寒湿，辟邪恶，散痈肿，化积聚，暖脾胃，行诸气。""凡肺胃有热，肝肾有火，气虚血弱之人，切勿沾唇。"《本草衍义补遗》："其伤脾伤气之祸，积久自见。"《本经逢原》："脚气，风病及时行病后忌食。"《随息居饮食谱》："阴虚内热，胎产，痧痘，时病，疮疟血证，目疾，口齿喉舌诸患，咸忌之。"大蒜过多食用引起肝阴、肾阴不足，从而引起口干、视力下降等症状。大蒜不具备抗肝炎病毒的能力，过量食用可造成肝功能障碍引起肝病加重；怀孕和哺乳期的妇女勿服大蒜补品——会引起不规则的子宫收缩；计划做手术的人勿服大蒜——会引起出血过多，以及服用抗凝药物（如苄丙酮香豆素和塞氯吡啶）的人应遵医嘱；大蒜有溶血作用，多吃会降低血小板的黏附性，使人容易发生严重出血；大蒜有杀菌作用，多吃会杀死有益菌群；大蒜影响维生素 B 的吸收。大蒜不能空腹吃，不能与蜂蜜同吃；胃溃疡者和患有头痒，咳嗽，目疾，口齿，喉，舌诸疾和时行病后均忌食。大蒜还忌：地黄、何首乌、常山、白术。大蒜吃多了眼睛花。煎服 7~15 克。

现代研究表明，大蒜含有"硫化丙烯"的辣素，其杀菌能力可达到青霉素的 1/10，对病原菌和寄生虫都有杀灭作用，可以起到预防流感、防止伤口感染、治疗感染性疾病和驱虫的作用；含锗丰富，锗是人体干扰素诱生剂，可诱发机体产生干扰素，提高免疫力而发挥抗癌作用，特别对食道癌有效；含有大蒜精油，可分离出一种 124 烯丙基甲酯三硫的化合物，具有强烈的抑制血小板的作用，并能扩张血管，溶解低密度脂蛋白的胆固醇（LDL），维持高密度脂蛋白胆固醇（HDL）的含量，为防治高脂血症伴发的高血压、冠心病起了重要作用；含有硫酸盐，有抗氧化作用，还能阻止正常细胞变为癌细胞的基因突变进程；含有烯丙基硫基半胱氨酸，能帮助预防癌症；含有蒜氨酸和环蒜氨酸，具有降血脂作用；含有艾乔恩能稀释血液；含有甲基烯三硫和烯丙基二硫，具有抗血小板聚集、增强纤维酶活性作用；含有蒜油，有消毒作用，能调节肠道，消除肠内腐物，故有预防肠癌的作用。大蒜可以和维生素 B_1 产生一种叫"蒜胺"的物质，而蒜胺的作用要远比维生素 B_1 强得多。蒜素是由大蒜中的艾力辛经酶的作用生成的，有利于维生素 B 族的合成。

大蒜切成薄片放在空气中 15 分钟，使大蒜素充分与空气结合，然后生吃效果最佳。如加热食用，就会失去抗癌效果。

《英国医学杂志》资料显示，每天吃 0.5~1 头大蒜，可降低胆固醇水平 9%，大蒜降血脂的一个明显的特点就是降低"低密度脂蛋白"和"极低密度脂蛋白"，而不降低"高密度脂蛋白"。

《贵州中医验方》："治小儿百日咳：大蒜 25 克，红糖 10 克，生姜少许。水煎服，每日数次，用量视年龄大小酌用。"

《简易方论》："治小儿脐风：独头蒜，切片，安脐上，以艾灸之，口中有蒜气即止。"

《食物本草会纂》："治一切肿毒：独头蒜三四颗，捣烂，入麻油和研，厚贴肿处，干再易之。"

《永类钤方》："治妇人阴肿作痒：蒜汤洗之，效乃止。"

《河南中医》："治牛皮癣：独头蒜 1 个，红胶泥 1 块。共捣如泥，外敷患处，每敷 1 日，隔日 1 次，3 次可效。"

日本京都大学营养化学系的大蒜专家岩井和教授实验的男性人群服用了大蒜萃取物 10 天之后，发现这些实验对象一次射精的精子数量比原来竟然增加了 1 千万个！岩井教授对此解释说："我们吃大蒜时会感觉有刺激的气味，其实这是因为被嚼碎的大蒜会产生一种硫化物，这种物质对男性的交感神经具有刺激作用，从而会大大促进睾丸激素的分泌。"

美国癌症研究中心认为，大蒜含有的化合物可以激发出一种酶，它能够防止致癌物的生成，并解除已经生成的致癌物的毒性，使之不至于生成癌细胞。因此，吃大蒜可以预防多种癌症、心脏病和高血压。每天吃 1~3 瓣大蒜即可达到目的，多吃反而易导致胃出血。

西班牙人的菜肴中有"阿荷汤"，也就是"大蒜汤"。日本东京大学医药系伊藤广之教授认为，大蒜煮汤可改善过敏性疾病。

大蒜汤还对皮肤炎、体质虚寒、关节疼痛、视力模糊、白发、脱发、慢性肝炎、耳鸣、便秘、贫血、多汗、更年期综合征等有一定疗效。大蒜汤也可以加入鸡肉同煮。

● 燕窝：别名燕窝菜、燕蔬菜、燕菜、燕根，为雨燕科动物金丝燕及多种同属燕类用唾液或唾液与绒羽等混合凝结所筑成的巢窝。《本经逢原》：

"甘，平，无毒。" "调补虚劳，治咳吐红痰。"《物理小识》："止小便数。"《闽小记》："白色（者）能愈痰疾，红色（者）有益小儿痘疹。"《本草从新》："大养肺阴，化痰止嗽，补而能清，为调理虚损痨瘵之圣药，一切病之由于肺虚，不能清肃下行者，用此皆可治之，开胃气，已捞痢，益小儿痘疹。" "燕窝脚：能润下，治噎膈甚效。"《岭南杂记》："血燕，能治血痢；白者入梨加冰糖蒸食，能治膈痰。"《食物宜忌》："壮阳益气，和中开胃，添精补髓，润肺，止久泻，消痰涎。"《本草再新》："大补元气，润肺滋阴，治虚劳咳嗽，咯血，吐血，引火归源，滑肠开胃。"《随息居饮食谱》："病邪方炽勿投。"《本草求真》："燕窝，入肺生气，入肾滋水，入胃补中，俾其补不致燥，润不致滞，而为药中至平至美之味者也，是以虚痨药石难进，用此往往获效，义由于此。然使火势急迫，则又当用至阴重剂以为拯救，不可恃此轻淡以为扶衰救命之本，而致委靡自失耳。"曹炳章："燕窝，《饮食辩录》云，性能补气，凡脾肺虚弱，及一切虚在气分者宜之，又能固表，表虚漏汗畏风者，服之最佳。每枚可重在 50 克以上，色白如银，琼州人呼为崖燕，力尤大。一种色红者，名血燕，能治血痢，兼补血液。"《本经逢原》："燕窝能使金水相生，肾气上滋于肺，而胃气亦得以安。食品中之最驯良者。"《本草纲目拾遗》："味甘淡平，大养肺阴，化痰止嗽，补而能清，为调理虚损劳瘵的圣药。"《物理小识》："止小便数。"何惠川：燕窝可以治"反胃久吐"。绢包汤炖 7.5~15 克。

现代研究认为，燕窝含有一种非常重要的多肽类激素——表皮生长因子（eEGF）能刺激细胞的分裂增殖，促进细胞分化，对受损皮肤进行快速修复，促进手术创口和创面的愈合。这种表皮生长因子适用于烧伤创面，各种慢性溃疡创面，包括血管性、放射性、糖尿病性溃疡。美容业也应用表皮因子，因为它能够启动衰老皮肤的细胞，使皮肤变得光滑、细腻而有弹性。

燕窝能够预防肿瘤，燕窝主要是通过提高人体免疫力的作用，达到预防肿瘤的目的，燕窝还具有排毒、抗氧化、抗疲劳、防衰老作用。燕窝还是孕产期保健佳品。

《文堂集验方》："治老年痰喘：秋白梨一个，去心，入燕窝 5 克，先用开水泡，再入冰糖 5 克蒸熟。每日早晨服下，勿间断。"

《救生苦海》："治噤口痢：白燕窝 10 克，人参 2 克。水 3.5 克，隔汤顿熟，徐徐食之。"

《本草纲目拾遗》："治反胃久吐：服人乳，多吃燕窝。"

《内经类编试效方》："治老年疟疾及久疟，小儿虚疟，胎热。燕窝 15

克，冰糖 2.5 克。顿食数次。"

《中国动物药》燕窝黄芪汤："治体虚自汗。黄芪 20 克，燕窝 5 克，煎服。日服 2 次。"

《不知医必要》燕窝汤："润肺清金，治虚劳咳嗽。沙参 10 克，燕窝 15 克，百合 25 克。共炖烂食之，每日 2 次。"

燕窝有采自天然的洞燕，人工饲养筑于室内的屋燕和加工燕三大类。此外还用海藻制成的人造燕窝和用淀粉等制成的假燕窝。

● 白木耳：别名白耳子、银耳、雪耳。中医认为，白木耳性平，味甘淡；有润肺生津，滋阴养胃，益气和血，补肾益精，强心健脑功效。用于体虚气弱，肺热咳嗽，久咳喉痒，咳痰带血，胃肠有热，便秘下血，老年支气管炎，口干津少，头晕耳鸣，慢性咽炎，妇女崩漏，月经不调，产后虚弱，食欲不振，肺结核的潮热，咯血，高血压，冠心病，肿瘤。《本草再新》："滋肺滋阴。"《本草问答》："治口干肺痿，痰郁咳逆。"《饮片新参》："清补肺阴，滋液，治劳咳。"《增订伪药条辩》："治肺热肺燥，干咳痰嗽，衄血，咯血，痰中带血。"《饮片新参》："清补肺阴，滋液，治劳咳。""风寒咳嗽者忌用。"阳虚畏寒者不宜食用。曹炳章说："凡痨瘵质，阴虚火旺之体，烦热干咳，或痰血等症，以作滋养调补之品，为最宜。"

现代研究认为，白本耳含有多糖，是理想的干扰素促进剂，用治劳咳、肺痿、咯血、痰中带血、崩漏、便秘等以及高血压、血管硬化、白细胞减少症，还具有滋阴养颜、清理肠胃的功能和抗癌作用，对小鼠肿瘤 S-180 有较强的抑制作用，其作用机制是非直接杀伤癌细胞，而是通过提高机体抗衰老的作用。白木耳多糖能降低心肌脂褐质的含量，增加脑和肝组织内超氧化物歧化酶的活性，抑制脑组织单胺氧化酶 B 的活性，并降低血糖，还能改善肝、肾功能，促进肝脏蛋白质与核酸的合成，尤其对于病后恢复期，可促进身体健康，抑制血栓形成；改善支气管黏膜充血、肿胀、肥厚等病理变化，促进支气管黏膜上皮细胞修复；降低高脂血症有害物质含量，并能防止实验性高胆固醇血症的形成，促进肝脏蛋白质及核酸合成，增强人体抗疲劳能力，抑制应激性溃疡的发生和促进其愈合。白木耳含有胶原蛋白，对皮肤角质有良好的滋养作用；含有磷脂具有健脑安神作用；含有多糖或孢子多糖能促进单核细胞的吞噬功能，增强机体的免疫力，促进 T 细胞的活力，从而增强机体的抗癌能力；含有酸性异多酚具有抗病毒的作用。白木耳含有膳食纤维和胶质有利于润肠排毒，但腹泻、风寒咳嗽和湿热生痰者忌食。霉变的白本耳不能食用。银耳中含有一种腺苷的衍生物，有阻止血小板凝集的效能，故对于有咯血的支气管扩张，胃及十二指肠溃疡并出血及血小板减少症等病史者慎食。不应饮用隔夜的银耳汤。服用四环素药物时不宜食用。银耳滋腻，凡遇风寒咳嗽，湿热生痰咳嗽均忌食。煎服 3~9 克。

《贵州民间方药集》："润肺，止咳，滋补：白木耳 10 克，竹参 10 克，淫羊藿 5 克。先将白木耳及竹参用冷水发胀，取出，加水一小碗及冰糖，猪油适量调和，最后取淫羊藿稍加碎截，置碗中共蒸，服时去淫羊藿渣、参、耳连汤内服。"

《中国药膳学》双耳汤："制血管硬化、高血压和眼底出血等症。银耳、木耳各 10 克，浸软，洗净，放碗内蒸一小时，一次或分次饮食用。"

白木耳的色泽不是越洁白品质越好，不法商贩用硫黄熏制去掉黄色，可用舌试尝有辛辣等刺激感觉则不能食用。

● 黑木耳：别名木耳、云耳、树耳、木蛾、树鸡、黑菜、耳子、桑耳、松耳、槐耳、木儒。中医认为，黑木耳性平，味甘，有小毒；有补气益智，补血活血，滋阴润燥，养胃润肠功效。用于肠风，崩漏，痔疮，血痢，血淋，肺痨，贫血，牙痛，失眠，多尿，便秘，慢性胃炎，慢性支气管炎，白细胞减少，扁桃体炎。孟诜："利五脏，宣肠胃气拥毒气。"《日用本草》："治肠癖下血，又凉血。"《本草纲目》："治痔。""木耳乃朽木所生，有衰精肾之害。"《药性切用》："润燥利肠。""大便不实者忌。"《随息居饮食谱》："补气耐饥，活血，治跌打扑伤。凡崩淋血痢，痔患肠风，常食可瘳。"木耳忌：田螺（引起中毒）、野鸡（不良反应）、维生素 A（可造成药物的堆积）、维生素 D（影响新陈代谢，造成药物的堆积）、维生素 K（降低药效）、鹌鹑。腹泻患者，有出血性疾病的人，性功能低下者，不宜食用。孕妇不宜多吃。鲜木耳含有卟啉物质，食后经日光照射会引起日光性皮炎。

现代研究认为，黑木耳含有类核酸物质，可降低血中胆固醇的含量；含有胶质和膳食纤维具有排毒作用，能够将肺部吸入的杂物排出体外，还有"肠道清道夫"之称；含有发酵素和植物碱，能促进消化道与泌尿道内各种腺体的分泌，催化体内结石并润滑管壁，促使结石排出；含有磷脂成分，对脑细胞和神经细胞有营养作用；含有丙醇二酸，对脂肪的吸收有抑制作用；含有黑刺菌素，有抗真菌作用；含有多糖能促进巨噬细胞吞噬功能和淋巴细胞转化，还能抗血栓形成；含有人体必需的 7 种氨基酸，而且多属色氨酸活性高，易被人体吸收。人们常吃黑木耳还可降血脂、降血糖、抗癌、抗突变，抑制血小板凝集，对冠心病和脑、心血管病患者颇有益。黑木耳对无意食下的难以消化的头发、谷壳、木渣、沙子和金属等异物具有溶解作用；对胆结石、肾结石、膀胱结石、粪石等内源性异物也有化解功能。但是，黑木耳有降低性欲作用，因此性冷淡、勃起功能障碍者不宜食用。

美国明尼苏达医科大学的哈默米特在做人体血液实验时，偶然发现一份血液没有按正常情况凝结，于是他便找到这份血液的主人，了解到那人在被采血之前吃了一碟中国四川菜：木耳烧豆腐。哈默又研究了四个人，让他们进食这种菜肴后8小时，发现他们的血液同样凝结很慢；而另四个人吃不含木耳的豆腐，血液都正常，没有变化。因此，他在《新英国药物杂志》报道：中国烹饪的黑木耳能影响血液的凝结。他说："有趣的是，我们可能预期，木耳（经常和大葱、大蒜用在一起）有这样一种特性，将对冠状动脉粥样硬化起缓和作用。"哈默斯提出："从目前的情况来看，可以有兴趣地推测，黑木耳可能促成如此低的血管病病例，从而可解释这种真菌是一种延年益寿的补药。"

《御药院方》："治新久泄利：干木耳50克（炒），鹿角胶12.5克（炒）。为末。每服15克，温酒调下，日二。"

《圣惠方》："治血痢日夜不止，腹中疗痛，心神麻闷：黑木耳50克，水二大盏，煮木耳令熟，先以盐，醋食木耳尽，后服其汁，日二服。"

《孙天仁集效方》："治崩中漏下：木耳250克，炒见烟，为末。每服10.5克，头发灰1.5克，共12克，好酒调服出汗。"

《惠济方》："治眼流冷泪：木耳50克（烧成性），木贼50克。为末，每服10克，以清米泔煎服。"

《海上方》："治一切牙痛：木耳，荆芥等分。煎汤漱之，痛止为度。"

● 石耳：别名石木耳、岩菇。《本草纲目》："甘，平，无毒。""明目，益精。"《日用本草》："清心，养胃，止血。"《医林纂要》："补心，清胃，治肠风痔瘘，行水，解热毒。"《岭南采药录》："泻火，止泄。"《饮片新参》："清肺善阴，治劳咳吐血。"

现代研究认为，石耳的热水浸出物经乙醇沉淀，再经冷冻，溶解法精制所得的活性物质有显著的抗癌和止咳作用。

《圣惠方》："治脱肛泻血不止：石耳250克（微炒），白矾50克（烧灰），密陀僧50克（细研）。上药捣罗为末，以水浸蒸饼和丸，如梧酮子大。每于食前，以粥引下20丸。"

● 金针菇：别名金钱菌、金钱菇、冻菌、扑菰、冬菇、智力菇、金菇、朴菇。中医认为，金针菇性寒，味甘；有利肝脏，益肠胃，抗肿瘤功效。用于肝病，胃肠道疾患癌肿。《中国药用真菌》："利肝脏，益肠胃，抗癌。经常食用可预防和治疗肝脏系统及胃肠道溃疡；学龄儿童可以有效地增加身高和体重。"《中国重要资源志要》："用于肝炎、慢性胃炎。"

现代有研究表明，金针菇多糖促进淋巴细胞增殖活力，增强机体免疫功能；含有碱性蛋白类冬菇素，具有抗肿瘤作用；从金针菇菌丝体中分离得到一种弱酸性含90%以上蛋白质，具有明显抗癌活性，对B-16黑色素瘤和腺癌755有明显作用。但非细胞毒作用。本品尚有降血脂，抗疲劳，消炎，护肝，防治胃肠道溃疡，促进精子生成，促进新陈代谢作用。

据报道，日本野县盛产金针菇，当地群众常食之，很少得癌症。日本学者又从金针菇中提取出朴菇素，具有明显的抗癌效果。

金针菇要煮熟吃，新鲜的金针菇含有秋水仙碱毒素，加热后就无毒了。金针菇性寒，脾胃虚寒，腹泻便溏者不宜食用。

● 香菇：别名冬菇、香仅、香菌、香蕈。中医认为，香菇性平，味甘；有益胃气，托痘疹；治风破血，脾胃虚弱，饮食减退，小儿麻疹透发不畅。《日用本草》："益气，不饥，治风破血。"《本经逢原》："大益胃气。"《医林纂要》："可托痘毒。"《现代实用中药》："为补偿维生素D的要剂，预防佝偻病，并治贫血。"《本草求真》："香蕈，食中佳品，凡菇禀土热毒，惟香菇味甘性平，大能益胃助食，及理小便不禁。然此性极滞濡，中虚服之有益，中寒与滞，食之不无滋害。取冬产肉厚，细如钱大者良。《随息居食谱》："疹痘后，产后，病后忌之。"《全国中草药汇编》："经常食用可预防佝偻病，预防人体各种黏膜及皮肤的炎症，预防身体衰弱，毛细血管破裂，牙床以及腹腔出血等。"《福建药物志》："托毒拔浓，主治麻疹不透，荨麻疹、盗汗，毒姑中毒，跌打刺伤。"香菇含钾多，故服强心药洋地黄期间及高钾血症者忌食。

现代研究认为，香菇含有干扰素诱生剂——双链核糖核酸，可以诱导体内释放出一种低分子糖蛋白，干扰细菌和病毒蛋白质的合成，促进细菌和病毒失去生长和繁殖的机会，对革兰阳性菌、金黄色葡萄球菌等有抗菌作用；含有核酸类物质，可抑制血清和肺脏中的胆固醇增加，有阻止血管硬化和降低血压的作用；含有1，3-β-葡萄糖苷酶，能提高机体抑制癌瘤的能力，间接杀灭瘤细胞阻止癌细胞扩散；含有麦角醇物质，用日光照射或紫外线照射，可转变为维生素D_2，有预防小儿佝偻病作用；含有香菇素可以使脑部自主神经安宁，并可以加强心脏、肝脏的生理功能，促进新陈代谢，还可使甲状腺、前列腺等腺体的功能增强；含有生物碱——香菇嘌呤，有降低胆固醇及预防动脉硬化作用，其中腺嘌呤有预防肝硬化作用；含有胆碱、酪氨酸、氧化酶以及某些核酸物质，能起到降血压、降低胆固醇、降血脂的作用；含有多种糖体的同类 β-葡萄醛和糖蛋白的同类会刺激巨噬细胞，提高细胞的活化度；含有 30 多种酶和 18 种氨基酸，其中含 7 种人体必需的氨基酸。香菇菌盖部分含有双链结构的核糖核酸，进入人体后，会产生具有抗癌作用的干扰素。

据报道，香菇所含的特殊氨酸，能使患者尿蛋白显著下降，是急慢性肾炎，尿蛋白症的食疗佳品。临床资料表明，香菇可治疗多种肾脏疾病，且无副作用。

美国的一项研究证明，蘑菇多糖有抗 H1V 病毒的活性。让 H1V 呈阳性的受试者连续 12 周摄入蘑菇多糖，有 30%的受试者 T 细胞含量增多。

● 蘑菇：别名麻菇、鸡足蘑菇、蘑菇草、肉蕈。中医认为，蘑菇性凉，味甘；具有健脾开胃，平肝提神，化痰理气，行血通便功效。用于饮食不消，乳汁不足，神倦易眠，白细胞减少，尿路结石，传染性肝炎，高脂血症，小儿麻疹透发不快。《医学入门》："悦神，开胃，止泻，止吐。"《生生篇》："益肠胃，化痰，理气。"《饮膳正要》："蘑菇，动气发病，不可多食。"《随息居饮食谱》："蘑菇，多食发风动气，诸病人皆忌之。"皮肤过敏，脾胃虚寒者不宜食用；不能与野鸡同食。

现代研究认为，菌菇类糖类成分会刺激巨噬细胞，提高细胞的活化度；蘑菇水提取物能增强 T 细胞数量，刺激抗体形成，提高机体免疫功能，对机体非特异性免疫有促进作用。双孢蘑菇中提取的植物凝集素有抗肿瘤活性，它通过提高免疫功能和去除活性氧的能力来抑制癌瘤的作用。四孢蘑菇乙醇提取物有降血糖作用。四孢蘑菇对金黄色葡萄球菌、伤寒杆菌、大肠埃希菌有抑制的作用。蘑菇还能降低胆固醇，并使血流畅通。蘑菇含有 17 种氨基酸，多种维生素。

日本科学家发现蘑菇煎汁可以抑制癌的生长，其中有一种叫"PSK"的物质，可以直接杀死癌细胞，对治疗肺癌、乳腺癌、子宫癌及消化道癌等均有疗效。

巴西某研究所从蘑菇中提取一种物质，具有镇痛、镇静功效，其镇痛效果可代替吗啡。

● 海藻：别名海澡、海带花、乌菜、落首、海萝、羊栖菜、海蒿子、昆布、鹿角菜、萱藻、海蕴、石花菜、江蓠、麒麟菜、琼枝、角叉菜、蜈蚣藻、软骨藻、鹧鸪菜、小球藻、石莼、礁膜、松藻、浒苔、螺旋藻。海藻是一群生活在海洋中的最简单、最古老的低等植物，通常分四大类群：蓝藻类（蓝藻），如螺旋藻、海雹菜；褐藻类（褐藻），如海带、裙带菜、马尾藻、昆布；

红藻类（红藻），如紫菜、石花菜、江蓠、麒麟菜；绿藻类（绿藻），如小球藻、石莼、浒苔。中医认为，海藻性寒，味咸；有消痰软坚，利水消肿功效。用于肝肾阴虚，肝火郁结，痰火凝聚引起的瘰疬，肝脾气郁、气滞痰凝、血行不畅引起的瘿瘤。还用于淋巴结核，甲状腺肿大，睾丸肿痛，痰饮水肿，脚气。《神农本草经》："主瘿瘤气，颈下核，破散结气，痈肿癥瘕坚气，腹中上下鸣，下十二水肿。"《名医别录》："疗皮间积聚，暴溃，留气，热结，利小便。"《药性论》："治气痰结满，疗疝气下坠，疼痛核肿，去腹中雷鸣，幽幽作声。"孟诜："主起男子阴气，常食之，消男子癀疾。"《海药本草》："主宿食不消，五膈痰壅，水气浮肿，脚气，奔豚气。"《本草蒙荃》："治项间瘰疬，消颈下瘿囊，利水道，通癃闭成淋，泻水气，除胀满作肿。"《现代实用中药》："治慢性气管炎等症。"《本草经集注》："反甘草。"《本草经疏》："脾家有湿者勿服。"《本草汇言》："如脾虚胃弱，血气两亏者勿用之。"

煎服 6~12 克。

现代研究认为，海藻类中所含的多糖是一种高效的免疫调节剂，是参与生物活动本质的三类大分子之一。多糖的糖链在分子生物化学过程中具有决定性作用，它能控制细胞的分裂、分化及细胞的生长和衰老，可以阻止动物红细胞凝集反应的发生，防止血栓和因血液黏性增大而引起血压上升，从而具有降血压作用；含有亚油酸、亚麻酸和二十碳五烯酸，具有防治动脉粥样硬化的作用；含有 EPA 是一种不饱和脂肪酸，具有抑制血液中的血小板凝聚，防止血管壁内形成血栓作用；含有褐藻糖胶对脊髓灰质炎病毒血型、柯萨奇 B_3 和 A16 型病毒、埃可 IV 型病毒均有抑制作用；海藻多糖对 I 型单纯疱疹病毒有抑制作用；含有藻胶酸、甘露醇、钾、碘、粗蛋白等，对缺碘引起的甲状腺肿大有疗效，并对甲状腺功能亢进、基础代谢率有暂时抑制作用，而且还具有将低密度脂蛋白胆固醇排出体外和增加高密度脂蛋白作用；含有藻胶酸硫脂，有抗高脂血症作用；含有膳食纤维，能调顺肠胃，促进胆固醇代谢；含有蛋白质能分解脂肪，抗凝血和降低血糖的活性；含有牛磺酸可减少胆固醇和强化肝脏功能的作用；含有海带氨酸，有降血压作用；海藻中含有 DHA 物质是大脑发育所需的重要物质之一，并对视力有益。螺旋藻含 γ-亚麻酸，属于 Ω-6 不饱和脂肪酸，具有调节血压、软化血管、缓解动脉硬化、预防冠心病、抑制胆固醇合成、促进细胞再生作用；含有叶绿素，是人体红细胞的主要构成要素，它可以提高人体的造血功能，提升体力，增强自然愈合力，能预防胆固醇的吸收，预防疾病。蓝藻和红藻中含有藻胆蛋白，有抗癌作用，并能促进白细胞再生。羊栖菜含有褐藻，淀粉硫酸化后形成褐藻淀粉硫酸酯，有显著降低胆固醇的作用，并能减轻动脉粥样硬化；含有褐藻酸，具有抗凝血作用，能预防血栓、中风等疾病；含有褐藻酸钠，能降压，对 ^{60}Co 射线所致的损伤有一定的保护作用，并有阻止 ^{90}Sr 在肠道吸收，将其排出体外，碘可防治甲状腺肿，对预防甲状腺癌、乳腺癌、卵巢癌、子宫癌、子宫肌瘤等疾病有疗效。羊栖菜含有钙对磷的比率是 14:1，是一种优秀的低磷食品，食用时先泡在水中 30~40 分钟，期间要注意换水，等它吸收足水分了再控干，拌上酸甜酱，加点盐就能吃了。海蒿子含有 β-谷甾醇类物质，具有降血脂作用，并能降低血清中及脏器中胆固醇的含量；含有褐藻酸钠，能促进某些放射性元素在体内吸收，口服褐藻酸钠能促进某些放射性元素（镭、锶等）自体内排出，可阻止体内吸收达 70%~90%。萱藻含褐藻酸、蛋白质、碘等，对心血管疾病有明显疗效，如降脂、降压、降胆固醇等，有扩张冠状动脉和增强心肌营养性血流量作用，对癌症有一定的抑制作用。褐藻胶有润肠，减肥，降胆，降压功能。石花菜（鸡毛菜、牛毛菜、洋菜）是制造琼胶的主要原料。琼胶有抗病毒的特性，具有这种作用的活性成分是一种硫酸化的多糖物质，它对脑膜炎病毒、B 型流感病毒及流行性腮腺炎病毒都有不同程度的抑制作用，还有一定的免疫作用。江蓠（龙须菜）含有琼胶多糖对 B 型流感病毒、腮腺炎及脑膜炎病毒有抑制作用，对心血管疾病、癌症有一定的抑制作用；含有岩藻多糖，具有肝素的活性，可防止红细胞凝集，改善血液黏稠度。江蓠还有抗放射性的作用，对人体 A、B、O、AB 型血细胞有凝集作用，还可预防污染并杀死肠道寄生虫等。《本草纲目》："治瘿结热气，利小便。"软骨藻含有软骨藻酸对蛲虫，蛔虫有抑制和灭杀作用。鹧鸪菜（美舌澡、蛔虫菜）含有海人草酸，具有杀死蛔虫的活性；还有抗癌作用，如对子宫颈癌的抑制率可达 90% 以上。麒麟菜含有卡拉胶、多糖、黏液质，有很强的抗病毒、抗凝作用；含有海藻多糖，对高血脂有降低血清胆固醇的作用和降脂功能。角叉菜含有卡拉胶有抗肿瘤、抗病毒、抗胃溃疡及抗血脂作用，可以降低胆固醇、降血压以及凝集免疫各方面。海萝（毛牛菜）含有硫酸多糖，具有抗肿瘤、抗艾滋病毒的功效。蜈蚣藻含有环丙基氨基酸，具有抗炎症、抑制癌症及激活免疫作用；含有琼胶，可熬成胶冻加糖做清凉饮料，还可以做汤，凉拌菜食用。小球藻含有叶绿素的分子结构和血红蛋白分子结构相似，能排出肠、肾、肺血液中的毒素；含有藻多糖，具有抗疲劳、抗动脉粥样硬化，预防心血管疾病和糖尿病的功能；含有亚油酸和 γ-亚麻酸，能起到调节血脂的作用；其独有的生物活性生长因子（CGF）是珍贵的生物素，用途十分广泛。石莼（海白菜）含有丙烯酸具有抗菌作用；含有硫酸黏多糖有抗癌作用。浒苔（苔条）有降低胆固醇、降低血压、抗肿瘤、抗细菌等作用。礁膜（海青菜、下锅烂）有降低胆固醇作用。松藻（海松）含有硫酸化多糖，有预防癌症，抵御辐射作用；含有丙烯酸，具有抗菌和抗病毒作用。松藻还具有杀虫，治疗心血管疾病以及抗凝血和提高免疫功能的作用。

《肘后方》："治颌下瘰疬如梅李：海藻 500 克，酒二升。渍数日，稍稍饮之。""治颈下卒结囊，渐大欲成瘿：㈠海藻 500 克（去咸），清酒二升。上二味以绢袋盛海藻酒渍，春夏二日。一服二合，稍稍含咽之，日三。酒尽更以酒二升渍，饮之如前。渣曝干，末服方寸匕，日三。尽更作，三剂佳。㈡昆布，海藻等分。末之，蜜丸，如杏核大。含，稍稍咽汁，日四五。"

《世医得效方》："治蛇盘瘰疬，头项交接者：海藻菜（以荞面炒过），白僵蚕（炒）等分。为末，以白梅泡汤，和丸，梧子大。每服 60 丸，米饮下，心泄出毒气。"

《三因方》破结散："治石瘿、气瘿、劳瘿、土瘿、忧瘿：海藻（洗）、龙胆、海蛤、通草、昆布（洗）、矾石（枯）、松萝各 1.5 克，麦曲 2 克。上为末；酒服方寸匕，日三。忌鲫鱼、猪肉、五辛、生菜诸杂毒物。"

《食物中药与便方》："防治高血压、动脉硬化（肝阳上亢型）：海藻煎水服。"

《中国药用海洋生物》复方海蒿子丸："利水降压。治疗高血压。海蒿子、海带、夏枯草、木通各 30 克，诃子、薄荷各 15 克，杏仁 6 克，共捣细粉，炼蜜为丸，每丸 6 克。含化，每日 3 次，每次 1 丸。"

《高血压心脏病及中风验方》山海丹："益气养血，活血祛瘀，化痰降脂，调整阴阳。治疗气阴两虚型冠心病，心脉瘀阻致胸痹心痛，心肌梗死，脑血栓，脑动脉硬化。山羊血、海藻、丹参、三七、灵芝草、葛根、人参、黄芪、川芎。制成胶囊剂。每日 3 次，每次 4~5 粒，连服 3 个月。"

● 昆布：别名纶布、海昆布，为海带科植物海带，或翅藻科植物昆布、裙带菜的叶状体。昆布有消痰软坚，利水功效。用于瘰疬，瘿瘤，脚气水肿，水肿。《吴普本草》："酸咸，寒，无毒。"《本草再新》："味苦，性寒，无毒。"《名医别录》："主十二种水肿，瘿瘤聚结气，瘘疮。"《药性论》："利水道，去面肿，去恶疮鼠瘘。"《本草纲目拾遗》："主颓卵肿。"崔禹锡《食经》："治九瘘风热，热瘅，手脚疼痹，以生淡之益人。"《本草通玄》："生噎膈。"姚可成《食物本草》："裙带菜，主女人赤白带下，男子精泄梦遗。"《玉楸药解》："泄水去湿，破积软坚。""清热利水，治气臌水胀，瘰疬瘿瘤，癞疝恶疮，与海藻、海带同功。"《现代实用中药》："治水肿，淋疾，湿性脚气，又治甲状腺肿，慢性气管炎，咳嗽。"《本草经疏》："昆布，咸能软坚，其性润下，寒能除热散结，故主十二种水肿，瘿瘤聚结气、瘘疮。东垣云：瘿坚如石者，非此不除，正或能软坚之功也。"《药王论》："利水道，去面肿，去恶疮鼠瘘。"《本草汇》："昆布之性，雄于海藻，噎症恒用之，盖取其祛老痰也。"《食疗本草》："下气久服瘦人。"《品汇精要》："妊娠亦不可服。"《医学入门》："胃虚者慎服。"煎服6~12克。脾胃虚寒者忌食。

《食疗本草》昆海小茴汤："理气活血，软坚散结。主治疝气肿痛，或睾丸肿大。昆布15克，海藻15克，山楂15克，小茴香10克，水煎服。"

《海洋药物民间应用》："治肥胖症：海带、昆布、荷叶、山楂各等量，水煎代茶饮。"

《抗肿瘤中药的临床应用》："治甲状腺瘤：昆布、山豆根、海藻银花、白芷、射干、升麻各9克，龙鳞草、夏枯草、天花粉、生地各15克，甘草4.5克，水煎服，日1剂。"

● 紫菜：别名索菜、子菜、紫英、乌菜、灯塔菜、红藻。中医认为，紫菜性寒，味甘咸；有清热利尿，化痰软坚功效。用于痰热互结所致之瘿瘤，颈项瘰疬，甲状腺肿，慢性支气管炎，恶性肿瘤，睾丸肿痛，脚气，淋病。《本草经集注》："治瘿瘤结气。"《食疗本草》："下热气，若热气塞咽喉者，汁饮之。"《本草纲目》："病瘿瘤脚气者宜食之。"《随息居饮食谱》："和血养心，清烦涤热，治不寐，利咽喉，除脚气瘿瘤，主时行泻痢，析酲开胃。"《现代实用中药》："治水肿、淋疾、湿性脚气、甲状腺肿、慢性气管炎、咳嗽。"《国药的药理学》："干嚼之，治肺坏疽的起始吐臭痰者。"《食疗本草》："多食胀人。"《本草纲目拾遗》："多食令人腹痛，发气，吐白沫，饮少热醋消之。"

现代研究认为，紫菜含有EPA的脂肪酸和铬，能促进血液流动，并使血管柔软，从而预防糖尿病和心血管病，EPA能抑制血小板的凝集，防血栓的形成，并有降低胆固醇的作用；含有牛磺酸，能使血液中的胆固醇减少，能阻止因胆固醇所形成的胆结石，它能强化肝功能作用；含有光合色素，有抗疲劳、抗癌功能，还能促进血细胞再生；含有SOD（超氧化歧化酶），能消灭超氧自由基；含有硫酸多糖（即和硫酸结合成颗粒大小的纤维），能增加人体的免疫功能；含有维生素U，其有预防胃溃疡和促进溃疡面愈合的作用。

紫菜忌与柿子、石榴、橘子等含鞣质多的食物同食，紫菜中的钙离子与鞣质结合生成不溶性结合物，影响营养成分的吸收。紫菜含有血尿酸，人体吸收后能在关节中形成尿酸盐结晶，加重关节炎症状，故关节炎者忌食。胃寒阳虚者慎食，紫菜性寒，容易伤阳气，故痛风者不宜食用，加重病情。

《中国药用海洋生物》："治甲状腺肿方：紫菜、鹅掌菜各 15 克，夏枯草、黄芩各 9 克，水煎服。""治高血压方：紫菜、决明子各 15 克，水煎服。"

● 海带：别名海草、裙带菜、江白菜、海马蔺。中医认为，海带性寒，味咸；有化痰软坚，清热利水，益肝排毒功效。治瘿瘤结核、疝瘕、水肿、脚气。《嘉祐本草》："催生，治妇人及疗风，亦可作下水药。"《本草图经》："下水速于海藻。"《本草纲目》："治水病（水肿症），瘿瘤（即甲状腺肿），功同海藻。"《玉楸药解》："清热软坚，化痰利水。"《医林纂要》："补心，行水，清痰，软坚。消瘿瘤结核。攻寒热痕疝，治脚气水肿，通噎膈。"《医学入门》："胃虚者慎服。"姚可成《食物本草》："裙带菜，主妇人赤白带下，男子精泄梦遗。"海带忌：甘草。海产品忌：白霉素，红霉素。

《儒门事亲》化瘿丹："治赘：海带、海藻、海蛤、昆布（四位皆焙）、泽泻（炒）、连翘，以上并各等分，猪靥、羊靥各十枚。上为细末，蜜丸，如鸡头大，临卧嚼化一二丸。"

《杂类名方》玉壶散："治三种瘿：海藻、海带、昆布、雷丸各 50 克，青盐、广茂各 25 克。上等分，为细末，陈米饮为丸榛子大，嚼化，以炼蜜丸亦好。"

《食物中药与便方》："治甲状腺肿：海带 30 克（洗去盐），黄独（黄药子）12 克，水煎服用。"

《中国医药养生集萃》糖渍海带："软坚散结。治痰滞血结之青光眼。水发海带 500 克，漂净盐分，切成小片，置锅内，加适量煮熟，捞出放入盘中，拌入白糖 250 克，腌渍每日后可食用。每次食 60 克，每日 2 次。""海带草决明煎剂：清肝潜阳，泄热化痰，治疗肝阳上亢型高血压及高脂血症。海带 30~50 克，草决明 20 克，水煎服，代茶饮用，可食海带。"

《中华药膳宝典》海带鸭子："软坚散结。治单纯性甲状腺肿。海带 120 克，鸭子 1 只，共煮炖熟，吃肉喝汤，每周 2 次。"

《中药志》加味海带根丸："止咳化痰敛肺。治疗慢性支气管炎。海带根 60 克，瓜蒌、五味子各 6 克。海带根水煎浓缩成膏，余药研粉，加入调匀，制丸如绿豆大。每日 2 次，每次 7 克。"

现代研究认为，海带含有牛磺酸，可降低血脂，降低因容量因素（钠潴留）引起的高血压，增强微血管的韧性，可抑制动脉粥样硬化；含有纤维素和褐藻酸类物质、甜菜碱、昆布素等，可降低胆固醇和甘油三酯含量；含有藻氨酸单枸橼酸盐对平滑肌有抑制作用，并能对抗乙酰胆碱、5-羟色胺、氯化钡引起的平滑肌痉挛；含有褐藻酸有保护消化道黏膜和止血作用；含有甘露醇（海带上附着一层白粉），有降低血压、利尿和消肿的作用；含有褐藻酸钾在胃酸的作用下分解成褐藻酸和钾离子，褐藻酸与多余的钙离子结合成褐藻酸钠，由肠道排出体外，减少钠离子的吸收，从而降低血压；褐藻酸能减慢放射性元素锶被肠道吸收，并使它排出体外，因而海带有预防白血病的作用；含有褐藻胶物质，可与镉元素结合排出体外；含有硫酸黏多糖（海带表面有一层黏液样的物质），有抑制大肠癌发生的作用，并能降低血糖和尿素氮，对胰岛损伤有修复作用；含有藻黄素，有防止血凝固的抗血凝固以及杀死癌细胞的作用；含有 F-藻黄素（其中含有肝细胞繁殖因子）能防止酒精性肝炎和肝癌，还具有减少脂蛋白的作用，而脂蛋白是将胆固醇等脂肪用蛋白质包裹起来的粒子。

武汉大学公共卫生学院罗琼博士将海带提取物用于动物实验，得出结论：海带增强抗辐射功能。联合国卫生组织统计：日本妇女几乎不患乳腺癌，主要原因就是食海带多，而美国妇女患乳腺癌的多，主要原因是她们食海带少，食肉奶多。

食用干海带必须充分浸泡 24 小时以上，洗后换两次水，可使有毒物砷化物溶于水。关节炎患者及患有甲亢的人不宜食用。海带忌：酸涩的水果（胃肠不适）、茶（胃肠不适）、甘草、洋葱、猪血。

● 海蜇：别名水母、海蛇、蚱海、白皮子。中医认为，海蜇性平，味咸；有清热，化痰，消积，通便作用。治痰嗽，哮喘，痞积胀满，大便燥结，脚肿，痰核。《本草纲目拾遗》："主生气及妇人劳损，积血，带下，小儿风疾，丹毒，汤火（伤）。"《医林纂要》："补心益肺，滋阴化痰，去结核，行邪湿，解渴醒酒，止咳除烦。"《随息居饮食谱》："清热消痰，行瘀化积，杀虫止痛，开胃润肠，治哮喘，疳黄，癥瘕，泻痢，崩中带浊，丹毒，癫痫，痞胀，脚气。"《本草求原》："安胎。""脾胃寒弱，勿食。"《归砚录》："海蜇，妙药也。宣气化瘀，消痰行食而不伤正气。""忌一切辛热发物，尤忌蚕蛹。"《本草求真》："海蛇，忌白糖，同淹则蛇即消化而不能以久藏。"海蜇忌大枣（易患寒热病）。《同寿录》："治痞：大荸荠100 个，海蜇 500 克，皮硝 200 克，烧酒 1.5 千克。共浸 7 日后，每早吃 20克（个）。"

《本草纲目拾遗》："治小儿一切积滞：荸荠与海蜇同煮，去蜇食荠。"

《古方选注》雪羹汤："治阴虚痰热，大便燥结：海蜇50克，荸荠4枚。煎汤服。"

用清水浸漂，多次换水洗净切碎食之。还可将切好的海蜇用沸水烫过后，立即放入凉水中浸4天左右，海蜇就会爽脆而不涩嘴。

● 牛蒡根：《本草纲目》："苦，寒，无毒。"《名医别录》："根，茎，疗伤寒寒热，汗出中风，面肿，消渴，热中，逐水。"《药性论》："根，细切如豆，面拌作饭食之，消胀壅。又能拓一切肿毒，用根、叶少许盐花捣。"《唐本草》："主牙齿疼痛，劳疟，脚缓弱，风毒，痈疽，咳嗽伤肺，肺壅，疝瘕，积血。主诸风，癥瘕，冷气。"《本草纲目拾遗》："浸酒去风，又主恶疮。"《分类草药性》："治头晕，风热，眼昏去翳，耳鸣，耳聋，腰痛，外治脱肛。"《贵州民间方药集》："治伤暑。"《四川中药志》："治疥疮。"

《重庆草药》："治痔疮：中蒡子根，漏芦根，燉猪大肠服。"

日本人古时把它当成食品"金平牛蒡"（利用糖与酱油，食油炒的牛蒡）。

现代研究认为，牛蒡中含有大量的膳食纤维：水溶性和不溶性各占一半。不溶性膳食纤维能吸收肠胃中的水分而膨胀，流动速度较慢，能长时间留在肠道内，从而吸收肠道内的葡萄糖，减慢血糖值上升速度。另外，不溶性膳食纤维中有一种叫本质素的物质，能够吸附血液中的坏胆固醇，并将其排出体外。水溶性纤维能缓解慢性便秘，清洁肠道，抑制致癌物质的产生，起到预防癌症的作用。牛蒡含有低聚果糖、类黄酮、牛蒡苷、蛋白质、多酚、牛蒡酸、多炔等物质，有调节肠道菌群、解毒、解热、镇咳、利尿、强精、消炎、收敛、降糖、降脂、抗氧化、抗菌、抗肿瘤、增强人体免疫力作用，并对白内障、关节炎有一定疗效。

牛蒡与汤同吃，不能去掉泡沫。肠胃患者少服。

● 牛蒡子：别名恶实、鼠黏子、牛子、大牛子、万把钩、弯把钩子、鼠尖子、粘苍子、毛锥子、黑风子、毛然、然子、大力子。《名医别录》："味辛，平。""明目补中，除风伤。"《本草纲目拾遗》："味苦。""主风毒肿，诸瘘。"《药性论》："除诸风，利腰脚，又散诸结节筋骨烦热毒。"《食疗本草》："炒过末之，如茶煎三匕，通利小便。"《医学启源》："消利咽膈。"《主治秘要》："润肺散气。"李杲："治风湿瘾疹，咽喉风热，散诸肿疮疡之毒，利凝滞腰膝之气。"《本草纲目》："消斑疹毒。"《本草经疏》："痘疮家惟宜于血热便秘之证，若气虚色白大便自利或泄泻者，慎勿服之。痧疹不忌泄泻，故用之无妨。痈疽已溃，非便秘不宜服。"煎肠 7.5~15 克。

● 仙人掌：别名观音掌、玉英蓉、凤尾芳、龙舌、平虚草、老鸭舌、神仙掌、霸王、观音刺。中医认为，仙人掌性寒，味苦；有清热解毒，行气活血功效。用于心胃气痛，痞块，痢疾，痔血，咳嗽，喉痛，肺痈，乳痈，疔疮，汤火伤，蛇伤，心悸失眠。《本草求原》："消诸痞初起，洗痔。"《分类草药性》："专治气痛，消肿毒，恶疮。"《贵州民间方药集》："为健胃滋养强壮剂，又可补脾、镇咳、安神。治心胃气痛，蛇伤，水肿。"《民间常用草药汇编》："为解热镇静剂。治喉痛，疗疗毒及烫伤，又治精神失常。外用治小儿急惊风。"《陆川本草》："消炎解毒，排脓生肌。主治疮痈疔肿，咳嗽。"《中国药植图鉴》："外皮捣烂可敷火伤，急性乳腺炎，并治足脈。煎水服，可治痢疾。"《湖南药物志》："消肿止痛，行气活血，祛湿退热，生肌。"《闽东本草》："能去瘀，解肠毒，健胃，止痛，滋补，舒筋活络，疗伤止血。治肠风痔漏下血，肺痈，胃痛，跌打损伤。""虚寒者忌用。并忌铁器。"《广西中草药》："止泻。治肠炎腹泻。"《岭南杂记》："其汁入目，使人失明。"

《闽东本草》："治久患胃痛：仙人掌根 50~100 克，配猪肚炖服。"

《贵阳市秘方验方》："治痞块腹痛：鲜仙人掌 150 克，去外面刺针，切细，炖肉服。外仍用仙人掌捣烂，和甜酒炒热，包患处。"

广州部队《常用草药手册》："治急性菌痢：鲜仙人掌 50~100 克，水煎服。""治腮腺炎，乳腺炎，疮疖痈痛肿：仙人掌鲜品去刺，捣烂外敷。"

《岭南采药录》："治肠痔泻血：仙人掌与甘草浸酒服。"

《内蒙古中草药新医疗法资料选编》："治支气管哮喘：仙人掌茎，去皮和棘刺，蘸蜂蜜适量熬服。每日 1 次，每次服药为本人手掌之 1/2 大小，症状消失即可停药。"

《贵州草药》："治心悸失眠：仙人掌 100 克，捣绒取汁，冲白糖开水服。"

《岭南采药录》："治乳痈初起结核，疼痛红肿：仙人掌焙热熨之。此法亦治牛程蹇（即石硬）。""治小儿白秃疮：仙人掌焙干为末，香油调涂。"

《湖南药物志》："治蛇虫咬伤：仙人掌全草，捣汁搽患处。"

现代研究认为，仙人掌含有一种叫丙醇二酸的物质，对脂肪的增长有抑制作用，可用于减肥；含有草酸利于人体对钙的吸收。仙人掌及其果实有助于降低糖尿病患者的血糖水平，增强人体对胰岛素的敏感度；有助于预防DNA 损坏，增强吞噬细胞的活性，及癌症的康复；提高抵抗 EB 病毒的免疫能力；亦有消炎，促进伤口愈合及避免结疤的作用；萃取液能减低人体内的胆固醇和甘油三酯水平。在动物实验中，仙人掌萃取液能够有效地抑制关节炎。

仙人掌煮沸后营养成分流失。煎服鲜者 50~100 克；研末或浸酒。

仙人掌不适宜胃寒冷痛及寒哮者食用；多食会导致腹泻。

传统养生学还将食物分为不同的类型，用于补养的食物主要有以下四大类：

补气食物：大米、小米、黄米、糯米、大麦、小麦、荞麦、黄豆、白扁豆、豌豆、土豆、白薯、山药、白萝卜、香菇、鸡肉、牛肉、兔肉、青鱼、鲢鱼。

补血类食物：胡萝卜、龙眼肉、荔枝肉、桑葚、血豆腐、动物肝脏、动物肉类、海参、平鱼等。

补阳类食物：韭菜、刀豆、豇豆、羊肉、狗肉、鹿肉、动物肾脏、鸽蛋、鳝鱼、海虾、淡菜等。

补阴类食物：白菜、梨、葡萄、桑葚、枸杞子、黑芝麻、银耳、百合、牛奶等。

● 茶叶：别名茗、芽菜、细茶、茶芽、酪奴。中医认为，茶叶性凉，味苦甘；有清头目，除烦渴，化痰，消食，利尿，解毒作用。治头痛，目昏，多睡善寝，心烦口渴，食积痰滞，以及痢疾。《本草经集注》："（主）好眠。"《千金要方·食治》："令人有力，悦志。"《唐本草》："主瘘疮，利小便，去淡（痰）热渴。主下气，消宿食。"《食疗本草》："利大肠，去热，解痰。"《本草纲目拾遗》："破热气，除瘴气。"《本草别说》："治伤暑，合醋治泄泻甚效。"张洁古："清头目。"《汤液本草》："治中风昏愦，多睡不醒。"《日用本草》："除烦止渴，解腻清神。""炒煎饮，治热毒赤白痢；同芎䓖、葱白煎饮，止头痛。"《本草通玄》："解炙煿毒，酒毒。"《随息居饮食谱》："清心神，凉肝胆，涤热，肃肺胃。"《本草纲目拾遗》："食之宜热，冷即聚痰。久食令人瘦，使不睡。"《本草纲目》："浓煎，吐风热痰延。""茶苦而寒，阴中之阴，沉也，降也，最能降火，火为百病，火降则上清矣。然火有五火，有虚实，若少壮胃健之人，心、肺、脾、胃之火多盛，故与茶相宜。温饮则火因寒气而下降，热饮则茶借火气而升数，又兼解酒食之毒，使人不昏不睡，此茶之功也。若虚寒又血弱之人，饮之既久，则脾胃恶寒，元气暗损，土不制水，精血潜虚，成痰饮，成痞胀，成痿痹，成黄瘦，成呕逆，成洞泄，成腹痛，成疝瘕，神之内伤，此茶之害也。……唯饮食后浓茶漱口，既去烦腻而脾胃不和，且苦能坚齿消蠹，深得饮茶之妙。""服威灵仙，土茯苓者忌饮茶。""时珍早年气盛，每次新茗必至数碗，轻汗发而肌骨清，颇觉痛快。中年胃气稍损，饮之即觉为害，不痞闷，呕恶，即暖冷洞泄。""酒后饮茶伤肾脏，腰脚重坠，膀胱冷痛，兼患痰饮水肿，消渴挛痛之疾。"

现代研究认为，茶叶含有的咖啡因、碱能兴奋神经中枢，兴奋心脏，可提神醒脑，扩张冠状动脉，对末梢血管有扩张作用；咖啡因能燃烧脂肪，起到减肥效果；还能抑制肾小管的再吸收，因而有利尿作用。茶碱能松弛平滑肌，帮助治疗支气管哮喘和胆绞痛。绿茶里涩味的成分是儿茶素，对血管紧张素转换酶（ACE）的活性具有抑制作用，因此血管紧张素较少，而缓激肽分泌较多；儿茶素具有抗氧化，增强心肌和血管壁的弹性，消除血管痉挛，抑制癌细胞繁殖，降低胆固醇和高血压，抵御细菌，降低高血糖的作用。茶多酚有抗辐射，抗氧化，降血糖，降血脂，抗血凝，抗血栓作用。茶色素具有抗癌作用。茶鞣酸能分解脂肪，有助于消化，并有收敛胃肠作用。茶含有GABA（γ氨基丁酸）有降压效果。

此外，茶还有如下作用：美国加利福尼亚大学的一项研究显示，绿茶中所含的化学物质能够预防脑中风或其他脑部疾患造成的脑损伤的发生，能通过抑制多—ADP—核糖核酸葡萄糖脱氢酶的活性来预防大脑细胞的死亡，所以绿茶能预防脑中风后大脑细胞的坏死。

日本新谷弘实著《不生病的活法》中述："茶叶中所含的阿仙药成分只是具有抗癌物质的其中一部分。并且这种阿仙药成分会合成一种叫做丹宁的物质。""丹宁非常容易氧化，如果和热水或空气接触就容易生成丹宁酸。而且这种丹宁酸具有使蛋白凝固的特性，所以我认为食物中所含有的这种丹宁酸，在一定程度上会损伤人体的胃黏膜。""他们的胃黏膜变薄而且出现萎缩状态。"

据美国《过敏和临床免疫学》杂志报道，日本东京大学研究人员最新实验结果显示，绿茶等茶叶中所含的多酚类化合物 EGCG 可以有效阻止艾滋病病毒在人体内的扩散。茶叶中的 EGCG 与 CD_4 受体分子抢先结合，从而阻止艾滋病病毒外体细胞免受艾滋病病毒感染。不过这并不意味着光喝茶就足以防治艾滋病。

美国哈佛大学附设在波士顿的布里医院心脏科专家盖吉尔诺博士的研究证实，在茶叶中含有强力的类黄体酮，这是一种能使血液细胞不易凝结成血块的天然物质，因为血块会导致心脏病的发作。类黄体酮是最强的抗氧化剂之一。

美国俄亥俄州大学医学院皮肤科教授凯帝尔博士领导的研究小组发现，

绿茶有助于预防与治疗各式各样的皮肤病变。

日本科学家发现常用绿茶漱口有预防流感和抗龋齿的作用。

喝茶还能增加骨质密度。台湾台南国立成功大学医院吴志新（音）和张志珍（音）写道："研究显示茶对全身腰椎和臀部的骨质矿物密度起保护作用。"

茶垢有毒勤洗杯。泡茶用90℃开水冲泡为宜，一般冲泡3次即可。泡菜勿超2小时——农药残留成分不易泡出来；不喝浓茶，不喝隔夜茶；少饮茶饮料——有食品添加剂，不利健康。

喝茶不宜吃肉：动物食物中的蛋白质与茶叶中的鞣酸结合生成具有收敛性的鞣酸蛋白质，凝结成块，使肠蠕动减慢，从而延长粪便在肠道内滞留时间，加之茶的收敛性作用常可发生大便秘结，又增加有毒和致癌物质被人体吸收的可能性。有些人不宜喝茶：怀孕期、哺乳期妇女：因为咖啡因可能对婴儿的睡眠有不良的影响；便秘患者：茶叶中的酚类对胃黏膜有一定收敛作用，加重便秘；神经衰弱或失眠的人：茶中的咖啡因对中枢神经有兴奋作用，加重失眠；缺铁性贫血者：茶中鞣酸与铁形成不易吸收的沉淀物，加重贫血；缺钙和骨折的患者：茶中生物碱类物质，令抑制十二指肠对钙的吸收，还能导致钙和骨质疏松；有胃酸和胃溃疡者：茶碱会降低磷酸二酯酶的活性，而使胃壁细胞分泌大量胃酸，而影响溃疡面的愈合，同时也会降低抗酸药物疗效；茶丹宁酸会使人体胃黏膜变薄，而且出现萎缩状态；结石症者：茶中草酸会加重结石的发展。浓茶可引起心悸，使心脏负担加重，甚至能导致心律失常等病症。服人参不宜饮茶，因茶有收敛作用，影响人参的吸收。茶还忌：使君子、威灵仙、四环素、利血平、黄连素、利福平、磺胺药、环丙沙星（均有降低药效），苯巴比妥（药性相反）、甲硝唑（不良反应）、消炎痛（伤胃）、洋地黄（药效丧失）、维生素B_1（影响B_1吸收）及富含铁的食物（阻碍铁的吸收）。目前市场出售的有机茶不施化肥，不用农药，效果不错。

《中国药膳学》香附川芎茶："行气，活血，止痛。治情志不舒，气滞血瘀所致的慢性头痛。香附子、川芎、茶叶各3克，共为粗末，开水冲泡，代茶饮服。"

以上讲的是普通茶：茶叶干燥而成的茶。目前，市场上出现各种保健茶。它的原料是植物经过科学研究、加工制成的具有保健功能的饮料。比如，味纯茶（江中集团北京江中药物研究所）原料来自野生植物长寿藤，还魂草，又名显齿蛇葡萄，《救荒本草经》讲述，为民间中草药。这种草药长于武陵山区域，海拔800~1500米，终年云雾缭绕的红砂岩地带。当地居民用于治疗野蜂中毒效果极佳。味纯茶黄酮含量6%以上，是目前发现的所有植物中黄酮含量最高的，被称为"黄酮之王"，还含有 14 种微量元素（硒、铬含量丰富）、17 种氨基酸，具有改善睡眠、消炎、抗癌、降糖、降脂、降压、护心脑、护肝、护眼功效。对于咽喉系统，泌尿系统，呼吸系统，消化系统，血液系统疾病均由疗效。用法：每次两袋，用 95℃开水（100 毫升）浸泡，小勺挤压袋，每天浸服 8~10 次；茶水滴入鼻中治过敏性鼻炎；茶袋放于眼上半小时治眼病；茶渣可煎鸡蛋吃。笔者亲饮此茶，疗效很好。

● 咖啡：中医认为，咖啡性温，味苦；有提神醒脑，强心利尿功效。《食物中药与便方》："酒醉不醒，浓咖啡茶频频饮服。慢性支气管炎，肺气肿，肺源性心脏病，咖啡豆（炒）每日 6~10 克。浓煎服。咖啡忌：异烟肼（不良反应）、白酒（损伤大脑）。

美国的一项研究证实，不喝咖啡者患直肠癌的几率比那些一天喝两三杯咖啡的人高出 58%。不过咖啡喝得太多，会增加患心脏病的几率。

日本研究表明，经常饮用咖啡，可以降低患肝癌的风险。

加拿大蒙特利尔的学者在对 331 名经历流产的妇女进行研究后发现，怀孕期间饮用咖啡，会增加流产的危险，尤其是在怀孕早期，更是禁忌饮咖啡。因为咖啡在体内很容易通过胎盘的吸收进入胎儿的体内，会危及胎儿的大脑、心脏等器官，孕妇要远离含咖啡因的饮品。

瑞典和丹麦联合进行的调查结果显示，不喝咖啡不吸烟的妇女，婚后平均 2 个月内就怀孕；每天喝咖啡 2 杯以上或吸 7 支烟以上的妇女，婚后平均 4 个月才能怀孕。

美国哈佛大学医学院的科学家将成活的精子放入定量的可乐饮料中，1 分钟后发现，可乐对精子的杀死率高达 58%~100%。

美国科学家通过调查发现，咖啡因对胰腺癌的形成有不可忽视的影响，常饮咖啡的人比不饮咖啡的人患胰腺癌的可能性大 2~3 倍。而吸烟者若每日饮 3 杯或更多的咖啡，会使他们患胰腺癌的可能性增加 4 倍。

有研究认为，咖啡能够增加血液中的单核细胞水平，这样就增加了阿尔茨海默病和血管疾病的风险（增加摄入叶酸和维生素 B_6 及维生素 B_{12} 能抵抗这种风险）。咖啡能抑制抽烟妇女的生殖能力，并且，它还含有丙烯酰胺，是一种煮咖啡豆的时候，产生的潜在致癌物质。

瑞典科学家最近研究发现，经常饮用咖啡会改变人类的体形，对于妇女来说，常喝咖啡会抑制乳房的发育。

有研究显示，咖啡因会溶解骨骼里的钙。据测定，每天喝过两杯后，每多喝一杯将造成 8 毫克的骨钙流失，增大患骨质疏松的危险。

有研究证明，长期大量饮用煮沸咖啡，可使血清总胆固醇、低密度脂蛋白胆固醇及甘油三酯升高，并证明咖啡双萜醇与咖啡白脂，若经加工除去这类化学物质，可清除其对血脂的不利影响。

专家认为，下列人员不宜饮咖啡：

（1）孕妇及哺乳期妇女，美国药物食品检验局建议孕妇应避免所有含咖啡因的饮料。咖啡因能通过血液渗入母乳，婴儿的肾脏功能较弱，会导致婴儿情绪紧张、易怒、焦虑或好动的行为。

（2）运动员喝适量的咖啡有利于运动，若摄入过多易产生疲劳。

（3）服用镇静剂者若饮用咖啡会影响镇静剂的作用。

（4）癫痫患者，咖啡因能刺激脑、运动中枢，黄嘌呤会引起血管收缩，减少脑部血液流量，会加重病情。

（5）胃肠病患者，由于咖啡因刺激胃酸分泌，并使消化系统平滑肌血管松弛，加速食物的代谢作用，而降低食物的营养价值。

（6）糖尿病患者，咖啡能降低胰脏中的胰岛素的分泌，降低葡萄糖的耐受量，增加胰岛素的排泄而使血糖上升。

（7）高血压患者，咖啡能使部分人血压上升，将存在临界高血压患者推入高血压行列。

（8）肾衰竭患者，若有高血钾现象，须配合限钾饮食，咖啡含钾量高，故避免饮用。

（9）冠状动脉硬化患者，咖啡会增加脂肪酸及甘油三酯的含量，刺激心脏，影响心肌收缩及加快心脏跳动，增加心脏负担及氧气的消耗量。

（10）缺铁性贫血患者食用含铁食物时，最好避免饮用咖啡，因咖啡会加速食物的代谢而降低铁的吸收率。

（11）老年人服用咖啡产生失眠、心慌、恐惧症状。咖啡因会对有焦虑或恐慌病史患者加重病情。对咖啡因有不良反应，如紧张、颤抖、焦虑、头痛、精神不安、衰弱、情绪低落、精力不足的人不宜服用。

● 水：水约占人体重的65%，而在血液中高达90%。水是生命的摇篮。人在饥饿或无法进食的情况下，只要有供给足够的水，就能勉强存活2~3周。水的生理功能是：细胞和体液的主要成分；维持有氧呼吸；促进肠道细菌及酶的合成；帮助体内消化吸收，体液（如血液和淋巴液）循环及排泄等生理作用；传送养分到各个组织；水可通过蒸发或出汗来调节体温；促进体内的一切化学反应；帮助维持体内电解质的平衡；水是体腔，关节和肌肉的润滑剂。水占体重2%就会口渴，尿少；失水6%会引起全身乏力，无尿；失水达体重的

20%就会引起狂躁、昏迷而危及生命。人体内的水分随年龄的增长逐渐减少，70 岁时会比 25 岁时减少 30%。据专家测算，人体每天进水约 2500 毫升，其中食物水约 1300 毫升，饮料水约 1200 毫升。出水（尿，粪便，汗，呼出，皮肤无感蒸）约 2500 毫升。饮水过少，生理功能失调，血液黏度升高，不利于排毒。饮水过多，则会加重心脏和肾脏的负担。

早晨起来时喝一杯温开水，饭前两小时应多饮水，水 30 分钟就能从胃里流向肠道。饭后不要大量喝水，一次性烧开的饮水不要超过一昼夜（静态水因子结构变化有害健康）。储存 3 天以上的老化旧水，其分子链状结构受不到撞击而弯形，不宜饮用。古人曰："大渴不大饮，大饥不大食……荒年饿殍，饮食即死是验也。嗟乎！"白开水冷却到 20~25℃，具有独特的生物活性，最宜健康。老年人冬天宜喝 40℃的凉开水。

自来水管内长期不用的水要放掉，不能饮用。早上放掉一夜水管中的死水。水烧开后 2~3 分钟（开水声和气泡消失）熄灭，可使有害物质卤代烃（一种致癌物）、氯仿（一种有机溶剂等达到标准：卤代烃 9.2 微克/升、氯仿 8.3 微克/升、水温 90℃时，卤代烃由最初的 53 微克/升、增至 191 微克/升，氯仿由 43.8 微克/升增至 177 微克/升；水温 100℃时，卤代烃和氯仿的含量分别是 110 微克/升和 99 微克/升）。但不是时间烧得越长越好，时间过长，又会产生重金属等其他有害物质。

反复煮沸的水不宜饮用。开水能提高脏器中乳酸脱氢酶的活性，有利于较快降低累积于肌肉中的"疲劳素"——乳酸，从而消除疲劳，焕发精神。

纯净水是干净水，但并不是健康水。1997 年上海市教委下发给中小学的文件中说："中小学生正处于生长和智力发育阶段，加上好动而损耗许多无机盐和矿物质。如长期饮用（纯净水），将对中小学生的健康造成影响。"世界卫生组织认为，人体必需的矿物质和微量元素有 5%~20% 必须从水中获得。

2000 年，中国第九届政协会议上，全国政协委员，北京化工大学学术委员会主任金日光教授说："当前不顾我国百姓饮食结构的特点，过分地提倡人们喝纯净水是不合适的，因为纯净水的凝聚态结构不仅使人体细胞很难吸收，反而会把人体内有用的微量元素排泄出去，减弱身体免疫力。"

我们喝的水要保留"原始的"矿物质；没有氯，没有杂质，没有重金属；必须是弱碱性的水；必须符合"生饮"的标准；必须是含氧的；分子结合度高；经地球磁场适当磁化（地底涌泉，拥有完美的六角结晶及磁性作用）的水。滤水器处理上最好是没有经过电的，因为电辐射会影响分子结构。装水不要用 PC 塑材——塑料分子会溶到水里面去。最好的饮用水是天然的矿泉水，它含有大量的矿物质。

目前市场上的净水设备种类很多，如果买与水管直接相连的其他净水器，要选用含碳酸钙的；含活性炭越多越好；过滤器的中间部分便于拆卸安装（定期更换）的名牌产品。

为什么南方人皮肤细腻，北方人皮肤粗糙呢？原因之一是北方水比南方水硬度大，而且北方人有喝生水的习惯。

每天喝足够的水，有利于排毒。

● 酒：中医认为，酒性温，味甘苦辛，有毒。《名医别录》：“主行药势，杀百邪恶毒气。”孟诜：“通脉，养脾气，扶肝。”《本草纲目拾遗》：“通血脉，厚肠胃，润皮肤，散湿气。”《日华子本草》：“除风及下气。”《饮膳正要》：“阿刺吉酒，主消冷坚积，去寒气。”《品汇精要》：“解一切蔬菜毒。”《本草纲目》：“米酒，解马肉、桐油毒，热饮之甚良。”“老酒，和血养气，暖胃辟寒。”“烧酒，消冷积寒气，燥湿痰，开郁结，止水泄。治霍乱，疟疾，噎膈，心腹冷痛，阴毒欲死，杀虫辟瘴，利小便，坚大便；洗赤目肿痛。”“面曲之酒，少饮则和血行气，壮神御寒。若夫沉湎无度，醉以为常者，轻则致疾败行，甚者丧驱陨命，其害可胜言哉。”“烧酒纯阳，毒物也……过饮不节，杀人顷刻。”《医林纂要》：“散水，和血，助肾兴阳，发汗。”《千金要方·食治》：“黄帝云，暴下后饮酒者，膈上变为伏热；食生菜饮酒，莫灸腹，令人肠结。扁鹊云，久饮酒者腐肠烂胃，溃髓蒸筋，伤神损寿；醉当风卧，以扇自扇，成恶风；醉以冷水洗浴，成疼痹，饱食讫，多饮水及酒，或痞僻。”孙思邈：“空腹饮酒醉必患呕逆。”孟诜：“久饮，软筋骨，醉卧当风，则成癜风。”《本草纲目拾遗》：“米酒不可合乳饮之，令人气结。凡酒忌诸甜物。”《本草纲目》：“畏枳椇、葛花，赤豆花、绿豆粉者，寒胜热也。”“痛饮则伤神耗血，损胃亡精，生痰动火。”“盐冷水，绿豆粉解其毒。”《随息居饮食谱》：“烧酒，消冷积，御风寒，辟阴湿之邪，解鱼腥之气。凡大雨淋湿及多行湿路，或久浸水中，皆宜饮此，寒湿自解，如陡患泄泻，而小溲清者，亦寒湿病也，饮之即愈。”“阴虚火体，切勿沾唇。”《短命条辩》：“酒乃火中精，饮之必发鼓症。”水鼓，也就是现代病名肝硬化腹水。

《本草纲目》：“治风虫牙痛：烧酒浸花椒，频频漱之。”

《千金方》：“治耳聋：酒三升，碎牡荆子二升。浸七日，去滓，任性服尽。”

《怪证奇方》：“治耳中有核，如枣核大，痛不可动者：以火酒滴入，仰之半时。"

《广利方》："治蛇咬疮：暖酒淋洗疮上，日三易。"

《奇效良方》："治妇人遍身风疮作痒：蜂蜜少许，和酒服之。"

白酒的主要成分是乙醇，它可损害黏膜上皮，导致炎症、溃疡等。乙醇代谢尚消耗较多的维生素 B_1、维生素 B_2、维生素 B_{12}，并影响叶酸的吸收，可导致酗酒性脚气病及多种营养失调病症。乙醇增加神经递质多巴胺的含量，神经递质是联系大脑细胞的重要化合物，多巴胺在大脑兴奋中枢中非常活跃，这就是为什么酒醉后产生精神欢快的原因。乙醇是抑制剂，它会干扰脑细胞之间电信号的产生，使你感到困倦，并且注意力不能集中。酒精会使大脑中的水分流失，它是一种利尿剂，使排出水分大于摄入水分，导致颅内脱水，并阻止脑内葡萄糖释放入血液，人易疲乏。酒进入人体 1~1.5 小时后，血液中乙醇的浓度也最高，消除速度较慢，所以 24 小时后仍能测出，白酒中甲醇是一种剧烈的神经毒素，主要侵害视神经，导致视网膜受损、视神经萎缩、视力减退和双目失明。白酒中还有杂醇油，可使中枢神经系统充血；醛类（在低温排醛中可大部分去除）、氢化物、铅、N-二甲基亚硝胺、黄曲霉素 B_1 等均对人体有害。

饮酒对女性的危害：据欧、美、日统计，胎儿乙醇综合征的发病率为 1%。尤其在妊娠头 3 个月饮酒，出生婴儿患乙醇综合征的几率明显增高。2~11 周影响脑；3.5~7 周影响眼睛和心脏；5~6 周影响嘴唇等。胎儿酒精综合征：胎儿发育不良，智力发育障碍，畸形。女性若每日喝 30~60 克的酒，与不喝酒的女性相比罹患乳腺癌几率增加 41%。

美国哈佛大学医院的科学家发现，每天饮用 30 克以上酒精会抵消大量摄入水果、蔬菜应有的抗癌作用。

根据 2005 年 9 月美国"胃肠病学"的报告，常喝啤酒和酒精饮料的人，患结肠肿瘤的风险较高，但是，喝葡萄酒的人风险较低。安德逊博士等人，通过对结肠镜筛选检查过 2291 个患者的调查，研究规律性饮用酒精饮料对结肠肿瘤的影响。结果发现，同不饮酒或适度饮酒的人相比，重度的啤酒或酒精饮用者，发生结肠肿瘤的风险多 2 倍以上；另一方面适度地喝葡萄酒的人只是不饮酒者一半的风险。

2005 年 10 月有一条来自美国的消息，认为适当地饮酒能够稀释血液，降低血液的黏稠度。这个结论是来自一项研究结果，研究对象的饮酒习惯是按有关部门制定的"标准饮酒量"，即按每份 355 毫升的啤酒，136 毫升葡萄酒或 44 毫升精馏酒精数计量的。结果发现，每星期饮酒 3~6 次或以上者，血液黏稠度较低。在男人中，我们也发现饮酒有降低血小板活性的作用。

美国哈佛大学医学院研究观察证明，日饮酒量小于 50 克，可以使血中低密度脂蛋白水平减少，使高密度脂蛋白增加，防止了脂肪沉积，从而使冠心病死亡率大大降低。

在《英国医学》杂志上发表论文称，中年时"偶尔饮酒"会延缓老年时智力衰退的发生几率。安提拉和他在斯德哥尔摩研究所的同事，在过去 23 年时间调查了 1464 位年龄在 65~79 岁的老人在中年时的饮酒习惯，发现了一个令人惊奇的问题：中年时滴酒不沾的人和经常饮酒的人，老年时发生智力衰退的几率一样，都是中年时期偶尔饮酒的人几率的 2 倍。但他们还发现每月只喝一次酒的被调查者，发生智力衰退的几率比不喝酒和经常饮酒的少。

据英国科学家研究表明，少量而有节制地饮用白酒、葡萄酒、啤酒等，有保护牙齿作用。研究认为，酒中含有微量氟化物可使口腔内氟化物含量浓度在牙齿和唾液中局部升高，有利于釉质的再矿化，并且能对牙斑细菌产生抵抗作用。因此，通过少量饮酒，可使牙釉中的氟化物得到补充，使其变得更加坚固，并可防止龋齿生成。

红葡萄酒中多酚的含量是绿茶的 4 倍，是白葡萄酒或浅红色葡萄酒的 10 倍以上。喝葡萄酒者中风几率小。

俄罗斯专家指出，啤酒中含有的植物雌激素异黄酮，是男人最为重要的雄性激素睾酮的抑制剂，过量饮用啤酒会抑制睾酮的作用。植物雌激素不仅能抑制雄性激素，还可刺激雌激素的分泌，结果会对男性身体产生不愉快的副作用，如肌肉重量显著减少，体重下降，胡须数量下降或逐渐消失，胸部和臀部增大等，此时男人的体形会按照女性类型发展。

日本研究人员对 3 万名 40~60 岁的人进行了为期 7 年的跟踪调查，结果发现，较瘦的男人如果每日酒精摄取量为 23~46 克，和不喝酒的人相比，患 2 型糖尿病的危险高 1.9 倍；如果每日酒精摄取量超过 46 克，患 2 型糖尿病的危险性高 2.9 倍。白葡萄酒利肺。

妇女喝含酒精的饮料能防糖尿病。美国农业部所属的贝尔茨维尔人类营养研究中心对 63 位糖尿病女患者进行了试验。他们在《美国医学会杂志》上撰文指出，每天饮用酒精饮料两次的妇女比那些只喝不含酒精橘汁的妇女能更有效地利用胰岛素。

啤酒能抑制骨密度下降。日本麒麟啤酒公司用老鼠所做的实验结果表明，使啤酒产生苦味的啤酒花有抑制骨密度下降的作用，骨密度下降是造成骨质疏松症的原因。该公司指出："啤酒花成分似乎有抑制骨密度减少的作用。"

啤酒有利尿作用，有助于排出尿结石，缓解皮肤粗糙、口臭，平息急躁情绪，以及补充女性激素的作用。但是，啤酒中使用了有毒的甲醛充当稳定剂，消除沉淀物，甲醛因其质优价廉成为稳定剂首选。专家指出尽管甲醛含量低于每升 0.2 毫克是安全的，但大量饮用还会损害肝脏，影响生殖能力。啤酒中的糖使人肥胖。不少厂家白酒中勾兑化学香精——对人体有害。

饮酒会加重过敏性。圣地亚哥大学医疗中心的阿图罗·冈萨雷斯-金特拉博士在一份准备好的报告中说："我们的研究发现，每周定量喝酒超过 70 克（或每天超过 1 杯）导致被测试患者血液中的 IgE 含量增加。"

研究人员对 460 名过敏患者的血液进行了 IgE 含量测试，患者也报告了他们每周的饮酒量，其中 325 人经诊断有特异反应，就是说他们的 IgE 含量较高，易患花粉病、哮喘、皮肤湿疹等过敏病。冈萨雷斯-金特拉和他的小组指出，这一发现的意义不在于找到治疗过敏的新方法，而在于为研究免疫系统在过敏方面的作用提供了线索。

2003 年 1 月《新英格兰医学杂志》发表一项研究成果表明，适度饮酒者比完全不喝酒的人患心脏病的几率低 30%~35%。少量喝酒可以使中风的几率减少 30%。无数研究也表明，适当饮酒可以减少结肠癌早期症状的发生，降低心血管病的几率，甚至能预防老年痴呆症。

哈佛大学对 8.9 万中年妇女进行了研究发现，每周喝 3~9 杯酒的人得心脏病的可能性比不喝酒的人低 40%。另一项为期 10 年的研究调查了将近 13 万名男性和女性，发现每天喝 50 克酒的人死于冠心病的可能性比完全不喝酒的人少 30%。

美国威斯康星大学医学院的心脏研究专家福尔茨博士说：红葡萄酒中的化学物质本身或这些化学物质与酒精结合，有利于消除心血管阻塞，而白葡萄酒或其他酒类则未发现消除心血管阻塞。

福尔茨博士所领导的研究小组研究了纯酒精和法国葡萄酒对 30 条狗的血液的影响，他们发现，红葡萄酒使血液保持稀薄的状态，并减少血管的阻塞现象及噬菌斑的累积，如此可减少血管的硬化，因而不致引起心脏病的发作或中风，但纯酒精和白葡萄酒就没有这种作用。红葡萄酒中能分离出一种可降低胆固醇的化学物质。

福尔茨博士的研究报告显示，菠菜汁和大蒜中也有对心脏有益的物质。克里西博士也在葡萄汁中发现了这种物质。它们都集中在葡萄皮上，但制作白葡萄酒的葡萄必须去皮，因此其功能无法与红葡萄酒相比。克里西博士说："最好的保健方法并不是一早起床就大喝红葡萄酒，而是要一直保持每天吃饭后喝一点红葡萄酒的习惯。"

即使长期少量饮酒,也会导致体内甘油三酯的升高,对高血压患者尤其有害。而饮啤酒过量会加速心肌衰老,使血液内含铅量增加。

饮酒食用富含蛋氨酸、维生素 B_1 与胆碱的食品有益,如新鲜蔬菜、鲜鱼、瘦肉、豆类、蛋类等。酒精在体内正常代谢,必须有足量的维生素 B_1 参与,否则将增大酒精对肝脏和脑神经的危害。切忌用咸鱼、香肠、腊肉下酒——亚硝胺与酒精发生反应诱发癌症。酒不宜与胡萝卜同食:胡萝卜素与酒精同时进入人体就会在肝脏中产生毒素,从而损伤肝脏。白酒不宜与汽水同饮:汽水加速酒精挥发,产生大量二氧化碳,对胃、肠、肝、肾等器官有严重危害,对心脏血管也有损害。

啤酒与白酒不能同饮:啤酒中的二氧化碳会带动白酒中乙醇渗透,增加醉酒程度。食用海鲜不能饮啤酒。哺乳期不宜饮啤酒,因大麦芽有回乳作用。痛风、糖尿病、心脏病、肝病、消化道溃疡、慢性胃炎、泌尿道结石患者不宜饮酒。

葡萄酒忌富含铁的食物(阻碍铁吸收)。

啤酒忌:腌熏食物(致癌)。

酒忌:抗组胺药、头孢菌素、四环素甲硝唑、磺丁豚、降压灵、奎尼丁、利福平(均有不良反应),降糖灵(引起恶心、呕吐、头痛等中毒症状)、利血平(降低血压)、阿司匹林(损害胃黏膜)、消炎痛(伤胃)、洋地黄(加强药物的毒性)、维生素 A(易患夜盲症和男性不育症);氢氯噻嗪(导致低钾血症)、韭菜(引起胃肠疾病);酒还影响维生素 B_1 和维生素 B_2 的吸收;白酒忌柿子(引起中毒)。

● 味精:中青年人少量食用味精有益健康。世界卫生组织要求一岁以下儿童食品中禁用味精,以免影响儿童的神经发育。味精摄入量不宜超过 6 克,过量会使血中谷氨酸的含量升高,出现头痛、恶心、心慌、视神经受损等症状。放味精要离火前加味精为宜,高温会使味精变质。

泰国的朱拉隆功大学理学部化学科的披猜·多维维奇博士指出:"味精可以视为潜在的食品污染物,特别是对婴儿和孕妇来说。婴儿时期是对味精的毒性最敏感的时期,这一点是不容置疑的。曼谷有一家人由于弄混了味精和砂糖,导致两岁的男孩急性中毒死亡。这是欧尼尔博士试验结果的有力佐证。"

日本有人认为,食用过多味精血液浓度异常上升,还使味觉、视觉退化。日本科学家研究发现味精在高温下形成致癌物质。

味精在酸性溶液中不易溶解,水温在 70~90℃时,味精的溶解度最高,鲜味最浓。当温度在 120℃以上时，谷氨酸钠就会焦化影响鲜味。味精日摄入量超过 6 克会使血液中谷氨酸的含量升高，限制了人体利用钙和镁，可引起短期头痛、心慌、恶心等症状，对人体生殖系统也有不良影响。

● 酱油：别名豆酱、豉汁。中医认为，酱油性寒，味咸；有解毒，除热功效。可降低胆固醇，防治心血管疾病。《日华子本草》："杀一切鱼、肉、蔬菜、蕈毒。"《随息居饮食谱》："调和物味，荤素皆宜。""痘痂新脱时食之，则瘢黑。"酱油里的有效成分能使常吃大米的人不"烧心"。生抽酱油比老抽酱油好；酿造酱油（以大豆，小麦或麸皮为原料）比配制酱油和化学酱油好；"高盐稀态发酵"比"低盐固态发酵"好；购买日期与生产日期相近最好，一定在保质期间。酱油不宜在锅内高烧煮，以免失去鲜味和香味。酱油要加热后用，以免加工后的各环节尘菌污染对身体有害。

酱油等级是按每 100 毫升氨基酸含量而定，一级>0.8 克，二级>0.6 克，三级>0.4 克，含量越高，质量越好。在产品执行标准方面，酿造酱油应标有"GB18186—2000 高盐稀态"或"GB18186—2000 低盐固态"，配制酱油应标有"SB10336—2000"，如果标注代号与上述不同，最好不买。佐餐酱油卫生标准要求高，适合生吃；而烹调酱油卫生标准要求低，需炒菜加热后才能吃。

新加坡食物研究所发现，酱油能产生一种天然的抗氧化成分，有助于减少自由基对人体的损害。

1988 年，美国威斯康星州立大学的帕瑞哲教授，用酱油饲强致癌物苯并芘诱发肿瘤的老鼠，结果使肿瘤数目显著减少，从而发现了酱油的抗癌作用。另有报道，亚洲国家食用酱油的比率比欧美国家高出 30~50 倍，而子宫颈癌和乳腺癌的发病率却很低，这其中与酱油有关。

酱油有促进胃液分泌，缓解食欲不振的作用。酱油不宜多用，一次不宜多买，因为在发酵过程中，蛋白质腐败分解，产生大量胺，在亚硝酸存在下，可以合成有致癌性的亚硝酸胺。如厂家卫生条件差，容易受霉菌污染，含有大量致癌的黄曲霉素的产生。酱油瓶中放一些麻油，隔绝空气，也可放蒜或加点酒。酱油与鲤鱼不宜配伍食用，易生口疮。

● 醋：别名苦酒、米醋、香醋、醇酢。《本草纲目》："酸苦，温，无毒。""散瘀血。治黄疸，黄汗。"《名医别录》："消痈肿，散水气，杀邪毒。"《千金要方·食治》："治血运。"《本草纲目拾遗》："破血运。除症块坚积，消食，杀恶毒，破结气，心中酸水痰饮。"《日华子本草》："治产后妇人并伤损，及金疮血运；下气除烦，破症结。治妇人心痛，助诸药力，杀一切鱼肉菜毒。"《本草衍义》："益血。"《注解伤寒论》："敛咽疮。"

《本草备要》："散瘀，解毒，下气消食，开胃气。"《医林纂要》："泻肝，收心。治卒昏，醒睡梦；补肺，发音声；杀鱼虫诸毒，伏蛔。"《会约医镜》："治肠滑泻痢。"《本草再新》："生用可以消诸毒，行湿气；制用可宣阳，可平肝，敛气镇风，散邪发汗。"《随息居饮食谱》："开胃，养肝，强筋，暖骨，醒酒，消食，下气辟邪，解鱼蟹鳞介诸毒。"《现代实用中药》："用于结核病之盗汗，为止汗药；又伤寒症之肠出血，为止血药。"陶弘景："酢酒不可多食之，损人肌脏耳。"《千金要方·食治》："扁鹊云，多食酢，损人骨。"孟诜："多食损人胃。""醋，服诸药不可多食。"《本草纲目》："服茯苓、丹参人不可食醋。"《随息居饮食谱》："风寒咳嗽，外感疟痢初病皆忌。"正在服用磺胺类药、链霉素、红霉素等抗生素，解表发汗中药的患者不宜食醋，以免降低药效。醋可调味杀菌，可软化食物中的肌肉纤维，入药除腥去腻，增加色、香、味。烧鱼及炖排骨加醋可使肉烂骨酥。炒菜时放少许醋可保护蔬菜中维生素 C 不受破坏。醋能促进钙的吸收；促进唾液和胃液的分泌，帮助消化吸收；杀灭脚癣真菌；预防肠道疾病，流行性感冒和呼吸道疾病；抑制血糖急剧上升，有助于保护大脑免受高血糖危害；延缓血液中酒精浓度上升，有解酒作用；抑制肥胖症，改善脂肪肝。

日本提倡"少盐多醋"，而且被列入"长寿十训"之一。牧谷七郎博士曾总结食醋有四大功效：一是防止和消除疲劳；二是降低血压和血清胆固醇，防止动脉硬化；三是具有杀灭和抑制各种细菌和病毒的作用，尤其是预防肠道传染病和感冒的发生；四是有助于食物中钙、铁、镁等物质的吸收和利用。美国的卡特博士证明了体内的不饱和脂肪酸变成过酸化脂质的速度和寿命的长短有很大关系。所以，过酸化脂质会促进人体老化。而醋正是抗酸化食品的代表，其出色的抗酸化作用能防止活性氧引起的脂质酸化，在体内还有抑制过敏脂质生成的作用。

但是，大量吃醋容易改变人体内局部的酸碱度，致使某些药物不能发挥作用。例如：磺胺类药在酸性环境中易在胃脏形成结晶，损伤肾小管。胃溃疡，胃酸过多的人食醋损伤胃黏膜而加重病情。对醋过敏者食醋会导致身体出现过敏而发生皮肤瘙痒、水肿、哮喘等症状。低血压者食醋易导致血压降低而易出现头痛、头昏、全身疲软等不良反应。糖尿病患者吃醋会诱发糖尿病昏迷。关节炎者吃醋会加重疼痛。癌症患者吃醋会使骨膜受损。醋忌：茯苓、羊肉、牛奶。

《云南中医杂志》醋泡方："治鹅掌风（角化型手足癣）。当归 30 克，桃仁 30 克，红花 30 克，青木香 60 克，将上药泡入米醋 1 千克中，1 周后开始以其浸液浸泡患病手足 20 分钟，每日 1 次，每剂中药可泡 10 天，20 天为 1 个疗程。治疗 60 例，总痊愈率为 48.33%，总有效率为 100%，有效病例最少用药 2 个疗程，最多用药 3 个疗程。"

附：各种食物营养成分见表 7-1。

表 7-1 各种食物营养成分表 （单位：100 克）

类 别	热量 千焦耳	蛋白质 g	脂 肪 g	糖 类 g	膳食纤维 g	钙 mg	磷 mg	铁 mg	钾 mg	钠 g	镁 mg	锌 mg	铜 mg	硒 μg	锰 mg
大 米	1415~1460	7~7.8	0.7~1.7	76~78	0.8	9~14	109~200	1.1~2.4	98~105	2.5~3.9	34	1.45~1.7	0.19~0.3	2.23~2.5	1.3
小 米	1404~1514	8.9~9.7	0.6~2	74	1.4~6	9~41	229~240	6	240~284	4.3~9	107	1.87~2.08	0.54	4.75	0.89
小 麦	1441~1480	9.5~11.1	1.4~18	74	2.1~2.8	25~38	162~268	0.6~4.2	127~190	0.2~3	32~50	0.2~1.64	0.26~0.42	0.32~5.35	1.56
大 麦	1285	10~14	1.4	73.5	10	66	381	6.4	49		158	4.36	0.63	9.8	1.23
玉 米	900~1515	4~8.6	2.5~4.3	41~73	6.4~10.5	10~22	190~310	1.5~3	239~300	1~3.2	96	0.9~1.7	0.25	1.65~3.52	0.48
荞 麦	1356	2.4~9.2	1.5~2.3	67~74	6.5	40~47	202~297	6.2	401	4.7	285	0.56~3.6	2.45~3.62	0.56	2.04
高 粱	1469~1507	8.5~10	2.9	75	43	7~22	189~328	4~6	281	6.3	129	1.64	0.53	2.83	1.22
燕 麦	1500~1534	12.3~15.5	3.2~6.7	11.7~67.7	5.2	27~186	35~291	7~13.50	214~319	2.2~3.7	147~176	2.22~2.58	0.46~0.88	0.5~4.31	
马 肉	510	20.1	4.6			5	367	5.1	526		41	12.26	0.15	3.73	0.03
牛 肉	525~794	1.5~21	5~14	0.5~2		6~23	140~233	0.9~3.3	210~270		17	1.77~3.67	0.6	6.26	
羊 肉	293~2260	9.3~20	4~55.7	0.3~0.8		7~15	90~190	0.9~3.9	230~400	69~80	17~19	3~6	0.11~0.75	7.18~32.2	0.02
驴 肉	485~518	20~21.5	3.2~4.5	0.4		2	178	4.3	186~325	46.9	7	4.26	0.23	6.1	
狗 肉	485	16.8	4.6	1.8		52	107	2.9	140	47.4	14	3.18	0.14	14.75	
兔 肉	427	19.8~21	0.4~2.2	0.8		12~16	165~175	2	284	45	15	1.3	0.12	10.9	0.04
猪 肉	1386~1653	10~18	21~59	1~2.4		6~11	101~170	0.4~2.3		58		0.85~2.06	0.06~0.13	2.94~11.97	0.03
猪 肝	536~840	19.3~22.3	3.5~5.5	0.5~13		6~54	270~330	7.9~25		68.6	24	3.9~5.75	0.65	19.2	0.26
鹿 肉	452	22	2.6	0.4		15	202	6	316	50.2		2.25		10	
鸡 肉	697	19~23	1.2~9.5	0.7~1.4		9~17	160~190	0.09~1.5	250~340	65	7	1.29	0.08	5.4	
鸡 蛋	600~650	11~14	8~11.6	1~2.8		44~56	130~210	1.87~2.7	120~184	126	10	1.1	0.15	14.34	0.04
鸭 肉	623~1003	15.5~17	9~19.7	0.2~0.5		6~12	84~145	2.2~4.1	100~190	69~80.7	14	0.9~1.33	0.21	10~12.3	0.06
鹅 肉	1050	11~18	11~20			4~13	23~144	3.7	232	58.8	18	1.36	0.43	17.68	0.04
乌贼鱼	268	13~17	0.7~1.7	0.3~1.4		14~47	150~197	0.6~1.1							
青 鱼	494~523	19.5~20.1	4~5			25~31	171~184	0.9				0.96	0.06	37.7	0.04
泥 鳅		18	2	1.7		299	302	1.6~4.6							
带 鱼	530	16~18	3.4~7	2~3.2		24~48	106~204	1.1~2.3	280	150	43	0.7	0.08	37	0.17
黄花鱼	406	17.2	0.7~2.5	0.3~0.8		32~53	135~174	0.7~1.8	260	120.3	39	0.58	0.04	42.6	0.02
章 鱼 [真蛸]	218	10.6	0.4	0.4		22	106	1.4	1.57	288	42	5.18	9	41.86	0.4
银 鱼	439	17.2	4			46	22	0.9	246	8.6	25	0.16		9.54	0.07
鱿 鱼	322	17	0.8			43	60	0.5	16	134.7	61	1.36	0.2	13.65	
鲈 鱼	418~439	18.6	3.4	0.4		56~138	132~242	1.3~2	205	144	37	2.83	0.05	33.06	0.04
鲢 鱼	420~425	15~18	2~3.5	4.6		53~81	180	0.8~1.4	230~276	59	26	0.77~1.16	0.07	19.5	0.08
鲤 鱼	457~480	17~18	1.6~5	0.2~0.5		25~50	176~204	1~1.3	334	53.7	33	2.08	0.06	15.4	0.05
鲫 鱼	383~454	13~19	1.2~3.4	1~4		54~84	193~203	1.3~3.2	290	41~70	41	1.95~2.7	0.08	14.31	
鳗 鱼	510~756	18.7	5	0.5~2.3		5~28	159~247	0.7~1.5	207~266	58~96	27~34	0.8~1.15	0.07~0.17	25.8~33.6	0.03
鳝 鱼	348~526	18.8	0.9~1.4	1.2	89	38~42	150~205	1.6~2.5	263	70	18	1.97		34.56	2.22
田 螺	251	11	0.2	3.6		55~1030	93	19.7	98	26	77	2.71	0.8	16.73	1.26
牡蛎肉	306~355	4.8~5.3	2.4	8~10		120~165	115~120	7.1	59~200	25~462	14~65	5.5~9.4	8.13	73~87	0.85
虾	390~1130	18~58	0.6~21	0.2~4.6		35~577	23~614	1~13	215	165	43~46	2.38	0.34~0.44	33.72	1.02
蚬 肉	314	11	2.1	3.1		963	321				149	0.63	0.05	64~145	0.67
海 参	290~325	14.9~16.5	0.2~0.9	0.4~2.5		285~2357	12~28	2.4~13.2	43	503	80	1.2~2.38	0.11~0.2	54~77	0.44
蛤 蜊	188~259	8~10	0.6~1	2.2~2.8		60~133	127	6.2~10.9	140~234	310~426	80	3.3~3.7	1.67~2.96	57~83	0.42
蟹	400~710	13~17.5	2.4~10	2.3~5.6		126~208	142~182	1.6~2.9	181~231	194~260	23~47	3.31~4.4	0.08~0.12	3.25~15.19	0.05
鳖	494~820	16.5~17.8	0.1~4.3	1.6~2.1		70~107	114~134	1.4~2.8	180~196	10~96	15~23	2.31~4.4	0.08~0.12	3.25~15.19	0.05
蜂 蜜	1342	0.35~0.4	1.9	75~79		4~5	3~16	1	28	0.3	2	0.37	0.03	0.15	0.07
山 楂	390~410	0.6	0.2~0.6	22~25	3	53~68	20~24	0.9~2	299	0.9~5.4	19	0.02~0.28	0.11	1.22	0.24
无花果	244	1~1.5	0.1~0.4	12.6~16	3	50~65	19~22	0.1~0.4	212	5.5	17	1.42	0.01	0.67	0.17
木 瓜	113	0.4	0.1	6.2~7	0.8	16	12	0.2	17	28	9	0.25	0.03	1.8	0.05
乌 梅	915	6.8	2.3	76.5	34	33	16	0.5	161	19.3	137	7.65	1.17	1.57	0.35
石 榴	264~367	1.1~1.5	0.3~1.6	8.3~16	4.8~5.8	7~10	71~104	0.4	231	0.7		0.2	0.15	0.2	0.07
龙眼肉	293	1.2	0.1	16.6	0.4	6~13	26~30	0.3	248	3.9	10	0.4	0.1	0.83	0.07

类别	胡萝卜素 μg	视黄醇当量 μg	硫胺素 mg	核黄素 mg	烟酸 mg	泛酸 mg	叶酸 μg	生物素 μg	维生素B6 mg	维生素B12 μg	维生素C mg	维生素D μg	维生素E mg	维生素K mg	胆固醇 mg
大米			0.11~0.33	0.05~0.08	1.5~1.9	0.6	3.8	220	0.2	20	8		0.47~1		
小米		17	0.33~0.66	0.12	1.6	0.18	29	143	0.18	73			3.63~3.9		
小麦		11	0.25~0.46	0.07	0.47~2.5	0.7	8	185	0.05	17.3			0.3~1.8		
大麦			0.43	0.14	3.9								1.23		
玉米		63	0.22~0.34	0.06~0.12	1.6~2.4	1.9	12	216	0.11	15	10		3.9	1	10
荞麦		3	0.28	0.15	2.1	1.54	44	0.2	0.35	0.02			4.4		
高粱			0.28	0.1	1.6								1.88		
燕麦		420	0.3~0.39	0.04~0.13	1.2~3.8	1.1	25	73		54.4			3.07~7.96		
马肉		28	0.06	0.25	2.2								1.42		
牛肉		7	0.02~0.07	0.11~0.2	4~7	0.66	6	10.1	0.38	0.8		243	0.42	7	63~194
羊肉		22	0.05~0.15	0.13~0.16	4.5~5.2	0.72	1	12	0.03		1	320	0.3	6	60~173
驴肉		72	0.03	0.16	2.5			2		1.86		201	2.76		73
狗肉		157	0.34	0.2	3.5			4.3		2.21		206	1.4		62.5
兔肉		26	0.11	0.1	5.8			6		2.68		188	0.42		60~83
猪肉		18	0.22~0.5	0.06~0.16	3~4		1	8	0.37	0.3	1	230	0.35~0.95		77~107
猪肝		4972	0.21~0.4	0.52~2.31	5.7~16	0.4	1000	12	0.89	52.8	18~30	420	0.3~0.86	1	368
鹿肉		172	0.06	0.04	7.2	5.6	12			6.2		325			61
鸡肉		48	0.03~0.07	0.09	5.6~8	1.68	11		0.18	0.4	3	221	0.2~0.7	53	117~187
鸡蛋		234	0.11~0.16	0.27~0.31	0.2								1.84~2.3		
鸭肉		52	0.07~0.22	0.15~0.3	2.4~4.7	1.13	2	2	0.33	0.6		136		8	80~89
鹅肉		42	0.07	0.23	4.9								22		
乌贼鱼		100	0.2	0.06~0.1											241.3
青鱼		42	0.03~0.13	0.07~0.12	1.7~2.9								0.81		163
泥鳅			0.08~0.19	0.03~0.44	6.2								0.79		136~164
带鱼		29	0.02	0.06~0.09	1.9~2.8	0.56	2		0.2		1	14	0.82		71~76
黄花鱼		10	0.03	0.1	1.9								1.13		48.3
章鱼（真蛸）		7	0.07	0.13	1.4								0.16		
银鱼			0.03	0.05	0.2								1.86		
鱿鱼		16		0.03						0.05		3	0.94		638
鲈鱼		19	0.03	0.17	3.1					4.6		30	0.75		86
鲢鱼		34	0.04	0.1	2.7					4.3	2.65	18	1.24~2.64		103~112
鲤鱼		25	0.03~0.06	0.08	2.7~3.1	1.48	5		0.13	10			1.27		83
鲫鱼		17	0.01~0.06	0.03~0.09	1.9~2.5	0.69	14		11	55			0.68		130~135
鳗鱼		22	0.06	0.07	3					1.3		10	1.7~3.6		
鳝鱼		50~890	0.02~0.06	0.98	3.1~3.7	0.86	9		0.1	2.3	2	21	1.34		134.8
田螺		3	0.02	0.19	0.2								0.75		110~153
牡蛎肉		27	0.01	0.13~0.19	1.1~1.4								0.81		77
虾		15	0.02	0.03~0.11	1.7~4.3	3.8	23		0.12	1.9			0.62~3.57		117~193
蚬肉	163		0.12	0.04	1.6										
海参	42		0.03	0.04	0.1	0.71	4		0.04	2.3		10	3.14		51
蛤蜊		24	0.01	0.13	1.5	0.37	20		0.08	28.4	1	84	2.48		63
蟹		30~389	0.01~0.06	0.1~0.28	1.7~2.5	1.4~0.78	22		0.17	2~4.7	95~110		3~6.1		125~147
鳖		94~139	0.07~0.62	0.14~0.37	3.3~3.7				0.11	1.2	1	4	1~1.88		95
蜂蜜	0.1		0.05	0.2							3				
山楂		17	0.02	0.01~0.04	0.4		52		0.08		30~89		7.32		
无花果		5	0.03~0.4	0.02	0.1~0.3	0.02	22	25	0.07		2		1.82		
木瓜		145	0.02	0.03	0.3	0.42	0.44	38	0.01		43~50		0.03		
乌梅			0.07	0.54	23							4	7.12		
石榴		43	0.05	0.03	0.2	0.32	6	11			5~11		2.28		
龙眼肉		3	0.01	0.05	1.4~2.4		20	20	0.02		43				

类别	热量 千焦耳	蛋白质 g	脂肪 g	糖类 g	膳食纤维 g	钙 mg	磷 mg	铁 mg	钾 mg	钠 g	镁 mg	锌 mg	铜 mg	硒 μg	锰 mg
白果	1484	13.2	1.3	72.5		54	23	0.2	17	17		0.1	0.45	14.5	2.03
芒果	135~296	0.6	0.75	5.3~8.2	1.3	7~14	12~22	0.3	138	2.8	14	0.09	0.06	1.44	0.2
杨桃	124	0.65	0.2	7.4	1.5	4~5	18~26	0.5	127	1	10	0.39~0.5	0.4	0.83	0.36
杨梅	118~130	0.8	0.3	58~62	1	13	0.6~8	0.9	149	0.7	10	0.14	0.02	0.31	0.72
杏子	117~150	0.8~1.2	0.2~0.6	4.8~11.6	1.3	14~40	15~55	0.6~2.4	226~254	2.3	11	0.2	0.11	0.2	0.06
李子	152~160	0.6	0.2	7.9~8.5	0.9	8~15	11~15	0.6	145~200	3.8	10	0.14	0.04	0.23	0.16
枣	430~1245	1.2~2.1	0.1~0.4	23.5~81	1.9~9.5	17~54	23~50	0.8~2	130~380	1.2	25~39	0.6~1.8	0.6~0.31	0.8~1.54	0.33
罗汉果	707	13.4	0.8	27	38.6	40	180	2.6	134	10.6	12	0.94	0.41	2.25	1.55
金橘	185~233	0.6~0.9	0.3~12.2	0.6~1.3		50~120	16~50	1.1	122	3	21~40	0.11~0.2	0.08	0.1~0.6	0.05~0.25
枇杷	123~162	0.4~0.8	0.1	7~9.2	0.8	17	8	1.1	330	11.4	24	0.12	0.12	4.17	0.18
菠萝蜜	431	0.2	0.3	25	0.8	12	18	0.3	119	3	4	0.4	0.18	3.02	
柚子	172	0.8	0.2	9.1	0.4	10	19~23	0.2	151	0.8	19	0.08	0.06	0.24	0.1
柿子	198~296	0.5	0.1	11~19	1.4	2~6	17~33	0.4	152~234	1.8~3.2	11	0.18	0.2~0.9	0.14	0.09
荔枝	255~292	0.3~0.8	0.2~0.6	8~16	0.8~1.8	16~30	27~41	1.2~2.2	132~170	0.5	12	0.12	0.04	0.7	
草莓	105~130	1	0.2	5.5~7	1.1~1.6	7~9	28~29	0.5	257~470	0.8	26~42	0.18	0.14	0.87	0.65
香蕉	381	1.3	0.2~0.6	10~21	1.2	50	31	1.7~3.7	12	49	8	0.01	0.01~2	0.02	0.96
香榧子	1771~2225	0.8~12	0.1	19~38	5.3~10	25~100	18~22	0.8~2.5	209	1.1	37	0.65	0.14	0.5	0.05
柠檬	148~183	1	0.7~1.1	5~8	1.3	6~12	20	0.7~1	146~165	2~5	7	0.15~0.34	0.05	0.1~0.24	0.07
桃子	181~200	0.9	0.1	10~12	0.6~1.3	31~37	33	0.4	32~150	2		0.26~1.32	0.07	2.32~5.65	0.28
桑葚	173~205	1.7	0.4	9.7~13.8	3.4~4.1	5~35	6~13	0.3~0.8	78~114	1~3.8	5~8	0.08~0.15	0.19	0.28~1	0.07
梨	140~187	0.3~0.5	0.2	8~12	2.1	2	90	1.8	475	55.6	65	0.92	0.19	6.2	0.06
椰子	967	4	12.1	26.6	4.7	27~40	26~35	1.2~1.5	144~200	3.3~10	12	0.57	1.87	0.28	0.73
猕猴桃	223~233	0.8~1.2	0.2~0.68	9~14	2.6	5~11	7~28	0.3~0.5	104~124	0.5~1.3	7	0.02~0.18	0.09	0.2~0.5	0.06
葡萄	170~190	0.4	0.2~0.4	9~12.2	0.4~1.8	12~18	9~28	0.5~0.8	113~146	0.8	8	0.14	0.07	0.24	1.04
菠萝	173~175	0.5	0.2	9.1~10	0.4~1.3	11	27	0.4	232	8	12	0.23	0.1	0.21	0.07
樱桃	164~191	1.2	0.3	8~10	0.3	50~203	19~59	0.2~1.2	23	44	10	0.25		0.35	0.48
橄榄	206~257	0.8~4.2	0.2~0.8	11~14	4	21~57	15~22	0.3	159	1.2	14	0.14	0.03	0.31	0.05
橙子	199~217	0.6~1	0.2	7~12.2	0.6	25~50	16~24	0.2	150~340	0.8~1.4	16~20	0.15	0.09	0.45~0.75	0.07~0.24
橘子	177~228	0.9	0.3	8.8~13.7	0.6~1.4	546~780	369~516	14~50	266~357	8~32	203~290	4.2~6.1	1.41~1.77	4.06~4.7	1.19~17.84
芝麻	2221~2163	18.3~21.9	40~61.6	10~31	10~14	8~60	260~400	1.9~3.4	275~1000	3.6	110~180	1.8~2.5	0.68~0.95	3.94~4.5	1.25
花生	1250~2390	12~25	25~45	5.3~22	5.6~7.7	70~160	228~568	4.4~5.1	503~611	4~10	117~185	4.62~5.48	0.94~2.6	0.63~0.73	6~7.3
松子	2591~2919	13.5~14	58.6~70.9	9~12	10~12.3	5~16	89	1.1~1.7	442~555	2~13.5	50	0.56	0.4	1.13	1.53
栗子	775~798	4.3	0.7~4.2	41~42	1.7~2	50~108	295~329	2.5~3	386~540	4~6.4	131	2.05~2.17	1.17	4.62	3.44
核桃	2625~2806	15.2	59~65	10~19	9.5~11.6	44~72	238~680	5.7~7.9	562	5.5	264	6.03	2.51	1.21	1.95
葵花子	2238~2498	23.9~30.8	35.3~49.9	19.1~23.5	6.1	104~225	335~420	6.4~38	635~1244	4.7	155~420	3.75~5.83	2~3.03	24~78	15~18.45
榛子	1900~2484	14~20	44~62	11~24.3	8.3~9.5	191~366	464~570	8.2~11	930~1504	2.2	115~200	3.34	1.35	6.16	2.26
大豆	1502~1722	30~36.3	15.9~18.5	25~35	15.5	49~56	47~57	3.5~4.6	209	8.5	29	0.84	0.09	0.88	0.45
刀豆	121~150	2~3	0.3	4~7	1.8	4~18	1.1~217	0.4~2	122~180	1~8	35~164	0.23~2	0.12~0.83	0.35~4	1.43
豆角	1113~1313	1.6~23	0.2~1.4	4.2~62	2~10	75	306~385	4.5~7.4	860	2.2	138	2.2	0.64	3.8	1.33
赤小豆	1270~1410	20~22	0.7	60~63	5~7.7	53~136	46~217	1.2~19.2	180~437	0.6~2	34~92	0.28~1.9	0.12~1.27	1~3.2	1.19
扁豆	136	2~25	0.4	5.3~62	1.9~6.4	40~52	64~340	1~7	737	6.8	36	3.04	2.1	5.74	1.07
豇豆	126~1346	19.3~24.7	0.2~1.2	4.8~65.5	7.1	90	123~350	1.8~8.1	810~1117	2~86	57~113	2.84~3.42	0.64~0.99	1.3~2.06	1.09
蚕豆	1400~1460	8.9~28	0.5~1.3	13.8~61.5	1.7	81~162	336~400	6.4~22	790	2~3	125	2.18~2.48	1.08	4.28	1.11
绿豆	1322~1363	21~24	0.6	61	5.2~6.4	224	500	7	1376	3	243	4.18	1.56	6.8	2.83
黑大豆	1594	36	16	33.6	10	13~90	90~400	1.7~5	160~330	1.1	43~118	1.02~2.35	0.22	1.74	
豌豆	335~1340	7~24	0.4	12~60	3~10	11~19	7~12	0.3	78	1.8	8	0.07	0.22	0.22	0.03
冬瓜	30~85	0.4	0.1	2~2.5	0.7	14~28	29~45	0.4~0.8	115	2.6	11	0.21	0.06	0.86	0.06
丝瓜	85~104	1~1.5	0.1	4.4	0.6	6~13	9	0.4	80~110	2.5~4	8~11	0.06~0.15	0.02~0.05	0.08~0.17	0.05
西瓜	94~140	0.6~1	0.1	5~8	0.2	11~24	21	0.3	95~310	6~10	9	0.11	0.03	0.28	
西葫芦	64~74	0.88	0.2	2.7~3.7	0.8										

类别	胡萝卜素 μg	视黄醇当量 μg	硫胺素 mg	核黄素 mg	烟酸 mg	泛酸 mg	叶酸 μg	生物素 μg	维生素B6 mg	维生素B12 μg	维生素C mg	维生素D μg	维生素E mg	维生素K mg	胆固醇 mg
白果				0.1									0.8		
芒果	150	0.01~0.05	0.05	0.3~0.8	0.22		8.4	12	0.13		23~40		1.21		
杨桃	3		0.03	0.4~0.7	0.3		11	18	0.02		7~27		0.3		
杨梅	7	0.01	0.05	0.3	0.3		26	19	0.05		9		0.81		
杏子	75	0.02	0.03	0.6	0.3		2	11	0.05		4~7		0.95		
李子	25	0.02	0.02	0.4	0.14		37	23	0.04	0.7	1~5		0.74		
枣	40	0.07	0.05~0.1	0.7~1.6	1.6		140	16	0.14		297		0.78		
罗汉果	2.9		0.17	0.38	9.7						5				
金橘	63~86	0.02~0.07	0.03~0.06	0.03~0.9	0.29		20	37	0.03		19~34		1.58		
枇杷	117	0.01	0.03	0.3	0.22		9	35	0.07		8		0.24		
菠萝蜜	3		0.06	0.05	0.7						9		0.52		
柚子	2	0.07	0.1	0.89	0.5		21	33	0.09		110		3.4		
柿子	20	0.01	0.02	0.3	0.27		18	63	0.06		11~30		1.12		
荔枝	2	0.03	0.05	0.4~1.1	0.9		100	12	0.06~0.09		38~68		0.2		
草莓	5	0.02	0.03	0.03	0.3		90	155	0.04		35~47		4~7		
香蕉	10	0.02	0.04	0.7	0.7		26	76	0.38		8		0.24		
香榧子	320		0.02	0.02	0.7	0.18							14.2		
柠檬	0.13		0.03	0.02	0.3~0.6	0.2	31	37	0.08		23~39		1.14		
桃子	3	0.01	0.03	0.7	0.13		5	45	0.02		8		0.7~1.54		
桑葚	5	0.02	0.06	0.6	0.43		38	85	0.07		22		10~12.8		
梨	0.15~0.2	0.02	0.03	0.2	0.09		5	57	0.03		4		0.31		
椰子	21		0.01	0.01	0.5		1	26			6				
猕猴桃	35~130		0.01~0.05	0.02	0.3	0.29	36	33	0.12		62~600		1.3~2.43		
葡萄	7	0.05	0.02	0.3	0.1		4	44	0.04		4~25		0.34~0.7		
菠萝	33	0.04~0.07	0.02	0.2	0.28		11	51	0.08		18~23		0.2		
樱桃	35	0.02	0.02	0.6	0.2		38	62	0.02		10		2.22		
橄榄	22	0.01	0.01	0.7			40				3				
橙子	27	0.05~0.08	0.04	0.3	0.28		34	61	0.06		34~53		0.56		
橘子	490~1660		0.04~0.07	0.03	0.3	0.05	13	62	0.05		34~90		0.45~1.58	144	
芝麻			0.36~0.66	0.26	3.8~5.9								38~50.4		
花生	5		0.72~1.07	0.12	10~17	17	76	46			1.4~2		3~18	100	
松子	4		0.19	0.12~0.24	4	0.59	79		0.17				25.3~32.8	1	
栗子	32		0.14	0.17	0.8	1.3	100		0.37		24		4.56		
核桃	5		0.16~0.32	0.13	1	0.67	91		0.49	1			43.21	7	
葵花子	5		0.36	0.2	4.8								34.53		
榛子	8		0.21~0.62	0.14~0.22	2.5~9.8	1.07	54		0.39				25~37	4	
大豆	37		0.41~0.78	0.2~0.25	2.1		210						19		
刀豆	37		0.02~0.05	0.04~0.07	0.04~1						9~15		0.4		
豆角	35		0.04~0.16	0.07~0.25	0.4~2.2	0.17			0.06		6~30		1.24~7		0.06
赤小豆	13		0.16~0.4	0.11~0.15	2.3								14.36		
扁豆	5		0.04~0.26	0.07~0.45	2.6		50		0.07		6		0.2~1.86	60	
豇豆	10		0.1~0.16	0.08	1~1.9						19		8.61		
蚕豆	85		0.2	0.07~0.27	0.12~2.6	0.48	260				16~22		1.2~1.6	13	
绿豆	75		0.25~0.53	0.12	2.1	1.26	130		0.41		1		11	6	
黑大豆	5		0.2	0.33	2								17.36		
豌豆	42		0.43~1	0.08~0.13	2.5	0.7	53		0.09		14~30		1.21~8.47	33	
冬瓜	40~80		0.01	0.02	0.3						16~18		0.08		
丝瓜	15		0.03	0.05	0.5						5		0.22		
西瓜	15~25	0.02	0.04	0.5	0.2		3	22	0.07		4~9		0.03~0.1		
西葫芦	5	0.01	0.03	0.2	0.4		36		0.09		4		0.34		

类别	热量 千焦耳	蛋白质 g	脂肪 g	糖类 g	膳食纤维 g	钙 mg	磷 mg	铁 mg	钾 mg	钠 g	镁 mg	锌 mg	铜 mg	硒 μg	锰 mg
苦瓜	74~78	1	0.1	3.4~4.7	1.4	14~18	29~35	0.7	257~309	2	18	0.36	0.06	0.36	0.16
香瓜	111	0.4	0.1	5.8~6.1	0.4	14~28	11~16	0.2~0.6	18	1.7	11	0.09	0.04	0.04~1	0.04
南瓜	100~270	0.6	0.1	4~14	1	15~25	10~20	1	145~280	0.8	8	0.14	0.03	0.46	0.08
黄瓜	56~61	0.8	0.2	1.7~2.6	0.5	20~24	24~32	0.4	102	4.9	15	0.18	0.05	0.38	0.06
白菜	60~70	1.3		2~3	0.8	50~60	31~37	0.6	138~190	34	11	0.38	0.05	0.49	0.15
白萝卜	69~97	0.5~0.8	0.2	3.5~5	0.5~0.9	36~77	26~34	0.4	173~240	61.9	16	0.14~0.25	0.04	0.61	0.09
番茄	64~96	0.6~0.9	0.2	2.3~3.9	0.5	7~10	24~29	0.4~0.8	200~285	5	9	0.13	0.06	0.08	
发菜		20		60	35	1.05		85		0.13		1.68		5.23	3.3
花椰菜	90~110	2.1~3	0.3	3.4~4	1.1	20~30	47~57	0.8~1.1	200~300	31	18	0.25~0.38	0.05	0.73	
苋菜	131~195	1.8~3.1	0.3	5.4~7	1.8~2.2	179~227	46~63	2.9~10	340~472	42~52	38	0.68	0.07	0.09	0.35
芦笋	74	1.4	0.1	15	1.8	10	42	10	273	3.1		0.41	0.07	0.21	
芹菜	55~129	1.2~2.6	0.3	2~3.4	1~2	80~160	39~88	1.2~8.6	165~210	90~160	18	0.1~0.24	0.09	0.57	0.16
茄子	60~96	0.9~2.2	0.1	3.2~4.5	1.3~2	24~54	19~31	0.4	137~150	5.5~11	13		0.1	0.48	0.13
卷心菜	84~92	1.2~1.5	0.2	3.4~4.5	1	32~49	25	0.3~0.6	124	27.2	12	0.25	0.04	0.96	0.18
荠菜		3~5	0.4	4.8~6	1.7	294~420	73~80	5.4~6.3	206	159	37	0.68	0.29	0.51	0.65
茭白	97	1.3	0.2	3.5~6	1.9~2.5	5~27	37~44	0.5~1	209	5.8~7	8	0.19~0.33	0.06	0.45	0.49
莴苣笋	55~74	0.6~1.3	0.1	1.9~2.5	0.5~1	7~30	31~48	0.9~1.9	148~212	37	19	0.4	0.07	0.54	0.19
洋葱	163	1.1~1.6	0.2	8.4		24~40	40~50	0.6~1.8	138~147	5~24	15	0.23	0.05	0.92~3.1	0.14
胡萝卜	147~184	0.6~1	0.3	4~8	1.1	20~31	24~29	0.7~1.6	190~323	71.4~105	7~14	0.15~0.22	0.03~0.08	0.63~2.7	0.24
香椿	196	1.8	0.4	7.3~10.4	1.8	97~110	120~145	3.4~3.8	546	4.6	36	2.25	0.09	0.42	
枸杞菜	185	5.6	1.1	4.4	1.6	36	32	2.4	170	29.5	74	0.21	0.21	0.35	0.37
茎蓝	125	1.6	0.2			24	22~45	0.3~3.3	190	29	24	0.03	0.2	0.45	
菠菜	94~130	2~2.6	0.4	2.7~5	1.4~2.2	60~160	45~64	1.5~3	140~500	93~118	50~58	0.6~1.1	0.1~0.99	0.99~2	0.54
黄花菜		4.3~19.2	0.4~1.4	4.3~34.7	7.7	168~300	69~214	4.8~8	610			3.98			
韭菜	70~100	2.3	0.3	2.7~3.2	1.2	25~45	39~45	1.7~2.5	193~250	3~7	25	0.31~0.43	0.08	1.38	0.43
辣椒	280~890	1~2	0.3~1.2	3~11	1.3~2.2	11~20	20~35	0.8~6	170~1080	2~6	12~15	0.22	0.09~0.11	0.38~0.62	0.14
柿子椒		0.9~1.3	0.2~0.4	3.8~5.3		11~13	27~36	0.7~0.8							
薤白			0.3		0.35	159	58	36	120		39	0.58	0.28		0.34
土豆	319~350	1.8~2.2	0.2	16.7~18.5	3	8~10	41~64	0.7~1	340~400	2.5	240	0.18~0.37	0.12	0.78	0.14
山药	231~267	1.6~1.9	0.16~1	12.6~15.7	0.8	15	34~42	0.3	213~450	18.6	20	0.27	0.24	0.55	0.12
芋头	255~330	1~2.2	0.3	13.5~18	1	25~38	50~55	1~3	378	33	23	0.49	0.37	1.45	0.3
竹笋（冬笋）	81~166	2.7~4	0.1	3.7~5.6	1~18	9~60	38~128	0.5~3	389~586	0.4~6	1~8	0.33~0.43	0.09~0.15	40~65	1.14
红薯	415~526	0.9~2.2	0.3~1.9	24.7~28	1.1~1.6	23~44	20~39	0.5	47~130	15.4~28.5	12	0.15	0.18	0.48	0.11
荸荠	245	1.3	0.2	13.4	1.1	4	46~67	0.6	306	15.6	12	0.34	0.07	0.7	0.11
菱角	409	4.5	0.1	21.3	1.7	7	93	0.6	436	5.8	49	0.62	0.18		0.38
藕	294~345	1.1~1.8	0.15	16~19.7	15	19~38	52~57	0.6~1.4	243~497	44.2	19	0.23	0.11	0.39	1.3
魔芋（精粉）		4.6	0.1	78.7	24.3	45~68	272	1.6	299	50	66	2.05~3	0.17	1.88	0.88
生姜	170~275	1.4	0.6~1.5	7.5~11	0.8~2	27~45	42~45	1.5~6.9	295~380	15~28	44	0.34	0.1~0.14	0.56	3.2
大葱	97~130	1.4~2	0.3	4~5.3	1.5	15~55	29~45	0.7~2	150~250	4	19	0.4~1.5	0.07	0.67	0.28
大蒜	474~525	4.5~7	0.2	23~27	0.8~1.1	5~38	45~137	0.5~1.2	302~500	19	21	0.88~1.2	0.22	3.09	0.29
白木耳（干）	835	5~10	0.6~1.4	67~79	30	360	250~369	4~30	1587	82	54	3.03	0.08	2.95	0.17
黑木耳（干）	857	11~12	0.13	36~60	30~33	248~350	201~292	97~185	745	48	152	3.18	0.32	3.72	8.86
金针菇	93~109	2.4~17.8	0.4~1.3	3.2~6	2.7	12	97	1.4	195	4.3	17	0.39	0.14	0.28	0.1
香菇	884~1305	12~20	1.3~6	60~61.7	31.6	83~124	258~410	10.5~25	464~1950	11	104~147	8.57	0.46~1.03	6.42	5.47
蘑菇	85~400	2.8~4.5	0.2	2~2.4	1.4~2.3	6~14	66~156	1.2~2.3	313~700	8~39	24	0.99	0.22	0.92	0.39
海带	269~471	1.8~8	0.1	12~56	6	177~445	52~245	4.7~150	0.76~1338	353	0.13~129	0.97	0.14	5.84~24	
淡菜（干）	1484	48	9	20		156	453	12.5	264	778	169	6.7	0.73	120.5	1.3
紫菜	30	28.2	3.9	16.9	27.3	422	350	46.8	1639	365	105	2.3	1.68	7.22	

类别	胡萝卜素 μg	视黄醇当量 μg	硫胺素 mg	核黄素 mg	烟酸 mg	泛酸 mg	叶酸 μg	生物素 μg	维生素B₆ mg	维生素B₁₂ μg	维生素C mg	维生素D μg	维生素E mg	维生素K mg	胆固醇 mg
苦瓜		17	0.03~0.07	0.03	0.05						60~90		0.85		
香瓜		5	0.02	0.03	0.3						14		0.47		
南瓜		148	0.04	0.05	0.4	0.5	80		0.12		5		0.36		
黄瓜		15	0.03	0.04	0.3						7~14		0.48		
白菜		20	0.03	0.03	0.3~0.6						20~30		0.21~0.76		
白萝卜		3	0.02	0.03	0.3~0.5	0.18	53		0.07		19~29		0.95	1	
番茄		92	0.03	0.03	0.6	0.17	22		0.08		9~19		0.6~0.9	4	
发菜				0.15									0.07		
花椰菜		5	0.03	0.04~0.08	0.6	1.3	94		0.23		60~80		0.43		
苋菜		248	0.04	0.1~0.16	0.6~11						13~29		1.54	78	
芦笋	0.1		0.04	0.05	0.7	0.59	128		0.12		15			43	
芹菜		57~488	0.03	0.04~0.11	0.4	0.26	29		0.08		7~22		0.2~1.32	10	
茄子		30	0.03	0.04	0.5	0.6	19		0.06		3~13		0.2~1.13	9	
卷心菜		12	0.04	0.04	0.04						39		0.5		
荠菜	2.59~3.2		0.04~0.14	0.15~0.19	0.7						43~55				
茭白		5	0.03	0.04	5	0.25	43		0.08		5.5		0.99	2	
莴苣笋		25~147	0.03	0.04	0.4						3.8~10		0.19~0.5		
洋葱		3	0.03	0.03	0.4	0.19	16		0.16		8		0.14		
胡萝卜		688	0.03	0.04	0.5	0.07	28		0.11		9~13		0.4~0.5	3	
香椿	0.8		0.07	0.12	0.8						40~50		0.99	230	
枸杞菜		592	0.08	0.32	1.3						58		3		
茎蓝		3	0.05	0.02	0.4			68			41~76		0.13		
菠菜		488	0.04~0.08	0.11~0.14	0.6	0.2	110	270	0.3		17~40		1.7~2.3	210	
黄花菜	1.85~3.47		0.05~0.1	0.22	1.1~3						85		4.92		
韭菜		43	0.03	0.05~0.13	0.7	0.6			0.16		15~40		0.34~1	180	
辣椒		24~110	0.03~0.16	0.04~0.16	0.5~1.2	0.3	0.26		0.19~1		10~170		1~8.8	20	
柿子椒	0.36~1.6		0.04~0.16	0.04~0.08	0.7~1.5						76~159				
薤白		560									27		0.11		
土豆		5	0.08	0.03	0.4~1	1.3	21		0.18		17~26		0.34		
山药		53	0.07	0.02	0.3~0.6	0.4	8		0.06		4~6		0.2		
芋头		27	0.06	0.04	0.7	1	30		0.15		6		0.45		
竹笋(冬笋)		5	0.04	0.09	0.5	0.63	63		0.13		5		0.06	2	
红薯		125	0.04~0.12	0.04	0.5	0.6	49		0.28		26~30		0.16~0.28		
荸荠		3	0.02	0.02	0.7						7		0.65		
菱角		2	0.19	0.06	1.5						13				
藕		3	0.03~0.09	0.04	0.03						26~43		0.73		
魔芋(精粉)	15		0.02	0.2	0.7~6		2	87	0.06				0.11		
生姜		30	0.02	0.03	0.4~0.8	0.6	8		0.13		4		0.2		
大葱		10~17	0.04	0.05	0.5	0.5	56~100		0.12		11~17		0.3	7~100	
大蒜		5	0.04~0.15	0.06	0.7	0.7	92		1.5		7~13		0.5~1.07		
白木耳(干)		8	0.05	0.14~0.25	1.5~5.3								1.26		
黑木耳(干)		17	0.16	0.47	2.6						11.3		11.34		
金针菇		5	0.15~0.24	0.18	4.1	1.4	75		0.12		2	1	1.14		
香菇	0.02		0.07~0.19	1.13~1.26	2~20	16.8	240		0.45	1.7	1~5	17	0.66		
蘑菇		2	0.08~0.13	0.07~0.35	1.7~4						2~4		0.56~2.16		
海带		40	0.04~0.09	0.23~0.36	0.8~1.6	0.33	19		0.07					74	
淡菜(干)		36	0.04	0.32	4.3								7.4		
紫菜		403	0.44	2.07	7.3	1.24	720		0.06		2		1.82	110	216

另外，常用抗氧化中药需要关注：

● 人参：别名人御、黄参、血参、神草、土精、棒棰、地精，为五加科植物人参的根。中医认为，人参性温，味甘微苦；大补元气，复脉固脱，补脾益肺，宁神益智，生津止渴。用于体虚欲脱，症见面色苍白，心悸不安，虚汗不止，肢冷脉微，脾虚食少，肺虚喘咳，津伤口渴，内热消渴，大便滑泄，惊悸失眠，阳痿宫冷，小儿慢惊，心源性休克。《神农本草经》："主补五脏，安精神，止惊悸，除邪气，明目，开心益智，久服轻身延年。"《本草纲目》："治男妇一切虚证，发热自汗，眩晕头痛，反胃吐食，痃疟，滑泄久痢，小便频数，淋沥，劳倦内伤，中风，中暑，痿痹，吐血，嗽血，下血，血淋，血崩，胎前产后诸病。"《名医别录》："疗肠胃中冷，心腹鼓痛，胸肋逆满，霍乱吐逆，调中，止消渴，通血脉，破坚积，令人不忘。"《药性论》："主五脏气不足，五劳七伤，虚损瘦弱，吐逆不下食，止霍乱烦闷呕哕，补五脏六腑，保中守神。""消胸中痰，主肺痿吐脓及痫疾，冷气逆上，伤寒不下食，患人虚而多梦纷纭，加而用之。"《日华子本草》："调中治气，消食开胃。"《珍珠囊》："养血，补胃气，泻心火。"《医学启源》："治脾胃阳气不足及肺气促，短气，少气，补中缓中，泻肺脾胃中火邪。"《主治秘要》："补元气，止泻，生津液。"《滇南本草》："治阴阳不足，肺气虚弱。"《本草蒙荃》："定喘嗽，通畅血脉，泻阴火，滋补元阳。"李杲："人参甘温，能补肺中元气，肺气旺则四脏之气皆旺，精自生而形自盛，肺主诸气故也。仲景以人参为补血者，盖血不自生，须得生阳气之药乃生，阳升则阴长，血乃旺矣。若阴虚单补血，血无由而生，无阳故也。""人参得黄芪、甘草，乃甘温除大热，泻阴火，补元气，又为疮家圣药。"《月池人参传》："人参，生用气凉，熟用气温，味甘补阳，微苦补阴。如土虚火旺之病，则宜生参凉薄之气，以泻火而补土，是纯用其气也，脾虚肺怯之病，则宜熟生甘温之味，以补土而生金，是纯用其味也。"《本草汇言》："人参，补气生血，助精养神之药也。故真气衰弱，短促气虚，以此补之，如荣卫空虚，用之可治也；惊悸怔忡，健忘恍惚，以此守之，元神不足，虚赢乏力，以此培之，如中气衰陷，用之可升也。又若汗下过多，精液失守，用之可以生津止渴，脾胃衰薄，饮食减常，或吐或呕，用之可以和中而健脾；小儿痘疮，灰白倒陷，用之可以起痘而行浆；妇人产力失顺，用力过度，用之可以益气而达产。若久病元虚，六脉空大者，吐血过多、面色萎白者，疟痢日久、精神委顿者，中热伤暑、汗竭神疲者，血崩溃乱、身寒脉微者，内伤伤寒、邪实心虚者，风虚眼黑、眩晕卒倒者，皆可用也。"《得配本草》："土虚火旺宜生用，脾虚肺怯宜熟用；补元恐其助火，加天冬制之；恐气滞，加川贝理之；加枇杷叶，并治反胃。"《本草经集注》："茯苓为使，恶溲疏。反藜芦。"《药材》："畏五灵脂。恶皂荚，黑豆。动紫石英。"《药性论》："马蔺为使。恶卤咸。"《医学入门》："阴虚火嗽吐血者慎用。"《月池人参传》："忌铁器。"《药品化义》："若脾胃热实，肺受火邪，喘咳痰盛，失血初起，胸膈痛闷，噎膈便秘，有虫有积，皆不可用。"《得配本草》："山楂，服人参者忌之。"人参忌萝卜（功效相反）、鳖肉（降低疗效）、茶。儿童、孕妇或哺乳期间的妇女禁服。

一些研究显示，人参蛋白合成促进因子，能促进蛋白质、DNA、RNA 的生物合成，提高 RNA 多聚酶的活性，提高血清白蛋合成率，提高白蛋白，γ-球蛋白含量，促进骨髓细胞的分裂。人参能提高胸腺和脾脏的功能；增强精子的数目和运动活性，并对因神经系统衰弱等引起的阳痿有明显的疗效；兴奋神经系统，增强条件反射，提高分析能力，改善神经活动的灵活性；提高人体的应激能力；延长人的羊膜细胞的生命周期，推迟羊膜细胞的退行性变化；提高视力及增强视觉暗适应；促进造血功能，增加红细胞数、白细胞数和血红蛋白量；促进血清蛋白和肝细胞核糖核酸的合成；降低血糖，可使轻型糖尿病患者的尿糖减少；强心，对心脏病引起的休克、心绞痛有缓解作用，改善心衰者的心功能；调节多种内分泌腺体的功能，改善代谢；抗氧化，抗疲劳，抗利尿，抗高血脂，抗肿瘤，促进血液循环。中医认为，"气足则血畅"。在整株人参植物中，果实所含的人参皂苷比根部还多，功效更高。

专家认为，人参只适宜虚证：气虚，血虚，阴虚，阳虚。人参对气虚者尤为合适，如体虚欲脱，肢冷脉弱，脾虚食少，肺虚喘咳，津伤口渴，久病虚羸，惊悸失眠，阳痿宫冷，心力衰竭，心源性休克。对于兼有血虚的面色少华，慢性失血，贫血等气血两虚者须用熟地黄、当归等补血药同服。对体有怕冷，长期水肿、便溏、夜间多尿的阳虚者须同服肉桂、附子甘温药。单纯性阴虚者则不宜服用人参，因为阴虚火旺，服用人参必然会助火而伤阴。服人参还要注意避"实"。实，指形体壮实和病邪盛实。身体湿重迟滞的人不宜食人参。无病服用人参者往往会出现口舌生疮，鼻出血，胸闷，厌食，咽喉疼痛，神经过敏，易激怒，失眠，皮疹，抑郁，晨泻；内热炽盛，包括红斑性狼疮、干燥综合征、更年期综合征、糖尿病、性功能减退者皆不可食用。冠心病患者忌服人参。冠心病的主要病理变化是冠状动脉发生了粥样硬化的血管内有脂质沉积。而人参中含有抗脂质分解的物质，能抑制体内的脂肪分解，不利于动脉硬化的康复，故冠心病不宜长期服用人参。人参中含有抗脂质分解的肽类物质，能抑制体内的脂肪分解，促进组织器官的脂肪增加，过量服用导致高血压。

每次用量：煎服 3~10 克，每日 2~3 次，大剂量 30 克，研末服 1~3 克。如服 200 毫升或大量人参根粉，会出现头痛、头晕、皮肤瘙痒、体温升高及出血等。

韩国研究者们发现，那些经常服用人参的人患卵巢癌、胰腺癌和胃癌的危险性明显低于其他人群。服用人参时间越长，患卵巢癌的危险性就越低。

美国一项双育实验的研究表明补充人参能够改善 2 型糖尿病患者的血糖水平。对糖尿病小鼠的研究结果显示，人参提取物能使糖尿病小鼠体内的血糖恢复正常，改善了体内胰岛素的分泌和敏感性，胆固醇也降低了 30%。进一步观察发现服用人参的小鼠体重降低了 10%。膳食量减少了 15%，活动性比没有服用人参的小鼠增加了 35%。一项对大量的患者不育症的男性进行双育临床研究的结果发现，人参能提高他们精子的数量和运动活性。

在日本的冈山大学医学院室中，人参完全抑制了羰基自由基的形成，从而防止了它攻击几乎所有的体内分子，并破坏脑质与蛋白质组成的膜构造。其他研究人员发现，亚洲参是肺部的血管扩张剂，可以保护动物肺脏免受辐射损伤。丹麦的研究人员认为人参是治疗铜绿假单胞菌感染造成肺脏囊性纤维变性的灵药，铜绿假单胞菌也常见于伤口感染、烧烫伤感染以及泌尿道感染。

米兰大学的研究人员针对 227 名患者测试，看人参是否能够预防伤风或流行性感冒。自愿受试者每天服用 100 毫克的人参或安慰剂 12 周。结果发现，人参治疗组有 15 个伤风或感冒的病例，而安慰剂组有 42 个病例。在经过 8 周的治疗以后，安慰剂组对抗感冒的抗体升高到 171 个单位，而人参组提升到 272 个单位。8~9 周后，人参治疗组的自然杀手细胞（Natural killer cell）的活性几乎是对照组的 2 倍。自然杀手细胞是抵抗感染及炎症的第一道防线。

《瑞竹堂经验方》人参固本丸，本方填精益肾，补气和血，显著祛斑，聪耳明目，健步轻履，固齿延年，乌须黑发。人参 100 克，麦冬、天冬、生地、熟地各 200 克。共研细末，炼蜜为丸。每服 5~10 克，空服用白开水送服。

《太平惠民和剂局方》四君子汤：本方健脾润肤，使容颜青春红润。人参（去芦）、炙甘草、茯苓、白术各等份。上药煎服，每日 1 帖，连服 3 个月为 1 个疗程。继以本方制丸连服 1 年。

《辨证录》生髓育麟丹："治男子精少不育。人参、麦冬、肉苁蓉各 300

克，山茱萸、山药各 500 克，熟地黄、桑葚各 500 克，鹿茸 1 对，龟板胶、枸杞子各 400 克，鱼鳔、菟丝子各 200 克，当归 250 克，北五味子 150 克，紫河车 2 个，柏子仁 100 克。为细末，炼蜜为丸。每服 25 克，日 2 次。"

《成方便读》启脾散："治小儿因病致虚，食少形瘦，将成疳积；或禀赋素亏，脾胃薄弱，最易生病。人参（元米炒黄，去米），制白术、莲子肉各 150 克，山楂炭、五谷虫炭各 100 克，陈皮、砂仁各 50 克。为末，每服 10 克，开水送下。"

《医宗金鉴》扶元散："治小儿五软。人参、白术（土炒）、茯苓、熟地黄、茯神、黄芪（蜜炙）、炒山药、炙甘草、当归、白芍药、川芎、石菖蒲。加姜、枣，水煎服。"

《医方类聚》驻春丹：本方使人面色娇美，青春永葆。白茯苓 120 克，面粉 500 克，人参 30 克，川椒 15 克，青盐少许。上药先将人参、川椒、青盐研末，用水两大腕，煎至 1 碗，与茯苓粉、面粉和匀如拳大，文武火烧熟。此为 1 料药量。每 3 日服 1 料。半年后每月只服 7 料，1 年后每月服用 3 料。

《傅青主女科》通乳丹（又名生乳丹）："治产后气血两虚，乳汁不下。人参、黄芪各 50 克，酒当归 100 克，麦冬 25 克，木通、桔梗各 1.5 克，猪蹄 2 个。水煎服。"《普济房》安神丸："治小儿惊啼。人参、白术、茯苓、荆芥穗各 5 克，甘草 10 克，朱砂、天麻、茯神各 2.5 克，全蝎 7 个。为末。每服 2.5 克，荆芥煎汤送下。"

《冷庐医话》："治食道癌：人参汁、龙眼肉汁、芦根汁、蔗汁、梨汁、人奶、牛奶各等分，加姜汁少许，隔水炖成膏，徐徐频服。"

《肿瘤的辨证施治》："治肝癌：生晒参 3 克（另煎），黄芪 12 克，丹参 9 克，郁金 9 克，凌霄花 9 克，桃仁泥 9 克，八月札 12 克，香附 9 克，炙鳖甲 12 克，水煎服。"

《寿亲养老新书》不老丸："补肾壮元，益气安神。治老年肾衰气血不足所致髭发早白，头昏头痛，烦躁不安，精神疲惫，倦怠无力。人参、川巴戟、川当归、菟丝各 60 克，川牛膝、杜仲各 45 克，生地、熟地、柏子仁、石菖蒲、枸杞子、地骨皮各 30 克。上药各遵法炮制焙干，研细末炼蜜为丸，如梧桐子大，日三，每服 70 丸，空腹盐汤送下。"

还少丹 《杨氏家藏方》、合归脾丸《济生方》：熟地黄、山药各 60 克，牛膝、枸杞子、远志、山茱萸各 40 克，茯苓 60 克，杜仲、巴戟天、五味子、小茴香、楮实子、肉苁蓉各 40 克，石菖蒲 20 克，大枣、黄芪各 60 克，白术、人参、当归、龙眼肉各 40 克，茯神 50 克，酸枣仁 40 克，木香 30 克，甘草 20 克。上药粉碎成细粉，过筛，混匀，每 100 克粉末加炼蜜 80~100 克制成大蜜丸。能补肾健脾，益气生精。适用于老年痴呆病属脾肾不足者。

《辨证录》指迷汤："人参 15 克，白术 30 克，法半夏 9 克，神曲 9 克，制南星 3 克，甘草 3 克，石菖蒲 9 克，陈皮 9 克，熟附子 6 克，肉苁蓉 9 克。能健脾化痰，豁痰开窍。适用于老年痴呆病属脾虚痰蒙者。"

《辨证录》转呆丹："人参、当归、半夏、生酸枣仁、石菖蒲、茯神各 30 克，白芍 90 克，柴胡 24 克，神曲、柏子仁各 15 克，天花粉 9 克，栀子 15 克。能清泻肝火，豁痰开窍。适用于老年痴呆病属肝郁化火毒。"

《医林改错》通窍活血汤："赤芍、川芎各 3 克，桃仁 6 克，红花 9 克，老葱 3 根，生姜 9 克，大枣 5 枚，麝香 0.15 克，黄酒 250 克。能活血化瘀，开窍醒脑。适用于老年痴呆病属瘀血内阻者。"

● 人参子（果实）含有皂甙，具有抗衰老，强壮作用。

● 人参叶：《本草纲目拾遗》："味苦微甘。""补中带表，大能生胃津，祛暑气，降虚火，利四肢头目；醉后食之，解醒。"《药性论》："清肺，生津，止渴。"

● 人参花：《中药志》："用红糖制后，泡茶饮，有兴奋作用。"

● 人参芦（根茎）：《本草蒙荃》："甘。""发吐痰沫。虚羸志弱，痰壅，难服藜芦，用此可代。"《本草纲目》："苦，温，无毒。"《本经逢原》："盐哮用参芦涌吐最妙。""治泻痢脓血，崩带精滑。"

● 人参条（根茎上的不定根）：《本草从新》："生津，止渴，补气。其性横行手臂，指臂无力者服之甚效。"煎汤服 5~15 克。

● 人参须（细支根及须根）：《本经逢原》："味苦。""治胃虚呕逆，咳嗽失血等证。"《本草便读》："甘，平。"《本草从新》："生津补气。"《本草正义》："生津止渴，潜阳降火。"煎汤服 5~15 克。

● 西洋参：别名西洋人参、洋参、西参、花旗参、广东人参，为五加科植物西洋参的根。中医认为，西洋参性凉，味甘微苦；有补气养阴，滋补强壮，生津补肺，清火养胃，宁神益智，固精止渴功效。用于肺肾阴虚火旺，劳热咳血，虚热烦倦，口渴少津，元气损伤，贫血面黄，头晕目眩，自汗多汗，夜尿多，遗尿，肠热便血，慢性胃炎，肠胃衰弱，虚火牙痛，精神不振，自主神经紊乱，胸膜炎，感染性多发性神经炎，乙脑，腰酸背痛，性功能减退，失音，动脉硬化，老年痴呆，肝脏疾病。《本草从新》："补肺降火，生津液，除烦倦。虚而有火者相宜。"《药性考》："补阴退热。姜制益气，扶正气。"《本草从新》："治肺火旺，咳嗽痰多，气虚咳喘，失血，劳伤，固精安神，生产诸虚。"《医学衷中参西录》："能补助气分，并能补益血分。""西洋参，性凉而补，凡欲用人参而不受人参之温补者，皆可以此代之，惟白虎加人参汤中之人参，仍宜用党参，而不可代以西洋参，以其不若党参具有升发之力，能助石膏逐邪外出也。且《神农本草经》谓人参味甘，未尝言苦，适与党参之味相符，是以古之人参，即今之党参，若西洋参与高丽参，其味皆甘而兼苦，故用于古方不宜也。"《本草求原》："清肺肾，凉心脾以降火，消暑，解酒。""肺气本于肾，凡益肺气之药，多带微寒，但此则苦寒，唯火盛伤气，咳嗽痰血，劳失精者宜之。"《本草从新》："脏寒者服之，即作腹痛，郁火服之，火不透发，反生寒热。"《本草纲目拾遗》："忌铁器及火炒。"《中药大辞典》："益肺阴，清虚火，生津止渴。治肺虚久嗽失血，咽干口渴，虚热烦倦。"西洋参性凉，属于清补；人参性温，属于温补。西洋参适合阴虚内热之人，人参适合阳气不足之人。夏季适用西洋参，冬季宜用人参。"

现代研究认为，西洋参含有皂甙，能加强心肌收缩，增加心肌血流量，对心律失常有防治作用；并降低高脂血症患者血清低密度脂蛋白的含量，升高高密度脂蛋白的含量；含有多种人参皂苷、挥发油、甾醇多糖类、氨基酸和微量元素，具有镇静、消炎作用；能增强记忆，改善心肌缺血，抑制血小板凝集；对神经衰弱、自主神经紊乱、胸膜炎、感染性多发性神经炎、乙脑有疗效；降低机体耗氧量；增强机体免疫力；促进肾上腺皮质激素分泌；促进胰腺分泌胰岛素，降低血糖；迅速提高体力和脑力劳动的效率；抗应激，抗疲劳，抗辐射，抗缺氧，抗心律失常，抗突变，抗脂质过氧化，抗病毒，降血脂和养颜。抗利尿作用人参皂苷明显高于西洋参。西洋参的强壮作用较人参缓和，这是由于所含皂苷 Rb_2、RC、Rg、Rg_1 低于人参所致。

最近，加拿大多伦多圣麦可医院的研究人员发现西洋参可降低血糖含量，从而预防糖尿病的发作。

煎服 3~8 克。脾胃虚寒及气郁化火等实证或火郁证者忌用西洋参；感冒咳嗽或急性感染有湿热者，也不宜服西洋参；不宜与藜芦、茶、萝卜同服。忌用铁器及火炒。

《大众中医药》："治食欲不振，体倦神疲：西洋参 10 克，白术 10 克，茯苓 10 克。水煎服。""治小儿夏季热：西洋参 10 克，麦冬 10 克，橄榄 1 枚（打碎）。大田蛙 1 只，去肠杂，纳入上三味。水煎服。"

《补品补药与补益良方》洋参灵芝三七散："治心气阴虚，兼瘀血之心悸，胸痛，气短，口干等症；亦治冠心病属气阴两虚有瘀者。西洋参 30 克，灵芝 60~90 克，三七 30 克，丹参 45 克，上药洗净干燥，共为细末，密贮瓶中。每次 3 克，每日 2 次，温开水送下。"

● 太子参：别名孩儿参、童参，为石竹科植物异叶假繁缕的块根。中医认为，太子参性微温，味甘苦；有益气健脾，生津润肺功效。用于脾虚体倦，肺虚咳嗽，食欲不振，气阴不足，心悸自汗，津亏口渴，慢性腹泻，精神疲乏。尤对气阴不足，火不盛者及小儿用之为宜。《本草从新》："大补元气。"《本草再新》："治气虚肺燥，补脾土，消水肿，化痰止渴。"《饮片新参》："补脾肺元气，止汗生津，定虚悸。"《江苏植药志》："治胃弱消化不良，神经衰弱。"《中药志》："治肺虚咳嗽，脾虚泄泻。"《陕西中草药》："补气益血，健脾生津。治病后体虚，肺虚咳嗽，脾虚腹泻，小儿虚汗，心悸，口干，不思饮食。"《陕西中草药》："治自汗：太子参 15 克，浮小麦 25 克，水煎服。"

现代研究认为，太子参含皂苷 A 有抗病毒作用；还含有淀粉、果糖、麦芽糖、蔗糖、游离氨基酸、棕榈酸、亚油酸、甘油、β-谷甾醇、多种维生素、太子参环肽 A 及太子参环肽 B 等有效成分，对机体具有"适应原样"的作用，既能增强机体对各种有害刺激，防御能力，又能增强人体的物质代谢。对小肠功能有改善作用，促进淋巴细胞增殖，可使白细胞总数升高。太子参能够治疗慢性胃炎，胃下垂，慢性肠炎，慢性气管炎，肺气肿，肺结核等多种疾病。太子参具有拟肾上腺素的作用，对咳嗽及呼吸系统疾病有较好的治疗效果。

煎服 7~20 克。太子参质地硬实，须压扁或打碎用，以利于有效成分煎出。太子参不可与藜芦同服。

《湖北中草药志》："治肺虚咳嗽：太子参 15 克，麦冬 12 克，甘草 6 克，水煎服。"

《安徽中草药》："治神经衰弱：太子参 15 克，当归、酸枣仁、远志、炙甘草各 9 克，煎服。"

《青岛中草药手册》："治小儿出虚汗：太子参 9 克，浮小麦 15 克，大枣 10 枚。水煎服。"

● 太白参：别名太白洋参、黑洋参，为玄参科植物大卫马先蒿，粗野马先蒿，邓氏马先蒿，美观马先蒿的根茎。《北方常用中草药手册》："甘微苦，温。""补虚，健脾胃，消炎止痛。""治体虚头晕：太白参、党参各 25 克，细辛 5 克，水煎服。"《陕西中草药》："滋阴补肾，补中益气。健脾和胃。治身体虚弱，肾虚骨蒸潮热，关节疼痛，不思饮食。""治骨蒸潮热，周身关节疼痛：太白参 120~250 克，炖猪肉或猪蹄，分数次食。"

煎汤服 15~25 克。

● 南沙参：别名白沙参、白参、宝沙参、泡参、文虎、羊婆奶、桔参、土人参、保牙参、稳牙参、泡沙参，为桔梗科植物轮叶沙参，杏叶沙参或其他几种同属植物的根。中医认为，南沙参性微凉，味甘微苦；有清肺祛痰，益胃生津功效。治肺热燥咳，舌红咽干，胃阴亏血，大便秘结，干咳痰黏，气阴不足，烦热口干，食少干呕，内热消渴，脾胃虚弱等症。《神农本草经》："主血积惊气，除寒热，补中益肺气。"《名医别录》："疗胃痹心腹痛，结热邪气，头痛，皮间邪热，安五脏，补中。"《药性论》："能去皮肌浮风，疝气下坠，治常欲眠，养肝气，宣五脏风气。"《日华子本草》："补虚，止惊烦，益心肺，并（治）一切恶疮疥癣及身痒，排脓消肿毒。"《本草纲目》："清肺火，治久咳肺痿。"《玉楸药解》："消肺气，生肾水，涤心胸烦热，凉头目郁蒸，治瘰疬斑疹，鼻疮喉痹，疡疮热痛，胸膈烦渴，溲便红涩，膀胱癃闭。"《饮片新参》："北方参养肺胃阴，治虚劳咳呛痰血。南沙参消肺养阴，治虚劳咳呛痰血。"《中国药植图鉴》："降低血压。"《本草经集注》："恶防己，反藜芦。"《本草经疏》："脏腑无实热，肺虚寒客之作泄者，勿服。"

煎服或切片泡服 10~15 克。沙参有北沙参与南沙参之别，南沙参寒重于甘，清热作用较强，祛痰清肺之力更强；北沙参甘重于寒，故养阴作用较强。因而阴虚生热者，宜用北沙参；热盛灼金者，宜用南沙参。南沙参煎剂能提高免疫和非特异性免疫，抑制液体免疫。

《温病条辨》："治燥伤肺卫阴分，或热或咳者：沙参 15 克，玉竹 10 克，生甘草 5 克，冬桑叶 7.5 克，麦冬 15 克，生扁豆 7.5 克，天花粉 7.5 克。水 5 杯，煮取 2 杯，日再服。久热久咳者，加地骨皮 15 克。"

《卫生易简方》："治肺热咳嗽：沙参 25 克，水煎服之。"

《成都中草药》："治失血后脉微手足厥冷之症：杏叶沙参，浓煎频频而少少饮服。"

《证治要诀》："治赤白带下，皆因七情内伤，或下元虚冷；米饮调沙参末服。"

《湖南药物志》："治产后无乳：杏叶沙参根 20 克。煮猪肉食。""治虚火牙痛：杏叶沙参根 25~100 克。煮鸡蛋服。"

沙参根含有生物碱，丰富的淀粉；果实含珊瑚菜素。具体地讲，细叶沙参含二烯酸甲酯、羽扇烯酮、β-谷甾醇、β-谷甾醇葡萄糖苷、蔗糖及葡萄糖。轮叶沙参的根含三萜皂苷、淀粉、香豆素。无柄沙参含无柄沙参酸-3-氧-异戊酸酯,十五酰-3-β-谷甾醇脂,棕榈酰-3-β-谷甾醇脂,24-亚甲基-环木波罗甾醇及7α羟基-β-谷甾醇。

南沙参中均含多糖,其中沙参53.4%,无柄沙参60.6%,河南沙参51.8%,泡沙参15.8%,轮叶沙参53.5%。

现代研究认为,沙参可提高机体细胞免疫和非特异性免疫,具有调节免疫平衡的功能,沙参也可提高淋巴细胞转换率。沙参还有祛痰、抗真菌、强心作用。

● 北沙参:别名辽沙参、沙参、北条参、银条参、条参、莱阳参、珊瑚菜、海沙参、银条参、野香菜根、真北沙参,为伞形科植物珊瑚菜的根,中医认为,北沙参性凉,味甘苦淡;有养阴清肺,生津益胃功效。用于肺热燥咳,劳嗽痰血,热病津伤口渴,大便秘结等。《本草从新》:"专补肺阴,清火,治久咳肺痿。""恶防己。反藜芦。"《饮片新参》:"养肺胃阴,治劳咳痰血。"《东北药植志》:"治慢性支气管炎,肺结核,肺膨胀不全,肺脓疡等。"《中药志》:"养肺阴,消肺热,祛痰止咳。治虚劳发热,阴伤燥咳,口渴咽干。"《得配本草》:"补阴以制阳,清金以滋水,治久咳肺痿,皮热瘙痒,惊烦,嘈杂,多眠,疝痛,长肌肉,消痈肿。"《药性切用》:"北沙参,甘淡性凉,补虚退热,益五脏之阴。肺虚劳热者最宜之,伤寒瘟疫,肺虚挟热者亦可暂用。"

现代研究认为,北沙参含有花椒毒素对艾氏腹水癌及肉瘤有抑制作用;含有生物碱、淀粉、多种香豆素类成分,微量挥发油及佛手苷内脂等成分,具有降低体温、镇痛、祛痰、强心、升压、加强呼吸。北沙参水浸液在低浓度时,对蟾蜍心脏能加强收缩,浓度增高,则出现抑制,直至心脏停跳,但可恢复。北沙参多糖对体液免疫和细胞免疫功能均有抑制作用。现代用于治疗食管炎,小儿前沿性肺癌、小儿口疮等。

煎服10~15克。凡肺寒咳喘者或外感风寒咳嗽者,咳痰色白,脾胃虚寒者不宜服用。

《卫生易简方》:"治阴虚火炎,咳嗽无痰,骨蒸劳热,肌皮枯燥,口苦烦渴等证:真北沙参、麦门冬、知母、川贝母、怀熟地、鳖甲、地骨皮各200克,或作丸,或作膏,每早服15克,白汤下。"

《杯仲先医案》:"治一切阴虚火炎,似虚似实,逆气不降,清气不升,烦渴咳嗽,胀满不食:真北沙参25克。水煎服。"

《常见慢性病食物疗养法》沙参乌龟汤:"补心肾,养肺阴,止久咳,益大肠。适用于肾虚肺燥，久治不愈的肺结核，骨结核，肾结核，淋巴结核等病症。北沙参 30 克，乌龟 1000 克，精盐、黄酒适量。沙参洗净，用黄酒 1 匙湿润；龟宰杀后，从侧面剖开，去内脏，洗净，用烫水除去薄膜，滤干，放入沙锅内，加水浸没，用中火烧开后，加黄酒 2 匙，细盐 1 匙，改用小火慢慢煨 2 小时，加入沙参，再煨 2 小时，至龟肉酥烂，甲壳散开。食肉喝汤。饭前空腹和临睡前服食，每次 1 小碗，日 2 次，2~3 天吃完。"

《百病饮食自疗》沙参麦冬蜜："养阴润肺，生津止咳，收敛肺气。适用于阴虚火旺，浸润型肺结核或纤维空洞型肺结核。北沙参、麦冬各 100 克，五味子 50 克，蜂蜜 500 克，前 3 味洗净，倒入沙锅内，加水 3~4 碗，浸泡 1 小时，小火煎 1 小时，取汁大半碗，再加冷水 1 大碗半，煎取药液半碗。将药液与蜂蜜同倒入瓷盆内，加盖，旺火蒸 2 小时，冷却，装瓶。每次 1 匙。饭后开水送服，日 2 次。"

● 三七：别名山漆、金不换、血参、参三七、田三七、田七、滇三七，为五加科植物三七的干燥根。中医认为，三七性温，味甘微苦；有活血，止血，散瘀，消肿，定痛的功能。用于吐血，咯血，衄血，便血，血痢，崩漏，产后血晕，恶露不下，跌打损伤，胸腹刺痛，外伤出血，痈肿瘀滞。《本草纲目》："止血，散血，定痛。金刀箭伤，跌仆杖疮，血出不止者，嚼烂涂，或为末掺之，其血即止。亦主吐血，衄血，下血，血痢，崩中，经水不止，产后恶血不下，血运，血痛，赤目，痈肿，虎咬，蛇伤诸病。"《玉楸药解》："和营止血，通脉行瘀，行瘀血而敛新血。凡产后，经期，跌打、痈肿、一切瘀血皆破；凡吐衄、崩漏、刀伤、箭射、一切新血皆止。"《本草新编》："止血兼实虚。"《百草镜》："生津。"《本草纲目拾遗》："去瘀损，止吐血，补而不峻。"《本草从新》："能损新血，无瘀者勿用。"《得配本草》："血虚吐衄，血热妄行者禁用。"《宦游笔记》："补血第一。"

现代研究认为，三七含有三七黄苷、五加黄苷、槲皮苷、β-谷甾醇、田七氨酸、黄酮苷、齐墩果酸、槲皮素、谷甾醇、生物碱、三七多糖、16 种氨基酸（其中 7 种为人体必需氨基酸）、三七素，微量元素钡、锰、铁等，挥发油 γ-依兰油烯、莎草烯等，具有止血，缩短凝血时间，缩短凝血酶原时间，降低毛细血管的通透性，增加冠状动脉血流量作用；兴奋心肌，减慢心率，减少心肌耗氧量；促进肝糖原的积累而有护肝作用；促进造血干细胞增殖，增强免疫力；抑制血小板聚集，降低全血黏度；低浓度时对血管有收缩作用，高浓度时对血管有扩张作用；降血压，降血脂，降血糖，抑菌，抑癌，镇痛，利尿，抗肿瘤，抗疲劳，抗心律失常，抗衰老作用。三七皂苷 Rg1 对神经细胞缺氧损伤有保护作用，能提高神经细胞的耐氧能力。三七皂苷还具有降低脑内铁离子，防止过氧化，并且保护脑细胞的作用；促进脑出血后脑内神经元的存活及损伤修复。

日本人田中教授等，从三七中分离出的三七多糖（2-A）进行抗癌实验，结果发现其有抗肿瘤、抗感染的作用。

临床上用于冠心病、心绞痛、心律不齐和血瘀证，亦获得较好疗效。

血脂高的人可到药店买三七粉，每次服1克，日3克，可预防中风。中风发病原因是由于血压升高，血液黏稠度血脂增高。

煎服3~10克，研末调服1~3克。孕妇忌用。出血见阴虚口干者，须配药后使用。

《濒湖集简方》："治吐血，衄血：山漆5克，自嚼，米汤送下。"

《同寿录》："治吐血：鸡蛋一枚，打开，和三七末5克，藕汁一小杯，陈酒半小杯，隔汤炖熟食之。"

《医学衷中参西录》化血丹："治咳血，兼治吐衄，理瘀血及二便下血：花蕊石15克（煅存性），三七10克，血余5克（煅存性）。共研细末。分两次，开水送服。"

《濒湖集简方》："治赤痢血痢：三七15克，研末，米泔水调服。""治大肠下血：三七研末，同淡白酒调5~10克服。加2.5克入四物汤亦可。""治产后血多：三七研末，米汤服5克。""治赤眼，十分重者：三七根磨汁涂四围。"

《本草纲目拾遗》七宝散："治刀伤，收口：好龙骨、象皮、血竭、人参三七、乳香、没药，降香末各等分，为末，温酒下。或掺上。"

《回生集》："止血：人参三七、白蜡、乳香、降香、血竭、五倍、牡蛎各等分。不经火，为末。敷之。"

《本草纲目》："治无名痈肿，疼痛不止：山漆磨米醋调涂。已破者，研末干涂。"

《中国药膳学》："三七酒：止血活血，消肿止痛。适用于跌打损伤，瘀阻疼痛等。三七10~30克，白酒500~1000克。三七浸入白酒中泡7天。每服5~10毫升，日2次。"

《百病饮食自疗》："三七炖鸡蛋：活血行滞。适用于血瘀月经过少，紫黑有块，小腹胀痛拒按，舌边紫暗等症。生三七3克，丹参10克，鸡蛋2个。加水同煮。蛋熟后去壳再煮至药性尽出。日1剂，服蛋饮汤。"

《天津医药》："治高胆固醇血症：生三七0.9克/日口服，连服10周以上，不并用西药降脂药。治 74 例冠心病合并血胆固醇高于 5.72 毫摩尔/升者，结果：73 例血清胆固醇平均值由 7.699 毫摩尔/升降为 4.875 毫摩尔/升，平均下降 2.824 毫摩尔/升。"

● 大黄：别名将军、川军、良将、绵纹、生军、葵叶、北大黄、南下黄、大王、西宁大黄、峻、香大黄、牛舌大黄、马蹄黄、蜀大黄、肤如、天水大黄、大王蛋吉、火参、黄良，为蓼科植物掌叶大黄，唐古特大黄或药用大黄的根茎。中医认为，大黄性寒，味苦；有泻热排毒，凉血通经，破血逐瘀，利胆退黄功效。晒大黄清上焦血分热毒，用于实热便秘，积滞腹痛，谵语发狂，湿热黄疸，腹满刺痛，目赤咽肿，齿龈肿痛，吐血咯血，癥瘕积聚，产后腹痛，月经不适，跌打损伤，湿热痢疾，里急后重，肠痈腹痛，痈疡肿毒。熟大黄泻下力缓，泻火解毒，用于火毒疮疡。大黄炭凉血化瘀止血，用于血热有瘀出血症。外敷用于热毒疮节及烧烫伤。《神农本草经》："下瘀血，血闭，寒热，破癥瘕积聚，留饮宿食，荡涤肠胃，推陈致新，通利水谷（'水谷'作'小谷道'），调中化食，安和五脏。"《名医别录》："平胃，下气，除痰实，肠间结热，心腹胀满，女子寒血闭胀，小腹胀，诸老血留结。"《药性论》："主寒热，消食，炼五脏，通女子经候，利水肿，破痰实，冷热积聚，宿食，利大小肠，贴热毒肿，主小儿寒热时疾，烦热，蚀脓，破留血。"《日华子本草》："通宣一切气，调血脉，利关节，泄壅滞、水气四肢冷热不调，温瘴热痰，利大小便，并敷一切疮节痈毒。"《本草纲目》："主治下痢赤白，里急腹痛，小便淋沥，实热燥结，潮热谵语，黄疸，诸火疮。"《本草经集注》："黄芩为之使。"《药性论》："忌冷水。恶干漆。"《本草经疏》："凡血闭由于血枯，而不由于热积；寒热由于阴虚，而不由于瘀血；癥瘕由于脾胃虚弱，而不由于积滞停留；便秘由于血少肠燥，而不由于热结不通；心腹胀满由于脾虚中气不运，而不由于饮食停滞；女子少腹痛由于厥阴血虚，而不由于经阻老血瘀结；吐、衄血由于阴虚火起于下，炎烁乎上，血热妄行，溢出上窍，而不由于血分实热；偏坠由于肾虚，湿邪乘虚客之而成，而不由于湿热实邪所犯；乳痈肿毒由于肝家气逆，郁郁不舒，以致营气不从，逆于肉里，乃生痈肿，而不由于膏粱之变，足生大疔，血分积热所发，法咸忌之，以其损伤胃气故耳。"《本草汇言》："凡病在气分，及胃寒血虚，并妊娠产后，及久病年高之人，并勿轻用大黄。"《本经逢原》："肾虚动气及阴疽色白不起等证，不可妄用。"《雷公炮炙论》："凡使大黄，锉蒸，从未至亥，如此蒸七度，晒干。却洒薄蜜水，再蒸一伏时，其大黄劈如乌膏样，于日中晒干用之。"

现代研究认为，大黄的活性物质，白藜芦醇能抑制胆固醇吸收；含有儿茶素等，能降低毛细血管通透性，增加内皮致密性，限制有害物质的进入，从而降低血液黏滞度，提高血浆渗透压，这种稀释血液的功能，可以减少脂质的沉积；含有蒽醌衍生物（其中以番泻苷的泻下作用最强）大黄鞣质及相关物质，如没食子酸，儿茶精和大黄四聚等，具有通便泻火作用。大黄多糖、蒽醌类、儿茶素类化合物具有降血脂和减肥作用。大黄还能增加胆汁分泌，促进胆汁排泄；止血，利水保肝，降血压，抗肿瘤，抗真菌，抗病毒，抗炎，抗胃及十二指肠溃疡，降低血中尿素氢和肌酐等。

煎服 4~10 克。用于泻下不宜久煎，多后下或用开水浸泡后服用。妇女怀孕期，月经期，哺乳期忌用。脾胃虚寒肠泻，无积滞或无瘀血，阳虚怕冷者勿食。阴疽或痈肿溃后脓清，正气不足者慎用。外用适量，可治水火烫伤，研末调敷患处。

《伤寒论》大承气汤："治伤寒阳明腑证，阳邪入里，肠中有燥屎，腹满痛，谵语，潮热，手足溅然汗出，不恶寒，痞满燥实全见者，以此汤下之：大黄 200 克（酒洗），厚朴 250 克（炙，去皮），枳实 5 枚（炙），芒硝 3 合。上四味，以水一斗，先洗二物，取二升，去滓，纳大黄，更煮取二升，去滓，纳芒硝，更上微火 50 克沸，分温再服，得下，余勿服。"

《素问·病机保命集》大黄牵牛丸："治大便秘结：大黄 100 克，牵牛头末 25 克。上为细末，每服 15 克。有厥冷，用酒调 15 克，无厥冷而手足烦热者，蜜汤调下，食后微利为度。"

《圣惠方》雪煎方："治热病狂语及诸黄：川大黄 250 克（锉碎，微炒）。捣细罗为散，用腊月雪水五升，煎如膏，每服不计时候，以冷水调半匙服之。"

《素问·病机保命集》大黄汤："治泄痢久不愈，脓血稠黏，里急后重，日夜无度，久不愈者：大黄 50 克，细锉，好酒二大盏，同浸半日许，再同煎至一盏半，去大黄不用，将酒分为二服，顿服之，痢止。一服如未止，再服，以利为度，服芍药汤和之，痢止，再服黄芩汤和之，以彻其毒也。"

《医林集要》无极丸："治妇人经血不通，赤白带下，崩漏不止，肠风下血，五淋，产后积血，癥瘕腹痛，男子五劳七伤，小儿骨蒸潮热等证，其效甚速：锦纹大黄 500 克，分作四份，一份用童尿一碗，食盐 10 克，浸一日，切晒；一份用醇酒一碗，浸一日，切晒，再以巴豆仁三十五粒同炒，豆黄，去豆不用；一份用红花 200 克，泡水一碗，浸一日，切晒；一份用当归 200 克，入淡醋一碗，同浸一日，去归，切晒。为末，炼蜜丸梧子大，每服五十丸，空心温酒下，取下恶物为验。未下再服。"

《千金方》："治产后恶血冲心，或胎衣不下，腹中血块等：绵纹大黄 50 克，杵罗为末，用头醋 250 克，同熬成膏，丸如梧桐子大，用温醋化五丸服之，良久下。亦治马坠内损。"

《千金方》神明度命丸："治久患腹内积聚，大小便不通，气上抢心，腹中胀满，逆害饮食：大黄、芍药各 100 克。上二味末之，蜜丸，服如梧子四丸，日三，不知，可加至六七丸，以知为度。"

《普济方》千金散："治大人小儿脾癖，并有疳者：绵纹大黄 150 克，为极细末，陈醋两大碗，沙锅内文武熬成膏，倾在新砖瓦上，日晒夜露三朝夜，将上药起下，再研为细末；后用硫黄 50 克，官粉 50 克，将前项大黄末 50 克，三味再研为细末。10 岁以下小儿，每服可重 2.5 克，食后临卧米饮汤调服。此药忌生硬冷荤鱼鸡鹅一切发物。服药之后，服半月白米软粥。如一服不愈时，半月之后再服。"

《银海指南》清宁丸："去五脏湿热秽浊。治饮食停滞，胸脘胀痛，头晕口干，二便秘结：大黄 5 千克，切作小块，用泔水浸透，以侧柏叶铺甑，入大黄，蒸过晒干，以好酒 5 千克浸之，再蒸收晒干。另用桑叶、桃叶、槐叶、大麦、黑豆、绿豆各 500 克，每味煎汁蒸收，每蒸一次，仍用侧柏叶铺甑蒸过晒干，再蒸再晒。制后再用半夏、厚朴、陈皮、白术、香附、车前各 500 克，每味煎汁蒸收如上法，蒸过晒干，再用好酒 5 千克，制透，炼蜜丸如梧子大，每服 5~10 克，或为散也可。"

《圣惠方》："治口疮糜烂：大黄、枯矾等分，为末以擦之，吐涎。"

《救急方》："治火丹赤肿遍身：大黄磨水频刷之。"

《濒湖集简方》："治打仆伤痕，瘀血滚注，或作潮热者：大黄末，姜汁调涂。一夜，黑者紫；二夜，紫者白也。"

南京市卫生局《医院制剂规范》："大黄散：泻热通肠，凉血解毒，逐瘀通经。用于实热便秘，积滞腹痛，泻痢不爽，湿热黄疸，血热吐衄，目赤咽肿，肠痈腹痛，痈肿疔疮，瘀血经闭等。生大黄适量。粉碎成细粉，过筛，即得。口服，每次 3~12 克，每日 2 次。"

《中西结合杂志》："治疗高脂血症：口服大黄粉胶囊（每粒含生药 0.25 克），首服每次 0.25 克，每日 4 次，1 周后改为每次 0.5 克，每日 3 次，1 个月为 1 疗程。治疗 42 例服药 1 个疗程后，胆固醇有 30 例下降，平均下降 1.11 毫摩尔/升。其余 12 例服 2 个疗程，平均下降 0.88 毫摩尔/升。甘油三酯 1 个疗程后有 35 例下降，平均下降 0.60 毫摩尔/升。12 例 2 个疗程后，平均下降 1.06 毫摩尔/升。"

《吉林中医药》："治疗酒渣鼻，面部痤疮：大黄、硫黄等分研末，每晚临睡前以药末 5 克，加凉水调成糊状，用毛笔涂敷患处，次晨洗去，2 周为 1 个疗程。"

《新中医》："治疗慢性前列腺炎：大黄、半夏各 15 克，水煎，每次冲服琥珀粉 5~10 克，早晚各 1 次。曾治 34 例，结果痊愈 30 例，有效 2 例，无效 2 例。"

《广西卫生》："治疗宫颈糜烂，阴道炎，盆腔炎等慢性炎症：用大黄浸膏（每 1 毫升含生药 1 克），阴道洗净，拭干上药，每日或间日 1 次，5~10 天为 1 个疗程。"

《新中医》："治疗脂溢性皮炎：大黄、硫黄各等分，共研细末，先用温水洗湿头发，然后将药末搓到头皮上，2~3 分钟后用温水洗去，再用清水洗净。每隔 3~5 天用 1 次。曾治 100 例，总有效率为 91%。"

● 山茱萸：别名山萸肉、芋肉、肉枣、鸡足、枣皮、蜀枣、药枣、红枣皮，为山茱萸科植物山茱萸的干燥成熟果肉。中医认为，山茱萸性微温，味酸；有收敛固涩，补肝止血，补肾益精功效。用于肝肾阴虚所致的腰腿酸冷、眩晕耳鸣，阳痿遗精，遗尿尿频，崩漏带下，肝虚寒热，月经过多，大汗虚脱，内热消渴。《神农本草经》："主心下邪气寒热，温中，逐寒湿痹，去三虫。"《雷公炮炙论》："壮元气，秘精。"《名医别录》："肠胃风邪，寒热疝瘕，头风，风气去来，鼻塞，目黄，耳聋，面疱，温中，下气，出汗，强阴，益精，安五脏，通九窍，止小便利，明目，强力。"《药性论》："治脑骨痛，止月水不定，补肾气，兴阳道，添精髓，疗耳鸣，除面上疮，主能发汗，止老人尿不节。"《日华子本草》："暖腰膝，助水脏，除一切风，逐一切气，破癥痕，治酒皶。"《景岳全书》："固阴补精，调经收血。"《珍珠囊》："温肝。"《本草求原》："止久泻，心虚发热汗出。"《医学衷中参西录》："大能收敛元气，振作精神，固涩滑脱。收涩之中具条畅之性，故又通利九窍，流通血脉，治肝虚自汗。肝虚胁疼腰疼，肝虚内风萌动，且敛正气而不敛邪气，与其他酸敛之不同。"《本草经集注》："蓼实为之使。恶桔梗、防风、防己。"

现代研究认为，山茱萸含有山茱萸苷、酒石酸、没食子酸、熊果酸、苹果酸、树脂、鞣质皂苷、挥发油、茅香族化合物、多种氨基酸及维生素 A 等，能促进巨噬细胞吞噬功能，增强机体免疫力，对环磷酰胺及放射线疗法引起的白细胞下降有促进其升高作用；增强心脏收缩性，提高心脏效率，扩张外周血管，增强心脏泵血功能，并对失血性休克有迅速升高血压的作用；降低肾上腺的抗坏酸的含量；抑制血小板聚集；缓解疲劳，耐缺氧，改善记忆力；保护肝脏，降血糖，降尿糖，抗恶性肿瘤，抗休克，抗炎，抗细菌和皮肤癣菌（紫色毛癣菌）以及利尿作用。

每次用量 5~10 克，大剂量 30 克。湿热，小便淋涩者不宜用。

《方龙潭家秘》："治老人小水不节或自遗不禁：山茱萸 100 克，益智子 50 克，人参、白术各 40 克，分作 10 剂，水煎服。"

《医学衷中参西录》来复汤："治寒温外感诸症，大病瘥后不能自复，寒热往来，虚汗淋漓，或但热不寒，汗出而解热，须臾又热又汗，目睛上窜，势危欲脱，或喘逆，或怔忡，或气虚不足以息：山茱萸 100 克（去净核），生龙骨 50 克（捣细），生牡蛎 50 克（捣细），生杭芍 30 克，野台参 20 克，甘草 15 克（蜜炙）。水煎服。"

《圣惠方》："治五种腰痛，下焦风冷，腰脚无力：牛膝 50 克（去苗），山茱萸 50 克，桂心 1.5 克，上药捣细罗为散，每于食前，以温酒调下 10 克。"

● 川贝母：别名贝母、空草、贝父、药实、苦花、苦菜、勤母、黄虻，为百合科植物卷叶贝母，乌花贝母或棱砂贝母等的鳞茎。中医认为，川贝母性凉，味甘；有清热润肺，化痰止咳，散结消肿功效。治风热，痰热咳嗽，肺热燥咳，干咳少痰，阴虚燥咳，咯痰带血，肺痈，肺痿，瘿瘤，瘰疬，喉痹，乳痈。《神农本草经》："主伤寒烦热，淋沥邪气，疝瘕，喉痹，乳难，金疮风痉。"《名医别录》："疗腹中结实，心下满，洗洗恶风寒，目眩，项直，咳嗽上气，止烦热渴，出汗，安五脏，利骨髓。"《药性论》："治虚热，主难产作末服之；兼治胎衣不出，取七枚末，酒下；研末，点眼去肤翳；主胸胁逆气，疗时疾黄疸，与连翘同主项下瘤瘿疾。"《日华子本草》："消痰，润心肺。末，和砂糖为丸含；止嗽；烧灰油敷人畜恶疮。"《本草别说》："能散心胸下郁结之气。治心中气不快，多愁郁者，殊有功。"《本草会编》："治虚劳咳嗽，吐血咯血，肺痿肺痈，妇人乳痈，痈疽及诸郁之证。"《本草正》："降胸中因热结胸及乳痛流痰结核。"《本草述》："疗肿瘤疡，可以托里护心，收敛解毒。"《长沙药解》："贝母苦寒之性，泻热凉金，降浊消痰，其力非小，然轻清而不败胃气，甚可嘉焉。"《本草经集注》："厚朴、白薇为之使。恶桃花。畏秦艽、矾石、莽草。反乌头。"《本草经疏》："寒湿痰及食积痰火作嗽，湿痰在胃恶心欲吐，痰饮作寒热，脾胃湿痰作眩晕及痰厥头痛中恶呕吐，胃寒作泄并禁用。"煎服 3~10 克，研末冲服 1~2 克。

现代研究认为，川贝母含皂甙有镇咳祛痰作用；含碱能扩张外周血管，促血液循环，血压下降；还有抗溃疡、降痉、抑制大肠埃希菌菌及金黄色葡萄球菌作用。

《圣济总录》贝母汤："治伤风暴得咳嗽：贝母1.5克（去心），款冬花、麻黄（去根节）、杏仁（汤浸，去皮，尖，双仁，炒研）各50克，甘草1.5克（炙锉）。上五味，粗捣筛，每服15克匕，水一盏，生姜三片，煎至七分，去滓温服，不拘时。"

《江苏中医》："治百日咳：川贝母25克，郁金、葶苈子、桑白皮、白前、马兜铃各2.5克。共轧为极细末，备用。1.5~3岁，每次1克；4~7岁，每次2.5克；8~10岁，每次3.5克，均每日3次，温水调冲；小儿酌加白糖或蜜糖亦可。"

《圣惠方》："治吐血衄血，或发或止，皆心藏积热所致：贝母50克（炮令黄）。捣细罗为散，不计时候，以温浆调下10克。"

《本草切要》："治喉痹肿胀：贝母、山豆根、桔梗、甘草、荆芥、薄荷、煎汤服。"

《仁斋直指方》："治乳痈初发：贝母为末，每服10克，温酒调下，即以两手覆按于桌上，垂乳良久乃通。"

《圣惠方》："治小儿鹅口，满口白烂：贝母去心为末2.5克，水2.5克，蜜少许，煎三沸，缴净抹之，日四五度。"

《长寿之道》："川贝莱菔茶：祛痰止咳。适用于慢性支气管炎，咳嗽痰多等症。川贝母、莱菔子各15克，共研粗末，加水煎汤，取汁。代茶饮。"

《家庭食疗手册》："川贝雪梨炖猪肺：化痰润肺镇咳。适用于肺结核咳嗽，咯血；老年人干咳无痰，燥热等症。川贝母15克，雪梨2个，猪肺40克，冰糖少许。梨切成1厘米见方的丁；猪肺洗净，挤出泡沫，切成2厘米长，1厘米宽的块；贝母洗净。三味同置沙锅内，加适量水及冰糖，烧沸后，转用文火炖3小时。日1剂，分2~3次服。"

《疾病的食疗与验方》川贝炖猪瘦肉："养阴清热解毒。适用于肺肾阴虚之鼻咽癌患者。川贝9克，无花粉15克，紫草根30克，猪瘦肉60克。前三味水煎去渣，加猪瘦肉块炖熟，入盐调味。饮汤食肉。1~2天服1剂，连用20~30天。"

《家庭药膳手册》川贝甲鱼："滋阴补肺。适且于阴虚咳喘，低热，盗汗等症。常人服用，更能防病强身。甲鱼1只，川贝母5克，鸡清汤1千克，将甲鱼切块，放蒸钵中，加入贝母、盐、料酒、花椒、姜、葱，上笼蒸1小时。趁热佐餐服食。"

《百病饮食自疗》川贝鸭子："养阴清热，润肺止咳。适用于麻疹后诸症缓解，而见燥咳无痰，日轻夜重，唇红干燥，舌红苔少等症，川贝 10 克，母鸭胸脯肉 120 克，鸭肉清炖至八成熟时，入贝母，食盐少许，再炖至熟。饮汤食肉，日 1 次。"

《良药佳馐》川贝炖蜂蜜："清热润肺，消痰止咳。适用于肺燥咳嗽及小儿痰咳。川贝 10~25 克，蜂蜜 20 克，贝母打碎，与蜂蜜同置碗中，隔水炖 20 分钟。分数次于 1 日内饮服。小儿量酌减。"

● 川芎：别名香果、芎藭、胡藭、台芎、山鞠藭、西芎、杜芎、川乌头、马衔芎藭、京芎、大川芎、乌头、抚芎、贯芎，为伞形植物川芎的干燥根茎。中医认为，川芎性温，味辛，有毒；有疏肝解郁，祛风止痛，活血祛瘀，镇静强心功效。治心脉瘀阻，胸痹绞痛，胸胁胀痛或刺痛，女性月经不调，经闭痛经，产后瘀血，癥瘕腹痛，疮痈肿痛，跌打肿痛，中风瘫痪，冠心病，心绞痛，头风头痛，偏头痛，风湿痹痛，肿瘤癌症，肩关节周围炎，手术麻醉，肢体麻木。《神农本草经》："主中风入脑头痛，寒痹，筋挛缓急，金创，妇人血闭无子。"《名医别录》："除脑中冷动，面上游风去来，目泪出，多涕唾，忽忽如醉，诸寒冷气，心腹坚痛，中恶，卒急肿痛，胁风痛，温中内寒。"陶弘景："齿根出血者，含之多瘥。"《药性论》："治腰脚软弱，半身不遂，主胞衣不出，治腹内冷痛。"《日华子本草》："治一切风，一切气，一切劳损，一切血，补五劳，壮筋骨，调众脉，破症结宿血，养新血，长肉，鼻洪，吐血及溺血，痔瘘，脑痈发背，瘰疬瘿赘，疮疥，及排脓消瘀血。"《医学启源》："补血，治血虚头痛。"王好古："搜肝气，补肝血，润肝燥，补风虚。"《本草纲目》："燥湿，止泻痢，行气开郁。"《医学衷中参西录》："芎藭气香窜，性温，温窜相并，其力上升，下降、处达、内透，无所不至，其特长在能引人身清轻之气上至于脑，治脑为风袭头疼，脑为浮热上冲头疼，脑部充血头疼。其温窜之力，又能通气活血，治周身拘挛，女子月闭无子。"《本草汇言》："上行头目，下调经水，中开郁结，血中气药。"《本草衍义》："此药令人所用最多，头面风不可阙（缺）也，然须以他药佐之。"《救荒本草》："亦可煮饮，甚香。"《本草经集注》："白芷为之使。恶黄连。"《品汇精要》："久服则走散真气。"《本草蒙荃》："恶黄芪、山茱、狼毒。畏硝石、滑石、黄连。反藜芦。"《本草经疏》："凡病人上盛下虚，虚火炎上，呕吐咳嗽，自汗，易汗，盗汗，咽干口燥，发热作渴烦躁，法并忌之。"《本草从新》："气升痰喘不宜用。"《得配本草》："火剧中满，脾虚食少，火郁头痛皆禁用。"预防老年痴呆，酌情选用川芎、月见草、泽兰、白术、黄芪、葛根等。

现代研究认为，川芎含有川芎内酯有较强的抗突变性，阿魏酸钠可使小白鼠急性放射病存活率提高 30%，使犬急性放射病存活率提高 42.9%；含有数种醚溶性和水溶性成分，对致死量放射线有生存保护效力；水溶性成分中，含有高效的皮肤保护因子，对癌症放射线导致的皮肤损伤有预防作用；含有川芎嗪、藁本内脂、阿魏酸及多糖等，可使 γ-球蛋白升高，对 T 淋巴细胞低下者有提升作用；含有阿魏酸，有抗过敏反应；川芎嗪透过影响骨髓造血微环境，有利于造血细胞增生，并能改善肺水肿病变。川芎还能扩张血管，抗心肌缺血缺氧；抗血小板凝聚，降低血小板表面活性，抗血栓形成，并对已形成的凝块有解聚作用；抗维生素 E 缺乏，对白血病细胞有抑制作用；增加脑血流量，减少脑水肿和微血管内纤维蛋白之沉淀，改善脑膜和外周微循环，对中枢神经有镇静作用，对抗咖啡因的兴奋作用；对各种疾病细菌及皮肤菌有抑制作用；有解痛作用，能够抑制离体小肠、子宫收缩；加速骨折局部血肿吸收；增强免疫功能；抑制支气管平滑肌收缩；加速子宫收缩，抗炎，抗肿瘤，降血压。

煎服 3~9 克，一般先煎 1~2 小时，研末吞服每次 1~1.5 克。本品有毒，要炮制后用，不宜与贝母、半夏、白及、白蔹、天花粉、瓜蒌、犀角制品同用，孕妇、月经过多及出血性疾病者忌服；阴虚火旺及阳亢头痛者慎用。

《御药院方》御前洗面药：本方润肤泽面，祛风除斑，延缓肌肤衰老。糯米 1 升，黄明胶、白及、白蔹、藁本、川芎、细辛、甘松各 30 克，皂荚 240 克，白芷、白檀香各 60 克，白术、茯苓各 45 克，沉香 15 克，褚桃儿 90 克。糯米碾作粉；黄明胶炒成珠子；皂荚火炮去皮；藁本、川芎去皮；细辛去土叶；甘松去土。余药共研成细末，加入糯米粉，拌匀，密封贮存。每日早晚用于洗面。

《万病回春》黄帝涂容金面方：本方养颜润肤。朱砂、干胭脂、官桂各 6 克，乌梅 5 枚，樟脑 15 克，川芎少许。将乌梅去核，与他药共研细末。每夜临睡以唾津调药，搽面上，次日早起用温水洗去。

《医方类聚》面膏方：本方悦泽面容，抗老除皱。青木香、白附子、白蜡、白芷、川芎、零陵香、香附子各 60 克，茯苓、甘松各 30 克，炼羊髓 300 克。以上 10 味，以酒水各 100 毫升，浸药经宿，次日煎三上三下，候酒水尽，膏成，去滓。敷面如妆。

《局方》川芎茶调散：治诸风上攻，头目昏重，偏正头痛，鼻塞声重，伤风壮热，肢体烦疼，肌肉蠕动，膈热痰盛，妇人血风攻疰，太阳穴疼，及感风气：薄荷叶 400 克（不见火），川芎、荆芥（去梗）各 200 克，香附子（炒）400 克（别本作细辛去芦 50 克），防风 75 克（去芦），白芷、羌活、甘草各 100 克。上药为细末，每服 5 克，食后茶清调下，常服头目清。

《斗门方》："治偏头疼：京芎细锉，酒浸服之。"

《宣明论方》川芎丸："治首风眩晕，眩急，外合阳气，风寒相搏，胃膈痰饮，偏正头疼，身拘倦：川芎 500 克，天麻 200 克。上为末，炼蜜为丸，每 50 克作 10 丸。每服 1 丸，细嚼，茶酒下，食后。"

《简便单方》："治风热头痛：川芎㕮 5 克，茶叶 10 克。水一钟，煎2.5克，食前热服。"

《疾病的食疗与验方》芎脑芷汤："祛风止痛。适用于顽固性头痛。羊脑 1 个，川芎 6 克，白芷 10 克，羊脑热水烫硬，挑净筋血，入沙锅与川芎、白芷同煮，1 小时后去渣。饮汤吃脑。日 1 剂，服 2~3 剂为宜。""川芎当归炖穿山甲：活血化瘀。适用于瘀血内阻之头痛经久不愈，痛处固定不移，痛如锥刺，多有头部撞伤史，舌有瘀斑，脉细涩等症。川芎 6~9 克，当归 9~15 克，穿山甲 50~100 克，猪瘦肉 500 克，猪肉切块；三药用布包好，同入炖盆内，隔水炖 2~3 小时。饮汁吃肉。连服 5~6 天。

● 女贞子：别名女贞树子、冬青子、女贞实、鼠梓子、爆格蛋、白蜡树子，为木犀科植物女贞的果实。中医认为，女贞子性平，味苦甘；有滋阴清热，补益肝肾，明目乌发，免疫抗癌，抗菌抗炎功效。用于阴虚内热，眩晕耳鸣，眼目昏花，视物不清，腰膝酸软，须发早白，烦躁不眠，阴虚阳亢，淋浊，消渴。《神农本草经》："主补中，安五脏，养精神，除百疾。久服肥健。"《本草蒙荃》："黑发黑须，强筋强力，多服补血祛风。"《本草纲目》："强阴，健腰膝，明目。"《本草经疏》："凉血、益血。"《本草正》："养阴气，平阴火，解烦热骨蒸，止虚汗，消渴，及淋浊，崩漏，便血，尿血，阴疮，痔漏疼痛。亦清肝火，可以明目止泪。"《本草再新》："养阴益肾，补气舒肝。治腰腿疼，通经和血。"《广西中药志》："治老人大便虚秘。"《本草经疏》："此药气味俱阴，正入肾除热补精之要品。肾得补，则五脏自安，精神自足，百疾去而身肥健矣。其主补中者，以其味甘，甘为主化，故能补中也。此药有变白明目之功，累试辄验，而《神农本草经》文不载，为阙略也。""当杂保脾胃药及椒红温暖之类同施，不则恐有腹痛作泄之患。"《得配本草》："女贞子洗去皮衣，酒拌蒸，晒干。淡盐水拌炒亦可。"

现代研究认为，女贞子含有齐墩果酸，对于肝损伤有保护作用，能降低谷丙转氨酶和谷草转氨酶的活性；对多种肝毒物都有抵抗作用，可以减少乙酰氨基苯酚对肝脏的毒害及镉诱导的肝损伤；对金色葡萄球菌、溶血性链球菌、弗氏痢疾杆菌、伤寒杆菌有抑制作用。女贞子含有多糖对抗环磷酰胺的免疫抑制作用，促进淋巴细胞转化，从而提高机体的特异性免疫功能及对抗原刺激的反应。女贞子还含有乙酰齐墩果酸、熊果酸、木犀草酸、葡萄糖、棕榈酸、硬脂酸、油酸、槲皮苷、胡萝卜苷、羟基苯乙醇、甘露醇、己六醇、女贞苷、特女贞苷、挥发油、多种矿物元素，能够增加冠脉流量，降低总胆固醇、甘油三酯，抗动脉粥样硬化；降低血糖；降低丙转氨酶和甘油三酯蓄积，促进肝细胞再生，防止肝硬化；增强组织耗氢量，消除自由基；抗突变、抗炎、抗变态反应、抗癌、止咳，利尿；促进股骨中造血祖细胞生长，对放疗或化疗所致的白细胞减少具有升高作用；缓泻通大便；治疗顽固性失眠、神经衰弱；提高超氧物歧化酶（SOD）活性，去除自由基，抗衰老。

煎服 6~12 克，外邪实热，脾胃虚寒，泄泻以及阳气亏虚者不宜服用。

● 女贞叶：《本草纲目》："除风散血，消肿定痛。治头目昏痛，诸恶疮肿，肚疮溃烂，久者以水煮，乘热贴之，频频换易，米醋煮也可。口舌生疮，舌肿胀出，捣汁含浸吐涎。"《贵州民间方药集》："外敷止因伤出血，消炎消肿，治汤火伤。内服可止咳嗽，止吐血。"煎服 15~25 克。

● 女贞皮：《本草图经》："浸酒，补腰膝。"《本草纲目》："治风虚，切片，浸酒饮之。"《浙江民间常用药》："治烫伤：女贞树皮晒干研细末，茶油调敷伤处。"

● 女贞根：《重庆草药》："苦，平，无毒。""散气血，止气痛。治疴病，咳嗽，白带。""治干病经闭，咳嗽：女贞根 250 克，女儿茶根 200 克，红藤 200 克。泡酒，早晚各服一杯。"《贵州省中医验方秘方》："治盐疴，乳疴：女贞根 75 克。炖五花肉，早晚空心服，隔一周，可再如法炖服。"

《医方集解》二至丸："补腰膝，壮筋骨，强肾阴，乌髭发。冬青子（即女贞实，冬至日采，不拘多少，阴干，蜜酒拌蒸，过一夜，粗袋擦去皮，晒干为末，瓦瓶收贮，或先熬干，旱莲膏旋配用），旱莲草（夏至日采，不拘多少），捣汁熬膏，和前药为丸，临卧酒服。"

《浙江民间常用草药》："治神经衰弱：女贞子、鳢肠、桑葚子各 25~50克。水煎服。或女贞子 1 千克，浸米酒 1 千克，每天酌量服。""治视神经炎：女贞子、草决明、青葙子各 50 克。水煎服。"

《现代实用中药》："治瘰疬，结核性潮热等：女贞子 15 克，地骨皮 10克，青蒿 7.5 克，夏枯草 12.5 克。水煎，一日三回分服。"

《医醇剩义》女贞汤："治肾受燥热，淋浊溺痛，腰脚无力，久为下消：

女贞子 20 克，生地 30 克，龟板 30 克，当归、茯苓、石斛、花粉、萆薢、牛膝、车前子各 10 克，大淡菜 3 枚。水煎服。"

《百病饮食自疗》："女贞子酒：适用于治疗肾阴虚腰痛，腰腿酸软疼痛，腰膝肢体乏力，久立，遇劳则痛增，卧则减轻，心烦失眠，口燥咽干，面色潮红，手足心热，舌红，脉弦细数。女贞子 250 克，低度白酒 500 克，药洗净，放入酒中浸泡 3~4 周。每次饮 1 小杯，日 1~2 次。"

《补品补药与补益良方》："女贞桑葚子丸：滋补肝肾。适用肾阴虚为之头晕目花，须发早白，劳伤等症。女贞子、桑葚子各 2 份，旱莲草 1 份。共研细末，炼蜜为丸，每丸重 10 克，每日早晚各 1 丸。温开水或淡盐水送下。""女贞决明子汤：滋补肝肾，清养头目，润肠通便。适用于肝肾阴虚所致的头晕目花，便秘，及动脉硬化症：女贞 12~15 克，黑芝麻、桑葚子、草决明各 10 克，泽泻 9 克。水煎。早晚空腹温服，日 1 剂。"

《安徽中草药》："治阴虚骨蒸潮热：女贞子、地骨皮各 9 克，青蒿、夏枯草各 6 克。煎服。"

《中药制剂汇编》安宁合剂："补胃，安神。用于神经衰弱，失眠。女贞子 100 克，桑葚 80 克，旱莲草 80 克，生地 80 克，合欢皮 30 克。上药洗净切碎，加水浸过药面煎煮 2 次。合并煎液，滤过，浓缩成 1000 毫升。口服，每次 20 毫升，每日 3 次。"

《辽宁中医杂志》："治疗高脂血症：将女贞子制成蜜丸，每丸含生药 5.3 克，每次 1 丸，1 个月为 1 疗程。曾观察 30 例，对降低血清胆固醇有效率为 70.6%。"

● 天麻：别名鬼督邮、明天麻、水洋芋、冬彭、赤箭根、神草、定风草、独条芝、水洋芋、独摇、自动草、合离草，为兰科植物天麻的根茎。中医认为，天麻性平，味甘；有息风止痉，平肝潜阳，祛风止痛功效。用于肝风内动，惊痫抽搐及高热急惊风，脾虚慢惊风；肝阳眩晕，风痰眩晕，血虚眩晕；风湿痹痛，偏正头痛。肢体麻木，小儿惊风，破伤风，半身不遂，神经衰弱，突发性耳聋，中心性视网膜炎，脑动脉硬化，老年性痴呆，颈椎病，梅尼埃病。《神农本草经》："主恶气，久眠益气力，长阴肥健。"《名医别录》："消痈肿，下支满，疝，下血。"《药性论》："治冷气顽痹，瘫痪不遂，语多恍惚，多惊失志。"《日华子本草》："助阳气，补五劳七伤。通血脉，开窍"。《开宝本草》："主诸风湿痹，四肢拘挛，小儿风痫，惊气，利腰膝，强筋力。"张元素："治风虚眩晕头痛。"《本草汇言》："主头风，头痛，头晕虚旋，癫痫强痉，四肢挛急，语言不顺，一切中风，风痰。"《雷公炮炙论》："使御风草根，勿使天麻，二件如同用，即令人有肠结之患。"
《梦溪笔谈》："赤箭，即令之天麻也。草药上品，除五芝之外，赤箭为第一。
此神仙补理，养生上药。"《本草正义》："盖天麻之质，厚重坚实，而明净
光润，富于脂液，故能平静镇定，养液以息内风，故有定风草之名，能治虚
风，岂同诳语？今恒以治血虚眩晕，及儿童热痰风惊，皆有捷效。"《雷公炮
炙论》："修事天麻500克，用蒺藜子一镒，缓火熬焦熟后，便先安置天麻
500克于瓶中，上用火熬过蒺藜子盖内，外便用三重纸盖并系。从巳至未时，
又出蒺藜子，再入熬炒，准前安天麻瓶内，用炒了蒺藜子于中，依前盖，又
隔一伏时后出。如此七遍，瓶盛出后，用布拭上气汗，用刀劈，焙之，细锉，
单捣。"《本草纲目》："若治肝经风虚，惟洗净，以湿纸包，于糠火中煨熟，
取出切片，酒浸一宿，焙干用。"

　　现代研究认为，天麻含天麻素和天麻甙元能改善学习和记忆；降低血压，
心率减慢，心排出量增加，外周阻力下降，增强心肌血流量，降低心肌耗氧
量；含有天麻多糖可以提升机体的特异性和非特异性免疫功能，并能促进
DNA和蛋白质的合成；含有香荚兰醇、香荚兰醛、黏液质、结晶性中性物质、
微量生物碱、多种微量元素、维生素A，有镇痛、镇静、催眠、抗炎、抗惊
厥、抗氧化、抗血栓形成作用；抑制癫痫发作；还有促进胆汁分泌功效。

　　煎服6~15克，大剂量15~30克，研末冲服每次1~1.5克，中寒腹痛者慎
用，阳虚者忌用，虚寒之证不宜单独应用，应与养血药并用。畏硝石、鳖甲、
小蓟。反藜芦。

　　《圣济总录》天麻丸："治偏正头痛，首风攻注，眼目肿疼昏暗，头目旋
运，起坐不能：天麻75克，附子50克（炮制，去皮，脐），半夏50克（汤
洗7遍，去滑），荆芥穗25克，木香25克，桂0.5克（去粗皮），芎𦯷25克。
上7味捣罗为末，入乳香匀和，滴水为丸如梧桐子大。每服5丸，渐加至10
丸，茶清下，日三。"

　　《圣济总录》天麻丸："治中风手足不遂，筋骨疼痛，行步艰难，腰膝沉
重：天麻100克，地榆50克，没药1.5克（研），玄参、乌头（炮制，去皮，
脐）各50克，麝香0.5克（研）。上六味，除麝香，没药细研外，同捣罗为
末，与研药拌匀，炼蜜和丸如梧桐子大。每服20丸，温酒下，空心晚食前
服。"

　　《普济方》天麻丸："消风化痰，清利头目，宽胸利膈，治心忪烦闷，头
晕欲倒，项急，肩背拘倦，神昏多睡，肢节烦痛，皮肤瘙痒，偏正头痛，鼻
齆，面目虚浮：天麻25克，穿芎100克。为末，炼蜜丸如芡子大。每食后嚼

1 丸，茶酒任下。"

《十便良方》天麻酒："妇人风痹，手足不遂：天麻（切）、牛膝、附子、杜仲各 100 克，上药细锉，以生绢袋盛，用好酒一斗五升，浸经七日，每服温饮下一小盏。"

《圣济总录》天麻丸："治风湿脚气，筋骨疼痛，皮肤不仁：天麻 250 克（生用），麻黄 500 克（去根，节），草乌头（炮，去皮）、藿香叶、半夏（炮黄色）、白面（炒）各 250 克。上六味，捣罗为细末，滴水丸如鸡头大，丹砂为衣，每服一丸，茶酒嚼下，日三服，不拘时。"

《本草汇言》："治小儿风痰搐搦，急慢惊风，风痫：天麻 200 克（酒洗，炒），胆星 150 克，僵蚕 100 克（俱炒），天竺黄 50 克，明雄黄 25 克。俱研细，总和匀，半夏曲 100 克，为末，打糊丸如弹子大。用薄荷、生姜泡浓汤，调化一丸或二三丸。"

《魏氏家藏方》天麻丸："治小儿诸惊：天麻 25 克，全蝎（去毒，炒）50 克，天南星（炮，去皮）25 克，白僵蚕（炒，去丝）10 克。共为细末，酒煮面糊为丸，如天麻子大。1 岁每服 10~15 丸。荆芥汤下，此药性温，可以常服。"

《奇效良方》双芝丸："治诸虚，补精气，填骨髓，壮筋骨，助五脏，调六腑，久服驻颜不老。天麻（酒浸）、白茯苓（去皮）、干山药、覆盆子、人参、木瓜、秦艽各 30 克，熟地（取末）、石斛（去根酒炙）、肉苁蓉（酒浸）、菟丝子（酒浸三日炒）、牛膝（酒浸）、黄芪各 120 克，沉香 9 克，杜仲（蜜水浸炒断丝）、五味子、薏苡仁（炒）各 60 克，麝香 6 克，麋鹿角霜 250 克，上药为细末，炼蜜和丸，如梧桐子大，每服 20~40 丸，用温酒下，盐汤米饮亦可。"

《中国药膳学》天麻鱼头："平肝息风，滋养安神。适用于肝风眩晕头痛，顽固性偏正头痛，肢体麻木及神经衰弱，高血压，头昏，头痛，失眠等症。天麻 25 克，川芎、茯苓各 10 克，鲜鲤鱼 1250 克（每条重 500 克以上），调料适量。鱼去鳞，内脏，从背部宰开，并砍成 3~4 节，每节剖 3~5 刀，分 8 份盛于碗内；将川芎、茯苓切成大片，与天麻同放入泔水中 4~6 小时，捞出天麻，放在米饭上蒸透，趁热切成薄片，与川芎、茯苓同分 8 等份，分别夹入各份鱼块中，并分别放入绍酒、姜、葱，对上清汤，上笼蒸 30 分钟后取出，拣去葱，姜翻扣碗中；再将原汤倒入勺内，调入白糖、食盐、味精、胡椒粉、麻油、湿淀粉、清汤各适量，烧沸，打去浮沫，浇在各份鱼上。每服 1 份。"

《常见病的饮食疗法》天麻钩藤白蜜饮："适用于风中经络，半身麻木不遂，口眼㖞斜，舌强语謇，头晕目眩等症。天麻 20 克，钩藤 30 克，全蝎 10 克，白蜜适量。天麻、全蝎加水 500 毫升，煎取 300 毫升后，入钩藤煮 10 分钟，去渣，加白蜜混匀。"

● 天门冬：别名大当门根、天冬、多儿母、白罗衫、三百棒，为百合科植物天冬的干燥块根。中医认为，天冬性寒，味甘苦；有养阴润燥，清火生津功效。用于阴虚肺热燥咳，肺结核，百日咳，咳嗽咯血，烦躁失眠，大便干燥不通及肾阴不足的潮热盗汗。《神农本草经》："主诸暴风湿偏痹，强骨髓，杀三虫。"《名医别录》："保定肺气，去寒热，养肌肤，益气力，利小便，冷而能补。"《药性论》："主肺气咳逆，喘息促急，除热，通肾气，疗肺痿生痈吐脓，治湿疥，止消渴，去热中风，宜久服。"《千金方》："治虚劳绝伤，老年衰损羸瘦，偏枯不随，风湿不仁，冷痹，心腹积聚，恶疮，痈疽肿癞，亦治阴痿，耳聋，目暗。"《日华子本草》："镇心，润五脏，益皮肤，悦颜色，补五劳七伤，治肺气并嗽，消痰，风痹热毒，游风，烦闷吐血。"王好古："主心病嗌干，心痛，渴而欲饮，痿蹶嗜卧，足下热痛。"《本草蒙荃》："能除热淋，止血溢妄行，润粪燥秘结。"《本草纲目》："润燥滋阴，清金降火。"《植物名实图考》："拔疔毒。"《药品化义》："力保肺滋肾，性气与味俱厚而浊，入肺肾二经。"《本草述钩元》："主治润燥滋阴，冷而能补，除虚热，通肾气，强骨髓，清金降火，保定肺气。"《本草经集注》："垣衣，地黄为之使。畏曾青。"《日华子本草》："贝母为使。"《本草正》："虚寒假热，脾肾溏泄最忌。"

现代研究认为，天冬含有多种螺旋甾苷类化合物，天冬素，黏液质，β-谷甾醇，糖醛衍生物，19 种氨基酸，具有抗氧化、抗肿瘤、抗菌、镇咳、祛痰、利尿、通便作用。煎剂体外实验对炭疽杆菌、甲型及乙型溶血性链球菌、白喉杆菌、类白喉杆菌、肺炎双球菌、金黄色葡萄球菌、柠檬色葡萄球菌、白色葡萄球菌及枯草杆菌均有不同程度的抑菌作用。对急性淋巴细胞型白血病、慢性粒细胞型白血病及急性单核细胞型白血病患者白细胞的脱氢酶有一定的抑制作用，并能抑制急性淋巴细胞型白血病患者白细胞的呼吸。

煎服 10~15 克。虚寒泄泻及外感风寒致嗽者皆忌服。

《儒门事亲》三才丸："治嗽：人参、天冬（去心）、熟干地黄各等分。为细末，炼蜜为丸，如樱桃大，含化服之。"

《本事方》天冬丸："治吐血咯血：天冬 50 克（水泡，去心），甘草（炙）、杏仁（去皮，尖，炒熟）、贝母（去心，炒）、白茯苓（去皮）、阿胶

（碎之，蛤粉炒成珠子）各25克。上为细末，炼蜜丸如弹子大，含化一丸咽津，日夜可十丸。"

《素问·病机保命集》天冬丸："治妇人喘，手足烦热，骨蒸寝汗，口干引饮，面目浮肿：天冬500克，麦冬（去心）400克，生地黄1.5千克（取汁为膏），上三味为末，膏子和丸如梧子大。每服50丸，煎逍遥散送下。逍遥散中去甘草加人参。"

《医学正传》天冬膏："治血虚肺燥，皮肤拆裂，及肺痿咳脓血证：天门冬，新掘者不拘多少，净洗，去心、皮，细捣，绞取汁澄清，以布滤去粗滓，用银锅或沙锅慢火熬成膏，每用一二匙，空心温酒调服。"

《山东中草药手册》："治扁桃体炎，咽喉肿痛：天冬、麦冬、板蓝根、桔梗、山豆根各15克，甘草10克，水煎服。"

《方氏家珍》："治老人大肠燥结不通：天冬400克，麦冬、当归、麻子仁、生地黄各200克。熬膏，炼蜜收。每早晚白汤调服十茶匙。"

《云南中草药》："治疝气：鲜天冬25~50克（去皮）。水煎，点酒为引内服。""催乳：天冬100克。炖肉服。"

《普济方》："滋肾强精，延年轻身：天冬1千克，熟地黄500克，捣罗为末，制成蜜丸如弹子大，每次服3丸，每日3次，以温酒化服。"

《慈禧光绪医方选议》长春益寿丹："补阴阳，壮筋骨，治虚损不足，久服延年益寿。天冬（去心）、麦冬（去心）、大熟地、山药、牛膝、大生地、杜仲、山茱萸、茯苓、人参、木香、柏子仁（去油）、五味子、巴戟天，以上各200克，枸杞子、覆盆子、地骨皮各75克。上药制成蜜丸，如梧子大，初服50丸，1月后加至60丸，百日后可服80丸，于清晨空腹时用淡盐汤送服。""二冬膏：治虚劳潮热，心烦口干，手足心热，月经超过量多等症。天冬、麦冬各400克，水熬去渣，加川贝母粉100克，炼蜜为膏。每服1匙，每日3次。"

《素问·病机气宜保命集》天冬丸："治妇人阴虚，手足烦热，骨蒸盗汗，口干引饮，面目浮肿。天冬500克，麦冬400克（去心），生地黄1.5千克。前二味为末，生地黄取汁熬膏与前药末和为丸，梧桐子大，每服50丸，每日2次，水煎逍遥散送下。"

● 五味子：别名五梅子、会及、玄及、辽五味、山花椒、香苏、北五味、南五味子、西五味子、红铃子，为木兰科植物五味子的干燥成熟果实。中医认为，五味子性温，味酸；有敛肺补肾，生津敛汗，涩精止泻，养心安神，护肝强心功效。用于肺虚咳喘，肾虚遗精，遗尿尿频，久泻不止，自汗盗汗，津伤口渴，气短脉虚，内热消渴，阴血亏损，心悸怔忡，神经衰弱，失眠健忘，四肢无力，视力减退，无黄疸型肝炎，慢性支气管炎及孕妇临产子宫收缩乏力。南宋功颂说："五味皮肉甘酸，核中辛苦，都有咸，此为五味子也。"五味子五味俱全：酸入肝，苦入心，甘入脾，辛入肺，咸入肾。李时珍说："五味子咸酸入肝而补肾，辛苦入心而补肺，甘入中宫益脾胃。"《神农本草经》："主益气，咳逆上气，劳伤羸瘦，补不足，强阴，益男子精。"《日华子本草》："明目，暖水脏，治风，下气，消食，霍乱转筋，痃癖奔豚冷气，消水肿，反胃，心腹气胀，止渴，除烦热，解酒毒，壮筋骨。"《名医别录》："养五脏，除热，生阴中肌。"李杲："生津止渴。治泻痢，补元气不足，收耗散之气，瞳子散大。"王好古："治喘咳燥嗽，壮水镇阳。"《本草蒙荃》："风寒咳嗽，南五味为奇，虚损劳伤，北五味最妙。"《本草通玄》："固精，敛汗。"《药性切用》："敛肺滋肾，专收耗散之气，为喘嗽虚乏多汗之专药。"《药性论》："治中下气，止呕逆，补诸虚劳，令人体悦泽，除热气。"《本草经集注》："苁蓉为之使，恶萎蕤。胜乌头。"《本草经疏》："痃疹初发及一切停饮，肝家有动气；肺家有实热，应用黄芩泄热者，皆禁用。"《本草正》："咸寒初嗽当忌，恐其敛束不散。肝旺吞酸当忌，恐其助木伤土。"《雷公炮炙论》："凡用（五味子）以铜刀劈作两片，用蜜浸蒸，从巳至申，却以浆浸一宿，焙干用。"

现代研究认为，五味子含有木脂体（五味子素，去五味子素，五味子醇，前五味子醇）、多糖、挥发油、有机酸、鞣质、树脂、维生素 A，维生素 C 等，能兴奋呼吸中枢；使呼吸频率及幅度增加，对抗吗啡引起的呼吸抑制；增强心肌收缩力，增加血管张力，调节心血管功能状态，改善心肌营养和功能；对大脑皮层的兴奋和抑制过程均有影响，并能使此过程趋于平衡；激活细胞产生谷胱甘肽酶的活性，抑制黄曲霉素 B_1 致肝癌作用，从而增加肝脏的解毒功能，并促进损伤的肝细胞修复；加强睾丸和卵巢内 PNA 合成，对各种酶活性具有不同程度的调节和增强作用，改善组织细胞的代谢功能，促进生殖细胞增生和卵巢的排卵作用；增强机体代谢功能及机体适应能力；增强皮质激素的免疫抑制作用；抗移植物排斥反应的作用；调节胃液分泌；促进胆汁分泌；降血清转氨酶，保肝；增强免疫力，延缓衰老；诱发子宫节律性收缩；抑制胃肠蠕动；镇咳祛痰，益气生津；抗应激性溃疡；降血压；抗衰老；抗肾病变；抗恶性肿瘤；抗病毒；抗过敏；抗氧化；抗惊厥；镇痛，解热，抑菌。北五味子醇制剂对滞产妇阵缩微肠或过期妊娠，可促使其分娩。

煎服 3~6 克，研末服每次 1~3 克。本品不能与磺胺素，氨基糖苷类，氢氧化铝，氨茶碱，阿司匹林，消炎痛等药同服。凡老邪未解，内有实热，咳嗽初起，伤风感冒，麻疹初发，溃疡者均不宜用。

《鸡峰普济方》五味细辛汤："治肺经感染，咳嗽不已：白茯苓 200 克，甘草 150 克，干姜 150 克，细辛 150 克，五味子 125 克。上为细末。每服 10 克，水一盏，煎至七分，去滓，温服，不以时。"

《卫生家宝方》五味子丸："治嗽：大罂粟壳（去瓢擘破，用白饧少许入水，将壳浴过令净，炒黄色）200 克，五味子（新鲜者，去梗，须北方者为妙）100 克。上为细末，白饧为丸，如弹子大。每服一丸，水一盏，捺破，煎六分，澄清，临睡温服，不拘时候。"

《普济方》："治痰嗽并喘：五味子，白矾等分。为末。每服 15 克，以生猪肺炙熟，蘸末细嚼，白汤下。"

《千金方》生脉散："治热伤元气，肢体倦怠，气短懒言，口干作渴，汗出不止；或温热火行，金为火制，绝寒水生化之源，致肢体痿软，脚欹眼黑：人参 25 克，五味子、麦冬各 15 克。水煎服。"

《卫生家宝方》五味子丸："治劳虚羸瘦。短气，夜梦，骨肉烦痛。腰背酸痛，动辄微喘：五味子 100 克，续断 100 克，地黄 50 克，鹿茸 50 克（切片，酥炙），附子 50 克（炮，去皮脐）。上为末，酒糊丸。如桐子大。每服 20 丸，盐汤下。"

《医学入门》五味子膏："治梦遗虚脱：干五味子 500 克，洗净，水浸泡一宿，以手按去核，再用温水将核洗取余味，通用布滤过，置沙锅内，入冬蜜 1 千克，慢火熬之，除沙锅斤两外，煮至 1.2 千克成膏为度，待数日后，略去火性，每服一二匙，空心白滚汤调服。"

《药膳食谱集锦》五味子酒："益智安神。适用于神经衰弱，失眠，头晕，心悸，健忘，烦躁等症。五味子 50 克，白酒 500 毫升，五味子洗净，装玻璃瓶中，加酒浸泡，瓶口密封。浸泡期间，每日振摇 1 次，半月后饮。每次 30 毫升，日 3 次。"

《常见慢性病食物疗养法》五味银叶红枣蜜："养五脏，助心血，缓肝气，通络脉，润燥软坚，舒张血管，调整血压，降低胆固醇。适用于动脉粥样硬化，冠心病等。五味子 250 克，银杏仁 500 克，红枣 250 克，蜂蜜 1 千克，冰糖或白糖 50 克。将五味子：银杏仁、红枣分别洗净，将银杏仁切碎，红枣皮肉撕开，然后一起浸泡在水中 2 小时，水量以浸没为度，中火煎沸，改用小火，煎至约剩一大碗时，滤出头汁。如法再取二汁。将头汁，二汁倒入大沙锅内，用小火先煎半小时，再加蜂蜜，冰糖。半小时后离火，冷却后装瓶，盖紧。日2次，每次2匙。饭后开水冲服，3个月为1个疗程。"

《中药药理与临床》："治疗病毒性肝炎：五味子、茵陈、大枣等量，按常法制成蜜丸，每丸重9.6克，成人每次服2丸，14岁以下儿童服半丸至1丸，每日3次，30天为1个疗程。治疗380例，总有效率为95.8%。对改善肝炎症状，回缩肝脾，恢复肝功能及乙肝抗原阴转率均有较好作用。"

《新医药学杂志》："治疗非肝炎疾患的谷丙转氨酶增高：北五味子晒干，研粉，炼蜜为丸，每丸9克，每次服1丸，每日3次。治疗86例，平均治疗3周，83例恢复正常。"

● 丹参：别名紫丹参、赤参、红根、蜂糖罐、朵朵花根、蜜罐头、大红袍、烧酒壶根、紫党参、山红萝卜、活血根、靠山红、红参、野苏子根，为唇形科植物丹参的根及根茎丹参以条粗壮，色紫红色为佳。中医认为，丹参性微温，味苦，有毒；有活血祛瘀，凉血消痛，养血安神功效。用于月经不调，经闭经痛，癥瘕积聚（祖国医学记载：妇科小腹部胞中有结块，或痛，或胀或满，甚则出血者），胸腹刺痛，热痹疼痛，外伤瘀血疼痛，关节红肿疼痛，疮疡肿痛，惊悸不眠，肝脾肿大，改善心绞痛症状，提高心脏意外后的生存率，减缓心率。《妇人明理论》："以丹参一物，而有四物之功，补血生血，功过归、地，调血敛血，力堪芍药，逐瘀生新，性倍川芎。"《神农本草经》："主心腹邪气，肠鸣幽幽如走水，寒热积聚；破癥除瘕，止烦满，益气。"《吴普本草》："治心腹痛。"《名医别录》："养血，去心腹痼疾结气，腰脊强，脚痹；除风邪留热，久服利人。"陶弘景："渍酒饮之，疗风痹。"《药性论》："治脚弱，疼痹，主中恶；治腰痛，气作声音鸣吼。"《日华子本草》："养神定志，通利关脉。治冷热劳，骨节疼痛，四肢不逐；排脓止痛，生肌长肉；破宿血，补新生血；安生胎，落死胎；止血崩带下，调妇人经脉不匀，血邪心烦；恶疮疥癣，瘿肿毒，丹毒；头痛，赤眼，热温狂闷。"《滇南本草》："补心定志，安神宁心。治健忘怔忡，惊悸不寐。"《本草纲目》："活血，通心包络。治疝痛。"《云南中草药选》："活血散瘀，镇静止痛。治月经不调，痛经，风湿痹痛，子宫出血，吐血，乳腺炎，痈肿。"《本草正义》："丹参专入血分，其功在于活血行血，内之达脏腑而化瘀滞，故积聚消而癥瘕破，外之利关节而通脉络，则腰膝健而痹著行。"《本草经集注》："畏咸水。反藜芦。"《本草经疏》："妊娠无故勿服。"《本草备要》："忌醋。"《本经逢原》："大便不实者忌之。"丹参忌与牛奶（降低药效）、肝类（引起不良反应）、黄豆（丹参与黄豆中钙离子可以形成不易消化的物质）同食。

现代研究认为，丹参含有丹参酮Ⅰ，丹参酮Ⅱ，丹参酮甲，丹参酮乙，丹参酮丙，丹参醇Ⅰ，丹参醇Ⅱ，丹参素、苷类、氨基酸、丹参新醌（A、B、C），以及鼠尾草酚，β-谷甾醇，替告吉宁和原儿茶醛及多种营养成分。能增加冠脉流量，扩张周围血管，改善微循环及心肌缺血、梗死和心脏功能；增强白细胞功能，提高机体免疫力；促进组织修复与再生；抑制超常增生的成纤维细胞；增加肝血液，保护肝细胞，促进肝细胞再生，抗纤维化；对中枢神经有抑制作用；抗溃疡；抗炎；抗衰老，抗肿瘤，抗放射性损伤，降血脂，降血压，降血糖，镇静，镇痛，抑菌。但是可能出现危害血小板问题；大剂量时收缩冠状动脉。

煎服，浸酒服5~15克，不能同藜芦同服，活血化瘀宜酒炙用。孕妇、便溏者、无瘀血者忌服。本品不宜与牛奶、黄豆以及西药细胞色素同服，以免降低药效；不能长服，副作用大。

《集验拔萃良方》：调经丸："治经水不调：紫丹参500克，切薄片，于烈日中晒脆，为细末，用好酒泛为丸。每服15克，清晨开水送下。"

《陕甘宁青中草药选》："治经血涩少，产后瘀血腹痛，闭经腹痛：丹参、益母草、香附各15克。水煎服。""治腹中包块：丹参、三棱、莪术各15克，皂角刺5克。水煎服。""治急、慢性肝炎，两胁作痛：茵陈25克，郁金、丹参、板蓝根各15克。水煎服。""治神经衰弱：丹参25克，五味子50克。水煎服。"

《医学金针》丹参饮："治心腹诸痛，属半虚半实者：丹参50克，白檀香、砂仁各7.5克。水煎服。"

《刘涓子鬼遗方》丹参膏："治妇人乳肿痛：丹参、芍药各100克，白芷50克。上三味，以苦酒渍一夜，猪脂六合，微火煎三上下，膏成敷之。"

《辽宁中医杂志》宁心汤："益气养阴，活血化瘀。用于冠心病气阴虚血瘀型。孩儿参9克，丹参9克，当归6克，川芎3克，赤芍9克，白芍9克，生地9克，桃仁9克，红花5克，茯苓9克，广木香9克，陈皮3克，甘草3克。水煎服。"

《中医杂志》转律汤："益气活血，养心安神。治心房颤动。红参3~6克，丹参30克，苦参30克，酸枣仁30克，琥珀15克（碾细冲服），车前子20克。水煎服。"

《中西医结合杂志》融冠汤："降脂祛瘀。用于高脂血症。制何首乌、丹参各30克，泽泻15克，随症加减。水煎服。"

《江西中医药》降脂延寿片："降脂通脉，滋阴益气，壮体强心。治高脂血症。丹参 20 克，首乌 10 克，葛根 10 克，寄生 10 克，黄精 10 克，甘草 6 克。上药 1 剂制成糖衣浸膏片 20 片（每片含有生药 3.3 克），分 3 次 1 日服下。10 天为一疗程，两疗程中间隔 3 天，共服 2 个疗程。"

《中医杂志》："丹田降脂丸：益气通脉，活血化瘀。治高脂血症。丹参、田七、川芎、泽泻、人参、当归、何首乌、黄精等分为丸。每日 4 克，分早晚 2 次服。1 个半月为 1 个疗程。"

《心脑血管疾病的中药防治》："通脉舒络汤：益气活血通络。主治缺血性脑血管疾病。黄芪 30 克，红花 10 克，川芎 10 克，地龙 15 克，川牛膝 15 克，丹参 30 克，桂枝 6 克，山楂 30 克。每日 1 剂，水煎服。以本方随症加减，配合静脉滴注通脉舒络液，收治 110 例脑血栓形成患者，总有效率达 98.2%。"

《中西医结合杂志》妇炎康："活血化瘀，消坚散结。用于慢性盆腔炎。当归 25 克，丹参 25 克，赤芍 15 克，元胡 15 克，川楝子 15 克，三棱 15 克，莪术 15 克，山药 30 克，芡实 25 克，土茯苓 25 克，香附 10 克。以上诸药制成蜜丸，每服 10 克。每日 3 次口服，每次 1 丸，1 个月为 1 个疗程。"

《中医药学报》解毒活血汤："清热解毒，活血化瘀。用于血栓性经脉炎。当归 100 克，丹参 50 克，连翘 50 克，蒲公英 20 克，紫花地丁 20 克，桃仁 15 克，红花 15 克，地龙 15 克，甘草 15 克。水煎服。"

《中医杂志》鹿丹汤："益气活血，滋养肝肾。用于颈椎后纵韧带骨化症。鹿衔草、丹参、熟地、当归、白芍、川芎、薏苡仁、威灵仙。水煎服，每日 1 剂。连服 30 天为 1 个疗程，一般服用 2~3 疗程。应用本方治疗 40 例，总有效率为 82.5%。"

《上海中医药杂志》舒肝破瘀通脉汤："舒肝破瘀通脉。用于视网膜静脉阻塞。丹参 15 克，白芍 9 克，赤芍 9 克，银柴胡 9 克，羌活 9 克，防风 9 克，木贼 9 克，蝉蜕 9 克，当归 9 克，白术 9 克，茯苓 9 克，甘草 3 克。水煎服，每日 1 剂。用本方治 129 只眼，总有效率为 83%。"

● 车前：别名当道、牛舌草、车前草、虾膜衣、蛤蟆草、虾蟆草、钱贯草、牛舄、车轮菜、地胆头、白贯草、七星草、地胆炎、猪耳草、饭匙草、五根草、黄蟆龟草、蟾蜍草、猪肚菜、灰盆草、打官司草、车轱辘菜、驴耳朵菜、钱串草、五斤草、田菠菜、医马草、马蹄草、鸭脚板、牛甜菜、黄蟆叶、牛耳朵棵、为车前草科植物车前及平车前的全株。中医认为，车前性寒，味甘；有利尿清热，明目祛痰，凉血止血功效。治腹泻，小便不利，淋浊，带下，尿血，黄疸，水肿，鼻衄，目赤肿痛，喉痹乳蛾，咳嗽，皮肤溃疡，

《名医别录》："主金疮，止血，衄鼻，瘀血血瘕下血，小便赤。止烦，下气，除小虫。"陶弘景："疗泄精。"《药对》："主阴癀。"《药性论》："治尿血。能补五脏，明目，利小便，通五淋。"《滇南本草》："清胃热，利小便，消水肿。"《本草汇言》："主热利脓血，乳蛾喉闭。能散，能利，能清。"《本草正》："生捣汁饮，治热痢，尤逐气癃，利水。"《本草备要》："行水，泻热，凉血。"《生草药性备要》："治白浊。"《医林纂要》："解酒毒。"《科学的民间草药》："镇咳，祛痰。"《中药大辞典》："车前草含车前甙，车前果胶，熊果酸，谷甾醇，维生素（A、B、C、K）等。清热明目，利水消肿，祛痰镇咳，止痢止血，降血压等。"《贵州民间方药集》："外治毒疮，疗肿。"《湖南药物志》："祛痰止咳，滑胎，降火泻热，除湿痹，祛膀胱湿热，散血消肿，治火眼，小儿食积，皮肤溃疡，喉痹。"《本草逢原》："车前叶捣汁温服，疗火盛泄精甚验，若虚滑精气不固者禁用。"《本草纲目》："凡用车前子，须以水淘洗去泥沙，晒干。入汤液炒过用；入丸、散，则以酒浸一夜，蒸熟研烂，作饼晒干，焙研。"

车前草有利尿作用，能促进毒素从尿液中排出；具有祛痰作用，可以减轻支气管炎和呼吸系统疾病引发的症状。车前草含有黏质，具有镇痛及保护肠道黏膜作用。此外，车前草能促进消化，是一种中效抗毒剂。

《外台秘要》："治尿血：车前草捣绞，取汁五合，空腹服之。"

《闽东本草》："治尿血：车前草、地骨皮、旱莲草各15克，汤炖服。""治黄疸：白车前草25克，观音螺50克，加酒一杯炖服。"

《湖南药物志》："治白带，车前草根15克捣烂，用糯米淘米水兑服。""治泄泻：车前草20克，铁马鞭10克，共捣烂，冲凉水服。""治火眼，车前草根15克，青鱼草、生石膏各10克，水煎服。""治痄腮：车前草65克，煎水服，温覆取汗。""治凉风：鲜车前根，野菊花根各12.5克。水煎服。"

《圣惠方》："治热痢：车前草叶捣绞取汁一盏，入蜜一合，同煎一二沸，分温二服。"

《内蒙古中草药新医疗法资料选编》："治感冒：车前草、陈皮各适量，水煎服。"

《本草图经》："治衄血：车前叶生研，水解饮之。"

《浙江民间常用草药》："治高血压：车前草、鱼腥草各50克，水煎服。"

《圣济总录》："治目赤肿痛：车前草自然汁，调朴硝末，卧时涂眼泡上，次早洗去。"

《养疴漫笔》："治喉痹乳蛾：虾蟆衣，凤尾草。擂烂，入霜梅肉，煮酒各少许，再研绞汁，以鹅翎刷患处。"

《闽东本草》："治痰嗽喘促，咳血：鲜车前草 100 克（炖），加冬蜜 25 克或冰糖 50 克服。""治小儿痫病：鲜车前草 250 克绞汁，加冬蜜 25 克，开水冲服。"

《简便单方》："治湿气腰痛：虾蟆草连根 7 棵，葱白须 7 棵，枣 7 枚。煮酒一瓶，常服。"

《千金方》："治金疮血出不止：捣车前汁敷之。"

《福建民间草药》："治疮疡溃烂：鲜车前叶，以银针密刺细孔，以米汤或开水泡软，整叶敷贴疮上，日换 2~3 次。有排脓生肌作用。"

《肘后方》："治小便不通：车前子草 500 克，水三升，煎取一升半，分三服。"

《摄生众妙方》："治小便小通：生车前草捣取自然汁半钟，入蜜一匙调下。"

● 车前子：车前子为车前科植物或平车前的种子。中医认为，车前子味甘，性寒，有利尿通淋，渗湿止泻，清肝明目功效。用于湿热下注，淋痛，水肿，小便不利，肝火上炎，目赤肿痛，肺热咳嗽，痰黄黏稠等。《神农本草经》：车前子"味甘，寒。""主气癃、止痛，利水道小便，除湿痹。"《本草经集注》："主虚劳。"《名医别录》："男子伤中，女子淋沥，不欲食。养肺强阴益精，明目疗赤痛。"《药性论》："能去风毒，肝中风热，毒风冲眼目，赤痛障翳，脑痛泪出，去心胸烦热。"《日华子本草》："通小便淋涩，壮阳。治脱精，心烦。下气。"《医学启源》："主小便不通，导小肠中热。"《滇南本草》："消上焦火热，止水泻。"《本草纲目》："导小肠热，止暑湿泻痢。"《雷公炮制药性解》："主淋沥癃闭，阴茎肿痛，湿疮，泄泻，赤白带浊，血闭难产。"《科学的民间药草》："镇咳，祛痰，利尿。"《山东中药》："敷湿疮，脓疱疮，小儿头疮。"《日华子本草》："常山为使。"《本草经疏》："内伤劳倦，阳气下陷之病，皆不当用，肾气虚脱者，忌与淡渗药同用。"《本草汇言》："肾虚寒者尤宜忌之。"车前子中含的腺嘌呤的磷酸盐有刺激白细胞增生的作用，可用于防治各种原因引起的白细胞减少症。含有琉璃酸对金黄色葡萄球菌、卡他球菌及铜绿假单胞菌、变形杆菌、痢疾杆菌有抑制作用，同时还有抑制肾液分泌和抗溃疡作用。车前子还含有黏液质、琥珀酸、车前烯醇、胆碱、车前子碱、脂肪油、维生素 A 样物质和 B 族维生素等，促进呼吸道黏液分泌，稀释痰液，有祛痰、镇咳、平喘作用；能使水分、氯化钠、尿素及尿酸排出增多而有利尿作用；降低体内胆固醇。煎服 9~

15克。无湿热、肾虚滑精及孕妇慎用。

● 牛蒡子：别名恶实、鼠籽子、黍黏子、大刀子、蝙蝠刺、毛然然子、黑风子、毛锥子、黏苍子、鼠尖子、弯巴钩子、万把钩、大牛子、牛子，为菊科植物牛蒡的果实。中医认为，牛蒡子性凉，味辛苦；有祛风散热，宣肺透疹，消肿解毒功效。用于咽喉肿痛，斑疹不透，风湿瘾疹，痈肿疮毒。《名医别录》："明目补中，除风伤。"《药性论》："除诸风，利腰脚，又散诸结节筋骨烦热毒。"《食疗本草》："炒过末之，如茶煎三匕，通利小便。"《本草纲目拾遗》："主风毒肿，诸痿。"《医学启源》："消利咽膈。《主治秘要》：润肺散气。"李杲："治风湿瘾疹，咽喉风热，散诸肿疮疡之毒，利凝滞腰膝之气。"《本草纲目》："消斑疹毒。"《本草经疏》："痘疮家唯宜于血热便秘之证，若气虚色白大便自利或泄泻者，慎勿服之。痧疹不忌泄泻，故用之无妨。痈疽已溃，非便秘不宜服。"《雷公炮炙论》："凡使恶实，采之净拣，勿令有杂子，然后用酒拌蒸，待上有薄白霜重出，用布拭上，然后焙干，别捣如粉用。"

牛蒡子含牛蒡子苷、脂肪酸、联噻吩及其衍生物萜类、牛蒡甾醇、胡萝卜苷及维生素等，对金黄色葡萄球菌、肺炎双球菌有显著抗菌作用；对多种致病性皮肤真菌有不同程度的抑制作用；抗肿瘤；解热、利水，降血糖。

本品性寒滑利，气虚便秘者忌用。

● 牛蒡根：别名恶实根、鼠黏根、牛菜。《本草纲目》："苦，寒，无毒。"《名医别录》："根、茎疗伤寒寒热，汗出中风，面肿，消渴，热中，逐水。"《药性论》："根，细切如豆，面拌作饭食之，消胀壅。又能拓一切肿毒，用根，叶少许盐花捣。"《唐本草》："主牙齿疼痛，劳疟，脚缓弱，风毒，痈疽，咳嗽伤肺，肺壅，疝瘕，积血。主诸风，癥瘕，冷气。"《本草纲目拾遗》："浸酒去风，又主恶疮。"《分类草药性》："治头晕，风热，眼昏之翳，耳鸣，耳聋，腰痛，外治脱肛。"《贵州民间方药集》："治伤暑。"《四川中药志》："治疥疮。"

煎服6~12克，本品性寒，滑肠通便、气虚便溏者慎用。

● 艾叶：别名艾、冰台、艾蒿、医草、炙草、蕲艾、黄草、家艾、甜艾、草莲、文蓬、狼尾蒿子、香艾、野莲头、阿及艾，为艾科植物艾的干燥叶。中医认为，艾叶性温，味辛有小毒；有散寒止痛，温经止血，安胎功效。用于少腹冷痛，经寒不调，宫冷不孕，吐血，衄血，崩漏经多，妊娠下血，胎动不安，风湿痹证，关节疼痛，外治皮肤瘙痒。《名医别录》："主炙百病。可作煎，止下痢，吐血，下部䘌疮，妇人漏血。利阴气，生肌肉，辟风寒，使人有子。"陶弘景："捣叶以灸百病，亦止伤血。汁又杀蛔虫。苦酒煎叶疗癣。"《药性论》："止崩血，安胎止腹痛。止赤白痢及五藏痔泻血。""长服止冷痢。又心腹恶气，取汁捣汁饮。"《唐本草》："主下血，衄血，脓血痢，水煮及丸散任用。"《食疗本草》："金疮，崩中，霍乱，止胎漏。"《日华子本草》："止霍乱转筋，治心痛，鼻洪，并带下。"《珍珠囊》："温胃。"《履巉岩本草》："治咽喉闭痛热壅，饮食有妨者，捣汁灌漱。"王好古："治带脉为病，腹胀满，腰溶溶如坐水中。"《本草纲目》："温中、逐冷、除湿。""老人丹田气弱，脐腹畏冷者，以熟艾入布袋兜其脐腹，妙不可言。"《本草正》："辟风寒湿，瘴疟。"《本草再新》："调经开郁，理气行血。治产后惊风，小儿脐疮。"《本草汇言》："艾叶，暖血温经，行气开郁之药也。开关窍，醒一切沉涸伏匿内闭诸疾。若气血、痰饮、积聚为病，哮喘逆气、骨蒸痞结、瘫痪痈疽、瘰疬结核等疾，灸之立起沉疴。若入服食丸散汤饮中，温中除湿，调经脉，壮子宫，故妇人方中多加用之。"《本草正》："艾叶，能通十二经，而尤为肝脾肾之药，善于温中、逐冷、除湿，行血中之气，气中之滞，凡妇人血气寒滞者，最宜用之。或生用捣汁，或熟用煎汤，或用灸百病，或炒热敷熨可通经络，或袋盛包裹可温脐膝，表里生熟，俱有所宜。"《本草纲目》："苦酒、香附为之使。"《本草备要》："血热为病者禁用。"《本经逢原》："阴虚火旺，血燥生热，及宿有失血病者为禁。"《本草纲目》："凡用艾叶，须用陈久者，治令细软，谓之熟艾，若生艾灸火，则伤人肌脉。拣取净叶，扬去尘屑，入石臼内木杵捣熟，罗去渣滓，取白者再捣，至柔烂如绵为度，用时焙燥，则灸火得力。入妇人丸散，须以熟艾，用醋煮干捣成饼子，烘干再捣为末用，或以糯糊和作饼，及酒炒者皆不佳。洪氏《容斋随笔》云，艾难着力，若入白茯苓三五片同碾，即时可作细末，亦一异也。"

现代研究认为，艾叶主要含挥发油、黄酮、鞣质、多糖等，增加冠脉血流量；抗过敏，调节体液免疫；能缩短出血、凝血时间；兴奋子宫，抗癌，利胆，利尿，抗衰老；抗真菌，抗寄生虫，抗细菌植物和辛酸共同用于治疗白色念珠菌、感染及鹅口疮；增强网状内皮细胞吞噬功能；镇咳，镇静，祛痰平喘；减弱心肌收缩力，促进胆汁分泌。

煎服 4~12 克。阴虚热血者慎用。艾叶有小毒，服用过量可见呕恶、震颤、惊厥及肝损害。

《世医得效方》艾姜汤："治湿冷下痢脓血，腹痛，妇人下血；干艾叶 200 克（炒焦存性），川白姜 50 克（炮）。上为末，醋煮面糊丸，如梧子大。

每服 30 丸。温米饮下。"

《圣惠方》："治鼻血不止：艾灰吹之，亦可以艾叶煎服。"

《养生必用方》："治妇人崩中，连日不止：熟艾如鸡子大，阿胶 25 克（炒为末），干姜 5 克。水五盏，先煮艾，姜至二盏半，入胶烊化，分三服，空腹服，一日尽。"

《内蒙古中草药新医疗法资料选编》："治功能性子宫出血，产后出血：艾叶炭 50 克，蒲黄、蒲公英各 25 克。每日 1 剂，煎服 2 次。""治湿疹：艾叶炭、枯矾、黄柏等分。共研细末，用香油调膏，外敷。"

《本草汇言》："治妇人白带淋沥：艾叶（杵如绵，扬去尘末并梗，酒煮一周时）300 克，白术、苍术各 150 克（俱米泔水浸，晒干，炒），当归身 100 克（酒炒），砂仁 50 克。共为末，每早服 15 克，白汤调下。"

《本草纲目》："治盗汗不止：熟艾 10 克，白茯神 15 克，乌梅 3 个。水一钟，煎八分，临卧温服。"

民间用艾叶治颈椎病：艾叶一把，米醋 200 克，加水适量，煮沸约 10 分钟，加白酒 100 克，搅拌均匀，将毛巾浸透，热敷颈后、肩、背部肌肉酸痛处，1 日 2 次，至症状消失。艾叶加水沐浴可治毛囊炎，湿疹。

《山东医药》："治寻常疣方：采鲜艾擦拭局部，每日数次，至疣自行脱落为止。治疗 12 例，最短 3 天，最长 10 天自行脱落。"

《卫生易简方》："治脾胃冷痛方：温里止痛。白艾末 10 克，煎汤服。"

《中国药粥谱》艾叶粥："温经止血，散寒止痛。适用于妇女虚寒性痛经，月经不调，小腹冷痛，崩漏下血，胎动不安，妊娠下血及宫冷不孕。每次取艾叶干者 15 克（鲜者 30 克），煎取浓汁去渣，选用南粳米 50 克，红糖适量，再加水同煮为稠粥。月经过后 3 天服，月经来前 3 天停。每日 2 次，早晚温热服食。"

《仁斋直指方论》：艾附暖宫丸："理气补血，暖宫调经。治妇人子宫虚冷，带下白淫，面色萎黄，四肢酸痛，倦怠无力，饮食减少，经脉不调，面色无泽，肚腹时痛，婚久不孕。香附 300 克（醋制），艾叶、当归（酒洗）各 150 克，黄芪、吴茱萸、川芎、白芍（酒炒）各 100 克，地黄（酒蒸）50 克，官桂 25 克，续断 75 克。为末，醋糊为丸，梧桐子大。每服 50~70 丸，空腹淡醋汤送下。"

● 艾实：别名艾子，为菊科植物艾的果实。《本草纲目》："苦辛，热，无毒。"《药性论》："主明目。"《日华子本草》："壮阳，助水藏，（利）腰、膝及暖子宫。"《孟诜方》："治一切冷气：艾实与干姜为末，蜜丸如梧子大，每服 30 丸。"研末为丸，服 2.5~7.5 克。

● 石菖蒲：别名昌本、菖蒲、昌阳、昌羊、尧时薤、尧韭、木蜡、阳春雪、望见消、九节菖蒲、水剑草、苔菖蒲、粉菖、剑草、剑叶菖蒲、山菖蒲、溪荪、石蜈蚣、野韭菜、水蜈蚣、香草，为天南星科植物石菖蒲的根茎。中医认为，石菖蒲性微温，味辛，有开窍宁神，理气豁痰，散风祛湿，健胃消食，杀虫解毒功效。治癫痫，痰厥，热病神昏，精神恍惚，健忘失眠，气闭耳聋，心胸烦闷，胃腹疼痛，风寒湿痹，痈疽肿毒。《神农本草经》："主风寒湿痹，咳逆上气，开心孔，补五脏，通九窍，明耳目，出音声。"《名医别录》："主耳聋，痈疮，温肠胃，止小便利，四肢湿痹，不得屈伸，小儿温疟，身积热不解，可作浴汤。聪耳目，益心智。"《药性论》："治风湿顽痹，耳鸣，头风，泪下，杀诸虫，治恶疮疥瘙。"《日华子本草》："除风下气，除烦闷，止心腹痛，霍乱转筋。治客风疮疥，涩小便，杀腹藏虫。耳痛：作末，炒，承热裹罯，甚验。"王好古："治心积伏梁。"《滇南本草》："治九种胃气，上疼痛。"《本草纲目》："治中恶卒死，客忤癫痫，下血崩中，安胎漏，散痈肿，捣汁服，解巴豆、大戟毒。"《本草备要》："补肝益心，去湿逐风，除痰消积，开胃宽中。疗噤口毒痢，风痹惊痫。"《本草再新》："止鼻血，散牙痛。"广州部队《常用中草药手册》："治风湿性关节炎，腰腿痛，消化不良，胃炎，热病神昏，精神病。"《广西中草药》："治癫狂，惊痫，痰厥昏迷，胸腹胀闷或疼痛。"《本草经集注》："秦艽、秦皮为之使。恶地胆、麻黄。"《日华子本草》："忌饴糖、羊肉。勿犯铁器，令人吐逆。"《医学入门》："心劳神耗者禁用。"《雷公炮炙论》："采得菖蒲后，用铜刀刮上黄黑硬节皮一重，以嫩桑枝条相拌蒸，出，晒干，去桑条，锉用。"

石菖蒲含挥发油、氨基酸、有机酸和糖类，促进消化液的分泌，有健胃作用；制止胃肠异常发酵，并可缓解平滑肌痉挛；对各种皮肤真菌有抑制作用，2-细辛醚和反-4-丙烯基藜芦醚对金黄色葡萄球菌、肝炎双球菌的生长有抑制作用。

阴虚阳亢、烦躁汗多、咳嗽、吐血、精滑者慎服。

《圣济总录》石菖蒲丸：本方补益脾胃，润肤除皱。石菖蒲、人参、防风、白茯苓（去黑皮）、茯神（去木）各 75 克，柏子仁、杜仲（去粗皮炙）、百部、山茱萸、炙甘草、炒五味子、贝母（去心）、丹参各 50 克，生干地黄（焙）、麦冬（去心）各 100 克，远志 25 克（去心）。捣筛为末，炼蜜和丸如弹子大。各服 1 丸，空腹，食前熟水嚼下。

《医学正传》："治癫痫：九节菖蒲（去毛焙干），以木臼杵为细末，不可犯铁器，用黑猯猪心以竹刀批开，沙罐煮汤送下，每日空心服 10~15 克。"

《千金方》开心散："治好忘：远志、人参各 2 克，茯苓 100 克，菖蒲 50 克。上四味治下筛，饮服方寸匕，日三。"

《奇效良方》："治诸食积、气积、血积、膨胀之类：石菖蒲 400 克（锉），班猫 200 克（去翅足，二位同炒焦黄色，拣去斑猫不用）。上用粗布袋盛起，两人牵掣去尽猫毒屑了，却将菖蒲为细末，（丸）如梧桐子大，每服三五十丸，温酒或白汤送下。"

《补缺肘后方》菖蒲根丸："治耳聋：菖蒲根一寸，巴豆一粒（去皮心）。二物合捣，筛，分作七丸，绵裹，卧即塞，夜易之。"

《圣济总录》菖蒲羹："治耳聋耳鸣如风水声：菖蒲 100 克（米泔浸一宿，锉，焙），猪肾一对（去筋膜，细切），葱白一握（擘碎），米三合（淘）。上四味，以水三升半，（先）煮菖蒲，取汁二升半，去滓，入猪肾、葱白、米及五味作羹，如常法空腹食。"

《妇人良方》："治赤白带下：石菖蒲、补骨脂，等分。炒为末，每服 10 克，更以菖蒲浸酒调服，日一服。"

《范汪方》："治小便一日一夜数十行：菖蒲、黄连，二物等分。治筛，酒服方寸匕。"

《江西草药》："治跌打损伤：石菖蒲鲜根适量，甜酒糟少许，捣烂外敷。"

《圣济总录》："治喉痹肿痛：菖蒲根捣汁，烧铁秤锤淬酒一杯饮之。"

《济急仙方》："治阴汗湿痒：石菖蒲、蛇床子等分，为末。日搽二三次。"

● 石斛：别名林兰、禁生、杜兰、石遂、舍钗花、千年润、黄草、吊兰花、桂兰、悬竹、千年竹、川石斛、金石斛、霍石斛、鲜金石斛、枫石斛，为兰科植物环草石斛、马鞭石斛、黄草石斛或金钗石斛的新鲜或干燥茎。中医认为，石斛性寒，味甘淡微咸，有滋阴清热，益胃生津，明目强腰功效；用于高热病后津伤口干，烦渴，舌绛苔黑；或胃阴不足，舌红口干，食少干呕；大便秘结，虚热不退，目暗不明，头晕眼花，慢性萎缩性胃炎，阴虚，腰膝酸软，虚热不退，干燥综合征，糖尿病，声音嘶哑，并能减轻癌症经化疗，放疗而产生的副作用。《神农本草经》："主伤中，除痹，下气，补五脏虚劳羸瘦，强阴，久服厚肠胃。"《名医别录》："益精，补内绝不足，平胃气，长肌肉，逐皮肤邪热痱气，脚膝痛冷痹弱，定志除惊。"《僧深集方》："囊湿精少，小便余沥者，宜加之。"《药性论》："益气除热。主治男子腰脚软弱，健阳，逐皮肌风痹，骨中久冷，虚损，补肾积精，腰痛，养肾气，益力。"《日华子本草》："治虚损劣弱，壮筋骨，暖水脏，益智，平胃气，逐虚邪。"《本草衍义》："治胃中虚热。"《本草纲目》："治发热自汗，痈疽排脓内塞。"《药品化义》："治肺气久虚，咳嗽不已。"《本草备要》："疗梦遗滑精。"《本草纲目拾遗》："消胃除虚热，生津，已劳损，以之代茶，开胃健脾。定惊疗风，能镇涎痰，解暑，甘芳降气。"《本草再新》："理胃气，消胃火，除心中烦渴，疗肾经虚热，安神定惊，解盗汗，能散暑。"《本草通玄》："石斛，甘可悦脾，咸能益肾，故多功于水土二脏。但气性宽缓，无捷奏之功，古人以此代茶，甚清膈上。"《本草经集注》："陆英为之使。恶凝水石、巴豆。畏僵蚕、雷丸。"《百草镜》："惟胃肾有虚热者宜之，虚而无火者忌用。"《雷公炮炙论》："凡使石斛，先去头土了，酒浸一宿，漉出，于日中曝干，却用酥蒸，从巳至酉，徐徐烙干用。"

煎服7~13克，鲜用15~30克。石斛性寒，凡胃寒疼痛，邪热尚盛及湿浊未去者当慎用，若剂量过大，可发生惊厥等中毒反应。石斛易敛邪，使邪不外达，故温热病不宜早用；还能助湿，如湿温病尚未化燥者忌服。

现代研究认为，石斛含有石斛碱、石斛胺、石斛次碱、石斛星碱、4-羟基金钗碱、6-羟基金钗碱、石斛胺及N-甲基石斛碱，能促进胃液分泌素浓度升高，有益于收缩性萎缩性胃炎的治疗，还有一定的解热镇痛作用；含有石斛多糖能提高患者白细胞数量，对肿瘤细胞均有不同程度的抑制功效；含有联苄类化合物毛兰素，能抑制肝癌细胞和黑素细胞的生长；含有生物碱能够抑制金黄色葡萄球菌的代谢作用。石斛含有石斛胺、石斛酚、黏液质、氨基酸、酚类、淀粉、二萜、苯丙素、木脂素、酚酸、甾体、脂肪族化合物，多种矿物元素，可以"开音"（噪子发生的声音更好）和清理咽喉；拮抗苯肾上腺素的收缩肠系膜血管作用，较高浓度的苯肾上腺素，5-羟色胺的收缩血管作用，也可明显被石斛减弱，显示其扩张肠系膜血管的效果；减弱心肌缩力；治疗眼疾，不仅能控制半乳糖性白内障的形成，并且具有疗效，其保持晶状体（即不需手术摘除）的百分率为36.8%；石斛多糖能提高自然杀伤细胞的活性，并对肿瘤患者的T细胞有提高作用；石斛碱有一定的止痛退热作用，但较弱；对血压和呼吸有抑制作用；还具有增强代谢，抗衰老作用。用组织培育作筛选试验，证明金钗石斛煎剂对孤儿病毒（ECHO）所致的细胞病变有延缓作用。

《圣济总录》石斛散："治眼目昼视精明，暮夜昏暗，视不见物，名曰雀目：石斛、淫羊藿各50克，苍术25克（米泔浸，切，焙）。上三味，捣罗为散，每服15克，空心米饮调服，日再。"

《原机启微》石斛夜光丸："治神水宽大渐散，昏如雾露中行，渐睹空中有黑花，渐睹物成二体，久则光不收，及内障神水淡绿色、淡白色者：天冬（焙）、人参、茯苓各 100 克，五味 25 克（炒），菟丝子 35 克（酒浸），干菊花 35 克，麦冬 50 克，熟地黄 50 克，杏仁 37.5 克，干山药、枸杞各 35 克，牛膝 37.5 克，生地黄 50 克，蒺藜、石斛、苁蓉、川芎、炙草、枳壳（麸炒）、青葙子、防风、黄连各 25 克，草决明 40 克，乌犀角 25 克，羚羊角 25 克。为细末，炼蜜丸，桐子大，每服三五十丸，温酒，盐汤任下。"

《中药临床应用》清胃养阴汤："生津益胃，清热养阴。治萎缩性胃炎脘痛干呕，知饥不食，舌红少苔，证属胃阴不足，虚火内生者。川石斛 9 克，北沙参 12 克，麦冬 9 克，白扁豆 9 克，鲜竹茹 9 克，生豆芽 12 克。水煎服。"

《北京市中药成方选集》鲜石斛膏："养阴润肺，生津止渴。治肺气久虚，咳嗽不止，咽干口燥，烦闷耳鸣。鲜石斛 5 千克，麦冬 1 千克。上药切碎，水煎 3 次，分次过滤去渣，滤液合并，用文火煎熬，浓缩至膏状，以不渗纸为度；每 50 克膏汁兑炼蜜 50 克成膏。每服 25 克，1 日 2 次，热开水冲服。"

《外台秘要》引《古方录验》方石斛散："补肾固精。治男子夜梦泄精。石斛 3.5 克，桑螵蛸、紫菀、五味子、干地黄、钟乳、远志、附子、干漆各 1 克。研为散。每服方寸匕，温酒下。"

《太平圣惠方》石斛丸：'治产后虚损，气血不和，腰间疼痛，手足无力。石斛、丹参、川芎、炮附子、熟地黄、延胡索、炒枳壳各 50 克，续断、当归、桂心各 1.5 克，桑寄生 100 克，牛膝 75 克。研末，炼蜜为丸如梧桐子大。每服 30 丸，温酒或生姜汤下。"

《千金要方》石斛散："除风轻身，益气明目，强阴，令人有子，补不足。治大风，四肢不收，不能自反复，两肩中疼痛，身重，胫急筋肿不可以行，时寒时热，足腨如似刀刺，身不能自任，腰以下冷至足，无子精虚，众脉寒，阴下湿，茎痿，令人不乐，恍惚时悲。石斛 10 分，牛膝 1 克，附子、杜仲各 2 克，芍药、松脂、柏子仁、石龙芮、泽泻、萆薢、云母粉、防风、山茱萸、菟丝子、细辛、桂心各 1.5 克。为末，筛过。酒服方寸匕，日再；亦可为丸，以枣膏丸如梧桐子，酒服 7 丸。"

● 玉竹：别名女萎、萎蕤、马熏、葳参、玉术、萎香、小笔管菜、山玉竹、十样错、竹七根、竹节黄、黄脚鸡、百解药、山铃子草、铃铛菜、灯笼菜、山包米、山姜、黄蔓菁、芦莉花、尾参、连竹、西竹，为百合科植物玉竹的根茎。中医认为，玉竹性平，味甘；有滋阴润燥，生津止渴，养心安神功效；治肺阴不足，干咳少痰，胃阴亏损，舌干口渴，小便频数，心力衰竭，高脂血症。《神农本草经》："主中风暴热，不能动摇，跌筋结肉，诸不足。久服去面黑䵟，好颜色，润泽。"《名医别录》："主心腹结气虚热，湿毒腰痛，茎中寒，及目痛烂泪出。"《药性论》："主时疾寒热，内补不足，去虚劳客热，头痛不安。"《本草纲目拾遗》："主聪明，调血气，令人强壮。"《四声本草》："补中益气。"《日华子本草》："除烦闷，止渴，润心肺，补五劳七伤，虚损，腰腿疼痛，天行热狂。"李杲："润肝，除热。""主风淫四末。"《滇南本草》："补气血，补中健脾。"《本草纲目》："主风瘟自汗灼热，及劳疟寒热，脾胃虚乏，男子小便频数，失精，一切虚损。"《广西中药志》："养阴清肺润燥。治阴虚，多汗，燥咳，肺痿。"《本草崇原》："阴病内寒，此为大忌。"《本草备要》："畏咸卤。"

煎服 9~15 克，胃有痰湿气滞及中寒便溏者忌用。

现代研究认为，玉竹含有玉竹多糖、白屈菜酸、山柰粉苷、槲皮醇甙、黄酮、甾醇、鞣质、黏液质、挥发油、甾体皂苷、氮化合物、氨基酸、微量元素、烟酸、维生素 A、DYT-2-羟酸等。具有抗衰老，降血脂，降血糖，促进干扰素生成，增强机体免疫力；缓解动脉粥样斑块形成，使外周血管和冠脉扩张，防治冠心病；延长耐缺氧时间；有类似肾上腺皮质激素样作用，玉竹还含有铃兰苦苷和铃兰苷有强心作用，对血压和心搏则随剂量不同而呈双相调节作用：大剂量可短暂降压，减弱心搏动；小剂量使血压上升，增加心搏动。

《温病条辨》玉竹麦门冬汤："治秋燥伤胃阴：玉竹 15 克，麦冬 15 克，沙参 10 克，生甘草 5 克。水五杯，煮取 2 杯，分 2 次服。"

《圣济总录》甘露汤："治眼见黑花，赤痛昏暗：萎蕤 200 克（焙）。为粗末，每服 5 克，水一盏，入薄荷二叶，生姜一片，蜜少许，同煎至七分，去滓，食后临卧服。"

《湖南药物志》治虚咳："玉竹 25~50 克。与猪肉同煮服。"

《中国药茶》玉竹茶："养阴润燥，生津延年。玉竹 9 克，制成粗末。沸水冲泡代茶饮。"

《惠直堂经验方》百补膏："治心血，肾水不足及诸虚。玉竹、枸杞子、龙眼肉、核桃肉、女贞子各 500 克。水煎 3 次，合并药汁，熬至滴水成珠，加蜜 500 克收膏。每日早、晚用开水调服 15 克。"

《科技通讯·医药卫生》："强心。用于风湿性心脏病，冠状动脉粥样硬化性心脏病，肺源性心脏病等引起的轻度心力衰竭。玉竹 15 克，水煎服。每日

1 剂。"

《辽宁中医药杂志》参竹丸（膏）："降脂通脉。治冠心病心绞痛，高脂血症。党参、玉竹各 7.5 克。粉碎后制蜜丸或煎液熬膏。口服，每日 1 剂。"

《中国中医秘方大全》复萎汤："健脾养阴和胃。主治萎缩性胃炎。玉竹、麦冬、山楂、石斛、蒲公英。每剂水煎 3 次，取汁 300 毫升。每次 100 毫升，每日 2~3 次，口服。"

《圣济总录》葳蕤汤："润肺养阴止咳宁嗽。治虚劳咳嗽，咳唾脓血。葳蕤、百部各 0.5 克，麦冬、阿胶、马兜铃各 25 克，白茯苓、人参炙甘草、桑根白皮各 50 克。为粗末。每服 15 克，水 1 盏，入乌梅 1 个，生姜 2 片，同煎至六分，去滓。不拘时候温服。"

● 甘草：别名美草、蜜甘、蜜草、路草、国老、灵通、粉草、甜草、甜根子、棒草，为豆科植物甘草的根及根状茎。中医认为，甘草性平，味甘；有益气健脾，清热解毒，润肺止咳，缓急止痛，降脂消炎，调和诸药功效。用于脾胃虚弱，倦怠乏力，食少便溏，疮疡肿毒，咳嗽咽痛，十二指肠溃疡，脘腹四肢挛急作痛，心悸，怔忡，脉律不齐，神经衰弱，妇女人脏燥，喜悲伤，血小板减少紫癜，艾迪生病，席汉氏综合征，尿崩症，黄疸病，牙周病，支气管哮喘，先天性肌强直，血栓性静脉炎，解药毒及食物中毒。《神农本草经》："主五脏六腑寒热邪气，坚筋骨，长肌肉，倍力，金疮肿，解毒。"《名医别录》："温中下气，烦满短气，伤脏咳嗽，止渴，通经脉，利血气，解百药毒。"《药性论》："主腹中冷痛，治惊痫，除腹胀满；补益五脏；制诸药毒；养肾气内伤，令人阴（不）痿；主妇人血沥腰痛；虚而多热，加而用之。"《日华子本草》："安魂定魄。补五劳七伤，一切虚损、惊悸、烦闷、健忘。通九窍，利百脉，益精养气，壮筋骨，解冷热。"《珍珠囊》："补血，养胃。"《汤液本草》："治肺痿之脓血，而作吐剂；消五发之疮疽，与黄耆同功。"《本草纲目》："解小儿胎毒、惊痫，降火止痛。"《中国药植图鉴》："治消化性溃疡和黄疸。"《物品化义》："甘草，生用凉而泻火，主散表邪消痈肿，利咽痛，解百药毒，除胃积热，去尿管痛，此甘凉除热之力也。炙用温而补中，主脾虚滑泻，胃虚口渴，寒热咳嗽，气短困倦，劳役虚损，此甘温助脾之功也。但味厚而太甜，补药中不宜多用，恐恋膈不思食也。"《本草经集注》："术、干漆、苦参为之使。恶远志。反大戟、芫花、甘遂、海藻四物。"《医学入门》："痢疾初作，不可用。"王孟英："果中神品，老弱宜之。"《雷公炮炙论》："凡使甘草，须去头尾尖处，用酒浸蒸，从巳至午出，暴干，细锉使。500 克用酥 350 克，涂上炙，酥尽为度。又先炮令内外赤黄用良。"《本草纲目》："方书炙甘草皆用长流水蘸湿炙之，至熟刮去赤皮。或用浆水炙熟。"甘草忌：猪肉（药性相反）、海带（药性相反）、海螺、白菜（功效相反）。

现代研究认为，甘草含有三萜系化合物，能够通过破坏类固醇荷尔蒙减慢或者防止某些肿瘤增大；含有百草皂苷能减轻炎症，润滑咽喉组织并缓解过敏症状；含有类黄酮能促进胃肠道系统的整体健康，有助于溃疡愈合，但不能减少能引起溃疡的胃酸分泌量。对离体肠管有明显抑制作用，能解除乙酰胆碱、组胺、氯化钡引起的肠痉挛。甘草甜素有明显降血脂作用，但并无预防减轻动脉粥样硬化的作用。甘草还含系甘草酸的钾、钙盐、甘草苷、天门冬酰胺、甘霜醇等，有保护胃黏膜的作用；还具有肾上腺皮质激素样功能，可协调物质代谢，增强机体对恶劣环境的适应能力；对某些毒物有类似葡萄糖醛酸的解毒作用；有抗炎及抗变态反应的作用；提高机体免疫力；降低血清胆固醇含量；抑制中枢神经系统兴奋，镇静，止咳；抗惊厥，抗利尿，消炎，镇痛，解热。有保肝作用，与柴胡合用有抗脂肪肝作用。但是，甘草中含有甘草甜素、甘草素、甘草次酸；这些成分进入人体后使血糖升高。

现在有人认为甘草也有致毒的可能性，对此，医学界认为是否致毒，主要是和用法和配伍有关，只要是用法得当，一般不会有毒副作用。

俄罗斯科学家研究发现，甘草提取物能增强肿瘤和防止肿瘤转移药物环磷酰胺的治疗效果。

由于甘草味甘，因而有助温壅之气，容易令人感到胸腹胀满，所以湿盛，呕吐者不宜食用；不宜长期大量服用，以免造成水肿。

煎服2~10克。若用其消热解毒之功，宜生用；若用其补中缓急之功，宜炙后使用。湿盛中满者忌服。大剂量久服可致高血压、水钠潴留性水肿。

《养生必用方》："治阴下湿痒：甘草一尺，并切，以水五升，煮取三升，溃洗之，日三五度。"

《怪证奇方》："治汤火灼疮：甘草煎蜜涂。"

《江西赣州草医草药简便验方汇编》："治失眠，烦热，心悸：甘草5克，石菖蒲2.5~5克，水煎服。每日1剂，分2次内服。"

《徐州单方验方新医疗法选编》："治疟疾：甘草1克，甘遂1份。共研细末，于发作前2小时取用1分放肚脐上，以胶布或小膏药贴之。"

《辽宁中草药新医疗法资料选编》甘壳散："治胃及十二指肠溃疡：①瓦楞子250克（煅研细末），甘草50克（研细末）。混匀，每服10克，每日3次。②甘草粉1.0克，鸡蛋壳粉1.5克，曼陀罗叶粉0.05克。混匀，饭前或痛时服，每服 3 克，日服 3 次。"

《千金要方》甘草汤："补益气血，缓急止痛。主治产后腹中伤痛。芍药、炙甘草各 250 克，羊肉 1500 克，通草 150 克。先煮羊肉，取汁煎药，分 5 次服。"

● 冬虫夏草：别名虫草、冬虫草、菌虫草，为麦角菌科植物冬虫夏草菌的子座及其寄主蝙蝠蛾科昆虫草蝙蝠蛾等的幼虫尸体的复合体。冬虫夏草含有虫草多糖 23.8%~40%，粗蛋白 25.3%，脂肪 8.4%，粗纤维 18.53%，虫草酸约 7%，多种氨基酸，D-甘露醇，麦角甾醇 5%~8%，多种维生素，尤其是维生素 B_{12} 含量较高，β-亚油酸，硬脂酸，冬虫草素、甘露糖和锌、铜、锰、铬、钼等多种微量元素。中医认为，冬虫夏草性温，味甘，有小毒；有补肾助阳，补肺益阴，止血化痰功效。用于肺肾两虚——宜虚寒（咳喘，畏寒，喜热饮，苔白），不宜虚热（咳喘，口干舌燥，舌红苔剥，喜冷饮，低热），久咳虚喘，劳嗽咯血，耳鸣耳聋，自汗怕冷，腰膝酸软，各类肿瘤，阳痿遗精，不孕，性功能低下，腰膝酸痛，病后久虚不复，食欲不振，便秘，贫血，神经衰弱，神经性胃病，糖尿病。《本草从新》："保肺益肾，止血化痰，已劳嗽。"《药性考》："秘精益气，专补命门。"《柑园小识》："以酒浸数次啖之，治腰膝间痛楚，有益肾之功。"《本草纲目拾遗》："潘友新云治膈症，周兼士云治蛊胀。"《现代实用中药》："适用于肺结核、老人衰弱之慢性咳嗽气喘，吐血、盗汗、自汗，又用于贫血虚弱，阳痿遗精，老人畏寒，涕多泪出等证。"《云南中草药》："补肺，壮肾阳。治痰饮喘咳。"《重庆堂随笔》："冬虫夏草，具温和平补之性，为虚疟、虚痞、虚胀、虚痛之圣药，功胜九香虫。丸阴虚阳亢而为喘逆痰嗽者，投之悉效，不但调经种子有专能也。"《本草正义》："此物补肾，乃兴阳之作用，宜于真寒，而不宜于虚热。"《四川中药志》："有表邪者慎用。"《文房肆考》："在桐乡乌镇有位叫孙裕堂的，医药不效，症在不起。适有亲戚自四川归来，携带冬虫夏草三斤，遂日和荤素作肴炖食；他的弟弟体质怯弱，虚汗大泄，虽值盛夏，处于密室围帐之中，犹畏风甚，病历三痊愈。"冬虫夏草以补肾阳为主，凡外感发热，湿热内盛，阴虚内热者不宜用；其含有异种蛋白成分，凡过敏体质者慎用。冬虫夏草不能过量用，有人大量服用后出现了心慌气短、烦躁、面部红斑及四肢水肿等症状。

现代研究认为，冬虫夏草含有丰富的蛋白质和氨基酸以及甾醇类、核苷类、肽类、单糖和多糖类、有机酸类、多种维生素和微量元素，具有增强巨噬细胞的吞噬功能，提高自然杀伤细胞（NK）活性，增强机体的免疫力，间接杀伤癌细胞；增强迟发型超敏反应，可作为一种免疫增强剂而有益于进行化疗的肿瘤患者，损伤肿瘤细胞的脑核，抑制肿瘤细胞分裂、生长和集结形成。增强心血管系统功能；减少心肌细胞搏动率，增加冠脉血流量，降低冠脉脑和外周血管的阻力，降低血压，增加肾血管阻力，减少肾血流量；促进和增强肾上腺皮质激素的合成和分泌；降低尿蛋白，降低血肌酐、尿素氮的含量，从而改善肾小球的功能；促进蛋白质的合成，改善患者的营养状况；降低血清胆固醇和β-脂蛋白；促进机体造血功能；抑制血小板聚集，对性功能紊乱有调节恢复作用；减慢心率，降低心肌耗氧量，抗心律失常及抗心肌缺血缺氧；抗氧化，抗疲劳，抗菌，抗惊，抗雌性激素，抗衰老，降血糖，扩张支气管平滑肌，镇静，催眠，解痉，祛痰，平喘等功效。虫草菌水剂只能增强环磷酰胺的抗肿瘤作用，而不能增强 6-巯基嘌呤的抗肿瘤作用。冬虫夏草的提取物还有保护心脑组织缺血的功能，提高冠脉流量和心输出血量，抗心律失常。煎剂对部分细菌及某些皮肤真菌有抑制作用，人工虫草菌丝提取物有抗缺氧，增加心脏和脑组织对 ^{86}Rb 的摄取，降低血清胆固醇、镇静、抗烟碱、抗炎等物理作用。另外，它还具有一定的雄激素作用。

著名肾脏病专家黎磊石教授，将分子生物学技术引入肾脏病研究，应用基因技术，从分子水平、器官水平和整体水平进行深入研究，在国际上首次证实虫草明显促进肾小管上皮细胞的修复与再生，弥补药物（如庆大霉素、卡那霉素等肾毒性抗生素）造成的肾脏损害，为急性肾小球坏死的治疗提供了新的有效方法。首次证实口服冬虫夏草可明显减轻庆大霉素所致的急性肾损伤，预防及治疗卡那霉素引起的肾损伤，且无副作用。他们还发现虫草对环孢霉素所致的肾毒性损伤有保护作用。据近百例临床观察，有效率达 85% 以上，这就为临床安全应用肾毒性抗生素提供了新的保障手段。

国外研究人员从冬虫夏草中分离出多种组蛋白，这些物质对腹水瘤有较强的抑制作用。

煎服 5~13 克。冬虫夏草低温保存，常温易变质。阴虚火旺证，湿热证，化脓性感染者不宜用。本品为平补之品，对各种虚证需久服，才有效果。目前市场上假冒的产品不少，要到正规药店买，一般可参照以下标准：形体完整，丰满肥大；环纹粗糙明显，近头部环纹较细，共有 20~30 条环纹，外黄亮，内色白；全身有足 8 对，近头部 3 对，中部 4 对，尾部 1 对，中部 4 对最明显；头部的子实体为深棕色，圆柱形，长 4~8 厘米，粗 0.3 厘米，表面有细小的纵向皱纹。

《中国药膳大辞典》冬虫草米粥："补虚损，益精气，润肺补肾。适用于肺肾阴虚，虚喘，劳嗽，咯血，自汗盗汗，阳痿遗精，腰膝酸痛，病后久虚不复等。冬虫夏草 10 克，瘦猪肉 50 克，小米 100 克。将冬虫夏草用布包好，与小米、猪肉（切成细片）同煮，粥熟，取出冬虫夏草。喝粥吃肉。"

《河北中草药》："治肺结核咳嗽、咯血，老年虚喘：冬虫夏草 30 克，贝母 15 克，百合 12 克。水煎服。""治肾虚腰痛：冬虫夏草 30 克，枸杞子 30 克，黄酒 1 千克，浸泡 1 周。每次一小盅，每日 2 次。""治贫血，病后虚弱，阳痿，遗精：黄芪 30 克，冬虫夏草 15 克。水煎服。"

《补药和补品》："治腰酸痛，月经延后而量少色淡，头晕、眼花：冬虫夏草、川续断、杜仲各 9 克，当归、白芍、熟地各 12 克，川芎 6 克。水煎服，每日 1 剂。"

《抗癌食物中药》："治肿瘤病人体质虚弱，贫血，白细胞下降：冬虫夏草 10 克，桂圆肉、红枣各 15 克，冰糖 6 克，上锅蒸熟食用。"

● 白术：别名云术、冬术、台白术、山蓟、山姜、山精、山连乞力伽、山芥、术、冬白术，为菊科植物白术的根茎。中医认为，白术性温，味甘苦；有补气健脾，燥湿利水，止汗安胎功效。用于脾虚食少，疲劳乏力，消化不良，脘腹冷痛，腹胀泄泻，痰饮眩悸，水肿，黄疸，湿痹，自汗，胎动不安。《神农本草经》："主风寒湿痹，死肌，痉，疸，止汗，除热消食。"《名医别录》："主大风在身面，风眩头痛，目泪出，消痰水，逐皮间风水结肿，除心下急满，及霍乱吐下不止，利腰脐间血，益津液，暖胃，消谷嗜食。"《药性论》："主大风顽痹，多年气痢，心腹胀痛，破消宿食，开胃，去痰涎，除寒热，止下痢，主面光悦，驻颜去䵟，治水肿胀满，止呕逆，腹内冷痛，吐泻不住，及胃气虚冷痢。"《唐本草》："利小便。"《日华子本草》："治一切风疾，五劳七伤，冷气腹胀，补腰膝，消痰，治水气，利小便，止反胃呕逆及筋骨弱软，痃癖气块，妇人冷癥瘕，温疾，山岚瘴气，除烦长肌。"《医学启源》："除湿益燥，和中益气。其用有九：温中，一也；去脾胃中湿，二也；除胃热，三也；强脾胃，进饮食，四也；和胃，生津液，五也；主肌热，六也；治四肢困倦，目不欲开，怠惰嗜卧，不思饮食，七也；止渴，八也；安胎，九也。"《医学衷中参西录》："白术，性温而燥，气不香窜，味苦微甘微辛，善健脾胃，消痰水，止泄泻，治脾虚作胀，脾湿作渴，脾弱四肢运动无力，甚或作疼。与凉润药同用，又善补肺；与升散药同用，又善调肝；与镇安药同用，又善养心；与滋阴药同用，又善补肾。为其具土德之全，为后天资生之要药，故能于金、木、水、火四脏，皆能有所补益也。"李杲："去诸经中湿而理脾胃。"王好古："理中益脾，补肝风虚，主舌本强，食则呕，胃脘痛，身体重，心下急痛，心下水痞，冲脉为病，逆气里急，脐腹痛。"《本草衍义补遗》："有汗则止，无汉则发，能消虚痰。"《本草经集注》："防风、地榆为之使。"《药品化义》："凡郁结气滞，胀闷积聚，吼喘壅塞，胃痛由火，痈疽多脓，黑瘦人气实作胀，皆宜忌用。"《本草备要》："白术，用糯米泔浸，陈壁土炒，或蜜水炒，入乳拌炒。"白术忌：白菜（会使白术药性变得过烈，对健康不利）、桃或李（引起不良反应）。

现代研究认为，白术含有挥发油、苍术醇、苍术酮、氨基酸、黄酮类化合物、香豆素、糖类、树脂、维生素 A，能促进网状内皮细胞的吞噬功能，提高淋巴细胞转化率和 E-玫瑰花结形成率，并能使白细胞吞噬金黄色葡萄球菌的作用明显增强，对白细胞减少症有提升作用，并能增加血清中 IgG，提高人体抗病能力；能使化疗或放疗引起的白细胞下降，将以升高；抑制肾小管再吸收而利尿；调节肠道功能，促进胆汁及肠胃分泌，对抗乙酰胆碱引起的肠痉挛及肾上腺素引起的肠肌麻痹；对食道癌细胞有抑制作用；减少肝细胞变性坏死，促进肝细胞生长，防止肝糖原的减少，促进脱氧核糖核酸的恢复；扩张血管，对心脏呈抑制作用；对子宫平滑肌兴奋性收缩有明显抑制作用；防治眼病，降低血糖，降低血压、促进胆汁分泌；抗氧化，抗肿瘤，抗疲劳，抗血凝，抗菌。

煎服 6~12 克，阴虚内热或津液亏耗、气滞胀闷者慎用。

《中国药典》明确规定，每日服用白术剂量 3~15 克之内应该是安全的。若大剂量服用白术，会抑制心脏跳动，严重时会导致心脏停跳。若用其补气健脾之功，宜炒后使用；用其健脾止泻之功，宜炒焦后使用；用其利水化湿之效则适宜生用。阴虚内热或津液亏耗者慎用。

《寿世保元》白术膏："补脾胃，进饮食，生肌肉，除湿化痰，止泄泻。白术 500 克，水熬 3 次，取汁，收浓，入蜜 200 克，熬成膏。每服 4~5 匙，米汤调服。"

《御药院方》朱砂红丸子：本方悦泽容颜，增白祛皱。朱砂、白术、白蔹、白附子、白芷、白僵蚕、木香、阿胶各 15 克，白及、茯苓、密陀僧各 45 克，钟乳粉 60 克。除阿胶外，余药共研细末，以水熬阿胶成膏状，和入药末中，拌匀，做成梧桐子大小的药丸。每晚睡前以少许温水，蜜将丸化开，调涂面上，第二天早晨再用温水将药洗去。

《脾胃论》枳术丸："健脾消痞。主治脾胃虚弱，饮食停滞，症见脘腹痞满，不思饮食。枳实 50 克（麸炒），白术 100 克。研为细末，荷叶裹烧饭为丸，如梧桐子大，每服 50 丸，白开水送服。"

《饮馔服食笺》治益寿膏：本方悦泽容颜，祛皱。白术 1 千克，苍术、黄精各 500 克。煎汁熬膏。每服 15 克，白开水调下，或含化。

《外台秘要》常用蜡脂方：本方润泽容颜。蔓荆油 300 毫升，甘松香、零陵香各 30 克，辛夷仁、细辛各 20 克，白术 200 克，竹茹 100 克，竹叶 20 克，白茯苓 10 克，羊髓 250 克（以水浸，去赤脉，炼之），麝香（化炙）。上诸味，切，以棉裹，酒浸经再宿，绞去酒，以脂中煎，缓火令沸。3 日许，香气极盛，膏成，易炼蜡令白，看临熟，下蜡调，软硬所得，瓷贮涂面。

《圣济总录》白术猪肚粥："补中益气，健脾和胃。适用于脾胃气弱，消化不良，不思饮食，人卷怠少气，腹部虚胀，大便泄泻不爽。白术 100 克，槟榔 1 枚，生姜 75 克（切，炒），猪肚 1 具。猪肚洗净，上药加工成粗末后纳入肚中，缝口，煮令熟，取汁入粳米、五味同煮粥，空腹食之。"

《小儿药证直诀》七味白术散："健脾和胃，消热生津。治脾胃久虚，津液内耗，呕吐泄泻频作，烦渴多饮。人参 12.5 克，炒白术、茯苓、藿香叶各 25 克，木香 10 克，甘草 5 克，葛根 25 克（渴者加至 50 克）。为粗末，每服 15 克，水煎服。"

《景岳全书》王母桃："培补脾胃。适用于脾肾虚弱，容颜无华，食欲不振，头目眩晕，须发早白。白术（以米泔水浸一宿，切片、炒）、熟地等分，何首乌（九制）、巴戟天、枸杞子量减半。上药为末，炼蜜和丸，如龙眼大。每服 3~4 丸。空腹嚼服，温开水送下。"

《医学衷中参西录》固冲汤："益气健脾，固冲摄血。主治脾气虚弱，统摄无权，以致冲脉不固，症见血崩或月经过多，色淡质稀，心悸气短。白术 50 克（炒），生黄芪 30 克，龙骨 40 克（煅，捣细），牡蛎 40 克（煅，捣细），山茱萸 40 克，生杭芍 20 克，海螵蛸 20 克（捣细），茜草 15 克，棕边炭 10 克，五倍子 2.5 克（轧细，药汁送服）。水煎服。"

《江苏中医》："治儿童流涎方：健脾化湿。生白术捣碎，加水和食糖，放锅上蒸汁，分次口服，每天用 15 克。"

《丹溪心法》痛泄要方："燥湿健脾疏肝。不治肝脾不和，脾虚失运，肠鸣腹痛，大便泄泻。炒白术 150 克，炒白芍 100 克，炒陈皮 75 克，防风 50 克。为粗末，分 8 帖，水煎或为丸服。"

《惠直堂经验方》禹治汤："清利湿热。主治湿热下注成淋，症见小便频急不爽，灼热刺痛，色黄赤浑浊。白术、茯苓、薏苡仁各 25 克，车前子 7.5 克。水煎服。""宽腰汤：健脾利湿。治腰痛日重夜轻，小水不利。白术 15 克，薏苡仁 15 克，茯苓 15 克，车前 10 克，肉桂 0.5 克。水煎服。"

《傅青主女科》完带汤："补中健脾，化湿止带。主治肝郁伤脾，脾虚生湿，湿浊下注，带下色白或淡黄，清稀无臭，倦怠便溏。白术 50 克（土炒），山药 50 克（炒），人参 10 克，白芍 25 克（酒炒），车前子 15 克（酒炒），苍术 15 克（制），甘草 5 克，陈皮 2.5 克，黑芥穗 2.5 克，柴胡 3 克。水煎服。"

《宣明论方》白术散："益气固表止汗。主治表虚不固，虚感风邪，恶风多汗，食之汗出如洗。牡蛎 10 克，白术 50.5 克，防风 125 克。为末，每服 5 克，温水调下。"

《太平圣惠方》白术散："固表止汗。主治虚劳盗汗，夜卧心烦少睡。白术、防风、酸枣仁各 50 克，黄芪、龙骨、麻黄根各 100 克。研为散，每服 15 克，水煎服。"

《全生指迷方》宽中丸："健脾理气。主治脾虚胀满。白术 100 克，橘皮 200 克。为末，酒糊丸，梧子大。每食前用木香汤送服 30 丸。"

《实用防癌保健及食疗方》白术饼："健脾益胃，燥湿利水。主治胃癌便溏症状明显者。生白术 15 克，大枣 250 克，面粉 500 克，将白术研细末，焙熟，大枣煮熟去核，与面粉混合作饼食用。"

《惠直堂经验方》五疳散："健脾消积。用于积滞伤脾，化生无源，渐至形体羸瘦，气液亏耗，终成疳证。白术 75 克（蜜水炒），茯苓、使君子各 37.5 克（碎，炒），甘草 7.5 克，山楂肉、麦芽（炒）、金樱子肉（炒）、莲子芯（隔纸炒）、橘红各 25 克，麦冬 50 克（去心），芡实 12.5 克（蒸），青皮 10 克（麸炒）。共为细末，蜜丸，每服 5 克，白开水送服。"

《证治准绳》安胎白术散："健脾养血安胎。治妊娠宿有冷，胎萎不长；或失于将理，伤胎多坠。白术、川芎各 50 克，吴茱萸 25 克（开水泡），炙甘草 75 克。为细末，每服 10 克，食前温酒调下。"

《新方八阵》寿脾煎："补脾益气摄血。主治脾虚不能摄血，大便脱血不止，或妇人崩漏等症。白术 10~15 克，当归、山药各 10 克，炙甘草 5 克，酸枣仁 7.5 克，制远志 1.5~2.5 克，炮姜 5~15 克，炒莲子肉 20 粒，人参 5~10 克（急者用 50 克）。水煎服。"

《素问·病机气宜保命集》白术散："健脾利水化饮。主治脾虚水停，肢体肿胀，小便不利。白术、泽泻各 25 克。研末，每服 15 克，茯苓汤调下。或作丸剂，每服 30 丸。"

《伤寒论》苓桂术甘汤："健脾渗湿，温化痰饮。主治痰饮，症见胸胁胀满，眩晕心悸，短气不咳。茯苓 200 克，桂枝 150 克，白术、甘草（炙）各 100 克。水煎，分 3 次温服。"

《丹溪心法》痛泻要方："燥湿健脾疏肝。主治肝脾不和，脾虚失运，肠鸣腹痛，大便泄泻。炒白术150克，炒白芍100克，炒陈皮75克，防风50克。为粗末，分8帖，水煎或为丸服。"

《辨证录》轻腰汤："运脾除湿。治风湿腰痛，俯仰不利。白术、薏苡仁各50克，茯苓25克，防己25克。水煎服。"

《惠直堂经验方》宽腰汤："健脾利湿。治腰痛日重夜轻，水小不利。白术15克，薏苡仁15克，茯苓15克，车前10克，肉桂0.5克。水煎服。"

《寿世保元》四制白术散："固表止汗。治自汗、盗汗。白术200克，黄芪50克（炒），石斛100克（炒），牡蛎50克（煅），炙甘草5克，麦麸50克（炒）。为末，每服15克，粟米汤调服。"

● 白芍：别名白芍药、金芍药、东白芍、杭白芍、川白芍、毫白芍、余容、其帜、解仓、可离、犁食、没骨花、婪尾春、将离，为毛茛科植物芍药的根。中医认为，白芍性凉，味苦酸；有养血调经，敛阴止汗，柔肝止痛，消肝潜阳功效。用于头痛眩晕，烦躁易怒，血虚阴虚之人胸腹胁肋疼痛，多梦易惊，四肢拘挛作痛，肝区痛，胆囊炎，胆结石疼痛，自汗盗汗，血虚萎黄，腓肠肌痉挛，四肢拘挛，不安腿综合征，泻痢腹痛，妇女行经腹痛，崩漏，月经不调。《神农本草经》："主邪气腹痛，除血痹，破坚积，治寒热疝瘕，止痛，利小便，益气。"《名医别录》："通顺血脉，缓中，散恶血，逐贼血，去水气，利膀胱、大小肠，消痈肿，（治）时行寒热，中恶腹痛，腰痛。"《药性论》："治肺邪气，腹中疗痛，血气积聚，通宣脏腑拥气，治邪痛败血，主时疾骨热，强五脏，补肾气，治心腹坚胀，妇人血闭不通，消瘀血，能蚀脓。"《唐本草》："益女子血。"《日华子本草》："治风补痨，主女人一切病，并产前后诸疾，通月水，退热除烦，益气，治天行热疾，瘟瘴惊狂，妇人血运，及肠风泻血，痔瘘发背，疮疥，头痛，明目，䁾肉。"《医学启源》："安脾经，治腹痛，收胃气，止泻利，和血，固腠理，补脾胃。"王好古："理中气，治脾虚中满，心下痞，胁下痛，善噫，肺急胀逆喘咳，太阳衄衄，目涩，肝血不足，阳维病苦寒热，带脉病苦腹疼满，腰溶溶如坐水中。"《滇南本草》："泻脾热，止腹疼，止水泻，收肝气逆疼，调养心肝脾经血，舒经降气，止肝气疼痛。"《本草纲目》："白芍药益脾，能于土中泻木；赤芍药散邪，能行血中之滞。"《本草经疏》："芍药，《图经》载有二种：金芍药色白，木芍药色赤。赤者利小便散血，白者止痛下气，赤行血，白补血，白补而赤泻，白收而赤散。"《药品化义》："白芍能补复能泻，专行血海，女人调经胎产，男子一切肝病，悉宜用之调和血气。"《本草经集注》：“须（作‘雷’）丸为之使。恶石斛、芒硝。畏消石、鳖甲、小蓟。反藜芦。”《本草经疏》：“凡中寒腹痛，中寒作泄，腹中冷痛，肠胃中觉冷等证忌之。”《药品化义》：“疹子忌之。”《得配本草》：“脾气虚寒，下痢纯血禁用。”《雷公炮炙论》：“凡（白芍）采得后，于日中晒干，以竹刀刮上粗皮并头土，锉之，将蜜水拌蒸，从巳至末，晒干用。”《本草蒙荃》：“（白芍药）酒浸日曝，勿见火。”

现代研究认为，白芍含有挥发油、脂肪、蛋白质、淀粉、树脂、鞣质、黏液质、酚类、三萜类、芍药苷、芍药花甘、牡丹酚、氧化芍药苷、苯甲酰芍药苷、左旋儿茶精、苯甲酸等成分，对中枢神经有抑制作用；对胃、肠、气管及子宫平滑肌有解疼和松弛骨骼肌的作用；对药物引起的平滑肌痉挛有解痉作用；抑制胃酸分泌，预防应激性消化道溃疡；抑制血小板凝集；促进巨噬细胞的吞噬功能，增强淋巴转化反应，提高机体抗病能力；扩张冠状动脉，增强冠脉血流量，改善心肌代谢，并能扩张外周血管，呈短暂，轻度的降压反应；对各种致病毒及皮肤菌和病毒疱疹有抑制作用，还能破坏黄曲霉素；镇静，解痉，降酶，消炎，镇痛，解热，抗惊厥，抗诱变，抗肿瘤；保肝，对急性肝损伤有预防作用或逆转作用；与甘草合用，对治疗腓肠肌痉挛，三叉神经痛，习惯性便秘等症有疗效。

白芍具有润肠的作用，可加速胃肠道的蠕动，长期服用会出现大便次数多，腹泻症状。

煎服 5~14 克，最大剂量 15~30 克。阳衰虚寒腹痛，腹泻，麻疹初期兼有表证或透发不畅者等不宜使用。本品与芍药一补一泻，一收一散，在功能和主治病症等方面都有不同，应注意区别作用。

《太平惠民和剂局方》四物汤：“补血调血。主治营血虚滞，惊惕头晕，目眩耳鸣，唇爪无华，妇人月经量少或经闭不行，脐腹作痛，舌淡脉细。当归（酒浸，微炒）、川芎、白芍药、熟地黄（酒蒸）各等分。为粗末，每服 15 克，水煎，空心食前服。”

《医宗金鉴》补肝汤：“养血荣筋明目。主治肝血不足，筋缓不能收持，目暗视物不清。当归、白芍药、熟地黄、川芎、酸枣仁、炙甘草、木瓜。水煎服。”

《赤水玄珠》芍药黄芪汤：“益气固表，敛阴止汗。主治虚劳自汗不止。黄芪 100 克，白芍药、白术各 75 克，甘草 50 克。研末，每服 25 克，加煨姜 3 片，大枣 1 枚，水煎服。”

《杂病源流犀烛》白芍汤：“和营敛阴。主治肝虚自汗。白芍药、酸枣仁、乌梅。水煎服。"

《寿世保元》安胎饮："养血安胎。治妊娠气血虚弱，不能养胎，半产。当归身（酒洗）、白芍药（酒炒）、陈皮、熟地黄（酒黄）各 5 克，川芎、苏梗各 4 克，黄芩 7.5 克，炒白术、砂仁（微炒）各 10 克，甘草 2 克。为粗末，水煎服。"

《丹溪心法》方名见于《医方考》痛泻要方："柔肝健脾，理气止痛。主治肝郁脾虚，症见肠鸣腹痛，大便泄泻，泻必腹痛。炒白术 150 克，炒白芍 100 克，炒陈皮 75 克，防风 100 克。为粗末，分 8 帖，水煎或为丸服。"

《金匮要略》当归芍药散："养肝血，调肝气，安脾土。主治妊娠后脾气虚弱，肝气不调，腹中拘急，绵绵作痛，小便不利，足跗水肿。当归 150 克，芍药 500 克，川芎 250 克（一作 150 克），茯苓 200 克，泽泻 250 克，白术 200 克。为末，每服一方寸匕，酒调送下，每日 3 次。"

《辨证录》散偏汤："疏肝解郁，缓急止痛。主治郁气不宣，又加风邪袭于少阳经，半边头风，或痛在右，或痛在左，其痛时轻时重，遇顺境则痛轻，遇逆境则痛重，遇拂抑之事而更加风寒之天，则大痛而不能出户。白芍药 25 克，川芎 50 克，郁李仁、柴胡、甘草各 5 克，白芥子 15 克，香附 10 克，白芷 2.5 克。水煎服。"

● 赤芍：别名赤芍药、木芍药、红芍药、臭牡丹根，为毛茛科植物芍药（野生种）、草芍药、川赤芍等的根。中医认为，赤芍性凉，味酸苦；有凉血活血，祛瘀消肿，清肝明目功效。用于高热谵语，温热发斑疹，吐血，月经不调，血滞闭经；痛经，跌打损伤，瘀滞肿痛，痈肿，目赤肿痛。《神农本草经："主邪气腹痛，除血痹，破坚积，寒热疝瘕，止痛，利小便，益气。"《名医别录》："通顺血脉，缓中，散恶血，逐贼血，去水气，和膀胱大小肠，消痈肿，时行寒热，中恶腹痛，腰痛。"《药性论》："治肺邪气，腹中疗痛，血气积聚，通宣脏腑拥气，治邪痛败血，主时疾骨热，强五脏，补肾气，治心腹坚胀，妇人血闭不通，消瘀血，能蚀脓。"《日华子本草》："治风补劳，主女人一切病并产前后诸疾，通月水，退热除烦，益气，天行热疾，瘟瘴惊狂，妇人血运，及肠风泻血，痔瘘，发背，疮疥，头痛，明目，目赤，瘝肉。"《开宝本草》："别本注云，利小便，下气。"《滇南本草》："泻脾火，降气，行血，破瘀，散血块，止腹痛，退血热，攻痈疮，治疥癞。"《药品化义》："泻肝火。"《本草经集注》："须（作'雷'）丸为之使。恶石斛、芒硝。畏消石、鳖甲、小蓟。反藜芦。"《本草经疏》："赤芍药破血，故凡一切血虚病，及泄泻，产后恶露已行，少腹痛已止，痈疽已溃，并不宜服。"

《本草衍义》："血虚寒人，禁此一物。"

现代研究认为，赤芍含有芍药甙能缓解平滑肌痉挛和镇痛作用；抑制血小板聚集，还可使已聚集的血小板解聚对抗血栓形成；抗惊厥，抗肿瘤，抗炎，抗溃疡，抗菌，解热。

煎服 6~12 克。血虚有寒，孕妇及月经过多者忌用。

《河南医学院验方》黄精赤芍汤："养血活血，化瘀止痛。主治冠心病心绞痛。黄精 30 克，赤芍 15 克。水煎服，每日 1 剂。4~12 周为 1 个疗程。"

《新编中成药》冠芍片："活血化瘀，理气止痛。用于冠心病所致胸闷和心绞痛。三七 30 克，泽泻 300 克，赤芍 500 克，甘草 50 克，佛手 300 克，制成每片重 0.3 克的糖衣片，口服，每次 4~5 片，每日 3 次。"

《太平圣惠方》赤芍药丸："治小儿疳积，虽食不生肌肉，腹大，食不消化。赤芍药、大黄（微炒）、鳖甲（醋炙）各 1.5 克，桂心、赤茯苓、柴胡各 25 克。为末，炼蜜和丸，如麻子大。每服 5 丸，煎蜜汤送下，日次。"

《医林改错》补阳还五汤："行血祛瘀，通脉活络。主治中风后半身不遂，口眼㖞斜，语言謇涩，口角流涎，大便干燥，小便频数，遗尿不禁。生黄芪 200 克，当归尾 10 克，赤芍药 7.5 克，地龙、川芎、桃仁、红花各 5 克。水煎服。"

周凤梧《中药学》治慢性前列腺炎方："活血散瘀，消热解毒。赤芍 15 克，蒲公英 30 克，败酱草 15 克，桃仁、王不留行、丹参、泽兰、乳香、川子各 6 克。水煎服。"

《太平圣惠方》赤芍药散："活血理气，化瘀止痛。主治产后血气壅滞，攻刺腰间疼痛。赤芍药 1.5 克，延胡索、桂心、川芎、当归、牡丹皮、枳壳、桃仁各 25 克，牛膝 100 克，川大黄 50 克，研为散，每服 20 克，加生姜粉，水煎服。"

《医林改错》少腹逐瘀汤："活血祛瘀，温经止痛。主治少腹瘀血积块疼痛；冲任虚寒，瘀血内阻之痛经，月经不调；寒滞血凝，阻闭胞宫之不孕症等。小茴香 7 粒（炒），干姜 1 克（炒），元胡 5 克，没药 10 克（炒），当归 15 克，川芎 10 克，官桂 5 克，赤芍 10 克，蒲黄 15 克，五灵脂 10 克（炒）。水煎服。"

《辽宁中医杂志》治原发性肝癌："赤、白芍各 10 克，七叶一枝花 30 克，半枝莲 15 克，白花蛇舌草 30 克，龙葵 30 克，茵陈、三棱、莪术、当归、丹参、郁金各 10 克，水煎服，每日 1 剂。"

● 生地黄：别名干地黄、生地、地黄、山白菜、酒壶花、狗奶子、甜酒棵、蜜罐棵、山烟、牛奶子、芑，婆婆奶，为玄参科植物地黄的根茎。中医认为，鲜地黄性寒，味甘苦；有清热生津，凉血止血功效。用于风热伤阴，脾虚泄泻，胃寒食少，血热妄行，舌绛烦渴，发斑发疹，吐血，衄血，血崩，月经不调，胎动不安，咽喉肿痛。生地黄性凉，味甘苦；具有清热凉血，养阴生津功效。用于热病舌绛烦渴，高热谵语，阴虚内热，骨蒸劳热，内热消渴，烦渴多饮，吐血，衄血，血崩，月经不调，胎动不安，咽喉肿痛。《神农本草经》："主折跌绝筋，伤中，逐血痹，填骨髓，长肌肉，作汤除寒热积聚，除痹。生者尤良。"《名医别录》："主男子五劳七伤，女子伤中，胞漏下血，破恶血，溺血，利大小肠，去胃中宿食，补五脏，内伤不足，通血脉，益气力，利耳目。"《药性论》："补虚损，温中下气，通血脉，治产后腹痛，主吐血不止。"《日华子本草》："治惊悸劳劣，心肺损，吐血，鼻衄，妇人崩中血晕，助筋骨。"王好古："主心病，掌中热痛，痹气痿蹷，嗜卧，足部热而痛。"《救荒本草》："采叶煮羹食。或捣绞根叶，搜而作怀饦，乃冷淘食之。或取根浸洗净，九蒸九暴，任意服食。或煎以为煎食。久服轻身，不老，变白延年。"《本草正义》："能补养中土，为滋养之上品……气味和平，凡脏腑之不足，无不可得其滋养。"《本草从新》："治血虚发热，常觉饥馁，倦怠嗜卧，胸膈痞闷；调经安胎。"《本草逢原》："干地黄，内专凉血滋阴，病人虚而有热者宜加用之。"《本草经疏》："干地黄，乃补肾家之要药，养阴血之上品。"《抱朴子》："楚文子，服地黄八年，夜视有光。"《雷公炮炙论》："勿令犯铜铁器，令人肾消并髭发，损荣卫也。"《本草经集注》："得麦门冬，清酒良。恶贝母，畏芜荑。"《品汇精要》："忌萝卜、葱白、韭白、薤白。"《医学入门》："中寒有痞，易泄者禁。"《本草纲目》："《神农本草经》所谓干地黄者，即生地之干者也，其法取地黄一百斤，择肥者30千克，洗净，晒令微皱，以拣下者洗净，木臼中捣绞汁尽，投酒更捣，取汁拌前地黄，日中晒干或火焙干用。"地黄忌：葱或蒜（药理作用相反）、血制品（引起不良反应）、萝卜（降低药效）。煎服9~15克，鲜地黄12~30克。本品性寒而滞，脾虚湿滞、腹满便溏者不宜使用。食用地黄时忌食猪、牛、羊、鸡、鸭诸血，还有葱、蒜、萝卜以及辣椒等食物。

现代研究认为，地黄多糖，能促进 CONA 诱导 T 淋巴细胞增殖的反应，提高免疫力；含有维生素 A 有益视力；含有环烯醚萜苷类、酚类、亚油酸、棕榈酸、胡萝卜苷、磷脂，β-谷甾醇、甘露醇、地黄素、生物碱、脂肪酸、梓醇、葡萄糖、氨基酸和多种矿物元素等成分，能加强心脏收缩，促进血液循环；减轻类固醇引起的副作用，保护机体肾上腺皮质，免受外源性皮质激素的抑制；对白喉杆菌，金黄色葡萄球菌，人型结核杆菌有抑制作用；促进骨髓造血干细胞增殖；调节肾上腺素 β-受体—环磷酸腺苷系统的异常；降血糖，抗血凝，抗衰老，抗肿瘤，抗氧化，抗炎，强心，止血，利尿；尚能对抗血卟啉衍生物合并照光引起的红细胞溶血作用，能对抗血卟啉衍生物对红细胞膜蛋白质的光氧化作用。

《奇效良方》驻不老双芝丸：本方久服令人面色红润，肌肤白细。熟地黄、石斛（去根、酒制）、肉苁蓉（酒浸）、菟丝子（酒浸3日，炒焦）、牛膝（酒浸）、黄芪各120克，沉香9克，杜仲（蜜、水浸、炒、去丝）、五味子（焙）、薏苡仁（炒）各60克，麝香3克，鹿角霜250克，白茯苓（去皮）、天麻（酒浸）、干山药、覆盆子、人参、木瓜、秦艽各30克。上药共研细，炼蜜为丸，如梧桐子大。每服15~20克，日2次，用温米酒或淡盐水送服。

《太平圣惠方》地黄丸："补骨髓，益颜色，充肌肤。久服强志力，延年却老。生干黄250克，川椒仁100克（去目及闭口者微炒去汗），牛膝100克（去苏），杏仁150克（汤浸去皮炎，双仁，童子小便浸3宿，麸炒微黄），附子100克（炮裂去皮脐），鹿角胶100克（捣碎，炒，令黄燥），菟丝子100克（酒浸3日曝干，别捣为末），肉苁蓉100克（酒浸1宿），刮去皱皮炙干。上药炼蜜为丸，如梧桐子大，每日空心以温酒下40丸。

《傅青主女科》息焚安胎汤："治妊娠腰膝疼痛，口渴汗出，烦躁发狂，胎欲坠者。生地黄（酒炒）50克，青蒿、炒白术各25克，茯苓、人参各15克，知母、天花粉各10克，水煎服。"

《圣济总录》地黄丸："补肾乌须发。生地黄汁500克，生姜汁5合，巨胜子、熟干地黄（焙）、旋覆花、干甚子各50克。上药为丸，如弹子大，每夜饮酒半酣后含化1丸。""地黄散：养血调经，治室女月经不畅，少腹刺痛。生干地黄50克（焙），生姜200克（切片），乌豆2合，当归50克（切）。上四味慢火炒令燥，捣罗为散，每用温酒调服5克，每日3次。"

《妇人大全良方》地黄煎："治产后阴虚，疲惫盗汗，呕吐等。生地黄汁，生姜汁各一升，藕汁半升，大麻仁150克（去壳为末）。上药制成膏剂，每用温酒服半匙。"

《圣济总录》地黄汤："养血调经，治妇人气血虚损，月水不断，绵绵不止。生地黄100克（切，焙），黄芩25克（去黑心），当归（切，焙）、地榆（锉）、柏叶（炙）、艾叶（炒）各75克，伏龙肝100克，蒲黄75克。上药粗捣筛，每服15克，用水一盏，入生姜3片，煎至7分，去滓温服，不拘时候。"

《医略六书》生熟地黄丸："滋阴养血，治妊娠阴血不足，胎动脉虚数者。生地250克，熟地250克，天冬150克，麦冬150克（去心），当归150克，白芍50克半（炒），茯苓75克（去木），白术75克（炒），知母75克（炒），牡蛎150克（生）。上药炼蜜为丸，以米饮下25克，每日2次。"

《千金要方》治消渴方："黄芪、茯神、栝楼根、甘草、麦冬各150克，干地黄250克。上六味，细切，以水8升，煮取2升半，去滓，分3服，日进1剂，服10剂。"

● 熟地黄：为玄参科植物地黄或怀庆地黄蒸晒而成。中医认为，熟地黄性微温，味甘；有滋阴补血，补益精髓功效。主治阴虚血亏引起腰膝酸软，骨蒸潮热，盗汗，遗精，崩漏，下血，月经不调，头晕目眩，心慌失眠，内热，消渴，面色萎黄，心悸怔忡，耳鸣，须发早白，腰膝酸软，肾虚喘咳。现代临床常用于治疗阴虚型肾炎，高血压，糖尿病，神经衰弱等。《本草从新》："滋肾水，封填骨髓，利血脉，补益真阴，聪耳明目，黑发乌须，又能补脾阴，止久泻，治劳伤风痹，阴亏发热，干咳痰嗽，气短喘促，胃中空虚觉馁，痘症心虚无脓，病后胫股酸痛，产后脐腹急疼，感证阴亏，无汗便闭，诸种动血，一切肝肾阴亏，虚损百病，为壮水之主药。"王好古："主坐而欲起，目䀮䀮无所见。"张元素："熟地黄补肾，血衰者须用之。"《珍珠囊》："大补血虚不足，通血脉，益气力。"《药品化义》："熟地，用酒蒸熟，味苦化甘，性凉变温，专入肝脏补血。因肝苦急，用甘缓之，兼主温胆，能益心血，更补肾水。"《本草纲目》："填骨髓，长肌肉，生精血，补五脏内伤不足，通血脉利耳目，黑须发，男子五劳七伤。女子伤中胎漏，经候不调，胎产百病。"《本草正》："地黄性平，气味纯净，故能补五脏之真阴，而又于多血之脏为最要。"张景岳："熟地黄能够大补血衰，滋培肾火，填髓，益真精，专补肾中元气。"地黄忌：葱、蒜、血制品、萝卜。

现代研究认为，熟地黄与生地黄的化学成分基本相似，能够促进白细胞恢复，调整甲状腺激素的异常状态，增强机体免疫力；加快干细胞和骨髓红系造血祖细胞的增殖和分化，增强造血功能；能使肾上腺皮质功能低下者增强，提高尿7-羟皮质类固醇的水平；抗血液凝固，抑制血栓形成，对心血管病有防治作用；减慢心率，改善心肌供血不足；抗炎、镇静、利尿、降血糖；抗氧化，降血压。

每日用量10~30克，应与陈皮、砂仁等同用，以防黏腻碍胃。将熟地黄炭用，可起到止血之功。熟地黄性质较生地黄更为黏腻，有碍消化，凡脾胃虚弱，气滞痰多，脘腹胀痛，食欲不振，大便稀薄者，以及气血虚弱的孕妇忌服。

《药酒验方选》地黄年青酒："补肝肾，乌须发，久服聪耳明目。熟地黄100克，万年青150克，黑桑葚120克，黑芝麻60克，怀山药200克，南烛子30克，花椒30克，白果15克，巨胜子45克。上九味共捣细，用好酒2千克浸7日后开取，去渣每于空腹温饮1~2杯，每日2次。"

《丹溪心法》补肾丸："补肾不燥，益精强身。熟地黄、菟丝子（酒浸）各400克，归身175克，苁蓉250克（酒浸），黄柏（酒炒）、知母（酒浸）各50克，补骨脂25克（酒炒），山茱萸17.5克。上药为末，酒糊为丸如梧桐子大，每服50丸，每日2次。"

《宣明论方》地黄饮子："治喑痱，肾虚弱厥逆，语声不出，足废不用。熟干地黄、巴戟（去心）、山茱萸、石斛、肉苁蓉（酒浸焙）、附子（炮）、五味子、官桂、白茯苓、麦冬（去心）、菖蒲、远志（去心）。上药等分为末，每服15克，水1盏半，生姜5片，枣1枚，薄荷同煎至八分，不计时候服。"

《卫生宝鉴》熟地黄丸："治妇人月经不调，每行数目不止，兼有白带，渐渐瘦瘁，食少味，累年无子。熟地黄101克，山茱萸、白芜荑、干姜（炮）、代赭（醋淬）、白芍（炒）各50克，厚朴（姜制）、白僵蚕（炒）各25克。上药制成蜜丸，每于食前温酒送服，服40~50丸，每日2次。"

《幼幼集成》集成三合保胎丸："补肾保孕安胎，治屡孕屡堕。熟地600克（以砂仁150克，老姜150克，酒煮制成膏），大当归600克（酒洗晒干），净白术600克（炒）（孕妇肥白者气虚，加100克），实条芩300克（取小实者切片，酒炒3次），棉杜仲600克（切片盐水拌炒），川续断600克（切片酒炒），上药制成蜜丸如绿豆大，每于早饭前用盐汤送服15克，每日1次，不可间断，孕妇素怯者，须两料方可。"

《景岳全书》当归地黄饮："治肾虚腰膝疼痛。当归10~15克，熟地15~25克，山药10克，杜仲10克，牛膝7.5克，山茱萸5克，炙甘草8分，水2盅煎至8分，食前服，每日1剂。"

《世医得效方》熟地黄汤："治产后虚渴不止，少气脚弱，眼昏头眩，饮食无味。熟干地黄50克，人参150克，麦冬150克（去心），瓜蒌根200克，甘草25克。上药锉散，每于食前煎服20克，煎时用水2盏，加糯米1摄，生姜3片，枣3枚。每日2次。"

《产育宝庆集》地黄膏子："治妇人本脏血气衰乏，困倦乏力。熟地黄400克，净蜜900克，将熟地为末，同蜜熬成膏，再制成丸药，如梧桐子大，每服40~50丸，温酒或米汤送下，每日2次，或作膏子酒化服，不饮酒者，白汤亦可。"

● 百合：百合之名始见于《神农本草经》。因其鳞茎由鳞瓣数十片相合而成，故名百合。别名：重箱、百合蒜、蒜脑暑、摩罗、菜百合、强瞿、韭番、夜合、玉手炉、川百合、白百合、野百合、杜百合、山百合、牙合、龙牙合、苏合。中医认为，百合性平，味甘微苦；有滋阴清热，清心安神，补中益气，滋肺止咳，补脑抗衰功效。适用于肺热，阴虚肺燥而致的咳嗽：咳嗽痰黄，口渴咽喉痛，或干咳无痰，或痰少而黏，不易咳出，甚至会胸痛，咯血时服用猪肺炖百合有效。百合还治癌症，病后内热，心神不安，虚烦惊悸，失眠多梦，脚气水肿。《神农本草经》："主邪气腹胀、心痛。利大小便，补中益气。"《名医别录》："除浮肿胪胀，痞满，寒热，通身疼痛，及乳难，喉痹，止涕泪。"《药性论》："除心下急、满、痛，治脚气，热咳逆。"《食疗本草》："主心急黄。"《日华子本草》："安心，定胆，益志，养五脏。治癫邪啼泣，狂叫，惊悸，杀蛊毒气，㿈乳痈，发背及诸疮肿，并治产后血狂运。"《本草衍义》："治伤寒坏后百合病。"《本草蒙荃》："除时疫咳逆。"《医学入门》："治肺痿，肺痈。"《本草纲目拾遗》："清痰火，补虚损。"《上海常用中草药》："治肺热咳嗽，干咳久咳，热病后虚热，烦躁不安。"《本草汇言》："养肺气，润脾燥。治肺热咳嗽，骨蒸寒热，脾火燥结，大肠干涩。"《本经逢原》："中气虚寒：二便滑泄者忌之。"《本草求真》："初嗽不宜遽用。"百合主要用于阴虚之慢性咳嗽，而不能用于一般的风寒咳嗽。《品汇精要》："百合，蒸熟用。"百合忌猪肉（引起中毒）同食。

煎服 6~12 克。外感风寒、风热咳嗽、脾胃虚寒便溏者不宜使用。

现代研究认为，百合含有多糖对致有丝分裂原美洲商陆有丝分裂原，脂多糖的有丝分裂，反应有促进增强作用；防止环磷酰胺所致的白细胞减少症；促进单核细胞的吞噬功能；有明显抗癌作用；含有黏液质和维生素，对皮肤的新陈代谢有益，具有美容、养颜的作用；百合还含有秋水仙碱、蛋白质、淀粉、脂肪、粗纤维、果胶、磷、钙、铁、维生素 B_1、维生素 B_2、维生素 C、胡萝卜素等，对激素所致的肾上腺皮质功能衰竭有保护作用；增加戊巴妥纳睡眠时及阈下剂量的睡眠率；镇咳，平喘，祛痰，镇静催眠，抗疲劳，耐缺氧，升高外周血白细胞，保护胃黏膜和抑制迟发型过敏反应作用。

《中华人民共和国药典》百合固金丸："养阴润肺，化痰止咳。用于肺肾阴虚，燥咳少痰，痰中带血，咽干喉痛。百合 100 克，地黄 200 克，熟地黄 300 克，麦冬 150 克，玄参 80 克，川贝母 100 克，当归 100 克，白芍 100 克，桔梗 80 克，甘草 100 克，制成大蜜丸，每丸 9 克。口服，每次 1 丸，每日 2

次。"

《古今医统》百合丸："治失音不语。百合、百药煎、杏仁（去皮，尖）、诃子、薏苡仁各等分。上为末，鸡子清和丸弹子大。临卧噙化1丸。"

● 红景天："别名朵都尔，为景天科植物红景天或高山红景天小根及根茎。中医认为，红景天性寒，味甘；有健脾益气，清肺止咳，活血化瘀，安神益智功效。用于气虚体弱，病后畏寒，气短乏力，疲劳过度，肺热咳嗽，咯血，跌打损伤，神经功能失调，低血压。《西藏常用中草药》："活血止血，清肺止咳，解热。治咳血，咯血，肺炎咳嗽，妇女白带等症。外用治跌打损伤，烫火伤。"煎服6~10克。

现代研究认为，红景天含蛋白质、脂肪、甾醇、酚类、苷类、蜡、黄酮类、红景天苷、苷原酪醇、草酸、柠檬酸、苹果酸、五倍子酸、琥珀酸、多种矿物元素，多种维生素和挥发油，超氧化物歧化酶（SOD）蕴藏丰富，能增强机体的耐力，具有抗疲劳作用；抗氧化，抑制过氧化脂质的生成，降低脑、肝、心肌和血清中过氧化脂质水平，增强细胞内过氧化氢酶的活性，抑制细胞内脂褐素的生成，减少活性氧的形成，提高消除自由基的能力，抑制自由基对生物膜的损害，具有抗衰老的作用；兴奋肠道平滑肌，并调节其运动；调节肾上腺皮质的功能，使垂体-肾上腺皮质系统功能紊乱转为正常；促进卵子的形成和为受精卵着床创造条件；阻止能量代谢紊乱，使已衰竭的肌肉恢复原来的代谢活动，提高核糖核酸的含量和促进三磷酸腺苷的合成；红景天苷能有效地提高T淋巴细胞转化率和吞噬细胞能力，增强免疫力，抑制肿瘤生长，使白细胞升高，抵抗微波辐射，减轻化疗、放疗的副作用；强心，增加冠状动脉血流量，降低机体氧耗量，加大动脉氧压差，提高氧的利用率；阻止病毒颗粒的吸附，保护细胞不受病毒的损害；防止缺氧时血液流变发生"黏、浓、聚"变化形成血栓，还可用于妇女月经不调、崩漏、白带，外用止血消肿；养颜护肤；提升阳气，清音利喉，本品泡水常服可消除慢性咽炎；有效地清除人的紧张情绪，调节中枢神经，改善睡眠及烦躁亢奋或抑郁状态；能有效地解除平滑肌痉挛和调节肠道平滑肌运动，对哮喘、气管炎、痰多、便秘有明显的作用；能够驱风、抗寒、消除疼痛，尤其对关节肿胀有明显的消肿和抑制作用。

● 当归：别名干归、马尾当归、秦归、马尾归、立归、西当归、粉当归、汶当归、岷当归、云当归、泰归、干白、干归，为伞形科植物当归的干燥根。中医认为，当归性温，味甘辛；有补血活血，调经止痛，润肤降脂，强肝保肺，润肠通便功效。主治妇科疾病：血虚萎黄，眩晕心悸，月经不调，经闭，痛经，经期腹痛，血滞经闭，血崩，胎生诸症，子宫脱垂；肠燥便难，赤痢后重；痈疽疮疡，跌打损伤，瘀肿作痛，腹痛冷痛，风湿痹痛。《本草纲目》："古人聚妻，为嗣续也。当归调血，为女人要药，有思夫之意，故有当归之名。""治头痛，心腹诸痛，润肠胃筋骨皮肤。治痈疽，排脓止痛，和血补血。"《神农本草经》："主咳逆上气，温疟寒热洗洗在皮肤中，妇人漏下，绝子，诸恶疮疡金疮，煮饮之。"《名医别录》："温中止痛，除客血内塞，中风痉，汗不出，湿痹，中恶客气、虚冷，补五藏，生肌肉。"《药性论》："止呕逆，虚劳寒热，破宿血，主女子崩中，下肠胃冷，补诸不足，止痢腹痛。单煮饮汁，治温疟，主女人沥血腰痛，疗齿疼痛不可忍。患人虚冷加而用之。"《日华子本草》："治一切风，一切血，补一切劳，破恶血，养新血及主症癖。"《珍珠囊》："头破血，身行血，尾止血。（《汤液本草》引作头止血，身和血，梢破血）"。李杲："当归梢，主症癖，破恶血，并产后恶血上冲，去诸疮疡肿结，治金疮恶血，温中润燥止痛。"王好古："主痿躄嗜卧，足下热而痛。冲脉为病，气逆里急；带脉为病，腹痛，腰溶溶如坐水中。"《本草蒙荃》："逐跌打血凝，并热痢括疼滞住肠胃内。"《本草从新》："治浑身肿胀，血脉不和，阴分不足，安生胎，堕死胎。"《本草备要》："血虚能补，血枯能润。"《本草经集注》："恶䕡茹。畏菖蒲、海藻、牡蒙。"《药对》："恶湿面。畏生姜。"《本草经疏》："肠胃薄弱，泄泻溏薄及一切脾胃病恶食，不思食及食不消，并禁用之，即在产后胎前亦不得入。"《本草汇言》："风寒未清，恶寒发热，表证外见者，禁用之。"《雷公炮炙论》："凡使当归：先去尘并头尖硬处一分已来，酒浸一宿。"当归忌：汤面（药性不协调）。

现代研究认为，当归含有阿魏酸钠可治疗血栓闭塞性脉管炎及抑制血小板聚集；含有中性油，总酸能提高白细胞功能，增强机体免疫力；含有多糖能防治急性放射病，增强造血细胞功能；含有藁本内酯能松弛平滑肌，其有平喘、解痉，抑制中枢神经作用；含有酸性油有抑菌作用；含有水溶性成分有极强的抑制酪氨酸酶活性作用，还能兴奋子宫肌而使收缩加强，而其挥发油则抑制子宫肌而使子宫弛缓；茎叶油有镇痛作用。尚含有倍半萜烯类，对一聚伞花素、蔗糖、丁三酸、多种维生素、多种矿物元素、多种氨基酸及多种营养成分，能提高血红蛋白含量和血红细胞数量，从而起到补血作用；缓解外调血管平滑肌痉挛，增加血流量；调节血压，其挥发成分可使血压升高，非挥发成分可使血压下降；保护肝脏，降低干细胞膜受损伤，防止肝糖原降低，恢复肝功能；扩张冠状动脉，改善心肌代谢，抗心律失常，降低心肌耗氧量，提高心脏功能；利尿，改善肾功能，促进肾小管病变的恢复，能抑制某些肿瘤生长以及体外抗菌作用；降低血清胆固醇，降低血小板聚集，抗血栓形成；促进胃肠蠕动，治疗便秘有特效；改善肺功能，平喘；抑制多种杆菌，防治病菌感染；营养皮肤，防止皮肤粗糙，雀斑；滋润头发，促进头发生长；降血压，降血脂，抗变态反应，抗氧化，抗贫血，抗肿瘤，抗辐射损伤，抗脂质过氧化、消除自由基；防止维生素 E 缺乏。当归水提物能降低血管通透性，能抑制血小板致炎物质，如 5-TH 的释放，有镇痛作用，其挥发油有镇静作用。当归中含有的正 T 烯酰内脂，可松弛支气管平滑肌，对抗组胺、乙酰胆碱引起的支气管哮喘，有显著平喘作用。

煎服 6~15 克。本品质润，能助湿滑肠，凡湿盛中满，大便泄泻者慎用。妇女崩漏者慎用。

《正体类要》八珍汤：本方驻颜美容，主治气血两虚，面色苍白无华。当归 10 克（酒拌），川芎 5 克，白芍 8 克，熟地黄 15 克（酒拌），人参 3 克，白术 10 克（炒），茯苓 8 克，炙甘草 5 克。清水 2 盅，加生姜 3 片，大枣 2 枚，煎至 8 分，食前服。

《清宫秘方大全》百龄丸：本方美容养颜，皱纹消退。陈皮、当归、白芍、枳壳、党参各 100 克，丹皮、川贝、泽泻、鹿角各 50 克，白术、茯苓、香附各 200 克，马前子（即马钱子）25 克，甘草 50 克。共研细末，炼蜜和丸（重 15 克）。成人每服 2 丸，用白开水送服。

《三因极一病证方论》卫生汤：润泽容色，祛皱纹。当归、白芍各 200 克，黄氏 400 克，炙甘草 50 克。锉散。每服 20 克，水煎服。

《儒门事亲》当归散："治血崩：当归 50 克，龙骨 100 克（炒，赤），香附子 15 克（炒），棕毛灰 25 克。上为末，米饮调 15~20 克，空心服。"

《医略六书》当归蒲延散："治血瘕痛胀，脉滞涩者：当归 150 克，桂心 75 克，白芍 75 克（酒炒），蒲黄 100 克（炒），血竭 150 克，延胡索 75 克。为散，酒煎 15 克，去渣温服。"

《正体类要》八珍汤：本品驻颜美容，主治气血两虚，面色苍白无华。当归 10 克（酒拌），川芎 5 克，白芍药 8 克，熟地黄 15 克（酒拌），人参 3 克，白术 10 克（炒），茯苓 8 克，炙甘草 5 克。清水 2 盅，加生姜 3 片，大枣 2 枚，煎至 8 分，食前服。

《圣惠方》当归丸："治妇人带下五色，腹痛，羸瘦，食少：当归 50 克（锉，微炒），鳖甲 50 克（涂醋炙微黄，去裙襕），川大黄 50 克（锉碎，微炒），白术 1.5 克，胡椒 25 克，诃藜勒皮 1.5 克，槟榔 1.5 克，枳壳 1.5 克

（麸炒微黄去瓤），荜芨 25 克。上件药捣罗为末，炼蜜和捣三二百杵，丸如梧桐子大，每于食前以温酒下三十丸。"

《金匮要略》当归芍药散："治妇人怀娠，腹中疗痛：当归 150 克，芍药500 克，茯苓 200 克，白术 200 克，泽泻 250 克，川芎 250 克（'250 克'一作'150 克'）。上杵为散，取方寸匕，酒和，日三服。"

《金匮要略》当归苦参丸："治妊娠小便难，饮食如故：当归、贝母、苦参各 200 克。三味末之，炼蜜丸如小豆大，饮服 3 丸，加至 10 丸。"

《圣济总录》安胎饮："治妊娠胎动不安，腰腹疼痛：当归 25 克（锉），葱白 0.5 克（细切）。上二味，先以水三盏，煎至二盏，入好酒一盏，更煎数沸，去滓，分作三服。"

《圣惠方》当归散："治产后败血不散，结聚成块（俗称儿枕），疼痛发歇不可忍：当归 50 克（锉，微炒），鬼箭羽 50 克，红蓝花 50 克。上药捣筛为散，每服 15 克，以酒一中盏，煎至六分，去滓，不计时候，温服。"

《金匮要略》当归生姜羊肉汤："治产后腹中疗痛，并腹中寒疝虚劳不足：当归 150 克，生姜 500 克，羊肉 500 克。上三味，以水八升，煮取三升，温服七合，日三服。"

《圣济总录》："治大便不通：当归、白芷等分为末，每服 10 克，米汤下。"

《圣济总录》当归散："治血痢里急后重，肠中疼痛：当归 1.5 克（锉，微炒），黄连 50 克（去须，微炒），龙骨 100 克。上三株，捣罗为细散，每服10 克，粥饮调下，不拘时候，日二。"

《兰室秘藏》当归六黄汤："治盗汗：当归、生地黄、熟地黄、黄檗、黄芩、黄连各等分，黄芪加一倍。上为粗末，每服 25 克，水二盏，煎至一盏，食前服，小儿减半服之。"

《素问·病机保命集》当归散："治诸疮肿，已破末破，焮肿甚：当归、黄耆、栝楼、木香、黄连为粗末，煎 50 克。"

《奇效良方》当归散："治附骨痛及一切恶疮：当归 25 克，甘草 50 克，山栀子 12 枚，木鳖子 1 枚（去皮）。上为细末，每服 15 克，冷酒调服。"

《增补万病回春》涌泉散："养血催乳。用于产后乳汁不足。当归、穿山甲（醋炙）各 25 克，王不留行、天花粉、甘草各 15 克。为细末，每服 15克，猪蹄煎汤送服。"

《天津市药品标准》养血生发胶囊："养血补肾祛风生发。用于肝肾不足，血虚风燥所致的脱发、头皮发痒、头屑增多，或头发油腻秽浊，或病后，产后脱发等。熟地黄、当归、川芎、何首乌、木瓜。制成胶囊剂，每粒0.5克。宜持续服用2~3个月。脾虚湿盛，腹满便溏者慎用。"

《济生方》养肝丸："补血养肝明目。治肝血不足，眼目昏花，或生目多泪，久视无力。当归（酒浸）、车前子（酒蒸）、防风、白芍药、蕤仁、熟地黄（酒蒸）、川芎、楮实子各等分。为细末，炼蜜为丸，梧桐子大。每服70丸，不拘时服。"

《新方八阵》通瘀煎："行气活血，通经止痛。治妇人气滞血瘀，月经不畅，腹痛拒按，及产后瘀血腹痛。当归尾15~25克，山楂、香附、炒红花各10克，乌药5~10克，青皮、泽泻各7.5克，木香3.5克。水煎，加酒，食前服。"

《医学衷中参西录》活络效灵丹："行气活血逐瘀。治气血凝滞，痃癖癥瘕积聚，心腹疼痛，腿疼臂疼，内外疮疡，及风湿痹痛，跌打瘀肿。当归、丹参、生乳香、生没药各25克。水煎服；或为细末，1剂分作4次服，温酒送下。"

《医学启源》当归润燥汤："补血润肠通便。治血虚肠燥便秘。升麻、当归各50克，生地黄100克，熟地黄、大黄、桃仁、麻仁、甘草各5克，红花2.5克，先煎诸药取汁、麻仁研如泥后，再煎服。"

《妇科玉尺》调经汤："理气解郁，活血调经。主妇人瘀积经闭。当归、延胡索、白术各10克，香附、白芍药、生地黄各5克，川芎、陈皮、牡丹皮各4克，甘草3克，益母草15克。水煎，经来日空腹服。"

《普济本事方》佛手散："化瘀安胎。主治妊娠伤胎，腹痛下血，血色紫黑挟块。服后活胎，能安死胎，能下。当归300克，川芎200克。研为散，每服10克，水煎加酒服。"

《伤科大成》活血止痛汤："活血消肿止痛。治损伤瘀血，红肿疼痛。当归、苏木末、落得打各10克，川芎3克，红花2.5克，乳香、没药、三七、炒赤芍药、陈皮各5克，地鳖虫、紫荆藤各15克。水，酒各半煎服。"

● 决明子：别名马蹄子、羊明、羊角、还瞳子、羊角豆、野青豆、蓝豆、狗屎豆、羊角豆、假绿豆、草决明、千里光、芹决、羊尾豆、夜拉子、猪骨明，为豆科植物决明的成熟果实。中医认为，决明子性凉，味苦甘；有清肝明目，润肠通便功效。用于目赤涩痛，羞明多泪，头痛晕眩，青盲、雀目、白内障、急性结膜炎，肝炎，肝硬化腹水，以及高血脂，高血压，肠燥便秘。《神农本草经》："治青盲目淫，肤赤白膜，眼赤痛泪出，久服益精光。"《名医别录》："疗唇口青。"《药性论》："利五脏，除肝家热。"《日华子本草》：“助肝气，益精水；调末涂消肿毒，烷太阳穴治头痛，又贴脑心止鼻衄，作枕胜黑豆，治头风，明目。”《本草衍义补遗》：“解蛇毒。”《本草药性备要》：“治小儿五疳，擦癣癫。”《医林纂要》：“泻邪水。”《湖南药物志》：“明目，利尿。治昏眩，脚气，水肿，肺痈，胸痹。”《本草求真》：“决明子，除风散热。凡人目泪不收，眼痛不止，多属内热内淫，以致血不上行，治当即为驱逐。按此苦能泄热，咸能软坚，甘能补血，力薄气浮，又能升散风邪，故为治目收泪止痛要药。并可作枕以治头风。但此服之太过，搜风至甚，反招风害，故必合以蒺藜、甘菊、枸杞、生地、女贞实、槐实、谷精草相为补助，则功更胜。谓之决明，即是此意。”《本草正义》：“决明子明目，乃滋益肝肾，以镇潜补阴为义，是培本之正治，非如温辛散风，寒凉降热之止为标病立法者可为，最为有利无弊。”广州部队《常用中草药手册》：“清肝明目，利水通便。治肝炎，肝硬化腹水，高血压，小儿疳积，夜盲，风热眼痛，习惯性便秘。”《本草经集注》：“耆实为之使。恶大麻子。”

现代研究认为，决明子含大黄酚、大黄素、大黄素甲醚、决明素、决明子苷、决明蒽酮和决明子内酯等，对葡萄球菌、白喉杆菌及伤寒杆菌、大肠埃希菌有抑制作用；降血脂，抑制动脉硬化；对老年性眼病十分有效，常用于防治近视眼、老花眼、结膜炎和白内障；对半乳糖所致的肝损害有保护作用；对巨噬细胞吞噬功能有增强作用；抗血小板聚集，有降血压作用，并增加血清高密度脂蛋白，改善体内胆固醇的分布情况，有利于胆固醇运转到肝脏作最后的处理；促进胃液分泌及收缩子宫；抗氧化，保肝及缓泻。其中萃取物具有抗肿瘤作用。决明子素具有 α–羟基，可与金属素合成络合物，对金属元素吸收有影响。但孕妇不能长期饮用决明子茶，会引发月经不规律，子宫内膜不正常，从而诱发早产。

煎服 9~15 克。血虚眩晕及长期便溏腹泻者忌食；决明子不宜久煎。

《圣惠方》治雀目：“决明子 100 克，地肤子 50 克。上药，捣细罗为散。每于食后，以清粥饮调下 5 克。”

《圣惠方》决明子散：“治眼补肝，除暗明目。决明子一升，蔓荆子一升（用好酒五升，煮酒尽，曝干）。上药，捣细罗为散。每服以温水调下 10 克，食后及临卧服。”

《河北中药手册》：“治急性结膜炎：决明子、菊花各 15 克，蔓荆子、木贼各 10 克，水煎服。”

《江西草药》：“治高血压：决明子 25 克，炒黄，水煎代茶饮。”“治小儿疳积：草决明子 15 克，研末，鸡肝 1 具，捣烂，白酒少许，调和成饼，蒸熟服。"

《博济方》决明散："清肝明目。治青盲眼。石决明、草决明、青葙子、井泉石、蛇蜕、细辛、甘草各等分（研为散），猪肝1具。用竹刀将猪肝竖切开缝，掺入药末50克，麻线扎紧，浓米泔水煮，加青竹叶、枸杞根各1把，黑豆3合，同煮熟食之。"

《新医学杂志》决明茶："降压降脂。用于防治高脂血症及高血压，血管硬化。将决明子中杂质去除，用微火翻炒，闻响声后频频铲动，炒至嫩黄色为度。每次取5~10克放置杯中，用开水冲浸成茶，频饮。观察100例高胆固醇症患者，胆固醇的平均值由治前246.9毫克%，降至153.7毫克%，平均下降87.9毫克%，总有效率达98%。"

《辽宁中医杂志》决明子茶："治慢性便秘。草决明20克，放置茶杯内，以白开水冲浸，如泡茶一样，20分钟后，水渐成淡黄色，香气四溢，即可饮用。长期饮用，可预防便秘。"

《辽宁中医杂志》治习惯性便秘："炒决明子10~15克，蜂蜜20~30克。先将决明子打碎，水煎10分钟左右，冲入蜂蜜中搅拌，每晚1剂，或早、晚分服。其治16例，治愈12例，有效4例。"

● 远志：别名远志筒、远志肉、远志棍、苦远志，为远志科植物细叶远志的根。中医认为，远志性温，味苦辛；有宁心安神，止咳化痰，消散痈肿功效。用于失眠健忘，神志恍惚，惊悸怔忡，癫痫惊狂，咳嗽痰多，乳房肿痛，痈疽疮肿，梦遗。《救荒本草》："苗名小草。掘取根，换水煮，浸淘去苦味，去心，再换水煮极热食之，不去心令人心闷。"《神农本草经》："主咳逆伤中，补不足，除邪气，利九窍，益智慧，耳目聪明，不忘，强志倍力。"《本草经集注》："杀天雄，附子毒。"《名医别录》："定心气，止惊悸，益精，去心下膈气，皮肤中热，面目黄。"《药性论》："治心神健忘，坚壮阳道，主梦邪。"《日华子本草》："主膈气惊魇，长肌肉，助筋骨，妇人血噤失音，小儿客忤。"王好古："治肾积奔豚。"《本草纲目》："治一切痈疽。"《滇南本草》："养心血，镇惊，宁心，散痰涎。疗五痫角弓反张，惊搐，口吐痰涎，手足战摇，不省人事，缩小便，治赤白浊，膏淋，滑精不禁。"《本草再新》："行气散郁，并善豁痰。"《本草经集注》："得茯苓、冬葵子、龙骨良。畏真珠、藜芦、蜚蠊、齐蛤。"《药性论》："畏蛴螬。"《雷公炮炙论》："凡使远志，先须去心，若不去心，服之令人闷。去心了，用熟甘草汤浸一宿，漉出，曝干用之。"《得配本草》："（远志）米泔水浸，槌碎，去心用。"

现代研究认为，远志含有植物皂甙会刺激胃黏膜，反射性地增强呼吸道分泌，使滞留在管内的黏度稀释，易于咳出；含有皂甙有溶解红细胞的作用。远志还含有脂肪酸、树脂、生物碱、果糖等，对痢疾杆菌、伤寒杆菌及结核杆菌均有抑制作用；改善记忆障碍；兴奋子宫，使已孕或未孕子宫收缩增强，肌张力增加；还能镇静，催眠；抗惊厥，抗突变，抗癌；降压，利尿。

煎服 3~9 克，心肾有火，阴虚阳亢，消化道溃疡及胃炎者忌服。

《医心方》开心聪明不忘方："补心益智。适用于心动不安，失眠，健忘。远志 150 克，茯苓 60 克，石菖蒲 150 克。上药加工成细末，每日早、中、晚各 1 次，每次空腹用开水冲服 3~5 克。"

● 杜仲：别名思仙、思仲、木棉，石思仙、扯丝皮、丝连皮、丝棉皮、玉丝皮、木棉、丝楝树皮，为杜科植物杜仲的树皮。中医认为，杜仲性温，味甘微辛；有补肝肾，壮腰膝，强筋骨，安胎功效。用于老年人肾虚腰痛，筋骨无力，下肢萎软，阳痿早泄，小便余沥，妊娠漏血，胎漏欲坠，肾虚胎动不安，习惯性流产，阴下湿痒，小儿麻痹后遗症，小儿行走迟，两下肢无力，头晕目眩，高血压。《神农本草经》："主腰脊痛，补中益精气，坚筋骨，强志，除阴下痒湿，小便余沥。"《药性论》："治肾冷臀腰痛，腰病人虚而身强直，风也。腰不利加而用之。"《日华子本草》："治肾劳，腰脊挛。入药炙用。"王好古："润肝燥，补肝经风虚。"《本草正》："止小水梦遗，暖子宫，安胎气。"《玉楸药解》："益肝肾，养筋骨，去关节湿淫。治腰膝酸痛，腿足拘挛。"《本草再新》："充筋力，强阳道。"《本草求真》："杜仲，入肝而补肾，子能令母实也，且性辛温，能除阴痒，去囊湿，痿痹瘫软必需，脚气疼痛必用，胎滑梦遗切要。若使遗精有痛，用此益见精脱不已，以其气味辛温，能助肝肾旺气也。"《本草经集注》："恶蛇皮、元参。"《本草经疏》："肾虚火炽者不宜用。即用当与黄柏、知母同入。"《得配本草》："内热，精血燥二者禁用。"《雷公炮炙论》："凡使杜仲，先须削去粗皮，用酥，蜜炙之。凡修事 500 克，酥 100 克，蜜 150 克，二味相和令一处用。"《本草述钩元》："杜仲，用酒炒断丝。"

现代研究认为，杜仲叶与皮的化学成分基本一致，具有同等功效。杜仲的叶、皮都含有杜仲胶、树脂、生物碱、桃叶珊瑚苷、黄酮、松脂素二糖苷、丁香素二糖苷、中脂素二糖苷、京尼平苷及京尼平苷酸等，这些成分增强巨噬细胞的吞噬功能，对抗氢化可的松的免疫抑制作用；可使血浆 CAMP 和 CGMP 的含量升高，对环核苷酸代谢有调节作用；调节细胞免疫水平；兴奋垂体-肾上腺皮质系统，增强肾上腺皮质功能；抑制中枢神经系统，保持安定，利于睡眠；扩张血管，增加冠状脉流量；促进胆汁分泌，助消化；抑制子宫兴奋而安胎；抑制机体过氧化，提高抗氧化酶活性，促进皮肤、骨骼和肌肉中蛋白质胶原的合成和分解，防止功能衰老；抑制金黄色葡萄球菌，福氏痢疾杆菌，大肠埃希菌，铜绿假单胞菌，炭疽杆菌，肺炎球菌，乙型溶血性链球菌；降低胆固醇的吸收，防治心血管病；并具有性激素和促进性激素样作用，促进性腺发育；强心，增强耐缺氧能力；缩短出血时间；降血压，镇静、利尿，镇痛，抗炎，抗菌以及耐低温，抗疲劳。

煎服 8~14 克，炒用比生用疗效更佳。由于杜仲属于温补之药，因而阴虚火盛者忌用。对杜仲过敏者禁用。

日本科学家发现杜仲叶中含有的有机化合物达 200 多种，绿原酸的含量是杜仲皮的十几倍，因此得出结论，杜仲叶在治疗高血压方面的效果比杜仲皮好。

《御药院方》胡桃丸：本方祛皱，紧致皮肤。补骨脂、杜仲、萆薢各 200 克。前三味捣罗为末，入胡桃膏和匀，再捣丸如梧桐子大。每服 30~40 丸，空腹温酒或盐汤下。

《箧中方》："治腰痛：杜仲 500 克，五味子半升。二物切，分 14 剂，每夜取一剂，以水一升，浸至五更，煎三分减一，漏取汁，从羊肾三四枚，切下之，再煮三五沸，如作羹法，空腹顿服。用盐，醋和之亦得。"

《活人心统》思仙散："治腰痛：川木香 5 克，八角茴香 15 克，杜仲 15 克（炒去丝）。水一盅，酒半盅，煎服，渣再煎。"

《圣惠方》杜仲散："治卒腰痛不可忍，杜仲 100 克（去粗皮，炙微黄，锉），丹参 100 克，芎藭 75 克，桂心 50 克，细辛 1.5 克。上药捣粗罗为散，每服 20 克，以水一中盏，煎至五分，去滓，次入酒 1 克，更煎三两沸，每于食前温服。"

《圣惠方》杜仲饮："治中风筋脉挛急，腰膝无力：杜仲（去粗皮，炙，锉）75 克，芎藭 50 克，附子 25 克（炮裂，去皮、脐）。上三味，锉如麻豆，每服 25 克，水二盏，入生姜一枣大，拍碎，煎至一盏，去滓，空心温服。如人行五里再服，汗出慎外风。"

《本草汇言》："治小便余沥，阴下湿痒：川杜仲 200 克，小茴香 100 克（俱盐，酒浸炒），车前子 75 克，山茱萸 150 克（俱炒）。共为末，炼蜜丸，梧桐子大。每早服 25 克，白汤下。"

《简便单方》："治频惯堕胎或三四月即堕者：于两月前，以杜仲 400 克（糯米煎汤，浸透，炒去丝），续断 100 克（酒浸，烙干，为末），以山药 250~

300克为末，作糊丸，梧子大。每服50丸，空心米饮下。"

《贵州草药》："治高血压：杜仲、夏枯草各25克，红牛膝15克，水芹菜150克，鱼鳅串50克。煨水服，1日3次。"

《陕西中草药》："治高血压：杜仲、黄芩、夏枯草各25克。水煎服。"

《证治准绳》杜仲丸："补肾安胎。治妊娠二三个月，胎动不安，防其欲坠。杜仲（姜汁炒）、续断（酒浸）各100克。为细末，枣肉为丸，梧桐子大。每服70丸，米汤送下。"

《寿亲养老新书》还少丹："补肾宁心，益养血。治肝肾虚羸，气血不足。肉苁蓉（酒浸一宿，切，焙干）、石菖蒲、巴戟（去心）、楮实子、杜仲（去粗皮，姜汁并酒涂）、茴香各30克，山药、牛膝（酒浸一宿，焙干）各30克，远志、山茱萸、白茯苓、五味子各30克，枸杞子、熟干地黄各15克，上药共为末，入枣肉为丸，如梧桐子大。每服30丸温酒或盐汤下。日三，空食前服用。"

《太平惠民和剂局方》青娥丸："治肾虚腰痛如折，起坐艰难，俯仰不利，转侧不能。胡桃肉30个（去皮膜，另研如泥）、补骨脂（用芝麻同炒熟）、杜仲（去粗皮，麸炒黄色，去麸，用酒洒匀炒）各300克。为细末，酒糊为丸，梧桐子大。每服30~50丸，空腹食前温酒或盐汤送下。"

《素问·病机气宜保命集》金刚丸："补肾强筋骨。治肾虚肾痿。萆薢、杜仲（炒去丝）、肉苁蓉（酒浸）、菟丝子（酒浸）各等分。为细末，酒煮猪腰子，同捣为丸，梧桐子大，每服50~70丸，空腹酒送下。"

《千金翼方》杜仲酒："补肾强腰，祛风散寒。治腕伤腰痛。杜仲400克，干地黄200克，当归、川芎、乌头各100克，酒1斗2升。浸饮之。"

《千金要方》杜仲散："益气补虚强腰壮阳。治男子羸瘦短气，五脏痿损，腰痛，不能房室。杜仲、蛇床子、干地黄各3克，木防己2.5克，菟丝子10分，肉苁蓉8分，巴戟天3.5克，远志4克。研为散。每服方寸匕，食前温酒送服，每日3次。"

《杂病证治新义》天麻钩藤饮："平肝息风，滋阴清热。主治肝阳上亢，肝风内动所致的头痛眩晕、耳鸣眼花、震颤、失眠，甚或半身不遂等症。天麻15克，钩藤25克，石决明40克（先煎），山栀子15克，黄芩15克，川牛膝20克，杜仲15克，益母草20克，桑寄生40克，夜交藤25克，茯苓25克。水煎服。"

《百病家庭饮食疗法大全》杜仲茶："补肝肾，强腰膝，降压。主治高血压合并心脏病。杜仲叶6克，高级绿茶6克。用开水冲泡加盖5分钟后即可饮用，每日1次。"

● 芡实：别名鸡头米、鸡头莲、鸡头荷、假莲藕、刺莲、蓬实、鸡咀莲、肇实、刺莲藕、雁头、芡子、鸡头苞、水鸡头、苏芡、卵菱、南芡实、北芡实、鸡头果、鸡头实、鸡头苞、刀芡实、苏黄、黄实，为睡莲科植物芡的成熟种仁。中医认为，芡实性平，味甘涩；有补中益气，健脾止泻，开胃止渴，益肾涩精，除湿止带功效。用于脾虚泄泻，肾虚不固，四肢乏力，梦遗滑精，早泄，尿频，遗尿，便溏，慢性肠炎，五更泻，妇女脾虚带下以及湿热带下，清除尿蛋白，治疗肾小球肾炎。《神农本草经》："主湿痹腰脊膝痛，补中除暴疾，益精气，强志，令耳目聪明。"《本草正》："健脾养阴止渴，补肾固精，延年耐老。"《日华子本草》："开胃助气。"《本草纲目》："止渴益肾。治小便不禁，遗精，白浊，带下。"《本草从新》："补脾固肾，助气涩精。治梦遗滑精，解暑热酒毒，疗带浊泄泻，小便不禁。"《本草求真》："功与山药相似，然山药之阴，本有过于芡实，而芡实之涩，更有甚于山药；且山药兼补肺阴，而芡实则止于脾肾而不及于肺。"《本草经百科录》："脾肾之药也。"《饮食须知》："生食过多，动风冷气，熟食过多，不益脾胃，兼难消化。小儿多食，令不长。"《随息居饮食谱》："凡外感前后，疟痢疳痔，气郁痞胀，溺赤便秘，食不运化及新产后皆忌之。"孟诜说："凡用(芡实)，蒸熟，烈日晒裂取仁，亦可舂取粉用。"

芡实含蛋白质、脂肪、糖类、烟酸、硫胺素、核黄素、尼克酸、维生素C及钙、磷、铁等微量元素，有助消化，健脾固肾。可用于治疗遗精、滑精、白带增多、慢性前列腺炎等。

煎服9~15克，大小便不利者不宜服用。

● 芡实叶：《随息居饮食谱》："治胞衣不下。"《重庆草药》："行气，和血，止血，治吐血。""妇女产后，催衣，止血，亦治吐血：芡实叶一张，烧灰和开水服或兑酒吞下。"江西《草药手册》："治胞衣不下：芡叶、荷叶各25克，水煎服。"煎服15~25克。

● 芡实茎：《本草纲目》："咸甘，平，无毒。""止烦渴，除虚热，生熟皆宜。"煎服50~100克。

● 芡实根：《重庆草药》："辛，平，无毒。""补脾益肾。治白带。""治白带并治脾胃虚弱，白浊诸症：芡实根250克，炖鸡服。"《食性本草》："主小腹结气痛。"《湖南药物志》："治无名肿毒：芡实根捣烂，敷患处。"

《中国药膳学》芡实八珍糕："健脾止泻祛湿。适用于脾虚不运，久泻不止，食少乏力，消瘦等症。芡实、茯苓、山药、白术、莲肉、薏苡仁、扁豆各 30 克，人参 8 克，米粉 500 克。诸药共为细末，与米粉合匀。每取 6 克，开水调服，加糖调味，日 2~3 次。"

《食医心鉴》芡实白果粥："健脾补肾，固涩敛精。适用于肾虚遗精，小便失禁，白带久泄等症。芡实 30 克，白果 10 枚，糯米 30 克。煮粥。日 1 次，10 天为 1 个疗程。间歇服 2~4 疗程。"

《疾病的食疗与验方》芡实黄芪煲大肠："健脾益气，升阳固脱。适用于大便溏泻，脱肛。猪大肠 1 具，芡实、黄芪各 30 克。诸味洗净，煲汤佐膳。

● 芦荟：别名卢会、讷会、象胆、奴会、劳伟、胗投、胗兜，为百合科多肉质的多年生常绿植物。中医认为，芦荟性寒，味苦，有毒；有泻热通便，清肝，杀虫功效。治热结便秘，目赤头痛，烦躁不眠，习惯性便秘，肝结实火，惊风抽搐，大便秘结，虫积腹满，小儿疳积，惊痫，妇女经闭，癣疮，痔瘘，萎缩性鼻炎，瘰疬，外用治癣疮。《药性论》："杀小儿疳蛔。主吹鼻杀脑疳，除鼻痒。"《海药本草》："主小儿诸疳热。"《开宝本草》："主热风烦闷，胸膈间热气，明目镇心，小儿癫痫惊风，疗五疳，杀三虫及痔病疮瘘，解巴豆毒。"《本草图经》："治湿痒，搔之有黄汗者；又治匿齿。"《得配本草》："散瘰疬，治惊痫，利水除肿。"《本草从新》："治肝火，镇肝风，清心热，解心烦，止渴生津，聪耳明目，消牙肿，解火毒。"《现代实用中药》："为峻下药，有健胃通经之效。"《本草经疏》："凡儿脾胃虚寒作泻及不思食者禁用。"

芦荟的化学成分：

（1）蒽醌类化合物，主要有芦荟素、芦荟、大黄素、芦荟宁、芦荟苦素、大黄酚、芦荟皂角苷、芦荟树脂等 40 余种蒽类和醌类物质，它们都极易氧化变成黑褐色。

（2）单糖和多糖类。单糖：蔗糖、果糖、葡萄糖、甘露糖、阿拉伯糖、木糖、半乳糖、糠醛糖。多糖：主要是甘露聚糖，具有抗病毒、抗溃疡、抗癌、抗衰老等生理功能。

（3）氨基酸含有 16 种之多，主要分布在外皮中，其中有 8 种人体自身不能合成的必需氨基酸，它们是苏氨酸、色氨酸、苯丙氨酸、蛋氨酸、亮氨酸、异亮氨酸、赖氨酸和缬氨酸。

（4）脂肪酸，含有多种饱和脂肪酸和不饱和脂肪酸。

（5）矿物质含有 20 多种及微量元素，它们是钾、钠、钙、镁、铁、铅、磷、钡、锶、锰、铜、锌、钴、铬、镍、钼、锗、硼、硒、硅等，其中钙、铁、铜较为丰富。

（6）维生素。芦荟的叶皮中含有维生素 C、维生素 B_1、维生素 B_2、维生素 B_6、维生素 B_{12}、维生素 P、维生素 PP 和脂溶性的维生素 H 及维生素 A 源 β-胡萝卜素、维生素 D、维生素 K 等。

（7）酶（多肽）是一种特殊的蛋白质，是机体代谢的催化剂。芦荟叶汁中有淀粉酶、纤维素酶、超氧化物歧化酶（SOD）、过氧化氢酶、脂肪酶、氧化酶、乳酸脱氢酶、碱性磷酸酯酶、谷丙转氨酶、谷草转氨酶、缓激肽酶、蒜氨酸酶、血管紧张肽、植物凝血素等。

芦荟能抑制葡萄球菌和大肠埃希菌的生长，能促进对消化功能有益的良性乳酸杆菌生长，可减少肠内气体，减轻对消化系统的刺激，为肠道健康创造一个理想的环境，芦荟还具有抗菌、消炎，促进伤口愈合；抗辐射，抗病毒，抗过敏，抗溃疡，抗癌，抗衰老；降糖，降脂，缓泻健胃，镇静，健肤，增强免疫功能作用。

芦荟有毒，不可多用。芦荟大黄素苷刺激性强，且伴有显著腹痛和盆腔充血。内服过量，芦荟会刺激胃肠黏膜，引起消化道一系列毒性反应，会导致腹泻，严重时可引起肾炎。痔疮出血，鼻出血者勿食；脾胃虚寒，体质虚弱者，儿童慎食；女子月经期间及孕妇忌食。芦荟表皮内含有会导致腹泻的芦荟大黄素，食用去表皮。煎服外用 1~2 克。

《实用抗癌药膳》芦荟酒："清热解毒，活血消癥，防治癌症。芦荟叶（长 30 厘米）1 片，砂糖少许，苹果 1 个，白酒（3~5 度）60 毫升。将芦荟叶切成薄片，用酒浸泡 3~5 天后饮用。"

《芦荟功效与治疗》："治青春期面疱、斑、雀斑：取芦荟适量绞汁，加 2~3 滴水稀释后涂擦患部；或将叶肉的胶质面，贴于患处。

● 何首乌：别名陈知白、桃柳藤、妨真藤、黄花乌根、小独根、地精、赤敛、山翁、九真藤、山精、夜交藤根、赤首乌、山首乌、马肝石、红内消、首乌，为蓼科植物何首乌的块根。中医认为，何首乌性微温，味苦甘涩；制首乌补肝肾益精血：用于肝肾阴亏，头昏眼花，发须早白，腰膝酸软；生首乌解毒，截疟，润肠：用于瘰疬痈，风疹瘙痒，润肠通便，久疟，遗精，崩带，痔疾，慢性肝炎，肠燥便秘，高脂血症。《何首乌录》："主五痔，腰腹中宿疾冷气，长筋益精，能食，益气力，长肤，延年。"《日华子本草》："治一切冷气及肠风。"《开宝本草》："主瘰疬，消痈肿，疗头面风疮，五痔，止心痛，益血气，黑髭鬓，悦颜色，亦治妇人产后及带下诸疾。"王好古："泻肝风。"《滇南本草》："涩精，坚肾气，止赤白便浊，缩小便，入血分，消痰毒。治赤白癜风，疮疥顽癣，皮肤瘙痒，截疟，治痰疟。"《药品化义》："益肝，敛血，滋阴。治腰膝软弱，筋骨酸痛，截虚疟，止肾泻，除崩漏，解带下。"《本草述》："治中风，头痛，行痹，鹤膝风，痫症，黄疸。"《本草再新》："补肺虚，止吐血。"《广州部队常用中草药手册》："治神经衰弱，慢性肝炎。"《江西草药》："通便，解疮毒，制熟补肝肾，益精血。"《何首乌录》："忌猪、羊肉血。"《开宝本草》："忌铁。"《医学入门》："茯苓使。忌萝卜。得牛膝则下行。"《本草纲目》："忌葱、蒜。"

现代研究认为，何首乌含有卵磷脂，有养血祛风，调节神经及内分泌，还能营养发根，刺激头发生长，促进头发黑色素的生成，使头发更黑；卵磷脂为细胞膜的重要原料，能促进细胞的新陈代谢和生长发育；其水煎液被小鼠吸收后，能使心脑细胞的脂褐素含量降低，抗衰老；含有大黄酚和淀粉——水解后，生成葡萄糖有润发作用；含有蒽醌类物质，具有降低机体胆固醇含量——减少了脂肪在血中的蓄积，从而防止动脉粥样硬化的发生；含有苯二烯，有对抗肝脏过氧化物质含量上升、血清谷丙转氨酶升高的作用，增加肝糖原的作用亦可利于对肝脏的保护；含有具导泻作用的结合蒽醌衍生物，炮制后则转变成无致泻作用的游离蒽醌，有利于通便排毒；强心，促进纤维蛋白溶解活性作用，增加冠状动脉血流量，减慢心率，保护心脏的作用是由于它能够减少谷胱甘肽的消耗；增加正常的白细胞总数，对抗泼尼松龙免疫抑制作用及所致的细胞下降作用，提高 T 淋巴细胞的功能，增强机体免疫力；延缓卵巢、子宫、睾丸衰老过程，可使性腺功能恢复；对血糖有先升后降作用；减少血液黏度和血小板聚集；抑制结核杆菌、痢疾杆菌、流感病毒；增强机体的抗寒能力；提高 DNA 修复功能；保护超氧化歧化酶（SOD），抑制单胺氧化酶（MAO）活性，保护胸腺作用。经过加工制熟的何首乌具有降血脂，降血压，降血糖，软化血管的功效。

注意事项：生品通便润肠，大便溏泻者不宜用。制首乌补力强而收涩，痰湿重者不宜用。何首乌忌铁，不宜用铁锅煎制。

用量9~25克。

《圣济总录》何首乌丸：本方润泽颜色，祛皱纹。何首乌（米泔浸一宿去黑皮焙）500克，赤芍、牛膝（酒浸一宿焙）、熟干地黄各200克。捣为细末，酒煮面糊，丸如梧桐子大。每服30丸，空腹温酒或米汤饮下。

《杨氏家藏方》交藤丸：本方艳美面容，永葆青春。何首乌（即交藤）500克，白茯苓150克，牛膝60克。上药共研细末，过筛，炼蜜为丸如梧桐子大。每服20克，日2次。

● 何首乌叶：《现代实用中药》："生叶贴肿疡。"《本草纲目》："治风疮疥癣作痒：何首乌叶煎汤洗浴。"《斗门方》："治瘰疬结核，或破或不破，下至胸前：何首乌叶捣涂之，并取何首乌根洗净，日日生嚼。"

《积善堂经验方》七宝美髯丹："乌须发，壮筋骨，固精气：赤、白何首乌各500克（米泔水浸三四日，瓷片刮去皮，用淘净黑豆二升，以沙锅木甑铺豆及首乌，重重铺盖，蒸至豆熟取出，去豆、暴干，换豆再蒸，如此九次，曝干为末），赤、白茯苓各500克（去皮，研末，以水淘去筋膜及浮者，取沉者捻块，以人乳十碗浸匀，晒干，研末），牛膝400克（去苗酒浸一日，同何首乌第七次蒸之，至第九次止，晒干），当归400克（酒浸，晒），枸杞子400克（酒浸，晒），菟丝子400克（酒浸生芽，研烂，晒），补骨脂200克（以黑芝麻炒香，并忌铁器，石臼捣为末）。炼蜜和丸弹子大150丸，每日3丸，早晨温酒下，午时姜汤下，卧时盐汤下。其余并丸梧子大，每日空心酒服100丸，久服极验。"

《经验方》："治骨软风，腰膝疼，行履不得，遍身瘙痒：首乌大而有花纹者，同牛膝（锉）各500克。以好酒一升，浸七宿，曝干，于木臼内捣末，蜜丸。每日空心食前酒下三五十丸。"

《赤水玄珠》何首乌丸："治九疟阴虚，热多寒少，以此补而截之：何首乌，为末，鳖血为丸，黄豆大，辰砂为衣，临发，五更白汤送下二丸。"

《景岳全书》何人饮："治气血俱虚，久疟不止：何首乌（自15~50克，随轻重用之），当归10~15克（大虚不必用），煨生姜三片（多寒者用15~25克）水二盅，煎八分，于发前二三时温服之。若善饮者，以酒浸一宿，次早加水一钟煎服亦妙，再煎不必用酒。"

《外科精要》何首乌散："治遍身疮肿痒痛：防风、苦参、何首乌、薄荷各等分，上为粗末，每用药25克，水、酒各一半，共用一斗六升，煎十沸，热洗，于避风处睡一觉。"

《圣惠方》何首乌丸："治劲项生瘰疬，咽喉不利：何首乌100克，昆布100克（洗去咸味），雀儿粪50克（微炒），麝香0.5克（细研）皂荚十挺（去黑皮，涂酥，炙令黄，去子）。上药，捣罗为末，入前研药一处，同研令匀，用精白羊肉500克，细切，更研相和，捣五七百杵，丸如梧桐子大。每于食后，以荆芥汤下15丸。"

《博济方》："治疥癣满身：何首乌、艾各等分，锉为末，上相度疮多少用药，并水煎令脓，盆内盛洗，甚解痛生肌。"

《圣惠方》："治大肠风毒，泻血不止：何首乌100克，捣细罗为散，每于食前，以温粥饮调下5克。"

《东医宝鉴》七仙丹："乌须黑发。治须发早白。何首乌（九蒸九晒）

200 克，人参、干地黄（酒洗）、熟地黄、麦冬、天冬、茯苓、炒茴香各 100 克。研细末，炼蜜为丸如弹子大，每服 1 丸，细嚼，好酒或盐汤下；或丸如梧桐子大，每服 50~70 丸，空腹酒送下。"

《积善堂经验方》乌发膏："补血养血，乌须黑发，抗衰延年。制何首乌、茯苓各 1 千克，当归、梅杞、菟丝子、牛膝、黑芝麻各 400 克，补骨脂 200 克。共研粗末，加水煎熬，共 3 次，过滤，合并滤液，文火浓缩，加蜂蜜适量，调匀，煎透，瓷器贮之。每服 25 克，每日 3 次，白开水送服。"

《世补斋医书》延寿丹（又名首乌延寿丹）："滋补肝肾，益精养血，治肝肾不足，精血亏虚，头晕眼花，耳鸣重听，四肢酸麻，腰膝无力，夜尿频数，须发早白。制何首乌 3.6 千克，豨莶草（蜜、酒蒸制）、桑葚子、黑芝麻、金樱子、旱莲草（熬膏）、酒菟丝子各 500 克，杜仲（蜜炙成盐制）、牛膝、女贞子、桑叶各 400 克，金银藤、生地黄各 200 克。为细末，炼蜜为丸，每服 15 克。"

《中医方剂手册新编》首乌六味汤："主治头晕耳鸣，腰酸腿软，心区隐痛。用于治疗冠心病，脑动脉硬化。何首乌 60 克，淫羊藿、女贞子各 15 克，桑寄生 24 克，仙茅 9 克，生地 30 克，水煎服。"

《滋补药酒精萃》首乌煮酒："补肝肾，养精血，清热生津，乌须发，延年益寿。适用于肝肾不足的阴虚血枯，腰膝酸痛，遗精，带下，须发早白等症。何首乌 120 克，胡麻仁 60 克，当归 60 克，生地 80 克，白酒 2500 克。胡麻仁捣烂，余药碎为粗末，共用袋盛，浸于酒中，将酒坛置文火上煮数百沸后离火，置阴凉处，7 日即成。每日早晚各服 1 次，每次饮服 10~20 毫升。药渣曝干为末，每次用药酒冲服 6 克。"

《中医方剂手册新编》冠心丸："用于冠心病肝肾阴虚者。何首乌 150 克，鳖甲、穿山甲各 90 克，玉竹、淫羊藿各 30 克。共为细末，水泛为丸，每次 9 克，每日 2 次。" "首乌六味汤：主治头晕耳鸣，腰酸腿软，心区隐痛。用于治疗冠心病，脑动脉硬化。何首乌 60 克，淫羊藿、女贞子各 15 克，桑寄生 24 克，仙茅 9 克，生地 30 克。水煎服。"

《中藏经》交藤丸："益精血，平补肝肾。何首乌、赤白芍各 500 克，白茯苓 150 克，牛膝 60 克，上药共为细末，蜂蜜为丸，如梧桐子大，酒下 20 丸。服药期间忌食猪、羊血。"

● 灵芝：别名灵芝草、仙草、菌灵芝、木灵芝、三秀、茵、芝，为多孔菌科植物紫芝或赤芝的全株。中医认为，灵芝性平，味甘，有养心安神，滋补强壮，益气除烦，补肝固肾，止咳平喘，去脂降压功效。《神农本草经》：

"主耳聋，利关节，保神，益精气，坚筋骨，好颜色。"陶弘景："疗痔。"《本草纲目》："疗虚劳。"《中国药植图鉴》："治神经衰弱，失眠，消化不良等慢性疾患。"《灵芝》："治老年性气管炎咳嗽气喘。"《本草经集注》："薯预为之使。得发良，恶恒山。畏扁青，茵陈蒿。"《药对》："得麻子仁、白瓜子、牡桂甚益人。"《杭州药植志》："治积年胃病，木灵芝2.5克，切碎，用老酒浸泡服用。"

现代研究认为，灵芝含有有机锗能显著增强人体的细胞免疫和体液免疫；含有腺嘌呤、腺嘌呤核苷、尿嘧啶、尿嘧啶核苷，是组成机体RNA、DNA的必不可少的物质，是生物遗传和信息传递的物质基础。这些物质能够诱导生成干扰素，降解乳糜微粒脂蛋白，抑制体内血小板聚集，降低血液黏稠度，改善微循环，提高血红蛋白的载氧能力，这些都有助于防止心肌梗死、脑血栓等栓塞性疾病。灵芝还含有麦解甾醇、有机酸、氨基葡萄糖、多糖类、灵芝孢子粉、灵芝酸、树脂、甘露醇、多肽、生物碱、香豆精、内脂、多酶类和多种矿物元素，对机体有多种正向调节作用；促进骨骼细胞蛋白质、核酸的合成，并加强骨髓细胞的分裂增殖；抑制脂褐质生成，增强SOD活性，防止自由基引起脂质过氧化；增强网状内皮系统的吞噬能力，促进淋巴细胞增殖反应，抑制过敏反应介质（组胺、慢反应物质）的释放；抑制肠及子宫平滑肌的收缩；抑制中枢神经系统兴奋，扩张冠状动脉，增加心肌营养血流量，促进心肌微循环，改善心肌代谢，可治疗心悸、头晕、失眠、血脂异常；降低血脂，抗动脉粥样硬化；增强呼吸系统功能，对慢性气管炎、虚劳咳嗽、哮喘有防治作用，近远期效果均好；保护肝脏，降低转氨酶，对慢性肝炎有辅助治疗作用；改善肾上腺皮质功能；降血压，止血，排毒，镇痛，健胃，消炎；抑制多种细菌，升高白细胞，提高机体免疫力；促进气管黏膜上皮修复；加速骨髓细胞分裂增殖；抗癌，抗惊厥，抗疲劳，抗衰老，抗凝血，抗血栓，降血糖，耐缺氧，抗辐射，抗氧化的要药。灵芝的有机锗含量是人参的6~8倍，尤其对延缓衰老、美容祛斑等具有良好的保健效果。灵芝子实体中提取的酸性β葡萄糖（FA）有明显抑瘤作用。

煎服4~12克，研末吞服每次2~5克，或浸酒服，或方剂配伍药膳等。外邪实热，便溏泄泻，不宜服用。

● 阿胶：别名驴皮胶、二泉胶、傅致胶、盐覆胶、盆覆腹。中医认为，阿胶性平，味甘；具有补血止血，滋阴润燥功效。用于虚热性出血症者，眩晕，心悸，心烦不眠，产后便秘，血虚便秘以及老人肠燥便秘者，妇女月经不调或产后及流产之后下血不绝者，便血尿血者，崩漏，胎漏，虚风内动，手足抽搐，肺燥咳嗽，劳嗽，劳嗽咯血，血虚萎黄者。《神农本草经》："主心腹内崩，劳极洒洒如疟状，腰腹痛，四肢酸疼，女子下血。安胎。久服益气。"《名医别录》："丈夫小腹痛，虚劳羸瘦，阴气不足，脚酸不能久立，养肝气。"《药性论》："主坚筋骨，益气止痢。"《千金要方·食治》："治大风。"孟诜："治一切风毒骨节痛，呻吟不止者，消和酒服。"《日华子本草》："治一切风，并鼻洪、止血、肠风、血痢及崩中带下。"《本草纲目》："疗吐血、衄血、血淋、尿血、肠风、下痢。女人血痛，血枯，经水不调，无子，崩中，带下，胎前产后诸疾。男女一切风病，骨节疼痛，水气水肿，虚劳咳嗽急，肺痿唾脓血，及痈疽肿毒。和血滋阴，除风润燥，化痰清肺，利小便，调大肠。"《本草元命苞》："咳脓血非此不补，续气止嗽，补血安胎，止女子崩中下血，疗瘫痪。"《药品化义》："阿胶，力补血液，能令脉络调和，血气无阻，善治崩漏带下，为安胎圣药。女子血枯，男子精少，无不奏功。"《本草纲目拾遗》："治内伤腰痛，强力伸筋，添精固肾。"《本草经集注》："得火良，畏大黄。"《药性论》："薯蓣为之使。"《本草经疏》："性黏腻，胃弱作呕吐者勿服；脾胃虚，食不消者亦忌之。"《雷公炮炙论》："凡使阿胶，先于猪脂内浸一宿，至明出，于柳木火上炙，待泡了，细碾用。"阿胶一定要用驴皮来煮制，而不能用马皮。驴性是水土三性，主收敛；马性为火性，主散。

现代研究认为，阿胶含有胶原类蛋白质，能增强血清的黏滞性，促进血液凝集，还可改善和维持体内钙的平衡，使血清钙升高，因而起到止血作用。钙盐能降低毛细血管通透性，使渗出减少，从而有消炎、消肿和抗过敏作用；阿胶含有丰富的动物胶、氮、明胶蛋白、钾、钙、铁、硫以及多种氨基酸物质，能够增强红细胞和血红蛋白数量，从而可起到促进造血、止血作用；提高巨噬细胞吞噬功能，促进淋巴细胞转化率，增强人体免疫力；改善体内钙的平衡，促进钙的吸收和钙在体内的存留，从而防止骨质疏松，骨质增生及各类骨折；对因失血而造成的休克有对抗作用；能扩张血管，尤以静脉扩张最为明显；升高血压，对抗创伤性休克；对抗病理血管通透性增加，维持有效循环血量；预防和治疗进行性肌营养障碍；抗氧化，抗辐射损伤，耐缺氧，耐寒冷，缓解疲劳，滋阴润肺，缩短凝血时间，抗肌萎，抗休克，利尿。

每次用量5~14克。宜用开水或黄酒融化服用，为汤剂时应融化冲水服用。若用其止血之功，宜用蒲黄炒制后服用；若用其润肺之效，宜用蛤粉炒制后服用。

本品性质黏腻，有碍消化，脾胃虚弱，不思饮食或感冒、咳嗽呕吐泄泻者应慎服或忌服。黄明胶为牛皮熬制而成，功似阿胶，但偏于止血。忌与萝卜，浓茶同服。

《小儿药证直诀》阿胶散，又名补肺散："治小儿肺虚，气粗喘促；阿胶75克（麸炒）、黍黏子（炒香）、甘草（炙）各12.5克，马兜铃25克（焙），杏仁7个（去皮，尖，炒），糯米50克（炒）。上为末，每服5~10克，水一盏，煎至六分，食后温服。"

《圣济总录》阿胶饮："治久咳嗽：阿胶50克（炙燥），人参100克。上二味，捣罗为散，每服15克匕，豉汤一盏，入葱白少许，同煎三沸，放温，遇嗽时呷三五呷；依前温暖，备嗽时再呷之。"

《圣惠方》："治大衄，口耳皆出血不止：阿胶25克（捣碎炒令黄燥），蒲黄50克。上药捣细罗为散，每服10克，以水一中盏，入生地黄汁二合，煎至六分，不计时候，温服。"

《千金方》："治妇人漏下不止：阿胶、鹿茸各150克，乌贼骨、当归各100克，蒲黄50克。上五味治下筛。空心酒服方寸匕，日三，夜再服。"《金匮要略》胶艾汤："治妇人有漏下者，有半产后因续下血，都不绝者，有妊娠下血者，假令妊娠腹中痛，为胞阻：芎䓖、阿胶、甘草各100克，艾叶、当归各150克，芍药200克，干地黄300克。上七味，以水五升，清晒三升，合煮取三升，去滓，内胶令消尽，温服一升，日三服，不差更作。"

《经效产宝》："治妊娠腹痛，下痢不止：黄连、石榴皮、当归各150克，阿胶100克（炙）艾75克。上，水六升，煎至二升，分为三服。忌生冷肥腻。"

《僧深集方》胶蜡汤："治产后下痢，粳米一合，蜡（如鸡子）一枚，阿胶、当归各3克，黄连5克。上五味切，以水六升半先煮米，令蟹目沸。去米内药煮，取二升，入阿胶，蜡消烊，温分三二服。"

《局方》阿胶枳壳丸："治产后虚羸，大便秘涩：阿胶（碎炒）、枳壳（浸去瓢，麸炒）各100克，滑石（研飞为衣）25克。上为末，炼蜜丸如梧桐子大。每服20丸，温水下，半日来未通再服。"

《仁斋直指方》胶蜜汤："治老人虚人大便秘涩：阿胶（炒）10克，连根葱白3片，蜜2匙，新水煎，去葱，入阿胶，蜜溶开，食前温服。"

《广济方》："治摊缓风及诸风手足不遂，腰脚无力者：驴皮胶炙令微起，先煮葱豉粥一升别贮；又以水一升，煮香豉二合，去滓，内胶更煮六七沸，胶烊如饧，顿服之；及暖吃前葱豉粥任意多少。如冷吃，令人呕逆。"

《中国药膳学》阿胶散："补血调经。适用于血虚经行后期，量少色淡，小腹空痛，身体瘦弱，面色萎黄，头晕心悸等症。阿胶 6 克，黄酒 50 毫升，阿胶用蛤粉炒研细末，以黄酒兑温水送服。"

《疾病的食疗与验方》阿胶鸡蛋羹："滋阴养血，补虚安胎。适用于胎动不安。鸡蛋 1 个，阿胶 9 克，鸡蛋去壳搅匀；阿胶溶化，倒入鸡蛋内，加清水 1 碗搅匀，蒸熟成羹，食盐调味。"

《补药和补品》："治阴虚火旺所致失眠、心烦、手足心热、口苦、苔少质红，脉细数：生牡蛎 24 克（先煎），生地 24 克，白芍 15 克，黄连 6 克，水煎取药汁，纳入阿胶 9 克烊化内服，每日 1 剂，分 2 次服。"

● 金樱子：别名灯笼果、糖刺果、螳螂果、藤勾子、黄茶瓶、小石榴、糖橘子、野石榴、金罂子、刺梨子、刺榆子、灯笼果、槟榔果、金壶瓶、蜂糖罐、黄刺果、糖果、糖罐、棠球、糖莺子、山鸡头子、山石榴。中医认为，金樱子性平，味酸涩；有固精涩肠，缩尿止带功效。用于滑精，遗精，遗尿，小便频数，脾虚泻痢，肺虚喘咳，自汗盗汗，崩漏带下，子宫下垂，脱肛。《名医别录》："止遗泄。"《蜀本草》："治脾泄下痢，止小便利，涩精气。"《滇南本草》："治日久下痢，血崩带下，涩精遗泄。"《本草正》："止吐血，衄血，生津液，收虚汗，敛虚火，益精髓，壮筋骨，补五藏，养血气，平咳嗽，定喘急，疗怔忡惊悸，止脾泄血痢及小水不禁。"《南宁市药物志》："熬膏治火伤。"《医林纂要·药性》："补肺生水，和脾泻肝，固精，敛气。"《本草药性大全》："善治咳嗽。"《医学入门》："中寒有痞者禁服。"《本草经疏》："泄泻由于火热暴注者不宜用；小便不禁及精气滑脱因于阴虚火炽而得者，不宜用。"

现代研究认为，金樱子对金黄色葡萄球菌、大肠埃希菌、痢疾杆菌及钩端螺旋体均有抑制作用。降低血清胆固醇，防治动脉粥样硬化。

煎服 6~12 克。

《名医指掌》金樱子膏："治梦遗，精不固：金樱子 5 千克，剖开去子毛，于水臼内杵碎。水二升，煎成膏子服。"

《泉州本草》："治小便频数，多尿小便不禁：金樱子（去净外刺和内瓤）和猪小肚一个。水煮服。"

《闽东本草》："治男子下消、滑精、女子白带：金樱子去毛、核 50 克。水煎服，或和猪膀胱，或和冰糖炖服。"

《仁存堂经验方》水陆二仙丹："治白浊：金樱子（去子洗净捣碎，入瓶中蒸令熟，用汤淋之，取汁慢火成膏）、芡实肉（研为粉）各等分。上以前膏同酒糊和芡粉为丸，如梧桐子大。每服 30 丸，酒吞，食前服。一方用妇人乳汁丸为妙。一方盐汤下。"

《寿亲养老新书》金樱子煎："治脾泄下利，止小便利，涩精气：金樱子，经霜后以竹夹子摘取，擘为两片，去其子，以水淘洗过，烂捣，入大锅以水煎，不得绝火，煎约水耗半，取出澄滤过，仍重煎似稀饧。每服取一匙，用暖酒一盏，调服。"

《泉州本草》："治久虚泄泻下痢：金樱子50克（去外刺和内瓤），党参15克。水煎服。"

《闽东本草》："治久痢脱肛：金樱子50克（去刺、仁），鸡蛋一枚炖服。""治阴挺：金樱果50克（去内毛和种子）。水煎服。"

《安徽中草药》："治子宫下垂：金樱子、生黄芪各30克，党参18克，升麻6克，水煎服。"

● 柏子仁：别名柏实、侧柏子、柏仁、柏子，为柏科植物柏的种仁。中医认为，柏子仁性平，味甘；有养心安神，滋阴固肾，敛汗生津，润肠通便功效。用于心阴不足，心血亏虚，心神失养之体虚多汗，虚热失眠，心悸怔忡；阴血虚少。《神农本草经》："主惊悸，安五脏，益气，除湿痹。"《名医别录》："疗恍惚，虚损吸吸，历节，腰中重痛，益血止汗。"《药性论》："能治腰肾中冷，膀胱中冷脓宿水，兴阳道，去头风，主小儿惊痫。"《日华子本草》："治风，润皮肤。"《本草纲目》："养心气，润肾燥，益智宁神；烧沥治疥癣。"《岭南采药录》："治跌打；以盐渍之，煎服，能治咳嗽。"《贵州民间方药集》："治咳止喘，收敛止血，润肺健胃，利尿消炎。"《本草经集注》："牡蛎、桂、瓜子为使。恶菊花、羊蹄、诸石及面。"《本草经疏》："柏子仁体性多油，肠滑作泻者勿服，膈间多痰者勿服，阳道数举、肾家有热，暑湿作泻，法咸忌之。"《得配本草》："痰多，肺气上浮，大便滑泄，胃虚欲吐，四者禁用。"《雷公炮炙论》："凡使柏子仁，先以酒浸一宿，至明漉出，晒干，却用黄精自然汁于日中煎，手不住搅，若天久阴，即于铛中著水，用瓶器盛柏子仁，著火缓缓煮成煎为度。每煎150克柏子仁，用酒500克，浸干为度。"

现代研究认为，柏子仁含有柏木醇、谷甾醇、双萜类成分，脂肪油及小量挥发油，皂甙可减慢心率；镇静安神，治疗惊悸怔忡；润肠通便，对阴虚精亏，老年虚秘，劳损低热有疗效；改善损伤所造成的记忆再障碍，记忆减弱作用。每日用量10~17克。煎、丸、散用均可，亦可炒研，取油涂抹外用。便溏及痰多者慎用。

《妇人良方》柏子仁丸："治血虚有火，月经耗损，渐至不通，羸瘦而生潮热，及室女思虑过度，经闭成痨：柏子仁（炒，另研）、牛膝、卷柏各25克（一作各100克），泽兰叶、川续断各100克，熟地黄150克。研为细末，炼蜜和丸梧桐子大。每服三三丸，空腹时米饮送下，兼服泽兰汤。"

《全展选编·皮肤科》治脱发："当归、柏子仁各500克。共研细末，炼蜜为丸。每日3次，每次饭后服10~15克。"

《药茶——健身益寿之宝》柏子仁茶："养心安神。治失眠盗汗。炒柏子仁5克，捣碎，沸水冲泡，加盖5分钟，代茶随意饮服。"

● 枸杞：别名枸杞子、甘杞子、枸杞果、地骨子、天精、红耳坠、津杞子、血杞子、狗奶子、枸杞豆、西枸杞、甜菜子、贡果、红青椒、枸蹄子、枸茄茄、枸地芽子，为茄科植物枸杞或宁夏枸杞的成熟果实。中医认为，枸杞性平，味甘；有滋阴补肾，补肝明目，清肺润燥功效。用于肝肾阴虚，晕眩耳鸣，腰膝酸软，视力减退，内热消渴，血虚萎黄，须发早白，失眠多梦，虚劳咳嗽，腰脊酸痛，遗精，滑泄，盗汗，慢性肝炎，肾气虚衰，阴虚劳嗽，糖尿病。陶弘景："补益精气，强盛阴道。离家千里，勿食枸杞。"这说明枸杞能够加重热情病的症状，因此人在旅途中不要吃枸杞，以免生病无人照顾。《药性论》："能补益精诸不足，易颜色，变白，明目，安神。"《食疗本草》："坚筋而耐老，除风，补益筋骨，能益人，去虚劳。"王好古："主心病嗌干，心痛，渴而引饮，肾病消中。"《本草纲目》："滋肾，润肺，明目。"《本草述》："疗肝风血虚，眼赤痛痒昏翳。""治中风眩晕，虚劳，诸见血证，咳嗽血，痿、厥、挛、消瘅，伤燥，遗精，赤白浊，脚气，鹤膝风。"《本草通玄》："补肾益精，水旺则骨强，而消渴、目昏、腰疼膝痛无不愈矣。""枸杞平而不热，有补水制火之能，与地黄同功。"《药品化义》："枸杞，体润滋阴，入肾补血，味甘助阳，入肾补气，故能明目聪耳，添精髓，健筋骨，养血脉，疗虚劳损怯，骨节痛风，腰痛膝肿，大小便小利，凡真阴不足之证，悉宜用之。"明代缪希雍说："枸杞子，润而滋补，兼能退热而专于补肾，润肺，生津，益气，为肝肾真阴不足，劳乏内热补益之要药。"《本草述》："枸杞子疗肝风血虚，治中风眩晕。"《本草经疏》："脾胃薄弱，时时泄泻者勿入。"《本草汇言》："脾胃有寒痰冷癖者勿入。"《本经逢原》："元阳气衰，阴虚精滑之人慎用。"《本草摄要》："得熟地良。"《本草纲目》："凡用枸杞，拣净枝梗，取鲜明者洗净，酒润一夜，捣烂入药。"枸杞子有兴奋性神经作用，性欲亢进者不宜服用；高血压者，脾胃虚弱所致的消化不良，腹泻者，性情急躁，善食肉类者慎实。枸杞和绿茶不宜同食，因为绿茶里含有鞣酸，具有收敛吸附的作用，会吸附枸杞中的微量元素，生成人体难以吸收的物质。

现代研究认为，枸杞子含有玉米黄质，甜菜碱具有保护肝脏抵抗毒素侵扰的能力，能够抑制肝细胞的纤维化，有轻度抑制脂肪及在肝细胞内的沉积，促进肝细胞新生，降低患退化性黄斑症，防止肝硬化，并解除四氯化碳对肝脏的毒害作用；能使血浆睾酮含量显著升高；含有枸杞多糖，对血清胰岛素水平有提高趋势，并有修复受损胰岛细胞和促进胰岛 B 细胞再生的功能；对骨髓造血功能有比较全面的促进作用；增加外周血 T 淋巴细胞的比例，选择性促进 T 淋巴细胞的免疫反应。枸杞子含有丰富的维生素 A，临床上用于治疗眼花，视力减退；含有维生素 E、维生素 C、维生素 B_1、维生素 B_2、烟酸、钙、磷、铁、酸浆素、甾醇类、有机酸、氨基酸、肽类及多种营养成分，具有提高抗氧化酶的活性，增强损伤细胞的修复能力，增强单核吞噬系统的吞噬功能，也能增强巨噬细胞的活性，促进 T 淋巴细胞的增殖，还能抑制血清过氧化脂质（LPO）的生成；增强胃肠功能；抑制心脏兴奋；抗氧化，抗疲劳，抗衰老，抗突变，抗恶性肿瘤，降血脂，降血压，降血糖，增强性功能；治疗慢性肾衰竭；促进造血功能。

香港理工大学的一项研究发现，每日食用少量枸杞子，有助于预防老年性黄斑变性的发生。

煎服 6~12 克。脾虚便溏者不宜用。

《瑞竹堂经验方》四神丸："治肾经虚损眼目昏花，或云翳遮睛：甘州枸杞子 500 克。好酒润透，分作 2 克，200 克用蜀椒 50 克炒，200 克用小茴香 50 克炒，200 克用脂麻 50 克炒，200 克用川楝肉炒，拣出枸杞子，加熟地黄、白术、白茯苓各 50 克，为末，炼蜜丸，日服。"

《圣惠方》枸杞子散："治虚劳，下焦虚伤，微渴，小便数：枸杞子 50 克，黄芪 75 克（锉），人参 50 克（去芦头），桂心 1.5 克，当归 50 克，白芍药 50 克。捣筛为散。每服 15 克，以水一中盏，入生姜 0.25 克，枣 3 枚，饧半分，煎至六分，去滓，食前温服。"

《随息居饮食谱》熙春丸：本方润泽肌肤，祛皱纹，紧致光滑皮肤。枸杞子 100 克，龙眼肉 100 克，女贞子 100 克，淫羊藿 700 克（去毛边），绿豆 100 克。将上药共研细末，炼蜜为丸，每丸 10 克。每日早、晚各服 1 丸。

《杨氏家藏方》老鸦丹：本方润泽颜色，祛皱纹。枸杞子、巨胜子、菟丝子（酒浸）、覆盆子、当归（焙）、熟干地黄（焙）、干山药、白茯苓（去皮）、白芍药、白术、炒白蒺藜、牛膝（酒浸一宿）、香白芷、延胡索、荜澄茄各 50 克，炒补骨脂 100 克。为细末，经无灰酒煮面糊为丸，如梧桐子。每服 30~50

丸，空腹温酒盐汤下。

《新中医》："治疗男性不育症：每晚嚼食枸杞子 15 克，连服 1 个月为 1 个疗程，一般精液常规检查正常后再服 1 个疗程，服药期间忌房事。共治 42 例，均属精液异常而不能生育者，结果经 1 个疗程治疗，精液常规转正常者 23 例，2 个疗程转正常者 10 例，6 例无精子者无效，3 例效不佳。2 年后随访，精液转正常的 33 例均已有后代。"

《家庭保健饮料》枸杞桑菊茶："清肝明目。主治高血压，高脂血症，眩晕病。霜桑叶 5 克，干菊花 5 克，枸杞子 6 克，决明子 3 克，决明子炒香，桑叶晒干后搓碎，将诸药放入杯内，开水冲泡 15 分钟即可。每日 2~3 次随意饮用，7~10 天为 1 个疗程。"

《圣惠方》："治肝虚或当风眼泪：枸杞二升；捣破，纳绢袋中，置罐中，以酒一斗浸干，密封勿泄气，三七日。每日饮之，醒醒勿醉。"

《医级》杞菊地黄丸："治肝肾不足，生花歧视，或干涩眼痛。枸杞子、菊花、熟地黄、山茱萸、茯苓、山药、丹皮、泽泻。为末，炼蜜为丸。每服 10~15 克，温水送下。"

● 枸杞叶：中医认为，枸杞叶有补虚益精，清热明目功效。主治虚劳发热，烦渴，目赤昏痛，障翳，夜盲，崩漏带下，热毒疮肿。《本草纲目》："苦甘，凉。""去上焦心肺客热。"《药性论》："能补益精诸不足，易颜色，变白，明目，安神。和羊肉作羹，益人，甚除风，明目；若渴可煮作饮，代茶饮之；发热诸毒烦闷，可单煮汁解之，能消热面毒；主患眼风障赤膜昏痛，取叶捣汁注眼中。"《食疗本草》："坚筋耐老，除风，补益筋骨，能益人，去虚劳。"《日华子本草》："除烦益志，补五劳七伤，壮心气，去皮肤骨节间风，消热毒，散疮肿。"《生草药性备要》："明目，益肾亏，安胎宽中，退热，治妇人崩漏下血。"《本经逢原》："能降火及清头目。"《药性论》："与乳酪相恶。"

煎服 10~15 克，鲜者 100~400 克。

《滇南本草》："治年少妇人白带：枸杞尖做菜，同鸡蛋炒食。"

《中华长寿中药宝典》："治腰膝痿弱，风湿痹痛：枸骨叶 25 克，杜仲 20 克，牛膝 20 克，水煎，日服 3 次。"

● 茯苓：别名云茯苓、白茯苓、平皮苓、茯菟、茯灵、伏苓、松薯、松苓、松木薯、茯兔，为多孔菌科植物茯苓的干燥菌核。中医认为，茯苓性平，味甘淡；具有利水渗湿，健脾宁心功效。用于水肿尿少，小便不利，倦怠乏力，食少脘闷，惊悸失眠，心神不安，痰饮咳逆，泄泻遗精，脾胃虚弱，运化失职，癌症，肝病，糖尿病，肥胖病，脱发以及梅尼埃病。《神农本草经》："主胸胁逆气，忧恚惊邪恐悸，心下结痛，寒热烦满，咳逆，口焦舌干，利小便。"《名医别录》："止消渴，好睡，大腹，淋沥，膈中痰水，水肿淋结。开胸腑，调脏气，伐肾邪，长阴，益气力，保神守中。"《药性论》："开胃，止呕逆，善安心神。主肺痿痰壅。治小儿惊痫，心腹胀满，妇人热淋。"《日华子本草》："补五劳七伤，安胎，暖腰膝，开心益智，止健忘。"《伤寒明理论》："渗水缓脾。"《本草衍义》："茯苓、茯神，行水之功多，益心脾不可阙也。"《医学启源》："除湿，利腰脐间血，和中益气为主。治溺黄或赤而不利。《主治秘诀》云，止泻，除虚热，开腠理，生精液。"王好古："泻膀胱，益脾胃。治肾积奔豚。"《药征》："主治悸及肉瞤筋惕，旁治头眩烦躁。"《本草经集注》："马蔺为之使。恶白敛。畏牡蒙、地榆、雄黄、秦艽、龟甲。"《药性论》："忌米醋。"张元素："如小便利或数，服之则损人目。如汗多人服之，损元气。"《本草经疏》："病人肾虚，小水自利或不禁或虚寒精清滑，皆不得服。"《得配本草》："气虚下陷，水涸口干俱禁用。"茯苓忌：醋（降低药效）。凡属虚寒精滑或气血下陷者忌服。

　　现代研究认为，茯苓含有β-茯苓聚糖、三萜类化合物、麦角甾醇、辛酸、棕榈酸、辛酸酯、十二碳烯酸、卵磷脂、胆碱、腺嘌呤、组胺酸、钾盐、葡萄糖、蛋白质、脂肪、多种酶及微量元素，能提高巨噬细胞吞噬功能，使脾脏抗体分泌细胞数明显增多，促进人体免疫功能；增强心肌收缩力和加速心率；降低胃液分泌及游离酸的含量，抑制胃溃疡的发生；促进尿中钾、纳、氯等电解质的排出；对金黄色葡萄球菌、大肠埃希菌、变形杆菌有抑制作用。对肝脏有保护作用，使CTT活力下降，防止干细胞坏死。促进钠、氯、钾等电解质的排出，抑制肾小管的重吸收，因而有利尿作用；对老年性水肿，过敏性哮喘，肥胖症有疗效；预防心血管疾病；松弛肠道平滑肌；抑制毛细血管的通透性；促进造血功能；镇静；抗氧化，抗肿瘤，降血糖，排毒。

　　每次用量10~15克。茯苓作为安神之用，可与朱砂伴用。阴虚湿热，虚寒滑精或气虚下陷者慎用。

　　《常见慢性病食物疗养法》茯苓薯蓣肚方："养胃益阴。治糖尿病。茯苓、怀山药各200克，猪肚1具，黄酒、食盐适量。先将茯苓、山药洗净，加冷水1小碗，黄酒1匙，浸泡2小时，使之发胀（浸泡过程中，须翻拌两次）。将猪肚洗净，滤干，两头用线扎牢，另切开1个口子，把茯苓、山药连同浸液倒入肚内，用线把伤口缝好。然后将全肚置入大沙锅内，缝口向上，加冷水浸液。用中火烧开后，加黄酒2匙，细盐半匙，再改用小火慢炖4小时，至肚子酥烂，筷子戳穿肚壁时，高火剖开肚子拆线，倒出山药、茯苓，冷却后烘干，研成细粉，装瓶。茯苓、山药粉每服 6~10 克，每日 2~3 次，3 个月为 1 个疗程。猪肚及肚汤则均可佐膳而食。"

《伤寒论》五苓散："治太阳病，发汗后，大汗出，胃中干，烦躁不得眠，脉浮，小便不利，微热消渴者：猪苓十八铢（去皮），泽泻 50 克六铢，白术十八铢，茯苓十八铢，桂枝 25 克（去皮）。上五味，捣为散。以白饮和，服方寸匕，日三服。"

《丹溪心法附会》白砂丹：本方补虚驻颜，紧致肌肤。茯苓 900~1500 克（去黑皮，为细末）。用水淘洗三五遍，去筋膜，用白沙蜜对分、拌匀，固封坛口，锅内悬煮一昼夜，土埋 3 日，祛火毒。白汤调服。

《不知医必要》茯苓汤："治水肿：白术 10 克（净），茯苓 15 克，郁李仁 7.5 克（杵）。加生姜汁煎。"

《金匮要略》防己茯苓汤："治皮水，四肢肿，水气在皮肤中，四肢聂聂动者：防己 150 克，黄耆 150 克，茯苓 300 克，甘草 100 克。上五味，以水六升，煮取二升，分温三服。"

《金匮要略》苓桂术甘汤："治心下有痰饮，胸胁支满目眩：茯苓 200 克，桂枝、白术各 150 克，甘草 100 克。上四味，以水六升，煮取三升，分温三服，小便则利。"

《金匮要略》茯苓泽泻汤："治胃反吐而渴，欲饮水者：茯苓 250 克，泽泻 200 克，甘草 100 克，桂枝 100 克，白术 150 克，生姜 200 克。上六味，以水一斗，煮取三升，纳泽泻再煮取二升半，温服八合，日三服。"

《局方》威喜丸："治丈夫元阳虚惫，精气不固，余沥常流，小便白浊，梦寐频泄，及妇人血海久冷，白带、白漏、白淫，下部常湿，小便如米泔，或无子息：黄蜡 200 克，白茯苓 200 克（去皮，作块，用猪苓 0.5 克，同于瓷器内煮二十余沸，出，日干，不用猪苓）。上以茯苓为末，熔黄蜡为丸，如弹子大。空心细嚼，满口生津，徐徐咽服，以小便清为度。"

《仁斋真指方》："治心虚梦泄，或白浊：白茯苓末 10 克。米汤调下，日二服。"

《寿亲养老新书》八味丸："补肾壮阳，温中健脾。治脾胃阳衰，寒凝中下二焦所致的腹痛，疝气，遗精，白浊等积年冷病累岁沉疴。是老年人阳气虚衰的有效补剂。川巴戟 45 克（酒浸去心，用荔枝肉 30 克同炒赤色。去荔枝肉），胡芦巴 30 克（用全蝎 14 个同炒，去全蝎不用），高良姜 30 克（切碎用麦冬 45 克去心，同炒赤色，去麦冬），川楝子 60 克（去梗，用降真香 50

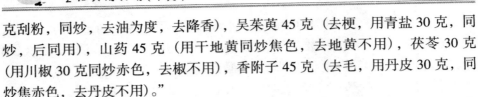

克刮粉，同炒，去油为度，去降香），吴茱萸 45 克（去梗，用青盐 30 克，同炒，后同用），山药 45 克（用干地黄同炒焦色，去地黄不用），茯苓 30 克（用川椒 30 克同炒赤色，去椒不用），香附子 45 克（去毛，用丹皮 30 克，同炒焦赤色，去丹皮不用）。"

● 胖大海：别名安南子、大洞果、胡大海、大发、大海子、通大海、大海、大海榄、洋果、大海子，为梧桐科植物胖大海的种子。中医认为，胖大海性凉，味甘淡；有清肺润燥，利咽解毒，清肠通便功效。主治肺热郁闭，风热失言，干咳无痰，咽喉干痛，热结便秘，头痛目赤，面赤身热，口苦口臭，骨蒸内热，吐血，衄血，风火牙痛，痔疮漏管。《本草纲目拾遗》："治火闭痘，并治一切热症劳伤吐衄下血，消毒去暑，时行赤眼，风火牙疼，虫积下食，痔疮漏管，干咳无痰，骨蒸内热，三焦火症。"张寿颐："善于开宣肺气，并能通泄皮毛，风邪外闭，不问为寒为热，并皆主之。抑能开音治瘖，爽嗽豁痰。"《全国中草药汇编》："清肺热，利咽喉，清肠通便。治慢性咽炎，热结便秘。"造成音哑的原因有风寒，风热，肺肾阴虚，气滞血瘀，全身性疾病及内分泌紊乱（喉癌，纵隔肿瘤，食道癌，肺癌，结核，风湿，瘫痪，声门运动障碍）等，而胖大海主要用于风热邪毒侵犯咽喉导致的音哑。长期泡服胖大海弊大于利。

现代研究认为，胖大海含有胖大海素、西黄芪胶黏素、戊聚糖及收敛性物质，对血管平滑肌有收缩作用，能改善黏膜炎症，减轻痉挛性疼痛；还能促进肠蠕动，有缓泻作用，以种仁（有小毒）作用最佳，另一种仁还具有降压作用。胖大海外皮、软壳、仁的水提取物皆有一定利尿和镇痛作用。

煎服或泡服 2~4 枚，脾胃虚寒泄泻者忌用。

《慎德堂方》 "治干咳失音，咽喉燥痛，牙龈肿痛，因于外感者：胖大海五枚，甘草 5 克。炖茶饮服，老幼者可加入冰糖少许。"

《医界春秋》："治大便出血：胖大海数枚，开水泡发，去核，加冰糖调服。因热便血，效。"

《全国中草药汇编》："治肺热音哑：胖大海 3 枚，金银花、麦冬各 6 克，蝉蜕 3 克。水煎服。"

《全国中成药产品集》黄氏响声丸："利咽开音，清热化痰，消肿止痛。治喉部急慢性炎症，声带小结及息肉引起声音嘶哑。胖大海、蝉蜕、贝母、水丸。1 瓶 36 克，一次 20~30 粒，儿童减半，每日 3 次，温开水送服。"

《全国中草药汇编》："治慢性咽炎：胖大海 3 克，杭菊花、生甘草各 9 克。水煎服。"

《药茶——健身益寿之宝》："治疗失音及慢性咽炎：隔年绿茶 5 克，胖大海 3 枚，橄榄 5 枚，乌梅 2 枚，麦冬 30 克。上诸药共入锅煎沸，调入适量砂糖。可代茶，频频饮服。"

● 党参：别名川党参、东党参、西党参、汶元党、潞党参、上党人参、黄参、狮头参、中灵草，为桔梗科植物党参的根。中医认为，党参性平，味甘；有补中益气，生津养血功效。用于脾胃虚弱，中气不足，纳少便溏，肺虚咳喘，短气乏力，血虚萎黄或气血两虚，常与补血药同用；热伤气津，常配伍生津敛汗药；慢性肾炎蛋白尿，血小板减少性紫癜，以及佝偻病症。《本经逢原》："清肺。"《本草从新》："补中益气，和脾胃，除烦渴。"《本草纲目拾遗》："治肺虚，益肺气。"《科学的民间药草》："补血剂。适用于慢性贫血，萎黄病，白血病，腺病，佝偻病。"《药性集要》："能补脾肺，益气生津。"《中药材手册》："治虚劳内伤，肠胃中冷，滑泻久痢，气喘烦渴，发热自汗，妇女血崩，胎产诸病。"《得配本草》："气滞，怒火盛者禁用。"

现代研究认为，党参含有皂苷、生物碱、蒲公英萜醇乙酸酯、木栓酮、蛋白质、维生素 B_1、维生素 B_2、菊糖等成分，能兴奋神经系统，增强机体抵抗力；增强网状内皮系统的吞噬功能，提高机体的抗病能力（抗缺氧、抗癌、抗放射性损伤、抗低温，抗炎镇痛）；能使血红蛋白和红细胞增加；能够扩张周围血管及抑制肾上腺素而呈降低作用；还能益智、祛痰、抑菌、健胃、增进新陈代谢，帮助消化，促进吸收。

《辽宁中医杂志》升提固脱煎："升提固脱，治疗子宫脱垂。党参、炒白术、生黄芪、炙黄精、炙龟板、大枣各 15 克，枳壳 20 克，巴戟天 12 克，当归、升麻各 9 克，益母草 30 克。每日 1 剂，水煎服。"

《中医药膳学》参枣桂圆粥："健脾益气，养心安神。治小儿多动症由心脾气虚引起。党参 15 克，炒枣仁 15 克，桂圆肉 10 克，粳米 150 克，红糖适量。将党参、炒枣仁用纱布袋包好，与桂圆、粳米同锅煮粥，加入红糖搅匀即成，分次服食。"

《实用美容秘方》党参补气血方：本方润肤抗衰，补血嫩颜。潞党参、焦白术、茯苓、粉甘草、当归身、抗白芍、川芎、熟地黄各 10 克。上药煎 3 汁，每日分 3 服，每服 1 帖，连服 3 个月为期。

《实用补养中药》："治原发性高血压，党参、黄芪各 6 克，五味子、麦冬、肉桂各 2 克。研粉。每服 6 克，每日 3 次，30 天为 1 个疗程。

《四川中医》五参饮："益气养阴，活血化瘀。治疗室性早搏。党参、丹参、苦参、炒枣仁、炙甘草各 15 克，北沙参、玄参、当归、麦冬 10~15 克，水煎 2 次分服，每日 1 剂，20 天为 1 个疗程。"

《云南中医杂志》参芪丹芍汤："补益心气，活血通脉。治疗冠心病心绞痛。党参 15 克，黄芪 12 克，丹参 15 克，赤芍 12 克。每日 1 剂，文火水煎 2 次，每次 30 分钟，共取汁 400 毫升，分早、晚 2 次温服。"

《辽宁中医杂志》参竹丸："活血降脂。治疗高脂血症。党参 1.25 克，玉竹 1.25 克，按上药比例粉碎后制成蜜丸，每日 2 次，每次 2 丸，连服 45 天为 1 个疗程（此间停服其他降脂药物）。"

《江苏中医》："治小儿自汗症：每日常用党参 30 克，黄芪 20 克。水煎成 50 毫升，分 3 次服，1 岁以内减半。"

《实用补养中药》："党参、麦冬各 9 克，五味子 6 克。水煎服。治气虚自汗，口渴心烦。"

《全国中草药汇编》："治脱肛：党参 30 克，升麻 9 克，甘草 6 克，水煎 2 次，早晚各 1 次。"

《不知医必要》参芪白术汤："补气升提，止泻止痢。治泻痢与产育气虚脱肛。党参 10 克（去芦，米炒），炙黄芪、白术（净炒）、肉蔻霜、茯苓各 7.5 克，怀山药 10 克（炒），升麻 3 克（蜜炙），炙甘草 3.5 克。加生姜 2 片煎，或加制附子 2.5 克。"

《滋补中药保健菜谱》归参山药炖腰花："补气养血，宁心，安神。治气血不足，心悸失眠。党参、山药各 20 克，当归 10 克，猪腰 500 克。先将猪腰刳去筋膜，臊腺，洗净；加入前三味药清炖至熟；取出猪腰，用冷水漂 1 下，切片装盘，浇酱油、醋，加姜丝、蒜末、麻油等调料，即可食。"

《不知医必要》参芪白术汤："治泻痢与产育气虚脱肛：党参 10 克（去芦，米炒），黄芪、白术（净炒）、肉蔻霜、茯苓各 7.5 克，怀山药 10 克（炒），升麻 3 克（蜜炙），炙甘草 3.5 克。加生姜 2 片煎，或加制附子 2.5 克。"

《喉科紫珍集》参芪安胃散："治服寒凉峻剂，以致损伤脾胃，口舌生疮：党参（焙）、黄芪（炙）各 10 克，茯苓 5 克，甘草 2.5 克（生），白芍 3.5 克。白水煎，温服。"

《青海省中医验方汇编》："治小儿口疮：党参 50 克，黄柏 25 克。共为细末，吹撒患处。"

现代研究认为，党参根含有皂苷、杂多糖、多种氨基酸、蒲公英赛醇、豆甾醇、多种微量元素，具有提高巨噬细胞吞噬率，促进淋巴细胞转化，细胞内的 DNA、RNA、糖类 、ADP 酶、酸性酶及琥珀酸脱氢酶活性显著增强，抗体形成细胞的功能，增强机体免疫功能；增强胃黏膜功能，降低胃液酸度，从而可抗溃疡形成；扩张外固血管，可使血压下降；增强心血管功能，增加血排出量、每搏量；健脑益智；抗肿瘤，抗衰老。党参有一定的升血糖作用。

煎服 8~25 克。有实邪者忌服。每剂超过 63 克，会引起心前区不适和脉律不齐。反藜芦。

● 益母草：别名月母草、苦草、坤草、贞蔚、茺蔚、益母艾、益母蒿、益母花、野麻、山麻、九塔花、红花艾、益母、益明、大札、苦低草、郁臭草、夏枯草、辣母藤、猪麻、扒骨风、枯草、苦草、田芝麻棵、小暑草、陀螺艾、地落艾、红花益母草、四棱草、月母草、旋风草、油耙菜、野油麻，为唇形科植物益母草的全草。中医认为，益母草性凉，味辛苦；有活血调经，利尿消肿，清热解毒功效。誉为"妇科良药"的益母草主治：妇女血分瘀热，月经不调，痛经，经闭，恶露不尽，经前腹胀作痛，胎漏难产，胞衣不下，产后瘀血腹痛，崩中漏下，血尿，泻血，肾炎水肿，小便不利，疮痈肿毒，皮肤痒疹，跌打损伤，乳痈。《神农本草经》："主瘾疹痒。"《唐本草》："敷丁肿，服汁使丁肿毒内消；又下子死腹中，主产后胀闷；诸杂毒肿，丹游等肿；取汁如豆滴耳中，主聤耳；中虺蛇毒，敷之。"《本草衍义》："治产前产后诸疾，行血养血；难产作膏服。"《本草拾遗》："捣苗，敷乳痈恶肿痛者，又捣苗绞汁服，主浮肿下水，兼恶毒肿。"《本草蒙筌》："去死胎，安生胎，行瘀血，生新血，治小儿疳痢。"《本草纲目》："活血，破血，调经，解毒。治胎漏难产，胎衣不下，血晕，血风，血痛，崩中漏下，尿血，泻血，痢，疳，痔疾，打仆内损瘀血，大便、小便不通。"《本草求原》："清热，凉血，解毒。"《经效产室》："忌铁器。"《本草正》："血热，血滞及胎产艰涩者宜之；若血气素虚兼寒，及滑陷不固者，皆非所宜。"

武则天在 80 岁高龄时仍齿发不衰，丰肌艳态，保持着青春的容貌不显衰老。《新唐书》上说她："虽春秋高，善自涂泽，虽左右不悟其衰。"《新修本草》收录了武则天的美容秘方。其方法是五月初采益母全草，不能带土。晒干后捣成细粉过筛，然后加面粉和水，调好后，捏成如鸡蛋大的药团，再晒干。用黄泥做一个炉子，四旁开窍，上下放木炭，药团放中间。大火烧一顿饭时间后，改用文火再烧一昼夜，再取出凉透，细研，过筛，放入干燥的瓷器中。用时加入滑石粉、胭脂，调匀，研细，沐浴或洗面、洗手时，用药末擦洗。此方又名"神仙玉女粉"。

武则天的另一个美容方是御医张文仲给武则天开的，叫"常敷面脂"

(面膜)。面脂在唐代很流行。当时的面脂全部用天然的药材制成,主要成分有细辛、葳蕤、黄芪、白附子、山药、辛夷、川芎、白芷、瓜蒌、木蓝皮,再加猪油炼成的。

现代研究认为,益母草含有多种生物碱、苯甲酸、多量氯化钾、月桂酸、亚麻酸、油酸、维生素 A、黄酮类、三萜类,挥发油、精氨酸等,对多种动物的子宫有明显的兴奋作用,能增强收缩频率、幅度及紧张度;促进肠管紧张性弛缓,振幅扩大;提高巨噬细胞的吞噬功能,促进淋巴细胞转化,增强机体免疫力;提高纤维蛋白酶活性,抑制血小板聚集及抗血栓形成;增加冠脉血流量,减慢心率,改善微循环,防治心肌梗死,抑制血栓形成;扩张外周血管及降低血压;兴奋呼吸中枢,抑制神经系统;利尿,平肝,降血压,明目,治疗慢性肾炎,抑制细菌作用。益母草所含的益母草碱甲、乙及水苏碱、油酸等,虽然能增强子宫肌肉的收缩和紧张性。但是在妊娠期间,这种收缩和紧张会减少胎盘中血供,加速胚胎的娩出,在妊娠早期会增加流产的危险,在晚期就会出现早产。

煎服 9~15 克,最大剂量 30 克。鲜品 15~40 克,当用量超过 90 克时,会引起全身无力、血压下降、呼吸急促、尿血、虚脱等中毒反应。孕妇忌服,血虚无瘀者慎用。

阴虚血小,血虚无瘀,汗多表虚,脾胃虚寒,月经过多,寒滑泻痢者忌服。孕妇禁用。

《闽东本草》:"治痛经:益母草 25 克,延胡索 10 克,水煎服。""治闭经:益母草、乌豆、红糖、老酒各 50 克,炖服,连服 1 周。""治瘀血块结:益母草 50 克,水,酒各半煎服。"

《独行方》:"治难产:益母草捣汁七大合,煎减半,顿服。无新者,以干者一大握,水七合煎服。""治胎死腹中:益母草捣熟,以暖水少许和,绞取汁,顿服之。"

《子母秘灵》:"治产后血运,心气绝:"益母草,研,绞汁,服一盏。"

《圣惠方》:"治产后恶露不下,益母草,捣,绞取汁,每服一小盏,入酒一合,暖过搅匀服之。"

《现代实用中药》:"妇人分娩后服之,助子宫之整复:益母草 45 克,当归 15 克。水煎,去渣,1 日 3 回分服。"

《外台秘要方》:"治尿血:益母草汁(服)一升。"

《福建省中草药新医疗法资料选编》:"治肾炎水肿:益母草 50 克。水煎服。"

《食医心镜》："治小儿疳痢,痔疾:益母草叶煮粥食之,取汁饮之亦妙。"

《圣惠方》："治折伤内损有瘀血,每天阴则疼痛,兼疗产妇产后诸疾:三月采益母草一重担,以新水净洗,晒令水尽,用手揿断,可长五寸,勿用刀切,即置镬中,量水两石,令水高草三二寸,纵火煎,候益母草糜烂,水三分减二,漉去草,以绵滤取清汁,于小釜中慢火煎,取一斗如稀饧。每取梨许大,暖酒和服之,日再服,和羹粥吃并得。如远行不能,将稀煎去,即更炼令稠硬,停作小丸服之。或有产妇恶露不尽及血运,50克服即瘥。其药兼疗风益力,无所忌。""治疗肿至甚:益母草茎叶,烂捣敷疮上,又绞取汁五合服之,即内消。""治妇人勒乳后疼闷,乳结成痈:益母草,捣细末,以新汲水调涂于奶上,以物抹之,生者捣烂用之。"

《斗门方》："治疖子已破:益母草捣敷疮。"

《卫生易简方》："治喉闭肿痛:益母草捣烂,新汲水一碗,绞浓汁顿饮;随吐愈,冬月用根。"

《福建药物志》："治痛经:益母草30克,香附9克。水煎。冲酒服。"

《妇人良方》益母丸:"养血调血安胎。治妊娠因服药而胎动不安。益母草100克(洗,焙)。上为细末,以枣肉为丸,如弹子大。每服1丸,细嚼,煎人参汤送下。"

《青岛中草药手册》："急性肾炎水肿:益母草60克,茅根30克,金银花15克,车前子、红花各9克,水煎服。"

《中医杂志》益母地黄益肾汤:"滋养肾阴,益气健脾,活血化瘀。治疗慢性肾炎。益母草30克,半边莲30克,黄芪15克,怀山药10克,泽泻15克,山茱萸6克,丹皮6克,茯苓10克,苏叶30克。每日1剂,蒸汽冲煮,1个月为1个疗程。"

《江苏中医》："清热散瘀汤:清热解毒,活血化瘀,通络止痛。治疗血栓性浅静脉炎。益母草50克,紫花地丁15克,赤芍20克,丹皮、地龙、当归、川芎、木通、大黄各10克。每日1剂,水煎400毫升,早晚分服。结合外用药。"

《御药院方》神仙玉女粉:"养颜润燥,令肌肤光泽。益母草煅研后备用。每日早晚用少许擦洗面部。"

《圣济总录》益母草涂方:"令面光白润泽。主治面部暗斑。益母草灰500克。以醋和为团,以炭火煅七度后,入乳钵中研细,用蜜和匀,入盒中。每至临卧时,先浆水洗面,后涂之。"

● 益智仁：别名益智子、摘艼子、益智，为姜科植物益智的果实。中医认为，益智仁性温，味辛；有温脾开胃摄唾，暖肾固精缩尿功效。用于中焦虚寒，食少，多唾及腹痛便溏；肾阳不足，下元虚冷所致遗精、遗尿，尿频有余沥。《广志》："含之摄涎秽。"《本草纲目拾遗》："止呕哕。""治遗精虚漏，小便余沥，益气安神，补不足，利三焦，调诸气，夜多小便者，取24枚碎，入盐同煎服。"刘完素："开发郁结，使气宣通。"《医学启源》："治肺胃中寒邪，和中益气。治人多唾，当于补中药内兼用之。"王好古："益脾胃，理元气，补肾虚，滑沥。"《本草纲目》："治冷气腹痛，及心气不足，梦泄，赤浊，热伤心系，吐血，血崩。"《本草经疏》："凡呕吐由于热而不因于寒；气逆由于怒而不因于虚；小便余沥由于水涸精亏内热，而不由于肾气虚寒；泄泻由于湿火暴注，而不由于气虚肠滑，法并禁之。"《本经逢原》："血燥有火，不可误用。"《本草备要》："因热而崩，浊者禁用。"阴虚火旺或因热而患遗滑崩带者忌服。

益智果的甲醇提取物可抑制前列腺素合成酶的活性，益智的水提取物在抑制肉瘤细胞增长方面有中等的活性。

煎服 3~10 克。阳虚火旺及有湿热者忌服。

《世医得效方》："治腹胀忽泻，日夜不止，诸药不效，此气脱也：益智仁 100 克。脓煎饮之。"

《世医得效方》三仙丸："治梦泄：益智仁 100 克（用盐 100 克炒，去盐），乌药 100 克。上为末，用山药 50 克为糊，和丸如梧桐子大。每服 50 丸，空心临卧盐汤下，以朱砂为衣。"

《妇人良方》（缩泉丸，即《魏氏家藏方》固真丹）："治脬气虚寒，小便频数，或遗尿不止，小儿尤效：乌药、益智仁等分。上为末，酒煮山药末为糊，丸桐子大。每服 70 丸，盐酒或米饮下。"

《补要袖珍小儿方论》益智仁散："治小儿遗尿，亦治白浊：益智仁、白茯苓各等分。上为末。每服 5 克，空心米汤调下。"

《经验产宝》："治妇人崩中：益智子，炒研细，米饮入盐服 5 克。"

胡氏《济阴方》："治漏胎下血：益智仁 25 克，缩砂仁 50 克。为末。每服 15 克，空心白汤下，日 2 服。"

《济生方》益智仁汤："治疝痛，连小腹挛搐，叫呼不已：益智仁、干姜（炮）、甘草（炙）、茴香（炒）各 15 克，乌头（炮，去皮）、生姜各 25 克，青皮 10 克（去白）。上细切。每服 20 克，水二盏，入盐少许，煎至七分，去滓，空心食前温服。"

《永类钤方》："治白浊腹满，不拘男妇：益智仁（盐水浸炒）、厚朴（姜汁炒）等分。姜3片，枣1枚，水煎服。"

《本草纲目》："治小便赤浊：益智仁、茯神各100克，远志、甘草（水煮）各250克。为末，酒糊丸。梧子大。空心姜汤下50丸。"

《中国民间百病自疗宝库》益智仁龙骨汤："补肾益气止遗。治疗小儿遗尿。益智仁15克，茯苓9克，肉桂3克，龙骨15克。水煎服。"

● 益母草花：《本草纲目》："味微苦甘。""治肿毒疮疡，消水行血，妇人胎产诸病。"《江苏植药志》："民间用作妇女补血剂。通常于冬季和以红糖及乌枣，饭锅内蒸，逐日服用。"煎服10~15克。

● 菟丝子：别名黄腾子、龙须子、豆须子、叶丝子、缠丝子、蔓丝子、黄网子、菟丝实、无根藤子、黄藤子、吐丝子、无娘藤米米、萝丝子、缠龙子、黄湾子、黄萝子，为旋花科植物菟丝子或大菟丝子的种子。中医认为，菟丝子性平，味辛甘；有滋补肝肾，固精，缩尿，补脾止泻，安胎明目功效。用于阳痿遗精，尿有余沥，遗尿尿频，小便白浊，四肢无力，目昏耳鸣，肾虚胎漏，胎动不安，脾虚虚泻，消化不良及消渴；外治白癜风。《神农本草经》："主续绝伤，补不足，益气力，肥健人，久服明目。"《雷公炮炙论》："补人卫气，助人筋脉。"《名医别录》："养肌强阴，坚筋骨，主茎中寒，精自出，溺有余沥，口苦燥渴，寒血为积。"《药性论》："治男子女人虚冷，添精益髓，主腰疼膝冷，又主消渴热中。"《日华子本草》："补五劳七伤，治泄精，尿血，润心肺。"王好古："补肝脏风虚。"《山东中药》："治妇人常习流产。"《本草经集注》："得酒良。薯蓣，松脂为之使，恶萑菌。"《本草经疏》："肾家多火，强阳不痿者忌之，大便燥结者亦忌之。"《得配本草》："孕妇，血崩，阳强，便结，肾脏有火，阴虚火动，六者禁用。"《雷公炮炙论》："采得，去粗薄壳，用苦酒浸二日，漉出，用黄精自然汁浸一宿，至明，微用火煎至干，入臼中，热烧，铁杵三千余成粉。用苦酒并黄精自然汁与菟丝子相对用之。"《本草纲目》："凡用菟丝子，以温水淘去沙泥，酒浸一宿，曝干捣之，不尽者，再浸曝捣，须臾悉细。又法，酒浸四、五日，蒸曝四、五次，研作饼焙干，再研末；或云，曝干时，入纸条数枚同捣，即刻成粉，且省力也。"

现代研究认为，菟丝子含有β-香树脂醇、胆甾醇、豆甾醇、β-谷甾醇、菜油甾醇、香豆精类、黄酮类、三萜酸类、树脂、糖类、淀粉、维生素A等，能促进抗体产生，增加T细胞比值，提高机体免疫力；增加冠脉血流量，减少冠脉阻力而使缺血心肌供血量增加；增强性腺功能，促进精液分泌，提高性活力；降低心肌缺氧量，对缺血心肌有明显的预防和防治作用；调整阳虚患者红细胞内的糖分代谢，增强机体循环功能，促进内分泌的作用；兴奋子宫，增进子宫的节律性收缩；抑制血小板聚集；降血压，减慢心率，增强心肌收缩力；缩小脾容积，抑制肠管运动；亦能抑制金黄色葡萄球菌、福氏痢疾杆菌、伤寒杆菌；保肝，抗炎，抗病毒，抗肿瘤，抗氧化，抗白内障；延缓衰老。

煎服 6~13 克。阴虚火旺、大便燥结、小便短赤者不宜用。

《扁鹊心书》菟丝子丸："补肾气，壮阳道，助精神，轻腰脚：菟丝子500 克（淘净，酒煮，捣成饼，焙干），附子 200 克（制）。共为末，酒糊丸，梧子大。酒下 50 丸。"

《百一选方》："治腰痛：菟丝子（酒浸），杜仲（去皮，炒断丝）等分。为细末，以山药糊丸如梧子大。每服 50 丸，盐酒或盐汤下。"

《经验后方》："治丈夫腰膝积冷痛，或顽麻无力：菟丝 50 克（洗），牛膝 50 克。同用酒浸五日，曝干，为末，将原浸酒再入少醇酒作糊，搜和丸，如桐子大。空心酒下 20 丸。"

《御药院方》肉苁蓉丸：本方润泽肌肤，祛皱纹。菟丝子（酒浸取末）150 克，肉苁蓉（酒浸焙）、蛇床子（水淘净，用枣 100 克同煮，枣热去核）、晚蚕砂（酥微炒）各 100 克，家韭子 200 克（水淘净，用枣 100 克同煮，枣熟去枣，焙），木香、丁香、南乳香（别研）250 克，白龙骨（茅香 50 克同煮1 日，去茅香，裹井中浸一宿）、鹿茸、炒桑螵蛸、炒莲实肉、干莲花心、胡芦巴（微炒）各 50 克，麝香 10 克（别研）。除乳香、麝香、菟丝子外，同为细末，将菟丝子末浸药酒 2 升，文武火熬减半，入荞麦面 50 克，以酒调均，次下乳香、麝香搅如稠糊，入酒少许，与前药末和成剂捣杵为丸，如梧桐子大。每服 30 丸，且以温酒入炒，盐少许送下。

《局方》茯菟丸："治心气不足，思虑太过，肾经虚损，真阳不固，溺有余沥，小便白浊，梦寐频泄：菟丝子 250 克，白茯苓 150 克，石莲子100 克（去壳）。上为细末，酒煮糊为丸，如梧桐子大。每服 30 丸，空心盐汤下。常服镇益心神，补虚养血，清小便。"

《世医得效方》菟丝子丸："治小便多或不禁：菟丝子 100 克（酒蒸），桑螵蛸 25 克（酒炙），牡蛎 50 克（煅），肉苁蓉 100 克（酒润），附子（炮，去皮、脐）、五味子各 50 克，鸡肶胵 25 克（微炙），鹿茸 50 克（酒炙）。上为末，酒糊丸，如梧子大。每服 70 丸，食前盐酒任下。"

《鸡峰普济方》菟丝子煎："治阴虚阳盛，四肢发热，逢风如炙如火：菟丝子、五味子各 50 克，生干地黄 150 克。上为细末。米饮调下 10 克，食前。"

《山居四要》："治眉炼癣疮：菟丝子炒，研，油调敷之。"

《奇效良方》延生护宝丹："补元气，壮筋骨，固精健阳，通和血脉，润泽肌肤，延年益寿。菟丝子 150 克（酒浸透，蒸熟碾作饼，晒干碾末），肉苁蓉（酒浸，切焙）、晚蚕蛾（酥少许，慢火炒）、家韭子 200 克（水淘净，用枣 100 克同煮，枣熟去枣，水淘净，控干，再用酒浸一宿，火炒软）各净称 100 克，胡芦巴（微炒）、莲实（去皮炒熟）、桑螵蛸（炒香）、白龙骨、蛇床子 100 克（水淘净，用枣 150 克同煮，枣熟去枣，焙干）各净称 50 克，干莲花芯、乳香（另研）、鹿茸（去毛酥炙）、丁香、木香各 25 克，麝香 10 克（另研）。上药用前浸菟丝子酒及荞麦面 50 克熬制成丸子，如梧桐子大。每服 30 丸，早空心用温酒入炒盐少许送下，静坐少时，想药至丹田，以意加减丸数。"

《太平惠民和剂局方》大菟丝子丸："久服补五脏，益颜色，轻身延年，聪明耳目。菟丝子（洗净酒浸）、鹿茸（酥炙，去毛，锉）、肉桂（去粗皮）、附子（炮，去皮脐）、石龙芮（去土）、泽泻各 50 克，巴戟（去心）、防风（去苗钗）、肉苁蓉（酒浸切焙）、杜仲（去粗皮，锉，炒）、茴香（炒）、沉香、白茯苓（去皮）、牛膝（酒浸一宿）、石槲（去根）、续断、山茱萸（去核）、补骨脂（炒）、熟干地黄（酒蒸）、荜澄茄各 1.5 克，桑螵蛸（酒浸）、五味子、覆盆子（去枝萼）、芎劳各 25 克。上药为末，以酒煮面糊，丸如梧桐子大，每于食前以温酒或盐肠送服 20 丸，每日 2 次。"

《医学衷中参西录》寿胎丸："治肾虚胎滑。菟丝子 200 克（炒，炖），桑寄生、续断、阿胶各 100 克，前三味轧细，水化阿胶为丸，每丸重 0.5 克，每服 20 丸，开水送下，每日 2 次。"

《圣济总录》菟丝子丸："治肝肾虚，两眼昏暗，视物不明。菟丝子（酒浸别捣）、肉苁蓉（酒浸切焙）各 150 克，五味子、续断、远志（去心）、山茱萸、泽泻各 75 克，防风 100 克（去叉），巴戟天 50 克（去心）。上药捣罗为末，用山鸡子或家鸡子白和丸，如梧桐子大，每于空腹温酒送服 30 丸。"

《寿新养老新书》经进地仙丸："温补肾阳，滋补肝肾兼以宁神。治肝肾虚衰，肢冷脉细，腹冷腰酸，气怯神疲。川牛膝（酒浸一宿，切焙）、肉苁蓉（酒浸一宿，切焙）、川椒（去白）、附子（炮）各 120 克，木鳖子（去壳）、地龙（去土）各 90 克，覆盆子、白附子、菟丝子（酒浸研）、赤小豆、天南星、防风（去芦）、骨碎补（去毛）、何首乌、革、金毛狗脊（去毛）、乌药各

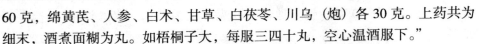

60克，绵黄芪、人参、白术、甘草、白茯苓、川乌（炮）各30克。上药共为细末，酒煮面糊为丸。如梧桐子大，每服三四十丸，空心温酒服下。"

● 黄连：别名王连、支连，为毛茛科植物黄连、三角叶黄连、峨眉野连或云南黄连的根茎。中医认为，黄连性寒味苦，具有泻火解毒，清热燥湿功效。用于手心火亢盛之烦热，失眠及高热谵语，以及痈肿疔毒，口舌生疮，目赤肿痛；还可治疗湿热下痢，胃热呕吐，反酸灼心；外用治疗湿疮。《神农本草经》："味苦，寒。""主热气目痛，眦伤泣出，明目，肠澼腹痛下痢，妇人阴中肿痛。"《本草经集注》："解巴豆毒。"《名医别录》："主五脏冷热，久下泄澼脓血，止消渴，大惊，除水利骨，调胃厚肠，益胆，疗口疮。"《药性论》："杀小儿疳虫，点赤眼昏痛，镇肝去热毒。"《本草纲目拾遗》："主羸瘦气急。"《日华子本草》："治五劳七伤，益气，止心腹痛。惊悸烦躁，润心肺，长肉，止血；疮疥，盗汗，天行热疾；猪肚蒸为丸，治小儿疳气。"《仁斋直指方》："能去心窍恶血。"《珍珠囊》："泻心火，心下痞。酒炒，酒浸，上颈已上。"五好古："主心病逆而盛，心积伏梁。"《本草衍义补遗》："以姜汁炒，辛散出热有功。"《本草纲目》："解服药过剂烦闷及轻粉毒。"《本草新编》："止吐利吞酸，解口渴，治火眼，安心，止梦遗，定狂躁，除痞满。"《本草备要》："治痈疽疮疥，酒毒，胎毒。除疳，杀蛔。"《本草经集注》："黄芩、龙骨、理石为之使。恶菊花、芫花、玄参、白鲜皮。畏款冬。胜乌头。"《药性论》："恶白僵蚕。忌猪肉。"《蜀本草》："畏牛膝。"朱震亨："肠胃有寒及伤寒下早，阴虚下血，及损脾而血不归元者，皆不可用。"《本草经疏》："凡病人血少，气虚，脾胃薄弱，血不足，以致惊悸不眠，而兼烦热躁渴，及产后不眠，血虚发热，泄泻腹痛；小儿痘疮阳虚作泄，行浆后泄泻；老人脾胃虚寒作泻；阴虚人天明溏泄，病名肾泄；真阴不足，内热烦躁诸证，法咸忌之，犯之使人危殆。"《雷公炮炙论》："凡使黄连，以布拭上肉毛，然后用浆水浸二伏时，漉出，于柳木火中焙干用。"黄连的主要化学成分包括小檗碱、甲基黄连碱、黄连碱、表小檗碱、掌叶防己碱、非洲防己碱等生物碱，此外，还含有黄柏酮、黄柏内脂等，对流感病毒，皮肤真菌均有抑制作用；降血糖，抗脂质过氯化，清除自由基；抑制白血病细胞；抗炎，抗溃疡，抗肿瘤，抗辐射；止泻，镇痛；抗血小板聚集，调节血压，改善高血压和高血脂患者的血凝异常和血脂紊乱。黄连忌：冷水（易伤肠胃），猪肉（导致腹泻）。煎服2~5克，久服可伤胃。凡胃寒呕吐、脾虚泄泻、阴虚烦热者均忌用，如必须用时应适当配伍。

《伤寒论》黄连阿胶肠："治少阴病，得之二三日以上，心中烦，不得卧：黄连200克，黄芩100克，芍药100克，鸡子黄2枚，阿胶150克（一云三挺）。上五味，以水六升，先煮三物，取二升，去滓，纳胶烊尽，小冷，纳鸡子黄，搅令相得。温服七合，日三服。"

《伤寒论》小陷胸汤："治小结胸病，正在心下，按之则痛，脉浮滑者：黄连50克，半夏半升（洗），栝楼实大者一枚。上三味，以水六升，先煮栝楼，取三升，去滓，内诸药，煮取二升，去滓。分温三服。"

《外台秘要》黄连解毒汤："治大热盛，烦呕，呻吟，错语，不得卧：黄连150克，黄芩、黄柏各100克，栀子十四枚（擘）。上四味，切，以水六升，煮取二升，分二服。忌猪肉、冷水。"

《伤寒论》黄连汤："治伤寒胸中有热，胃中有邪气，腹中痛，欲呕吐者：黄连150克，甘草150克（炙），干姜150克，桂枝150克（去皮），人参100克，半夏半升（洗），大枣十二枚（擘）。上七味，以水一斗，煮取六升，去滓。温服，昼三夜二。"

《症因脉治》连理汤："治呕吐酸水，脉弦迟者：人参、白术、干姜、炙甘草、黄连，水煎服。"

《丹溪心法》左金丸一名回令丸："治肝火：黄连300克，吴茱萸50克或25克。上为末，水丸或蒸饼丸。白汤下50丸。"

《仁斋直指方》："治诸痢脾泄，脏毒下血：雅州黄连250克，去毛，切，装肥猪大肠内，扎定，入沙锅中，以水酒煮烂，取连焙，研末，捣肠和丸梧桐子大。每服百丸，米汤下。"

《兵部手集方》香连丸："治下痢：宣黄连，青木香，同捣筛，白蜜丸，如梧子。空腹饮下二三十丸，日再。其久冷人，即用煨熟大蒜作丸。婴孺用之亦致。"

《千金方》驻车丸："治大冷洞痢肠滑，下赤白如鱼脑，日夜无节度，腹痛不可堪忍者：黄连300克，干姜100克，当归、阿胶各150克。上四味，末之，以大醋八合烊胶和之，并手丸如大豆许，干之。大人饮服30丸，小儿百日以还3丸，期年者5丸，余以意加减，日3服。"

《本事方释义》蒜连丸："治脏毒：鹰爪黄连末，用独头蒜一颗，煨香烂熟，研和入臼，治丸如梧子大，每服三四十丸，陈米饮下。"

《局方》戊己丸："治脾受湿气，泄利不止，米谷迟化，脐腹刺痛，小儿有疳气下痢，亦能治之：黄连（去须）、吴茱萸（去梗，炒）、白芍药各250克。上为细末，面糊为丸，如梧桐子大。每服20丸，浓煎米饮下，空心日3服。"

《金匮要略》泻心汤："治心气不足，吐血衄血，亦治霍乱：大黄100克，黄连、黄芩各50克。上三株，以水三升，煮取一升。顿服之。"

《近效方》："治消渴能饮水，小便甜，有如脂麸片，日夜六七十起：冬瓜一枚，黄连500克。上截冬瓜头去穰，入黄连末，火中煨之，候黄连熟，布绞取汁。一服一大盏，日再服，但服两三枚瓜，以差为度。"

《圣惠方》黄连猪肚丸："治妇人热劳羸瘦：黄连150克（去须），人参50克（去芦头），赤茯苓50克，黄芪50克（锉），木香25克，鳖甲75克（涂醋，炙令黄，去裙襕），柴胡50克（去苗），地骨皮25克，桃仁75克（汤浸去皮、尖、双仁，麸炒微黄）。上药，捣细罗为散，用好嫩猪肚一枚，将前药末安猪肚内，以线子缝合，蒸令烂熟，沙盆内研令如膏，为丸如梧桐子大。食前，以粥饮下30丸"。

《辽宁中草药新医疗法资料选编》："治小儿胃热吐乳：黄连10克，清半夏10克。共为细末，分100等分，日服3次，每次0.5克。"

《僧深集方》黄连煎："治眼赤痛，除热：黄连25克，大枣1枚（切）。上二味，以水五合，煎取一合，去滓，展绵取如麻子注目，日十夜再。"

《简易方论》："治痈疽肿毒，已溃末溃皆可用：黄连、槟榔等分，为末，以鸡子清调搽之。"

内蒙古《中草药新医疗法资料选编》："治脓疱疮，急性湿疹：黄连、松香、海螵蛸各15克。共研细末，加黄蜡10克，放入适量熟胡麻油内溶化，调成软膏。涂于患处，每日3次。涂药前用热毛巾湿敷患处，使疮痂脱落。"

《肘后方》："治口舌生疮：黄连煎酒，时含呷之。"

《简便单方》："治小儿口疳：黄连、芦荟等分，为末，每蜜汤服2.5克。走马牙疳，入蟾灰等分，青黛减半，麝香少许。"

《妇人良方》："治妊娠子烦，口干不得卧：黄连末，每服5克，粥饮下，或酒蒸黄连丸，亦妙。"

《中药杂志》："治火烫伤：川连研末，调茶油搽之。"

● 黄芪：别名戴糁、戴椹、独椹、蜀脂、百本、王孙、百药棉、绵黄耆、箭芪、红芪、红兰芪、西芪、黑皮芪、北芪、卜奎芪、正口芪、口芪、白皮芪、土山爆张根、独根、二人抬，为豆科植物黄芪或内蒙古黄芪等的根。中医认为，黄芪性微温，味甘；生用：益卫固表，利水消肿，拔毒排脓，敛疮生机。治表虚自汗，盗汗，血痹，水肿，痈疽不溃或溃久不敛。炙用：补中益气，治内伤劳虚，脾虚泄泻，中气下陷，久泻脱肛，脏器下垂，便血崩漏，内热消渴，气短咳嗽，自汗脉虚，易感风寒，血虚萎黄，肾炎水肿，蛋白尿，气虚水肿，疮疡难腐难洗，或久溃不敛，高脂血症，糖尿病。《神农本草经》："主痈疽，久败疮，排脓止痛，大风癫疾，五痔，鼠瘘。补虚。小儿百病。"《名医别录》："主妇人子脏风邪气，逐五脏间恶血。补丈夫虚损，五劳羸瘦。止渴，腹痛，泄痢，益气，利阴气。"《药性论》："治发背。内补，主虚喘，肾衰，耳聋，疗寒热。生陇西者下补五脏。蜀白水赤皮者，治客热。"《日华子本草》："黄芪助气壮筋骨，长肉补血，破症癖，治瘰疬，瘿赘，肠风，血崩，带下，赤白痢，产前后一切病，月候不匀，消渴，痰嗽；并治头风，热毒，赤目等。""白水者，排脓治血，及烦闷，热毒，骨蒸劳，功次黄芪；赤水者，治血，退热毒，余功用并同上；木者治烦，排脓力微于黄芪，遇缺即倍用之。"《医学启源》："治虚劳自寒（'寒'一作汗），补肺气，实皮毛，泻肺中火，脉弦自汗，善治脾胃虚弱，内托阴证疮疡必用之药。"五好古："主太阴疟疾。"《本草备要》："生用固表，无汗能发，有汗能止，温分肉，实腠理，泻阴火，解肌热；炙用补中，益元气，温三焦，壮脾胃。生血，生肌，排脓内托，疮痈圣药。痘症不起，阳虚无热者宜之。"朱丹溪："黄芪补元气，肥白而多汗者为宜。"《得配本草》："肌表之气，补宜黄芪，五内之气，补宜人参。"《本草逢原》："能补五脏诸虚。"《本草求真》："黄芪入肺补气，为补气诸药之最。"《医学衷中参西录》："黄芪，能补气，兼能升气，善温胸中大气下陷。"《本草经集注》："恶龟甲。"《药对》："茯苓为之使。"《日华子本草》："恶白鲜皮。"《医学入门》："苍黑气盛者禁用，表邪旺者亦不可用，阴虚者亦宜少用。""畏防风。"《本草经疏》："胸膈气闷，肠胃有积滞者勿用；阳盛阴虚者忌之；上焦热甚，下焦虚寒者忌之；病人多怒，肝气不和者勿服；痘疮血分热甚者忌之。"《本草纲目》："黄芪，今人但锤扁，以蜜水涂炙数次，以熟为度。亦有以盐汤润透，器盛，于汤瓶蒸熟切用者。"

现代研究认为，黄芪含有多种黄芪皂甙、多糖、单糖、黄酮类，胆豆碱、甜菜碱、叶酸、多种氨基酸，黏液质、树胶、纤维素、生物碱、亚油酸、亚麻酸、多种维生素和微量元素硒、硅等，可扩张冠状动脉，加强心脏收缩力，稳定心肌细胞膜，增强心肌的抗缺氧能力，预防急性高山病，改善皮肤血液循环及营养状况；双向调节血压，小剂量的黄芪可升高血压，大剂量的黄芪则具有降低血压的作用；抑制胃液的分泌，减少胃酸，从而对消化性溃疡有治疗作用；消除肾炎的蛋白质，保护肝脏，防止肝糖原减少，解除体内毒素；有中等利尿作用，可增强尿量及氯化物排泄；对志贺氏痢疾杆菌及炭疽杆菌，葡萄球菌等 10 种革兰阳性嗜气菌有抑制作用；有诱生干扰素的作用；增强胸腺、脾脏及淋巴等免疫功能,并增强巨噬细胞的吞噬能力,提高自然杀伤细胞活性,降低抑制 T 细胞(负责终止免疫反应的细胞)的产生,同时提高抗感染 T 细胞(负责搜索和消灭感冒因子的白细胞)的活性,增强网状内皮系统的吞噬功能,既能增强细胞免疫,又能增强体液免疫;促进蛋白尿的消退,利尿保肾;保护细胞,抑制病毒导致细胞病变,并可促进抗流感病毒抗体的生成;兴奋中枢神经系统,保护大脑细胞;可抑制血小板聚集,对抗血栓形成,延长血栓形成时间,抗心律失常;升高红细胞、血细胞、血小板的数量;降血脂,降血压,抗氧化,抗疲劳,抗辐射,抗肿瘤,抗衰老,耐缺氧。

著名中医岳美中说,黄芪对治疗急性衰弱症没有好的效果,但是对于慢性衰弱症却有很好的治疗效果。他还认为黄芪对于治疗中气下陷所导致的小腹重坠,呼吸急促等有很好的效果。

美国癌症研究中心和另外 5 个主要癌症的研究所对黄芪进行了一系列的研究发现,黄芪具有增强癌症患者免疫功能的作用。这种作用可能是由于白细胞数量增加而产生的。此外,化疗和放疗期间的癌症患者补充黄芪后,身体恢复的速度明显地加快了,并且比没有补充黄芪的癌症患者存活的时间长,还有报道显示,黄芪中的皂苷和甜菜碱能够改善肺功能并促进肝脏损伤的愈合。

国外研究发现,黄芪中有一种独特的能够影响产生血凝途径的脂质物质,因此,提出它可能有助于降低心脏病的发作,减少患冠状心脏病和脑中风的危险。同时提出黄芪对心动过速的实验动物具有恢复心脏规律性跳动的功能。另一研究也显示黄芪改善了实验动物充血性心脏病的症状,能够恢复左心室的重塑和促进左心室的功能。

孕妇忌用黄芪:一是黄芪干扰了妊娠期胎儿正常下降的生理规律;二是黄芪有助气壮筋骨,长肉补血的作用;三是黄芪有利尿作用,通过利尿,羊水相对减少,以致延长产程,使胎儿过大而造成难产。疮疡初起或溃后热毒痈盛,胸闷、高热、便秘、食积内停,阴虚阳亢,表实邪盛,气滞湿阻者不宜用。新鲜的黄芪含有树胶渗出液的化学物质,某些过敏的人不要服用。

煎服 10~30 克。表实邪盛,气滞湿阻,食积内停,阴虚阳亢,热毒疮肿等患者不宜使用。

《圣济总录》黄芪丸:本方润泽紧致肌肤,除皱;补益肾气为主。黄芪(挫)、肉苁蓉(酒浸切焙)、人参、防风、桂心(去出皮)、桔梗(炒)、牛膝(酒浸切焙)、白术、芍药、白茯苓(去黑皮)、炮天雄、炮附子各 50 克。上 12 味捣罗为末,炼蜜和丸,如梧桐大,每服 20 丸,温酒活盐汤下,空腹服。

《丹溪心法》玉屏风散:"治自汗:防风、黄芪各 50 克,白术 100 克。

上每服 15 克，水一钟半，姜三片煎服。"

《奇效良方》地仙丸：壮筋骨，滑肌肤，祛皱纹。黄芪（剉炒）、天南星（炮）、怀香子（炒）、地龙（去土）、骨碎补（炒）、防风（去叉）、赤小豆（拣）、狗脊（去毛）、白蒺藜（炒）、乌药（去木）、白附子（炮）附子（炮去皮脐）、萆薢各 25 克，牛膝 15 克（酒浸切焙），木鳖子 1.5 克（去壳）。捣罗为末，酒煮面糊为丸，如梧桐子大。每服 20 丸，空腹食前盐汤或茶酒调下。

《外台秘要》文仲面脂方：本方滋养护肤，面有光泽。细辛、葳蕤、黄芪、白附子、山药、辛夷、川芎、白芷各 0.3 克，瓜蒌、木兰皮各 0.6 克，猪脂 2 升。将这 11 味药切碎，以绵裹，加少许酒浸一宿，纳脂膏煎之，七上七下，别出 1 升。白芷煎色黄，药成，去滓，搅凝。敷面，任用之。

《金匮要略》黄芪桂枝五物汤："治血痹，阴阳俱微，寸口关上微，尺中小紧，外证身体不仁，如风痹状：黄芪 150 克，芍药 150 克，桂枝 150 克，生姜 300 克，大枣 12 枚。上五味，以水 6 升，煮取 2 升，温服 7 合，日 3 服。"

《外科正宗》透脓散："治痈疽诸毒内脓已成，不穿破者：黄芪 20 克，山甲 5 克（炒末），皂角针 7.5 克，当归 10 克，川芎 15 克。水二盅，煎一半，随病前后，临时入酒一杯亦好。"

《局方》神效托里散："治痈疽发背，肠痈，奶痈，无名肿毒，焮作疼痛，憎寒壮热，类若伤寒，不问老幼虚人：忍冬草（去梗）、黄芪（去芦）各 250 克，当归 50~100 克，甘草（炙）50 克。上为细末，每服 10 克，酒一盏半，煎至一盏，老病在上，食后服，病在下，食前服，少顷再进第二服，留滓外敷，未成脓者内消，已成脓者即溃。"

《四圣心源》黄芪人参牡蛎汤："治痈疽脓泄后，溃烂不能收口：黄芪 15 克，人参 15 克，甘草 10 克，五味 5 克，生姜 15 克，茯苓 15 克，牡蛎 15 克。水煎大半杯，温服。"

《千金方》黄芪汤："治消渴：黄芪 150 克，茯神 150 克，栝楼 150 克，甘草 150 克（炙），麦冬 150 克（去心），干地黄 250 克。上六味切，以水八升，煮取二升半，分三服。忌芜荑、酢物、海藻、菘菜。日进 1 剂，服 10 剂。"

孙用和："治肠风泻血：黄芪、黄连等分。上为末，面糊丸，如绿豆大。每服 30 丸，米饮下。"

《永类钤方》："治尿血沙淋，痛不可忍：黄芪、人参等分，为末，以大萝卜 1 个，切一指厚大四五片，蜜 100 克，淹炙令尽，不令焦，点末，食无时，以盐汤下。"

《经验良方》黄芪散："治白浊：黄芪盐炒25克，茯苓50克。上为末，每服10克，空心白汤送下。"

《局方》黄芪汤："治老人大便秘涩：绵黄芪、陈皮（去白）各25克。上为细末，每服15克，用大麻仁一合烂研，以水投取浆一盏，滤去滓，于银、石器内煎，候有乳起，即入白蜜一大匙，再煎令沸，调药末，空心食前服。"

《得配本草》："治四肢节脱，但有皮连，不能举动，此筋解也：黄芪150克，酒浸一宿，焙研，酒下10克，至愈而止。"

《小儿卫生总微论方》："治小儿小便不通：绵黄芪为末，每服5克，水一盏，煎至五分，温服无时。"

《普济方》黄芪散："治小儿营卫不和，肌瘦盗汗，骨蒸多渴，不思乳食，腹满泄泻，气虚少力：黄芪（炙）、人参、当归、赤芍药、沉香各50克，木香、桂心各25克。上细切，每服5克，生姜二片，枣子半个，水半盏，煎至三分，去滓，温服。"

《内蒙古中草药新医疗法资料选编》："治脱肛：生黄芪200克，防风15克。水煎服。"

《兰室秘藏》黄芪汤："补胃除湿，和血益血，滋养元气。黄芪50克，当归身10克（酒洗），人参25克，泽泻25克，藿香叶5克，橘皮5克，木香5克（气转去之）。上药咬咀，每服15~25克，水2大盏，煎一半，欲汗加生姜煎食，远热服之。"

《补品补药与补益良方》黄芪升举汤："补气升举。治气虚下陷所致子宫脱垂、脱肛、胃下垂。黄芪24~30克，党参15克，升麻6~9克，柴胡3~6克，炒枳壳6克，炙甘草6克。上药水煎，每日1剂，煎2次服用。"

《圣济总录》黄芪丸："治气血虚，风寒蕴滞，寒热相搏，往身如有针刺，名曰刺风。黄芪（细锉）、茴香子（炒）、乌头（生用去皮脐）、乌药（锉）、楝实（锉炒）、防风（去叉）、蒺藜（炒去角）、赤小豆（拣）、地龙（去土）各50克。上药为细末，煮面糊和丸如桐子大，每服15~30丸，空心临卧，温酒或盐汤下。""治肝虚劳兼膀胱久积虚冷，目眩见花不明，渐成内障。黄芪（锉）、白茯苓（去黑皮）、石斛（去根）各100克，鹿茸75克（去毛酥炙）、五味子100克（炒）、防风（去叉）、牡丹皮、酸枣仁、覆盆子、生干地黄（焙）各150克。上药捣罗为末，炼蜜和丸如梧桐子大，每服30丸，空心温酒下，加至30丸。"

《医林改错》补阳还五汤："补气活血通络。治中风后遗症。黄芪（生）200克，当归尾10克，赤芍7.5克，地龙5克，川芎5克，桃仁5克。水煎服。"

《圣济总录》黄芪汤："治产后气血虚乏内燥引饮，心下烦闷，黄芪1.5克（微炙锉），白茯苓（去黑皮）、当归（切微炒）、桑寄生（微炙）各25克。桃仁1.5克〔汤浸去皮尖双仁麸炒黄〕，陈麴（微炒）、干姜（炮裂）、桔梗（炒）各25克。上药捣为粗末，每服15克，水一盏，煎至七分，去滓，温服，不拘时候。"

《圣济总录》黄芪丸："治妇人血伤兼带下不止。黄芪（锉）、芍药各150克，赤石脂200克，当归（切焙）、附子（炮裂去皮脐）、熟干地黄（焙）各100克。上药捣罗为末，炼蜜丸如梧桐子大，每服30丸，温酒下。""治妇人漏下，赤白淋沥不断。黄芪75克（锉），阿胶100克（炙燥），甘草50克（炙锉），大枣50枚（去核）。上药粗捣筛，每服15克，水1盏，煎3.5克，去滓，温服，空心食前。"

《圣济总录》黄芪汤："治妊娠五六月血不止。黄芪75克（炙锉），桑寄生（炙锉）、地榆（锉）、熟干地黄（焙）各50克，艾叶（焙干）、龙骨（研）各1.5克。上药粗捣筛，每服25克，水1盏半，生姜0.25克（切），枣3枚擘破，同煎至6分，去滓，食前温服。"

《圣济总录》黄芪散："治吐血。黄芪（锉）、白及、白敛、黄明胶（炒令燥）各100克，上药捣罗为散，每服35克，糯米饮调下。"

《圣济总录》黄芪汤："治虚劳盗汗不止及阳虚自汗。黄芪（锉）50克，麻黄根100克，牡蛎粉150克，人参0.5克，地骨皮25克。上药粗捣筛，每服15克，水1盏，入枣1枚擘，煎7分，去滓，温服。"

《保命集方》黄芪汤："治表虚自汗。黄芪、白术、防风各等分。上药咬咀，每服25~50克，水煎，温服。汗多恶风甚者加桂枝。"

《圣济总录》黄芪散："治三消渴疾，肌肤瘦弱，饮水不休，小便不止。黄芪（锉）、桑根白皮（锉细）各50克，葛根（锉）100克。上药捣罗为散，每服15克，煎熬猪汤，澄清调下，不拘时。"

《医学心悟》黄芪汤："治肺肾两虚，饮少溲多。黄芪15克，五味子5克，人参、麦冬、枸杞子、大熟地各7.5克，水煎服。"

《古今录验》黄芪汤："治虚损失精。黄芪、当归、甘草（炙）各100克，桂心300克，肉苁蓉、石斛各150克，干枣130枚，白蜜2升。上药切，以水一斗，煮取4升，纳蜜，煎取3升分为4服，日3夜1，以食相间，忌海藻、莙菜、生葱。"

《经验良方》黄芪散："治白浊。黄芪（盐炒）25 克，茯苓 50 克，共为末，每服 5~10 克，空心白汤送下。"

《补品补药与补益良方》黄芪黄肉汤："补脾胃，固精气，化浊气。治疗慢性肾小球肾炎具脾肾虚而有蛋白尿者。炙黄芪 24~30 克，山茱萸 10 克，怀山药 30 克，党参 15 克，芡实 15 克。上药水煎，每日 1 次，煎 2 次服用。"

《中国药膳学》黄芪蒸鹌鹑："补脾调肺，益气行水。治气虚脾弱，水肿，小便不利或泄泻，以及体虚、中气下陷的子宫脱垂等病证。黄芪 10 克，鹌鹑 2 只，生姜 2 片，葱白 1 段，胡椒 1 克，食盐 1 克，清汤 250 克，蒸服。"

● 黄精：别名葳蕤、野生姜、山生姜、土灵芝、老虎姜、鸡头参、黄鸡菜、毛管菜、黄之、龙衔、太阳草、玉竹黄精、鹿竹重楼、生姜、野仙姜、阳雀蕨、山捣白、山姜，为百合科植物黄精、囊丝黄精、热河黄精、滇黄精、卷叶黄精等的根茎。中医认为，黄精性平，味甘；有滋阴润肺，健脾益气，补肾益精功效。用于胃阴虚，肺阴虚以及肾阴不足的症候：燥热咳嗽，精血不足，脾胃虚弱，内热消渴，口干食少，舌红便秘，腰膝酸软，头晕以悸，体倦乏力。《救荒本草》："生山谷，南北皆有之，嵩山，茅山者佳。山中人采根九蒸九暴，食甚甘美。"《神仙芝草经》："黄精宽中益气，使五脏调良，肌肉充盛，骨髓坚强，其力增倍，多年不老，颜色鲜明，发白更黑，齿落更生。"《抱朴子》："昔人以本品得坤土之气，获天地之精，故名。"杜甫："扫除白发黄精在，君看他年冰雪容。"《名医别录》："救穷草。""主补中益气，除风湿，安五脏。"《日华子本草》："补五劳七伤，助筋骨，止饥，耐寒暑，益脾胃，润心肺。"《滇南本草》："补虚添精。"《本草纲目》："补诸虚，止寒热，填精髓，下三尸虫。"《本草从新》："平补气血而润。"《现代实用中药》："用于间歇热、痛风、骨膜炎、蛔虫、高血压。"《四川中药志》："补肾润肺，益气滋阴。治脾虚面黄，肺虚咳嗽，筋骨酸痹无力，及产后气血衰弱。"《湖南农村常用中草药手册》："补肾健脾，强筋壮骨，润肺生津。"《本经逢原》："黄精，宽中益气，使五藏调和，肌肉充盛，骨髓强坚，皆是补阴之功。"《本草纲目》："忌梅实，花、叶、子并同。"《本经逢原》："阳衰阴盛人服之，每致泄泻痞满。"《得配本草》："气滞者禁用。"《本草正义》："有湿痰者弗服。胃纳不旺者，亦必避之。"黄精必须炮制后服用——黄精洗净，切片，用酒拌匀，装入容器内，密闭，坐水锅中，隔水炖到酒吸尽，取出，晾干。黄精忌：梅（降低药效）。

　　现代研究认为，黄精含有黏液质、淀粉、多糖复合物、低聚糖、烟酸、醌类、多种氨基酸、掌叶防己碱、药根碱、非洲防己碱、黄藤素、黄藤内酯、甾醇以及锌、铜、铁等微量元素，对腺病毒，疱疹病毒等有一定抑制作用；能增强心肌收缩力，降低心肌脂褐素的含量，增加冠状动脉流量，改善心肌营养，防止动脉粥样硬化，降低血压，增强肝脏内超氧化物歧化酶的活性，保护肝脏，对脂肪肝有辅助疗效；提高人体 T 淋巴细胞的作用，促进免疫球蛋白的形成，增强机体免疫力；促进造血功能；促进核糖核酸、去氧核糖核酸和蛋白质的合成，抗多种致病菌与多种皮肤真菌；提高耐缺氧能力；降血脂，降血糖，抗衰老。黄精治疗癣菌病：取黄精捣碎，以 95% 的酒精浸泡 1~2 天，蒸馏去大部分酒精，使之浓缩。然后加 3 倍水，沉淀，取其滤液，蒸去其余酒精，浓缩至稀糊状，直接涂搽癣患处，每日 2 次。

　　煎服 9~15 克。脾虚有湿，咳嗽痰多，中寒便溏者不宜服。

　　《太平惠民和剂局方》却老养容丸：本方抗衰养颜。黄精 120 克（生者，取汁），生地黄 50 克（取汁），白蜜适量。上药相和，于铜器中搅匀，以慢火煎之，令稠，可丸即丸，如弹子大。每服以温酒研 1 丸服之，日 3 服。

　　《奇效良方》二精丸：本方助气固精，补镇丹田，活血驻颜，使皮肤紧致有弹性。黄精（去皮）1000 克，枸杞子 1000 克。上料各于 8~9 月间采取，先用清水浸黄精令净，细锉，与枸杞子相和，杵碎拌匀，阴干，再捣为细末，炼蜜为丸，如梧桐子大。每晚 30~50 丸，空腹温酒下。

　　《本草纲目》："壮筋骨，益精髓，变白发：黄精、苍术各 2 千克，枸杞根、柏叶各 2500 克，天冬 1500 克。煮汁一石，同曲 5 千克，糯米一石，如常酿酒饮。"

　　《湖南农村常用中草药手册》："治脾胃虚弱，体倦无力：黄精、党参、怀山药各 50 克，蒸鸡食。""治肺结核，病后体虚：黄精 25~50 克。水煎服或炖猪肉食。"

　　《闽东本草》："治肺痨咳血，赤白带：鲜黄精根头 100 克，冰糖 50 克。开水炖服。""治小儿下肢痿软：黄精 50 克，冬蜜 50 克。开水炖服。"

　　《山东中草药手册》："治胃热口渴：黄精 30 克，熟地、山药各 25 克，天花粉、麦冬各 20 克。水煎服。"

　　《福建中医药》："治蛲虫病：黄精 40 克，加冰糖 50 克，炖服。"

　　《中国药膳学》："黄精煨肘：补脾润肺。治脾胃虚弱，饮食不振，肺虚咳嗽，病后体虚。黄精 9 克，党参 9 克，大枣 5 枚，猪肘 750 克，生姜 15 克。煨服。""黄精炖河车：治肺结核体弱者。黄精 30 克，紫河车 1 具洗净，炖熟分数次食用。""黄精蜂蜜煎：治小儿下肢痿软。黄精30克，蜂蜜30克，开水炖服。"

《补品补药与补益良方》："黄精二子丸：滋补肝肾。治肝肾虚所致头发早白、疲劳、目花、健忘，亦治动脉硬化属肝肾阴亏者。黄精、枸杞子、女贞子、泽泻各等分，干燥后研为细末，炼蜜为丸，每丸10克重。每日3次，每次1丸，温开水送服。""黄精首乌酒：滋补肝肾，增强正气。用于肝肾虚者，或久病肝肾阴虚者补益；亦用于神经衰弱，高血压，糖尿病具肝肾虚证者。黄精50克，何首乌30克，枸杞子30克，好米酒或好白酒1千克。将三味药浸泡于酒中，封盖，浸泡7日后可饮用。""黄精花粉汤：滋阴益气，清热止渴。治消渴病。黄精15克，怀山药15克，天花粉15克，知母12克，麦冬12克。以上五味共水煎，水沸1小时后取汤温服。每日1剂。"

● 紫河车：别名胞衣、混沌皮、混元丹、胎衣、混沌衣、人胞，为健康人的胎盘。中医认为，紫河车性温，味甘咸；有温肾助精，养益气血功效。用于肝肾阴虚，骨蒸劳热，盗汗；肾阳不足，精血亏虚，腰膝酸软，头晕目鸣，健忘，男子不育，睾丸发育不全，阳痿遗精，早泄；妇女不孕，子宫萎缩，《本草纲目拾遗》，产后少乳，气血不足，肺结核，须发早白，神经衰弱，神志恍惚，慢性肝炎，再生障碍性贫血。《本草纲目拾遗》："主血气羸瘦，妇人劳损，面黯皮黑，腹内诸病渐瘦悴者。"吴球："治虚损劳极，癫痫，失志恍惚，安心养血，益气补精。"《本草蒙荃》："疗诸虚百损，劳瘵传尸，治五劳七伤，骨蒸潮热，喉咳音哑，体瘦发枯，吐衄来红。"《会约医镜》："凡骨蒸盗汗，腰痛膝软，体瘦精枯，俱能补益。"《本草再新》："大补元气，理血分，治神伤梦遗。"《现代实用中药》："用于神经衰弱、阳痿、不孕，又为阵痛催进剂及促进乳汁分泌剂。"《山东中草药手册》："预防麻疹。"《日用本草》："治男女一切虚损劳极，安心养血，益气补精。"《本草经疏》："人胞乃补阴阳两虚之药，有反本还元之功。然而阴虚精涸，水不制火，发为咳嗽吐血、骨蒸盗汗等证，此属阳盛阴虚，法当壮水之主，以制阳亢，不宜服此并补之剂，以耗将竭之阴也。胃火齿痛，法亦忌之。"

现代研究认为，紫河车含有氮多糖体、多种抗体、干扰素，能抑制多种病毒对人细胞的作用，以及含有能抑制流感病毒的巨球蛋白称β-抑制因子；含有与血凝固有关的成分，其中有类似凝血因子ⅩⅢ的纤维蛋白稳定因子，尿激酶抑制物和纤维蛋白溶酶原活化物；含有多种激素、多种酶、红细胞生长素、磷脂，具有抗癌作用的蛋白质可促进性腺、脾脏、子宫、阴道、乳腺的发育，抗过敏、抗感染、抗癌，增强机体免疫力，改善心脏功能，延缓衰老的作用。胎盘 Y–球蛋含有麻疹，流感等病毒的抗体及白喉抗毒素等，可抗感染，用于预防或减轻麻疹等传染病。胎盘粉有增强机体抵抗力、抗溃疡作用。

每服 1.5~3 克。鲜胎盘每次半个或 1 个，水煮服食。阴虚火旺者不能单独服用。

《妇人良方》河车丸："治劳瘵虚损，骨蒸等症：紫河车 1 具（洗净，杵烂），白茯苓 25 克，人参 50 克，干山药 100 克。上为末，面糊和入河车，加三味，丸梧子大。每服三五十丸，空心米饮下，嗽甚，五味子汤下。"

《宋氏集验医方》："治五劳七伤，吐血虚瘦：初生胞衣，长流水中洗去恶血，待清汁出乃止，以酒煮烂，捣如泥，入白茯神末，和丸梧子大。每米饮下百丸，忌铁器。"

《诸证辨疑》大造丸："治无子，月水不调，小产，难产，其补阴之功极重。久服耳聪目明，须发乌黑：紫河车 1 具（米泔洗净，新瓦焙干，研末，或以淡酒蒸熟，捣晒研末），败龟板（童便浸 3 日，酥炙黄）100 克，黄柏（去皮，盐酒浸炒）75 克，杜仲（去皮，酥炙）75 克，牛膝（去苗，酒浸晒）60 克，生地黄 125 克（入砂仁 30 克，白茯苓 100 克，绢袋盛，入瓦罐酒煮七次，去茯苓、砂仁不用，杵地黄为膏听用），天冬（去心）、麦冬（去心）、人参（去芦）各 60 克。夏月加五味子 35 克。各不犯铁器，为末，同地黄膏入酒，米糊丸如小豆大。每服八九十丸，空心盐汤下，冬月酒下。女人去龟板，加当归 100 克，以乳煮糊为丸；男子遗精，女子带下，并加牡蛎粉 50 克。"

《刘氏经验方》："治久癫失志，气虚血弱者：紫河车治净，煮烂食之。"

《吉林中草药》："治乳汁不足：紫河车 1 具，去膜洗挣，慢火炒焦，研末，每日晚后服 2.5~5 克。"

《活人心统》大造丸："滋精益血，久服耳聪目明，须发乌黑，延年益寿，紫河车 1 具，龟板 100 克（童便浸 3 日，酥炙黄脆），黄柏 75 克（盐酒浸，炒），杜仲 75 克（酥炙去丝），牛膝 60 克（去苗，酒浸晒干），生地黄 125 克（同砂仁末、白茯苓绢包后用酒蒸七次，取地黄捣烂），人参 50 克（去芦），天冬 75 克（去心），麦冬 65 克（去心）。夏天加五味子 15 克；妇人加当归 100 克，去龟板；男女患怯症者去人参；男子遗精白浊，妇人赤白带下，加煅过牡蛎粉 75 克。上药除地黄外，各为细末，与地黄和匀，米糊为丸如梧子大，每服 80~90 丸，空心盐汤进一服，临卧再进一服。冬季可用好酒送服。"

《刘氏经验方》炖紫河车："益精血，补阳气。主治腰酸头晕、耳鸣、男子阳痿遗精、女子不孕，产后乳少。紫河车1个，洗净，煮烂食之。"

《证治准绳》紫河车丸："治癫痫日久，先天不足，后天亏败。紫河车肥厚者1个，洗净，重汤蒸烂研化，入人参，当归末和匀，为丸如芡实大，每服5~6丸，乳汁化下。"

《清太医院配方》河车膏："大补元气，治男妇诸虚百损，或先天不足，元气虚弱，男子肾虚阳痿，精乏无子，妇女子宫虚冷，屡经坠落，不成孕育。党参、生地、枸杞子、当归各100克，紫河车1具。上药用水煎透，炼蜜收膏，每于早晚用黄酒送服3匙。"

《中华人民共和国药典》（1985）河车大造丸："滋阴清热，补肾益肺。治肺肾两亏，虚劳咳嗽，骨蒸潮热，盗汗遗精，腹膝酸软。紫河车100克，熟地黄200克，天冬100克，麦冬100克，杜仲150克（盐炒），牛膝100克（盐炒），黄柏150克（盐炒），龟板200克（制）。上药粉碎或细粉，制成小蜜丸每次6克，1日2次。"

《景岳全书》河车种玉丸："治妇人肾精不足，宫寒不孕。紫河车1具（去胞内瘀血，用米泔淋水洗净，布绞干，石臼内生杵如糊，用山药末200克收干，捻为薄饼八九个，于沙锅内焙干，以香如肉脯为佳），大熟地400克（酒洗烘干），枸杞子250克（烘干），白茯苓（人乳拌3次）、归身（酒洗）、人参（菟丝子制过）、阿胶（炒珠）各200克，丹皮（酒洗）、白薇（酒洗）各100克，沉香50克，桂心、山茱萸（用酒、醋、水各半碗浸3日略烘）各150克，大川芎100克（酒浸切片晒干）。上药炼蜜为丸，如梧桐子大，每服百余丸，空心或酒或白汤、盐汤化下。如带浊多者加赤、白石脂各100克，须用清米泔飞过用。服药后忌生萝卜、生藕、葱蒜、绿豆粉之类。"

《医略六书》紫河车丸："治气血两亏，虚寒不孕，脉软弱者。紫河车1具（白酒洗，银针挑净紫筋），大熟地400克，当归身200克，白芍药100克（酒炒），冬白术200克（制），怀山药200克（炒），金香附100克（酒炒），拣人参200克，紫石英200克（醋煅），枸杞子200克，蕲艾叶100克（醋炒），小川芎100克。上各药与河车入陈酒煮烂收干，晒脆为细末，炼蜜为丸，每用温酒送服15~25克。"

● 锁阳：别名琐阳、不老药、锈铁棒、地毛球、黄骨狼、锁严子、羊锁不拉、耶尔买他格、乌兰一告亚，为锁阳科植物锁阳的全草。中医认为，琐阳性温，味甘；有补肾益精，润肠通便功效。用于肾阳不足之阳痿不孕，腰膝痿弱，筋骨无力；肠燥津枯的大便秘结，尿血。《本草衍义补遗》："补阴气。治虚而大便燥结用。"《本草纲目》："润燥养筋。治痿弱。"《本草原始》："补阴血虚火，兴阳固精，强阴益髓。"《内蒙古中草药》："治阳痿遗精，腰腿酸软，神经衰弱，老年便秘。"《本草从新》："泄泻及阳易举而精不固者忌之。"《得配本草》："益精兴阳，润肠壮筋。""大便滑，精不固，火盛便秘，阳道易举，心虚气胀，皆禁用。"《本草述钩元》："取坚而肥者，烧酒浸 7 次，焙 7 次。"

煎服 9~15 克。阴虚阳亢，脾虚泄泻，实热便秘均忌服。

《丹溪心法》虎潜丸："治痿：黄柏 250 克（酒炒），龟板 200 克（酒炙），知母 100 克（酒炒），熟地黄、陈皮、白芍各 100 克，锁阳 75 克，虎骨 50 克（炙），干姜 25 克。上为末，酒糊丸，或粥丸。"

《宁夏中草药手册》："治肾虚遗精，阳痿：锁阳、龙骨、苁蓉、桑螵蛸、茯苓各等分。共研末，炼蜜为丸，每服 15 克，早晚各 1 次""治泌尿系统感染尿血：锁阳、忍冬藤各 25 克，茅根 50 克。水煎服。""治老年气弱阴虚，大便燥结：锁阳、桑葚子各 25 克。水煎取浓汁加白蜂蜜 50 克，分两次服。

《陕西甘宁青中草药选》："治阳痿，早泄：锁阳 25 克，党参、山药各 20克，覆盆子 15 克。水煎服。""治白带：锁阳 25 克，沙枣树皮 15 克。水煎服。"

《中国沙漠地区药用植物》："治Ⅱ度子宫下垂：锁阳 25 克，木通 15 克，车前子 15 克，甘草 15 克，五味子 15 克，大枣 3 枚。水煎服。""治胃痛，胃酸过多：锁阳 200 克，寒水石（煅）250 克，红盐 5 克，龙胆草 50 克，冰糖 500 克。共为细末，每服 15 克。""治心脏病：锁阳，冬季采集后用猪油（或奶油）炸后，经常冲茶服，20 日为一疗程。"

● 蒲公英：别名黄花地丁草、乳浆草、古古丁、黄花苗、凫公英、黄花三七、孛孛丁、婆婆丁、仆公英、蒲公草，为菊科植物蒲公英的带根全草。中医认为，蒲公英性寒，味甘微苦；有清热解毒，利湿健脾，清肝利胆，通乳明目，消肿散结，利尿通淋功效。用于痈肿疔毒，乳痈初起，红肿疼痛，急性乳腺炎，淋巴结炎，胆囊炎，瘰疬，咽痛，目赤肿痛，感冒发烧，湿热黄疸，热淋涩痛，急性支气管炎，胃炎，肝炎，热淋，小便涩痛，盆腔炎，及对肝功能失调引起的皮肤病有很好的疗效。《本草纲目》："乌须发，壮筋骨。""妇人乳痈水肿，煮汁饮及封之，用量过大，可致缓泻。"《本草衍义补遗》："化热毒，消恶肿结核，解食毒，散滞气。"《本草纲目拾遗》："疗一切毒虫蛇伤。"《唐本草》："主妇人乳痈肿。"《本草图经》："敷疮，又治恶刺及狐尿刺。"《本草衍义补遗》："化热毒，消恶肿结核，解食毒，散滞气。"《滇南本草》："敷诸疮肿毒，疥癞癣疮；祛风，消诸疮毒，散瘰疬结核；止小便血，治五淋癃闭，利膀胱。"《医林纂要》："补脾和胃，泻火，通乳汁，治噎膈。"《随息居饮食谱》："清肺，利嗽化痰，散结消痈，养阴凉血，舒筋固齿，通乳益精。"《岭南采药录》："炙脆存性，酒送服，疗胃脘痛。"《广州部队常用中草药手册》："清热解毒，凉血利尿，催乳。治疗疮，皮肤溃疡，眼疾肿痛，消化不良，便秘，蛇虫咬伤，尿路感染。"《上海常用中草药》："清热解毒，利尿，缓泻。治感冒发热，扁桃体炎，急性咽喉炎，急性支气管炎，流火，淋巴结炎，风火赤眼，胃炎，肝炎，骨髓炎。"

现代研究认为，蒲公英含有蒲公英甾醇、蒲公英素，蒲公英苦素有广谱抗菌作用，能激发机体免疫功能，可防治肺癌、胃癌、食道癌等，并对金黄色葡萄球菌、溶血性链菌、脑膜炎球菌、铜绿假单胞菌、变形杆菌、皮肤真菌、钩端螺旋体等有抑制作用；尚含有胆碱、葡萄糖、果胶、叶黄素、蝴蝶梅黄素、叶绿醌及多种营养素，清肝作用显著，并且有助于胆汁的流动，可疏通乳腺管之阻塞，促进乳汁分泌，增加白细胞数量，提高淋巴细胞的转化能力，从而增强机体抗病能力；防治慢性胆囊痉挛及胆结石；还有利尿，保肝，健胃，轻泻，抗氧化，抗肿瘤，抗胃溃疡作用。

煎服 10~20 克，用量过大可致缓泻。

《内蒙古中草药新医疗法资料选编》："治急性乳腺炎：蒲公英 100 克，香附 50 克。每日 1 剂。煎服 2 次。"

《梅师集验方》："治产后不自乳儿，蓄积乳汁，结作痈：蒲公英敷肿上，日三四度易之。"

《滇南本草》："治瘰疬结核，痰核绕项而生：蒲公英 15 克，香附 5 克，羊蹄根 7.5 克，山慈姑 5 克，大蓟独根 10 克，虎掌草 10 克，小一枝箭 10 克，小九古牛 5 克。水煎，点水酒服。"

《全展选编·五官》："治急性结膜炎：蒲公英、金银花。将两药分别水煎，制成两种滴眼水。每日滴眼 3~4 次，每次 2~3 滴。"

《中医杂志》："治急性化脓性感染：蒲公英、乳香、没药、甘草，煎服。"

《南京地区常用中草药》："治肝炎：蒲公英干根 30 克，茵陈蒿 20 克，柴胡、生山栀、郁金、茯苓各 15 克。煎服。或用干根、天明精各 50 克，煎服。""治胆囊炎：蒲公英 50 克。煎服。""治慢性胃炎、胃溃疡：蒲公英干根、地榆根各等分，研末，每服 10 克，1 日 3 次，生姜汤送服。"

《现代实用中药》："治胃弱、消化不良，慢性胃炎，胃胀痛：蒲公英 50 克（研细粉），橘皮 300 克（研细粉），砂仁 15 克（研细粉）。混合共研，每服 1~1.5 克，一日数回，食后开水送服。"

《抗肿瘤中药的临床应用》："治疗食管癌：蒲公英、半枝莲各 500 克，黄连、黄柏各 60 克，半夏、天花粉各 120 克，连翘 180 克。共研细末，制成散剂，口服，日 3 次，每次 9~12 克。"

《抗老膏集锦》蒲公英膏："清热利咽，乌发壮骨。适用于老年体弱，咽红肿痛，须发早白，筋骨疼痛。蒲公英 1000 克。切碎，加水煎熬，共 3 次，去渣，合并滤液，浓缩，加炼蜜 500 克收膏。每服 30 克，每日 3 次，白开水冲服。"

《古今医鉴》蒲公散："乌须生发。蒲公英（炒）、血余（洗净）、青盐（研）各 200 克。上药用瓷罐一只，盛蒲公英一层，血余一层、青盐一层，盐泥封固，腌，春秋五日，夏三日，冬七日，桑柴火煅，令烟净为度，候冷取出，碾为末，每服 5 克，清晨酒调服。"

● 槟榔：别名花槟榔、洗瘴丹、宾门、榔王、槟榔子、枣儿槟、下腹子、大白、槟榔仁、海南子、花大白、白槟榔、橄榄子、大腹槟榔、马金南、青仔、槟榔王、榔玉，为棕榈科植物槟榔的种子。中医认为，槟榔性温，味甘辛；有宽胸止呕，醒酒杀虫，消食下气，利水消肿功效。用于胸膈满闷，痞胀呕吐，积滞泻痢腹痛，青光眼，眼压增高，脚气肿痛，疟疾（可在发作前 2~3 小时以槟榔代茶饮），水肿，泻痢，痰癖及肠道寄生虫（绦虫、蛔虫、钩虫、蛲虫、姜片虫）。《医林纂要》："有补肺敛气之功。""能和能补。"《名医别录》："主消谷逐水，除痰癖，杀三虫，疗寸白。"《药性论》："宣利五脏六腑壅滞，破坚满气，下水肿。治心痛，风血积聚。"《唐本草》："主腹胀，生捣末服，利水谷。敷疮，生肌肉止痛。烧为灰，主口吻白疮。"《脚气论》："治脚气壅毒，水气浮肿。"《海药本草》："主奔豚诸气，五膈气，风冷气，宿食不消。"《日华子本草》："除一切风，下一切气，通关节，利九窍，补五劳七伤，健脾调中，除烦，破症结，下五膈气。"《医学启源》："治后重。"王好古："治冲脉为病，气逆里急。"《本草纲目》："治泻痢后重，心腹诸痛，大小便气秘，痰气喘急。疗诸疟，御瘴疠。"《本草通玄》："止疟疗疝。"《随息居饮食谱》："宣滞破坚，定痛和中，通肠逐水，制肥甘之毒，且能坚齿，解口气。"《现代实用中药》："驱除姜片虫、绦虫，兼有健胃，收敛及泻下作用。"《食疗本草》"多食发热。"《本草经疏》："病属气虚者忌之，脾胃虚，虽有积滞者不宜用，心腹痛无留结及非虫攻咬者不宜用；症非山岚瘴气者不宜用。凡病属阴阳两虚，中气不足，而非肠胃壅滞，宿食胀满者，悉在所忌。"《本草逢原》："凡泻后、疟后虚痢，切不可用也。"《雷公炮炙论》："欲使槟榔，先以刀利去底，细切，勿经火，恐无力效。若熟使，不如不用。"

《本草述》："槟榔急治生用，经火则无力。缓治略炒或醋煮过。"

现代研究认为，槟榔含有生物碱 0.3%~0.6%，主要为槟榔碱，并含脂肪酸、氨基酸、鞣质、皂苷及红色素等成分，可使绦虫麻痹瘫痪而排出体外，对驱蛔虫、蛲虫、姜片虫也有疗效；槟榔碱的作用与毛果芸香碱相似，可兴奋 M-胆碱受体引起腺体分泌增加，特别是唾液分泌增加，滴眼时可使瞳孔缩小，并增加肠蠕动，收缩支气管，减慢心率，并可引起心管扩张，血压下降，兔应用引起冠状动脉收缩；对流感病毒和某些皮肤真菌有抑制作用；收缩胆囊，促进胆汁排出；也能兴奋 N-胆碱受体，表现为兴奋骨骼肌，神经节及颈动脉体等。槟榔还有抗真菌、抗病毒作用。中国医科大学附属第四人民医院药剂科主任马海英介绍"槟榔属于一级致癌物，是造成口腔癌的主要原因。""槟榔中加的麻黄素就是国家严令打击的冰毒前体，麻黄素对心脏、肾脏有病的人有非常大的危害性。"

煎汤服 4~10 克，单用驱虫可用 30~80 克。槟榔含有致癌物质，有破气作用，故脾胃虚弱、便溏、中气下陷者不宜服用。过量及持续食用会引起流涎，呕吐、利尿，昏睡，甚至惊厥。肝炎病人吃后可能造成肝损害。孕妇慎用。

《千金方》："治寸白虫：槟榔二七枚。治下筛。以水二升半，先煮其皮，取一升半，去滓纳末，频服暖卧，虫出，出不尽，更合服，取瘥止。宿勿食，服之。"

《食物中药与便方》："治姜片虫，绦虫，蛔虫：南瓜子仁 15~28 克，研细，加适量白糖，另用槟榔 15~24 克，煎汤送服，每日 1 次，空腹服。"

《圣惠方》："治诸虫在脏腑久不瘥者：槟榔 25 克（炮）为末。每服 10 克，以葱蜜煎汤调服 5 克。"

《本草备要》："治阴毛生虱：槟榔煎水洗。"

● 酸枣仁：别名枣仁、酸枣核，为鼠李科植物酸枣的种子。中医认为，酸枣仁性平，味酸；有养肝，宁心，安神，敛汗，生津功效。治心肝阴血不足，虚火上扰，心神不安，虚烦不眠，惊悸怔忡，阴虚盗汗，气虚自汗，津伤口渴。《神农本草经》："主心腹寒热，邪结气聚，四肢酸疼，湿痹。"《名医别录》："主烦心不得眠，脐上下痛，血转久泄，虚汗烦渴，补中，益肝气，坚筋骨，助阴气，令人肥健。"《药性论》："主筋骨风，炒末作汤服之。"《本草纲目拾遗》："睡多生使，不得睡炒熟。"王好古："治胆虚不眠，寒也，炒服；治胆实多睡，热也，生用。"《本草汇言》："敛气安神，荣筋养髓，和胃运脾。"《本草再新》："平肝理气，润肺养阴，温中利湿，敛气止汗，益志定呵，聪耳明目。"《本草正》："宁心志，止虚汗，解渴除烦，安神养血，益肝补中，收敛魂魄。"《本草经集注》："恶防己。"《本草经疏》："凡肝，胆、脾三经有实邪热者勿用，以其收敛故也。"《得配本草》："肝旺烦躁，肝强不眠，禁用。"《本草求真》："性多滑，滑泄最忌。"煎服9~15克，研末服每次1.5~2克。

现代研究认为，酸枣仁含有脂肪油，蛋白质，两种甾醇，三萜化合物（白桦脂醇，白桦脂酸），酸枣仁皂苷，黄酮类，维生素C等。具有抗心律失常、提高抗缺氧能力；降血压，降血脂，防治动脉硬化；抗烧伤，减轻烫伤局部的组织水肿；镇静，催眠，镇痛，降温，抗惊厥，兴奋子宫作用。

《金匮要略》酸枣仁汤："治虚劳虚烦，不得眠：酸枣仁二升，甘草50克，知母100克，茯苓100克，芎劳100克。上五味，以水八升，煮酸枣仁得六升，纳诸药煮取三升，分温三服。"

《局方》宁志膏："治心脏亏虚，神志不守，恐怖惊惕，常多恍惚，易于健忘，睡眠不宁，梦涉危险，一切心疾：酸枣仁（微炒，去皮）、人参各50克，辰砂25克（研细，水飞），乳香（以乳体钵坐水盆中研）0.5克。上四味研和停，炼蜜丸如弹子大。每服一粒，温酒化下，枣汤亦得，空心临卧服。"

《普济方》："治睡中盗汗：酸枣仁、人参、茯苓各等分。上为细末，米饮调下半盏。"

《太平圣惠方》酸枣仁散："治肝脏风虚，目视䀹䀹，常多泪出。酸枣仁、五味子、蕤仁各50克。上药为末，每于食后温酒调服5克。""治肝脏虚寒，心多恐惧，面色青白，筋脉拘急，目视不明。酸枣仁50克（微炒），枳实50克（麸炒微黄色），五味子50克，白术50克，白茯苓50克，泽泻50克，芎劳50克，麦冬50克（去心），黄芪50克（锉），甘草25克（炙微锉）。上药为散，每服15克，水煎服，不拘时候。"

《万病回春》酸枣仁汤："主治多眠及失眠。人参（去芦）、白茯苓（去皮）、酸枣仁（和皮微炒）各等分，锉1剂水煎，如不要睡即热服，如要睡即冷服。"

● 薏苡仁，别名薏米、苡薏人、苡仁、芑米、薏仁、回回米、珍珠米、药玉米、六谷米、菩提珠、沟子米、水玉米、菩提子、起实、感米、薏珠子、草珠儿、必提珠、芑实、米仁、苡米、草珠子、胶念珠、尿糖珠、老鸦珠、六谷子、裕米、尿端子、尿珠子、催生子、益米、蓼茶子，为禾本科植物薏苡的种仁。中医认为，薏苡仁性凉，味甘淡；有健脾补肺，轻身益气，除痹止泻，清热排脓，利水除湿，养颜润肤，缓和挛急功效。主治小便不利，脚气水肿，筋脉拘挛，脾虚泄泻，湿热淋证，风湿痹痛，白带增多，子宫颈癌，

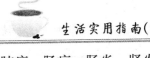

肺痈，肠痈，肠炎，肾炎，色斑，雀斑，寻常疣，皮肤病。《神农本草经》："主筋急拘挛，不可屈伸，风湿痹，下气。"《名医别录》："除筋骨邪气不仁，利肠胃，消水肿，令人能食。"《药性论》："主肺痿肺气，吐脓血，咳嗽涕唾上气。煎服之破五溪毒肿。"《食疗本草》："去干湿脚气。"《本草纲目拾遗》："温气，主消渴。""杀蛔虫。"《医学入门》："主上气，心胸甲错。"《本草纲目》："健脾益胃，补肺清热，祛风胜湿。炊饭食，治冷气，煎饮，利小便，热淋。"《国药的药理学》："治胃中积水。"《中国药植图鉴》："治肺水肿，湿性肋膜炎，排尿障碍，慢性胃肠病，慢性溃疡。"《本草述》："薏苡仁，除湿而不如二术助燥，清热而不如苓、连辈损阴，益气而不如参、术辈犹滋湿热，诚为益中气要药。"《本草经疏》："凡病大便燥，小水短少，因寒转筋，脾虚无实者忌之。妊娠禁用。"《随息居饮食谱》："脾弱便艰，忌多食，性专下达，孕妇忌之。"《饮食须知》："因寒筋急，不可食，以其性善者下也。妊妇食之堕胎。"《得配本草》："肾水不足，脾阴不足，气虚下陷，妊娠四者禁用。"《本草通玄》："下利虚而下陷者，非其宜也。"《食医心镜》："薏米仁，治久风湿痹，补正气，利肠胃，消水肿，除隐中邪气，活筋脉拘挛。"《本草新编》："薏仁最善利水，不致损耗真阴，凡湿盛在下身者最宜用之。"岳美中教授认为，可治寻常疣，皮肤病：将薏苡仁碾面，每天冲服 10 克，一个月即可脱落。《雷公炮炙论》："凡使（薏苡仁）50 克，以糯米 100 克同熬，令糯米熟，去糯米，取使。若更以盐汤煮过，别是一般修制，亦得。"

现代研究认为，薏苡仁的丙酮和乙醇提取物对艾氏腹水癌有抑制作用；乙醇提取物并能使肿瘤胞浆产生变性，其另外部分能使核分裂停止于中期；薏苡酯也具有抗肿瘤作用，已人工合成。薏苡仁油低浓度时对呼吸、心脏、横纹肌和平滑肌有兴奋作用，高浓度则有抑制作用，可显著扩张血管，改善肺脏的血液循环。薏苡素具有抑制横纹肌的保健美容，以及解热镇痛作用，其镇痛强度与氨基比林相似，并有降血压作用。薏苡仁还含有蛋白质、脂肪、糖类、三萜类化合物，阿魏酰豆甾醇、阿魏酰菜油甾醇、豆甾醇和菜油甾醇的棕榈酸酯及硬脂酸酯、多种薏苡仁多糖，维生素 B，有促进健康人淋巴细胞转化的作用；对慢性肠炎、消化不良、腹水有疗效；抗疲劳，抗衰老，镇静、镇痛解热、消炎、排脓；减少肌肉之挛缩；抗癌，对癌细胞有抑制作用；能使血清钙、血糖下降；还可使人体皮肤光泽细腻，消除粉刺、雀斑、老年斑、妊娠斑及蝴蝶斑，对脱屑、痤疮、皲裂及皮肤粗糙等有疗效。

研末服用 9~30 克。妇女怀孕早期，或脾胃虚弱的小儿、老人，便秘，尿多，津液不足者忌食。清利湿热宜生用，健脾止泻宜炒用，本品力缓用量宜大，亦可做粥食用。但是食用过量有烧心之感。

《金匮要略》麻黄杏仁薏苡甘草汤："治病者一身尽疼，发热，日晡所剧者，名风湿，此病伤于汗出当风，或久伤取冷所致：麻黄25克（去节）（汤泡），甘草50克（炙），薏苡仁25克，杏仁10个（去皮、尖，炒）。上锉麻豆大，每服20克，水一盏，煮八分，去滓温服，有微汗避风。"

《广济方》："治风湿痹气，肢体痿痹，腰脊酸疼：薏苡仁500克，真桑寄生、当归身、川续断、苍术（米泔水浸炒）各200克。分作16剂，水煎服。"

《独行方》："治水肿喘急：郁李仁100克。研，以水滤汁，煮薏苡仁饭，日二食之。"

《千金方》："治肠痈：薏苡仁一升，牡丹皮、桃仁各150克，瓜瓣人二升。上四味，以水六升，煮取二升，分再服。"

《杨氏经验方》："治沙石热淋，痛不可忍：玉秫（子，叶，根皆可用），水煎热饮，夏月冷饮，以通为度。"

《常见病民间饮食滋补疗法》苡仁粳米饭："治虚弱水肿。薏苡仁30克，白扁豆30克，红枣10枚，莲米30克（去心），核桃肉30克，糖青梅10枚，粳米500克，白糖30克。将薏苡仁、白扁豆、莲肉用水泡发蒸烂，红枣泡发后去核，核桃肉炒熟，糯米洗净加水蒸熟，再将这些一起拌匀，随意服食，常食有效。"

《圣济总录》薏苡仁汤："治体虚风邪外袭，攻走皮肤，状如刺划。薏苡仁100克，独活（去芦头）、茵芋、细辛（去苗叶）、桂（去粗皮）、侧子（炮裂，去皮脐）、防风（去叉）、酸枣仁（微炒）、麻黄根（去根、节，先煮，去沫，焙）、五加皮、羚羊角（镑）各50克，甘草25克（炙，锉）。上药锉如麻豆大，每用20克，加生姜半分水煎服，不计时候。"

《千金要方》薏苡仁汤："治筋挛不可屈伸。白敛、薏苡、芍药、桂心、酸枣仁、干姜、牛膝、甘草各50克，附子3枚。以醇酒2斗渍1宿，微火煎3沸，每服1升，每日3次，扶杖起行，不耐酒者服5合。"

《太平圣惠方》薏苡仁粥："治中风言语謇涩，手足不遂，大肠壅滞，筋脉拘急。薏苡仁3合，冬麻子半升。上药以水3大盏，研滤麻子取汁，用煮薏苡仁作粥，空腹食之。"

《圣济总录》薏苡仁汤："治肝虚筋脉不利，腹急筋见，胁肋胀满。薏苡仁、防风（去叉）、桂（去粗皮）、当归（切，焙）各50克，酸枣仁1.5克

(炒)、白茯苓（去黑皮）、海桐皮、草薢各 25 克，芎䓖 1.5 克。上药切碎，每服 15 克，水煎服，不拘时候。"

《中国秘方大全》："治面部黑斑及皮肤粗糙：薏仁研成细粉，每次服 10 克，每日 3 次，于饭前半小时至 1 小时服，数月即可治愈。亦可煎茶饮，并加入少许蜂蜜。"

《抗肿瘤中药的临床运用》："治肺癌：薏苡仁 20 克，金荞麦 30 克，桃仁 12 克，臭壳虫 6 克，通关藤 15 克。水煎 3 次，每次煎 20 分钟，合并药液，分 3 次服，每日 1 剂，半月为 1 疗程。""治胃癌：薏苡仁、白屈菜、刺五加、软枣根各 30 克，三棱、莪术各 9 克，水煎服。""乳腺癌手术，放化疗后辅助治疗：薏苡仁、三七粉、黄芪、乳香、没药、何首乌各 30 克，人工牛黄 15 克。共为细末，水泛为丸，日 2 次，每次 3 克。温开水送服。"

● 薏苡叶：《本草图经》："为饮香，益中空膈。"《琐碎录》："暑月煎饮，暖胃，益气血。"

● 薏苡根：《滇南本草》："性寒，味苦微甘。"《神农本草经》："下三虫。"《补缺肘后方》："治卒心腹烦满，又胸胁痛欲死，锉薏苡根，浓煮取汁服。"陶弘景："小儿病蛔虫，取根煮汁糜食之。"《滇南本草》："清利小便。治热淋疼痛，尿血，止血淋、玉茎疼痛，消水肿。"《本草蒙荃》："治肺痈。"《本草纲目》："捣汁和酒服，治黄疸。"《草木便方》："能消积聚癥瘕，通利二便，行气血。治胸痞满，劳力内伤。"《分类草药性》："治疝气。"《浙江民间草药》："治白带。"《本草纲目拾遗》："煮服堕胎。"《闽东本草》："治黄疸，小便不利：薏苡根 25~100 克。洗净，杵烂绞汁，冲温红酒半杯，日服 2 次。或取根 100 克，茵陈 50 克，冰糖少许。酌加水煎服，日服 3 次。""治风湿性关节炎：薏苡根 50~100 克，水煎服，日 2 次，或代茶频服。""治脾胃虚弱，泄泻、消化不良：薏苡根 50~100 克。同猪肚一个炖服。""治小儿肺炎，发热喘咳：薏苡根 15~25 克。煎汤调蜜，日服三次。"《滇南本草》："治血淋：薏苡根 10 克，蒲公英 5 克，猪鬃草 5 克，杨柳根 5 克。水煎，点水酒服。"《湖南药物志》："治淋浊，崩带：薏苡根 25~50 克。水煎服。"《梅师集验方》："治蛔虫心痛：薏苡根 500 克。切，水七升，煮三升，服之。"《成都常用草药治疗手册》："治肾炎腰痛，小便涩痛：尿珠根，苟草根、海金沙藤，水煎服。"《湖南药物志》："治夜盲：薏苡根和米泔水煮鸡肝食。"

● 红花：别名刺红花、杜红花、怀红花、淮红花、草红花、红兰花、金红花，为菊科植物红花的花。中医认为，红花性温，味辛；有活血通经、化瘀止痛功效。主治痛经，经闭，癥瘕，难产，死胎，产后恶露不行，瘀阻腹痛，胎盘残留，胃脘痛，头痛，胁痛，胸痹，痈肿，斑疹色暗，风湿痹证，关节疼痛，跌打损伤，挫伤，扭伤所致的皮下瘀血。《唐本草》："治口噤不语，血结，产后诸疾。"《开宝本草》："主产后血运口噤，腹内恶血不尽，绞痛，胎死腹中，并酒煮服。亦主蛊毒下血。"《本草蒙荃》："喉痹噎塞不通，捣汁咽。"《本草纲目》："活血，润燥，止痛，散肿，通经。"《本草正》："达痘疮血热难出，散斑疹血滞不消。"《本草再新》："利水消肿，安生胎，堕死胎。"《本草衍义补遗》："红花，破留血，养血。多用则破血，少用则养血。"《本草述钩元》："红蓝花，养血水煎，破血酒煮。"《外台秘要》："治一切肿，红花，熟揉捣取汁服之。"《药品化义》："红花，善通利经脉，为血中气药，能泻而又能补，各有妙义。若多用二三十克，则过于辛温，使血走散。同苏木逐瘀血，合肉桂通经闭，佐归、芍治遍身或胸腹血气刺痛，此其行导而活血也。若少用 3.5~4 克，以疏肝气，以助血海，大补血虚，此其调畅而和血也。若止用 1~1.5 克，入心以配心血，解散心经邪火，令血调和，此其滋养而生血也。分量多寡之义，岂浅鲜哉。"

现代研究认为，红花含有苷类（红花醌苷、新红花苷、红花苷）、红花黄色素、β-谷甾醇、多糖及有机酸等，对子宫有明显的收缩作用，大剂量会导致子宫痉挛；增加冠状脉血流量，减轻心肌缺血，减慢心率，降低血压，改善微循环；小剂量对心脏有轻度兴奋作用，大剂量则抑制；抑制血小板聚集，抗血栓形成；降低血清总胆固醇及非酯化脂肪酸的含量；减少血管通透性，促进炎性渗出物的吸收；提高耐缺氧能力；降压、降脂、抗炎、镇痛、祛痰。种子所含的红花油有降低血糖的作用。

煎服 3~10 克。孕妇及有出血倾向者，体内有实热者忌服。

《朱氏集验医方》："治女子经脉不通，如血膈者：好红花（细擘）、苏枋木（锤碎）、当归等分。细切，每用 50 克，以水一升半，先煎花、木，然后入酒一盏，并当归再煎，空心食前温服。"

《妇人良方补遗》："治热病胎死；红花酒煮汁，饮二三盏。"

《产乳集验方》："治胎衣不下：红花酒煮汁，饮二三盏。"

《金匮要略》红蓝花酒："治妇人六十二种风及腹中血气刺痛：红蓝花 50 克。以酒一大升，煎减半，顿服一半，未止再服。"

《外台秘要方》："治喉痹壅塞不通者：红蓝花捣绞取汁一小升，服之，以差为度。如冬月无湿花，可浸干者浓绞取汁，如前服之。"

《圣惠方》："治聤耳，累年脓水不绝，臭秽：红花 0.5 克，白矾 50 克

（烧灰）。上件药，细研为末，每用少许，纳耳中。"

《急救便方》："治跌打及墙壁压伤：川麻 0.5 克，木香 1 克，红花 1.5 克，甘草 2 克。均生用，研末，黄酒送下。"

《云南中草药》："治褥疮：红花适量，泡酒外搽。"

《中华药膳宝典》红花酒："活血化瘀，通经止痛。主治血瘀经络之头痛、身痛、心痛、痛经以及跌打损伤所致的痛证：红花、川牛膝、川芎各 10 克，白酒 500 毫升。将上药盛白酒中，浸泡 7 天，每天摇动数次，瓶口封严，过了 7 天即可饮用，早晚空腹饮 10~15 毫升。"

《百病饮食自疗》红花山楂酒："活血化瘀：主治经来量少，紫黑有块，少腹胀痛，拒按，血块排出后疼痛减轻。红花 15 克，山楂 30 克，白酒 250 克。将上药入酒中浸泡 1 周，每次饮 15~30 克，每日 2 次，视酒量大小，不醉为度。"

《浙江中医杂志》调律丸："活血养血清心。主治由冠心、风心、风湿活动期、心肌炎及后遗症所致的各种房性、室性、交界性早搏。红花、苦参、炙甘草，以 1:1:0.6 的比例制成浸膏丸，每丸重 0.5 克。每服 3 丸，日服 3 次，4 周为 1 个疗程。治疗各种心律失常 45 例，显效 15 例，有效 18 例，无效 12 例。"

《中药通报》救尔心胶囊："活血化瘀，通脉止痛。适用于心血瘀阻，气血凝滞而致的心痛、胸闷、心悸、气短、面色苍白、四肢厥冷、口唇青紫等症。常用于冠心病心绞痛的治疗。三七 100 克，丹参 50 克，红花 100 克，川芎挥发油 0.3 克，泽泻 50 克，刺五加干膏 23 克，制成丸剂，每粒重 0.45 克。每日 3 次，每次 2~4 粒，温水送服。"

《宫廷颐养与食疗粥谱》红花糯米粥："养血活血调经。主治月经不调而有血虚血瘀者。红花、当归各 10 克，丹参 15 克，糯米 100 克。先煎诸药，去渣取汁，后入米煮作粥，空腹服食。"

《医宗金鉴》桃红四物汤："活血行瘀。适用于妇女月经不调，痛经，经前腹痛，或经行不畅而有血块，色紫暗，或血瘀引起月经过多及淋漓不净等症。桃仁、红花、当归、赤芍药、生地黄、川芎。水煎服。"

《中国中医秘方大全》斑秃外用方："活血祛风。主治各型斑秃。红花 60 克，干姜 90 克，当归 100 克，赤芍 100 克，生地 100 克，侧柏叶 100 克。将上药切碎放入 75% 酒精 3000 毫升，密封浸泡 10 天后外用，每日搽患处 3~4 次。治疗脱发 33 例，其中斑秃 26 例、全秃 4 例、普秃 3 例，结果治愈或基本治愈 21 例，显效 6 例，好转 2 例，无效 4 例。有效病例一般在 15~30 天开始生长毛发。”

● 茉莉花：别名小南强、奈花、鬘华、木梨花，为木犀科植物茉莉的花。《随息居饮食谱》：“辛甘，温。”“和中下气，辟秽浊。治下痢腹痛。”《本草再新》：“能清虚火，去寒积，治疮毒，消疽瘤。”《饮片新参》：“平肝解郁，理气止痛。”《现代实用中药》：“洗眼，治结膜炎。”《四川中药志》：“用菜油浸泡，滴入耳内，治耳心痛。”

煎服 2.5 克~5 克。

● 茉莉根：《湖南药物志》：“苦，温，有毒。”《现代实用中药》：“有麻醉作用。”《四川中药志》：“续筋接骨止痛：茉莉根捣绒，酒炒包患处。”《湖南药物志》：“治龋齿：茉莉根研末，熟鸡蛋黄调匀，塞龋齿内。”“治头顶痛：茉莉根，蚤休根，捣烂敷痛处；并生以磁针轻扎头部。”“治失眠：茉莉根 1.5~2.5 克。磨水服。”

● 金银花：忍冬花、银花、鹭鹭花、苏花、金花、金藤花、双花、双苞花、二花、二宝花，为忍冬科植物忍冬的花蕾。《滇南本草》：“性寒，味苦。”“清热，解诸疮，痈疽发背，丹毒瘰疬。”《本草正》：“味甘，气平，其性微寒。”“善于化毒，故治痈疽，肿毒，疮癣，杨梅，风湿诸毒，诚为要药。毒未成者能散，毒已成者能溃，但其性缓，用须倍加，或用酒煮服，或捣汁搀酒顿饮，或研烂拌酒厚敷。若治瘰疬上部气分诸毒，用 50 克许时常煎服极效。”《生草药性备要》：“能消痈疽疔毒，止痢疾，洗疳疮，去皮肤血热。”《本草备要》：“养血止渴。治疥癣。”《重庆堂随笔》：“清络中风火湿热，解温疫秽恶浊邪，息肝胆浮越风阳，治痉厥癫痫诸症。”《广州部队常用中草药手册》：“清热解毒。治外感发热咳嗽，肠炎，菌痢，麻疹，腮腮炎，败血症，疮疖肿毒，阑尾炎，外伤感染，小儿痱毒。制成凉茶，可预防中暑，感冒及肠道传染病。”

金银花含有多种成分的挥发油、绿原酸、异绿原酸、黄酮类、萜类、肌醇、咖啡酸、棕榈酸、鞣质等，具有广谱抗菌作用，抑制金黄色葡萄球菌、痢疾杆菌；对流感病毒及皮肤真菌有抑制作用；对免疫系统有双向调节作用；加强肠蠕动，促进胃液及胆汁分泌，保护和治疗肝损伤；兴奋中枢神经系统；抑制肿瘤细胞；降低血浆胆固醇；消炎，解热；抗毒、排毒。

煎服 15~25 克。脾胃虚寒及气虚疮疡脓清者忌服。

《江西草药》：“预防乙脑，流脑。金银花、连翘、大青根、芦根、甘草各 15 克。水煎代茶饮，每日 1 剂，连服 3~5 天。”“治热淋：金银花、海金沙藤、天胡荽、金樱子根、白茅根各 50 克。水煎服，每日 1 剂，5~7 天为一疗程。""治深部脓肿：金银花、野菊花、海金沙、马兰、甘草各 15 克，大青叶 50 克。水煎服。亦可治疗痈肿疔疮。"

《积善堂经验方》："治一切肿毒，不问已溃末溃，或初起发热，并疔疮便毒，喉痹乳蛾：金银花（连茎叶）自然汁半碗，煎八分服之，以滓敷上，败毒托里，散气和血，其功独胜。"

《洞天奥旨》归花汤："治痈疽发背初起：金银花 250 克，水 10 碗煎至 2 碗，入当归 100 克，同煎至一碗，一气服之。"

《医学心悟》忍冬汤："治一切内外痈肿：金银花 200 克，甘草 150 克。水煎顿服，能饮者用酒煎服。"

《洞天奥旨》清肠饮："治大肠生痈，手不可按，右足屈而不伸：金银花 150 克，当归 100 克，地榆 50 克，麦冬 50 克，玄参 50 克，生甘草 15 克，薏苡仁 25 克，黄芩 10 克。水煎服。"

《中级医刊》："治初期急性乳腺炎：银花 40 克，蒲公英 25 克，连翘、陈皮各 15 克，青皮、生甘草各 10 克。上为 1 剂量，水煎 2 次，并分 2 次服，每日 1 剂，严重者可 1 日服 2 剂。"

《竹林女科》银花汤："治乳岩积久渐大，色赤出水，内溃深洞：金银花、黄芪（生）各 25 克，当归 40 克，甘草 9 克，枸橘叶（即臭橘叶）50 片。水酒各半煎服。"

《外科十法》忍冬汤："治杨梅结毒：金银花 50 克，甘草 10 克，黑料豆 100 克，土茯苓 200 克。水煎，每日 1 剂，须尽饮。"

● 菊花：别名节华、金精、甘菊、真菊、金蕊、家菊、馒头菊、簪头菊、甜菊花、药菊，为菊科植物菊的头状花序。中医认为，菊花性凉，味甘苦；有疏风清热，平肝明目，解毒功效。治头痛，眩晕，目赤，心胸烦热，疔疮，肿毒。《神农本草经》："主诸风头眩，肿痛，目欲脱，泪出，皮肤死肌，恶风湿痹，利血气。"《名医别录》："疗腰痛去来陶陶，除胸中烦热，安肠胃，利五脉，调四肢。"陶弘景："白菊，主风眩。"《药性论》："能治热头风旋倒地，脑骨疼痛，身上诸风令消散。"《日华子本草》："利血脉，治四肢游风，心烦，胸膈壅闷，并痈毒，头痛，作枕明目。"《珍珠囊》："养目血。"《用药心法》："去翳膜，明目。"王好古："主肝气不足。"《本草纲目拾遗》："专人阳分。治诸风头眩，解酒毒疔肿。""黄茶菊：明目祛风，搜肝气，治头晕目眩，益血润容，入血分；白茶菊：通肺气，止咳逆，清三焦郁火，疗肌热，入气分。"《本草衍义补遗》："菊花，能补阴，须味甘者，若山野苦者不用，大伤胃气。"《本草新编》："甘菊不单明目，可以大用之者，全在退阳明之胃火。"《本草经集注》："术，枸杞根，桑根白皮为之使。"《本草汇言》："气虚胃寒，食少泄泻之病，宜少用之。"

现代研究认为，菊花含有挥发油，腺嘌呤，胆碱，水苏碱，黄酮类，丁二酸二甲基酰肼，三萜类化合物、花色素、多糖、香豆精、菊苷、氨基酸、硒及维生素 A、维生素 B_1 等，对金黄色葡萄球菌、溶血性链球菌、痢疾杆菌、伤寒杆菌等均有抑制作用；大剂量菊花有明显的解热和降压作用；扩张冠状动脉，增加冠脉血流量；提高心肌耐缺氧能力；抑制毛细血管的通透性而有抗炎作用，降血压，抗氧化，抗衰老。

煎服 5~9 克。凡阳虚或头痛而恶寒者均忌用。

《圣济总录》增色菊花末：白菊花 500 克，茯苓 500 克。农历初九采白菊花，再加入茯苓，二药共研细末，筛过为散，每服 6 克，温酒调下，日 3 次。

《简便单方》："治风热头痛：菊花、石膏、川芎各 15 克，为末。每服7.5 克，茶调下。"

《圣济总录》菊花散："治热毒风上攻，目赤头旋，眼花面肿：菊花（焙），排风子（焙），甘草（炮）各 50 克。上三味，捣罗为散。夜卧时温水调下 15 克。"夜光丸："治眼目昏暗诸疾：蜀椒（去目并闭口，炒出汗，750克捣罗取末）500 克，甘菊花（末）500 克。上二味和匀，取肥地黄7.5 千克，切，捣研，绞取汁八九斗许，将前药末拌浸，令匀，暴稍干，入盘中，摊暴三四日内取干，候得所即止，勿令大燥，入炼蜜 1 千克，同捣数千杵，丸如梧桐子大。每服 30 丸，空心日午，热水下。"

《医级》杞菊地黄丸："治肝肾不足，虚火上炎，目赤肿痛，久视昏暗，迎风流泪，怕日羞明，头晕盗汗，潮热足软：枸杞子、甘菊花、熟地黄、山茱萸、怀山药、白茯苓、牡丹皮、泽泻。炼蜜为丸。"

《局方》菊睛丸："治肝肾不足，眼目昏暗：甘菊花 200 克，巴戟 50 克（去心），苁蓉 100 克（酒浸，去皮炒，切，焙），枸杞子 150 克。上为细末，拣蜜丸，如梧桐子大。每服 30~50 丸，温酒或盐汤下，空心食前服。"

《救急方》："治病后生翳：白菊花、蝉蜕等分。为散。每用 10~15 克，入蜜少许，水煎服。"

《外科十法》菊花甘草汤："治疗：白菊花 200 克，甘草 20 克。水煎，顿服，渣再煎服。"

《扶寿精方》："治膝风：陈艾、菊花。作护膝，久用。"

《中药大辞典》："治冠心病，心绞痛：白菊花 300 克，加温水浸泡过夜，次日煎 2 次，每次半小时，合并滤液再浓缩至 500 毫升，每日 2 次，每次 25 毫升，2 个月为 1 个疗程。""治高血压病：每日用菊花、银花 25~30 克（头晕明显加桑叶 12 克，动脉硬化，血清胆甾醇高者加山楂 12~25 克），混匀，分 4 次用沸滚开水冲泡 10~15 分钟后当茶饮。一般冲泡 2 次后，药渣即可弃掉另换。据 46 例观察，服药 3~7 天后头痛、眩晕、失眠等症状开始减轻，随之血压渐降至正常者 35 例，其余病例服药 10~30 天后，自觉症状均有不同程度的好转。"

《广东医药资料》楂菊茶饮："降血脂。山楂 30 克，菊花 15 克，为 1 日量。用开水冲焗后，加入适量白糖，当茶饮。或将上药加水煮沸去渣加白糖，装入热水瓶里分次饮服。"

● 菊花叶：《本草求原》："辛甘，平。""清肺，平肝胆，治五疗，疔疮毒，痈疽，恶疮。"《食疗本草》："作羹，主头风，目眩，泪出，去烦热，利五脏。"《日华子本草》："明目。生熟并可食。"

● 菊花苗：为菊科植物的幼嫩茎叶。《本草求原》："甘微苦，凉。""清肝胆热，益肝气，明目去翳；同花浸酒（加南枣，杞子更妙）治头风眩晕欲倒。作羹、煮粥亦可。"《世医得效方》："治女人阴肿：甘菊苗捣烂煎汤，先熏后洗。"《遵生八笺》菊苗粥："清目宁心：甘菊新长嫩头丛生叶，摘末洗净，细切，入盐同米煮粥，食之。"

● 槐花：别名槐米、槐蕊，为豆科植物槐的花朵或花蕾。中医认为，槐花性凉，味苦；有凉血，止血，清肝降火功效。治疗肠风便血，痔血，尿血，血淋，崩漏，衄血，咯血，赤白痢下，风热目赤，头痛眩晕，便秘，预防中风。《日华子本草》："治五痔，心痛，眼赤，杀腹藏虫及热，治皮肤风，并肠风泻血，赤白痢。"《医学启源》："凉大肠热。"《本草纲目》："炒香频嚼，治失音及喉痹。又疗吐血，衄血，崩中漏下。"《本草正》："凉大肠，杀疳虫。治痈疽疮毒，阴疮湿痒，痔漏，解杨梅恶疮，下疳伏毒。"《医林纂要》："泄肺逆，泻心火，清肝火，坚肾水。"《本草求真》："治大、小便血，舌衄。"《本草求原》："为凉血要药。治胃脘卒痛，杀蛔虫。"《东北药植志》："治疗糖尿病的视网膜炎。"

现代研究认为，槐花含有芸香甙（以花蕾中含量多，开放后含量少）、三萜皂甙，水解后得白桦脂醇，槐花二醇和葡萄糖，葡萄糖醛酸；另含槐米甲、乙、丙素，甲素为黄酮类，乙、丙素为甾醇类，以及槲皮素、槲皮甙、鞣盾等，具有降血压、降血脂、降血清胆固醇含量；扩张冠状动脉，改善心肌循环，增强心脏功能；防止毛细血管通透性过高，引起出血；抗炎，抗菌，解痉，抗溃疡。

煎服或泡茶服 10~13 克。研末吞服每次 1~1.5 克，止血炒炭用，清热泻火生用。脾胃虚寒及阴虚发热无实火者慎服。

《经验方》："治大肠下血：槐花、荆芥穗等分。为末，酒服 5 克匕。"

《经验良方》槐花散："治脏毒，酒病，便血：槐花（25 克炒，25 克生），山栀子 50 克（去皮，炒）。上为末，每服 10 克，新汲水调下，食前服。"

《永类钤方》："治暴热下血：生猪脏 1 条，洗净，控干，以炒槐花末填满扎定，米醋炒，锅内煮烂，擂，丸弹子大，日干。每服 1 丸，空心，当归煎酒化下。"

《杜氏家抄方》："治诸痔出血：槐花 100 克，地榆、苍术各 75 克，甘草 50 克。俱微炒，研为细末，每早晚各食前服 10 克。气痔（因劳损中气而出血者）人参汤调服；酒痔（因酒积毒过多而出血者）陈皮、干葛汤调服；虫痔（因痒而内有虫动出血者）乌梅汤调服；脉痔（因劳动有伤，痔窍血出远射如线者）阿胶汤调服。"

《箧中秘宝方》："治小便尿血：槐花（炒）、郁金（煨）各 50 克。为末。每服 10 克，淡豉汤下。"

《滇南本草》："治血淋：槐花烧过，去火毒，杵为末，每服 5 克，水酒送下。"

《良朋汇集》槐花散："治血崩：陈槐花 50 克，百草霜 25 克。为末。每服 15~20 克，温酒调下；若昏聩不省人事，则烧红秤锤淬酒下。"

《抗肿瘤中药的临床应用》："治下肠癌：槐花、马齿苋、仙鹤草、白英、枸杞子、鸡血藤各 15 克，黄芪 30 克。水煎服。"

《摘元方》："治白带不止：槐花（炒）、牡蛎（煅）等分。为末。每酒服 15 克，取效。"

《世医得效方》："治衄血不止：槐花、乌贼鱼骨等分。半生半炒，为末，吹鼻。"

《圣济总录》槐香散："治吐血不止：槐花不拘多少。火烧存性，研细，入麝香少许，每服 15 克，温糯米饮调下。"

《奇效良方》槐花散："治舌出血不止，名曰舌衄：槐花，晒干研末，敷舌上，或火炒，出火毒，为末敷。"

《本草汇言》："治赤白痢疾：槐花 15 克（微炒），白芍药 10 克（炒），枳壳 5 克（麸炒），甘草 2.5 克。水煎服。"

《医方摘要》："治疗疮肿毒，一切痈疽发背，不问已成未成，但焮痛者皆治：槐花（微炒）、核桃仁各 100 克，无灰酒一钟。煎千余沸，热服。"

《医学启蒙》槐花金银花酒："治疮疡：槐花2合，金银花25克。酒2碗煎服之，取汗。"

《世医得效方》："治中风失音：炒槐花，三更后仰卧嚼咽。"

● 槐角：别名槐实、槐子、槐豆、槐连灯、九连灯、天豆、槐连豆，为豆科植物槐的果实，有毒。《神农本草经》："味苦，寒。""主五内邪气热，止涎唾，补绝伤，五痔，火疮，妇人乳瘕，子藏急痛。"《名医别录》："久服明目益气，头不白，延年，治五痔。""堕胎。"《本草纲目拾遗》："杀虫去风，明目除热泪，头脑心胸间热风烦闷，风眩欲倒，心头吐涎如醉，漾漾如船车上者。"《日华子本草》："治丈夫女人阴疮湿痒。"《滇南本草》："止血散疳。""治五痔肠风下血，赤白热泻痢疾。"《本草汇言》："凉大肠，润肝燥之药也。"李杲："治口齿风，凉大肠，润肝燥。"《会约医镜》："清心、肺、脾、肝、大肠之火。治心腹热痛。"《本草求原》："槐角润肝养血。治痔、疔、血痢、崩血；其角中核子，补脑，杀虫。"《本草经集注》："景天为之使。"《本草经疏》："病人虚寒，脾胃作泄及阴虚血热而非热者，外证似同，内因实异，即不宜服。"《本经逢原》："益肾清火，与黄柏同类异治。盖黄柏多滋肾经血燥，此则专滋肾家津枯。""胃虚食少及孕妇勿服。"《雷公炮炙论》："凡采得（槐子），铜锤锤之令破，用乌牛乳浸一宿，蒸过用。"

现代研究认为，槐角含有黄酮类化合物，能增强心肌收缩力，减慢心率，增加冠状动脉血流量，降低心肌耗氧量；降低毛细血管的通透性，对预防高血压、糖尿病的出血有一定作用；抗肿瘤，抗菌，抗氧化。

煎服10~25克。脾胃虚寒者及孕妇忌服。

《良朋汇集》槐子散："治血淋并妇人崩漏不止：槐子（炒黄）、管仲（炒黄）各等分。共为末。每服25克，用酽醋一盅煎，滚三五沸，去渣温服。"

《杨氏简易方》："治小便尿血：槐角子15克，车前、茯苓、木通各10克，甘草3.5克。水煎服。"

《本草汇言》："治赤痢毒血：槐角子200克（酒洗，炒），白芍药100克（醋炒），木香25克（焙）。共为末，每早服10克，白汤调下。""治吐血、咯血、呕血、唾血，或鼻衄、齿衄、舌衄、耳衄：槐角子400克，麦冬250克（去心）。用净水50大碗，煎汁15碗，慢火熬膏。每早午晚各服3大匙，白汤下。"

《百一选方》："治脱肛：槐花、槐角：上二味等分，炒香黄，为细末。用羊血蘸药，炙熟食之，以酒送下，或以猪膘去皮，蘸药炙服。"

《圣济总录》槐子丸："治阴疝肿缩：槐子（炒）50克。捣罗为末，炼蜜丸如梧桐子大。每服20丸，温酒下，空心服。"

《圣惠方》明目槐子丸："治眼热目暗：槐子、黄连（去须）各100克。捣罗为末，炼蜜丸如梧桐子大。每于食后以温浆水下20丸，夜临卧再服。"

《验方选集》："治烫伤：槐角子烧存性，用麻油调敷患处。"

《医鉴》一醉不老丹："乌须黑发。莲花须、生地黄、槐角子、五加皮各100克，没石子6个。上药用木石臼捣碎，以生绢袋盛药，同好清酒5千克入净罐内，春冬浸1月，秋20日，夏10日，紧封罐口，浸满日数，任意饮之，以醉为度，须连日服，令尽酒。"

《证治准绳》槐子丸："治肝虚而风邪所致的目偏视。槐子仁100克，酸枣仁（微炒）、覆盆子、柚子仁、车前子、蔓荆子、芜蔚子、牛蒂子、蒺藜子各50克。上药为末，炼蜜为丸，如梧桐子大，每于空心温开水送服30丸。"

《慈禧光绪医方选议》治肩背筋骨疼痛方："清热凉血，补肾益肝。槐花子、核桃、芝麻、细茶叶各25克，用水5碗，煎至1半，热服。"

《全国医药产品大全》复方槐芹片："降低甘油三酯，胆固醇，用于血脂过高症。槐米浸膏135克，旱芹子浸膏75克，安妥明钙90克，制成糖衣片，每片重0.3克，口服，每次2片，每日3次。"

《益寿中草药选解》槐果饮："防治老年性血管硬化，高血压，冠心病，神经衰弱，肝炎，系用槐角经过精细加工而制成的一种新型保健饮料。每次用开水冲服1~3克，每日3~4次。孕妇及胃寒者忌服。"

《抗癌良方》："治贲门癌：槐角100克，水煎服，日1剂。"

《抗肿瘤中药的临床应用》："治大肠癌：槐花、马齿苋、仙鹤草、白英、黄精、枸杞子、鸡血藤各15克，黄芪30克，水煎服。"

● 槐枝：别名槐嫩蘖。为豆科植物槐的嫩枝。《本草纲目》："苦，平，无毒。""治赤目，崩漏。"《名医别录》："主洗疮及阴囊下湿痒。"《唐本草》："嫩蘖枝炮熨，止蝎毒。"《本草纲目拾遗》："木为灰，长毛发。"《本草图经》："春采嫩枝，煅为黑灰，以揩齿去蚛；烧青枝取沥，以涂癣。"《滇南本草》："洗皮肤疥癞，去皮肤瘙痒之风。"

煎服25~50克。

● 槐根：《名医别录》："主喉痹寒热。"《医林纂要》："洗痔，杀虫。"《昆明药植调查报告》："健胃。驱蛔虫。"

● 槐白皮：别名槐皮。为豆科植物，槐的树皮或根皮的韧皮部。《本草纲目》："苦，平，无毒。"《名医别录》："主烂疮。"《药性论》："煮汁淋阴囊坠肿、气痛。主治口齿风疳䘌血，以煎浆水煮含之。又煎淋浴男子阴疝卵肿。"《日华子本草》："治中风皮肤不仁，喉痹；浸洗五痔并一切恶疮，妇人产门痒痛，汤火疮；煎膏止痛长肉，消痈肿。"《本草图经》："治下血。"

煎服 10~25 克。

● 榆荚仁：别名榆实、榆子、榆仁。为榆科植物榆树的果实或种子。榆实含蛋白质、脂肪、糖类、多种微量元素和维生素，能消湿热杀虫。《本草纲目》："微辛，平，无毒。"《医林纂要》："甘酸，寒。""补肺，止渴，敛心神，杀虫蟨。"《山西中草药》："安神，止带，助消化。"《宝庆本草折衷》："疗小儿火疮痂疕，及杀诸虫。"《本草备要》："养肺益脾，下恶气，利水道，久食令人身轻不饥。"《全国中草药汇编》："治神经衰弱。"《本草纲目拾遗》："主妇人带下，和牛肉作羹食之。"陶弘景："初生榆荚仁，以作糜羹，令人多睡。"《小儿药证直诀》榆仁丸："治疳热瘦悴有虫：榆仁（去皮）、黄连（去头）各 50 克。上为细末，用猪胆 7 个，破开取汁，与二药同和入碗内，甑上蒸 9 日，每日 1 次，候日数足，研麝香 2.5 克，汤浸一宿，蒸饼同和成剂，丸如绿豆大，每服五七丸至一二十丸，米饮下，无时。"

● 榆仁酱：榆荚仁和面粉等制成的酱。《本草纲目》："取榆仁水浸一伏时，袋盛，揉洗去涎，以蓼汁拌晒，如此七次，同发过面曲，如造酱法，下盐晒之，每 500 克，曲 2 千克，盐 500 克，水 2.5 千克。""辛，温，无毒。"《食疗本草》："能助肺气，杀诸虫，下气，令人能食。又心腹间恶气，内消之，陈者尤良。又涂诸疮癣妙。又卒患冷气心痛，食之瘥，并主小儿痫，小便不利。"

● 榆花：为榆科植物榆树的花。《名医别录》："主小儿痫，小便不利，伤热。"煎服 7.5~15 克。

● 榆叶：为榆科植物榆树的叶。《医林纂要》："甘，寒。"《本草纲目》："甘，平，无毒。""煎汁洗酒齄鼻；同酸枣仁等分蜜丸，日服，治胆热虚劳不眠。""榆叶曝干为末，淡盐水拌，或多炙或晒干，拌菜食之，亦辛滑下水气。"《食疗本草》："利小便，主石淋。"《本草纲目拾遗》："嫩叶作羹食之，消水肿。"

煎服 7.5~15 克。

● 榆白皮：为榆科植物榆树皮或根皮的韧度部。《神农本草经》："甘，平。""主大小便不通，利水道，除邪气。"《名医别录》："无毒。""主肠胃邪热气，消肿，疗小儿头疮痂疕。"《药性论》："主利五淋，治不眠，疗疴。焙杵为末，每日朝夜用水五合，末 10 克，煎如胶服。"孟诜："主暴患赤肿，以皮 150 克捣，和三年醋淬封之，日六七易，亦治女人妒乳肿。"《日华子本草》："通经脉。涩，敷癣。"《本草纲目》："利窍，渗湿热，行津液，消痈肿。"

煎服 7.5~15 克。胃气虚寒者慎服。

《千金方》："治妊娠小便不利：葵子一升，榆白皮一把（切）。上二味，以水五升，煮五沸，服一升，日三。""治虚劳尿白浊：榆白皮，切，水二斗，煮取五升，分五服。"

《千金髓方》："治火灼烂疮：榆白皮熟捣封之。"

《内蒙古中草药新医疗法资料选编》："治烧，烫伤：榆树皮 10 克，大黄 10 克，酸枣树皮 10 克，用 75% 酒精浸泡 48 小时过滤，取滤液。用时清洁创面，用喷雾法向患部喷洒。"

《子母秘录》："治小儿白秃疮：榆白皮捣末，醋和涂之。"

煎中药用井水、河水、自来水都应沉淀 1 小时后再用来煎药，这样可澄净水中的一些杂质和有害元素。煎药不能用热水或开水，只能用凉水。在煎煮过程中不能添加水，要在煎药前，一次加足。

◆ **抗衰老**

人体衰老是由于人体细胞不断受到一种叫做"氧自由基"化学离子的攻击而产生的。氧自由基对人体细胞破坏的累积是引起人体衰老的老年性疾病的重要原因。

自由基理论是由科学家杰斯曼在 1954 年第一次提出的，后来由内布拉斯加州大学医学院的哈曼博士发展了这一理论。凡含有奇数电子的分子或原子就叫做自由基。生物体内氧化还原过程中就产生了自由基。自由基活动最猖獗的时候，往往是过量运动，压力过大，空气污染，吸烟，酗酒，食物和水源污染，阳光紫外线辐射（能够破坏皮肤细胞的 DNA，从而导致皮肤癌），药物和放射性伤害。

自由基相当于人体的核废料，是我们体内燃烧过旺的一把火，是引起"炎症"现象的元凶，必须清除。使自由基失去活性的化学物质被称为抗氧化剂。天然的抗氧化剂包括维生素 C、维生素 E、维生素 A（β–胡萝卜素）、生物类黄酮、花青素、谷胱甘肽等。

保持记忆力的一个好方法是食用抗氧化性食物。抗氧化性食物可以保持细胞组织，其中包括神经元，还能防止动脉内斑块形成，使大脑有充足的血液供应。哈佛大学医学院进行了一项为期 25 年的研究，在 1.3 万名女性当中发现，那些大量食有蔬菜的人，随着年龄的增长，记忆力减退的速度要慢许多。

许多常见的抗氧化剂，例如维生素、尿酸、肌酸、茶多酚、姜黄素、白藜芦醇、褪黑激素、辅酶 Q_{10}、含硒有机物、超氧化物歧化酶都能减轻病状、减少心肌梗死和脑梗死的发生。

附：食物抗氧化能量见表 7–2~表 7–9。

表 7-2　水果和蔬菜的抗氧化能量

干果		调味品	
梅干	5770 ※	大蒜	1939 ※
葡萄干	2830	蔬菜和豆类	
新鲜水果		豆瓣菜	2223
蓝莓	2400	羽衣甘蓝	1770
黑莓	2036	菠菜生吃	1260
红莓	5750	（碗中水加醋洗）	
草莓	1540	芦笋	1241
树莓	1220	甘蓝	980
李子	949	苜蓿菜	930
橙子	750	花椰菜花	890
红葡萄	739	甜菜	840
樱桃	670	红灯笼椒	731
		四季豆	460

※以每 100 克（约 3.5 盎司）食物中的抗氧化能量为单位计算。

资料来源：鲍克辛·吴·布伦瑞克实验室（豆瓣菜和芦笋）；罗纳尔德·普莱尔和曹国华，美国农业部农业服务局（所有其他食物）。

抗氧化剂只能在植物里面找到，而动物性食物的抗氧化剂含量，则全来自于其他吃进的植物，并少量存储于体内。

表7-3 饮料、酒类抗氧化能量

在塔夫茨的龙纳德·普莱尔和曹国华测量的各种饮料的抗氧化能量值中，康科德紫葡萄汁成了无可争议的大赢家，其抗氧化分值比其他任何果汁都要高。但是切记，这些只是平均分值——如果（对酒来说）选用的葡萄很好，或者（对茶来说）稀释水平相当的话，葡萄酒和茶可能和葡萄汁一样有效。顺便说一下，苏打水几乎是一点抗氧化作用也没有的。

饮料	ORAC
康科德紫葡萄汁	1470　　※
红葡萄酒	985
茶	831
葡萄柚汁	359
番茄汁	346
橙汁	322
苹果汁	249
白葡萄酒	196
红莓汁	159

※以每100毫升（约3.4液体盎司，半杯以下）食物中的抗氧化能量为单位计算。

资料来源：美国农业部——农业研究服务中心，尤纳德·普莱尔。

表7-4 自然界中抗氧化剂的"老大"

　　谷胱甘肽是人体中的抗氧化物质，通常是由氨基酸制造的，大约5%的谷胱甘肽都直接来自于食物。以下是其最好的食物来源。

食物	叶黄素
芦笋	28.3 ※
马铃薯（蒸/带皮）	13.6
菠菜（生吃）	12.2
羊角豆	12.0
草莓	9.9
白色葡萄酒	7.9
桃子	7.4
橙子	7.3
香瓜	6.9
西瓜	6.6

※每100克（约3.5盎司）食物中所含谷胱甘肽的毫克数。

资料来源：艾默里大学医学院迪恩·琼斯。

注：谷胱甘肽是大脑和神经细胞最有效的抗氧化物质，它存在于每个细胞内，它之所以是一种关键的抗氧化物质，是由于分布在内皮细胞下空间周围的细胞内都含有这种物质。当你服用那些制造谷胱甘肽所需要的营养物质（硒，维生素 B_2，烟酸和 N-Z 酸-L-半胱氨酸等）时，你就能改善身体的整体抗氧化防御系统。

表 7-5 做个"颗颗计较"的人

从饮食中摄取蛋白质的方法有许多，但是如果从豆科植物中摄取蛋白质，你还能够得到叶酸和纤维。美国健康基金会的莱昂纳·可兰说，大豆是高质量蛋白质的绝好来源——"比瘦肉要好"。小扁豆中这三种好东西都很丰富——蛋白质、纤维和叶酸。一个含 2000 卡热量的饮食应该包含至少 25 克的纤维和 400 毫克的叶酸。

豆类植物	蛋白质※	可食纤维※(1)	叶酸※(2)
大豆	14	5	46
小扁豆	9	8	179
白扁豆	9	6	72
裂荚的老豌豆	8	8	64
黑豆	8	7	128
菜豆	8	6	164
花豆	7	7	147
鹰嘴豆	7	6	141
利马豆	7	7	78

※ （1）以每半杯做熟的豆子中所含的克数计算。
※ （2）以每半杯做熟的豆子中所含的微克数计算。

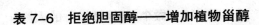

表7-6　拒绝胆固醇——增加植物甾醇

β-谷甾醇的最好的来源是坚果、油类和豆类。但是在水果和蔬菜中鳄梨位居至尊，至少从目前来看如此。

食物	β-谷甾醇
花生黄油	135※
腰果	130
杏仁	122
豌豆	106
四季豆	91
橙子	17
甘蓝	17
甜樱桃	12
菜花	12
洋葱	12
香蕉	11
苹果	11

※每100克（约3.5盎司）食物中所含β-谷甾醇的毫克数。

资料来源：布法罗纽约州立大学阿蒂夫·阿事德（花生黄油），韦斯塔研究所戴维·克里奇科夫斯基（其他所有食物）。

表7-7 叶黄素的最佳来源是绿色蔬菜

听起来挺奇怪的，橙黄色的叶黄素的最佳来源不是黄色的菠菜，而是绿色的菠菜。不过假如你还记得植物产生类胡萝卜素的根本原因是什么的话，这也没什么好奇怪的。这些抗氧化色素所防御的正是当太阳光袭击叶绿素时产生的自由基的侵害。绿色蔬菜的颜色越深，其所包含的叶绿素越多——其抗氧化保护的价值也就越高。最基本的原则是：把盘子里西芹的叶子都吃掉！这不仅仅是起装饰作用的。以下是叶黄素最佳来源。

食物	叶黄素
羽衣甘蓝	21.9※
羽衣甘蓝叶	16.3
菠菜	12.6
豆瓣菜	12.5
西芹	10.2
芥菜	9.9
羊角豆	6.8
红辣椒	6.8
生菜	5.7
花椰菜	1.9
甘蓝	1.3
黄玉米	0.9

※每100克（约3.5盎司）食物中所含叶黄素的毫克数。

资料来源：美国农业部——国家癌症研究所胡萝卜数据库。

表7-8 α-胡萝卜素、β-胡萝卜素的最佳饮食来源

在我们的日常饮食中，β-胡萝卜素是最常见的类胡萝卜素，但是某些鲜艳的橙色食物，如胡萝卜和南瓜中也含有大量的α-胡萝卜素。以下是两类元素的最佳饮食来源。

食物	β-胡萝卜素	α-胡萝卜素
甜马铃薯	9.5※	0※
胡萝卜生吃	8.8	46
南瓜（罐头）	6.9	4.8
无头甘蓝（烹制）	6.2	0
菠菜（生吃）	5.6	0
冬南瓜	4.6	1.1
羽衣甘蓝（烹制）	4.4	0.1

※每100克（约3.5盎司）食物中所含的毫克数。

资料来源：维利斯科研信息服务公司。名古屋大学预防医学教授，本山雄所著《塑造远离癌症的体魄》中说："一些主要的蔬菜其每100克可食用部分中所含的β-胡萝卜素：绿紫苏8.7克，荷兰芹7.5克，胡萝卜7.3克，蓬蒿3.4克，油菜3.3克，韭菜3.3克，三叶菜3.2克，菠菜3.1克，油菜花2.9克，萝卜叶2.6克，葱2.3克，蔓菜1.8克，水芹1.8克。"

表7-9　千万不要错过 D 葡糖二酸

天然抗癌物质一经发现，补充物生产商立刻争先恐后地把这些物质制成瓶装药片。可是这种获取途径的问题就在于食物本身是几百种化合物的集合体，如果你把其中的一种分离出来，难免会错过其他的好东西。D 葡糖二酸就是一种很容易错过的化合物，除非你多吃葡萄柚、苹果和花椰菜。

食物	D 葡糖二酸
葡萄柚	360 ※
紫花苜蓿芽	350
麦金托什红苹果	350
花椰菜	340
新西兰绿苹果	340
甘蓝	270
番茄	210
菜花	180
樱桃	140
杏	140
橙子	130
菠菜	110

※每100克（约3.5盎司）食物中所含 D 葡糖二酸的毫克数。

资料来源：兹比格涅夫·瓦拉斯泽克丹佛，美国癌症研究中心。

专家认为，凡是经过调整饮食，加强运动，改善生活方式 3~7 个月无效者，或已成冠心病者，或虽无冠心病但血脂过高者，均需药物治疗。一般原发性、家族性、遗传基因缺乏者，均需终生用药物治疗，中途停药往往易复发且易反弹。小病早治，大病早治根除，可免去以后反复发作，避免引起许多并发症。目前中国的研究结果，误诊率在 30% 左右，对于癌症资料，一定要到第二家医院验证。

◆ 健康长寿

根据美国医学会期刊发表伊利诺伊大学长达历时 20 年超过了 67000 人的长期研究，研究人员发现了长寿族的五大特征：

（1）血压低于 120/80 毫米汞柱（芬兰医生发现，80 岁以上寿星血压多在 160/90 毫米汞柱左右，存活率远比血压只有 120/70 毫米汞柱的人高）。

(2) 血液里胆固醇量低于 200 毫克/分升;

(3) 没有糖尿病;

(4) 不抽烟;

(5) 没有心血管疾病或中风病史。

研究人员表示,符合五个标准者平均寿命会比一般人至少长 9.5 年。

世界卫生组织制定了衡量健康的 10 项标准:①有充沛的精力,能从容不迫地担负起日常生活和繁重的工作,而且不感到过分紧张和劳累。②处世乐观,态度积极,乐于承担责任,事无大小,不挑剔。③善于休息,睡眠很好。④应变能力强,能适应外界环境的各种变化。⑤能够抵抗一般性感冒和传染病。⑥体重适当,身体均称。站立时,头、肩、臀位置协调。⑦眼睛明亮,反应敏捷,眼睑不易发炎。⑧牙龄清洁,无龋齿,不疼痛,牙龈颜色正常,无出血现象。⑨头发有光泽,无头屑。⑩肌肉丰满,皮肤有弹性。

中华医学会老年学分会提出健康老人 10 条标准:①躯干无明显畸形,无明显驼背与不良体形,骨关节活动基本正常。②无偏瘫,老年性痴呆及其他神经系统疾病,神经系统检查基本正常。③心脏功能基本正常,无高血压、冠心病及其他器质性心脏病。④无慢性肺部疾病,无明显肺功能不全。⑤无肝肾疾病,内分泌代谢疾病,恶性肿瘤及影响生活功能的严重器质性疾病。⑥有一定的视听功能。⑦无精神障碍,性格健全,情绪稳定。⑧能恰当地对待家庭和处理社会人际关系。⑨能适应环境,具有一定的交往能力。⑩具有一定的学习、记忆能力。

世界卫生组织(WHO)有关专家的研究表明,人的健康长寿,遗传的因素占 7%,社会因素占 4%,医学条件占 12%,气候条件占 7%,而其余的 70%取决于自己。因此,健康的钥匙就掌握在自己的手中,每个人的健康都主要依赖于自己树立强烈的保健意识,依赖于自己掌握的养生保健和防病治病的方法,依赖于自己日常生活中持之以恒的自我保健。

健康是人生最大财富,健康是"1",其他都是后面的"0"。有了健康,就有未来,就有希望;失去健康就失去了一切。现代科学研究表明,1 元的预防投入可以节省医药费 8.59 元。临床经验表明,又可相应节约 100 元的重症抢救费。

专家建议:20 岁以上成年人应每 5 年进行一次空腹血脂检查,包括总胆固醇(TL),低密度脂蛋白胆固醇(LDL-C),高密度脂蛋白胆固醇(HDL-C)及甘油三酯 4 个项目。总胆固醇理想状态应小于 2000 毫克/分升。血清中胆固醇过低,不仅会使具有多种杀伤功能的白细胞数目减少,活力下降,功能减低，血管变脆，而且有可能导致癌细胞趁机繁殖。低胆固醇还容易发生感染性溃疡，如肺炎、肠炎、尿路感染及流行性感冒。当血清胆固醇水平低于3.64毫摩尔/升时，脑出血的发病率反而会升高。主要食物中含有碳，例如糖类、脂肪、蛋白质都可为人体合成胆固醇提供原料。身体内的胆固醇含量有大约八成为身体自行合成，而其中大部分由肝脏合成的，其余为小肠合成。胆固醇是一把双刃剑，高了不行低了也不行。

胆固醇是脂肪与蛋白质的混合物。胆固醇与磷脂结合组成细胞膜的结构性部分，巩固人体6000万个细胞膜，并参与神经纤维的组成；内分泌腺合成类固醇激素的原料，如性激素、肾上腺皮质激素等负责调节身体各方面的功能；在人体内形成7-脱氢胆固醇，经日光中紫外线照射转变成维生素 D_3；形成胆酸盐乳化脂肪，再通过脂肪酶将这些脂肪加以消化；启动T细胞生成IL-Z；有助于血管壁的修复和保持完整，若血清胆固醇偏低，血管壁会变得脆弱，有可能引起脑出血；肝脏会利用胆固醇合成胆汁，然后将胆汁储存在胆囊内。体内具有杀伤癌细胞功能的白细胞也是依靠胆固醇而生存的。胆固醇对性激素、肾上腺皮质激素和维生素 D_3 的合成起着重要作用。

低密度脂蛋白是由极低密度脂蛋白的代谢产生，其中的胆固醇含量是所有血脂蛋白中最高的。肝脏合成大部分的胆固醇都是通过低密度脂蛋白输送给身体各部分的。当血液的低密度脂蛋白偏高时，它会沉积在血管内壁而导致血管硬化，因此，低密度脂蛋白往往被视为"坏胆固醇。"心脏的冠状血脉出现了粥样硬化时会导致"冠心病"。胸部的动脉因粥样硬化而出现闭塞形成"中风"。四肢的动脉若因粥样硬化而闭塞，相关的组织便会坏死，即"坏疽"。上述疾病称为"心血管疾病"。

流行病学调查表明，心肌梗死的发病率与胆固醇水平，特别是与低密度脂蛋白胆固醇水平成正比。低密度脂蛋白胆固醇4.42毫摩尔/升（170毫克/分升）时，心肌梗死十分罕见；若低密度脂蛋白胆固醇高于5.2毫摩尔/升（200毫克/分升），相当于总胆固醇7.28毫摩尔/升（280毫克/分升），则心肌梗死易发生。因此大多数人应摄取低的动物脂肪食物，特别是那些有冠心病史和中风病史的人。即使其低密度脂蛋白水平接近正常，也应选择极低胆固醇及低饱和脂肪酸的膳食。

LDL-C"升高"原因：一是过量食用CDL-C食物，过少食用蔬菜水果；二是运动少；三是吸烟，酗酒等不良生活习惯；四是肥胖症；五是自由基改变或者是氧化了天然的LDL-C胆固醇之后才变"坏"的。

一些专家认为，蛋白质含量高于脂肪含量的微粒拥有更高密度的胆固醇

(HDL)，担负着从细胞和组织中吸收剩余的胆固醇，将胆固醇从细胞外转送到肝脏，在肝脏中胆固醇从脂质微粒中分离，形成胆汁或被重复吸收利用或排出体外。高密度脂蛋白还含有抗氧化分子，可以防止低密度脂蛋白转换成另外一种引起心脏病变更高风险的脂蛋白，具有防止动脉粥样硬化，降低冠心病死率的作用。因此，HDL-C又被称为好的胆固醇，它的含量高易发生心脑血管疾病的机会就少。如果HDL-C大于60毫克/分升，被认为具有抵御心血管疾病发生的作用。相反，如果HDL-C少于40毫克/分升，那么，你发生心脑血管疾病的风险显著增加。美国心脑血管病学会研究证实，每100毫升血液中"好胆固醇（HDL）"升高1毫克，心脑血管病发病率下降4%。

1977年美国对6859名40岁以上的男女调查发现，高密度脂蛋白胆固醇在1.17毫摩尔/升以上的，只有8%的人患冠心病，而低于1.65毫摩尔/升的，有15%的人患冠心病。在法明翰的研究中，观察年龄在35~45岁的男子1312人，妇女1296人，发现高密度脂蛋白胆固醇低于0.9毫摩尔/升时，55%患冠心病，而高于1.77毫摩尔/升时患病者为零。

总胆固醇低，而高密度脂蛋白高，对健康有利，那么是不是总胆固醇越低越好，而高密度脂蛋白越高越好呢？不是的。总胆固醇与高密度脂蛋白的比值若是3以下很健康，一般男性最好小于4.5，女性最好小于3.5；即对成年男性来说，高密度脂蛋白应在1.2毫摩尔/升（45毫克/分升）以上，成年女性应该1.4毫摩尔/升（55毫克/分升）以上。如果总胆固醇与高密度脂蛋白比值大于5，其中动脉粥样硬化和冠心病的可能性就增加了。

经常参加体育锻炼，保持乐观向上的心态，养成良好的生活习惯的人（戒烟、限酒、减肥）高密度脂蛋白水平高。

甘油三酯则是所有脂蛋白中的甘油三酯总和。甘油三酯起到保护脏器，保持体温的作用。甘油三酯是人体主要的能量储存库。但过多的甘油三酯会导致脂肪细胞功能改变和血液黏稠度高，使血流滞缓，容易形成血栓，造成动脉斑块，脑细胞的血氧供应减少，影响大脑功能。血中颗粒大而密度低的蛋白所含甘油三酯的量多。当人的甘油三酯特别高（颗粒大，密度低，脂蛋白过多）时，血液会呈乳白色，将这种血静置一段时间后，血的表面会形成厚厚的一层奶油样物质，这便是化验单上报告的所谓的"血脂"。那么甘油三酯多少属于正常范围？<1.70毫摩尔/升（150毫克/分升）：正常。1.70~2.25毫摩尔/升（150~199毫克/分升）：临界高值。2.26~5.63毫摩尔/升（200~499毫克/分升）：升高。≥5.64毫摩尔/升（500毫克/分升）：非常高。

如果一个人的高密度脂蛋白含量过少，总胆固醇水平低于200，而它的相关系统被破坏，出现营养不良，会使血流量减少，血红蛋白的含量相应下降，造成心肌缺血、缺氧，从而发生心绞痛。若是长期营养不良，是机体处于低胆固醇血症的状态。反而可能产生绝对性高脂血症，同样会导致动脉硬化，还容易产生贫血、癌症等疾病。

如果一个人总胆固醇水平高于300，但是高密度脂蛋白水平比较高，而低密度脂蛋白比较低，这样的情况患上心脏病的风险并不高，可以不服药物，注意饮食调养，多锻炼身体。当然，高密度脂蛋白不是越多越好，任何事物都要有"度"，物极必反。

总胆固醇：<5.17毫摩尔/升（200毫克/分升）：满意。5.17~6.18毫摩尔/升（200~239毫克/分升）：正常高限。≥6.21毫摩尔/升（240毫克/分升）：升高。

低密度脂蛋白胆固醇：<2.59毫摩尔/升（100毫克/分升）：理想。2.59~3.34毫摩尔/升（100~129毫克/分升）：接近理想或高于理想值。

高密度脂蛋白胆固醇不低于1.04毫摩尔/升（40毫克/分升）。<0.26毫摩尔/升（10毫克/分升）：降低。说明你处在冠心病危险中。1.55毫摩尔/升（60毫克/分升）：很高。可提供很强的保护。

中青年一定要注意严格控制食物中的胆固醇含量，防止诱发各种疾病。但是，对于年纪大的人，就不宜过多地限制膳食中的胆固醇，只要注意膳食的均衡、荤素搭配就行了。日本的医学专家认为"老年人不能吃细腻食物是一种教条"，而食用较多的肉食才能够长寿。这是因为肉食中含有多种丰富的氨基酸，它们会使血管维持柔软，预防动脉硬化和脑中风，提高免疫力。美国的一项科学家研究结果表明，在为期10年的追踪观察中发现，在80岁以上高龄老年人中，血清胆固醇略高出正常上限0.78毫摩尔/升左右的人，其心血管病死亡的危险下降15%左右。据此，美国专家的推测认为，当人进入高龄后，其对胆固醇的心脏病危险敏感度下降，保持适当高的胆固醇水平有利于抵御感染性因素的侵害。

据中国香港媒体报道，香港中文大学医学院内科及药物治疗学客座教授胡绵生2006年5月6日表示，香港有5%的人口基于宗教、健康或瘦身等原因长期素食，造成维生素 B_{12} 的缺乏，有害心血管健康。

德国一项研究显示，素食者的自然杀手细胞（体内专门对抗癌症的免疫细胞）活性比荤食者高出两倍，其中一个原因是素食者长期摄取了充足的抗氧化剂。英国医学会也指出，素食者死于癌症的机会比其他人低39%。

根据美国流行病学家戈登博士的研究发现，不仅仅是胆固醇含量过高者的死亡率比胆固醇含量适中者的死亡率高，胆固醇过低者的死亡率同样也比较高。而且在胆固醇含量低的人群中，癌症发病率较高。

从最近死亡人口的统计资料看出，低胆固醇的死亡率高于高胆固醇说明什么问题呢？人们只知道人体胆固醇的日需要量小于300毫克，不知道吸收量，以及降低量（有的食物可降低胆固醇，运动量大还可多消耗胆固醇）。

国外近期的医学资料研究发现，体内胆固醇过低，人易衰老，易患癌症和抑郁症。资料显示，胆固醇过低的人患结肠癌的机会是正常人的3倍，其他癌症的患病率也大大提高。

澳大利亚皇家墨尔本科技研究所教授辛克莱尔把139名20~55岁的健康男性分成全素食、蛋类素食、荤食及高肉量饮食四组进行了研究对比。结果发现全素食者的血脂肪酸总量虽最低，但是血栓素、血小板凝集素与半胱氨酸的代谢产物都较其他三组高。辛克莱尔指出，该项结果推翻了一般人认为全素食者未摄取动物脂肪，不致因高胆固醇血症引发冠心病的认识。

美国航空航天总局（NASA）对宇航员胆固醇值标准：达到200以内为黄色信号，210以上为橙色信号，达到230以上就不能进行太空飞行。美国宇航员几乎不吃肉类，不吃油炸食物，取而代之的是吃鱼。因为鱼类所含的脂类对于血液中的胆固醇有很好的调控作用。

专家认为，高血脂可以自我判断：①早晨起床后感觉头脑不清醒，早餐后可改善，午后极易犯困，但夜晚很清醒。②睑黄疣是中老年妇女血脂增高的信号，主要表现在眼睑上出现淡黄色的小皮疹，刚开始时为米粒大小，略高出皮肤，严重时布满整个眼睑。③腿经常抽筋，并常感到肌肉刺痛，这是胆固醇积聚在腿部肌肉中的表现。④短时间内在面部，手部出现较多的黑斑（斑块，较老年斑略大，颜色较深）。记忆力及反应力明显减退。⑤看东西一阵阵模糊，这是血液变黏稠，流速减慢，使视神经或视网膜暂时性缺血缺氧所致。⑥黑眼珠周围出现一圈白色的环状改变；脚后跟、手背、臀部及肘膝、指关节等处出现了黄色、橘黄色的结节、斑块或疹子。这些症状往往提示有家族遗传性高胆固醇血症的可能。眼睑上出现睑黄疣，呈淡黄色的小皮疹由小变大变多。

心血管病常见的早期信号：①体力活动时伴有心慌，气急，疲劳，少语，心跳加快，呼吸困难。②看惊险电影（视），饱餐，寒冷时感心悸或胸痛。劳累或紧张时突然出现胸骨后疼痛或压迫感。③出现脉搏过快，过慢或不规则情况。④熟睡或做梦过程中突然惊醒，或心慌，胸闷，呼吸不畅，憋气。⑤突然出现一阵心慌，头晕，眼前发黑，有要跌倒的感觉。⑥性生活时感心慌、气急。胸闷或胸痛；晨起感到胸部特别难受；饭后胸骨憋胀难受，有时冒冷汗；晚上睡眠胸憋难受，不能平卧。

脑血管疾病的早期信号：①一侧面部或上下肢感到麻木，软弱无力，嘴歪，流口水。②突然出现说话困难或听不懂别人的话。③突然感到眩晕，摇晃不稳。④短暂的意识不清或嗜睡。⑤出现难以忍受的头痛，而且头痛由间断性变为持续性伴有恶心、呕吐。⑥突然出现看不见东西，数分钟或数秒钟即恢复。⑦短暂性视力障碍，视物模糊，视野缺损，多在 1 小时内自行恢复。⑧自己持刀刮面时头转向一侧，突然感觉手臂无力，剃刀落地且说话不清，1~2 分钟即可恢复。⑨哈欠连绵，因血内二氧化碳含量升高刺激呼吸中枢引起。

身体出现昏迷不醒，就要立即打"120"急救电话，并马上采取急救措施：对口吹气，每分钟吹 10~12 次，可使心肺复苏；用手重叠起来挤压胸口的正中间——胸骨下的 1/2 处，使胸骨下陷 3~5 厘米；不能压肋骨，肋骨压断了也不起作用；不能躺在沙发上挤压，要在硬床上挤压才行，可使心脏复苏。

冠心病发作的传统观点是动脉越来越窄直到完全闭塞或被血凝块堵死；国外资料还增加一条：冠状动脉有炎症。炎症反应是身体免疫力起作用的表现，它其实是一个防御的过程。但是，如果炎症持续的时间过长，性质就不一样了。美国国家卫生研究院（NIH）最新研究认为，身体长期处于"发炎"状态是许多重大疾病发生的重要诱因之一，包括癌症、脑中风、冠心病、糖尿病和老年痴呆症等。炎症能使冠状动脉内脂肪堆积的斑块破裂。这些斑块是一种叫做巨噬细胞的特殊分化白细胞对炎症的抵抗所致。巨噬细胞在斑块内聚集并产生小分子化学物质和金属蛋白酶。金属蛋白反应酶分解动脉壁内粥样化斑块的"帽"，使之破裂分裂。C 反应蛋白是此分解过程中的一个关键化学成分。

C 反应蛋白领域的先驱者是保罗·瑞德克博士，他共检测了 27909 名健康女性的胆固醇和 C 反应蛋白水平并跟踪随访了 8 年，看谁最后出现冠心病发作和中风。结果显示，低密度脂蛋白胆固醇低于 4.14 毫摩尔/升（160 毫克/分升）的女性，77%将来会出现冠心病发作和中风；低密度脂蛋白胆固醇低于 3.36 毫摩尔/升（130 毫克/升）的人有 46%会发生。保罗·瑞德克博士说："标准胆固醇分析加上高敏 C 反应蛋白检查肯定是我们将来要走的路。"

● 低风险：C 反应蛋白<1 毫克/升。

● 一般风险：C 反应蛋白 1~3 毫克/升。

● 高风险：C反应蛋白>3毫克/升。

对于低密度脂蛋白胆固醇介于3.36~4.14毫摩尔/升（130~160毫克/分升），同时C反应蛋白增高的人应在医生的指导下应用他汀类药物（普伐他汀，洛伐他汀，辛伐他汀，阿托伐他汀）可降低C反应蛋白。C反应蛋白的人与遗传易感性、饮食、肥胖、吸烟和缺乏锻炼有关。

代谢综合征是导致猝死的主要原因之一。中国人代谢综合征诊断标准：腰围男性≥90厘米，女性≥80厘米；高密度脂蛋白胆固醇男性<0.9毫摩尔/升或女性<1.0毫摩尔/升；血压≥140/90毫米汞柱；甘油三酯≥1.70毫摩尔/升（150毫克/分升）；空腹血糖≥6.1毫摩尔/升（110毫克/分升）。代谢综合征严重者要查明原因，趁早治疗。一般来说，可通过控制饮食，适当锻炼和改善生活方式可治愈。

空腹血糖正常范围在60~110毫克/分升。

血压正常范围，平静状态下成年人应小于140/90毫米汞柱。在正常情况下，心脏每分钟跳动60~80次。

标准体重（千克）=身高（厘米）-105，上下浮动10%为理想体重范围。世界卫生组织推荐应用最广的衡量超重或肥胖的指标是体重指数（BMI）=体重÷身高的平方（体重单位为千克，身高单位为米），正常体重的BMI在18.5~23.9之间；超重BMI在24.0~27.9之间；肥胖人的BMI≥28.0；消瘦的人BMI<18.5。专家提醒：成人保持理想体重按每千克体重供给热量的标准是：休息25~30千卡；轻度劳动30~35千卡；中度体力劳动35~40千卡；强度体力劳动40千卡。值得一提的是：女性过度减肥易发生闭经，胆结石，骨质疏松，脱发，厌食症，大脑损害，免疫功能和抗癌能力下降。更年期女性过度减肥的结果就是闭经导致卵巢早衰，过早出现骨质疏松，骨关节病痛，还会加重脂肪、糖代谢紊乱，形成恶性循环。

如果年轻时不能定期进行上述指标检查，那么，45岁以后每3年必须检查一次，特别是A型血的；从未服过心血管病药的人；身体强壮，对小病满不在乎的人——手脚麻木，牙痛找不出原因；头发白灰，脱发及头皮屑增多；脖梗、眩晕、舌硬、腹痛、流口水、视物不清现象时有发生；眼花、失眠、嗜睡、血压突降；心脏有不适之感现象——这些中风信号不引起重视，5年内必然发生中风症。

目前我们熟悉的老年痴呆症主要有两种，一种是血管性老年痴呆症，一种是阿尔茨海默症。血管性老年痴呆症主要因脑部血管破裂，导致多次中风所造成。阿尔茨海默症则因为"β-淀粉样蛋白积累"，像血小板一样沉淀在大脑重要区域所导致，与心血管疾病是由血小板沉积了胆固醇，堵塞血管的情形相似。

专家认为，**老年性痴呆的十大危险信号：**

(1) 记忆力明显减退；

(2) 完成日常家务变得困难；

(3) 语言障碍；

(4) 时间和地点定向能力丧失；

(5) 判断力明显减退；

(6) 思考归纳能力极度下降；

(7) 不合情理地放置东西；

(8) 情绪和行为的异常改变：喜怒无常；

(9) 个性的显著改变：疑心重、恐惧；

(10) 主动性的丧失：对什么事情都没有兴趣，没有欲望，消极被动。

专家认为，**老年痴呆的原因：**

(1) 遗传因素：据统计，老年痴呆者近亲的发病率为一般人群的 4 倍多。

(2) 神经递质的改变：研究认为老年痴呆的发生主要与乙酰胆碱有关。此外，还发现生长抑素；5-羟色胺，去甲肾上腺素，谷氨酸，神经肽（加压素等）在海马及皮质中含量也有不同程度降低。上述递质变化对老年性痴呆发生的意义尚待进一步阐明。

(3) 微量元素：研究认为，铝摄入过多，脑组织中锌、硒的含量低与老年性痴呆发生有一定关系。早老年痴呆患者血浆中的胡萝卜素、维生素 A、维生素 C、维生素 E 和含硒化合物等抗氧化剂都很少。

(4) 脑外伤：研究认为脑外伤可破坏血脑屏障，引起神经组织损害，或脑外伤可直接损伤神经细胞引起痴呆，如拳击性痴呆。

(5) 慢性病毒感染：近年有些实验结果间接证明老年痴呆可能与病毒感染有关。

(6) 脑血管病变：大量的尸体解剖证明患有老年痴呆者存在不同程度的脑血管病的病例证据，提示血管病变和脑血流的减少，可能是引发老年痴呆病的一个病理因素。

(7) 脂代谢：肥胖、高血压、高胆固醇，具有 3 个风险因素中的 1 个，患老年性痴呆病的风险就增加 1 倍；3 者全部具备，风险就增加 6 倍。

(8) 性激素：女性在绝经后，体内雌激素水平明显下降，甚至可降低为零。流行病学显示，女性老年痴呆病发病率高于男性，推测雌激素在老年痴呆病的发展中起重要作用。

(9) 吸烟、酗酒：有研究认为，吸烟、酗酒可增加脑血管病风险，这就从另外一个角度证明，吸烟，酗酒可增加发生老年痴呆病的风险。

(10) 精神因素：目前认为长期精神紧张、焦虑、抑郁、缺少社会交往，可能是老年痴呆的诱发因素。

此外，中毒（药物、乙醇、一氧化碳等有毒气体），脑缺氧、代谢内分泌疾病，维生素缺乏均可影响痴呆的发生。

日本预防痴呆协会最近邀请研究痴呆医学的专家拟出**预防老年性痴呆的十大要诀：**

(1) 饮食均衡，避免摄取过多的盐分及动物性脂肪；

(2) 适度运动，维持腰部及脚的强壮；

(3) 避免过度喝酒，抽烟，生活有规律；

(4) 预防动脉硬化，高血压和肥胖等疾病；

(5) 小心别跌倒，头部摔伤会导致痴呆；

(6) 对事物保持高度的兴趣及好奇心；

(7) 要积极用脑，预防脑力衰退；

(8) 随时对人付出关心；

(9) 保持年轻的心态适当打扮自己；

(10) 避免过于深沉、消极、唉声叹气，要以开朗的心情生活。

《寿世保元》中述："男子以精为主，女子以血为主。"也就是说，男子重在养精，女子重在养血。"精"不单指精液，还有先天之精（禀受于父母，从胚胎开始，直至衰亡），后天之精（它主要来自于食物）。《存存斋医话稿》就是"饮食增则津液旺，自能充血生精也"的记载。肾所藏之精化为肾气，决定着人体生、长、壮、老、死的生命进程。但无论是先天精，还是后天之精，都藏于肾。"肾者主蛰，封藏之本，精之处也"，所以想要精足，先养肾。

中医认为，女性从 14 岁开始，任脉通，太冲脉盛，月事以时下，此后身体每个月会定期失血。任脉主血，如果女人任脉不通，就不会怀孕，月经也不会正常。女人怀孕后，血不足不养胎，易导致流产。比如做过多次人流的人，后来想要孩子却怀不上了，这是因为她的气血耗伤所致。分娩后还要哺乳，而乳汁也是气血生化而来的。可见，女人的经、带、胎、产都与气血相关。除此之外，气血与女性的容颜关系也很密切。心主血，其华在面。心血足，面色才会红润光泽，肝开窍与目，所以眼睛也需要肝血的滋养，补血之前先化瘀，"久病多瘀"，"瘀血不除，新血不生"，适宜吃活血化瘀的食物

（化瘀药不可多用，否则会伤及气血）。血虚则补，有余则泻：阴阳平衡是关键。补血更要行血：一补气，二养津，三调温。血的运行除了依靠气的推动、津液的滋润外，还与温度有关。《素问·调经论》认为："气血者，喜温而恶寒，寒则泣（涩）而不行，温则消而去之。"活血先通经：打通经络就打开了血液流畅的通道。经络不通的感觉：冷、热、疼、痛、酸、麻、肿、胀，要对症施治。节流开源：纠正不正确的生活方式，防止气血暗耗。如果说补血是"开源"的话，那么纠正不正确的生活方式，防止气血的消耗就成了"节流"。只知"输"不知"堵"，则徒劳无功，不见其增长，只知"堵"不知"输"，则为无根之木，无源之水。只有将两者结合起来，开源节流，才能令气血充裕，永葆青春和健康。

名医名人论养生：《黄帝内经·上古天真论篇》中载："余闻上古之人，春秋皆度百岁，而动作不衰；今时之人，年半百而动作皆衰者，时世异耶？人将失之耶？岐伯对曰：上古之人，其知道者，法于阴阳，和于术数，食饮有节，起居有常，不妄作劳，故能形与神俱而尽终天年，度百岁乃去。今时之人，不然也，以酒为浆，以妄为常，醉以入房。以欲竭其精，以耗散其真，不知持满，不时御神。多快其心，逆于生乐，起居无节，故半百而衰也。"

这段话的意思是说：我所说以前的人都能活得很久，而且在年纪很大的时候，还可以保持灵活的动作；可现在的人，不到半百就已经出现衰老的迹象了，到底是时代变了？还是人变了？岐伯回答：上古时代的人，那些懂得养生之道的，能把握天地阴阳自然变化之理加以适应，调和和养生的方法，顺从自然，饮食有节制，作息有一定规律，既不妄事操作，又避免过度的房事。因此，脏腑实体的健康程度与身体功能活动的外在表现相符合，这样就可以活到按人自身禀赋所应该活到的岁数，度百岁才过世。现在的人就不是这样了，把酒当水浆，滥饮无度，使反常的生活成为习惯，醉酒行房，因恣情纵欲而使阴精竭绝，因满足嗜好而使真气耗散，不知谨慎地保持精气的充足，不善于统驭精神，而易求身心的一时之快，违逆人生乐趣，起居作息，毫无规律，所以到半百之年就衰老了。

《黄帝内经》："一州之气，生仕寿夭不同，地势使然也……高者其气寿，下者其气夭。"这说明地势高低，生态环境与寿命相关。

《黄帝内经》："故智者之养生也，必经四时而适寒暑，和喜怒而安居处，节阴阳而调刚柔。如是则避邪不至，长生久视。"

《黄帝内经》："黄帝曰：其不能终寿而死者，何如？岐伯曰：其五脏皆不坚使道不长，空外以张喘息暴疾又卑基墙，搏脉少血，其肉不石，数中风寒，血气虚，脉不通，真邪相攻，乱而相引，故中寿而尽也。"

《黄帝内经》："故饮食饱甚，汗出于胃；惊而夺精，汗出于心；持重远行，汗出于肾；疾走恐惧，汗出于肝；摇体劳苦，汗出于脾。故春秋冬夏，四时阴阳，生病起于过用，此为常也。"

《黄帝内经》："阴之所生，本在五味，阴之五宫，伤在五味。是故味过于酸，肝气以津，脾气乃绝；味过于咸，大骨气劳短肌，心气抑；味过于甘，心气喘满，色黑，肾气不衡；味过于苦，脾气不濡，胃气乃厚；味过于辛，筋脉沮弛，精神乃央。是故谨和五味，骨正筋柔，气流以流，腠理以密，如是则骨气以精。谨道如法，长有天命。"

《黄帝内经》："夫五味入胃，各归所喜攻，酸先入肝，苦先入心，甘先入脾，辛先入肺，咸先入肾。久而增气，物化之常也；气增而久，夭之由也。"

中华药王孙思邈的养生十三法：

1. 发常梳　用梳子或弯形刮痧板常梳头部，从前向后，从上至左、右侧各部反复梳多次。

2. 面常洗。

3. 目常远。

4. 齿常叩　精神放松，口唇微闭，心神合一，默念叩击：臼牙36次，门牙36次，轻重交替，节奏有致。叩齿后，用舌在腔内搅动，先上后下，搅动数次，每早晚各做一次。

5. 漱玉津　"漱玉津"的方法是：口微微合上，舌头在口腔内转动，用舌头舔内唇的上腭，由上面开始，先向左慢慢转动数十圈，然后重新由上面开始，反方向再做数圈。在转动的同时口腔里面会产生唾液，这时候的唾液已经不是普通的口水，它是对保养人体阴津极为重要的"金津玉液"，把这些津液徐徐地吞咽下去，在吞咽的同时尽量用意念把他们引导到肚脐下面的丹田处。

6. 耳常弹　应该经常弹耳朵。方法是：先用双手掩耳，将耳朵反折，双手食指扣住中指，以食指用力弹击后脑，卜卜有声；然后两手心掩耳，用力向内压，放手，随之能听到"噗"的一声，重复做数十次。可以每天睡前做，最好是早晚各做数十次。

"耳朵虽小，五脏俱全"，全身的内脏所有器官以及大脑、颈椎、腰椎、乳腺等都在耳朵上有相对应的穴位，耳朵与内脏器官和全身组织，不断进行着信息传递。按摩耳朵200多个穴位怎样进行呢？

（1）全耳按摩法：五指并拢，手指朝脑后方向摩擦耳廓前面，然后再向前将耳廓反折摩擦耳廓的背面，反复数次，使耳廓发红和发热。

（2）手摩耳轮法：用拇指指腹和食指的侧面对捏外耳轮，先从下向上，然后再从上向下推摩耳轮；再捏内耳轮，方法同前，使之发红发热。

（3）提拉耳尖法：用双手拇指和食指对捏耳尖，向上揉、捏、提拉，以间接牵拉整个耳廓及耳根部。

（4）手摩耳窝法：用食指指腹从耳朵的 3 个空隙（自下而上分别叫做耳甲腔，耳甲艇和三角窝）依次旋转摩擦，反复数次使其发红发热。

（5）耳背按摩法：用食指、中指贴与耳廓背面，从上向下反复摩擦耳背使其发红发热。

（6）耳根按摩法：用食指指腹从下而上，然后再从上而下反复摩擦，使其发红发热。

（7）双手拉耳，左手过头顶向上牵拉右侧耳朵数十次，然后右手同样牵拉左耳数十次。

7. 头常摇。

8. 腰常摆。

9. 腹常揉　男子右手在上，左手在下，内外劳宫穴相对，对准脐下的气海穴，自左而右，用暗劲顺时针方向 36 次，按摩范围由小渐大，最后上至剑突下的鸠尾穴，下至脐下 5 寸（约 15 厘米）的曲骨穴，再换右手在下，左手在上，再反向揉 24 圈，所揉之圈越揉越小，最后回归原位。女子则与此相反，先左手在上，右手在下，逆时针揉 36 圈，也是圆圈越揉越大，然后换手，左手在下，右手在上，顺时针揉 24 圈，所揉之圈越揉越小，最后回归原位。

10. 摄谷道　谷道指肛门，摄谷道就是指要经常做提肛运动。方法是：先深吸一口气，在吸气的同时用力把肛门连同会阴部位的肌肉一块儿往上提摄，稍停后随着呼气放松，把肛门往下放，然后再重复数十次。

11. 常散步。

12. 膝常扭　膝关节应该经常扭动。方法是：双脚并立，膝部紧贴，人微微下蹲，然后双手按膝，向左右扭动，各做数十下。

13. 脚常搓　足心应该经常搓。方法是：①取坐位，以手心对脚心，右手搓左脚，左手搓右脚，先由脚跟向上搓至脚趾，然后再向下搓脚跟；还可以手掌紧贴脚面，从趾跟处沿踝关节至三阴交一线，往返摩擦数十次，然后用两手的大拇指轮流去搓脚心数十次，直至搓热为止。②取卧姿，施术者一手握住受术者一腿的脚踝，另一手以掌根按揉其足心，力度由轻到重按压 3 次，每次持续 3 秒钟。随后，手法换为虚拳，以手背指骨对足心进行按揉，次数、频率与前面动作相同。最后，以两拇指按压其足底的涌泉穴。左右脚相互换进行以上动作。足部有很多重要穴位，最好每个穴位都要按摩。

孙思邈说的足疗就是指刺激足部病理反射区或穴位，透过神经、经络及体液的传达，使内脏产生普遍性或全身性的自动调节作用，从而达到阴阳平衡、气血顺畅、生理功能恢复健康的疗法。

家庭足疗包括足浴、按摩，是选适合自身需要的中药配方，粉碎后用适量沸水冲沏后加水调温进行熏足、泡脚或对病症的相应部位进行按摩的一种无创伤的自然疗法。水量最好超过小腿部，蒸汽熏蒸是将蒸汽把足部的毛细血管扩张，使药的有效成分充分地通过毛细血管给穴位供药，再通过经络运行到五脏六腑，从而达到内病外治之功效。而自我按摩，则是通过刺激足部穴位和反射区，达到通经活络，促进血液循环，调节神经系统，改善睡眠的作用。

人体的五脏六腑在脚上都有相应的投影区，连接人体脏腑的 12 条经脉，其中 6 条起于足部，脚是足三阴之始，足三阳之终。只需通过足疗，促进气血运行，调节内脏功能，疏通全身经络，从而达到祛病、驱邪、益气化瘀、滋补元气的目的。

妇女月经期或妊娠期，忌做足疗，以免发生大出血和流产、早产。有严重疾病的人慎用足疗。

《劳伤论》（华佗）："劳者，劳于神气也；伤者，伤于形容也。饥饱无度则伤脾，思虑过度则伤心，色欲过度则伤肾，起居过常则伤肝，喜怒悲愁过度则伤肺。又，风寒暑湿则伤于外，饥饱劳役则败于内；昼感之则病荣，夜感之则病已。荣已经行，内外交运，而各从其昼夜也。"

《三国志·华佗传》："人体欲得劳动，但不能使极尔。动摇则谷气得削。血脉流通，病不得生。譬犹户枢不朽是也。"

《中藏经·调摄阴阳篇》："人得天地阴阳之辅佐，得其阳者生，得其阴者死……阴阳平衡则天地清和，人气安宁；阴阳失调则天地闭塞，人气痿厥。"

《极言》（葛洪）："才所不逮，而困思之，伤也；力所不胜，而强举之，伤也；悲哀憔悴，伤也；喜乐过差，伤也；汲汲所欲，伤也；久谈言笑，伤也；寝息失时，伤也；挽弓引弩，伤也；沉醉呕吐，伤也；饮食即卧，伤也；跳走喘乏，伤也；欢呼哭泣，伤也；阴阳不交，伤也。积伤至尽则早亡，早亡非道也。"

"养生之方，唾不及远，行不疾步，耳不极听，目不久视，坐不致久，卧不及疲，先寒而衣，先热而解，不欲极饥而食，食不过绝，不欲极渴而饮，饮不过多。凡食过则结积聚，饮过则成痰癖。不欲甚劳甚逸，不欲起晚，不欲汗流，不欲多睡，不欲奔车走马，不欲极目远望，不欲多啖生冷，不欲饮酒当风，不欲数数沐浴，不欲广志远愿，不欲规造异巧。冬不欲极温，夏不欲穷凉，不露卧星下，不眼中见肩，大寒大热，大风大雾，皆不欲冒之。"

"五味入口，不欲偏多……凡言伤者，亦不便觉也，谓久则寿损耳。是以善摄生者，卧起有四时之早晚，兴居有至和之常制；调利筋骨有偃仰之方；杜疾闲邪，有吞吐之邪，有吞吐之术；流行荣卫，有补泻之法；节宣劳逸，有与夺之要。忍怒以全阴气，抑喜以养阳气。然后先将服草术以救亏缺，后服金丹以定无穷。"

《养性禁忌篇》（孙思逊）："所谓易则易知，简则易从，故其大要，一曰啬神，二曰爱气，三曰养形，四曰导引，五曰言论，六曰饮食，七曰房室，八曰反俗，九曰医药，十曰禁忌，过此已往，未之或知也。"

《脾胃论》（李杲）："天之邪气，感则害人五脏，八风之中，人之高者也；水谷之寒热，感则害人六腑，谓水谷入胃，其精气上注于肺，浊溜于肠胃，饮食不节而病者也；地之湿气，感则害人皮肤筋脉，必从足始者也。"

《脾胃论》云：人以水谷为本，故人绝水谷则死，脉无胃气亦死。所谓无胃气者，非肝不弦，肾不石也。历观诸篇而参考之，则元气之充足，皆由脾胃之气无所伤，而后能滋养元气；若胃气之本弱，饮食自倍，则脾胃之气既伤，而元气亦不能充，而诸病之所由生也。"

"故夫饮食失节，寒温不适，脾胃易伤。此因喜怒忧恐，损伤元气，资助心火。火与元气不两立，火胜则乘其土位，此所以病也。"

《短命条辨》（刘纯）："晨起胃气最弱，故而饮凉水以激胃气。此为养生第一。""午时喝保元汤勿食肉。进补而避肉毒，又进粗食小菜以裹肠毒。此为养生第二。""饭后小憩，以养精神。此为养生第三。""小憩之后喝果汁，以滋血脉，此为养生第四。""申时，动而汗出，喊叫为乐。此为养生第五。""过午不食，去肥气而养胃气。此为养生第六。""临睡烫脚，温经络以升清气，清气升而不死，此为养生第七。""信佛而通达，通达而知足，知足而不恼，不恼而常乐，常乐而不病，故佛乃上工。此为养生第八。""独睡而养精气，精气足而长寿。房事每月一次足矣。此为养生第九。""人欲长生。肠欲常清。逢月圆而清肠。泻污浊而去毒。此为养生第十。"

《论治》（汪机）："精神者，生之源。荣卫者，气之主。气辅不主，生源复消，神不内居，病何能愈？"

《寿亲养老新书》："主身者神，养气者精，益精者气，资气者食。"

《修龄要旨》："平明睡觉，先醒心，后睡眠，两手搓热，熨眼数十遍。"

明代徐春甫《古今医统大全·总论养生》："知名利之败身，故割情而去欲；知酒色之伤命，故量事而撙节；知喜怒之损性，故豁情以宽心；知思虑之销神，故损情而自守；知语烦之侵气，故闭口而忘言；知哀乐之损寿，故抑之而不有；知情欲之窍命，故忍之而不为。若加之寒热适时，起居有节，滋味无爽，调息有方，精气补足于泥丸，魂魄守于脏腑，和神保气，吐固纳新，嗜欲无以于其心，邪淫不能惑其性，此则持身之上品，安有不延年者哉！"

南朝陶弘景《养性延命录》："罪莫大于淫，祸莫大于贪，咎莫大于谗。此三者，祸之车也。小则危身，大则危家。若欲延年少病者，诚勿施精，命夭残；勿大温，消骨髓；勿大寒伤肌肉；勿咳嗽，失肥液；勿卒呼，惊魂魄；勿久泣，神悲戚；勿恚怒，神不乐。勿念内，志恍惚。能行此道，可以长生。"

《黄帝内经》："是故圣人不治已病治未病，不治已乱，治未乱（这句话有三种解释：一是中医是预防医学，在没生病之前，就把为什么会得病的原因弄清楚了。二是中医不治已经生病的脏器，而是要治没有生病的脏器，头痛医脚，脚痛医头。比如，如果得了肝病，就暂时把肝放在一边不治。首先，我们要弄清楚肝病是什么生成的。肝病与肾精不足，脾胃不好，心情不舒畅等有关……又如，有的患者哮喘，是因为胃食管反出来的酸性食物阻塞气管引起的哮喘现象，必须治胃病才能解决问题。《金匮要略》："鼻头色青，腹中痛。"意思是如果有人鼻头这个部位颜色发青，那么他一定腹部疼痛。三是康复者可采取有效措施预防复发），此之谓也。夫病已成而后药之，乱已成而后治之，譬犹渴而穿井，斗而铸锥，不亦晚乎。"

《黄帝内经·素问藏气法时论》："毒药攻邪，五谷为养，五果为助，五畜为益，五菜为充，气味合而服之，以补精益气。"这表明古人认为，草药是借助于其偏性以攻邪，而食物则注重其气与味的平和来补益精气。药是用来赈灾的，临时解决阴阳偏盛或偏虚偏盛的问题；但如果元气伤了，没了，药也无济于事。健康是一个积精累气的过程，要一点点攒起足够的气和精，每天科学进餐，才可以供养一生的补给。

《黄帝内经》："五劳所伤：久视伤血（人长时间用眼视物，会使眼疲劳，视力下降，从而导致人体"血"的损伤），久卧伤气（人久卧不运动，气脉就运行不起来，就会伤人的脾气），久坐伤肉（其实伤的是脾，脾主运化，人运动少，脾的运化功能弱，体内垃圾容易堆积，代谢功能差，身体就会肥胖），久立伤骨（实际上伤肾），久行伤筋（实际上伤肝）是谓五劳所伤。"

《黄帝内经》中这样描述"七伤"的："太饱伤脾，大怒气逆伤肝，房劳过度，久坐湿地伤肾，过食冷饮伤肺，忧愁思虑伤心，风雨寒暑伤形，恐惧不节伤志。"

《黄帝内经·素问·举痛论》："怒则气上，喜则气缓，悲则气消，恐则气下，寒则气收，炅则气泄，惊则气乱，劳则气耗，思则气结。"意思是说，一发怒，气就会往上走，脑血管会损伤；过喜则心神涣散（缓是一个通假字："涣"），气就散掉了；一哭就神魂散乱了，气就会短；受到惊吓或过于恐惧，气就会下陷，会尿裤子，大便失禁；过冷的话，人体的气就会往里收，出现四肢冰冷的情况；如果过热（"炅"是热的意思），我们人体的气机就会宣散出去，气就会散掉，就使人汗大泄；受到惊吓，会损伤胃经和肾经，导致精神病变；房劳（"劳"指房事，房劳）过度会喘息出汗，对人的损伤很大；过思会气凝聚而不通畅，影响消化，久而久之，脾胃都会出现问题。

《黄帝内经·上古天真论》：女子以七为生命节律，男子以八为生命节律，所以叫做"女七男八"。

《管子·内业篇》曰："精存自生，其外安荣，内脏以为泉源……渊之不涸，四体乃固，泉之不竭，九窍隧通。"说明精足则人生之源充足，生源足则体自强健。《仁斋直指方》："人以气为主……阴阳之所以升降者，气也；血脉之所以流行者，气也；营卫之所以运转者，亦气也；五脏腑所以升降者，亦此气也，盛则盛，衰则衰，顺则平，逆则病。"气衰则形神俱败，气充则神强形盛。神包括神、魂、魄、意、志和思虑、智等，是一切生命活动的主宰者。"得神则昌，失魂则亡"，所以历代能家十分重视养神，有"太上养神，其次养形"之说。《类证治裁》："人身所宝惟精气神。神生于气，气生于精。精化气，气化神，故精者身之本，气者神之主，形者神之宅也。"

孔子说："食不厌精，脍不厌细，食饐而餲，鱼馁而肉败，不食；食恶不食；臭恶不食；失饪不食；不时不食；割不正不食；不得其酱不食。肉虽多，不使胜食气。唯酒无量，不及乱。沽酒市脯不食。不撤姜食，不多食。……食不语。"意思是说，我们要吃精细、美味、可口的健康食物，饮用健康的水，养成良好的生活习惯，人生就充满活力。我们不能吃腐烂，变质的食物——酶失去活性，其他营养成分损坏，毒素增加，对身体有害，味道不好的也不能吃；烹调手法不对的也不能吃；吃饭要定时，不合时令的蔬菜不食；在烹饪过程中，如果食物的切割方法不对，说明厨师不懂厨艺，不懂厨艺的人做的东西也不能吃；食物配任不当不食，肉食类和植物类食物的比例为 10%~15%:85%~90%。醪糟（古人称酒）可以多吃，但不要让自己喝醉了而做出一些非理性事情。从市场上买来的酒不要渴，肉脯也不要吃，以防商人的"假冒伪劣"产品坑人。"冬吃萝卜夏吃姜"，姜可使你的阳气更加振奋，萝卜是顺气的，有助消化吸收。我们吃饭只要七八分饱就可以了。吃得太多，就会加重脾胃的负担，有损心肺健康。吃饭说话不好：一是会影响消化，人进食后身体需要调动大量血液向消化系统的不同部位，血液大量流入胃部，说话时一部分血液流入脑部，从而影响胃的消化功能；二是分散精力，会出现呛噎现象。但是，现代商人往往在饭桌上慢吃慢喝慢说以融洽情感，也是可以的。

明代张景岳说："春应肝而养生，夏应心而养长，长夏应脾而养化，秋应肺而养收，冬应肾而养藏。"

《黄帝内经·素问》："四时阴阳者，万物之根本也。所以圣人春夏养阳，秋冬养阴，以从其根，故与万物沉浮于生长之门。逆其根，则伐其本（如果违背了这个原则，就失掉了自己的根本），坏其真（真指本性，就是我们人体的本性，那就把人的本性给毁坏了）矣。"

"故阴阳四时者，万物之终始也，死生之本也。逆之则灾害生，从之则苛疾不起，是谓得道。道者圣人行之，愚者配之。""行之"必经遵循它的规律去做，行道的人才叫得道之人，而不是只在口头上说道，说道就是"行无言。关键在于，你去做就可以了。"愚者佩之"，"佩"是通假字，读"背"就是违背的意思。背道而驰，就离"道"越来越远。

《饮膳正要》："春气温，宜食麦以凉之；夏气热，宜食菽以凉之；秋气燥，宜食麻以润燥；冬气寒，宜食黍以热性治其寒。"

《周礼·天宫》："春发散宜食酸以收敛，夏解缓宜食苦以坚硬，秋收敛吃辛以发散，冬坚实吃咸以和软。"

《医钞类编》："养心则神凝，神凝则气聚，气聚则神全，若日逐攘扰烦，神不守舍，则易衰老。"

《养老寿亲书》："春季饮食宜减酸增甘，以养脾气，酒不可多饮，水团兼粽黏冷肥僻之物，多伤脾胃；夏季饮食，宜减苦增辛以养肺气，饮食温软不令太饱，生冷肥腻尤宜减之；秋季饮食，宜减辛增酸以养肝气，新登五谷不宜与食，动人宿疾；冬季饮食，宜减咸增苦以养心气。若食炙　燥热，多有壅噎疾嗽眼目之疾。"

张景岳说："祸始于微，危因于易。能预此者，谓之治未病。"

孙思邈在《千金要方》中述："上医医未病之病，中医医欲病之病，下医医已病之病，若不加心用意，于事混淆，即病者难以救矣。"

《素问·刺热》云："肝热病者，左颊先赤；心热病者，颜先赤；脾热病者，鼻先赤；肺热病者，右颊先赤；肾热病者，颐先赤。病虽未发，见赤色者刺之，名曰治未病。"

《灵枢本神》说："五脏主藏精者也，不可伤，伤则失守而阴虚；阴虚则无气，无气则死矣。"从这一段文字可以看出精气神三者之间的关系。"精"是人体活动的基础，"气"是人体生命活动力，"神"是人体生命活动的体现。精脱者死，气脱者死，失神者亦死，这三者的盛衰存亡，都关系到人的生死。由此可见，精气神之间的关系非常密切，三者是一个不可分割的整体。所以"精气神"三者，是人体生命盛衰存亡的关键所在，只有精足，气充，神全，自然能够祛病延年。

根据中国传统医学肝脏和胆囊在春天，心脏和小肠在夏天会变得脆弱；脾脏、胰腺和胃在夏秋之交容易受损伤，肺部和大肠在秋天，肾脏和膀胱在冬天容易生病。因此，我们的衣食住行都要适应季节变化规律。比如，春季养生宜少酸多甘，选用辛温之品，酸味食物易使肝功能偏亢，从而影响脾胃的消化功能，多食葱，肝为先——多吃护肝食物，少食伤肝食物及药物。春天火旺盛，易感风寒，要"春捂秋冻"。"凡饮食衣服，亦欲适寒温，寒无凄怆，暑无出汗"。"夜卧早起，有利于气血的升发与收敛"。夏季饮食减辛少咸，应以清淡质软，副食以蔬菜瓜果为主，少吃高脂厚味及辛辣食物，避免上火。人们喜冷饮太过则易伤阳；夜纳凉当避湿露，适当盖覆，以避寒湿。"千寒易得，一湿难祛"。"使气得泄"——你一定要把自己的瘀滞散出去，这样到秋天收敛的时候才能收进东西。夏天养好心：根据顺应四时的养生法则，人在整个夏季注意对心脏的养护。"心为阳脏，主阳气"。心脏的阳气能推动血液循环，而且对全身有温养作用。养心要食护心食物，并预防风湿性心脏病。夏季饮食少生冷多苦。夏天要"晚卧早起，无厌于日"，睡眠不应晚于 11 点，早上跟着太阳起来，有助于阳气生发，中午再补点觉，有利于气血的壮大。秋季应以"收气"，食物减辛增酸，防燥护阴，"酸入肝"，酸味食物可以收敛肝气，使肝气正常疏泄，预防胸痛，食少，心烦症状的发生。秋季养生以肺为主；故饮食以滋阴润肺为宜。适当增加"肥甘厚味"，少食葱、姜、蒜、辣椒、胡椒等辛辣食物。《千金翼方》："秋冬间，暖里腹。"生冷食物不宜多食。秋天要"早卧早起，与鸡俱兴"。早睡有利于阴气的积聚，流动。早上属阳，早起有利于吸取早上柔和的阳气，使阳气开始运转，使人开始精神，通过有节律的作息，人体阴阳可以得到平衡。秋天还有利于气血的生发与收敛。《金匮要略》中说："秋不食肺"。《饮善正要》说："秋气燥，宜食麻以润其燥，禁寒饮。"《素向·藏气法时轮》说："肺主秋……肺欲收，急食酸以收之，用酸补之，辛泻之。"可见酸味收敛肺气，辛味发散泻肺，秋天宜收不宜散，所以要尽量少吃葱、姜等辛味之品，适当多食酸味果蔬。中医理论认为"肺与秋气相应"，"燥为秋季之主气"。所以，从传统养生的角度讲，秋季养生的重点是保养肺脏和注意预防"燥邪"对人体的侵害。秋天性生活也要收敛了。冬季阳气潜伏，养生的宗旨是敛阳保阴，根据中医"虚则补之"、"寒则温之"的原则，饮食宜温，以藏热量，减咸增苦，保阴潜阳，适当进补滋阴补肾食物，并以低脂肪、高蛋白、高维生素食物为主；适当冷饮消"火"。"早卧晚起"有利于气血的收藏，避免无谓的耗散，"必待日光"之后才起来。《寿世保元》说："精乃肾之主，冬季养生，应节制房事，不能恋其情欲，伤其肾精。"俗语说："大寒大寒，防风御寒。"这个时节应注意保暖，以防心脑血管疾病、肺气肿、慢性支气管炎。"冬时天地气闭，血气伏藏，人不可作劳汗出，发泄阳气。"中医认为"冬不养阳，春病必温"，意思就是冬天不好好养藏，春天一定会得瘟病；"春不养阳，夏病必暑"，意思就是春天不好好生发到了夏天一定得暑病；"夏不养阳，秋病必燥"，意思就是夏天不好好的生发，到了秋天一定会得燥病；"秋不养阳，冬病必寒"，意思就是如果秋天不好好养阳气，到了冬天一定会得寒邪之证，例如会出现咳嗽等病症。

春养肝，夏养心，秋养肺，冬养肾，四季养脾胃。

阳虚的人应食些甘温，辛热类食物：牛肉、羊肉、狗肉、干姜、葱、韭菜、枸杞子、泥鳅等，调补阳气。

阴虚的人应食些甘凉，咸寒类食物；甲鱼、淡菜、海参、银耳、黑木耳、莲子、枣、竹笋等，滋阴生津。

中医强调把住"病从口入"关，一是不吃被致病物质污染的食物；二是食品选择正确，饮食营养均衡，这样就不会因吃得不合适，导致体内处于不利的状况，引起多种疾病的发生。

泰国科学家发现人类行为受到三种周期的影响，就是人从诞生开始，情绪、能力、体力，分别存在28天、33天、123天的周期变化。每个周期中都有高潮期，精力充沛，情绪良好，思维敏捷，记忆力增强；低潮期体力疲劳，做事拖拉，情绪低落，判断力差；以及高潮期和低潮期之间的临界期三个阶段。每个人的周期也有一定差别。

祖国传统医学认为，**一天的作息时间：**

子时（23：00~1：00）——胆经当令。当令就是值班——气血运行到胆。《黄帝内经》："十一脏皆决于胆"的性发《素问·灵兰秘典论》："胆者，中正之官，决断出焉。"储藏和排泄胆汁，以帮助饮食的消化。《灵枢·营卫生会》："夜半为阴陇，夜半后而为阴衰。"这时是阴气最盛的时候，阳气开始生发，胆经旺，胆汁推陈出新，必须睡得香，神经系统调解得好，才能养住阳气，这就是阴阳气交班。"子后则气生，午后则气降"（张介宾）。

丑时（1：00~3：00）——肝经当令——气血运行到肝经。《素问·上古天真论》："七八肝气衰，筋不能动。天癸竭，精少，肾藏衰，形体皆极。"《灵枢·脉度》："肝气通于目，肝和则目能辨五色矣。"《血论证》："肝属木，木气充和调达不致遏郁，则血脉流畅。"《圣济总录·肝脏门》："夫肝受邪，则令气血不通。"《灵兰秘典论》："肝者，将军之官，谋虑出焉。"《临证指南医案》："女子以肝为先天。"说明肝与女子的生理病理息息相关。中医认为，"女子重血，男子重精。"女人调血之前要调气。因为气为血之帅，气行则血行，气滞则血滞。而气的运行全赖肝的疏泄功能。肝的功能：一是"主藏血"，"主疏泄"，人的生发之机全部依赖肝的疏泄功能，它是器官功能的调节中心，人体的中心生化工厂，迄今发现，由肝合成的酶有600多种；二是"主筋"，筋是连缀四肢百骸有弹性的筋膜；三是"主目"，目明视物清楚；四是主谋虑。五是主怒——常生气的人容易得肝病，伤"肝神"。丑时是养肝血的时间，必须睡好觉，才能养好肝血。

寅时（3：00~5：00）——肺经当令——气血流注于肺经。《素向·经脉别论》："饮入于胃，游溢精气，上输于脾，脾气散精，上归于肺，通调水道，下输膀胱，水精四布，五精并行。"《素问·五藏生成论》："诸气者，皆属于肺。"这时人体各部的气血开始重新分配，新鲜血液输送全身，迎接新的一天到来——肝经必须在深度睡眠当中来完成任务。《素问·灵兰秘典论》："肺者，相传之官，治节出焉。"如果把心脏比做一位君主，那肺就像一位辅佐君主的宰相，协助心脏治理全身，调节气血营卫，沟通和营养各个脏腑。肺主一身之气，主皮毛，同肌肤腠理之开合，此时一定要做好防寒暑的工作。肺气足，皮肤气血充足，营养供应源源不断，就会柔软光滑，毛孔细腻；肺气虚，皮肤毛孔变粗，抵抗力下降，容易过敏、长粉刺、出红疹、皮癣等。"肺为娇脏"，"娇"既可以理解为娇气，因为肺怕燥、怕热、怕寒、怕脏，所以这些都会伤肺；也可以理解为"灵敏"、肺通过鼻子、皮毛感知天气变化，并及时上奏君主，再由心调动五脏六腑适应环境变化，以稳定身体状态。

肺主悲——爱计较的人最容易感冒、咳嗽、伤"肺神"。健康的人这时应该是深睡状态，即通过深度睡眠来完成由静而动的转化。

清代医家林佩琴在《类证治裁·喘症》中述："肺为气之主，肾为气之根。肺主出气，肾主纳气。"肾具有摄纳肺所吸入的清气，防止呼吸表浅的生理功能。只有肾中精气充盛，吸入之气才能经过肺的肃降下纳气于肾。如果肾的精气不足，摄纳无权，气浮于上，或肺气欠虚，伤及肾气，而肾不纳气，则可见喘促、呼多吸小，张口抬肩，动则甚等临床表现，所以，就有"肾为气之根"一说。

卯时（5：00~7：00）——大肠经当令——气血流注于大肠经。《素问·灵兰秘典论》："大肠者，传导之官，变化出焉。"大肠"主管"全身气血流行的"大局"，主传化糟粕的过程中吸收了水液，参与了水液的代谢。7时人体免疫功能特别强。中医认为"肺与大肠相表里"，寅时肺气实了，卯时应有正常的大便，吐故才能纳新。这时起床要喝温水，有利于冲洗肠道，迎接食物到来。男人喝凉水，就没有晨举了。

辰时（7：00~9：00）——胃经当令——气血运行到胃，胃最活跃，促进消化吸收。《灵枢·玉版》："人之所受气者，谷也。谷之所注者，胃也。胃者，水谷气血之海也。"《素问·玉机真脏论》："五脏者，皆禀气于胃。胃者，五脏之本也。"《类经·脏象类》："胃司受纳，故为五谷之府。"胃主受纳，腐熟水谷后，必须下行小肠，才能将食物作进一步消化，并将其中的营养物质彻底吸收，化为气血津液输送至全身。阳气运化之时，人体就需要补充一些阴了，而食物就属于阴。早饭一定要吃好。《素问·经脉别论》："食气入胃，散精于肝，淫气于筋。食气入胃，浊气归心，淫精于脉，脉气流经，经气归于肺，肺朝百脉，输精于皮毛……饮入于胃，游溢精气，上输于脾，脾气散精，上归于肺，通调水道，下输于膀胱，水精四布，五经并行。"《黄帝内经》中述："五脏者，皆禀气于胃，胃者五脏之本也。"又说："五味入胃，各归所喜，故酸先入肝，苦先入心，甘先入脾，辛先入肺，咸先入肾，久而增气，物化之长也。"充分说明各种食物通过脾胃的吸收运化而营养五脏。《饮膳正要》："凡夜卧，两手摩令热，摩面，不生疮。一呵十搓，一搓十摩，久而行之，皱少颜多。"这句话的意思是说：晚上入睡前，两手相互劲搓，搓热后趁热将手捂到脸上，然后轻轻摩擦，摩擦10下后，继续搓手，手搓热以后继续在脸上轻轻按摩，长期坚持以手摩面，脸上的皮肤就会红润有光泽，还可抚平皱纹，延缓衰老。这是因为改善了胃经的功能，改善了脸部的供血而使容颜美丽。8时肝内的有毒物质全部排出，这时不要喝酒，因为它会给肝脏带来很大的负担。

巳时（9：00~11：00）——脾经当令——气血运行到脾。脾是水液代谢的平衡器，这时饮水让脾处于最活跃的程度。《素问·至真要大论》："诸湿肿满，皆属于脾。"《素问·奇病论》："夫五味入口藏于胃，脾为之行其精气。"脾的作用：一是主运化水谷和水液，并将其运化的水谷精微，向上转输至心、肺、头目；通过心肺的作用化生气血，可称为血液的仓库，它像肾一样过滤血液，以营养全身；二是清除死亡的血细胞；三是产生巨噬细胞，这些细胞吞噬病毒和细菌，将其包裹在囊中，这是免疫反应的一部分；四是启动B细胞产生大量的抗体；五是主一身的肌肉，以及人的口味，食物都与脾的消化有关系。脾气足则肌肉丰满结实，皮肤白润紧致。六是主思——爱操心的人最易食欲不好，消化不良，肚子胀满，伤"脾神"。"百病皆由脾胃衰而生矣。""脾主四时"，就是一年四季都要注意养脾。《素问·灵兰秘典论》："脾胃者，仓廪之官，五味出焉。"金元时代著名医学家李东垣在其《脾胃论》中述："内伤脾胃，百病由生。"可见脾胃不分家，养好脾的同时也要养好胃。胃主受纳，脾主运化。脾功能发达的人，肯定是大脑灵活的人。"久视伤血"，"电脑族"补血要及时。"肝藏血"，"肝开窍于目"，肝窍使用得太过，必然会累及到肝脏功能，使得肝脏储藏血液和调节血量的功能受损。从而导致眼干涩、看东西模糊、夜盲等一系列症状。治本关键在不久视，一是常做眼保健操；二是选择适当的眼药水，不时在眼中滴加；三是用中药（菊花、石斛、枸杞子、决明子和麦冬等）煮汤熏蒸，使热气能够熏到眼睛，持续大约10~15分钟为宜；四是食用有利于眼睛的食物。在电脑前工作，注意眼与屏幕保持60~70厘米的距离，同时调整座位的高度，使屏幕略低于眼水平位20厘米，可减轻电离辐射的直线伤害。《素问·五脏生成篇》："脾之合，肉也；其荣，唇也。"口唇的色泽是否红润，实际上是脾运化功能状态的外在体现。脾虚则唇色偏白；胃火上行则会唇干，甚至有裂纹。《黄帝内经·宣明五气论》："脾喜燥恶湿"的观点，要想脾气健运就必须远离湿气。《黄帝内经》中的"七情所伤"理论中有"思虑伤脾"一说。《脾胃论》指出："若夫四时之气，起居有时，以避寒暑。饮食有节，不暴喜怒，以颐神志，常欲四时均平，而无偏胜则安。不然，损伤脾胃，真气下溜，或下泄而久不能升，是有秋冬而无春夏，乃生长之用，陷于殒杀之气，而百病皆起；或久升而不降亦病焉。"告诫我们要顺应四季的气候变化，起居有常，避开寒暑，节制饮食，保持良好的心态，并随着季节的变化随时调节，这样才能养好脾胃，防止各种疾病的发生。大脑皮质的功能，一般正常情况是北京时间9时达高潮，工作效率最高。10时，精力充沛，处于最佳运动状态。

午时（11：00~13：00）——心经当令——气血运行到心。《素问·灵兰秘典论》："心者君主之官，神明出焉。"心脏就如同一具输送血液的压缩泵——推动血液循环的器官。《素问·痿论》："心主身之血脉。"心气促，才能令血脉周流营养全身。《灵枢·邪客》："心者，五脏六腑之大主也，精神之所舍也。"《灵枢·本神》曰："心藏脉，脉含神，心气虚则悲，实则笑不休。"《灵枢·五阅五使》："舌者，心之官也。"人在正常情况下"淡红舌，薄白苔。"舌胖嫩苔白者为阳虚，舌瘦苔燥红者为阴虚。《黄帝内经》："主不明，则十二官危。"意思是说，如果心里不平静，人体所有的脏腑就会陷入危险之中。《黄帝内经》："主明则下安，以此养生则寿。"这里的"主"，就是心脏。心掌握人的情绪，心脏的情绪必须先稳定，平和下来，人才会长寿。心主喜、恨——情绪急躁的人最容易得心脏病，伤"心神"。《灵枢·五阅五使》载："舌者，心之官也。"也就是，心在窍为舌，也可以说心开窍于舌，心的精气盛衰及其功能变化可以从舌的变化上知其所以然。健康的舌头应该是粉红色或淡红色，形状是长椭圆形，胖瘦适中，舌苔薄白，光泽润滑，还要伸缩自如有力。如果舌头尝不出味道，伴随心悸、多梦和失眠，意味着心脏功能可能受损；当口中干涩，舌苔厚重或者舌头上生疮久治不愈时，往往预示着心脏病，要提高警惕。心包，又可称"膻中，"是指包在心脏外面的组织，具有保护心脏的作用。午时是阴生，阳气最旺的时候，阴气开始产生，人体里面的阴阳在交班，动养阳，静养阴，需要小睡片刻，劳逸结合。睡午觉少患心脏病。希腊研究人员对2.3万名身体健康的希腊成年人展开长达6年的调查，大多数接受调查者年龄为50多岁。调查结果表明，每周至少午睡3次，每次大约半小时者与不午睡者相比，因心脏病等问题致死的几率低37%。研究人员认为午睡可降低压力，有益于心脏。主导研究的希腊雅典医科大学研究员季米特里奥斯·特里科普罗斯指出，女性也能从午睡中获益。

午餐的热量要高于早餐。

未时（13：00~15：00）——小肠经当令——气血运行到小肠。《素问·灵兰秘典论》："小肠者受盛之官，化物出焉。"小肠经与心经一起调节小肠功能，主受盛和化物，小肠是接受经胃初步消化之饮食物的盛器，它把水液归于膀胱，糟粕送入大肠，精华上输送于脾，小肠经在未时对人一天的营养进行调整"心与小肠相表里"，小肠吸收的所有东西都是跟心连在一起的。14时，一天中第二个最低点，反应迟钝。

申时（15：00~17：00）——膀胱经当令——气血流注于膀胱经，适合多喝水。《素问·灵兰秘典论》："膀胱者州都之官，津液藏焉，气则能出矣。"膀胱主储尿和排尿。膀胱经调节膀胱功能，还与生殖和老化相关，膀胱经旺，有利于泻掉小肠下注的水液及周身的"火气"。这时由于气血上输于脑部，血流中的糖分增加，大脑皮质功能处于最佳状态，一般正常情况是 16：00~18：00 出现第二高峰，工作、学习效率高。《素问·咳论》："肾咳之状，咳则腰背引而痛，甚则吐涎……肾咳不已，则膀胱受之，膀胱咳状，咳而遗尿。"《素问·脉要精微论》："水泉不止者，是膀胱不藏也。"也就是说，小便失禁是膀胱不能储藏津液的表现。一定不要憋小便，否则会发生"尿潴留"。膀胱病的两大信号：遗尿和小便不通。

酉时（17：00~19：00）——肾经当令——气血流注于肾经，此时阳转阴，适合休息，稍不注意即可出现外感病邪，机体过敏，情绪反常等病症。《素问·上古天真论》："肾者主水，受五脏六腑之精而藏之。"《黄帝内经》："肾主骨生髓通于脑。"因为肾是藏精的，精是生髓的，因此肾功能的好坏也会影响到脑的功能。《素问·逆调论》："肾者，水藏，主津液。"《素问·六节藏象论》："肾者，主蛰，封藏之本，精之处也。"肾所藏之精有先天之精和后天之精。先天之精来自于父母，后天之精，来源于水谷精微，由脾胃化生，转输五脏六腑，成为脏腑之精。"《素问·灵兰秘典论》："肾者，作强之官，伎巧出焉。"其意是说，肾脏能藏精，精能生骨髓而滋养骨骼，所以肾脏有保持人体精力充沛，强壮矫健的功能。《素问·阴阳应象大论》："肾主骨髓。"肾精足，头发有光泽。肾藏精，精生髓。《医学集解》："肾精不足，则志气衰，不能上通于心，故迷惑善忘也。""肾主骨"，"腰为肾之府"，但凡伤骨伤腰的事情都会伤肾，肾气足，颈直挺，人也挺拔；肾气虚，颈无力，甚至骨质增生。"肾主毛发"肾气足，毛发浓密有光泽，肾气虚，发毛稀疏，易脱落，干枯易开叉断裂。"肾开窍于耳"，耳鸣、耳痒是肾虚的表现。《素问·宣明五气篇》："肾藏志。"也就是说，肾脏主管并蕴藏人的"志"这种精神活动。《医方集解》："肾精不足，则志气衰，不能止通于心，故迷惑善忘也。"可见肾精亏虚是导致老年痴呆症的根本原因。《素问·阴阳应象大论》："在脏为肾……在志则恐。""肾气不足则恐，肾气足则有志。"《素问·举痛论》："恐则气下，惊则气乱。"惊则心无所倚，神无所归，虑无所足，故气乱矣。肾功能西医认为：①通过形成尿液，维持水的平衡。②排出人体的代谢产物和进入体内的有害物质。③维持人体的酸碱平衡。④保持体液的恒定。⑤分泌或合成一些物质调节人体的生理功能。中医认为：肾主藏精，肾之阴阳为一身阴阳之根本。《黄帝内经》认为"肾开窍于耳"，而且"五脏六腑，十二经脉有络于耳"，平时应坚持按摩耳朵以固肾。人体生长发育，生老病死均和人体的先后之本有着重要的联系。所谓后天之本就是脾胃，而先天之本则是肾。先天之本又有赖于后天之本的濡养，所以，肾为一身五脏六腑之根本。肾主二便，大小便的正常排出，有赖于肾气的充足。肾气虚则大便无力，腹痛里急。肾之阴、阳、气、精有难成易损的特点，所以肾虚往往与日常生活中点点滴滴相关，也正是日常生活中点点滴滴的积累，逐渐造成了肾虚。青春期的孩子手淫过度就会肾气大伤，就会发生酉时发低烧的现象。

肾虚是指自我感觉与肾有关的各种不适的症状（如腰痛、乏力、烦躁、失眠、耳鸣、遗尿、阳痿、遗精、眩晕、健忘、闭经、痛经等），而通过各种生化辅助检查均无法提示与肾相关的疾病谓之肾虚。肾虚可分为四种：肾气虚（肾之元气不足，生理功能减弱的病症：气短自汗，语声低微。倦怠无力，尿频多，腰膝酸软，听力减退，男子滑精，女子带下清稀，面色苍白，舌苔淡白，脉细弱）、肾阳虚（肾之阳气不足，温煦功能减弱的病症：腰膝冷痛，畏寒怕冷，手脚冰凉，大便稀溏、小便清长、尿频，面色苍白，性欲减退，阳痿早泄，舌淡苔白，脉沉迟）、肾阴虚（肾的阴液不足，滋养及濡润功能减弱的病症：腰酸腿软，头晕耳鸣，失眠多梦，五心烦热，潮热盗汗，手足心热，尿黄便干，口干舌燥，咽干颧红，舌红少津，脉细数）和肾精亏虚（肾精空虚，不能充养脑髓的病症：眩晕耳鸣，腰膝酸软，性功能减退，男子精少，女子"天癸"早竭，过早衰老，神疲健忘，舌淡苔少，脉沉细）。肾虚则是肾病的前驱，而肾病日久则必然有肾虚的症候。

男人肾虚信号：刚过四十，就没有"晨勃"现象，出现遗精、滑精、早泄、不育；排尿无力，淋漓不尽，尿频，尿等待；起床后眼睑水肿；上楼梯两腿无力；坐立短时腰酸腿软；记忆力减退，注意力不集中，思维不活跃，闭目养神；头发脱落或须发早白、早秃，牙齿松动；失眠；情绪不佳，常难以自控，出现头晕，易怒烦躁，焦虑，抑郁；缺乏自信心，工作没热情，生活没激情，没有目标和方向；容颜早衰，出现眼袋、黑眼圈；肤色暗无光泽、肤质粗糙、干燥，出现皱纹、色斑，肌肤缺乏弹性；噪声逐渐粗哑；食欲不振；视力减退，听力减弱；将少许尿液倒入一杯清水中，发现水面浮有油质或变得浑浊。

女人肾虚信号：子宫发育不良，如幼稚子宫，卵巢早衰闭经，月经不调，性欲减退，不孕；乳房开始下垂；肠、腹脂肪堆积。

俗语说"人活一口气"，这口气就是元气，元气藏在肾里。元气是父母给的，也是后天保养的，少耗肾精就能长寿。提高肾功能，使你性福的穴位：

关元、两侧肾俞。晚上睡觉前，先艾灸关元 14 分钟，再灸两侧肾俞 14 分钟，或者在两侧肾俞上拔罐 10 分钟，艾条离皮肤约 2 厘米，要以感觉到皮肤发热但不烫为度。拔罐时要感觉稍微有些发紫，但不能感觉疼。然后在躺下睡觉时快速把手搓热，掌心垫在肾俞下面停留一会儿。

戌时（19：00~21：00）——心包经当令——气血运行到心包经。心脏和心脏外层的保护膜之间称为心包，其相应的经络称之为心包经。心包经路线：心脏外围——腋下三寸处——手前臂的中线——劳宫穴——中指。心包经旺，可增强心的力量，心火生胃土有利于消化。在《黄帝内经》中，心包经的病叫"心澹澹大动"，就是感觉心慌或心脏"扑通、扑通"往外跳的症状。这是心脏病最先表现之一。《素问·灵兰秘典论》："膻中者，臣使之官，喜乐出焉。""膻中"就是心包。中医认为，这时人体的阳气应该进入了阴的接口——阴气正盛，阳气将尽，血压增高，精神很不稳定，而心包经之"膻中"又主喜乐，通常人们会在这时进行娱乐活动。男女和谐同乐，共度美好夜晚。在戌时就要避免紧张和劳累的事情，以免邪气乘虚而入损伤心包。心包保护心脏的作用。

亥时（21：00~23：00）——三焦经当令——气血流注于三焦经。人体的胸腔和腹腔合并起来称为三焦。《素问·灵兰秘典论》："三焦者决渎之官，水道出焉。"三焦是人体的水道循环器。亥时又称"人定"，意为夜已很深，这是人们安歇睡觉的时候。《灵枢·营卫生会》："上焦如雾"（上焦心肺敷布气血，就像雾露弥漫的样子灌溉并温暖全身脏腑组织；它还可接纳水谷精微，故又称"上焦主纳"），"中焦如沤"（"如沤"是形容中焦脾胃腐熟；运化水谷，需要像沤田一样，才能进而化生气血。因中焦脾胃能化生水谷精微与气血，因此又称"中焦主化"）。"下焦如渎"（"渎"指水沟，小渠，江河。"如渎"是形容下焦肾与膀胱排泄水液的作用犹如沟渠，使水浊不断外流的状态。下焦还主司二便排泄，故称"下焦主出"），三焦通百脉，一定要保持通畅，人体才能健康。人体的造血最佳时间是以天黑之后到午夜一点，而且达到深度睡眠的状态，才能提高血气水平，战胜病魔。美国心脏病专家韩明发现，每晚睡觉 10 小时的人比睡 7 小时的人因心脏病死亡的比例高 1 倍，以为中风而死亡的比例则高出 3.5 倍，说明睡得太多并不好。被称为睡眠激素的褪黑素在脑的松果体内分泌，对光最敏感。通常从夜间 10 时开始分泌，凌晨 3 时达到高值，过了早晨 8 时后停止分泌。人体生长激素是由脑下垂体叶所分泌的天然激素，在熟睡后和运动时分泌最为旺盛。

炎症是癌病的元凶 现代医学认为，炎症的原因是病原菌或来自于自体免疫性疾病导致的免疫异常。全世界 1/3 的癌是由慢性炎症引起的，肝炎常发展成肝癌，约90%的肝癌患者有病毒性肝炎病史；胆道炎常发展成胆管癌；肠炎发展成结肠直肠癌的概率是正常人的20倍。慢性炎症诱发癌变的原因在于人体对炎症具有防御反应，白细胞大量集中到发炎处，分泌极高浓度的活性氧去杀灭和吞噬病原体和发炎细胞。这时如白细胞不释放大量活性氧，那么被包括的细菌或发炎细胞是不会死亡的，它们只是暂时被囚禁，一旦白细胞自身衰败，那么它们就从监狱中逃出来，继续危害一方，这就叫二次感染。可见只有活性氧才能使这些病原体彻底消灭。这本来是件好事，可是慢性发炎都长期释放太多活性氧。活性氧促进细胞分裂，而分裂旺盛正是最早出现癌特征。

万病的根源在于"血液污浊"　"血液污浊"指的就是废物存在血液中，营养成分过多或不足。脸发红通常是出于瘀血状态。"瘀血"是因为身体发冷，导致物理性的血液循环障碍，血液中的废物增加，血液（血清或血细胞）成分的过多与不足等所造成的。当血液中的尿酸增多时，就会形成痛风，糖分过剩时就会引起糖尿病，无法处理脂肪时，则会引发高脂血症，一旦脂肪沉积在肝脏或血管内壁时，就会形成脂肪肝或动脉硬化，最后导致高血压、脑梗死或心肌梗死。

癌症、动脉硬化（脑中风、心肌梗死）、糖尿病以及痛风、脂肪肝等各种疾病，都是饮食过量造成的。食物制造血液，所以"万病都是饮食不当引起的。"食物致病，也能治病。

"运动不足"加速"污血"的产生。

"压力"使人体免疫力减退。人类的身体和精神一旦承受负荷（压力），身体机能就会为了与之对抗，而由肾上腺皮质分泌可的松。肾上腺素会使血管收缩，造成血液循环不良，致使体内废物蓄积；同时，肾上腺会分泌儿茶酚胺，使得血液中的游离脂肪酸增加，加速动脉硬化。可的松会溶解血液中的淋巴细胞，使免疫力降低，从而容易引起人体的各种疾病。

"冰冷"使血管发生痉挛。当身体冰冷时，体内所进行的各种化学反应（代谢）会受到抑制，中间代谢产物，即不完全燃烧的残渣便会残留，使血液污浊。

由此可知，"血液污浊"所造成的疾病，是由于"错误的饮食"，"运动不足""压力"及"冰冷"等因素造成的。

西方医学认为，如果肾脏或肺等负责排除废物的脏器能够正常发挥作用，血液就不会污浊。

健康需要有规律的生活，注意饮食结构，讲究营养卫生，保持心情舒畅。

《黄帝内经》："饮食有节（控制食量，饥饱有度；不偏食，做到五味调和，各类食物搭配；选择食物要因人而异，选择当今盛的食物），起居有常（强调按时作息。阳在一日之内的盛衰规律是，"平坦人气生，日中而气隆，日西而阳气已虚，气门乃闭。"），不妄作劳。""生病起于过用。"不要过分地操劳，更不能无规律地长期操劳。操劳包括形劳，心劳，房劳等。形劳过度伤气，心劳过度伤血，房劳过度伤精。形劳指超负荷的体力劳动或超强度的运动。科学健身，戒烟限酒，乐观豁达，心身愉悦，性爱适度，睡眠充足，处所洁静，减肥适度，穿着舒适，防药中毒，小病早治，大病根除，防止病从口入，防止电磁辐射。

生活方式是指人们日常生活中衣、食、住、行、玩的方式。世界卫生组织认为：个人的生活方式包括饮食、烟草、酒精和药物的消费及运动，是决定个人健康的主要因素。美国医学家调查了数万人的健康生活方式，总结出 7 种良好的生活方式：①定期锻炼身体。②每天吃早餐。③每日保持睡眠 7~8 小时。④控制体重。⑤少吃快餐。⑥不吸烟。⑦限制饮酒。

人类基因决定人的寿命有多长，人类寿限能够达到 120~150 岁，但不是每个人都能活到这个岁数的，个体差别就从以上因素找吧。

世界卫生组织最近经过对全球人体素质和平均寿命进行测定，对年龄段的划分标准作出新的规定。该规定将人生分为 5 个年龄段，即：44 岁以下为青年人；45~59 岁为中年人；60~74 岁为年轻老人；75~90 岁为老年人；90 岁以上为长寿老人。

现在生理、心理学的研究结果表明，人类可以有 4 种年龄：出生年龄，生理年龄，心理年龄和社会年龄。出生年龄是父母给的，是不可改变的；生理、心理和社会年龄可以通过身心的锻炼、个人的努力加以改变，而且可以弥补出生年龄的不足。

世界卫生组织前总干事中岛宏说："世界上绝大多数影响健康和过早夭亡的问题都是可以通过改变人们的行为来防止的，只要改变一下生活方式，死亡率可以减少 50%。"医学界有一种说法：如果改变生活习惯可以预防 60% 的疾病。"许多人不是死于疾病，而是死于无知！"我国卫生部前部长陈敏章在全国健康教育理论研讨会上指出："如果每个人都能主动地担负起保护自己健康的责任，建立科学的生活方式，养成良好的卫生习惯，整个中华民族的健康水平就能得以提高。"又说："有相当一部分疾病是可以通过转变行为或自我保健达到预防、控制或取得康复效果的。"

中医文献对平衡膳食有着精辟而生动的论述："五谷宜为养，失豆则不良；五畜适为益，过则害匪浅；五菜常为充，新鲜绿黄红；五果当为助，力求少而数；气味合则服，尤当忌偏独；饮食贵有节，切勿使过量。"这些论点现在也适用。重庆市提出了"一把蔬菜一把豆，一个鸡蛋加点肉，五谷杂粮要吃够"的口号，符合膳食平衡的思想。美国有学者曾对近5000名妇女进行了长达10年的调查分析，发现不吃早餐的人胆结石发病率都很高，原因是人在早晨空腹时，胆汁中胆固醇饱和度很高，在胆囊中溶解也慢，容易沉积，久而久之很容易形成结石，而有规律的早餐有利于胆囊中胆汁的排出。

美国饮食协会发言人邦妮·特布迪勒斯说："坏心情与不规律进餐息息相关。每隔4~5小时吃一次饭，能够保证你的大脑有足够的营养供应，并且能防止血糖水平过低。"不吃早餐会影响脑部功能运作，会使胆固醇增高，易患胆结石。

三餐中的五谷杂粮占一半以上，不要有"淀粉致胖"的疑虑。现代研究证明，一种广泛存在于碳水化合物中的淀粉——"抗性淀粉"不能被小肠消化吸收和提供葡萄糖，它在结肠中可被生理性细菌发酵，产生短链脂肪酸和气体，刺激有益菌生长。世界卫生组织报告认为，"抗性淀粉"具有调节血糖的作用。各地流行病统计发现，淀粉消费最高的地区，其结肠癌的发生率显著低于淀粉消费低的地区，判断与"抗性淀粉"摄入量有关。因为"抗性淀粉"在结肠中发酵，其所代谢的产物维持肠道的酸性环境，又可促进毒素的分解和排出，因此，可预防结肠癌的发生。"杂食者，美食也；广食者，营养也。"

《黄帝内经》有"饮食有节，谨和五味（辛、甘、酸、苦、咸）"的至理名言。美国迈阿密大学医院的心脏病专家罗培兹博士与研究小组的人员访问了因心脏病发作而住院的将近2000个患者，他们发现，这些患者很可能在病发的当天曾大吃一顿。这些受访的患者当中有150人说，他们病发之前的26小时内，曾经饱餐了一顿，有25个患者是在心脏病发作前2小时内饱餐一顿。

罗培兹博士说："不寻常的一餐，暴饮暴食，导致心脏病发作的危险性大4倍；在大吃大喝后的第1小时内，心脏病发作的危险性大10倍；在1~2小时内，危险性多了4倍；在3小时以后，危险几率则恢复正常。"

罗培兹博士说，吃得过饱，可能跟暴怒及剧烈运动一样的危险，应视为激发心脏病发作的一种因素。

罗培兹博士说，这项研究发现还可以有多种解释。高脂肪的一顿饭，可能损害动脉的内皮组织，同时，在吃东西和消化食物的时候，血液里的激素上升，可使血压升高和心跳加快，类似剧烈运动后的现象。或者在饱餐一顿后胰岛素数量增多，因此，能降低心脏动脉的正常舒张。罗培兹博士说："对心脏病发作几率高的人而言，不仅要注意每天摄入的热量，而且还要小心每一餐的分量。"

古人云："饮食少一口，能活九十九。""八分饱"有利于肠道正常菌丛健康生长，有利于大脑血液循环（吃"饱"后血液多积于胃，胃肠负担太重，食物不能完全消化会变成毒素），使脑细胞处于一种轻度的应激状态，能使它们长得更健壮。否则，脑细胞寿命缩短，加速大脑恶化。

现代社会竞争激烈，生活节奏紧张，生存压力，竞争挫折，为发展而拼命挣扎。这种极度亢奋的心身状态及其相伴随的机体内环境，微环境紊乱自然是细胞病变的"催化剂"和病症的"温床"。正如一台不停运转的机器，要及时检修，加油，才能保持长期运转正常。然而，有的人不懂"加油"，不停"运转"而早衰。这也是一种生活方式。

《昨非庵日纂》云："吃饭须细嚼慢咽，以津液送之，然后精味散于脾，华色充于肌。粗快则只为糟粕填塞肠胃耳。"《老老恒言》云："入胃有三化，一火化，烂煮也；二口化，细嚼也；三腹化，入胃自化也。"细嚼有防癌作用，美国医学家研究发现，多咀嚼对致癌物质有中和作用，研究人员将唾液加入致癌物质中，致癌物质可丧失其致癌作用。口腔中的唾液呈弱碱性，唾液中的消化酶可以将食物中的淀粉分解为麦芽糖。食物直接进入胃里，呈酸性的胃液很难将食物消化，而且还会加重胃肠的负担，唾液中还含有对人体有益的唾液腺激素物质。咀嚼越细，食物到达小肠成为液体的比例愈高，被吸收的比例愈大。

咀嚼食物有利于大脑信息的传递，加强大脑皮质活化，促进胰岛素分泌，加速调节体内糖分和新陈代谢。咀嚼能促进胆汁分泌，胆汁愈多食物易分解而吸收。咀嚼时，下颌肌肉牵拉该部位的血管，加速了太阳穴附近血液的流动，从而改善了心脑血液循环。同时其产生流体力学的能量能够促进头部和面部所有骨头的骨髓造血功能。细嚼慢咽时进行的造血运动还能提高能量线粒体的活性，使之能提供能量供应激素的分泌和大脑神经传递物质的传达。

日本国家癌症研究中心建议预防癌症的方法：

·不偏食，营养全面。

·勿多吃重复一种食品。

·勿过食，脂肪的摄入量不宜太多。

·不酗酒。

·不吸酒。

·多吃富含维生素 A、维生素 C、维生素 E 及纤维素类的食物。

·不要多吃辛辣或者过烫的食品。

·不吃烧焦烤煳的食物。

·不吃腐烂变质的食物。

苏格兰皇家敦夫里与加罗威医院病理学医学派特森博士认为，素食者的血液中含有大量阿司匹林的主要消炎成分——水杨酸，具有预防心脏病和癌症的作用。派特森博士与研究人员比较了 38 名佛教僧侣、140 名吃肉和吃鱼的人、14 名服用低剂量阿司匹林的糖尿病患者的血液中水杨酸的含量，发现素食者的水杨酸含量是吃肉和吃鱼者的 12 倍，但是低于每天服用 75 毫克阿司匹林的糖尿病患者的水杨酸含量。

研究人员指出，蔬菜没有阿司匹林抗凝血的作用，但是水杨酸可减轻发炎的情形，他们认为这一点很有帮助，因为心脏病是动脉变窄、变硬才造成的，而变窄、变硬便是一个慢性发炎的病程。因此，只要低量的水杨酸，便可遏制一种会使发炎情形恶化的酶发生作用，这或许也说明为什么多吃水果和蔬菜可以预防肠癌。

2001 年，美国心脏学会修订该会深具影响的营养建议，该份报告强调日常饮食的选择常识，不再强调脂肪或营养成分百分比的重要性。这份报告的主要作者克劳斯博士说："我们把重点放在食物本身上，而非严格地限制食物的数量。"心脏学会建议消费者多多摄取水果、蔬菜、豆科植物、全麦类、低脂乳品、鱼、瘦肉和家禽，每天食用 5 份蔬果及 6 份谷类，每周摄取 2 份鲔鱼或鲑鱼之类的多脂肪鱼肉。

克劳斯博士说："过去我们一直强调脂肪供热量的比率以及胆固醇的含量，这两者仍是重要的参考量，但我们的重点转变了。"

在这份报告中，首先强调预防肥胖的重要性，克劳斯博士说："对许多人而言，低脂肪食物的概念遭到扭曲，因此他们选择垃圾食物的高热量。例如一般不含酒精的饮料和烧烤食物，这只会造成过度的肥胖，而得不到真正的营养。总之，美国心脏学会修订的营养建议，不再强调油脂或营养百分比，而首度建议每周摄取 2 份脂肪鱼肉。"

总之，对于吃应注意：

多吃有机食品——是根据有机农业标准进行生产，加工，并经有机食品认证机构认证的农副产品；少吃肥甘食物。美国夏威夷州檀香山癌症研究中心的研究者通过多年的研究发现，大量摄入加工肉类和红肉（主要是指牛、羊肉）可以提高胰腺癌的发病风险，摄入加工肉类最多的人群患胰腺癌的危险增加了 67%。美国癌症协会在报告中说：饮食中以肉为主的人患直肠癌的几率比吃肉少的人高 30%。食用精加工的肉制品（火腿、香肠、热狗和午餐肉等）的人，这个比率会增加到 50%。美国一份针对 20 万以 5 个民族中选出的男人和女人的范围更大的调查发现，经常食用精加工肉制品的人患胰腺癌的可能性高达 67%。《医学心悟》："凡人嗜食肥甘，或醇酒乳酪，则湿从内生……湿生痰，痰生热，热生风，故猝然昏倒无知也。"人们慎吃转基因食品——转基因食品最初是把一些种子的基因片段插到另一些植物种子内，从而获得在自然界中无法自动生长的植物物种，企图组合最优的基因特征。这种转基因食品含杀虫毒蛋白——一种"生物农药"，小虫吃必死，小鸡吃多亡，小孩吃……在欧洲和澳洲有 75% 的人拒绝转基因食品，法国坚决抵制，因为他们害怕食品损害人体健康。澳洲已经宣布禁止从美国进口粮食种子，以避免转基因成分污染有机种子，因为这种污染是不可逆转的对人体的损害，转基因会不会导致基因产物中出现有毒或致敏物质，这些都还有待进一步研究。

据美国一项最新的大规模调查研究结果发现，如果人们过多地食用瘦肉和加工肉制品，罹患糖尿病的风险将大大的增加。研究人员曾对约 7 万名健康妇女进行历时 14 年的跟踪调研，结果发现，以甜点、炸薯条、白面包和瘦肉及加工过的精肉制品，即以西餐为主食的人，要比西餐为副食的人患糖尿病的几率高近 50%，在这 14 年中，以西餐为主食的妇女中，有 2700 人患上了 2 型糖尿病，而那些以鱼、豆类、水果、蔬菜以及五谷杂粮为主食的人患糖尿病的几率相对低得多。

多吃豆类及营养丰富的中餐，少吃快餐。1970 年美国快餐业销售额约 60 亿美元；2005 年已飙升到 1340 亿美元。2000 年美国因饮食不当死于肥胖的人数是死于传染病的 5 倍。美国的律师，营养学家，医学家和公众一致认为，快餐业应该对美国公众的健康状况承担重要的责任。

多吃坚果，种子，蘑菇，粗加工的低血糖的碳水化合物；少吃含有高果糖及玉米糖浆似的甜味剂的食物和饮料。精加工食品有添加剂，其中有化学药品，天然香料和一般食品添加剂共有 1000 多种，法律没有对添加剂的使用量进行严格的限制；有的甚至加"可卡因"类毒物——这是商业秘密，使人吃后上瘾而继续再买，可增加利润。

少吃用硝酸盐和亚硝酸盐做的肉（包括熏肉、腊肠、午餐肉、热狗和香肠，硝酸盐是防止腐败及肉毒杆菌生长的防腐剂，并有增加颜色之效）。当硝酸盐碰上有机酸时，会转变为一种致癌物质——亚硝胺。烟熏类食品在熏制过程中，燃料燃烧时产生具有强烈致癌性的 3，4-苯并芘。如电烤箱熏肉时，每千克肉可含 23 微克 3，4-苯并芘，而明火上熏制的肉中含量高达 107 微克。

《中国居民膳食指南》建议，每天摄入畜禽肉类 50~75 克，鱼虾类 50~100 克。这里没有否定吃红肉（牛肉、猪肉、羊肉等），然而有的人忌吃红肉是不对的。因为红肉是防治缺铁性贫血最主要的食物，并且与人的体质强弱（还是铁及其他微量元素的作用）息息相关。但是吃红肉的量要小于白肉（鸡肉，其他禽类，鱼虾类）为佳。

瑞典国家食品管理局 2002 年公布：斯德哥尔摩大学与瑞典国家食物委员会完成的研究表明：汉堡包、炸薯条、烤薯条、烤猪肉、水果甜品上的棕色脆皮和饼干、蛋糕等食品中含大量丙烯酰胺，可导致基因突变，诱发良性、恶性肿瘤。这一发现解释了一些国家肿瘤高发的原因。

世界卫生组织规定：每千克食品中丙烯酰胺不得超过 1 毫克，而炸薯条高出约 100 倍，炸薯片超标准约 500 倍。

少吃腌菜，因为腌菜内含有致癌物质亚硝酸胺。

少吃白糖，临床数据表明，吃糖过多，会造成脂肪堆积。出现高血脂，导致肥胖症和血管硬化。红糖的铁质是白糖的 3.6 倍，钙质是白糖的 10 倍，葡萄糖是白糖的 22 倍。此外，红糖还含有人体生长发育中不可少的核黄素、胡萝卜素、烟碱酸以及锰、锌、铬等。红糖还有补血益气，舒筋活血，暖脾健胃，化瘀生新功效。

慎吃冰品，因为冰品接近 0℃，吞到 37℃ 的体内，会立即使食道和气管收缩，局部交感神经、迷走神经和食道神经丛因此而紊乱，长久饮用容易引起一系列胸、腹腔及骨盆腔的器官运作失调。寒性体质的人反应更加明显。《黄帝内经·灵枢》："形寒饮冷则伤肺。"意思是身体受寒时喝冷水，会损伤到肺。西方人摄入的食物主要以肉类为主，他们的体制偏热，所以可以喝冰水。而中国人以谷物为主食，因此我们大部分人体质相对来讲偏寒一些，喝温水多，喝冷水少。

多吃新鲜的含酶多的食品，其中水果、青木瓜、香瓜、南瓜含酶量最高。酶就是在生物体细胞内合成的具有蛋白质性质的一类触媒的总称。酶是由蛋白质组成的，能催化化学反应，产生新的分子。酶能促进并调节体内所有的化学反应，不管是动物还是植物，只要是有生命存在的地方，就一定会有酶的存在。体内物质的合成、分解、运输、排出、解毒、提供能量以及维持生物最基本生命活动都和酶有着密切的关系。酶是所有细胞的生命火花。没有酶，植物、动物、人类都不能生存。日本新谷弘实著《不生病的活法》中述：

"如果要想保持健康良好的肠胃状况，就要在尽可能多地摄取能够补充酶的食物的同时，养成尽量避免无谓的消耗酶的良好的生活习惯。"人体内5000多种酶（每一种酶只有一种功能），其中肠道合成的酶有3000多种，其余的酶从外界食物中摄取。良好的肠内环境是保证健康的基础。酶在48~115℃之间就会失去活性。

少吃动物大脑和内脏。

少吃被污染的贝类，多吃鱼类，代替其他动物食品。

肥胖老年人少吃乳制品及牛奶，它们除脂肪含量高外，还可能引发糖尿病，导致白内障，增加卵巢癌、乳腺癌、前列腺癌、沙门菌感染的发病几率。牛奶会促进人体吸收铝、镉、汞和其他金属。美国疾病管理中心曾建议老年人和孕妇最好不要吃软奶酪，不要喝牛奶。

饮食要采取"中庸之道"，任何美味过量都有害。比如食用过多的肉类会导致体内白细胞数量增加，血脂趋于饱和而且性激素浓度也会上升。油太多、蛋白质的摄取量太多，钠高钾低的话，细胞就很容易癌化。中国民间有一种说法"吃什么，补什么"。这是有一定科学依据的，尤其是对于"吃脑补脑"和"吃眼睛补眼睛"。而之所以能补就在于所吃的脑和眼睛含有"脑"和"眼睛"需要的物质。对于小儿来说是需要的，而对于老人来说就需要慎重考虑了，因为"脑"的胆固醇太高，"腰子"的胆固醇也高，"吃腰子"就不能"补腰子"了。摄入过量的矿物质对人体也有害，会造成各种疾病。

吃涮羊肉不能喝汤。涮羊肉的汤里虽然作料齐全，味道鲜美，但营养并不丰富，有的营养物质经过高温反复煮沸被破坏了，喝这种汤如同喝蒸馒头锅中的水一样，对人体有害。

食物不宜趁热吃，烫食能使口腔黏膜充血、黏膜损伤造成溃疡，破坏黏膜保护口腔的功能。高温烫食对牙龈和牙齿都有害处，能造成牙龈溃烂和过敏性牙痛。据有关资料说，食道癌的发生可能也与烫食有关。长期吃烫食，还能破坏舌面和味蕾，影响味觉神经，使人的口味越来越重。少吃凉食有益健康，一能增强胃肠功能；二可延长肠道年龄，为肠道微生态提供良好环境，使有益菌群呈优势生长，并抑制有害菌群，减少毒素的产生；三利于长寿。

吃饭先喝汤，能使食物中枢兴奋下降，食欲就会自动减少一些，利于消化吸收，身体不易发胖，有益健康；再吃饭菜，餐毕30分钟后吃水果（果汁）有利于食物营养吸收。饭后喝汤，会冲淡食物消化所需的胃酸，粮肉菜在胃里停留时间长。水果里的果糖无须胃消化，可直接进入小肠吸收。饭后马上吃水果容易产生胃气，有不适之感，也不利于食物营养吸收。

吃完油腻的食物不能立刻喝冷水，否则，油腻食物就会成团地堵在胃里难以消化。

饭后不宜喝汽水，凉汽水进入胃产生化学反应，二氧化碳出不来，一是容易产生胃破裂，二是影响钙的吸收。

一日三餐，从胃的消化食物能力来看，它对混合物的消化，大概需要4个小时，而一日三餐的间隔，正好符合胃的消化食物的时间。同时，大脑日消耗145克葡萄糖，我们能从每餐饭内摄入50克。而早、中、晚这三个时间里，又是人体消化酶最活跃的时候，所以一日三餐是最合适的。一日三餐可使血清胆固醇维持较低水平，如果暴食，大量血脂容易沉积在血管壁上，易造成血管硬化。

"想吃什么，就吃什么"这个说法，有合理的地方，也有不合理的地方，要区别对待。合理的地方是，因为身体有需求才会想吃。不合理的地方是，没有区分身体必需和欲望，很多时候是欲望作祟。

食物消毒比食补更重要，因为食品或多或少会被污染上一些毒物。

德国科学家用15年的时间调查了576名百岁老人，结果发现，他们的父母死亡时的平均年龄比一般人多9~10岁，而这在百岁老人的长寿家族中则体现得更为明显。由此看来，遗传因素对人体的健康有着重大影响，是衰老的内因。衰老是一个极其复杂的整体性退化过程，这是很多因素共同作用的结果。

免疫力也就是细胞的生命力，细胞从食物及空气等中吸取营养，经过自身层面上的消化、呼吸、代谢、变异、同化、储藏、排出过程，由此身体各部分获得进行新旧更替的必要能量。生命终结与免疫力有着直接的关联。医学研究显示，人体90%以上的疾病与免疫系统失调有关。免疫力就是人体对各疾病的抵抗能力，我们对疾病的抵抗力都来自体内的免疫系统。比如，类风湿关节炎属于自身免疫性疾病。中医叫"正气存内，邪不可干"。美国科学家认为，人的衰老会引起免疫系统功能降低，这种免疫力变化是由淋巴细胞起决定作用的。

免疫能力70%集中在肠道，称之为"肠相关淋巴组织。"人体60兆个细胞所有的细胞群的细胞呼吸组成的能量代谢系统形成了成人的免疫系统。肠道是最好的药，提高免疫力最重要的是保持肠道健康，我们要善待肠道，肠道有益菌的增长是长寿首要因素之一。这与刘纯（明朝的永乐太医享年126岁）提倡"脏腑调和"观点相同。他在《误治馀论》："人染疾病，先用开胃汤服之，喝肉汤以补之，或曰七分养也。得其脏腑调和，形体渐安，再以猛药治之，则病根渐去，或曰三分治也。如此应予愈之。若不得脏腑调和，医者投以猛药攻补，病家欲求全生乎，然则九死一生矣。""治者，以无情之草石，矫治有情之身。养者，以自然之物，还养自然之身。痼疾、内虚致邪，宜三分治，七分养。是治养不可偏废之。然则，业医不知者众矣，庸医杀人也。病家不知者众矣，求死之道也。"三分治就是消灭敌人，七分养就是保护自己。"治"与"养"都要有的放矢。

美国老龄问题研究所的专家跟踪调查发现，除特殊死亡外，一般老年人去世前3年，体内淋巴细胞会大大减少，这项研究已经进行了30年。

免疫系统具有防御功能——它能帮助我们机体消灭体内外入侵的细菌、病毒，防止疾病感染；稳定功能——它能帮助机体修复或消除人体内新陈代谢、受损伤到衰老、死亡的组织细胞，维持机体代谢的内环境始终处于一个稳定的状态；监督功能——它会帮助机体监督有害细胞的入侵，杀伤和消除异常突变的细胞。我们的免疫力出现了紊乱，机体就会发出信号：容易感冒、肠胃不适、腰酸背痛、经常失眠、常常头痛、烦躁、牙龈肿痛等，随之就会出现类风湿性关节炎、皮炎、肝炎等疾病。血液中免疫细胞通称为白细胞。它们分别是B细胞，T细胞和吞噬细胞。

B细胞，或称B淋巴细胞，是能够针对不同的入侵物产生特定的抗体的细胞。T细胞，也叫做T淋巴细胞，是由胸腔顶部的胸腺分泌的。T细胞共分为3个类别：辅助T淋巴细胞，抑制T淋巴细胞和NK细胞（自然杀伤细胞）。NK细胞可以产生毒素来摧毁侵略者。辅助T淋巴细胞有助于活化B细胞，当入侵外敌增多时，T淋巴细胞就促进B淋巴细胞制造大量抗体，以对抗外敌；当外敌减少时，T淋巴细胞就抑制B淋巴细胞产生抗体的功能有监控作用。巨噬细胞是具有多种功能的免疫细胞，除了清除体内战争后留下的残骸以及老化的血细胞之外，还能分泌特殊物召唤免疫细胞涌向外来物入侵的地点。

人体的免疫系统就像一只训练有素的军队，保护着人们的健康。骨骼就像是士兵工厂，胸腺是训练士兵的场地，战场就是淋巴结。当免疫细胞和入侵的病毒细胞作战时，淋巴结就会肿大。脾脏是血液过滤器，它肩负着过滤血液、除去死亡的血液细胞。扁桃体是人体的咽喉守卫者，它对经口鼻进入人体的入侵者保持着高度的警惕。阑尾是非常重要的免疫器官，它能帮助B细胞成熟以及促进抗体的生产。集合淋巴结是人体肠胃的守护者。

"军队"打仗需要"粮草"，兵强马壮才能打胜仗，蛋白质、脂肪、糖、矿物质、维生素和水都与免疫系统有关。巨噬细胞在缺乏维生素E时会释放出更多的自由基，而且自身存活时间短；还会导致胸腺中 T 细胞的区分；还会导致辅助 T 淋巴细胞和抑制 T 淋巴细胞的失衡。抑制 T 淋巴细胞生成数量的减少，是炎症反应失控的重要原因之一。辅助 T 淋巴细胞功能不良是自身免疫性疾病的根本原因。类胡萝卜可以增加辅助 T 淋巴细胞和自然杀伤细胞的数量和功能。维生素 C 增强免疫系统的能力，能够加强巨噬细胞的功能。谷胱甘肽所需的营养成分（N-乙酰-L 半胱氨酸、硒、烟酸和维生素 B_2）已被证明能够明显增强整个免疫系统。

脑是一个巨大的免疫系统腺，它产生希望，喜悦和乐观等积极心态，随时准备应付自己的敌人，恐惧抑郁、悲丧等消极心态。脑的健康需要天然食物、新鲜空气、体育锻炼、充足的休息和睡眠，以及乐观向上、心平气和的良好心态。

为什么有的人不常有病，一有病就要命呢？因为这种人身体没有免疫力了。

为什么有些小病不断的人长寿呢？因为这种人懂得疾病的信号——身体的语言，有病早治，无病早防，大病根治——不能"滥杀无辜"。当一种病原微生物入侵，导致人体发病时，体内就会产生对抗此种病原的特殊抗体。每一次小毛病，每一次急病重病，都是激发人体免疫能力训练抗病能力的一次机会。人经多次疾病，就拥有了对付各种病邪，调节自身平衡的"集团军"抗击病魔，延年益寿。

现代科学已经证实，人体自身有能力治愈 60%~70% 的不适和疾病。免疫系统有两种类型的失误，第一类错误是因为没有及时反应，于是某些本来应该在萌芽状态被阻止的疾病变得严重起来。第二类错误是因为对细微的化学差别给予了过分猛烈的攻击，自身免疫病，诸如红斑狼疮和风湿性关节炎都是这种攻击导致的结果。

此外，我们每天用于按摩胸腺就能有效活化胸腺功能。身体的免疫细胞之一"T 细胞"在胸腺产生。锁骨（脖子下面有两块横的大骨头，往中间有一点凹进的骨叫锁骨）向下，四指宽处即胸腺位置。胸腺只有一个在正中间，但它代表点是左右各一。手握拳头上下在胸腺上搓动 40~60 下，一天要按 150 下。

睡眠的姿势侧卧为宜。睡眠能保护身体远离各种压力，恢复新陈代谢能力。孔子在《论语》里说："寝不尸"，"睡不厌屈，觉不厌伸"，意指睡眠以侧卧为好。《千金要方·道林养生》："屈膝侧卧、益人气力、胜正偃卧。"也是主张以侧卧为宜。《老老恒言·安寝》："如食后必欲卧，宜有侧以舒脾气。"气功家还有"侧龙卧虎抑瘫尸"之说，即以侧位为主，多取右侧卧位——心脏位于胸部的左侧，可减少心脏的压力；右侧卧时肝处于最低位，肝脏血最多；少配左侧卧位，身体自然屈曲；适当配合仰卧位。仰卧能使骨骼得到休养，并有益于面部保养，但手易搭胸，多生梦，人体肌肉不易放松。脑血栓脚气肿患者也以仰卧为妥。高血压患者仰卧时，还应垫高枕头。肥胖者应避免仰卧。心衰病人及咳喘发作病人，宜采用卧位或半坐位，同时将头与后背垫高。胸腹积液患者，宜取患侧卧位，避免影响健侧肺的呼吸功能。孕妇进入中、晚期宜多采用左侧卧位，这种卧位有利于胎儿的生长、发育，还可以减少妊娠并发症。俯卧是4岁以前的婴幼儿常取的睡眠状态，但应防止窒息。哮喘患者必要时也当俯卧。脊椎炎初期、驼背也可俯卧。

睡眠的方位，即睡觉时人的头和脚的朝向。"东西向"说：唐代孙思邈在《千金要方·道林养生》："凡人卧，春夏向东，秋冬向西。"其理论依据是《黄帝内经》中"春夏养阳，秋冬养阴。"春夏属阳，阳气上升，旺盛，而东方属阳主升，头向东以应升发之气而养阳；秋冬二季属阴，阳气收敛，潜藏，而西方属阴主降，头向西以应潜藏之气而养阴。

"向东"说：清代养生学家曹庭栋在《老老恒言》中引《记玉藻》："寝恒东首，谓顺生气而卧也。"

"磁场"说：地球是个磁体，其南北两极之间有一个大且弱的磁场，人体无时无刻不受其影响，若顺着地磁的南北方向而卧，其主要经脉，气血即与地球磁力线相平行，体内器官细胞在天然磁场的作用下呈有序化，可相应地产生生物磁场效应，调整和增进器官与细胞的功能。因此，有关专家研究认为，头北脚南而卧有益身体健康。

有人曾做过脑血栓形成患者床铺摆设方向的调查，发现北向卧的老人其脑血栓的形成发病率较高。这是因为北方是阴中之阴，主寒、主水。而头为诸阳之会、元神之府，恐北首而卧阴寒之气直伤人体之阳。

枕头高度：《老老恒言·枕》指出："高下尺寸，会侧卧恰与肩平。即仰卧亦觉安舒。"古人还认为："神仙枕三寸。"古时候的一寸相当于现在的3.33厘米，三寸就相当于10厘米，实际上这只是一个大致的高度。现代研究也认为枕高以稍低于肩到同侧颈部距离为宜。《显道经》："枕高肝缩，枕下肺塞。"即是说枕高影响肝脉疏泄，枕低则影响肺气宣降。现代研究认为，高枕妨碍头部血液循环，易形成脑缺氧，打鼾和落枕。低枕使头部充血，易造成眼睑和颜面水肿。一般认为高血压、颈椎病及脊椎不正的患者不宜使用高枕；肺病，心脏病，哮喘病的人不宜使用低枕，否则不利于健康。

睡前足浴——脚上循行着六根经脉，有 60 多个穴位，末梢血液循环比较差，血液容易滞留的部位，洗浴按摩足部有利于血液循环畅通。春天洗脚可以"生阳固脱"；夏天洗脚可以除湿谢暑；秋天洗脚可以润肺；冬天洗脚可以"丹田温灼"。洗脚要不断加热水，洗泡 20 分钟左右为宜，两脚移动按摩与手按摩各穴位相结合。足浴还可选择适当的中药水煎后将双足浸没洗浴，通过药物作用和经络作用，使药力直达脏腑，调节人体的阴阳平衡，以达到治疗和预防疾病的目的。通常对于室外活动一天的人来说，睡前洗热水澡，按摩有益。但是，对于活动少的人来说，睡前散步、跳舞、打拳等有益睡眠。运动可使血管扩张，血流畅通；同时内脏器官血液相对减少。由于脑部血流的相对减少，大脑会感到疲倦有利于睡眠。中老年人不宜剧烈运动。

影响睡眠的因素　目前，有学者认为，影响睡眠的因素除情绪条件（喜、怒、忧、思、悲、恐、惊、焦虑）、生活环境条件（出差、旅游、探亲等环境不适宜，或者温度、湿度差距过大）、污染因素（地磁、减弱、强节奏音响、耀目光源、微波污染）外，还与人大脑内的松果腺体有关。因为松果腺体细胞内含有丰富的 5-羟色胺，它在特殊酶的作用下转变为褪黑激素的分泌受到光照的制约。在白天或在强光下分泌得少，在晚上或黑暗中分泌得多，晚 10 时血液中褪黑激素开始明显增多，当午夜 24 时~4 时分泌得最多，然后逐渐减少，到晨 6 时降到最低水平，直到黑夜再次增高。褪黑激素促进睡眠，睡眠又反过来促进松果体分泌更多的褪黑激素。年轻人夜间血液中褪黑激素的峰值很高，随着年龄增大，峰值急剧下降，70 岁以上的老人峰值十分低。

5-羟色胺是由色氨酸合成的。碳水化合物能提高脑的色氨酸含量，全麦面粉的色氨酸多，维生素 C 能促进色氨酸合成 5-羟色胺。

褪黑激素不仅存在于人和动物体内，还广泛存在于谷物、蔬菜和水果中，例如：大米、玉米、燕麦、大麦、豆荚、蘑菇、番茄、番瓜、黄瓜、卷心菜、生姜、芥菜、洋葱、萝卜、胡萝卜、香蕉、草莓、葡萄、菠萝、樱桃等。也存在于药用植物中，例如：黄芩、薄荷、百里香、酥油草和菊科植物等。

脑部松果体除产生褪黑激素外，还产生 5-羟色胺，又叫血清素，它与快乐的心情有直接关系，所以又叫快乐分子。它是合成褪黑激素的原料，睡好觉就能心情舒畅，5-羟色胺除了能引起快乐心情外，还控制着睡眠、食欲、记忆、心血管、肌肉收缩和激素分泌等功能。如果这个分子含量减少，会引起抑郁、焦虑、冷漠、恐惧、绝望、悲观、失眠、疲劳、肥胖、厌食、疼痛、性功能紊乱和离群索居等一系列生理和心理疾病。

松果体还分泌多肽物质，例如脑啡肽和内啡肽，它们具有去痛、镇静、欣快、增加肌肉力量和耐力的作用，所以把它们都看做快乐分子，它们还能促进另一个与好心情有关的分子——多巴胺的合成。人体有 4 种快乐分子：5-羟色胺、内啡肽、脑啡肽和多巴胺，前三者都有抗氧化作用，唯有多巴胺至今尚不清楚它有没有抗氧化作用。

有些快乐分子既产生于脑的松果体部位，也产生于神经互相连接的部位，所以它应该在全身起抗氧化作用。

促进快乐分子分泌的方法：积极运动和快乐心情。快乐分子使人快乐，而快乐心情又反过来使快乐分子合成得更多，是一种良性循环。

美国西弗吉尼亚大学医学院在 2005—2010 年间的 5 年中研究了 3 万多名成年人在睡眠时间发现，每天睡 5 个小时或更少的人患心血管的风险比睡 7 小时的高约 3 倍；睡 9 小时或者更多的人患心血管风险的比睡 7 小时的高 1.5 倍。表明睡 7 小时最好，少于 5 小时最不好，多于 9 小时也不好。

睡眠问题专家说，长期睡眠不足可导致肥胖、糖尿病、高血压、中风、心血管疾病、抑郁症、吸烟和酗酒。

早睡早起者长寿。日本高寿老人大部分是在凌晨 4~6 时起床。据说，这和鸟类觉醒时间一致。而鸟类在生物中，寿命较长。成功人士大多有早睡早起的习惯。

娱乐有助于治疗脑血管性痴呆症。日本国立长寿医疗中心康复科医生长屋政博等人，以 37 名阿尔茨海默病患者和 45 名脑血管性痴呆症患者为研究对象，让他们进行娱乐活动并在娱乐活动前后通过笔试测定他们的认识能力。结果发现，阿尔茨海默症患者的认识能力没有变化，而脑血管性痴呆症患者娱乐后认识能力测试平均分数提高，其中前额叶血管出现病变的患者提高更明显。日本国立长寿医疗中心正计划把有关娱乐活动用于痴呆症治疗。

"日有所思，夜有所梦"。**人做梦**说明大脑思维活跃，有助于脑功能的恢复和加强，并激发人们的创造性思维，不少科学家的成果是从梦中来的。比如，发明家豪文梦见自己成了原始人的俘虏，长矛刺了过来，他突然发现了长矛上有个小洞，从而发明了缝纫机。人体需要的蛋白质和生长激素，就是科学家从梦中合成的。但是，一些反复出现的梦境与某些疾病有关，比如肺病患者常会梦见自己胸部受压，或呼吸局促甚至窒息。心脏病患者常梦见自己从高处坠落，心中恐慌而紧张，落不到地上就被惊醒；梦见自己被某种事务所迫想跑而跑不快，想追而追不上，想叫又叫不出来，提示冠状动脉供血不足；梦见身体歪斜扭曲，伴有窒息感，之后突然惊醒，惊恐不安，可能为心绞痛征兆；梦见洪水泛滥，或自己陷入水中，提示肝脏疾病；梦见大火燎原，自己身陷火中，被火灼伤，提示有高血压的可能；梦见自己两手麻痹，有可能是中风前兆；梦见自己大小便，这可能是膀胱与肠道出了毛病；梦见鬼魂，这可能是肾出了毛病，阴阳俱虚；梦见跟人打仗，这可能是阴阳气太盛之故；经常做噩梦，提示劳累，焦虑紧张处于亚健康状态；经常反复地做一些内容大致相同的噩梦，往往是癌症和其他疾病的早期信号；偶尔梦见神设险境，往往是工作紧张，思维混乱，预示将会发生某种事故。

古今中外的典籍论梦：《庄子》："梦者阳气之精也，心有所喜怒则精气从之。"《梦书》："梦者像也，精者动也。"《灵枢·方盛衰论》："肺气虚则使人梦见白物，见人斩血藉藉，得其时则梦见兵战。肾气虚则使人梦见舟船溺人，得其时则梦伏水中，若有畏恐。肝气虚则梦见菌香生草，得其时则梦伏树下不敢起。"《素问·脉要精微论》："阴盛则梦涉入大水恐惧，阳盛则梦见大火燔灼，阴阳俱盛则梦相杀毁伤；上盛则梦飞，下盛则梦堕；甚饱则予，甚饥则梦取；肝气盛则梦怒，肺气盛则梦哭；短虫多则梦聚众，长虫多则梦击毁伤。"《墨经》中说："梦，卧而以为然也。"《黄帝内经》中述："气血内却，令人善恐。""肾气虚，则腰脊两解不属"，"容于阴器，则梦接内"，"客于肝，则梦见山林树木"；"肝气盛，则梦怒"；"少气之厥，令人忘梦"。《说文解字》中说："梦，寐而有觉者也。"精神分析学家弗洛伊德在《梦的解析》中说："梦是一种受压抑的愿望经过变形的满足。""古老的信念认为梦可预示未来，也并非全然没有真理。"汤普森在《生理心理学》中说："梦是正常的精神病，做梦是允许我们每一个人在我们生活的每个夜晚能安静和安全地发疯。"世界著名生理学家巴甫洛夫从生理机制方面解释人为什么做梦的问题。她认为，梦是睡眠时的脑的一种兴奋活动。当人熟睡时，弥漫性抑制占据了大脑皮层的整个区域以及皮层更深部分后，这时就不会做梦，心理活动被强大的抑制过程所淹没。当浅睡时，我们的大脑皮层的抑制程度较弱，且不均衡，这便为做梦提供了条件。波士顿大学的帕特里克·麦克纳马拉说："做梦有助于调节情绪，它们使情绪保持在一定范围内。"《现代汉语词典》将梦解释为"睡眠时部分大脑物质还没有完全停止活动而引起的脑中表象活动。"《现代科学技术词典》解释说："梦是睡眠或类似睡眠状态下在意识中发生的一系列不随意视觉、听觉和动作表象，以及情绪和思维活动。"《简明不列颠百科全书》对"梦"的解释如下："梦是入睡后脑中出现的表象活动。对梦的本质认识各异，或认为梦是现实的反应，预见的来源，祛病的灵性感受，或认为梦也是一种觉醒状态，或把梦视为一种潜意识活动……"

梦是人体不可缺少的生理现象，是调节人体心理平衡的一种方式。梦的材料来源有先天的残余，有自己的潜意识，有自己的愿望，有肉体上的感觉刺激，有心灵思想上的刺激，还有就是我们自身往外发出的刺激。梦与人体各部位的健康息息相关，阴阳不调，气盛气衰，都可以做梦。有的人做梦太多与脑中血液杂质有关，服用清血溶栓（活血化瘀）药物可起到缓解作用。多梦需要治疗：一是宁心安神；二是扶助正气，祛除邪气；三是对症下药，治好自身的病。不做梦的人病更多。睡觉打鼾是身体的某一部分被堵塞，或者有中枢性，混合性方面疾病的第一信号；睡觉脚抽筋而惊醒，与身体缺钙或动脉硬化有关。

病由心生，保持平常心态——无为、无争、不贪、知足。正如孟子说的："仁是人的心，义是人的路。"人始终保持常态，就不会得"高血压"，"心脏病"。这样的人胜不骄、败不馁，不断超越自我，永攀事业高峰。其实，人生的成就不过是历史长河中的一粒沙，一块石，一滴水罢了！

《素问·阴阳应象大论》："怒伤肝（肝具有营养代谢以及分泌和排泄胆汁的功能，解毒功能。人愤怒时气上升会影响到这些功能，所以出现心血管疾病及神经衰弱等。肝脏还与内分泌功能休戚相关，可促进某些激素的合成、转变和分解。人怒时引起分泌肾上腺素，刺激肝细胞内的GDT分泌到血清中，使肝细胞愈合受损），悲胜怒（这是根据《黄帝内经》"悲则气消"和"悲胜喜"的作用，促使患者发生悲哀，达到康复身心的目的的一类疗法，对于消散内郁的结气和抑制兴奋的情绪有较好的作用）；喜伤心（因为喜悦状态时，人的血液循环加快，血流速度加快，血压升高，这也加重了心脏的负担，会导致心血管疾病），恐胜喜（喜伤心者以恐胜之，适用于精神兴奋、狂躁的病证。《素问·调经论》："心藏神，神有余则笑不休。"而"恐能胜喜"，因为喜为心志，恐为肾志，水能制火，既济之道也）；思伤脾（思虑过多影响气的正常运行，气机失调，导致气滞与气结。从而影响脾的功能引起消化功能减退和障碍，脾胃呆滞，运化失常，出现脘腹胀闷，食欲不振，头目眩晕等症），怒胜思（思伤脾者，以怒胜之，这是利用发怒时肝气升发的作用，来解除体内气机之郁滞的一种疗法，它适用于长期思虑不解，气结成疾或情绪异常低落的病症）；忧伤肺（人长期忧虑，浊气积于肺得不到宣泄，人就会得肺病），喜胜忧（悲伤心者，以喜胜之，又称笑疗，可以治疗由于神伤而表现的抑郁、低沉的种种病证）；恐伤肾（人在受到剧烈惊恐之时，会出现小便失禁，因为肾脏的基本生理功能是生成尿液，从尿中排出各种需要消除的水溶性物质。忧恐状态时胃酸分泌过多，平滑肌出现痉挛，吸收不均或加深加快，血压升高，心率加快），思胜恐（恐伤肾者，以思胜之，主要是通过"思则气结"，以收敛涣散的神气，使患者主动地排解某些不良情绪，以达到健康的目的）。

人体有占体重60%的水，206块骨头，4500对肌肉，800种组织，100多个器官及950千米长血脉。人体如同一座装备着精密仪器的高科技工厂，里面含有由4万亿~6万亿个细胞所构成的复杂机构，整个系统随着心脏的搏动而不停地进行着新陈代谢。人体自身有能力治愈60%~70%的不适和疾病。中医理论认为人体是一个完整的系统、每一个部件都有独特的功能，都有相对应的经络和穴位，一个零件受损会带来灾难性的后果。因此，我们要注意身体发出的每一个疾病信号，有病早治，提升"短板"，预防为主，就能延年益寿。

◆ **长寿探秘**

汉代王充在《论衡》中说，"欲得长生，肠中常清，欲得不死，肠中无滓。"大小肠就是排出身体毒素的器官，所以让肠道保持通畅，让体内废物及时排出就是保持健康的基础。

排毒： 人体的毒素（人体内脂肪、糖、蛋白质等物质代谢产生的废物是体内毒素的主要来源）有外在之毒，内在之毒之分；因毒的性质不同，有湿毒，热毒，药毒，痰湿之毒，湿热之毒，水谷之毒，血毒，糖毒，脂毒，尿毒，粪毒等的不同；因毒侵害机体的部位不同，引起疾病的症状、性质各异。具体表现：

消化系统：口臭；屁味臭；打嗝；胀气；腹部胀痛；便秘。

泌尿系统：尿频；尿色浅淡；尿少气味大；尿色深红；尿刺痛；四肢肿胀。皮肤干燥或出油过多。易起红疹，色斑，小疙瘩和发生过敏反应。老年男性撒尿时脚后跟离地就能排尽。

神经系统：头昏脑涨，注意力不集中，记忆力减退；情绪容易波动，时而抑郁，时而激动易怒；老年痴呆。

经络系统：肥胖、心血管疾病。

各种疾病是毒的表现形式，死亡是毒的集中表现结果。

据美国医学杂志报道，使用组织化学的方法，去分析尸体的组织化学成分，发现不同年龄的尸体，其有害毒素的含量与年龄成正比。

伦敦大学一个老龄化研究人员发现，衰老基本上是由于日常垃圾处理和保养系统出故障所致。

俄罗斯和乌克兰著名的人体清理专家，根据多年对大量患者进行人体清理实践，认为能够从人体中多次、全面清理出以下垃圾：

从肠道中清除多年积存的陈腐粪便 1~15 克。

从肝脏、胆囊和胆管中清除腐败的胆汁、胆红素性结石及其他结石、胆固醇形成的栓塞物质 0.5~5 千克。

从各关节部位清除各种无机盐类 3 千克，以及其他污染物若干。

澳大利亚医学研究人员认为，长期便秘不仅可使人智力下降，而且 80% 的老年痴呆患者，有过长期便秘史。其原因是患者无法及时清除肠道内的毒素（蛋白质分解或氨、硫化氢，硫醇和吲哚等）。当这些积累超过人体肝脏解毒能力时，就会随血液循环进入大脑，从而损害中枢神经，使人智力下降。

《黄帝内经》："正气内存，邪不可干。""肾乃先天之本，胃乃后天之本。""有胃气则生，无胃气则死。"名医刘纯说："胃气者知饥也。"

中医理论认为，血毒积瘀血液，不能温养四肢，而致周身疾病。藏医理论认为：贪、妄、痴、产生毒素积于血液，形成血毒，使人体平衡失调。

排毒就要通经活络，打通管道（血管、淋巴管、气管、各脏器联络管、经络、汗腺、尿道、消化道）。该排泄的都让它排泄出去。通则不病，病则不通。现在每 10 个人中就有 7 人死于心脏病、中风和癌症。其余的人死于糖尿病、阿尔茨海默病（或老年痴呆症）及其他所谓的"文明病"。

解决的办法：第一是排除，第二是化解，第三是调和人体气血阴阳，第四要补充正气。排除方法：运动排毒，饮食排毒，饮水排毒，药物排毒（包括吃药和中药配伍煎汤沐浴，水温不超 37℃）、氧疗、沙浴（身体局部或大部浸埋在热沙之中，沙温以 40~47℃为宜，但不能超过 55℃）、"洗肠机"给肠道内注入净化后的 38℃左右的过滤纯净水，可清除体内瘀积的毒素及废物，净化肠道。这是宋美龄生前一直坚持使用的排毒方法。德国医生马克斯·格尔森自创的咖啡灌肠疗法，是将咖啡从肛门灌入体内，洗净大肠，可以改善大肠整体的运作，也可以改善肝脏的功能。我认为一般情况不采用绝食排毒——伤胃气。《黄帝内经》："脾胃之气即伤，而元气亦不能充，而诸病之所由生也。"

除了以上排毒外，还有穴位排毒。

穴位是由"皮肉和筋骨"组成的特异组织结构，是气血精华或糟粕聚集的地方，是皮肉和筋骨具有"治疗功能"的地方。人身固有 52 个单穴，300 个双穴，50 个经外奇穴，共 702 个穴位。我们怎样利用穴位排毒和治病呢？

第一，**艾灸疗法**。艾灸在我国古代是一种延寿健身的保健法，早在春秋战国时期《灵枢经》记载："灸则强食生肉。"《本草纲目》："艾以叶入药，性温，味苦，无毒，纯阳之性，通十二经，具回阳、理气血、逐湿寒、止血安胎等功效，亦常用于针灸。"《灵枢·官能》："针所不为，灸之所宜。"《名医别录》："艾味苦，微温，无毒，主灸百病。"《本草从新》："艾叶苦辛……纯阳之性，能回垂绝之阳。"艾灸治疗是通过"药气"所到引起的效应，作用于穴位来治疗疾病。

我国医学古籍首次明确提出禁针禁灸穴的为《针灸甲乙经》，《针灸甲乙经》记载禁灸穴位有 22 个穴：头维、承光、风府、脑户、哑门、下关、耳门、人迎、丝竹空、承泣、白环俞、乳中、石门、气冲、渊腋、经渠、鸠尾、阴市、阳关、天府、伏兔、地五会。

清代人做禁灸穴歌，介绍禁灸穴达 45 个，分别为：哑门、风府、天柱、承光、头临泣、头维、丝竹空、攒竹、睛明、素髎、禾髎、迎香、颧髎、下关、人迎、天牖、天府、周荣、渊腋、乳中、鸠尾、腹哀、肩贞、阳池、中冲、少商、鱼际、经渠、地五会、阳关、脊中、隐白、漏谷、阴陵泉、条口、犊鼻、阴市、伏兔、髀关、申脉、委中、殷门、承扶、白环俞、心俞。

清代医学著作《针灸逢源》又加入脑户、耳门二穴为禁灸。至此，禁灸穴总计为 47 穴。

以上禁穴大多数分布于头面部，重要脏器和表浅大血管的附近，以及皮薄肌少筋肉结聚部位。还有一些穴位位于手或足的掌侧，如中冲、少商、隐白，这类可能在施灸时较疼痛，易造成损伤。这是我国古人多年临床实践的经验总结。但是，随着现代医学的进步，大都可以采用艾灸或者灸盒温和施灸，不会对身体有创伤。现代中医临床认为，所谓禁灸穴只有四个，即睛明穴、素髎穴、人迎穴、委中穴。不过妇女妊娠期小腹部、腰骶部、乳头、阴部等均不宜施灸。

每年 3~5 月间，秉承鲜嫩肥厚的艾叶，放在日光下暴晒，干燥后放在石臼中捣碎，筛去泥沙杂梗，即成为艾绒了。雨季要晾晒，防止霉变。艾绒用陈旧的效果好。如在艾绒中掺入药物而制成的艾条，就称药物艾条。药物需根据病情选药。

艾条灸是用棉纸把艾绒包裹卷成圆筒形的艾卷，点燃一端，在穴位或患处进行熏灸的一种施灸方法。

艾炷直接灸（无瘢痕灸）：将艾炷（艾绒卷呈上小下宽形状）直接安放在皮肤上灸治。施灸时，穴位上涂些凡士林黏附艾炷，从上端点燃。当艾炷燃烧至患者感到皮肤发烫时，即将艾炷压灭或用镊子取下，更换新艾炷再灸。适用于治疗哮喘、眩晕、慢性腹泻、疥癣、瘰疬、痣、疣及皮肤溃疡。

熨灸：将艾绒平铺在腹部，穴位上或患处上面，然后覆盖几层棉布，用熨斗或热火袋布上面温熨。多用于风寒湿痹，痿证，寒性腹痛，腹泻等。

间接灸是在艾炷与皮肤之间隔垫某种物品而施灸的方法。常用的有隔姜灸、隔蒜灸、隔葱灸、隔盐灸等方法。隔姜灸：取鲜生姜切成 0.2~0.3 厘米的姜片，中间用针扎数孔，放在施灸穴位上，然后将艾炷置于姜片上点燃。施灸过程中患者感到灼烫不能忍受时，可将姜片略提起或缓慢移动，待灼烫感消失后放下再灸。这种灸法对寒性呕吐、腹痛、遗精、早泄、阳痿、不孕、痛经面瘫及风寒湿痹疗效较好。

隔蒜灸：将蒜切成厚 0.2~0.3 厘米薄片或捣成蒜泥，制成蒜饼，中间用针扎数孔，放在施灸穴位上，上置艾炷点燃。为防止起疱，施灸过程中可将蒜片向上提起或缓慢移动。用来治疗肺结核、腹中积块、胃溃疡、皮肤红肿、瘙痒、蛇蝎毒虫所伤等。

隔葱灸：将葱切成 0.2~0.3 厘米厚数片或捣成葱泥，平敷在脐中及周围，或者敷于患处，上面放置大艾炷点燃施灸，灸到局部温热舒适、不感灼痛为止。适用于治疗虚脱、癃痛、尿闭、疝气、乳痛等疾病。

隔盐灸：是用食盐填平脐窝作隔垫物的一种施灸方法，又称神阙灸。取食盐填平脐窝，在盐上置大艾炷点燃施灸，或在盐上放置姜片、药饼等隔垫物再施灸。施灸过程中患者稍感灼痛时需要更换新艾炷。常用于治疗中寒、腹痛、吐泻、痢疾、淋病、阳痿、滑泄、中风脱证、不孕等。

艾条灸是用棉纸把艾绒包裹卷成圆筒形的艾卷，点燃一端，在穴位或患处进行熏灸的一种施灸方法。艾条灸包括悬起灸、触按灸、间接灸 3 种，其中最常用的是悬起灸。悬起灸是将点燃的艾条悬于施灸部位上的一种施灸方法。悬起灸又有温和灸、回旋灸、雀啄灸三种方法。

温和灸是将艾条一端点燃，对准施灸部位，距皮肤 3~5 厘米进行熏灸，每次 10~15 分钟，施灸过程中患者局部有温热感但无灼痛，灸皮肤稍起红晕为止；多用于风湿痹及慢性病。回旋灸：将点燃的艾条悬于施灸部位距皮肤的 3~5 厘米处，平行往复回旋施灸 20~30 分钟，使皮肤有温热感。适用于面积较大的风湿痹痛、软组织劳损、神经性麻痹及皮肤病等。雀啄灸是将点燃的艾灸对准施灸部位，一上一下摆动，像麻雀啄食一样，施灸 5~20 分钟。施灸时应避免烫伤皮肤。多适用于治疗急性病、昏厥急救等。

艾灸能治很多病，下面仅举部分病例（括号内是艾灸穴位及特效反射部位）：调和脾胃（脾俞、胃俞、中脘、天枢）、养心安神（内关、心俞（按摩、拔罐）神门、膻中）、健脑益智（百会、太阳、风池、风府、大椎、合谷、足三里）、补肾强身（肾俞、太溪、命门、关元、涌泉、膏肓俞、关元俞）、眼睛保健（曲池、肝俞、合谷、太阳、阳白、睛明、四白）、头痛（神庭、太阳、瞳子髎、外关、行间、解溪、昆仑、通里、少泽、青灵、少海、后溪、支正、大杼、眉冲、曲差、五处、支达、涌泉、少海、金门、束骨、足通谷、关冲、液门、清冷渊、消泺、翳风、正营、承灵、脑空、率谷、天冲、浮白、头窍阴、本神、目窗、足临泣、太冲、风府、陶道、百会、强间、后顶、神庭、上星、前顶、囟会、四神聪、印堂、翳明、安眠、腰奇、合谷、至阴、养老、神门、足三里、里内庭、三阴交。按摩治疗加穴：脑户、头临泣、丝竹空、天牖、申脉、天柱、攒竹、头维）、咳嗽（肺俞、曲池、合谷、大椎、肩外俞、风门、外关、丰隆、灵台、玉堂、紫宫、华盖、期门、璇玑、天突、云门、中府、大杼、膻中、膏肓、列缺、太渊、鱼际、巨阙、不容、奇穴赤穴：在胸骨柄正中点，旁开 1 寸处。特效反射区：位于掌面第二、第三基节骨和第二、第三掌骨的交界处。按摩加穴：少商、鸠尾。）呕吐（中泉、腕骨、中枢、上脘、巨阙、下脘、脾俞、颅息、膈俞、公孙、不容、足三里、中魁、中庭、中脘、建里、紫宫、支沟、瘈脉、内关、胃俞。按摩加穴：少商、鸠尾。）腹泻（水分、石门、关元俞、脾俞、命门、天枢、大横、腹结、上巨虚、下巨虚、太冲、三阴交、中都、神阙、足三里、大肠俞、手三里、曲池、公孙、里内庭：位于足大趾胫侧缘，与指甲根相平，距趾甲 5 分处。特效反射区：手背第三与第四指间下方，和合谷穴朝小指方向三横线的交叉处）、腹痛（手三里、中封、石关、内关、冲门、神阙、气海、石门、关元、大横、腹结、中都、阴交、大巨、上巨虚、下巨虚、公孙、太冲、上廉、下廉、不容、大都、建里、中脘、上脘、腰眼、天枢、脾俞、曲池、大墩、里内庭、水泉；奇穴食伤名灸穴：位于足踇指侧缘，第二趾趾关节处。特效发射应：位于小腿腓骨外侧后方，外踝后方向。上延伸四横指的带状区域）、腰肌劳损（身柱、腰俞、腰阳关、中枢、筋缩、悬枢、脊中、肾俞、腰眼、承山、肓门、太溪、阳陵泉、志室；奇穴泉生足穴：位于足跟正中线小腿三头肌腱上，跟骨上缘横交中点处。特效反射区：手背钩骨和头状骨形成的区域）、网球肘 [曲池、肘髎、间髎、天井，清冷渊、肩井、神道、下廉、上廉、孔最、少海、合谷、阿是（病灶点）；奇穴肘俞穴：位于肘关节背面，鹰嘴突起与肱骨外上髁骨间之凹陷处。特效反射区：双足外侧第五跖骨粗隆凸起的前后两侧]、痔疮（肾俞、上髎、次髎、下髎、中髎、承山、腰俞、命门、长强、会阳、承筋、秩边、昆仑、太白、二白、会阴、飞扬、商丘、气海俞、小肠俞、膀胱俞。奇穴回气穴：位于骶骨尖端，压脊骨上赤白肉下是穴。手部反射区：位于手背小指内侧的第二关节上。按摩加穴：承扶）、心悸（巨阙、大杼、膻中、内关、神门、劳宫、强间、脑空、郄门、少冲、大陵、支沟、足三里。按摩加穴：心俞）、眩晕（百会、上星、后顶、正营、本神、率谷、眉冲、络却、通里、囟会、上关、风市、翳明、安眠、目窗、前顶、飞扬、足临泣、神庭、涌泉、四白。按摩加穴：丝竹空、脑户、承光、少海、风府）、呃逆（内关、天泉、彧中、神藏、气海、中脘、建里、石关、太渊、督俞、太溪、谚语、膈关、日月、行间、气舍、合谷、扶突。按摩加穴：攒竹、经渠）、便秘（石关、上巨虚、大横、关门、商丘、石门、中脘、上髎、次髎、下髎、大肠俞、小肠俞、大巨、水道、迎香、维道、太白、行间、大敦、天枢、承筋、肓门、胞肓、大钟、交信、支沟、五枢、阳陵泉、腰俞；奇穴大便难穴：位于背部，第七胸椎棘突旁开1寸处。特效反射区：位于手背第二、第三掌指关节处。按摩加穴：承扶）、糖尿病[膀胱俞、脾俞、金津、三阴交、太溪、关元俞、大敦、承浆、玉液、意舍、胃俞、阳池、腕骨、然谷；奇穴手足小指（趾）穴：位于手足小指（趾）尖端。手部反射区：以中指根部横纹的中点与手腕交接处的第一个横纹中点，用笔连成一线，从手腕上的横纹开始，从5厘米左右为间隔，分16等份的点就代表和全身相连的穴位。按摩加穴：阴市]、哮喘（大椎、天突、璇玑、太渊、华盖、膻中、身柱、神道、灵台、辄筋、神封、灵墟、脑空、阴都、步廊、大钟、神堂、太溪、足通谷、魄户、肺俞、水突、大杼、风门、通天、大包、天溪、胸乡、通里、膺窗、乳根、不容、侠白、孔最、列缺、鱼际、肾俞、膏肓、定喘、云门、中府、膈俞、丰隆、肾俞；奇穴气喘穴：位于背部正中线，旁开2寸，与第七胸椎棘突平高处。特效反射区：在手掌面第二、第三指节指骨和第二、第三掌骨交界处。按摩加穴：天府、经渠）、中风（风府、涌泉、肩井、大椎、曲池、肩髃、足三里、中脘、天井、外观、行间、厉兑、太冲、大敦、足临泣、足窍阴、少冲、劳宫、中冲。按摩加穴：伏兔、阴陵泉、少商）、胃脘痛（上脘、中脘、下脘、神阙、气海、内关、脾俞、胃俞、行间、不容、承满、梁门、关元、太乙、足三里、大陵、大都、太白、公孙、腹哀、肓门、幽门、腹通谷、悬枢、筋缩、中枢、大敦、痞根、夹脊、阳池、建里、巨阙、手三里、三焦俞、胃仓、璇玑；奇穴 指横里三毛穴：位于足拇指背侧、趾甲部正中点。特效反射区，在手掌第四掌骨和钩骨的交界处。按摩加穴：鸠尾、条口）、黄疸（肝俞、足三里、至阳、日月、巨阙、上脘、劳宫、涌泉、大椎、中封、商丘、脊中。按摩加穴：少商）、肝硬化（肾俞、肝俞、脾俞、三阴交、期门、中脘、章门、痞根、中封、阳陵泉)、高血压 (风池、肩井、足窍阴、太冲、侠溪、前顶、卤会、印堂、足三里、丰隆、三阴交、阳陵泉、百会、外关、期门、安眠、曲池、十宣、胆俞、内关、劳宫、束骨、平心：位于掌中央，以手掌与中指交界横纹中和腕横纹之中点互相连线之中点是穴。手部反射区：位于第一掌骨和第三掌骨间隙的中点处。按摩加穴：人迎、心俞、头维)、遗精 (箕门、地机、肾俞、小肠俞、三焦俞、太溪、至阳、志室、膏肓、阴谷、横骨、大赫、气穴、曲泉、中封、命门、曲骨、会阴、气海、关元、三阴交、神阙、中极、太溪；小腿部反射区：位于内踝尖直上约四横指处，相当于足太阴脾经三阴交穴的位置。按摩加穴：阴陵泉)、阳痿 (肾俞、命门、腰阳关、关元俞、中极、太溪、足三里、箕门、志室、膏肓、阴谷、横骨、大赫、气穴、曲泉、大巨、会阳、气海、三阴交、太冲；奇穴遗精穴：位于男性腹下部，脐下 3 寸正中线旁开 1 寸处。小腿部反射区：内踝尖直上约四横指处，相当于足太阴脾经三阴交穴的位置。按摩加穴：阴陵泉)、早泄 (关元、中极、足三里、三阴交、太溪、命门、肾俞、关元俞、气海俞、膀胱俞、次髎、志室、腰眼、气海)、男性不育 (关元、肾俞、命门、三阴交、足三里、太溪)、前列腺炎 (肾俞、三阴交、中极、水泉、会阳、曲泉、气冲、曲骨、命门。按摩加穴：阴陵泉)、月经不调 (三阴交、公孙、气海、天枢、神阙、太冲、行间、太溪、血海、带脉、归来、地机、上髎、次髎、中髎、下髎、然谷、水泉、交信、横骨、大赫、气穴、四满、蠡沟、阴包、阴廉、会阴、曲骨、肝俞、居髎、脾俞、肾俞、足三里、腰阳关、命门、曲泉、足临泣、大敦、腰俞、子宫、中极、大敦、水泉；奇穴经中穴：位于腹部下部正中线，脐下 1.5 寸，旁开 3 寸。特效反射区：双足踇趾腹的中央。按摩加穴：气冲、隐白、阴陵泉)、痛经 (中极、太冲、关元、次髎、子宫、三阴交、血海、肾俞、石关、曲骨、归来、气海、水泉、地机、四满、天枢、气冲、乳根、合谷、行间；奇穴十七椎下穴：位于腰下正中线，第五腰椎棘突下方。小腿反射区：小腿腓骨外侧后方，从外踝后方向上延约四横指的一竖条区域)、闭经 (肝俞、肾俞、三阴交、血海、关元、气海、足三里、合谷、水泉、归来、带脉、中极、行间。生殖腺反射区：双足底面，足跟中央处)、带下病 (气海、中极、带脉、脾俞、膀胱俞、肾俞、次髎、居髎、命门、太冲、阴廉、曲骨、三阴交；奇穴漏阴穴：位于足内踝下缘 5 分。特效反射区：双足脚后跟内侧，内踝后下方的三角形区域)、产后乳汁不足 (曲池、肩井、天宗、少泽、乳根、天溪、幽门、支沟、膻中；奇穴胸膛穴：位于胸部，两乳之间，胸骨体两侧缘与乳头相平处。特效反射区：双足背面第二、三、四趾骨形成的一片区域）、产后腹痛（足三里、气海、关元、神阙、石门；奇穴交仪穴：位于小腿胫侧，内踝上缘上 5 寸，胫骨后缘。特效反射区：小腿腓骨外侧后方，从外踝后方向上延伸约四横指的条状区域）、子宫脱垂（气海、关元、带脉、子宫、水泉、三阴交、上髎、次髎、急脉、大敦、会阴、照海、百会、维道；奇穴太阴跷穴：位于足内踝下凹陷中。特效反射区：双足脚后跟内侧、内踝后下方的三角形区域）、外阴瘙痒症（三阴交、气海、阴廉、中极、大肠俞、会阴、血海、然谷）、崩漏（气海、关元、命门、血海、三阴交、公孙、太冲、行间、交信；奇穴气门穴：位于腹下部正中线，脐下 3 寸，旁开 3 寸。特效反射区：小腿内侧，在足内踝尖与阴陵泉的连线上，阴陵泉下 3 寸。按摩加穴：隐白）、女子不育症（关元、中极、子宫、三阴交、归来、四满、丰隆、然谷、水泉）、习惯性流产（关元、气海、肾俞、中极、足三里、命门）、性冷淡（乳根、膻中、气海、大巨、足三里、次髎）、子宫肌瘤（子宫、气海、关元、血海、三阴交、归来）、更年期综合征（关元、中极、足三里、子宫、肾俞、三阴交、太溪；特效反射区：双足底面第一、第二趾骨与跖趾关节所形成的脚掌中央"人"字形交叉点略偏外侧处）、坐骨神经痛（承山、大肠俞、上髎、次髎、下髎、膀胱俞、环跳、风市、膝阳关、阳交、阳辅、丘墟、侠溪、委中、殷门、肾俞。按摩加穴：承扶）、颈椎综合征［阿是（病灶点）、气舍、天椎、曲池、合谷、陶道、肩外俞、天髎、足通谷、附分、肩井、大椎、风池、大杼、液门；奇穴肩背穴：位于侧颈部锁骨上窝中央上约 2 寸，斜方肌上缘中部。特效反射区：拇指根部内侧，横纹尽头处］、风湿性关节炎（风市、环跳、曲池、膝眼、肺俞、梁丘、冲阳、膝关、中都、飞扬、膝阳关、阳辅。按摩加穴：伏兔、阴市、内关）、肩周炎（肩髃、上廉、养老、肩贞、天窗、肩中俞、秉风、天宗、肩髎、臑俞、臂臑、肘髎、曲池、曲垣、二间、阳陵泉、天髎、清冷渊、液门、魄户、合谷。按摩加穴：条口）、落枕（阳陵泉、气舍、少海、大椎、外关、肩井、天髎、天井、养老、合谷、落枕、后溪、足通谷、足三里）、腰痛（地机、肾俞、手三里、居髎、三焦俞、昆仑、天枢、跗阳、膀胱俞、腰眼、关元俞、腰阳关、命门、委中、承山。按摩加穴：殷门、承扶）、膝痛（昆仑、鹤顶、足三里、中渎、阳陵泉、梁丘、膝眼、环跳。按摩加穴：阴陵泉、委中、髀关、犊鼻、条口、殷门）、牙痛（兑端、太阳、牵正、承浆、天容、龈交、冲阳、颊车、厉兑、内庭、曲池、手三里、三阳络、外关、阳谷、三间、商阳、上关、大迎、合谷、二间。按摩加穴：下关、耳门）、扁桃体炎（水突、人迎、气舍、璇玑、手三里、曲池、偏历、阳溪、合谷、三间、二间、商阳、少泽、天井、玉液、金津、涌泉、内庭、太渊、关冲。按摩加穴：经渠、鱼际、少商)、咽喉炎 (天突、华盖、孔最、间使、曲池、液门、天井、天窗、扶突、涌泉、天鼎、温溜、商阳、二间、关冲、水突、中渚、风府、天容、太溪、厉兑、阳池、合谷。按摩加穴：人迎、天柱)、气管炎、支气管炎 (水突、天突、神藏、灵墟、神封、步廊、膈俞、通天、气舍、气户、库房、膺窗、侠白、尺泽、孔最、肩中俞、大杼、风门、肺俞、涌泉、足三里、周荣、食窦、辄筋、屋翳、丰隆、缺盆、胸乡、天溪、魄户、或中、膏肓、俞府、神堂、浮白、太溪、阴都、头窍阴、灵台、胃脘、定喘、璇玑、华盖、紫宫、玉堂、膻中、巨阙。按摩加穴：经渠、少商)、腮腺炎 (胃俞、颊车、阳谷、角孙、听会、翳风、温溜、商阳、口禾髎、关冲、前谷)、甲状腺肿大 (天容、水突、气舍、络却、天冲、浮白、头窍阴、风池、天窗、扶突、天鼎、缺盆、曲池。按摩加穴：脑户、人迎)、百日咳 (水突、气舍、商丘、风门、肺俞、定喘)、鼻炎、鼻窦炎 (印堂、上迎香、五处、曲差、巨髎、卤会、上星、神庭、口禾髎、通天、络却、承灵、脑空、悬颅、阳溪、合谷、厉兑、四白、灵墟、前顶。按摩加穴：承光、颧髎、迎香、素髎)、失眠 (大巨、太冲、强间、灵道、三阴交、神门、大陵、神庭、印堂、安眠、翳明、四神聪、涌泉、通里、阴郄。按摩加穴：阴陵泉、天柱、心俞、隐白)、盆腔炎 (水道、上髎、次髎、中髎、下髎、小肠俞、关元俞、大赫、石关、横骨、带脉、阴包)、黄褐斑 [肾俞、肝俞、肺俞、气海、大椎、阿是 (病灶点)；按色素沉淀部位选加：①前额区配上星、阳白；②颧颊区配颊车、四白；③鼻梁配印堂、迎香 (拔罐、按摩)；④上唇配地仓]、雀斑 [足三里、血海、阴陵泉 (拔罐、按摩)、悬钟、三阴交、肾俞、印堂、巨阙、合谷、阿是 (皮损区)、肝俞、肾俞、脾俞、膈俞、肺俞、风池、颈夹脊、大椎、大杼、膏肓、曲池、委中、血海、太溪]、丰胸 (乳根、屋翳、膻中、脾俞、胃俞、足三里、三阴交、太溪)、纤腰 [中脘、天枢、带脉、气海、肝俞、胆俞、脾俞、胃俞、肾俞、大肠俞、三焦俞、膀胱俞、白环俞 (按摩、拔罐)。腰臀部肥胖处加足三里、三阴交、水分、丰隆、太冲、环跳、阴陵泉 (按摩、拔罐)]、多毛 [阿是 (病灶点)、肺俞、肝俞、肾俞、膈俞、脾俞、胃俞、胆俞、心俞 (按摩、拔罐)；合谷、曲池、内庭、太溪、足三里、三阴交、血海、风池]、头面疔肿 [身柱、灵台、膈俞、阿是 (病灶点)。①实证加曲泽、合谷、委中 (按摩、拔罐)。②虚证加脾俞、足三里、三阴交、后溪、气海。发于头部加风池、神道、陶道、心俞 (拔罐、按摩)]、颜面部疔疮 [身柱、灵台、合谷、委中、风池、颈夹脊、阿是 (病灶点)。①实证加曲泽、内庭、侠溪、少府、劳宫。②虚证加脾俞、肾俞、肝俞、足三里、三阴交、中脘、气海、关元]、疣 [阿是（病灶点）、肝俞、脾俞、肾俞、膈俞、肺俞、风池、合谷、列缺、足三里、委中（按摩、拔罐）、血海]、荨麻疹 [气海、风门、肺俞、大椎、膈俞、肝俞、脾俞、肾俞、风池、心俞（按摩、拔罐）；曲池、合谷、血海、足三里、内庭、三阴交]、神经性皮炎 [阿是（皮肤局部）、肝俞、脾俞、肾俞、肺俞、厥阴俞、膈俞、胆俞、胃俞、大肠俞、三焦俞；太冲、丰隆、侠溪、血海、三阴交、太白、神门、内关、曲池、阴陵泉（按摩、拔罐）]、足跟痛 [阿是（病灶点）、太溪、照海、水泉、涌泉、承山、昆仑、申脉（拔罐、按摩）、仆参、解溪、足三里]、高血脂 [膈俞、脾俞、膻中、关元、天枢、足三里、三阴交、丰隆、涌泉、上巨虚、中脘、心俞（按摩）]。

　　按摩疗法，刮痧疗法，拔罐疗法和针灸疗法均可参照以上穴位治疗。

　　第二，**刮痧疗法**。刮痧疗法就是通过手指、刮板来开泄人体皮肤毛孔，刺激皮下毛细血管和神经末梢，疏通经络，开通腠理、流通气血、加强各种正常的调节功能，达到排出病邪、祛病强体的目的。

　　刮痧起源于我国旧石器时代。那时，人们患病时，不经意地用手或石片在身上抚摸、捶击，有时竟然使病得到缓解。时间一长，自然形成了砭石治病法，又称为"刮治"，到清代被命名为"刮痧"。

　　明代医学家张凤逵认为，毒邪由皮毛而入就会阻塞人体脉络和气血，使气血不畅；毒邪由口鼻吸入也会阻塞脉络，使气血不通。这时就可以用刮痧疗法，使汗孔张开，痧毒排出体外；促进肌肉收缩和血液循环；改善和调整脏腑功能，使脏腑阴阳得到平衡，从而达到治愈的目的。

　　西医认为，刮痧是通过刮拭一定部位刺激皮下毛细血管和神经末梢，促进中枢神经系统产生兴奋，以此来发挥系统的调节功能。刮痧通过刺激局部毛细血管扩张，加强循环血流量，增强人体抗病能力。

　　中医认为，刮痧具有镇痛、活血化瘀、祛瘀生新、调整阴阳、发汗解表、美容排毒作用。

　　中国传统医学认为，刮痧用犀牛角或牛角最好，玉、石次之，瓷片亦好，塑料不宜。

　　刮痧介质：冬青膏（冬绿油和凡士林，按 1:5 的比例来调成的）、白酒、麻油、鸡蛋清、刮痧活血剂、薄荷水、扶他林、刮痧油、止痛灵。

　　刮痧法

　　面刮法：手持刮痧板，向刮拭的方向倾斜 30°~60°，以 45° 最为普遍，依据部位的需要，将刮痧板的整个或一半长的边放在皮肤表面，自上而下或从内到外均匀地向同一方向直线刮拭。此法适用于身体平坦部位的经络和穴位。

平刮法：手法与面刮法相似，只是刮痧板向刮拭的方向倾斜的角度小于15°，这就会使向下的刮拭力度稍大，刮拭速度缓慢。此法是诊断和刮拭疼痛区域的常用方法。

角刮法：使用刮板的角度在穴位处自上而下进行刮拭，刮板面与皮肤呈45°，适用于肩部、胸部等部位或凹陷处穴位的刮痧。

推刮法：推刮法与面刮法相似，只是刮痧板向刮拭的方向倾斜的角度小于45°，如果对面部进行推刮，角度则应该小于15°，压力大于平刮法，速度也比平刮法慢一点，每次的刮拭长度也应该短些。常用在诊断疼痛区上。

厉刮法：刮痧板角部与刮拭部位呈90°垂直，刮痧板始终不离皮肤，并施以必定的压力，在3厘米短距离内进行反复刮拭。这种刮拭方法主要用于头部穴位、经络的刮拭。

点按法：将刮痧板角部与要刮部位呈90°垂直，向穴位进行由轻到重的按压，每次按压应该短促、迅速，手法连贯。此法适用于骨骼的软组织处和骨骼缝隙，凹陷部位。

垂直按揉法：将刮痧板的边沿顺着肌肉、骨骼的纹路处接触皮肤，以90°按压在穴位上，刮痧板与所接触的皮肤始终不分开，做柔和的慢速按揉。此法适用于骨缝穴位以及第二掌骨桡侧的刮拭。

平面按揉法：用刮痧板角部和平面以小于20°按压穴位上，做柔和迟缓的旋转，刮痧板角部平面与所接触的皮肤之中不分开，按揉压力应当渗透到皮下组织或肌肉。此法常用于足全息穴位、后颈、背腹部全息穴区中疼痛敏感点的刮拭。

双角刮法：用刮痧板凹槽两端的棱角接触皮肤，刮痧板向刮拭方向倾斜45°，使凹槽部位对着棘突部位，而凹槽两边的棱角则对准棘突和两端横突之间的位置，进行从上到下的刮拭，通常用在脊椎部位。

斜刮法：用刮痧板的边缘接触皮肤表面，向刮拭方向倾斜45°，按照骨骼、肌肉的走向对穴位进行反复的刮拭。主要用于骨骼棱角处的穴位。

拍痧法：用双掌快速拍身体，用于肘、腕、膝、踝处。

挑痧法：将患处或穴位消毒，用手捏起皮肉，将针快速、轻巧地刺进、挑起，挤出紫暗色瘀血，重复多次，最后用棉球擦净。

在刮拭之前，应当用75%的乙醇（酒精）对刮拭工具以及刮拭部位进行消毒，防止病毒感染。

治疗刮痧时间 25 分钟之内，每个部位的刮拭时间为 3~5 分钟，并且每次刮拭只限于医治一种病症。

进行全身刮痧时的顺序：从上到下，依次是头部、背部、腰部、腹部、四肢。在刮拭背腰部和胸腹部时，应根据病情的轻重、症状的不同决定刮拭的先后顺序。进行局部刮痧时，一般以先阳经后阴经，先左后右的顺序刮拭。

涂抹刮痧介质要遵循"只薄不厚"的原则。保健刮痧和头部刮痧无须使用介质。

刮痧注意保暖，避免"伤风"，防止寒邪入侵体内，从而影响健康。

通常一次刮痧完成后，要待到痧退后 7~15 天才能进行第二次刮痧。正常情况下，刮痧 7~10 次为 1 个疗程。倘若 1 个疗程过后，没有彻底解决病症，可以进行第二个疗程，间隔 10 天可以进行第二个疗程，直至痊愈为止。

刮痧后的 3 小时内忌洗澡，以免风寒侵入体内影响疗效。

刮痧禁忌

禁刮病症：有出血倾向的疾病，如白血病、血小板减少、严重贫血；皮肤高度过敏、破伤风、狂犬病；心脑血管病急性期，肝功能不全。

禁刮人群：久病年老的人、极度虚弱的人、极度消瘦的人、囟门未合的小儿。

禁刮部位：皮肤破损溃疡、疮头、新发生的骨折表部、恶性肿瘤手术后瘢痕部、原因不明的肿块、韧带及肌腱急性损伤部位；妇女乳头、孕妇的腹部和腰骶部、经期妇女的三阴交、合谷、足三里等穴位；肝硬化腹水者的腹部、眼睛、耳朵、鼻孔、舌、口唇、前后二阴、肚脐；感染性皮肤病患者，糖尿病患者皮肤破溃处，严重下肢静脉曲张部。

禁刮情况：醉酒、过饥、过饱、过渴、过度疲劳等。

刮痧后忌喝凉水。

刮痧出现莎血点。瘀血瘢或点状出血，这就是所谓的"出痧"。在 28~48 小时之后，刮痧部位的皮肤会有疼痛感、发热感，这是正常现象。

《素问·异法方宣论》中指出，东南西北中五方地域、环境、气候不同，居民生活习惯不同，所以形成不同的体质。刮痧要从自身的实际需求出发，有的放矢，才能治疗疾病。

中医一般把人分为 9 种体质，即平和体质，气虚体质（精气亏缺，体质状态以气息低弱，脏腑功能状态低下为主要特征）。刮痧穴位：肺俞、脾俞、胃俞、肾俞、志室、列缺、太渊、膻中、内关、足三里、阴陵泉、中庭。阳虚体质（体质状态以形寒肢冷等虚寒现象为主要特征）。刮痧穴位：大椎、心俞、至阳、命门、神堂、肾俞、志室、膻中、气海、关元、阳池、内关、足三里、大钟、太白、公孙。阴虚体质(体质状态以干燥少津，阴虚内热等表现为主要特征)。刮痧穴位：厥阴俞、心俞、肾俞、列缺、太渊、内关、三阴交。血虚体质(血虚体质的人体会出现血质浓和血量不足的状态)。刮痧穴位：大椎、命门、志室、膻中、公孙、大钟。气郁体质(精气瘀滞，气机郁结，导致情志不顺，忧郁伤身所致。这种体质的人性格内向，面容憔悴面黄，经常有胸闷、腹中胀气、乳房胀痛、烦躁、易怒、敏感多疑的体质状态，多是机体运转不协调的状态)。刮痧穴位：肝俞、胆俞、膻中、期门、章门、阳陵泉、魂门、阳纲、膻中、支沟、外关、阳陵泉、曲泉、蠡沟、外丘。血瘀体质(体内有血瘀运行不畅或瘀血内阻，肤色晦暗，眼眶黑青，眼周还可以出现色素沉积甚至变成斑点)。刮痧穴位：大椎、天宗、心俞、膈俞、肝俞、胆俞、中庭、血海、膻中、曲泽、少海、尺泽、足三里。痰湿体质(水液内停而痰湿凝聚，肥胖，面色黄暗，皮肤油腻，眼睛微肿，多汗且黏腻，还常常有胸闷，痰多易疲倦)。刮痧穴位：肺俞、脾俞、三焦俞、肾俞、膀胱俞、中庭、上脘、下脘、章门、列缺、太渊、足三里、丰隆、阴陵泉、三阴交、关元、石门、公孙。

第三，**拔罐疗法**。拔罐疗法，又叫"火罐疗法"、"吸筒疗法"，是使用各种罐具，利用不同的方法排出罐内空气，使之形成负压，使罐吸附于人体的皮肤上，产生刺激作用，造成局部皮肤潮红、充血，甚至瘀血，从而达到治疗疾病的目的。

拔罐禁忌：

1. 皮肤有外伤、溃烂、过敏、水肿、有接触性传染病或久病体弱、皮肤失去弹性；皮下有不明包块或患恶性肿瘤的患者。

2. 患者情绪异常，或全身剧烈抽搐者，或处于精神病发作期的人员。

3. 心、肾、肝严重疾病以及具有出血倾向疾病者，如血小板减少症、白血病、过敏性紫癜。

4. 月经期的妇女以及妊娠妇女的腹部、腰骶部、胸部禁止拔罐。

5. 骨折患者在未完全愈合时，以及颈部、心尖部和大血管体表投影处不宜拔罐。

6. 患者的面部和儿童应忌用重手法拔罐。

7. 五官、前后二阴不宜拔罐。

8. 同一部位不要天天拔，拔罐的旧痕在消退前也应尽量不要再拔。

疗程时间：急性病一般 7~10 天或 2~3 周为 1 个疗程，慢性病的疗程时间较长，一般需数月。

留罐时间：根据体质病情状况，青壮年和老年、少年有差异，一般为 10~15 分钟；短为 5 分钟，长不超过 30 分钟。

每次治疗间隔时间，应根据瘀斑的消退情况和病情、体质而定，一般每天可 1~3 次；若病重、疼痛者则可每天 2~4 次；瘀斑消退很慢、慢性病、体质弱者，间隔时间宜长。每个疗程的间隔时间为 3~5 天。

拔罐疗法的穴位与部位选择原则：

1. 近处拔罐，哪里有病痛，就拔哪里。

2. 远处拔罐是指在病痛的远处进行拔罐的方法。凡经脉循行部位发生病变，就可以在其经脉的远处选穴治疗；一经病变，可在其表里经上的腧穴进行拔罐，左病右取，右病左取。

3. 对症拔罐是指针对全身性的疾病，结合腧穴的特殊治疗作用，选取适当的穴位进行拔罐。

4. 以背部为重点取穴，背俞穴为五脏六腑精气转输注入之处，对五脏六腑的功能有着直接的作用。从西医学来看，从脊柱两旁出来的神经几乎支配着人体的各部。

综合拔罐法：

1. 火罐法是利用燃烧消耗罐中部分氧气，并使罐内的气体膨胀，从而排出罐内空气，多用于外伤性疼痛、腰腿痛以及呼吸系统疾病。主要包括闪火法（用镊子夹住酒精棉球或纸条等可燃物，将其点燃后再放入罐内，稍作短暂停留后退出，并迅速将罐具扣在施术部位上，即可吸住）、投火法（将点燃的酒精棉球或纸片点燃后立即投入罐中，迅速将罐具贴在皮肤上，即可吸住。此种方法应使罐内横置，以免可燃物掉在皮肤上造成烫伤。如果必须要拔平卧部位，可将纸片一段卷成纸卷，另一段散开，点燃散开端后，将其投入罐内，将罐拔在应拔的部位上，使纸卷顶端顶在皮肤上，不易烫伤皮肤）、架火法（用阻燃物作为架火点，上置酒精棉球等可燃物，放在应拔部位上，点燃后，将罐迅速扣下，即可吸附于皮肤）、滴酒法（将 95% 的酒精或高度白酒，滴入罐内 1~3 滴，滴入多少视罐体大小而定，然后转动罐体，使其沿罐内壁均匀分布，点燃后迅速将罐扣在应拔的部位，即可吸附于皮肤上。操作此方法时切忌滴液过多，以免拔罐时流出，灼伤皮肤）、水煮法（将竹罐和木罐投入沸水中煮 1~3 分钟，然后用镊子将罐口朝下夹出来，甩干净水，用毛巾等迅速将罐口擦干，立即扣在应拔部位，即可吸附于皮肤上。此法，也可先放入需要的药物煮一会儿，按上法操作，效果更佳）。

2. 抽气罐法，是直接排出罐内空气以形成负压的一种拔罐方法。其优点是罐内负压大小可控；不能烫伤皮肤。缺点是无温热感。家庭用多，临床用少。

起罐法：一只手拿着罐体轻轻稍微向一方倾斜，另一只手则在罐体倾斜中的对方罐口附近的肌肉上，用手指轻轻按压，使罐口和皮肤之间形成一个空隙，让空气进入罐内，罐就会自然脱落下来。

拔罐方式

1. 留罐：也叫"坐罐"，即将罐吸附于皮肤上后，让其留置于施术部位一定时间后再将其起下。

2. 闪罐：一般用闪火法或滴酒法，将罐吸住后，立即拔下，反复多次，使皮肤发红发热为度。多用于皮肤不太平整、容易掉罐的部位，或者应用于不宜留罐的病人、儿童等。此法用于外感风寒、皮肤麻木、肌肉萎缩或局部感觉迟钝、疼痛等疾患。操作此法吸力过大易伤皮肤。

3. 走罐，也叫"推罐"、"行罐"。宜选用玻璃罐。拔罐前在治疗部位和罐口处涂一层介质（凡士林、按摩乳、植物油、甘油），用闪火法或滴酒法使罐吸住皮肤后，一手扶罐底，一手扶住皮肤，沿着施术部位向上、下或左、右推动数次，至皮肤潮红、充血，甚至出现瘀血时，将罐起下。此法适用于腰背、大腿处。起罐不要硬拔强拉或旋转，以免拉伤皮肤。

4. 刺血拔罐，又叫"刺络拔罐"，是拔罐与放血疗法相结合的一种方法。先将选定部位消毒后，用三棱针、梅花针或皮肤针刺血后，再将玻璃罐吸拔在出血的穴位或部位上，以增加刺血的效果。留罐时间视病情和出血量而不同，一般留罐 5~10 分钟，术毕后将罐起下，用消毒棉球或纱布擦净血迹。

针刺面积要小于罐口，刺血时不要太深，针不要太长，一切应按针刺操作规程进行，否则，易伤皮肤。

5. 刺络拔罐，将所选穴位或脓肿处皮肤消毒后，用三棱针刺小血管或者梅花针叩刺后，立即用火罐吸拔于所在部位并留置一定时间，使之出血。这种方法可以使体内的毒血排出，多用于丹毒、神经性皮炎、痤疮、扭伤等，此法操作难度较大，不懂针刺疗法的人忌用。

6. 温拔罐，先用艾条温灸待拔部位，然后拔罐，也可先吸罐后，用艾条温灸罐周围。此法操作方便，具有拔罐和热疗双重作用，主要用于寒证。

7. 刮痧拔罐，先在待拔部位涂抹刮痧油，用刮痧板刮拭体表至皮肤潮红甚至出现紫斑后，再用常规的方法拔罐。此法多用于病变范围较小的部位的治疗。

8. 按摩拔罐，在拔罐前先依据病情选择经络穴位，实施按摩，然后按照常规拔罐；也可在罐吸拔上之后，再循经按摩，两者同时进行。此法多用于疼痛病及软组织损伤等病症。

9. 单罐，对于病变范围较小的一般病症，可根据病变部位或压痛点，选择单个罐具进行拔罐治疗。

10. 多罐，对于多种疾病，有的症状不明显，可用多个罐具同时使用，包括排罐法和散罐法。前者指沿着某一经络走向或肌肉走向密集的成行的吸拔多个罐，主要用于背部膀胱经拔罐及肌肉劳损等病变范围较大的疾病。后者是指同时选择多个部位穴位，散放在局部进行拔罐。

此外，还有两种以上治疗方法相结合的拔罐法，如针刺加温罐等。

第四，**针灸疗法**。针灸是中医理论的重要组成部分。《灵枢·官针》篇说："病在经络痼痹者……病在五脏固居者，取以锋针。"刺络疗法有点刺法、丛刺法、散刺和挑刺法4种。

（1）挑刺法：即用三棱针等刺入治疗部位皮肤，再将其浅层组织挑断的方法，多用于痔疮、丹毒、目赤、肿痛等疾患。

（2）点刺法：即用针迅速刺入体表随即将针退出的一种方法。点刺法多用于指、趾末端穴位，以治疗高热、中暑、喉蛾、惊厥、急性腰扭伤等为主。

（3）散刺法：即在病灶周围上下左右多次点刺，使之出血。此法适用于丹毒、痈疮、外伤性瘀血疼痛、神经性皮炎等面积较大的病灶，一般应用本法后再在局部拔罐，以加强祛瘀止痛的效果。

（4）丛刺法：即用三棱针在一个较小的部位反复点刺，使其微微自然出血，多用于急慢性软组织损伤。常与拔罐法相结合，与散刺法相比，刺的部位更密集而已。

需要说明的是，一般下肢静脉曲张者，应选取边缘较小的静脉，注意控制出血。对重度下肢静脉曲张者不宜使用，而且切勿刺伤深部动脉。

针灸对症选穴原则：

（1）局部选穴　局部选穴就是围绕受病肢体、脏腑、组织、器官的局部取穴。

（2）邻近选穴　邻近选穴就是在距离病变部位比较接近的范围内取穴。

（3）远端选穴　即在距离病变部位较远的地方选穴。适用于四肢肘膝关节以下选穴，用于治疗头面、五官、躯干、内脏病症。

（4）对症选穴　临床上有许多病症，如发热、晕厥、虚脱、癫狂、失眠、健忘、嗜睡、多梦、贫血、月经不调等均属于全身性病症，因无法辨位，不能应用上述按部位选穴的方法。此时就必须根据病情的性质，进行辨证分析，将病症归属于某一脏腑或经脉，然后按经选穴。

第五，**按摩疗法**。按摩在古代又称按蹻、案杌、乔摩、推拿等，是我国劳动人民在长期与疾病斗争中逐渐总结认识和发展起来的。商代殷墟出土的甲骨文中发现有"按摩"的文字记载，《素问·血气形志》篇有"形数惊恐、经络不痛、病生于不仁，治之以按摩、醪酒"的记载。清代吴谦《医宗金鉴·正骨心法要旨》，把按摩列入了正骨八法之中，提出正骨手法有"摸、接、端、提、拿、按、摩"。

按摩治病是通过各种不同的手法，作用于人体表的特定部位，改变疾病的病理、生理过程，使症状得以缓解和消除，达到治病的目的。按摩疗法具有补虚泻实、扶正祛邪、调节神经、维持平衡、舒筋活络、宜通气血、滑利关节、修复组织的作用。

按摩推拿的禁忌证：

1. 患有出血性疾病者，或有出血倾向的患者，如恶性贫血、紫斑病、白血病；

2. 各种术后未愈合患者及有骨折、脱位、脊髓损伤和各种骨病的患者；

3. 皮肤有破损及患有皮肤病的人，如湿疹、疮疡、烫伤和开放性伤口；

4. 在软组织损伤早期肿胀较重的部位；

5. 有结石、溃疡、盲肠炎、肠梗阻等病症患者；

6. 有严重的心、肝、脑、肺、肾病以及恶性肿瘤病患者；

7. 孕妇及经期妇女腰骶部、小腹部和乳部；

8. 有传染病和感染性疾病的患者，如骨髓炎、骨结膜炎、血浓性关节炎等；

9. 体质虚弱的老人及有特殊病症的小儿；

10. 醉酒、过饱、过饥、过渴、过劳、大惊、大怒及施术者不合作者。

按摩的方法大致有：按（用手指或手掌面着力于治疗部位，逐渐用力下按，并持一定时间）、摩（用手掌掌面或食指、中指、无名指面附着于体表一定部位上，以腕关节连同前臂做环形有节律的抚摩）、揉（用手指或平掌，贴在患者皮肤等有关部位不移开，进行左右、前后的内旋或外旋揉动，使施治部位的皮下组织随着施治的指或掌转动）、捏（施术者以手指的对合力，着力于施治部位进行反复交替对捏）、抖（用单手或双手握住患者上肢或下肢做连续上下抖动）、擦（用手掌面，大鱼际或小鱼际部分着力于一定部位上，进行直线来回摩擦）、缠（以拇指端着力，通过腕部的往返摆动，使所产生的功力通过拇指持续不断地作用于施术部位）、击（以肘关节的屈伸，带动拳背、掌根、小鱼际、指尖等有弹性、有节律地击打治疗部位。掌击、侧击、棒击的力作用于肌肉里，指尖击产生的力应作用于头皮和头皮下）、拿（用拇指与其余四指将皮肤捏而提起）、弹（用一手指的指股紧压住另一手指的指甲，用力弹出，连续弹击治疗部位动作用于皮肤和皮下）、掐（用手指指尖，在患处一上一下重按穴位，或两手指同时用力抠掐，同时又不刺破皮肤）、捋（将手指掌略屈曲，握于施术部位的肢体上，快速而急促地滑搓，其力作用于肌肉层）、拍（五指并拢微屈呈虚掌，靠肘关节、肩关节的屈伸带动腕关节、手掌，虚张拍打治疗部位，其力作用于肌肉或更深）、刮（用刮板、手指指面或指侧在体表上用力做快速的推动，其力作用于皮下）、捻（用拇指和食指末端捏住施治部位，着力于对合的左右或上下或前后旋转捻动，其力应达皮肤、皮下）、点（以指端或屈曲的指间关节背侧着力，持续地垂直于体表向下用力）、压（受术者呈俯卧姿势，施术者跪于其腿部后侧，将其两小腿弯曲，上下交叠，施术者两手扶其两脚背，借助自身重力向下按压。施术者还可用手掌对腿部肌肉向下按压；从大腿起，到小腿结束）、扳（受术者呈俯卧姿势，施术者将其一腿屈膝立起，一手握住其脚踝，另一手握住其脚趾并向前、向下扳动，同时牵引踝关节拉伸活动，重复3次，动作要轻柔缓慢，以防关节拉伤。随后，施术者用手掌将其脚掌下压，同样重复3次。左右腿互换进行）、振（以掌或中指指端置于治疗部位，带动治疗部位做连续、快速的上下振动）、抹（以单手或双手掌心或拇指指腹紧贴皮肤，做左右或上下往返移动）、拨（用手指、掌或肘按于穴位上，适当用力来回拨动。拇指、掌的力作用于肌腱、肌腹、肌鞘、神经干等部位，肘的力作用于臀部环跳穴）、温（施术者双手快速搓擦，随后将搓热的双手迅速放置在受术者的肚脐上，使其温暖）、牵拉（使肌肉或神经根受牵拉）、旋转（受术者仰姿，施术者一手握住受术者脚踝，另一手抬起受术者下肢使其屈膝，再以其大腿根为轴心，向外旋转其下肢。旋转时以其耐受力为度，力度应柔中带刚）、摇臂（受术者仰姿，施术者右手握住受术者的右手腕，左手与其手指交叉相握，随后，施术者右手握住其手肘，左手带动其前臂做顺时针旋转，动作要轻缓柔和。结束后换另一只手进行）、叩击（施术者双手握空拳，交替叩击受术者的手背、足心、足掌，力度不可过大）、推搓（受术者仰姿，施术者一手搓起受术者腰部一侧肌肉，另一手向相反方向推此部位，力度以轻柔为主。以同样手法推搓其腹部的肌肉）、拢搓（施术者将受术者一腿弯曲平放，随后手向后拢其大腿内侧肌肉，同时另一手向前推搓，使其肌肉被双手的作用夹起，一夹一放，反复操作。以同样手法从大腿一直操作到小腿，双手用力须均匀)。

小儿消化不良的推拿手法的要求是：轻快、柔和、平稳、着实，不可竭力攻伐，常用手法有直推法（以拇指桡侧或指面在穴位上做直线推动）、旋推法（以拇指面在穴位上做顺时针方向的旋转推动）、分推法（用两手拇指桡侧面自穴位中间向两旁推动）、合推法（以拇指桡侧缘自穴位两侧向中央推动）、指揉法（以指端着力于穴位做环旋揉动）、掌揉法（以掌着力于穴位做环旋揉动）、鱼际揉法（以大鱼际着力于穴位做环旋揉动）、按法（以掌根或拇指置于治疗部位上，逐渐向下用力按压的手法）、掌摩法（以掌置于腹部，做环形而有节律的抚摩）、指摩法（以食指、中指、掌置于腹部，做环形而有节律的抚摩）、指摩法（以食指、中指、无名指、小指指面附着在治疗部位上，做环形而有节律的抚摩）、双手掐法（以两手的拇指、食指相对用力，挤压治疗部位）、单手掐法（以单手拇指指端掐按人体的穴位）、二指捏（两手略偏尺侧，两手食指中节桡侧横抵于皮肤、拇指置于食指前方的皮肤处。两手指共同捏拿肌肤，边捏边交替前进）、三指捏（两手略背伸，两手拇指桡侧横抵于皮肤、食指、中指置于指前方的皮肤处。三手指共同捏拿肌肤，边捏边交替前进）、运法（以拇指或食指、中指端在一定穴位上由此往彼处做弧形或环形推动）、拿法（以拇指和其他四指相对用力作用于一定部位或穴位上，进行有节律的提捏）。常用穴位：腹部——沿肋弓角边缘或自中脘至脐，向两旁分推；用掌或四指摩。脊柱：大椎至长强成一直线——用食、中二指自上而下作直推，用捏法自下而上捏。七节骨：命门至尾椎骨端——长强成一直线——用拇指或食、中二指自下向上或自上向下做直椎，分别称为推上七节、推下七节。龟尾：尾椎骨端——拇指端或中指端揉。脾经：拇指桡侧缘或拇指末节指纹面——旋推或将患儿拇指屈曲，循拇指桡侧边缘向掌根方向直推为补脾经，患儿手指伸直，由指端向指跟方向直推为清脾经。心经：中指掌面或中指末节指纹面——旋推为补心经；患儿手指伸直，向指根方向直推为清心经。肺经：无名指掌面或无名指末节指纹面——旋推为补肺经；患儿手指伸直，向指根方向直推为清肺经。肾经：小指掌面或小指末节指纹面——由指根向指尖方向直推为补肾经；患儿手指伸直，向指根方向直推为清肾经。小肠：小指尺侧边缘，自指尖到指根成一直线——从指尖直推向指根为补小肠；反之则为清小肠。大肠：食指桡侧缘，自食指尖至虎口成一直线——从食指尖直推向虎口为补大肠 ；反之为请大肠。四横纹：掌面食指、中指、无名指、小指第一指间关节横纹处——拇指甲掐揉，称掐四横纹；四指并拢从食指横纹处推向小指横纹处，称推四横纹。小横纹：掌面食指、中指、无名指、小指根节横纹处——以拇指指甲掐，称掐小横纹；拇指侧推，称推小横纹。大横纹：仰掌、掌后腕横纹、近拇指端称阳池，近小指端称阴池——两拇指自腕横纹中点——总筋向两旁分推，称分推大横纹，又称分阴阳；自两旁——阴池、阳池向总筋合推，称合阴阳。胃经：拇指掌面近掌端第一节——旋推为补胃经；向指根方向直推为清胃经。板门：手掌鱼际平面——指端揉，称揉板门或运板门；用推法自拇指根推向腕横纹，称板门推向横纹，反之称横纹推向板门。内劳宫：掌心中，屈指时中指、无名指之间中点——中指端揉，称揉内劳宫，自小指根端掐运起，至内劳宫称运内劳宫。内八卦：在手掌面，以掌心为圆心，从掌心到中指指间关节横纹的2/3处为半径所做的圆——用运法，顺时针方向掐运，称运内八卦或运八卦。运水入土：拇指掌指关节下为土，小指掌指尖关节下为水——施术者左手拿住小儿四指，掌心向上，右手大拇指端由小儿小指根推运起，到拇指根止。运土入水：拇指掌指关节下为土，小指掌指尖关节下为水——施术者左手拿住小儿四指，掌心向上，右手大拇指端由小儿大拇指根推运起，到小指跟。三关：前臂桡侧阳池至曲池成一直线——用拇指桡侧面或食指，中指指面自腕推向肘，称推三关；屈患儿拇指，自拇指桡侧推向肘为大推三关。六腑：前臂尺侧，阴池至肘成一直线——用拇指面或食指、中指面自肘推向腕，称退六腑或推六腑。中脘：肚脐正中直上4寸——用指端按或掌揉，称揉中脘，用掌心或四指摩，称摩中脘；自中脘向上直推于喉下，或自喉往下推至中脘，称推中脘。天枢：肚脐旁两寸——用拇指端作按揉法。足三里：外膝跟下3寸，胫骨旁1横中指——用拇指端作按揉法。

下面介绍几个常用穴位：

1. 人体十二经脉中，有六条经脉到达手部，手动可促进全身的血液循环。

（1）两手紧握，然后一下子张开，重复多次。

（2）双手指交叉相扣，利用手腕的力量，使手指上下摩擦数次。双手重心互相摩擦数次。

（3）左右手背互相揉搓数次，利用手腕的力量轻轻地从手腕到手指抖动数次。

（4）双手在空中抓空数次。

（5）手指及相关穴位刺激法：

● 用拇指、食指夹住指甲根部两侧的井穴轻轻揉压6~10次，再向指尖方向反复拉引，放松4~7次。

● 用拇指、食指夹住指蹼（两指间的肉皮）稍加用力揉压后往指尖方向反复拉引、放松，直到指尖暖和为止（脚部方法同手部）。

● 用拇指、中指按摩劳宫：掌中央第三掌骨桡侧，握掌时中指所点到的掌心横纹中，是治疗人体心病的重要穴位之一。外劳宫在手背相对处。能清心泻热，醒神止抽。治中风昏迷，心绞痛，中暑，口疮，口臭，癫狂，痫证，胃脘疼痛，便血，鹅掌风等。

● 用拇指、中指按摩内关：仰掌腕横纹上 2 寸正中两筋之间。外关为相对处。内关穴属于厥阴心包经。此穴对心脏功能具有双向调节作用，可使病理状态下心功能趋于正常，使失调变平衡。所以能宁心安神，理气镇痉。治胃病，心绞痛，手心热，肘臂疼痛，拘挛，失眠，烦躁，高血压，头痛，胸胁疼痛。按摩时一定要达到酸、麻、胀的程度。

● 点按揉合谷：合谷穴是于阳明大肠经上的一个重要的穴位，可以提高卫阳的功能。合谷位于手背的第一、第二掌骨之间，约于第二掌骨中点处，稍靠近食指侧，像海湾般凹进去的地方。一手拇指指骨关节横纹，放在另一手拇指、食指之间的指蹼上，拇指尖下是穴。此穴道几乎称之为万能穴道，对很多症状有效。尤其开窍、解毒、镇痛，还有活血调肠、调理汗液的作用。治面口诸疾和小儿惊风，以及胃痛、腹痛、肠炎、痢疾等。按摩时一定要达到酸、麻、胀的程度。孕妇禁用。

（6）拍掌法：双手与肩同宽，十指张开，用力拍击时，手指对手指，掌心对掌心，不要怕痛。一天拍 400~500 下，饭前饭后分多次进行，逐步增加的原则。手掌中央存在着有助于增强心脏功能，开发大脑潜力的重要部位。

2. 按捏腋窝，增加心肺的活量；促进新陈代谢，使生殖器官和生殖细胞更健康；可使眼耳鼻舌和皮肤感官接受到外界刺激时更加灵敏。每日早晚各按摩 1 次，每次 1~3 分钟。

3. 按摩风池穴：风池穴是足少阳胆经的穴位，位于项后胸锁乳突肌与斜方肌上端之间的凹陷中，即为脑勺下方颈窝的两侧（耳垂下后方）由颈窝往外约两个拇指两侧即是。能祛风解表，清火、明目。治中风，头颈强痛，眩晕，目耳鼻疾和热病、感冒等。《医宗金鉴》里论它主治"肺受风寒及偏正头风"。也可以增强抵御风邪的力量。用双手的拇指同时按揉两侧穴位，向内上方用力，有强烈的酸胀感。

4. 点按揉列缺：列缺穴归于手太阴肺经又通于大肠经，任脉。列缺位于桡骨茎突上方，腕横纹上 1.5 寸，即两手虎口交叉，食指尖端所指凹陷中是穴，两手虎口交叉，用右手食指端压揉左列缺穴数次，以同样方法用左手食指端压揉右列缺穴数次。任脉是治疗泌尿生殖疾病的重要经脉，故列缺除了治疗呼吸系统的病症外，还可调理任脉所致的疾病。此穴能调节肺经、大肠经和任脉，可以宣肺理气，祛风通络，利气止痛，清热解毒。主治咳嗽，憋气，哮喘，咽喉肿痛，面神经炎，口眼㖞斜，牙齿疼痛，手腕无力，头痛，生殖器疼痛，遗尿，尿潴留，腱鞘炎，鼻塞，项背部病症。按压3分钟。

5. 按摩揉神阙：神阙位于肚脐正中，就是我们常说的肚脐眼儿。它内联十二经脉，五脏六腑，四肢百骸。宋代《扁鹊心书》提到："凡用此灸，百病顿除，延年益寿。"清代《针灸集成》中述："年逾百年，而甚壮健。"原因是"每交（指春分、秋分、夏至、冬至）灸脐中"之故。脐腹属脾，所以本穴能治疗脾阳不振引起的消化不良，全身性的阳气不足，能补血养颜，补肾固脱。治虚劳遗精，遗尿，疝气，妇女病，腹泻，水肿，腹痛，腹胀，腹中虚冷，肠鸣，晕厥和中风脱症等。脐疗可把药物制成膏、丹、丸、散，贴在肚脐上，再用纱布或胶带固定，有时候还需要用艾灸。还有资料显示，按摩神阙穴能保前列腺健康。方法如下：仰卧，双腿伸直，左手放在神阙穴上，用中指、食指、无名指三指旋转，同时用右手三指放在会阴穴部旋转按摩。按摩几十下后换手，做同样动作。按摩时方法轻重适度，不能频繁按摩，应有一段时间间隔。

6. 点按揉足三里：足三里是足阳胃经的合穴，位于外膝眼下四横指处，胫骨边缘。它能补能泻，可寒可热，不仅能够疏经通络、消积化滞、祛风除湿、解除疲劳、瘦身减肥，而且还可以健脾和胃、益气生血，治疗神经衰弱、忧郁症、慢性胃炎。按穴时左腿用右手，右腿用左手以食指第二关节沿股骨上移，至有突出的斜面骨头阻挡为止，大拇指尖对准它，其余四指抱住腿。此穴可使胃肠蠕动有力而规律，提高多种消化酶的活力；改善心脏功能；增加红细胞、白细胞、血色素和血糖量；治疗腹泻，胃痛，呕吐，痢疾，便秘，尿路感染，月经不调，高血压，高血脂，肥胖；可养胃，补肾，补肺，要配合合谷使用；对垂体-肾上腺皮质系统有双向调节作用，并提高机体防御疾病的能力。按摩时一定要达到酸、麻、胀的程度。

7. 点按揉太冲：太冲是肝经上的原穴，有疏肝平肝的作用，特别是对于一生气、一发火血压就升高的人有显著效果。它能够降血压、清利头目，对各种疝气、胁痛、腹胀、呕吐、咽痛嗌干、目赤肿痛、爱生闷气、郁闷焦虑、乳房发胀、月经不调（月经前5天点揉太冲，每次3~5分钟，右脚顺时针旋转，左脚逆时针旋转，有酸胀疼感为度）有疗效。它的位置在脚背上踇趾和第二趾结合的地方向后，在足背最高点前的凹陷处。

8. 点压揉涌泉：涌泉是足少阴肾经的一个重要穴位，足少阴肾经的经气起于脚底，注入胸中，涌泉穴是肾经经气与足太阳膀胱经经气衔接的地方，能激发肾的阳气，具有通络、回阳、调整内分泌作用，并有除风湿、清热、固肾元、调整血脉的作用。可以防治高血压，糖尿病，过敏性鼻炎，更年期障碍，怕冷症，肾脏病，失眠（睡觉时按摩涌泉穴 100 次，有利于睡眠）、眩晕头痛，大便难，小便不利，高血压，心悸，咽喉疼痛，皮肤干燥粗糙，视力减退等，为昏迷、休克、中暑、急救要穴。《黄帝内经》："肾出于涌泉，涌泉者足心也。"俗语说："若要老人安，涌泉常温暖。"《金丹秘诀》："每临卧时，一手握赤足，一手摩涌泉，多至千数，少亦百余，生精固阳，久而弥益。"涌泉位于足底，屈趾时凹陷处，即脚掌前 1/4 线中央，"人"字形纹顶点下约 1 毫米处。按摩时先按后揉，以一手拇指由后向前按数次，顺时针及逆时针，以一手拇指由后向前按数次，顺时针及逆时针方向各揉数次。按右足搁于左大腿上，右手握右踝，左手小鱼际侧搓右足底涌泉穴，擦至发热，有酸胀感觉为度，然后再擦左足涌泉穴。冬季不宜按摩涌泉，用热水泡脚最佳。

9. 按摩心包经：按摩顺序是膀胱经的昆仑穴（两脚外侧踝后方凹陷处）、任脉的膻中穴（两个乳头的连线和身体中线相交处），再按两手的心包经，从中冲穴（在中指指节上）开始，再按摩劳宫穴（在握拳时中指尖触及掌心的位置）、大陵穴（在腕横纹中线）、内关穴（距大陵穴 2 寸）、间使穴（从大陵穴上 3 寸，也就是从内关穴上 1 寸）、郄门穴（从间使穴再往上 1 寸）、曲泽穴（在肘横纹中央）、天泉穴（乳头等高线下 1 寸）、天池穴（乳头外 1 寸，和乳头等高）。每天按摩（最好饭后半个小时以后）2~3 分钟，先按摩昆仑穴和膻中穴，可使心包经液排出效果更佳，从而解除心脏的压迫，充分发挥心脏功能。人体的发胖首先与心包经的不通畅导致垃圾的堆积有关。心包经积液导致心脏功能降低，不能满足肠胃的血液需求。当脾脏的能力不足时，会加重心包积液，使得心脏的能力更加降低，无法把血液顺畅地输送出去，整个身体活动都降低，人体经络中的体液不易流动，废物就排不出去了。其次是体内没有足够的能量将身体内部的废物排泄出去，或营养过剩、运动不足有关。35 岁以后按摩为宜。

《诸病源候论》："月经不调为冲任受伤，月水不适为冲任受寒，漏下为冲任虚损。"张景岳说："冲脉为月经之本。"《傅青主女科》："血海太热则血崩，寒湿搏结冲任则病痛经。"《黄帝内经》："妇人以冲任为本。"冲任二脉与妇女经、带、胎、产、乳汁分泌等各项生理功能都有着极为密切的关系。这是奇经八脉中的两脉。奇经八脉交错地循行分布于十二经之间，其功能主要体现在以下两方面：其一，密切十二经脉之间的联系。任脉主导人体手足六阴经，它与全身所有阴经相连，凡精、血、津、液均由其主管，故有"阴脉之海"的称谓；冲脉与任、督脉以及足阳明、足少阴等经有联系，故有"十二经之海"、"血海"之称，具有涵蓄十二经气血的作用。其二，奇经八脉对十二经气血有蓄积和渗灌的调节作用。任脉可以治疗呼吸系统，消化系统，泌尿系统，循环系统疾病。

任脉起于会阴，上出毛际的深部，沿腹内上，过关元，到咽喉，再上至颏下，走面部，深入眼内，终于承浆。

任脉穴：会阴、曲骨、中极、关元、石门、气海、阴交、神阙、水分、下脘、建里、中脘、上脘、巨阙、鸠尾、中庭、膻中、玉堂、紫宫、华盖、璇玑、天突、廉泉、承浆。

任脉，"任"通"妊"，主管生殖，任脉同时还有一个最大的作用被称为"阴经之海"，任脉统领着一身的阴脉，有"任主胞胎"之说。它不间断地输注入人体之阴液、血液、精气，任脉的阳气旺盛，就能够担负起养护胞宫中的胎儿的重任。

冲脉上行于头，下行于足，贯穿全身，通受十二经之气血，是总领诸经气血之要冲。它能起到调节全身气血的作用，故称"十二经脉之海"。冲脉起于胞中（相当于女子的子宫或男子的精室），又称"血海"，有促进生殖的功能与妇女月经有关。如果因为生活习惯不当，时而遇冷，时而遇热，或者是内伤七情，或者是脏腑功能失常，气血不调，就会引起冲任失调，必然导致多种妇科疾病的发生。

冲脉沿脊柱上行，作为全身经络之海，共浅行体表的部分，由腹上行，会于咽喉，并别行于唇口。所以说，冲脉是起于气冲，沿着肾经挟脐旁的两侧上行，到达胸中而散。

冲脉穴：气冲、横骨、大赫、气穴、四满、中注、肓俞、商曲、石关、阴都、腹通谷、幽门。

督脉，"督"有监督的意思，统领人体的所有阳经，被称为"阳经之海"。所有的阳脉都汇聚于督脉。

督脉起于尾追端的长强穴后的会阴部，上行脊椎，至脑后的风府穴，进入脑内，再上颅顶，沿额下行至鼻柱，终于龈交。

督脉穴：长强、腰俞、腰阳关、命门、悬枢、脊中、中枢、筋缩、至阳、灵台、神道、身柱、陶道、大椎、哑门、风府、脑户、强间、后顶、百会、前顶、卤会、上星、神庭、素髎、人中、兑端、龈交。

人到更年期后卵巢功能衰退导致内分泌功能失调，进而造成肾气渐衰，冲任亏虚，天癸将竭，出现肾阴不足，阳失潜藏。这是阴虚火旺之证，在治疗上应以调补肝肾为主。

明代医学家张景岳认为："气虚则提摄人不固，血虚则灌溉不周，所以多致小产。"习惯性流产与肾虚、脾虚密切相关。肾精不足的女人容易流产。

中医有"小产之伤十倍于大产"，人工流产会使子宫内膜变薄，影响受精卵的着床环境，再加上免疫力下降，气血虚弱，固摄力差，怀孕后容易习惯性流产，甚至会造成继发性不育。

痛经，在中医学当中可以分为气滞、血瘀、寒湿、凝滞、湿热瘀阻、气血虚弱、肝肾亏损等症型。痛经是因为身体内部经络不畅，气不行，血就郁积在体内不往外流动，从而形成疼痛的病症。其病因很多，大致有脾胃虚弱造成营养不良，影响了血的生化，导致血虚，血少；情绪，病情，湿毒；过度疲劳造成的郁结或过度疏泄，以至于丧失了推动血液运行的动力。女人想要摆脱痛经，就要从养气血、通经络开始，按摩冲任经脉是大事。

最好的医生是自己，排毒要根据自身的身体状况，有的放矢排毒，每月一次。当然，小毒要随时排，比如，一般人排气味大说明肠道不畅，消化不良，喝瓶酸奶增加肠内有益菌，改变饮食结构就行了。但少数人排气味大是消化系统疾患的信号。脸色发黑的人很可能肾脏有毛病。因为肾脏有过滤的功能，血液经过过滤后，废物通过泌尿系统排出体外。如果肾脏过滤功能降低，就会使废物堆积在体内，形成色素沉着。面色苍白是由于气血不足引起的。面色萎黄是脾虚的表现。"肾其华在发，发又为血之所余，血盛则发润，血亏则发枯。"中医的这句话说明了头发与肾和血有着密切的联系。世界卫生组织（WHO）告诫我们："许多人不是死于疾病，而是死于无知，死于自己的不健康生活方式。"另外，从大便颜色可以看出病变：黑色表示便长期停留在大肠里，还有可能是胃癌，以及食道、十二指肠等地方出血；灰色表示有胆结石或脾脏病；红色表示痔疮、直肠癌、霍乱、食物中毒、大肠炎；深蓝色表示急性肠胃炎，食物中毒；浅灰色表示肠结核、脾脏癌、胆汁疾病、胆结石、急性肝炎；黄色（咖啡色）最佳，营养过多，颜色就会变深。

据报载，香港稀有金属医学研究基金组织曾于近几年研究了 200 个临床病例，发现在患者的血液中含汞量超过世界卫生组织制订的标准单位 45 个，平均为 53 个单位，个别患者高达 360 个单位。追其原因，认为是吃"海鲜"所致。若同时吃红萝卜（胡萝卜也可以）可避免汞中毒，因为红萝卜含有大量的果胶，这种物质与汞结合，能有效地降低血液中汞离子的浓度，加速体内汞离子的排出，故有驱汞作用。日常饮食中适量加入麦麸（可以和镉及汞结合）、米糠、菠菜（可以和多氯联苯结合）、燕麦（可以加速排出胆酸）可促进废物排泄，有利健康。

要从食物中摄取足够的核酸。美国营养保健专家佛兰克博士研究发现，衰老与饮食有密切关系。他认为，衰老的原因是核酸不足，进而导致细胞染色体改变而造成的。如果适当补充核酸，就可以延缓衰老进程。含核酸较多的食品主要有豆类、海产品、牛肉、鸡肉、动物肝脏等。佛兰克博士拟定了一份食谱：①每天吃一种海产品。②每周吃一次动物肝脏。③每周吃 1~2 次牛肉。④每周吃 1~2 次豆类，如绿豆、大豆、蚕豆、扁豆等。⑤每天至少吃一种下列的蔬菜：胡萝卜、洋葱、葱、菠菜、甘蓝、韭菜、香菇、鲜芦笋等。⑥每天至少喝一杯茶或果汁。⑦每天至少喝 4 杯水。

1993 年 4 月 5 日，一支由教授和记者等 7 人组成的考察队，来到世界长寿之乡广西巴马考察。巴马瑶族自治区位于广西盆地和云贵高原的斜坡地带。巴马属于亚热带气候，空气新鲜，每立方米负离子的含量高达 2000~5000 个，最高可达 2 万个，被称为“天然氧吧”（海拔 1500~2000 米之间的山区阴离子密集是长寿的地理环境）。那里没有煤和石油做燃料，他们很多东西生吃，即使熟吃，烹调时间也很短。他们经常吃火麻、玉米、茶油、酸梅、南瓜、竹笋、白薯等，这些天然食品中含不饱和低脂肪酸和微量元素多。他们的膳食结构为“五低”，即低能量、低脂肪、低动物蛋白、低盐、低糖，“两高”，即高维生素、高膳食纤维。长寿老人体内的双歧杆菌含量也特别高，基本上接近婴幼儿体内的双歧杆菌数量水平，比其他地区一般老人高出数十倍。研究发现，体内双歧杆菌含量与人体生长新陈代谢及生、老、病、死都息息相关。双歧杆菌生长在肠道黏膜上形成一层生物保护层，相当于构筑一道门户，即使外来的致病毒进入体内也难以在肠道上找到合适的栖息之地。双歧杆菌代谢的产物为乳酸、醋酸等有机酸，它们能抑制其他致病菌的生长繁殖。此外，大量双歧杆菌繁殖，它们竞争和优先利用肠道各种营养物质，也使致病毒不易生长繁殖。双歧杆菌的代谢产物有机酸，还能促进肠的蠕动，不仅能防止便秘，使大便通畅，利于体内有害物质及时排出体外，同时双歧杆菌还能分解肠道里有致癌作用的亚硝胺。现已知道，许多化合物能有效地促进双歧杆菌的生长繁殖，如低聚糖、乳果糖、大豆低聚糖等。这些物质医学上统称“双歧因子”，在日常食物中，大豆、豆制品、红薯、玉米、洋葱、大蒜、香蕉等有较丰富的低聚糖。广西长寿研究所对巴马

72名百岁老寿星进行实地调查发现，只有2名百岁老人需要照顾，有21人能从事田间劳动，30人能够从事家务劳动，大多数老人生活自理。巴马长寿地区婚姻恋爱自由；晚婚晚育，全县夫妇都在80岁以上的200多对，他们结婚年龄平均为27岁；婚变少。寿星们都很乐观，性格开朗，性情温和和处世随和。祖辈遗传，例如，巴马东山乡文钱村103岁兰茂良，其祖父活了100岁，祖母90岁，父亲100岁，母亲70岁。他们几乎没有感冒，没有痛经、蛀牙或抑郁症，即使年过百岁时，男人们仍然保持着活跃的性生活，甚至能够继续生儿育女。老人们通常是在睡眠中无疾而终。许多人活过百岁，甚至超过120岁或140岁。

此外，巴马地区矿物质丰富，这地方地质构造为石灰纪、二叠纪和三叠纪。暴露的地表层主要基性岩、酸性岩和脉岩。基性岩中含有铜、铅、锌、镍、钴、钼、铌、镱、镉、锡、铍、锂、锆和钇等矿物元素。

长寿老人多晚婚少育。例如，新中国成立前，湖北省年龄低于18岁结婚的占40.1%，20世纪60年代初，在该省调查的125名长寿老人中，低于18岁结婚的占23%。1979年以来，巴马、武汉、长沙三地所调查的250名长寿老人结婚年龄，20岁后结婚的占50%~68%，其中25岁以后结婚的占12%~18%，证明长寿老人的结婚年龄相对较晚。1981年统计长沙市100名长寿老人中，晚婚少育者有14名，平均结婚年龄25.3岁，平均生育子女1人，他们中生活能自理的比例较其余86名长寿老人高，高血压患病率也较低。

社会进步推动平均寿命的延长。人类的平均寿命在20世纪初期以前，一直停留在40岁左右。由于社会的进步，生活条件的改善，特别是抗生素问世征服了传染病，给人类寿命带来了一次飞跃；20世纪后半叶，世界平均寿命接近70岁，个别发达国家达到80岁。21世纪迎来了生命科学世纪，高科技使医学技术面目改观，危害人类的病毒性疾病和分布广泛的心脑血管疾病和癌症，可能从根本上得到控制，预期可迎来平均寿命的第二次"飞跃"，从而达到80岁左右。但平均寿命受疾病和多种环境因素的制约，旧的疾病谱一旦被征服，往往又有新的疾病谱产生，如当前的艾滋病。

经济发展促进社会老龄化。社会老龄化或人口老龄化是指老年人口总人口比重不断增加而言，凡60岁以上人口≥10%或65岁以上≥7%就称社会老龄化或人口老化，其地区叫老年型地区（国家），它的经济水平的高低呈正相关；凡经济发达，人均国民生产总值高的国家和地区，社会老龄化的程度高。

现代化面临高龄社会的挑战。科学技术现代化加速经济发展，经济发展促进人民物质、文化生活水平进一步改善，出先率、死亡率同时降低，寿命延长，加速社会老龄化。

俄罗斯学者梅吉尼古夫发现布鲁加利亚有很多长寿者，于是就提出一个假设，认为人类肠内细菌对人体健康有决定性影响。

"人类之所以老化，是肠内的益菌被害菌取代，出现不良影响，造成体内中毒。布鲁加利亚地区的人长寿是因为常喝酸奶，而酸奶中的乳酸菌能够促进肠内益菌的繁殖，保持肠内健康"。

人的肠内栖息着约 100 兆（1 兆=1 万亿）个细菌。这些肠内细菌看起来就像繁茂的草丛，所以称它们为"肠内细菌丛"。"肠内细菌丛"中有好坏两种细菌，它们进行激烈的斗争。坏细菌有威尔斯菌、梭状芽疱杆菌、葡萄球菌等，肠内蛋白质或氨基酸腐败形成有害人体的物质，这是使血压上升、促进老化的原因。有时也会制造致癌物质。如果使双歧杆菌这种对人体非常有益的细菌增加，就可为我们"洗涤"肠子。

双歧杆菌的功效如下：

①保护身体不受病原菌的感染，防止食物中毒；

②可抑制腐败细菌的繁殖，使肠内环境干净；

③可制造乳酸、乙酸，促进肠子蠕动，防止便秘；

④可制造 B 族维生素；

⑤可刺激免疫功能，提高身体的抵抗力；

⑥预防和治疗腹泻；

⑦提高身体的免疫力；

⑧分解致癌物质。

饮食八分饱有利于双歧杆菌的生长繁殖。日本东海大学医学部微生物教研室田爪正气讲师以老鼠做实验。将饮食量限制在八分饱左右的老鼠与吃得很饱的老鼠做比较，平均寿命差 1.6 倍。八分饱的老鼠肠内有益菌占优势，消化顺利，排泄正常，身体健康。当大量食物在肠内腐败发酵，有害菌增加时，产生氨、吲哚、粪臭素、硫醇、硫化氢等有毒气体，被身体吸收从而导致各种疾病发生。

希腊克里特岛居民的长寿是尽人皆知的，美国营养学家安西尔发现，克里特岛居民的心血管病的死亡率大大低于其他国家的居民，尽管双方的血液中胆固醇水平很接近。在排除了遗传和环境因素后，他认为，饮食是克里特岛居民健康长寿的主要因素，他们的饮食结构主要有两个方面：

（1）三顿主食吃大量蔬菜、水果以及粮食、橄榄油和鱼，很少吃肉。

（2）吃大量新鲜的海洋植物和食用富含亚麻酸的一些小螺壳物。亚麻酸是身体所必需的一种主要脂肪酸。

专家们认为，克里特岛人的食物结构在他们长寿中起了主导作用。长寿主要因素是饮食中富含亚麻酸、维生素 C、维生素 E、β 胡萝卜素和海洋植物中所含的有益物质。

克里特岛居民长期不断地摄入这些营养素使他们身体强壮，对心血管病和某些肿瘤具有抵抗力，因为这些营养是抵抗自由基的"大坝"，可降低有害胆固醇，降血压，并能阻止血栓的形成。

各种营养的食物同煮而食，可益寿延年。20 世纪 60 年代，湖南省湘西龙山地区的山民生活清苦，但 70 岁以上的老人却不少见。经调查，这些山民主食玉米，饮用山泉，少有鱼、肉，最普通的食物叫"和渣"——即将黄豆泡发后于石磨中磨碎，连水带渣放入锅中，同切碎的萝卜、白菜叶等蔬菜一起煮，加点盐当饭吃，常年如此。无独有偶。近年日本一家医院发明了一种"六合菜汤"与湖南龙山的"和渣"大同小异，其配方如下：带叶的白萝卜 200 克，洋葱 200 克，生姜 200 克，花椰菜 300 克，莲藕 100 克。将菜洗净后切碎置于沸水中煮 1~2 小时后加入盐、味素及香油，便成了营养丰富、防病治病、益寿延年的"六合菜汤"。

《黄帝内经》指出："怒伤肝，喜伤心，忧伤肺，思伤脾，恐伤胃，百病皆生于气。"胸怀宽广、内心平和、心态健康的人长寿。正如《素问·上古天真论》所说："恬淡虚无，真气从之，精神内守，病安从来。"据山东省临沂地区老年病研究中心和地区人民医院在 1993 年对沂蒙山区 34 名百岁老人的调查，有 33 名老人性格开朗、乐观，情绪稳定，宽容知足，忠厚善良，助人为乐，家庭及邻居关系和睦，只有 1 例女性近 10 年来情绪不稳定，抑郁多疑，家庭及周围关系紧张。

适度性爱养生益寿，延缓衰老。药王孙思邈说："男不可无女，女不可无男，无女则意动，意动则神劳，神劳则损寿。"有关专家认为，性爱减轻压力；改善睡眠；增加雌激素水平；减肥；降低胆固醇；缓解经期疼痛；无须补充脱氢雄甾酮；降低乳腺癌；保护前列腺；健壮骨骼和肌肉；平衡免疫系统；改善消化系统；提高睾酮水平；增进夫妻间的感情；增强器官组织的功能；适度性爱就是不纵欲，保持适度和谐的性生活。纵欲是指以满足性快感、追求性刺激而超越自身生理负荷的性行为。孙思邈在总结大多数帝王贵族短命的原因时说："王侯之宫、美女兼千；卿士之家，侍妾数百；昼则以醇酒淋骨髓，夜则房室输血气……"《阴符经》中说："淫声美色，破骨之斧锯也。世人若不能秉灵烛以迷津，伏慧剑以割爱欲，则流浪于生死之海，害生于恩也。"《抱朴子》："阴阳不交伤也。"最近英国一项研究显示，每周有两次性交高潮的人，死亡几率是每月少于一次的一半。古代医学家认为，"欲不可强"，这个"强"是勉强的意思。如果没有欲望勉强行房的话，会出现腰痛、体瘦、惊悸、便浊（小便浑浊）、阳痿、腹痛、面黑、耳聋等病症。如果阳痿以后通过服壮阳药以助行房会损元气，元气一空，人就会暴死。男人早泄会造成女人子宫方面的毛病。因为女人没有得到彻底的宣泄，一些积滞物就会积在子宫里边，久而久之会造成子宫肌瘤。现代医学认为，纵欲对机体的危害有：它可使中枢神经系统的兴奋和抑制功能失调，内分泌功能紊乱，导致机体热能和精力过度消耗，引起性激素水平不稳定，使免疫系统的调节功能受到影响而减弱，从而引起免疫功能下降。

美国波士顿医疗中心老年病学家托马斯·珀尔斯用了将近10年时间，收集了近15000名百岁以上美国老人的信息。这些老人长寿原因如下：

（1）这些老人平时很少得病，直至他们生命的最后几年，他们仍远离那些致命的疾病。

（2）他们中的大多数人能特别好地控制紧张情绪，在与其他人的关系方面能友善相处。珀尔斯说："就连那些从未结过婚，现在独居的老人，也精神尚佳，易于接近。他们基本上是非常幸福乐观的人。"

（3）他们拥有几种长寿基因。珀尔斯和他的同事们调查了他们的兄弟的DNA之后证实，他们存在着长寿基因，这种基因位于人类23对染色体中的第4对的一个节段中。但是，珀尔斯并不认为仅靠这些基因就能使人长寿。这些老人中的大部分人属于过着健康生活的群体。

（4）他们从不吸烟，并很少饮酒过量。

（5）他们中没有肥胖的人。

当前，由于现代生活的高强度紧张感与压力，造成人们心理性疲劳比较多，超负荷的精神负担使心理紊乱，情绪沮丧、抑郁、焦虑。虽然科技发展减轻了人的体力劳动强度，但日趋激烈的社会竞争却不断增加精神负担，使得患心理疲劳的人越来越多。

世界卫生组织一项全球性调查结果表明，全世界真正健康的人仅占5%，经医生检查，诊断有病的人也只占20%，75%的人处于健康和患病之间的过渡状态，世界卫生组织称其为"第三状态"，也就是我们常说的"亚健康"状态。西医讲的亚健康，在中医看来实际上就是气虚、血瘀等病变。

哪些人最容易亚健康：追求目标过高，用脑过度，精神负担过重的人；长期从事简单劳动，体力消耗太大的人；不适应职场竞争，人际关系紧张，造成心理负担比较重的人；生活无规律，饮食不平衡，吸烟酗酒的人；无进取心，自暴自弃的人。据权威部门研究发现，亚健康人群的主要症状有：记忆力减退，注意力难以集中，情绪不稳定，精神不振，胸闷气短，易激动，多梦，疲劳，耐心下降，烦躁，虚弱，失眠，易感冒，四肢无力，头晕，目眩，抑郁，腰膝酸痛，脱发，消化不良，便秘，性功能减退，面部色斑，鼻塞眩晕，耳鸣，手脚麻木，咽喉异物，颈肩僵硬，早晨起来有不快感等。这些表现指的是与疾病无关或者说不是由疾病引起的症状。

亚健康普遍存在的原因大致有：现代人高节奏的生活，起居饮食缺乏规律，运动少，吃药多；环境污染（空气、化学、电磁场、X 射线、生态失衡）以及过度的家庭装修已成为人类健康的隐形杀手；人们缺乏营养知识，采用不当的烹调方式等。

美国前国务卿基辛格说过一句话：如果一个人或一个国家没有达到自己追求的目标，这也许是一个悲剧；但是，当这个人或这个国家达到了自己追求的目标，却发现这个结果并没有给他带来快乐，那么这将是更大的悲剧。

吴德汉在《医理辑要·锦囊觉后篇》中述："要知易风为病者，表气素虚；易寒而病者，阳气素弱；易热者为病者，阴气素衰；易伤食者，脾胃必亏；易劳伤者，中气必损。"充分说明了"邪之所凑，其气必虚"的道理。

嵇康德《养生论》中述："常谓怒不足以侵性，一衰不足以伤身，轻而肆之。"以为一次两次的发怒和悲伤不会影响身体的健康，所以轻慢、懈怠、放纵自己，最终受伤的还是自己。

《黄帝内经》曰："恬淡虚无，真气从之；精神内守，病安从来。"意思是说要能做到经常保持心情愉快，精神安定，不追逐名利，不能患得失，就能使自身抵抗力增强，免疫力提高，病邪也就不能引发疾病了。

巴西医生马丁斯进行了一项长达 10 年的研究，他对 583 名被控犯有多种类型贪污、受贿罪的官员进行了研究，并与 583 名政界廉洁奉公的官员情况作了科学对照，得出了惊人的结论：失廉官员中 60% 的人生病……廉政官员 583 名中只有 16% 的人生病，无死亡。

马丁斯最后认为腐败官员生病的原因是：长期精神紧张、疑神疑鬼，生怕"东窗事发"，加上爱听谗言，甚至对部下监控，无形中制造和激化了矛盾，又增加了自己的思想精神压力，造成心理失衡，生活失律，神经功能、新陈代谢、内分泌、消化与排泄功能紊乱。所以腐败官员极易损害健康，亦难长寿。

现代医学研究认为，成人所患的疾病 50%~80% 起于精神创伤。情绪是指人类日常生活中的生理反应，即喜、怒、忧、思、悲、恐、惊。中医称之为"七情"，分别由心、肝、脾、肺、肾五脏所主。情态内伤是重要的致病原因。中国养生学非常重视调摄精神在养生保健中的作用，认为良好的精神状态可以增进人体健康，延年益寿。

美国专家指出：信念、自信心和事业心是保持健康的三大要素。

英国《泰晤士报》的一个报道说：对一些长寿者的大脑扫描发现，这类人的左脑部"快乐中心"经常处于活跃状态。另外一项实验也发现，心态平和且健康长寿的人，大脑内部的焦虑和恐惧的信号也比一般人缓慢。

心态平和、合理饮食、劳逸结合、永远进取、充满爱心、用脑有度、清静为本、心胸豁达、性格开朗、兴趣广泛、无忧无虑、遇事戒怒、宠辱不惊、达观处世、睡眠充足、潇洒一点、糊涂一点、知足常乐、自找其乐、生活有规律、有人生追求、有个人爱好、忘记不愉快的事就年轻；过劳纵欲、起居无常、嗜烟酗酒、饮食无节、不讲卫生、"三高"食物、饮食精致、减肥不当、穿着不适、运动过量、环境污染、慢性中毒、电磁辐射、滥用药物、过分抑郁、心胸狭隘、懒谗占贪、自暴自弃、孤独忧愁、怯弱颓废就年老。人不能被欲望迷惑，以其"德全而不危也"。佛家强调心，认为"心生则种种法生，心灭则种种法灭"。所以，疾病也是因为我们心的"无明"所导致的。心不净使得五脏病起，如，杀生可致肝、目病，妄语能致口、舌病，淫邪能致肾、耳病等。如果我们能把握住自己的内心，不邪念，无邪行，就能长寿。

成功是主观和客观诸因素相结合的产物，需要用爱心来培育，用汗水来浇灌，用目标来导航，用信誉来经营，用章法来约束，用方法来保障，用毕生精力来实现。有的人成功了，有的人失败了；有的人这方面成功了，那方面失败了。

据世界权威部门调查研究显示，"35%的人认为自己无论在事业上还是个人生活中都是成功的；31%的人认为自己无论是在事业上，还是个人生活中都是不成功的；23%的人认为自己仅在个人生活中是成功的；11%的人认为自己仅在事业上是成功的。"他们认为成功人士的共同特点是：干自己的事不依赖于别人的赞许；喜欢我行我素；不受外部干扰而主动进取；热爱自己的工作并竭力投入其中；勇于承担风险，意志坚定；不满足现状，步步攀高。

成功是相对的，不是绝对的；成功需要冒险，更需要收敛；成功需要付出毕生的精力，需要不断超越自我。成功人士把自己的一生奉献人类，从不叫苦，含笑走向美好的未来。

后 记

本书编写借鉴和参阅了大量的文献作品，从中得到了不少启发和感悟。这主要得益于前人的劳动成果，才使本书能够有如此之多的翔实资料。在此向各位专家、学者以及资料的提供者表示崇高的敬意。另外，凡被本书选用材料的作者、译者通信地址不详，尚未取得联系。恳请您见到本书后及时来电来函以便支取我为您留备的稿酬。